高 等 院 校 化 学 系 列 教 材

Chemistry

# 精细化学品化学

## （第三版）

张先亮　陈新兰　唐红定　编著

WUHAN UNIVERSITY PRESS

武汉大学出版社

**图书在版编目（CIP）数据**

精细化学品化学/张先亮,陈新兰,唐红定编著 . —3 版 . —武汉：武汉
大学出版社,2021.9
高等院校化学系列教材
ISBN 978-7-307-22304-2

Ⅰ.精…　Ⅱ.①张…　②陈…　③唐…　Ⅲ.精细化工—化工产品
—高等学校—教材　Ⅳ.TQ072

中国版本图书馆 CIP 数据核字（2021）第 092590 号

责任编辑：谢文涛　　　责任校对：李孟潇　　　版式设计：韩闻锦

出版发行：**武汉大学出版社** （430072　武昌　珞珈山）
（电子邮箱：cbs22@ whu.edu.cn　网址：www.wdp.com.cn）
印刷：武汉图物印刷有限公司
开本：787×1092　1/16　印张：38.75　字数：791 千字　插页：1
版次：1999 年 8 月第 1 版　　2008 年 2 月第 2 版
　　2021 年 9 月第 3 版　　2021 年 9 月第 3 版第 1 次印刷
ISBN 978-7-307-22304-2　　定价：78.00 元

# 前　言

随着科技进步和社会主义市场经济的发展，人们越来越认识到精细化学品在国民经济中的重要意义和社会对精细化学品研究开发人才的需求。1987年武汉大学决定在化学系开设精细化学品化学课程，当时在综合大学化学系中尚属先例。经过多年从事精细化学品化学教学和研发实践，使我们深感综合大学化学系开设这门课程重点应放在学生掌握精细化学品的基本理论，开拓研发精细化学品的思路，增强理论联系实际和解决精细化学品有关问题的能力。但是，精细化学品品种多，涉及的知识面广，而授课时间有限，要实现上述宗旨，必须有一本适合大学精细化学品化学教学的实用教材。本书集中了我们多年的教学、科研和产业开发经验，从编写到出版历时数年，2000年本书第一版与读者见面后连续五次印刷，得到读者广泛欢迎，我们感到无上的欣慰。为适应社会和科技发展需要，2007年，我们对本书第一版进行了一次修订和补充。迄今第二版发行已逾10年，我们再次进行修订和补充。

本书共分12章，各章内容均以文字叙述与图、表展示相结合。第1、2章阐述了精细化学品及其工业特性，简述了可供利用的资源，介绍了精细化学品生产绿色化和产业生态化内容，以便读者对精细化学品及其工业以及今后发展有一个基本的认识；第3~12章系统介绍了催化剂、表面活性剂、涂料、胶粘剂、功能高分子及其材料、高分子合成及材料助剂、农药、染料及颜料、香料等重要品种，着重阐述它们的性质、设计、制造及应用的基本原理和方法，以及它们的发展概况和方向，在有关章节还引进了有机硅精细化学品等有关内容，其目的在于促进将有机硅化合物和聚合物应用于精细化学品制备、工艺创新或产品改性。精细化学品化学所含内容，实非本书所能包容，本书后附参考书目，以便读者阅读和深入理解。

本书第一版由张先亮主编，陈新兰为主参加了催化剂、染料和颜料及香料的编写，第二版和第三版修订时该课程主讲教师唐红定和有机硅化合物及材料教育部工程研究中心所属"有机硅改性材料及应用实验室"的研发人员参加了修改工作。该书出版还得到了徐汉生的关心和具体指导，院、系领导吴萱阶、达世禄、潘祖亭和季振平对该课程的建立和教材的出版给予了极大的支持；有机硅化合物及材料教育部工程研究中心和武大出版社的领导和编辑对本书的出版给予了许多帮助；在此编著者对他们致以衷心的感谢。该书

1

可作为教科书和精细化学品学习或研发者的参考书。因篇幅有限，在编著中虽参考了很多文献，但著作者和出版者没有一一列出，在此我们也致以谢意。

由于精细化学品化学涉及多学科的专业知识，且发展极其迅速，作者虽尽力而为，因学识水平有限，书中难免出现不妥和缺憾之处，恳请读者批评指正。

张先亮

2019 年 11 月于武昌珞珈山

# 目　录

# 第一章　精细化学品及其工业

## 1.1　精细化学品的含义与范畴

精细化学品是一类具有特定应用功能和专门用途的化工产品。精细化学品通常生产批量小，步骤多，配方决定性能，附加价值高，还要配合一定技术服务。

西方国家把精细化学品(fine chemicals)与专用化学品(specialty chemicals)加以区分，后者常常是指多种化学品的复配物(如涂料、化妆品等)。我国则强调精细化学品是以专门功能为用户服务，它既包括具有固定熔点、沸点等物理常数的纯化学品，也有显示出某种特殊功能的复配物或聚合物。精细化工产品所涉及的范围包括医药、农药、染料、涂料(包括油漆和油墨)、颜料、试剂、信息用化学品(包括感光材料、磁性材料等能接受电磁波的化学物质)、食品和饲料添加剂、黏合剂、催化剂和各种助剂、化工系统生产的化学药品(原料药)、化妆品和日用化学品、高分子聚合物中的功能高分子材料(包括功能膜等)。其中助剂包括印染助剂、塑料助剂、橡胶助剂、水处理剂、纤维抽丝用油剂、有机抽提剂、高分子聚合物添加剂、表面活性剂、皮革助剂、农药助剂、混凝土添加剂、机械、冶金用助剂、油品添加剂、炭墨(橡胶制品的补强剂)、吸附剂、电子工业专用化学品、纸张用添加剂等其他助剂。生产精细化学品的工业称之为精细化工。

精细化学品除医药、化妆品等少数几类被直接应用外，大多数产品是用于工农业生产和发展科学技术的辅助原材料或助剂。有的参与生产过程，可以改进工艺、提高生产效率和保证产品质量；有些精细化学品直接用于产品之中，由于它的特定功能和专门的性质，它能赋予主要产品以高的质量，解决生产和技术难题。可以说精细化学品是国民经济发展中不可缺少的物质基础，总结起来，它表现如下六方面：

精细化学品能增进和赋予各种类型材料特性，使其适应于各种使用条件；精细化学品能增进农、林、牧、副、渔业的丰收；精细化学品促进科学技术进步；精细化学品是丰富和美化人民生活不可缺少的；精细化学品及其工业发展能增加就业机会。此外，它还能使国家和企业获得高经济效益。

# 1.2　精细化工属性

精细化工是我国化工发展的战略重点，是我国科学技术赶上世界先进国家的重要工业部门之一。从事精细化工的组织者和科学技术人员，都应知道精细化工的生产属性、经济属性和商业属性，这样才有可能知道如何去发展是最有利的。

## 1.2.1　精细化工生产属性

精细化学品的生产通常包括原料药合成、复配物加工以及商品化开发三个组成部分，它们既可以在一个工厂中完成，也可以在不同的单位生产。精细化学品是为用户解决专门需求而生产的，因而它与通用化学品的生产有四方面的区别。

（1）产品品种多、批量小、系列化。

（2）间歇式、小容量和多功能化的生产装置。

（3）技术密集化程度高。

（4）劳动密集度高和劳动就业机会多。

精细化工产品生产通常流程较长、工序多，再加上产品多、批量小和产品变化频繁，以及间歇式生产等特点，工厂多为中小型企业，这样必然增加社会劳动就业的机会。我国劳动力充裕，为发展精细化工提供了有利条件。

## 1.2.2　精细化工经济属性

精细化工具有较高的经济效益，有以下四方面的依据。

1）投资效率高

精细化工采用小装置，一种装置多种用途，装置投资相对比较小，投资效率高。精细化工的资本密集度仅为石油化学工业平均指数的 0.3~0.5，为化肥工业的 0.2~0.3。

2）利润率高

通常评定一个企业或一个生产装置的利润率标准是：销售利润率小于 15% 的为低利润率，15%~20% 的为中等利润率，高于 20% 的为高利润率。精细化工企业的利润率处于 15% 以上。

3）附加价值率高（附加价值对产值的百分率）

精细化工的附加价值率保持在 50% 左右，远远高于其他化工（35.5%）的平均附加价值率。产品的附加价值通常随其深度加工和精细化而急剧增加。

4）返本期短

精细化工的投资效率、利润率和附加价值率高，不言而喻，可以大大缩短投资的返本期。

## 1.2.3 精细化工商业属性

### 1）市场从属性

市场从属性是精细化学品最主要的商业属性。精细化学产品发展的推动力是市场，市场是由社会需求决定的。通用化学品面向的市场是全方位的，弹性大；精细化工产品的应用市场很多是单向的，从属于某一个行业，有些产品虽能覆盖几个行业，但弹性仍然很小。精细化工投资决策很大程度上取决于市场。因此，精细化工企业要不断寻求市场需要的新产品和现有产品的新用途，对现有市场和潜在市场规模、价格、价格弹性系数作出切合实际的估计，综合市场情况，对改进生产管理提出建议。

### 2）市场竞争导致市场排他性

精细化学品是根据其特定功能和专用性质进行生产、销售的化学品，商品性很强，用户的选择性也大，市场竞争激烈。精细化学品很多是复配加工的产品，配方技术和加工技术具有很高保密性，独占性，排他性。因此，企业要注意培养自己的技术人才，依靠本身的力量去开发。对自己开发的技术和市场应注意保密。

### 3）应用技术和技术服务是争夺市场的重要手段

精细化学品在完成商品化后，即投放市场试销，应用技术及其为用户服务关系到能否争取市场，扩大销路，进而扩大生产规模和争取更大利润。因此，应用技术和技术服务极为重要，应抽调相当数量素质好，最有实践经验人员担任销售及技术服务工作。以瑞士为例，精细化工研究、生产销售和技术服务人员的比例为32：30：35，由此可见一斑。

### 4）企业和商品信誉是稳定市场的保证

市场信誉决定于产品质量和优良的服务。精细化工企业应该建立起自己的商标，创名牌应该成为全企业所有人员共同努力的目标。

## 1.3 发展精细化工的资源

化学工业的原料可来自矿产资源、动物、植物、空气、水，也可以取自其他工业、农、林、牧业的副产品。在矿产资源中，有化学矿和煤炭、石油、天然气。农林副产品虽也是化学工业的原料，但现代主要是利用石油和煤。国民经济中很多部门可以与化学工业结合起来综合利用资源。例如，煤炭炼焦后，用焦炭供给炼钢，从煤焦油中提取苯、萘、蒽等焦化产品供医药、农药等作原料，焦炉气可以合成氨和供给城市煤气；冶炼铜、铅、锌等有色金属时，尾气二氧化硫可以生产硫酸；湖盐、井盐或海水晒盐的卤水既可以制取钾、镁、溴、碘、硼等化工产品，也可以利用盐卤制造纯碱。林业部门也与化学工业有关，天然橡胶、天然漆、松香就是从橡胶树、漆树、松树中采集提取的；木材水解可得酒精，木材干馏可得甲醇、醋酸。至于以农副产品为原料的化工利用就更广阔了。因此，在世界各国出现了许多钢铁化工联合企业、石油化工联合企业、海洋化工、林产化工等工业部门。这说明化学工业所使用的原料资源是极其广阔的。

### 1.3.1 石油和天然气资源

**1. 石油资源的利用**

利用石油和天然气为原料的化学称之为石油化工。石油化工除生产汽油、煤油、柴油和润滑油以及氨、尿素等外，还生产最基本的化工原料三烯(乙烯、丙烯、丁二烯)、三苯(苯、甲苯、二甲苯)、一炔(乙炔)。此外还有来自油田或炼厂的天然气(主要是甲烷)，如图1-1。利用这些基本原料，发展了合成树脂、合成纤维和合成橡胶三大合成材料和数十种有机化合物，它们包括乙醇、乙醛、乙酸酐、环氧乙烷、环氧丙烷、环氧氯丙烷、丙

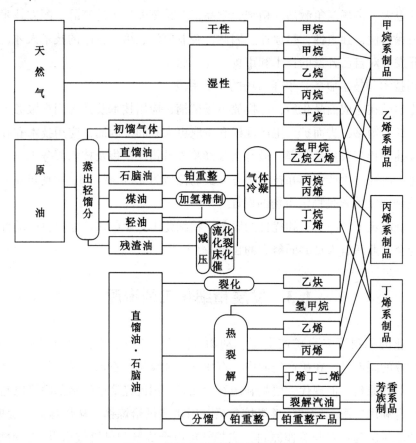

图 1-1 石油化工制品的原料来源

酮、苯酚、乙二醇、丙三醇、丁二醇、苯酐、异丙醇、丁醇、氯丙烯、烷基苯等，这些有机化合物构成了发展精细化学品的直接原料。

**2. 天然气资源及利用**

天然气是指聚集在地层的甲烷等低分子烷类气体，气中尚有约5%左右硫化氢、二氧化碳和氮气等非烃成分。天然气可分为干、湿两类：干性天然气中甲烷约占80%体积含量；湿性天然气中含有乙烷、丙烷等，它是石油的化工裂解的良好原料。油田气多为湿气，开采一吨原油可能有数百立方米的油田气。炼厂气是炼油厂加工过程中副产的各种石油气体的总称。它们分为干气和液化气，在炼厂气中一般含有20%~40%体积的烯烃。天然气除作为燃料外，可经蒸气重整制备合成气($CO/H_2$)，蒸气裂解和催化重整生产三烯、三苯、一炔，从而生产精细化学品，或进一步转化成精细化学品的直接原料。甲烷也还可合成很多有用的精细化学品。

## 1.3.2 煤的利用

以煤为原料，经化学加工生产的化学产品，人们常称之为煤化学工业(煤化工)。煤化工包括煤的气化(合成气、城市煤气、工业用煤气等)，煤的焦化产品，煤的液化，电石乙炔化工，碳1化工等五个部分。煤化工的发展为精细化工提供了丰富的原料，尤其是萘、吡啶、蒽、菲等众多的稠环和杂环化合物大多来自煤焦油。

**1. 煤的气化**

煤气化可得到合成气($CO/H_2$)，城市煤气和工业用燃料气。其中合成气作为化工基础原料前景最为广阔。煤气的净化技术和定向液化技术的进展，使人们有可能大规模利用煤炭来生产合成气($CO/H_2$)。人们开发的定向催化合成方法，可以由合成气直接得到希望的碳氧化合物，含氧碳氢化物也可以先合成中间体(如甲醇、乙烯)，再进一步制造合成精细化学品的原料。

**2. 煤的焦化产品**

煤炭高温炼焦后得焦炭和煤焦油。焦炭主要用于冶金工业，煤焦油则是化学工业的重要原料，由它分出轻油(苯，甲苯等)、萘油、蒽油、酚油、洗油和沥青等，再进一步分离，可得400多种化合物，其中很多是精细化学品或其原料。

**3. 电石乙炔化工**

乙炔可以用天然气裂解制取，而我国目前主要是由电石制取。我国电石原料(焦炭和石灰石)资源丰富，技术容易掌握，投资也比较省。以乙炔为原料用于聚氯乙烯及其共聚物合成，开发其塑料和乳制品，还用作聚醋酸乙烯酯合成原料，进一步开发涂料、黏合剂等；乙炔也可用于丙烯酸酯合成，从而开发纺织助剂、涂料黏合剂等很多精细化学品。此外，乙炔还可合成溶剂和很多特殊的化学品。

5

**4. 煤的液化**

煤的液化有直接法(热裂解法和溶剂萃取法)和间接液化法(费-托合成法、莫比尔的甲醇合成汽油法)。1977年世界石油危机之后，用煤的液化获得燃料油的研究开发受到包括我国在内的世界各国广泛重视。

## 1.3.3 合成气的综合开发

煤和石油资源被不断开采，其结果总有一天会枯竭。人们提出合成气(CO和$H_2$的混合物)可以解决未来烃类燃料及有机化学品原料供应的困境。因为合成气不仅可以从天然气(油田气、炼厂气)裂解和煤气化获得，更重要的是它可以从粪便、农业废料等所有碳资源经生物发酵生产甲烷(沼气)裂解得到。合成气的生产概括起来主要有三种方法：

(1) 甲烷的蒸气重整。

$$CH_4+H_2O \xrightarrow[850\,℃/加压]{N_2} CO+3H_2$$

(2) 重质燃料油的不完全氧化(Shell气化法)。

$$C_nH_{2n}+n/2\,O_2 \longrightarrow nCO+nH_2$$

(3) 煤气化(Shell-Koppers法)。

$$C+H_2O \longrightarrow CO+H_2; \qquad C+\frac{1}{2}O_2 \longrightarrow CO$$

不同的方法制得的合成气中CO和$H_2$的比例是不同的。甲烷蒸气重整CO和$H_2$的比例为1:3；石油脑蒸气重整的$CO/H_2$是1:2；煤气化得到的CO/H是2:1；重整燃料油不完全氧化所制得的$CO/H_2$为1:1。合成气CO和$H_2$的比例对进一步利用是重要的，例如合成甲醇，要求$CO/H_2$为1:2，通常就用甲烷蒸气重整制备合成气。氢甲酰化合成则以1:1合成气为好。

合成气作为化工原料用途很广，除大量用于生产合成氨和尿素外，还可以转化成液体燃料以及用作生产多种精细化学品的原料，将其转化成乙醇和甲醇最引人注目。

从合成气合成含氧有机化学品的第一条途径是转化成低级烯烃(见图1-2)，再用一般的技术进一步转变成为含氧的衍生物。合成含氧有机物第二条途径是先合成甲醇，随后再进行甲醇的转化反应。

甲醇可认为是碳1化学的支柱(研究和开发含一个碳原子的化合物，主要包括CO，$CO_2$，$CH_4$，$CH_3OH$，$CH_2O$等为原料的有机合成化学及其工业称之为碳1化学和化工)。甲醇作为化工原料，主要用于生产甲醛，其消耗量占甲醇总量的30%~40%；其次作为甲基化剂，生产甲胺、甲烷氯化物、丙烯酸甲酯、甲基丙烯酸甲酯、对苯二甲酸二甲酯等；甲醇羰基化可生产醋酸、醋酐、甲酸甲酯、碳酸二甲酯等。从甲醇低压羰基化生产醋酸，

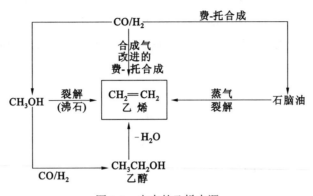

图 1-2 未来的乙烯来源

近年来发展很快。随着碳 1 化工的发展，由甲醇出发合成乙二醇、乙醛、乙醇等工艺正在日益受到重视。甲醇作为重要原料在敌百虫、甲基对硫磷、多菌灵等农药生产中，在医药、染料、塑料、合成纤维等工业中有着重要的地位。甲醇还可经生物发酵生成甲醇蛋白，用作饲料添加剂。甲醇不仅是重要的化工原料，还是新一代性能优良的能源和车用燃料。它可直接用作汽车燃料，也可与汽油掺和使用；它直接用于发电站或柴油机，或经ZSM-5 分子筛催化剂转化为汽油；它还可与异丁烯反应生成甲基叔丁基醚，用作汽油抗震添加剂。

在用合成气作为原料生产化学制品时，过渡金属催化剂起重要作用。这些催化剂能够使处于惰性状态而实际具有反应能力的 CO 和 $H_2$ 分子得以活化。1938 年鲁尔化学公司的罗兰发现在均相钴催化剂存在下，由烯烃和合成气一起反应能转化为醛。烯烃氢甲酰化是工业上有实用价值的一种反应。它将烯烃转化为重要的工业产品，例如，醇、醛、胺和羧酸等。

$$RCH{=\!=}CH_2 + \begin{cases} \xrightarrow{CO/H_2} R(CH_2)_3OH \\ \qquad\qquad \uparrow H_2 \\ \xrightarrow{CO/H_2} RCH_2CH_2CHO \xrightarrow{O_2} RCH_2CH_2CO_2H \\ \xrightarrow[R_2NH]{CO/H_2} R(CH_2)_3NR_2 \end{cases}$$

虽然该反应目前主要应用于大宗化学品的工业制备，但是有机化学家们正在努力研究和开发，它将成为有机化学用途广泛的合成技术。另外一派生反应也很有用途，即在酰胺存在下的烯烃氢甲酰化是一条生产氨基酸衍生物的路线。第二个重要反应就是雷佩（Reppe）的发现，即用可溶性的金属羰基络合物催化包括烯烃、炔烃或醇等的羰基化反应：

$$RCH\!\!=\!\!CH_2 + CO + H_2O \longrightarrow RCH_2CH_2CO_2H$$

$$RCH_2OH + CO \longrightarrow RCH_2CO_2H$$

有机卤化物的羰基化反应是用 Ni，Co，Fe，Rh 和 Pd 的低价络合物催化剂，通常在比前述烯烃羰基化缓和得多的条件下进行。反应包括氧化加成、一氧化碳插入和还原消去等步骤。

$$M(L)_n + RX \longrightarrow R\!-\!M(L)_nX$$

$$R\!-\!M(L)_nX + CO \longrightarrow RCOM(L)_nX$$

$$RCOM(L)_nX \longrightarrow RCOX + M(L)_n$$

L=CO，$Ph_3P$ 等，    X=Cl，Br，I，$RSO_3$ 等

酰基金属中间体在与水、胺、醇等含活泼氢的化合物反应，生成羧酸衍生物。

$$RCOMX \begin{cases} \xrightarrow{H_2O} RCO_2H + HX + M \\ \xrightarrow{R'OH} RCO_2R' + HX + M \\ \xrightarrow{R_2'NH} RCONR_2' + HX + M \end{cases}$$

### 1.3.4 再生资源的利用

植物利用太阳能通过光合作用将二氧化碳与水转变成为碳水化合物（醣），然后通过体内的代谢作用（分解与合成）产生能维持它本身生存的糖类、氨基酸类、普通的脂肪酸类、核酸以及由它们形成的聚合物（多糖类、蛋白质类、酯类、RNA 和 DNA 等），这就是初生代谢和初生代谢产物。然后再通过一些其他代谢途径，产生一些对植物本身用途不明显的产物，如生物碱、精油、抗菌素等，这些就是所谓次生代谢与次生代谢产物。

初生代谢物和次生代谢物都为人类提供了丰富的再生资源。充分利用再生资源开发精细化工产品，对当今和未来都是一个重要的方向。本节仅对其主要资源的利用做介绍。

**1. 淀粉资源及利用**

淀粉主要来自植物的果实、块茎。它作为食物为人类和那些不能进行光合作用的有机体提供了一种间接利用太阳能的途径。自古以来，淀粉也是一种能稳定供应的廉价化工原料，它在食品、造纸、纺织等工业部门广泛得到应用。淀粉作为化工原料也是再生资源中最重要的一种。综合开发玉米、甘薯、木薯、马铃薯以及其他野生植物的淀粉，生产多种用途的淀粉及其改性品种是以淀粉为原料的工业发展方向和重点。

天然淀粉是一种直链淀粉分子和支链淀粉分子的混合物，大多数天然淀粉中含20%~30%直链淀粉。植物学家和遗传学家培育出了含 80% 以上支链淀粉和不含直链的支链淀粉（蜡性玉米），这给淀粉直接利用带来了很多好处。直链淀粉是数百个葡萄糖

单元通过 $\alpha$-$D$-(1→4)葡萄甙链连接的线型全同立构聚合物,而支链淀粉则是含有 1 万 ~ 100 万个葡萄糖单元的聚合物。支链淀粉中的支链点是通过 $\alpha$-$D$-(1→6)链连接,而每个支链平均包括 18~28 个 $\alpha$-$D$-吡喃葡糖基元。从不同植物制得的淀粉其直链和支链型的含量比例不同。因此以淀粉为原料开发精细化学品时,应该考虑淀粉的品级。目前淀粉利用主要从两方面开展了有效的工作:其一是对淀粉分子化学结构进行改性制备可降解的生物高分子材料;其二则是通过生物技术途径由淀粉直接生产精细化学品及其原料。

淀粉改性是基于淀粉分子中 $D$-吡喃葡萄糖单元上羟基的化学反应性。它们包括氧化、酯化、醚化和交链等,从而产生多种多样的淀粉衍生物。通过改性后的天然淀粉使其糊化和蒸煮特性改变,减弱了直链淀粉的凝沉和胶凝的倾向性,增加淀粉低温分散系的保水能力,从而防止脱水。一些改性可加强亲水性或赋予产品疏水性或具离子性。利用衍生作用改变淀粉的性质,加强淀粉的增稠、胶凝、黏着、结合与成膜等功能,以上各方面性能的变化大大扩大淀粉的应用范围。表 1-1 是直链淀粉改性的衍生物应用简介。

表 1-1 直链淀粉和高直链淀粉的衍生物及其应用简介

| | 衍生物 | 应 用 |
|---|---|---|
| 酯类 | 醋酸酯 | 水溶性薄膜,纺织品印花浆(羟乙基化的)<br>用于制法式马铃薯片以减少食用油用量 |
| | 苯甲酸酯 | 水溶性薄膜 |
| | 戊二酸酯 | 水凝胶和海绵 |
| | 磷酸酯 | 铸件芯黏合剂 |
| | 丙酸酯 | 水溶性薄膜 |
| | 琥珀酸酯 | 用于制无衣法兰克福香肠的水溶性被覆物<br>水凝胶和海绵 |
| | 磺酸酯 | 带有叔胺基的两性涂料,用于纺织品浆料 |
| | 脂肪酸 | 纺织品防水剂 |
| 醚类 | 氰乙基 | 用于干洗剂的水溶性薄膜 |
| | 羟烷基 | 用于干洗剂的水溶性薄膜;水溶性,无毒长丝,用于医疗缝合,绷带;过滤材料;定向长纤维 |
| | 羟烷基 | 高含水量的优质成膜料;纺织浆料;疏水性纤维的织物印花;玻璃纤维浆料;食品,为布丁用高温增稠剂;用于药品缓慢释出的水凝胶;烟草黏合剂 |
| | 羧烷基 | 涂料或黏合剂 |
| | 羧甲基 | 用于药物缓慢释出的水凝胶 |

续表

| 衍生物 | | 应　用 |
|---|---|---|
| 其他 | 交联,接枝的二异氰酸,甲苯酯,辐照(0~4兆拉德) | 生物可降解的包装膜;包装食品的耐水薄膜 |
| | 叔胺基化合物 | 带有磺酸或磺酸盐基团的两性浆料,用于纺织品 |
| | 乙缩醛类 | 天然纤维或合成纤维用的水溶性浆料 |
| | 氨基甲酸酯 | 纺织品浆料 |
| | 羧酸盐(氧化的) | 玻璃纤维浆料 |
| | 用表氯醇交联的产物 | 食品,为布丁用的高温增稠剂 |
| | 丙烯酰胺的接枝共聚物 | 黏合带 |

利用淀粉及其改性物对聚氯乙烯(PVC)聚乙烯醇(PVA),乙烯-丙烯酸共聚物(EAA)以及低密度聚乙烯(LDPE)等进行改性,生产出可生物降解的农用薄膜及其他的塑料制品,可防止"白色污染"。

许多种单体可接枝聚合于团粒状和糊化淀粉之上,若干接枝聚合物有可能成为含水系统的增稠剂、絮凝剂、废水净化助剂、造纸中的留着助剂等。令人极为关注的是将丙烯腈接枝聚合在糊化淀粉上,生成的淀粉接枝-聚丙烯腈共聚物经碱皂化,将腈基转化成氨基甲酰基和碱金属羧酸基团的混合体。把这种聚合物除去水,便可提供一种能够吸收自身重量数百倍的水而不溶解的固体物质——超级吸水物。

在橡胶中加入淀粉双黄原酸酯可改变橡胶的加工过程,制备出一种粉末橡胶,这是橡胶工业长期寻觅的目标。此外,淀粉双黄原酸酯作为包衣材料用途极广,已开发了一种将化学农药封装于淀粉黄原酸酯基质中的包胶新工艺,减少了由于农药挥发、漏失以及光照分解而向周围环境散失的问题。将其他聚合物(如 PVC,PE 等)与淀粉黄原酸酯配合使用,可以改变药物的释放性能。

淀粉通过发酵等生物化学过程,可以生产很多化学品,它们除乙醇、丙酮、丁醇等一系列通用化工原料之外,还可以制备多羟基化合物,如淀粉通过酸解聚或酶解聚作用,可得到产率为 90%~95% 的葡萄糖,再进行化学转化可制备葡萄糖酸、衣康酸、山梨糖酸。而这些化合物都是主要的精细化学品或精细化学品重要原料。以淀粉为原料制得主要含 $D$-葡萄糖的甜味剂和主要含 $D$-果糖的甜味剂,以及含两者的均衡混合物的甜味剂也已工业化生产。

利用环淀粉葡聚糖转移酶,将淀粉转化为环淀粉(环糊精),利用环淀粉空穴中能包住某种化合物的特性,在制药、食品化学、化妆品和农药等多种行业中应用形成包合物。环淀粉能够稳定易起变化的化合物,乳化油脂,增高溶解度,以及将黏性或油状化合物变成粉状。

此外,环糊精还应用于合成化学、分析化学和作为分子识别分离材料。

**2. 纤维素资源及利用**

纤维素原料来源于木材、棉花、棉短绒、麦草、稻草、芦苇、麻、桑皮、楮皮和甘蔗渣等。我国森林资源不足,纤维素的原料有70%来源于非木材资源。我国针叶林、阔叶林木材的纤维素平均含量为43%~45%;草类茎秆的纤维素平均含量在40%左右。

纤维素的工业制法有亚硫酸盐法和碱法两种,它们分别用亚硫酸盐溶液或碱溶液蒸煮植物原料,除去木质素,得到亚硫酸盐浆和碱浆,经漂白后可用于造纸。再进一步除去半纤维素,就可用作纤维素衍生物的原料。

纤维素与淀粉一样是由 $D$-吡喃型葡萄糖基彼此以 $1,4$-$\beta$-苷键连接而形成的间同构型高分子。纤维素分子除两个端基外,每个葡萄糖基都有三个羟基,平均聚合度为1万左右。

纤维素中的羟基可发生酯化或醚化反应,从而衍生出许多产品。实际应用的纤维素酯类有纤维素硝酸酯、纤维素乙酸酯、纤维素乙酸丁酸酯和纤维素黄酸酯。纤维素醚类有甲基纤维素、羧甲基纤维素(CMC)、乙基纤维素、羟乙基纤维素、氰乙基纤维素、羟丙基纤维素和羟基甲基纤维素等。此外,还有酯醚混合衍生物。

纤维素乙酸酯是以硫酸为催化剂,乙酐与纤维素反应制备。广泛用于制造喷漆、涂料、纺织物、香烟滤嘴、包装材料、胶片、人工肾脏和反渗透膜等。

应用最广的是纤维素硝酸酯(硝化纤维素),它由纤维素经不同配比的浓硝酸和硫酸的混合酸硝化而得不同类硝化纤维素。根据硝化程度按产物的含氮量分为火棉和胶棉,火棉用于制造炸药,胶棉用于制造赛璐珞和纸张、织物、木材、皮革、金属材料的涂层。

纤维素醚的一般制法是将纤维素浆粕用碱溶液处理,破坏氢键,释放出羟基,然后再与氯甲烷或氯乙烷或一氯乙酸等醚化剂反应,分别得到甲基纤维素、乙基纤维素、羧甲基纤维素。这些纤维素衍生物有广泛的用途。

甲基纤维素广泛用作增稠剂、胶粘剂和保护胶体等。也可用作乳液聚合的分散剂、种子的黏合分散剂、纺织浆料、食品和化妆品的添加剂、医药胶粘剂、药物包衣材料或用于乳胶漆、印刷油墨、陶瓷生产,以及混入水泥中用以控制凝固时间和增加初期强度等。

乙基纤维素制品有较高的机械强度、柔韧性、耐热性和抗寒性。低取代乙基纤维素可溶于水和碱溶液,高取代产品可溶于大多数有机溶剂。它与各种树脂和增塑剂都有很好的相溶性。可用于制造塑料、薄膜、清漆、胶粘剂、乳胶和药物的包衣材料等。

羧甲基纤维素是应用最广的水溶性纤维素醚。主要用作钻井泥浆。还用作洗涤剂的添加剂、织物浆料、乳胶漆、纸板和纸的涂层等。纯帛的羧甲基纤维素可用于食品、医药、化妆品,还可用作陶瓷和铸模的胶粘剂。

纤维素羟烷基醚的代表性品种是羟乙基纤维素和羟丙基纤维素,用环氧乙烷和环氧丙烷为醚化剂，在酸或碱催化下，与纤维素反应而得。它用作乳胶涂料的增稠剂、纺织印染浆料、造纸胶料、胶粘剂和保护胶体等。

**3. 木质素(木素)及利用**

在植物界，木质素是仅次于纤维素的一种最丰富的大分子有机物质，简称木素。木素是裸子植物(针叶木类)和被子植物(阔叶木和草类)的基本化学组分之一，其含量在15%~26%。木素还存在于所有维管植物之中。在成熟植物的茎、根、皮、叶、果实壳及种子都含有不同程度的木素。木素是复杂的芳香族聚合物，它在植物细胞壁中作为一种特性的黏结聚糖组分物质来增加木材的机械强度。

木素的化学结构十分复杂。现在公认木素是由三种初级前驱物，即松柏醇(Ⅰ)、芥子醇(Ⅱ)、p-香豆醇(Ⅲ)经酶脱氢聚合形成的一种天然植物高分子。

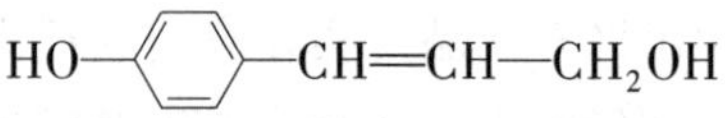

$$HO-\text{〇}-CH=CH-CH_2OH$$

Ⅰ

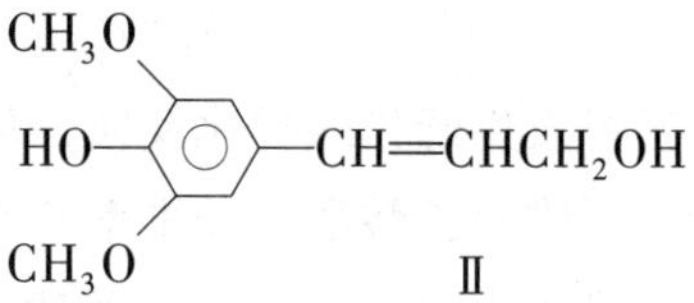

$$HO-\text{〇}(CH_3O)_2-CH=CHCH_2OH$$

Ⅱ

$$HO-\text{〇}-CH=CHCH_2OH$$

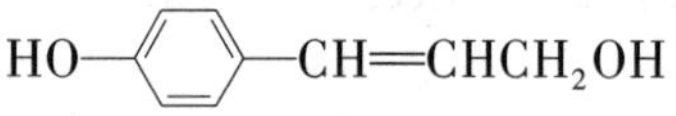

Ⅲ

木质素可分为两类：愈创木基木素和愈创木基-紫丁香基木素类。前者存在于针叶林和一些隐花植物中，含量分别为24%~34%和15%~30%；后者存在于阔叶林中，一般含量为16%~24%，热带阔叶林含量为25%~33%，某些特殊针叶林含量为23%~32%，草类含量为17%~23%。

木素有很多用途待开发利用。目前，制浆工业废液中的木素主要作为燃料。亚硫酸盐法制浆废液中的木素磺酸盐可用作胶粘剂、螯合剂、工业洗净剂、水的软化剂、浮化剂和乳液稳定剂、单宁补充剂、水泥添加剂、石油钻井分散剂和土壤稳定剂等。此外，也可用木素磺酸制备香草素、香草酸。硫酸盐法制浆废液中的木素可以制备含硫的脂肪族化合物如二甲亚砜，二甲砜和二甲基硫化物。用硫酸盐木素代替炭黑作为苯乙烯-丁二烯橡胶(SBR)的增强剂。工业木素还可用于酚-甲醛树脂、尿-甲醛树脂、环氧树脂、呋喃树脂等的制造和一些塑料制品中。

**4. 半纤维素及利用**

用碱液从陆地植物中抽提出来的聚糖称之为半纤维素。因为发现在细胞壁中这些聚糖总是与纤维素紧密地结合在一起，以致过去误认为它是纤维素合成过程的中间产物。现在证明纤维素的合成与半纤维素无关。

半纤维素来源于植物的一种聚糖类，与纤维素不同，半纤维素不是均一聚糖，而是一群复合聚糖的总称，原料不同，复合聚糖的组分也不同。组成半纤维素的糖基主要有

*D*-木糖基、*D*-甘露糖基、*D*-葡萄糖基、*D*-半乳糖基、*L*-阿拉伯糖基、4-*O*-甲基-*D*-葡萄糖尾酸基、*D*-半乳糖醛酸基与*D*-葡萄糖醛酸基等，还有少量的*L*-鼠李糖基、*L*-岩藻糖基及各种带有氧-甲基、乙酰基的中性糖基。这些糖基构成半纤维素时，一般不是由一种糖基构成一种聚糖这样的简单聚糖，而是由 2~4 种糖基构成复合聚糖。陆地植物的大多数半纤维素虽然带有各种短的枝键，但主要还是线状的。半纤维素是一种平均聚合度近 200 的低分子量的聚糖。它们可从植物组织或脱出木素的物料中被水或碱水溶液抽提而分离出来。半纤维素的工业目前主要是己糖和戊糖的利用。

己糖存在于亚硫酸盐废液及预水解废液中，己糖可用于生产酒精及山梨糖醇（己六醇）。

$$CH_2OH(CHOH)_4CHO \xrightarrow[120\sim125\ 大气压]{Ni,\ H_2} CH_2OH(CHOH)_4CH_2OH$$

山梨糖醇因其有甜味，可作糖食果品之用。它的工业用途还有很多，例如，作为制造炸药及维生素 C 的原料；它可代替甘油，在制铜版纸时用来调节湿度；在卷烟生产中可防止烟丝成末或断裂；它还可用于牙膏、食品添加剂、化妆品、油漆、表面活性剂、增塑剂等。

戊糖的利用主要包括四个方面：

1）饲料酵母的原料

含戊糖多的亚硫酸盐废液，可用于制饲料酵母。生产时戊糖是用作酵母的食料，另外还要用含氮化合物作为营养盐。饲料酵母含蛋白质丰富，是很好的动物饲料。

2）合成糠醛

聚戊糖大量存在于农副产品原料中，在稀酸存在下高压加热后可蒸馏出糠醛，糠醛是重要的化工原料，可用作制造塑料、人造纤维等。

3）生产木糖与木糖醇

聚木糖水解可制成结晶木糖或木糖浆，用于糖果工业、水果罐头及冰激凌的制造。但人体只能消化 15%~20% 的木糖，而动物可消化 90%，对动物来说是一种高热量的饲料。

木糖的水溶液在 Ni 催化下加压及 120~150 ℃氢化还原成木糖醇。木糖醇是无臭白色对热稳定的结晶，它的甜度和热容量与蔗糖相同。它具有抗龋的特点，近来得到食品生产者的青睐。此外它还有多方面的用途，如作为糖尿病人食品，香味增强剂、调味剂、肉类色泽稳定剂和改良剂。最近木糖醇注射液作为治疗糖尿病，代谢纠正剂以及抗酮剂的药品已获得推广。

4）制备三羟基戊二酸

木糖用相对密度为 1.2~1.4 的硝酸在 60~90 ℃氧化 2~3 h 即可制得三羟基戊二酸。三羟基戊二酸具有令人愉快的酸味，故食品工业上可代替柠檬酸，它还可用于保存血浆，在火药工业中用作火药稳定剂。

**5. 油脂综合利用**

油脂是植物油和动物油的统称。它们的化学结构与矿物油和芳香油有本质的区别。矿物油主要指饱和脂肪烃化合物，芳香油是芳香烃和萜类化合物（如樟脑油、薄荷油）。油脂是甘油脂肪酸酯，其化学结构为：$R'{-}COCH_2{-}CH{-}CH_2OCR'''$，其中 $R'$，$R''$，$R'''$ 相同

$$\overset{\|}{O}\qquad\overset{|}{OCOR''}\quad\overset{\|}{O}$$

或不同。

在自然界动物植物油中已发现 R 基团有 170 种以上。然而存在于油脂中的主要脂肪酸只有十几种，现将主要脂肪酸列于表 1-2。

表 1-2　　　　　　　　　　　　　　油脂中的主要脂肪酸

| 常用名 | 系统名称 | 碳原子数 | 双键数 | 主要来源 |
|---|---|---|---|---|
| 饱和酸 | | | | |
| 癸　酸 | 癸烷酸 | 10 | | 椰子油、棕榈核油（含有少量） |
| 月桂酸 | 十二烷酸 | 12 | | 椰子油、棕榈核油、山苍子核油 |
| 豆蔻酸 | 十四烷酸 | 14 | | 多数油脂（含有少量） |
| 棕榈酸 | 十六烷酸 | 16 | | 柏油、猪油、棕榈油、漆蜡 |
| 硬脂酸 | 十八烷酸 | 18 | | 羊油、牛油 |
| 花生酸 | 二十烷酸 | 20 | | 花生油（含有少量） |
| 不饱和酸 | | | | |
| 油　酸 | 9-十八烯酸 | 18 | 1 | 花生油、米糠油、芝麻油 |
| 亚油酸 | 9，12-十八二烯酸 | 18 | 2 | 向日葵油、大豆油、棉籽油 |
| 亚麻酸 | 9，12，15-十八三烯酸 | 18 | 3 | 亚麻仁油 |
| 蓖麻油酸 | 12 羟基 9-十八烯酸 | 18 | 1 | 蓖麻油 |
| 桐　酸 | 9，11，13-十八碳三烯酸 | 18 | 3 | 桐油 |
| 芥　酸 | 13-二十二碳烯酸 | 22 | 1 | 菜籽油 |

利用油脂作为精细化学品原料，除直接利用外，主要是通过油脂的酯键，不饱和基和羟基来制备很多用途广泛的精细化学品。表 1-3 是有关油脂综合利用的示意。

油脂在精细化工中应用最多的有牛、羊动物油，椰子油、棕榈油、蓖麻油、菜油等。下面简单介绍蓖麻油：

蓖麻油黏度高、凝固点低，可以直接用作刹车油、油漆和医用泻药等。

表 1-3　　　油脂综合利用示意

```
          直接利用
         ┌─────→润滑油、燃料油、食用油、涂料。
         │ 皂  化
         ├─────→肥皂、甘油→炸药、化妆品、塑料
         │ 水  解
         ├─────→甘油、脂肪酸→硬脂酸、油酸
         │ 氢  化
         ├─────→硬化油→硬脂酸、人造奶油
         │ 硫酸化
         ├─────→硫酸酯→印染助剂、皮革助剂
         │ 环氧化
油脂→ ────┤─────→环氧化油→聚氯乙烯增塑剂、稳定剂
         │ 羰基还原
         ├─────→脂肪醇→制造表面活性剂、化妆品
         │ 醇  解
         ├─────→单甘油酯→食品添加剂
         │ 酯交换
         ├─────→改变油脂组分→营养油
         │ 裂  解
         ├─────→二元酸→合成材料、增塑剂
         │ 硫  化
         └─────→硫化油→黑油膏→橡胶加工软化剂
```

蓖麻油分子中含有羟基、双键和酯键三种可反应的官能团，因此可以通过这些活性基团反应，合成很多精细化学品。

蓖麻油水解后生成蓖麻醇酸为主的混合脂肪酸和甘油。混合脂肪酸是塑料热稳定剂——铅皂、钡皂的主要原料。

蓖麻油用甲醇进行酯交换，再氢化、水解后可分离出羟基硬脂酸。羟基硬脂酸是硬质和软质 PVC 用外润滑剂，特别适用于经钡-镉稳定处理过的 PVC 制品，并有防止离析结垢的作用。蓖麻油的双键经环氧化得环氧蓖麻油，因为它具有无毒、挥发性低、耐萃取性好等特点，作为 PVC 塑料增剂和辅助稳定剂。这类 PVC 塑料主要用于止血带、食品、药品包装和汽车内装饰材料等。蓖麻油通过分子中双键加氢即成氢化油（硬化油）。氢化蓖麻油是硬质 PVC 加工用的润滑剂，特别适用于注射模塑和空心制品。氢化蓖麻油亦可用作皮鞋油和上光蜡的光亮剂。

蓖麻油与硫酸反应即成土耳其红油，它是纺织工业的印染助剂；蓖麻油和环氧乙烷作用生成聚氧乙烯蓖麻油，是高效表面活性剂，它常用于农药乳化。

蓖麻油脱水后变为干性油，在清漆、磁漆中作为桐油代用品，还用于油布、油毡、皮革、油墨的配料中。

蓖麻油经醇解、裂化、水解、溴化、氨化和缩聚制成尼龙 11 及香料的原料——庚醛。

尼龙 11 制成的合成纤维，具有质轻柔软、耐磨不皱、手感好的特点；尼龙 11 制成的电缆套管和管道零件塑料制品具有优良的化学稳定性和电绝缘性。

蓖麻油在240~300 ℃下碱裂解可制得癸二酸。癸二酸是耐寒增塑剂——癸二酸二丁酯和光稳定剂——受阻胺的主要原料。癸二酸进一步加工可制得尼龙1010、尼龙610等工程塑料。

尼龙1010是我国独创的新型聚酰胺品种，具有比重小、化学稳定性好、耐磨和自润滑性好，相当高的比强度，优越的电气绝缘性和成型工艺性，可以回收再用等优点，是一种理想的有色金属代用材料。

**6. 植物其他成分的利用**

植物中其他可利用成分主要来源于植物的次生代谢物。天然橡胶和生漆是大家很熟悉的大量利用的植物资源。从不同植物叶、茎、根、果实、果皮提取不同香料(精油，发挥油)，可以用于食品工业、化妆品工业和医药工业，具有很高的经济效益，又能美化改善人类的生活。从一些植物中还可以得到食用色素，以及用于医药和农药的生物碱、抗生素、黄酮类和甾类等化合物。植物资源不仅丰富而且可再生，只要我们开发和利用先进分离技术和鉴别方法，它们在精细化工领域一定会创造更好的经济效益。

**7. 动物资源的利用**

动物全身是宝，除肉食用和皮制革外，其他包括毛、血等和几乎所有内脏都可利用，用于提炼酶(酵素)、激素、水解蛋白等药物，发展生物制药工业。

鱼类的肉、卵、脑垂体、胆、胃、胰等，用于提炼酶(酵素)、激素、水解蛋白等药物。鱼油用于制革工业，氢化后可制肥皂等。鱼肝油含有丰富的维生素A和D。鱼肥是含有丰富氮质和磷质的有机肥料。虾壳、蟹壳用于制甲壳素，可用于纺织、印染、木材、医药等工业。

**8. 其他废物的利用**

废物包括很广，有冶炼厂的炉渣，化工厂的三废，还有很多使用过的废旧物品。都可以想办法将其回收或转化为有用的精细化学品。这个工作既增加财富又减少环境污染，是一项利国利民值得研究开发的领域。

## 1.3.5 化学矿的利用

我国化学矿产资源丰富。它们包括硫铁矿、自然硫、硫化氢气矿、磷矿、钾盐、钾长石、明矾石、蛇纹石、化工用石灰岩、硼矿、芒硝、天然碱、石膏、钠硝石、镁盐、沸石岩、重晶石、碘、溴、砷、硅藻土、天青石、硅灰石、海泡石、蛇纹石、石英砂、云母矿、萤石以及多种稀土元素矿等。化学矿用途十分广泛。以磷矿为例，磷矿石主要用来制造磷肥，其次是制造黄磷、赤磷、磷酸和磷酸盐。磷酸盐又用于制糖、医药、合成洗涤剂、饲料添加剂等行业。在冶金工业中，用于炼制青铜、含磷生铁等。此外黄磷能转变成三氯化磷、三氯氧磷，它们是合成名目繁多的有机磷农药、阻燃剂等的原料。萤石和硫酸作用可制备氟化氢，它是制备有机氟聚合物和氟利昂、有机氟表面活性剂等有机氟精细化学品最主要的原料。石英砂冶炼成单质硅后转变成氯硅烷和硅烷化合物，如三氯硅烷是制造单晶硅的原料，还可生产有机硅偶联剂等。硅与氯甲烷反应可生产甲基氯硅烷，目前已由甲基氯硅烷进一步研究开发了性能优异的有机硅橡胶、硅油、硅树脂、硅烷化合物等有机硅精细化工产品达数千种，有机硅产业在 21 世纪仍然是精细化工产业中重要成员之一。

　　稀土制品的利用也是当今精细化学品开发的热点之一。目前已知含稀土元素的矿物有两百多种，具有代表性的主要矿物见表 1-4。

　　稀土矿物中最重要的为独居石、氟碳铈镧矿和磷钇矿三种。独居石是含铈、镧等轻稀土元素的矿物，原矿中并含有放射性元素钍和铀。独居石通常存在于海滨和河床砂矿中，如钛铁矿、金红石矿中均含有轻稀土元素和锆石，主要为铈、镧、钕的磷酸盐。氟碳铈镧矿也是含轻稀土元素的矿物，但其中放射性元素钍和铀的含量远较独居石低，其主要成分为铈、镧、铕的氟碳酸盐。磷钇矿为含钇量最高的一类矿物，其主要成分为钇、铈、铕的磷酸盐。我国是稀土矿物贮量最丰富的国家，如何用好这些有利资源是值得加以关注的。目前供工业上使用的稀土金属及化合物主要有四种类型：① 混合稀土化合物，主要用于催化剂和玻璃研磨材料；② 混合稀土金属，主要用于冶金工业和合金；③ 精制稀土化合物，主要用于玻璃、陶瓷、催化剂、催干剂和电子材料等；④ 精制稀土金属，主要用于冶金工业和合金。

表 1-4　　　　　　　　　　　　主要的稀土矿物　　　　　　　　　　　　%

| 矿物名称 | 化　学　式 | 铈氧化物含量 | 钇氧化物含量 |
|---|---|---|---|
| 独居石 | (Ce, La, Nd)PO$_4$ | 39~74 | 0~5 |
| 氟碳铈镧矿 | (Ce, La)(CO$_3$)F | — | — |
| 磷钇矿 | (Y, Ce, Er)PO$_4$ | 0~11 | 54~64 |
| 硅铍钇矿 | Be$_2$FeY$_2$Si$_2$O$_{10}$ | 0~51 | 32~46 |
| 褐帘石 | (Ce, Fe, Ca, Al)(SiO$_4$)$_3$ | 2~34 | 0~4 |
| 铈硅石 | H$_3$(Ca, Fe)Ce$_3$Si$_3$O$_{13}$ | | |
| | 2(Ca, Fe)O$_3$·Ce$_2$O$_3$·6SiO$_2$·3H$_2$O | 38~72 | 0~7 |
| 褐钇铌矿 | Y(Nb, Ta)O$_5$ | 1~8 | 31~37 |
| 铌钇矿 | (Fe, Ca)(Y, Er, Ce)$_2$(Nb, Ta)$_4$O$_5$ | 0~51 | 32~46 |
| 里稀金矿 | Y$_2$O$_3$·UO$_3$·Nb$_2$O$_5$·TiO$_2$·H$_2$O | — | — |

# 第二章　精细化工绿色化和产业生态化

## 2.1　精细化学品生产绿色化和产业生态化概述

### 2.1.1　精细化学品生产绿色化

20 世纪 90 年代以来，一场"绿色化学"革命席卷全球，短短 10 多年，化学品生产绿色化已经取得很多可喜成果：生物降解塑料的研究与商品化；化学品合成采用无毒性原料和溶剂，同时还开发了一些原子经济性反应；高选择性催化剂等绿色化工技术生产精细化学品原药等。化学品生产绿色化在很大程度上减少了化学工业所带来的污染，在降低了化学工业对自然环境造成灾难性破坏风险的同时，化工企业在经济效益、环境效益和社会效益三方面也找到了平衡点。

世界各国致力于化学化工绿色化的重要原因之一是石油等矿物质资源日益枯竭，越来越昂贵的石油化工原料成本使很多国家、尤其是发展中国家无法承受。埃塞俄比亚为了不花更多资金进口石油来生产塑料，他们的化学家研究出用甘蔗衍生品生产塑料袋，这种塑料袋用完后还可以成为牛饲料，这项研发不但节约生产成本，还能为牛解决饲料问题。由此可见，绿色化学不仅可使生产成本降低、原材料得到充分利用并节省开支，而且还可以节约处理有毒废弃物的巨额开销，从而大大提高企业的经济效益和市场竞争力。

避免环境污染则是致力于发展绿色化学的另一重要原因。19 世纪以来，人类为了生存和改善生活，向大自然索取的同时，还发展了传统工业体系，其中特别是化学、化工体系。当今生产的化学产品达 10 万种以上，它既为社会进步和提高人类生活水平作出了巨大的贡献，但也在过去先发展后治理的思想指导下，造成了环境的严重污染，消耗了巨额治理费用。当今全球气候变暖，臭氧层破坏，光化学烟雾和大气污染，酸雨，生物多样性锐减，森林破坏，荒漠化和核冬天等环境问题的威胁，已经严重影响人类的生存和社会持续发展。能源和资源危机也向人类敲响了安全警钟。人类如何生存下去，如何保证经济持续发展、生态和社会持续性进步，已是各国政府、研发机构、学校和有关团体特别关注的问题。1992 年联合国环境与发展大会发表了《里约热内卢宣言》，提出可持续发展战略；

18

1996年又召开了以环境无害有机合成为主题的会议，较完整地提出了"绿色化学"的概念。

为了较全面地理解绿色化学，可将其概括为：利用化学的技术和方法去减少或消灭那些对人体健康、社区安全、生态环境有害的原料、催化剂、溶剂和试剂、产物及副产物等的使用和产生；理想的绿色化学在于不再使用有毒、有害的物质，不再产生废物，不再处理废物；争取从源头上防止污染，最大限度地合理利用资源，保护环境和生态平衡，满足经济、生态和人类社会持续发展；绿色化学的主要特点是原子经济性，即在获取新物质的转化过程中充分利用每个原料原子，实现"零排放"，因此可以充分利用资源，又不产生环境污染。传统化学工艺向绿色化学的转变可以看作化学从粗放型向集约型的转变。绿色化学既可以变废为宝，使经济效益大幅度提高，又是环境友好技术或清洁技术的基础。

为了使化学化工产业实现绿色化学目标，当今国内外研究开发工作主要包括图2-1中所涉及的内容，即化合物合成尽可能采用原子经济性或绿色化学反应；研究使用无毒、无害或再生资源原料，化工过程中采用无溶剂或绿色化溶剂（如 $H_2O$ 等）以及催化技术、生化技术和超临界流体等绿色化工技术，最终制备出符合绿色化要求的产品。

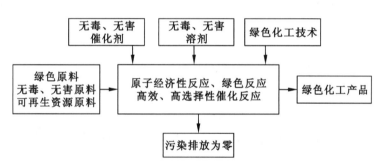

图 2-1 精细化学品生产绿色化示意图

## 2.1.2 精细化学品生产绿色化设计

精细化学品及其工业涉及原药（广义的原药除医药外，还包括农药、兽药、各类助剂、染料、香料、聚合物和试剂等具有一定分子结构的化学品）的合成，复配物（涂料、黏合剂、化妆品、医药或农药制剂等）的制备和商品化（在市场上柜台的商品）三部分组成。设计绿色的精细化学品时，上述三个组成部分都应考虑。原药合成是精细化学品的基础，它是精细化学品绿色化的关键。原药绿色化不仅决定于其化学结构是否无毒或无害分子，还决定于合成选用原料和生产化工过程是否绿色化，产品使用后是否可代谢为无毒、无害物质或再生重复利用。复配物和商品化则主要决定于所有复配原材料的选用、制备工艺过程和包装材料等是否符合绿色化原则。

精细化工产品设计既包括新的化学品制造，还涉及现已广泛使用的精细化学品绿色化改造。因此这一场化学化工的绿色革命，既是精细化工发展的机遇，也是对精细化学品研究者和企业家的挑战。

绿色化学要求精细化学品生产过程不产生废弃物，对人类和环境更安全，不再走先生产后治理的旧模式。更安全的概念不仅是对人类健康的影响，还包括化学品整个周期中对生态的影响，即对动物、水生物和植物不产生直接和间接影响。

基于上述思考，精细化学品及其生产设计应遵循全世界公认和接受的绿色化学十二原则，这些原则是 P. T. Anastas 和 J. C. Warner 所倡导的，现将其应用于精细化工归纳成如下八条：

（1）精细化学产品的设计既要保证产品功能有效，又要尽量减少毒性；当产品功能终结后，在环境中容易分解为无害的降解产品（如 $H_2O$，$CO_2$ 等）或回收能再利用。

（2）在设计合成路线时，尽量考虑不产生废物，最大限度地使原料的所有原子进入最终产品中，化学反应尽最大可能地提高原子经济性。

（3）设计的合成反应尽量采用催化反应，使用选择性好、高效率和长寿命的绿色催化剂。

（4）精细化学品制备时选用无毒、无害的原料，最好选用再生资源或使副产物在生产中循环利用。

（5）精细化学品制备时，尽量不使用辅助物质（如溶剂、保护剂以及物理化学过程的瞬时改良剂等），当不得不使用时，也应选用无毒、无害物质。

（6）化学过程应尽量注意节约能源或使用绿色能源，最好是在室温或常温、常压下能进行生产。

（7）化学过程或贮运过程中，所涉及的物质应是安全的，尽量做到不具最小事故（爆炸、着火、泄漏等）的潜在危险。

（8）化学过程中的分析采用在线和适时的方法，在有害物质生成或可能发生最小事故之前，就能够进行有效的控制。

## 2.1.3　化学工业生态学

工业生态学（industrial ecology，IE）是一种通过减少原料消耗和改善生产程序以保护环境的新科学。IE 使体系从线型模式（lineal model）转变成与自然界的生态体系相似的闭合环型结构模型（closed-loop model），基本特点是没有废弃物。因为生产一种产物产生的废弃物可作为另一种产物生产的原料。因此要对经典的产品与工艺重新考虑，要创造对废物再利用（reuse）和回收（recovery）的条件，以减少清洁（reuse）废弃物量及其对环境的损害。最好化学模式是建立"零排放"的体系，也就是化工厂不排放有害环境的气体、污水、废渣和不造成有害影响。这种工厂对所用的原材料"吃干榨尽"，整个生产是一个闭路循环的工艺过程，所排放的废物作为另一个生产工艺的原料加以利用。零排放工业将成为化学工业界的必然选择，一个企业的废弃物可成为另一个企业的原材料，如果把各个产业组合起来，那么，从整个社会来说，每个企业在生产活动中产生的废弃物将会成为"零"。从而可以说，工业生态学与零排放是一个问题的两个方面，即化学工业生态学是生产架构的组合，要达到的目标是零排放。

## 2.1.4　精细化学品产业生态化设计

精细化工生产绿色化，要求从源头发展高选择性、高转化率的绿色反应，使用绿色原料生产绿色产品，使用绿色过程，发展无污染和零排放流程，对传统精细化学工业进行改造，创立环境友好新工艺，使整个生产过程环境污染物最少化，这样可以达到源头不生成或大量减少造成污染的废弃物，甚至整个反应和生产过程中废弃物最低排放或零排放。该过程主要表现在企业层次上，所关注的是产品与制造过程，特别注重减少废物产生。然而对于新型精细化工设计和生产更深层次的要求是对精细化学品产业进行生态化设计，更加注重系统化和生态化。该过程往往对整个精细化工园区设计提出了更高的要求。

精细化工生态化是利用绿色化学技术，使用物质循环与生态平衡的原理，以系统工程和最优化设计将可利用物质分层多级充分利用，从而达到整个过程生态大循环的生产流程系统。精细化学品产业生态化设计赋予绿色化学新的内涵，更加注重系统工程和生态学的融合，重视化学学科内不同领域中共性规律的认识和掌控。

精细化工生态化设计需要从局域和全球工业体系出发，以可持续发展为目标，以系统生态循环为基础，以系统工程学中的整体性、最优化和有序化为原则和方法，研究和发展有环境参与循环的化学反应及生产过程，在工业园区内实现资源和能源的综合利用和零排放。精细化工生态化设计在绿色化的基础上更加关注能量需求，控制园区能量的综合平衡，改善工业园区的物质与能源效率。下图为通常的精细化工生态园区模式：

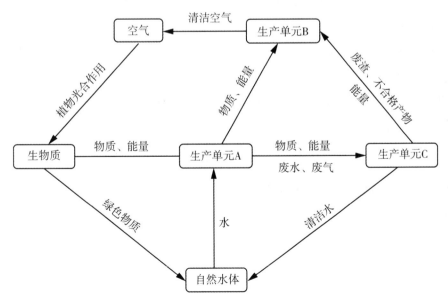

## 2.2 原子经济性反应和绿色合成反应

### 2.2.1 基本概念

**1. 原子经济性(atom economy)**

是指合成所用原料化合物分子中究竟有百分之几的原子转化成为有用产物。理想的原子经济性反应指构成原料化合物分子中的原子百分之百地转化成有用产物,不产生副产物或废物,做到废物零排放。十分完善的绿色合成反应应该是下式中 D 为 0。

$$A+B \longrightarrow C(产物)+D(副产物)$$
$$A+B \longrightarrow C(产物)+C'(产物)+D(副产物)$$

乙烯在 Ag 催化剂存在时氧化制环氧乙烷,因无副产物,所以理论上可视为原子经济性反应。该反应的关键技术在于催化剂的制备和反应条件的控制。

$$CH_2{=\!=}CH+\frac{1}{2}O_2 \xrightarrow{Ag} \underset{O}{CH_2{-\!-}CH_2}$$

甲醇和 CO 在催化剂存在下通过氧化羰基化反应合成碳酸二甲酯,理论上它不是原子经济性反应,因有副产物水产生;但水是无毒无害物质,因此该反应可归为绿色化学反应。

$$2CH_3OH+CO+\frac{1}{2}O_2 \longrightarrow CH_3{-\!\!}O{-\!\!}CO{-\!\!}OCH_3 + H_2O$$

**2. 原子利用率**

原子经济性常用原子利用率来量度。原子利用率(Atom Utilization,AU)是用来估算不同化工过程所用的原料化合物分子中原子利用程度,可用化学反应式算出其理论值。AU 大,表明消耗原料而产生的副产物少。应注意原子利用率不是指产物的选择性,而是原子的选择性。

$$AU = \frac{目标产物摩尔质量}{参加反应所有原料摩尔质量之和} \times 100\%$$

上例环氧乙烷精细化学品合成原料采用 Ag 催化乙烯氧化,其理论原子利用率可按下式计算:

$$C_2H_4+\frac{1}{2}O_2 \xrightarrow{Ag} C_2H_4O$$

| 参加反应原料的摩尔质量 | 28 | 16 | | |
| 合成目标产物摩尔质量 | | | 44 | |
| 废弃物摩尔质量 | | | 0 | |

$$原子利用率\ AU = \frac{44}{28+16} \times 100\% = 100\%$$

如果同样以乙烯为原料，用氯乙醇法来制备环氧乙烷，其结果计算如下：

$$CH_2CH_2 + Cl_2 + H_2O \longrightarrow ClCH_2CH_2OH + HCl$$

$$ClCH_2CH_2OH + HCl + Ca(OH)_2 \longrightarrow C_2H_4O + CaCl_2 + H_2O$$

| 总反应： | $C_2H_4$ | $+Cl_2$ | $+Ca(OH)_2$ | $\longrightarrow$ | $C_2H_4O$ | $+CaCl_2$ | $+H_2O$ |
| 原料和反应产物摩尔质量 | 28 | 71 | 74 | | 44 | 111 | 18 |
| 目标产物摩尔质量 | | | | | 44 | | |
| 废弃物摩尔质量 | | | | | | 111+18 = 129 | |

$$原子利用率\ AU = \frac{44}{28+71+74} \times 100\% = 25\%$$

计算表明：理论上生产 1 kg 环氧乙烷产生 3 kg 废弃物，AU 为 25。

**3. 环境因子（$E$-因子）**

环境因子的概念是 1992 年由荷兰化学家 Roger A. Sheldon 提出。环境 $E$-因子的定义为每制备 1 kg 产物所产生的废物（不可利用的副产物）的千克数。

$$E = \frac{废物质量}{目标产物质量}$$

环境因子 $E$ 越大，表明化工过程所产生的废物越多，造成的资源浪费和环境污染也愈大。原子利用率为 100% 的原子经济性反应，因无副产物，环境因子为 0。不同化工领域的 $E$-因子是不同的，如表 2-1 所示，医药生产因化学反应步骤多，单元操作也多，故 $E$-因子最大。

| 表 2-1 | 不同化工领域 $E$-因子 | |
| --- | --- | --- |
| 领　域 | 产物吨位数/t | $E$-因子 |
| 石油化工 | $10^6 \sim 10^8$ | 约 0.1 |
| 大宗化工产品 | $10^4 \sim 10^6$ | <0.5 |
| 精细化工 | $10^2 \sim 10^4$ | 5 ~ >50 |
| 医药品 | $10 \sim 10^3$ | 25 ~ >100 |

精细化工生产尽量采用催化技术和先进的分离纯化技术，则可减少反应步骤，减少分离纯化过程不必要的损失，其 $E$-因子就会下降。

$E$-因子必须从实际生产过程中所取得的 $E_{实}$ 数据，往往 $E_{实} > E_{理}$，其原因在于化工过程中除了化学反应通常存在化学平衡,实际反应收率总小于理论的 100%外,还有产物纯化过程对 $E$ 产生的影响。

实际生产过程中有废物排出,它对 $E$ 的贡献我们设定为 $E_1$;为了使成本高的原料充分利用,生产者往往使成本低的原料过量,但过量原料又不能回收再用,这些过量原料对 $E$ 的贡献设定为 $E_2$;在分离、纯化过程中,可能还需加入添加物或溶剂也作为废物排出,其 $E$ 贡献可设定为 $E_3$;保护试剂使用后脱保护,如果不能回收再用,它也要对 $E$ 作贡献,设定其为 $E_4$;医药合成中不可利用光学异构体对 $E$ 的贡献设定为 $E_5$;分离结晶等不同单元操作过程中达到完全分离,它们对 $E$-因子也有贡献,其贡献将构成废物 $E_6$,$E_7$,…。因此,$E_{实}$ 应该为 $E_1$,$E_2$,…,$E_i$ 之总和。

**4. 环境商($EQ$)**

$EQ$ 中 $E$ 为环境因子,$Q$ 为废物对环境中的不友好程度。例如将无害 NaCl 的 $Q$ 值为 1,则可根据重金属离子毒性的大小,推算出 $Q$ 值为 100~1000。环境商愈小,表明该化学过程绿色化程度愈高。

上述原子利用率、环境因子和环境商都是评估化学品生产绿色化程度的重要指标。

## 2.2.2 有机合成中的原子经济性反应

用于有机合成的已知化学反应类型很多,最具理想的原子经济性反应有重排反应,其次是加成反应等。

**1. 重排反应**

重排反应是构成分子的原子通过改变相互的位置、连接等键的重组产生一个新的化合物分子的反应,例如 Bedkmann 重排、Claisen 重排、Fischer-Hepp 重排、Fries 重排、Wolff 重排等。这些反应在染料、药物等精细化学品合成中得到广泛应用,从反应式表明没有副产物生成,该类反应是理想的原子经济反应。

**2. 加成反应**

理想的加成反应是一种不饱和化合物分子或环状化合物分子与另一分子通过反应生成一个新化合物的反应。依据进攻试剂的性质或 $\pi$ 键或 $\delta$ 键形成的方式的不同,加成反应一般分为亲电加成、亲核加成、催化加氢、环加成和光加成等,加成反应也广泛用于精细化合物合成中。该类反应根据反应式可以认为是理想的原子经济性反应,但往往因催化剂的选择性不好,反应条件的控制不当而产生副反应。

**3. 取代反应**

取代反应是化合物分子中的原子或基团被其他原子或基团所取代的反应。取代反应分为三种类型:亲核取代、亲电取代和游离基取代。取代反应中被取代的基团不出现在产物中而往往是不希望的产物,所以取代反应是对实现原子经济有负面影响的反应。取代反应包括烷基化反应(甲基化、氯甲基化、羟甲基化等)、芳基化、酰化(甲酰化、乙酰化、苯甲酰化、胺类酰化等)以及磺化和硝化等反应。这些反应在精细化学品合成中经常遇到。

**4. 消除(去)反应**

消除反应是在有机化合物分子中失去两个原子或基团而生成不饱和化合物的反应。消除反应主要包括$\alpha$-消除(1,1消除)、$\gamma$-消除(1,3消除)和$\beta$-消除(1,2消除)三种。消除反应是通过消去原料化合物分子中的原子或基团来得到最终产品,其中还可能生成没有利用价值的异构体。这些原料分子中被消去的原子或基团成为没有利用价值的产物。因此,消除反应也是原子经济性较差的合成方法。此外,还有缩合反应、降解反应等有小分子化合物放出,也属于原子经济性较差的合成反应。

## 2.2.3 提高原子利用率的方法

精细化学品中,有些化合物往往需要多步合成才能得到,尽管有时单步反应的收率较高,但因反应步骤多,使整个反应的原子经济性不理想。若改变反应途径,简化合成步骤,就能大大提高反应的原子经济性,如非类固醇消炎剂,常被用作消肿和消炎药物布洛芬(Buprofen)的生产:老的合成过程需经六步,产品总原子利用率仅40.03%;采用新的合成工艺,三步即可完成合成工作,其原子总利用率达77.44%,生产中少产生废物37%。布洛芬新老工艺合成反应过程比较如下:

新合成路线:

$$(CH_3)_2CHCH_2 \langle \bigcirc \rangle + (CH_3CO)_2O \xrightarrow[HF]{-CH_3COOH} (CH_3)_2CHCH_2 \langle \bigcirc \rangle COCH_3$$

$$\xrightarrow[Rancy-Ni]{H_2} (CH_3)_2CHCH_2 \langle \bigcirc \rangle CH(CH_3)OH \xrightarrow[Pd]{CO} (CH_3)_2CHCH_2 \langle \bigcirc \rangle CH(CH_3)COOH$$

老合成路线:

$$(CH_3)_2CHCH_2 \langle \bigcirc \rangle + (CH_3CO)_2O \xrightarrow[HF]{-CH_3COOH} (CH_3)_2CHCH_2 \langle \bigcirc \rangle COCH_3$$

$$\xrightarrow[-NaCl, -C_2H_5OH]{+ClCH_2COOC_2H_5+NaOC_2H_5} (CH_3)_2CHCH_2 \langle \bigcirc \rangle C(CH_3) \overset{O}{\triangle} COOC_2H_5 \xrightarrow{H_3O^+}$$

$$(CH_3)_2CHCH_2 \langle \bigcirc \rangle CH(CH_3)CN \xrightarrow[-NH_3]{2H_2O} (CH_3)_2CHCH_2 \langle \bigcirc \rangle CH(CH_3)CN$$

## 2.2.4 改善原子经济性的途径

副产物作为原料循环利用可以改善原子经济性。精细化学品制备通过一步的化学反应来实现理想的原子经济性往往是不可能的,很多属精细化学品的化合物合成是要经过多步才能制备出来,这样就很难实现较高的原子利用率。如果能够将某反应中副产物作为另一反应的原料利用，进而实现零排放或少排放，这样的化工过程有时可以做到。如此，我们就可以改善总合成反应的原子利用率。比如利用碳酸二甲酯代替剧毒光气合成用于生产聚氨酯涂料、黏合剂的原料(异氰酸酯)，就是很好的例证。

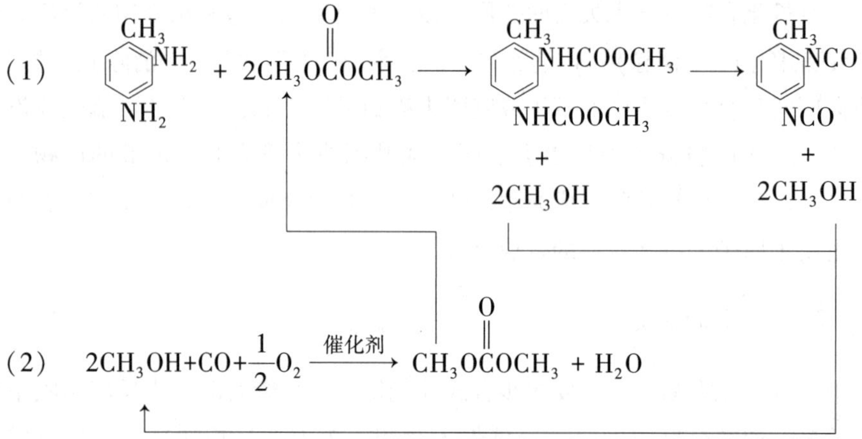

反应式①所产生的甲醇回收用作生产甲苯二异氧酸酯的原料——碳酸二甲酯生产。

## 2.2.5　实现原子经济性反应最重要的途径

催化反应是实现原子经济性反应最重要的途径。前面 3.1 节所述环氧乙烷的合成过程是很好的实例，同样以乙烯为原料，按化学计量的传统方法制备，两步才能完成生产过程，AU 为 25%，如果用 Ag 催化剂催化氢化一步反应完成生产过程，AU 为 100%，既无废弃物，又不用有毒害的氯气作原料，还没有有毒害的 HCl 气体放出。

合成抗帕金森病药物(lazabemide)传统合成路线是从 2-甲基-5-乙基吡啶出发，历经八步反应，最终总收率只有 8%；如果用钯催化羰基化反应，从 2，5-二氯吡啶出发，一步合成 lazabemide，理论原子利用率达 100%，总收率为 65%。

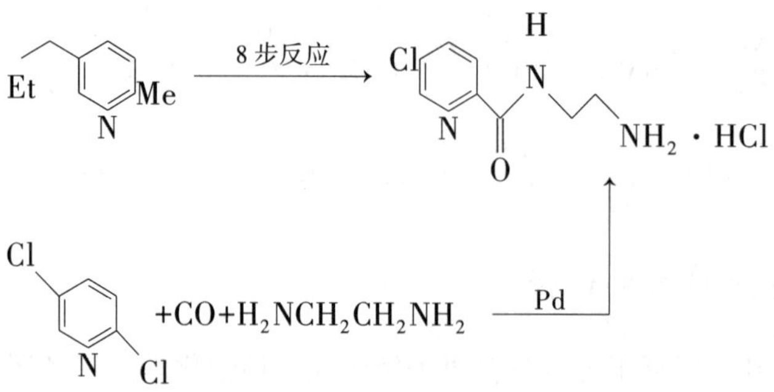

选用适合的催化剂催化合成反应，它在化工原料制备或医药等精细化学品医药的合成中都是最好的选项，它是实现精细化工绿色化最重要的途径。当今尤以酶催化或仿酶催化

合成药物等精细化学品越来越得到重视，本书后面章节还将涉及。

## 2.3 精细化学品合成原料绿色化

### 2.3.1 概述

原料是生产精细化学品的源头，在化工生产中，传统观念只考虑选用的原料能否得到目的物，它的成本是否价廉和易得。根据绿色化学原则，对原料的要求首先应考虑的是无毒无害，该原料能否采用最大限度实现原子经济性反应来制备目的产物；同时还需兼顾原料使用、运输、贮存与反应过程中是否易对环境产生不良影响；最后还要考虑原料能否采用再生资源代替，或反应中某步骤的副产物能循环使用。遵循上述原则开发化工原料在近十多年做了很好的工作，比如碳酸二甲酯取代剧毒的光气，采用纤维素这类可再生资源取代石油制备化工原料和精细化学品等。

### 2.3.2 碳酸二甲酯

碳酸二甲酯可以通过催化二氧化碳和甲醇直接反应合成：

$$CO_2 + 2CH_3OH \xrightarrow{\text{Cu-Ni/2rO}_2\text{-SiO}_2} (CH_3O)_2CO + H_2O$$

除上述合成反应外，利用尿素与甲醇或其他原料也可以合成碳酸二甲酯。

碳酸二甲酯在精细化学品合成中可作为羰基化、甲基化和羰甲氧基化试剂。

碳酸二甲酯（$CH_3OCO—OCH_3$，缩写 DMC）是绿色化学品，它无毒无害，在常温下是无色液体，沸点为 90.1 ℃，熔点为 4 ℃；DMC 具有优良的溶解性能，微溶于水，还能与醇、醚、酮等几乎所有的有机溶剂混溶，对金属无腐蚀作用，可以作为溶剂用于涂料，医药行业可用作溶媒等。DMC 分子中的氧含量高达 53%，亦有提高辛烷值的功能，作为汽油添加剂也备受国内外关注。

DMC 不仅可以取代光气和 DMS 等有毒化学品作羰基化剂、甲基化剂和羰甲氧基化剂，还可用其独特的性质来制造许多衍生物，如异丁酸酯、季铵盐类、氨基甲酸酯类、芳香族甲胺类；氨基醇类；羟胺类；二苯基碳酸酯类；异氰酸酯类；环状碳酸酯类；脂肪族聚碳酸酯类；烷基碳酸酯类；烯丙基碳酸酯类；酮基酯类；丙二酸盐、丙二酰脲类；氰基酯类；肼基甲碳酸酯类等。

DMC 既可代替传统工艺生产聚碳酸酯、异氰酸酯、聚碳酸酯二醇、碳酸烯丙基二甘醇、苯甲醚、丙维因、四甲基醇胺等；又能用于长链烷基碳酸酯、氨基噁唑烷酮、卡巴肼、碳酸肼、对称二氨基脲等多种或新的精细化工产品生产。

（1）碳酸二甲酯代替光气合成异氰酸酯。

$$\underset{NH_2}{\overset{CH_3}{\underset{NH_2}{\bigodot}}} +2(CH_3O)CO \longrightarrow \underset{NHCOOCH_3}{\overset{CH_3}{\bigodot}} \xrightarrow{-2CH_3OH} \underset{NCO}{\overset{CH_3}{\underset{NCO}{\bigodot}}}$$

（2）碳酸二甲酯作为甲基化试剂代替硫酸二甲酯。例如：

$$\overset{OH}{\bigodot} +(CH_3O)_2CO \longrightarrow \overset{OCH_3}{\bigodot} +CH_3OH+CO_2$$

（3）碳酸二甲酯用于精细化学品或有关中间体合成。例如：

合成润滑油基材

$$ROH+R''OH+(CH_3)_2CO_3 \longrightarrow R'O\overset{O}{\overset{\|}{C}}OR'' +2CH_3OH$$

合成医药中间体 $\beta$-酮酸酯类

$$DMC+ \ R-\overset{O}{\overset{\|}{C}}-CH_3 \longrightarrow R\overset{O}{\overset{\|}{C}}CH_2\overset{O}{\overset{\|}{C}}OCH_3$$

## 2.3.3 替代氢氰酸的绿色过程

氢氰酸是重要的化工原料，但它是剧毒化学物质，通过研发现在一些化工生产中可用无毒、无害的化合物取代它。

### 1. 合成甲基丙烯酸及其衍生物

甲基丙烯酸甲酯（MMA）是生产有机玻璃（聚甲基丙烯酸甲酯 PMMA）和合成甲基丙烯酸高级酯等精细化学品的原料，广泛用于表面涂层、合成树脂、油漆涂料、胶粘剂和医用高分子材料工业，其生产方法主要是丙酮氰醇法，该法不仅使用了剧毒的原料 HCN，而且还因大量使用酸、碱产生严重的腐蚀和污染问题，现已研发的催化异丁烯氧化合成甲基丙烯酸既无上述弊端且成本低廉，现将新老方法比较如下：

（1）丙酮氰醇法

$$CH_3\overset{O}{\overset{\|}{C}}CH_3+HCN \longrightarrow CH_3-\underset{CN}{\overset{OH}{\overset{|}{\underset{|}{C}}}}-CH_3 \longrightarrow CH_2=\underset{Me}{\overset{|}{C}}-COOMe$$

（2）绿色过程——异丁烯氧化法

$$(CH_3)_2C=CH_2+O_2 \xrightarrow{催化剂} CH_3\underset{CH_3}{\overset{CHO}{\overset{|}{C}}}=CH_3 \xrightarrow[催化剂]{O_2} CH_2=\underset{Me}{\overset{|}{C}}-COOH$$

**2. 氨基二乙酸钠的合成**

氨基二乙酸钠是生产环境友好除草剂 Roundup$^R$ 的关键中间体，传统生产方法用氨、甲醛、氢氰酸、盐酸等原料经多步反应而得，由于强放热和中间产物不稳定，反应难以控制。此外，每生产 7 kg 产品要排放 1 kg 含氰化物等有毒废物。Monsanto 公司以二乙醇胺为原料，催化脱氢，开发了合成氨基二乙酸钠的全新工艺。该过程不使用剧毒氢氰酸原料，简化了工艺过程，提高了产品收率，还做到了废物零排放。

**3. 苯乙酸合成**

苯乙酸是合成青霉素和医药、农药的中间体。工业上以苯乙腈水解制备，苯乙腈是苄氯和氢氰酸反应合成。现在该化合物通过苄氯催化羰基化合成，避免使用剧毒氰化物。

$$C_6H_5CH_2Cl+CO \xrightarrow[OH^-]{H_2O} C_6H_5CH_2COOH$$

**4. 己二酸和己二胺的合成**

己二酸和己二胺是尼龙 66 的原料，过去的工艺过程是丁二烯与氢氰酸反应生成己二腈中间体来合成。现在是催化丁二烯甲酰化和胺化路线，不用有毒原料，化工过程对环境更加友好。

$$CH_2{=}CH{-}CH{=}CH_2 + 2H_2 + 2CO \longrightarrow OHC{-}CH_2CH_2CH_2CH_2{-}CHO$$

$$OHCCH_2CH_2CH_2CH_2CHO+O_2 \longrightarrow HOOCCH_2CH_2CH_2CH_2COOH$$

$$OHCCH_2CH_2CH_2CH_2CHO+2NH_3 \xrightarrow{-2H_2O} HN{=}CHCH_2CH_2CH_2CH_2CH{=}NH$$

$$\xrightarrow{+H_2} H_2NCH_2CH_2CH_2CH_2CH_2CH_2NH_2$$

### 2.3.4 生物质资源的利用

生物质资源在本书中第一章再生资源的利用中已有阐述。生物质( biomass )是光合作用产生的所有生物有机体的总称，包括植物、农作物、林产物、林产废弃物、海产物( 各种海草 )和城市废弃物( 报纸、天然纤维 )等。人类最理想的绿色资源和能源应该是生物质，储量丰富，可以再生，使用过程不污染环境，价廉易得。

绿色植物通过光合作用把 $CO_2$ 和 $H_2O$ 转化为葡萄糖并把光能储存在其中，然后进一步把葡萄糖聚合成淀粉、纤维素、半纤维素、木质素等构成植物本身的物质。这些物质通过生化等技术可以得到很多精细化学或制备它们的原料。例如，用淀粉制备葡萄糖之后，再将葡萄糖进一步加工就可以得到很重要的化工原料生产己二酸。

Holtzapple 等将农作物残渣、城市垃圾、粪肥等废弃生物质用氧化钙处理，得到反刍动物饲料。残余物经生物发酵制得有机酸、酮、醇等一系列化学品或洁净燃料。Bozell 等通过氧化转换技术将木质素的主要结构元转化成苯醌，苯醌是许多生物活性材料的主要结构单元,广泛用作燃料中间体、选择性氧化剂等。Frost 等通过生物技术以葡萄糖做原料,常温常压下在水溶液中合成了己二酸、氢醌、邻苯二酚等重要化学品。Lin 等以农作物、木材加工过程的残渣为原料,NaOH 作催化剂,Ca(OH)$_2$ 作 $CO_2$ 吸着剂,开发出生物质高效制氢技术。Gross 利用生物或农业废物如多糖类制造新型聚合物的工作,同时解决了多个环保问题,引起了人们的特别兴趣。其优越性在于聚合物原料单体实现了无害化;生物催化转化方法优于常规聚合方法;聚合物具有生物降解功能。

生物质来源于 $CO_2$(光合作用);由它合成的产物及其加工物,经过生物技术代谢或燃烧后产生 $CO_2$,不会增加大气中 $CO_2$ 的含量,再回归自然,所以以植物为主的生物质资源是精细化学品最理想的原料,其前景无量。

## 2.4　精细化工过程溶剂绿色化

开发一种精细化学品时,其生产过程最好不用溶剂,但要做到这一点是不容易的。在精细化学品原料药合成和分离纯化以及精细化学品复配物制造过程中往往要加入溶剂。过去精细化学品生产中多用有机溶剂,而大多数有机溶剂是有害的环境污染物。当易挥发的有机溶剂进入空气后,在太阳光的照射下,容易在地面附近形成光化学烟雾。光化学烟雾不仅能引起和加剧人类或动物肺气肿、支气管炎等多种呼吸系统疾病,增加癌症的发病率,还能导致谷物减产、橡胶硬化和织物褪色;每年由此造成的损失就高达几十亿美元。挥发性有机溶剂还会进一步污染海洋食品和饮用水,毒害水生动物。很多低分子氟卤烃还会破坏地球大气臭氧层。因此,当今溶剂绿色化已成为精细化学品制备最活跃的课题。水是大家最熟悉的溶剂。它应用于各种各样精细化学品合成或加工,越来越受到青睐,下面仅介绍现代对几种绿色溶剂的开发。

### 2.4.1　超临界流体

**1. 概述**

超临界流体通常是指用于溶解物质的超临界状态溶剂。当溶剂处于气态和液态平衡时,流体密度和饱和蒸汽密度相同,界面消失,该消失点称为临界点(Critical Point,CP),在临界点以上的区域称为超临界状态区域。溶剂在这个区域处于临界温度 $T_c$ 和临界压力 $P_c$ 下的才能实现超临界状态。临界温度(Critical Temperature)就是在增加压力至临界点以上时,使溶剂由气态变为液态时所需要的温度;临界压力(Critical Pressure)就是在临界温度时,使溶剂由气态变为液态时所需要的最小压力。在临界温度和临界压力交叉点以上的超临界状态溶剂,统称为超临界流体(Supercritical Fluid,SCF)。超临界流体及固、液、气状态示意图如图 2-2 所示。

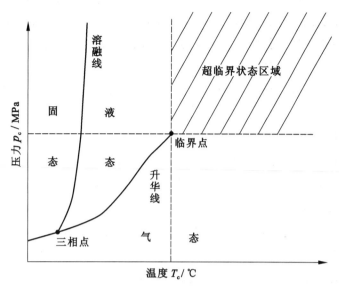

图 2-2　超临界流体及固、液、气状态示意图

超临界流体兼有气、液两者的特点，密度接近于液体，具有与液体相当的溶解能力，它可以溶解大多数固体有机化合物，使反应在均相中进行；同时又具有类似于气体的黏度和扩散系数，有助于提高超临界流体的运动速度和分离过程的传质速率。现将气体、液体和超临界流体的典型性质比较列于表 2-2 中。

表 2-2　　　　　　　　　　　　气、液和超临界流体的性质比较

| 性　质 | 气　体 | 超临界流体 | 液　体 |
|---|---|---|---|
| 密度 $\rho/(g \cdot cm^{-3})$ | $(0.6 \sim 2.0) \times 10^{-3}$ | $0.2 \sim 0.9$ | $0.6 \sim 1.6$ |
| 扩散系数 $D/(cm^2 \cdot s^{-1})$ | $0.1 \sim 0.4$ | $(0.2 \sim 0.7) \times 10^{-3}$ | $(0.2 \sim 2.0) \times 10^{-5}$ |
| 黏度 $\eta/(Pa \cdot s)$ | $(1 \sim 3) \times 10^{-5}$ | $(1 \sim 9) \times 10^{-5}$ | $(0.2 \sim 0.3) \times 10^{-3}$ |

超临界流体具有很高的扩散系数，对气体溶解度大，一些受扩散制约的反应如果在超临界状态下进行，则可通过改善反应过程的传递性质大大提高其反应速度。超临界流体最重要的性质是具有很大的压缩性，温度和压力较小的变化即可引起体积发生很大的变化。超临界流体的溶解能力主要取决于密度，密度增加溶解能力增强，密度降低溶解能力减弱，甚至丧失对溶质的溶解能力，而密度大小对温度和压力有很强的依赖性。因此，可以借助对系统压力和温度的调节，在较宽范围内改变超临界流体的溶解能力；也只需改变压力，就可以控制反应的相态，既可使反应在均相中进行，又可使反应呈非均相，使催化剂

与反应物分离简便，实现反应与分离一体化。超临界流体具有连续变化的物性（密度、极性和黏度），可以通过溶剂与溶质或者溶质与溶质之间的分子作用力产生的溶剂效应，也可以通过局部作用的影响来控制反应活性与选择性；采用常压下为气体的超临界流体则可实现无溶剂反应。超临界流体大多数是无毒和不可燃的，有利于安全生产。

具有代表性的超临界流体有 $H_2O$，$Xe$，$CO_2$，$H_2O$，$CH_4$，$C_2H_6$，$CH_3OH$ 及 $CHF_3$ 等，最常用的是 $CO_2$。

**2. 超临界水（SCW）**

水是易得、廉价、广泛存在的流体。超临界水（$T_c$ 为 374.3 ℃，$P_c$ 为 22.1 MPa）具有超临界流体的一般特性，它与普通水不同之点在于它在超临界状态下，既是一种极性溶剂，又是一种非极性溶剂；它几乎可以溶解除无机盐以外的所有物质，它可以与 $CO_2$，$O_2$，$N_2$ 和其他有机物完全互溶。鉴于上述这些优良特性，SCW 在化学工业和环境保护等领域中应用前景很好。

超临界水具有极高的扩散系数，在超临界水氧化工艺的反应中，SCW 具有特殊的溶解度。但无机物特别是无机盐在超临界水中溶解度极低。例如，在 500 ℃，25 MPa 条件下 SCW 中，$NaCl$，$KCl$，$Na_2SO_4$ 的溶解度为 0.01 g/100 mL，$CaCl_2$ 和 $CaSO_4$ 的溶解度更小。超临界水的密度、介电常数、黏度、电导率、离子积以及各种物质在其中的溶解度值可以通过改变温度和压力而改变。

**3. 超临界二氧化碳（SC-CO$_2$）**

将 $CO_2$ 气体加温和加压至临界点以上（$T_c$>31.19 ℃，$P_c$>7.38 MPa）时称为超临界 $CO_2$ 流体。其密度较大，且随压力增大而加大，它具有气体的性质，也有液体的性质。

二氧化碳由于无毒、价廉、不易燃烧和不爆炸等特性，SC-CO$_2$ 已广泛用于替代有机溶剂，它是一种很好的环境友好溶剂。超临界二氧化碳具有一般流体不能比拟的优点，如反应温度和压力适中，而且还很容易被回收循环利用，且无溶剂残留。因此，它是一种研究最多、应用最广的超临界流体。

超临界二氧化碳的密度接近于液体，具有很好的溶解性能；它有与气体相近的高渗透能力和低黏度，表面张力接近于零，从而具有良好的传递性能，可以较迅速地深入溶质的微小结构中，溶解其中的非极性物质。改变 SC-CO$_2$ 的压力或温度，使其密度随之大幅度改变，由于溶解度与密度密切相关，所以可很方便地改变 SC-CO$_2$ 的溶解度。上述特性在化工生产中有如下意义：

（1）改变 SC-CO$_2$ 的压力和温度达到最大溶解度的超临界状态，即溶质与 $CO_2$ 达到互溶的平衡状态。然后经分离装置减压后，SC-CO$_2$ 的密度即处于与溶质不平衡状态，溶解能力下降，溶质与 $CO_2$ 分离析出，所需溶质就被提取出来。

（2）SC-CO$_2$ 的溶解对象一般限于非极性或弱极性物质。对于极性大的物质不易溶解，但可以通过掺入极性溶剂来改变 SC-CO$_2$ 的极性，使其对不同溶质具有不同的溶解性能。

（3）SC-CO$_2$ 对不同物质的溶解能力差别较大，与物质的极性、沸点和分子量均有密切关系。因此将其作萃取剂对不同物质应采用不同的操作条件。

**4. 有机氟化合物**

其中四氟乙烷（$T_c$ ℃，$P_c$ MPa）是近年来被选择发展起来的超临界流体，它无毒，不易燃，蒸气压比二氧化碳低。因为不含氯，所以不会破坏臭氧层。它可以在亚临界状态下萃取，萃取压力小于 1 MPa，也能得到较好的萃取效果。主要用于挥发性的香精香料提取，适于大规模工业。

**5. 其他适合于作超临界流体的化合物**

其他适合于作超临界流体的化合物还有甲醇 $T_c$ 为 240 ℃、$P_c$ 为 7.86 MPa，乙醇 $T_c$ 为 243 ℃、$P_c$ 为 6.3 MPa，丙醇 $T_c$ 为 263 ℃、$P_c$ 为 5.1 MPa，乙烷 $T_c$ 为 32 ℃、$P_c$ 为 4.82 MPa，丁烷 $T_c$ 为 152 ℃、$P_c$ 为 3.75 MPa，乙醚 $T_c$ 为 192.6 ℃、$P_c$ 为 3.56 MPa。

## 2.4.2 离子液体

**1. 概述**

离子液体（ionic liquid）又称为非水离子液体（nonaqueous ionic liquid），液态有机盐（liquid organic salt）。它在室温左右，由有机正离子和无机或有机负离子组成的有机液体物质。

离子液体大体可分为三大类：AlCl$_3$ 型离子液体、非 AlCl$_3$ 型离子液体及其他特殊离子液体。前两种类型离子液体的主要区别仅在于负离子不同。正离子主要有咪唑离子，吡啶离子和季铵离子等三类，其中最稳定的是烷基取代的咪唑阳离子。AlCl$_3$ 型离子液体的负离子 AlCl$_x$，非 AlCl$_3$ 型离子液体包括 BF$_4^-$，PF$_6^-$，CF$_3$SO$_3^-$（OTf$^-$、），N（CF$_3$SO$_2$）$_2$（NTf$^-$、）和 CF$_3$COO$^-$ 等。

离子液体的命名通常用简记法，正离子 N，N'（或 1，3）取代的咪唑离子记为 [R$_1$R$_3$im]$^+$，如 N-乙基-N 甲基咪唑离子记为 [emim]$^+$，若 2 位上还有取代基则记为 [R$_1$R$_2$R$_3$im]$^+$；吡啶离子的 N 原子上有取代基 R 则记为 [RPy]$^+$，一般的季铵离子如二甲基乙基丁基铵记为 [N$_{1124}$]$^+$。这些记法与多数文献中的记法一致，读者一定要熟悉才能方便阅读文献。正、负离子的 +、− 记号常可略去。AlCl$_3$（Cl 可被 Br 取代，Al 也可被其他类似元素取代）型离子液体的组成不是固定的，以研究最多的 [emim]Cl-AlCl$_3$ 离子液体为例，负离子存在复杂的化学平衡，当 AlCl$_3$ 含量 $x$（摩尔分数）= 0.5 时，为中性离子液体，负离子主要是 AlCl$_4^-$；当 $x$>0.5 时，为酸性离子液体，负离子主要是 Al$_2$Cl$_7^-$ 当 $x$<0.5 时，为碱性离子液体，负离子是 AlCl$_4^-$ 和 Cl$^-$。它们的理化性质如熔点、密度、电导率、电化学窗口

(电解时阳极极限电势与阴极极限电势之差)等也随之不同。例如 $x$(摩尔分数)由 0.5 升到 0.67 时熔点由 0 ℃降到-90 ℃。

离子液体(有机熔融盐)可溶解极性、非燃性的有机物和无机物,具有易与其他物质分离、可循环利用等优点。它们在室温是液态、无蒸汽气压,不挥发,不会造成环境污染,是一类绿色的溶剂。

离子液体是有机盐,因其有高度不对称性,难以密堆积,且阻止其结晶,所以在常温下是液体,熔点较低,可在-70~400 ℃温度范围内使用。离子液体与水的溶解度可以通过选择阳离子的取代烷的链长短调节。阴离子的改变也可以调节其物理性质。

离子液体可用于分离工程中作为气体吸收剂、液体萃取剂,作为化学反应介质时还可能是催化剂。它可用于溶解纤维素、万能润滑剂、色谱固定相等。

离子液体品种很多,其化学结构可根据使用时所要求独特性能而设计合成,目前研究开发较多的是二烷基取代的咪唑盐等。

**2. 离子液体适合作溶剂的特性**

研究者总结出离子液体适合作溶剂的特性如下:① 几乎无蒸气压,在使用、储藏中不会蒸发散失,可以循环使用,而不污染环境;② 有高的热稳定性和化学稳定性,在宽广的温度范围内处于液体状态,但 AlCl$_3$ 型离子液体稳定性较差,且不可遇水和大气;而非 AlCl$_3$ 型离子液体如[emim]BF$_4$ 的液态温度可到 300 ℃、[emim]NTf$_2$ 到 400 ℃仍为稳定的液体,对水和空气稳定;许多离子液体的液体状态温度范围超过 300 ℃;③ 无可燃性,无着火点;④ 离子电导率高,分解电压(也称电化学窗口)大,达 3~5 V 之多,也与电极种类等有关;⑤ 热容量大。

**3. 离子液体合成**

多数离子液体采用两步法合成,少数用一步法,简介为如下:

**一步法**

(1)中和法:叔胺与酸反应生成离子液体的方法,称中和法。反应一步完成,因无副产物,产物提纯简单,但季铵离子上少 1 个烷基,多 1 个氢。用这种方法已合成超过 100 种离子液体,如[eim]OTf 熔点为 8 ℃,[eim]BF$_4$ 熔点为-5.9 ℃。

(2)叔胺与酯反应法:这是一种叔胺与酯反应生成季铵类离子液体的方法,限负离子为 OTf 的离子液体,如 mim+ROTf ⟶[Reim]OTf,通常在 1,1,1-三氯乙烷等溶剂中完成反应。

(3)一锅煮制法:甲醛、甲胺、乙二醛、四氟硼酸、正三丁基胺在反应釜中制得离子液体混合物,其中 [bbim]BF$_4$ 占 41%,[bmim]BF$_4$ 占 50%,[mmim]BF$_4$ 占 9%。

**二步法**

第一步——季胺的卤化物盐合成

先由叔胺类与卤代烷合成季铵的卤化物盐,例如[emim]Br 的合成:

$$mim+EtBr \Longrightarrow [emim]Br$$

反应需有机溶剂、过量的卤代烷,加热回流数小时后,反应完要用旋转蒸发器除去有机溶剂和剩余的卤代烷。叔胺 Rim 亦可用 im+NaOEt+RX 反应制得。如果将这一步过程改在微波炉中进行,快速有效,一步完成,不用溶剂,反应物料用量为等摩尔,反应时间≥1 h 即可完成。

第二步——离子交换

(1)AlCl₃类离子液体 AlCl₃类离子交换只需将季铵的卤化物盐与 AlCl₃按要求的摩尔比混合即可。因该反应为放热反应,应缓慢分别将两种固体分批加入,如[emim]Cl 与 AlCl₃混合为放热反应,以免过热。$[C_n mim]AlCl_4$($n=4$,6,8)用微波加热制备,只要几分钟即可,不用微波则要加热数小时(当碳(C)原子数为 4 以上)。

(2)非 AlCl₃类离子液体 通常用有 Ag 盐法(AgCl),非 Ag 盐法(LiCl,HCl)和离子交换树脂法(限水溶性的)来制备。

Ag 盐法(AgCl)是最常用的方法,反应如下:

$$[emim]Cl+AgBF_4 \Longrightarrow [emim]BF_4+AgCl\downarrow$$

所用溶剂可以是甲醇或甲醇与水的混合物等。AgCl 沉淀析出,过滤除去,剩余液相加热并用旋转蒸发器除去溶剂即可。Ag 盐法要用 AgO 先与酸反应制得 AgBF₄,成本较高。

非 Ag 盐法:如选 LiCl,NH₄Cl 等不溶的溶剂,即可沉淀分离。也可有微波加热制备的方法。

制[emim]BF₄的方法可将[emim]Cl 和 HBF₄反应混合物加热到 130 ℃,HCl,HBF₄,H₂O 均可蒸发出去,真空 130 ℃下干燥数小时,可避免 Ag 盐产生的 AgBF₄等杂质。

离子交换法制离子液体:所用卤化物盐应是水溶性的,这样即可用传统的离子产换树脂将卤负离子交换掉。

## 2.4.3 有机氟溶剂

氟溶剂主要是液体全氟代碳链化合物(全氟代烷烃、全氟代烷基醚、全氟代烷基叔胺)或氟代碳氢化合物,其中最重要的是全氟代直链烷烃。

高氟代碳链化合物,特别是全氟代的烷烃、烷基醚和烷基叔胺具有化学惰性、热稳定性、阻燃性、无毒性、非极性、较低的分子间作用力、低表面能、较宽的沸点范围以及生物兼容性等。虽然其热解可能产生有毒的分解产物,但其热解温度远高于大多数试剂和催化剂的热分解温度,即使在蒸发温度下也能稳定存在,且具有溶解大量非极性反应物如烯烃的能力,所以是一种优良的反应介质。在较低温度如室温下,高氟代碳链化合物与甲苯、四氢呋喃、丙酮、乙醇等大多数有机溶剂的混溶性都很低,可以组成液-液两相体系即氟两相体系。氟两相体系是一种新型均相催化剂固定化和相分离技术，独特且对环境友好的性能使其在诸多领域显示出广泛的应用前景。氟两相体系是一种非水液-液两相反应体系。独特之处是在较高温度下，氟两相体系中的氟溶剂相能与有机溶剂相很好地互溶成单一相，为在其中进行的化学反应提供优良的均相反应条件。反应结束后降低温度，体系又恢复为两相，含反应物和催化剂的氟相与含有机产物的有机相分离。这样只需单相分离而无须将催化剂锚定在固定基上就实现了均相催化剂的固定化，留在氟相中的催化剂和未反应试剂可高效地循环使用。

## 2.4.4 二甲基亚砜

$(CH_3)_2SO$(dimethyl sulfoxide，DMSO)是一种强吸湿性液体，无色无臭，相对密度为1.100，熔点为18.45 ℃，沸点为189 ℃，折射率为1.4795。它是一种既溶于水又溶于很多有机溶剂的非质子极性溶剂。还是一种很重要的化学试剂。它在石油、化工、医药、电子、合成纤维、塑料、印染等行业有许多用途。

DMSO在芳烃抽提中作为萃取溶剂，具有对芳烃的选择性高，常温下对芳烃无限制混溶，萃取温度低，且不与烷烃、烯烃、水反应、无腐蚀、无毒，萃取工艺简单、设备少、节能，不溶于烯烃，适合含烯烃高的油料，溶剂回收可用反萃取等优点。

DMSO对烷烃不溶，因此可用于食品蜡、食用白油的精制和治癌物的检测中。DMSO对乙炔易熔，用于石油气中乙炔回收和溶解乙炔生产中。它还对有机硫化物、芳烃易溶，因而常用于润滑油、柴油精制中。

DMSO含水40%时在-60 ℃时不冻，而且DMSO与水、雪混合时放热。这两种性质使DMSO可作为汽车防冻液、刹车油、液压液组分。DMSO防冻液在北部严寒地区用于汽车、战车中，并可以随时以雪代水补充。将它作为除冰剂，涂料、各种乳胶的防冻剂，汽油、航煤的防冰剂，骨髓、血液、器官低温保存的防冻剂等。

丙烯腈在DMSO中聚合，不用分离，直接在水浴中喷丝，得到膨松、柔软、容易染色的人造羊毛。其优点是工艺简化、溶解度高、溶剂沸点高、无毒、容易回收、产品性能高，成本低。聚丙烯腈生产碳纤维中、涤纶树脂生产中对苯二甲酸酯的精制中、氯纶生产中、丙烯腈共聚中都得到使用。

DMSO对许多药物具有溶解性、渗透性，它本身也具有消炎、止痛，促进血液循环和伤口愈合、利尿和镇静作用，能增加药物吸收和提高疗效。药物溶解在DMSO中，不用口服和注射，涂在皮肤上就能渗入体内，开辟了给药新途径，更重要的是提高了病区局部药物含量，降低身体其他器官的药物危害。

DMSO是农药、农肥的溶剂、渗透剂和增效剂。用抗菌素溶入DMSO中治疗果树腐烂病、将杀虫剂溶入DMSO中杀死树木及果实中的食心虫，用0.5%的溶液在大豆开花期喷洒, 增产 10%~15%, 各种肥料水溶液中加 0.5%DMSO 可叶面施肥。

DMSO 用于法拉级、超大容量电容器。在电子元件、集成线路清洗中大量使用 DMSO, 它具有对有机物、无机物、聚合物一次性清除的功能, 而且无毒、无味, 容易回收。

DMSO 在化学反应中起到反应溶剂、反应试剂的双重作用, 某些难以实现的反应在 DMSO 中能顺利进行, 对某些化学反应具有加速、催化作用, 提高收率, 改变产品性能。

## 2.5 精细化工绿色技术

### 2.5.1 催化技术

催化剂在化学反应中已广为应用, 大约 90% 的化学过程是借助催化剂实现。化学工作者都知道在热力学允许条件下, 催化剂催化的各种化学反应, 可以大大增加反应原料的利用率; 在催化剂用于反应可以降低活化能降低反应温度, 加速反应速度, 从而使很多反应能连续进行, 降低原料成本, 节约能源, 减少生产运行成本。催化剂的选择性增加可有效实现反应程度反应经量和产物立体结构的有效控制, 如此副反应减少, 甚至没有副产物, 既降低了三废排放量(甚至零排放), 还简化了化工过程中分离和纯化工序。总之, 催化反应较之传统的化学计量应具有突出的优点, 其中特别是高选择性的催化反应, 可以认为是实现原子经济性反应最有效的办法。

催化反应涉及多相催化、均相催化和酶催化三个不同催化体系, 本节只对催化反应在精细化工原料、中间体及其产品中应用举例简介。

**1. 催化技术用于精细化学品中间体的合成**

精细化工产品往往要经过多步才能合成, 涉及很多中间体。有些中间体既是产品又是制备另一种精细化工产品原料, 包括如上节所述环氧化合物及其取代物, 如环氧乙烷、环氧丙烷、环氧氯丙烷等均可催化不饱和化合物氧化合成。利用催化技术合成碳酸二甲酯, 成功取代剧毒的光气, 已广泛用于精细化学产品制造中, 脂肪类碳中间体、二元醇及其衍生物、芳香族中间体、手性 $C_3$、$C_4$ 合中子、手性醇、多性胺、氨基酸等。这些中间体很多都可以利用催化技术和酶催化等生物技术来制备。

1)邻氨基甲酚合成

用邻硝基对甲酚为原料, 可采用 $Na_2S$ 还原、铁粉还原和催化加氢还原, 它们的反应式如下:

非催化过程:

$$4\ \underset{CH_3}{\overset{OH}{\underset{NO_2}{\bigcirc}}} +6Na_2S+3H_2O \xrightarrow{120\sim130℃} 4\ \underset{CH_3}{\overset{ONa}{\underset{NH_2}{\bigcirc}}} +3Na_2S_2O_4+2NaOH$$

$$2\ \underset{CH_3}{\overset{ONa}{\underset{NH_2}{\bigcirc}}} +H_2SO_4 \longrightarrow 2\ \underset{CH_3}{\overset{OH}{\underset{NH_2}{\bigcirc}}} +Na_2SO_4 \quad Au=23.5\%$$

$$4\ \underset{CH_3}{\overset{OH}{\underset{NO_2}{\bigcirc}}} +3Fe+4H_2O \xrightarrow{HCl} 4\ \underset{CH_3}{\overset{OH}{\underset{NH_2}{\bigcirc}}} +3Fe_2O_3 \quad Au=13.9\%$$

催化过程：

$$\underset{CH_3}{\overset{OH}{\underset{NO_2}{\bigcirc}}} \xrightarrow{3H_2} \underset{CH_3}{\overset{OH}{\underset{NH_2}{\bigcirc}}} +2H_2O \quad Au=77\%$$

2) 苯甲酸的合成

甲苯为原料化学计量氢化，$AU=26\%$，有废物废水，采用液相 $Co(Ac)_2$ 催化氢化，$AU=87\%$，副产物是没有污染的水。

非催化过程：

$$2\ \underset{}{\overset{CH_3}{\bigcirc}} +4KMnO_4 \xrightarrow[100℃]{OH^-} 2\ \underset{}{\overset{COOK}{\bigcirc}} +2KOH+2H_2O+4MnO_2$$

$$\xrightarrow{H_2SO_4} 2\ \underset{}{\overset{COOH}{\bigcirc}} +K_2SO_4$$

催化过程：

$$\underset{}{\overset{CH_3}{\bigcirc}} +3/2O_2 \xrightarrow[160℃/1MPa]{cat} \underset{}{\overset{COOK}{\bigcirc}} +H_2O$$

3) 儿茶酚的合成

儿茶酚在制药、香料、农用化学品、高分子材料抗氧剂，还是显影剂的组分。过去是采用苯酚、钾氯苯粉等为原料，通过多步合成，现在采用固气化多酚氧化酶（PPO）催化氢化一步合成。

$$\underset{}{\overset{}{\bigcirc}}OH \xrightarrow[PPO(固定化)]{O_2} \underset{}{\overset{}{\bigcirc}}\overset{OH}{\underset{OH}{}}$$

**2. 催化技术用于精细化学品的合成**

m-(3，3，3-三氟丙基)-苯磺酸钠是磺酰脲类除草剂 Prosulfuron® 的关键中间体，它的合成往往要经过重氮化、Matsuda 芳基化和氢化等三个步骤。现在开发了以 m-氨基苯磺酸为起始原料和钯配位催化反应的合成路线，不必将重氮化和含三氟甲基丙烯基的中间体分离，三步反应在同一反应器中依次合成，总产率为 93%。所用配位催化剂可由 $PdCl_2$ 制备，在 C≡C 键加氢反应过程加入活性炭，一方面使 C≡C 键催化加氢，另一方面通过简单的过滤即可将 Pd 催化剂有效地分离。上述合成路线，通过均相催化剂与非均相催化反应的结合，合成方法经济可行，有利环保。

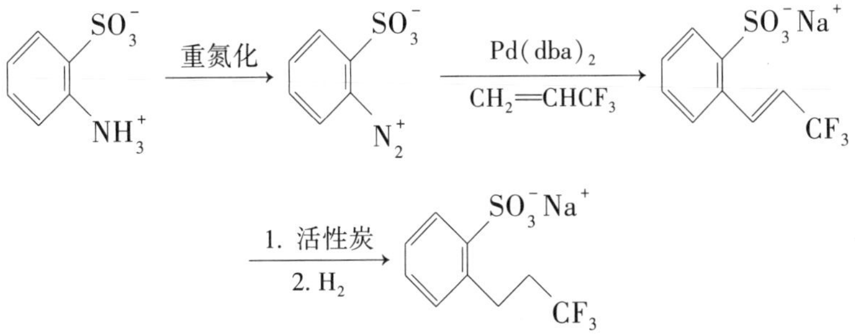

## 2.5.2 生物技术

生物技术(biotechnology)也称生物工程(bioengineering)。广义的生物技术包括任何一种以活的生物机体(或有机体的一部分)制备或改进产品、改良植物或动物、培育微生物的技术。传统的生物技术应该从史前就开始为人们所利用，例如用谷物等农产品酿酒、制酱、醋和面包等。20 世纪 20 年代以生物质为原料利用发酵技术生产丙酮、丁醇等化工原料；50 年代开始通过发酵法生产青霉素等抗生素药物；60 年代酶技术广泛用于医药、食品、化工、制革和农产品加工等。现代生物技术是从 20 世纪 70 年代 DNA 重组技术建立为标志。Berg 于 1972 年首先实现了 DNA 体外重组，这是生物技术的核心——基因工程技术的开始，它向人们提供了一种全新的技术手段，使人们可以按照意愿切割 DNA，分离基因，经重组后导入其他生物体，借以改造农作物或牲畜品种，也可导入细菌和细胞，通过发酵工程、细胞工程生产多种多样精细的、功能的有机物质，如药物、疫苗、农用化学品、食品、饲料、日用化工和功能助剂等。通过基因工程技术对酶进行改造，以增加酶的产量、酶的稳定性和酶的催化效率，从而大大促进了医药、化学等工业绿色化。图 2-3 是现代生物技术所涉及的基因工程、发酵工程、酶工程、细胞工程和蛋白质工程及其用于生产医药和多种多样的精细化学品关系图。

从图 2-3 可见，基因工程和细胞工程是发酵工程和酶工程的基础，而发酵工程和酶工程又常常是基因工程和细胞工程科研成果的实际应用。以基因工程为核心的技术革命带动了现代发酵工程、酶工程、细胞工程和蛋白质工程的发展，形成了具有划时代意义和战略价值的现代生物技术。

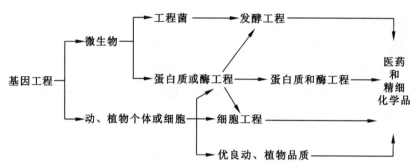

图 2-3　基因工程、发酵工程、酵工程、细胞工程和蛋白质工程之间的相互关系

**1. 生物技术生产医药**

当今生物技术制药几乎成了生物技术的代名词，可见应用之广。生物技术制药可能是利用生物体或生物过程生产药物，即生物体在代谢过程中所产生的代谢产物或腺体细胞的分泌物，也可能是致弱或灭能的病原体。这些医药主要包括菌苗、疫苗、抗生素、生物活性物质、抗体等五大类。它们在预防和治疗疾病中起着互相协同的作用。抗体主要用于疾病的诊断、检疫以及被动免疫；菌苗、疫苗主要用于预防传染性疾病；抗生素药物主要用于治疗细菌性疾病；生物活性物质主要用于治疗免疫性、代谢性以及某些遗传性疾病等。

现代生物技术制药主要包括基因工程、细胞工程、发酵工程和酶工程制药。其药物种类涉及氨基酸、有机酸、醇和酮、纤维素、酶和辅酶、酯、多肽和蛋白质、核酸及其衍生物和多糖类等类型。此外，在利用化学合成新药时，先导物的寻找、筛选与获得也往往依赖于生物及其技术。

（1）基因工程(gene engineering)技术，又称为DNA重组技术，其主要原理是应用人工方法把生物的遗传物质，通常是脱氧核糖核酸(DNA)分离出来，并在体外进行切割、连接和重组，然后导入某种主细胞或个体，从而改变它们的遗传特性，有时还使新的遗传信息在单个的宿主细胞或个体中大量表达，以获得新的基因物质——多肽或蛋白质药物。这些药物常常是一些人体内的活性因子，如人胰岛素、干扰素、人生长激素、白细胞介素、促红细胞生成素、重组乙肝疫苗等。当今研究开发者运用基因重组技术创造自然界没有的新化合物，扩展药物的筛选范围和创造新药的筛选模型。利用基因工程技术制取难以获得的生物活性物质和制备灵敏、高效的诊断药物等。

（2）细胞工程(cell engineering)是指以细胞为基本单位，在体外条件下进行培养、繁殖或人为地使某些生物学特性按人们的设计发生改变，从而达到改良品种和创造新品种，加速繁育动、植物个体，以获得某种有用的物质(如药物)过程。

细胞工程在制备疫苗中的作用在于通过细胞大规模培养方式制备疫苗，代替用动物组织制备疫苗的传统方法，或通过病毒在细胞上传代或在培养基中加入病毒原来不需要的物质减低病毒的致病能力(毒力)，为研制弱毒苗提供种毒。细胞工程制备菌苗主要有三个方面：研制菌苗的有效成分，了解有无交叉，能否一苗多用；通过培养、诱变等方式降低细菌的毒力，培育弱毒菌苗；通过融合、杂交等途径制备多介苗。

细胞工程在制备胰岛素、甲状腺素、生长激素、淋巴因子等生物活性物质方面，也起到了重要作用。这些物质在机体内具有用量少、效率高、功能专一的特点，所以数量上的微量变化，就能引起生理功能的异常，可以仿照微生物育种的类似原理，培养出能在体外生长、增殖、分泌生物活性物质的人体细胞，以制备多种生物药品，这些药品在医疗工作中具有重要意义。

生物转化生产甾体药物也是细胞工程制药的重要组成部分；除甾体化合物外，一些重要药物如维生素、二羟丙酮、某些氨基酸和生物碱的合成也离不开生物转化。生物转化具有专一性、产量高、反应条件温和进行化学法难以发生的反应。

微生物甾体每一位置(包括甾体母核和侧链)上的原子或基团都有可能进行生物转化。这些反应包括氧化、还原、水解、酯化、酰化、异构化、卤化和 A 环开环反应等。氧化包括甾体骨架上的羟基化和脱氧(生成双键)，甾醇氧化成甾酮，支链降解作用以及 D 环的切断和 D 环开裂形成内酯等。有时一种微生物还可对某种甾体化合物同时产生数种不同的转化反应。目前在甾体激素药物的生产中，比较重要的微生物转化反应主要有表 2-3 所示的几种。

表 2-3　　　　　　　　　　工业上重要的甾体药物微生物转化反应

| 反应类型 | 反　　应 | 微　生　物 |
|---|---|---|
| 11α-羟基化反应 | 黄体酮→11α-羟基黄体酮 | 黑菌霉 |
| 11β-羟基化反应 | 化合物 S→氢化可的松 | 蓝色犁头霉 |
| 16α-羟基化反应 | 9α-氟氢可的松→9α-氟-16α-羟基氢化可的松 | 玫瑰色链球菌 |
| 19-羟基化反应 | 化合物 S→19-羟甲基化合物 S | 芝麻丝核菌 |
| C1，2 脱氢反应 | 氢化可的松→氢化泼尼松 | 简单节杆菌 |
| A 环芳构化反应 | 19-去甲基睾丸素→雌二醇 | 睾丸素假单胞菌 |
| 水解反应 | 21-醋酸妊娠醇酮→去氧皮质醇 | 中毛棒杆菌 |
| 侧链降解 | 胆甾醇→ADD | 诺卡氏菌 |

甾体生物转化使用的微生物主要有细菌、放线菌和霉菌，其菌种依据转化反应的类型和所用底物的结构而定。

(3) 酶工程制药涉及药用酶的生产和酶法制药两方面技术。药用酶是指可用预防和治疗疾病的酶,例如,治疗消化不良的蛋白酶,治疗白血病的L-天冬酰胺酶,防护辐射损伤的超氧化物歧化酶,抗菌消炎的溶菌酶,治疗心肌梗死的尿激酶等。药用酶的生产方法多种多样,主要包括药用酶的发酵生产、药用酶的分离纯化、药用酶的分子修饰等技术。

酶法制药则是利用酶的催化作用生产具有药用功效的物质的技术过程,例如用青霉素酰化酶生产半合成抗生素,$\beta$-酪氨酸酶生产多巴,核苷磷酸化酶催化阿糖尿苷生成阿糖腺苷等。酶法制药技术主要包括酶的催化反应、酶的固定化、酶的非水相催化等。

药用酶的生产除化学合成法外,利用生物有关技术还有提取法、生物合成法两种。

提取法运用各种生化分离技术,从动物、植物、微生物等的含酶细胞、组织或器官中提取、分离和纯化各种药用酶的方法称为提取法。提取法是最早采用的药用酶生产方法,在生物资源丰富的地区和部门,采用提取法生产药用酶仍有其使用价值。例如,从动物胃中提取分离胃蛋白酶;从动物胰脏中提取胰蛋白酶、胰淀粉酶、胰脂肪酶;从动物血液中提取超氧化物歧化酶(SOD);从木瓜中提取木瓜蛋白酶;从菠萝中提取菠萝蛋白酶;从大肠杆菌中提取谷氨酰胺酶等。

生物合成法则是利用微生物细胞进行生产,例如,用枯草芽孢杆菌生产淀粉酶,用大肠杆菌生产青霉素酰化酶,用大蒜细胞生产超氧化物歧化酶(SOD)等。

(4)发酵工程制药是利用微生物及其代谢过程生产药物的技术。微生物药物可分为四类:①微生物菌体作为药品;②微生物酶作为药品;③菌体的代谢产物或代谢产物的衍生物作为药品;④利用微生物酶特异催化作用的微生物转化获得药物等。发酵工程制备的药物包括微生物菌体、蛋白质、多肽、氨基酸、抗生素、维生素、酶与辅酶、激素及生物制品。

微生物菌体发酵获得具有药用菌体为目的的方法,如帮助消化的酵母菌片和具有整肠作用的乳酸菌制剂等。近年来研究日益高涨的药用真菌,如香菇类、灵芝、金针菇、依赖虫蛹而生存的冬虫夏草菌以及与天麻共生的密环菌等药用真菌。这些微生物都可以通过发酵培养的手段生产与天然物品具有同等疗效的产物。另外一些具有致病能力的微生物菌体,经发酵培养,再减毒或灭活后,可以制成用于自动免疫的生物制品。

微生物酶发酵:通过微生物发酵制备药用酶制剂的方法。如用于抗癌的天冬酰胺酶和用于治疗血栓的纳豆激酶和链激酶等。许多在动、植物中含量极低的药用酶通过基因重组的方式,可以在原核微生物或真核微生物的基因中通过发酵得以表达,这样大大降低了生产成本。

微生物代谢产物发酵:微生物在其生产和代谢的过程中产生的具有药用价值的初级代谢产物和次级代谢产物,如初级代谢产物中的氨基酸、蛋白质、核苷酸、类脂、糖类以及微生物等,次级代谢产物中的抗生素、生物碱、细菌素等。

微生物转化发酵:利用微生物细胞中的一种酶或多种酶将一种化合物转变成结构相关

的另一种产物的生化反应。包括脱氢反应、氧化反应、(羟基化反应)、脱水反应、缩合反应、脱羧反应、氨化反应、脱氨反应和异构化反应等，这些转化反应特异性强，反应温度温和，对环境无污染。微生物转化制药最突出的例子则是甾族化合物的转化和抗生素的生物转化等。

随着基因工程和细胞工程技术的发展，发酵工程制药所用的微生物菌种不再仅仅局限于天然微生物的范围，已建立起新型的工程菌株，用来生产天然菌株所不能产生或产量很低的生理活性物质。

**2. 生物技术用于生产其他精细化学品**

生物技术不仅在医药领域成为不可替代的技术，而且也成为通用化学品和精细化学品生产绿色化最重要的技术之一。人类以生物质为原料利用微生物发酵技术生产食品已有悠久历史，20 世纪初直到现在在将其扩展到生产化工溶剂和原料，如甲醇、乙醇、异丙醇、丁醇、丙酮、丁酮、甘油、醋酸等化工产品。现代已可以用酶催化乙烯、丙烯氧化生产重要精细化学品原料——环氧乙烷、环氧丙烷；木糖可以连续发酵可制备丁二醇；合成纤维原料——聚羟基丁醇、酯可以通过基因重组的细菌制备；通过生物技术生产生物农药取代合成农药(见本书第十章农药)和生物化肥等也已成为农用化学品的重要方法；生物技术用于食品、饲料、日用精细化学品和轻化工生产也是当代这些领域研发热点，下面主要仅对其中产品予以简介。

1）酶制剂

酶在合成医药和众多精细化学品时作为催化剂(见本书第四章催化技术绿色化中阐述)，它也可作为一种添加剂或助剂加入精细化学品中发挥它特有的功能。因此，有关酶制剂研究与生产在世界各国都十分重视。酶制剂工业除为食品色、香、味增色，还提供了很多富有营养的新产品。酶制剂在使食品达到最佳质量，原料得到最大限度利用的同时，还使食品加工的厂房设备投资少、工艺简单、降低能耗、产品收率高、生产效率高、经济效益大。

淀粉的酶加工技术第一步是将淀粉用 $\alpha$-淀粉酶液化，再通过各种不同酶的作用制成各种各样的淀粉糖浆，如葡萄糖浆、麦芽糖浆、果脯糖浆、麦芽糊精、高麦芽糖等传统产品，此外，还有各种各样功能性低聚糖。

蛋白质是各种氨基酸通过肽键连接而成的高分子化合物，在蛋白酶的作用下，可水解成蛋白胨、多肽、氨基酸等产物，而这些产物用于食品具有医疗保健作用。

蛋白酶能将蛋白质水解为肽和氨基酸，提高和改善蛋白质的溶解性，乳化性，起泡性，黏度，风味等。利用蛋白酶制剂可以避免酸水解、碱水解对氨基酸的破坏作用，保证蛋白质营养价值不受影响。豆乳中的蛋白质在加工过程中使用酶制剂脱腥、脱苦，改善品质。

肉的人工嫩化也是通过各种蛋白酶进行的，木瓜蛋白酶、菠萝蛋白酶等多种蛋白酶均可使用，但以木瓜蛋白酶效果最好。

乳品工业中已广泛使用的酶有凝乳酶用于制造干酪；过氧化氢酶用于牛奶消毒；溶菌酶添加在婴儿奶粉中；乳糖酶分解乳糖，脂肪酶使黄油增香等。

水果蔬菜加工常用果胶酶、纤维素酶、光纤维素酶、淀粉酶、阿拉伯糖酶等。其中果胶酶已成为许多国家果汁、蔬菜汁加工的常用酶之一。果胶酶与纤维素酶共用可以起到协同增效作用，可以用来分解水果和蔬菜中的纤维组织，使其完全液化。

葡萄糖氧化酶用于果汁脱氧化，蛋品加工，啤酒、食品罐头的除氧等方面；面粉中添加 $\alpha$-淀粉酶，可调节麦芽糖生成量；蛋白酶可促进面筋软化，增加延伸性；$\beta$-淀粉酶强化面粉可防止糕点老化；添加 $\beta$-淀粉酶可改善馅心风味；糕点制造用转化酶，使蔗糖水解为转化糖，防止糖浆中蔗糖析晶等。脂肪氧化酶添加于面粉中，可以使面粉中的不饱和脂肪酸氧化，同胡萝卜素发生共轭氧化作用而将面粉漂白，同时由于生成了一些芳香族的羰基化合物而增加面包的风味。酶在酿酒、饮料等食品工艺中也得到广泛应用。

饲料用酶制剂的应用在国外约有 20 多年历史，在我国也有 10 多年历史。很多酶制剂是高效、无毒副作用的"绿色"饲料添加剂，有广阔的应用前景。它既能提高饲料的利用率，改善家畜和鱼、禽的生产，还能减少氮、磷的排泄量，保护生态环境。常用酶制剂有纤维素酶、半纤维素酶、蛋白酶、淀粉酶、脂肪酶、果胶酶、$\beta$-葡聚糖酶、植酸酶、糖化酶等。饲料有酶制剂大部分是复合酶，一般由内源消化酶和非内源消化酶两大类组成。内源消化酶包括蛋白酶、脂肪酶、淀粉酶等，非内源消化酶包括纤维素酶、果胶酶、木聚糖酶、甘露聚糖酶、$\beta$-葡聚糖酶等。各种饲用复合酶中使用的酶及配比随饲料中所含的抗营养因子的种类而变，不仅与禽畜的种类、生长阶段有关，还与其生理特点有关。

酶制剂在轻纺和日用品生产中发挥重要作用，洗涤剂制造中已广泛应用酶制剂。现在欧洲的洗衣粉中，50%添加蛋白酶，德国生产的洗衣粉中，90%加有碱性蛋白酶。除蛋白酶外，淀粉酶常用于餐具洗涤；果胶酶、花青素酶则用于洗去果汁果胶与色素。碱性纤维素酶是一种新型的洗涤剂用酶，洗涤剂中加碱性纤维素酶比加蛋白酶或脂肪酶的洗涤效果更好。

造纸工业利用木聚糖酶作为纸浆漂白剂，脂肪酶处理针叶树磨木浆，有效控制了树脂障碍问题，内-葡聚糖酶可改变谷草表面，提高谷草纸浆强度。

制革原料皮中少量非纤维蛋白则存在于纤维间隙表皮和毛囊周围，利用蛋白酶消化间隙蛋白，使皮纤维松散，提高裘皮质量；使用蛋白酶脱毛，并使脱毛与软化工序合而为一，还可使污染减轻。用于制革的酶主要是细菌，霉菌，放线菌中性、碱性蛋白酶。

化妆品可使用溶菌酶防腐。将蛋白酶、胶原酶或霉菌脂肪酶加入冷霜、洗发香波中可溶解皮屑角质，消除皮脂，使皮肤柔嫩促进皮肤新陈代谢，增加皮肤对药物的吸收，使皮肤角质层中致病菌的耐药性降低。蛋白酶或右旋糖酐酶加入牙膏、牙粉或漱口水中，有助于除牙垢，尤其是枯草杆菌中性蛋白酶的效果最好。

生产香料所用的酶有水合酶、异构酶、氧化酶、羟基化酶、脱氨基酶、脱羧酶等。

明胶生产中用蛋白酶净化胶原可代替浸灰工序，使明胶纯度高，质量好，分子排列整齐，明胶收率几乎达100%。

毛纺工业，用蛋白酶水解羊毛表面蛋白质，对织物有防缩作用，降低染色温度，增强染料的吸附率。生丝织物必须脱胶，去除外层丝胶才能有柔软的手感与特有的丝鸣丝光现象。碱性纤维素酶可用于印染，以提高棉布同染料的结合力，并可改善棉布手感。耐热性良好的细菌淀粉酶代替碱法退浆可降低加热温度、缩短时间、染色匀且不伤织物，退浆率也提高。酶法退浆尤其适合不耐热的色织衬绸与化纤混纺物。

微生物细胞或生物酶催化合成甜味、水果型香料很成功。$\gamma$-癸内酯是手性分子，从水果中提取的$\gamma$-癸内酯具有特定的立体结构，而化学法生产的却是消旋体。使用$\beta$-糖苷、酶和苯乙醇腈酶可作催化剂生产苯甲醛。

2）蛋白质和氨基酸生产

蛋白质是人类和动物不可缺少的食物构成之一，仅靠农业和畜牧业来提供人类食物和动物饲料所需蛋白质当今已不能满足需要。然而利用微生物来生产动、植物蛋白质是一种很好的方法。一头重500 kg的奶牛，一昼夜可生产0.4~0.5 kg蛋白质；用同等重量的酵母，一昼夜即可合成50~80 t蛋白质。因此，利用生物技术生产蛋白质已得到世界各国重视，用酵母菌来生产单细胞蛋白（SCP）在很多国家已有很大规模。食品用SCP，可以补充人体少量蛋白质、维生素和矿物质。由于酵母生产SCP还具有抗氧化性能，食物不易变质，常被添加在婴儿粉、加工的麦类食品和各种汤料、佐料之中。酵母含热量低，也常作为减肥食品的添加剂。美国用微生物蛋白质生产的植物"肉"食品已有60多种。这种"肉"含有30%蛋白质，而且脂肪含量低，不含胆固醇，是受欢迎的佳肴原料。酵母菌生产SCP的碳源可利用石油、甲醇、其他生物质及其废物等。

氨基酸是构成蛋白质的基本单位，它既是人类和动物的重要营养物质，也是人工合成生物高分子材料的原料，氨基酸产品在医药、食品、饲料、化工等领域已有广泛应用。过去，氨基酸主要是用酸催化水解蛋白质来获得，现在氨基酸生产方法有发酵法、提取法、酶法和合成法等，其中20多种氨基酸是用发酵法生产的。

谷氨酸是味精谷氨酸单钠的原料，它可以合成对皮肤无刺激性的十二烷氧基谷氨酸钠肥皂和能保持皮肤湿润的润肤剂——焦谷氨酸钠；还可以制备接近天然皮革的聚谷氨酸人造革等。L-赖氨酸的生产过去用猪血蛋白水解制得，现在应用细胞融合和基因工程手段改造生产菌，使赖氨酸生产发生了根本变化。赖氨酸主要用于饲料添加剂。L-谷氨酰胺是有机体最丰富的氨基酸，储存于脑、骨骼肌和血液中。它是机体组织间氮的运载体，是核苷酸和其他氨基酸合成的前体物质。但它不能在人体内合成和储存，必须依靠外部提供。它的主要用途之一是作为抗消化道溃疡药及其原料。其生产方法是利用 $L$-谷氨酰胺合成酶反应，由 $L$-谷氨酸合成氨酰胺时所需的 ATP，利用酵母发酵产生的能量将 ADP 转变为 ATP。

$L$-苯丙氨酸除直接作为食品添加剂外，它还是人工甜味剂——甜味二肽和抗癌药物制剂的原料，主要由发酵法和酶法生产。

$L$-色氨酸在医药、食品和饲料添加剂中得到广泛应用，其生产采用发酵和色氨酸合成酶催化合成。酶法生产有明显优点：反应周期短，分离纯化容易，生产成本低。

$L$-天门冬氨酸主要用于医药、食品、饮料和化妆品，采用发酵法、酶法和固定化细胞连续生产，主要是酶法。

3) 脂肪酸生产

脂肪酸是重要精细化学品原料，广泛应用于制作化妆品、润滑剂、橡胶配料、乳化剂、悬浮剂、家用清洁剂和食品添加剂、酸味剂、抗氧化剂、调味剂等功能助剂。有些还是可生物降解塑料用高分子化合物合成原料。应用较多的脂肪酸主要包括柠檬酸(2-羟基丙烷-1，2，3-三羟酸)，乳酸($\alpha$-羟基丙酸)，苹果酸(羟基琥珀酸、羟基丁二酸)，反丁烯二酸(富马酸、延胡索酸)，衣康酸(甲基丁二酸)，酒石酸，$D$-葡萄糖酸和 $D$-异抗坏血酸等。上述功能脂肪酸可以通过发酵法生产，以前主要靠从有关生物质中提取。

4) 用于其他保健精细化学品生产

随着社会进步、人类生活的改善，保健食品生产越来越受到重视。保健食品的功能通常可分为 30 类：免疫调节、延缓衰老、抗疲劳、改善学习记忆、减肥、调节血脂、促进生长发育、耐缺氧、抗辐射、抗突变、抑制肿瘤、改善性功能、调节血糖、改善胃肠道功能、改善睡眠、改善营养性贫血、对化学性肝损伤有保护作用、促进泌乳、美容、改善视力、促进排铅、清咽润喉、调节血压、改善骨质疏松等。通过酶法或发酵法生产的保健食品有低聚糖、多元不饱和酸、抗自由基添加剂等。功能性低聚糖包括低聚果糖、乳酮糖、异麦芽酮糖、大豆低聚糖、低聚半乳糖、低聚木糖、低聚乳果糖、低聚异麦芽糖、低聚异麦芽酮糖和低聚龙胆糖等。人体胃肠道内没有水解这些低聚糖(异麦芽酮糖除外)的酶系统，因此它们不被消化吸收而直接进入大肠内优先为双歧杆菌所利用，是双歧杆菌的增殖因子。

多元不饱和脂肪酸主要是亚油酸、$\alpha$-亚麻酸、$\gamma$-亚麻酸、花生四烯酸、甘碳五烯酸(EPA)和廿二碳六烯酸，这些不饱和酸人体不能合成，但又是人体所必需的脂肪酸，它们具有降低中性脂、胆固醇、血压、血小板凝聚力和血黏等作用。它们除从相关生物质中提取，再通过酶催化水解、酯化或酯交换等方式制取。

人体中的自由基(主要是活性氧自由基)是生命活动中各种生化反应的中间代谢产物，也是机体有效的防御系统。在正常情况下，自由基会处在不断产生和消除的动态平衡中，但人体中的自由基过多后就会攻击各细胞组织而造成损伤,诱发各种疾病,并加速衰老进程。因此,要减少疾病,维持健康和延长寿命,应使用适当的还原性物质(或抗氧化剂)来捕捉体内过多的游离氧,使之失去活性而成为非自由基。目前已知在体内能捕捉活性氧自由基的主要物质有两大类:一类是抗氧化酶类清除剂(即抗氧化酶类),另一类是非酶类清除剂(即化学抗氧化剂)。

(1)酶类自由基清除剂有超氧化物歧化酶(SOD)、还原型辅酶 Q、过氧化氢酶(CAT)、谷胱甘肽过氧化物酶。

(2)非酶类自由基清除剂(抗氧化剂)有生育酚、$\beta$-胡萝卜素、谷胱甘肽、尿酸、精胺(spermine)、$L$-肌肽(camosine)、胆红素(bilirubin)、$L$-抗坏血酸、硒等。发酵法生产谷胱甘肽已成为目前生产谷胱甘肽最通用的方法。发酵法生产谷胱甘肽包括有酵母菌诱变处理法、绿藻培养提取法及固定化啤酒酵母连续生产法等,其中以诱变处理获得高谷胱甘肽含量的酵母变异菌株来生产谷胱甘肽最为常见。

谷胱甘肽对增强食品风味有效,将谷胱甘肽用于鱼糕,可抑制核酸分解,增强风味;在肉制品、干酪等食品中添加它也同样具有强化风味的作用。

## 2.5.3 超临界流体技术

超临界流体技术应用领域很多,本节只涉及精细化学品生产中应用的有关技术。

**1. 超临界流体萃取(Supercritical Fluid Extraction,SFE)技术**

SFE 是应用最广的一种超临界流体技术,适用于非极性、热敏性天然物质的分离提取。国内外已广泛应用于天然植物、中草药、食品中有用成分进行低温高压下的提取。还可在高分子加工领域中应用,如高聚物渗透技术、溶胀聚合技术。在医药工业中还用于药物干燥和造粒、蛋白质细胞破壁、药物除杂等。SEF 技术特点:

(1)萃取与分离一体化,不仅可以清洁提取,还可同时"清洁"分离,能够通过合适的工艺将极性不同于目标的成分"去头去尾",因此可以有选择性地提取所需成分,相对于传统的蒸馏法和溶剂萃取法具有独特的优势,而被精细化工领域广泛采用。

(2)超临界流体在萃取中具有较高的溶解能力,同时还具有较快的传质速率,较好的流动性能和平衡能力。

(3)由于温度和压力在临界点附近的微小变化能够引起其溶解能力的显著变化,这使超临界流体具有良好的可调性和易控性能。

(4)SEF 通常采用 $CO_2$ 作为超临界流体增加 SFE-$CO_2$ 的极性,使其能够提取较大分子量的极性物质,常常加入乙醇、甲醇等携带剂,使超临界流体极性加大,因而有更大的溶解力和分离效果。

(5)SFE 技术不仅局限于萃取过程,而且已迅速扩展以分离、分析领域,尤其是 SFE

可替代传统广泛使用的索氏溶剂萃取方法，可与气相、液相色谱联机进行在线分析。

**2. 超临界流体反应（Supercritical Fluid Chemical Reaction，SFCR）技术**

SFCR 可用于溶胀聚合反应制备共混改性材料；酶催化反应制备精细化学品及其中间体，以及非均相催化反应合成精细化学品中间体和催化剂的再生；SFCR 还可将废弃的纤维和聚合物分解转化成可重新利用的原料；纤维素等天然再生资源采用 SFCR 可方便水解成低聚糖等。采用超临界水氧化技术可以在高温、高压、富氧条件下，使废弃有机物、污染物转化为 $CO_2$、$H_2O$ 和 $N_2$ 等，现已用于治理高毒性废水废物。

SFCR 中既可作为反应介质，也可直接参与反应。利用超临界流体的特性，通过调节流体的压力和温度，以控制 SCF 的密度、黏度扩散系数、介电常数以及化学平衡和反应速率等性质，使传统的气相或液相反应转变成一种全新的化学过程。SC-$CO_2$是应用最多的超临界流体，它具有和液体一样的密度和溶解度等有关的重要溶剂特性；它的密度和溶解度易通过压力调节控制；还具有气体的优点，如黏度较小，扩散系数大，与其他气体的互溶性强，有良好的传热传质特性等。更可贵的是 $CO_2$ 易于工艺反应过程分离，不会给体系造成任何污染，从而大大简化了反应的后处理过程。应用 SC-$CO_2$ 的反应研究较多，如含氟丙烯酸酯在 SC-$CO_2$ 中的均相溶液聚合反应，MMA 在超临界 $CO_2$ 中的分散聚合反应，丙烯酸和含氟丙烯酸的共聚反应，乙烯在超临界 $CO_2$ 和离子液体双相体系中的氧化反应等。目前，在超临界 $CO_2$ 中的溶液聚合、乳液聚合、分散聚合、沉淀聚合反应研究都有报道。此外，蛋白质在超临界 $CO_2$ 流体介质中具有稳定性，如在 50 MPa 压力和 50 ℃温度下能处理 1~24 h。脂肪酶、枯草杆菌蛋白质酶、嗜热菌蛋白酶、碱性蛋白酶、胆固醇氧化酶稳定。已应用超临界流体反应技术研究的反应还有异构化反应、氢化反应、氧化反应、脱水反应、水热反应、水解和裂解、烃化反应、加氢液化反应等。除 $CO_2$ 外，超临界流体反应研究应用较多的流体还有超临界水。

**3. 超临界流体结晶技术**

超临界流体结晶技术是一种超细粉体材料制备技术，该技术是利用 SCF 特性，SCF 特有的高膨胀能力、萃取能力以及反萃取能力，通过 SCF 温度和压力的调节，制备超细微粒的方法。超临界流体结晶技术可分为快速膨胀过程（RESS 工艺）、气体抗溶剂再结晶过程（PGSS 工艺）、超临界结晶干燥过程（SCFD 工艺）等。

（1）RESS 工艺与研磨、气相沉积、液相沉积、喷雾造粒传统工艺相比，所制备的颗粒粒径小且均匀，产品纯度高，成分不易破坏等优点。这种技术已用于制备精密陶瓷前驱体，催化剂造粒、磁性材料、感光材料、聚合物微球、涂料粉末和药物微粒等精细化学品。

（2）GAS 工艺与 RESS 相比，它不需要高温下快速膨胀，在常温下利用 SCF 在溶剂中的溶解和抗溶解作用，实现溶液由不饱和变为过饱和而沉析结晶为目的。它适用于热敏性、不耐氧化物质的超颗粒制备。

（3）SCFD 工艺原理是利用 SCF 特性，在不破坏凝胶网络框架结构的情况下，将凝胶中的分散相抽提出来制备气凝胶。该方法多用于金属氢化物、催化剂及其载体、绝缘材料等。它是一种制备纳米材料的新技术。

**4. 超临界色谱（SCFC）技术**

由于 SCF 并具气体与液体的特性，因此 SCFC 兼备气相色谱和高性能液相色谱的优点。SCFC 具有较高的色谱效率、分析速度快，可以分离分析高分子量的化合物和热敏物质。操作中除温度程序变化外，还可以有压力或密度程度变化。

## 2.5.4 组合合成技术

医药、农药、兽药和其他的一些功能化合物研发过程中，获得一种先导化合物是合成这些精细化学品的一项重要任务。比如药物的开发涉及大量化合物的合成与筛选，任务繁重，如果采用传统的方法费时费力；组合化学则可以提供一种达到分子多样性的捷径。现今组合化学技术在药物合成领域发展很快，从合成肽库发展到合成有机小分子库，并已筛选出许多药物的先导化合物，已成为药物研发的学科前沿。组合化学及其技术是绿色合成中通向分子多样性的捷径，它是在固相合成多肽基础上发展起来的。

组合化学利用一系列合成、测试技术，在短时间内合成数目庞大的有机化合物，经过高效生物活性筛选，从中发现一批具有活性的药物先导物。组合化学在药物开发领域的作用还不仅限于开发先导化合物，在第二个阶段对先导化合物进行改进直到其性能符合指定的候选药物性能时，组合化学这项新型的高速合成技术也有其用武之地。因此它在新药研制领域有着极大的应用前景。

药物化学家已经了解了先导化合物的作用方式，组合化学仍然有助于加速对构效关系的探讨。例如，如果化学家在研究中意识到在先导化合物分子上需要一个亲脂性侧链，以前只能花时间来合成包括甲基、丙基和苯基取代的化合物，而应用组合化学，可以合成 100 个或更多个类似物来详细找出这些有潜在或能取代的化合物，从而有条件对其进行更加彻底的研究，并可能发现意想不到的活性类似物。

组合合成高速度的实现在于它摒弃了化合物和中间体完全纯化与表征的规则，取而代之的是使用可靠的化学反应以及简单而有效的纯化方法。过去化学家一次只制备一种化合物，一次只发生一个反应。例如，化合物 X 与化合物 Y 反应生成产物 XY，在反应后处理中产物将通过重结晶、蒸馏或色谱法得到分离纯化（见图2-4）。在传统化学中，化合物被单独制备。在组合化学中，起始原料范围内所有产物都有被制备的潜在机会，组合化学能够对化合物 $X_1$ 到 $X_n$ 与化合物 $Y_1$ 到 $Y_n$ 的每一种组合提供结合的可能。在理论上，由起始原料（构建单元）通过所有可能的组合方式可以瞬间生成所有可能的化合物，这些最终所行的化合物集合就称为组合化合物库。这些化合物通过特定靶点的高通量筛选就可以得到所需要的活性先导物。组合技术的范围非常广泛，可以使用液相或固相技术以平行方式或混合物方式独立地生成这些产物。

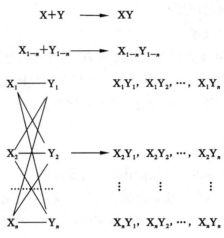

图 2-4　组合化学原理示意图

组合化学中所使用的化学反应类型倾向于采用那些产率高且纯度好的方法，还采用固相合成等技术，无需进行反应的后处理，只要通过过滤等简单物理分离就可以达到一定的纯度。固相技术与液相技术优缺点比较如表 2-4 所示。

表 2-4　　　　　　　　　　固相技术与液相技术优缺点比较

| 项　目 | 固　相　技　术 | 液　相　技　术 |
|---|---|---|
| 优　点 | 纯化简单，过滤可达到纯化目的；反应物过量，反应完全；合成方法可实现多种设计；操作过程易实现自动化 | 反应条件成熟，不需调整；无多余步骤；适用范围宽 |
| 缺　点 | 发展不完善；反应中，连接和切链是多余步骤；载体和链接的适应范围有限 | 反应物不能过量；反应可能不完全；纯化困难；不易实现自动化 |

化合物库中的化合物可以围绕某一核心结构（模块），在其侧链上变化，制得模板库；也可以是直线延长，制得线性库（见图 2-5）。无论何种情况，化合物库中化合物的不同都源于构建单元的不同。

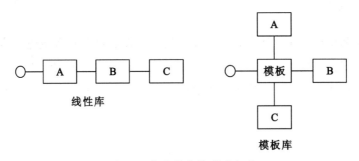

图 2-5　化合物库的形成方式

化合物库的大小从几十个化合物到几十万个不等。在多步组合合成中，合成的化合物的总数量由两个因素决定，即每步反应所用构建单元数目和反应步骤数。如果每步反应所用的构建单元数相同，合成化合物的总数目 $N$ 由下列等式得到：$N=bx$，$b$ 是每个反应所用的构建单元数，$x$ 是反应步骤数。如果每步反应的构建单元数目不同（如在一个三步反应中分别为 $a$，$b$，$c$），则 $N=abc$。因此只需少量的构建单元就可以迅速得到一个较大的化合物库。

组合化学新技术使得制备能力大为提高，使得对所有这些化合物的有效筛选面临挑战。为避免漏筛和错筛，需要非常巧妙地设计化合物库，以准确地找到活性化合物并正确确定出其化学结构。混合裂分化合物库应用最为广泛，此库常需要对化合物库进行编码。编码方法可以是化学的，也可以是电子学的，如使用脉冲器来写入和读出特定库组分的特征。操作时，只需对标签分子进行简单分析，就可根据标签分子确定出有活性的分子的结构。

所有组合合成都包括化合物库的制备、库成分的检测及目标化合物的筛选三个步骤。

一般情况下，组合合成需要满足以下几个基本要求：

（1）构建单元中的反应物间能顺序成键；

（2）构建单元应尽可能具有多样性且可以得到，这样才可能获得一系列供研究的化合物库；

（3）构建单元中反应物进行反应的速度要尽可能接近，反应的转化率和选择性要高；

（4）产物的结构和性质具有较高的多样性，以供研究，从中找出最佳结构；

（5）反应条件能调整，操作过程能实现自动化。

组合化学不仅是有机合成的科学和技术，它还包含了一系列化学、生物学、编码学、方法学、电子学、光学及信息学等方面的知识及技术。有关组合化学技术论述请阅读 Nicholas K. Torreff 著，许家喜等译《组合化学》等有关专著。

## 2.5.5　其他技术

精细化工绿色化技术除上述内容外，现在研究开发的热点有有机电化学合成技术，辐射合成技术，微波合成技术，等离子体技术和计算机辅助的绿色化学设计等。传统化工技术创新使其更符合绿色化工生产原则，也有很多新的进展，请读者参考有关专著。

# 第三章　催　化　剂

## 3.1　概　　述

催化剂是一些化学反应实现工业应用的关键,是化学工艺的基础。新的催化剂,可确立新的反应途径,建立新的工艺过程。催化剂的选择性可以从根本上减少或消除副产物的产生。这正是目前人们最大限度地利用资源、减少污染,保护生态环境所要采用的化学工艺过程,即第二章所述的绿色化学。

催化剂对反应或产物的选择性,可带来巨大的经济效益。在化工过程中使用的催化剂的经济价值,不在于它本身的价格,而是由它的应用所产生的品种繁多的产品的价值,这种价值是其本身的 500~1000 倍,而催化剂简化工艺,消除污染所创造的价值,更是难以用数字估算。随着可持续性经济发展战略方针的贯彻执行,解决当前能源和生态环境危机的迫切需要,呼唤着新一代催化剂的出现。新一代催化剂将带来化学工业的又一个高速发展时期。

### 3.1.1　催化剂

化学热力学根据化学反应的始态和终态间能量的差别,判断反应能否进行及反应的平衡位置,动力学考虑反应进行的速度。热力学判断可行的反应,如果到达平衡的时间太长(速度太慢),则无任何利用价值。人们早就发现,反应中加入某种痕量物质,可加快反应速度,这种痕量物质就是催化剂。催化剂在反应过程中不被消耗,反应完成后,可恢复到它原来的状态(组成和数量)。由于催化剂的介入而加速反应进行的现象称为催化作用。

催化剂有正、负两类。正催化剂加速化学反应速度。负催化剂抑制反应的进行。如钢铁氧化的缓蚀剂,阻止塑料老化的防老化剂等。负催化剂在材料保护中起着重要作用。本书所论述的催化剂,均为正催化剂,简称催化剂。

### 3.1.2　催化作用

催化剂能加速化学反应速度是因为它的介入降低了反应所需的活化能。催化剂与反应底物作用形成中间物，在该中间物中底物已被活化，反应始态和终态的位能结构发生了变化(见图 3-1)，从而使反应有可能以活化能低的途径进行。例如合成氨的催化反应，其反应式为

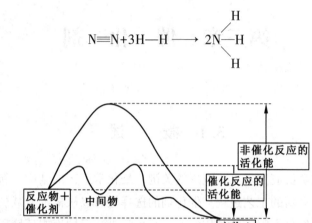

图 3-1 催化反应与非催化反应的活化能

实测反应热($\Delta H_{298}$)为 53.3 J，反应自由能变化为−20 J。根据化学热力学理论，该反应在常温常压下能自发地进行。然而实际上在常温常压下放置几年产物也是痕量的。因为断裂 H—H 键的活化能达 418 kJ/mol 以上，一般条件下，具有这一能量以上的分子数目太少，反应速度极慢。当加入 Fe，Ru，Os，Mo 等催化剂后，反应可快速完成。因为过渡金属以其特有的空 d 轨道，与 $N_2$ 或 $H_2$ 形成配合物。$N_2$ 或 $H_2$ 与金属间的键合作用，削弱了 N≡N 重键或 H—H 键，这时使它们断裂所需活化能要比自由状态时低得多，即过渡金属使 $N_2$ 和 $H_2$ 活化，从而加速了生成氨的反应速度。

### 3.1.3 催化剂的特点

催化剂的主要特点表现在以下几个方面：

(1) 催化剂只能催化热力学上判断是可行的反应，而不能引发热力学上判断不能发生的化学反应。如由 $H_2O$ 生成可燃性气体 $H_2$ 和 $O_2$ 的化学反应，热力学上判断该反应不可能进行，因此寻找该反应的催化剂是徒劳的。相反，$H_2$ 和 $O_2$ 生成水的反应，热力学判断该反应在常温常压下可自发地进行，但实际上，把 $H_2$ 和 $O_2$ 放在一起一千亿年，据推算也只能得到 0.15% 的 $H_2O$。如果用铂石棉催化，该反应可在瞬间爆炸完成。

(2) 催化剂只能改变化学反应达到平衡的速度，而不能改变化学平衡的位置。如在 $H_2$ 与 $N_2$ 的初始比为 3：1 时，500 ℃，30 MPa 压力下，反应平衡时 $NH_3$ 的物质的量浓

度为 27%。利用不同的催化剂催化该反应，平衡时 $NH_3$ 的浓度都不会大于该值。

（3）催化剂对反应类型、反应方向和产物的结构具有选择性。例如烯烃与合成气（$CO/H_2$）的反应，烯烃可加氢生成烷烃，也可氢甲酰化生成醛，生成的醛既可是直链又可为支链醛，醛在该反应条件下也有被还原成醇的可能。催化剂可选择催化这些反应。用铑-膦催化剂，可使丙烯只进行氢甲酰化反应，生成醛的转化率达到 96%；对直链醛的立体选择性高达 98%。而用 $Co_2(CO)_8$ 与叔膦的催化剂，终产物醇的转化率达到 80%。

（4）在催化反应完成之后，催化剂的组成和数量不会发生变化，可循环使用。例如下列反应：

$$CH_2\!\!=\!\!CH_2 + PdCl_2 + H_2O \longrightarrow CH_3CHO + Pd + 2HCl$$

虽然 $PdCl_2$ 可使乙烯转变成乙醛，本身也没进入产物分子，但反应完成后变成了金属钯，改变了原来的状态，不能循环起作用，所以该反应只能是 $PdCl_2$ 介入的化学计量反应，不能认为 $PdCl_2$ 是催化剂。

## 3.1.4　催化剂的类型

催化一般分为生物催化和化学催化两大类。催化剂也依此分两类。在生物体内发生的复杂生化过程是由酶来完成的。在该过程中，酶与作用物生成中间产物，然后分解出新物质和酶。酶使生化反应活化能降低，反应速度加快，酶就是催化剂，这种催化称为酶催化。酶在常温、常压和酸碱度接近中性的介质条件下发挥极大的催化活性，其催化效率一般比无机和有机催化剂高万倍乃至亿倍，并对反应具有极高的专一性。

化学催化以催化剂与反应物所处状态不同，可分为均相催化和多相催化两大类。如果催化反应在某一均匀物相（如液相或气相）内进行，就称为均相催化；如果催化剂和反应物被相界面分开，催化反应在不同物相的界面上进行，为多相催化。一般多相催化剂指的是固体催化剂。酶催化是介于二者之间的体系，以亲液胶体形式存在。

均相催化剂主要是可溶性过渡金属配合物和盐类，包括路易斯酸、碱在内的酸、碱催化剂。它们以分子或离子独立起作用，比较单一，易于研究和改进。缺点是使用范围有限，催化剂与产物难分离，尤其是贵重金属催化剂的损失，直接影响工业化时的经济价值。固体催化剂包括金属（过渡金属和ⅠB族金属），过渡金属配合物，金属盐类的负载型催化剂，半导体型金属氧化物，硫化物、沸石分子筛、固体酸、固体碱以及绝缘性氧化物等几类。固体催化剂耐受较苛刻的反应条件，回收利用容易，但改性、研究其催化机理较困难。表 3-1 对两类催化剂作了对比。

表 3-1 均相和多相催化剂的性能

| 催化剂<br>性质 | 均相催化剂 | 多相催化剂 |
|---|---|---|
| 组成 | 单个分子或离子 | 载体+主催化剂+助催化剂 |
| 活性中心 | 一个金属原子或离子，酸碱中心 | 催化剂表面活性位 |
| 溶解性 | 可溶 | 不溶 |
| 热稳定性 | 差(高温分解) | 耐高温 |
| 反应选择性 | 高 | 一般 |
| 反应条件 | 温和(压力、温度低) | 苛刻(高温、高压) |
| 改性 | 容易 | 难 |
| 机理研究 | 易 | 难 |
| 产物分离 | 难 | 易 |

### 3.1.5 催化剂的基本性能

**1. 催化活性**

催化剂的活性是评价催化剂的一种量度，是指催化剂加快化学反应速度的性能，实际是指催化反应速度与非催化反应速度之差。

在一般催化反应中，非催化反应速度很慢，可忽略不计，催化反应速度即相当于催化活性。催化活性涉及所用的速度方程。同一个化学反应可能有几个速度表达式，这就使催化活性的表达复杂化。因此在使用中常用催化剂单位时间里每个活性中心上生成目标产物的个数(单位为 $h^{-1}$ 或 $min^{-1}$)来表示催化活性，称为转化数(turnover number)，亦称 TOF(转化频率 turnover frequency)，它不涉及反应的步骤和速度方程，相对直观。

$$TOF = \frac{目标产物(mol)}{催化剂(mol) \cdot 时间(h)}$$

计算固体催化剂的 TOF，是假定表面活性中心密度是已知的(如将金属均作为活性中心)。而均相催化剂直接用催化剂的摩尔数。

工业上为了生产的需要，用时空率来度量催化剂的活性，即单位时间内单位体积或重量的催化剂上生成目标产物的量(g，kg，mol)。用下式表示：

$$时空率 = \frac{目标产物量}{催化剂体积(重量) \cdot 时间}$$

固体催化剂的时空率常表示为 $t/(m^3 \cdot d)$，或 $g/(mL \cdot h)$；均相催化剂的时空率为 $mol/(g \cdot h)$。时空率很明显地表示出催化剂的生产能力。如果反应原料有气体，常以空速

表示出对应的进料速度。以单位时间通过催化剂单位体积或单位重量的气体体积(标准态)表示，即

$$V_0(空速)=\frac{V_t}{V\cdot t}$$

式中，$V_t$ 为 $t$ 小时内通过 $V$ 升催化剂的气体原料的体积(标准状态)。对于均相催化剂，则用单位时间内通过单位重量(g；mol)催化剂的气体原料来表示时空率。

催化剂活性最方便的表示是用转化百分率，即主要反应物在一定反应条件下转化的百分数。例如甲苯的催化氧化反应：

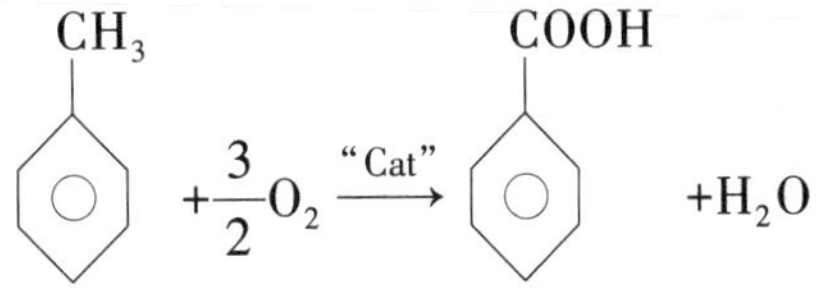

甲苯的转化率 $x$ 为

$$x=\frac{已转化甲苯摩尔数}{甲苯的总摩尔数}\times100\%$$

转化率表示催化活性，从代表的意义上讲不确切，但计算简便，在考察或筛选催化剂中，是最常用的。

**2. 催化剂选择性**

催化剂并不对热力学所允许的所有化学反应都起催化作用，而仅对平行反应或串联反应中的一个反应有效。这种有选择地发生催化作用的性能，称为催化剂的选择性。它是评价催化剂的又一个重要指标，即

$$选择性=\frac{目标产物的摩尔数}{已转化主反应物摩尔数}\times100\%$$

例如 1-丙烯由羰基钴-膦配合物催化的氢甲酰化反应，假定目标产物是 1-丁醛和 1-丁醇，投入丙烯为 10mol，反应完成后得到 1-丁醛 4mol，1-丁醇 2mol，未转化的丙烯 2mol，则转化率为

$$x=\frac{10-2}{10}\times100\%=80\%$$

$$1\text{-丁醛的选择性}=\frac{4}{8}\times100\%=50\%$$

$$1\text{-丁醇的选择性}=\frac{2}{8}\times100\%=25\%$$

在化学理论研究中，常用选择性因子($s$)来衡量催化剂的选择性，即以主($K_1$)副($K_2$)反应的速度常数比来表示，即

$$s=\frac{K_1}{K_2}$$

催化剂的选择性又分为以下几种：

化学选择性：是催化剂对反应物（底物）中官能团的选择性。如底物中含有 C═O 和 CN，选择某种催化剂，可使其加氢反应只对 CN 基，而对羰基不起作用。

区域选择性：又称位置选择性，指催化剂可使反应发生在底物中某一特定环境的原子上。例如，当端位烯烃在氢甲酰化时，反应可在端位或第 2 位碳原子上进行，得到直链或支链醛。

$$R \diagup\!\!\!\diagdown \quad +CO/H_2 \xrightarrow{\text{"Cat"}} R \diagup\!\!\!\diagdown\!\!\!\diagup CHO \quad + R \diagup\!\!\!\diagdown CHO$$
$$\qquad\qquad\qquad\qquad\qquad\quad (n) \qquad\qquad\quad (i)$$

选择铑-膦催化剂，可使反应产物直链醛的选择性达到 98%，一般地讲正异比（$n/i$）大，则认为铑-膦催化剂对该反应的区域选择性高。

立体选择性：是催化剂对顺反异构体的选择性。例如，$\beta$-溴苯乙烯与溴苯格氏试剂的交叉偶联催化反应，产物有反式和顺式二苯乙烯。选择合适的催化剂，使反应产物反式结构的收率最高，即该催化剂的立体选择性高。

对映选择性：指催化剂在不对称合成中对手性产物的选择性。常用对映体超量百分数 e.e. 值来表示，称为光学收率。例如 $R$ 手性产物的 e.e. 值为

$$\text{e.e. 值} = \frac{[R]-[S]}{[R]+[S]} \times 100\%$$

**3. 催化剂的稳定性**

催化剂在使用过程中保持一定活性水平的时间，为催化剂的稳定性，也称单程寿命。催化剂每次活性下降后再生而又恢复到许可活性水平的累积时间，称为总寿命，是评价催化剂质量的一个重要指标。

催化剂的稳定性包括耐热、抗毒、机械稳定性，固体催化剂还有抗积炭和对反应气氛的化学稳定性等。稳定性受催化剂组分的性能、制备过程和使用条件的影响，有些很难在短时间内测出，常在使用过程中，考察其活性随时间的变化来鉴定。

## 3.2 固体催化剂与多相催化

### 3.2.1 固体催化剂及其组成

固体催化剂是多相催化剂，催化过程在催化剂表面进行，催化活性与表面性质有关。固体催化剂组分多，组成复杂，结构一般不单一。影响催化剂活性的因素较多。如制备过程中微量杂质的介入，会使催化活性变化很大。即使运输过程中的碰撞，也会使各批催化剂的活性有差别。由于它热稳定性好，回收、分离较容易，些反应条件苛刻的催化反

应，只能使用固体催化剂。又由于可对其进行简便的分离、循环利用，提高了经济效益，固体催化剂被广泛地用在炼油及化工工业中。

固体催化剂的分类无一定规则，常将结构或组成类似的归为一类，如分子筛、金属氧化物等。

固体催化剂主要有以下几种成分。

(1) 主催化剂：反应起主要催化作用的活性成分(有时不止一种成分)。催化剂的优劣主要是主催化剂的选择。例如石油重整催化剂的主要成分是Ⅷ族金属，多数离不开铂，因此铂在这类催化剂里是主催化剂。

(2) 助催化剂：本身没有催化活性或活性很弱，它可改变催化剂的结构和化学组成，从而改进催化剂的活性和选择性。结构性助催化剂，主要是增大表面积，防止烧结，提高主催化剂的稳定性；调变性助催化剂，是通过改变催化剂的化学组成、电子结构、表面性质或晶型结构提高催化剂的活性和选择性。

(3) 载体：催化剂活性组分分散在表面上，加大催化剂的表面积，增大催化活性。这种负载催化活性组分的固体称为载体。载体的表面必须大于 $10\ m^2/g$，才能较好地使活性成分分散。常用载体表面积为 $100\ m^2/g$ 以上。载体必须具有良好的热稳定性和化学稳定性。

载体有两种分类方法：一是按酸碱性分为碱性材料($CaO$，$ZnO$)、两性材料($TiO_2$，$Al_2O_3$，$CrO_3$)、中性材料($CaAl_2O_4$，$MgSiO_2$)、酸性材料($SiO_2$、沸石、磷酸铝等)；二是按比表面积分为低比表面积(小于 $20\ m^2/g$)和高比表面积载体(高达$10^3\ m^2/g$)。

## 3.2.2 固体催化剂的组分表示方法

固体催化剂常用以下几种方法表示其组成：

**1. 氧化物的摩尔比或重量比表示法**

用所含金属的氧化物表示。如乙醇脱氢合成乙酸乙酯的一种催化剂，其氧化物摩尔比为

$$CuO：ZnO：Al_2O_3：ZrO_2 = 3：1：5：1$$

它们的重量比为 CuO 25.1%，ZnO 8.5%，$Al_2O_3$ 53.4%，$ZrO_2$ 13%。显然两者可互相转换。金属的原子个数比为

$$Cu：Zn：Al：Zr = 3：1：10：1$$

有时用混合表示法，即载体用重量，其他用氧化物摩尔比，上述催化剂表示为

$$CuO：ZnO：ZrO_2 = 3：1：1，\ Al_2O_3 53.4Wt\%。$$

**2. 原子个数比表示法**

固体催化剂常用所含元素的原子个数比来表示其组成。例如，异丁醛一步氧化制甲基丙烯酸所用催化剂的组成为

$$Cu_{1.5}P_{1.13}Mo_{1.2}Sb_{0.25}V_{0.25}As_{0.20}O_x$$

### 3.2.3 固体催化剂的性能参数

**1. 比表面积及其测定(BET 公式)**

催化剂表面积是表示固体催化剂性能的重要数据。单位重量的催化剂具有的总表面积称为比表面,单位为 $m^2/g$。比表面测定依据布鲁瑙尔-爱梅特-泰勒(Brunauer-Emmet-Teller)归纳的多层吸附理论,即 BET 公式。有容量法和重量法两种。BET 公式表示如下:

$$\frac{P}{V(P_0-P)}=\frac{1}{V_m C}+\frac{C-1}{V_m}\left(\frac{P}{P_0}\right)$$

式中,$V_m$ 为单分子层覆盖固体表面所需的吸附量;$P_0$ 为实验温度时气体饱和蒸气压;$C$ 为吸附常数;$V$ 为平衡压力为 $P$ 时的吸附量。

测定一系列对应的 $P$ 和 $V$ 值,以 $\frac{P}{V(P_0-P)}$ 为纵坐标,$P/P_0$ 为横坐标作图,得一直线,该直线的截距是 $1/V_m C$,斜率为 $C-1/V_m C$。由此计算出 $V_m$,即

$$V_m=\frac{1}{\text{截距}+\text{斜率}}$$

则比表面积 $S$ 为

$$S=\frac{V_m}{V'}NA_m$$

式中,$V'$ 为吸附质的克分子体积;$N$ 为阿伏伽德罗常数;$A_m$ 为一个吸附分子所占的面积。目前应用广泛的吸附质是 $N_2$,其横截面积为 $16.2\text{Å}^2$。重量法是测定不同压力下,吸附质的重量,按照上述方法作图,计算。(将 BET 公式中的 $V$ 换成相应的重量 $m$)

比表面积是固体催化剂的一个重要参数。可由此了解催化剂的烧结、中毒情况,并可掌握载体与助催化剂的作用。

**2. 密度**

催化剂的密度指单位体积催化剂的质量,在实际中常以重量代替质量。固体催化剂大多是多孔结构,其堆积体积实际是由颗粒内部的孔体积($V_孔$),颗粒之间的空隙体积($V_空$)和颗粒本身骨架所占体积($V_骨$)三部分组成。

堆积密度是单位堆积体积的催化剂所具有的质量。即

$$\rho_堆=\frac{m}{V_堆}=\frac{m}{V_孔+V_空+V_骨}$$

单位颗粒体积的催化剂所具有的质量称为颗粒密度,又称假密度。

$$\rho_颗=\frac{m}{V_孔+V_骨}$$

骨架密度为单位骨架体积的催化剂所具有的质量，也称真密度。

$$\rho_{骨} = \frac{m}{V_{骨}} = \frac{m}{V_{堆} - V_{孔} - V_{空}}$$

从催化剂的密度可计算催化剂的空隙体积与孔体积，用来检查催化剂装填是否均匀紧凑。

**3. 催化剂的孔结构参数**

催化剂的孔体积与颗粒体积之比，称为催化剂的孔隙率($\theta$)：

$$\theta = \frac{V_{孔}}{V_{孔} + V_{骨}}$$

孔隙率决定着催化剂孔径和比表面的大小，合适的孔隙率在 0.4~0.6 之间。一般催化活性随 $\theta$ 增大而增大，机械强度随 $\theta$ 增大而降低。

比孔容($V_g$)是单位质量催化剂的孔隙体积，可用该催化剂的真、假密度计算：

$$V_g = \frac{V_{孔}}{m} = \frac{1}{\rho_{颗}} - \frac{1}{\rho_{骨}}$$

平均孔半径($\bar{r}$)：固体催化剂除分子筛外，一般颗粒内的孔大小不一，通常所讲孔径指平均孔径，即把孔看成是平均长为 $\bar{l}$，平均半径为 $\bar{r}$ 的圆柱形孔。则 $\bar{r}$ 可由测得的比孔容 $V_g$ 和比表面积 $S$ 计算。

$$\bar{r} = \frac{2V_g}{S}$$

对具有不同孔结构的同一催化剂，评判其孔结构对催化活性的影响时，常用催化剂的平均孔半径进行对比。

**4. 催化剂的机械强度**

固体催化剂要承受运输、装填、相变、自身重量所引起的磨损，同时因为碰撞对催化活性的影响，所以需要具有一定的机械强度。催化剂的机械强度是通过测定其压碎强度和磨损强度来衡量。压碎强度(单位：$kg/cm^2$)是将催化剂放在强度计中，逐渐增加负载，直到破裂；磨损强度以催化剂磨损前后的重量比表示，测定方法是气升法，即将样品在一定温度下煅烧一小时，然后于同温下吹入空气，催化剂在管内沸腾，磨损后称量，计算磨损强度。

**5. 气体流通性——压力降**

固体催化剂使用时要装入专门设备，即催化剂床。床中的气体流动性影响着催化剂的活性。原料中有气体时，要求经过催化剂的气体流动分布均匀，经过床层时压力降低要小。因此压力降表示着催化剂装填有无阻塞、粉尘、断层、沟道等情况，也显示出催化剂的形状，装填方法、床的种类是否合适。使用时往往要在催化剂床中测定压力降这一指标。

　　近年来，先进的分析测试仪器的应用，对催化剂的研究深入到分子、原子水平，可以在更高的水平上深入研究催化剂和催化过程，极大地推动了多相催化的发展和固体催化剂的开发。表3-2归纳了研究固体催化剂的常用分析测试方法，本书不逐一做介绍。

### 3.2.4　固体催化剂催化基本原理

**1. 固体催化剂的表面吸附特性**

　　固体表面有物理吸附与化学吸附两类吸附作用。分子靠范德华力吸附在催化剂表面上，吸附力弱，为物理吸附。物理吸附对分子的结构影响不大，只改变固体表面的吸附浓度。如果吸附分子与固体表面原子之间形成化学键，则为化学吸附。此时吸附分子与固体表面形成表面络合物，使吸附分子中的某些键变弱，即被活化。显然，化学吸附是固体催化剂起作用的关键步骤。

表 3-2　　　　　　　　　　　　　　　　用于催化研究的分析技术

| 项　目 | 分　析　技　术 |
| --- | --- |
| 颗粒度 | 筛分法，重力沉降法，显微镜法，光散射法 |
| 孔结构 | 吸附法，压汞法，电子显微镜 |
| 表面积 | BET 法，色谱法 |
| 强　度 | 加压法，降落试验法，鹅颈管法 |
| 物相组成及晶体结构 | X-射线衍射法，电子显微镜 |
| 表面酸碱性 | 指示剂法，色谱法，热分析，红外光谱，电子顺磁共振 |
| 相变化 | 差热分析 |
| 吸附热 | 热量计，色谱法 |
| 表面吸附态 | 程序升温热脱附法，红外光谱，光电子能谱，穆斯堡尔谱 |
| 价态分析 | 光电子能谱 |
| 元素分析 | 光电子能谱 |
| 表面形貌和结构 | 电子显微镜，紫外漫反射光谱，光电子能谱 |
| 反应热变化 | 热分析，电子显微镜 |
| 积炭、老化和中毒 | 热分析，电子顺磁共振，光电子能谱 |
| 活性相分布 | 电子顺磁共振，光电子能谱，穆斯堡尔谱，电子探针 |
| 金属-载体相互作用 | 红外光谱，电子能谱，穆斯堡尔谱 |

　　选自：朱洪法. 石油化工催化剂基础知识。

物理吸附和化学吸附可以互相转化。物理吸附变为化学吸附需要的能量为吸附活化能($E_a$)，化学吸附转变为物理吸附所要越过的能垒称为脱附活化能($E_d$)。化学吸附类似化学反应，形成吸附化学键放出的能量称为吸附热($q$)，这三者有如下关系：

$$E_d = E_a + q$$

吸附分子(物理吸附)变为吸附原子(化学吸附)所需的活化能比不经吸附由分子直接转变成原子所需的键离解能小得多。可见多相催化是通过固体催化剂表面吸附反应物分子来实现的。并非所有的化学吸附都可以发生反应，只有那些吸附热等于或大于反应活化能时，才能使吸附物发生反应。即催化作用仅发生在固体表面的某些点上，固体催化剂表面存在催化活性中心。

吸附分子与催化剂表面形成化学键，催化剂表面的某些成分一定具备成键的性质。如过渡金属原子，d 价轨道一般具有未成对电子，易与吸附粒子的电子配对，如果这对电子是吸附分子与金属原子共用，即形成吸附共价键。过渡金属具有较高的吸附能力，是固体催化剂中常用的主要成分。对于ⅥA、ⅤA族元素(S，As，Sb)及其化合物，具有孤电子对，能与过渡金属的空 d 轨道形成配位键，且不易解离，影响了过渡金属对反应物的化学吸附(不能成键)，所以这些元素易使催化剂中毒失活。

化学吸附反应机理有两种：一种是吸附在固体表面活性点上的分子之间发生关系，称为朗格缪尔-谢尔伍德(Langmuir Hinshelwood)机理，如反应 A+B ——→C+D，该机理步骤如下：

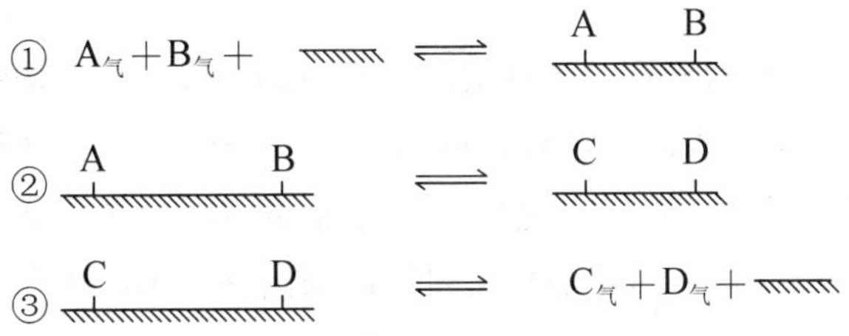

① A$_{气}$+B$_{气}$+ ⎯⎯ ⇌ A    B

② A    B ⇌ C    D

③ C    D ⇌ C$_{气}$+D$_{气}$+ ⎯⎯

一般第②步表面反应为控制步骤。另一种是一个吸附分子与另一个未被吸附的分子进行反应为控制步骤，称为雷迪尔(Ridial)机理，示意如下：

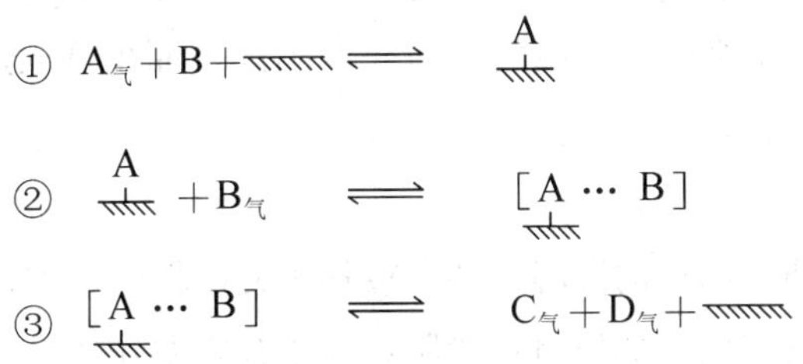

① A$_{气}$+B+ ⎯⎯ ⇌ A

② A +B$_{气}$ ⇌ [A ⋯ B]

③ [A ⋯ B] ⇌ C$_{气}$+D$_{气}$+ ⎯⎯

吸附分子被活化，可用表面分子模型来说明。例如乙烯在 Pt 上的吸附，乙烯分子中每一个碳原子上有三个轨道是共面的，其中两个轨道与氢原子轨道重叠，另一个轨道是碳原子之间的键合，都是 σ 键。碳碳间另一个 π 键，轨道垂直于 σ 键所在平面，乙烯 π 电子的分子轨道有两个，一个是两个 π 电子占据的成键轨道，另一个是未被占据的反键轨道。Pt 的两个杂化轨道 dsp，一个为电子所占据，另一个为空轨道。这个空轨道即提供了一个吸附位，可与乙烯成键轨道的电子所共有，而 Pt 占据轨道的电子可以反馈到乙烯的反键轨道上，这样乙烯与 Pt 就形成了一个较强的化学键(见图 3-2)，相当于乙烯 π 轨道上的电子云通过 Pt 流向它的反键轨道，使其双键减弱，即被活化使双键易被打开。

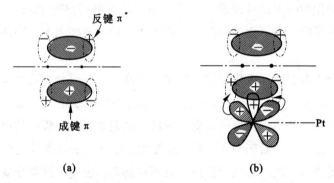

图 3-2 (a)乙烯键及(b)乙烯吸附在 Pt 上的成键图

### 2. 固体催化剂表面不均匀性

固体催化剂表面不均匀性，表现在以下三个方面。

1) 几何不均匀性

固体表面形成时，原子或分子的位置相对固定，很难变形，其表面凸凹不平，即使小心磨光的固体表面，在显微镜下也可看到它的许多台阶(terraces)，表面的峰和谷间相差 10 纳米到零点几微米，这些平行于原子平面的台阶，是由于晶体体相中原子平面微小的配合差错所致，称为位错(见图 3-3)。也就是不同原子晶面间错误的结合。不同物质位错密度不同，如金属和离子单晶表面上的位错密度为 $10^6 \sim 10^8$ cm$^{-2}$ 数量级；半导体晶体表面位错密度为 $10^4 \sim 10^6$ cm$^{-2}$。表面上原子浓度约为 $10^{15}$ cm$^{-2}$，对于一个低位错密度的单晶表面，由一个位错形成的一个台阶就含有 $10^9$ 个表面原子。可以想象，台阶的棱、拐折、梯级位置的原子化学活性是比较大的(晶体场分裂导致定域的电荷密度不同，而出现大的表面偶极子)，从催化角度看，这就是表面活性较高的部位。

2) 能量不均匀性

由于固体表面的不均匀性，处于表面凸出部位的高峰、棱角或拐折处(即表面活性位)的原子或分子的力场极不均衡，这些部位具有更高的能量在吸附反应中起重要作用。

3) 组成不均匀性

形成条件不同，表面晶粒不可能一致，分布从微观看不均匀。表面所处的环境与内部

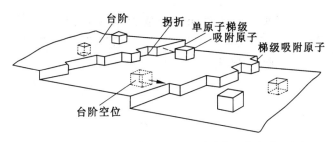

图 3-3 不均匀的固体表面——不同的表面位台阶，拐折

不同，其化学组成也往往不同于内部。例如，硅胶、$Al_2O_3$ 表面有羟基，金属表面易形成氧化物薄膜等，这使表面表现出不同于晶体内部的化学性质。

**3. 固体催化剂的晶体缺陷**

晶体缺陷化学是固体化学的核心和基础。无缺陷的晶体是不存在的。晶体总存在着一种或几种结构上的缺陷，它决定着固体物质的化学活性。缺陷可分为：点缺陷，是个别原子或离子离开完整的晶格跑到间隙或晶体表面，或者由于渗入杂质，形成离子或原子的空位；线缺陷(一维)，晶格中原子排列某条线上的错位；面缺陷(二维)，是晶体界面附近原子排列比较紊乱；体缺陷(三维)，即固体中包藏有杂质、沉淀和空洞等；电子缺陷，是晶体中特定离子或原子所束缚的电子，跃迁到另一能级成为自由电子，原来的位置变成空穴。由于固体表面的不均匀性，以致位错密度很大，晶体缺陷密度也就大。这些缺陷在固体表面形成了不同类型的表面位，即活性中心。处于活性中心特殊微环境中的原子，表现出很高的催化活性。例如，当前研究热点：甲烷氧化制乙烯的催化反应，用氧化钍($ThO_2$)作催化剂。氧化钍属氟化钙晶体结构类型。实验结果表明，如用无晶格氧缺位的氧化钍(见图 3-4(a))，催化活性很低(见表 3-3)。而掺杂有 $La^{3+}$，$Sm^{3+}$ 的 $ThO_2$，晶型为氧阴离子缺位的缺陷晶体(见图 3-4(b))，催化选择性明显增大。

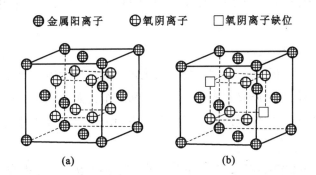

图 3-4 具有 $CaF_2$ 构型(a)和缺陷 $CaF_2$ 构型(b)的金属氧化物晶相结构示意图

表 3-3　　　　　　　　　　几种催化剂活性相的甲烷氧化偶联催化活性①

| 活性相② | 晶体结构类型 | 转化率,% | | C₂ 选择性,% |
|---|---|---|---|---|
| | | CH₄ | O₂ | |
| $La_2O_3$ | 六方 | 26.4 | 99 | 47.9 |
| $Sm_2O_3$ | 单斜 | 26.1 | 97 | 42.5 |
| $Sm_2O_3$ | 立方(缺陷 $CaF_2$ 结构) | 27.0 | 97 | 52.4 |
| $ThO_2$ | 立方($CaF_2$ 结构) | 11.3 | 36 | 41.7 |
| $ThO_2$-$La_2O_3$(7∶3) | 立方(缺陷 $CaF_2$ 结构) | 23.4 | 97 | 56.1 |
| $ThO_2$-$Sm_2O_3$(7∶3) | 立方(缺陷 $CaF_2$ 结构) | 23.6 | 96 | 55.5 |

① 反应气 $CH_4/O_2/N_2$ = 28.9/7.4/63.7%V；反应温度 780 ℃，空速 GHSV = $6.0×10^4\ h^{-1}$。

② 活性相组成用括号中的阳离子摩尔比表示。

**4. 固体催化剂表面物质的催化作用**

目前对固体表面原子及其作用还掌握得不多，关于固体催化剂表面的催化作用，尚难以作出确切的解释，仅从以下几个侧面大致说明其催化作用。

1)表面过渡金属原子

所谓表面，从晶体学角度看是指晶体三维周期结构和真空之间的过渡区域，表面的原子层不具备体相的三维周期性。表面金属原子与内部不同。例如金属镍中 Ni 原子间有金属键形成。Ni 原子外层有 10 个价电子，其中 6 个分布在 $d^2sp^36$ 个杂化轨道中与周围的 6 个 Ni 形成金属键，还有 4 个处在能量较高的非键轨道上未参与成键。表面 Ni 原子的 6 个杂化轨道中的电子不可能全部成键，因此有两种电子可与吸附分子成键。按照原子轨道理论，处于非键轨道中的 4 个电子能量高，不稳定，与吸附物形成弱键。而表面 Ni 原子，如处于缺陷处，则配位不饱和性更强，这个位置的吸附活性更大，可能会成为表面活性中心。

2)半导体金属氧化物

固体催化剂通常用到金属氧化物。金属氧化物可能是绝缘体、半导体、导体甚至是超导体。现代表面科学认为金属氧化物表面化学可从三个方面认识：一是表面原子的配位环境；二是氧化物的氧化还原性质；三是氧化态。表面配位环境可通过选择暴露结晶面或制备过程来控制。

半导体是电导率在 $10\sim10^{-5}\ \Omega^{-1}\cdot cm^{-1}$ 之间，随温度增高电导率也增加的物体。一般短周期中的金属或非金属的氧化物和碱土金属氧化物的组成总是化学计量的，都是绝缘体。而过渡金属及其后面的金属氧化物和硫化物，可形成非化学计量组成，这种组态为半导体。

半导体有三种类型：本征、N 型和 P 型。都有低能级，上面充满或半充满着价电子，为满带。较高能级基态时往往不存在电子，为空带。在满带和空带间有一个没有能级的区域，称为禁带。

本征半导体，电子受激发直接由满带进入空带。N 型半导体，在禁带靠空带处有一能级，上面有自由电子，温度高时，进入空带，称为施主能级。由自由电子导电称为 N 型导电。P 型半导体，禁带中的能级在靠满带处，受温度激发，满带中的电子跑到该能级上，称为受主能级。满带由中性变成带正电，形成正穴位。为保证电荷平衡，该正穴位也在移动，由正穴位移动而产生的导电称为 P 型导电。本征半导体同时存在 N 型和 P 型导电。

金属氧化物多为 N 型和 P 型半导体，这是由非化学计量比组成和掺有杂质引起的。形成非化学计量比氧化物是由于有些金属离子有可达到的最高氧化态或最低氧化态。例如，NiO 在空气中加热，变成氧过量的氧化物，过量氧按下式形成：

$$O_2 + 4e \longrightarrow 2O^{2-}$$

而电子只可能来自 $Ni^{2+}$，即 $Ni^{2+}$ 可变为 3 价的氧化态：

$$Ni^{2+} \longrightarrow Ni^{3+} + e$$

$$4Ni^{2+} + O_2 \longrightarrow 4Ni^{3+} + 2O^{2-}$$

每形成一个氧离子，就有 2 个 $Ni^{3+}$ 生成，即产生过剩正电荷穴位。存在电位差时，电子由 $Ni^{2+}$ 跃向 $Ni^{3+}$，相当于正穴位在向一个方向移动，即 P 型导电。而 ZnO 在空气中加热，变得氧缺乏，氧按下式丢失：

$$2O^{2-} \longrightarrow O_2 + 4e$$

放出的电子可使 $Zn^{2+}$ 还原为 Zn，电子由 Zn 移向 $Zn^{2+}$，造成 N 型导电：

$$2Zn^{2+} + 2O^{2-} \longrightarrow O_2 + 2Zn^0$$

P 型氧化物中的金属易给出电子变成高价，氧易吸附到上面形成 $O^-$。例如，在 NiO(P 型氧化物)上易发生 $N_2O$ 的分解反应。

$$2N_2O \longrightarrow 2N_2 + O_2$$

首先 $N_2O$ 吸附在 NiO 上，发生反应：$N_2O + Ni^{2+} \longrightarrow N_2 + O^- \cdots Ni^{3+}$ 然后按下式除去吸附氧：

$$N_2O + O^- \cdots Ni^{3+} \longrightarrow O_2 + N_2 + Ni^{2+}$$

而 N 型氧化物，如 $Zn^{2+}$ 无此能力。因此 P 型半导体是比 N 型半导体更活泼的氧化催化剂。

## 3.2.5 沸石分子筛催化剂

**1. 沸石分子筛一般介绍**

沸石具有筛分分子的性能，又称分子筛。它是一种水合的晶体硅酸铝盐，化学通式为：

$$M_{x/n}\left[\left(AlO_2\right)_x\left(SiO_{2)y}\right]\cdot mH_2O$$

式中，$x$ 表示 Al 的数目；$n$ 为金属离子 M 的价数；$m$ 为水合分子数；$y$ 表示 Si 的数目。

沸石作为催化剂被，认为是与硫酸或氯化铝等经典酸相似的固体，对工业上许多酸催化反应有促进作用。20 世纪 50 年代后期，美国莫比尔(Mobil)实验室首先发现沸石结构内部能进行催化反应，从此开创了沸石催化剂研究和应用工作。它作为载体，主要通过离子交换，改变沸石中阳离子的种类和沸石孔径发生变化，从而改变其催化性能。

沸石分子筛具有与多数晶体不同的晶内表面，这是沸石结构特有的性质；还具有均匀的孔径，其大小与人们感兴趣的许多有机分子的大小大致相同，可使一定大小的反应物进入微孔内起催化反应，而其余的分子只能在为数很少的外表面的活性中心上反应，可使有特定大小的分子从微孔中扩散出来而成为产品，这就是近年来发展很快的择形催化。所以，沸石分子筛是很好的择形催化剂。

沸石分子筛可以按孔的大小分为大孔(>50nm)、介孔(2~50nm)和微孔(<2nm)三类；亦可按其结构分类。如果以其制备方法来分类，合成者可将其方便分为以下四类：

第一类是常规低硅铝比沸石，如 A 型、X 型、Y 型和丝光沸石等，这类沸石利用无机的碱金属离子作结构导向剂合成，在自然界这类沸石的矿物也有存在。

第二类是高硅铝比或非硅沸石，最有代表性的是 β- 和 ZSM-5 型分子筛，还包括 AlPOs，SAPOs，MeAPOs 等非硅型沸石。这类沸石只有在有机结构导向剂存在下才能合成，自然界基本上没有这类沸石，使用有机结构导向剂也能够合成常规沸石；其特殊的地方是无机氟离子也能够作为结构导向剂。

第三类是介孔分子筛，这类分子筛需用分子较大的表面活性剂作导向剂，在它作用下才能合成，自然界不存在，如 MCM-41 系列、SBA 系列等。

第四类是当代人们关注的一类新型分子筛，它需要生物活性物质作结构导向剂，形成的具有生物特性的介孔材料。

沸石分子筛作为催化剂在应用其特色在于：①结构稳定，具有很好的热稳定性和水热稳定性；②分子择型筛分和独特的反应选择性；③高反应活性；④对含硫和含氮化合物具有高的抗毒性；⑤具有将高度分散的金属保持在骨架中的能力；⑥在固体表面上的强酸性，但又不会对材料造成腐蚀。

**2. 沸石分子筛结构**

沸石分子筛的结构可以看作由简单结构单元堆砌而成的"笼"。Si 和 Al 原子通过 $sp^2$ 杂货轨道与氧原子成键，形成以 Si 或 Al 原子为中心的四面体基本结构单元(见图 3-5(a))。由于四面体顶角的氧原子价键不饱和，易与其他四面体共用，由多个四面体通过氧桥连接而成环状或笼状结构(见图 3-5(b))和(c)这些结构通过氧桥进一步组成中空笼状的多面体，即沸石的基本结构(见图 3-5(d))。

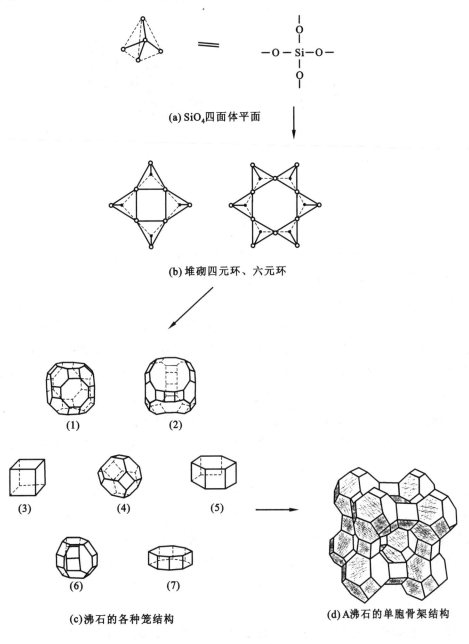

(a) SiO$_4$四面体平面

(b) 堆砌四元环、六元环

(1)　　　　(2)

(3)　　　(4)　　　(5)

(6)　　　(7)

(c)沸石的各种笼结构

(d)A沸石的单胞骨架结构

•代表Si(Al)原子；○代表氧原子

图 3-5　沸石结构堆砌图

工业上常用的 ZSM-5 沸石催化剂是美国 Mobil 公司研发的，它是石油工业新一代催化剂类型。ZSM 是 Zeolite Socony Mobil 的缩写。其结构见图 3-6。

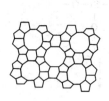

(a) 结构投影　　　　　　　　　(b) 三维孔道体系示意

图 3-6　ZSM-5 沸石的结构图

该沸石内含有机铵阳离子，化学组成(摩尔比)为：

$$0.9\pm0.2M_{2/n}O : Al_2O_3 > 5SiO : (0\sim40)H_2O$$

式中，M 为 $Na^+$ 和有机铵阳离子；$n$ 为阳离子价数。

**3. 分子筛催化作用及应用**

一般晶体的外表面可视为一种晶体缺陷，因为表面原子的本位数与晶内原子不同，催化活性点在外表面上。沸石分子筛具有独特的结构，其表面 99% 以上是晶内表面，不同于一般晶体。如 A 型沸石晶胞是由两个四元环连接的平截八面体组成。三维的孔道系统由直径 11Å 的大孔穴组成，并被 8 元氧环形成的小孔隔开，直径为 4.2Å 的这些小孔只允许直链烷烃和线状烯烃进入，因而沸石在催化反应时，选择性很高。

沸石的催化作用来自晶内表面上的酸性位，这是由于 $SiO_4$ 四面体构成的骨架中存在三价离子(如 $Al^{3+}$)。研究证明，无 $Al^{3+}$，晶体或无定形的氧化硅无酸催化活性。在沸石晶格中，硅原子被 $Al^{3+}$ 取代，三配位 $Al^{3+}$ 还有空价轨道，为配位不饱和状态，有强的吸引电子对能力，即为 Lewis 酸中心。它容易与 $SiO_2$ 表面的部分羟基结合(见图 3-7(a))，或水合(见图 3-7(b))形成质子酸。这时 Al 原子是以四配位与周围氧原子结合，构成铝四面体单元，带一个负电荷，可吸收一个质子，为质子酸活性中心。质子酸起催化作用，所以沸石的催化活性与硅铝比有关。Na 型分子筛，无酸催化活性，因 $Na^+$ 取代了 $H^+$，无质子存在即无催化活性。

二价、三价阳离子交换的分子筛，具有较高的酸催化活性，表明该类分子筛中有质子酸存在。多价阳离子交换的分子筛干燥失水时，金属多价阳离子使水分子极化而产生了质子，因此具有酸催化活性。如下式：

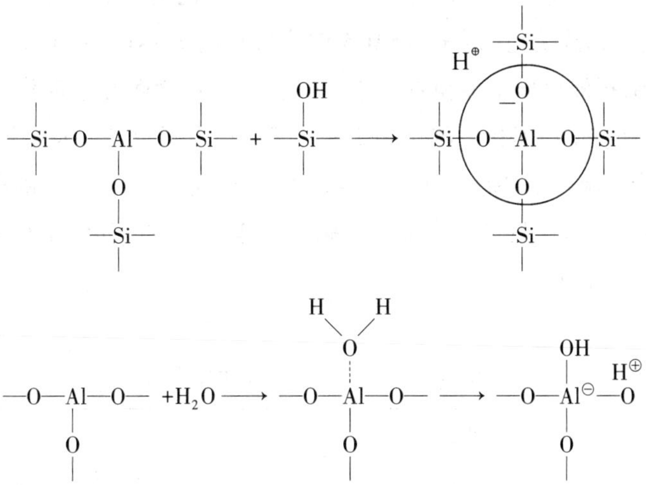

（a）

（b）

图 3-7 沸石内表面质子酸中心的形式

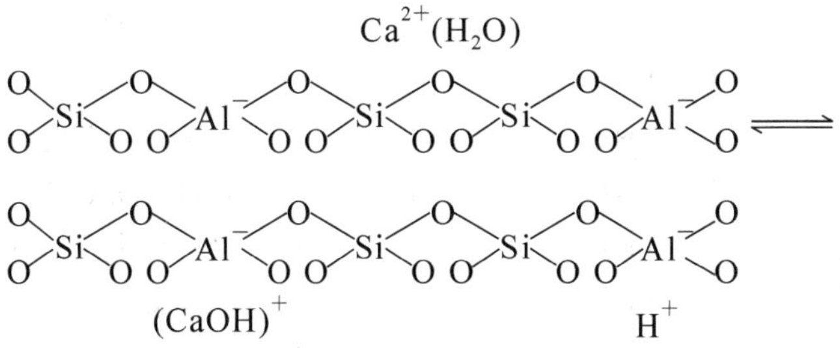

三价稀土离子具有更强的极化作用，交换后的分子筛，会产生更多的质子酸，从而应具有更高的酸催化活性。实验证实了这一结论。

分子筛的催化活性，一般公认为是由于存在质子酸活性中心，而选择性是由晶胞的孔结构造成的，作为载体仅改变阳离子类型。当前对分子筛表面结构的认识还不清楚，催化机理还有争论。

沸石分子筛催化剂能够催化许多有机反应，其涉及酸催化反应，双功能催化反应、氧化反应、碱催化反应等。酸催化反应除有裂解、异构、水合、烷基化、歧化和水解等，下面以石化应用较多的 ZSM-5 沸石催化剂为例，参见表 3-4。

沸石分子筛催化剂还因催化反应是正碳离子反应机理，正碳离子机理的反应还有裂化（β-断裂和异构化）、芳烃异构货物歧化，乙烯合成，丙醇-2 脱水等。双功能催化是在催化剂中的金属组分加氢和脱氢催化作用，而作为载体的沸石起酸性催化作用。沸石分子筛催化氧化反应主要是指钛硅分子筛催化剂 TS-1，过渡金属杂原分子筛如 MeAlPO、MeSAPO、Me-MCM-41 和分子筛负载金属络合物等催化的化学反应，涉及苯酚烃羟基化、

71

烯烃环氧化、环己烷氧化制环己酮、烷烃氧化、甲苯氧化制苯甲酸等。沸石分子筛催化的精细有机合成反应：如硅烷化的高硅 ZSM-5 催化进行的 Beckmann 重排反应、烷基芳烃的酰化反应等；HY 沸石催化异丁烯和氨反应生成叔丁胺；含硼沸石催化异丁烯和甲醇反应制 MTEB；此外还有氯化、溴化、碘化和硝基化等亲电取代反应以及亲核加成反应如酸-烯烃、酸-羰基化合物、硫化氢-烯烃、磷化氢-烯烃之间的催化反应等。沸石分子筛的表面通常是酸性的，但可以通过改性使其表面具有碱性，作为碱催化剂催化有关反应，该类反应系负碳离子催化反应机理。

表 3-4　　　　　　　　　　ZSM-5 沸石催化剂在工业上的应用

| 序号 | 年份 | 应用 |
|---|---|---|
| 1 | 1974 | 馏出油和润滑油脱蜡 |
| 2 | 1975 | 甲苯歧化 |
| 3 | 1976 | 乙苯合成 |
| 4 | 1976 | 烷烃和烯烃制芳烃 |
| 5 | 1979 | 二甲苯异构化 |
| 6 | 1982 | 烯烃转化成汽油 |
| 7 | 1983 | 甲苯和乙烯合成对甲乙苯 |
| 8 | 1984 | 烯烷烃和烯烃制芳烃 |
| 9 | 1985 | 甲醇转化成汽油 |
| 10 | 1985 | 甲醇转化制烯烃 |
| 11 | 1983 | 甲苯歧化制二甲苯 |

　　沸石分子筛催化剂独特之处是前述的择形催化。择形催化反应主要在沸石分子筛的结晶内部进行，只有大小和形状与孔道相匹配的分子才能成为反应物和产物；择形催化体系几乎包括了全部烃类以及醇类和其他含氧、含氮有机化合物的转化和合成；最为最重要和使用最广泛的择形催化剂是 ZSM-5 及其改性沸石分子筛。择形催化的目的和意义在于增加目的产物的产量、扼制副反应和进行分子工程设计，以全面提高过程的效益。择形催化可以分类为反应物择形、产物择形和反应过渡态择形三类。

**4. 沸石分子筛的合成方法**

　　分子筛的合成通常是采用溶胶-凝胶法合成，下文以工业使用最多的 ZSM-5 沸石分子筛催化剂为例予以简介。

　　首先，水热合成制备钠型 ZSM-5 沸石，通常以气溶胶二氧化硅为硅源，将其加到四丙基氢氧化铵（TPAOH）的水溶液（A）中，把铝酸钠溶解于浓的氢氧化钠溶液（B）中，在强烈搅拌下把 B 加入 A 溶液中，形成的胶体，有如下的组成：

$$(TPA_2O)_{24}(Na_2O)_{0.3}(Al_2O_3)(SiO_2)_{60}(H_2O)_{1550}$$

把胶体转移到高压釜中，在 150℃下搅拌 3d，胶体在进行老化的同时开始结晶晶化。获得的固体进行过滤，用蒸馏水洗 5 次，然后进行干燥。获得钠型并含有模板剂 TPAOH 的固体进行脱模板剂操作。模板剂必须从结晶骨架中移去，以使结晶中的孔道系统畅通，让反应物分子可以接近。脱除模板剂的方法通常使用热分解或燃烧法，系将粉末固体于 300℃下在流动的氮气中焙烧，其升温速率保持在 1℃/min。除去模板剂后，要继续在空气中边升温边焙烧，直至温度升到 550℃，并保持数小时。在焙烧过程中有机阳离子的分解会导致沸石上质子位的生成；但是要转换到完全酸性形式还必须除去 Na，这一过程系通过在 0.5mol/LNH$_4$NO$_3$ 溶液中以液-固比为 50 的条件下、进行回流交换完成；交换过程所需次数取决于交换效率。交换完成后进行干燥，在空气氛下 550℃焙烧。最后是将固体粉末 H-ZSM-5 黏合、成型。合成介孔结构的分子筛材料除上述溶胶-凝胶技术外，还有诸如微孔法、胶束法和相转移等方法，这些方法都需在表面活性剂存在下才能完成，请参见图 3-8。

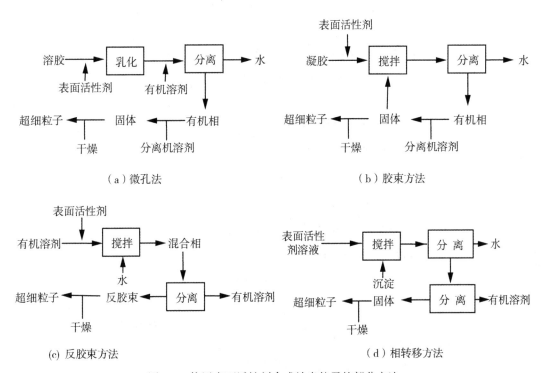

图 3-8　使用表面活性剂合成纳米粒子的部分方法

### 3.2.6　几种常用的催化剂载体

**1. 氧化铝($Al_2O_3$)**

氧化铝作为载体在工业催化剂中用得比较普遍。多用多孔性氧化铝，称为"活性氧化铝"，具有很高的分散度和比表面积。

目前已确定的氧化铝有 8 种晶形：$\chi$，$\eta$，$\gamma$，$\delta$，$\mu$，$\theta$，$\rho$，$\alpha$ 型。作为催化剂和载体使用的是 $\gamma$ 型和 $\eta$ 型氧化铝；经过高温处理的 $\alpha$ 型氧化铝主要用作催化剂惰性载体。这两种晶型氧化铝为高比表面积载体。$\gamma$ 型的化学组成为：$Na_2O$ 0.03%～0.3%，$Fe_2O_3$ 0.03%～0.7%，$SiO_2$ 0.03%～0.2%和痕量 $SO_4^{2-}$，其余为 $Al_2O_3$。$\alpha$ 型氧化铝为低比表面积载体，化学组成为：$Na_2O$ 0.1%～0.4%，$SiO_2$ 0.1%～9%，$Fe_2O_3$ 0.03%～0.2%，$Al_2O_3$ 90%～99%。

氧化铝一般由相应的水合氧化铝加热失水制备，或者用铝酸钠和硫酸铝中和，再烧制成 $\gamma$ 氧化铝。各种晶形氧化铝的制备与转化关系如下：

$$\alpha\text{-}Al_2O_3 \cdot 3H_2O \xrightarrow{250\,℃} \chi\text{-}Al_2O_3$$

$$\Big\downarrow 180\,℃ \qquad \xrightarrow{900\,℃} \kappa\text{-}Al_2O_3 \xrightarrow{1200\,℃} \alpha\text{-}Al_2O_3$$

$$\alpha\text{-}Al_2O_3 \cdot H_2O \xrightarrow{450\,℃} \gamma\text{-}Al_2O_3$$

$$\xrightarrow{900\,℃} \begin{Bmatrix} \delta\text{-}Al_2O_3 \\ \theta\text{-}Al_2O_3 \end{Bmatrix} \xrightarrow{1200\,℃} \alpha\text{-}Al_2O_3$$

$$\text{新}\begin{matrix} \beta\text{-}Al_2O_3 \cdot 3H_2O \\ \beta\text{-}Al_2O_3 \cdot 3H_2O \end{matrix}\Big\} \xrightarrow{230\,℃} \eta\text{-}Al_2O_3$$

$$\xrightarrow{800\,℃} \theta\text{-}Al_2O_3 \xrightarrow{1200\,℃} \alpha\text{-}Al_2O_3$$

$$\begin{matrix} \alpha\text{-}Al_2O_3 \cdot 3H_2O \\ \beta\text{-}Al_2O_3 \cdot 3H_2O \\ \text{新}\,\beta\text{-}Al_2O_3 \cdot 3H_2O \end{matrix}\Big\} \xrightarrow[\text{真空}]{200\,℃} \rho\text{-}Al_2O_3$$

$$\xrightarrow{180\,℃} \alpha\text{-}Al_2O_3 \cdot H_2O$$

$$\longrightarrow \begin{Bmatrix} \gamma\text{-}Al_2O_3 \\ \text{or} \\ \eta\text{-}Al_2O_3 \end{Bmatrix} \xrightarrow{750\,℃} \theta\text{-}Al_2O_3 \xrightarrow{1200\,℃} \alpha\text{-}Al_2O_3$$

$$\underset{(\text{胶体})}{\alpha\text{-}Al_2O_3 \cdot H_2O} \xrightarrow{300\,℃} \begin{Bmatrix} \gamma\text{-}Al_2O_3 \\ \text{或} \\ \eta\text{-}Al_2O_3 \end{Bmatrix}$$

$$\xrightarrow{900\,℃} \delta\text{-}Al_2O_3 \xrightarrow{1000\,℃} \theta\text{-}Al_2O_3 + \alpha\text{-}Al_2O_3 \xrightarrow{1200\,℃} \alpha\text{-}Al_2O_3$$

$$\beta\text{-Al}_2\text{O}_3 \cdot \text{H}_2\text{O} \xrightarrow{450\,^\circ\text{C}} \alpha\text{-Al}_2\text{O}_3$$

氧化铝的催化活性来自其表面的活性中心。活性中心的形成主要是：① 氧化铝在焙烧中残留有羟基，失水形成路易斯酸碱中心；② 氧化铝表面原子的丢失形成空缺，或晶体中的缺陷；③ 制备过程中带入微量杂质。

氧化铝脱水形成路易斯酸碱中心的过程如下：

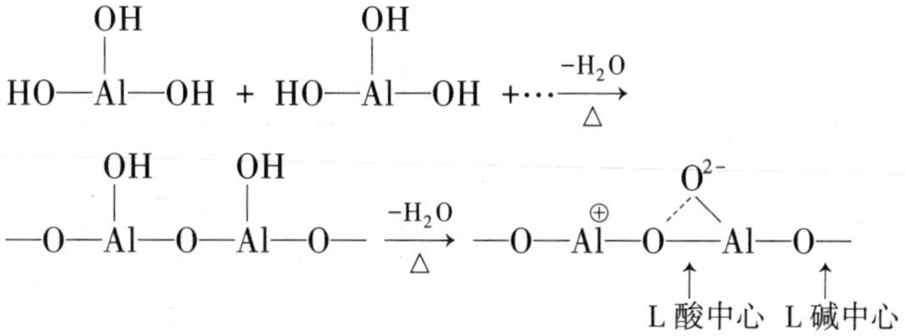

L 酸(Lewis 酸，接受电子对)中心很易吸水转变成 B 酸(Brönsted 酸，质子酸)中心：

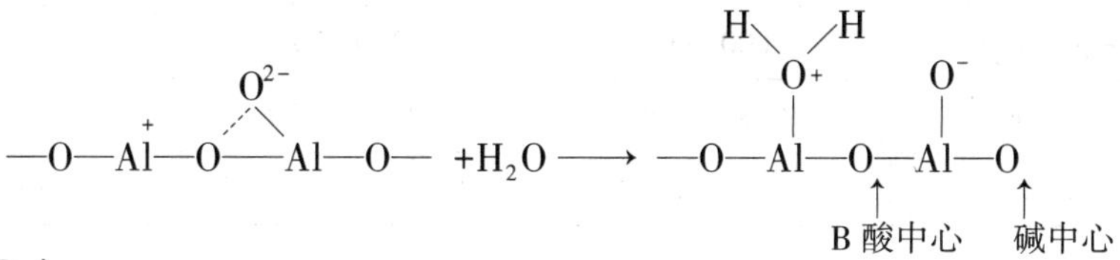

**2. 硅胶($\text{SiO}_2$)**

硅胶($\text{SiO}_2$)在工业上用作载体比 $\text{Al}_2\text{O}_3$ 用量小，主要是 $\text{SiO}_2$ 与活性组分的亲和力弱，在水蒸气存在下易烧结，使它的应用受到影响。

硅胶的基本结构单元是一个四面体，由四个氧原子与一个硅原子组成，每个氧原子又与相邻的两个硅原子共享，硅胶即由这四个面体单元以不同的连接方式形成不同的结构模型。硅胶的多孔结构是水合硅胶脱水凝聚时胶粒互相交联而形成的。这种多孔结构使其具有很大的吸附量。硅胶表面具有活性基团(Si—OH)。IR 光谱证实，硅胶表面含两种羟基：

一种是 —Si—OH，吸收峰在 3 748 cm$^{-1}$ 处；另一种是氢键缔合羟基(—Si—O⋯H⋯O—Si—)，吸收峰在3 450 cm$^{-1}$ 处，是脱水不完全造成的。该活性基团显弱酸性，pH 值大时，其中的 H 以 H$^+$ 形式出现，可用 NaOH 溶液滴定测 Si—OH 数量。硅胶具有多孔结构和表面活性基团，可作为催化剂和载体。

工业上制备硅胶有两种方法：凝块法和凝胶法。凝块法是将强无机酸与硅酸钠混合，制成水溶胶后静置，使之成为块状硬胶，然后制备。凝胶法是将硅酸钠和酸在一定的 pH 值与 $\text{SiO}_2$ 浓度下，批量式半连续法生产。图 3-9 系硅胶生产的工艺过程。

制备过程中，$\text{SiO}_2$ 的浓度、温度和 pH 值对硅胶的性能有很大影响。表 3-5 列出工业

图 3-9 硅胶生产工艺流程

生产的三种硅胶的物理性能数据。

表 3-5                                                三种硅胶的性能参数[1]

| 类 型 | 常规密度硅胶 | 中密度硅胶 | 低密度硅胶 |
|---|---|---|---|
| 表观密度(g/mL) | 0.67~0.75 | 0.35~0.40 | 0.12~0.17 |
| 颗粒密度(g/mL) | 1.1~1.2 | 0.65~0.75 | — |
| 真密度(g/mL) | 2.2 | 2.2 | 2.2 |
| 比表面积(m²/g) | 600~900 | 300~500 | 100~200 |
| 孔面积(mL/g) | 0.35~0.42 | 0.9~1.30 | 1.40~2.2 |
| 平均孔径 $\bar{r}$(μm) | $2\times10^{-3}\sim26\times10^{-4}$ | $12\times10^{-3}\sim16\times10^{-3}$ | $18\times10^{-3}\sim22\times10^{-3}$ |

### 3. 二氧化钛($TiO_2$)

$TiO_2$ 具有优良的低温性能、抗结炭性能、抗中毒性等特点。

$TiO_2$ 表面存在 OH 基，一个 Ti 与一个 OH 基连接呈碱性；两个 Ti 与一个 OH 连接显酸性。工业上所用 $TiO_2$ 担体的化学组成为：$TiO_2$ 95%，$SO_3$ 3.64%，$H_2O$ 1.66%。比表面积为 72 $m^2/g$。

$TiO_2$ 作为载体具有独特的性能。例如，$SO_x$ 排气中的 $NO_x$，采用 $NH_3$ 还原分解除去，催化剂为 $V_2O_5 \cdot WO_3$ 系列。用 $TiO_2$ 作载体，因它对 $SO_x$ 稳定，与 $V_2O_5$ 和 $WO_3$ 亲和性很强，比较理想。

### 4. 部分载体的性质

部分载体的性质见表 3-6。

表 3-6                                                部分载体的性质

| 载体 | 制备要点 | 典型表面积(m²/g) | 典型孔径 |
|---|---|---|---|
| 高表面积 $SiO_2$ | 无定形；制成硅胶 | 200~800 | 2~5nm |
| 低表面积 $SiO_2$ | 粉末状玻璃 | 0.1~0.6 | 2~60μm |
| $\gamma\text{-}Al_2O_3$ | | 150~400 | 不同孔径 |

续表

| 载体 | 制备要点 | 典型表面积($m^2/g$) | 典型孔径 |
|---|---|---|---|
| $\alpha$-$Al_2O_3$ | | 0.1~5 | 0.5~2$\mu$m |
| MgO | 细长形孔 | ~200 | ~2nm |
| $ThO_2$ | ①有轻微放射性，制成胶；<br>②将胶加热到770K；<br>③加热到1270K | ~80<br>~20<br>~1.5 | 1~2nm |
| $TiO_2$ | 锐钛矿 | 40~80 | |
| $TiO_2$ | 金红石大于1050K烧结 | ~200<br>10 | |
| $ZrO_2$ | 水凝胶 | 150~300 | |
| $Cr_2O_3$ | 胶状，加热到370K<br>空气中加热>770K | 80~350<br>10~30 | <2nm |
| 活性炭 | 具有3个近似极大值的不同孔径 | ~1000 | ≤2nm，10~20nm<br>和>500nm |
| 石墨 | | 1~5 | |
| 碳分子筛 | 细长形孔 | ~1000 | 0.4~0.6nm |
| SiC，铝红石 | | 0.1~0.3 | 10~90$\mu$m |
| 沸石 | 酸性 | 500~700 | 0.4~1nm |
| $SiO_2$-$Al_2O_3$ | 酸性 | 200~700 | 3.5nm |

### 3.2.7 固体催化剂的制备

制备固体催化剂是一项复杂的工艺，每一步细小制备环节都会影响到催化剂的性能。即使定型的工业化生产，也受细微环节因素的影响，因而每一批生产的催化剂都具有不同的催化活性。同样组分的催化剂，使用目的不同，则有不同的制备工艺。固体催化剂的制备具有以下特点：

（1）原料规格明确。原料规格包括物理和化学规格。尤其内含使催化剂失活的毒物含量必须明确。制备过程使用的所有物料和溶液，均作为原料考虑，这样才有可能使每批产品具有重复性。

（2）密切注意市场变化。催化剂原料纯度高，生产工艺控制严格，制备成本很高。因此生产要有针对性。

（3）催化剂针对性强，一般产量小，品种多，用于催化剂制备的装置要适应品种变换的特点。

固体催化剂的制备，须经实验室试制、工业生产前的中试及放大实验和工业化生产几个过程。下面简述几种催化剂常见制备方法。

**1. 沉淀法**

沉淀过程实质上是一个化学过程，这个过程受反应条件的影响，又有副反应，比较复杂。可以通过控制沉淀的条件来控制沉淀过程，从而制约催化剂的比表面积、杂质含量和机械强度等性能。

沉淀物有晶形和非晶形两种形态。晶形取决于沉淀过程的聚集速率和定向速率。聚集速率是离子聚集形成微小晶核的速度，该速率大，生成非晶形沉淀；定向速率是离子按一定晶格排列在晶体上的速度，该数值大时，形成的是晶形沉淀。

聚集速率的大小取决于溶液的过饱和度；定向速率则与沉淀物质的本性有关，如极性较强的盐类具有较大的定向速率，容易形成晶形沉淀。而某些金属的氢氧化物则不易生成晶体。

控制溶液的过饱和度是形成晶形和非晶形的先决条件。改变溶液的浓度、搅拌速度、加热等可改变溶液的过饱和度。减少过饱和度，可使沉淀过程的定向速率增大，而聚集速率尽可能减少，沉淀物质形成晶形沉淀；采用大的过饱和度，并加入电解质使沉淀的聚集速度加大，沉淀快速大量形成，则生产出非晶形沉淀。沉淀法制备催化剂的工艺过程如下：

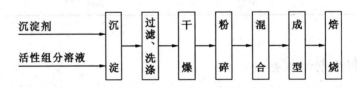

制备过程的影响因素主要有如下八方面需要关注：

（1）活性组分溶液中杂质的含量和溶液的浓度对催化剂性质影响较大，应严格掌握。活性组分溶液一般是金属的盐溶液。实验室用纯度高的金属盐直接配制，工业上一般用纯金属与无机酸反应制备。经验表明，用硝酸生产的金属盐溶液纯度高；硫酸制备时，易使催化剂吸附硫酸根；盐酸制备的溶液，催化剂中含有氯根，后两种酸都影响催化剂的质量，不常用。

（2）沉淀步骤中加料顺序能影响沉淀的结构和颗粒分布。有三种加料法：即正加、倒加和并加。沉淀剂加入金属盐溶液中为正加法，当有几种金属盐存在时，由于溶度积不同而产生分层沉淀；金属盐加入沉淀剂中为倒加法，pH 值处于变化之中，影响沉淀的结构；

沉淀剂和金属盐溶液按比例同时加入反应器为并加法，该方法比较合理，可避免上述两种加料的缺点。

（3）过饱和度的大小决定着沉淀颗粒的大小。如晶形沉淀分两步形成，一是晶核形成过程，二是溶质分子或离子向这些晶核表面扩散，使晶核长大成晶形的过程。实践中人们发现，晶核形成和成长这两步的速度与溶液的过饱和度成正比（见图3-10中曲线1和2），而在缓慢沉淀过程中，晶粒大小与过饱和度成反比（见图3-10中曲线3）。沉淀过程是沉淀物在溶液中溶解的逆过程，如沉淀在溶解度大的溶剂中形成，则得到大的颗粒；在溶解度小的溶剂中沉淀，得到沉淀的颗粒就小。

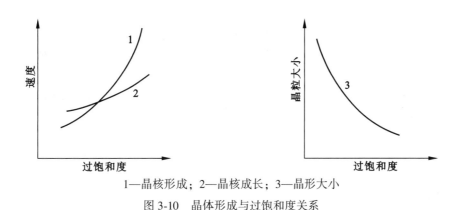

1—晶核形成；2—晶核成长；3—晶形大小

图3-10 晶体形成与过饱和度关系

（4）温度。沉淀在溶液中的过饱和度和晶核生长速度受温度影响。控制一定的温度，就可以得到结构稳定的沉淀。例如低温下，晶核生长速度慢，增加过饱和度可得到细小的沉淀，它们的堆积密度高，成型后机械强度大。

（5）pH值。沉淀往往是酸碱中和过程，溶液的pH值对沉淀过程影响很大。例如生产$Al_2O_3$时，pH值不同，在$20 \sim 40 \ ℃$温度下，可得到五种产物：

$$Al^{3+}+3OH^- \begin{cases} \xrightarrow{pH<8} \text{碱式 } Al^{3+}\text{盐} \xrightarrow{pH>8} \text{无定形凝胶} \\ \xrightarrow{pH>9} Al(OH)_3\text{胶} \xrightarrow{pH>10} \beta\text{-}Al_2O_3 \cdot 3H_2O \\ （\text{球形结晶}）\xrightarrow{Na^+} \alpha\text{-}Al_2O_3 \cdot 3H_2O（\text{针状胶体}） \end{cases}$$

这五种产物制成催化剂或作为载体，将使催化剂的比表面和晶体结构有显著的差别。

（6）搅拌可加大扩散速度，有利于晶核的成长。老化是沉淀过程结束后，沉淀与溶液放置一段时间，沉淀物的性质发生变化。如晶形完善和凝胶脱水，控制老化条件可得到结构较好的沉淀。

（7）沉淀的过滤与洗涤，其目的是清除母液中的溶解物和沉淀上吸附的杂质。

（8）成型。催化剂成型的目的是增大其机械强度，减小使用时流体所产生的压力降，使流体能均匀流动。一般情况下，催化剂粒径与反应器管径之比大于 1/10 时，易发生偏流；催化层长度与反应器管径之比为 4 时比较合适。有时将催化剂制成整体构型，如汽车排气处理用催化剂，以承受激烈振动和温度瞬时变化大的环境，制成蜂窝状整体结构，使压力降减至最小，而不降低发动机的效率。

表 3-7 工业用催化剂的形状

| 反应装置 | 催化剂形状 | 外 径 |
|---|---|---|
| 固定床 | 圆 柱 | 3~10 mm |
| | 环 状 | 10~20 mm |
| | 球 状 | 0.5~25 mm |
| | 不定形 | 2~14 mm |
| 移动床 | 球 | 0.5~25 mm |
| 流动床 | 微球 | 20~200 μm |
| 悬浮床 | 不定形 | 0.1~80 μm |

**2. 凝胶法**

凝胶是一种体积庞大、疏松、含水很多的非晶形沉淀。凝胶过程为缩合与凝结两个阶段。首先溶质分子或离子缩合为胶粒，接着胶粒间进一步合并为三维网络骨架，失去流动性，成湿凝胶。脱水后得到多孔大表面积的固体，即干凝胶。凝胶法可视为沉淀法中的一种特殊情况，适于主成分为氧化铝和硅胶的催化剂制备。

多孔硅胶的制备流程如下：

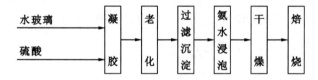

pH 值为影响较大的因素，其他因素的控制类似于沉淀法。

**3. 浸渍法**

负载型催化剂多采用浸渍法制备。将活性组分溶液加到载体上，载体的孔隙结构与溶液接触后，由于表面吸附和孔的毛细管压力使溶液渗透到孔道内部，活性组分就分散到载体的表面和孔壁，然后干燥、煅烧、活化制成所需的负载催化剂。常用的方法有以下几种：

（1）吸附法，又称湿法。是将载体浸没到过量的活性组分溶液中，吸附饱和后过滤，热处理后即成负载有活性组分的催化剂。或者与载体孔容积等体积的活性组分溶液用以吸附，完全被载体吸附后，热处理。

（2）喷涂法，又称干法。是将活性组分溶液直接喷洒在载体上，干燥即可。省去了过滤操作。

（3）层浸渍法。在浸渍液中加入第二组分，第二组分在载体上吸附速度与活性组分相同，载体除吸附活性组分外，还吸附第二组分，使少量的活性组分分布更加均匀。

（4）离子交换法。该法适用于载体表面存在着可交换的阳离子物质，将活性组分通过离子交换负载到载体上。如分子筛、$SiO_2$、硅铝酸盐、硝酸氧化处理后的活性炭等属这类载体。

在稀溶液中，金属离子的交换亲和力与其价态有关。即

$$Na^+ < Ca^{2+} < Al^{3+} < Ti^{4+}$$

而价态相同的离子，交换亲和力与原子量成正比：

$$Li^+ < Na^+ < K^+ < Rh^+ < Cs^+$$

$$Mg^{2+} < Ca^{2+} < Sr^{2+} < Ba^{2+}$$

分子筛是常用的离子交换催化剂和载体。交换后的分子筛，晶体内的电场，表面酸性得到调节，尤其是孔径发生显著变化，催化性能亦发生明显变化。

（5）捏合法，即混合法。是将催化剂的活性组分、载体、黏合剂等，以粉状细粒或水溶胶体状在球磨机和混合机中进行捏合，得到比较均匀的混合物。该方法在应用时又分干混、湿混和熔融三种方法。

## 3.2.8 固体催化剂的保护与再生

### 1. 催化剂的保护

固体催化剂的保护，主要是保护其表面和孔结构，防止在运输、贮存和使用过程中遭到损坏。运输、贮存中主要防止碰撞、挤压破损，受潮变质，有时还要适当防氧。使用过程中，催化剂失活一般是中毒和结构变化。尽可能使催化剂接触的原料、反应器以及输送容器中不含有毒杂质。金属催化剂常用第Ⅷ族金属和ⅠB族（Cu，Ag，Au）的金属，使它们中毒的杂质元素有：N，P，As，Sb，O，S，Se，Te 及其化合物，有催化毒性的 Hg、Pb 化合物，吸附性强的有机分子，如 CO、氰化物等。每种催化剂，中毒情况不同，要找出使其中毒的主要物质，防止接触。

催化剂结构变化失活，主要是使用中的烧结和沉积阻塞引起的。高温下，固体催化剂较小的晶粒可以重结为较大的晶粒，这就是烧结现象。烧结引起固体颗粒间的黏附聚结，催化剂的比表面积和孔容减小；表面晶体晶格的缺陷密度相对减少或消失，表面催化活性

位减少，降低或失去催化活性。防止措施是添加助催化剂。例如，往氧化铜中加入氧化锌，可阻止还原过程中催化剂表面温度过高而引起烧结。添加载体，改变热传导速度，亦可防止催化剂在使用过程中过热引起的烧结。

催化反应中，一些有机物常会在催化剂上形成不挥发的沉积物，高温时，这些沉淀物变为一种高碳氢比、结构极其复杂的多环化合物，外表与煤烟或焦炭类似，称为积炭。低温形成树脂状物质。固体催化剂表面的积炭现象是包含多种化学反应的复杂过程。积炭多，催化剂表面积、孔容降低，催化活性有时能完全丧失。造成积炭的原因有：原料不纯；反应温度升高，使某些副反应速度加快；催化剂结构的影响，如 X 和 Y 型沸石，骨架中有大于晶孔的空间存在，有利于大分子化合物（多环芳烃）生成，又难以扩散出去，形成积炭。防止积炭须采取相应办法，如对于一些放热反应，使反应在液相中进行，以避免催化剂表面过热；改变催化剂的结构，SMZ-5 沸石就没有笼空间，防止了大分子化合物的形成，具有强的抗积炭能力。

灰尘和润滑油也会在催化剂表面沉积而影响其活性。在一些催化工艺中使用的机械不用润滑油，也是保护催化剂的措施之一。

**2. 催化剂的再生利用**

催化剂使用一段时间失活是必然的。催化剂失活后，对其进行处理，能使其活性和选择性恢复到原来水平，这个过程，称为再生。

催化剂中毒失活，分可逆性中毒和不可逆性中毒。前者经过纯气体处理，毒物可以除去，即可再生。后者不可以再生。

积炭使催化剂失活，可采取燃烧除去积炭使其再生。燃烧温度由催化剂的稳定性决定。工业生产中从经济上考虑，有使催化剂再生的专用设备。能够再生利用的催化剂，一定要重复利用。即使无再生价值的废催化剂，回收利用的工业也在迅速发展。目前，催化剂回收技术可做到从中回收所有存在的金属。美国废催化剂处理市场的营业额已从 1991 年的 2.86 亿美元上升到 1996 年的 4.39 亿美元。

## 3.2.9  固体催化剂设计

**1. 什么是催化剂设计**

固体催化剂的开发，长期以来靠大量、繁杂的试凑法。众所周知，为发现合成氨的有效催化剂，Hober 筛选了两万种催化剂。催化剂的开发者都是有经验的配方专家，方法是秘密，技术是经验，掌握在少数人手里。当前，催化剂应用的日益广泛，靠少数人已不能满足市场对新催化剂的需求。随着科学的发展，先进的分析测试手段的应用，对固体催化剂的认识逐步深入到原子-分子水平。计算机技术的应用，使人们能够选择合理的程序和手段，广泛借鉴专家的经验，为实验室制备进行预先的设计工作。人们有可能尽快找到在时间、经济上最有效的开发新催化剂的路线，避免盲目试凑。这就是催化化学中正在兴起的新学科——催化剂设计。

固体催化剂设计是利用尚未系统化的催化理论知识和经验来发现新催化反应，选择催化该反应的催化剂，指导实验室制备，预测催化反应的工艺条件。它可以使新催化剂的开发周期缩短，以满足化工生产对催化剂的需要。

**2. 催化剂设计的分类和程序**

催化剂的设计分为：

（1）设计新催化剂。反应是新的或已知的。

（2）对已知反应正使用的旧催化剂进行改进。

（3）改良现用催化剂，用于新反应。

以（1）类最难，因为可借鉴的经验少，在设计程序上，包括了（2）、（3）类。以下仅概述（1）类催化剂的设计。

催化剂设计的程序如图 3-11 所示，其中"否"为不满意结果，需重新建立假设。信息多，重复的次数就少。由于催化剂分子设计的理论还不完善，在其领域内知识规则可信度的确定还带有相当的模糊性。只能为实验室制备活性催化剂起指导作用，实际上是模仿催化专家在分子水平上设计催化剂组分的推理路线。

**3. 催化剂设计步骤**

1）目标反应

首先对给定的原料，确定目标反应和目标产物。然后对同样的条件，列出原料可能发生的反应，并对这些需要的或不需要的反应进行分类，有时把目标反应分解成若干基元反应进行分析。并将所有反应写出化学计量式，判断它们是否可能发生。

热力学评判。利用已有的热力学数据，或推算出产物、副产物的热力学数据，进行评价。将可进行的反应进行分析归纳，舍去一些次要的基元反应，并假设一些反应不发生（产物间的反应），选出主要基元反应。

2）反应机理假设

对上步分析认为可行的主反应和副反应，提出可能的反应机理。将反应过程看作由主反应和伴随的次反应组成。对假设的机理认真分析，找出要促进的反应和要抑制的反应。

3）选择催化剂的活性组分

催化剂设计的关键，是选出活性组分，促进目标基元反应。活性组分的选择从三个方面入手：借鉴文献中已有的对目标反应有催化作用的催化剂；类似反应中所使用的催化剂；具有与文献中所用催化剂有类似化学性质的元素或化合物。

表 3-8 给出几种常见反应所使用的催化剂，表 3-9 为一些基本反应所用催化剂的活性顺序。可供设计催化剂活性组分时参考。

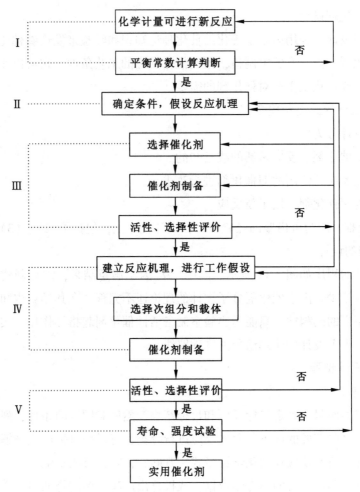

图 3-11　新催化剂设计程序

表 3-8　　　　　　　　　　　几种反应常用的催化剂

| 反应类别 | 催 化 剂 | 被催化的反应 |
|---|---|---|
| 氢 解 | Pd, Rh, Ru, Pt, Ir | 庚烷、环丙烷、戊烷的氢解 |
| 氢 解 | $Ni/SiO_2$；$Ni/Al_2O_3$ | 乙烷氢解 |
| 氢 解 | $Pt/SiO_2$；C；$Al_2O_3$ | 新戊烷氢解 |
| 加 氢 | Cu, Pt, Rh | 酮加氢 |
| 加 氢 | Ni/Cu 合金，Pd/C | 加氢反应与脱氢反应 |
| 加 氢 | Pd/Ag | 硝基苯加氢 |
| 加 氢 | Raney Ni | 有机物液相加氢 |

| 反应类别 | 催 化 剂 | 被催化的反应 |
|---|---|---|
| 加 氢 | 金属氧化物 | 乙烯加氢 |
| 氧 化 | Pd/Rh 膜 | CO；乙烯氧化 |
| 氧 化 | Pd/Ag 膜 | 乙烯氧化 |
| 氧 化 | $Co_3O_4$；$MnO_2$；ZnO；$TiO_2$；$Cr_2O_3$；$V_2O_5$；CuO；稀土元素氧化物 | 氢的氧化 |
| 氧 化 | Pt；Ir；Pd；Ru；Rh | 烃类完全氧化 |
| 氧 化 | 金属氧化物 | 丙烯氧化；醇氧化 |
| 氧 化 | NiO | 低级烯烃完全氧化 |
| 氧 化 | 钼酸盐 | 氨、丙烯的氧化、丙烯醛氧化 |
| 氧 化 | Ⅳ族金属氧化物 | 苯氧化 |
| 氧 化 | 磷酸盐，钼酸盐，硼酸盐 | 丙烯氨氧化 |
| 异构化 | Pt/Rh；Pd/Rh；Pt/Ir；Pt/Ru | 戊烷异构 |
| 异构化 | $Pt/SiO_2$；Pt/C | 新戊烷异构 |
| 异构化 | 酸性裂解催化剂 | 芳烃异构 |
| 异构化 | 金属硫酸盐 | 丁烯异构 |

表 3-9　　　　　　　　　　　　　基本反应常用催化剂活性次序

| 反 应 | 催化剂及活性次序 |
|---|---|
| 氧 化 | ① 贵金属>非贵金属>p 型半导体>n 型半导体>绝缘体<br>② 金属氧化物：$Co_3O_4$，$MnO_2$，ZnO，CuO，$V_2O_5$，NiO<br>③ 钼酸盐，磷酸盐 |
| 氢化与脱氢 | ① 贵金属>非贵金属>p 型半导体>n 型半导体>绝缘体<br>② Pt>Pd>Ni，Rh>Co>Fe>Cu>Ru |
| 成碳反应 | Fe>Ni>Co>贵金属 |
| 异构化 | 金属硫酸盐，$Pt/SiO_2$，Pt—Rh，Pt—Ru，Pd—Rh。 |
| 分 解 | 金属：Ni>Mo>Rh>Fe>Pt，Pd<br>氧化物：酸性氧化物>碱性氧化物 |
| 聚合、水合脱水、烷基化 | 酸性氧化物 |

　　借鉴文献，包括一些归纳出的参数和经验进行选择活性组分。这些参数包括：过渡金属的 d 特征百分数及金属氧化物的半导体性能。

过渡金属的价电子由低到高排布在不同能级的价轨道上。例如 Fe，Co，Ni 原子的价电子分布为

金属原子形成金属时，原子间形成金属键，即价轨道 3d 和 4s 重叠，3s 带的价电子占据 3d 轨道。测得 Ni 晶体 3d 轨道中有 9.4 个电子，而不是原子态的 8 个。这时 3d 轨道只有 0.6 个空穴，与被吸附分子形成吸附键。这些空穴就是过渡金属具有催化活性的根源。表 3-10 给出部分金属的 d 带空穴值。

表 3-10　　　　　　　　　　　　　部分金属 d 带空穴值

| 元　素 | 原　子 | 晶体能带 | d 带空穴 |
|---|---|---|---|
| Fe | $3d^6 4s^2$ | $3d^{7.8} 4s^{0.2}$ | 2.2 |
| Co | $3d^7 4s^2$ | $3d^{8.3} 4s^{0.7}$ | 1.7 |
| Ni | $3d^8 4s^2$ | $3d^{9.4} 4s^{0.6}$ | 0.6 |
| Cu | $3d^{10} 4s^1$ | $3d^{10} 4s^1$ | 0 |

过渡金属共有的特征是具有部分充满电子的 d 轨道。现代晶体场理论和配位场理论认为，d 轨道具有定向性。成键时对形成配合物的几何构型起着重要的影响。在形成金属键和配位键时，要考虑 d 轨道的成分。在成键杂化轨道中，d 轨道占有的百分率，称 d 特征百分数。例如 Ni 有 A，B 两种成键杂化轨道：

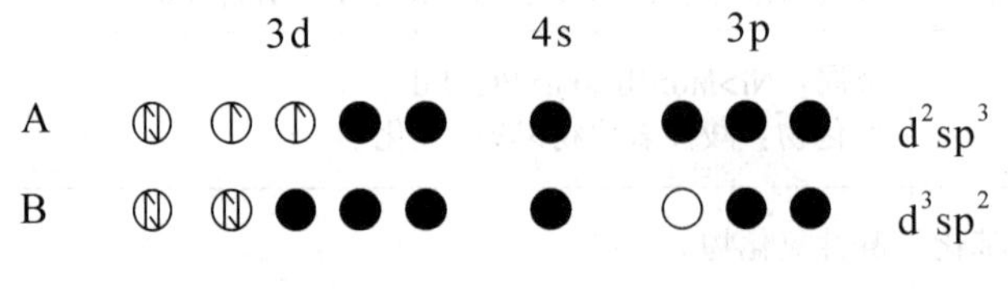

其中，⬭表示对形成金属键无贡献的 Ni 原子电子，●表示成键电子，形成金属键；○表示空的金属价轨道。已知 A 的几率占 30%，则 d 轨道在杂化成键轨道中占：2/6＝0.33；B 出现的几率为 70%，d 轨道在成键轨道和空价轨道中占：3/7＝0.43。每个 Ni 原子的平均

d 特征百分数为：

$$d\% = 30\% \times 0.33 + 70\% \times 0.43 = 40\%$$

d%愈大，表明 d 轨道在金属键中占的比例大，即进入 d 带的电子数愈多，空穴愈少，则与吸附质形成化学吸附的能力较弱（见表 3-11）。工业上用的烯烃加氢催化剂，d% 在 40%~50% 之间。

表 3-11　　　　　　　　　　　　　　　　过渡金属的 d%

| ⅢB | ⅣB | ⅤB | ⅥB | ⅦB | Ⅷ | | | ⅠB |
|---|---|---|---|---|---|---|---|---|
| Sc | Ti | V | Cr | Mn | Fe | Co | Ni | Cu |
| 20 | 27 | 35 | 39 | 40.1 | 33.7 | 33.5 | 40 | 36 |
| Y | Zr | Nb | Mo | Tc | Ru | Rh | Pd | As |
| 19 | 31 | 39 | 43 | 46 | 50 | 50 | 46 | 36 |
| La | Hf | Ta | W | Re | Os | Ir | Pt | Au |
| 19 | 29 | 39 | 43 | 46 | 49 | 49 | 44 | — |

4）实验室初步判断

上述活性组分的选定，是否在目标反应中起作用，要进行实验考察，这是很重要的一步。实验结果可对前几步的设计进行修正，如可行，则进行下一步设计。

5）次要组分和载体的设计

固体催化剂的次要成分可以克服主催化剂的不足，加强主催化剂的活性和选择性，作用非常重要。它往往是催化剂最需保密的部分。例如 CO 氧化反应，有一种产物是 $CO_2$，其中 $O_2$ 在催化剂表面得电子变为 $O^-$ 是反应的控制步骤。主催化剂选 n 型氧化物 ZnO 比较合适。助催化剂要选施主型的高价金属氧化物（$Al_2O_3$，$Ga_2O_3$），可提高 ZnO 的催化活性；如果要抑制该反应，则添加受主杂质(低价碱金属氧化物 $Li_2O$)，可使 CO 深度氧化成 $CO_2$ 的反应变慢。

主次组分确定以后，载体的选择显得十分重要。根据载体的各种物理参数(孔隙率，比表面积，几何构型)，结合反应条件，选择适合的载体，可使活性组分发挥出最大的效用。

6）第二次实验室制备评价

催化剂各组分确定后，可进行制备、成型、焙烧。进入实验室评价阶段。即在实验室，对目标反应考察设计催化剂的活性。

实验室对催化剂的研究，包括对催化剂活性的考察，反应速度与温度、接触时间的关系，反应物与产物浓度间的关系，对筛选出的有效催化剂建立反应速度方程，提供反应装置放大所需的数据。主要完成筛选以及反应机理和反应装置的选定。

经过筛选后，对催化剂进行深入筛选和评价时，实验反应装置必须模拟工业反应系统。目前已有供实验室用的微反应装置，如固定床积分反应器、脉冲-微型反应器、内循环无梯度反应器等。从而对催化剂的评价更接近实际应用条件，得出较准确的信息。

从实验室评价到工业应用还有相当长的距离。要经过中试，工业装置等一系列放大实验。因此实验室除对催化剂的活性，选择性评价外，还要测试催化剂的机械强度和寿命，以便用于实际生产。

**4. 计算机在催化剂设计中的应用**

固体催化剂的设计是一个庞大的工程。计算机软件对解决催化剂这一复杂问题还处于开发阶段，加上当前人们对催化的认识还离不开实验验证，催化剂的设计还不能完全计算机化，只能在某些环节上用其作辅助设计。随着人们对催化认识的深入，计算机的应用范围会不断扩大。计算机设计的简单程序表示如图 3-12 所示。

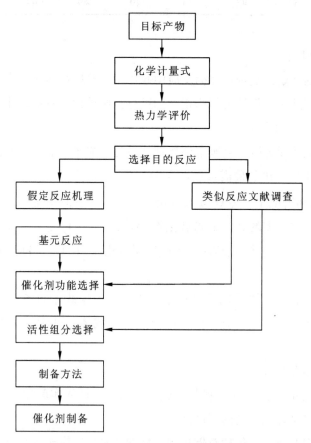

图 3-12 计算机设计催化剂的简单程序

HYPO(Hypothetical Reaction)系统是 1972 年米田等开发,用以探讨目的反应的系统。可指定目的产物所可能使用的原料。这些原料可以组合成产物的全部化学计量式,对每一个计算式给出热力学和经济性评价。避免了不全面性。

GRACE 系统(Generalized Reaction Analysis for Creaction and Estimation),适用于乙烯加氢反应,主要是假设反应机理的探索。该系统把活性中心处理成自由基,计算机模拟反应过程,提出全部可能进行的反应,进行选择,很快得到乙烯加氢反应的可能机理。

固体催化剂的设计,离不开经验知识。近十几年来,开发的计算机专家系统把人们的专业知识制成软件,称为 INCAP(Integration of Catalyst Activity Patterns),即催化剂活性模型一体化系统,利用它可选择满足催化功能需要的催化剂组分。

固体催化剂设计是一门新科学,计算机的应用,减轻了设计中繁重的工作。它适应社会对催化剂的需要,发展很快。催化学科长期以来积累的丰富经验和研究理论,将使这门新学科在系统理论和经验指导之下茁壮成长。

### 3.2.10 固体催化剂的应用

**1. $C_1$ 化学与固体催化剂**

碳一($C_1$)化学是指含一个碳原子的化合物(如 $CH_4$,CO,$CO_2$,HCN,$CH_3OH$ 等)参与反应的化学。$C_1$ 化学涉及当前化学研究的大多数前沿课题,其过程多为高温、高压下多相反应。均相催化剂的应用受到限制,基本上都要采用固体催化剂。可以说,如果寻找到合适的固体催化剂,能解决 $C_1$ 化学目前所研究的课题,也就解决了人类面临的能源、环保等重大问题。

目前,世界能源和有机合成工业的 85%左右建立在石油、煤炭、天然气三种可燃性矿物资源基础上。即使到 2020 年,核能、太阳能、水能的利用还不到世界能源年消耗量的25%。当前和今后几十年内,如何利用好这三种资源,是 $C_1$ 化学研究的方向。以这三种资源为基础的 $C_1$ 化学工业和研究目标如下:

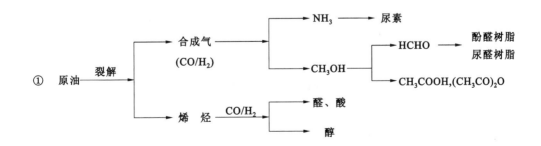

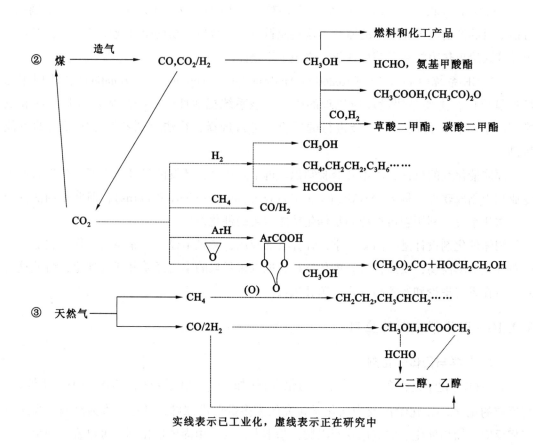

实线表示已工业化，虚线表示正在研究中

从三种资源出发，研究的课题都有合成甲醇和乙烯。乙烯是重要的化工原料，目前主要由石油裂解制备。寻找一条代替目前生产乙烯的路线，是 $C_1$ 化学研究的热点之一。甲烷选择性氧化偶联制乙烯是一个重要方向。自 1982 年以来各国围绕这一方向研究的催化剂有两千余种。英国牛津大学 Green 研究组将甲烷氧化制乙烯，甲烷与 $CO_2$ 作用制混合气，乙烯与混合气反应制丙醛三套装置结合起来，从 $CH_4$ 和 $CO_2$ 制备化工原料丙醛，使甲烷制乙烯的转化率达 20%，代表了当前这方面的研究。其中两步应用固体催化剂。反应式如下：

$$CH_4 \xrightarrow{[O]} CH_2{=}CH_2 \qquad 2\% \ K/BaCO_3$$

$$CH_4 + CO_2 \longrightarrow 2CO + 2H_2 \quad 1\% \ Rh/Al_2O_3$$

$$CH_2{=}CH_2 + CO + H_2 \longrightarrow CH_3CH_2CHO$$

$$0.1g/ml \quad RhH(CO)(PPh_3)$$

甲烷氧化偶联反应是一个高温(>600 ℃)，强放热(>292kJ/mol)过程，产物不止乙烯一种，反应式如下：

$$CH_4+O_2 \xrightarrow[>600℃]{\text{"Cat"}} C_2H_6, \ C_2H_4, \ CO_x(x=1, \ 2), \ H_2O, \ H_2$$

这样的反应环境，催化剂只能是固体。文献报道主要有三种类型：具有稳定价态阳离子复合金属氧化物（如 $La_2O_3$-$ThO_2$）；碱性氧化物负载的某些ⅣA，ⅤA或ⅡB族金属的可还原金属氧化物（$Ba_2O_x$，CdO 等）；碱金属氧化物促进的过渡金属氧化物（$MnO_x$，$TiO_x$，$MoO_x$）。表 3-12 为 Th 系甲烷氧化偶联催化剂的催化活性。

表 3-12 　　　　　　　　　　　**Th 系甲烷氧化偶联催化剂的催化活性[a]**

| 催化剂[b] | 转化率,% | | 选择性,% | | | | | 收率,% |
|---|---|---|---|---|---|---|---|---|
| | $CH_4$ | $O_2$ | $C_2H_4$ | $C_2H_6$ | CO | $CO_2$ | $C_2$ | $C_2$ |
| $La_2O_3$ | 26.4 | 99.0 | 25.5 | 22.4 | 5.2 | 43.0 | 47.9 | 12.6 |
| $ThO_2$ | 11.3 | 35.6 | 13.4 | 28.3 | 33.0 | 23.4 | 41.7 | 8.9 |
| $ThO_2$-$La_2O_3$ (7:3) | 29.4 | 96.0 | 29.5 | 26.6 | 8.3 | 30.8 | 56.1 | 16.5 |
| $BaCO_3$ | 1.7 | 5.8 | 35.7 | 42.9 | 1.6 | 12.8 | 78.6 | 1.3 |
| $La_2O_3$/$BaCO_3$ (5/6) | 30.2 | 96.0 | 28.0 | 29.3 | 2.1 | 37.6 | 57.3 | 17.3 |
| Th-La-$O_x$/$BaCO_3$ (20/3/40) | 30.7 | 94.2 | 32.4 | 30.9 | 3.3 | 29.0 | 63.3 | 19.4 |
| Th-La-Ca-$O_x$/$BaCO_3$ (20/1/1/40) | 32.9 | 97.9 | 31.6 | 30.7 | 4.9 | 30.0 | 62.3 | 20.5 |
| $K^+$-Th-La-Ca-$O_x$/$BaCO_3$ (0.5/20/1/1/40) | 31.5 | 96.4 | 34.5 | 30.6 | 1.0 | 28.9 | 65.1 | 20.5 |

a 反应气 $CH_4$/$O_2$/$N_2$=28.9/7.4/63.7%V，反应温度 780℃，空速 GHSV = $6.0×10^4$ $h^{-1}$，催化剂用量 0.2 mL。

b 催化剂组成由括号中的阳离子摩尔比表示。

甲醇作为化工原料可转化成多种化工产品。它本身又是一种液体燃料，使用简便，清洁，具有水溶性，容易消防。甲醇的合成和转化亦是 $C_1$ 化学研究的主要课题之一。目前工业上是先将甲烷转化成合成气，再由合成气合成甲醇。第一步转化成合成气，为吸热反应（$\Delta H° = 11.7$ kJ），能耗大，当前研究 $CH_4$ 一步氧化成甲醇、甲醛，从热力学上看该反应是可行的。

$$CH_4+1/2O_2 \longrightarrow HCHO \qquad\qquad \Delta G_{427} \quad -16kJ/mol$$
$$CH_4+1/2O_2 \longrightarrow CH_3OH \qquad\qquad \Delta G_{427} \quad -5kJ/mol$$
$$CH_4+3/2O_2 \longrightarrow CO+2H_2O \qquad\qquad \Delta G_{427} \quad -32kJ/mol$$

$$CH_4 + 2O_2 \longrightarrow CO_2 + 2H_2O \qquad\qquad \Delta G_{427} \quad -45kJ/mol$$

显然一步法从能耗到设备投资均优于两步法。关键是选择适当的固体催化剂,避免 $CH_4$ 深度氧化生成 CO 和 $CO_2$。自20世纪30年代至今,已试制催化剂上千种,积累了丰富的经验,随着 $C_1$ 化学的发展,该课题突破的日期不会太远。

$C_1$ 化学是关于小分子 $CO_2$,CO 的利用研究,既可节约能源,又保护了人类生态环境。所以说 $C_1$ 化学是创造未来的化学,它代表着科技的进步、人类的希望。而固体催化剂的研制和利用,是这门学科所涉及课题能否突破的关键。

**2. 固体催化剂在石化工业中的应用**

图3-13列出由石油生产的各种化学产品。它们的生产过程涉及裂解、重整、氧化、脱氧、烷基化、氢甲酰化、聚合等多种反应。绝大多数工艺过程离不开催化。大部分反应条件苛刻,气、液多相存在,固体催化剂的应用占据着重要地位。

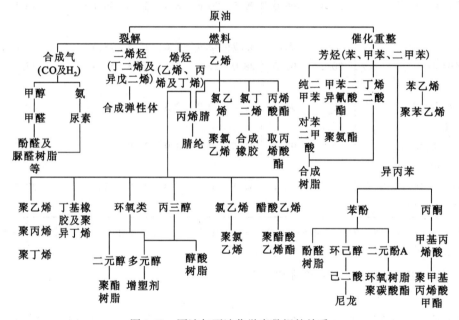

图3-13 原油与石油化学产品间的关系

1)催化裂解

催化裂解是在催化条件下,使原油在较低的温度和压力(415~525 ℃,0.07~0.13 MPa)下裂解,变成小分子碳氢化合物,如汽油、烯烃、芳烃等化工原料。20世纪70年代初,分子筛被用作裂化催化剂,汽油产率增加7%~10%,焦炭用量降低了40%,被誉为炼油工业的一次革命。分子筛催化剂不断被改进,80年代以来,超稳 Y 型分子筛成为催化裂解的主要催化剂。

2) 催化重整催化剂

催化重整是将低辛烷值(40~60)石脑油转化为高辛烷值汽油的有效手段，同时为石油化工提供芳烃(苯、甲苯、二甲苯)原料。催化剂中金属多为ⅧB族元素。常用的是铂或铂与另一种金属共用。表3-13列出国外部分重整双(多)金属催化剂的牌号。助催化剂是酸性组分，主要添加氟、氯元素，以增加载体酸性功能。

表 3-13 　　　　　　　　国外双金属及多金属催化剂主要牌号(重整)

| 公司名称 | 牌号 | 组成,%(重) | | | | 载　体 |
|---|---|---|---|---|---|---|
| | | Pt | 第二金属 | 第三金属 | Cl | |
| 恩格哈德公司 | E501 | 0.35 | Re 0.35 | — | 0.6 | $\eta$-$Al_2O_3$ |
| | E601 | 0.35 | Re 0.35 | — | 0.6 | $\gamma$-$Al_2O_3$ |
| | E602 | 0.30 | Re 0.35 | — | 1.0 | $\gamma$-$Al_2O_3$ |
| | E603 | 0.30 | Re 0.30 | — | 1.0 | $\gamma$-$Al_2O_3$ |
| | E611 | 0.25 | Re 0.75 | — | 1.0 | $\gamma$-$Al_2O_3$ |
| | E612 | 0.275 | ? | — | 1.0 | $\gamma$-$Al_2O_3$ |
| 环球油品公司 | R-16F | 0.20 | Re 0.2 | — | 0.9~1.0 | $\gamma$-$Al_2O_3$ 小球 |
| | R-16G | 0.375 | Re 0.375 | — | 0.9~1.0 | $\gamma$-$Al_2O_3$ 小球 |
| | R-16H | 0.375 | Re 0.2 | — | 0.9~1.0 | $\gamma$-$Al_2O_3$ 小球 |
| | R-20 | 0.375 | Ge 0.5 | — | 0.9~1.0 | $\gamma$-$Al_2O_3$ 小球 |
| | R-22 | 0.375 | Ge 0.25 | — | 0.9~1.0 | $\gamma$-$Al_2O_3$ 小球 |
| | R-23 | 0.60 | Ge 0.40 | — | 0.9~1.0 | $\gamma$-$Al_2O_3$ 小球 |
| | R-30 | 0.60 | Sn 0.50 | — | 1.0~1.1 | $\gamma$-$Al_2O_3$ 小球 |
| | R-32 | 0.375 | Sn 0.375 | — | 1.0~1.1 | $\gamma$-$Al_2O_3$ 小球 |
| | R-50 | 0.25 | Re 0.25 | — | 1.0~1.2 | $\gamma$-$Al_2O_3$ 挤条 |
| | R-60 | 高 Re/Pt | | | | $\gamma$-$Al_2O_3$ 小球 |
| 埃克森研究和工程公司 | KX120 | 0.3 | Ir 0.30 | — | 1.0 | $\gamma$-$Al_2O_3$ |
| | KX130 | 0.3 | Ir 0.30 | — | 1.0 | $\gamma$-$Al_2O_3$ |

3) 甲苯歧化和二甲苯异构化

在石油催化裂解和重整过程中，可得到苯、甲苯和碳九芳烃。而占芳烃总量40%~50%的甲苯和碳九芳烃用途有限。甲苯歧化是在酸性催化剂作用下，使甲苯转化成有用的苯和二甲苯:

甲苯歧化催化剂有固体酸和合成沸石。工业化催化剂为沸石分子筛。例如，Mobil 公司利用改性的 ZSM-5 型沸石催化甲苯歧化反应，可使甲苯的转化率达到 24%，产物二甲苯中对二甲苯的含量高达 98.7%，从而省去异构化和分离步骤，节省了费用。

二甲苯在工业上的应用，邻、对位异构体占 95% 以上。而含量占 50% 的间二甲苯用途有限。二甲苯异构化，是将间位异构体转化成邻、对位形式。二甲苯异构化催化剂有贵金属(Pt 和 Re)，非贵金属(无定形硅铝酸盐和结晶硅铝盐)以及分子筛。分子筛的活性、选择性优于另两类。如 ZSM-5 型分子筛，由于孔道限制了双分子反应的发生，很少发生歧化反应，并能将混入的乙苯转化成所需产品，省去了分馏乙苯的设备。

一般认为，石化过程 85% 是催化工艺。由于反应条件的限制(高温，多相)，所用催化剂大部分是固体的。

### 3.2.11 固体催化剂的发展

**1. 沸石择形催化剂**

沸石择形概念，是 1960 年 P. B. Weisz 和 Frilette 首次提出。沸石由于孔道结构具有择形催化的性能，被迅速地应用于石油化工生产中。

沸石的择形催化，可以从 ZSM-5 型沸石分子筛的结构特点上深入认识。ZSM-5 型沸石的通道开口由十元氧环组成，为中孔沸石。孔径大小与正构烷烃、异构烷烃、单环芳烃、对二甲苯分子相近。比邻、间二甲苯分子直径小。它具有相互交叉的两种孔道：$0.51 \times 0.58$ nm 椭圆形直通道和 $0.54 \times 0.56$ nm 的近似圆形正弦孔道。两种孔道交叉处有较大的自由空间(约为 0.9 nm)，该空间对简单分子有序排列起特殊作用，是酸性最强的位置。通道内没有很大有效空间和空穴，所以可防止高碳化合物的生成。两种通道具有"分子交通控制"的作用，反应物从一种孔道扩散到晶体内部，产物从另一孔道扩散出去，避免了催化过程的反扩散。正是由于这种特殊的结构，才使它具有择形催化的优异性能。

择形催化包括对反应物、产物及其过渡态的选择。前两者与沸石孔道与选择分子的匹配和分子在孔道内的扩散速率有关，可通过改变沸石晶粒的尺寸和活性进行调整。而对于过渡态的选择，则与沸石晶粒大小和活性无关，只与沸石的孔径和结构有关。沸石孔道只要限制了大分子过渡态，也就提高了反应的选择性。

沸石的有效孔径的诊断办法是测定约束指数(Constraint Index，CI)，即正己烷与 3-甲基戊烷进行催化裂化的速率之比。

$$CI = \frac{\lg(1-x_{nh})}{\lg(1-x_{mp})}$$

式中，$x_{nh}$ 和 $x_{mp}$ 分别为正己烷和 3-甲基戊烷的转化率。大孔沸石的 CI 小于 1~2，2~12 为中孔沸石，大于 12 则为小孔沸石。测定 CI 的催化实验，成为测定沸石选择性能的一种有用工具。CI 上升，表明沸石孔径变小，对目标产品的选择性提高。

沸石分子筛的择形催化性能，可通过化学修饰得到改变。例如，用无机酸脱铝或离子交换来调节沸石表面的酸碱性；采用离子交换、负载和复合等方法引入其他元素到晶格，以缩小微孔内径，提高选择性；为减弱沸石结晶处表面对择形催化的影响，增大结晶粒径，用喹啉选择毒化外表面，或用 $Si(OCH_3)_4$ 化学气相沉积降低外表面积比率。

沸石分子筛在实验室已具备了合成和改性能力。目前合成的沸石有几百种。随着沸石催化科学的发展，沸石择形催化将会日益广泛地在精细化学品和合成中间体工业中得到应用。

我国从 2003 年设立了"新结构高性能多孔催化材料创制的基础研究"专项开发，其目标是通过从多孔催化材料的基础研究入手，开展催化材料合成的理论计算及分子设计研究，发展多孔催化材料的合成方法学，解决多孔催化材料的催化功能化、活性中心的调变、孔道尺寸调变、催化材料原位谱学表征和分子设计等科学问题。从而合成含骨架原子的亚纳米催化材料，金属及其氧化物组装修饰的多孔催化材料，有机-无机杂化多孔催化材料和反应控制相转移及复合氧化物多孔催化材料，介孔-微孔复合材料，手性催化材料等新结构、高性能沸石分子筛择型催化材料，以促进我国绿色石油化工和化学工业技术的创新和发展。

**2. 固体超强酸催化剂**

酸催化反应，由于液体酸对设备的腐蚀和对环境的污染，而且固体酸 $Al_2O_3$-$SiO_2$、沸石的酸性不足，于 20 世纪 70 年代后期，合成了固体超强酸催化剂（solid superacid catalyst）。由于它活性高，适用面广，污染小，具有很大的应用前景。

超强酸是指酸性超过 100%硫酸的酸，如用酸度函数 $H_0$ 表示酸强度，100%硫酸的 $H_0$ 值为-11.93，$H_0$ 小于-11.93 的酸就是超强酸。固体超强酸分为两类：一类含卤素、全氟磺酸树脂或氟化物固载化物。另一类不含卤素，为 $SO_4^{2-}/M_xO_y$ 型，它由吸附在金属氧化物或氢氧化物表面的硫酸根，经高温灼烧制备。后一类因无卤素，在制备和处理过程中不会产生"三废"，而受到人们的重视。

$SO_4^{2-}/M_xO_y$ 型固体超强酸的活性中心，认为是质子酸（B 酸）中心。对 $SO_4^{2-}/ZrO_2$ 的射线光电子能谱（XPS），红外（IR）光谱研究表明，$SO_4^{2-}$ 以二配位键的形式与 $Zr^{4+}$ 相结合，由于 S=O 双键具有强烈的吸电子诱导作用，产生 L 酸和 B 酸位。如图 3-14 所示。

电子能谱的研究表明，$SO_4^{2-}/ZrO_2$ 的表面容易发生路易斯酸和质子酸的相互转化。对催化丁烷异构化实验后的催化剂加水处理，300 ℃下灼烧，（增加表面质子酸中心浓度）。催化活性明显提高。这证明促进丁烷异构化的活性点是质子酸中心。

对 $SO_4^{2-}/M_xO_y$ 型超强酸的表面分析表明，吸附了 $SO_4^{2-}$ 的催化剂比表面积明显高于未吸附 $SO_4^{2-}$ 的催化剂（见表 3-14）。说明 $SO_4^{2-}$ 的引入使得金属氧化物表面分散度增加，原因

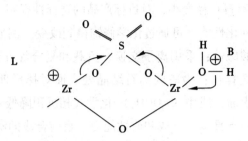

图 3-14 $SO_4^{2-}/ZrO_2$ 上的 L，B 酸中心

是 $SO_4^{2-}$ 阻止了氧化物的结晶化度和相转变，从而提高了催化剂的比表面积。

固体超强酸的主要优点是无腐蚀性，易与产物分离，常使反应在较温和的条件下进行。在有机合成反应中的应用研究，已涉及裂解、异构化、烷基化、酰基化、酯化、聚合、齐聚和氧化等。显示出很高的使用价值。

表 3-14　　　　　　　　$M_xO_y$ 型氧化物吸附 $SO_4^{2-}$ 前后比表面积的变化

| 催化剂 | 煅烧温度 /℃ | 比表面积 /$m^2 \cdot g^{-1}$ | |
|---|---|---|---|
| | | 有 $SO_4^{2-}$ | 无 $SO_4^{2-}$ |
| $ZrO_2$-Ⅰ | 500 | 187 | 100 |
| | 650 | 124 | 50 |
| | 800 | 41 | 28 |
| $ZrO_2$-Ⅱ | 575 | 136 | 64 |
| | 650 | 84 | 44 |
| $TiO_2$-Ⅰ | 525 | 144 | 63 |
| | 600 | 100 | 55 |
| $TiO_2$-Ⅱ | 525 | 90 | 71 |
| $SnO_2$ | 550 | 166 | 28 |
| | 600 | 135 | 21 |
| $Al_2O_3$-Ⅰ | 650 | 161 | 250 |

目前，固体超强酸已发展到杂多酸固体超强酸，负载金属氧化物的固体超强酸和分子筛超强酸。在保证超强酸性前提下，综合其他成分的优点，如沸石催化剂，在工业上应用已很成熟，在此基础上引入超强酸的高催化活性，可以创造出新一代的工业催化剂。

### 3. 无机高分子络合物

硅胶、氧化铝经过处理，由于它们具有氧桥联结的结构（见载体部分），称之为无机高分子。利用表面羟基的活性，引入能与过渡金属络合的元素或基团，即可制备一类无机高分子络合物。中科院北京化学所江英彦等人对该类化合物催化活性的研究取得了很好的结果。

该类催化剂制备是于石油醚中放入二氧化硅和四氯化硅，搅拌下通入氨气，用水-醇萃取除去生成的氯化铵，干燥后得到以二氧化硅为载体的聚硅氨烷。可用同法制备聚铝、聚钛、聚锡氨烷。然后使它们与金属化合物作用，即得到固载的无机高分子金属络合物催化剂。这些催化剂在有机反应里具有很高的活性和稳定性。例如，二氧化硅-聚铝氨烷-铂配合物催化苯环加氢反应，常温常压下就有很高的催化活性；甲醇、乙醇氧化成甲醛、乙醛，工业上一般用金属或金属氧化物作为催化剂，反应需几百度高温，用硅氨烷-铂络合物，常温常压下就可反应，产物收率在90%以上。这类催化剂制备简单，活性高。为固体催化剂的研究打开了一个新的领域。

### 4. 膜反应催化技术

膜反应催化技术，是将催化剂负载到分离膜上，或分离膜本身即具有催化性能。该技术的显著特点是将膜分离与催化反应组合在一起，不仅可促进有选择性的催化转化，而且在反应过程中可把某种反应物或产物分离开，以打破热力学平衡，大幅度地提高平衡转化率和反应选择性，同时有可能省去全部或部分产物分离循环工艺。

膜分离是一项新兴的高效分离技术，本身即具有高效、节能的特点。表 3-15 列出主要的膜材料。可以看出，有些膜具有催化性能，有些可作为很好的载体。将催化与膜分离技术结合起来，将使催化剂更具有威力。

表 3-15　　　　　　　　　　用于膜反应器的主要膜材料

| 分　　类 | 代　表　例 |
|---|---|
| 金属膜或合金膜 | Pd 膜，Pd-Ag，Ni，Rh 合金膜 |
| 多孔陶瓷膜 | $Al_2O_3$ 膜，$SiO_2$-$Al_2O_3$ 膜，$ZrO_2$ 膜 |
| 多孔玻璃膜 | $SiO_2$ 膜，多孔 Vycor 玻璃膜 |
| 复合膜 | Pd-多孔陶瓷膜 |
|  | Pd-多孔玻璃膜分子筛膜 |
| 表面改性膜 | 等离子处理聚合物膜 |
|  | 硅氧烷聚合物-Vycor 玻璃膜 |
| 高分子膜 | 聚酰亚胺-聚四氟乙烯 |
|  | 聚苯乙烯，聚砜 |

# 3.3 均相催化剂

## 3.3.1 均相催化剂及其类型

### 1. 均相催化剂

均相催化剂在反应中与反应物处于同一物相，分布均匀。每个分子的活性中心原子均可发挥作用。对于可溶性过渡金属配合物，可通过改变金属和配体种类、结构，调变催化剂的分子结构，改善其催化性能，可在分子水平上研究、设计、控制反应。反应中仅需消耗少量的催化剂，就可高收率地得到目标产物，是实现原子经济反应的最有效途径。

均相催化剂选择性高。其中手性催化剂具有与酶相媲美的对映选择性。高选择性可使底物最大限度被利用，避免副产物造成的浪费和污染。

### 2. 均相催化剂的类型

均相催化剂分为原子态金属、可溶性金属配合物和可溶性酸碱。前两类一般是金属与有机底物配位使其活化，又称为配位催化。

1）原子态金属催化剂

原子态金属的产生方法有高温、高真空下将金属蒸气导入反应体系，利用还原剂使金属离子还原，或者使用零价金属配合物（如 $Ni(CO)_4$，$Co(1,5-C_8H_{12})$，$Pt(PPh_3)_4$ 等），在反应中产生金属原子中间态。原子态的金属催化剂一般活性小，在反应中容易中毒，除 Ni，Co 外，很少使用。反应中，这种催化剂并非完全处于原子态，它常与不饱和化合物形成金属配合物。

2）可溶性过渡金属配合物

均相催化剂大多数是这类化合物。其配体可以是中性分子（CO，$PR_3$，$NR_3$ 等），也可以是有机基团（$C_5H_5$，$C_3H_5$，$R^-$ 等），或者是原子（$H^-$，$Z^-$ 等）。其催化活性受过渡金属的固有电子性质和配体性质，以及结构等因素的影响。

3）可溶性酸、碱。

## 3.3.2 过渡金属配合物催化剂

### 1. 过渡金属

均相催化剂中应用最多的是 d 区金属。它们具有未充满电子的 d 轨道，又具有可变的多种氧化态，可以接受配体电子形成配位键；亦可将电子转移到配体上回复到原来的状态。在得失电子之中，起到催化作用。

过渡金属与有机底物的键合作用，在均相催化反应里，是使底物活化的关键。过渡金属与底物作用形成的中间物为金属有机化合物，是金属有机化学研究的范围。金属有机化学常将具有相同 d 电子数的过渡金属配合物归于一类加以研究。即将过渡金属在一定的氧化态时所具有的全部价电子均作为 d 电子，过渡金属的 d 电子数就是它的价电子数。表3-16列出过渡金属价态与 d 电子数的关系。

表 3-16 过渡金属的价态与 d 电子数

| 族 | ⅣB | ⅤB | ⅥB | ⅦB | Ⅷ | | | ⅠB |
|---|---|---|---|---|---|---|---|---|
| 元素 价态 | Ti | V | Cr | Mn | Fe | Co | Ni | Cu |
| | Zr | Nd | Mo | Te | Ru | Rh | Pd | Ag |
| | Hf | Ta | W | Re | Os | Ir | Pt | Au |
| 0 | 4 | 5 | 6 | 7 | 8 | 9 | 10 | — |
| Ⅰ | 3 | 4 | 5 | 6 | 7 | 8 | 9 | 10 |
| Ⅱ | 2 | 3 | 4 | 5 | 6 | 7 | 8 | 9 |
| Ⅲ | 1 | 2 | 3 | 4 | 5 | 6 | 7 | 8 |
| Ⅳ | 0 | 1 | 2 | 3 | 4 | 5 | 6 | 7 |

过渡金属的价态，又称金属的氧化数。规定中性配体为 0 价（如 CO，$PR_3$，$C_6H_6$ 等）；烃基、H 为 -1 价；NO 为 +1 价。由此计算配合物中过渡金属的氧化数，以判断催化过程中反应类型。例如，烯烃氢甲酰化反应常用催化剂为 $Co_2(CO)_8$，其中 Co 的氧化态为 0 价，d 电子数为 9，它属 $d^9$ 类金属有机化合物。与 $H_2$ 反应后，生成 $HCo(CO)_3$，则 Co 的氧化态为 +1 价。d 电子数为 8，属 $d^8$ 金属有机化合物，Co 的氧化态升高，所以 $Co_2(CO)_8$ 与 $H_2$ 的反应为氧化反应。

**2. 配体和过渡金属的配位数**

过渡金属配合物中，配体是与金属成键的分子，有机基团或分子。每个配体与一个中心金属原子间有键合作用的碳原子或杂原子的个数，称为配体的齿数，以 $\eta^n$ 表示。例如，环戊二烯基以 π 键与金属配位，形成茂金属有机化合物，如二茂铁，环戊二烯基上的五个碳与 Fe 都有键合作用，分子式为：$(\eta^5\text{-}C_5H_5)_2Fe$。表明每个环戊二烯基都是五齿配位。配体提供给金属的电子数为 a，又称该配体为 a 电子配体。如 $\eta^5\text{-}C_5H_5$，为 6 电子给予体；$CH_2{=\!=}CH_2$，为 2 电子给予体。而配体提供成键的电子对数，为配体的配位数。$\eta^5\text{-}C_5H_5$ 的配位数（Coordination number）为 3，$CH_2{=\!=}CH_2$ 的为 1。过渡金属的配位数是它键合的所有配体配位数的总和。如 $(\eta^5\text{-}C_5H_5)_2Fe$，Fe 的配位数为 6。

### 3.18 电子规则

过渡金属有 9 个价轨道(d 区),全部充满电子(18 个)即为饱和态。该状态结构最稳定,称为 18 电子规则。如果过渡金属配合物中过渡金属外层价电子不足 18,则为配位不饱和状态,有空轨道可接受新的有机配体。催化反应里,催化剂要首先与底物发生作用使其活化。所以,配位不饱和状态才有催化性能。利用 18 电子规则,很容易判断在催化反应里,起催化作用的是否是催化剂原型。下面列出几个过渡金属配合物的价电子数计算:

| 化 合 物 | $d^n$ | 配体给予电子数 | 价电子数 |
|---|---|---|---|
| $Ni(CO)_4$ | 10 | $2 \times 4 = 8$ | 18 |
| $(\eta^3\text{-}C_3H_5)Fe(CO)(NO)$ | 8 | 2CO:4, NO:2, $C_3H_5$:4 | 18 |
| $Co_2(CO)_8$ | 9 | 8CO:16, Co—Co:2 | 36/2 = 18 |
| $RhH(CO)(PPh_3)_2$ | 8 | CO:2, $2PPh_3$:4, H:2 | 16 |

可以看出,$Co_2(CO)_8$ 不会有催化活性,因为它无空轨道接受底物。而事实是,$Co_2(CO)_8$ 使烯烃的氢甲酰化反应被催化,因此起催化作用的不是 $Co_2(CO)_8$,而是它进一步反应产生的活性中间体 $HCo(CO)_3$:

$$Co_2(CO)_8 + H_2 \longrightarrow HCo(CO)_4 \xrightarrow{-CO} HCo(CO)_3$$
$$\quad\quad 18e \quad\quad\quad\quad\quad\quad 18e \quad\quad\quad 16e$$

过渡金属络合物不一定都遵守 18 电子规则。如前过渡金属(Ti,Zr,V,Nb)和后过渡金属(Pd,Pt,Ni,Rh,Ir)形成的配合物不遵守 18 电子规则。后者常常 16 电子即可稳定。

## 3.3.3 均相催化中的基元反应

均相催化剂完成一个催化过程,经过一系列反应,这些反应大致分四种类型。

1)配体的配位和解离

过渡金属配合物在反应中,会与底物发生作用。将底物看作配体,即配位作用。过渡金属如有空价轨道(d 轨道),可接受电子,为 Lewis 酸,配体则为 Lewis 碱。配体的配位与解离属酸碱反应,是可逆反应。例如 $d^{10}$ 金属配合物的反应如下:

$$ML_3 + L \Longrightarrow ML_4$$

式中,M = Ni,Pd,Pt;L = $PR_3$。

稳定常数:

$$K = \frac{[ML_4]}{[ML_3][L]}$$

$K$ 值大，$ML_4$ 多，而它处于 18 电子饱和态，不会与底物作用，即无催化活性；$K$ 值太小，$ML_3$ 浓度大，活性大，但 $ML_3$ 不稳定，会分解析出金属，失去活性。配位与解离速度要适当才能保证均相催化剂的催化活性。

2）$\beta$ 氢转移反应

在均相催化循环反应中，常遇到这类反应。含有 $\beta$ 氢的烃基与过渡金属成键后，$\beta$ 氢会转移到过渡金属上，烃基转变成烯烃与过渡金属配位，形成烯烃配位的过渡金属氢化物。

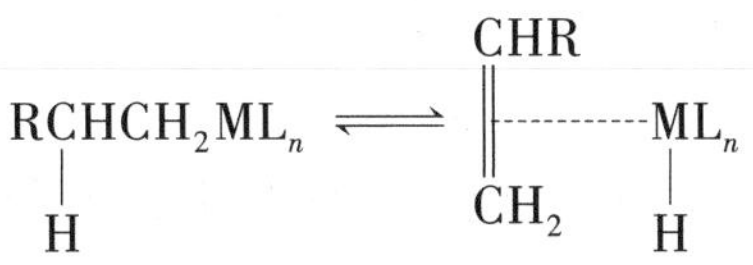

$$RCHCH_2ML_n \rightleftharpoons \overset{CHR}{\underset{CH_2}{\|}} \cdots ML_n$$
$$\underset{H}{|} \qquad\qquad\qquad H$$

3）插入和消去反应

插入反应是将有机配位插入到金属配体键中（如插入金属氢键，插入金属碳键），反应前后过渡金属的氧化态和配位数没有发生变化。

$$L_nMR+Y \longrightarrow L_nM—Y—R$$

反应物首先与催化剂配位，然后在分子内进行迁移插入。消去反应又称脱出反应，是插入反应的逆反应。如酰基金属化合物可消去羰基生成烷基化合物，而烷基化合物与 CO 的插入反应是制备该类化合物的方法之一。

$$\overset{O}{\underset{\|}{CH_3CMn(CO)_5}} \xrightarrow[\text{插入}]{\text{消去}} H_3CMn(CO)_5 + CO$$

4）氧化加成和还原消去

催化剂经一单元反应后，其中金属的氧化态和配位数均升高，该反应为氧化加成反应；反之为还原消去反应。例如：

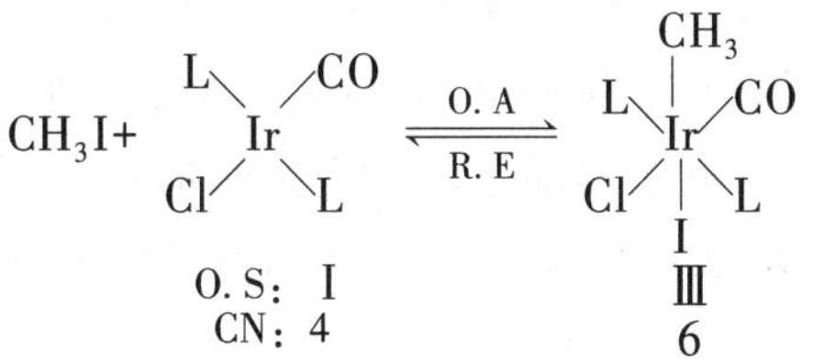

$$CH_3I+ \quad \text{(Ir complex)} \underset{R.E}{\overset{O.A}{\rightleftharpoons}} \text{(Ir complex)}$$

O. S: I       III
CN: 4       6

式中，$L=PPh_3$；O. A 表示氧化加成；R. E 表示还原消去；O. S 表示氧化态；CN 表示配位数。

如果反应后，催化剂仅中心金属原子的配位数发生变化，而氧化态不变，则相应的反应称为加成或消去反应。

在催化过程中，还有配体取代反应、配体在络合中间体中的转位重排反应等。

### 3.3.4 均相络合催化及其影响因素

**1. 中心过渡金属原子**

均相催化剂中的过渡金属原子(或离子)在催化反应中起着主要作用。根本原因是有低能级 d 轨道。

过渡金属与配体成键时,发生能级裂分,是全部还是部分 d 轨道参与成键,取决于周围配体的数目和类型以及配体排列的对称性,因而 d 轨道可容纳不同数目的电子,在催化反应中同一金属有几种稳定的氧化态可选,同时有不同的配位数,即反应在过渡金属的氧化态、配位数的变化中进行。

空的 d 轨道,可接受底物与之配位成键,发生过渡金属与底物间的电子传递,结果使底物分子中某些键减弱,即由于配位而被活化。

过渡金属同氢、烃基、卤素形成的共价 $\sigma$ 键比较弱,在反应中,这些键在一定条件下容易打开,发生插入、转移反应,这些反应对过渡金属络合物催化循环过程是很重要的。

**2. 配位键与活化**

过渡金属与底物键合后,可使底物分子中某些键活化,其原因,与过渡金属与底物间的键有关。下面就过渡金属与羰基和烯烃间的键模型,定性分析配位活化的原因。

1)金属—羰基键(M—CO)

羰基过渡金属配合物是工业中常用的均相催化剂。在烯烃氢甲酰化和羰化反应机理研究中,也会遇到这类化合物作为中间体出现。了解 M—CO 键型,有助于认识该类催化剂的性质和有关反应机理。

例如 $Cr(CO)_6$,图 3-15 示出它的成键能级图。Cr 原子价层有 6 个电子,Cr 与 CO 配位,形成六配位八面体配合物。Cr 的 d 轨道裂分成 $t_{2g}$ 和 $e_g$ 轨道,相当于 Cr←CO 的 $\sigma$ 给予作用。Cr—C 间强的共价结合力产生较大的八面体裂分($\Delta_0$),使 Cr 原子的 6 个电子全部填在 $t_{2g}$ 轨道上。$t_{2g}$ 轨道与配体 CO 的 $2\pi$ 轨道都是 $\pi$ 轨道,两轨道的相互作用,即 Cr→CO 的 $d\pi$ -$p\pi^*$ 反馈成键,而 CO 对 Cr 的 $\sigma$ 给予和 Cr 对 CO 的反馈是同时进行的,最后达到一个平衡状态。即 Cr 与 CO 间不是简单的单键,而是 $\sigma$ -$\pi$ 双键。见图 3-16 的描述。这时,Cr—C 间的键级应在 1.0~2.0 之间,CO 碳氧间键级为 2~3 之间。可由 IR 光谱鉴定。根据 Hook 公式:

$$\nu_{CO} = \frac{1}{2\pi c}\sqrt{\frac{k_{CO}}{\mu_{CO}}}$$

式中,$\nu_{CO}$ 为 C—O 键的伸缩频率;$k_{CO}$ 为拉伸常数,表示将 C—O 键拉长一个单位长度所需的力;$\mu_{CO}$ 为折合质量。如果配位后,C—O 间键级降低,则 $k_{CO}$ 变小,$\nu_{CO}$ 的值随之变小,即向低波数位移。实际中发现,配位 CO 的 $\nu_{CO}$ 与自由 CO 的相比,向低频位移 $100\ cm^{-1}$ 以

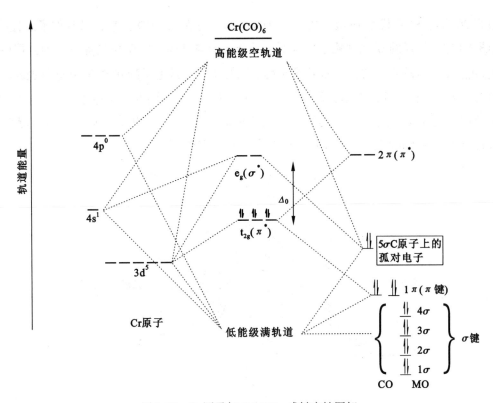

图 3-15 Cr 原子与 Cr(CO)$_6$ 成键定性图解

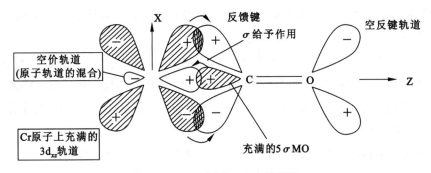

图 3-16 Cr 原子与 CO 成键图示

上。证实了金属羰基间重键的存在,换句话说,配位后的羰基被活化了。金属羰基间的键很弱,易发生转移、插入反应。

2)金属-烯烃键

过渡金属络合物常作为烯烃加氢、羰基化的催化剂。烯烃与过渡金属配合物之间的成键过程 20 世纪 50 年代由 Dewar，Chatt，Duncanson 建立的 DCD 模型，对其作了定性描述（见图 3-17）。烯烃的 π 成键轨道将电子给予金属的空 d 轨道。配位场理论认为，那些 $d_\sigma$ 轨道（$d_{x^2-y^2}$，$d_{z^2}$）总是空的，因而形成 σ 键。同时金属充满电子的 d 轨道与烯烃的空 $\pi^*$ 分子轨道发生 $d\pi$-$p\pi^*$ 反馈作用，形成反馈 π 键，两个过程协同发生。烯烃与过渡金属之间的配位键也是 σ-π 重键，成键的结果相当于烯烃 π 轨道上的电子云密度流向反键轨道，烯烃键电子云密度的降低，表示重键的削弱，即烯烃键被活化。

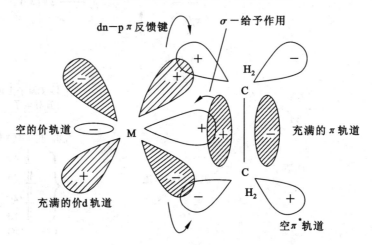

图 3-17 金属—烯烃键合的轨道图示

烯烃配位后，测得 C=C 键增长。IR 光谱测得 $\nu_{C=C}$ 与自由烯烃相比，向低波数位移，从而进一步证实了 DCD 键合模型的描述。

通过上面过渡金属—羰基、过渡金属—烯烃键的定性描述，可理解在均相催化剂中，中心过渡金属对催化的贡献。它们通过能传递电子的 d 轨道与反应物成键，将需活化键上的电子云分散到非键轨道上，键级的降低减小了反应所需活化能，达到催化效果。

3）配位体的影响

这里所指的配位体，是金属络合物分子所带的配体，不包括反应物。

（1）反位影响。

反位影响是指某种配体削弱处于它反位键的程度。实验证明，反位影响比顺位大。在研究络合催化剂时，往往考虑反位配体的影响。表 3-17 列出了反式 $PtXClL_2$ 中，反位上配体 X 对 Pt—Cl 键的影响，其中 L=PPh_3。

配体的给电子能力愈强，对位键的削弱愈大。给电子作用一般为 σ 键，过渡金属成 σ 键的价轨道（$d_{x^2-y^2}$，s，$p_x$ 或 $p_y$）全部可以与对位配体共用，而其中只有 $d_{x^2-y^2}$，s 轨道可由邻位配体共用，因此对位影响较明显。给电子能力强为软碱，电负性大的 Cl 原子给电子

表 3-17                          反式 PtXClL$_2$ 中配体 X 对 Pt—Cl 键影响

| X | $\nu_{Pt—Cl}$( cm$^{-1}$ ) | Pt—Cl( Å ) |
|---|---|---|
| Me$_3$Si | 238 | — |
| H | 269 | 2.42 |
| CH$_3$ | 274 | — |
| PEt$_3$ | 295 | 2.37 |
| PPh$_3$ | 298 | — |
| Cl | 340 | 2.30 |
| CO | 344 | 2.28 |

能力弱，为硬碱。按软硬酸碱理论，Cl 与金属成键，金属应有一定的正电性，即为硬酸。强电子给予配体的作用，使金属的正电性削弱，变为较软的酸，这种变化由 $\sigma$ 轨道传递给对位的 Pt—Cl 键，使 Pt—Cl 键变弱，即 Pt—Cl 键距增长。当然，这种解释只是对配体反位影响的一种定性理解。

配体提供给金属电子的能力强弱，可由其 $\pi$ 酸性大小来表示。测定其羰基金属配合物 $\nu_{CO}$ 的大小，就可判定该配体 $\pi$ 酸性的大小。因为配体的 $\pi$ 酸性越强，接受电子的能力越强，配位后使过渡金属的电正性加强，影响过渡金属对羰基反馈作用减弱，即金属羰基间的重键性削弱，羰基中 C—O 键得到加强，$\nu_{CO}$ 与自由 CO 相比，向低频位移较少。

（2）位阻效应。

配体的体积对催化有很大影响。因为它决定反应物分子与催化剂的配位方向，即影响反应物分子的反应方向和发生作用的位置。改变配体可以提高催化剂的选择性。典型的例子是叔膦配体。

叔膦配体与过渡金属的配位，也是重键型。第三周期的元素(Si，P，S)或轻键型的元素( As，Sb，Se，Te)的价层有空的 d 轨道，这些低能级的 d 轨道可与金属上充满电子的 d 轨道重叠，形成 d$\pi$-d$\pi$ 反馈键(见图 3-18)，叔膦的孤电子对对金属形成 $\sigma$ 配位键，因此叔膦与金属间也是重键。

叔膦的空间效应可影响催化剂的选择性和催化中间体的稳定性。叔膦配体的体积，常用 $\theta$ 角表示。$\theta$ 角是 p 原子到圆锥顶角 2.28 Å 处，与 R 基团最外部原子的范德华半径所成圆锥面的顶角(见图 3-19)。叔膦配体 $\theta$ 角和 p$K_a$ 值对烯烃氢甲酰化反应中产物的直链醛的选择性有明显的影响。表3-18列出了不同叔膦配体对催化剂在 1-己烯氢甲酰化反应中的选择性的影响。

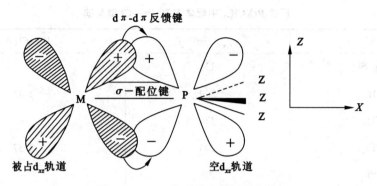

图 3-18 PPh₃ 与过渡金属间配位键

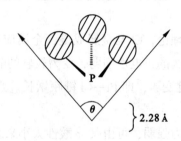

图 3-19 R₃P 的 θ 角

表 3-18 $Co_2(CO)_6L_2$ 催化 1-己烯氢甲酰化反应[*]

| L | $pK_a$ | $\theta$ | 线性率% | 醛/醇 |
|---|---|---|---|---|
| $PP^i_{r3}$ | 9.4 | 160 | 85.0 | — |
| $PEt_3$ | 8.7 | 132 | 89.6 | 0.9 |
| $PP^n_{r3}$ | 8.6 | 132 | 89.5 | 1.0 |
| $PB^n_{u3}$ | 8.4 | 132 | 89.6 | 1.1 |
| $PEt_2Ph$ | 6.3 | 136 | 84.6 | 2.2 |
| $PEtPh_2$ | 4.9 | 140 | 71.7 | 4.3 |
| $PPh_3$ | 2.7 | 145 | 62.4 | 11.7 |

[*] 反应条件：160 ℃，7.0 MPa，$H_2/CO = 1.2/1$。

### 3.3.5 均相催化剂在工业生产中的应用

**1. Oxo 反应**

Oxo 是氧化合成 Oxonation 的简称。早期由乙烯与合成气（CO+$H_2$）反应得到丙醛和乙二酮，以为是氧化反应，故叫氧化合成反应。目前，将烯烃与合成气制取比原料多一个碳原子的醛的反应，称作氢甲酰化反应；把烯烃与合成气（CO+$H_2$）反应生成醛，再氢化为醇的方法称为 Oxo 反应。Oxo 反应过程产生醛和醇，在合成化学工业中占有重要地位。在烯烃羰化反应中，研究较多的是 Oxo 反应。该反应具备均相配位催化的典型特征。

Oxo 反应在工业上主要生产丁醇和辛醇。以丙烯为原料，反应式如下：

$$CH_3CH{=}CH_2 + CO + H_2 \longrightarrow CH_3(CH_2)_2CHO + \underset{\overset{|}{CH_3}}{CH_3CHCHO}$$

$$\overset{H_2}{\longrightarrow} CH_3(CH_2)_2CH_2OH + \underset{\overset{|}{CH_3}}{CH_3CHCH_2OH}$$

正丁醇        异丁醇

$$2CH_3(CH_2)_2CHO \overset{碱}{\longrightarrow} \underset{\overset{|}{HO{-}CH_2(CH_2)_2CH_3}}{CH_3CH_2CHCHO}$$

$$\overset{-H_2O}{\longrightarrow} \underset{\overset{\|}{CH(CH_2)_2CH_3}}{CH_3CH_2CCHO}$$

$$\overset{H_2}{\longrightarrow} \overset{H_2}{\longrightarrow} \underset{\overset{|}{CH_2(CH_2)_2CH_3}}{CH_3CH_2CHCH_2OH}$$

2-2 基己醇(辛醇)

Oxo 所用的工业催化剂，有 $Co_2(CO)_8$，叔膦改性的钴-膦催化剂，铑-膦催化剂和铑-水溶性膦催化剂。其性能列于表 3-19。

表 3-19 **Oxo 过程的几种催化剂的操作条件及性能**

| 催化反应条件 | 催化剂 | | | |
|---|---|---|---|---|
| | $[CoH(CO)_4]$ | $[CoH(CO)_3-(Ba_3^nP)]$ | $[RhH(CO)-(PPh_3)_3]$ | $[RhH(CO)-(TPPTs)_3]$ |
| 工业化时间 | 1946 | 1964 | 1976 | 1984 |
| $T$,℃ | 110~180 | 160~200 | 85~115 | 50~130 |
| $p$(总压), MPa | 20~35 | 5~10 | 1.5~2.0 | 1~10 |

续表

| 催化反应条件 | 催 化 剂 | | | |
| --- | --- | --- | --- | --- |
| | $[CoH(CO)_4]$ | $[CoH(CO)_3-(Ba_3^nP)]$ | $[RhH(CO)-(PPh_3)_3]$ | $[RhH(CO)-(TPPTs)_3]$ |
| 活性金属浓度 $(M/℃),\%$ | $0.1\sim1.0$ | $0.5\sim1.0$ | $10^{-2}\sim10^{-3}$ | $\sim10^{-3}$ |
| 正/异 | 80/20 | 88/12 | 92/8 | 95/5 |
| 醛,% | 80 | 10 | 96 | 96 |
| 醇,% | 10 | 80 | — | 1.8 |
| 烷,% | 1 | 5 | 2 | 0.6 |
| 其他 | 9 | 5 | 2 | 1 |

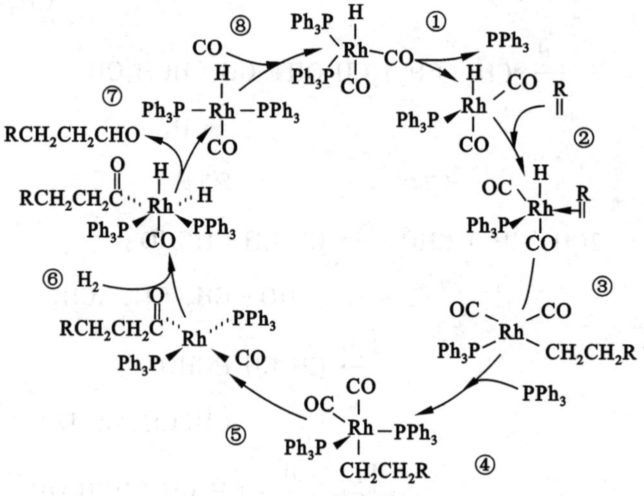

(a) 解离循环

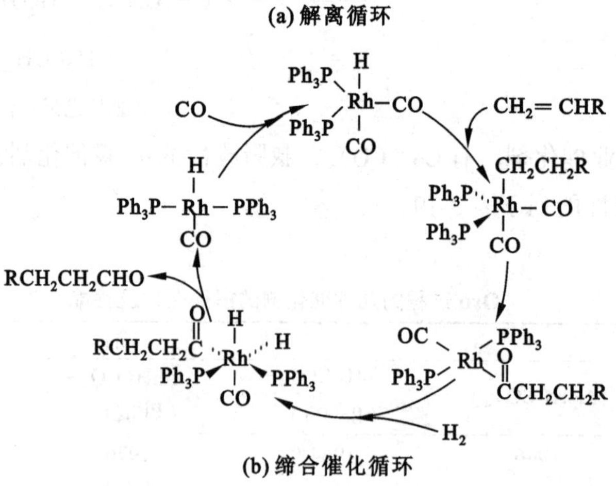

(b) 缔合催化循环

图 3-20 铑-膦催化机理循环图

铑催化剂 $RhH(CO)(PPh_3)_3$ 在反应中首先脱去一个 $PPh_3$ 配体,变成活性中间体 $RhH(CO)(PPh_3)_2$,参与催化循环反应。其催化机理有两种观点,如图 3-20 所示。

Oxo 反应的最初产品醛及其衍生物酸和胺,在药物、香料、防霉剂、添加剂等精细化学品上应用。Oxo 反应生产的醇,一般为低碳醇(丙、丁醇),用于涂料工业、塑料工业、粘胶剂工业。$C_6 \sim C_{11}$ 醇主要用于生产聚氯乙烯增塑剂,增塑剂醇的用量约为总醇量的 70% 以上;$C_{12}$ 以上醇用于生产洗涤剂,长链脂肪醇的衍生物是洗涤剂工业的发展趋势和方向。

**2. 醋酸的合成**

醋酸和醋酸酐是主要的有机化工原料,可以制备醋酸乙烯、醋酸纤维、染料和药物。大量用作烷基苯氧化反应里的溶剂。生产醋酸有三种方法:① 甲醇的羰化反应;② 由乙烯氧化制乙醛,然后再氧化成醋酸;③ 丁烷或其他烷烃液相氧化制醋酸。三种方法都是均相催化。方法①使用的催化剂是碘促进的钴或铑催化剂;方法②首先用 $PdCl_2$-$CuCl_2$,然后用 $Co^{2+}$,$Mn^{2+}$ 盐作催化剂;方法③使用醋酸钴进行催化氧化。

甲醇羰基化制醋酸,目前用的催化剂为铑盐。1970 年美国孟山都公司建立年产近 150 万吨的生产装置,又常称此法为孟山都醋酸合成法。用碘促进的铑作催化剂,反应甚至可在常压下发生。工业上常用一定压力以加速反应。据报道在 180 ℃,3~4 MPa 压力下,用 $10^{-3}$ mol 的铑,醋酸的选择产率大于 99%。使用的催化剂原型为商品 $RhCl_3 \cdot 3H_2O$,在 CO/HI 环境里,迅速转化成活性中间体 $[Rh(CO)_2I_2]^-$,而进入催化循环。$I^-$ 的作用是使甲醇转化成亲电性强的碘甲烷。

**3. 瓦克(Wacker)法由乙烯制乙醛**

如前所述,乙醛可以再氧化成醋酸,也是生产丁醛的中间体。瓦克法是 1960 年前西德的瓦克公司所采用的方法。该方法实际上是将已知的三个化学反应联系起来:

$$CH_2CH_2+PdCl_2+H_2O \longrightarrow CH_3CHO \qquad (1)$$
$$Pd+2CuCl_2 \longrightarrow PdCl_2+Cu_2Cl_2 \qquad (2)$$
$$2CuCl+2HCl+1/2O_2 \longrightarrow 2CuCl_2+H_2O \qquad (3)$$

$$CH_2CH_2+1/2O_2 \longrightarrow CH_3CHO$$

催化循环过程如图 3-21 所示。

## 3.3.6 均相催化剂研究进展

**1. 手性催化剂及其应用**

有相当一部分具有旋光性的手性分子,常常是左旋的具有特定生理活性,而其对映体无活性或具有相反的作用。一般化工方法生产的旋光性物质,都是两对映体等量的外消旋体,需要进行光学拆分才能得到旋光物,这样既消耗了大量拆分试剂,又丢失了 50% 的资源。所以在手性化合物的合成方法中,最有效和最有经济价值的是不对称催化合成,又称手性络合催化,于 1966 年,由 Nozaki 进行了第一例反应。该类反应是用一个手性源——

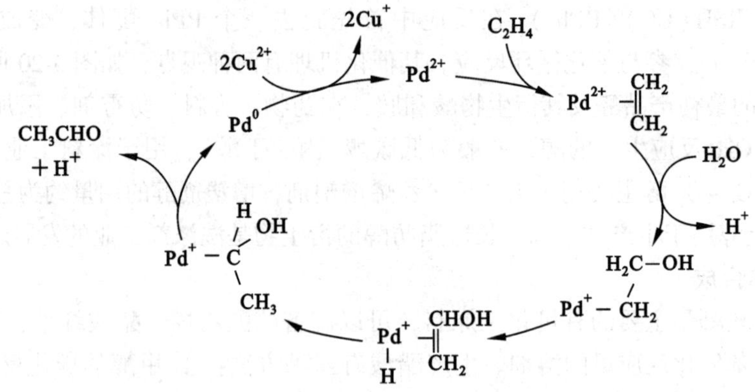

图 3-21 钯催化乙烯生产乙醛循环过程

手性催化剂分子，将前手性反应物专一地转化为所需要的手性产物。其功效如同酶在生物体中的作用一样，催化剂作为模板控制反应物的对映面，从而将手性增殖到大量产物中。手性络合催化剂比酶便宜，易于调变，是生产具有旋光性产物的有力工具。经过多年研究，对于某些反应目前已达到对映体专一性，接近 100%e.e.。

手性络合催化剂的手性集中反映在配体上。对映选择性是通过催化剂与底物形成的过渡态，催化中心离子与邻近底物的前手性中心或者二者直接配位形成螯合物，或者是通过手性配体中的官能团与底物间的相互作用(配位、静电相互作用、氢键、$\pi$-$\pi$相互作用等)来达到的。手性配体研究最多的是手性膦配体，手性中心既可能是磷原子，又可能是侧链上的某原子，也可能二者都存在，或者是不含手性原子，但整个分子有不对称中心，如联萘。部分手性膦配体的结构图见图 3-22。

医药、农药、香精、食品添加剂等精细化学品中，有相当数量的手性化合物。下面是不对称催化合成的应用实例。

### 例1 *L*-薄荷醇的合成

*L*-薄荷醇具有特殊香味和局部麻醉作用，是制备香料和药物的重要原料。靠从天然薄荷中提取，不能满足市场的需求。日本高砂公司用 $\beta$-蒎烯热解得到的月桂烯为起始原料，经过二乙胺加成，不对称氢转移反应得到手性烯胺，水解制香茅醛，再经环化、选择加氢制得薄荷醇。关键反应是转化为手性烯胺。反应式如下：

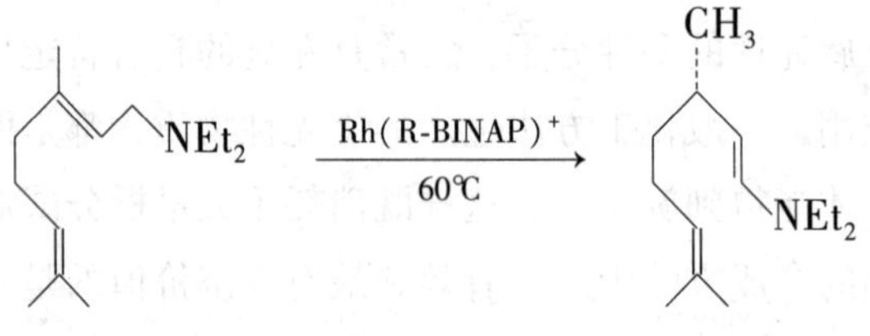

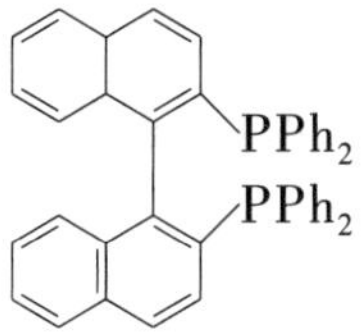

R-BINAP

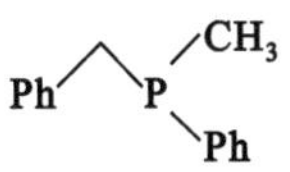

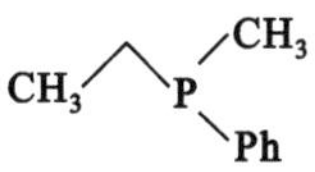

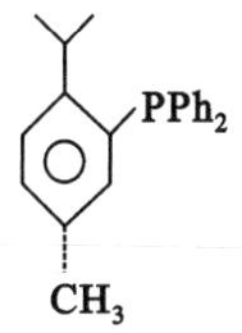

BMPP L*-1　　MPPP L*-2　　NMDPP L*-3

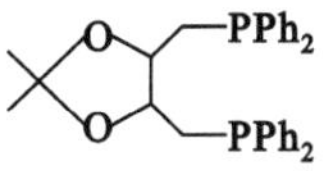

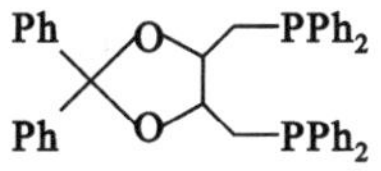

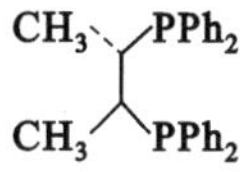

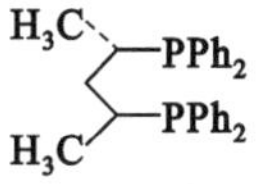

DIOP L*-4　　DIPH-DIOP L*-5　　Chiraphos L*-6　　BDPP L*-7

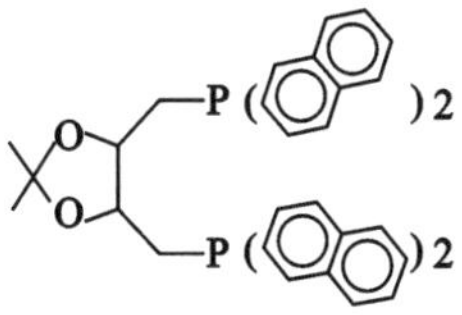

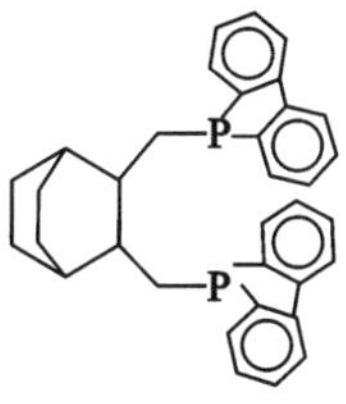

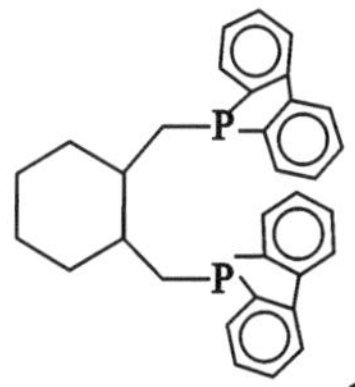

2-NA-DIOP
L*-8　　DBP-BCO-DPP
L*-9　　DBP-C₆DIOP L*-10

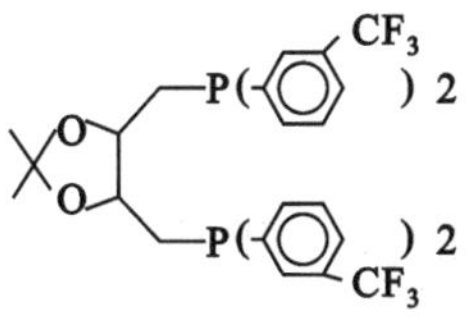

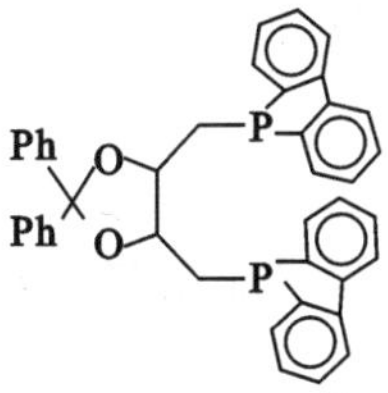

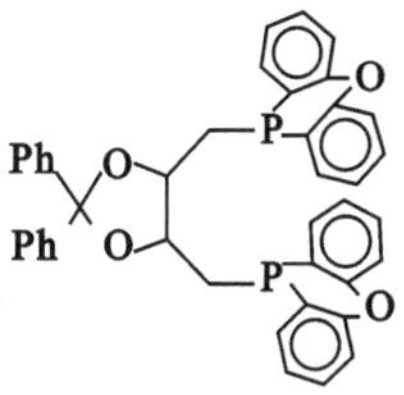

m-CF₃-DIOP L*-11　　DBP-DIOP L*-12　　DMMPP-DIOP L*-13

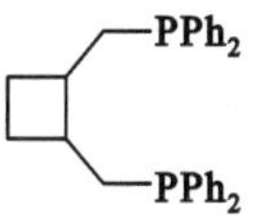

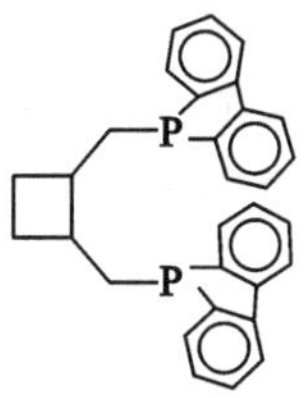

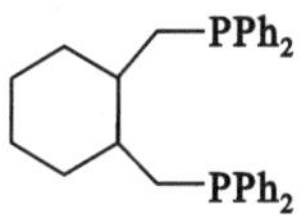

C₄-DIOP L*-14　　DDBP-C₄DIOP L*-15　　C₆-DIOP L*-16

图 3-22　部分手性膦配体

化学产率几乎是定量的，e.e. 值在 95% 以上。反应中用的手性催化剂是手性配体 *R*-BINAP，该配体是一种旋转受阻异构体的旋光性化合物。比较稳定，副反应很少。而且具有柔性，可适度扭曲适用于多种金属配位。

### 例 2 *L*-多巴胺(*L*-Dopa)的合成

帕金森综合征是一种神经系统的疾病。至今病因不清楚。*L*-多巴胺是目前治疗帕金森病的特效药。以酶催化方法生产 *L*-多巴胺，需要十几步操作，关键一步即是以手性催化剂实现烯烃不对称氢化反应。

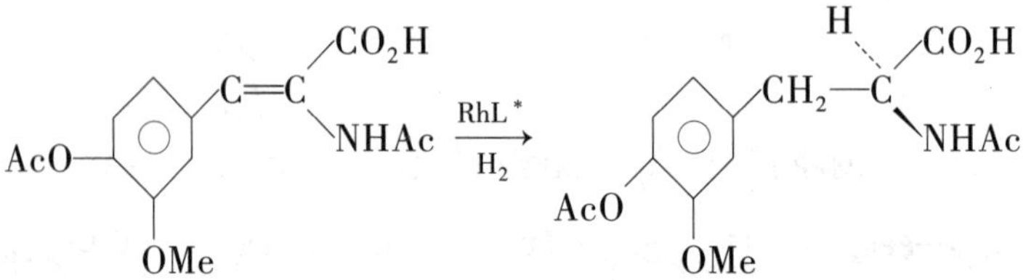

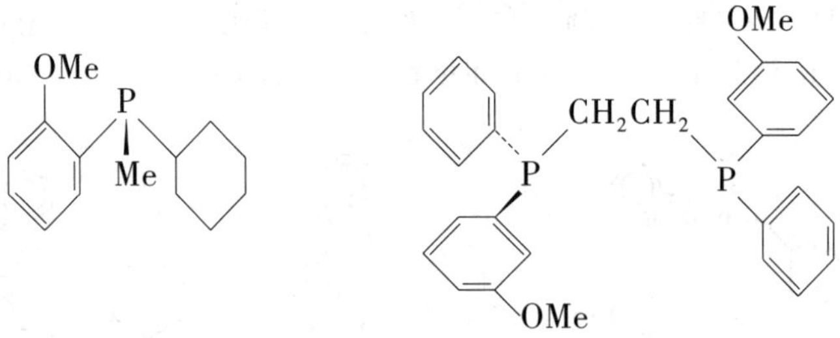

CAMP          DIPAMP

*L*-Dopa 为

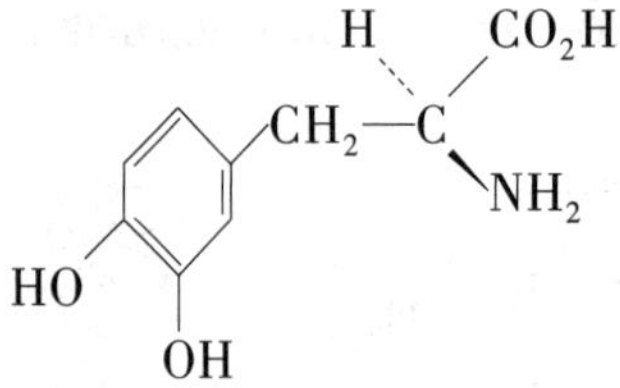

产物还原可得 *L*-Dopa。初期采用 CAMP，目前用双膦手性配体 DIPAMP，对映体超量已达 95% e.e.。

### 例 3 萘普生的生产

该药用以治疗关节炎。消炎作用比保泰松高 11 倍，镇痛比阿司匹林高 7 倍，解热比阿司匹林高 22 倍，且低毒。Monsanto 开发的一个新流程生产线中，用高对映体选择性手性催化剂实现加氢反应，得到纯(*S*)型的萘普生，总成本降低 50%。其关键反应式为

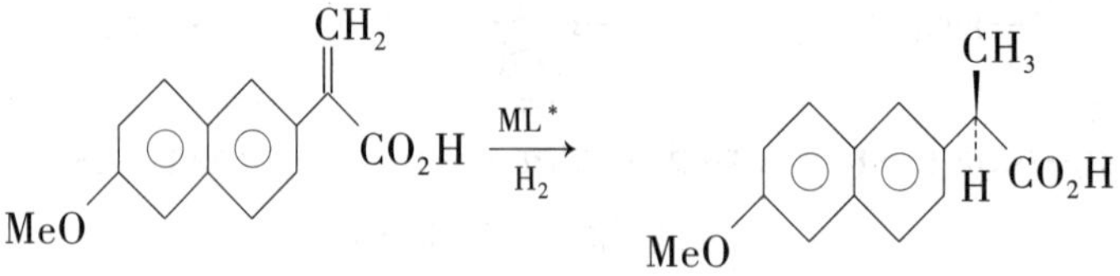

98.5% e.e. 萘普生

**例 4  除虫菊酯**

除虫菊酯是对人畜低毒、杀灭害虫快的新型农药,其生理活性往往与不对称结构有关。其骨架结构菊酸部分为三元环(见农药章),可由手性铜催化发生环丙烷化而制得。反应如下:

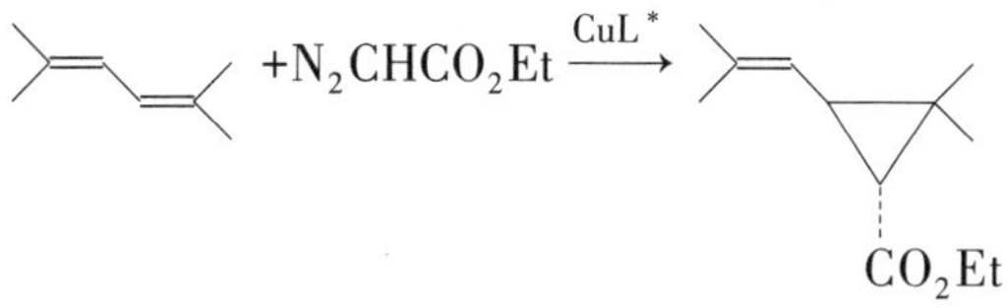

通常顺式生理活性高于反式。日本用手性铜催化 $Cl_2CCH_2CH=CMe_2$ 与 $N_2CHCO_2Et$ 反应,合成生理活性高的(+)$CiS$——氯菊酯,顺/反 = 85/15,光学纯度 91% e. e. 。

**2. 手性催化剂在氢甲酰化反应中应用的研究进展**

不对称氢甲酰化(Asymmetric Hydroformylation,AHF)催化反应始于 1972 年,至 1993 年才取得较好的成果。AHF 比不对称加氢反应复杂。它既要求催化剂有高的对映选择性,又要有高的区域选择性,还要求生成的光活性醛在催化条件下不发生消旋化反应。反应如下:

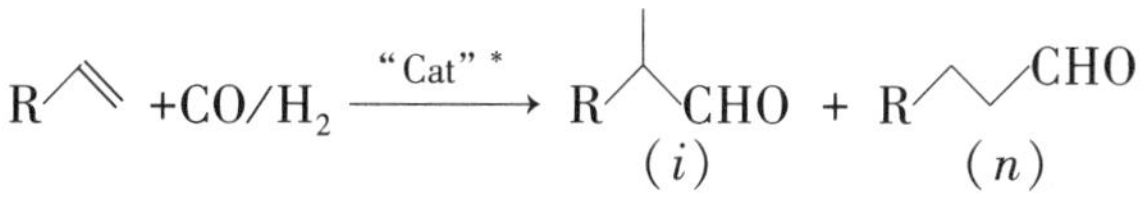

即要求产物 $i/n$ 值大,而且使 $i$ 醛的其中一个对映体超量达 90% 以上,同时催化剂还能抑制烯烃的加氢反应,催化剂同时具有这几项功能难度较大。1993 年美国联碳集团在制备药物萘普生前体时有所突破,反应式为

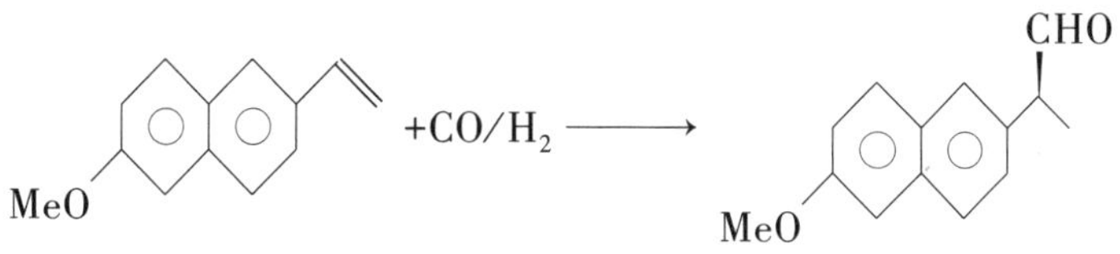

催化剂为铑-膦配合物,膦配体为

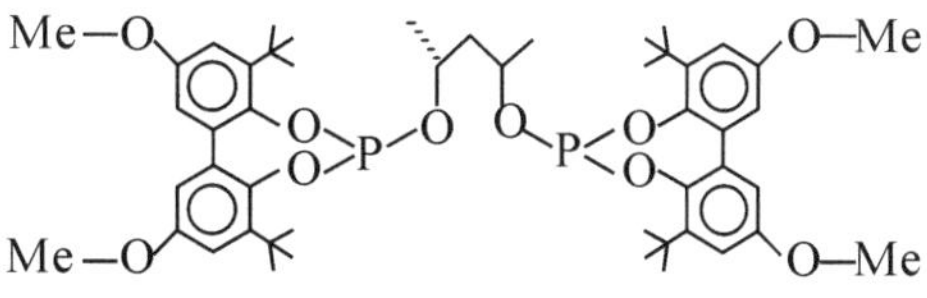

日本 Takaya 等研制的新型双膦配体,称为($R$,$S$)-BINAPHOS,分子结构见下图,与 Rh(1)配位制成催化剂,用以 AHF 反应,取得很好的结果(见表 3-20)。

113

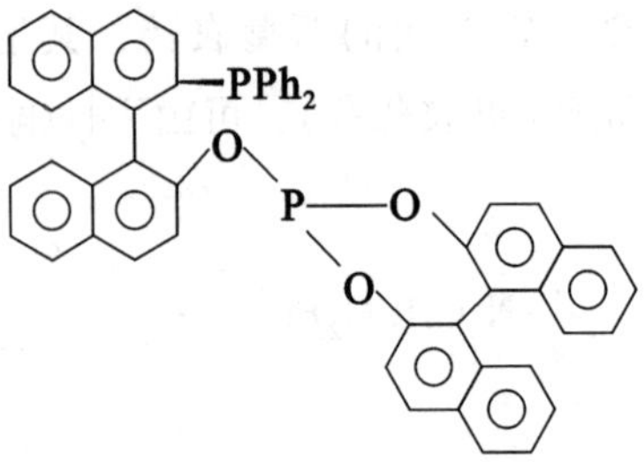

(R,S)-BINAPHOS

表 3-20        **BINAPHOS—Rh(Ⅰ)催化的烯烃的 AHF**

| 底物 | 底物/催化剂 | BINAPHOS | $T$,℃ | $t$, h | 转化率,% | $i/n$ | e. e. ,% |
|---|---|---|---|---|---|---|---|
| AcO⁀ | 400 | (R, S) | 60 | 36 | >99 | 86/14 | 92(S)(−) |
| 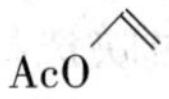 | 2000 | (R, S) | 80 | 78 | 97 | 84/16 | 88(S)(−) |
| | 200 | (R, S) | 80 | 78 | 97 | 84/16 | 88(S)(−) |
| 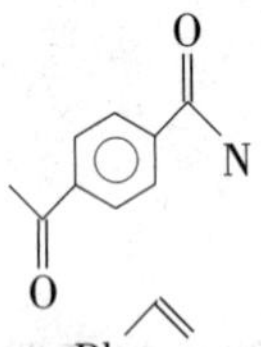 (acetyl benzamide) | 300 | (S, R) | 60 | 90 | 98 | 89/11 | 85(R)(+) |
| 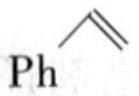 Ph⁀ | 2000 | (S, R) | 60 | 43 | >99 | 88/12 | 94(S)(+) |
| 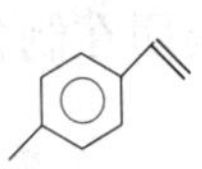 (methylstyrene) | 1000 | (S, R) | 60 | 20 | 97 | 86/14 | 95(+) |
| | 1000 | (S, R) | 60 | 34 | >99 | 87/13 | 88(+) |
| 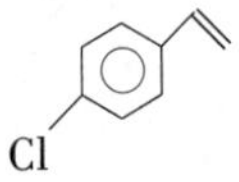 Cl-styrene | 1000 | (S, R) | 60 | 34 | >99 | 87/13 | 93(+) |
| 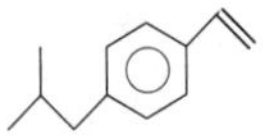 (isobutylstyrene) | 300 | (S, R) | 60 | 66 | >99 | 88/12 | 92(S)(+) |
|  ⁀⁀⁀ | 1000 | (R, S) | 30 | 93 | 90 | 24/72 | 75(R)(−) |

## 3. 水溶性过渡金属络合物催化剂

水溶性过渡金属络合物催化反应体系为水与有机两相。水溶性的催化剂与有机底物在两相界面作用，生成的有机产物很容易与水相的催化剂分离，从而使催化剂可重复利用。水作溶剂，安全、便宜；反应完成后，两相自动分层，节约能源，减少装置；避免了回收催化剂过程中引起的催化剂失活,提高了催化剂的利用率。

　　水溶性催化剂,在其配体中引入亲水基团,如 COOH,—SO₃H,—NH₂, OH 等,使配体具有水溶性,形成的过渡金属配合物具有溶解于水中的性能。

　　水溶性过渡金属催化剂,目前主要应用在 Oxo 反应中,选择的配体为叔膦。1958 年,J. Chatt 就使三苯基膦($PPh_3$)磺化,合成了$Ph_2P(m-C_6H_4SO_3Na)$(简称 TPPMS),水溶性较差(20 ℃,80 g/L)。1974 年,E. G. Kuntz 合成了$P(m-C_6H_4SO_3Na)_3$(简称 TPPTS),20 ℃水中溶解度为 1100 g/L,水溶性很大。合成反应如下:

$$PPh_3+H_2SO_4(SO_3)\longrightarrow Ph_2P(m-C_6H_4SO_3H) \tag{1}$$

$$PPh_3+H_2SO_4(SO_3)\longrightarrow P(m-C_6H_4SO_3H)_3 \tag{2}$$

然后用 NaOH 中和,分离即得水溶性膦配体。TPPTS 与 Rh 形成的络合物$RhH(CO)(TPPTS)_3$,对烯烃氢甲酰化反应具有很高的活性和选择性。由表 3-19 可知在丙烯氢甲酰化反应中,水溶性膦-铑催化剂的选择性 $n/i$ 比是最高的(95/5)。按生产 100 kt 正丁醛计算,比用 $PPh_3$-Rh 催化剂节约丙烯 4 kt,铑的损耗<10 kg,由此可见水溶性催化剂在经济上的竞争力。

　　长链烃的醛、醇虽在精细化学品中应用广,但长链烯烃氢甲酰化生成高碳醛,由于沸点高,加热使产物与催化剂分离时易造成催化剂失活,工业生产有问题。至今工业生产过程仍采用钴催化剂。当前,研究的注意力转向水溶性膦-铑催化剂。表 3-21 列出不同溶剂中,Rh/TPPTS 催化 1-己烯氢甲酰化反应的结果。显然,两相传递介质乙醇的存在,将增大催化剂的活性。

表 3-21　　　　　　　　　不同催化剂溶液中 1-己烯氢甲酰化反应结果

| 催化剂 | 反应时间, h | 转化率,% | 选择性,% | $n/(n+i)$,% | TOF, min⁻¹ |
|---|---|---|---|---|---|
| 1 | 21 | 15 | 71 | 91 | 0.088 |
| 2 | 20 | 79 | 94 | 91 | 0.49 |
| 3 | 5 | 61 | 91 | 95 | 1.5 |

反应条件:0.5 MPa,80 ℃,1-己烯 0.08mol,TPPTS/Rh=3;

　　1—〔Rh(COD)Cl〕₂ 为催化剂前体,5 mL〔0.025 mol/L Na₂HPO₄+0.025 mol/L NaH₂PO₄,pH=7〕缓冲溶液;

　　2—同 1,2.5 mL 缓冲溶液+2.5 mL 乙醇;

　　3—同 2,〔Rh(CO)₂Cl〕₂ 为催化剂前体。

$^{13}$C 和 $^{31}$P NMR 谱研究表明,HRh(CO)(TPPTS) 和 HRh(CO)(PPh₃)₃ 分别于 20 MPa(CO/H₂)压力下催化烯烃氢甲酰化反应,在溶液中前者不变,后者则失去一个 PPh₃ 配体。TPPTS 配体的空间效应,也限制了烯插入 Rh—H 键(见图 3-19)的方式。这些可能是

TPPTS 配合物选择性高的原因。

水溶性催化剂与有机底物的接触是两相界面，两相间的传质速度是催化体系的速度控制因素。增加催化剂的活性，往往于水中溶解性小的高碳烯（C 数>5）体系中加入助剂，改善两相间的传质。如加入乙醇和表面活性剂，可提高高碳烯的转化率（见表 3-22）。也可将具有表面活性的基团直接引入叔膦分子，与 Rh 组成的水溶性催化剂，对高碳烯氢甲酰化反应的活性均高于 TPPTS-Rh 体系。例如下面两个膦配体。

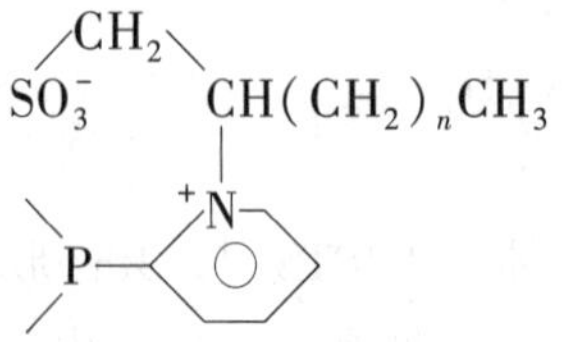

$n=0，3，5，7，9，11$ 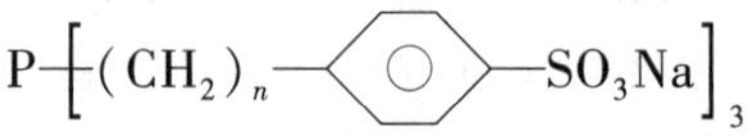                    $n=1，2，3，6$

表 3-22                    添加物对两相催化体系中烯烃氢甲酰化反应活性的影响

| 添加物 | 体积/重量 | 转化率,% | 正/异 | TOF，$min^{-1}$ |
|---|---|---|---|---|
| 无 | | 9.8 | 14 | 0.23 |
| EtOH | 5.0 mL | 48 | 5.1 | 1.1 |
| CTAB | 1.7 g | 95 | 3.3 | 2.3 |

反应条件：100 ℃，4.0 MPa，CO：$H_2$ = 1：1，〔Rh〕= 0.006 mol/L，P/Rh = 16，1-辛烯 5.0 mL，$H_2O$ 20 mL。

### 4. 均相催化剂固相化

均相催化剂固相化，是使均相催化剂与固体载体相结合，形成一种特殊的催化剂。其活性组分保留均相催化剂的性质和结构，又具有固相催化剂的优点，从而适于所有反应体系。其固相化方法简述如下。

1）浸渍法固相化

这是常用的最简单的固相化方法。使均相催化剂溶解在某种溶剂中，加入多孔或高比表面积载体浸渍后，抽干而成。

前面所描述的水溶性膦-铑催化剂，就是采取这种方法浸渍在 $SiO_2$ 上，制成负载型水溶性过渡金属催化剂（Supported Aqueous-Phase Catalyst，SAP）。这种催化剂有一定含水量，水溶性催化剂在其中溶解，在载体表面形成一定厚度的膜，有时又称为载体液相催化剂。其机理可能是 $SiO_2$ 表面大量的羟基将水溶性配合物吸附，有机相反应物扩散到催化剂的微孔中，于液/固界面进行反应，或者是 $SiO_2$ 仅起吸附水溶性配体作用，催化剂与底物在水-有机界面反应。

2) 金属络合物化学键合到有机或无机聚合物上

聚合物是指含功能基团的有机或无机高分子。该功能基团能与过渡金属形成配位式离子键，从而使均相络合催化剂固相化，又称聚合物金属催化剂，是高分子金属有机化学研究的内容。

将过渡金属离子交换到离子交换树脂上而生成的固相催化剂是离子交换树脂金属催化剂，其活性与均相催化剂相似。这类催化剂在浓度高时，催化活性高，主要是由于络合物已固定在离子交换树脂上，浓度大也难发生络合物之间的聚集作用，仍保持有配位空位，不易失活。

金属络合物化学键合到有机高分子上形成的一类固相催化剂，以高分子微球形态悬浮在液相中进行反应。制备时，首先合成含有配位基团的高分子载体，然后与金属配位而成。

# 3.4 相转移催化剂

## 3.4.1 概　述

相转移催化是指能使分别处于互不相溶的两种溶剂中的反应物发生反应或加速其反应速度。能起这种作用的物质即是相转移催化剂(Phase-Transfer Catalysts，PTC)，这种反应过程即相转移催化过程。相转移催化剂的作用是穿过两相界面将起反应的负离子从水相转移到有机相，使它与有机相中的底物作用，并把反应中的另一种负离子带回水相。而本身没有损耗，只是起到重复"转送"负离子的作用。

在有机合成和工业生产中，相转移催化剂被广泛利用。该类催化反应速度快，反应条件温和，产品收率高，产品分离简便，并且不需要无水操作，这是其他合成方法不具备的优点，在实际应用中非常重要。

## 3.4.2 相转移催化剂的性能及分类

相转移催化剂一般具有如下性能：

(1) 催化剂分子中含有能与反应物中阴离子形成离子对的阳离子成分。如季铵盐、季鏻盐等鎓盐；或者具有与反应物形成复合离子的部分，如冠醚、聚醚，它们与阳离子形成复合物并与起反应的阴离子一起溶于有机溶剂。

(2) 应具有一定的亲脂性。即必须有足够的碳原子使形成的离子对具有亲有机溶剂性。

（3）R基团的位阻尽量小，一般含有直链 R。

（4）催化剂在反应中应是稳定的，可循环回收利用。

相转移催化剂一般分两类，鎓盐型和聚醚型。鎓盐类（onium）相转移催化剂主要由周期表中第 V 族元素组成。最常用的是季铵盐，其次是季鏻盐（$R_3\overset{+}{P}R'X^-$）。当烷基相同时，催化能力为：$R_4NX > R_4PX > R_4AsX > R_4SbX$。鎓盐以通式 $Q^+X^-$ 表示，这类催化剂必须有适当的水溶性和脂溶性。水溶性使 $Q^{\oplus}$ 与水中阴离子形成离子对，脂溶性指形成的离子对能进入有机相，一般要求烃基的总碳原子数要大于 12，表 3-23 为常用鎓盐类催化剂。

冠醚、开链聚乙烯醚可以络合一个阳离子，形成离子复合物，随即溶于有机相使反应得以进行。如 $KMnO_4$ 不溶于非极性溶剂，加入冠醚后，$K^+$ 居于冠醚孔穴中心，与其周围的许多氧原子形成 p 电子-离子复合物，反应式如下：

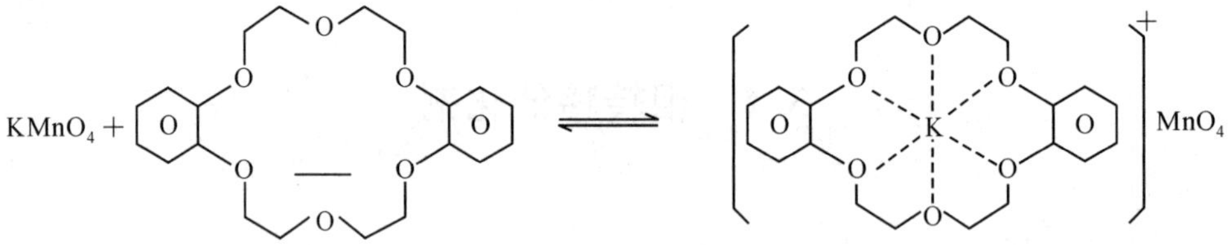

表 3-23                                   部分鎓盐催化剂

| 催 化 剂 | 中文名称 | 缩  写 |
|---|---|---|
| $Bu_4^nNI$ | 四丁基碘化铵 | TBAI |
| $Bu_4^nNBr$ | 四丁基溴化铵 | TBAB |
| $Et_3NCH_2C_6H_5Br$ | 苄基三乙基氯化铵 | BTEAC |
| $Me_2NCH_2C_6H_5Br$<br>｜<br>$C_{12}H_{25}$ | 新洁尔灭 | DBMAB |
| $C_{12}H_{25}N\,Et_3Br$ | 十二烷基三乙基溴化铵 | LTEAB |
| $C_{16}H_{23}NMe_3Cl$ | 十六烷基三甲基氯化铵 | CTMAC |
| $(C_6H_5)_4PCl$ | 四苯基氯化鏻 | TPPC |

带入有机相的 $MnO_4^-$ 由于在非质子溶剂中呈非溶剂化状态，被称为"裸离子"，活性很大，氧化能力很强，在有机相发生氧化反应。

开链聚乙烯醚属于非离子型表面活性剂，价格较便宜，利用 $\text{-}(CH_2\text{—}CH_2\text{—}O)\text{-}$ 单元与

阳离子络合而将无机盐溶解成均相，有相转移作用。结构图为

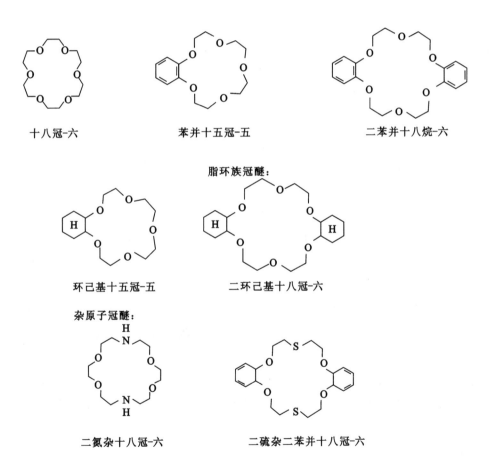

几种常用冠醚的结构如图 3-23 所示。

十八冠-六　　　　　苯并十五冠-五　　　　　二苯并十八烷-六

脂环族冠醚：

环己基十五冠-五　　　　　二环己基十八冠-六

杂原子冠醚：

二氮杂十八冠-六　　　　　二硫杂二苯并十八冠-六

图 3-23　常用冠醚

凡能与阴离子形成离子对，或者与盐中的阳离子络合的物质，都有可能作为相转移催化剂。如一些胺化合物、氮杂大环醚、硫杂大环醚以及它们的衍生物等。

### 3.4.3 相转移催化机理

相转移催化机理有几种。以两相(水-有机相)为例，当催化剂为鏻盐($Q^+X^-$)时，主要有两个阶段，即萃取和反应。催化剂在水相与溶于水相的反应物($M^+Nu^-$)作用，形成离子对 $Q^+Nu^-$，该离子对能进入有机相。由于 $Nu^-$ 在有机相中溶剂化程度大为减少，具有很高的活性，与有机相的反应物 RX 反应，生成产物 RNu 和 $Q^+X^-$，而 $Q^+X^-$ 再转入水相，可循环使用。整个催化过程示意如下：

$$水相 \quad Q^+X^- + M^+Nu^- \xrightleftharpoons{(1)} Q^+Nu^- + M^+X^-$$

$$界面 \quad \text{------} \| (4) \text{------------} \| (2) \text{------------}$$

$$有机相 \quad Q^+X^- + RNu \xrightleftharpoons{(3)} Q^+Nu^- + RX$$

如果所用催化剂亲脂性很强，它的正离子在水相浓度很小，大部分在有机相，则与水相反应物负离子的交换只可能是在界面进行。

中性条件下相转移催化机理示意如下：

$$水相 \quad M^+Nu^-$$

$$界面 \quad \text{------} \downarrow \text{------------}$$

$$有机相 \quad Q^+Nu^- + RX \longrightarrow Q^+X^- + RNu$$

鏻盐为表面活性剂，一定条件下可形成胶束。当搅拌速度为 $600 \sim 700$ r/min 时，界面反应速度与搅拌速度成正比。相转移催化反应速度不受搅拌速度的影响。催化剂形成胶束，反应速度与催化剂浓度的高次方成正比。而 Starks 研究的鏻盐相转移反应，其催化反应速度仅与有机相中催化剂阳离子的浓度成正比，与搅拌速度、催化剂浓度的高次方不成正比关系，可排除该类相转移催化反应是在界面或以胶束进行的可能性，而是在有机相进行的。

碱性条件下，鏻盐的相转移催化机理，Makosza 的研究表明是在界面发生了亲核交换反应。反应物首先在界面去质子，生成的负碳离子，由于水相 $Na^+$ 的作用被锚合在界面附近。例如下面相转移卡宾反应：

$$Na^+OH^- \; (1) \qquad Na^+H_2O \; (2) \qquad 水相$$

$$\text{------------} \vdots \text{------------} \qquad 界面$$

$$HCCl_3 \qquad\qquad\quad \overset{-}{C}Cl_3 \qquad\qquad 有机相$$

催化剂的作用是与生成的负碳离子形成离子对，使 $CCl_3^-$ 离开界面，将负碳离子脱出的基团转移到水相。

$$CCl_3^-{}_{界面} + Q^+X^-{}_{有机相} \rightleftharpoons \left[Q^+CCl_3^-\right]_{有机相} + X^-{}_{水相}$$

$$Q^+X^- + \left[CCl_2\right]_{有机相}$$

在有机相卡宾与烯加成：

$$\left[CCl_2\right] + \;\; \rightarrow \;\; \begin{matrix} Cl \quad Cl \end{matrix}$$

该反应虽在有机相完成，如果没有催化剂，$CCl_3^-$ 被锚合在界面附近，难以发生进一步的反应，可能在界面发生水解。

冠醚及其他中性络合剂与金属离子有较强的络合能力，形成的络合离子在有机相可溶。催化机理与中性条件下的𨦡盐类似，不同之处是冠醚与反应物的阳离子形成络合物，与反应物的阴离子形成离子对，进入有机相进一步反应。

### 3.4.4 相转移催化剂的选择

在相转移催化反应里，不同催化剂可使反应速度常数相差高达两万倍，可见选择适当的催化剂是非常重要的。

相转移催化剂用量大，反应速度就快。但过大会发生副反应。正常情况用量为 $1\% \sim 5\%$ mol。例如水-有机两相体系中，反应中有 $I^-$ 放出来，由于 $I^-$ 的脂溶性大，$Q^+I^-$ 在有机相溶解度增大，催化剂回到水相转移水相中的阴离子（如 $CN^-$）的能力大大减弱，此时常称为催化剂中毒。要使反应照常进行，须加大催化剂的用量，来抵消留在有机相中（$Q^+I^-$）的消耗。

水-有机两相反应时，催化剂一般用𨦡盐类比用冠醚效果要好。选择时首先要求催化剂的脂溶性和水溶性要适当，脂溶性与溶剂的极性有关。如选用非极性溶剂苯，则要求含碳原子数较多的季铵盐作催化剂；反应溶剂为二氯乙烷，相对催化剂所含碳原子数可少一些。催化剂中的阴离子，如氢代一价，氢代二价的酸根阴离子对于小的阳离子（$Bu_4N^{\oplus}$），比相应的二价、三价酸根阴离子萃取效果好（$HSO_4^- > SO_4^{2-}$；$H_2PO_2^- > HPO_4^{2-} > PO_4^{3-}$）。

而当 $Q^+$ 较大时，$Q_2^+SO_4^{2-}$ 萃取速度要快于 $Q^+HSO_4^-$。最后是反应物中的阴离子 $Y^-$ 与催化剂中的阴离子 $X^-$ 的亲核性差距要大，则反应容易进行。

固-液两相反应中，催化剂选用冠醚或类似物效果优于𨦡盐类。冠醚可以与固体反应物作用生成配合物，然后溶解在反应介质中。冠醚的结构和它的孔穴大小、电荷分布以及所带的官能团影响着它的配位能力，即影响催化能力。

121

### 3.4.5 三相催化剂及催化作用

**1. 三相催化剂的类型**

相转移催化剂固载化，参与水-有机相反应，反应体系存在三个相：催化剂和反应物各处于不同的相，这就是近年发展起来的三相催化剂，目的是为解决催化剂与产物的分离问题。

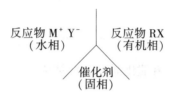

三相催化剂，一般是将相转移催化活性基团键合到树脂或硅胶上而制得。主要分锇盐和冠醚两类。锇盐型是将季铵盐或季磷盐连接在聚合物上，成为不溶性三相催化剂。

相转移催化剂固载化后，由于载体的引入增加了反应物扩散的困难，其催化活性比固载前降低。树脂溶胀度大，反应物扩散速率相对快些。催化剂上的活性点参与催化的就多，催化活性就高。树脂的溶胀度与溶剂的性质、聚合物的组成和交联度有关，所以三相催化剂的活性牵涉的因素较多。例如，就树脂载体而言，不同烷基的季铵树脂，烷基碳链长的催化活性高，烷基碳链短的活性低，可能与它们亲脂性有关。交联度大的树脂活性低，交联度小的活性高。但交联度小的树脂机械强度差，一般还是用2%交联度的树脂。粒度小(200目)的催化活性高。

三相催化剂被用于腈、醚、卤素交换等反应。它们比可溶的相转移催化剂优越之处是反应后易于分离、可再生利用；缺点是由于载体的介入，活性相对降低。近年来，有人在载体上加以改进，如用聚苯乙烯-聚丙烯纤维，或者将锇盐或聚氧化乙烯活性基团接枝到超薄多孔尼龙环形膜表面，以提高催化活性。

**2. 三相催化剂催化反应的机理**

以 NaCN 与 RBr 反应制腈为例，步骤示意如下：

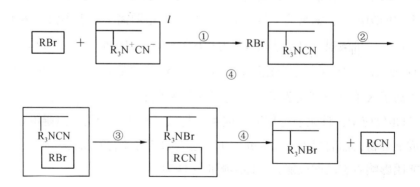

第①步是反应物从液体转移到催化剂粒子表面；第②步是反应物通过聚合物扩散到活性点；第③步是在活性点上进行化学反应；第④步是产物通过聚合物固体扩散到粒子表面，并转移到液体中。第①步的速度最慢，是反应速率的控制步骤。

Regen 对三相催化的动力学进行了考察，认为生成产物的步骤发生在固体催化剂和有机相界面，阴离子的交换在水-有机相界面进行，而阳离子留在水相，反应过程如下：

$$P—Q^+Y^- + RX \longrightarrow P—Q^+X^- + RY \text{（有机相）}$$
$$\uparrow \qquad\qquad\qquad \downarrow \qquad\qquad \text{（水相）}$$
$$Y^- + M^+ \qquad\qquad X^-$$

在固体催化剂表面有一层静止的液膜，反应物(RX)要通过这一液膜才能接触催化剂表面，反应相对较慢，然后向表面活性点扩散。在活性点上进行反应，一般认为向固体表面扩散是反应的控制步骤。

# 3.5 酶(enzyme)催化剂

生物转化是一门以有机化学为主与生物学交叉的前沿学科，可以合成许多常规化学方法不能或不易合成的化合物，广泛应用于光学纯药物的生产和化工生产中的废物处理。尤其近年来，基因组学、蛋白质学等生物技术的飞速发展，大大推动了生物催化的基础和应用研究。生物转化可利用完整的微生物细胞或从其细胞中提取的酶作为催化剂，使底物进行化学反应。目前，利用生物体系如各种细胞和酶作为催化剂催化合成手性化合物已成为有机合成化学的研究热点以及生物有机化学和生物技术研究的新生长点。

## 3.5.1 酶及其分类

酶是一种具有催化生物化学反应功能的蛋白质或生理活性蛋白质，而蛋白质并非全是酶。酶本身在反应中呈胶体态均匀分散在溶液中(均相)，反应的发生是从反应物在其表面上积聚开始的(多相)，因此，酶催化反应同时具有均相和多相催化的特点。酶存在于细胞质微粒体之中，是游离型酶；若与细胞膜和细胞壁连接，则是结合型酶。根据国际酶分类和命名法委员会的规定，区分酶专一性的基本依据是其催化的反应类型。

(1)氧化还原酶类(oxidoreductase)，促进底物的氧化或还原反应，如醇脱氢酶；

(2)转移酶类(transferases)，促进不同底物分子间某种化学官能团的转移或交换，如甲基转移酶；

(3)水解酶类(hydrolases)，促进底物加水分解，如环氧化物水解酶；

(4)裂合酶类(lyases)，使底物失去或加上某一部分，即促进两种化合物合成一种化合物或者一种化合物分裂为两种化合物，如脱羧酶；

（5）异构酶类（isomerases），促进同分异构体互相转化，即催化底物分子内部的排列改变，如氨基变位酶；

（6）连接酶类（ligases）：也称合成酶，使两个底物结合，如谷胺酰胺连接酶。

## 3.5.2 酶及其催化反应的特点

在催化反应过程中，酶的多肽链对反应分子起定位作用，活性中心起催化作用，酶的活性中心锚定在多肽链上。简单酶的活性中心系一些多肽链上的氨基酸残基，酸性或碱性残基通常是水解反应的催化剂；结合酶的活性中心是辅酶或辅基，通常为氧化还原反应催化剂。

由于酶的特殊结构和作用，酶催化反应最接近绿色化学的理想状态，具有显著的绿色特点：

（1）催化活性高。表 3-24 列出酶和非酶催化速度的比较。

表 3-24               **酶和非酶催化反应速度的比较**

| 酶 | 非酶催化的同类型反应 | 酶催化 $V_酶(\mathrm{s}^{-1})$ | 非酶催化 $V_0(\mathrm{s}^{-1})$ | $V_酶/V_0$ |
|---|---|---|---|---|
| 胰凝乳蛋白酶 | 氨基酸水解 | $4\times10^{-2}$ | $1\times10^{-5}$ | $4\times10^{3}$ |
| 溶菌酶 | 缩醛水解 | $5\times10^{-1}$ | $3\times10^{-9}$ | $2\times10^{8}$ |
| $\beta$-淀粉酶 | 缩醛水解 | $1\times10^{3}$ | $3\times10^{-9}$ | $3\times10^{11}$ |
| 富马酸酶 | 烯烃加水 | $5\times10^{2}$ | $3\times10^{-9}$ | $2\times10^{11}$ |
| 尿素酶 | 尿素水解 | $3\times10^{4}$ | $3\times10^{-10}$ | $1\times10^{14}$ |

（2）选择性好。酶具有双重选择性，即每种酶对反应底物的专一性和仅能催化某特定反应。

（3）反应条件温和。酶催化反应基本上是在环境温度和常压下进行的。

（4）自动调节活性。例如，分解串联酶可以随外界条件的变化而自动调控。

（5）酶催化的多功能性；即一种酶可催化完全不同的化学反应的能力。

（6）兼并均相和多相催化的特点。

## 3.5.3 酶的化学组成

酶是由蛋白质（氨基酸）和辅酶组成。由碳（~55%）、氢（~7%）、氧（~20%）、氮（~18%）以及有时有少量硫（~2%）和金属离子组成的大分子。众所周知，蛋白质是由常见于动物蛋白中的 20 种氨基酸组成的大分子，每种氨基酸的性质和在蛋白质大分子中的排列，直接决定着酶的性质。每个氨基酸在 $\alpha$-C 上有一个氨基和一个羧基，同时具有酸性和碱性，R 称为氨基酸的残基，通式表示如下：

$$H_2N-\underset{\underset{COOH}{|}}{\overset{\overset{R}{|}}{C}}-H$$

表 3-25 列出一些重要氨基酸残基 R 及其分类。

表 3-25 **氨基酸按残基 R 的分类**

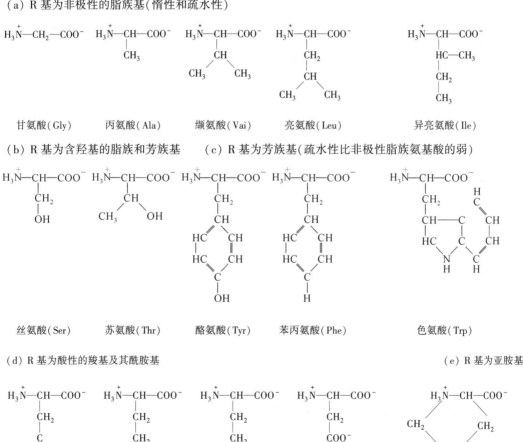

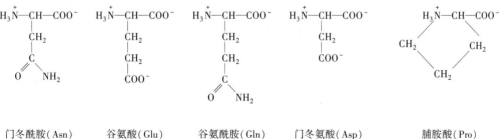

| (f) R 基为碱性的基团 | | | (g) R 基为含硫的基团 | |

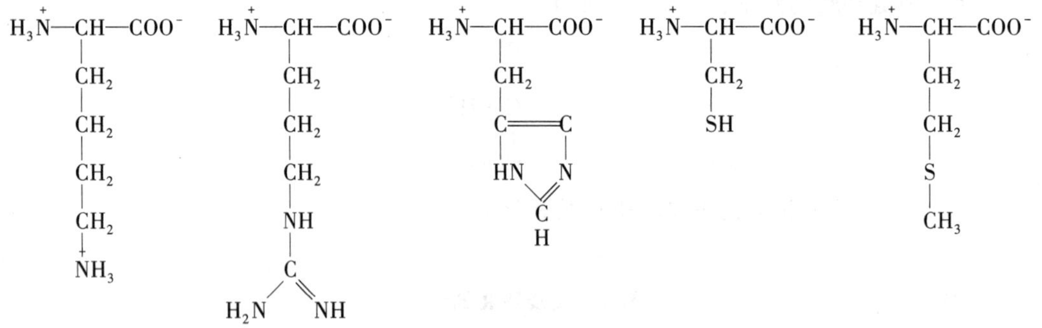

赖氨酸(Lys)　　精氨酸(Arg)　　组氨酸(His)　　半胱氨酸(Cys)　　蛋氨酸(Met)

许多酶必须有非蛋白质小分子存在才具有催化性能,这种小分子被称为辅因子。在反应溶液中不易解离的辅因子称为辅基,易解离又能保持平衡的辅因子称为辅酶,如金属酶中的金属离子。

$$辅因子\begin{cases}金属:Fe,\ Cu,\ K,\ Mg,\ Zn,\ Co,\ Mn,\ Mo\ 等\\有机:维生素等\end{cases}$$

### 3.5.4 酶的结构

根据 L. Pauling 和 R. B. Corey 提出蛋白质构型中的基本单元结构,以及当前人们用 X 衍射对蛋白质晶体结构的研究和发现,可把酶蛋白的结构分为四级。

**1. 一级结构——肽键**

酶的一级结构即是它的基本结构单元——多肽链,是由许多 $\alpha$-氨基酸的氨基和羧基去水缩合,形成肽键⟨CO—NH⟩连接而成的一条长链。肽键的特点对蛋白质的结构起着决定性的作用。

由于氮的孤对电子离域进入羰基键,因此肽键具有平面性,而C—N键长结合实际短具有双键的性质(见图 3-24)。当该键扭转断裂,会失去 75~88 kJ/mol 的离解能。

肽键又是电子给予体(其中的 N 和 O),能与金属离子发生反应。

**2. 二级结构——氢键、$\alpha$-螺旋和 $\beta$-褶片**

(1) 氢键。仅指蛋白质骨架上羰基氧和酰氨基氮之间形成的氢键,可使骨架发生折叠。

(2) $\alpha$-螺旋。L. Pauling 和 R. B. Corey 认为,符合下面四个条件的蛋白质折叠是最稳定的,称为 $\alpha$-螺旋的螺旋结构(见图 3-25)。① 在骨架上,CO 和 NH 形成的氢键数最多;

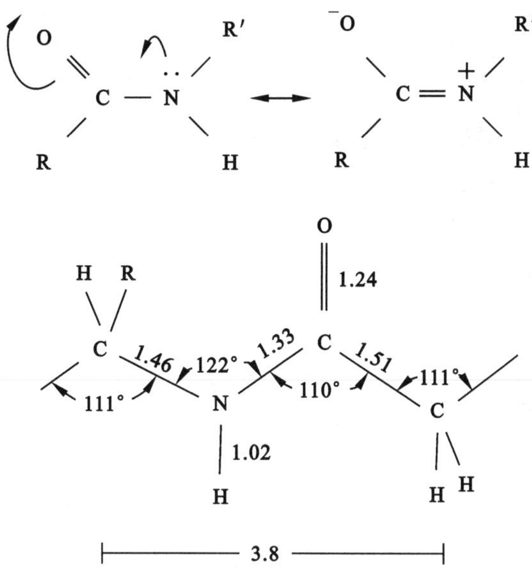

图 3-24 肽键，距离以 Å 表示

② 肽键应是平面的；③ 形成氢键的 O，N，H 原子位于一条直线上；④ 在线性方向的一定区间内，C，N 和 C 原子有规律地重复。

这种结构已被 X 射线晶体分析所证实，它的重要特征：每圈有 3.6 个残基，每 5 圈形成一个重复花样，螺旋角为 26°，螺距为 0.54 nm。

（3）$\beta$-褶片。它有两种形式：一种与—C，C=O 和 NH 所指出的走向一致，称为平行 $\beta$-褶片（见图 3-26（A））；另一种虽然平行，但走向相反，称为反平行 $\beta$-褶片（见图 3-26（B））。

酶蛋白的二级结构中，$\alpha$-螺旋或 $\beta$-褶片的构型如果发生转化，对酶分子催化的选择性能产生影响。二级结构中肽链具有不同的残基，在表面会形成凸凹，为反应底物提供特殊的作用表面。

**3. 三级结构**

在上述一、二级结构里，由于邻近残基的相互作用，还能进一步卷曲、折叠成三维空间结构，即酶的三级结构，也是酶分子的结构单元，称为单体。

这种通过螺旋状或褶片状的肽链在节段上的进一步折叠，形成能适应底物不同基团的各种"作用部位"，使酶催化具有专一性。

**4. 四级结构**

由几个到几十个相同或不同的单体堆积形成的齐聚体（oligomer）或生物大分子，即是酶的分子结构。酶的四级结构，被认为是能调节酶催化活性的分子基础。

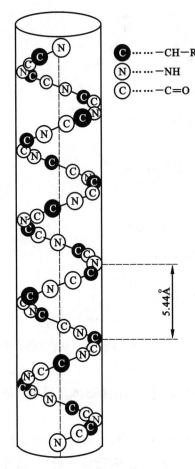

图 3-25  排列成 α-螺旋状的
肽链的空间排布

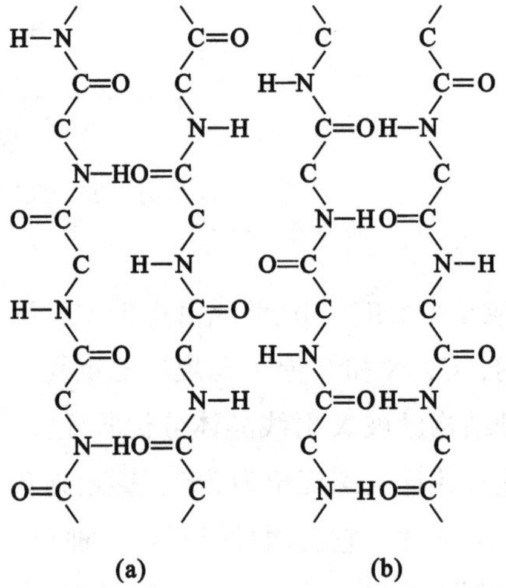

图 3-26  平行 β-褶片(a)和反平行 β-褶片(b)
(为了清楚起见省去了 α-C 上的取代
基 R)

图 3-27 显示了酶的一、二、三、四级结构。

## 3.5.5  酶催化的作用力

生物化学反应,遵循互补原理,即酶和底物的接触处应该存在相互间的作用力。酶蛋白对催化作用的贡献主要取决于残基 R 的本质。表 3-25 列出了酶可能存在的化学本质不同的残基;非极性侧链的烷基,芳基,无电荷极性侧链的羧基、酰胺基、酚基、巯基,带电荷极性侧链的羧基、氨基等。它们之间接近时会产生作用力,相互作用分别形成氢键、离子键、疏水键和共价键(见图 3-28)。在这些力的作用下,底物活化,在催化反应中改变反应性能。

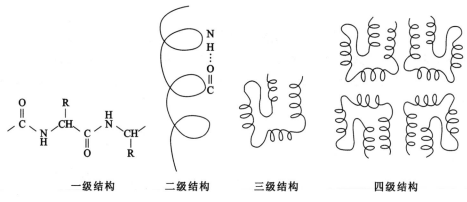

图 3-27　蛋白质一、二、三、四级结构示意图

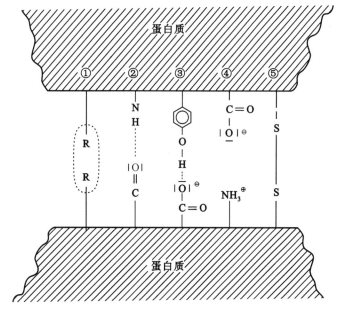

图 3-28　可以导致肽链内部形成交联的分子间力

### 3.5.6 酶分子结构的催化作用

如图 3-26 所示，氨基酸失水形成多肽键后(一级)，部分盘旋成螺旋状或折叠成层状(二级)，再进一步卷曲、折叠形成具有一定空间构型的单体、亚基或原巨体的三级结构，最后几个单体齐聚成构象一定的酶分子。这种层次严格的结构，决定了酶具有特殊的催化性能：

(1) 这种结构使原本远离的氨基酸残基接近，形成由若干基团组成的"活性中心"(催化中心)。

(2) 底物与活性中心接近, 由于诱导契合作用, 使酶的构象(四级)发生变化。底物的取向效应, 使其尽可能地接近活性中心, 处于对反应来说是最好的空间状态。

(3) 酶分子的有些氨基酸虽然不能起催化作用, 但是可使底物按一定构型固定在一定位子上(固定中心)。

(4) 大多数氨基酸残基可使酶分子保持特有的空间构象(支撑中心)。

在这种环境下, 酶和底物形成了复合物, 酶催化下的反应, 可以看作一种特殊的分子内反应。分子内与分子外反应相比, 具有更高的反应速度。因此, 酶分子不同部位的协同作用, 才使底物与酶互相匹配, 构成酶特有的催化活性和专一性。

酶分子各种基团对底物的作用见图 3-29。

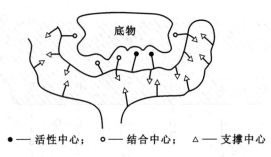

●——活性中心;  ○——结合中心;  △——支撑中心

图 3-29 酶和底物的活性部位结合示意图

### 3.5.7 酶的模拟

酶催化明显的经济效益和环境效益, 引起人们极大的关注。目前, 除了对新类型酶和催化反应的研究外, 模拟酶的结构, 开发具有酶功能的催化剂的研究也正迅速发展着。

**1. 非金属高分子催化剂**

酶可以看作高分子链上在反应中起协同作用的多种官能团, 有特殊立体结构的光学活性的有机高分子。简单酶的模拟, 就是在合成高分子时, 引入各种基团, 它的结构要具备类似酶的作用(见图 3-30), 即 A, 有与底物结合的部位; B, 有互相适应的立体结构; C, 底物的反应部位要适应高分子催化剂的活性部位; D, 催化活性与其余近旁基团存在协同效应; E, 底物的反应性与催化剂所具有的力场有关。

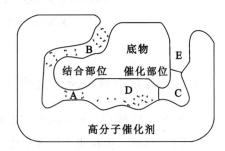

图 3-30 高分子催化剂的功能

**2. 金属高分子催化剂**

金属高分子催化剂主要是金属模拟酶,实际上是依高分子为配体的金属配合物。它不仅起到模拟酶的作用,集合了均相和非均相催化剂的特点,避开了均相催化剂难分离、不稳定等缺陷,也是目前高分子化学的一个新兴研究领域,在学术上有着重要的意义。

### 3.5.8 酶在精细化学品生产中的应用

利用酶催化合成精细化学品越来越受到人们重视,其中尤以酶法生产药物。为了使药物生产更具高效低耗,提高产品质量和降低生产成本,除了首先要选择好适当的前体物质(原料)和适当的酶外,还应注意反应条件优化,采用固定化酶和有时需采用非水相催化技术等。

1)反应条件优化

反应条件优化主要是根据催化反应动力学的特点,优化工艺条件,主要包括底物浓度、酶浓度、反应温度、介质 pH 值、激活剂的浓度和原料的纯度等。

2)酶的固定化

酶稳定性差,它容易在温度、pH 值和无机离子等外界因素影响下失活。酶在水溶液中回收困难,酶催化反应完成后成为杂质与产物混在一起难分离纯化,其改进办法就是应用固定化技术。固定化酶起初都采用经提取和分离纯化后的酶,现在也可采用含酶的菌体及其碎片。酶固定化的方法有四种:

(1) 吸附法。利用固体吸附剂(活性炭、硅藻土、多孔陶瓷、硅橡胶等无机物),结合力弱,容易脱落。

(2) 包埋法。采用琼脂、明胶、聚丙烯酰胺、光交联树脂等有机或生物高分子作为载体将酶包埋其中;根据载体材料和方法不同可生成凝胶包埋和半透膜包埋。

(3) 结合法。通过共价键或离子键将酶键合在载体上。该方法条件温和,操作简便,只需在一定的 pH 值、温度和离子强度等条件下,使酶液和载体相互作用几小时即可。共价键结合法所用载体主要是 DEAE-纤维素、TEAE-纤维素、琼脂糖凝胶、DEAE-葡聚糖凝胶、甲壳素、氨基酸共聚物和甲基丙烯酸共聚物等。酶分子能形成共价键的氨基、羧基、巯基、羟基、酚基和咪唑基等和载体上被活化的基团反应形成共价键。

(4) 交联法即采用具双官能团的试剂。例如,戊二醛、己二胺等和酶的中残基进行交联反应。交联法固定化酶结合牢固,可长期使用,但因反应剧烈,通常酶的活力有一定损失。

3)酶的非水相催化

酶的催化理论是基于酶在水溶液中的催化反应而建立起来的;酶在医药、食品、轻工、化工等领域的广泛应用,大多数是在水溶液中进行的,许多有机溶液往往会使酶变性失活。因此，人们普遍认为酶只在水溶液中才有催化活性。许多研究表明，有些酶在适当的有机溶液介质中也可起催化作用，且具有显著特点：提高非极性底物和产物的溶解度，从而提高反应速度；可催化水解反应的逆反应，而合成多肽、酯类等化合物；有利于反应后酶与产物的分离；解除或减少某些产物对酶的抑制作用；提高酶的稳定性等。为此，酶的非水相催化技术研发受到重视，采用非水相催化对生产多肽、脂肪酸、甾体、有机硅化合物等药物(见表 3-26)均取得显著成果。

表 3-26                    酶的非水相催化的应用

| 酶 | 催 化 反 应 | 应 用 |
|---|---|---|
| 脂肪酸 | 肽合成 | 青霉素 G 前体肽的合成 |
| | 酯合成 | 醇与有机酸合成酯类 |
| | 转 酯 | 各种酯类生产 |
| | 聚 合 | 二酯的选择性聚合 |
| | 酰基化 | 甘醇的酰基化 |
| 蛋白酶 | 肽合成 | 合成多肽 |
| | 酰基化 | 糖类酰基化 |
| 羟基化酶 | 氧 化 | 甾体转化 |
| 过氧化物酶 | 聚 合 | 酚的聚合 |
| 多酚氧化酶 | 氧 化 | 芳香化合物的羟基化 |
| 胆固醇氧化酶 | 氧 化 | 胆固醇测定 |
| 醇脱氢酶 | 酯 化 | 有机硅醇的酯化 |

其中，多肽的合成、甾体的转化、有机硅化合物的转化、手性化合物的选择性反应等，均在药物的生产过程中有重要应用价值。

4) 酶在药物合成中的应用

现在很多药物采用酶法生产。如采用青霉素酰化酶合成各种新型的 $\beta$-内酰胺抗生素(如青霉素和头孢霉素等)，用 $\beta$-酪氨酸酶生产多巴(DOPA)，用蛋白酶生产各种氨基酸和蛋白质水解液，用核糖核酸酶生产核苷酸类物质，用核苷磷酸化酶生产阿拉伯糖腺嘌呤核苷(阿糖腺苷)，用多核苷酸磷酸化酶生产聚肌苷酸、聚胞苷酸(聚肌胞)、用蛋白酶和羧肽酶将猪胰岛素转化为人胰岛素等。表 3-27 列出了一些酶在药物生产中的应用。

表 3-27                          酶在药物生产中的应用

| 酶 名 | 来 源 | 应 用 |
|---|---|---|
| 蛋白酶 | 微生物、胰脏、胃、植物 | 制造水解蛋白、氨基酸 |
| 糖化酶 | 微生物 | 制造葡萄糖 |
| 青霉素酰化酶 | 微生物 | 制造半合成青霉素和头孢霉素 |
| 氨基酰化酶 | 微生物 | 拆分酰化-D, L-氨基酸, 制造 L-氨基酸或 D-氨基酸 |
| 天冬氨酸酶 | 大肠杆菌、假单胞杆菌、啤酒酵母等 | 由反丁烯二酸制造 L-天冬氨酸 |
| 谷氨酸脱羧酶 | 大肠杆菌等 | 由谷氨酸制造 7-氨基丁酸 |
| 5′-磷酸二酯酶 | 橘青霉等 | 制造 5′-核苷酸 |
| 多核苷酸磷酸化酶 | 大肠杆菌等 | 由核苷二磷酸制造多核苷酸、聚肌胞等 |
| β-酪氨酸酶 | 植物、微生物 | 制造多巴(DOPA) |
| 无色杆菌蛋白酶 | 无色杆菌 | 由猪胰岛素制造人胰岛素 |
| 羟基化酶 | 微生物 | 甾体转化 |
| 脂肪酶 | 微生物等 | 青霉素 G 前体肽的合成(非水相催化) |
| L-酪氨酸转氨酶 | 细菌 | 制造多巴 |
| α-苷露糖苷酯 | 链霉素 | 制造高效链霉素 |

① 青霉素的合成

β-内酰胺类抗生素包括青霉素和头孢菌素两大类,是临床上应用量最大,最广泛的抗生素。青霉素 G、青霉素 V 和头孢菌素 C 可以由发酵法合成,将它们的侧链水解可以制备 6-氨基青霉烷酸(6-APA)、7-氨基头孢烷酸(7-ACA)或 7-氨基-3-去乙酰氧基头孢烷酸(7-ADCA),它们是半合成青霉素和半合成头孢菌素的 β-内酰胺母核,是重要的制药工业原料。

在早期的青霉素侧链化学的水解过程中,采用三甲基氯硅烷酯化羧基用于保护 β-内酰胺环,然后在五氯化磷作用下除去侧链,头孢氨苄是国际市场上最大的头孢抗生素,每年消耗近 3000t,但每 1kg 最终产物要产生 30~40kg 的废物。因此迫切需要新的、更有效的合成 β-内酰胺抗生素的方法,采用酶法可以在温和条件下一步反应即可除去侧链,目前酶法水解去除侧链已取代了化学水解法制备 6-APA。化学法制备 6-APA 需要在较为苛刻的条件下进行多步反应，如图 3-31；而使用酶法只需一步反应就可以完成从青霉素 G 制备 6-APA，如图 3-32。

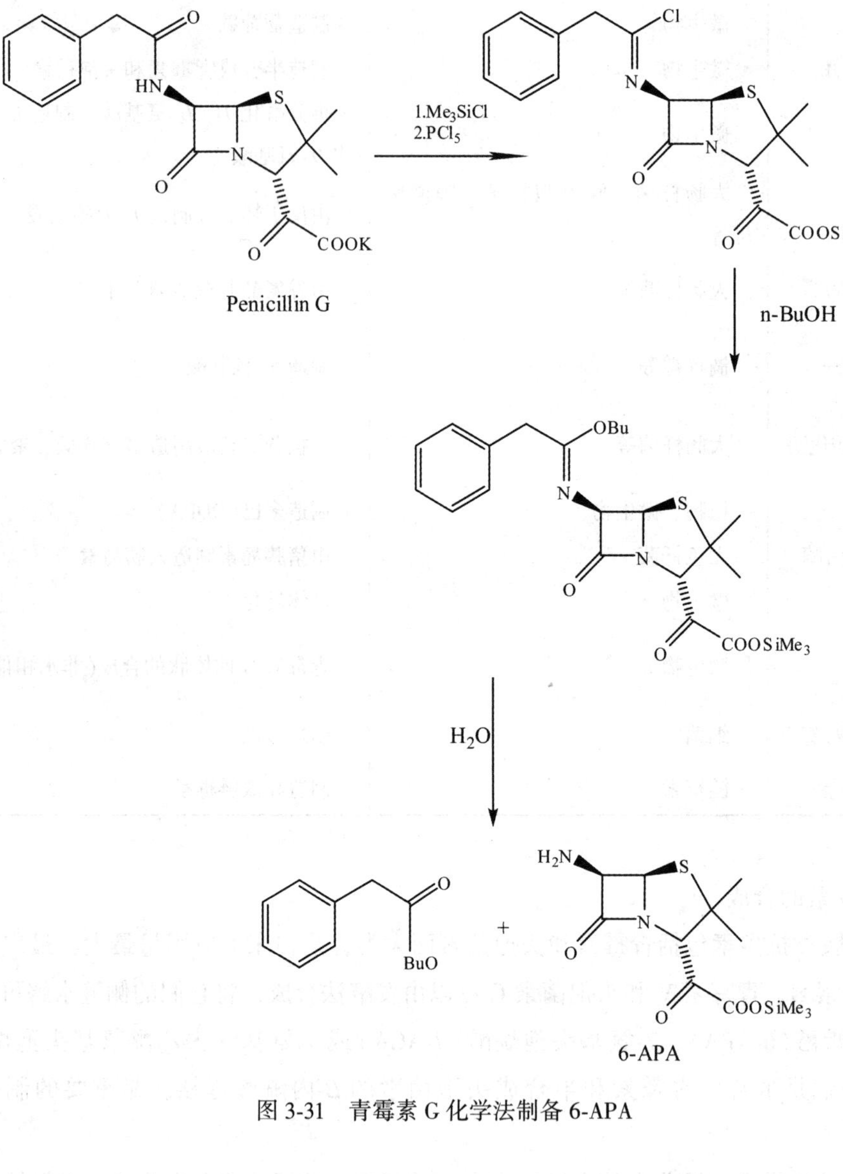

图 3-31　青霉素 G 化学法制备 6-APA

印度有关公司 Dr. Medicaments 介绍了在含水介质中利用固定化的青霉素 G 酰化酶（来自大肠杆菌或黏性节杆菌）制备 6-APA 的过程。这个过程在 2000 L 的间歇反应器中进行，37℃，pH8，产率为 93%，对映体纯度为 94%。在 Eupergit C 上，经过 800 次循环使用后酶的回收率仍然高达 50%。此外，用 DEAE-纤维素吸附固定含有青霉素酰胺酶的巨大芽孢

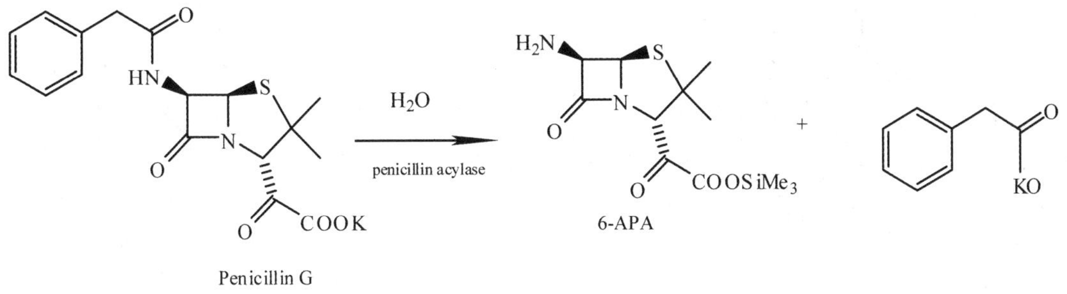

图 3-32　6-APA 的酶促合成

杆菌或无色杆菌来合成青霉素，用离子交换纤维素固定无色杆菌(含头孢菌素酰胺酶)合成头孢菌素等都已实现了工业化。

②布洛芬的合成

布洛芬是常用的抗炎镇痛药物，广泛用于治疗头痛，据研究报道，消旋布洛芬的两个对映体中(R)-对映体并无抗炎特性，而只有(S)-对映体具有抗炎的作用。最近，Lin 等利用一种来自子囊菌酵母的胞外脂肪酶 LIP，在 0.1mol·L$^{-1}$磷酸缓冲溶液(pH 值=8)中，催化水解(S)-布洛芬酯，得到了高纯度的(S)-布洛芬，ee 达到 98%。

5)天然药物的酶促修饰

许多天然产物都具有生理活性，或者直接作为药物在临床使用，或者作为先导化合物，从而发展一类新药，因此大力开展天然产物化学研究，具有十分重大的意义。天然产物往往具有自然界特有的结构单元，同时由于其结构和官能团的复杂性的多样性，利用酶催化的方法特别适合对该类化合物在较温和条件下进行选择性的修饰和合成，显示出了巨大的优越性，获得的产物具有多种药理和生理活性，在新药研究及中药发展中具有重要地位和意义。中药在新药的研究中，起到愈来愈重要的作用。将酶催化的方法用于从中药主要成分中提取的具有药理活性的化合物的改性已经成为主要研究方向。

①紫杉醇(Paclitaxel，Taxol)是从太平洋红豆杉树的树皮中分离出的一种天然产物。它具有良好的抗癌活性，成为继阿霉素和顺铂后的第三代抗肿瘤药物，相继被美国食品药物管理局(FDA)批准用于治疗卵巢、乳腺癌、肺癌以及艾滋病有关的癌症疾病，但在水中的低溶解性(0.25μm/ml)限制其进一步的发展。Dordick 研究小组通过在有机溶剂中两步酶促酯交换方法，制备新的、高水溶性的前药。所得的 2′-丁二酰葡萄糖紫杉醇衍生物的水溶性比紫杉醇分别高出 58 倍和 1625 倍。

②莽草酸(Shikimic acid、SA，图 3-34)是一种从中药木兰科植物八角茴香中提取的具有生理活性的天然产物，是搞 H5N1 型禽流感特效药"达菲"的合成原料，同时它本身有抗

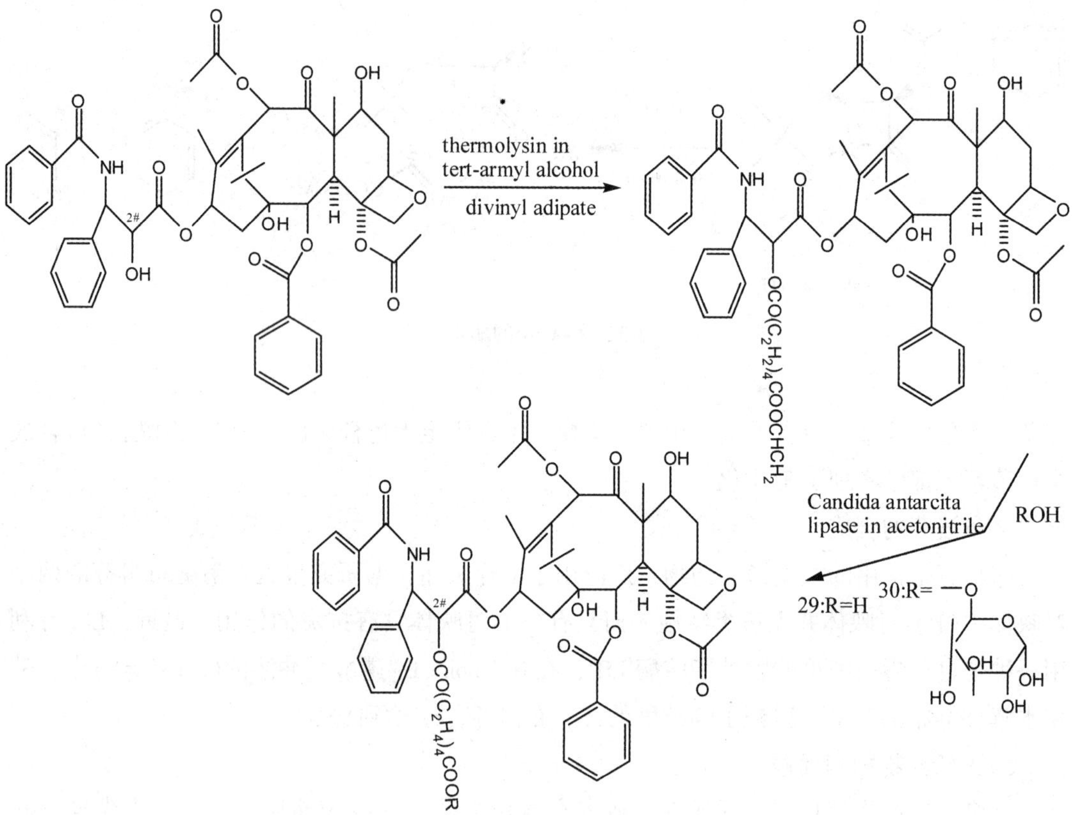

图 3-33 两步酶促合成水溶性紫杉醇衍生物

血栓和减轻局灶性脑缺血损伤的作用。3-棕榈酰莽草酸(3-Palmityloxy Shikimic acid，3-PSA)属酯溶性莽草酸类衍生物，以 3-棕榈酰莽草酸或其他脂肪酸酰化莽草酸为合成中间体，可以合成一系列"达菲"结构类似物，与 SA 相比，3-PSA 在结构上完好保持了 SA 所具有的 3 个手性中心，实验证明，酯化酶 Nov435 在叔戊醇的体系中可以识别莽草酸的 3 位羟基完成单酰化，该选择性的酯化保护了其中的 3-位羟基，因而在体内可能具有与 SA 相类似的抗血栓和减轻局灶性脑缺血损伤等生理活性；单酰化修饰会使 3-PSA 的脂水分配特性与 SA 相比得到改善，脂溶性和血脑屏障的穿透能力得到增强。综上所述，该 3-位选择性酶促单酯化反应，保护的 SA 在手性药物的合成与改善 SA 本身的生理活性两个方面很重要。

6) 酶在绿色环保中的应用

在工业废水的处理上，酶也将发挥巨大的作用。例如，用固定在聚丙烯酰胺的某种细菌，可分解废水中的氰化物，用固定化无色杆菌细胞分解尼龙厂废水，用固定化多酚氧化

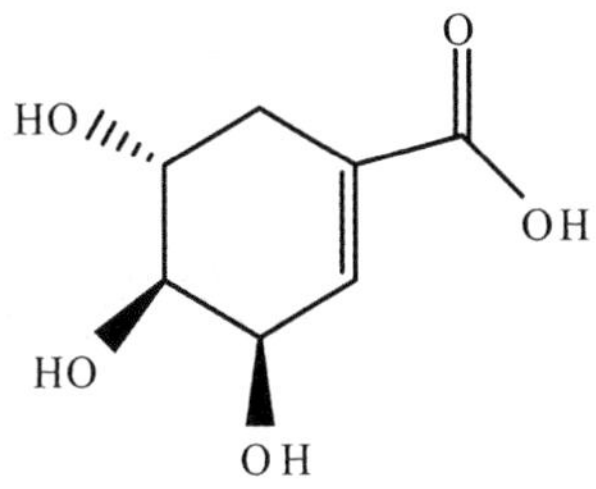

图 3-34　莽草酸结构图

酶分解酚，用某种固定化细胞分解有机磷农药，用某种假单孢菌的固定化菌体分解废水中的苯等等。

众所周知"白色污染"对环境造成的危害。塑料的自然降解一直是科学研究的重点。聚苯乙烯出于高分子量和高稳定性，普遍认为微生物无法降解聚苯乙烯塑料。最近北京航空航天大学杨军教授研究组、深圳华大基因公司赵姣博士等在环境学科领域的权威期刊《Environmental Science & Technology》上合作发表了两篇姊妹研究论文，证明了黄粉虫(面包虫)的幼虫可降解聚苯乙烯这类最难降解的塑料。还进一步在幼虫肠道中成功分离出可以利用聚苯乙烯为唯一碳源进行生长的聚苯乙烯降解细菌——微小杆菌 YT2（Exiguobacterium sp. YT2）。可以相信，用生物催化方法解决"白色污染"问题的时日不会太长。制革工业按传统的技术生产是高污染、高耗能和高耗水的行业，现在我国发展了水溶性有机硅聚合物-S 酶相结合制革工艺过程，使其生产绿色化，请参见本书 5.10 节。

# 第四章　表面活性剂应用基础

## 4.1　概　　述

### 4.1.1　表面活性及表面活性剂

很多实验结果已经证实：不同物质加入水中，其溶液的表面张力会随加入物质的浓度变化而变化。根据不同物质水溶液的浓度($c$)变化测定相应的表面张力($\gamma$)所得结果如图4-1。根据 $c$-$\gamma$ 关系大致可将物质分为三种类型：第一类物质的水溶液的 $c$-$\gamma$ 关系如图中曲线1所示，表面张力随浓度增加而稍有增加；第二类物质的水溶液的 $c$-$\gamma$ 关系如图中曲线2所示，表面张力随浓度增加逐渐下降；第三类物质水溶液的 $c$-$\gamma$ 关系如图中曲线3所示，该类物质水溶液表面张力在极稀浓度时就显著下降，当降至一定程度后 $\gamma$ 便下降很慢或不再下降(有时溶液中含某种杂质，

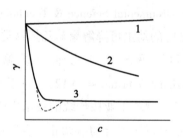

图4-1　不同物质水溶液的表面张力

也可能出现表面张力最低值，如图中虚线所示)。在 $c$-$\gamma$ 关系图中，具有曲线1特征的物质是无表面活性物质，有2，3曲线特征的物质为表面活性物质，但只具有曲线3特征的物质才能称之为表面活性剂。所以我们可以定义表面活性剂是这样一种物质：当取少量物质溶于水中后，就能引起水溶液表面张力(或液/液界面张力)显著降低，这种物质就是表面活性剂(SAA)。20世纪以来，大量表面活性剂的合成和应用为人类社会进步带来了无穷无尽的好处。名目繁多的洗涤剂、清净剂和化妆品，它们的主要成分都是不同类型的表面活性剂；多种形态的食品加工都要表面活性剂参与；很多医药、农药、兽药配制时表面活性剂是不可缺少的助剂；采矿、石油开采和湿法冶金时表面活性剂使人类能充分利用地下资源；从纺织到印染每一过程，表面活性剂都充当了重要的角色。表面活性剂还是涂料、塑料、橡胶和皮革等制品加工助剂和添加剂。总之，表面活性剂已是工农业发展和科学进步乃至日常生活中不可替代之材料，因此它获得"工业味精"之美称。

## 4.1.2　表面活性剂化学结构特征与分类

表面活性剂由非极性的亲油基团和亲水的极性基团两部分组成，其亲油(疏水)基可以是一个或多个，亲水基也可以是一个或多个。具有这类化学结构特征的化合物，人们已习惯于按其溶于水所显示的化学特征来加以分类。

**1. 传统表面活性剂(SAA)**

(1)非离子表面活性剂是一类在水中不能离解成离子的表面活性剂。常用的品种如 $RO(CH_2CH_2O)_nH$(平平加)， $RC_6H_4O(CH_2CH_2O)_nH$(OP 类)， $RC(O)O(CH_2CH_2O)_nH$， $RNH(CH_2CH_2O)_nH$ 等。

(2)阴离子表面活性剂能在水中离解成带负电的有机阴离子。如大家所熟知的羧酸盐(如肥皂)、硫酸酯盐(如 $ROSO_3Na$)、烃基磺酸盐(如 $R—C_6H_4SO_3Na$)和磷酸酯盐(如 $ROPO_3Na_2$)等。

(3)阳离子表面活性剂能在水中离解成有机阳离子。如具有 1 或 2 个长链烷基的季铵盐，以及具长链烷基的伯、仲、叔铵盐，此外还有鏻盐、锍盐、锍盐等。

(4)两性表面活性剂在水中时，处于不同 pH 值时可呈现阴离子或阳离子特性，有等电点(除含季铵基团外)。常见的两性 SAA 有四类：氨基酸盐($R—NHCH_2COO^-$)、甜菜碱($RN^+(CH_3)_2—CH_2COO^-$)、咪唑啉型和磷酸酯型等。

**2. 特种表面活性剂**

特种 SAA 其化学组成或化学结构区别于传统的阴离子、阳离子、非离子和两性表面活性剂。特种表面活性剂的性能通常优于传统表面活性剂，或还具有特殊表面活性剂。特种表面活性剂是适应时代要求绿色、温和高效表面活性剂应运而生的精细化学品，迄今它的各种产品可概括如下类型：

咪唑啉(Imidazoline)

(1)以硅、氟、磷、硼等元素有机化合物构成的元素有机表面活性剂，其最具代表性是有机硅、有机氟和有机硅氟表面活性剂，此外还有有机磷、有机硫、有机硼等表面活性剂。

(2)在传统表面活性剂的化学结构基础上进行化学结构修饰的表面活性剂，其最具代表的是双子型(Gemini)表面活性剂或 Bola 表面活性剂等。

(3)以生物质(天然产物中提取物或加工物)为原料，通过有机合成方法制备的表面活性剂，如以糖基等为亲水基团进行疏水改性的表面活性剂。

(4)其他具有特殊功能的表面活性剂如反应型表面活性剂、手性表面活性剂、可分解表面活性剂、开关型表面活性剂和高分子表面活性剂等。

（5）生物表面活性剂是利用微生物在一定条件下，将某种物质转化为具表面活性剂特征的代谢物。它们包括海藻糖脂、鼠李糖、磷酯类、脂肪酸脂、蛋白脂-多糖聚合物等。

### 4.1.3　表面活性剂特性

由于表面活性剂是双亲分子，它在溶液中具有两种基本特性：其一，表面活性剂分子在溶液表面(界面)吸附，其结果是大大降低溶液表面(界面)张力；其二，表面活性剂溶液达到一定浓度后，会在溶液中聚集而形成胶束(胶团)。如图 4-2 所示是表面活性剂溶液界面吸附和形成胶束的状态。对于离子型表面活性剂因界面吸附还会在界面形成双电层；当 SAA 在液/固界面吸附也会改变液/固界面张力。

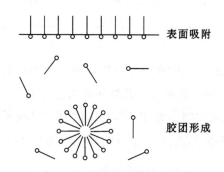

图 4-2　表面活性剂的表面吸附与形成的胶束

物质从一相内富集于两相的界面上的现象称为吸附现象。在进行有机合成实验时，常用活性炭对有机物进行脱色，其有色杂质的去除是发生在固/液界面上的吸附作用。用防毒面具滤去空气中的有毒气体，也是发生在固/气界面上的吸附现象。然而我们很难直观感到发生在液/液界面或液/气界面的吸附现象，这类吸附通常只有具两亲特性的表面活性剂才能实现。

## 4.2　表面活性剂在溶液表(界)面吸附及其作用

### 4.2.1　表面活性剂在溶液表(界)面的吸附状态

表面活性剂的疏水基有从水溶液中"逃离"出来的趋势，其亲水基却有与水相互作用而缔合的能力，从而表面活性剂易富集于水溶液的表面。表面活性剂在溶液表面富集时的状态是随其分子在溶液中浓度的增加而变化的。SAA 在疏水基和亲水基两者作用下，它在溶液表面吸附并作定向排列，我们可以大致用图 4-3 示意三种吸附状态。

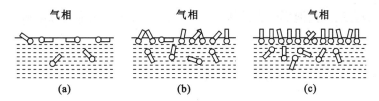

图 4-3  表面活性剂分子在溶液表面上吸附的一些状态(示意图)

图 4-3 中,图(a)是当表面活性剂在溶液中浓度很小时的情况,其分子在溶液表面基本上是无一定方向平躺在溶液表面;图(b)是随着溶液浓度增加,由于其分子在水溶液中的双亲特性而使得表面活性剂分子逐步直立起来;图(c)则是从基本直立至完全取向排列的情况,在此状态时的表面活性剂在溶液表面吸附已近于饱和状态,水的极性表面也被表面活性剂分子所覆盖,非极性疏水基朝外形成疏水层,此时溶液表面吸附达到平衡,溶液的表面张力也达到最低值。表面活性高的表面活性剂,应该是在溶液中浓度很稀时就达到饱和吸附,并获得最低的表面张力。表面活性剂在油/水界面上的饱和吸附,其吸附状态与上述情况也大同小异,其疏水基伸向油中。

## 4.2.2  表面活性剂化学结构对饱和吸附量的影响

具有不同化学结构的表面活性剂在溶液表面吸附状态会有差异,从而影响它在溶液表面的饱和吸附量。具直链型较支化链型表面活性剂自身横截面积小,也有利于疏水基相互作用,从而能完全直立取向,排列紧密,其饱和吸附量也大;而具支链疏水基的同类表面活性剂,由于支链基团位阻和基团按一定角度取向,其疏水基在溶液表面不可能排列紧密,占的空间位置较大,其饱和吸附量也小。以全氟烷基疏水基的表面活性剂的横截面积大于相同碳原子的烷基表面活性剂,其饱和吸附量也相应的小。具有相同疏水基而亲水基不同的表面活性剂,亲水基大表面活性剂饱和吸附量小,如高级脂肪酸盐的饱和吸附量大于具相同烷基的硫酸盐、磺酸盐、季铵盐等表面活性剂。聚氧乙烯型非离子表面活性剂的饱和吸附量大小则随聚氧乙烯链增长而变小。

离子型表面活性剂由于其亲水基离子之间的同性电排斥作用,它吸附在溶液表面的最小面积总是要大于亲水基大小相近的非离子表面活性剂。在离子型表面活性剂水溶液中加盐,则会使离子型表面活性剂反离子进入吸附层,减小了吸附离子之间的排斥作用,如此饱和吸附量增大。而盐对非离子表面活性剂影响较小。

饱和吸附量大小对应用起很大作用。当表面活性剂饱和吸附量大时,其分子必然排列紧密,表面活性剂在溶液表面形成的表面膜的强度增大,用这类表面活性剂作为乳化剂形成乳液或作为起泡剂所形成的泡沫,稳定性都会增加,这是因为膜的强度大而不易破裂之故；反之，以支化链为疏水基的表面活性剂和氟烷基，有机硅为疏水基的表面活性剂则较适合用于作为破乳剂或消泡剂。表面活性剂化学结构直接影响饱和吸附量，饱和吸附量是溶液表面吸附主要特性之一。

## 4.2.3　表面活性剂在溶液表面吸附速度

如前所述，当表面活性剂在溶液表面达到饱和吸附时，其表面张力才能降到最低值。表面活性剂在溶液表面吸附过程决定其分子从溶液内部向表面扩散的速度。因此，表面活性剂在溶液表面达到饱和吸附量需要一定时间，这就意味着其溶液的表面张力在未达到表面饱和吸附之前，也是随时间而变化的。只有当溶液表面达到饱和吸附后，表(界)面张力才会达到平衡。所以表面活性剂在表面达到饱和吸附的快慢决定表面张力下降达到平衡的快慢。很明显，这对实际应用很重要，如泡沫和乳状液形成过程中，新的表面(或界面)不断形成，同时发生溶质(SAA)在表面或界面上的吸附。如果吸附速度很慢，在要求的时间内不能形成一定表面浓度的吸附层，则一般不容易得到稳定的泡沫和乳状液。在润湿过程中，液体在固体表面上铺展，如果吸附速度很慢，则在润湿、铺展的时间内不能达到应有的(即平衡的)吸附量，相应地也不能达到应降的表面张力，因而对固体表面润湿、铺展作用也较差。所以衡量表面活性剂溶液对固体的润湿能力，不能仅从平衡的表面张力出发，而且还要考虑达到平衡表面张力要求的时间。

一般认为，表面活性剂分子从溶液内部扩散到表面的速度(在无搅拌情况下)和排列取向的速度愈快，表面活性剂在溶液表面达到饱和吸附的速度就愈快。然而表面活性剂从溶液中向表面扩散速度以及分子取向排列速度是取决于其分子的化学结构和介质的性质。

溶液浓度越大，则表面张力随时间增加而下降的幅度也越大，而且到达平衡的时间越短。通常SAA碳氢链越长则时间效应越大，越短则时间效应越小。溶液中有无机盐存在时，可以大大减小表面张力的时间效应，但这种情况主要是对离子表面活性剂而言；无机盐(量不是很大时)的存在对非离子表面活性剂溶液表面张力的时间效应影响不大。

## 4.2.4　表面活性剂降低表(界)面张力的能力和效率

通常具有较好表面活性的表面活性剂，应该在浓度较稀时即能达到饱和吸附状态，也就是SAA在浓度较稀时，就能达到它最低的表面张力。因此，人们常用两种量度来比较表面活性剂，即SAA降低表面张力能力(效能)和效率。所谓表面活性剂的表(界)面张力降低的能力，就是指SAA降低表面张力所能达到的最低值(只管降低的程度，不管用多少SAA量)。实验证明，临界胶束浓度(CMC)(参见4.3.1小节)的3/4处表面张力最低，故CMC值体现这一特性。表面活性剂的降低表(界)面张力的效率即指降低溶液表面张力至一定值时，所需表面活性剂的浓度(比如将溶液表面张力降低至$2\times10^{-4}$ N/cm所需表面活性剂的浓度)作为表面张力降低效率的量度。溶液表面张力降低至一定值所需表面活性剂的浓度越低,效率越高。

表面活性剂的效率和能力大小不一定一致。效率高的表面活性可以是能力强者,也可能是能力较差的。比如以烷基磺酸钠同系物 $C_nH_{2n+1}SO_3Na$($n$ = 8,10,12,14,16)为例,疏水基每增加一个 $CH_2$,其 CMC 减小一半,$n$ = 16 降低表面张力的效率比 $n$ = 8 大得多。但它们分别在庚烷/水溶液中在 CMC 时的界面张力则差别不大,即能力(效能)差不多。

通常表面活性剂的效率随其疏水基团的链在一定范围内增长而提高,但效能通常是差不多的。效率还随疏水基团的支化或不饱和程度的增加而降低,但相应的效能却有些增加。离子亲水基团之间存在电的斥力也会使效率降低,所以离子型表面活性的效率比非离子型表面活性剂为低。但加入电解质使反离子同表面活性剂离子牢固缔合时,效率和功能都大为提高。

若在水溶液中加入所谓"水结构促进剂"(如果糖和木糖)或"水结构破坏剂"(如 $N$-甲基乙酰胺),会使聚氧乙烯型的非离子表面活性剂降低表面张力的效率显著变化。辛基苯酚聚氧乙烯醚($n$ = 9)水溶液中加入 $N$-甲基乙酰胺后,辛基苯酚聚氧乙烯醚的 CMC 增加,亦即其降低水的表面张力的效率降低;而加入果糖和木糖后,则使其降低水表面张力的效率增加,但对于降低水表面张力的能力影响不大。

当碳氟链作为表面活性剂亲油基时,则降低表面张力的效率与能力都会增加,亲油基中含硅氧烷基的表面活性剂,也会有类似的情况。原因可归于此类亲油基自身之间的内聚力较弱。

亲油基链长不变时,非离子表面活性剂降低表面张力的能力,明显地随聚氧乙烯链长增加而下降。由此看来,聚氧乙烯链在表面上的截面积,对于降低表面张力的能力而言,似乎是一个决定性因素。

上述有关表面活性剂降低表(界)面张力效率与能力的讨论,使我们对表面活性剂降低溶液的表面(界面)张力,有了初步认识。我们对表面活性剂的分子结构与降低表(界)面张力的效率与能力的关系认识得越深,在实际工作中越会更好地运用 SAA。

## 4.2.5 乳状液及表面活性剂(乳化剂)对乳液稳定性的影响

获得稳定的乳状液或将乳液破坏是工农业生产和日常生活中经常遇到的事,而乳液的稳定与破坏直接与表面活性剂的化学结构以及如何使用表面活性剂紧密相关。

**1. 乳状液一般介绍**

乳状液是一种液体分散在另一种不相溶的液体中所形成的多相分散体系。作为分散相(内相)液滴是不连续的,作为分散介质的液体(外相)是连续相。由于乳状液的相界面很大,液滴有自发聚结以降低界面自由焓的倾向,它是一种热力学不稳定体系。如果要使两种不混溶液体变成比较稳定的乳状液，必须有表面活性剂存在。因为表面活性剂容易在两相界面形成稳定的吸附层，使分散相不稳定性降低，形成具有一定稳定性的乳状液。表面活性使乳状液得以稳定的作用，人们称之为乳化作用。

乳状液主要分为两种：其一是水为连续相，油分散在其中（如牛奶），简称为水包油型（O/W）乳状液；其二是油为连续相，水分散在其中（如含水原油），简称油包水型（W/O）乳状液。还有一类称为多重乳状液（W/O/W 或 O/W/O）。乳状液分散相液滴直径大于 1 $\mu$m 时，通常为乳白色，1~0.1 $\mu$m 时为蓝色，0.1~0.05 $\mu$m 时为灰色半透明状，小于 0.05 $\mu$m 时透明。其原因在于分散相与分散介质折光率不同，当液滴直径远大于可见光波（0.4~0.8 $\mu$m）时，光反射显著，因此一般的乳状液为不透明的乳白色；而对于分散相液滴小于波长的微乳状液，可见光可以透过或有一些光散射现象发生，故呈透明或半透明状。采用任何一种方法来制备乳状液，分散相液滴的大小总不会均匀一致，不同大小的液滴有一定的分布，分散相液滴粒子大小分布较窄的乳状液要比粒子分布范围较宽的更为稳定。通常液滴大小的分布随时间的增长而变化，分布曲线的最大值向液滴变大的方向移动，并且分布得更宽。

乳状液稳定性的测量，根据不同的目的，可采用不同的方法：通常有静置试验，高温静置试验，冻融试验，离心分离，粒度分布，电导率测定等。

**2. 表面活性剂与乳状液的稳定性**

乳状液是热力学不稳定体系，其稳定性是暂时的，相对的。乳状液的不稳定形式有四种，即分层、聚集或絮凝、聚结。乳液粒子的聚结是导致乳状液破坏的关键性，而乳粒的聚集则为聚结创造了条件。虽然乳状液的稳定性与聚结的速度直接有关，但聚集速度的快慢也对乳状液不稳定性起重要作用。因此，考虑乳状液稳定性时两者均予以重视。乳状液分散相絮凝成团，聚集在一起的速度决定于乳粒界面张力大小及其粒子界面的电性。而聚结速度则决定于乳化剂在乳粒表面所形成的吸附膜强度。以上所述影响乳状液稳定性的两方面均与形成乳状液所加入体系的表面活性剂特性及其所形成的界面膜性质有关。当然，连续相的黏度和被乳化物质的性质也有一定关系。

（1）表面活性剂能降低界面张力，有利于形成乳状液和使乳状液稳定化。

由于乳状液存在很大的相界面，体系的总表面能较高，这是乳状液成为热力学不稳定体系的原因，也是分散相液粒发生凝并的推动力。表面活性剂加入体系，油/水界面张力降低，使乳状液界面形成所需消耗的功大大减少，从而使乳状液容易形成，同时也减少了乳状液的不稳定倾向。例如石蜡油/水的界面张力是 40.6 mN · m$^{-1}$，在水中加入少量油酸，使浓度为 10$^{-3}$ mol · L$^{-1}$ 时，界面张力降到 31.05 mN · m$^{-1}$，若加入氢氧化钠使酸形成皂，其界面张力又降至 7.2 mN · m$^{-1}$，若再加氯化钠达 10$^{-3}$ mol · L$^{-1}$，还可使界面张力降至小于 10$^{-2}$ mN · m$^{-1}$，此时乳状液相当稳定。又如橄榄油/水不能很好乳化，若将油酸钠与氯化钠加入橄榄油/水体系,油/水界面张力可由 41 降至 0.002 mN·m⁻¹,该体系就可以自动地乳化。以上两例说明界面张力降低有利于乳状液的稳定。但应该指出,表面张力降低,对乳状液稳定作用是有利因素,但不是决定因素。

(2) 油/水界面膜的性质是乳状液稳定性的决定因素。

表面活性剂(乳化剂)的化学结构与特性决定油/水界面膜的性质。相同类型的表面活性剂,由于直链结构较支化结构或不饱和结构的疏水基在形成膜时,取向性好,排列更紧密,因此用它所生成的乳状液稳定性好。

实验还证明,当表面活性剂与脂肪酸、醇或胺等极性有机物的混合物所生成的乳化剂,会比单一表面活性剂降低界面张力好,并使界面饱和吸附量加大,从而大大增加所形成的界面吸附膜强度,因而使乳状液更稳定。例如十六烷基硫酸钠与胆甾醇、十二烷基硫酸钠与月桂醇等混合乳化剂能得到十分稳定的乳状液;单独使用其中的一种物质只能形成不稳定的乳状液,甚至根本不能起乳化作用。

在表面活性物质形成的混合膜中两种分子排列的紧密程度与分子的结构有关。比如矿物油能在含胆固醇和十六烷基硫酸钠的水中分散,可以得到十分稳定的 O/W 型乳状液;若以油醇代替胆固醇,则不能得到稳定的乳状液。原因是油醇的碳氢链中存在双键,造成链的扭曲,很难形成紧密的膜,而前者能形成紧密的膜。这说明表面活性剂分子在界面排列的紧密程度关系到乳状液稳定性大小。

油溶性表面活性剂与水溶性表面活性剂复合组成混合乳化剂制备乳状液时,表面活性剂能在油/水界面形成复合界面膜,有利于乳状液稳定。例如,油溶性的失水山梨醇单硬脂酸酯(Span80)与水溶性的失水山梨醇棕榈酸酯聚氧乙烯醚(Tween 40)的混合乳化剂制备的乳状液有较强的界面膜。所以使用混合乳化剂形成界面"复合物膜"是提高乳化效率,增加乳状液稳定性的一种方法。提高稳定性原因在于 Tween 中聚氧乙烯醚链是亲水的,可以深入水相,而憎水的碳氢链可以与 Span 的碳氢链靠得更近,它们之间相互作用也比两种物质单独存在时更强烈。乳化剂的浓度也对界面膜的性质有影响。若乳化剂浓度较低,在界面上少,膜中分子排列松散,乳状液是不稳定的;当乳化剂浓度增加到能在界面排列成紧密的界面膜,具有一定的强度时,它就足以阻碍液珠的凝并,乳状液的稳定性提高。当然,不同的乳化剂达到最好乳化效果所需浓度是不同的。一般来说,吸附分子间相互作用较大者,形成的界面膜强度也较大,所需浓度就较低。

(3) 离子型表面活性剂增加乳液的稳定性。

这类表面活性剂作乳化剂时,它能形成扩散双电层,乳状液液滴都带有相同的电荷,因相互排斥而防止聚结,提高了乳状液的稳定性。

(4) 乳状液的分散介质黏度越大,分散相液滴的运动速度越慢,液滴难以聚集和凝结,从而也有利于乳状液的稳定性。

在制备稳定乳状液时，通常在分散介质中加入水溶性高分子物质作为增稠剂，以提高分散介质的黏度。应该指出：高分子物质的作用还不仅限于增加分散介质的黏度，它还能形成较坚固的界面膜。其增加界面膜的强度，往往比提高介质的黏度对乳状液的稳定作用更大。

除上述表面活性剂或活性物质提高乳状液稳定性外，有时还要考虑油相组成，或使用固体粉末为乳化剂来提高乳液稳定性。

**3. 表面活性剂与破乳**

在实际工作中有时要求破坏乳状液使两相完全分离。例如，破坏原油与水形成的 W/O 乳状液以除去水分；破坏牛乳的 O/W 乳状液以分离出乳油；破坏橡胶乳浆制得橡胶；在废水处理时，破乳以防止污染和回收有用物质等都是在生产中常遇到的实例。

破乳是要使乳状液分离成两相，即是要想办法来加速乳状液滴的聚集（絮凝）和聚结。破乳的方法很多，大致可分为物理方法和物理化学方法两类：

（1）物理方法有电沉降、超声、过滤、加热等方法。电沉降法主要用于 W/O 乳状液，在电场的作用下，使作为分散相的水珠聚结。超声虽是形成乳状液的一种方法，但在使用强度不大的超声波时，有时可以破乳。乳状液过滤时，滤板将乳状液的界面膜刺破，使其分散相聚结而破乳。加热是破乳的好方法，提高温度能增加分子的热运动，有利于液珠的聚结；温度升高时，分散介质黏度降低，有利于降低乳状液的稳定性。

（2）物理化学方法在于改变乳状液的界面膜性质，降低界面膜强度或破坏其界面膜，使稳定的乳状液易于发生破乳。物理化学方法包括：

① 采用表面活性剂破乳。这是近十多年来发展很快的方法，所用表面活性剂应具有两种特性：其一是应有较高的表面活性，能强烈吸附油/水界面并将原乳状液中的乳化剂从界面上顶替下来或部分顶替下来；其二是它在界面上又不能形成牢固的膜。比如含水原油破乳，较多地采用高分子表面活性剂（聚氧乙烯与聚氧丙烯的嵌段共聚物或无规共聚物），其分子量可由数千至百万，它们有较高的表面活性，一般使用 50~100ppm 的浓度，可使原油的界面张力由 20~30 mN/m 降至 2~4 mN/m；它们能在很低的浓度下将原油中油/水界面上的成膜物质置换出来，但由它所形成的界面膜强度一般很差，因而导致原油乳状液很快地破坏。这类破乳剂的另一优点是在高低温皆有很好的破乳作用。如果再在其中加入丁醇或戊醇复配成破乳剂，其破乳效果会大增。

表面活性剂破乳另一种方法是使新加入体系的表面活性剂能与原来的乳化剂形成复合物，从而改变界面膜的性质，使乳状液稳定性降低直至破坏。例如，在以牛血清蛋白朊稳定的乳状液中加入阳离子表面活性剂；β 酪素乳化剂遇到某些非离子表面活性剂，它们都使界面膜的黏弹性降低，从而导致破乳。

② 加入一反应物与形成稳定乳状液的表面活性剂发生化学反应，从而改变其表面活

性或界面膜的性质来进行破乳。例如，以脂肪酸皂作为稳定剂的乳状液可加入酸，使乳化剂转化为表面活性很小的脂肪酸，结果使乳状液破坏。对于一些天然产物作乳化剂的乳状液，利用某种微生物消耗表面活性剂，乳化剂发生生物变构作用致使乳状液破坏。

③ 加入电解质以压缩由表面活性剂所形成的扩大双电层，有利于聚结作用。带有与外相表面相反电荷的高价反离子有较好的破乳效果，破乳时使用的电解质浓度都较大。

**4. 多重乳液**

多重乳液是一类更为复杂的乳状液，它有着广泛的应用而被人们所重视。现已用于烃类化合物分离，处理废水，生物工程中固定化酶，延长药物释放，还有多重乳状液涂料等。

在多重乳状液体系内，分散相的液滴中包含有连续相液体的细小液珠，它们也有两类：一类是油分散在水相中，而油滴中又有小水珠，称为水包油包水型多重乳状液(W/O/W)；另一类是水分散在油相中，而水相中又含有小油珠，称为油包水包油型多重乳状液(O/W/O)。

多重乳状液也是热力学不稳定体系，其不稳定性较乳状液更突出。它们的不稳定趋向有以下几种情况：① 外部油滴聚结成更大的油滴；② 内部小水珠发生聚结，使体积变大；③ 内部水珠被赶出油滴，使油滴中的水珠数目减少，甚至为零；④ 内部水珠通过油相逐渐扩散，使体积不断缩小直至最后消失。在实际体系中，上述过程可能都发生。

多重乳状液的制备方法，以 W/O/W 为例：首先选用亲油性的乳化剂制备稳定的 W/O型乳状液，称为原始乳状液。然后再用适于生成 O/W 型乳状液的乳化剂，在水中乳化原始乳状液，经缓慢地搅动即可得到 W/O/W 型多重乳状液。应该注意，W/O 乳状液乳化为W/O/W 乳状液时，应在临界的条件下进行，过分地搅动会引起多重乳状液液滴的聚结。

为了获得稳定性好的多重乳状液，可采用含有聚合物所形成的水凝胶来代替水相。通常这种替代体系可以由两种方法制得，即分别用凝胶代替内部水相制备凝胶微相/O/W的体系或用凝胶代替外部水相(水连续相)，制备 W/O/凝胶体系。

**5. 微乳状液**

Schulman 等人研究浓乳状液时，发现当表面活性剂的用量比较大，并有相当大量的极性有机物(如醇类)存在时，可以得到透明的(或近于透明的)"乳状液"。这种"乳状液"的分散相质点<0.1 μm，甚至小到数十埃，故称为微乳状液。微乳状液早已应用于生产中，如地板抛光蜡液、机械切削油等。微乳状液在石油开采中作为"胶团溶液"用于提高采收率，有比较好的效果。近十多年来微乳状液又大量用于纺织物整理。

微乳状液是介于一般乳状液与胶团溶液之间的分散体系，三者某些性质比较列于表4-1。

表 4-1 乳状液、微乳状液及胶团溶液的性质比较

| 体系<br>性质 | 乳状液 | 微乳状液 | 胶团溶液 |
|---|---|---|---|
| 分散度 | 粗分散体系，质点 >0.1 μm，显微镜可见，有的甚至肉眼可见。一般质点大小不均匀 | 点大小为 0.01～0.1 μm，显微镜不可见。一般质点大小均匀 | 胶团大小一般<0.01 μm，显微镜不可见 |
| 质点形状 | 一般为球状 | 球状 | 溶液稀时为球状，浓时可呈各种形状 |
| 透光性 | 不透明 | 半透明至透明 | 一般透明 |
| 稳定性 | 不稳定，用离心机易于分层 | 稳定，用离心机亦不能使之分层 | 稳定，不能分层 |
| 表面活性剂用量 | 可少用；不一定加辅助表面活性剂 | 用量多；需加辅助表面活性剂 | 超过 CMC 所需量即可，但加溶油或水之量多时须多加 |
| 与油、水之混溶性 | O/W 型与油不混溶，W/O 型与水不混溶 | 与油、水在一定范围内可混溶 | 未达加溶饱和量时，可溶解油或水 |

微乳制备时不必采用乳化设备向体系供给能量，只要配方合适，各组分混合后会自动形成微乳状液，这说明微乳化过程是体系自由能降低的自发过程，过程的终点为热力学稳定体系。

微乳组成特点：表面活性剂含量显著高于普通乳状液，为 5%～30%。应用离子型表面活性剂的微乳体系至少有四种成分，即油、水、表面活性剂及助表面活性剂(常用中等碳链长度的醇类)；应用非离子型表面活性剂的微乳体系，不必加入醇类，这就是三元系的微乳(油、水、非离子表面活性剂)，但应注意温度的控制。

微乳状液之所以能形成稳定的油、水分散体系，一种解释是认为在一定条件下产生了所谓负界面张力，从而使液滴的分散过程自发地进行。通常油/水体系在没有表面活性剂存在时，界面张力为 $3×10^{-4}$～$5×10^{-4}$ N·cm$^{-1}$(油是脂肪烃和芳香烃等)；有表面活性剂时，界面张力下降；若再加入一定量极性有机物，可将界面张力降至不可测量的程度，形成稳定的微乳状液。即当表面活性剂及辅助表面活性物质之量足够时，油/水体系的界面张力可能暂时小于零(为负值)；负界面张力不可能稳定存在，体系欲趋平衡，则需扩大界面，使负界面张力消除，结果形成微乳状液，界面张力从负值变为零。据此，微乳状液的形成必是一自发过程，微乳状液是稳定体系。

以上说法也有疑问，界面张力为一宏观性质，是否可以应用于质点几近于分子大小的情况？更何况此时界面是否存在还是问题；无界面，又何谓界面张力？另一方面，微乳状液的一些基本性质与胶团溶液相近(见表 4-1)，即都是热力学的稳定体系，质点大小和外

观上也相似。因此，另一种机理认为：微乳状液的形成，实际上就是在一定条件下表面活性剂胶团溶液对油或水加溶的结果，即形成了膨胀(加溶)的胶团溶液——微乳状液。

**6. 选择乳化剂的基本原则**

选择乳化剂的基本原则为：① 乳化剂在分散相和分散介质界面能够形成紧密的界面膜；② SAA 的表面活性要高，能够以一定的速度从体系内迁移到油/水界面上使界面张力降到最低；③ 通常油溶性的乳化剂用于 W/O 型的乳化液，水溶性则用于 O/W 型乳化液，但二者的混合物往往能得到更稳定的乳状液；④表面活性剂的化学结构及其乳化能力有较复杂的关系，改变乳化剂中憎水基与亲水基的结构来控制分子表面活性的大小，即可根据具体对象设计和选用最适用的乳化剂；⑤ 乳化剂的浓度以及水相和油相的组成均影响其乳化能力；⑥ HLB 值是选择乳化剂的经验指标(参见 4.5.2)；⑦ PIT 法是利用 HLB 值选择乳化剂的发展，是选择乳化剂的好方法(参见 4.5.3)。

## 4.2.6 泡沫及表面活性剂在泡沫中的作用

**1. 泡沫一般介绍**

泡沫是我们日常生活和工农业生产中一种经常遇到的现象。人们有时喜欢泡沫并予以利用(如洗涤等)，有时讨厌泡沫要予以消除(如发酵过程)。

泡沫是气体分散于液体中所形成的多分散体系。由于气液两相密度相差大，液相中的气泡通常会很快上升到液面，如果液面上存在一层较稳定的液膜，就会形成泡沫。因此，泡沫可以看成是一种由液膜隔开的气泡聚集物。

泡沫与乳状液一样，也是热力学不稳定体系。大家熟知，当气体通入水等一些黏度低的纯液体时并不能得到稳定而持久的泡沫。当水中有表面活性剂存在时，即可得到稳定性较好的泡沫，这就是表面活性剂的起泡作用。

泡沫作为分散相的气泡常呈多面体(见图 4-4)。三个多面体气泡的交界处($P$ 点)界面是弯曲的(称为Plateau边界)，而两个气泡的交界 ($A$ 点)是平直的。由于 $A$ 处的曲率半径接近无穷大，$P$ 处液面的负曲率半径较小。液膜中 $P$ 处压力应小于 $A$ 处，所以液膜中液体在表面张力和重力影响下，液体有从 $A$ 流向 $P$ 的趋势，结果液体不断从泡壁向 Plateau 边界流动，使气

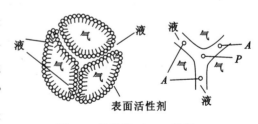

图 4-4　泡沫的 Plateau 边界

泡壁不断变薄，这就是所谓泡沫的排液过程。液膜变薄至一定程度，导致膜的破裂，泡沫破坏。因此，人们认为表面张力与重力的作用引起的液膜排液是泡沫破坏的重要原因之一。

泡沫中气体有透过液膜扩散的趋势和能力，气体透过所导致的气泡兼并是泡沫破坏的另一重要原因。在形成泡沫时，气泡的大小不会均一，小气泡中的压力比大气泡中大，因此气体容易从高压的小泡液膜扩散至低压的大泡中，小泡变小直至消失，而大泡逐渐变大，液膜变薄直至破裂。

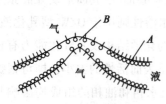

图 4-5　泡沫膜局部变薄引起的表面压变化

在表面张力作用下，气泡壁可能自动"修复"，其结果会导致泡沫稳定。当泡沫的液膜受到外力冲击时，也会发生局部变薄的现象。如图 4-5 中 $B$ 处，变薄之处的液膜表面积增大，表面吸附分子的密度较前减少，导致局部表面张力增加。因此，$A$ 处表面的分子有力图向 $B$ 处迁移的趋势，使 $B$ 处表面分子的密度增大，从而表面张力又降至原来数值。表面分子从 $A$ 处迁移至 $B$ 处的同时，会带动邻近的薄层液体一起迁移，其结果也使受外力冲击而变薄的液膜又变厚。吸附分子密度复原（表面张力复原），和液膜厚度复原导致液膜强度恢复，其表现为泡沫具有良好的稳定性，此即所谓 Marangoni 效应。

**2. 泡沫稳定性与表面活性剂的关系**

泡沫形成的难易与泡沫能否持久（稳定性）是两个不同的概念。当表面活性剂加入体系，流体表面张力降低，可以使液/气界面的形成所需功减少，有利于泡沫形成，但不一定保证泡沫有较好的稳定性。影响泡沫稳定性因素很多，但以形成液/气界面膜的强度为最重要的因素。当表面活性剂疏水基分支较多或存在双键时，界面膜分子间排列不可能紧密，分子间作用力也较直链疏水基的表面活性剂差，因而泡沫稳定性差。此外，排列紧密的表面分子还能减少气体的渗透性，从而也能增加泡沫的稳定性。例如，在月桂酸钠或十二烷基硫酸钠水溶液中，加入少量月桂醇或月桂酰异丙醇胺，表面膜的强度增大。因为月桂醇或月桂酰异丙醇胺减少了极性基负电荷之间相斥，增加了烷基的总密度，同时还可能形成氢键增加两种分子间的作用。

阳、阴离子表面活性剂之间强烈的相互作用，也会导致高气泡寿命。此种相互作用，除一般碳氢键间的疏水作用之外，还存在着正、负电荷间强烈的库仑引力。例如，在 0.0075 mol 的 $C_8H_{17}SO_4Na$ 以及 $C_8H_{17}N((CH)_3)_3Br$ 溶液表面上的气泡寿命（25 ℃时）分别为 19 及 18 s；而 0.0075 mol 的 $C_8H_{17}N((CH)_3)_3Br$—$C_8H_{17}SO_4Na$（1:1）混合溶液表面上的气泡则长达 26~100 s。离子型表面活性剂吸附于液膜表面形成表面双电层也会防止液膜进一步变薄而导致破裂。

此外，体系黏度大，液膜强度增大，不易受外界扰动的影响，并且也对液膜排液和气体透过膜扩散起阻滞作用，有助于稳定泡沫，使泡沫寿命增长。但黏度并非起稳定作用的主要因素，有些黏度并不大的表面膜却形成稳定泡沫，而有些黏度高的单分子层膜却不产生稳定泡沫。

### 3. 消泡方法与消泡剂

消泡与破乳类似，也有物理方法和物理化学方法两类。所谓物理方法是采用机械搅拌、高速离心及超声波等击碎泡沫的方法或升高温度和加大压力或减压，以降低液体黏度增加泡沫内气体压力，加快液体蒸发等导致泡沫破裂，但这些物理方法在实际工作中很难实施。目前应用的消泡方法还是以物理化学方法为主。

(1) 加入某种化学试剂与起泡剂或稳定剂发生化学反应，从而破坏泡沫。例如，用脂肪酸皂类作起泡剂产生的泡沫，加入无机酸及钙、镁盐后，因产生不溶于水的脂肪酸或难溶盐使泡沫破坏。其缺点是有腐蚀或堵塞管道等问题。

(2) 加入表面活性大、其本身又不能形成坚固的膜和活性物质。这类物质能在体系中顶替掉原来的起泡剂分子，结果使泡沫破坏。消泡剂能在液面上迅速铺展，带走表面下的薄层液体，使液膜变薄到破裂。例如，碳链不长的醇或醚，表面活性高，能起顶替作用，但由于它们碳链不长，不能形成坚固的膜。又如 $n\text{-}C_3F_7CH_2OH$ 能在十二烷基硫酸钠溶液表面很快铺展，带走次表面层液体使液膜变薄，直至破裂。

(3) 消泡剂降低液膜表面黏度，使排液加快，导致泡沫破裂。例如，以磷酸三丁酯为消泡剂时，因它截面积大，渗入液膜后插入起泡剂分子之间，使其相互作用力减弱，液膜表面黏度下降，泡沫变得不稳定而易被破坏。

(4) 加入电解质降低液膜表面双电层的斥力。这类消泡剂对表面双电层相斥为主要稳定因素的泡沫有效，因为增加电解质浓度以压缩双电层有利于消泡。

(5) 加入的消泡剂能使液膜失去表面弹性或表面"修复"能力。例如，聚氧乙烯-聚氧丙烯共聚物不能形成坚固的表面膜，但扩散及吸附到界面却很快，使液膜变薄处难以"修复"而降低泡沫之稳定性。又如长链脂肪酸的钙盐形成没有弹性的易碎固态膜，当它们部分或全部取代液膜内的十二烷基苯磺酸钠等分子时，就使膜失去弹性。当然，如果钙皂可与起泡剂产生紧密混合膜的就没有消泡作用。在起泡剂浓度大于 CMC 时，消泡剂有可能被增溶而削弱其消泡作用。

(6) 可溶性液体或气体可通过扩散使液膜受到扰动而破坏。例如，乙醇蒸气来缓解突发性肺气肿的报道就是一例。聚硅氧烷加上约 3% 的固体胶态填料(在水溶液中常用憎水的二氧化硅)也能起扰动原起泡膜作用。

### 4. 消泡剂及其应用

消泡剂包括两种类型：泡沫破坏剂的作用在于摧毁已存在的泡沫；防泡剂则防止泡沫产生。这两种类型消泡剂混合使用时有加和性。几种消泡剂混合使用也常起协同作用，可使消泡效率增加。不溶于水或亲水性差的消泡剂可加润湿剂或乳化剂，使其很好地分散在水中，或者先溶于有机溶剂再溶于水溶液中。有些消泡剂可使用惰性载体如 $SiO_2$，可起到增加消泡效率的作用。表 4-2 列出了一些常用的表面活性剂及其他应用领域。

表 4-2　　　　　　　　　　　　　消泡剂的种类及其主要应用领域

| 种　类 | 名　　称 | 主　要　用　途 |
|---|---|---|
| 矿物油类 | 液体石蜡 | 造纸 |
| 油脂类 | 动物油、芝麻油、葵花籽油、菜籽油 | 食品、发酵 |
| 脂肪酸酯类 | 乙二醇二硬脂酸酯、二乙烯乙二醇月桂酸酯、甘油蓖麻油酸酯、山梨醇单月桂酸酯、天然蜡 | 纸浆、染色、涂料、发酵、石油炼制、锅炉水、黏合剂、食品 |
| 醇　类 | 辛醇、己醇、乙二醇类、二异丁基甲醇、环己醇 | 造纸、制胶、染色、发酵、涂料 |
| 酰胺类 | 二硬脂酰乙二胺、二棕榈酰乙二胺、二硬脂酰癸二胺 | 锅炉水、造纸 |
| 磷酸酯类 | 磷酸三丁酯、磷酸三辛酯 | 酪朊、纤维 |
| 金属皂类 | 硬脂酸钠、油酸钙、油酸钾 | 润滑油、造纸、纤维 |
| 有机硅类 | 二甲基硅油、硅脂、改性聚硅氧烷、硅乳液、氟硅油 | 食品、发酵、润滑油、造纸、涂料、胶乳、黏合剂、石油工业、化学工业 |

# 4.3　表面活性剂在溶液中形成胶束及其作用

　　表面活性剂有亲水和亲油双重特性，其极性基与水强烈作用而相互缔合，非极性基则因疏水作用而聚集。所以表面活性剂在溶液表面(界面)进行饱和吸附之后，就会在溶液中自动地形成聚集体，即所谓胶束(胶团)。表面活性剂在水中缔合形成聚集体的过程称为胶团(束)化作用。

## 4.3.1　临界胶束浓度

　　表面活性剂在溶液中的浓度超过一定值时，表面活性剂分子(或离子)就会在溶液中形成聚集体(胶束)；如果再向溶液中增加表面活性剂，其溶液中表面活性剂单体分子或离子的浓度不会显著增加，而是形成更大的胶束。此时，该溶液的很多性质也会发生突变，诸如表面(界)张力将不会显著降低，洗涤作用达到最佳值，渗透也不再显著增加等等，如图4-6 中的曲线显示了十二烷基硫酸钠水溶液一些性质突变的情况。溶液性质发生突变时表面活性剂的浓度称为临界胶束浓度(Critical Micell Concentration，CMC)。临界胶束浓度可以通过表面张力 $\gamma$ 对溶液浓度的对数($\lg c$)作图求得，也可用各种物理性质发生突变来确定。实验方法不同所得 CMC 并不完全一致，但大致会在一个狭窄的浓度范围内。很多表面活性剂的 CMC 已经测出，从手册或专著中可查得。混合表面活性剂的 CMC，除实验测定外，也可以用一些经验公式计算出。

表面活性剂疏水结构强烈影响 CMC；通常疏水基碳链增加 CMC 下降；碳原子数在 8~16 范围内每增加一个 $CH_2$ 时，CMC 约下降 1/10；支化的疏水基或在疏水基中存在易极化基团（如双键、苯环，—O—，—OH等）均会使 CMC 增大；亲水基处于碳链中间也会增大 CMC 值；全氟碳链比相同碳原子数的烷基链通常 CMC 低得多，然而部分氟取代的碳链有时 CMC 反而增大，这视氟在碳链中取代的程度和位置；有机硅链的表面活性剂 CMC 也较碳链小。

亲水基也影响 CMC 值；离子型表面活性剂在水溶液中 CMC 大约大于具有相同 R 基的非离子表面活性剂 100 倍，因为离子型表面活性剂亲水基水合能力大而较易溶于水之故；两性表面活性剂则与相同 R 基的离子型表面活性剂的 CMC 相近；具相同 R 基而亲水基不同的离子型表面活性剂对 CMC 影响较

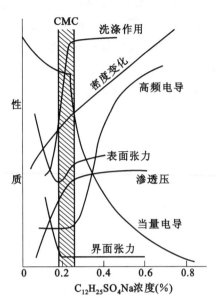

图 4-6　十二烷基硫酸钠水溶液
的一些性质

少，但通常 —$OSO_3$— > $SO_3$— > $COO$— ；非离子表面活性剂中 —$CH_2CH_2$—O— 单元数目对 CMC 影响也不大；离子型表面活性剂溶液中加入多价的金属离子或有机反离子，如阴离子活性剂中加入少量的阳离子表面活性剂，其 CMC 显著降低，这与压缩双电层有关。

## 4.3.2　胶束结构、形状与大小及其影响因素

在临界胶束浓度区域，胶束通常呈球形，其内核近似于液态的碳氢链；内核外层与极性基相连的 $CH_2$ 基周围有渗入的水分子存在，不再具有液态的性质；紧接此层是由极性头构成的胶束表面。离子型胶束的表面是离子极性头与其结合的反离子和缔合水共同组成的束缚双电层，胶束表面崎岖不平，变化不定。胶束"表面"区域外还有反离子扩散层，它由与胶束极性头结合的反离子组成也是双电层的组成部分。非离子型胶束的结构则有所不同，例如聚氧乙烯基为极性头的非离子表面活性剂所形成的胶束，其表面由聚氧乙烯基中氧原子相结合的水构成，没有双电层结构，但表面层厚度往往超过内核尺寸。在非水的烃类介质中，胶束具有类似的结构，其不同之点在于亲水的极性头构成内核，疏水基与烃基构成外层。由于胶束的极性头较小，相应的缔合数也较小，这类胶束称为"逆胶束"。

光散射法研究胶束的结果表明：多数情况下只要 SAA 浓度超过 CMC 不多，没有其他添加物或增溶物，胶束大致呈球形；在浓度较高时，胶束的形状是不对称的，可以是扁圆形或盘状的胶束；在十倍于 CMC 甚至更浓的溶液中，胶束一般呈棒状，这种棒状胶束在

溶液中具柔顺性，可以像蚯蚓那样运动。浓度再增大时，棒状聚成六角束，周围是溶剂；浓度再大时就形成更大的层形胶束。图 4-7 显示了表面活性剂在溶液中形成的各种结构。应注意，水溶液中如有其他物质会影响胶束的形状。例如，在水溶液中加入无机盐，即使表面活性剂在溶液中的浓度不大，胶束的形状已呈现为不对称棒状；若在表面活性剂的浓水溶液中加入适量的油（非极性液）则可能形成与原来结构相反的"逆胶束"，甚至形成微乳状液。

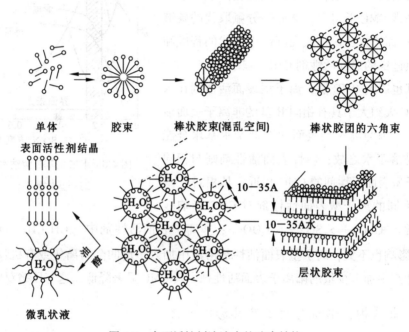

图 4-7　表面活性剂溶液中的胶束结构

胶束的形状和胶束的大小又与胶束的聚集数有关，而聚集数主要决定于表面活性剂的化学结构和外部环境，如：

（1）增加表面活性剂的碳氢链长度或减少聚氧乙烯链（非离子型）的长度，胶束的聚集数显著增加。

（2）往离子型表面活性剂溶液中加入无机盐类时，胶束的聚集数往往随盐类浓度增加而增大。因为电解质中反离子能"压缩"双电层，减少表面活性剂的离子头间的电性排斥，从而促使更多的表面活性剂进入胶束。无机盐类对非离子型表面活性剂的影响不大，既有增加聚集数的作用，有时又有减少聚集数的倾向。

（3）表面活性剂水溶液浓度在 CMC 以上时，在胶束中溶入极性或非极性有机物，会使胶束胀大，从而增加聚集数，直至达到有机物的增溶极限为止。

（4）温度对离子型表面活性剂水溶液中胶束的聚集数影响不大，但对非离子型表面活性剂的影响却很显著，温度升高使其聚集数增加，特别是接近浊点时，增加很多。例如 $C_{12}H_{25}O(C_2H_4O)_6H$ 水溶液的聚集数 15 ℃时为 140，45 ℃时聚集数增至 4000。

### 4.3.3 胶束的增溶作用

将一些原来不溶或微溶于水的物质加到表面活性剂溶液中，这些物质能很好溶解，这就是表面活性剂溶液的一个重要作用，即所谓胶束增溶作用。增溶作用在乳液聚合反应、石油开采、化妆品、食品和医药、农药等工业领域得到了广泛应用。

**1. 增溶作用特征**

（1）增溶作用只能在 CMC 以上的浓度发生，胶束的存在是发生增溶作用的必要条件。

（2）增溶作用与乳化作用不同，是热力学自发过程，增溶后的系统是更为稳定的热力学平衡系统。

（3）增溶不同于一般的溶解作用。通常的溶解过程会使系统的依数性改变，而微溶物增溶后对系统依数性的影响很小，据此可以认为，溶质在增溶过程中并未分散成分子状态，而是整体进入胶束。

**2. 增溶位置及状态**

增溶作用与胶束的存在有关，但是被增溶物，是进入胶束的内核，还是处于"表面"或"外壳"之中？科技工作者发现增溶物和表面活性剂的类型不同，增溶物的位置与状态亦各异，从而在理论上建立了"单态模型"和"两态模型"来描绘增溶物在胶束中的状态，现分别介绍如下：

单态模型(Single-state Model)：

（1）非极性物质增溶。例如，饱和脂肪烃、环烷烃等，它们增溶在胶束内核的疏水基中，就像溶于非极性碳氢化合物液体中一样，见图 4-8(a)。

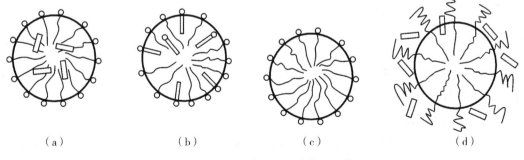

（a）　　　　　（b）　　　　　（c）　　　　　（d）

图 4-8　四种不同类型的增溶作用示意图

（2）极性-易极化物增溶在胶束的栅栏层。例如醇、胺、脂肪酸、各种极性染料等，它们或深或浅地插入胶束的栅栏层，即它们与表面活性剂分子(离子)形成混合胶束，其亲水基朝向水，疏水基朝向胶束内核，形成混合的栅栏结构，如图4-8(b)所示。这种类型的增溶量大。

（3）一些不溶于水与不溶于烃类的小极性有机物发生吸附增溶。如苯二甲酸二甲酯和一些染料，它们吸附于胶束的亲水基表面上或靠近胶束表面区域，如图4-8(c)所示。在CMC以上浓度时其增溶量几乎一定，且增溶量比上述两种类型小。

（4）含聚氧乙烯基的非离子表面活性剂形成胶束时，增溶物发生特殊形式的增溶。增溶物包在胶束外层的聚氧乙烯亲水基之间，例如苯酚与其类似物，以酚基与聚氧乙烯基中氧以氢键结合即属此种类型，见图4-8(d)。

研究表明：增溶作用在很多情况下，(a)和(b)或(b)和(c)可以同时发生，增溶作用是一动态平衡过程：四种增溶方式的增溶量一般按(d)>(b)>(a)>(c)的顺序减少。

两态模型(Two-State Model)：

胶束像覆盖着极性外衣的油滴，其内核能溶解增溶物而呈溶解态；被增溶亦可被吸附到胶束/水界面上而形成吸附态。因此胶束的增溶量由吸附态与溶解态共同贡献，这比单独考虑碳氢内核的溶解量要大得多。例如微极性的乙酸戊脂和芳香物增溶时就比具有相似摩尔体积的脂肪烃有更大的增溶量。

**3. 影响增溶作用的因素**

增溶作用的大小与表面活性剂结构、表面活性剂的CMC以及胶束的数量有关。所以，影响CMC的各种因素，必然也会影响增溶作用。例如无机盐会使离子型表面活性剂的CMC降低，并使胶团变大(聚集数增加)，结果是增大烃类的增溶量，但却减少极性有机物的增溶量，这是因为加盐使胶束的栅栏分子间电斥力减弱，栅栏更趋紧密，从而减少了极性化合增溶的可能位置。某些添加剂也可能影响增溶作用，如非极性化合物增溶于表面活性溶液可使胶束胀大，结果使极性化合物易于插入胶束的"栅栏"，这就提高了极性化合物的增溶量。

## 4.3.4　胶束作用

表面活性剂形成胶束可用来影响、调节与控制化学反应，本节将简要介绍胶束催化作用、反胶束作用、相转移催化。

1)胶束催化作用

在表面活性剂存在的水溶液中，反应物质浓集于胶束，增加反应物之间的碰撞频率，从而加速反应，这称为胶束催化反应。胶束对有机反应有催化作用，其原因可能与反应物质和胶束之间的静电相互作用，分子间氢键以及疏水基相互作用和胶束周围水结构的变化有关。例如，十六烷基三甲基溴化铵(CTAB)可催化对硝基苯乙酸酯在碱性水溶液中的水解反应，就是由于疏水基的结合力使反应物进入 CTAB 胶束，而 $OH^-$ 由于静电力积聚在胶束表面，结果使水解反应加速；另一种解释则是阳离子表面活性剂的胶束表面上，阴离子($OH^-$)的浓度增大，活度系数减少。同理，对于 $H^+$ 催化反应和通过阳离子迁移而导致的反应，阴离子表面活性剂有显著的催化效果，而阳离子表面活性剂有抑制作用，非离子表面活性剂无明显效应。

研究表明：胶束催化作用对有机亲核取代反应、离子反应及自由基反应的速度均有影响，胶束催化反应与酶催化反应也有相似之处；胶束在结构上与球蛋白相似，可以用酶类似的方法处理。

2)反胶束的应用

表面活性剂在非水溶液中形成的反胶束(即亲水基向内，疏水基指向非水溶剂)也有实际应用。生物酶的催化作用一般宜在水相中进行，可以利用反胶束将酶增溶在反胶束中，而有机反应物从非水溶液进入胶束中反应，合成产物后再离开胶束，这是一种应用胶束固定酶的技术。

3)相转移催化

反应物分别处于"油"、水两相进行的多相化学反应，通常反应速度取决于两相接触面积的大小以及传质速率等。相转移催化剂的作用就是在表面活性剂水溶液中，利用胶束携带处于不同相中一个反应物越过相界面而进入另一相中反应，从而使反应加速(参见 3.4 节)。

## 4.4 表面活性剂在固/液界面的吸附及其作用

固体从溶液中吸附并富集表面活性剂之后，会使固体表面自由能发生显著变化。这种特性在工农业生产中得到了广泛的利用，例如涂料、油墨制品中的颜料、填料在树脂溶液中分散，纺织物印染与后处理，以及大家熟知的清洗剂及其清洗过程等，都离不开表面活性剂在固/液界面吸附。本节介绍 SAA 在固/液界面的吸附。

### 4.4.1 影响表面活性剂在固/液界面吸附的因素

由于固体表面性质的不均匀性和多样性，以及具有不对称两亲化学结构的表面活性剂在溶液中的特性，表面活性剂在固/液界面吸附时，它既决定于固体表面的本性，也决定于表面活性剂的化学结构，还受吸附时的温度和溶液的 pH 值等外部环境影响。

1)固体表面性质与表面活性剂对吸附的影响

固体表面性质不同，其吸附性能通常可分为三类。

第一类固体表面具有很强的带电吸附位。如硅酸盐、氧化铝、氧化钛、硅胶、棉纤维、羊毛、聚酰胺(在一定的溶液 pH 时)，以及不溶于溶剂的无机离子晶体(如 $BaSO_4$ 和 $CaCO_3$)和离子交换树脂等。表面活性剂可以通过离子交换、离子对形成和形成氢键等吸附于固体表面。比如，在负电性的硅胶表面上，离子表面活性剂通过离子交换及离子对形成而吸附；含聚氧乙烯链的非离子表面活性剂则通过表面 Si—OH 基与聚氧乙烯链中的氧形成氢键而吸附。

第二类固体表面没有强烈的带电吸附位，但其表面具有极性，如中性溶液中的棉纤维，聚酯和聚酰胺纤维等。这类固体表面吸附，主要是通过色散力或分子间形成氢键。例如棉、尼纶纤维中存在的—OH和—NH—基团具有形成氢键的能力，所以能够较多地吸附聚氧乙烯类型的非离子表面活性剂。增加聚氧乙烯链长时，因为它在水中溶解度加大，吸附量及吸附速度会有所降低。增加碳氢链长则增加吸附效率，即溶液浓度较稀时就有较高的吸附量。如果固体表面不能提供与表面活性剂形成氢键的氢原子时(例如聚酯、聚丙烯腈)，则主要是通过色散力作用而发生吸附，其性质与在非极性表面上的吸附相似。

第三类固体表面既无电性，又没有极性，如石墨、炭黑、木炭等各种形态的碳，此外还有聚乙烯、聚丙烯、聚四氟乙烯等高分子聚合物表面。这类非极性固体具有低表面能，阳离子表面活性剂和阴离子表面活性剂皆有相似的吸附等温线，而且常常是 Langmuir 型的(有时出现台阶)，通常在 CMC 附近达到吸附饱和，吸附的产生主要是由于分子间的色散力。一般认为在吸附开始时，吸附分子平躺在表面或有些倾斜，非极性碳氢链接近表面而极性头朝向水中；随着吸附继续进行，吸附分子便趋向于直立，直到饱和吸附，表面活性剂的极性基完全朝向水中。离子表面活性剂吸附时，增加其碳氢链长则提高吸附效率，但对最大吸附影响不大。对于非离子表面活性剂而言，增加碳氢链长也使吸附效率增加，但增加聚氧乙烯链长则吸附效率及最大吸附量皆降低。

溶液中加入电解质，使离子表面活性剂在固体表面的吸附更容易进行，最大吸附量也有所增加；在阴离子表面活性剂和溶液中加入少量阳离子表面活性剂也会使阴离子表面活性剂在固体表面吸附大大增加。

2)表面活性剂化学结构的影响

通常同类不同链长疏水基的表面活性剂在固体表面吸附的程度不同，疏水链越长，有利于吸附，溶液浓度较稀也有较高的吸附量。

不同类型的表面活性剂在不同固体上的吸附也不大一样。表面上带有负电荷的固体物质，较易吸附阳离子表面活性剂，不易吸附阴离子表面活性剂。对于非离子表面活性剂的吸附，则除亲油基的影响外，尚需注意亲水基的作用。当聚氧乙烯链较短时，非离子表面活性剂的吸附比阴离子表面活性剂的吸附量大；当聚氧乙烯链相当长时，则可能吸附较少。具有两个亲水离子基团的表面活性剂以其亲油基与吸附物表面有强烈作用时将平躺于表面上，其饱和吸附量一般小于单离子基团的表面活性剂。

3）温度对表面活性剂在固体表面吸附的影响

离子表面活性剂在液/固界面上的吸附量，随温度升高而降低。温度高时离子表面活性剂在水中的溶解度增加，表面活性剂分子吸附于固体上的趋势相对减小，所以吸附量降低。

非离子表面活性剂则随温度增加，其在固体表面上吸附量增大。非离子表面活性剂在温度低时与水完全混溶，当温度上升至浊点时则析出。

4）溶液的 pH 值对表面活性剂在固/液表面吸附的影响

氧化铝、二氧化钛、钛铁矿以及羊毛、尼龙纤维等，离子表面活性剂在其上的吸附与pH 值有关。由于 pH 值变化引起固体表面吸附位电的变化，当 pH 值较高时，阳离子表面活性剂吸附性较强，阴离子表面活性剂则较弱。

## 4.4.2　表面活性剂在固体表面的吸附及利用

1）增加固体物质在分散介质中的分散稳定性

固体从溶液中吸附表面活性剂后，表面性质会有不同程度的改变。例如，用 $C_{12}H_{25}SO_4Na$，$C_{12}H_{25}N(CH_3)_3Cl$ 等作为分散剂在水中分散炭黑粉末时发现：分散剂的浓度较小，悬浮体的稳定性较差，当浓度达到一定值时，则可得到很稳定的悬浮体。因为炭黑是一种非极性吸附剂，表面活性剂在上面吸附时，通常亲油基靠近固体表面，极性基朝向水中。这样，随着吸附的进行，原来的非极性表面逐渐变成亲水的极性表面，炭黑质点就易分散于水中。

2）改变表面的润湿性

离子表面活性剂以离子交换或离子对形成的方式吸附于固体表面后，表面活性剂的亲油基会朝向水中，获得憎水表面。例如，玻璃表面与阳离子表面活性剂的水溶液接触后，表面活性剂的阳离子将吸附于表面，碳氢链朝外定向排列，玻璃表面由亲水性变为憎水性。这样的吸附也常发生于纤维上，使纤维在水溶液中的膨胀程度减小获得防水的纺织品。如果表面活性剂溶液浓度增大，吸附继续进行而形成多层吸附。此时，吸附的表面活性离子的极性头朝向水溶液，使固体表面的亲水性增加，接触角减小，固体质点分散于水中的趋势因而增大，所以表面活性剂浓度对润湿性有关系。

3）表面活性剂在固体表面的吸附与洗涤作用密切相关

当表面活性剂被纺织物上的非极性油污吸附后，其亲水基朝向水溶液，因而增加了油污表面的亲水性（对于离子表面活性剂，同时还增加了表面电荷），使之更容易为水相所润湿，更容易分散于水相中。炭黑容易分散在非离子表面活性剂及离子表面活性剂水溶液中，也是这个道理。这就是表面活性剂容易去除纺织品上炭污及其他油污的原因。

4）匀染作用与表面活性剂在固体表面吸附有关

在纺织物印染过程中常加表面活性剂作匀染剂，当表面活性剂与染料有类似的电荷时，纺织物欲吸附有相反电荷的染料时，表面活性剂就会与之竞争，从而降低染料的有效吸附速度而达到匀染目的。

### 4.4.3 固体表面润湿及表面活性剂的润湿作用

广义地说润湿是指一种流体取代表面上另一种流体。润湿作用总是涉及三个相，其中至少二相是流体(液体或气体)。比如感光材料工业中应用多层乳液在基片上涂布，这就涉及一气相和两个互不相溶的液相。由于我们日常生活中常见到的是气、液、固三相接触。所以通常只将润湿看成是液相取代固体表面空气的过程。

**1. 接触角与润湿作用**

将水滴在固体表面，水滴展开覆盖在固体表面或形成液滴留在固体表面(如荷叶上的水珠)，此时水滴在固体表面会出现三个界面即 S/G，S/L，和 L/G 三个界面如图 4-9 所示。三个界面有三种界面张力 $\gamma_{SG}$，$\gamma_{SL}$ 和 $\gamma_{LG}$ 相互作用。这三种界面张力一般服从于 Young 方程：

$$\gamma_{SG} = \gamma_{SL} + \gamma_{LG}cos\theta$$

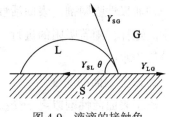

图 4-9 液滴的接触角

在图 4-9 和 Young 方程式中的 $\theta$ 称为接触角，它是 L/S 界面和 G/L 界面之间的夹角。Young 方程是研究润湿的基本公式。此式适用于表面均匀和固液间无其他特殊作用的平衡系统。接触角 $\theta$ 提供了一种判别润湿程度的方便方法，即 $\theta>90°$ 为不润湿，$\theta<90°$ 为润湿，$\theta$ 越小润湿性越好，当平衡接触角 $\theta=0°$ 或不存在 $\gamma_{SG}-\gamma_{SL}=\gamma_{LG}cos\theta$ 的平衡关系时，为铺展润湿。对指定液体，$\theta>90°$ 的固体叫憎液固体，$\theta<90°$ 的固体叫亲液固体。从能量角度看，$\theta>90°$ 和 $\theta<90°$ 并无什么本质的区别，只是以 $\theta=90°$ 为分界的润湿标准更符合人们的实践经验。根据 Young 方程式降低 $\gamma_{SG}$、增加 $\gamma_{SL}$ 均对润湿不利，对防水则有利。例如，玻璃吸附阳离子表面活性剂(CTAB)或受油污，其表面的 $\gamma_{LG}$ 下降，达到憎水的目的。对黏附润湿来说，$\gamma_{SG}$ 增大对润湿有利。然而在润湿后，往往有接触角增加，但这并不意味着减弱了黏附倾向，由 Young 方程可知：

$$cos\theta = \frac{\gamma_{SG} - \gamma_{SL}}{\gamma_{LG}}$$

若接触角 $\theta$ 的增大来自 $\gamma_{SG}$ 增大，则对黏附有利；若来自 $\gamma_{SL}$ 增大，则对黏附不利。但对浸润来说，$\gamma_{LG}$ 增大或降低仅仅改变 $cos\theta$ 的大小，而 $\gamma_{LG}cos\theta$ 值却不受影响，因此加入的表面活性剂必须是吸附在固体表面上影响 $\gamma_{SG}$ 或 $\gamma_{SL}$ 的才能对浸润发生影响，这就是浮选与防水的一个基本依据。最后,对铺展来说,降低 $\gamma_{LG}$ 总是有利的。只是 $S=\gamma_{LG}(\cos\theta-1)$ 使用的范围是 $S\leqslant0$,不能用于 $S>0$。但此式对于选择表面活性剂改善润湿性能却较方便。

应该指出:对于理想固体平面用接触角判断表面能否润湿及其好坏是好方法,但由于固体表面通常粗糙不平或多孔性、化学组成的不均匀性,以及易被污染等,用接触角也会带来很多困难和不便。因此实用中表面活性剂的润湿能力有时常用润湿时间来衡量,其测定润湿力的方法通常用沙袋沉降法或帆布沉降法。

**2. 固体临界表面张力 $\gamma_C$ 及表面活性剂的润湿作用**

Zisman 等测定了各种不同液体在同一高聚物表面上的接触角,如果用 $\cos\theta$ 对液体的表面张力作图,对于同系列化合物可得一直线,图 4-10 就是正构烷烃在聚四氟乙烯上的实验结果。将直线延至与 $\cos\theta=1$ 的水平线相交,与此交点相应的表面张力称为该固体临界表面张力(用 $\gamma_C$ 表示)。

$\gamma_C$ 是反映低能固体表面润湿性能的一个极重要的经验常数,它是衡量固体表面润湿难易的另一指标。只有液体的表面张力等于或小于某一固体的 $\gamma_C$ 时,该液体才能在这种固体表面上润湿。固体的 $\gamma_C$ 越小,要求能润湿它的液体的表面张力就越低,也就是说该固体越难润湿。表 4-3 列出了一些有机固体的 $\gamma_C$ 值。从表 4-3 的 $\gamma_C$ 值可以看出,高分子碳氢化合物中氢原子被其他元素取代或引入其他基团均可使其润湿性发生变化。卤素

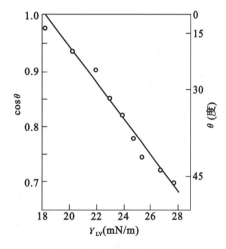

图 4-10 正构烷烃对聚四氟乙烯的润湿(20 ℃)

中的氟取代氢原子可降低高聚物的 $\gamma_C$,而且取代的氢原子数越多,$\gamma_C$ 降得越低。其他卤素原子取代氢原子或在碳氢链中引入氧和氮的原子则均增加高聚物的 $\gamma_C$。几种常见元素增加高分子固体 $\gamma_C$ 的次序是:

$$N>O>I>Br>Cl>H>F$$

聚四氟乙烯和甲基硅树脂的 $\gamma_C$ 均很小。对于这类固体表面,水和大多数有机液体的表面张力均大于它们的 $\gamma_C$,因而这些液体均不能在其上面铺展,我们常称有这种性能的表面具有憎水憎油性。使固体表面获得憎水憎油性在实际生产中有重要应用。例如,纺织物、皮革的防水防油整理;原油生产中的防止原油石蜡凝结,即在油管内壁涂一层 $\gamma_C$ 较低的高分子涂料,则原油和水均不能在油管的内壁铺展,这样,石蜡晶体很难在管壁上黏附。

表 4-3　　　　　　　　一些有机固体的临界表面张力（$\gamma_C$）

| 固体表面 | $\gamma_C$(mN/m) | 固体表面 | $\gamma_C$(mN/m) |
|---|---|---|---|
| 聚甲基丙烯酸全氟辛酯 | 10.6 | 聚甲基丙烯酸甲酯 | 39 |
| 聚四氟乙烯 | 18 | 聚氯乙烯 | 39 |
| 聚三氟乙烯 | 22 | 聚偏二氯乙烯 | 40 |
| 聚偏二氟乙烯 | 25 | 聚酯 | 43 |
| 聚氟乙烯 | 28 | 尼龙 66 | 46 |
| 聚乙烯 | 31 | 甲基硅树脂 | 20 |
| 聚苯乙烯 | 33 | 石蜡 | 26 |
| 聚乙烯醇 | 37 | 正三十六烷 | 22 |

　　根据表面自由能观点，一般液体易在干净的金属、金属氧化物和高熔点的无机固体等高能表面上铺展。但大量实验发现，如果液体是极性有机物或液体中含有表面活性剂等极性有机物，则这些液体不能在高能表面上铺展。这是因为 SAA 极性有机液体可在高能表面形成极性基转向高能表面而非极性基露在外面的定向单分子层，此时表面已转变为低能表面。由于润湿性只决定于吸附单分子层的最外层基团的润湿性，如果液体的表面张力比定向单分子层最外层基团的临界表面张力高，则液体在其自身的单分子层表面上也不铺展。具有此种性质的液体常称自憎液体。有机液体能否在某固体表面铺展决定于液体的 $\gamma_{LG}$ 与其在固体表面形成的单分子层的 $\gamma_C$：当 $\gamma_{LG}>\gamma_C$，则液体不铺展；若 $\gamma_{LG}<\gamma_C$ 则铺展。大量实验证明单分子层的 $\gamma_C$ 只决定于表面基团的性质和这些基团在表面排列的紧密程度，而与单分子层下面固体的性质无关。

　　水的表面张力较高，所以不能在低能表面上自动铺展，但如果在水中加入表面活性剂（润湿剂）降低水的表面张力，水就能使低能固体表面润湿。例如，聚乙烯和聚四氟乙烯的 $\gamma_C$ 分别为 31 和 18 mN/m，水的表面张力为 71.97 mN/m（25 ℃），故纯水在这两种高分子表面均不能铺展，若加入一般表面活性剂，最多也只能使水的表面张力降至 26~27 mN/m。按上述观点，聚乙烯有可能为表面活性剂的水溶液润湿，而聚四氟乙烯则不可能，实验结果的确如此。如果要使液体在聚四氟乙烯上铺展，则要应用氟表面活性剂。总之，不同表面活性剂在润湿性能上的差别取决于它们在水表面上的吸附层的碳氢部分排列的紧密程度，排列越紧，水的表面张力越小，其润湿性越好。

## 4.4.4　固体分散及表面活性剂的分散作用

　　将固体粒子（颜料、填料等）加入不溶解它的液体中，往往易凝聚、结块或沉淀。但在该液体中加入某种表面活性剂后，加以搅拌固体粒子就能粉碎，均匀分散于液体中。这种现象即表面活性剂的分散作用，用于这方面的表面活性剂就称为分散剂。分散剂广泛应用于涂料、油墨、塑料和橡胶工业，以及纺织物印染过程。

对于分散来说，先润湿而后分散，才能达到粒子均匀分散和稳定悬浮于液体中的目的。

1) 低能表面物质的分散

一些有机颜料和染料等具有低表面能，呈疏水性，不易被水所润湿，很难在水等极性介质中分散。如果加入适当的表面活性剂使其分子的疏水基吸附于疏水性的固体粒子的表面，而另一端亲水基伸入水中，并在固体粒子周围形成一层吸附膜，从而降低了固/液界面张力，使表面活性剂水溶液易润湿固体粒子表面并渗透到固体粒子的孔道里，促使粒子破裂成微小质点而分散于水中。这时被分散的微粒外面也都包有一层表面活性剂分子吸附膜，疏水基朝向固体微粒，亲水基在水相中。如果所用表面活性剂为离子型时，其无机反离子在周围形成双电层，增加了固/液面上的电动电位。在该体系中，固体微粒带同种电荷，互相排斥，不易凝聚在一起。此外，还可从溶剂化角度考虑，固体微粒外面包有一层亲水性的吸附膜，由于溶剂化作用生成水化层的屏蔽作用也是不易凝聚的因素；当微粒子相互接近时，水化层被挤压变形而具有弹性，它成为微粒子接近时的机械阻力，从而防止聚沉。非离子表面活性剂虽然没有电荷，但有较厚的水化层，亦能使固体微粒保持悬浮状态。

2) 高能表面无机物质的分散

具有高能表面的无机颜料、填料等，易于分散在极性介质中，但由于其极性或它们强烈吸附氧或水，很难被非极性的有机溶剂或大多数有机高分子物质润湿。如用这些物质制作涂料、油墨、黏合剂时就很难分散，给生产、贮存也带来很多麻烦。因此，我们常应用表面活性剂使它们变为低能表面物质。其道理正如我们前述，表面活性剂分子的极性基吸附在这类固体物表面，其疏水基伸向分散介质，大大降低了固/液之间界面张力，使颜料、填料易分散于非极性相或极性小的介质中。

3) 固/液分散体系的稳定性方法

由于分子的布朗运动，分散在介质中的颜料、填料等固体微粒在反复碰撞中会发生凝聚；还因为固、液物质存在比重差，固体微粒(无机物)有自然沉降趋势。两方面原因使很多分散体系的产品(如涂料)在贮藏、运输过程中，引起质量的变化。所以研究固/液分散体系的稳定性有实际意义。综前所述表面活性剂对分散作用的影响，固体分散体系的稳定化办法可以归纳如下：

(1) 加入表面活性剂使粒子形成具有相互排斥作用的双电层。

(2) 在粒子表面吸附非离子性高分子或其他活性剂形成具有一定厚度的吸附层，可使粒子保持一定距离，不易接近。

（3）想办法缩小固/液之间质量差，也是防止沉降的一种办法。

（4）提高分散介质的黏度也是一种办法。

实际工作中以上四种办法常综合一起应用。

### 4.4.5　表面活性剂与洗涤作用

表面活性剂的洗涤作用是借助于表面活性剂来减弱污物与固体表面之黏附作用，再通过机械力搅动，使污垢与固体表面分离而悬浮于介质中，最后将污物用水洗净冲走。由于污垢的多样性和表面活性剂的多功能性(润湿、分散、乳化、增溶等作用)，从而构成了洗涤作用的复杂性。习惯上，人们往往认为一种洗涤液的好坏决定于其起泡作用，实际上这是一种误解。很多经验告诉我们，起泡与洗涤二者之间没有直接关系，有时采用低泡型的表面活性剂水溶液进行洗涤，其效果也很好。但在某些场合下，泡沫还是有助于去除油污的，例如，洗涤液形成的泡沫可以把从玻璃表面洗下来的油滴带走；擦洗地毯时，泡沫有助于带走尘土污垢。此外，泡沫有时的确可以作为洗涤液是否还有效的标志，因为脂肪性油污对洗涤剂的起泡力往往有抑制作用。可以将整个洗涤过程概括为如下关系式：

物品·污垢+洗涤剂⇌物品·洗涤剂+污垢·洗涤剂

该关系式是可逆的，根据该关系式可以认为一种好的洗涤剂首先应该是它能作用于污垢，能将其从被洗物体表面分离开来；其次，分离下来的污垢要很好的分散，并悬浮于水中，而不再重新沉积在被洗物体上。

#### 1)液体油污的洗涤

对液体污垢(油脂)而言，洗涤作用的第一步是使洗涤液能对油污表面润湿。通常表面活性剂水溶液的表面张力低于一般纤维等物质和在其上覆盖的油污的临界表面张力 $\gamma_c$，所以含表面活性剂的洗涤液可以润湿纤维表面及其上的油污。洗涤作用的第二步就是油污的去除，即润湿了表面的洗涤液把油污顶替下来。液体油污原来是以铺展的油膜存在于被洗物表面，在表面张力作用下逐渐蜷缩成为油珠，最后在机械力的作用下被水冲洗以至离开表面，如图 4-11 所示：在纤维表面的油膜存在接触角($\theta$)，油/水、固体/水、固体/油的界面张力分别为 $\gamma_{wo}$、$\gamma_{sw}$ 及 $\gamma_{so}$。平衡时可用如下关系式表达：

$$\gamma_{so} = \gamma_{sw} + \gamma_{wo}\cos\theta$$

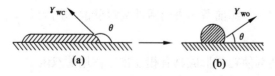

图 4-11　(a)表面上的油膜；(b)在有表面活性剂存在时"蜷缩"成为油珠

如在水溶液中加入表面活性剂，由于它易于在固体表面以及油污上吸附，故 $\gamma_{\text{sw}}$ 及 $\gamma_{\text{wo}}$ 降低。为了维持新的平衡，$\cos\theta$ 值必须变大；就是说 $\theta$ 将从小于 90° 变为大于 90°。条件适宜时，接触角 $\theta$ 将接近 180°，即油完全不润湿固体表面，水溶液几乎完全润湿固体表面；此时，油膜变为油珠自表面去除。若液体油污与表面活性剂的接触角小于 180°，但大于 90° 时，则污垢不能自发地被水力冲走。而当油污与表面的接触角小于 90°，则即使有运动液流的冲击，也仍然有小部分油污残留于表面。要除去此残留油污，需要做更多的机械功，或是通过较浓的表面活性剂溶液的增溶作用。

2）固体污垢的洗涤

水溶液中表面活性剂吸附于固体污垢质点及固体表面，使污垢与物体表面的黏附功降低，同时也可能增加质点与固体表面的表面电势，从而使质点更易自表面除去。

固体污垢和纤维表面在水中通常带负电荷，加入不同表面活性剂有不同的影响，加入阴离子表面活性剂往往提高质点与固体表面的界面电势，从而减弱了它们之间的黏附力，有利于质点自表面除去；同时，也使分离了的污垢不易再沉积于表面。

非离子表面活性剂不能明显地改变界面电势，去除表面黏附质点的能力将比负离子表面活性剂差。但吸附了非离子表面活性剂的污垢其表面上形成较好的空间障碍，对于防止污垢质点的再沉积有利。因此，非离子表面活性剂洗涤作用的总效果还是不差的。所以人们在配制洗涤剂时总要加一些非离子表面活性剂。

正离子表面活性剂一般不能用作洗涤剂，这是由于正离子表面活性剂使具负电性的表面电势降低或消除，对洗涤作用不利。有时，正离子表面活性剂水溶液的洗涤作用甚至比纯水还低，此即由于表面活性正离子被强烈地吸附于负电性的表面上之故。

# 4.5　表面活性剂的其他性质及其应用意义

## 4.5.1　表面活性剂的溶解性及对应用的影响

通常在一定温度下表面活性剂溶解度随亲油基的增大而减小。在不同温度下其溶解随表面活性剂的类型不同而有区别。在定温时，非离子型表面活性剂的溶解度最大（与水混溶），离子型较小。疏水基相同的离子表面活性剂，季铵盐类阳离子表面活性剂的溶解度较大，两性表面活性剂居中，而阴离子表面活性剂较小。当温度变化时，表面活性剂类型不同而显出很大区别：通常离子表面活性剂的溶解度随温度升高而加大；达到一定温度溶解度会增加很快，这一现象与无机盐类似。离子型表面活性剂其溶解度明显上升的这个温度称为克拉夫特点（Krafft point，Kp），此温度的溶解度即为该表面活性剂 CMC，所以CMC 可作为离子表面活性剂水溶性的量度。

离子型表面活性剂 Kp 值通常随疏水基加大和支化而升高。对阴离子表面活性剂而言，其 Kp 值与金属离子类型的关系极大。表面活性剂钙盐的 Kp 值比相应的钠盐要高很多，如十四烷基硫酸钠的 Kp 值为 21 ℃，而其钙盐为 67 ℃。因此在许多实际的应用场合，尤其是在洗涤剂中，许多表面活性剂只有复配以多价螯合剂或离子交换剂，才能在硬水中使用。

离子型表面活性剂分子中引入 —CH₂CH₂O— 后，克拉夫特点及熔点均会明显降低。这种降低在有支链的环氧加成物中表现得尤为突出。从实用观点出发，离子型表面活性剂中引入 —CH₂CH₂O— 链较对 Kp 值降低是特别有意义的。十二烷基硫酸钙的 Kp 值为 50 ℃。如引入一个乙烯氧基，可降低为 35 ℃。添加电解质通常也会使克拉夫特点升高。但当表面活性剂和醇类形成混合脱束后，Kp 值会因之降低。醇类的这种效应与添加剂会使化合物的熔点降低相类似。此外，破坏水结构的物质，如 N-甲基乙酰胺也会使克拉夫特点降低。

含聚氧乙烯链的非离子型表面活性剂在温度低时易与水混溶，当温度升至一定高度后，表面活性剂析出、分层，我们称此析出、分层并发生浑浊的温度为该表面活性剂的浊点（Cloud point，Cp）。非离子表面活性剂分子内的聚氧乙烯链中的醚键（—O—）结构是这种异常溶度性质的内在原因。链中的醚键氧原子易与水分子缔合而形成氢键，但温度升高时易破坏，因此发生分层、析出的现象。通常 Cp 温度随乙撑氧基的数目减少而下降，随疏水基、支化度增加而升高。

盐类可以使相分离的温度降低或升高。添加有机组分，如烃类、脂肪酸或芳香化合物，也有同样的效应。尿素、N-甲基乙酰胺等水溶助剂，能提高非离子表面活性剂的溶解度，其浊点会明显升高。此外，离子型表面活性剂也会影响非离子表面活性剂溶液的 Cp 值升高。

## 4.5.2 亲水亲油平衡值及其利用

HLB（Hydrophile Lipophlic Balance）本来是为选择乳化剂而提出的经验指标，现已作为选择表面活性剂的根据之一。下面列出不同 HLB 值的表面活性剂溶入水后的性状：

| HLB 值范围 | 表面活性剂在水中的性状 |
|---|---|
| 1~4 | 不分散 |
| 3~6 | 分散得不好 |
| 6~8 | 剧烈振荡后成乳色分散体 |
| 8~10 | 稳定乳色分散体 |
| 10~13 | 半透明至透明的分散体 |
| 13 以上 | 透明溶液（完全溶解） |

表面活性剂的 HLB 值范围及其应用的关系大致如下：HLB 1~3 用于消泡剂；HLB 3~6 可作为 W/O 的乳化剂；HLB 7~9 可选为润湿剂；HLB8~18 用作 O/W 的乳化剂；HLB 13~15 用作洗涤剂；HLB 15~18 作为增溶剂。这只是一种经验估计，对于具体问题往往会出现较大偏差。特别是制备 O/W 乳状液时，乳化剂的 HLB 值之范围可以很大，甚至只要 HLB 值在 8 以上者皆可作为乳化剂。洗涤剂及增溶剂的 HLB 值也不限于上述数值范围内。尽管如此，但上述经验范围在实际操作中仍可参考。

测定 HLB 值的实验比较麻烦，现已有些经验公式和计算方法可用。多元醇的脂肪酸酯等非离子表面活性剂，可使用如下公式：

$$HLB = 20(1 - S/A)$$

式中，$S$ 为酯的皂化数；$A$ 是酸值。

对于皂化数不易测定的表面活性物质(如松浆油和松香的酯，以及蜂蜡、羊毛酯等)，则采用如下公式：

$$HLB = (E + P)/5$$

式中，$E$ 代表分子中 $C_2H_4O$ 的重量百分数；$P$ 代表多元醇的重量百分数。

对于只用—$(C_2H_4O)_n$—为亲水基的表面活性剂，则可用经验式：

$$HLB = E/5$$

一些含有如氮、硫、磷等其他元素的结构复杂的表面活性剂上述公式不适用。

利用 HLB 基团数计算 HLB 值：可将 HLB 值作为结构因子的总和来处理，即把表面活性剂结构分解为一些基团，每一基团对 HLB 值均有确定的贡献，根据实验结果得出表面活性剂的基团数列于表 4-4 中。计算即可得 HLB 值。

表 4-4　　　　　　　　　　　　表面活性剂的基团数

| 亲水的基团数 | | 亲油的基团数 | |
| --- | --- | --- | --- |
| —SO$_4$Na | 38.7 | —CH— | |
| —COOK | 21.1 | —CH$_2$— | 0.475 |
| —COONa | 19.1 | —CH$_3$— | |
| —SO$_3$Na | 11 | —CH— | |
| —N(叔胺) | 9.4 | | |
| 酯(失水山梨醇环) | 6.8 | —(C$_3$H$_6$O)— | 0.15 |
| 酯(自由) | 2.4 | (氧丙烯基) | |
| —COOH | 2.1 | —CF$_2$— | 870 |
| —OH(自由) | 1.9 | —CH$_2$ | |
| —O— | 1.3 | | |
| —OH(失水山梨醇环) | 0.5 | | |
| —(C$_2$H$_4$O)— | 0.33 | | |

将 HLB 基团数代入下式：

$$HLB = 7 + \sum (亲水的基团数) - \sum (亲油的基团数)$$

对于一般表面活性剂，其亲油基为碳氢链，可将 $\sum$（亲油的基团数）写为 $0.475m$（$m$ 为亲油基的碳原子数）。

如果我们了解表面活性剂的化学结构，即可应用 HLB 基团数的方法计算出 HLB 值。该方法还可方便地确定混合型表面活性剂的 HLB 值，此外，由 HLB 基团数还可以较直接地判断表面活性剂在化学结构上的亲水性。

在实际工作中，我们利用 HLB 值的加和性来选用混合乳化剂。例如，20%的石蜡（HLB 为 10）与 80%的芳烃石蜡油（HLB 为 12）的混合物，其 HLB 值应为 11.6（即：10×0.2 +12×0.8）。为了乳化这种混合物，需用 Span 20（HLB 为 8.6）与 Tween 20（HLB 为 16.7）混合表面活性剂。两种表面活性剂比例为：63% Span 20 及 37% Tween 20；此混合物的 HLB 值为 11.59，与混合油的 HLB 值接近，适于乳化上述混合油。在实际工作中，最好再试验其他有同样 HLB 值的混合配方，以确定哪一种化学结构的表面活性剂有最好的乳化效果（因为 HLB 值仅指出可能得到的乳状液类型，并不是乳化剂的效率和能力）。

### 4.5.3　相转变温度(PIT)与乳化剂的选择

HLB 值不能表明一种表面活性剂的乳化效率(所需浓度大小)和能力(形成乳状液的稳定性)，它只能说明可形成乳液和所形成乳液的可能类型，甚至有时连类型也不能肯定。HLB 值只能作为粗略的选择乳化剂的一种方法。HLB 值法不足之处在于对油/水体系的组成、性质和温度等的影响都未作合理考虑。比如温度变化对乳化剂(特别是非离子型)的亲水性有较大影响；许多乳化剂在较低温度下为 O/W 型的，高温下则为 W/O 型。这些情况与亲水基的水化程度随温度增加而减少有关。乳液由 O/W 型转变为 W/O 型时的转变温度称为相转变温度，它指明了所用表面活性剂的亲水与亲油性质此时已达到适当平衡，因此 PIT 可用来作为选择乳化剂的方法。Schinoda 等提出的 PIT( Phase Inversion Temperature )法是取等量的油相与水相，用 3%~5% 表面活性剂乳化，并在不同温度下加热振摇，测定出乳状液自 O/W 转变为 W/O 类型变化时的温度(PIT)。通常对 O/W 乳状液合适的乳化剂，应选其 PIT 比乳状液保存温度低 10~40 ℃的乳化剂配方；制备乳液时的温度应低于 PIT2~4 ℃制备乳状液，然后再冷却到保存温度。如此操作可得分散度高而且稳定的乳化液。其原因是在 PIT 附近制得的乳状液分散相细小，但很不稳定易于凝结，冷却到 PIT 以下可使其稳定性增大而分散相大小没有明显增长。

PIT 随油相性质而改变，油相的极性越小 PIT 越高，PIT 混合油相(含 A，B 两种油，

$\varphi$ 代表体积分数）组成的关系可表达为

$$PIT = (PIT)A\varphi A + (PIT)B\varphi B$$

如果固定表面活性剂浓度，则增大体系中油和水的比例时 PIT 增大；而当固定表面活性剂与油相比例时，即使增大油/水体系中油的组成，PIT 也不再改变。对于含聚氧乙烯链的非离子表面活性剂，一般在表面活性剂浓度为 3%~5% 时，PIT 达到恒定值。表面活性剂中聚氧乙烯链长分布越宽，PIT 越高，形成的乳状液越稳定。在油相中加入添加剂时会改变 PIT。例如，加入十二醇或油酸等极性添加剂，PIT 变小；加入石蜡等非极性物质，PIT 将变大。在水相中加无机盐也使 PIT 降低。

### 4.5.4 表面活性剂化学结构与生物降解性

表面活性剂主要靠自然界微生物对其分解以消除它的环境污染。表面活性剂的有机部分被微生物分解成为 $H_2O$ 及 $CO_2$，其过程称为表面活性剂的生物降解。为了减轻以至消除环境污染，应该注意尽可能使用容易生物降解的表面活性剂。

表面活性剂化学结构与生物降解性的关系一些研究结果大致如下：

（1）合成表面活性剂中两性表面活性较容易生物降解。阴离子表面活性剂中 ABS（烷基苯磺酸盐），LAS（直链烷基磺酸盐）和 AES（脂肪醇醚硫酸盐）的生物降解 10d 后的降解度分别为 10%、55% 和 88%，而两性表面活性剂一般可达 95%~100%。

（2）对于碳氢链疏水基，直链者较有分支者易于生物降解。以烷基苯磺酸钠类表面活性剂烷基中烷端基为三个甲基取代者 60 d 几乎不降解，烷基含有支链者 60 d 降解约 60%，直链者 20 d 降解完。

（3）含芳香基的表面活性剂，其生物降解比仅有脂肪基的表面活性剂更困难。$C_{16}H_{33}SO_4Na$ 及 $C_{16}H_{33}(OC_2H_4)OSO_3Na$ 的完全降解只需 2~3 d，而 $C_{12}H_{25}—C_6H_4—SO_3Na$ 的降解则需 9 d。

（4）于非离子表面活性剂中的聚氧乙烯链，链越长，越不易于生物降解。—$CH_2CH_2O$— 链节数在 10 以下者，生物降解速度无明显差别；超过 10 链节后，则降解速度随链长增加而明显减缓。以臭氧（$O_3$）处理废水时，往往有利于 OP 类分支碳氢链表面活性剂的生物降解。

### 4.5.5 表面活性剂化学结构与化学稳定性

表面活性剂主要要考虑其对酸、碱、盐的稳定性。离子型表面活性剂中以磺酸盐类（$R—SO_3^-$）最稳定，非离子型中以聚氧乙烯醚为最稳定。其原因在于这些化合物分子中的 C—S 键及醚键不易破坏。若考虑到碳链的稳定性，则全氟碳链稳定性最高。因此，碳氟链表面活性剂（如 $C_8F_{17}SO_3K$，$C_6F_{13}OC_2F_4SO_3K$ 等）可作为防铬雾剂用于铬电镀槽的铬酸液中。

1）酸、碱的作用

常识告诉我们，阴离子表面活性剂在强酸溶液中通常是不稳定的，在碱性液中较稳定。羧酸盐在酸作用下皂化易析出自由羧酸。硫酸脂盐则易水解，但磺酸盐在酸、碱液中都比较稳定。

阳离子表面活性剂中的有机胺的无机醇盐在碱液中不稳定，易析出自由胺，但比较耐酸；季铵盐则在酸、碱液中都较为稳定。

除脂肪酸聚乙二醇酯或聚氧乙烯醚，一般非离子表面活性剂，不仅能稳定存在于酸、碱液中，甚至还能耐较高浓度的酸和碱。

两性表面活性剂，容易随 pH 值的变低而改变性质，在等电点时，容易生成沉淀，但分子中有季铵离子者则不会析出沉淀。

有机硅表面活性剂在强碱中易降解，强酸次之，最好在中性或弱酸、弱碱性介质中使用。

2）无机盐的作用

多价的无机盐比较容易使离子表面活性剂自溶液中盐析，易与有机物作用形成不溶或溶度较小的盐（如肥皂易被：$Ca^{2+}$，$Mg^{2+}$，$Al^{3+}$ 等离子作用沉淀）。不沉淀的无机离子往往能提高表面活性剂的表面活性。

无机盐对非离子及两性表面活性剂的作用甚小。有时，这两种表面活性剂甚至可溶于浓盐、浓碱液中，而且与其他表面活性剂有良好的相容性。

除上述酸、碱、盐的作用外，还有表面活性剂的热和氧化稳定性在应用时也要考虑。

## 4.5.6  表面活性剂的生物活性

表面活性剂的生物活性包括毒性、杀菌力及其他特殊功能。毒性小者杀菌力弱，毒性大者杀菌力强。

阳离子表面活性剂，特别是季铵盐（如新洁尔灭，即十二烷基二甲基苄基溴化铵），很多是有名的杀菌剂，对生物也有毒性。非离子表面活性剂毒性小，有的甚至无毒，但其杀菌力相应也弱；阴离子表面活性剂的毒性与杀菌力则介乎前两者之间。

表面活性剂分子中含有芳香基者，毒性较大。聚氧乙烯链型的非离子表面活性剂，其毒性链长者居大。

表面活性剂对皮肤的刺激和对黏膜的损伤，与其毒性大体相似，阳离子型的作用大大超过阴离子和非离子型。长的直链比短的直链和支链的刺激性小。烷基硫酸钠和烷基苯磺酸钠的刺激性比肥皂大。硫酸化油和酯以及非离子表面活性剂，比较温和。非离子型中，又以脂肪酸酯类作用更为温和。

非离子表面活性剂的毒性虽然不大，但往往能污染水域、杀害鱼类。烷基酚聚氧乙烯醚在水中的浓度为百万分之几，即达到某些鱼类的半致死量。

季铵盐表面活性剂广泛地用作消毒、杀菌剂，也用作防霉剂。阳离子表面活性剂的杀菌力，一般达苯酚的一百倍以上。如表面活性剂"新洁尔灭"一类，其杀菌力为苯酚的150~300倍；阳离子表面活性剂防霉作用与苯酚相近。

有些两性表面活性剂也具有较高的杀菌、消毒作用。如($C_8H_{17}$)$_2NC_2H_4NHCH_2$COOH(Tego)的盐，以及 $C_{12}H_{25}$— $NHCH_2CH_2NHCH_2CH_2NHCH_2COOH \cdot HCL$(Teoquil 51)，它们的特点是刺激性比季铵盐小，还可以和肥皂等复配使用，而不降低杀菌效力。

## 4.5.7 表面活性剂在溶液中的协同效应

在实际应用中，纯粹的十二烷基硫酸钠在降低表面张力、发泡、乳化以及洗涤等方面的性能均不及含有少量十二醇的产品。因此，人们已不单纯追求研制纯净的高效能表面活性剂，而是研制含有各种添加剂的表面活性剂配方。关于表面活性剂的协同作用对性能影响在前面章节已有叙述，本节再进一步讨论。

复合表面活性剂常显示出单一表面活性剂难以达到的表面特性，比如复合表面活性剂的 $\gamma_{cmc}$ 有时可显著低于单一表面活性剂溶液，可能出现超低表面张力等。复合表面活性剂在溶液表面(界面)饱和吸附量可能出现两种情况，其一是混合表面活性剂在表面(界面)的饱和吸附量和 $\gamma_{cmc}$ 值介于两单一表面活性剂中间，其中各组分在混合溶液饱和吸附时的吸附量均低于单一溶液中的数值。另一类复合体系的总饱和吸附量大于各单组分溶液的饱和吸附量，而 $\gamma_{cmc}$ 又明显低于各组分溶液的值，这种复合体系能使表面活性增加，称之为"增效作用"。

1)阴、阳离子表面活性剂的协同作用及利用

以 $C_8H_{17}N(CH_3)_3Br$ 和 $C_8H_{17}SO_4Na$ 体系为例：在阴离子表面活性剂中加入少量季铵盐，或在阳离子表面活性剂中加入少量的硫酸酯，表面张力都会显著下降。这是因为正、负电荷的相互吸引，导致两种表面活性离子在表面上的吸附相互促进，从而使表面张力的效率及能力皆有极大提高。在此种表面活性剂形成的表面吸附层中，两种表面活性离子的电荷相互自行中和，表面双电层不复存在；表面活性离子之间不但没有一般表面活性剂那样的电斥力，反而存在静电引力。因此，亲油基的排列更加紧密，表面出非常优良的降低表面张力的能力。如1:1的 $C_8H_{17}N(CH_3)_3Br/C_8H_{17}SO_4Na$ 混合物其水溶液的表面张力可降至 $23\times10^{-3}$ N/cm；庚烷/水溶液界面张力约可降至 $2\times10^{-4}$ N/cm，这也是一般表面活性剂所没有的。

在阴离子表面活性剂水溶液中加入少量阳离子表面活性剂将使阴离子表面活性剂的吸

附明显增加。在阳离子表面活性剂水溶液中加入阴离子表面活性剂，也同样有促进吸附的作用。

2）同系物表面活性剂的协同作用及利用

同系物表面活性剂混合溶液，无论是离子型还是非离子型的，若以二元混合物为例，其表面张力随混合物配比的变化始终介于两个表面活性剂之间，存在一定的规律性。混合物的 CMC 也有类似的规律。

对两种不同阴离子表面活性剂直链烷基苯磺酸盐（AS）与烷基醚硫酸盐（AES）混合物的研究表明：混合物界面张力会出现最小值。最小值的位置及数值取决于烷基醚硫酸盐中环氧乙烷的加成数。如在测定聚酯表面上的润湿能、接触角所得的测定值，都在与界面张力最小值相应的混合比例处出现一固定的极值点。这些结果对实际工作非常重要。

3）离子型表面活性剂与非离子型表面活性剂的协同作用及利用

它们在溶液中形成混合胶束时，离子型表面活性剂的极性基之间插有非离子型表面活性剂，从而减弱了离子型表面活性剂的离子头之间的电性斥力。更易形成胶束，结果是混合物溶液的 CMC 下降。表面张力降低。几乎全部的浓度区域间，混合物的 CMC 均低于单一表面活性剂的 CMC 值。这类混合物具有比单一表面活性剂更为优良的洗涤、润湿等性质，可以提高乳液的稳定性，在实际生产中已取得广泛的应用。

## 4.6　表面活性剂的合成

### 4.6.1　传统表面活性剂合成方法概述

合成表面活性剂都是由疏水基和亲水基构成的双亲分子，这两种化学结构及其物理化学性能完全不同的基团如何键合在一起是合成者的任务。表面活性剂尽管类型和品种繁多，但合成方法可以归纳为两类：其一是将具疏水特性的化合物与亲水特性的化合物直接进行化学反应来合成表面活性剂，即所谓亲水基直接引入法（简称直接法）；其二是亲水基经一活性中间物连接的间接引入法（简称间接法），该方法通常是利用一种具有双重的不同反应活性的化合物，将其先后分别与具疏水特性或亲水性能的化合物反应，使其形成具两亲特性的表面活性剂。

表面活性剂疏水基主要来源于天然油脂加工制得的高级脂肪醇、脂肪酸及其衍生物（如 $RCOOR$，$RCH_2OH$，$RCONH_2$，$RNH_2$，$R—SH$ 等）和石油加工的化学品，它们包括烷烃、环烷酸、$\alpha$-烯烃、聚烷烃、烷基苯、合成高级脂肪醇或酸等。此外，还有天然化合物（如松香酸和木质素等）。一些特种表面活性剂的疏水基是具有特色的全氟或部分氟代的脂肪醇、胺、羧酸及其衍生物，它们通常是电解氟化或四氟乙烯调节聚合或全氟环氧丙烷开环制得。有机硅表面活性剂的疏水基是由有机氯硅烷或它们的低聚物(八甲基环四硅氧烷($D_4$),水解物)制备。聚合物表面活性剂疏水基则主要是由环氧丙烷开环聚合物、聚丙烯酸酯及其共聚物等制备。

1)直接法合成表面活性剂

亲水基直接引入法大多采用具疏水性能的有机化合物与无机化合物直接反应。例如,油脂用氢氧化钠皂化制备肥皂;烷烃与 $SO_2$、氧进行烃磺氧化反应或 $SO_2$、氯和烃进行磺氯化反应。烷基用 $SO_3$ 进行磺化反应;烯烃与硫酸、亚硫酸盐或亚磷酸二酯的加成反应;脂肪醇用氯磺酸、硫酸、磷酸或膦酸的酯化反应等合成阴离子表面活性剂;阳离子表面活性剂是卤代烃与胺、膦进行季胺化,季磷化反应;非离子表面活性剂则多用具活泼氢的疏水化合物(如醇、酸、胺等)与环氧乙烷加成聚合制备;两性表面甜菜碱由叔胺进行羧烷基化反应合成等。

2)间接法合成表面活性剂

通常是具有疏水性的化合物与亲水性的化合物通过一活性中间物(连接剂)反应。连接剂除起连接疏水基与亲水基作用外,还可将主亲水基以外的其他亲水极性基团引在表面活性剂分子中的恰当位置,构成多元的复合亲水基,导致构成疏水基或亲水基的累积结构,这样可使表面活性剂应用或生物降解性等性能得到优化。合成中常用的活性连接剂一定是含有两个以上具不同反应特性的化合物,比如环氧氯丙烷,化合物中既具有被环氧基活化能进行取代反应的氯原子团,又含有可进行加成开环反应的环氧基。此外,还有一种可作为连接剂用的化合物,它们具有潜在的反应基团,这种化合物表面上只具有一种反应基团,但当它反应之后,可产生出另具反应活性的基团,比如,环氧基与含活泼氢化合物反应之后,又产生有很好反应性的羟基可进一步与疏水或亲水化合物反应。常用活性连接剂大致可分为四类:

(1) 活性的不饱和化合物,如 $H_2C\!=\!\!O$,$CH_2\!=\!CHY$(Y,—CN,—COONa,—COOR′,—$SO_3Na$ );

(2) 活性卤化物,如 $ClCH_2COONa$,$CH_2\!=\!CHCH_2Cl$,$ClC_2H_5OC_2H_5Cl$;

(3) 环状活性化合物,如 ,,,

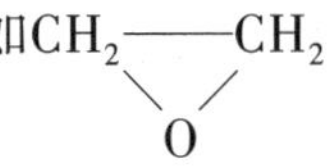

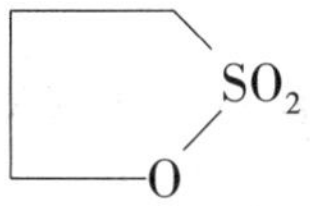

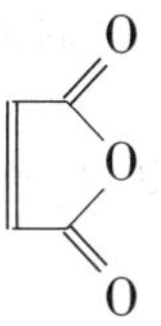

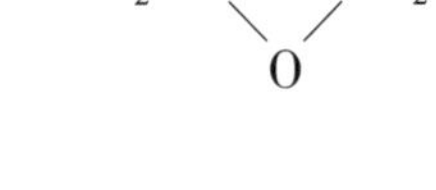

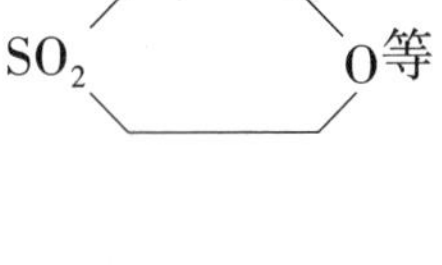

,等;

（4）其他反应性化合物，如失水山梨醇，甘油，$H_2NCH_2CH_2NHCH_2CH_2OH$ 等。

3）间接法合成表面活性剂生产有三种不同的工艺过程，采用哪一过程，则决定于反应中间物的反应特性以及最终所得到产物的收率、纯度等。

（1）具疏水性能的化合物与活性中间物反应，先生成疏水中间物后，再引入亲水基。

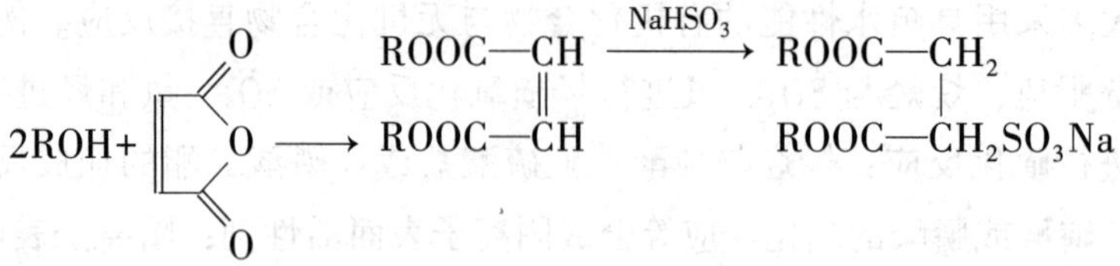

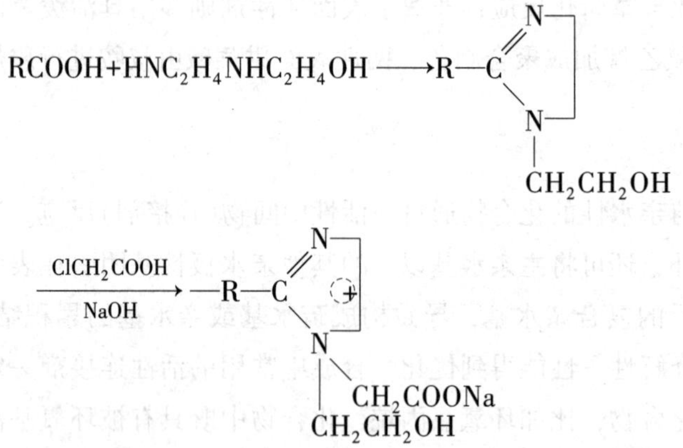

（2）具亲水性的化合物先与连接剂反应，再与疏水性的化合物反应生成表面活性剂。

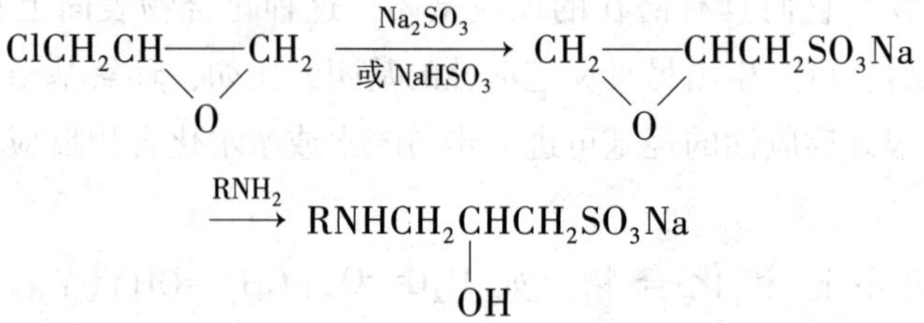

（3）疏水化合物、亲水化合物与连接剂同时投入反应釜中进行反应。该方法要求各步反应一定有序进行，各步反应很少或不相互干扰，能得到高产率的有效成分。该法除以甲醛为连接剂外，环氧氯丙烷为连接剂也常用。

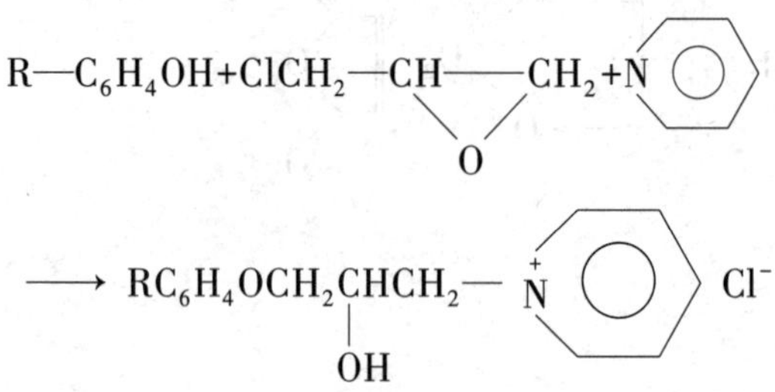

174

### 4.6.2 有机硅表面活性剂及其合成

有机硅表面活性剂是一类特种表面活性剂，按其亲水基的化学结构可分为非离子型、阴离子、阳离子和两性型四类，其中应用较多的是非离子型；按亲水基在化学结构中所处的位置则可分为侧链型和嵌段型两类。按亲水基与硅氧链连接基团不同又可分为硅-碳-亲水基和硅-氧-碳亲水基两类。

有机硅表面活性剂是属绿色精细化工产品范畴，通常都具有高表面活性，水溶液的最低表面张力可降至20~30 mN/m，仅高于制造成本高昂的有机氟表面活性剂；它在水或非水溶液体系中均显表面活性，具有优良的润湿能力，能在低能表面上润湿展布；它的热稳定性好，通常在200℃左右；水解稳定性通常是好的，分子量小的有机硅表面活性剂稳定性较差，但具有硅-碳-亲水基结构的有机硅表面活性剂水解稳定性好；通常是无毒和不刺激皮肤；它还具有很好的配伍性，能和普通表面活性剂配合使用，改善其表面活性性能，从而得到使用者青睐。有机硅表面活性剂通过分子设计，采用不同合成方法可以制备出适于不同应用目的和领域的有机硅表面活性剂。基于上述特点，近20年来该类特种表面活性剂发展很快，广泛应用的领域已涉及纺织、塑料、涂料、医药、农药、造纸、皮草等轻化工，以及环保、食品和化妆品等众多行业，可将其作为柔软剂、乳化剂、破乳剂、消泡剂、抑泡剂、匀泡剂、起泡剂、润湿剂、流平剂、展布剂、润滑剂、脱模剂、纺织物卫生整理剂等助剂应用。下面以非离子有机硅表面活性剂为例，简述它们的合成路线。

1)侧链含亲水基团(以聚醚为例)的有机硅表面活性剂合成方法

方法Ⅰ：首先合成含氢硅油，然后与不饱和聚醚进行硅氢化加成反应。

$$Me_3SiOSiMe_3 + x(MeSiO)_4 + y(MeHSiO)_4$$

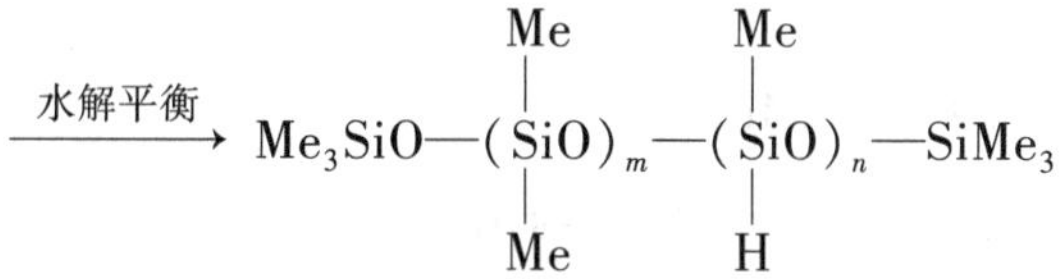

$$\xrightarrow{\text{水解平衡}} Me_3SiO\!-\!(\underset{\underset{Me}{|}}{\overset{\overset{Me}{|}}{SiO}})_m\!-\!(\underset{\underset{H}{|}}{\overset{\overset{Me}{|}}{SiO}})_n\!-\!SiMe_3$$

亦可用 $Me_3SiCl$，$Me_2SiCl_2$ 和 $MeSiHCl_2$ 水解缩合合成。$(MeSiO)_4$ 可用 DMC 或二甲基二氯硅烷的水解物代替。合成含氢硅油后再进行硅氢加成反应，例如：

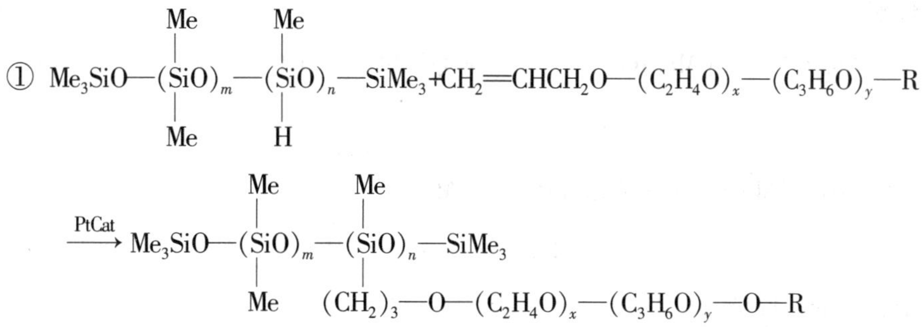

① $Me_3SiO\!-\!(\underset{\underset{Me}{|}}{\overset{\overset{Me}{|}}{SiO}})_m\!-\!(\underset{\underset{H}{|}}{\overset{\overset{Me}{|}}{SiO}})_n\!-\!SiMe_3 + CH_2\!=\!CHCH_2O\!-\!(C_2H_4O)_x\!-\!(C_3H_6O)_y\!-\!R$

$\xrightarrow{\text{PtCat}} Me_3SiO\!-\!(\underset{\underset{Me}{|}}{\overset{\overset{Me}{|}}{SiO}})_m\!-\!(\underset{\underset{(CH_2)_3-O-(C_2H_4O)_x-(C_3H_6O)_y-O-R}{|}}{\overset{\overset{Me}{|}}{SiO}})_n\!-\!SiMe_3$

175

②

$$\text{Me}_3\text{SiO—Si—OSiMe}_3 + \text{CH}_2\text{=CHCH}_2\text{O}(\text{CH}_2\text{CH}_2\text{O})_n\text{—Me}$$
(带 Me 在上, H 在下)

$$\longrightarrow \text{Me}_3\text{SiO—SiOSiMe}_3$$
(Me 在上)
$$\text{CH}_2\text{CH}_2\text{CH}_2(\text{OCH}_2\text{CH}_2)_n\text{—OMe}$$

方法Ⅱ：首先合成含亲水基团的有机硅单体，然后通过水解、缩合和平衡三步合成。

① $\text{MeSiHCl}_2 + \text{CH}_2\text{=CHCH}_2\text{O—PEO—PPO—R}$

$$\xrightarrow{\text{PtCat}} \text{Me—Si—}(\text{CH}_2)_3\text{—O—PEO—PPO—R}$$
(Cl 在上下)

② $x\text{Me}_3\text{SiCl} + y\text{Me}_2\text{SiXCl}_2 + z\text{Me—Si—}(\text{CH}_2)_3\text{—O—PEO—PPO—R}$
(Cl 在上下)

$$\xrightarrow{\text{水解、缩合和平衡}} \text{Me}_3\text{Si—O—}(\text{Me}_2\text{SiO})_y\text{—}(\text{MeSiO})_z\text{—SiMe}_3$$
$$(\text{CH}_2)_3\text{—PEO—PPO—R}$$

方法Ⅲ：通过含羟(或氨等)烷基、甲基聚硅氧烷(硅油)与环氧化物反应合成。

$$\text{Me}_3\text{SiO—}(\text{Me}_2\text{SiO})_x\text{—}(\text{MeSiO})_y\text{—SiMe}_3 + z\text{H}_2\text{C—CH}_2$$
$$(\text{CH}_2)_n\text{—Q} \qquad \text{O}$$

$$\xrightarrow{\text{Cat}} \text{Me}_3\text{SiO—}(\text{Me}_2\text{SiO})_x\text{—}(\text{MeSiO})_y\text{—SiMe}_3$$
$$(\text{CH}_2)_n\text{—Q}'\text{—}(\text{CH}_2\text{—CH}_2\text{O})_z\text{—H}$$

Q 为氨基、胺基、羟基等，n 通常是 3 或 1。

方法Ⅳ：以卤代烷基、甲基聚硅氧烷(硅油)当合成原料，再与聚醚缩合成非离子型有机硅表面活性剂。

$$\text{Me}_3\text{SiO—}(\text{Me}_2\text{SiO})_x\text{—}(\text{MeSiO})_y\text{—SiMe}_3 + \text{Q—}(\text{CH}_2\text{CH}_2\text{O})_m\text{—R}$$
$$(\text{CH}_2)_n\text{—X}$$

$$\xrightarrow{\text{Cat}} \text{Me}_3\text{SiO—}(\text{Me}_2\text{SiO})_x\text{—}(\text{MeSiO})_y\text{—SiMe}_3$$
$$(\text{CH}_2)_n\text{—Z—}(\text{CH}_2\text{CH}_2\text{O})_m\text{—R}$$

Q 为氨基、胺基、羟基等；Z 为—O—，—NH—等。

2）嵌段型有机硅表面活性剂合成方法

嵌段型有机硅表面活性剂通常分两步进行：

（1）首先合成 α，ω-双-二甲氢硅基为端基的聚二甲基硅氧烷，然后再与烯丙基聚氧烷基甲醚进行硅氢加成反应制备，如下例：

$$HMe_2SiO—(SiMe_2O)_n—SiMe_2H+2CH_2\!=\!CHCH_2—O—(PEO)_x—(PPO)_y—Me$$

$$\xrightarrow{cat} MeO(PPO)_y(PEO)_x—(CH_2)_3—SiMe_2O—(SiMe_2O)_n—SiMe_2O(CH_2)_3$$

$$—(PEO)_x(PPO)_yOM$$

（2）首先合成 α，ω-双-碳官能团封端（如 $Q(CH_2)_mMe_2Si$-的有机硅烷（Q 为 C1，OH，$NH_2$ 等具反应性的基团）的聚二甲氧硅氧烷，随后再与聚氧烷基单甲醚碱金属化合物反应脱盐制备。另一种方法是引入连接剂，将两种预聚物联接起来的方法合成。

$$Cl(CH_2)_m—(Me_2SiO)_n—SiMe_2(CH_2)_mCl + 2KO(PEO)_x—(PPO)_y—Me \xrightarrow{-2KCl}$$

$$Me(PPO)_y—(PEO)_x—(CH)_m—(Me_2SiO)_n(CH)_m(PEO)_x—(PPO)_y—Me$$

m 通常为 1 或 3，M 为 k 或 Na。

## 4.6.3 生物表面活性剂（biosurfactant）

生物表面活性剂是当代引以广泛关注的一类绿色表面活性剂。某些微生物（细菌、酵母和真菌等）在一定条件下培养时，其代谢过程中会分泌一些具有表面活性剂特征的代谢产物（它们包括多糖、多元醇脂、磷脂、糖脂、氨基酸、类脂、多肽和蛋白质及其复合物等），这些具表面活性的产物称为生物表面活性剂。生物表面活性剂通常通过发酵法或酶促反应合成。近年来采用休止细胞、固相细胞和代谢调节等手段可使代谢产物的产率大大提高，工艺简化，成本降低，有利于实现生物表面活性剂的工业化生产。生物表面活性剂具有选择性好、用量少、无毒、能被生物完全降解，不对环境造成污染等优点。生物表面活性剂广泛应用于工业、农业、医药和日用品领域。

从表 4-5 列出的一些糖脂表面活性剂的表面活性和表 4-6 列出的几种化学合成的普通表面活性剂和生物表面活性剂的物理性质比较可见，其性能较好。

表 4-5 　　　　　　　　　　　　**糖脂表面活性剂的表面活性**

| 生物表面活性剂 | 最低表面张力/(mN/m) | CMC/(mg/L) | 最低界面张力/(mN/m) |
|---|---|---|---|
| 海藻糖单脂 | 32 | 3 | 16 |
| 海藻糖双脂 | 36 | 4 | 17 |
| 海藻糖四脂 | 26 | 15 | <1 |

续表

| 生物表面活性剂 | 最低表面张力/(mN/m) | CMC/(mg/L) | 最低界面张力/(mN/m) |
|---|---|---|---|
| 鼠李糖脂Ⅰ | 26 | 20 | 4 |
| 鼠李糖脂Ⅱ | 27 | 10 | <1 |
| 槐糖脂 | — | — | 1.5 |
| 甘露糖脂 | 40 | 5 | 19 |
| 葡萄糖脂 | 40 | 10 | 9 |
| 麦芽二糖单脂 | 33 | 1 | 1 |
| 麦芽二糖双脂 | 46 | 10 | 13 |
| 麦芽三糖三脂 | 35 | 3 | 1 |
| 纤维二糖双脂 | 44 | 20 | 19 |

表4-6　　几种化学合成的普通表面活性剂和生物表面活性剂的物理性质比较

| 表面活性剂种类 | 表面张力/(mN/m) | 界面张力/(mN/m) | 临界胶团浓度/(mg/L) |
|---|---|---|---|
| 化学表面活性剂 | | | |
| 十二烷基磺酸钠 | 37 | 0.02 | 21.20 |
| Tween20 | 30 | 4.8 | 600 |
| 溴化十六烷基三甲基铵 | 30 | 5.0 | 1 300 |
| 生物表面活性剂 | 27 | 10 | <1 |
| 鼠李糖脂 | 25~30 | 0.05~4.0 | 5~200 |
| 槐糖脂 | 30~37 | 1.0~2.0 | 17~82 |
| 海藻糖脂 | 30~38 | 3.5~17 | 4~20 |
| 脂肽 | 27 | 0.1~0.3 | 12~20 |
| 枯草菌脂肽 | 27~32 | 1.0 | 23~160 |

一些重要的生物表面活性剂的化学结构举例如下：

（1）糖脂系生物表面活性剂主要包括鼠李糖脂、海藻糖脂、槐糖脂、甘露糖脂、葡萄糖单脂、麦芽糖脂等。

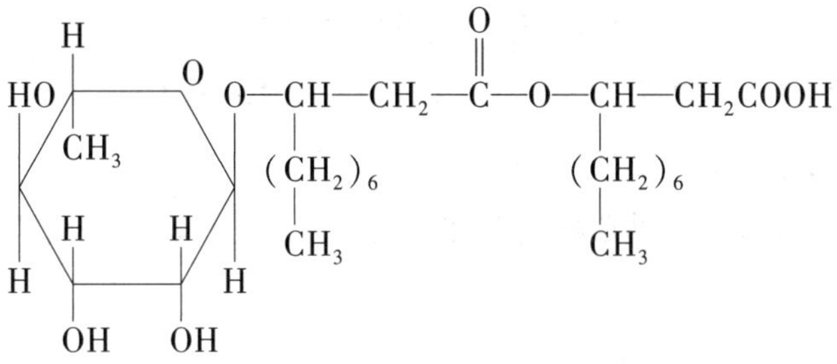

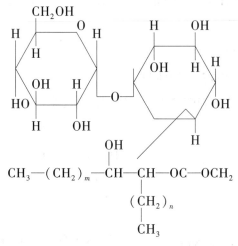

鼠李糖脂

海藻糖单脂 $m = 20 \sim 21$ $n = 9 \sim 11$

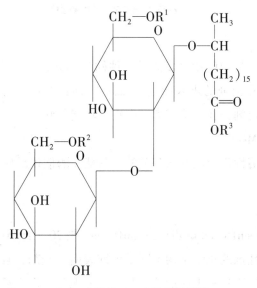

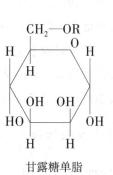

甘露糖单脂

$R^1 = R^2 = Ac$，$R^3 = H$ 或甲基 Ⅰ 酸型槐糖脂

$$R \text{ 为} \begin{matrix} O & CH\cdots CH_2CH_3 \\ \| & | \\ -C-CH-CHOH-CH_2\cdots CH_3 \end{matrix}$$

（2）酰基缩氨酸系生物表面活性剂。

这类生物表面活性剂是由枯草杆菌等细菌培养的产物，其中表面活性蛋白脂肽化学结构如下：

$$\begin{matrix} CH_3 & & & O & \\ \diagdown & & & \| & \\ CH-(CH_2)_9-CHCH_2C-GLu-Leu-D-Leu-Val-Asp-D-Leu-Leu \\ \diagup & & & | & \\ CH_3 & & & O & \end{matrix}$$

D 为右旋，其余为左旋。

（3）磷脂系及脂肪酸生物表面活性剂。

这类表面活性剂中卵磷脂和脑磷脂广泛应用，其化学结构如下：

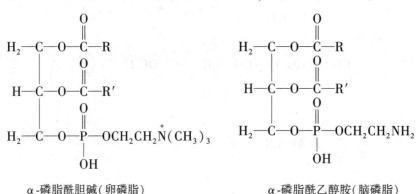

α-磷脂酰胆碱(卵磷脂)　　　　　　α-磷脂酰乙醇胺(脑磷脂)

（4）脂多糖。

它是多糖和脂肪酸酯化后的产物，其中应用最多的是一种称为 Emnlsan 的脂多糖，它降低表面和界面张力的能力中等，但有很强的进入油/水界面的倾向；本身不是有效的乳化剂，但是一种很好的水包油乳液稳定剂，在二价阳离子存在下功能最好。

（5）蛋白质高分子表面活性剂（EMG）。

这类表面活性剂可通过明胶等水溶性蛋白质与氨基酸的烷基酯在酶催化反应制备。

### 4.6.4 双子表面活性剂

双子(Gemini)表面活性剂(gemini surfactant or dimeric surfactant)是 20 世纪 90 年代发展起来的新型表面活性剂；双子表面活性剂的化学结构不同于传统表面活性剂，且其性能优于传统表面活性剂，因此通常将其归属于特种表面活性剂范畴。表观双子表面活性剂的化学结构，它似乎仅是两种相同(或不同)的传统表面活性剂通过化学键合而成的化合物，但其化学结构与性能研究表明，双子表面活性剂不能认为是传统表面活性剂任意键合于一体之产物，它是通过合适的方法、逐步合成一具两个亲水基团(Q)和两个疏水基团(R)的化合物，该产物还一定是在亲水基团Q或靠近Q基团的疏水基团上有一隔离联结(spacer)基团(S)键合成一体的两亲化物。双子表面活性剂化学分子结构中的疏水R基可以是相同或不同的任意碳氢烷烃基，碳氟烷链基或全氟醚基和烷基硅氧链等疏水基团；其亲水Q基也可以是相同或不同的阴离子、阳离子、两性离子或聚醚、糖苷等非离子基团。最具重要性的是隔离联结基S的化学结构及其所处位置对双子表面活性剂性能和应用起决定作用；隔离联结基团S可以是柔性的或刚性的碳氢烃链，也可是醚、酯或酰胺等含杂质的极性基团。S基团链的长短和大小对表面活性剂的性能也有影响。

基于上述化学组成和结构特征，除可按传统表面活性剂分为双子型阴离子、阳离子、两性离子和非离子表面活性剂以外；还可按R或Q基团相同或不同，称之为对称和非对称型双子表面活性剂，对称双子表面活性剂是迄今合成最多，应用最广的一类型双子表面活性剂；也可以据间隔联接基团的物理化学性质，将其分为亲水柔性(或刚性)隔离型，亲油柔性(刚性)隔离型双子表面活性剂；还因双子表面活性的结构特殊和性能突出，吸引了众多研究者专注一些新型双子表面活性剂的研发，例如属元素有机化学领域的有机硅、有机氟和有机磷等元素双子表面活性剂；以生物质为亲水基原料研发的表面活性剂，例如以糖苷、氨基酸、多肽为亲水基的双子表面活性剂；此外，具螯合等功能的特殊功能型的双子表面活性剂也是新研发的热点。双子表面活性剂的化学组成及其结构特性，使它较之传统表面活性剂具有很多优越性能，例如更易吸附在气-液表面，从而更有效地降低水溶液的表面张力；双子表面活性剂具有较低的CMC，其CMC通常较之传统表面活性剂低1~2或3~4个数量级，它更易聚集形成胶团或发生自组装；它有两个亲水基和易形成胶团，具有更好的低温水溶性和更低的Krafft点；双子表面活性剂能更有效降低液体的表面张力，从而它也具有更好的泡沫性能，润湿性能，乳化性能；此外，它还有更好的钙皂化分散性，较之传统表面活性剂，它具有更好的复配性及其复配效果，因此它是一种制备各种类型的功能性助剂(功能表面活性剂)不可多得的组分，对提高助剂性能和质量的发展前景很好。它在石油化工，纺织印染，皮革，造纸，能源材料，生物技术，医药和日用化学品等领域应用前景广阔。双子表面活性剂不足之处在于合成步骤多、生产成本高，从而成为阻碍这类表面活性剂发展的关键因素。因此，设计双子表面活性剂合理的化学结构和简捷的合成路线对降低其生产成本显得十分重要。双子表面活性剂因化学结构特殊，类型很多，合成方法各异，下面仅以对称型双子表面活性剂为例，以阐述其常用的合成方法和步骤。

①据分子设计，首先选择合适的疏水基R化合物，该化合物除有与亲水基键合的官能团外，在其用于与亲水基键合的反应基团附近还要有另一具反应性的基团，当加入S化合

物后能方便将两个 R 基化合物顺利键合于一体；最后再将亲水基团引入，此方法即所谓亲水基团引入法，其实例如下：

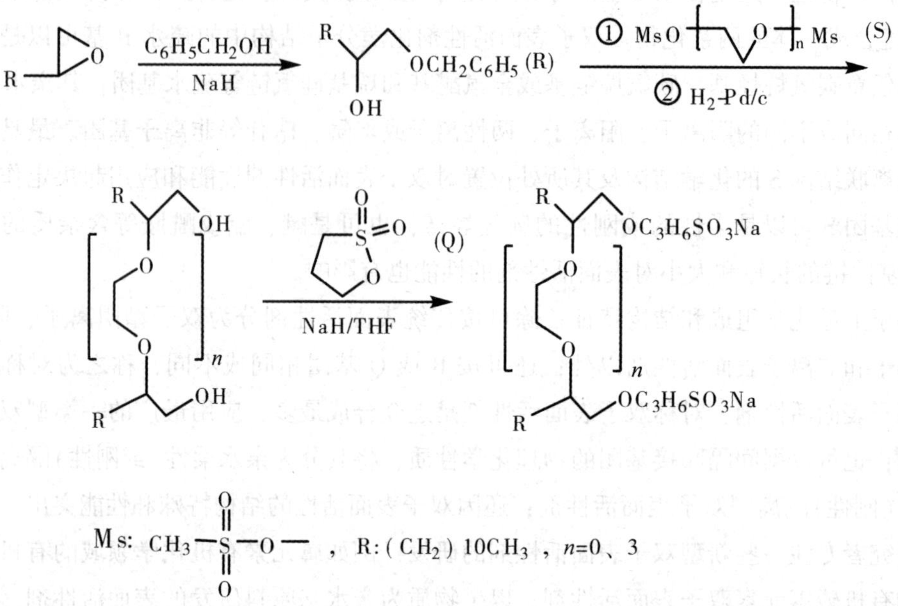

②据分子设计，首先选择适合的亲水基的化合物，加入具间隔联结的化合物(S)将两个具亲水特性的基团通过醚键、酯键或酰胺键等将两个亲水基偶联于一体，然后再引入疏水基团，即所谓疏水链加入法：如以乙二胺、2-溴乙基磺酸钠、十四酰氯等酰胺为原料合成双子表面活性剂亚乙基双(N-乙磺酸十六酰胺)钠盐

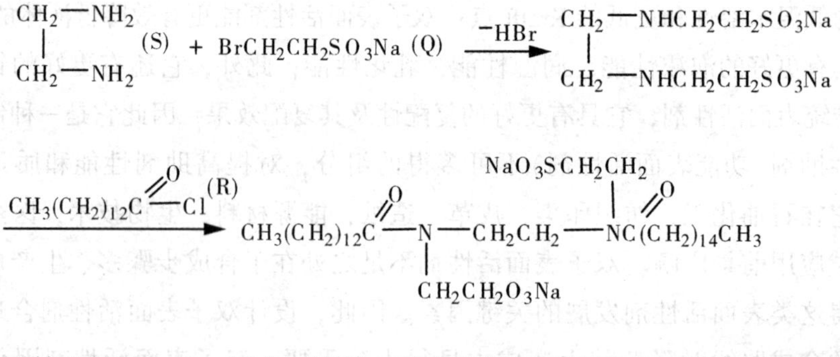

③间隔联结基团引入法：据分子设计，首先选择好能形成具双子表面活性剂化学结构特征的两亲化合物，再加入间隔联结作用的化合物，将两个具两亲特性的化合物键合于一体，即选择好具反应性的传统的表面活性剂(两亲化合物)是关键；然后在具反应性的两亲化合物中加入适合的间隔联结的化合物，一步反应生成双子表面活性剂，例如：

$$\underset{\overset{|}{COOCH_3}}{\overset{SO_3Na}{R}} \xrightarrow[\text{酯交换反应}]{HO \overset{(S)}{\frown} OH} \underset{SO_3Na}{\overset{R}{\frown}} COO(CH_2)_2OOC \underset{SO_3Na}{\overset{R}{\frown}} + 2CH_3OH$$

### 4.6.5 其他值得发展的表面活性剂

(1)再生生物资源加工的表面活性剂

以天然再生资源为原料，采用有机合成方法，引入疏水基团对其进行改性，如此生产的表面活性剂也是一类绿色表面活性剂，对人体刺激小，有优良的物理化学性能，配伍性好，易生物降解，广泛应用于日用化学品和食品加工，尤其是婴幼儿用品制备。20世纪90年代以来发展了三大类：① 烷基多苷(APG)及葡萄糖酰胺(AGA)；② 醇醚羧酸盐(AEC)及酰胺醚羧酸盐(AAEC)；③ 单烷基磷酸酯(MAP)及单烷基醚磷酸酯(MAEP)。

(2)有机氟表面活性剂

有机氟表面活性剂，是表面活性剂表面活性最好的一种，它的水溶液表面张力正常在15~20 mN/m 范围内。该类表面活性剂中的疏水基团包括四氟乙烯或全氟丙烯调聚物全氟环氧丙烷开环聚合的低聚全氟醚，以及通过羧酸、磺酸电解氟化制备。它的生产成本较高是不足之处，但因其独特的性能仍然得到了广泛的应用。表4-7和表4-8列出了该类表面活性剂的应用性能及用途。

表 4-7 　　　　　　　　　　　　**氟表面活性剂的应用**

| 应用领域 | 应用实例 |
|---|---|
| 化学工业 | 乳化剂、消泡剂、脱模剂、塑料橡胶表面改性剂、塑料薄膜防雾剂、抗静电剂等 |
| 机械工业 | 金属表面处理剂、电镀液添加剂、助焊剂等 |
| 电气工业 | 电子元件助焊剂、高压绝缘子、保护涂料添加剂、碱性电池电解液添加剂、电镀液添加剂 |
| 纺织工业 | 织物防水防油整理剂、防污整理剂、纤维加工助剂等 |
| 造纸工业 | 纸张防水防油整理剂等 |
| 颜料、涂料、油墨工业 | 水溶性涂料乳化剂、涂膜改性剂、颜料表面处理剂、油墨改性剂等 |
| 玻璃、陶瓷工业 | 清洗剂、添加剂、防水防油防污处理剂等 |
| 冶金工业 | 泡沫浮选剂、消泡沫剂等 |
| 燃料工业 | 集油剂、燃料增效剂、原油蒸发抑制剂等 |
| 感光材料工业 | 感光胶片涂料助剂、感光乳胶乳化剂、消泡剂等 |
| 建筑工业 | 水泥制品添加剂、石棉润滑剂等 |

续表

| 应 用 领 域 | 应 用 实 例 |
|---|---|
| 皮革工业 | 皮革防水防油防污处理剂等 |
| 消防工业 | 蛋白泡沫灭火剂的添加剂、轻水泡沫灭火剂等 |
| 家庭用品 | 医药方面做血液替代乳化剂，农业上做除莠剂、杀虫剂添加剂等 |

表 4-8　　　　　　　　　　　氟表面活性剂性能与用途的关系

| 性　　能 | 用　　途 |
|---|---|
| 乳化分散性 | 含氟烯烃乳液聚合乳化剂，医药、化妆品乳化剂，人工血液替代品乳化剂、感光乳胶乳化剂等 |
| 高表面活性剂 | 灭火剂添加剂，涂料、颜料流平剂，原油蒸发抑制剂，电镀液添加剂等 |
| 憎水憎油性 | 织物、纸张防水防油防污整理剂，玻璃、陶瓷防水防油防污处理剂，塑料薄膜防雾剂等 |
| 润湿、渗透性 | 油墨、涂料润湿添加剂，感光胶片涂料助剂，洗涤剂等 |
| 防静电性 | 橡胶、塑料抗静电剂，电线、电缆绝缘包装添加剂等 |
| 润滑(不黏)性 | 塑料加工脱膜剂、磁性记录材料用润滑剂等 |
| 发泡、消泡性 | 泡沫乳选剂、消泡剂等 |
| 化学稳定性 | 电镀铬雾抑制剂、金属表面防腐蚀处理剂等 |

（3）Bola 型表面活性剂

Bola 型表面活性剂是近 20 年来发展起来的一类特种功能表面活性剂，它是由 1 个疏水链(∿)连接 2 个亲水基团(Q)构成的双亲化合物，文献报道根据疏水链结构不同分为单链型、双链型和半环型，其结构如下图示：

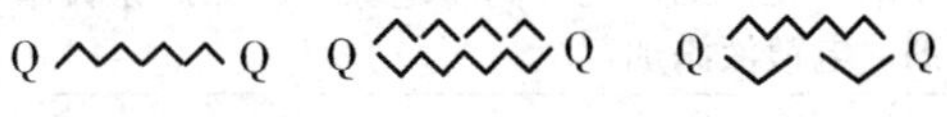

Q∿Q　Q⋀⋁⋀Q　Q⋀⋁Q

Bola 型表面活性剂还据亲水基带电性质不同分为阴离子、阳离子和非离子(聚氧乙烯、糖单元等为亲水基)型；据疏水链两端亲水基是否相同又分为对称型和非对称型；疏水基的不同，可分为饱和烷烃、碳氟烃基、有机硅氧链，以及不饱和支链基团等 bola 型表面活性剂。

Bola 型分子的特殊结构，它在水溶液表面是以 U 型构象存在的，即 2 个亲水基伸入水相，弯曲的疏水链伸向气相，故在气/液界面形成单分子膜。根据疏水链的长短，Bola 型表面活性剂能形成分子聚集体和囊泡，而且它们对细胞膜没有清洁作用，不像单链化合物一样有使细胞变性的趋势，因此它在生物科学领域尤其是药物缓释方面具有广阔的应用空间。Bola 型表面活性剂还具有助溶性能、相转移催化 性能，可用于纺织印染领域。另外，利用 Bola 型表面活性剂在溶液中的特殊聚集状态和亲水基的高电荷密度，可以用为模板合成各种新型的不同结构的介孔材料。

（4）其他新型特种表面活性剂

表面活性剂应用广泛，不同的使用目的需不同性能的表面活性剂，因此，研究者还开发了高分子表面活性剂；有机硼、有机磷、有机硫等元素有机表面活性剂；冠醚型、螯合型、糊精型、反应型、可聚合型等特殊功能的表面活性剂等。请参见有关文献。

# 第五章　表面活性剂与工农业生产

表面活性剂的特性使其在工业、农业、科学技术和人民日常生活中得到广泛应用。在生产过程中使用它，可使很多加工过程简化，节约原料，提高生产效率，获得更高的经济效益。在市场上我们见到的通常不是表面活性剂化学名称，而是助剂(或商品)名称，如润湿剂、分散剂、渗透剂、乳化剂、破乳剂、洗涤剂、起泡剂、消泡剂、匀泡剂、匀染剂、平滑剂、柔软剂、抗静电剂、拒水剂、憎水剂、增溶剂、润滑剂、光亮剂、滑爽剂等。名目繁多的不同类型助剂，大多是由表面活性剂及其复配物组成。它们的作用原理在第四章中已讨论，本章只对某些应用作概述。表面活性剂作为助剂在高分子工业广泛应用的有关内容在有关章节涉及，有机合成工业中表面活性剂常为相转移催化剂和胶束催化反应，在有关章节也有介绍。

## 5.1　洗涤剂工业与表面活性剂

### 5.1.1　洗涤剂一般介绍

洗涤剂按其应用领域可分为家用洗涤剂和工业用洗涤剂两大类。家用洗涤剂包括纺织品洗涤剂、厨房用洗涤剂、居室用洗涤剂和卫生间设备洗涤剂及其他(如冰箱、自行车、毛皮制品、运动用品等专用洗涤剂)。工业洗涤剂主要包括食品工业用洗涤剂，车辆用洗涤剂，印刷工业用洗涤剂，机械、电机用洗涤剂，电子仪器、精密仪器、光学器材用洗涤剂，锅炉垢清除剂以及其他洗涤剂(如建筑物、家用机械、集装箱、放射线沾污等不同工业领域专用洗涤剂)。不论家用还是工业用洗涤剂的品种不仅多，而且不少品种还有各样的剂型，如块、片、棒型和粉状的固体洗涤剂，浆状、膏状的清洗剂，水乳状、水溶液、溶剂型洗涤剂，气溶胶洗涤剂等。同一种剂型，除主体表面活性剂相同外，其他配料可能有很大差异，其原因在于不同用户使用目的、使用方法不同而有不同要求。

洗涤剂有时按其去除污垢的类型分为重垢型洗涤剂(多为固体型，如洗衣粉，它适合洗涤棉、麻制品)，轻垢型(适合于洗涤毛、丝等精细纺织品。洗涤蔬菜和水果等中性洗涤剂也属此类，它们以液体剂型为主)。从环境保护的角度出发，科学技术界有时称生物降解性好的洗涤剂为软性洗涤剂，而生物降解性差的称为硬性洗涤剂。

洗涤剂通常是多成分复配物，除表面活性剂外，还有很多洗涤助剂和填料。下面以洗衣粉为例作简单介绍。

洗衣粉主要成分是表面活性剂(占5%~30%)。现在用量最多的表面活性剂为烷基苯磺酸钠、十二烷基硫酸钠、烷基聚氧乙烯醚及其硫酸盐等，它们是去除污垢的主要成分，对污垢起润湿、增溶、乳化、分散和降低表面张力等作用。除表面活性剂外，还有磷酸盐，它主要是三聚磷酸钠和多聚磷酸钠，其用量因洗涤对象而不同，含量在10%~50%之间。它们在洗涤剂中既有螯合作用，用它软化硬水；又有去污作用和抗再沉积及缓冲作用。但是磷酸盐对水源(湖泊、塘、堰)造成严重污染，限用或不用磷酸盐已提上日程。硅酸盐早在肥皂制造中作为廉价的填料，实际上硅酸盐也有软化水和使污垢悬浮在水中不使其沉淀的作用，还能维持pH值不变。污垢大多是酸性，如果洗涤过程中pH值降低会导致洗涤剂润湿作用和乳化作用下降，现今硅酸盐已有取代磷酸盐的趋势。

无机盐洗衣粉中还有硫酸钠、氯化钠等，配入量在20%左右，它们在洗涤剂中提供电解质，离子含量增高可加速疏水基在固/液界面上定向排列。碳酸盐能够使洗涤剂的pH值保持在9以上，还可以使水软化。配方中含有1%的羧甲基纤维素，起抗再沉淀作用。

配方中有时加入过硼酸钠，它起漂白和去除污垢的作用。此外还应有一定量的荧光增白剂、香精和酶等。

目前，餐具粉状洗涤剂(机洗用)含有16%~50%的三聚磷酸钠，25%~50%的硅酸钠，40%以上的碳酸钠和少量的非离子表面活性剂。手洗用餐具粉状洗涤剂通常以月桂醇聚氧乙烯醚硫酸盐作为活性成分，胺氧化物做柔和剂。

## 5.1.2 洗涤用表面活性剂的选择

洗涤过程既与被洗涤物表面性质和污垢的类型有关，又涉及表面活性剂对污垢的润湿、分散、乳化、增溶作用。除此之外，还要注意到被洗涤下来的污垢，在溶液内形成的分散体系是不稳定的，它有再沉积被洗涤物表面的可能，因此防止再沉积作用，也是必要的。

油污的去除过程主要服从增溶作用机理，能提高增溶空间结构的表面活性剂，有利于除去油污。如果污垢的去除过程主要服从乳化机理，选择适宜HLB的表面活性剂就显得重要。非离子表面活性剂在低浓度下，去除油污和防止油污再沉积能力高于具有类似结构的阴离子型表面活性剂；此外，还由于它与离子表面活性的协同作用，也有利于增溶和乳化作用。因此，在洗涤剂配制中常配入一些非离子表面活性剂。

洗涤过程中，表面活性剂发生定向排列时，只有亲水基朝向水相，才能除去污垢和防止再沉积。表面活性剂的洗涤行为与固体表面的极性及表面活性剂的离子性质有密切关系。聚酯、尼龙以及天然纤维纺织品都具有负的极性表面，它们和油污均能与阴离子和非离子表面活性剂形成亲水的定向排列，有利于油污乳化、增溶和防止再沉淀。但与此相反的阳离子的表面活性剂在这类纺织物上的定向排列是疏水基指向水中，形成憎水膜，不利于洗涤，所以不选用它作为洗涤剂。

由于表面活性剂分子在固体表面上吸附程度和定向排列方式对于洗涤行为影响非常大，因此，可以通过改变表面活性剂的结构来改善洗涤力。碳氢链长的增大会提高表面活性剂的去污能力，但链长的增大有个限度，如果链长过大，表面活性剂的水溶解性降低，不利洗涤作用。具有支链或亲水基团处于碳链中间的表面活性剂，其洗涤能力较低，不利洗涤。亲水基从链中间向端基移动，表面活性剂的洗涤能力增高。亲水基团处于链端基的表面活性剂表现最佳的洗涤能力，如果洗涤液中存在电解质和高价阳离子时，则能降低表面活性剂的溶解度，从而影响洗涤能力，如肥皂在硬水中不能发挥最佳洗涤效果，在这种情况下，亲水基团位于链内的表面活性剂，具有较高的洗涤能力。

聚氧乙烯链插入到疏水基和阴离子基团之间（如脂肪醇聚氧乙烯磺酸盐）的表面活性剂的洗涤特性优于没有嵌入聚氧乙烯链的磺酸盐。

综上所述，我们可以将制备洗涤用表面活性剂的选择规律总结如下：

（1）阴离子和非离子表面活性剂适合作洗涤剂，而阳离子表面活性剂通常不宜作洗涤剂。

（2）使用能发挥协同增效作用的复合型表面活性剂（主要是阴离子型 SAA 与非离子型 SAA 复合，也包括表面活性剂或其他活性物复合）比用单一表面活性剂好。

（3）在溶解度允许的限度内，表面活性剂的洗涤能力随疏水链增大而增高。

（4）疏水链的碳原子数相同时，直链的表面活性剂比支链者洗涤能力强。

（5）非离子表面活性剂浊点稍高于溶液的使用温度时可达到最佳的洗涤效果。

（6）聚氧乙烯型非离子表面活性剂分子中聚氧乙烯链长度增大（只要达到足够的溶解度），常导致洗涤能力下降。

（7）两性表面活性剂和天然表面活性剂由于对皮肤刺激作用小，在自然界容易代谢，减少环境污染，因而作为洗涤剂越来越受到重视。

## 5.2　金属加工与表面活性剂

表面活性剂在金属加工工业中，主要作为清洗剂、切削剂、研磨液、抛光淬火液、电镀和化学镀液、焊接助剂以及铸造用脱模剂中的主要组分。表面活性剂能在金属加工中起润湿、溶解、分散、乳化、去污、润滑、消泡或稳泡、烟雾抑制或光亮等作用。金属表面的保护材料，也常用到表面活性剂。

　　表面活性剂可以改进或简化金属加工工艺过程，减轻工人劳动强度，提高产品质量，节约原料和降低生产成本，增加附加价值，因此表面活性剂已成为金属加工业不可缺少的精细化学品之一。

## 5.2.1　金属清洗剂

　　在机械工业生产中，零件加热处理、电镀以及封存包装和启封时对金属表面进行清洗是不可少的工序。金属表面的污垢有各种酸、碱、盐、灰尘、切屑等，若不清洗干净，会加速金属腐蚀，降低性能，缩短使用寿命。金属清洗可根据不同使用对象和目的选用水基清洗剂，溶剂基清洗剂、碱性或酸性清洗剂以及磷化处理剂等。

　　1）水基清洗剂

　　这类清洗剂清洗性能好，去污力强，不易燃，无毒以及缓蚀、防腐。此外还节约能源，减少环境污染，适用于机械化自动清洗。

　　水基金属清洗剂常用的表面活性剂是非离子型和阴离子型表面活性剂，如十二烷基二乙醇酰胺(6501)、脂肪醇聚氧乙烯醚(平平加)、烷基酚聚氧乙烯醚(OP-10)、十二烷基醇酰胺磷酸酯、$Z$, $Z$-油酰甲基硫磺酸钠等。在水基金属清洗剂中像洗衣粉一样也要加入一些无机盐，以改善清洗效果，又可充分发挥表面活性剂的清洗力。

　　在水基清洗剂中加入缓蚀防锈剂是不可少的。常用的缓蚀防锈剂包括油酰三乙醇胺、油酰二乙醇胺、磺酸盐类(主要是石油磺酸的钠盐、钙盐、镁盐、铝盐和胺盐等)，分子量在400~500范围内的缓蚀防锈效果好。油酰胺能防止金属表面因硫化氢等引起的化学腐蚀，可保持金属表面光泽，防止盐溶液对金属的侵蚀，对由于温度、湿度条件变化造成的菌蚀现象有较好的抑制效果。此外，还有许多杂环化合物具有缓蚀防锈作用，特别是含氮、硫的杂环化合物，缓蚀防锈效果较佳，如苯骈三氮唑的防锈效果显著。其他无机缓蚀防锈剂，常用的有亚硝酸钠、硝酸钠、磷酸盐类。在水基金属清洗剂中加入尿素作助溶剂，对于水基金属清洗缓蚀剂在水中的溶解和去除金属表面的污垢有一定作用。为防止污垢清洗下来后有再沉积于金属表面的趋势，常加入羧甲基纤维素钠、聚乙烯吡咯烷酮以及三乙醇胺和烷基醇酰胺等。此外，水基金属清洗剂中还需要加入填充剂、色料和香精，有时还需加消泡剂。

　　2）溶剂基金属清洗剂

　　主要是利用溶剂去除油污垢，为了提高去污效果，往往加入非离子的阴离子表面活性剂的复配物。

　　3）碱性金属清洗剂

　　主要利用碱性物质，如氢氧化钠、碳酸钠、硅酸钠和磷酸钠等，利用它们使植物油脂垢皂化而清洗下来。为提高其清洗能力常加入烷基苯磺酸钠、十二烷基磺酸钠、油酸三乙醇铵 OP-10 等表面活性剂，它们能使矿物油乳化进入洗液中。

4）酸洗剂

常利用盐酸或硫酸液，在金属加工前去除氧化层或锈垢。酸洗时除加入缓蚀剂外，常加入非离子表面活性剂以提高酸洗效果，酸洗时产生酸雾，加入表面活性剂可抑制酸雾。

5）磷化处理剂

主要是利用磷酸盐在已清洗过的金属表面形成致密的磷酸盐膜，用以提高金属制品涂漆、涂搪、电镀和抗腐蚀性能。在磷化处理剂中加入表面活性剂，可以促进清洁，缓蚀和表面调节作用。

### 5.2.2　金属加工助剂、电镀与化学镀助剂

金属进行切削、磨削加工时，为了减轻工具和工件之间摩擦，增加润滑，带走加工产生的热量，通常在有切削液存在下进行。水溶液切削液是由阴离子和非离子表面活性剂所组成的乳化剂、矿物油、抗极压剂、防蚀剂、防锈剂等复配。非水溶性切削液则以矿物油为主，也常加入 5%～10% 阴离子表面活性剂和抗极压剂。

金属拔（拉）丝用的润湿剂通常是由皂基表面活性剂和聚乙二醇油酸酯组成。生产压延制品的压延油，主要是由表面活性剂乳化的矿物油。

金属抛光时应用表面活性剂可增加光洁度；淬火液中加入表面活性剂可增加均匀度；焊剂中加入表面活性剂可增加焊件的润湿性；铸造时可利用表面活性剂作润湿剂和脱模剂。

表面活性剂在电镀液中可起光亮、分散、润湿以及烟雾抑制等作用。添加了表面活性剂的电镀液，可得到镀层致密的微晶。其镀层光亮、平整、均匀、无针孔、无麻点与金属结合力强，有良好延展性，从而显著提高镀件质量和降低成本。化学电镀液配方中只有加入表面活性剂，才能使化学电镀顺利进行和获得良好的金属镀层。

# 5.3　表面活性剂与化妆品工业

化妆品是一类应用于人体，具有美化、清洁和保护肌肤、毛发、口腔等部位的精细化学品。有些化妆品还有促进皮肤细胞和毛发新陈代谢，延缓皮肤衰老等功能。

市场常见的化妆品除各种香波、洗净剂外还有五大类，每类又可根据应用的人体部位和使用方式，将其制成水剂、乳剂、膏剂或粉剂等。

1）基础化妆品

这类化妆品具有清洁皮肤表面，滋润皮肤，促进皮肤新陈代谢等主要作用。主要包括护肤用品和清洁用品。护肤用品有各种功能的化妆水、膏霜（雪花膏，护肤霜，冷霜等）、

乳液(液态膏霜)等。它们的配制都离不开表面活性剂。清洁用品包括各种型号的清洗皂、清洁霜、清洗乳剂、醇洗液，还有洗面摩丝、透明清洗油等，这些清洁用品中都以表面活性剂为主要成分。

2) 美容化妆品

该类化妆品是专为修饰面部、五官而提供的一类商品，它使被修饰部位看起来更加悦目和健美，特别着重于发挥色彩和清香效果。这类化妆品主要包括粉底，化妆前打底用的化妆品，用以遮盖面部肤色和疵点、改变皮肤质感。其剂型有香粉、扑粉、胭脂、唇膏，用于眼部、鼻部、指甲的化妆品等。这些化妆品是利用表面活性剂的润湿、分散、去污、润滑等多种作用。

3) 毛发化妆品

主要包括生发养发剂、护发剂、烫发剂、发型固型剂、染鬓剂，脱毛剂等。近年国内外研究开发了很多毛发再生剂，其主要活性成分是 6-(1-哌啶)-3-氧-2,4-二氨基嘧啶，这类嘧啶类化合物有促进头发生长、防止脱落和抑制油脂物质分泌的作用。护发剂有发油、发蜡、发乳、发膏和发胶等。它们制造时都离不开表面活性剂。

4) 口腔卫生用品

主要是牙膏和漱口剂。表面活性剂作为重要组分起清洁、洗涤、发泡及分散乳化其他组分的作用。

5) 特殊化妆品

目前市场见到的有各种剂型的抑汗剂，各种剂型的祛臭化妆品，各种类型的防晒化妆品，专供婴儿用的各种化妆品和供其他有关专业人员的化妆品等。不管是什么化妆品，表面活性剂都是不可少的组分。

化妆品以乳状型的居多。其原因是外观好，使用感觉好；可调节对皮肤作用的成分；可改变乳化状态制成符合使用目的制品；可使微量成分在皮肤上均匀涂敷。现代化妆品生产中常采用低能乳化法，既可节约能源，又可以得到稳定的乳状液，详细操作方法请参阅相关书籍。

## 5.4 表面活性剂在食品加工中的应用

表面活性剂在食品中作为添加剂，它起调节、改良食品特性的作用；它还应用于食品加工过程中，有利生产进行。由于食品是人类赖以生存的物质，不论是以何种形式利用表面活性剂，要求其在产品中最终含量越低越好。选择 SAA 时，不但需满足必要特性的要求，还需遵守有关的食品卫生法规。表面活性剂在食品中大部分是作为乳化剂。此外，作为增稠稳定剂，膨松剂，消泡剂和脱模剂等。

食品乳化剂在食品生产和加工过程中能使食品形成均匀、稳定的分散体或乳化体，从而改善食品组织结构，口感和外观，提高食品的品质和保存性能，防止食品变质。在面包、糕点、饮料、巧克力、冰激凌、人造奶油以及一些速食食品中，表面活性剂作为乳化剂、膨松剂，品质改良剂和脱模剂。它能防止小麦粉中直链淀粉的疏水作用，从而防止老化、回生现象，降低面团黏度，便于操作，促进面筋组织的形成，提高发泡性，并使气孔分散、致密；促进起酥油乳化、分散，从而改进组织和口感；提高冰激凌膨胀度，形成光滑质构，在贮藏时抑制或减少水结冰；防止糖果黏附和粘牙，以及使糕点、糖果具有一定形状和容易脱离模具等。在奶制品中，除起乳化作用外，还能稳定乳液，防止结块、结团分散不均，提高起酥。利用发酵方法制作食品(如味精)，会产生大量泡沫，表面活性剂用作消泡剂。啤酒生产泡沫的多少是评价质量标准之一，加入适量的表面活性剂既可以保持生产过程中的弱起泡性，而在最终产品中又不影响其起泡性。

食品中常用的表面活性剂品种为甘油脂肪酸酯(主要为单脂肪酸酯)、蔗糖脂肪酸酯、失水山梨糖醇脂肪酸酯、丙二醇脂肪酸酯、大豆磷脂、阿拉伯胶、海藻酯、酪蛋白酸钠、明胶和蛋黄等。其中需求最大的是甘油单脂肪酸酯，约占总消费量的2/3，其次是蔗糖酯。

## 5.5　表面活性剂在医药、卫生中的应用

制药工业中表面活性剂用于药物增溶、乳化、润湿和分散以及用作药物载体。在早期用于制药工业的表面活性剂多属天然物质，如磷脂、胆汁酸盐及一些天然高分子；近年来已越来越多使用合成表面活性剂，主要是对人体无毒、不产生副作用、易代谢的非离子表面活性剂或某些阴离子表面活性剂。阳离子表面活性剂通常作为杀菌消毒剂应用于医疗卫生部门。

### 5.5.1　表面活性剂的增溶作用与医药制剂生产

很多有治疗效果的原药难溶于水，不便使用，病人也难以吸收。药厂往往要将它们制成各种剂型(如乳剂、水剂、针剂等)以满足医疗需要，这时就要借助于表面活性剂的特性及其作用达到目的。有些药物有毒性，增溶于表面活性剂胶束之中，在体内缓慢释放也可降低毒性，有利治疗。比如将抗癌药物增溶于脂质体(天然表面活性剂聚集体)内，已用于临床。还有很多科学家在研究开发具有亲水和疏水作用高分子表面活性物质用于药物增溶。作为增溶用的表面活性剂内服多是天然或非离子表面活性剂(胆汁酸盐和磷脂等天然物，吐温、蔗糖脂等)；外用药剂则用阴离子表面活性剂。

应该注意：不同类表面活性剂增溶效果不同，就是同一类表面活性剂增溶效果也会随化学结构的差异而变化。此外，被增溶物的性质、电解质、pH 值等都会影响药物的增溶。

表面活性剂作为增溶剂主要用于挥发油(薄荷油、桂皮油等)、脂溶性维生素(维生素 A，B，E 等)、激素(如黄体酮、睾丸酮氢化可的松等)、含氮化合物(苯巴比妥)、抗生素(氯霉素)、碘和酚类化合物等。草药注射液，特别是复方制剂常利用表面活性剂的增溶作用，使其注射液澄清、透明。复方当归注射液、大蒜注射液、鱼腥草注射液等，加入 1%~2% 吐温 80 处理后，都可使其澄清，这与表面活性剂将其水不溶性杂质增溶于胶束之中有关。

利用表面活性剂增溶药物之后，能否进一步稀释，稀释后是否会分层或沉淀，这些通常需通过实验来确定，我们可先用被增溶物、增溶剂和水作出三元相图，了解其可稀释的范围。

药物被表面活性剂增溶后，往往可抑制或减慢某药物易氧化性和水解性。比如维生素 A 和 D 极不稳定，易于氧化失效，若用非离子表面活性剂增溶能防止氧化；阿司匹林的易水解，可被表面活性剂增溶而抑制。但也有一些药物例外，主要与药物的化学结构有关。

药物被表面活性剂增溶后另一特点是药物被人体吸收性得到改善和生理活性增强(如维生素 A、多黏菌素 B、新霉素、雌酮等很多药物)。但也有例外，增溶后可能会出现上述相反的效果，比如可卡因的局部麻醉作用。

综上所述，表面活性剂用于难溶药物增溶绝大部有增效作用，增效大小或降低效果都与药物的化学结构有关，也与所用表面活性剂的化学结构有关。

## 5.5.2　表面活性剂用于中草药有效成分的提取

实践表明，从中草药提取有效成分时，加入某些表面活性剂会取得良好效果。因为提取有效成分时，首先要考虑的是溶剂对植物细胞壁的高渗透性和对有效成分的可溶性，以及对有效成分良好的脱吸作用。如果在溶剂中加入表面活性剂，可降低其表面张力，增加溶剂对细胞组织的渗透性，增加对有效成分的脱吸、溶解和增溶等。对于离子型活性剂还可能产生离子交换，因而提高提取效率。

不同类型表面活性剂对中草药有效成分的提取效果可能不一样。比如生物碱的提取，离子或非离子型活性剂都是有效的，但非离子型较适合，因为阴离子型易与生物碱形成难溶性的复合体。阳离子表面活性剂可与生物碱进行离子交换作用，所以较低浓度时，也能增加其提取效率。但是，阳离子表面活性剂的毒性使其不适合使用。

## 5.5.3　软膏类药剂中的表面活性剂

软膏类药剂是有效原药和膏基组成。膏基的主要成分是表面活性剂、油脂、蜡醇类等的复配物。常用脂肪酸聚氧乙烯酯、脂肪醇聚氧乙烯醚等非离子表面活性剂、脂肪醇聚氧乙烯醚磷酸酯阴离子表面活性剂等。

表面活性剂应用于软膏基质中的作用，除增加基质的吸水性和可洗性外，还显著加速药物自基质中的释放和增大药物的透皮性。表面活性剂种类和用量会影响药物释放速度。使用表面活性剂不同，软膏类药剂的膏基可配成油脂性基质和乳剂基质两类。

### 5.5.4　表面活性剂在栓剂中的作用

某些药物不能口服或口服效果不好，药厂常制成栓剂出售。栓剂通过直肠或阴道直接吸收后发挥治疗作用。栓剂和膏剂由药物与基质组成，其基质主要是油脂和表面活性剂。表面活性剂在栓剂中起乳化、润湿、分散渗透等作用，从而促进人体吸收。常用于栓剂的表面活性剂有甘油酯肪酸脂、蔗糖脂、吐温非离子型表面活性剂等，阴离子表面活性剂有时也用。

### 5.5.5　表面活性剂用于消毒与杀菌

不同类型的表面活性剂具有不同的杀菌、抑菌性能。尤以阳离子表面活性剂(如季铵盐)杀菌、抑菌性能较强，已被医疗卫生部门广泛地应用。常用的有洁尔灭、新洁尔灭等。在同系列表面活性剂中，杀菌、抑菌能力与分子链含碳数有关，低分子季铵盐有极强的杀灭细菌和真菌的能力，可直接用作杀菌药剂。吡啶盐、咪唑啉盐、异喹啉盐等阳离子表面活性剂，不但有广谱杀、抑菌能力，而且杀、抑菌作用也强；此外，它们还具有无臭、水溶性大、刺激性小的优点。但是在蛋白质、磷脂和重金属离子以及阴离子表面活性剂存在下，其抑菌效果则显著降低。在硬水中由于存在钙离子，也会减弱这类表面活性剂的作用。含硅阳离子表面活性剂对黄色葡萄球菌有很强的杀抑菌能力。

阴离子表面活性剂杀菌、抑菌能力较弱，特别是对革兰氏阴性菌几乎无杀菌、抑菌作用。含有酰基的阴离子化合物有些具有杀菌能力。如 $N$-酰基-$L$-精氨酸酯盐有很强的起泡和润湿力，对金黄色葡萄球菌的杀菌、抑菌能力也很强。当酰基部分的碳数为 8~18、氨基酸部分为缬氨酸或赖氨酸的酰基氨酸盐都具有良好的杀菌、抑菌能力，而酰基的碳数在 12 左右的杀菌、抑菌能力最大。

两性表面活性剂在酸性溶液呈阳离子性作用，碱性溶液中呈阴离子性作用。与季铵盐比较，杀菌力受 pH 值变化影响小，在有蛋白质存在下，其杀菌力没有什么变化。氨基酸型两性表面活性剂有很强的杀菌、抑菌能力。

氨基磺酸盐(如 $C_{12}H_{25}NH(CH_2)_2SO_3Na$)比相当的氨基磺酸具有大得多的杀菌、抑菌能力。而在含有硫醚键的 $N$-置换氨基酸型表面活性剂中，$\beta$-氨基丙酸型和甘氨酸型具有更显著的杀菌、抑菌能力。

聚氧乙烯型非离子表面活性剂杀菌、抑菌能力很弱。但有些非离子表面活性剂与碘的复合物却呈现出很强的杀菌能力。

### 5.5.6 表面活性剂在其他药物制剂中的作用

表面活性剂可作为乳化剂和分散剂将有效药物配制成乳剂。在药物片剂中加入表面活性剂可起润湿分散作用，有利于片剂崩解和吸收。在制备胶囊药剂时，药物分散和囊壁材料包裹过程中也往往要利用表面活性剂。利用表面活性剂制备的胶乳诊断试剂是当今研究开发一类新型诊断药物，它具有简便、迅速、有效的特点。人们更有兴趣的是这类试剂具有免疫性检测能力。此外有些表面活性剂还能直接作为药物用于人体治疗。

# 5.6 表面活性剂与石油化学工业

表面活性剂在石油化学工业中应用包括两方面：其一是作为油田开采用化学品（钻井、固井、采油、原油破乳、集运等）。使用表面活性剂可保证钻井安全，提高原油采收率以及油品质量和生产效率；对设备防护和运输等也起重要作用。其二是在石油产品中作为添加剂，但应用范围较之前者少得多。人们用表面活性剂乳化柴油以节约能源。

## 5.6.1 钻井化学品

钻井用化学品主要用于配制钻井泥浆。美国石油学会将钻井用化学品分16个大类，其10个大类都与表面活性剂有关。泥浆中所用的消泡剂、乳化剂、杀菌剂、增粘剂、稀释分散剂、降水失水剂、润滑剂、防腐蚀剂等都与表面活性剂密切相关。为使钻井液同时具有多种性能，必须在其中添加多种表面活性剂复配物。应用较多的表面活性剂有木质素磺酸盐、脂肪酸和环烷酸皂类、聚丙烯衍生物类、脂肪醇聚氧乙烯醚磺酸酯盐、改性单宁、有机酸和磺酸盐、有机磷酸盐和有机胺、季铵盐、酰胺类等。

## 5.6.2 表面活性剂用于采油过程

油田投产后需要多种化学药剂以维持正常生产和提高原油采收率，按其应用可分为驱油剂、固砂剂、堵水剂、破乳剂、乳化剂、降阻剂、缓蚀剂、黏土稳定剂、水质处理剂和酸化、压裂液等。在化学上它们分为无机物质、水溶性高分子和表面活性剂三大类，其中用量较大的是表面活性剂。表面活性剂能降低原油与亲水泥浆溶液之间的界面张力，从而使原油发生自乳化，改变油/水溶液间的界面流变性，调节岩石孔的润湿性，便于石油排出。

**1. 驱油剂**

采油通常可分为三个阶段。第1、第2次采油为物理方法采油，一般只能采出约30%的原油；第3次采油为强化采油，其措施是用化学方法驱油，它可使原油采收率提高到

80%~85%。作驱油剂的表面活性剂的品种很多，主要有石油磺酸盐、烷基或芳基磺酸盐和硫酸盐、聚氧乙烯型非离子表面活性剂，以及表面活性剂复配物等。

1）表面活性剂驱油

表面活性剂驱油是在油层中注入表面活性剂水溶液的采油方法，所采用的表面活性剂 HLB 值在 8~13 范围内。常用的有木质素亚硫酸盐、脂肪酸皂、有机全氟化物、石油磺酸盐、烷基芳基磺酸盐、烷基磺酸盐等。

2）碱水驱油

碱水驱油是利用原油中的环烷酸类与碱作用形成具表面活性的环烷酸皂类，这种采油方法成本低，但一般还需要加入一些辅助表面活性剂和水溶性高分子才更有效。

3）微乳状液驱油

微乳状液驱油是 3 次采油中一种较先进的方法，可使原油采收率提高到 80%~90%。微乳状液和水或油混溶，消除了油水间的界面张力，洗油效力极大地提高。这是提高采收率幅度最大的方法，但耗费表面活性剂最大，成本高。

**2. 清蜡防蜡剂**

原油流出后，由于压力和温度变化，油中石蜡会析出，堵塞输油管道。因此，需加入清蜡防蜡剂，保证正常生产，常用的清蜡防蜡剂是石油磺酸钙、烷基三甲基氯化铵、平平加、OP、吐温等表面活性剂，它们在管壁和蜡晶上定间排列，形成极性表面层，原油析出的石蜡，便不能附着在上，达到清蜡防蜡目的。

**3. 降黏剂**

原油黏度过高，开采和运输困难，加入表面活性剂可降低黏度。原油化学降黏可分为乳化降黏和润湿降黏两种方法。前者是加入 HLB 值在 8~18 范围内的阴离子或非离子表面活性，调制成 0.05%~0.5%的水溶液注入井内。后者是用脂肪酸聚氧乙烯(4~100)酯，聚氧乙烯(4~100)烷酰胺等配制成 0.05%~1%水溶液。它们的用量相当于采油量的 2%。

**4. 油、水井化学改造剂**

（1）油井堵水剂

采油遇到油水同层时，应使用选择性封堵剂堵水。阳离子表面活性剂水溶液是一种常用的选择性封堵剂，当它进入水层时，阳离子表面活性剂吸附在被水冲刷出来的砂岩表面，使出水层位由亲水转变为亲油，增加了水的流动阻力。用阳离子表面活性剂乳化石蜡做堵水剂，也能达到选择性堵水目的。

烷基卤硅烷与砂岩表面的羟基作用使其变得憎水，它与水反应生成憎水聚合物堵水。部分水解的丙烯酰酸胺也用作堵水剂。

选择性泡沫堵水剂的发泡剂多是阴离子表面活性剂，还有用活性油做选择性堵水剂，表面活性剂是阴离子型(硬脂酸盐类)和非离子表面活性剂。

（2）其他改造剂还有油水固沙剂，油水井增产增注措施压裂液等，它们都是用表面活性剂配制而成。

### 5.6.3 表面活性剂用于原油破乳

原油中的盐水与油形成稳定的 W/O 型乳液，其原因是原油中含有树脂、胶质等天然表面活性物质，它们吸附在水珠的表面，形成界面而生成乳液。在乳化原油中加入表面活性剂后，它能强烈地吸附于油水界面同时顶出原来的保护层，并使沥青类物质分散，原有保护膜作用减弱，有利于破乳（见第四章）。

### 5.6.4 石油产品添加剂中的表面活性剂

石油产品繁多，其中应用表面活性剂作为添加改性剂较多的是润滑油和燃料油，然而它比石油开采所用的表面活性剂的量要少得多。关于石油产品添加剂的合成及性能请参阅相关参考文献。

**1. 润滑油添加剂**

润滑油添加剂根据其主要作用，从物理、化学概念出发可分为三大类，若干小类。

（1）改善物理性能的润滑油添加剂：包括降凝剂、黏度指数改进剂（或黏度剂）等。

（2）改善物理化学性能的润滑油添加剂：包括清净剂、分散剂、抗磨剂、磨合剂、防锈剂、抗泡剂等。

（3）改善化学性能的润滑油添加剂：包括抗氧化剂、抗腐蚀剂等。

我国目前习惯按照世界上早已流行的另一种分类概念，即根据添加剂主要改善的性能直接将它们依次分为：清净剂和分散剂、抗氧抗腐剂、抗磨剂、油性剂、抗氧防胶剂（非润滑油专用）、增粘剂、防锈剂、降凝剂、抗泡剂等。当然，随着润滑油添加剂的应用发展，这种分类还可相应修订。

**2. 燃料油添加剂**

抗爆剂、抗氧化剂等早在 20 世纪 20~30 年代就已成为生产各种汽油、柴油等燃料油品不可缺少的添加剂。过去燃料油品的使用性能很大程度上依赖石油加工技术的改善，不像润滑油那样主要是依靠各类添加剂来保证其使用性能。随着内燃机等机械工业的进步，各种石油燃料的使用性能暴露出的问题逐渐增多，仅靠石油加工技术进步已不能解决问题，因此，燃料添加剂在国内外已受到越来越多的重视。表 5-1 列出各类燃料通用的保护性添加剂和专用性添加剂类型及其典型品种。

表 5-1 中所谓保护性添加剂，主要解决燃料贮运过程中的各种问题。所谓专用性添加剂，主要解决燃料燃烧或使用过程中出现的各种问题，它们是改善燃料性能或改善燃烧生成物特性的添加剂。因燃料种类不同而异，因此多属专用添加剂。有些添加剂兼有多种

性能。

表 5-1                         燃料添加剂的类型和品种

| 用途分类 | 类别 | 典型品种或化合物 |
|---|---|---|
| 通用保护<br>性添加剂 | 抗氧化剂 | 屏蔽酚类(如 2，6-二叔丁基-4-甲酚)，芳胺类 |
| | 金属钝化剂 | $N$，$N'$-二水杨又-1，2-丙二胺 |
| | 抗腐蚀剂或防锈剂 | C16 烯基丁二酸等 |
| | 抗乳化剂 | 烷基酚类与环氧乙烷，环氧丙烷聚合物的缩合产物等 |
| 车用汽油专<br>用添加剂 | 抗爆剂 | 甲基叔丁基醚(MTBE) |
| | 抗表面引燃剂 | 芳基磷酸酯类 |
| | 汽化器清净剂 | 单丁二酰亚胺类(二乙三胺) |
| | 吸入系统抗沉积剂 | 中等黏度聚合烃类或汽缸油等 |
| | 防冰剂 | 低分子醇类咪唑啉类 |
| 喷气燃料专<br>用添加剂 | 抗静电剂 | 水杨酸铬与甲基丙烯酸酯共聚物等 |
| | 抗菌剂 | 含硼化合物等 |
| | 抗冰剂 | 乙二醇单甲醚等 |
| | 抗烧蚀剂 | CS2 等 |
| 柴油专用<br>添加剂 | 分散剂 | 丁二酰亚胺等 |
| | 低温流动改进剂 | 乙烯醋酸乙烯酯共聚物等 |
| | 引燃改进剂(16 烷改进剂) | 硝酸戊酯等 |
| | 消烟剂 | 高碱性磺酯钡等 |
| 燃料油专<br>用添加剂 | 分散剂 | 环烷酸盐类 |
| | 低温流动改进剂 | 与柴油低温流动改进剂类同 |
| | 灰分改性剂 | 环烷酸镁等 |

# 5.7 表面活性剂在采矿、选矿和煤炭工业中的应用

矿山很多作业应用表面活性剂，如用表面活性剂水溶液除尘和表面活性剂浮选富集有用的矿粉等。近年来，利用表面活性剂制造水煤浆既节约能源又有巨大的经济效益，我国在八五期间已完成其研究开发并投入生产。

### 5.7.1 矿山作业中除尘

矿石和煤开采、运输、粉碎等过程都有粉尘，危害工人身体健康，还可能造成爆炸和污染环境。利用含 0.1% 左右表面活性剂的水溶液喷洒可使粉尘润湿而沉降。常用的表面活性剂是壬基酚聚氧乙烯醚(OP 类)或脂肪醇聚氧乙烯硫酸钠等。

### 5.7.2 浮选和矿粉富集

利用矿物表面疏水/亲水的差别从矿浆中浮出矿物的富集过程称为浮游选矿法(浮选)。浮选药剂中可分三大类：

(1) 起泡剂是利用表面活性剂起泡作用，形成适合大小的泡沫，使矿粉有效地富集在空气与水的界面。

(2) 捕收(集)剂是改变矿物表面的疏水性，使浮游的矿粒黏附于气泡上。捕收(集)剂种类很多，根据硫化矿、氧化矿、非极性矿或沉淀金属等不同矿物选用阴离子、阳离子、非离子或两性表面活性剂以及一些表面活性物质。捕集矿物是通过物理吸附，化学吸附或表面化学反应进行。捕收剂在采矿工业中根据颜色的不同常称为所谓黄药、黑药、白药等。

(3) 调整剂系指抑制和活化剂。它们的作用在于对欲捕收矿粒表面的吸附分别起阻碍作用或促进作用，用以扩大不同性质矿粒浮游性的差别而达到彼此分离。它们主要是无机化合物，水溶性高分子化合物以及作为润湿、分散、乳化、增溶等作用的磺酸盐类的阴离子表面活性剂。

### 5.7.3 水煤浆制造

将煤粉制成稳定的水煤浆再燃烧，可以良好地发挥燃料的热效能，是能源技术上的一大进步。火力发电厂、煤气制造厂以及厂矿企业的锅炉均可使用水煤浆，并可获得很大经济效益。

通常水煤浆含有 70%～75% 煤粉、30%～25% 水和少量添加剂。表面活性剂和水溶性聚合物作为添加剂，可以制得稳定性好、黏度低的水煤浆，并能显著提高水煤浆的煤含量和流动性，便于管道输送。常用的表面活性剂是木质素磺酸盐、萘磺酸盐、烯基磺酸盐等。阴离子表面活性剂与非离子表面活性剂的复配物也很好。它们添加量为 0.4%～1.0%(以煤量)。

### 5.7.4 其他选矿

矿砂进行磁性分选时，添加有表面活性剂(如 OP-10，OP-7 等)的含水介质，可提高分选效率，其高低取决于含水介质的表面张力。微生物选矿也利用表面活性剂提高效率。例如，含铜量低于 50% 的黄铜矿，用氧化亚铁硫代杆菌和硫代氧化菌为菌种，以吐温 20 为助剂；含铜量低于 50% 的青铜矿，用硫代氧化菌为菌种，以吐温 20 为助剂。两者均取得良好的效果，28 d 后，分造率可达 76%。

## 5.8 水泥助剂和其他建材中的表面活性剂

很多建筑材料的发展与质量优化不能缺少表面活性剂，其中应用最多的是水泥工业。水乳涂料在建筑材料中占很重要地位；沥青乳液中表面活性剂用量很多。密封胶、黏合剂也是重要的建筑材料，它们中大部分都使用表面活性剂作为助剂。玻璃钢制造中，玻璃纤维的润湿，硅烷化处理都离不开表面活性剂作为润湿剂、乳化剂、分散剂和润滑剂。本章仅涉及表面活性剂在水泥工业中的应用。

混凝土几乎是在各种建筑工程中都要使用的建筑材料，在混凝土料混合前后加入不大于水泥用量 5% 的添加剂即可使混凝土性能大大改善，目前，混凝土外加剂已逐渐成为混凝土不可缺少的组成部分，其原因在于它们能节约能源，提高混凝土建材质量以及改善混凝土的施工性能，其特点可归纳如下：

(1) 改善施工条件、减轻体力劳动强度，有利于机械化作业，要求高质量的混凝土工程可在现场完成。例如，混凝土中添加合适的减水剂，可配制泵送流态混凝土等。

(2) 减少养护时间或缩短预制构件厂的蒸养时间，使工地提早拆除模板、加速模板周转，还可以提早对预应力钢筋混凝土钢筋放张、剪筋。

(3) 提高或改善混凝土质量。例如，引气减水剂等掺入混凝土中后，可提高混凝土的强度，增加混凝土的耐久性、密实性、抗冻性和抗渗性，并能改善混凝土的干燥收缩及徐变性能；混凝土中掺加阻锈剂，能提高混凝土中钢筋的耐腐蚀性能。

(4) 减少剂等能适当地节约水而不致对混凝土质量有不利影响。

(5) 复合外加剂能改善混凝土混合物的拌和性能，使搅拌、捣固、成型过程中的能耗减少；避免蒸养或缩短蒸养时间，可节省能耗。

混凝土的外加剂品种繁多，通常按其功能分为六类：

(1) 改善搅拌混凝土、砂浆或水泥净浆或流变性的外加剂(减水剂、引气剂、保水剂等)；

(2) 调节混凝土、砂浆或水泥净浆的凝结、硬化速度的外加剂(速凝剂、早强剂、缓凝剂等)；

(3) 调节混凝土、砂浆或水泥净浆的空气含量的外加剂(引气剂、加气剂、发泡剂、消泡剂等)；

（4）改善混凝土、砂浆或净浆的物理学性能或耐久性的外加剂（引气剂、抗冻剂、膨胀剂、防水剂、抗渗剂等）；

（5）增强混凝土中钢筋抗腐蚀性的外加剂（阻锈剂等）；

（6）提供混凝土、砂浆或水泥净浆特殊性能的外加剂（引气剂、着色剂、泡沫剂、脱膜剂、膨胀剂等）。

在这些外加剂中，应用最多的是减水剂、引气剂和调凝剂。混凝土外加剂中的有机物大部分是属于表面活性物质的范畴，有阴离子型、阳离子型、非离子型以及高分子型表面活性剂，它们大都用作减水剂和引气剂。其他除调凝剂是无机盐外，砂浆塑化剂、早强剂、混凝土制件的脱膜剂和保养剂大都用表面活性剂及其复配物。

## 5.9 造纸化学品中的表面活性剂

造纸工业的发展，取决于造纸化学品，特别是精细化学品的开发和生产。为了提高纸浆和纸页质量，降低消耗，减少污染，发达国家有生产造纸化学品的专业工厂，生产制浆用化学品、造纸添加剂和纸用涂料等品种达 400 多种。

① 制浆用化学品是为使植物纤维原料成为本色或漂白纸浆的过程中所用的化学品。

② 造纸添加剂系指在抄纸过程中为提高抄造性能，改善纸张特性所用的化学品。其中，提高纸页抄造性能的添加剂称为加工助剂，改善纸张特性的添加剂称为功能性添加剂。

③ 涂布纸用涂料为含有 35%～75% 固体物质的水状悬浮物，涂在纸张表面可改善纸页平滑度、适印性等。

造纸用化学品的分类列于表 5-2。

表 5-2 造纸用化学品

| 类　别 | | 品　种 |
|---|---|---|
| 制浆化学品 | | 蒸煮剂，预浸剂，漂白剂 |
| 造纸添加化学品 | 过程添加剂 | 助留剂、成型剂、滤水剂、絮凝剂、消泡剂、防腐剂、树脂控制剂、湿润增强剂 |
| | 功能性添加剂 | 施酸剂（松香酸、石磺酸、合成胶乳、中性施酸剂、石油树脂施酸剂）干强剂、湿强剂、填料，表面起皱剂等 |
| 涂布纸用涂料 | | 颜料<br>基料（天然树脂，合成树脂）<br>辅助剂（分散剂、润湿剂、防腐剂、脱泡剂、流动性能、调节剂、抗水剂等） |

在制浆和造纸工业中表面活性剂已广泛使用。如蒸煮制浆中表面活性剂用作树脂脱除剂、分散剂和浸透剂；废纸再生过程中用作脱膜剂；施胶时用作施胶剂的乳化剂；抄纸过程中用作消泡剂；在纸张涂布工序用作分散剂；在餐巾纸和卫生纸生产中用作柔软剂和润湿剂；在特种纸生产中用作特殊助剂；用作造纸污水处理剂。

用于纸张的乳胶主要包括丁苯胶乳，聚醋酸乙烯类乳，聚乙烯、醋酸乙烯乳液，酪丙酸类乳液三大类。其中丁苯类胶乳具有优良的综合性能，尤其以羧基丁苯胶乳与干酪素或淀粉配用，用于涂布的纸平滑度和表面强度最好，但耐光性很差。在醋酸乙烯类乳液中，以羧基聚醋酸乙烯乳液配制成涂料用于涂布纸为宜，它有较高的白度稳定性和油墨吸收性，以及中等的耐光性。乙烯-醋酸乙烯乳液耐水性和黏合力均好，且使纸具有一般白度稳定性、耐光性、油墨吸收性和表面强度。丙烯酸类乳液的特点是耐热性和耐臭氧性好，被涂布的纸具有优良的白度稳定性和耐光性，但表面强度和光泽度一般，由于这类乳液价格昂贵，目前多用于功能性纸。这三类胶乳或乳液中消耗量最多的是羧基丁苯胶乳，其次是羧基聚醋酸乙烯乳液和乙烯-醋酸乙烯乳液，而以丙烯酯类乳液为最少。从应用趋势来看，涂布纸用的黏合剂正在向全胶乳或乳液方向发展，而其中以羧基丁苯乳为主。

# 5.10 皮革工业及表面活性剂的应用

## 5.10.1 皮革工业一般介绍

裸皮加工成皮革要经过鞣制准备、鞣制、加脂和涂饰等工序。

1）鞣制准备

将生皮(干板皮、裸皮)浸水、浸灰、脱灰、酶软化、浸酸和去酸、脱脂等处理，这只是皮革进行鞣制前的准备工作。通过这些处理后的皮变得较纯，几乎完全是由胶原构成的纤维网，蛋白纤维结构中原有键的已破坏，皮也变得富有反应性。

2）皮革鞣制工序

皮革鞣制是通过鞣剂与胶朊中反应基团进行反应形成化学键的过程，该工序是皮变成革的关键性一步。皮通过鞣制所变成的革，不仅具有皮原有的一些特性，而且具有耐水、耐热、抵抗微生物作用等性能。通常用于皮革鞣制的鞣剂有金属鞣剂、植物鞣剂和合成鞣剂三大类。

(1) 金属鞣剂主要包括铬鞣剂（$Cr(OH)_2 \cdot mNa_2SO_4)_4 \cdot xH_2O$）、锆鞣剂 $[Zr(SO_4)_2 \cdot Na_2SO_4 \cdot 4H_2O]$、铝鞣剂（$Al_2(OH)_3Cl_3 \cdot Al_4(OH)_6(SO_4)_3$）以及金属铬合鞣剂(由铬、锆、铝、铁等盐类与有机酸反应而生成的铬合物)。近20多年来稀土金属化合物鞣剂的应用引起人们兴趣。

（2）植物鞣剂是从植物的皮、根、果实中提取的，是多元酚及其衍生物，主要成分为儿茶类单宁的凝缩物和浸食子类单宁的水解物鞣料。它们是现在鞣制皮革、轮带革等重革的基本鞣料。

（3）合成鞣剂包括酚醛缩合物、脲醛树脂、苯乙烯-顺丁烯酸二酐共聚物、聚丙烯酸或酯等。

3）皮革染色工序

皮革染色过去制革主要是用植物鞣剂，染色也是用鞣质相似的天然木染料(苏木，黄栌木等)处理，然后再以金属盐煤染成棕色或黑色。自从用铬鞣剂后，因革的颜色较浅，皮革染色逐步过渡到使用合成染料。染革的染料应有足够的水溶性，多数染料中分子内至少有一个成盐基，主要是磺酸基和羧基，因而有水溶性。这类染料通式可简化为 $R—SO_3—Na$，染料离子带负电，故总称为阴离子染料(酸性染料、直接染料、媒染料、金属铬合染料)。此外，碱性染料、硫化染料、活性染料等也有应用。

4）皮革加脂(油)工序

皮革加脂是改善皮革的物理机械性能不可缺少的工序。加脂后的皮革具有良好的柔软性、丰满性、防水性、抗磨、耐疲劳性，坚韧等物理机械性能也有显著提高。常用的加脂剂有三类：① 天然油脂(蓖麻油、鱼油、牛蹄油等)；② 天然油脂加工品(土耳其红油)，亚硫酸化鱼油；③ 合成加脂剂(氯化石蜡，烷基磺酰氯加脂剂(加脂剂 CM)脂肪酸乙二醇酯等)。

5）涂饰工序

涂饰是用合成高分子或天然高分子修整皮表面的一道工序，其目的在于整饰革的残伤和缺陷，使革面光泽润滑颜色均一；与此同时它在革面形成保护膜，也提高了皮革防水和耐磨性能。常用皮革涂剂有乳酪素涂饰剂，丙烯酸乳液涂饰剂，硝化棉乳液涂饰剂，聚氨酯涂饰剂等。

以上这些工序大多都需要使用表面活性剂做助剂，以促进各工序中的理化作用和进程，缩短生产周期，提高成革质量和节约化工材料。

制革工业使用的传统助剂及有关技术通常导致高污染、高耗能和高耗水，完全不适应产业可持续发展要求，国内一些企业进行技术革新，以有机硅助剂和酶技术相结合，从涂饰、加脂推进到水场鞣前准备和鞣制、复鞣，为百多年鞣革拓开了一条节水节能减排全新之路。可供参考的专利①：CN1928123A，该法特点在于使用水性有机硅和酶保毛脱毛剂组合物及其对动物皮脱毛处理的方法，有机硅聚合物与生物粗酶制剂的组合物在转鼓中对动物皮滚酶保毛预处理后再涂酶堆置脱毛。转鼓滚酶保毛预处理后毛根略有松动，无掉毛、结毛球现象；涂酶堆置脱毛后的动物皮具有脱毛洁净、毛可全回收、皮坯洁白的特点。采用该方法脱毛可以完全取消灰碱法包灰、硫化碱毁毛、石灰浸灰、铵盐脱灰、滚硝等工序，且无毛孔扩大、毛穿孔、钻小毛、烂面、松面、酶影等不良现象。专利②：CN101629218A 水溶性自乳化偶联剂型改性硅油组合物及其在制革浸酸鞣制染色中的应用，其特点是采用水溶性自乳化偶联剂型硅油组合物在转鼓中对动物浸酸皮进行油预鞣、鞣制、回软、染色和固定处理。经过处理后的待饰皮坯具有极丰满、极柔软、不松面、弹性好、发泡感好、富有丝绒硅感的特点。使用该法可以提高和稳定成革质量，降低生产成本，而且还可以完全取消传统制革工艺的蓝湿皮酸洗 脱脂、铬复鞣、提碱过夜、中和等工段，减少染料、加脂剂、填充料等的使用量，减少水洗，节省用水 40%以上，缩短生产周期三分之一，后续摔软时间减少一半，工艺流程稳定和简化，成革质量易于控制，减少传统制革鞣制、复鞣、染色水场工段的污染物排放量以及水、电、人力等资源消耗。

### 5.10.2 皮革工业中应用的表面活性剂

表面活性剂在皮革生产中的主要作用包括增溶、乳化、润湿、渗透、发泡、消泡、洗涤、匀染和固色等。在各工序中，对其作用要求不同。如在浸水中，主要要求它起润湿和渗透作用；脱脂中，要求它起乳化、润湿和渗透作用；去污中要求它有良好的增溶作用；染色中要求它有良好的扩散、渗透和泡沫作用；加脂中要求它有良好的乳化性等。所以，在各个工序中所使用的表面活性剂也不同。现将制革工业中常用的表面活性剂，及其主要性能列于表 5-3。

表 5-3　　　　　　　　　　制革中应用的表面活性剂及性能

| 商品名称 | 化学名称 | 主 要 性 能 |
|---|---|---|
| 快速浸水剂 | 环烷酸钠 | |
| 浸水助剂 $M_{65}$ | 烷基磺酰胺乙酸钠 | 有良好的渗透性和脱脂性 |
| 浸水助剂 DLB-1 | 烷基磺酸钠或石油磺酸钠 | 耐热、耐冻，在碱、弱酸和中性溶液中稳定，在硬水中有良好的润湿、乳化、分散、发泡和去污能力 |
| 洗衣粉 | 烷基苯磺酸钠 | 耐酸、碱、硬水、重金属盐、洗涤能力强，有良好的起泡性，性质较稳定 |
| 渗透剂 T，又称快速渗透剂、渗透剂 TX、渗透剂 OT | 磺化琥珀酸=辛酯钠盐 | 有良好的渗透、润湿和乳化性能及起泡性，不耐强酸、强碱、不耐重金属盐和还原剂 |
| 拉开粉，又称拉开粉 BX、拉开粉 BNS | 丁基萘磺酸钠 | 对硬水、盐、酸有特殊的润湿和渗透能力，具有乳化、扩散和发泡性能 |
| 扩散剂 N，又称扩散剂 NNO | 亚甲基双萘磺酸钠 | 耐酸、耐碱、耐无机盐，具有良好的匀染性能 |

| 商品名称 | 化学名称 | 主要性能 |
| --- | --- | --- |
| 渗透剂 M，又称 5881D 渗透剂 | 主要成分有拉开粉、烷基磺酸钠、有机溶剂 | 具有良好的水溶剂，遇碱稳定，遇强酸不稳定，水溶液有较强的渗透力和润湿力 |
| 雷米邦 A，又称 6313 洗涤剂 | 油酰氨基羧酸钠 | 有良好的软化、匀染作用，具有良好的保护胶体和乳化性能 |
| 中性皂 | 硬脂酸钠 | 有良好的乳化性、渗透性和去污力 |
| 磷酸酯盐 | | 水溶性好，一般与其他助剂配合使用 |
| 1631 表面活性剂 | 十烷基三甲基氯化铵 | 溶于水、乙醇和氯仿，对酸、碱较稳定，乳化性能优良，具有杀菌、抑霉等性能 |
| 1227 表面活性剂 | 十二烷基二甲基苄基氯化铵 | 具有显著的杀菌防腐性能，对酶活性无影响 |
| 匀染剂 DC，又称 1827 表面活性剂 | 十八烷基二甲基苄基氯化铵 | 易溶于水和氯仿，溶于丙酮、苯和混合二甲苯，具有阳离子性能，有强杀菌能力，可作杀菌剂和柔软剂。对酶活性无影响 |
| 平平加 O，又称平平加 X-102，平平加-20，SA-20，匀染剂 O，乳化剂 O | 高级脂肪醇聚氧乙烯醚 | 具有很强的扩散和润湿能力，耐金属盐，在硬水、碱和酸液中稳定，对染料有很好的匀染性、渗透性 |
| 平平加 C-125 时，同类产品有乳化剂 EL | 蓖麻油聚氧乙烯醚 | 易溶于水，可溶于油脂、矿物油等，对矿物油有独特的乳化能力，有净洗、浆染和抗静电性能 |
| 平平加 OS-15 | 脂肪醇聚氧乙烯醚 | 易溶于水，具有乳化、分散、净洗等功能，有独特的润湿性，耐硬水及金属盐，对直接染料有很好的亲和力 |
| 乳化剂 OP，又称匀染剂 OP | 烷基酚与环氧乙烷加成物 | 水溶性好，可溶于各种硬度的水中，有优良的润湿、乳化、分散匀染性，具有一定的增溶、洗涤和保护胶体的性能，耐热性好，对酸、碱、乳化剂、还原剂和盐类稳定 |
| 斯潘(有斯潘 40，60，80) | 脂肪醇聚氧乙烯醚 | 有良好的稳定性，耐强度、耐碱、耐次氯酸盐、耐硬水和金属盐等，水溶性好 |
| 吐温(有吐温 40，60，80)，吐温 80 又称乳剂 T-80 | 聚氧乙烯失水山梨醇脂肪酸脂 | 是高效乳化剂，可与各类表面活性剂同时使用 |

## 5.11  表面活性剂在纺织物工业中的应用

纺织工业是各种表面活性剂的巨大消费市场，在纺织工业中，表面活性剂通常作为润湿剂、乳化剂、洗涤剂、消泡剂、匀染剂、渗透剂、平滑剂、柔软剂、拒水剂、抗静电剂等名目的助剂。

### 5.11.1  纺织物原料预处理中的应用

在纺织前，天然纤维上的蜡脂、果胶、棉籽壳等杂质需清除。供清除用的洗涤剂主要是各类表面活性剂的混合物。阴离子表面活性剂有肥皂、烷基苯磺酸盐或硫酸盐、烷基聚乙二醇醚硫酸盐；也可使用二烷基磷酸酯及单烷基磷酸酯等。非离子表面活性剂有烷基聚乙二醇醚、烷基酚聚乙二醇醚以及环氧乙烷与环氧丙烷的共聚物等。

棉花外观欠佳要用碱煮炼及漂白等。在这些预处理中都要采用耐碱的，而且最好是低泡的润湿剂，如牛磺酸盐、烷基磷酸酯及短链烷基乙二醇醚。漂白处理要求润湿剂不仅能耐碱，而且能耐酸，常采用烷烃磺酸盐和烷基芳基磺酸盐及与非离子表面活性剂的复配物。

毛类原料也含很多杂质，如羊毛中的羊毛脂、羊汗、泥土等，常用肥皂、AS、ABS、AES 等洗涤剂。

### 5.11.2  纺丝、织造中的应用

由纤维变为纺织品要经过牵伸、纺纱、加捻、卷曲、络筒、织造、针织等工序。在这些过程中改善工艺和优化产品质量都要用表面活性剂。因为纺织原料与机器之间存在摩擦力，由此产生的静电必须加以防止。以矿物油、天然或合成油脂，硫酸化油及聚乙二醇配制的 O/W 型乳状液可以用作纺丝油剂。这类产品中添加的乳化剂有烷烃磺酸盐、烷基硫酸盐、脂肪醇乙氧基化物、脂肪酸、脂肪胺及脂肪酰胺等。除此之外，添加的抗静电剂也是表面活性剂。

纺织工业中适用的抗静电剂有：硫酸化或磺化油脂的碱金属或铵盐，烷基硫酸盐或磺酸盐以及脂肪醇、烷基酚、脂肪酸、脂肪酸酰胺或脂肪胺等的聚氧乙烯醚。

### 5.11.3  纺织物印染及后整理中的应用

纺织品染色，无论是染料配制、染料的使用及染色或是脱除纺织品上剩余染料，都要应用表面活性剂。为了使染料能均匀地分散于给定的配方中，除了常用的溶剂(乙醇、乙二醇等)及水助溶剂外，还要添加磺化脂肪酸酯、烷基芳基磺酸盐、脂肪醇聚乙二醇醚、

脂肪胺聚乙二酯醚等表面活性剂。

匀染剂可解决染料对织物亲和力的差异，还可使由设备引起的染色不均匀等问题得到改善。匀染剂可分为亲纤维的或亲染料两类，染色工序中利用不同匀染剂控制染色过程，例如将纤维的活性中心保护起来（亲纤维），或者由助剂与染料形成一种暂时加成物（亲染料），这样就能使染色过程缓慢，直至得到更加均匀的染色。亲纤维的产品有硫酸化油、烷基硫酸盐、苯基磺酸盐。适用于亲酸性染料及金属络合染料的产品有脂肪胺聚乙二醇醚。

织物经洗涤、染色及漂白等过程，其表面都会变得粗糙。为了获得令人满意的手感，就需使用织物柔软剂、平滑剂；为了防止灰尘和穿着舒服要用抗静剂；为了清洁卫生常用杀菌剂。以上这些助剂都是表面活性剂。有关内容在第七章7.9节中还将阐述。

## 5.12 表面活性剂在农、林、牧业中的应用

表面活性剂在农、林、牧业中主要用于农、林、牧场加工成各种剂型农药、化肥的缓释、水土的保持和绿化工程等方面。

### 5.12.1 农药剂型的配制

为了安全、经济、有效地使用农药，通常将少量的原药分散于水等分散相中，将农药制成乳剂、水剂、粉剂等不同剂型，便于大面积喷洒，并使农药能在作用对象上均匀施布。农药的原药除少数具水溶性或挥发性可直接用水或空气作分散剂，绝大多数农药须加入表面活性剂作为分散剂、乳化剂、润湿剂、消泡剂等，有关内容将在农药章详细介绍。

### 5.12.2 防止化肥和土壤结块

为了防止化肥在贮存、运输中结块，以及有利于化肥分散于土壤中，常在生产过程中加入表面活性剂如脂肪酸氧乙烯醚、烷基苯磺酸盐、烷基磺酸盐等表面活性剂。

利用表面活性剂合成的乳胶或将沥青、石油树脂乳化得到的聚合物乳液散布于土壤表层，能使土壤粒子固结以防止风雨侵蚀土壤，有利绿化工程，发展农村牧业。这类乳胶液不得对植物发芽生长有不良影响，它们的不同配方、用量、使用方法对土壤的渗透性、地温和土壤水分的保持性均有影响。用于绿化工程通常是醋酸乙烯、丙酸酯、顺丁烯二酸酯和乙烯的共聚物。非离子、阴离子的表面活性剂作乳化剂，聚乙烯醇和纤维素醚作保护胶体，用微量过硫酸钾或铵、过氧化氢引发聚合成均聚物或共聚物。使用时常添加草籽、肥料、纤维物质、脲醛树脂的发泡体、膨润土等，起到保土、保水、防冻、赋予土壤通风等作用。

207

### 5.12.3　制造控制释放化肥

农业生产中最常用的氮肥(如尿素、碳铵、硫铵等)都是水溶性的,如果施用不当会造成减产,肥料利用率降低,甚至引起烧苗,多余的肥料还会随雨水或灌溉水流入河中,污染水源。如果施用量少,又不能满足作物整个生育期的需要,必须分次追肥,花费劳力,作物封行以后追肥又很困难,因此,提出了长效肥的设想,即把速效性化肥变成缓效性,让养分缓慢地释放出来,减少挥发、淋失和反硝化损失。即使一次施肥量很高,也不致烧伤作物和肥料流失而引起环境污染。一次性施肥代替分次追肥,可以节约大量劳力。

国内外研究开发的长效肥可归纳为几种主要类型:

(1) 化学合成缓溶性有机氮肥,主要是脲醛肥料(如脲甲醛,脲乙醛,异丁叉二脲等);

(2) 包膜肥料,用硫磺、石蜡、沥青、高分子材料等成膜物质包住水溶性颗粒肥料(如硫磺包膜尿素,以钙镁磷肥包膜碳铵和尿素);

(3) 化学合成缓溶性无机肥料(如磷酸镁铵);

(4) 以天然有机质为基体的氨化肥料(如氨化泥炭、氨化褐煤等)。

在表面活性剂存在下用树脂溶液等有机质作为包膜材料国外已有工业化生产。日本Chissog-Asahi肥料有限公司研制成功用聚烯脂包膜尿素的长效肥新品种MEISTER,我国已有类似产品。现介绍如下:

(1) 该肥料对水稻、早熟作物、蔬菜均有很好的效果。

(2) MEISTER的生产工艺大致是将包被材料的溶液(如热塑树脂)和添加剂(如表面活性剂)喷到包被塔中的尿素粒肥上,然后向包被塔中吹进热空气,溶剂迅速被蒸发回收,在尿素粒肥表面形成了一层薄膜。

(3) MEISTER是含氮40%的圆形颗粒,大小为2~3 mm。根据在田间条件下20℃时释放80%的氮所需天数,已有四种类型产品供选择,即:Type 7(70d),Type 10(100d),Typel5(150d),Type20(200d)。

日本Chissog-Asahi肥料有限公司生产树脂包膜的复合肥料——"Sun Nitro"。包膜材料系采用低分子量的聚乙烯和聚丙烯的混合物。用于水田时,为避免肥料浮在水面上,常加入一些表面活性剂。包膜量占肥料的4%~5%,释放速率很低,24 h水中的初释放度几乎等于零。

农药缓释在农药章节中讨论,它们的制作也要利用表面活性剂作助剂起分散作用等。

### 5.12.4　土壤增温与保水

抑制水分蒸发和增加土温国内外都有报道,如日本"欧依滴"OED系一种由天然脂肪酸制成的高碳烷基醚型乳状液，它们能抑制蒸发，从而达到提高水稻田温度。又如美国的"因加普"（ENCAP）和"科拉斯"（COLAS）；苏联的"涅罗金"；前民主德国的"依-301"（E301）；利比亚的"尤尼索尔"（Unisol）以及罗马尼亚、法国等各种名称的制剂。我国于1970年研制成功的"土面增温剂"，是一种 O/W 型的乳状液。

增温剂将脂肪酸残渣、沥青等不溶于水的黏稠高分子物质在乳化剂存在下分散于水中，是约 10 μm 左右水包油型乳状液。这种乳剂具有抑制水分蒸发、提高土壤温度、增加作物苗期素质、保墒、压碱、抗御风吹、水蚀等作用，对促进农业、林业生产都有显著效果。

# 第六章　高分子材料助剂

高分子材料是材料家族中最重要的成员之一，它们的应用涉及国民经济各个部门，其需求量和使用面还将不断扩大。应用领域不同，高分子材料制品使用环境会大有差异。不同应用领域对高分子材料的性能提出了不同的要求。但是，聚合物的基本品种有限，满足不了众多要求。解决这个问题的途径之一就是在聚合物加工成材料时，加入一些助剂，诸如高分子材料物理机械性能改进剂(增塑剂、增韧剂、增强剂、交联剂等)，高分子材料表面性能改进剂，高分子材料防老剂，高分子材料阻燃剂，此外还有一些特殊助剂(发泡剂、着色剂、导电剂等)。高分子材料用助剂不仅仅是为了改善性能，有些是高分子聚合物合成和高分子材料加工时所必需。没有助剂，高分子材料工业不可能发展。

## 6.1　高聚物合成用助剂

用于高聚物合成反应的助剂品种很多，包括进行自由基聚合、阴离子聚合、阳离子聚合、配位聚合以及缩聚反应的各种引发剂或催化剂，有机单体靠它们作用转变成高分子化合物；没有性能优良的引发剂或催化剂既不可能保证产品的质量，也不可能将研究的高分子合成反应工业化。因此，可以说引发剂、催化剂是高聚物合成最关键的助剂。此外还有很多其他助剂，诸如乳化剂、分散剂、阻聚剂、调节剂、终止剂和适用于不同反应系统的各种溶剂，还有第三单体等。它们在高分子反应中对促进反应正常进行，调节分子量及其分布，保证产品质量和改善产品性能都起重要作用。

### 6.1.1　自由基聚合引发剂

在聚合反应中引起单体活化而产生自由基的物质称为引发剂。自由基聚合适于本体聚合、悬浮聚合、溶液聚合和乳液聚合等方法。用自由基引发聚合而生产的聚合物包括高压聚乙烯、聚氯乙烯、聚苯乙烯、聚丙烯腈、聚醋酸乙烯及聚乙烯醇、聚甲基丙烯酸甲酯及其他丙烯酸酯类、聚四氟乙烯等含氟树脂、丁苯橡胶、丁腈橡胶、氯丁橡胶、ABS、MBS等众多品种。它们的产量之多占聚合物总量60%以上，从而可知自由基引发剂生产和开发的意义。自由基聚合引发剂有单组分(偶氮类和过氧类化合物)和双组分(氧化还原体系)

之分。目前还在不断地开发许多新的高活性或特殊用途的品种，如电荷转移引发、相转移催化、等离子体引发等。

**1. 偶氮类引发剂**

常用的偶氮类引发剂有偶氮二异丁腈(AIBN)和偶氮二异庚腈(ABVN)。它们在 80 ℃下半衰期分别为 17.5 h 和 1.7 h，属低和中等活性引发剂。偶氮类引发剂热分解产生自由基的通式如下：

$$R-\underset{\underset{CN}{|}}{\overset{\overset{R'}{|}}{C}}-N=N-\underset{\underset{CN}{|}}{\overset{\overset{R'}{|}}{C}}-R \longrightarrow 2R-\underset{\underset{CN}{|}}{\overset{\overset{R'}{|}}{C}}\cdot +N_2\uparrow$$

偶氮类引发剂通常是用相应的酮和水合肼为原料合成的。如 AIBN 合成反应式：

$$\underset{CH_3}{\overset{CH_3}{}}C=O + H_2N-NH_2 \xrightarrow[-2H_2O]{} \underset{CH_3}{\overset{CH_3}{}}C=N-N=C\overset{CH_3}{\underset{CH_3}{}} \xrightarrow{2HCN}$$

$$\underset{\underset{CN}{CH_3}}{\overset{CH_3}{}}C-\overset{H}{N}-\overset{H}{N}-C\overset{CH_3}{\underset{CN\,CH_3}{}} \xrightarrow[-2HCl]{Cl_2} \underset{\underset{CN}{CH_3}}{\overset{CH_3}{}}C-N=N-C\overset{CH_3}{\underset{CN\,CH_3}{}}$$

偶氮类引发剂开发进展之一是合成带端羧基偶氮引发剂，它们的分解温度为 50~70 ℃，可用于制备遥爪聚合物。该类引发剂可用于聚氯乙烯-聚氧乙烯嵌段共聚物的合成，也可用于合成主链上有冠醚结构的聚合物，此外，还可用于制备大分子单体。

**2. 有机过氧化物类引发剂**

有机过氧化物主要包括过氧化苯甲酰(BPO)，103~106 ℃分解；过氧化十二酰(引发剂 B)，70~80 ℃分解；过氧化二碳酸二烷基酯，其分解温度视 R 基而变化(如二异丙酯 47 ℃，4-叔丁基环己基 56 ℃)。半衰期 1 h，分子量增加，储存稳定性增加。有机过氧化物热分解产生自由基的反应式如下：

$$R-O-O-R' \longrightarrow RO\cdot + \cdot OR'$$

R，R′为相同酰基或 R 为酰基，R′为烷基

过氧化物引发剂的制备，通常是先合成相应的酰氯，再与双氧水或过氧化钠反应。

过氧化二碳酸二烷基酯是一类广泛用于工业生产的高活性引发剂。其加热分解过程如下：

$$RO-\overset{\overset{O}{\|}}{C}-O-O-\overset{\overset{O}{\|}}{C}-OR \longrightarrow 2ROC\overset{\overset{O}{\|}}{}-O\cdot \longrightarrow 2RO\cdot +2CO_2\uparrow$$

合成带活性端基的过氧化物是当今开发方向之一。若制备了活性端基为羟基过氧化物

(如HO—R—O—O—R—OH)，就可制得端羟基聚合物。

开发结构不对称的或对称的三官能团引发剂也很有意义，如中心为偶氮基，两侧为过氧基团，它们可称之为偶氮过氧化物，其特点是能依次分解产生不同自由基引发聚合反应。

**3. 氧化-还原体系**

该体系属双组分引发体系，它是通过电子转移产生自由基来引发单体聚合。体系分解活化能低，能使聚合速率和产物分子量大大提高，聚合可在室温或更低的温度下进行。氧化-还原体系通常以过硫酸铵(或过硫酸钾)和硫醇、亚硫酸盐、柠檬酸、维生素C、硫脲等具还原性的化合物构成。以硫脲为例，其自由基产生过程如下：

$$S_2O_8^{2-} + HS—C\begin{array}{c} NH_2 \\ \| \\ NH \end{array} \longrightarrow \cdot S—C\begin{array}{c} NH_2 \\ \| \\ NH \end{array} + SO_4^{-} + HSO_4^{-}$$

$$SO_4^{-} + H_2O \longrightarrow HSO_4^{-} + \cdot OH$$

过硫酸铵通过电解法生产，硫酸钾与过硫酸铵进行复分解反应可制备过硫酸钾。

## 6.1.2 配位(定向)聚合催化剂

乙烯、丙烯、丁烯、苯乙烯、异戊二烯、丁二烯等是石油化工中的主要原料，在过渡金属元素化合物和有机金属化合物组成的催化体系(Ziegler-Natta 齐格勒-纳塔催化剂)存在下，进行聚合反应，已用于生产多种性能优异的高聚合物。由于催化剂具有立体定向性，合成出来的高分子其链结构具有规整性，因此，这种聚合反应称之为定向聚合。齐格勒-纳塔催化剂及配位聚合的出现开拓了高分子合成的新领域，促进了乙烯低压聚合和丙烯定向聚合工业的建立和发展，同时也促成了顺丁橡胶、乙丙橡胶的工业化生产和异戊二烯配位聚合生产合成天然橡胶。烯烃的配位聚合和共聚合的研究与开发关系到塑料及合成橡胶工业的发展。当今配位催化剂的催化活性中心的结构、配位基的影响、助催化剂和载体作用等问题还需进一步研究。

元素周期表中 I A～ⅢA 族的金属烷基化合物(或氢化物)与 V～Ⅷ族过渡金属盐组成的催化剂统称为 Ziegler-Natta 催化剂。体系中，过渡金属盐称为主催化剂，金属烷基化合物则称之为助催化剂(活性剂)。在实际应用中，往往还添加其他组分，它们称之为第三组分，该组分多是带有孤对电子的给电子物质，所以又称为电子给予体或内给予体(internal donor)。

高效催化剂就是在常规两组分催化剂中加入第三组分改性、络合或引入载体等方法制得的具有很高催化活性和定向能力以及高催化效率的催化剂。习惯上将常规催化剂称为第一代催化剂，添加了醚类等第三组分的催化剂称为第二代催化剂；以氯代镁为载体，$TiCl_4$

为主催化剂、添加酯类的载体催化剂为第三代催化剂；省去造粒而直接生产球状聚烯烃的催化剂称为第四代催化剂等。

作为助催化剂的烷基金属化合物，虽然有铍、铝、镁、锌等的金属化合物，应用最为广泛的仍是烷基铝化合物。锌的烷基化合物常用作分子量的调节剂。镁化合物的作用实际上是作为载体。不同的烷基铝对催化剂的活性和定向能力影响很大。最常用的烷基铝有 $AlEt_3$，$Al(i-Bu)_3$，$AlEt_2Cl$，$Al(i-Bu)_2Cl$ 和 $Al_2Et_3Cl_3$ 等。

## 6.1.3 阴离子聚合引发剂

含有碳-碳双键单体的阴离子聚合反应所用引发剂有碱金属、碱金属的芳香族络合物和有机碱金属化合物。杂环化合物(如有机硅氧烷环体、环氧乙烷、环氧丙烷等)和杂原子不饱和化合物(如乙醛、甲醛等)都可以被碱金属氢化物或烷氧基化合物引发聚合。

碱金属的芳香族络合物体系，应用最多的是萘钠，按下式合成：

$$\text{\unicode{x2B} Na} \xrightleftharpoons{THF} [\quad]^{-} Na^{+}(THF)$$

其中，THF 是一种典型的溶剂化醚，能帮助形成和稳定萘钠。络合物的稳定性取决于烃类的电子亲和性。蒽、菲、萘、联萘等均能形成稳定的碱金属芳香族络合物，其电子亲和性也依上述次序下降。

碱金属常用金属钠和钾作为引发剂，它们引发丁二烯、苯乙烯聚合有类似于碱金属芳香族络合物引发机理，有机碱金属化合物是指丁基锂、丁基铝等。

## 6.1.4 阳离子聚合引发剂

目前采用阳离子聚合的工业化产品有以异丁烯和异戊二烯共聚而制成的丁基橡胶、聚苯、聚氯醇胶、聚醚以及石油树脂。常用的聚合物引发剂有质子酸、路易斯酸和稳定的阳离子盐。

质子酸强度是影响引发能力最重要的因素。对于合成高分子量聚烯烃或聚烷基乙烯基醚，用 HX 是不合适的。有时，可以利用质子酸不易使单体聚合成高聚物的特点来制备低分子量聚合物，如柴油、润滑油、涂料等。

阳离子聚合中常用的路易斯酸有 $BeCl_2$，$ZnCl_2$，$CdCl_2$，$HgCl_2$，$BF_3$，$BCl_3$，$AlCl_3$，$AlBr_3$，$R_3Al$，$R_2AlX$，$RAlX_2$(R 为烷基，芳烃基)，$SnCl_4$，$TiCl_4$，$TiBr_4$，$ZrCl_4$，$VCl_4$，$SbCl_5$，$WCl_5$，$FeCl_3$ 等。通常作用这类引发剂需另一引发剂协同作用。如$(C_6H_5)_3C^+SbCl_6^-$(或 $SbF_6^-$，$BF_4^-$)，⬡$ClO_4^-$(或 $SbCl_6^-$，$BF_4^-$)。

213

### 6.1.5　分散剂(悬浮剂)与乳化剂

分散剂是在悬浮聚合时能使聚合体系中的单体形成稳定分散液滴(粒径 0.1~0.5 mm)的化合物。悬浮单体液珠视为一个小的本体聚合单元在水介质中进行聚合，反应热易除法，温度好控制，聚合物产品较均匀，可得分子量较高聚合物。常用的分散剂有天然高分子(明胶、果胶、淀粉、羧甲基纤维素等)，合成高分子(聚乙烯醇及其共聚物，聚丙烯酸及其盐或与顺丁烯二酸酐的共聚物等)，还有无机物(滑石粉、高岭土、膨润土硫酸钡、硫酸钙、碳酸镁、磷酸钙等)。

乳化剂都是表面活性剂类物质，有关它的结构、性能及应用在四、五、七章中均有阐述。

### 6.1.6　阻聚剂

加聚反应合成高聚物的原料大多数是不饱和化合物，通常不饱和键的反应活性较高，能发生自聚。为了使单体在精制、贮存、运输过程中不发生聚合反应，必须添加阻聚剂。阻聚剂很容易和游离基反应而变成稳定的化合物，所以它能起阻滞游离基链式聚合反应的进行。

阻聚剂大致可分为八类：① 多元酚类(如对叔丁基邻苯二酚、对苯二酚、2，5-二特戊基对苯二酚)；② 芳胺类(如甲基苯胺、联苯胺；③ 醌类(如对苯醌、四氯苯醌、蒽醌)；④ 硝基化合物(如间二硝基苯、2，4-二硝基甲苯)；⑤亚硝基化合物(如 $N$-亚硝基二苯胺、亚硝基苯、亚硝基-$\beta$-萘酚)；⑥ 有机硫化物(如硫叉二苯胺、二硫代苯甲酰二硫化物)；⑦ 无机化合物(如氯化铁、三氯化钛、氯化亚铜)；⑧ 元素(如硫磺，铜粉)。

阻聚剂的选择，除了要求具有较高的效率外，还应考虑它在单体中的溶解度、是否易于用化学或蒸馏方法除去等。它们的效率随着温度升高而减弱。

### 6.1.7　终止剂

终止剂是终止聚合反应的物质。当单体聚合到一定程度时，为了保证聚合物的优良性能，就必须利用终止剂使聚合反应完全停止或急剧减慢，以达到控制聚合分子量大小，分子量分布等目的。

乳液聚合中常用二硫代氨基甲酸盐、对苯二酚类与多硫化钠的混合物、硫磺和苯基-$\beta$-萘胺(防老剂)作为终止剂等。溶液聚合时一般用水与醇作终止剂，也可以与防老剂并用。离子型聚合反应中，活性聚合端基的负离子容易转化成其他官能团。如用 $CO_2$ 终止可以得羧基，环氧乙烷终止可转变成羟基，还可以卤化和胺基化，用甲基丙烯酸酰氯终止得大分子单体等。

### 6.1.8 调节剂

聚合调节剂(分子量调节剂)是一种能够调节、控制聚合物分子量和减少聚合物链支化作用的物质。调节剂的特征是它的链转移常数大。它在聚合反应体系中的用量虽然很少，但却能显著地降低聚合物的分子量，从而提高聚合物的可溶性和可塑性，从而改善高聚物的加工性能。

乳液聚合法制橡胶时所需的调节剂主要是脂肪族硫醇和二硫代二异丙基黄原酸酯(俗称调节剂丁)。脂肪族硫醇作为调节剂较易调节聚合物的分子量，控制分子量分布和减少凝胶及支化作用。硫醇分子中碳原子的数目一般以 10~20 个碳原子最为活泼。其用量一般为单体用量的 0.1%~1%。

## 6.2 高聚物增塑剂

增塑剂可赋予聚合物特定的物理性质，使聚合物适于制品的成型加工和满足制品某些使用条件的要求。

聚合物材料最常见的受力现象是弯曲，弯曲会产生应力，当应力超过一定限度时，材料就会脆性破裂，或者产生不可逆形变。这些现象主要取决于材料的力学特性，特别是弹性模量。为了防止材料的脆性破裂或不可逆形变，必须减小弹性模量从而降低产生的应力。为此，可在聚合物中加入增塑剂或改变初始聚合物化学组成(内增塑)。

聚合物增塑另一目的是降低流动(塑性变形)温度。通常柔性小的聚合物软化温度和流动温度高，这是由于其大分子链刚性大和分子间相互作用力大的缘故。这类聚合物通过加热进行成型加工时，其软化温度可能高于热分解温度。加入增塑剂后可使各种转变温度下降，其中就包括流动(软化)温度的降低，从而避免聚合物降解。

某些情况增塑，要求成品保持原来聚合物的力学特性，增塑只是为改进聚合物的加工性能，这就需要在制品成型之后用洗涤或蒸发方法除去加入的增塑剂，其突出例子是由聚合物溶液成膜和纺丝。

### 6.2.1 聚合物增塑方法

增塑的基本方法有两种：一是分子增塑，二是结构增塑。此外还有一种自然增塑现象。

**1. 分子增塑**

分子增塑作用是指加入一种能与聚合物达到分子水平混溶的添加物(主要是低分子物)来改变聚合物的力学性能。基本原理是增塑剂分子与聚合物之间的相互作用削弱了大分子之间的相互作用力,有利于在外力场作用下大分子链节之间的重排(内旋转),从而提高聚合物的柔性。这种改性作用主要与大分子之间以及大分子和增塑剂之间的相互作用力有关,也就是与体系中组分的化学结构有关。例如,在聚氯乙烯分子中,由于氯原子的存在,使聚氯乙烯分子链间有较强的偶极引力。但在加热的情况下,由于分子链热运动加剧,分子链间相互的吸引力减弱,距离增大,这时增塑剂分子就可以进入到聚氯乙烯分子链之间。当增塑剂分子中含有极性基团与非极性部分时,则极性基团与聚氯乙烯分子链上的极性部分发生偶极吸引力,这样,在冷却后,增塑剂分子仍可停留在聚氯乙烯中原来的位置,而增塑剂的非极性部分可将聚氯乙烯分子隔开,增大它们之间的距离,减弱分子链间的吸引力,从而使聚氯乙烯分子链的运动比较容易,其结果导致聚氯乙烯物理机械性能的改变,诸如降低高聚物分子链间的聚集力、刚度,使其增加柔软性、可塑性,降低高聚物的熔融黏度与流动温度。如此就起到了调节性能和易于加工的作用。此外,还有一种与上述分子增塑类似的方法,即内增塑方法。在内增塑中,是以改变聚合物本身化学组成的方法来削弱聚合物之间的相互作用,如以弱极性基团取代强极性基团。这种方法与添加增塑剂直接屏蔽大分子基团相互作用的效果是一样的。若在大分子链上引入体积大的侧基可增加体系的自由体积,削弱大分子之间的相互作用,因而赋予较大的柔曲性,这和增塑剂的"稀释"作用类似。制备乙酸丙酸纤维素酯或乙酸丁酸纤维素酯来取代醋酸纤维素酯以获得性能的改进,即是利用酯基相对体积的不同,而得到特殊的"稀释"效应,获得了增塑剂的效果。

**2. 结构增塑**

聚合物的结构增塑作用是指加入少量实际上与聚合物不相混溶的低分子物而使聚合物力学性能显著改变的效应。基本原理是增塑剂分布于聚合物超分子结构基元之间,促进大分子聚集体(而非大分子链节)的相互重排。虽然形变时,这种聚集体(超分子结构基元)内大分子链的构象也会产生一定的变化,但影响变形的主要作用正是超分子结构基元之间的重排。很少量的增塑剂就能使聚合物的力学性能发生重大变化,这可解释为增塑剂以分子尺寸厚度的薄层分布于超分子结构单元之间,从而起到了特殊的"润滑"作用。具有结构增塑效应体系的各种不同行为,在很大程度上是聚合物组织结构本身的细微差别所引起的。

实际上在某些情况下会产生复合的增塑机理。特别是增塑剂与聚合物之间为有限混溶时,过量的增塑剂可析出为独立相,体系的力学性能就不仅决定于聚合物基体的增塑,而且在一定程度上还与聚合物基体相的空间结构有关。由于增塑剂与聚合物的部分混溶性,在某些配方中,结构增塑和分子增塑同时起作用。增塑剂的作用不仅使聚合物本身的硬性下降,而且增塑后初始聚合物可能保留的独立形态结构,还能促进这些基元之间的相互移动。

**3. 自然增塑现象**

在实际工作中，除了加入增塑剂增塑外，有时还会碰到聚合物材料的自然增塑问题。例如，由于大分子链上含有羟基(纤维素、聚乙烯醇)或酰胺基(蛋白质、合成聚酰胺类)，它们能从空气中吸湿。自然吸湿的结果可提高这类聚合物的柔性，在使用中必须考虑这一点。当直接在水中或水溶液中浸泡时，这类聚合物材料性能的变化特别明显，有时必须对其制品进行额外的加工处理以降低在水中的溶胀作用。例如，甘油对水合纤维素薄膜(噻咯吩)的增塑作用是由于从空气中吸湿而得到加强。人们熟知几乎完全干燥的纸张很脆，特别不耐折叠，有些纸料需适当调节空气的湿度才可在压光机上制得高度平整光亮的纸张。

## 6.2.2　增塑剂的化学结构与增塑的关系

根据上述分子增塑机理，增塑剂分子结构最好具有极性和非极性两个部分。非极性部分是具有一定长度的烷基，而极性部分常由极性基团所构成(如酯基，氯原子，环氧基等)。具不同极性基团的化合物有不同的特点，如邻苯二甲酸酯的相溶性、增塑效果均好，性能比较全面，常作为主增塑剂使用；磷酸酯和有机氯化物具有阻燃性；环氧化物的耐热性能好；脂肪族二元羧酸酯的耐寒性优良等。除极性基团外，其他基团对增塑剂性能也有影响，如含有芳环结构的酯相溶性比脂肪族酯好，但耐寒性则比脂肪族酯差，而脂环族酯类则居于两者之间。

烷基中碳原子数在 4 个以上，碳链越长，耐寒性越好，挥发性，迁移性越小，但碳原子数超过 12 以上时，则相溶性、塑化效果下降。直链比支链烷基的增塑性、耐寒性好。如由仲醇合成的酯与由伯醇合成的酯相比，其塑化效果、耐寒性、耐热性都较差。

酯基 A—COOB 或 B—COOA 结构的增塑剂性能差别不大。酯基的数目通常是 2~3 个，一般酯基较多，混合性、透明性较好。

此外，增塑剂分子量的大小要适当，过小则挥发大，过大则增塑效果下降，并引起加工困难。较好的增塑剂，分子量一般在 300~500 之间。

## 6.2.3　增塑剂的分类及主要品种

增塑剂通常按相溶性可分为两类：

(1) 主增塑剂：它与被增塑的高聚物的相溶性好，可以大量加入(如聚氯乙烯中加入50%以上增塑剂也不会渗出)，可以单独作用。

(2) 辅助增塑剂：它与被增塑的高聚物相溶性较差，加入量超出一定的份数就渗出，不能单独使用。

如果按增塑剂的特性和使用效果则又可分为：耐寒增塑剂、耐热增塑剂、耐燃增塑剂等。

化学合成工作者都通常喜欢按化学结构分类，它们包括邻苯二甲酸酯类（DOP，DBP，DHP，$D_n$OP 等）；脂肪族二羧酸酯（DBS，DOS）；磷酸酯（TBP，TOP，TPP 等）；环氧化物如 $ED_3$ 脂肪酸乙二醇单酯或双酯（59 酸乙二醇酯，79 酸-缩乙二醇酯）和氯化石蜡等。

## 6.2.4　增塑剂的选择原则

对于每一种给定的聚合物，可能的增塑剂很多，但真正合适的只有少数几种，其原因是必须考虑到各种各样的因素。首先，在选择增塑剂时必须考虑聚合物改性的目的。

在很多情况下，聚合物增塑的目的是将聚合物转变为高弹态，在不太大的作用力下具有高度可逆的形变（如增塑聚氯乙烯）。为了这个目的和使产品达到应用性能要求，应选择能与聚合物的分子很好混溶的增塑剂。

对已处高弹态且由于大分子的化学交联（如橡胶硫化）具有形变不可逆性的聚合物，加入增塑性的目的是降低玻璃化温度以增宽其使用温度范围，提高其耐寒性，防止低温下的脆性破坏。在这种情况下，要求增塑剂自身的玻璃化温度要尽可能低。

聚合物增塑的目的只是为改善制品加工成型的条件，即增塑性加入在于减小制品成型温度下的聚合物有效黏度，以及为了降低聚合物结晶部分的熔化温度，特别是对于加工成整体制品、片状材料、管道零件以及容器等的聚氯乙烯时，加入增塑剂（用量不大，为 5%~15%）的目的是减小起始聚合物的黏度以及相应地降低结晶部分的熔点。因为高温下聚合物会发生部分降解作用。这时增塑剂仅在高温下（即制品成型的温度范围内）使聚合物塑性增加，使冷却后聚合物脆性比加入增塑剂前是增大而不是减小，这种情况和所谓反增塑效应有关。

利用纤维素酯制备整体型制品时，加入增塑剂主要是为了提高材料在加工时减小高温下的热降解；而制备薄膜时（如制备以纤维三醋酸酯为基材的电影胶卷的片基），加入增塑剂是为了降低弹性模量（减小交变负荷时的脆性），因这时的加工条件不是高温成型而是溶液浇铸再继之以溶剂的蒸发。前者要求增塑剂与纤维素酯的非晶部分有高度的混溶性，而后者要采用与聚合物不混溶的结构增塑剂。

此外，在选择增塑剂时还应注意满足下面两个附加要求：

（1）在配料阶段，它们应以较经济的比例使聚合物溶剂化；

（2）它们不应在被增塑的聚合物使用寿命期内，通过挥发、起霜或渗出，迁散到体系以外。

关于增塑剂的迁移速率，我们应注意考虑环境的影响。在周围无液体介质的情况下，增塑剂的迁移可以通过挥发（在高温下）和渗出或起霜（在低温下）发生。反之，在周围有液体或固体介质存在时，增塑剂的迁移速率很大程度上取决于聚合物、增塑剂和周围介质之间在溶解度参数上的相对差异。此外，当介质为腐蚀性物质时应考虑到增塑剂的化学稳定性。

还有一些特殊要求，比如制备电绝缘材料的聚合物，由于增塑剂对电绝缘性有很大的影响，这时要求所采用的增塑剂对电击穿的稳定性较高、不吸湿、不含可溶解金属导体的酸性杂质。对于有关卫生方面的制品，选择增塑剂时应满足卫生保健方面的特殊要求。

# 6.3　高分子材料增韧与增韧剂

有些聚合物在室温下呈脆性，因而大大降低了它的使用价值。例如，聚苯乙烯有良好的透明性、电绝缘性、易加工性，但只有加入 5%~20% 橡胶类的增韧剂才有较高的抗冲强度。这种赋予塑料更好韧性的助剂称为抗冲改性剂(增韧剂)。高抗冲聚苯乙烯(简称 HIPS)、聚氯乙烯、聚丙烯以及聚酰胺、聚甲醛等工程塑料以及环氧和酚醛树脂的增韧研究和开发，开拓了高分子工业的另一发展领域。

## 6.3.1　高聚物的增韧机理

当刚性塑料中含有 5%~20% 橡胶时，冲击强度可提高十至数十倍；HIPS 拉伸时，试样伸长，但横截面并不缩小，即材料体积增加，密度减小，说明材料内部发生了"空化"。Merz 认为这是由于材料中产生了微裂缝(microcrack)。在未经增韧的材料中，裂缝会迅速发展并导致材料的破坏。但有橡胶增韧的材料中，橡胶粒子将微裂缝连在一起，因此受冲击时吸收的能量高得多，因为它是玻璃态基质的断裂能和橡胶粒子断裂功之和。这一假说的最大弱点是不能说明基质的作用，实际上增韧 PS 和增韧 PVC 的断裂行为完全不同。计算还表明，用于使橡胶粒子变形的能量很有限，不能解释橡胶粒子可使冲击强度得到数量级上的增长事实。后来 Bucknall 和 Smith 又提出的多重银纹(multiple-craze)理论，对于像 PS 和 PMMA 等脆性基体的增韧，得到了较多的实验支持。Kambour 等观察到玻璃态聚合物断裂前总要先产生银纹，而且银纹的产生和形变正是 PS 和 PMMA 等具有高断裂表面能的原因。橡胶增韧 PS 时，由于橡胶粒子的存在，应力场将不再是均匀的，即橡胶粒子起了应力集中体的作用。这样，与未增韧的聚苯乙烯不同，HIPS 在张力作用下会产生大量的尺寸更小的银纹。诱发出的银纹会沿着这最大主应变的平面生长。如果生长着的银纹前峰处的应力集中低于临界值或银纹遇到另一橡胶粒子，那么银纹就会终止。也就是说，橡胶粒子对银纹有引发和控制的作用。HIPS 中产生的是大量的、小尺寸的银纹，从而在拉伸或冲击试验中吸收了大量的能量。

后来，Bucknall 对 HIPS/PPO 的共混物拉伸试样经铬酸和磷酸蚀刻后作扫描电镜观察，除发现了多重银纹外，还观察一与应力方向成 45° 的剪切带。同时还看到，很少银纹是终止于相邻橡胶粒子上的，看来银纹是为被剪切带终止的。Bucknall 认为，剪切带会对银纹之生长起障碍物作用。电镜研究还证明了银纹前锋外的应力集中会引发新的剪切带。以上研究说明多重银纹和剪切屈服之间的相互作用是高聚物增韧的基本原因。

1980 年以来又出现了一种刚性有机粒子增韧机理，认为增韧聚合物在应力作用下刚性粒子发生脆韧转变和伸长形变吸收大量能量。

### 6.3.2　增韧剂及其影响因素

无论是塑料还是黏合剂，它们常用的增韧剂是橡胶类，比如，乙丙橡胶作为增韧剂用于聚乙烯中用量可高达 40%。聚丁二烯橡胶、丁基橡胶、丁腈橡胶和丁苯橡胶也常作为增韧剂。此外，还有一些树脂类增韧剂如 SBS，MBS，ABS，CPE，EVA 等。

作为增韧剂，在共混体系中，其粒子大小和分布、粒子的密度、增韧剂的结构和玻璃化温度以及相界面对增韧均有影响。以橡胶增韧剂为例：

（1）不同种类的共混体系，要求的橡胶粒子大小不同。如高抗冲聚苯乙烯中橡胶粒径为 $1\sim5~\mu m$，ABS 中橡胶粒子的粒径为 $0.1\sim1~\mu m$。两者不同的原因在于：高抗冲聚苯乙烯不能产生银纹和剪切带，只能靠橡胶粒子来中止裂缝，所以粒子大些可以更有效地终止裂缝；而 ABS 可产生剪切带，橡胶粒子可小些。橡胶粒子大小应尽量均匀。

（2）在一定范围内，符合要求的橡胶粒子数目越多，则材料的韧性越好，这是因为橡胶粒子数目增多，粒子间距离靠近，裂缝与粒子相遇机会增多，易于终止。但是橡胶粒子含量太多时，应变能转变成热能，反而加速材料的破坏，同时材料的模量和强度也降低。

（3）橡胶的交联度太大时，粒子不易变形，引发裂纹的效率降低，抗冲性能下降，玻璃化温度提高；但交联度太小时，粒子形态不稳定，成型加工时易变形破裂，成型后的制品易使裂纹通过而形成裂缝。橡胶粒子内包藏的塑料量不能太多，也不能太少。

（4）橡胶的玻璃化温度必须足够低，共混物才会有较好的韧性，否则增韧效果差。

（5）塑料相与橡胶相的界面结合好，则增韧效果明显。共混物的两组分溶解度参数相近，在结构上有一定的相容性，界面结合力大。此外，两组分中带有相同的结构单元时，即利用同一种单体作为连续相与分散相之间的桥梁，使界面结合力大，如塑料和热塑性弹性体等。还有共混时的交联、工艺路线、工艺条件、设备等因素均影响界面结合应予以注意。

## 6.4　聚合物复合材料增强剂、偶联剂

聚合物复合材料是以合成树脂为黏结剂，以无机或有机纤维及其制品（布、带、毡等）、短纤维以及一些无机填料为增强剂，再配以偶联剂（硅偶联剂，钛偶联剂或铬偶联剂

等），通过一定方法复合而成。

聚合物复合材料大体可分为两种。其一，称之为高性能的增强材料（纤维增强复合材料），它是将树脂包覆纤维增强组分，其树脂是次要的组分（占 20%～50%体积比），这类复合材料一般是层状制品；其二，称之为低性能增强材料，它们是在树脂中加入少量的短纤维或粒状增强填料（5%～25%体积比）来提高塑料的性能，复合材料的性能接近于基础高聚物性能，而与增强组分的性能相距较远，它们可制成一些通用的塑料制品。

聚合物复合材料所用合成树脂基体可分为热固性和热塑性两类。热固性树脂作增强塑料应用历史较久，也较普遍，但热塑性树脂的复合材料发展得较迅速。用切短玻璃纤维或碳纤维增强的热塑性复合材料的性能不如热固性的好，但其强度、模量、尺寸稳定性和热变形温度等方面与原来纯树脂相比均有较大幅度的提高。由于使用的增强剂为玻璃切短纤维，价格便宜，所以热塑性复合材料的价格略有降低；其加工方法基本上与一般热塑料相似，它也可回收反复使用。

## 6.4.1 纤维增强剂及其品种

纤维树脂复合材料的强度主要由所用纤维的类型、纤维所占的百分比、纤维的排布方向以及纤维与树脂的黏结能力来调节。湿度、加工方法和应力集中皆能影响玻璃纤维和其他纤维的强度。当纤维缠绕或顺纹排布并被黏结在一起时，就能使复合材料获得最高的强度；若将纤维纵横叠放，则强度降低一半。由于纤维的损伤和应力集中，纺织品的强度将有所降低，短纤维的强度比长纤维的强度低得多。

**1. 玻璃纤维**

玻璃纤维可分成碱（有碱和中碱）纤维和无碱纤维两大类，前者主要成分是钾钠硅酯盐，后者为铝硼硅酸盐。按制造方法可分长纤维、短纤维、捻纤维和无捻纤维。按织法又可分为平纹布、缎纹布、斜纹布、方格布、单向布（经纬密度不同）、无纺布以及各种类型的玻璃带等。

（1）高碱玻璃纤维（A 玻璃纤维）：主要用途是保温绝缘材料和耐腐蚀玻璃钢。

（2）低碱和中碱玻璃纤维：主要用作耐酯介质的玻璃钢以及没有电性能要求的玻璃钢。

（3）无碱玻璃纤维（E 玻璃纤维）：耐热性和电性能良好，能抗大气侵蚀，化学稳定性也好（但不耐酸），常把它称作电气玻璃。

（4）高强度玻璃纤（S 玻璃纤维）：特别适用于制造高强度产品。

（5）耐高温玻璃纤维：主要用于火箭、导弹等。其增强塑料可制成耐烧蚀件。

（6）高模量玻璃纤维：制成的玻璃钢制品刚性特别好，在外力作用下不变形，适用于航空与宇航用品。

（7）空心玻璃纤维：质轻、刚性好；制成的玻璃钢制品比一般的轻 10%，而且弹性模量较高，适用于航空与海底装置。

（8）低介电玻璃纤维：玻璃纤维在高频下介电系数低，介电损耗小，透波性好，而且在温度和频率变化时其性能不变，主要用于雷达、天线罩、反射面和固体电路。

（9）化学玻璃纤维：一种含碱量较高的特种成分的玻璃纤维，它的耐化学腐蚀优良，适用于耐腐蚀的玻璃钢。

**2. 碳纤维**

碳纤维具有比重小，耐热，耐化学腐蚀，耐热冲击等碳元素的优异性能。同时还具有纤维的柔曲性，可进行编织加工，缠绕成型。在 2000 ℃ 以上的高温惰性环境中，碳纤维是唯一强度不降低的材料。碳纤维的最大优点是高比强度和比模量，用碳纤维作增强剂的塑料之比强度和比模量要比钢和铝合金高三倍左右。

各种人造纤维和合成纤维（聚丙烯腈、聚乙烯醇、聚乙烯和酚醛纤维以及各种有机耐热高分子纤维）均可碳化制得碳纤维。它们是在保持纤维原状下热处理至 1000~1500 ℃ 就可得到碳纤维，若进一步热处理至 2000 ℃（通常为2400~2600 ℃），则可得到石墨纤维。两者统称为碳纤维。根据其力学性能可分为四种类型，见表6-1。

表 6-1　　　　　　　　　　　　不同力学类型碳纤维的性能

| 性　　能 | 低性能型 | 中强中模量型 | 高强度型 | 高模量型 |
|---|---|---|---|---|
| 抗张强度（×1019.2/cm²） | <1.0 | >2.0 | >2.5 | >2.0 |
| 弹性模量（×58.8 N/cm²） | <1.4 | >2.0 | >2.2 | >3.5 |
| 断裂伸长（%） | >1.5 | 1.0~1.5 | 1.0~1.5 | 0.5~0.7 |

目前，碳纤维的主要原料是聚丙烯腈纤维、人造丝和沥青。

**3. 硼纤维**

硼纤维是一种有线芯的特殊纤维。如以钨线芯为基质，使元素态硼附在上面，再抽出线芯，即成为硼丝。一般来说，硼纤维的强度与玻璃纤维差不多，其优点是弹性模数大、密度小；缺点是伸长率低、直径大。

**4. 硅碳纤维**

硅碳纤维是以有机硅碳聚合物为先驱，成型后，高温处理而成。它是一类高模量、能耐 2 700 ℃ 高温、抗氧化、耐酸碱腐蚀的高性能纤维，广泛应用于航天产业以及精密陶瓷。

**5. 聚对苯撑对苯二甲酰胺纤维（凯芙拉）**

化学结构式：$\left[CO—C_6H_4CONH—C_6H_4—NH\right]_n$

凯芙拉纤维的最大特点是具有超高强度和模量,其相对强度是钢丝的6~7倍。模数为钢丝和玻璃纤维的2~3倍,但它的比重轻,只有钢丝的五分之一左右。这种纤维的耐高温性优良,直至分解温度仍不熔融。在-45 ℃的低温下仍能保持与室温相同的韧性。它的尺寸稳定性良好,收缩率与蠕变近似无机纤维。对氧稳定,无需添加抗氧剂,但耐紫外线性能较差,故在户外使用应加紫外线吸收剂。此外它还具有自熄性。

**6. 晶须**

晶须有多边截面,呈高度的结构完整性,一般直径为1~30 μm,晶体缺陷少,抗拉强度大。晶须与多晶纤维相比,其韧性好得多。晶须的增强效果比玻璃纤维和硼纤维均高5~10倍。在高温下的强度损失远小于普通高强度合金。晶须的主要材料是氧化铝、碳化硅、氮化硅等。

## 6.4.2 粉状物增强剂及其品种

粒状填料复合材料的强度特性更多地依赖填料颗粒的几何形状、粒径、对两相的黏结性和界面接触情况。塑料的常用粉状填料及其对塑料性能的改善列于表6-2。

表 6-2                              **粉状填料的用途**

| 用　　途 | 所建议的填料 |
|---|---|
| 1. 提高强度 | 二氧化硅、玻璃、炭黑、金属粉、木屑、石棉、云母 |
| 2. 降低热膨胀系数 | 玻璃、石英 |
| 3. 提高电导率 | 银、铜、炭黑、石墨 |
| 4. 改善耐老化性 | 炭黑、$TiO_2$ |
| 5. 降低成本 | 木屑、硅藻土、炭、二氧化硅、碳酸钙、滑石粉等 |
| 6. 减少摩擦系数 | 二硫化钼、聚四氟乙烯 |
| 7. 降低比重 | 微泡填料 |

## 6.4.3 有机硅偶联剂结构、性能及应用

有机硅偶联剂涉及硅烷偶联剂(SCA)为近年发展起来的大分硅偶联剂(MSCA),它们是高分子材料工业中应用的一类助剂,这类助剂化学结构特点是分子中含一个亲无机物的基团,它易与无机材料或填料起化学反应,另一个是亲有机物的基团,它能与有机材料起化学反应。例如硅烷偶联剂的通式:

$$Y—R—SiX_3$$

其中，Y＝NH$_2$，—O—CH$_2$—CH—CH$_2$，CH$_2$＝CMeCOO—，HS—等；X＝Cl，OMe，OEt
　　　　　　　　　　　　　　　O
等；R＝烷基或芳基。

**1. 有机硅偶联剂偶联理论解释**

1）化学键理论解释

理论认为这类化合物中基团 X（如烷氧基）能与如玻璃、金属、硅酸盐等表面上的 M—OH（M＝Si，Al，Fe 等）起化学反应形成化学键；Y 基团能与树脂起反应形成化学键。这样两种性质差别很大的材料，以化学键而"偶联"起来，获得了良好的黏结，这也就是把这类化合物称为偶联剂的原因。

如 γ-氨丙基三乙氧基硅烷（WD-50）用于环氧树脂与玻璃布组成的复合材料，起如下化学反应：

① H$_2$NCH$_2$CH$_2$CH$_2$Si（OCH$_2$CH$_3$）$_3$+3H$_2$O ——→H$_2$N（CH$_2$）$_3$Si（OH）$_3$+3CH$_2$CH$_2$OH

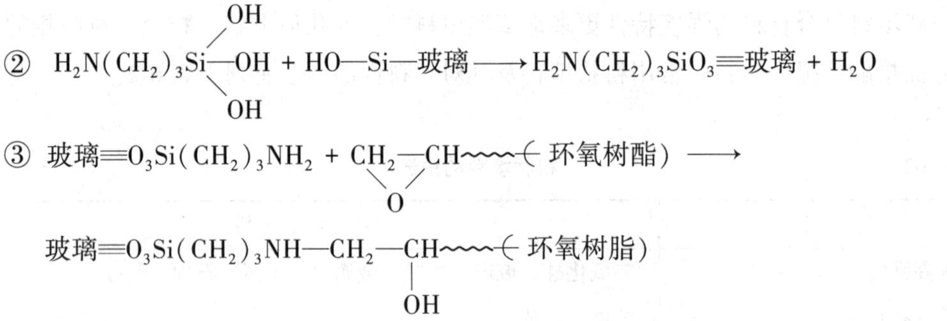

　　　　　　　　　　　　　OH
② 　H$_2$N（CH$_2$）$_3$Si—OH + HO—Si—玻璃 ——→ H$_2$N（CH$_2$）$_3$SiO$_3$≡玻璃 + H$_2$O
　　　　　　　　　　　　　OH

③ 玻璃≡O$_3$Si（CH$_2$）$_3$NH$_2$ + CH$_2$—CH〰〔环氧树酯）——→
　　　　　　　　　　　　　　　　　　　　O

玻璃≡O$_3$Si（CH$_2$）$_3$NH—CH$_2$—CH〰〔环氧树脂）
　　　　　　　　　　　　　　　　　OH

上述反应可以看到 γ-氨基丙基三乙氧基硅烷把环氧树脂与玻璃布以化学键联结起来，从而使它们表面交界处结合得非常牢固。WD-50 用量只需玻璃重量的0.5%～2%即可。所制得的复合材料，机械强度会大大提高，物理性能和电气性能也会得到改善。

化学键理论一直比较广泛地被用来解释偶联剂的作用，特别是对如何选择偶联剂有一定的实际意义。如环氧玻璃钢一般选用含胺基、酚基或环氧基的硅偶联剂。

2）表面浸润理论解释

复合材料要获得良好的强度，其基本条件之一是树脂对增强材料应有良好的浸润性。若树脂能完全浸润增强材料，则由物理吸附所提供的黏合强度能超过树脂固化后的内聚力。通常一种固体的表面能否被液体润湿，取决于两者表面能的相互关系，当固体的表面能大于液体润湿能，固体就能被液体润湿。理论认为，偶联剂的作用在于改善了树脂与玻璃之间的润湿能力，使复合材料的界面得到良好的密合。但有些事实与之矛盾。

3）变形理论解释

用偶联剂处理玻璃纤维制成的层压板，其抗疲劳性能可改善，从而提出了变形理论。理论认为偶联剂在界面中是可塑的。树脂固化时会产生收缩，而玻璃的膨胀系数远小于树脂，所以固化后的层压板内部的界面会产生相当的剪切应力。偶联剂的主要作用在于消除这些应力。

此外，还有摩擦理论、拘束层理论、可逆水解键机理等。由于复合材料中，树脂/玻璃纤维界面的黏结与断裂是一个复杂的物理化学过程，很多因素都会影响界面的性质，从而影响复合材料的性能。

**2. 硅烷偶联剂主要品种**

硅烷偶联剂主要品种见表6-3。

表 6-3            应用较多的硅烷偶联剂

| 牌　号 | 名　称 | 分　子　式 | 应用范围 |
|---|---|---|---|
| WD-20（A151） | 乙烯基三乙氧基硅烷 | $H_2C\!=\!CHSi(OC_2H_5)_3$ | 不饱和聚合物 |
| A-173 | 乙烯基三（甲氧乙氧基）硅烷 | $H_2C\!=\!CHSi(OCH_2CH_2OCH_3)_3$ | 不饱和聚合物 |
| A-188 | 乙烯基三乙酰氧基硅烷 | $H_2C\!=\!CHSi(OOCH_3)_3$ | 不饱和聚合物 |
| WD-70，KH570，A-174 | （γ-甲基丙烯酰氧基）丙基三甲基硅烷 | $H_2C\!=\!C(CH_3)COO(CH_2)_3Si(OCH_3)_3$ | 不饱和聚合物 |
| WD-50，KH550，A-1100 | （γ-氨基丙基）三乙氧基硅烷 | $H_2NCH_2CH_2CH_2Si(OC_2H_5)_3$ | 环氧、酚醛、尼龙 |
| WD-52，A-1120 | ［γ-(β-氨乙基)氨基丙基］三甲氧基硅烷 | $H_2NCH_2CH_2NH\!-\!(CH_2)_3Si(OC_2H_5)_3$ | 环氧、酚醛、尼龙 |
| WD-60，KH560，A-187 | （γ-缩水甘油醚基）丙基甲氧氧基硅烷 | $H_2C\!-\!CHCH_2O\!-\!(CH_2)_3Si(OCH_3)_3$，O | 几乎所有树脂 |
| A-186 | ［β-(3,4-环氧基环己基)乙基］三甲氧基硅烷 | $O$ ⬡ $-CH_2CH_2Si(OCH_3)_3$ | 环氧树脂 |
| WD-30 | γ-氯丙基三乙氧基硅烷 | $ClCH_2CH_2CH_2Si(OC_2H_5)_3$ | 环氧树脂 |
| WD-40，Si-69 | 双(3-三乙氧硅丙基)四硫化物 | $[(C_2H_5O)_3SiCH_2CH_2CH_2]_2S_4$ | 橡胶 |

WD 系湖北武大有机硅新材料股份有限公司牌号。

### 3. 有机硅烷偶联剂使用方法

1）直接混合

配合料中直接加入硅烷是对液体树脂内的颗粒状填料作偶联剂改性的最简便的方法。如混炼橡胶时，直接掺入 WD-40（KM-40）硅烷对颗粒状填料进行即时处理。在添加硫化配合剂前把硅烷掺入含填料的弹性体中。在含填料的聚合物体系中直接掺入硅烷的效果取决于混炼操作和填料对硅烷的吸附能力。

阳离子型硅烷（如 WD-50）对填料的活性很大，只要短时间的接触，便可获得低的黏度以及最佳性能。如要所用偶联剂在填料表面上的水解速度慢，最好加速水解和缩合反应。催化剂可以是另一种偶联剂。

2）硅烷的有机溶液处理填料

实验室处理填料的方法是将填料与偶联剂的有机稀溶液混合，然后过滤，干燥。

3）水溶液处理填料

在处理玻璃纤维时，几乎均采用偶联剂（及其他配合剂）的水分散体，但要确保偶联剂水溶液的稳定性及其在玻璃表面上的适当取向。用水溶液处理诸如玻璃微珠及玻璃纤维的填料非常有效，它们容易干燥且不结块。

4）干混法处理填料

偶联剂硅烷可以在室温或较高的温度下与填料干混。这时掺入少量适当的溶剂可能有助于微量硅烷在填料的巨大表面积上分散。硅烷在填料表面上的充分分散可能需要几天以上的时间。通常贮、运时间足以使硅烷在大批处理的填料表面上充分分散。

## 6.4.4　有机钛偶联剂结构、性能及其应用

有机钛偶联剂是塑料工业常用的一类偶联剂，用它处理无机填料，可以提高无机填料的填充量，降低填料-聚合物体系的黏度，改善配合系统的加工工艺性能，提高颜料的分散性，改进涂料的耐腐蚀性，提高复合材料的耐燃性，节省原材料和能耗。为了充分发挥钛酸酯偶联剂的效果，应根据所用树脂和填料的种类来选择适当的偶联剂品种。

### 1. 钛酸酯偶联剂的作用机理

钛酸酯偶联剂能在无机物界面与自由质子反应，形成有机的单分子层，使无机填料具低表面能，从而使体系黏度降低。当钛酸酯加进聚合物后能提高其抗冲强度、不脆性，其填料添加量可达 50% 以上而不会发生相分离。

钛酸酯偶联剂分子通式：$R-O^A-Ti(-^BO-X^C-R^D-Y^E)_n^F$，该分子具有 6 种（A~F）功能。

钛酸酯通过基团 A 与无机填料表面的羟基反应，形式偶联剂的单分子层，从而起化学偶联效应。在填料界面上的水和自由质子是与偶联剂起作用的反应点，不同类型的钛酸酯

适应不同状态存在的水——化学键结合水、物理键结合水, 吸附水和游离水。

B 基团能发生各种类型的酯基转化反应, 由此可使钛酸酯、聚合物、填料产生交联。同时还可与环氧树脂中的羟基发生酯化反应。钛酸酯的分子结构能使聚酯、环氧树脂凝胶、醇酸树脂固化。酯基转移的活性受钛分子的无机偶联部分的结构、有机聚合物和诸如增塑剂等添加剂的影响。

基团 C(O—X) 系与钛原子连接的原子团或称黏合基团, 它决定钛酸酯的特性。这些基团有烷氧基、羟基、硫酰氧基、磷氧基、亚磷酰氧基, 焦磷酰氧基等。其中硫酰氧基钛酸酯为聚酯、环氧树脂的触变剂; 磷酰氧基类可提供耐焰性, 且可降低环氧的黏度, 使聚氯乙烯冲击强度提高; 亚磷酰氧基类为抗氧剂, 且可使环氧、聚酯的黏度降低。由此可见, 钛酸酯分子中黏合基团不同, 它的性能也不同, 使用时可根据需要选用。

基团 D 为钛酸酯分子中的长碳链部分, 主要保证与聚合物分子的缠结作用和可混溶性, 提高材料的抗冲强度、降低填料的表面能, 使体系的黏度显著降低而有良好的润滑性和流变性能。

基团 E 是钛酸酯进行交联的官能团。它们有不饱和双键基团、氨基、羟基等。含丙烯酰氧基的钛酸酯可提供较高的交联度, 且可促进黏合; 而含氨基的钛酸酯可使酯类聚化合物和环氧树脂等与填料发生交联。

基团 F 表示钛酸酯分子含有多官能团, 因此根据反应官能度的多少可控制交联程度。钛酸酯偶联剂的作用机理可用图 6-1 表示。

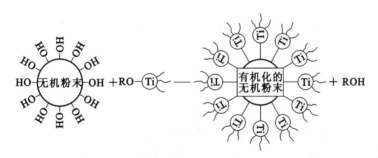

图 6-1 在钛偶联剂作用下无机粉末有机化

**2. 钛酸酯偶联剂品种**

钛酸酯类偶联剂按其化学结构可分为四种类型:

1) 单烷氧基型

典型代表是异丙基三(异硬脂酰基)钛酸酯(KR-TTS)和异丙基二(甲基丙烯酰基)异硬脂酸酯(KR-7)。这类钛酸酯对水十分敏感, 只适用于经过煅烧的碳酸钙和硫酸钙等填料。

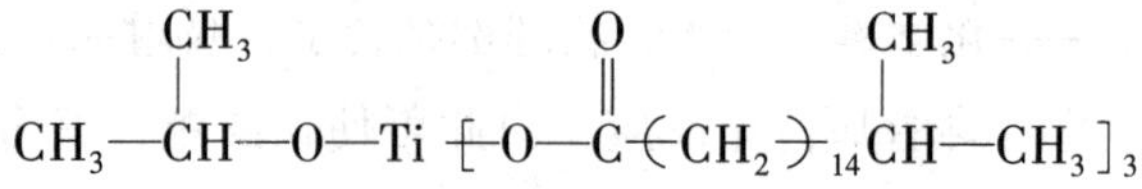

$$CH_3-CH-O-Ti\left[O-C-(CH_2)_{14}CH-CH_3\right]_3$$

适用的树脂有聚烯烃、环氧树脂、聚氨酯；填料有碳酸钙、二氧化钛、石墨、滑石等；用量约为所加填料量的 0.5%。

2) 单烷氧基焦磷酸酯型

异丙基三(焦磷酸二辛酯)钛酸酯(LR-38S)是其代表，这类钛酸酯对水不太敏感，可用来处理一般干燥过的黏土、滑石粉和石英粉等。

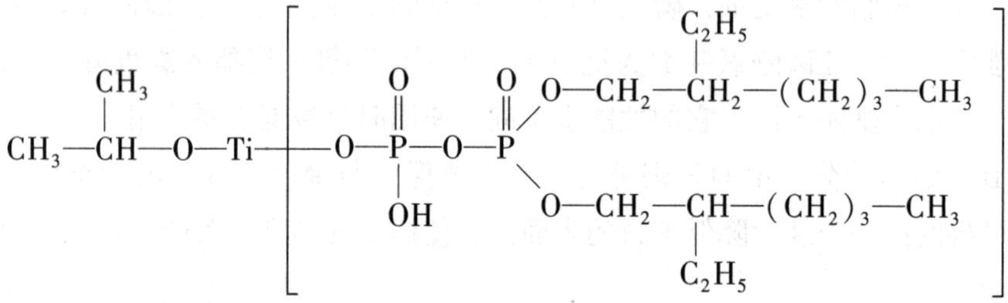

$$CH_3-CH-O-Ti-O-P-O-P\begin{bmatrix}O-CH_2-CH_2-(CH_2)_3-CH_3\\O-CH_2-CH-(CH_2)_3-CH_3\end{bmatrix}$$

适用于聚烯烃、聚酰胺、环氧树脂、聚氯乙烯和碳酸钙、二氧化钛大多数填料，用量为填料量的 0.3%~2.0%。

3) 螯合型

二(二辛基焦磷酰基)含氧乙酰酯钛(KR-138S)是螯合型钛酸酯的代表。其特点是水解稳定性好，可用于潮湿的填料或聚合物的水溶液体系。适用范围及其用量与 KR-38S 相似。

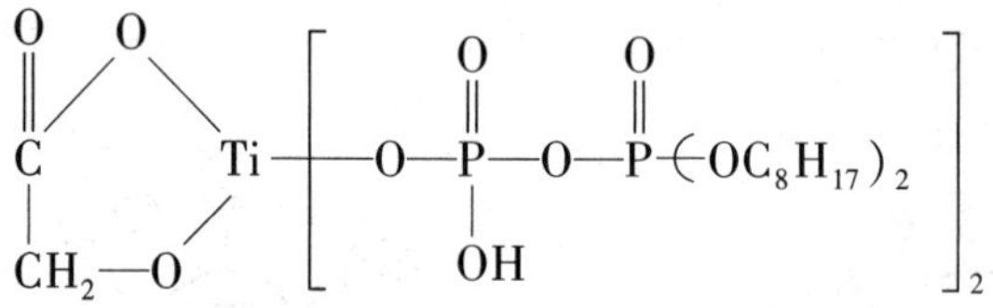

$$\begin{array}{c}C\\CH_2-O\end{array}Ti\left[O-P-O-P-(OC_8H_{17})_2\right]_2$$

4) 配位型

配位型钛酸酯的代有如四异丙基二(亚磷酸二月桂酯)钛酸酯和四异丙基二(亚磷酸二辛酯)钛酸酯。这类钛酸酯的作用与单烷氧基型相似，但它不会同树脂和其他助剂发生酯交换反应，适用于环氧树脂、聚酯、聚氨酯、醇酸树脂和含酯类增塑剂的聚氯乙烯等。

$$[(CH_3)_2CHO]_4Ti[P-(OC_8H_{17})_2]_2$$

**3. 钛酸酯偶联剂使用原则**

为了获得最大的偶联效果，采用钛酸酯处理无机填料时，要遵循下列原则：

(1) 不要另外再添加表面活性剂，因为它会干扰钛酸酯在填料界面上的反应。

(2) 氧化锌和硬脂酸具有某种程度的表面添加剂作用，因此，在钛酸酯处理的填料时，聚合物和增塑剂要充分混合后再添加。

(3) 大多数钛酸酯具有酯基转移反应活性，会不同程度地与酯类或聚酯类增塑剂反应，为此，酯类增塑剂要在混炼过程中偶联作用发生后再掺加。

（4）钛酸酯可与硅烷并用而产生协同效果。

（5）螯合型钛酸酯处理已浸渍过硅烷的玻璃纤维，可以在其上产生双层护套的作用。

（6）单烷氧基钛酸酯用于经干燥和锻炼处理过的无机填料，效果最好。

（7）空气潮气（0.1%~2%或3%）的存在，能形成极佳的反应位置，而不会产生有害影响。

（8）像 $Al_2O_3 \cdot H_2O$ 中那样的结合水分，也是有用的反应位置。

（9）自由态水分（非结合的或从空气中吸附的）对于单烷氧基型钛酸酯的偶联作用有不良影响。为此，对于经过适当干燥的湿法填料（如水洗陶土），宜采用含焦磷酸酯基的钛酸酯，而对于沉淀法白炭黑那样的高表面积湿法填料宜选用含螯合型烷氧基的钛酸酯。

（10）采用有机相体系处理时，单烷氧基型钛酸酯较为有效。

（11）采用水相体系处理时，宜使用螯合型钛酸酯。

关于钛酸酯的用量，一般为无机填料的 0.5%~1.0%。不过，它的最适宜用量是因填料的粒度和表面官能团的情况而异的。为此，要根据填料的种类、粒度、使用聚合物的性质、制品的最终用途等来做最后抉择，通过多种配合试验来确定。

**4. 钛酸酯处理填料的方法**

（1）现场即时掺混法（干法）：在配合料混炼时，钛酸酯与其他配合剂一起掺混，这种方法可省去预处理设备及预处理加工，就钛酸酯本身的形成而论，成本也是最低廉的；可随时按照需要调整酸酯的品种和用量，方法简单，对某些聚合物体系的效果好。

（2）预处理法：分溶剂浆液处理法和水相浆料处理法两种，前者是把钛酸酯溶解在溶剂中，再与无机填料接触，然后蒸去溶剂，是预处理过的填料；后者是采用均化器或乳化剂，把钛酸酯强制乳化在水中，或者先让钛酸酯与胺反应，使之生成水溶性盐后，再溶解于水中，用以处理填料。预处理作业一般宜由填料生产厂进行，这样可使应用填料的部门节约掉预处理设备和加工开支。预处理好处是填料和偶联剂单独处理，可以保证最大的偶联效果；处理好的无机物被偶联剂所包覆，空气中水分对它的侵袭起到有效屏蔽，故无机填料的性能稳定。

## 6.4.5 钛酸酯偶联剂与硅烷偶联剂的比较

硅偶联剂对含硅元素的填料有效，而钛酸酯偶联剂对不含硅的填料较适用。两种偶联剂所能产生的功能比较可以看出，钛酸酯偶联剂对于树脂和无机填料的适用范围比较广，它的作用并不限于使复合材料的强度提高，还能赋予一定程度的挠屈性；而硅偶联剂适应填料面虽较窄，但增加复合材料强度和刚性。它们的化学结构对性能影响比较见表 6-4，应用时对填料的适应性比较见表 6-5。

表 6-4 钛酸酯和硅烷化学结构与性能的比较

| 符号与性能 | 钛酸酯 $R^1$—O—Ti$($O—$X^1$—$R^2$—Y$)_n$ | 硅烷偶联剂 $($$R^1$—O$)_n$—Si—$R^2$—Y |
|---|---|---|
| $R^1$—O 烷氧基 | 1个 | 3个 |
| 烷氧基螯合功能 | 有 | 不稳定 |
| 形成单分子层 | 能 | 不能 |
| 水解能 | 低 | 中等~高 |
| 与 $CaCO_3$ 的反应 | 能 | 不能 |
| 过量时的不良影响 | 常有 | 偶尔有 |
| 酯基转移反应—X—键合聚酯 | 能 | 不能 |
| 不借助于不饱和结构实现X—键合 | 能 | 不能 |
| $X^1$ 邻接基团功能 | 有 | 无 |
| 磺酰基——触变性 | 能 | 不能 |
| 磷酸酯——阻燃性 | 能 | 不能 |
| 亚磷酸酯——防老作用 | 能 | 不能 |
| $R^2$ 基团的长度 | 长~短 | 短 |
| 降低黏度的作用 | 明显 | 无到中等 |
| 改进热塑性塑料抗冲击性能的作用 | 极佳 | 无到中等 |
| 闪点 | 高~中等 | 低 |
| Y 官能团 | 3个 | 1个 |

表 6-5 偶联剂有关应用性能比较

| | 硅烷偶联剂 | 钛酸酯偶联剂 |
|---|---|---|
| 对填料的适用性 | 二氧化硅、玻璃 | 碳酸钙、硫酸钡、氢氧化铝、二氧化钛等大部分无机填料 |
| | 滑石粉、铁粉、氧化铝、氢氧化铝 | 氧化镁、氧化钙、云母、二氧化硅、玻璃等 |
| | 石棉、氧化铁、二氧化钛、氧化锌 | 滑石粉、炭黑、木屑 |
| | 碳酸钙、硫酸钡、石墨、硼 | 石墨 |

# 6.5 高聚物交联及交联剂

交联反应是聚合物加工中最主要的化学反应，其作用在于能提高诸如模量、抗张强度等物理机械性能，以及耐温性和耐候性。橡胶制品只有通过硫化，才有可能获得宝贵的高

弹态。聚乙烯、聚丙烯等热塑性塑料只有通过交联，才有可能满足应用所需温度和稳定性，涂料经交联固化后才能在被涂物表面生成牢固的涂膜，才具有耐高温、防腐蚀和绝缘等性能。胶粘剂和密封胶也只有交联才有足够大的内聚力，才可能具备所需的理化特性。纤维制品防皱加工、洗可穿整理、耐久压烫加工和防缩、定型整理也无一不进行交联反应。总之交联固化反应是高分子不可少的反应。

由于高分子化合物品种繁多，化学结构各异，它们的结构中大多有能与交联剂进行相应反应的基团，能使线型聚合物形成体型结构。交联剂种类也不少，有无机物，也有有机物，它们可根据不同交联对象选用。本节只介绍常见的几类，其他交联剂请阅读本书引用的有关专著。

### 6.5.1 硫磺/硫化促进剂交联体系

硫磺是橡胶硫化(交联)最主要的交联剂，工业上用的硫磺品种很多，有硫磺粉、不溶性硫、沉淀硫磺、升华硫磺、脱酸硫磺等。它们的分子结构都是由八个硫原子组成的环状分子，以冠形结构稳定存在。这种环状硫在一定条件下，可以发生异裂，生成离子；也可以发生均裂，生成自由基。离子或自由基可以引起橡胶分子进行离子型或自由基交联反应。但单纯用硫磺来硫化橡胶时，硫磺用量大，硫化时间长，所制得的硫化橡胶性能也不好。因此，在工业上还要在体系中加入硫化促进剂、活性剂等。

硫磺和促进剂使橡胶分子进行硫化时，其反应过程非常复杂，对于硫化机理及促进剂作用机理虽早有许多研究，但直到目前为止仍未十分清楚，而且所使用的促进剂不同，其反应机理也不一样。现以噻唑类促进剂为例，将其作用机理简述如下：

(1) 促进剂先裂解生成自由基，促进剂自由基使硫开环，并产生促进剂多硫自由基。

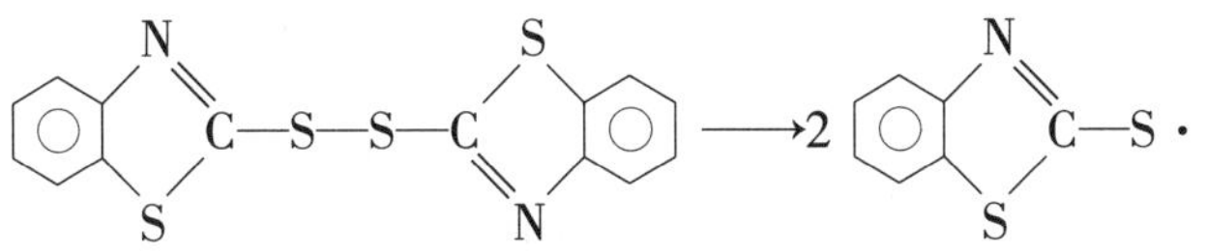

DM　　　　　　　　　　　　　促进剂自由基

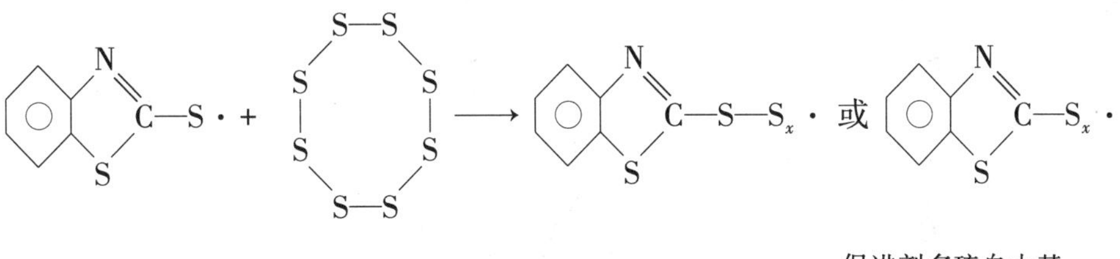

促进剂多硫自由基

也有人认为是促进剂先与硫作用，生成一种中间化合物，此中间化合物受热分解，产生促进剂多硫自由基。

231

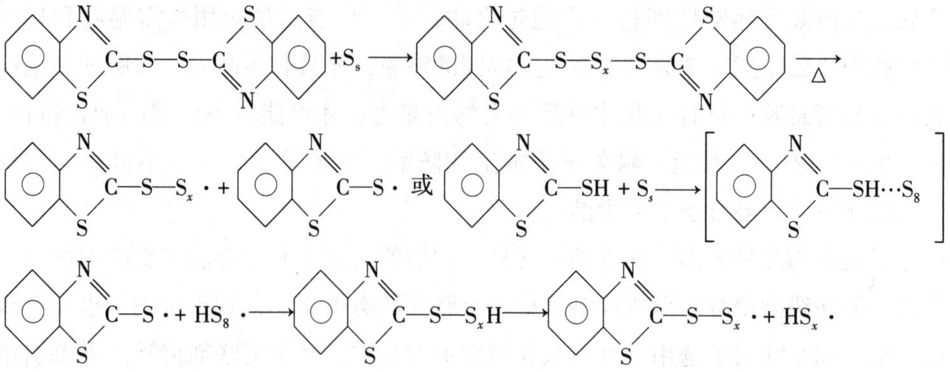

若有氧化锌和硬脂酸存在时，则发生下列反应，产生硬脂酸锌和多硫双自由基。

$$ZnO + 2CH_2(CH_2)_{16}COOH \longrightarrow [CH_3(CH_2)_{16}COO]_2Zn + H_2O$$

$$[CH_3(CH_2)_{16}COO]_2Zn + HS_x \cdot \longrightarrow \cdot S_{x-1} \cdot + ZnS + 2CH_3(CH_2)_{16}COOH$$

（2）上述自由基都可以引发橡胶分子，使之生成橡胶大分子链自由基。由于橡胶分子中 $\alpha$ 亚甲基上氢原子比较活泼，所以反应主要发生在亚甲基上。橡胶大分子自由基与促进剂多硫自由基结合，则在橡胶大分子链上接上含有硫和促进剂的活性多硫侧基。

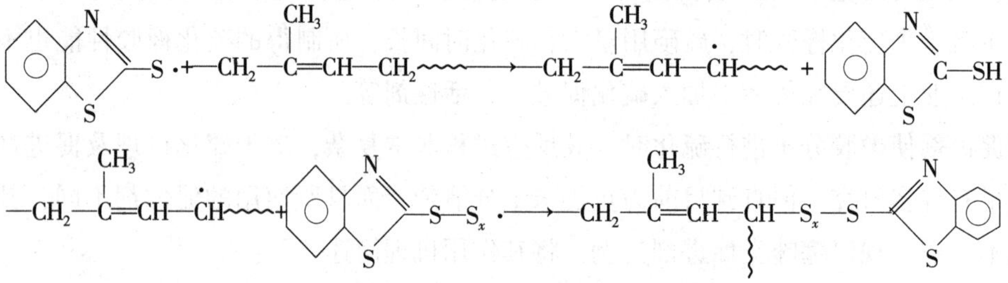

（3）橡胶分子多硫侧基可再裂解产生自由基，再与橡胶分子自由基结合，就生成交联键，获得硫化橡胶。

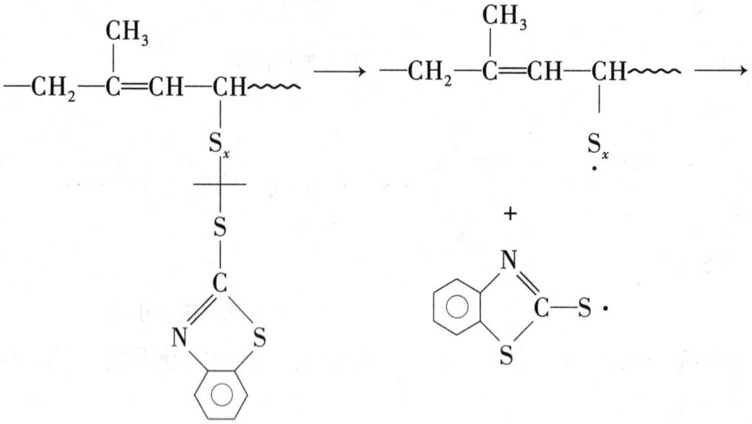

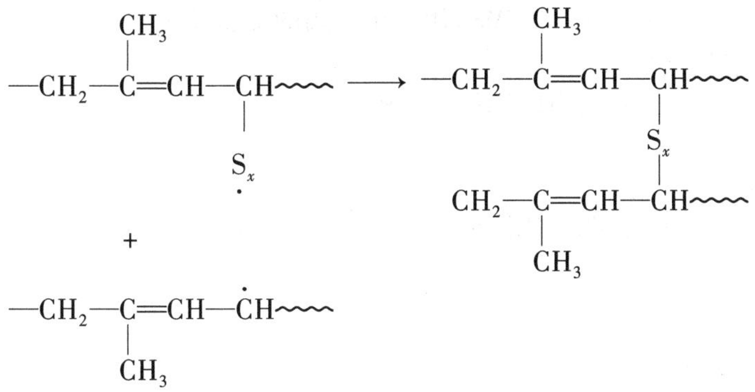

$$
\begin{aligned}
&\underset{\displaystyle\quad}{-CH_2-}\overset{\displaystyle CH_3}{\underset{\displaystyle\;\;\;\big|\;\;S_x}{C}}=CH-CH\sim \longrightarrow \\
\end{aligned}
$$

在硫化橡胶中 C—C 键比单键牢固，双硫键次之，多硫键最弱。因此要使硫化胶获得良好的性能，必须设法使交联键中生成尽量多的单硫键，尽量减少多硫键的生成，这也就是应用硫化促进剂提高硫化性能的原因。工业生产中常用的硫化促进剂有胍类、秋兰姆类、醛胺类、噻唑类、次磺酰胺类等。

## 6.5.2 有机过氧化物交联剂及其反应

（1）有机过氧化物引发产生高分子自由基的交联反应。

有机过氧化物受热分解，产生反应活性很高的自由基，这些自由基通常容易夺取化合物分子中被活化了的氢原子，使聚合物主链变成活性大分子自由基；这些大分子自由基相互结合而交联，形成交联聚合物。例如，用过氧化异丙苯硫化天然橡胶；用过氧化异丙苯引发聚丙烯交联以及用过氧苯甲酰产生的自由基夺取二甲基硅橡胶中甲基上的氢原子，并产生硅橡胶大分子自由基，然后交联硫化。此外，在适当条件过氧化苯甲酰产生的自由基还可使聚乙烯进行交联。聚乙烯交联后所得到的交联聚乙烯，是一种受热不熔的、类似于硫化橡胶的高分子材料，具有优良的耐老化性能。

由于有机过氧化物在酸性介质中容易分解，因此在使用有机过氧化物时，不能用酸性物质作填料，加填料时，应严格控制其 pH 值。此外，伴随交联而来的还可能有高分子解聚反应，这也是应该注意的。

（2）不饱和单体与不饱和聚合物进行交联。

不饱和聚酯的种类很多，但它们的分子链上都含有碳碳双键结构。用不饱和聚酯制造玻璃钢时，可以在不饱和聚酯中加入有机过氧化物（如过氧化苯甲酰、过氧化环己酮等）和少量的苯乙烯。在这种情况下，由于有机过氧化物的引发作用，使得苯乙烯分子中的 C=C 与不饱和聚酯中的 C=C 发生自由基加成反应，从而把聚酯的大分子链交联起来。

（3）过氧化物引发助交联剂与聚合物产生接枝反应，然后进行交联反应。

如硅偶联剂（CH₂＝CH—Si(OCH₃)₃，VTMS)用于聚乙烯的交联反应。

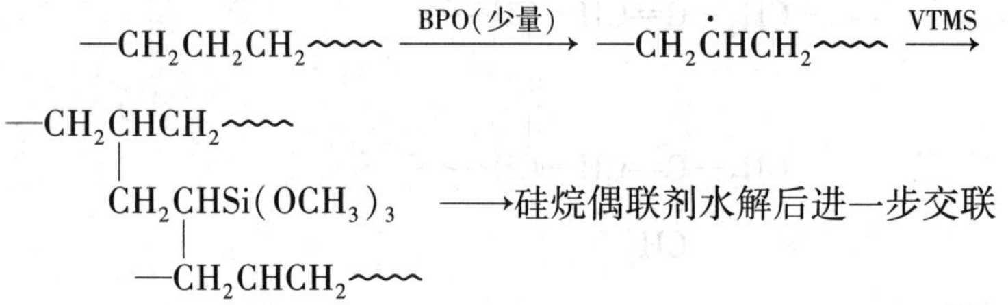

$$—CH_2CH_2CH_2 \sim\sim \xrightarrow{BPO(少量)} —CH_2\overset{\cdot}{C}HCH_2 \sim\sim \xrightarrow{VTMS}$$

$$\begin{array}{l} —CH_2CHCH_2 \sim\sim \\ \qquad | \\ \qquad CH_2CHSi(OCH_3)_3 \longrightarrow 硅烷偶联剂水解后进一步交联 \\ \qquad | \\ \qquad —CH_2CHCH_2 \sim\sim \end{array}$$

## 6.5.3　空气(氧)进行交联反应

不饱和化合物吸收氧形成过氧化物，然后分解产生自由基，从而进行交联反应。这类交联过程油漆工业广泛应用。如亚麻仁油等干性油以及由干性油改性和醇酸树脂，环氧树脂的氧化干燥等。

## 6.5.4　含官能团的有机化合物用于交联反应

一些多官能团有机化合物能与高分子化合物中官能团发生反应而引起聚合物交联。这类交联反应很多，在有机化学中很多反应速度快、不需特殊反应条件、副反应少的缩合、加成、取代等反应，大多能用于聚合交联，下面略举几例：

（1）用叔丁基酚醛树脂硫化天然橡胶或丁基橡胶。叔丁基酚醛树脂两端的羟基与天然橡胶分子中或丁基橡胶分子中异戊二烯结构的 $\alpha$-亚甲基的氢原子进行缩合反应，结果使橡胶分子交联而成为体型结构。多羟基酚醛树脂还可与具有双键、腈基、巯基、羧基聚合物以及纤维中的羟基、尼龙中的酰胺基缩合。

（2）多元胺除作为环氧树脂(涂料、黏合剂)常用的固化剂外，它还是含氯、含氟聚合物、氯磺化聚合物以及含羟基、酯基、酸酐基、异氰酸酯基聚合物等很好的交联剂。

（3）氨基树脂羟甲基化后具有很大活性，能与含羟基、氨基、酯基、环氧基的聚合物很快反应而使其聚合物交联。

（4）多异氰酸酯是很多含活泼氢的基团（如 OH，—COOH，—NH₂ 等)聚合物的交联剂。

## 6.5.5　有机金属盐与有机金属化合物作交联剂

有机酸金属盐、金属醇盐或有机金属化合物作为交联剂与带有羟基及羧基等官能团的聚合物产生交联反应，在涂料和特种橡胶中常被应用。例如 Ti，Zr 及 Al 的醇盐对带有羟基的聚合物经螯合反应引起交联。

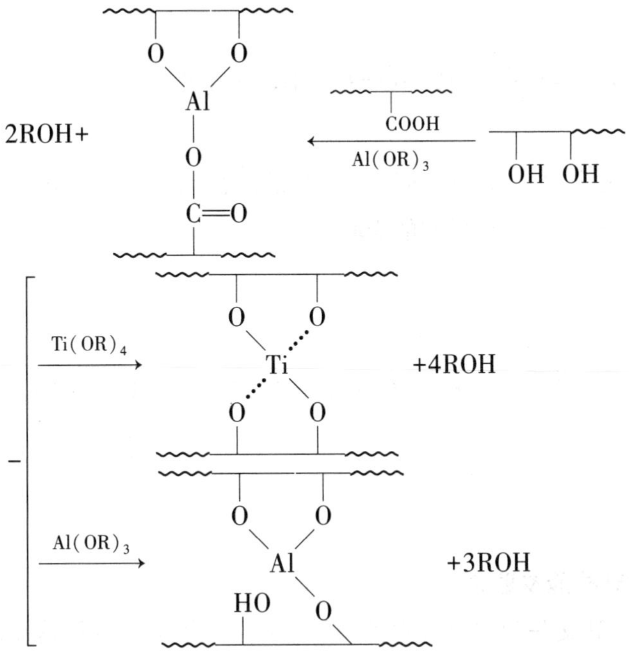

钛酸酯对硅烷醇引起缩合反应，三氟酯酸络盐引起含羧基橡胶交联。

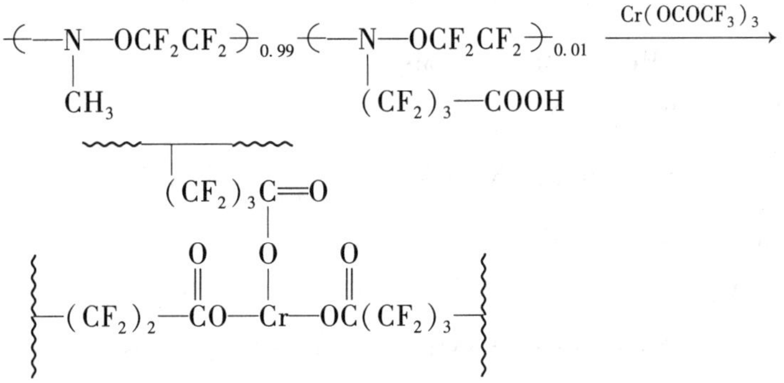

此外，一些有机金属盐还可与磺酰基、乙酸酯基、腈基、乙酰丙酮基聚合物等反应引起交联反应。

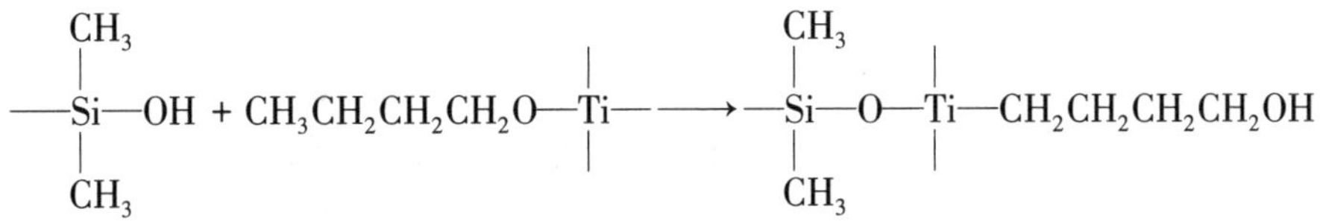

## 6.5.6 金属氧化物作交联剂

氧化锌、氧化镁等金属氧化物通常作为硫化活性剂，但也可作为氯丁橡胶、氯化丁基橡胶、氯醇橡胶、羧基橡胶等的硫化剂。比如合成氯丁橡胶会含有少量(约1.5%)的1，2-聚合链节。在硫化时，1，2-聚合体结构中的双键可以发生位移。

$$\sim\sim\text{CH}_2-\underset{\underset{\text{Cl}}{|}}{\text{C}}-\text{CH}=\text{CH}_2(\text{I}) \Longleftrightarrow \sim\sim\text{CH}_2-\text{C}=\text{CHCH}_2-\text{Cl}(\text{II})$$

（Ⅱ）式中氯原子是与烯丙基相连的，这样的氯原子非常活泼，用氧化锌硫化氯丁橡胶，就是由这个氯原子与氧化锌反应，结果形成醚的交联结构。

$$\underset{\overset{|}{\text{C}}=\text{CHCH}_2\text{Cl}}{\overset{\text{CH}_2}{|}} + \text{ZnO} + \text{ClCH}_2\text{CH}=\underset{|}{\overset{\text{CH}_2}{|}}\text{C} \longrightarrow \underset{\overset{|}{\text{C}}=\text{CHCH}_2-\text{O}-\text{CH}_2\text{CH}=\underset{|}{\text{C}}}{\overset{\text{CH}_2}{|}} + \text{ZnCl}_2$$

### 6.5.7　硅烷化合物作交联剂

**1. 单包装（单组分）室湿硫化硅橡胶交联剂**

室湿硫化硅（RTV）作密封胶，其交联剂主要有六种（见表 6-6）。其反应过程是在催化剂存在下交联剂先与带羟基末端的二甲基硅氧烷齐聚物缩合，然后再交联成三维结构。其反应结构式如下：

$$\text{HO}\!\left(\!\underset{\overset{|}{\text{Me}}}{\overset{\text{Me}}{\underset{}{\text{Si}}}}\text{O}\!\right)_{\!n}\!\!\text{H} + \text{MeSiX}_3 \xrightarrow{\text{Cat}} \text{X}-\underset{\overset{|}{\text{Me}}}{\overset{\text{X}}{\underset{}{\text{Si}}}}-\text{O}\!\left(\!\underset{\overset{|}{\text{Me}}}{\overset{\text{Me}}{\underset{}{\text{Si}}}}\text{O}\!\right)_{\!m}\!\!\underset{\overset{|}{\text{Me}}}{\overset{\text{X}}{\underset{}{\text{Si}}}}-\text{X} \xrightarrow{\;\;} $$

$$\text{X}-\underset{\overset{|}{\text{Me}}}{\overset{\text{X}}{\text{Si}}}-\text{O}\!\left(\!\underset{\overset{|}{\text{Me}}}{\overset{\text{Me}}{\text{Si}}}\text{O}\!\right)_{\!m}\!\underset{\overset{|}{\text{Me}}}{\overset{\text{X}}{\text{Si}}}\text{OSi}-\text{O}\!\left(\!\underset{\overset{|}{\text{Me}}}{\overset{\text{X}}{\text{Si}}}\text{O}\!\right)_{\!n}\!\underset{\overset{|}{\text{Me}}}{\overset{\text{X}}{\text{Si}}}-\text{X} + n\text{HX} \longrightarrow \cdots \xrightarrow[\text{Cat}]{\text{H}_2\text{O}} \text{交联网状结构}$$

$$\text{X}=\text{AcO}-, \quad \text{MeO}-, \quad \text{HO}-, \quad \underset{\overset{|}{\text{Ee}}}{\overset{\text{Me}}{\text{C}}}=\text{N}-\text{O}-, \quad \text{BuNH}, \quad \underset{\overset{|}{\text{Me}}}{\overset{\text{CH}_2}{\text{C}}}\text{-O}-, \quad \underset{\overset{|}{\text{Et}}}{\overset{\text{Et}}{\text{N}}}-\text{O}-$$

表 6-6　　　　　　　　　　　　　　　**RTV 硅橡胶的交联剂**

| 类　型 | 交联剂 | 优　点 | 缺　点 |
|---|---|---|---|
| ① 脱醋酸型 | $\text{CH}_3\text{Si}(\text{OCOCH}_3)_3$　WD921<br>$\text{C}_2\text{H}_5\text{Si}(\text{OCH}_3)_3$ | 良好的强度、黏结性、透明性 | 有醋酸刺激味，对金属有腐蚀性 |

续表

| 类 型 | 交联剂 | 优 点 | 缺 点 |
|---|---|---|---|
| ② 脱醇型 | $CH_3Si(OCH_3)_3$ WD922<br>$C_6H_5Si(OCH_3)_3$ | 无臭味，无腐蚀性 | 硫化有点困难 |
| ③ 脱肟型 | $CH_3Si(ON=C\begin{smallmatrix}Et\\CH_3\end{smallmatrix})_3$ WD923 | 几乎没臭味，黏结性也较好 | 对金属稍有腐蚀性 |
| ④ 脱胺型 | $CH_3Si(NH-C_4H_9)_3$ WD924 | 对砂浆等无侵蚀性，黏结性好 | 胺臭味 |
| ⑤ 脱丙酮 | $CH_3Si(O\begin{smallmatrix}CH_2\\Me\end{smallmatrix})_3$ WD925 | 无腐蚀，黏结性好 | 合成较难 |
| ⑥ 脱羟胺型 | $CH_3Si[ON(C_2H_5)_2]_3$ WD926 | 伸长率，拉伸强度小，撕裂强度大 | 二液型 |

WD 型系武汉大学化工厂牌号。

**2. 四烷氧基硅烷用于聚合物交联的改性**

交联剂主要是四乙烯基硅烷四丙氧基硅烷等，它用于端羟基聚二甲基硅氧烷交联固化，其反应过程如下：

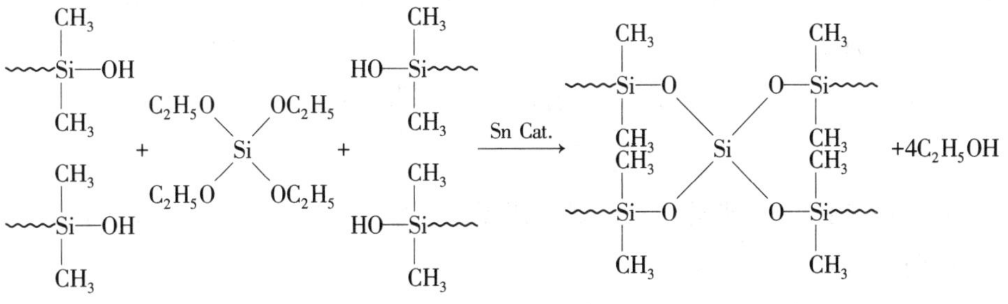

**3. 有机硅偶联剂用于聚合物交联的改性**

有机硅偶联剂是利用化学结构中两类不同基团反应，将无机填料和有机聚合物化学键合在一起。它们已在黏合剂、涂料、塑料、树脂工业广泛应用。下面介绍几个交联反应实例：

（1）双-(3-三乙氧硅丙基)四硫化物(WD40)广泛用于轮胎制造，耐磨橡胶制品。

二氧化硅用 WD40 处理后，其生成物是带有多硫化物的二氧化硅粒子，在硫化促进剂作用下，多硫化物与橡胶双键反应，在橡胶分子和二氧化硅粒子之间形成化学键。

237

$$OH \quad OH \quad OH \quad OH$$

填料　　+　$(C_2H_5O)_3Si(CH_2)_3—S_4\text{-}(CH_2)_3Si(OC_2H_5)_3$

$$\xrightarrow[\substack{>70℃ \\ —C_2H_5OH}]{ZnO，硬脂酸}$$

$$(CH_2)_3—S_4—(CH_2)_3$$

$$H_5C_2OSi \qquad\qquad Si—OC_2H_5$$

填料

（2）用 $\gamma$-氨基丙基三乙氧基硅烷（WD50）交联聚丙烯酸酯。

$$\sim\!\!\!\sim\!\!\!\sim COOR \ +H_2N(CH_2)_3Si(OC_2H_5)_3 \longrightarrow$$

$$CONH(CH_2)_3—Si(OC_2H_5)_2$$
$$O$$
$$CONH(CH_2)_3—Si(OC_2H_5)_2$$

$\longrightarrow\cdots$进一步水解交联

（3）WD50 在水存在下于 80 ℃时很容易使 1-氯丁二烯-丁二烯橡胶交联。

$$\xrightarrow[\text{WD-50}]{H_2O}$$

$$Cl^{\ominus\oplus}NH_2(CH_2)_3—Si$$
$$O$$
$$Cl^{\ominus}\overset{\oplus}{N}H_2(CH_2)_3—Si$$

（4）粘胶纤维丝，用二甲基及甲基乙烯基二乙酰氧基硅烷处理时可进行交联。

$$Cell—OH + \ \underset{R'}{\overset{R}{\underset{|}{\overset{|}{Si}}}}\underset{OAc}{\overset{OAc}{}} \longrightarrow Cell—O—\underset{R'}{\overset{R}{\underset{|}{\overset{|}{Si}}}}—OAc \ \xrightarrow{Cell—OH} \ Cell—O—\underset{R'}{\overset{R}{\underset{|}{\overset{|}{Si}}}}—OAc$$

（5）水交联型聚乙烯已被工业化生产，其原理是由三甲氧基乙烯基硅烷与乙烯的共聚物经水解进行交联。

**4. 硅氢化合物交联剂对不饱和物加成交联**

如硅氢化合物也用于甲基乙烯基甲基硅橡胶的交联。

$$—Si—CH\!=\!CH_2+H—Si— \xrightarrow{PtCat} —Si—CH_2—CH_2—Si—$$

# 6.6　高分子材料老化及防老化剂

塑料、橡胶、涂料、纤维和胶粘剂等高分子材料在加工、贮存及使用过程中，出于受内、外环境等多种因素的作用，其性能会逐渐变坏，以致最后丧失使用价值，这种现象通常称之为"老化"。老化是高分子材料的通病，它是一种不可逆的化学反应过程。研究和了解其老化规律，找出防止或延缓高分子材料老化的办法，对节约原料、节约能源和人力资源有很大作用。

## 6.6.1 高分子材料老化特征

高分子材料的老化现象很多，归纳起来主要表现在以下四个方面。

（1）外观的变化：材料发黏、变硬、变软、变脆、龟裂、变形、沾污、长霉、失光、变色、粉化、起泡、剥落、银纹、斑点、喷霜、锈蚀等。

（2）物理化学性能的变化：如比重、导热系数、玻璃化温度、熔点、熔融指数、折光率、透光率、溶解度、分子量、分子量分布、羰基含量变化和耐热、耐寒、透气、透光等性能的变化。

（3）机械性能的变化：如拉伸强度、伸长率、冲击强度、弯曲强度、剪切强度、疲劳强度、硬度、弹性、附着力、耐磨强度等性能的变化。

（4）电性能的变化：如缘绝电阻、介电常数、介质损耗、击穿电压等性能的变化。

应当指出，一种高分子材料在它的老化过程中，上述四方面的变化，不会也不可能同时出现，其中一些性能指标的变化，常常在外观上出现一种或数种变化为其特征。

## 6.6.2 高分子材料老化原因

高分子材料老化，化学结构是其内因，还有外部环境因素的影响，外因通过内因起作用。

**1. 高分子材料老化的内在原因**

高分子材料是以有机高聚物为主体，添加一些助剂加工而成。聚合物在加工时要施加一定温度和力，使分子结构发生一定变化，添加进去的助剂以及通过不同途径渗入的杂质，这些都是引起材料老化的内部原因。

这里讨论的聚合物结构主要是指高分子的化学结构、链结构及其聚集态，这三者中都会有一些薄弱环节容易遭受热、光、氧等攻击，从而引起聚合物劣变。

1）化学结构的影响

高聚物的化学结构通常是指高聚物的基本结构单元——链节的结构。高分子结构是由许多结构相同或不同的链节，通过化学键连接所组成。高聚物的稳定性取决于其链节结构。

聚丙烯分子的每一链节中都含有一个叔碳原子，在光、热等外因作用下，聚丙烯容易从叔原子上脱掉氢原子，从而形成起始的活性中心(自由基)，它们会迅速交联而变脆变硬。所以，聚丙烯在室外的耐老化性能不如聚乙烯。虽然聚苯乙烯分子的每一个链节也都含有一个叔碳原子，但由于它与苯环共振，在脱去叔碳原子上的氢原子后所生成的游离基被苯环所稳定，故聚苯乙烯的耐老化性能比聚丙烯好。

任何高聚物都会有其化学结构上的弱点。例如，天然橡胶、丁苯橡胶和 ABS 中有不饱和双键，聚酰胺有酰胺键，聚碳酸酯和聚酯中存在酯键，聚砜的碳硫键和聚苯醚的苯环上的甲基等。这些弱点也是导致它们发生老化的主要内因。在天然、丁苯、丁腈等橡胶中存在的双键结构，容易被氧化和臭氧化。化学结构中吸电子取代含量越多，则越易发生氧化。若在化学结构中不存在双键，或侧基存在有吸电性取代基则比较难氧化。氯丁橡胶比丁二烯橡胶耐老化，这是一个重要原因。

支化的大分子比线型的大分子更易于遭受氧化攻击而老化，就氧化稳定性来说，各种取代基团由强至弱的顺序是 $CH>CH_2>CH_3$。

杂链橡胶如常见的硅橡胶、氟橡胶、聚氨酯橡胶等都具有较好的耐热氧老化性能，也是由于它们的结构所决定的。这些高分子化学结构具有很高的抗氧化能力，要使它们发生氧化断链，都需要较高的能量。但聚氨酯橡胶却不耐水，因为在它的结构中含有亲水性基团，容易发生水解反应。此外，这类橡胶若主链上所含的取代基团不同，则耐老化性能亦有一定的差异。例如，乙烯硅橡胶其热氧化稳定性小于甲基硅橡橡胶，这是因为接在硅原子上的次甲基比甲基的活性要大，容易与氧反应。

2) 链结构影响

高聚物链结构的内容包括分子量、分子量分布、支化度、主体规整度、接枝效率等。其中，不规则结构如支链、双键、端基等对老化影响较大。它们是由于聚合反应时，链转移、链终止以及一些杂质影响所产生。比如在聚乙烯分子主链上，由于聚合反应而使它常含有甲基支链、较长的烷基支链，甚至还可能有"十"字链。有时还可能出现链端双键、链内双键、侧链双键。支链和双键是聚乙烯容易老化的主要结构因素。

聚氯乙烯的热稳定性差，很容易分解脱氯化氢。在聚氯乙烯主链上常含有链内双键、支链、端基双键共轭双键、引发剂残基等弱点。它的老化就是由此开始的。

高聚物的不稳定端基对塑料的老化影响较大，除端双键常见于加聚物外，另一种是端羟基，它常见于缩聚高聚物(如聚甲醛、聚砜、聚碳酸酯、聚苯醚等)。引起聚甲醛热分解的内因，就是其半缩醛端羟基。

高聚物的稳定性随聚合物分子量的增大而提高，随分子量分布宽和支化程度高而降低。

3) 物理结构

高聚物的物理结构主要指高聚物的聚集态，包括结晶度、结晶构型、晶粒大小、取向度和超分子结构等。高聚物的物理结构与成型加工及其后处理工艺(冷却速度、退火、拉伸等)密切相关。

结晶性的高聚物,其结晶度不但会影响热稳定性,而且对氧化、水解以及其他化学试剂作用下的老化有影响。如高压聚乙烯的耐光氧老化性能比低压聚乙烯好,有人认为其中一个原因就是高压聚乙烯的结晶度比较小。

**2. 影响高分子材料老化的外部因素**

外部环境对高分子材料老化的影响主要包括物理因素、化学因素和生物因素三方面。太阳光、氧、臭氧、热、水分、机械应力、高能辐射、电、工业气体(如二氧化硫、氨、氯化氢等)、海水、盐雾、霉菌、细菌、昆虫等。

这些外部因素作用于高聚物的分子及组分,产生系列化学变化,促进高分子材料老化。

## 6.6.3 高分子材料老化机理

高分子材料老化通常是发生降解和交联两类不可逆的化学反应。

降解反应包括主链断裂,解聚或聚合度不变的链分解反应。主链的断裂是产生含有若干个链节的小分子(如聚乙烯、降丙烯、聚氯乙烯等的氧化断链);解聚反应产生单体(如聚甲醛、聚甲基丙烯酸甲酯等的热解聚);聚氯乙烯脱氯化氢反应即链分解。交联反应结果大分子与大分子相联,产生网状结构或体型结构。降解和交联反应有时在同一高分子材料的老化过程中发生,只不过反应主次不同。

**1. 聚合物热氧化老化**

高聚物热氧化的特点是自动催化氧化,它属于游离基链式反应过程,即包括链的引发、增加(以区别于聚合反应链增长)和终止三个阶段。

1)链的引发

高聚物受到热或氧的作用后,首先是分子结构中的支链或双键形成游离基:

$$RH \xrightarrow{\text{热}} R \cdot + H \cdot \qquad ① \qquad\qquad RH + O_2 \longrightarrow R \cdot + HOO \cdot \qquad\qquad ②$$

引发反应①②的活化能较高,它们是整个反应过程中较难进行的一步。

2)链的增加

引发反应一旦发生,高聚物游离基 $R \cdot$ 迅速与氧结合形成过氧化游离基 $ROO \cdot$,随后 $ROO \cdot$ 与高聚物 RH 作用,夺取氢原子而形成氢过氧化物 ROOH 及产生另一个高聚物游离基

$$R \cdot + O_2 \longrightarrow ROO \cdot \qquad ③ \qquad\qquad ROO \cdot + RH \longrightarrow ROOH + R \cdot \qquad\qquad ④$$

随着反应③和④的进行,其结果一方面使高聚物继续氧化,另一方面生成越来越多的氢过氧化物 ROOH:

$$R\cdot+O_2\longrightarrow ROO\cdot \qquad ROO\cdot+R'H\longrightarrow ROOH+R'\cdot$$
$$R'\cdot+O_2\longrightarrow R'OO\cdot \qquad R'OO\cdot+R''H\longrightarrow R'OOH+R''\cdot$$
$$R''\cdot+O_2\longrightarrow R''OO\cdot \qquad R''OO\cdot+R'''H\longrightarrow R''OOH+R'''\cdot$$

ROOH 越来越多，它也会分解生成新的游离基，并参与链式反应，即所谓的支化反应：

$$ROOH\longrightarrow RO\cdot+HO\cdot \quad ⑤, \quad 2ROOH\longrightarrow RO\cdot+ROO\cdot+H_2O \qquad ⑥$$

反应③④的活化能很低，很容易进行，但氢过氧化物分解反应⑤⑥的活化能较高，所以高聚物的氧化速度由它决定。⑤式中 RO·和 HO·游离基会进一步引发高聚物 RH 氧化（如反应⑦，⑧）：

$$RO\cdot+RH\longrightarrow ROH+R\cdot \quad ⑦, \quad HO\cdot+RH\longrightarrow H_2O+R\cdot \qquad ⑧$$

$$ROO\cdot+RH\longrightarrow ROOH+R\cdot（同④略）$$

由此可见高聚物分子被引发后会产生活性中心，氢过氧化物在分解时也会产生活性中心，但后者比前者所需的能量要少得多，所以氧化过程具有自动催化的特点。

RO·也会经过歧化作用发生断链，生成含有羰基的稳定产物(相对于游离基而言)和烷游离基，如反应⑨：

3）链的终止

当上述各种反应形成的游离基达到一定浓度时，彼此相碰而导致链终止。由于 ROO·超过其他游离基的浓度，所以它的自身二级终止是主要的反应，其次是ROO·与 R·及 R·与 R 的终止反应：

$$ROO\cdot+ROO\cdot\longrightarrow ROOR+O_2 \qquad ⑩$$
$$R\cdot+R\cdot\longrightarrow R—R \qquad ⑪$$
$$ROO\cdot+R\cdot\longrightarrow ROOR \qquad ⑫$$

因游离基在分子链上所处的位置不同，故最终得到的是既有降解也有交联的稳定产物。

根据上述热氧化老化过程可知，我们若在高聚物中加入能抑制游离基生成的物质，将会大大加速或减慢氧化反应的进行。

**2. 高聚物光氧老化**

高分子材料在户外使用受大气因素的综合作用而老化，通常称之为"大气老化"，其中以光氧老化为主。虽然紫外光能量足够切断许多高聚物的化学键，但曝露在大气中高分子材料却不会引起"爆发"式的光化反应。高聚物吸收紫外光的速度很慢,高聚物分子的光物理过程消耗了大部分被吸收的能量。

　　纯粹的聚烯烃遭受光破坏较难。但聚烯烃中常含诸如聚合催化剂残渣、生产时混入的杂质、加工时所用的助剂,以及成型加工过程中聚烯烃在热氧作用下转化的产物(如过氧化物,羰基化合物,含双键的化合物和支化聚合物等),它们都是光照下易产生游离基的薄弱环节。脂肪族羰基化合物可光引发两种类型反应:

① Norrish Ⅰ型反应

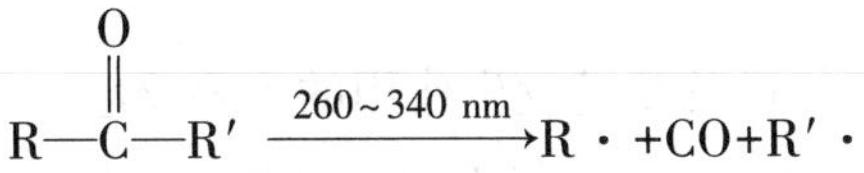

$$R—\overset{\overset{\text{O}}{\|}}{C}—R' \xrightarrow{260\sim340\ nm} R·+CO+R'·$$

② Norrish Ⅱ型反应

$$R—\overset{\overset{\text{O}}{\|}}{C}—CH_2—CH_2—CH_2—R' \xrightarrow{260\sim340\ nm} R—\overset{\overset{\text{O}}{\|}}{C}—CH_3 + CH_2{=}CHR'$$

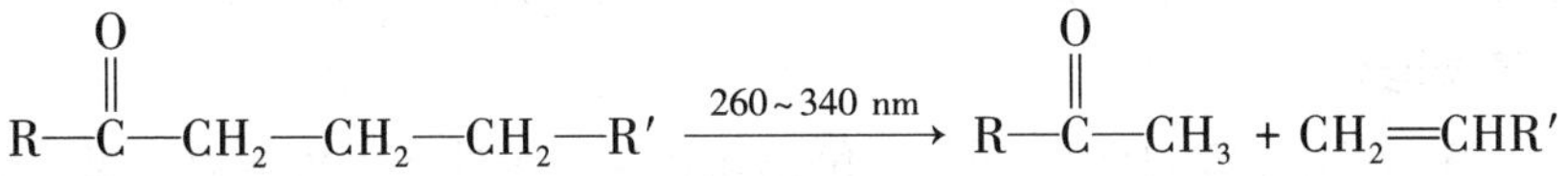

这两种类型光引发反应,也是含羰基高聚物光老化反应的重要过程。

　　在聚丙烯加工成型过程中容易产生氢过氧基和羰基,它们都是聚丙烯光化学反应的引发基团。ROOH(氢过氧化物)受紫外光激发后,主要分解成烷氧游离基和氢氧游离基,从而引发聚丙烯光氧化反应。聚丙烯在成型加工过程中,其热氧化至少能引进三种羰基:

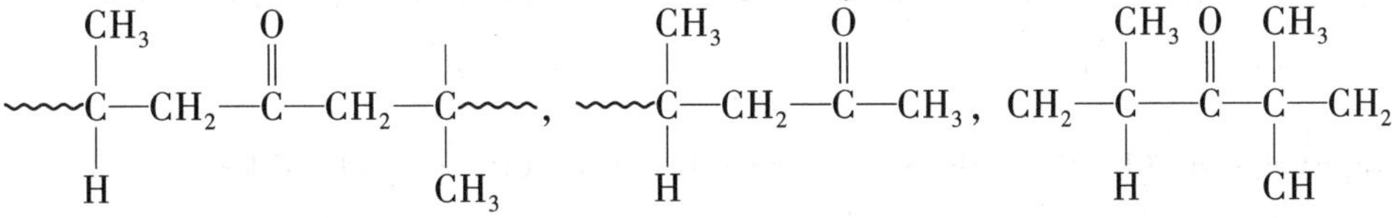

含第一种羰基的聚丙烯分子被紫外光激发后,主要按 Norrish Ⅰ型进行光化学反应;而含第二种羰基的聚丙烯分子则主要按 NorrishⅡ型反应。当光化学反应产生游离基之后,便引发高聚物光氧化,其过程仍按游离基链式反应机理进行,与热氧老化的机理相类似。

### 3. 臭氧老化机理

　　臭氧与不饱和碳链橡胶及其他聚合物作用,通常是臭氧与双键发生加成反应,其过程大致如下。

　　(1)在臭氧分子影响下,双键的 $\pi$ 键极化,臭氧分子与双键作用,生成分子臭氧化物。

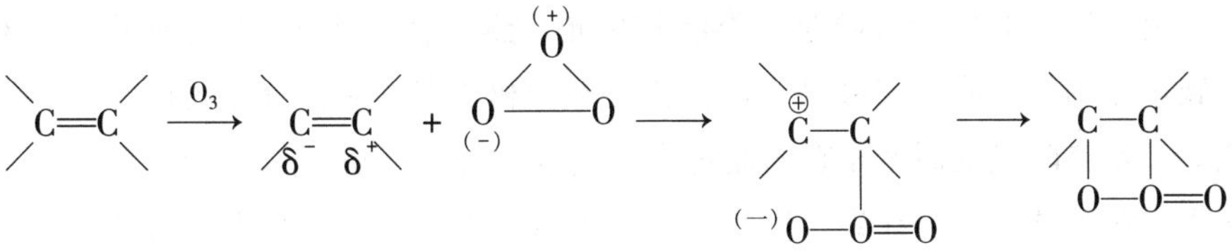

　　(2)异构化作用。

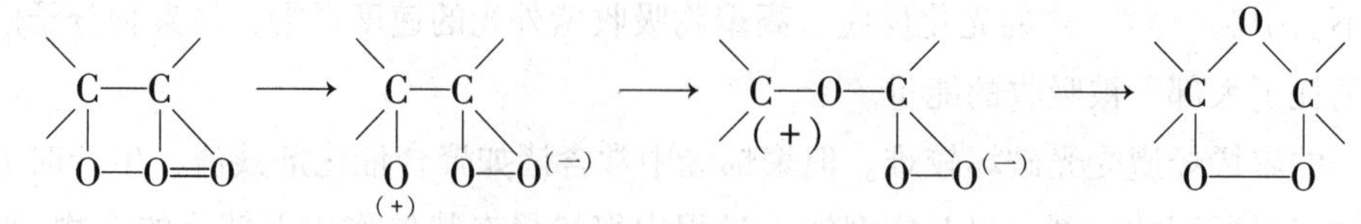

（3）异臭氧化物极不稳定，它很快断裂，生成具有双电荷的过氧化离子和酮。

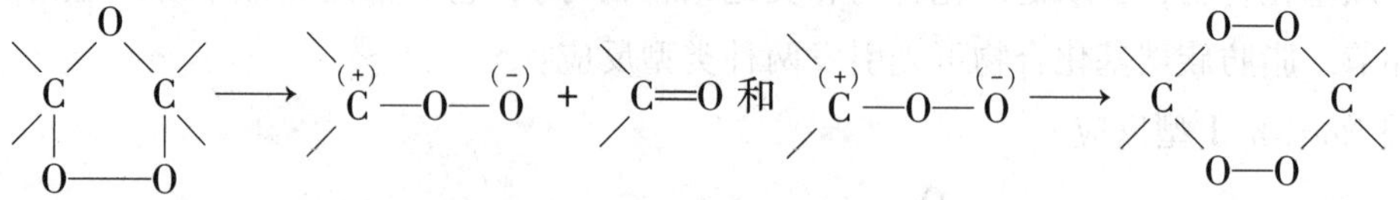

上述的反应机理是臭氧与橡胶双键发生作用的主要反应。生成的臭氧化物以哪种形式（游离基、离子或分子）继续分裂，至今仍不十分清楚。此外，反应生成的氧化层在应力作用下如何断裂，断裂后是否会形成活性中心继续引发链锁反应等问题，现在也不能确定。

**4. 聚氯乙烯老化**

聚氯乙烯隔绝氧在 $100 \sim 150\ ℃$ 明显分解出氯化氢。紫外光、机械力、氧、臭氧、氯化氢以及活性金属离子等，会大大加速聚氯乙烯的分解。聚氯乙烯脱 HCl 的反应过程主要按离子分子机理和游离基机理进行；氧化断链和交联的反应过程则按游离基机理进行。人们认为聚氯乙烯分解脱 HCl 其反应过程如下：

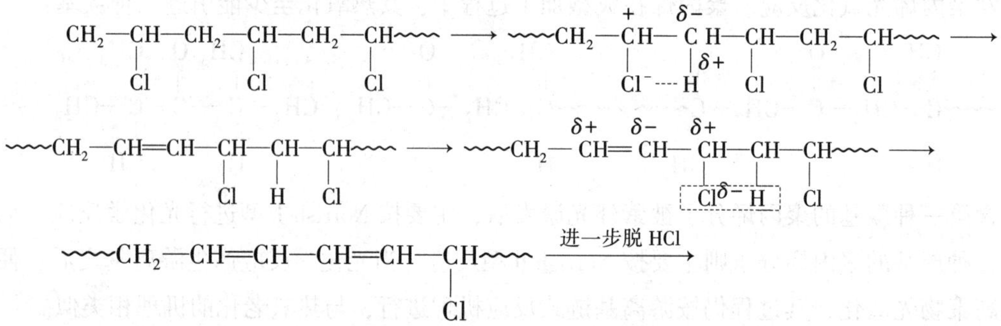

多数意见认为分解出来的氯化氢有加速作用。含有活泼质子的氯化氢在攻击不稳定氯原子时，增加了 C—Cl 键的极化，同时由于轭合使邻近亚甲基上的氢原子活性提高，结果便促使聚氯乙烯进一步脱 HCl。

## 6.6.4　高分子材料抗老化剂及其作用原理

高分子材料稳定剂（防老剂）是一类能防止光、热、氧、臭氧、重金属离子等对高分子材料产生破坏作用的物质，它可以延长材料的贮存和使用寿命，有些还可以改善高分子材料加工性能。塑料防老剂通常是在树脂捏合、造粒时加入，也可以在聚合或聚合反应的后处理时加入。橡胶防老剂可在聚合反应的后处理过程中加入，或在生胶加工成半成品或制品的混炼过程中加入。还可将防老剂配成溶液浸涂在制品表面上。

根据防老剂的作用机理和功能，通常将它们分为抗氧剂、光稳定剂、热稳定剂等类别。防老剂除具有上述功能外，还应与树脂有良好的相溶性(或相混性)，热稳定性好，不污染制品(尽可能不带色)，对人体无毒或低毒，具有化学稳定性。

**1. 抗氧剂**

塑料和橡胶在加工和使用过程中常受到氧和臭氧的作用而发生氧化。这种氧化反应在受热和光照时或有重金属离子存在下会加速进行。抗氧剂的主要作用抑制氧化反应，其用量一般在 0.01%~0.5% 的范围。根据前述氧化机理，抗氧剂起的主要作用包括捕获已产生的游离基，不致引发链式反应；分解已生成的氢过氧化物；钝化存在的重金属。

1)捕获游离基的抗氧剂

氢原子给予体常用于作为抗氧剂，它们通常是仲芳胺和阻碍酚类，这类化合物的分子中含有 N—H 或 O—H 的反应官能团。由于氢原子转移与活性游离基反应生成大分子氢过氧化物 $RO_2H$ 和稳定的游离基 $Ar_2N\cdot$ 或 $ArO\cdot$，从而终止了链的增长反应。下面以抗氧剂264 和防老剂 H 为例(反应式中 R 为大分子)，说明抗氧剂的抑制机理(习惯上把酚类及其他类型的化合物称为抗氧剂，把胺类化合物称为防老剂)。

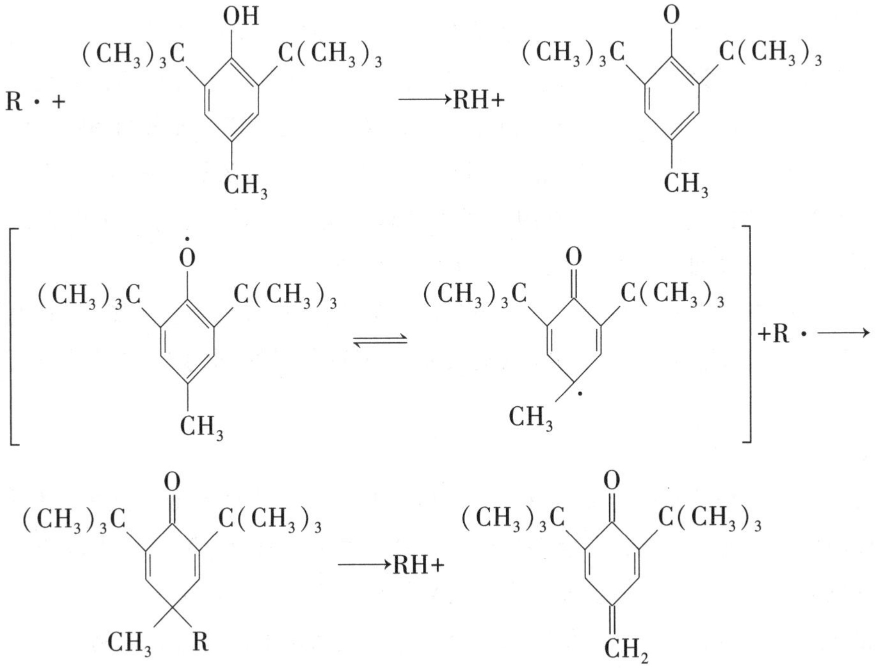

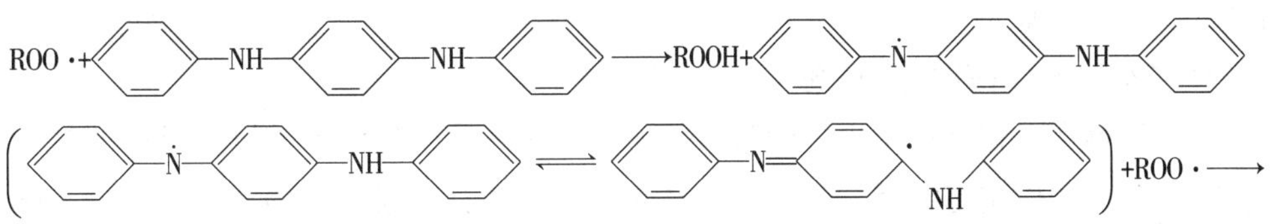

上述反应可以看到酚或胺类抗氧剂都可"捕获"大分子游离基，从而终止游离基链式反应。胺类化合物的抗氧性能通常比酚类化合物优越，如对苯二胺类、酮胺缩合物类等，都具有优良的抗热氧效能，对曲挠龟裂也有良好的防护作用，广泛应用于轮胎和橡胶工业制品。但胺类化合物在空气中的氧和光作用下会产生颜色，且它本身多是带色的，因此会污染制品。它们多数具有毒性（如防老剂 A 因毒性大、成本高，已逐渐被淘汰），所以胺类化合物主要用于橡胶工业和黑色制品。

为了扩大胺类化合物的使用范围，开展了许多关于改善其变色性的研究，采用了苯基烷基化和引入羟基的方法如氨基酚和硫氮茂类化合物等。

酚类化合物多数是无色、无毒的，适用于无色或浅色、无毒制品，广泛用于塑料工业，尤其是聚烯烃类塑料和乳胶制品中。酚类化合物中最早使用的 264，至今仍然是广泛应用的抗氧剂，它可用于多种高聚物，还大量用于石油产品和食品工业中。它的缺点是挥发性比较大，不宜在高温情况下使用。为了降低抗氧剂的挥发性，主要采用了增大抗氧剂分子量的方法，品种从单酚类发展到双酚类以至多酚类，如抗氧剂 CA，1076，1010，330 等都是具有代表性的优良品种，它们都是无毒的。其中 1010 和 1076 还具有优良的耐水抽提性，常用于纤维制品。为了适应一剂多效的需求，发展了多官能型抗氧剂，如硫代双酚类被认为是兼具游离基抑止剂和氢过氧化物分解剂的双重作用。其中抗氧剂 300 早已广泛应用，它与炭黑并用于聚乙烯中有很好的协同效应。此外，如三嗪类阻酚 3114 除耐热性较好外，还具有优良的抗变色及阻燃作用，属于屏蔽酚类抗氧剂。在分子中引入活性基团，使抗氧剂以化学键接到聚合物分子键上，可使其高分子化。

除了上述胺和酚两类氢原子给予体剂，还有游离基捕获体（如醌类、炭黑等）和电子给予体如叔胺。它们有抗氧能力是因为与游离基 $RO_2$· 相遇时，发生电子转移（给予）而使活性游离基终止。

2）抗臭氧剂

优良的抗臭氧剂能够迅速地与臭氧反应，反应产物在制品表面形成一层焦化保护膜，阻止臭氧继续向内层渗透。此外，它能够与橡胶大分子由于臭氧老化断链后生成的醛基和酮基发生交联反应，阻止它们进一步发生降解而起稳定作用。多数对苯二胺类化合物都具有抗臭氧老化作用。抗臭氧剂还可能稳定橡胶分子因臭氧老化生成的过氧化物离子，避免它们分解成为游离基。

3）氢过氧化物（ROOH）分解剂

高分子材料在老化过程中生成的氢过氧化物能进一步引发游离基链式反应的进行。氢过氧化物分解剂的作用是能够分解大分子过氧化物，使其生成稳定的非活性产物，终止链式反应。属于这类的化合物有：硫醇、二烷基二硫代氨基甲酸盐、二烷基二硫代磷酸盐、长链脂肪族含硫酯和亚磷酸酯类，尤其后两者的使用更为普遍。

4）重金属离子钝化剂

二价和二价以上的重金属离子（如 $Cu^{2+}$，$Mn^{2+}$，$Fe^{2+}$，$Co^{2+}$等）具有一定的氧化还原电位，能与大分子氢过氧化物反应生成不稳定的配价络合物，随着电子转移生成游离基：

$$M^{n+}+ROOH \longrightarrow M^{(n+1)+}+RO \cdot +OH^- \qquad （Ⅰ）$$

$$M^{(n+1)+}+ROOH \longrightarrow ROO \cdot +H^+ +M^{n+} \qquad （Ⅱ）$$

当金属离子是强还原剂时如亚铁离子，反应按（Ⅰ）反应式进行，生成 $RO \cdot$ 游离基；当金属离子是强氧化剂时如四乙酸铅，反应按（Ⅱ）反应式进行，生成 $RO_2 \cdot$ 游离基；当金属离子处在相对稳定的两种价状态时如 $Co^{2+}$ 和 $Co^{3+}$，上述两种反应都能发生：

$$2ROOH \xrightarrow{Co^{2+}/Co^{3+}} RO \cdot +RO_2 \cdot +H_2O$$

所以微量金属能导致大量的氢过氧化物生成游离基，因而大大加快了氧化反应速率。

聚烯烃类等高分子材料，往往会随聚合时催化剂的残渣、加工成型过程中与金属模具接触以及添加的润滑剂、塑料等而带进微量金属，或者这些材料作铜线电缆包皮等，也会直接与重金属接触，在这种情况下金属离子就会促进老化。据报道，影响聚丙烯热氧化反应的金属顺序：$Cu^{2+}>M_n^2>Fe^{2+}>Ni^{2+}>Co^{2+}$。

为避免这种重金属离子的接触催化作用，常需添加重金属离子钝化剂，它能以最大配位数强烈络合金属离子，降低它们的氧化还原电位，而且所生成的络合物难溶于高聚物中，也不应带色。它起作用的另一因素是有较大的位阻效应。

钝化剂常是酰肼类、肟类和醛胺缩合物等，它们能与酚类和胺类抗氧剂有效地并用。目前铜抑制剂商品化的还不多。如 Chel-180 和 DABH 是铜钝化剂。

1，2-双-(2-羟基苯甲酰)肼，性能优良，加入聚丙烯中不会因加工而发生着色。常用的防老剂 DNP、MB 等亦具有一定的防铜害作用。

**2. 紫外光稳定剂**

为了延长高分子材料及其制品在室外使用寿命，通常高分子加工过程中要添加紫外光稳定剂，用它来抑制制品的光老化。通常根据光稳定剂的稳定机理分为紫外光吸收剂、屏蔽剂、猝灭剂等。

1）紫外光吸收剂

紫外光（UV）吸收剂有选择吸收紫外线的功能，被它吸收的 UV 能量可转变成热能或次级辐射（荧光）消散出去，其本身不会因吸收紫外线而发生化学变化。这样可使材料避免直接遭受紫外线的破坏。现在使用的紫外光吸收剂按其结构有邻羟基二苯甲酮，水杨酸酯和邻羟基苯并三唑等。

（1）邻羟基二苯甲酮类化合物即在二苯甲酮的羰基邻位含有羟基，羟基与羟基之间可形成氢键螯合环，化合物吸收能量后螯合环开环，当它将所吸收的能量化为热能等其他无害能量后，螯合环又会闭环。形成的氢键越稳定，则开环所需的能量越多，因此传递给高分子材料的能量就越少，光稳定效果越佳。它们的反应过程如下：

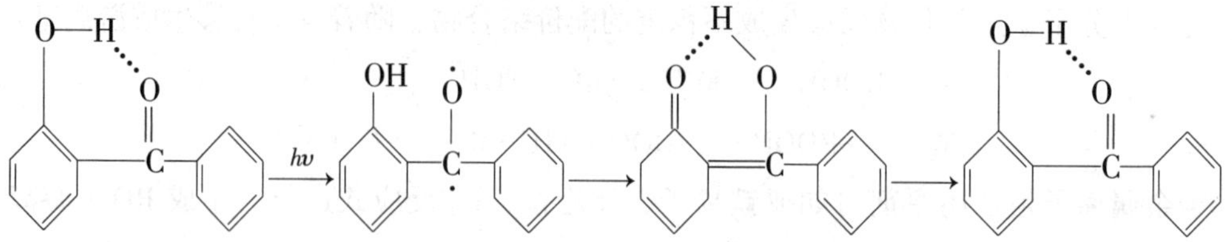

属于这类 UV 吸收剂常用的商品有 UV-9，UV-24，UV-531，DOBP 等。它们对 290~400 mμm 之间的紫外线都有强烈的吸收作用，而且对热和光稳定，毒性也很低。产品中以 UV-531 应用最广，它对聚烯烃的稳定效果很突出。这类紫外光吸收剂还广泛用于聚氯乙烯、ABS、聚酰胺、涂料等，其用量一般为 0.2~1.5 份（重量份）。

（2）水杨酸酯类常称为先驱型紫外线吸收剂，这类化合物中都含有酚基芳酯的结构，但经光照后分子内部发生重排，生成具二苯甲酮结构的紫外线吸收剂：

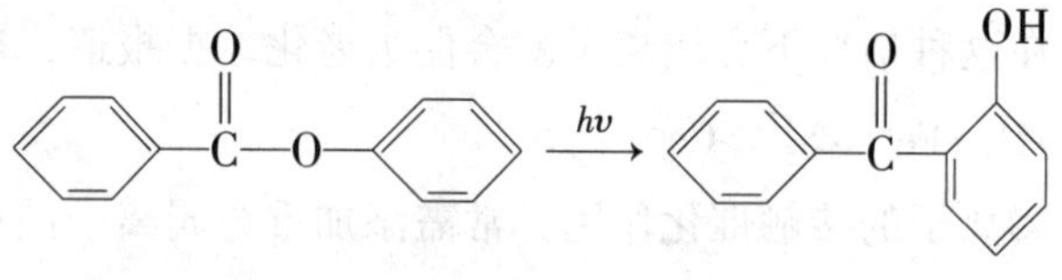

该类化合物开始对紫外光吸收效率比较低，对光波的吸收在 320~350 nm。有的品种在日光下长期曝晒还会吸收可见光而使制品带色。水杨酸酯类紫外线吸收剂的生产工艺比二苯酮类简单，原料易得，且与高分子材料的相容性好，无味低毒，发展前景看好。它们适合用于聚氯乙烯、聚烯烃、聚氨酯、聚酯、纤维素酯和合成橡胶及用于油漆中。常用品种有：TBS，OPS，BAD，Salol 等。

（3）邻羟基苯并三唑中的羟基和三唑环之间形成氢键，它吸收 UV 可将激发能量转移。这类紫外光吸收剂能强烈吸收 300~385 mμm 的紫外光，几乎不吸收可见光，而且它们热稳定性高，挥发性小。其中 UV-327 和 UV-326 是最主要的品种，其用量在 0.01~0.1 份之间，但效果显著。它们广泛用于聚烯烃、聚碳酸酯、聚酯、ABS 以及涂料中。如：三嗪-5 用于聚氯乙烯以及涂料中效果很好；2，4，-三(2′-羟基-4′-邻羟基苯甲酰基苯基)-1，3，5-三嗪和 2，4，-三(2′-羟基-4′-二特丁基苯丙酰基苯基)-1，3，5-三嗪用于 ABS 效果显著。这类化合物耐热性较好，但它会吸收部分可见光致使制品带黄色。

2）紫外光屏蔽剂

很多颜料是光屏蔽剂，将其加在高分子材料中除着色外还起屏蔽紫外光的作用，从而保护高分子材料内层免遭紫外光的破坏。炭黑、二氧化钛、活性氧化锌等都是比较有效的紫外光屏蔽剂,尤其炭黑的屏蔽效果最突出,但它们主要用于厚制品、不透明制品及涂料中。

3)紫外光猝灭剂

紫外光猝灭剂的稳定作用不在于吸收紫外线,而是通过分子间作用把受到紫外光照射后处于激发态分子的激发能瞬间转移,使分子回到稳定的基态,因而避免了高聚物的光氧老化。比如:

(1)激发态分子 $A^*$ 将能量转移给一个非反应性的猝灭剂分子 Q,然后将能量消散:

$$A^* + Q \longrightarrow A + Q^*$$
$$\longrightarrow Q$$

(2)激发态分子 $A^*$ 与猝灭剂 Q 形成激发态的复合物,该复合物再经过其他光物理过程(如发射荧光、内部转变等)将能量消散:

$$A^* + Q \longrightarrow [A \cdots\cdots Q^*] \longrightarrow 光物理过程$$

目前应用最广泛的猝灭剂是二价镍的络合物或盐,如硫代烷基酚镍络合物或盐、二硫代氨基甲酸镍盐、磷酸单酯镍络合物、硫代酚氧基肟的镍络合物等。这类镍络合物多数带有绿色或浅绿色。常用的品种有 AM-1010,2002,NBC,UV-1084 等。这类光稳定剂特别适用于纤维和薄膜制品,很少用于厚制品。已发展的二苯甲酮类镍络合物具有吸收紫外线和猝灭能量双重作用,是光稳定剂发展的方向。

4)光稳定剂的并用

在实际应用中,常常是两种或几种不同作用原理的光稳定剂合并使用,得到增效作用。如紫外线吸收剂与猝灭剂并用,光稳定效果显著提高。因为紫外线吸收剂不可能把有害的紫外线全部吸收掉,这时猝灭剂可以消除这部分未被吸收的紫外线对材料的破坏。户外使用的制品,往往光氧老化和热氧老化同时发生,将光稳定剂和抗氧剂组成稳定体系,能取得优异效果。虽然大多数抗氧剂没有或很少有光稳定效能,但由于它能够终止因光氧作用所生成的活性游离基,所以抗氧剂间接起到光稳定作用。

商品化的紫外线吸收剂以邻羟基二苯甲酮类占主要位置,其次为水杨酸酯类,苯并三唑类化合物虽然光稳定效果最优越,但价格太贵,镍络合物类亦有较大的发展。多效能的新品种有:

(1)受阻胺类光稳定剂,主要是 2,2,6,6-四甲基或 1,2,2,6,6-五甲基哌啶的衍生物,具有非常优良的光稳定和抗热氧代作用。

(2)取代的苯甲酸酯类。优点是易生产,价廉,与树脂相容性好,兼具抗氧剂的作用。

(3)反应型的光稳定剂。在分子中含有丙烯酯型的双键反应性基团,多属于二苯甲酮和苯并三唑结构,可与单体共聚或与高分子接枝,成为"永久性"的紫外线吸收剂,以防止挥发、迁移、抽出等问题，提高耐候效果，如 UV-356 或 MA。主要用于聚碳酸酯、有机玻璃改性。

(4) 水溶性光稳定剂，它们对发展少污染的水性高分子材料十分有利。

(5) 六甲基磷酰三胺(HMPT)对提高聚氯乙烯等聚合物的耐候性有较好的效果，而且它能溶解许多光稳定剂和其他助剂，有利于分散在聚合物中，发挥更大的效果。

**3. 热稳定剂**

热稳定剂主要是防止高分子材料在高温下加工或使用过程中受热而发生降解或交联，达到延长使用寿命的目的。高分子用助剂正如前所述聚氯乙烯受热易分解脱出氯化氢，而且氯化氢有自动催化作用，能使聚氯乙烯分子进一步分解，形成共轭聚烯结构 $+CH=CH+_n$ 的生色基团，使制品发黄；同时这种聚烯结构易被氧化而生成羰基化合物，羰基化合物能吸收紫外光，又造成分子继续断链，颜色加深。由此看来，在聚氯乙烯中添加热稳定剂并不能起防止上述高分子老化的所有作用，在聚氯乙烯使用稳定体系中通常还必须添加抗氧剂和光稳定剂。目前聚氯乙烯的热稳定剂主要有四大类。

1)铅盐稳定剂

这类热稳定剂主要是含有未成盐的一氧化铅(PbO)的无机酸铅和羧酸铅，所以常称盐基性铅盐，主要有四种：

(1) 三盐基硫酸铅($3PbO \cdot PbSO_4 \cdot H_2O$)，简称三盐，有突出的热稳定效果，电绝缘性优良，初期色相不佳，可以与镉皂并用来克服；它与硬脂酸铅并用解决润滑性差的问题。在不透明硬质、压延、挤出和注塑制品中得到广泛应用。

(2) 二盐基亚磷酸铅($2PbO \cdot PbHPO_3 \cdot 1/2H_2O$)简称二盐，有优良的耐候性和初期色相，可与三盐配合使用于耐候硬质制品。

(3) 二盐基硬脂酸铅 $2PbO \cdot Pb(C_{17}H_{35}COO)_2$，有良好的热稳定及电绝缘性能，可作聚氯乙烯的热稳定剂；其缺点是耐候性较差，但与碱式亚磷酸铅混用时能得到良好的热稳定和光稳定效果。此外，它具有较好的润滑作用，可与其他盐基性铅盐配合起流动调节剂的作用。

(4) 二盐基邻苯二甲酸铅 $2PbO \cdot Pb(C_8H_4O_4)$，有优良的耐热性和耐候性，可作电缆料用聚氯乙烯的热、光稳定剂。

在这些铅制盐中都含有 PbO，有很强的结合氯化氢的能力。铅盐稳定剂的优点是价格低廉、具有优异的电绝缘性、耐热性好。缺点是有毒，易受硫化污染，制品不透明，初期着色，分散性差，使用时添加量较大(需达 5 份以上)。

2)金属皂类的稳定剂

这类稳定剂是硬脂酸和月桂酸的 Cd Ba Pb Ca Zn 等的金属盐。其中以硬酸酯盐的润滑性较好，月桂酸盐的印刷性、热合性较好。为取得协同效应，通常是将几种皂类搭配使用。在聚氯乙烯中应用最广的是钡-镉体系，认为钡、镉皂有协同作用。镉皂易与降氯乙烯分子链上的稳定氯原子发生酯化反应，可以抑制脱氯化氢反应，而生成的氯化镉有促进聚氯乙烯降解的能力；钡皂存在时，钡皂可与氯化镉发生反应使其再生成镉皂又参与酯化反应。为了改善制品的初期色相和耐候性，有时也使用镉/钡/锌体系，但锌皂会影响耐热效果，尤其当锌皂用量大时会发生突然失效的现象。这个体系适用于软质聚氯乙烯如薄膜、人造革、软管、软质注塑制品等。

食品、药物包装和医疗器要求无毒，钙-锌体系是无毒稳定剂配方。钙盐色红，加入锌盐可改善初色，由于锌盐用量不能太大，通常采用高钙低锌的配方。这种配方无毒、价廉、润滑性好，具有通用性，可用于软硬制品；缺点是耐热效果差，透明度低，遇水后易失去透明性，所以该体系常用多元醇和抗氧剂来加强。

3）有机锡类稳定剂

四价的有机锡化合物具有优良的热稳定性和透明性，在热稳定初期和中期能有效地抑制脱氯化氢反应，常用于硬聚氯乙烯。有机锡化合物能与聚氯乙烯中不稳定的氯原子配位，并置换分子中的氯原子，从而抑制了脱氯化氢反应。

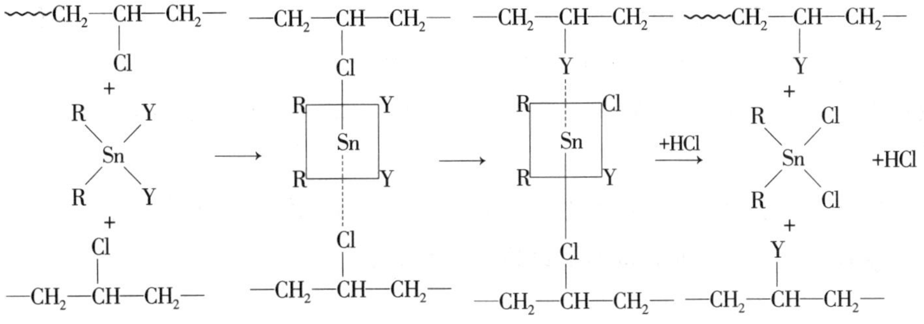

有机锡类稳定剂主要有三种类型：

（1）脂肪酸有机锡盐如二月桂酸二丁基锡$(C_4H_9)_2Sn(OOCC_{11}H_{23})_2$是最常用的产品，有优良的加工性能，耐候性好，但热稳定效果差些，初期色相亦差，所以常与其他有机锡或与铅盐、皂类配合使用于硬质制品中，也常与钡-镉稳定剂配合使用于软质制品中，如农膜、泡沫人造革等。

（2）马来酸有机锡盐有优良的耐候性，初期色相也好，有长期耐热性和透明性，但加工性较差，它广泛用于硬透明板、波纹板等。马来酸单丁酯二丁基锡$(C_4H_9)_2Sn(OOCCH=CHCOOC_4H_9)_2$是应用最多的品种。

（3）硫醇有机锡盐如$(C_4H_9)_2Sn(SC_{12}H_{25})_2$是这类最有效的热稳定剂。它具有非常优良的透明性，初期色相和长期耐热性，但耐候性较差，且易受金属污染，加工时有臭味。它可作为主稳定剂用于要求高度透明和高耐热性的硬质制品中。

上述有机锡类稳定剂多是二丁基锡化合物，这种低碳烷基锡衍生物都具有生理毒性。

辛基锡类化合物可作无毒稳定剂使用，它的热稳定效果和透明性皆好，适用于硬质透明制品。有时亦可使用辛基锡-钙锌配方，该配方不仅具有辛基锡的特点，还具有钙锌盐的润滑性，成本也低。

4) 环氧类稳定剂

这类稳定剂主要是环氧大豆油、环氧脂肪酸酯等。它们常用作辅助稳定剂，可与金属皂类配合使用，与钡-镉稳定剂配合使用能显著改善聚氯乙烯的耐候和耐热稳定性。它的作用机理是环氧化合物与氯化氢反应成氯醇，氯醇再与聚氯乙烯分子中的双键缩合。此外，作为辅助稳定剂尚有多元醇类化合物，如三羟甲基丙烷、季戊四醇、甘露醇等。它们有助于提高制品的热稳定效果。复合稳定剂在聚氯乙烯稳定剂中已占重要地位，如液体钡镉和液体钡镉锌稳定剂等。

**4. 防霉剂**

像其他的防老剂一样要求具有较高的热稳定性，以适应成型加工时不致分解失效；有良好的耐候性，以适应湿热气候条件下的使用；不溶或微溶于水，能溶于有机溶剂或与树脂混溶性好；对杀霉菌高效，但对人体要无毒或低毒；对高分子材料和制品无不良影响；价廉易得等。常用防霉剂品种有三类：① 酚类衍生物，如五氯苯酚（PCP）、五氯酚苯汞等；② 有机硫、磷、锡化合物，如二硫代二甲氨基甲酸锌、灭菌丹（Phaltan）等；③ 其他如醋酸苯汞（PMA）、防霉剂 O（苯并恶唑衍生物）、防霉剂 1991（苯并咪唑衍生物）、8-羟基喹啉铜等。

防霉剂的作用机理在于破坏微生物的细胞构造或酶的活性以及切断它赖以生存的营养物质等；从而起到杀死或抑制霉菌生长和繁殖的作用。

# 6.7　高分子材料阻燃剂

高分子材料应用越来越广，而无论天然高分子材料和合成高分子材料中大部分都可以燃烧。因此研究开发和生产高分子材料阻燃剂是十分重要的。燃烧必须具备三个条件，即可燃物质、适合的温度和助燃的氧气，三者缺一不可，所以人们寻找阻燃剂也是围绕这三方面出发的。

## 6.7.1　高分子材料燃烧及阻燃剂分类

燃烧可分为蒸发燃烧、分解燃烧和表面燃烧三种。天然材料和合成高分子材料都是不挥发的有机物，因而起火时大多数是发生分解燃烧。

在元素周期表中第 V 族的 N、P、As、Sb、Bi 和第 VII 族的 F、Cl、Br、I，还有 B、Al、Mg、Ca、Zr、Sn、Mo、Ti 等的化合物能对高分子材料起阻燃作用。目前常见的有 N、P，

Sb，Cl，Br，B 和 Al，这些元素的无机化合物和有机化合物。

高分子材料阻燃剂分为反应型阻燃剂、添加型阻燃剂和膨胀阻火涂层三种类型(如表6-7 所示)。

表 6-7　　　　　　　　　　　　　　　　阻燃剂分类

| 类　　型 | | 不同元素的化合物 | | | | |
|---|---|---|---|---|---|---|
| 添加型 | 无机阻燃剂 | 锑化物<br>赤磷和磷酸<br>硼化物(硼酸锌、次硼酸钠) | | 水合氧化铝<br>镁化合物<br>锆化合物，铋化合物 | | |
| | 有机阻燃剂 | 磷系 $\begin{cases}磷酸酯类\begin{cases}含卤素\\不含卤素\end{cases}\\聚磷酸铵\end{cases}$ | | 氮系 $\begin{cases}双氰胺\\氨基磺酸铵\end{cases}$ | | 卤素 $\begin{cases}氯化物\\溴化物\end{cases}$ |
| 反应型阻燃剂 | | 有机氯化物，有机溴化物 | | | | |
| 膨胀阻火涂层 | | (见第七章中特种涂料) | | | | |

添加型阻燃剂是以物理分散状态与高分子材料进行共混而发挥阻燃作用的。反应型阻燃剂是先合成含阻燃元素的单体，通过聚合或缩合反应结合到高聚物的主链或侧链中去起到阻燃作用。反应型阻燃剂以热固性树脂使用较多，阻燃稳定性好，不易消失，对材料性能影响较小，但加工工艺较为复杂。添加型阻燃剂使用量较大，操作比较方便，其用量约为反应型阻燃剂的 6 倍，是一种被广泛采用的阻燃剂系列。

## 6.7.2　影响聚合物燃烧的主要因素

外部条件相同或相似的情况下，影响高聚物燃烧的主要因素有高聚物的比热容、热导率(导热系数)、分解温度、燃烧热、自燃点以及氧指数。比热容越大，燃烧中所需热也越大；热导率越高，聚合物燃烧过程中升温就越慢。氧指数(OI)是衡量高聚物是否易燃的一项重要指标，它是刚好能维持高聚物燃烧时的混合气体中最低氧含量的体积百分率。氧指数越小越容易燃烧；氧指数越大，阻燃性能越好。温度升高，氧指数一般下降。因此，在高温情况下，氧指数即使在 21% 以上的难燃材料，也可以在空气中点燃。

一些聚合物的氧指数列于表 6-8。不同聚合物的阻燃特性可用它的氧指数来划分：氧指数在 22% 以下的属于易燃材料；在 22%~27% 的称为难燃材料，即具有自熄性。按氧指数可划分一些高分子的阻燃性能，但不是绝对的，因为高聚物阻燃特性还与它们的比热容和热导率等有关。比如聚苯乙烯的氧指数(18.1%)虽然比聚乙烯的(17.4%~17.5%)大，但由于聚苯乙烯的比热容和热导率较小，所以聚苯乙烯燃烧速度比聚乙烯树脂快。

Van Kreven 总结出物质热分解时的残渣量与氧指数的关系式：

$$OI = 17.5 + 0.4CR \tag{1}$$

式中，OI 为氧指数；CR 为把物质加热到 850 ℃时的残渣量。

实验总结高分子的官能团与热分解后的残渣量有如下关系式：

$$CR = 1200\left[\sum (CFT)_i\right]/M \tag{2}$$

式中，$(CFT)_i$ 是第 $i$ 个官能团的残渣量的贡献系数；$M$ 是每一重复单元的分子量。

表 6-8　　　　　　　　　　　合成和天然聚合物氧化指数

| 聚合物名称 | 氧指数% | 聚合物名称 | 氧指数% | 聚合物名称 | 氧指数% |
|---|---|---|---|---|---|
| 聚乙烯 | 17.4~17.5 | 软质聚氯乙烯 | 23~40 | 氯乙烯-丙烯酯共聚物 | 28.9 |
| 聚丙烯 | 17.4 | 聚乙烯醇 | 22.5 | 羊毛 | 28.1 |
| 聚化聚乙烯 | 21.1 | 聚苯乙烯 | 18.1 | 涤纶 | 26.3 |
| 聚氯乙烯 | 45~49 | 聚甲基丙酸甲酯 | 17.3 | 腈纶 | 21.4 |
| 聚氟乙烯 | 22.6 | 聚碳酸酯 | 26~28 | 麻 | 20.5 |
| 聚偏二氟乙烯 | 43.6 | PPO 聚苯醚 | 28~29 | 丙纶 | 20.2 |
| 聚偏二氧乙烯 | 60 | 氯化聚醚 | 23.2 | 棉 | 21.0 |
| 氟化乙烯-丙烯共聚物 | >95 | 环氧树脂(普通) | 19.8 | 氯纶 | 40.3 |
| 聚四氟乙烯 | >95 | 脂环族环氧树脂 | 19.8 | 尼纶(100%) | 28.1 |
| 缩醛共聚物 | 14.8~14.9 | 乙丙橡胶 | 21.9 | 人造纤维 | 22.8 |
| 脂肪族聚酰胺 | 22~23 | 氯磺代聚乙烯 | 25.1 | 涤棉混纺(65/35) | 21.9 |
| 芳香族聚酰胺 | 26.7 | 氯丁橡胶 | 26.3 | 卡普纶 | 21.9 |
| 聚酰亚胺 | 36.5 | 硅橡胶 | 26~39 | 醋酯纤维素 | 21.9 |
| | | | | 维尼纶 | 21.0 |

各种高聚物的氧指数可由(1)，(2)式来计算。官能团的贡献系数可以计算出物质的残渣量，进而推算出这一高聚物的氧指数，从而预测高聚物的阻燃性。

## 6.7.3 天然纤维素阻燃机理

纤维素受热后首先是水分蒸发(干燥)、软化、熔融、温度升高到一定程度时发生分解和解聚，产生可燃性气体、不燃性气体和碳化残渣。可燃性气体与空气混合即形成可燃性混合气体，若温度超过闪点则马上着火，如果有火源也会引起燃烧。燃烧后产生热、光、烟，其中的热量又再加热未燃烧部分，如此反复，连续不断地燃烧起来。对纤维素进行阻燃加工，就是设法阻碍纤维的热分解、抑制可燃性气体生成，改变热分解反应机理，或通过隔绝空气来达到阻燃的目的。纤维素阻燃主要有四种理论。这些理论也适用于合成纤维或其他聚合物。

（1）盖层理论：在高温下阻燃剂能在纤维表面形成覆盖层，阻止氧气供应同时也阻止可燃气体向外扩散，从而达到阻燃目的。

（2）不燃性气体理论：阻燃剂受热分解产生的不燃性气体稀释纤维素受热分解产生的可燃性气体浓度，或捕捉活泼的游离基而产生阻燃作用。

（3）吸热理论：在高温下阻燃剂因反应吸热，从而降低温度，阻止燃烧蔓延。

（4）催化脱水理论：阻燃剂在高温下产生脱水剂，使纤维脱水炭化，从而减小可燃性气体的产生。

### 6.7.4 无机阻燃剂及其阻燃作用

无机阻燃剂热稳定性好、不析出、不挥发、无毒、不产生腐蚀性气体、价廉，安全性比较高。

三氧化二锑是一种阻燃物质，但三氧化二锑只有与有机卤化物并用才发挥阻燃作用。$Sb_2O_3$ 和卤素反应生成锑的卤化物和氧卤化物。而锑的卤化物($SbX_3$)在燃烧时可使自由基反应中止，显示出阻燃效果。

$$H\cdot+SbX_3\longrightarrow HX+SbX_2\cdot \qquad SbX_3\longrightarrow X\cdot+SbX_2\cdot$$
$$CH_3+SbX_2\cdot\longrightarrow CH_3X+SbX\cdot \qquad H\cdot+SbX\longrightarrow HX+Sb$$

铝的水合物在250℃以上受热分解生成氧化铝和水，稀释火焰区气体浓度；每摩尔 $Al(OH)_3$ 要吸收热量1.97 kJ，起冷却作用。$Al(OH)_3$ 还有利于形成炭化层，阻挡热量和氧气进入。

硼系阻燃剂中的硼酸钠钙混合物可作为扑救森林火灾的阻燃剂；硼酸锌用于塑料和橡胶的阻燃，可部分代替锑化物，阻燃效果良好。当它与有机卤素阻燃剂并用时，受热便生成气态卤化硼和卤化锌，释放出结晶水。卤化硼和卤化锌可以捕捉气相中反应活性强的氢自由基和氢，使燃烧中的连锁反应中断，并生成坚固的炭化层。在高温下，卤化锌和硼酸锌在可燃物表面形成玻璃状涂层，能起隔热和隔绝空气的作用。硼酸锌在300℃高温下连续释放出大量的结晶水，起吸热降温和消烟的作用。

目前应用较多的无机阻燃剂有红磷、氢氧化铝、三氧化二锑、硼化物和镁化物等。无机阻燃剂的缺点是大量添加时会使材料加工性和物理性能下降，因此使用时必须控制用量。

氢氧化铝不仅可以阻燃，而且可以降低发烟量，且价格低廉，原料易得。主要用于环氧树脂、不饱和聚酯树脂、聚氯乙烯、聚乙烯、聚丙烯和聚苯乙烯等的阻燃。

氧化锑与有机含卤阻燃剂并用时，可产生阻燃协同作用，减少含卤阻燃剂用量。三氧化二锑燃烧时产生大量黑烟，为了改善透明性，相继开发了有机锑、五氧化二锑以及氧化锑和氟硼酸盐的混合物。三氧化二锑主要用于聚氯乙烯、聚烯烃、环氧树脂和不饱和聚酯等的阻燃。

氢氧化镁分解时生成氧化镁和水，在塑料中起阻燃和消烟作用。作为阻燃剂用的氢氧化镁可用氯化镁溶液加氢氧化钠或氢氧化铵溶液沉淀制得。氢氧化镁主要用于聚乙烯、聚丙烯、聚苯乙烯和 ABS 的阻燃。

红磷可用作环氧树脂等许多树脂的阻燃剂。由于用量少，因此用红磷阻燃的聚合物比用其他阻燃剂有更好的物理性能。此外，磷酸盐，多聚磷酸盐等也是可用的无机阻燃剂。

硼系阻燃剂包含无机硼化合物和有机硼化合物两种。硼酸锌阻燃剂是一种无毒、无味、无臭优良阻燃剂，用于橡胶和塑料阻燃剂效果良好。三(2，3-二溴丙基)硼酸酯等有机硼化合物组成有机硼系阻燃剂，它们不仅阻燃效果好，而且有消烟作用，易于加工，对制品性能影响小，主要用于不饱和聚酯、酚醛树脂和聚氨酯的阻燃。

## 6.7.5　有机磷系阻燃剂

有机磷系阻燃剂在固相和液相中都能发挥阻燃作用。在燃烧时有机磷化合物先生成磷酸的非燃性液态膜，紧接着磷酸又进一步脱水生成偏磷酸，偏磷酸进而聚合成聚偏磷酸。聚偏磷酸是强酸和强脱水剂，可使高分子材料脱水而炭化。这种炭膜也隔绝空气，从而使磷阻燃剂发挥更好的阻燃作用。有机磷系阻燃剂则有磷酸酯，卤代磷酸酯，多聚磷酸酯，氯化磷腈(PNCN)$_3$ 以及膦酸酯等。

## 6.7.6　有机卤化物阻燃剂

聚合物燃烧及有机卤化物阻燃历程如下：

① $R-CH_3 \xrightarrow[[O_2]]{\triangle}$ $\longrightarrow CO+H_2O$ / $\longrightarrow CH_3+R \xrightarrow{O_2} R\cdot +CHO+OH\cdot$ 　②$HO\cdot +CO \longrightarrow CO_2+H\cdot$ 　③$H\cdot +O_2 \longrightarrow OH\cdot +O\cdot$

$R-CH_3$ 代表有机物。当这些物质受热分解后，在氧作用下产生活泼的自由基 OH· 决定燃烧的速度。

$$OH\cdot + R-CH_3 \longrightarrow R-CH\cdot_2 + H_2O$$
$$R-CH\cdot_2 + O_2 \longrightarrow RCHO+OH\cdot$$

当加入含溴阻燃剂时，遇火受热即发生下列分解反应：

$$含溴阻燃剂 \xrightarrow{\triangle} Br\cdot$$
$$Br\cdot + R-CH_3 \longrightarrow R-CH\cdot + HBr;$$
$$OH\cdot +HBr \longrightarrow H_2O+Br\cdot$$

含溴阻燃剂受热分解产生溴自由基；活泼的溴自由基与高聚物反应产生 HBr，HBr 与 OH·反应消耗氢根自由基后，使燃烧的连锁反应受到的抑制，燃烧速度减慢，致使火焰熄灭。

含氯阻燃剂结合能比溴化物大，与 OH·反应速度慢，所以氯系阻燃剂阻燃效果不如溴系阻燃剂好。

含溴的有机卤化物阻燃效果通常脂肪族>脂环族>芳香族。有机溴化物阻燃剂有添加型和反应型两种：① 添加型溴系阻燃剂化学结构中除含具有反应性能的溴外，不含其他易反应的基团，如四溴丁烷、五溴甲苯，溴代联苯醚等；② 反应型溴系阻燃剂，其化学结构中除有活性的溴外，通常含有可供反应的羟基，环氧基或双键，如多溴代醇类、酚类、四溴代双酚 A 的衍生物和四溴代苯甲酸酐等。

# 6.8　高分子材料表面改性剂

材料的开发和应用常遇到表面问题，数微米甚至仅仅数分子厚的表面剂，往往可赋予该材料特殊的功能。高分子表面化学是一门边缘性学科，它涉及无机、有机、物理化学，还与物理学、生物学等领域有关。本节只介绍高分子表面静电及防静电作用，亲水或憎水作用，高分子表面硬度改性等，并且只讨论利用有机物质进行化学改性的方法。

## 6.8.1　高分子表面硬化加工及硬化助剂

塑料具有加工性能好、耐冲击、抗腐蚀、重量轻等优点，可以作为金属、木材以及其他材料的代用品，但是塑料表面硬度不够高，耐化学药品性能较差，使其应用受到限制。为此，须采取一些行之有效的表面处理方法。表面硬化方法有物理方法、化学方法和物理化学方法。

**1. 物理方法**

1）转印法

预先在容器(铸模)内表面形成一层硬化膜，而后将单体或预聚体注入容器内使之聚合，如此，硬化膜便转印到料件的表面上。本法只适合铸型聚合塑料的表面硬化加工，生产效率较低。但是对于甲基丙烯酸树脂的连续铸型生产工艺极为适合，而且生产效率也高。

2）沉积法

沉积法是将金属、无机物或有机物气化，然后沉积在材料表面上的方法。其中适于塑料表面加工的有真空镀覆法、阴极溅镀法及等离子体聚合法。这些方法适合于特别薄的硬化膜加工处理。但是高真空系统总需作间歇运行，不便于大批量生产。也不适合加工复杂的大型制件。

3) 等离子体聚合物

利用有机体中放电所产生的自由基,在基材表面上进行聚合,从而堆积成薄膜,该方法可以得到致密而无针孔的薄膜,黏附性也很好。

**2. 化学或物理化学方法**

膜层材料加热缩合而形成交联硬化膜的方法。膜层材料有三聚氰胺系、氨基甲酸酯系,含氟化合物、有机硅烷系等化合物。

(1) 三聚氰胺系热硬化法:三羟甲基三聚氰胺、六羟甲基三聚氰胺、丁氧基羟甲基三聚氰胺,醚化羟甲基三聚氰胺/硝化棉/聚(烷撑)二醇,醚化羟甲基三聚氰胺/四烷氧基三聚氰胺等化合物,在酸性催化剂存在下加热,羟甲基化的三聚氰胺脱水形成醚键或经脱甲醛形成亚甲基键而实现交联硬化。三聚氰胺系硬化膜具有优异的柔韧性,但耐候性和表面硬度不十分理想,所以目前还不常使用。

(2) 含氟系热硬化法:通常采用六甲氧基三聚氰胺将四氟乙烯和丙烯酸羟乙酯共聚体交联,以及将上述共聚物同多硅酸和硫氰酸钾共混,经辊热而硬化的方法等。这类硬化膜的表面硬度虽不十分理想,但柔韧性相当好。

(3) 有机硅烷系热硬化法

采用三官能团或四官能团的硅烷化合物(如四乙氧基硅烷)交联硬化。由四官能团的硅烷的水解体交联而得到的硬化膜有非常高的硬度,但其热胀系数比塑料基材小得多,所以受热时容易产生裂纹,黏附性也不十分理想。为克服这一缺点,可将二官能团或三官能团硅烷与其并用,以降低交联点的支化度;也可与含官能基取代硅烷并用,利用官能基进行交联,以提高交联点间的分子量。此外,同丙烯酸聚合物并用,可以改善其柔韧性和黏附性;配用胶体硅胶以改善其硬度等均有一定成效。

(4) 氨基甲酸酯系热硬化法

异氰酸酯同多元醇反应形成氨基甲酸酯,得到具有弹性的硬化膜,其柔韧性比三聚氰胺系和含氟系硬化膜还要好。不过钢丝绒擦伤试验及耐滑动摩擦试验的结果不太理想,而落砂磨耗试验的结果却相当出色。

(5) 多官能丙烯酸酯系紫外线硬化法

多元醇(甲基)丙烯酸酯或齐聚体等在光引发剂存在下经 UV 照射产生自由基,从而引发聚合形成交联结构。分子中的(甲基)丙烯酰氧基的数量越多,便越容易生成高次交联,获得很好的表面硬膜。通常紫外线硬化膜使用寿命比官能基取代硅烷系膜层要长得多,其膜与基材塑料的热胀系数相差无几,几乎没有受热时发生裂纹的现象,硬化膜的黏附性(除了像聚乙烯、聚丙烯那样的极难黏附的塑料或涂层很难相容的塑料之外)都非常好,多官能型丙烯酸酯系膜层材料不需要底涂层,大多为单液型处理液,对那些自身耐候性的一些基材如 PC 等,也还是需要上底层涂料或内涂层等进行预处理。

### 6.8.2 高分子表面的防静电及抗静电剂

人们熟知高分子材料易产生静电，这种带电现象会给某些行业带来很多麻烦。

合成纤维织物产生静电积聚会使服装吸尘、贴肤、刺痛等；而对工业用纺织品来说静电作用还使仪表误动，集成电路沾污，元件击穿；在某些场合，还会导致可燃性气体引爆起火。据英国卜内公司介绍，用涤纶长丝制成的抗静电无尘衣，在电子工业中使用不但安全可靠，而且可使产品合格率由50%提高到90%。为此，人们一直努力研究各种方法用于高分子材料的表面防静电。

1) 高分子物质的带电机理

一般认为当两种不同物质互相摩擦时，物质之间发生电子移动，电子由一种物质表面转移到另一种物质的表面，失去电子者带阳电，得到电子者带阴电，这样就产生了静电。究竟哪一种物质带阳电，哪一种物质带阴电，则由其自身结构决定。它们可以排成下列顺序：玻璃→毛发→羊毛→尼龙→蚕丝→木棉→粘胶纤维→纸→麻→硬质橡胶→合成橡胶→聚醋酸乙烯酯→聚酯→聚丙烯腈纤维→聚氯乙烯→聚乙烯→聚四氟乙烯。上述任何两种物质进行摩擦时，总是排在前面的物质表面带阳电，排在后面的物质表面带阴电。

2) 表面涂布防静电剂

在高分子表面涂上导电性物质的水溶液或有机溶液，形成均匀的导电性薄膜。表面活性剂有在界面上定向吸附的特性，亲油部分向着高分子定向排列，亲水部分指向空气，吸附着大气中的水分，并与表面活性剂形成氢键，进一步提高高分子化合物的表面导电率，起到防静电的效果。纺织物纺丝和织造过程中常用表面活性剂作抗静电剂。常用防静电用表面活性剂是季铵盐型阳离子表面活性剂，其次是聚氧化乙烯醚型非离子、两性型表面活性剂等。高分子材料表面涂布用防静电剂，有时还用高水溶性，强吸湿性物质，其代表品种是丙烯酸及甲基丙烯酸的季铵盐酯类高聚物，它们对表面有良好的黏附性，不易流失。此外，还有 PEG 和(甲基)丙烯酸酯类的共聚物，PEG 和对苯二甲酸制备的聚醚或聚酯类，PEG 和二异氰酸酯组成的聚氨酯等。

除了用上述这些聚合物进行表面处理之外，为提高耐久性，还可将某一组分或多种具有抗静电作用的单体处理表面之后，通过加热或紫外线照射，使其在高分子链上进行接枝聚合。

3) 共混用防静电剂

塑料薄膜等制品，大多采用内部共混法进行防静电处理。即将防静电剂同高分子材料共混后再加工成制品，防静电剂将向制品表面迁移，形成均匀的防静电层。表面活性剂也作为可向表面迁移的防静电剂。

导电性炭黑及金属粉末进行共混可减少体积电阻来防止静电。但共混防静电剂的分散程度必须达到分子间相互作用距离。为此，其添加量至少也得在 30%（重量）以上。若使用表面活性剂，一般只需添加 1%~3.0%（重量），其表面层浓度便很高，它足以维持正常的防静电性能，也不会给高分子的性能带来多大的影响。表面活性剂防静电共混法同表面涂布法最大区别在于：尽管高分子表面层上的表面活性剂层时常脱落，但材料内部所含表面活性剂将不断向表面迁移，形成完整的连续层，所以耐久性高。共混法能否发挥防静电的效果，关键在于所混入的表面活性剂是否可向高分子表面迁移。因此必须根据高分子结构来选用具有适当迁移性的表面活性剂，在充分掌握表面活性剂的 HLB 值以及比较 SAA 和高聚物的溶解度参数后，可选定最佳共混体系。

高分子的结晶度越高或玻璃化温度越高，则共混的表面活性剂向表面层的迁移性越差。润滑剂、颜料等填料含量越多，表面层中的表面活性剂有效浓度下降越快。另外，表面活性剂与高分子的相容性是很微妙的，相容性好时迁移性降低，太差时又影响材料的透明性和物理性能。表面活性剂的分子量对其迁移性也有影响。

合成纤维与塑料所用共混防静电剂分子结构不同。前者主要选用含聚氧乙烯醚链段的高分子型表面活性剂。最有代表性的如 Permalose-TG 与 TM，它们是苯二甲酸、乙二醇、聚乙二醇等的嵌段共聚物。如 TM 的化学结构如下：

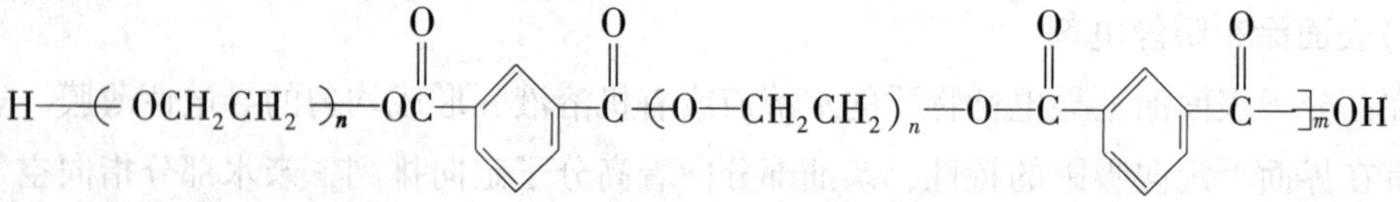

$$H-(OCH_2CH_2)_n-OC-\bigcirc-C-(O-CH_2CH_2)_n-O-C-\bigcirc-C-]_m OH$$

对苯二甲酸二甲酯与聚醚为主要成分的嵌段共聚物的亲水链段可能在涤纶纤维的表层形成连续性亲水薄膜。由于吸水性大大增加，既可以加速织物表面电荷的逸散，降低纤维表面电阻；又可以达到抗尘去污，手感柔软之目的，并且具有耐久的洗涤性。

由 $\alpha$，$\omega$-环氧乙烷基聚乙二醇与酰胺化合物缩合而成的弱阳离子型高分子表面活性剂，适用于涤纶、羊毛、锦纶、腈纶、丙纶及它们的混纺织物消除静电，同时还使织物的弹性回复角、手感及耐磨等指标提高，获得多种功能的综合效果。

据国外最近报道，聚氨酯型抗静电剂很有发展前途，对织物也有较好的防起毛起球、防水透湿的效果，可进行多功能整理。

目前防静电剂发展动向是以提高耐久性为目标，人们试图将外涂布用防静电剂高分子化。发展的品种有两大类：① 丙烯酸或甲基丙烯酸为主体组分的水溶性乙烯基阴离子型共聚物；② 用甲基丙烯酸二烷基氨烷基酯的季铵盐单体制备的水溶性乙烯基阳离子型共聚物。通过改变共聚单体组分，可以得到各具特色的多种系列产品。类似高分子组成的防静电剂还有以下几种：

（1）用于聚酯的防静电剂：由聚乙二醇和多元羧酸制备的聚酯、聚醚。由聚乙二醇二缩水甘油醚同多烷基多胺制备的环氧树脂。

（2）用于尼龙的防静电剂：由聚酰胺的羟烷基衍生物同多异氰酸酯制备的聚氨基甲酸酯。

（3）用于丙烯酸树脂的防静电剂：由聚乙二醇丙烯酸酯和甲基丙烯酸二缩水甘油酯及丙烯腈制备的乙烯基聚合物。

上述各例，已不能称之为高分子表面活性剂，而是一类具表面活性的复杂化合物。

### 6.8.3　高分子表面防雾及防雾剂

塑料及玻璃的表面温度低于环境大气的露点或者周围处于高温高湿状态时，便会有很多的细小水滴凝结在材料的表面上，称之为"起雾"。人们设法阻止在表面上生成半球形的水滴来达到防雾目的。目前已有四种方法：

① 镀亲水膜，即使材料表面亲水且易被水所浸润，水滴便不能呈半球状而形成薄薄的水膜，也就不会产生光散射。

② 镀憎水膜，即使表面疏水性很强并具有斥水性，尤其当凝结的水珠较大时，则因自重或稍受外力，水珠便可滚落掉。

③ 镀高吸水性树脂，即在固体表面上加一强吸水层，将附着在表面上的水吸收掉。

④ 加温法，即使固体表面的温度始终保持在露点温度以上，以防止结雾。

上述诸方法中，①③④法较常用。②法效果较差，对细小水滴几乎没有效果。④法应用受到一定限制，但它是最切实有效的防雾方法。

透明材料使用目的不同，防雾性能的需求便多种多样，除光学特性外，还要求耐划伤性、耐热性、附着性、耐久性等。须根据具体使用条件及用途，选定合适的防雾方法。

目前常用的防雾剂包括在塑料加工时混入表面活性剂；在塑料表面进行化学处理，导入亲水基团，在塑料表面涂亲水性好的树脂或表面活性剂，比如海多隆涂料（甲基丙烯酸羟乙酯的聚合物）；用三聚氰胺催化剂交联成膜；将聚乙烯醇和有机硅或 $SiO_2$ 配合使用，固化后具亲水性和耐擦伤性；烷基磺酸钠型的表面活性剂与聚丙烯酸配合使用等都对防雾有作用。

## 6.9　纺织纤维制品表面改性剂

纺织物进行后整理是提高产品质量的最好方法。纺织物进行整理的内容很多，主要有耐久压烫整理，阻燃整理，柔软整理，抗静电整理，防水透气整理，防缩防皱整理，卫生整理，防蛀整理，防风寒整理，防辐射整理等。为适用多种多样后整理的需要，整理剂研制与生产也日益向功能化、多样化和专用化方向发展。下面只介绍纺织物表面整理及其整理剂。

### 6.9.1 纺织物柔软和平滑整理及其助剂

柔软整理是为了降低纤维与纤维之间或纤维与人皮肤之间的摩擦力，从而产生柔软触感。柔软剂伸入织物空隙，赋予纱线一定程度的滑动，人体的肌肤触及织物产生平滑感。平滑并不等于柔软，平滑感决定纤维之间动摩擦系数的降低，而柔软感则主要依赖于降低纤维之间静摩擦系数。众多具有疏水基和极性基的表面活性剂，特别是具季铵基的材料常用作纺织物柔软整理剂。高级脂肪酸二乙醇酰胺，十六烷基三甲基溴化铵，吡啶季铵盐（维兰 PF）和改性咪唑啉（柔性剂 IS）都是织物柔软剂，它们能赋予纤维良好的柔软效果和耐洗性，是应用较广的天然纤维织物和混纺织物柔软整理剂。由蓖麻油与硫酸作用而制备的土耳其红油，也是一种常用阴离子型的柔软剂。非离子柔软剂则有脂肪醇聚氧乙烯醚，其中疏水基仅在含 15~18 个碳原子烃基才能赋予织物良好的柔软感。

羟甲基硬脂酰胺（柔软剂 MS-20）整理的纺织物柔软效果可长期保持，因为它在整理过程中与天然纤维进行了如下的反应：

$$C_{17}H_{35}CONHCH_2OH + HO-Cell \xrightarrow[140~150\,℃]{H^+} C_{17}H_{35}CONHCH_2O-Cell$$

有机硅柔软剂能整理各种纺织物，能赋予纺织物柔软、丰满的风格，具有很好的弹性。

第一代有机硅织物柔软剂，其化学结构如下：

$$Me_3Si \xleftarrow{} Me_2SiO \xrightarrow{}_n SiMe_3 \quad （聚二甲基硅氧烷）$$

硅油分子中不存在反应基团，不能自身交联，也不能与纤维起反应，使用前应先制成稳定乳液，以醋酸铅为催化剂在高温焙烘下成膜，但手感、牢度和弹性均不很理想。

第二代有机硅织物柔软整理剂含氢硅油和 $\alpha, \omega$-二羟基甲基硅油其化学结构如下：

$$Me_3-Si \xleftarrow{} Me_2SiO \xrightarrow{}_m \xleftarrow{}(MeSiHO)\xrightarrow{}_n Si-Me_3$$

（聚甲基—H—硅氧烷）

$$HOMe_2Si \xleftarrow{} Me_2SiO \xrightarrow{}_n SiMe_2-OH$$

（$\alpha, \omega$-二羟基聚甲基硅氧烷）

含氢硅油中具有很好反应性能的 $\equiv$Si—H 基团，它既可与羟基硅油以及纤维中羟基作用，也可以自身相互交联。羟基硅油分子中的羟基在织物整理时，在催化剂等助剂作用下，既可进一步使分子量增大，也可与纤维作用。上述两种材料如果混合使用，在整理过程中两者交联形成网状结构，除具有良好的柔软平滑特性外，还赋予织物高抗皱性和弹性，不降低织物强度。羟基硅油整理剂均以水乳液出售，使用十分方便。羟基硅油乳液有阴离子乳液，阳离子乳液和非离子乳液。

第三代有机硅织物柔软整理剂是一些具有碳官能团侧基改性的硅油，常用的类型如下：

（1）环氧改性硅油。典型化学结构如下：

$Me_3Si-O(Me_2SiO)_{\overline{m}}(MeSiRO)_{\overline{n}}SiMe_3$，其中：

$$R = (CH_2)_{\overline{3}}O-CH_2-CH\underset{O}{\overline{\quad}}CH_2$$

硅油分子中环氧基是活性基团，能与纤维反应或与其他并用的整理剂交联，在织物中形成有机硅膜，使织物具有长期柔软和拒水性能。

（2）氨基改性硅油。是性能较全面，应用最广的一类硅油，其化学结构如下：

$$CH_3-\underset{\underset{CH_3}{|}}{\overset{\overset{CH_3}{|}}{Si}}-(\underset{\underset{CH_3}{|}}{\overset{\overset{CH_3}{|}}{SiO}})_{\overline{m}}-(\underset{\underset{(CH_2)_{\overline{3}}y}{|}}{\overset{\overset{CH_3}{|}}{Si}}O)_n-\underset{\underset{CH_3}{|}}{\overset{\overset{CH_3}{|}}{Si}}-CH_3$$

其中，$Y=NH_2$，$-NHCH_2CH_2NH_2$，$-NHCH_2CH_2NHCH_2CH_2NH_2$，$-NH-\bigcirc$ 等。

此类硅油整理手感好，适用于混纺和仿毛的腈纶产品等。可在室温固化，对不耐高温的腈纶产品特别适宜。由于氨基易氧化，故易泛黄，其泛黄程度常随氨基中活泼氢的减少而有所改善。

（3）聚醚基改性硅油。典型的化学结构如下：

$$CH_3-\underset{\underset{CH_3}{|}}{\overset{\overset{CH_3}{|}}{Si}}-(\underset{\underset{CH_3}{|}}{\overset{\overset{CH_3}{|}}{SiO}})_{\overline{m}}-(\underset{\underset{(CH_2)_nR}{|}}{\overset{\overset{CH_3}{|}}{Si}}O)_n-\underset{\underset{CH_3}{|}}{\overset{\overset{CH_3}{|}}{Si}}-CH_3,$$

其中：$R = -O(CH_2CH_2O)_{\overline{x}}(CH_2-\overset{\overset{CH_3}{|}}{CH})_{\overline{y}}H(R')$

由于侧链含有亲水性的聚醚，能直接水溶解，不需制成乳液，使用方便。除柔软作用外，还赋予织物吸湿、抗静电和防沾污等性能。它与氨基硅油混用，亦可得到很好效果。

（4）环氧和聚醚改性硅油。其化学结构如下：

$$CH_3-\underset{\underset{CH_3}{|}}{\overset{\overset{CH_3}{|}}{Si}}-(O-\underset{\underset{CH_3}{|}}{\overset{\overset{CH_3}{|}}{Si}})_x-(O\underset{\underset{R-CH-CH_2}{\underset{\underset{O}{\diagdown\diagup}}{|}}}{\overset{\overset{CH_3}{|}}{Si}})_y-(O\underset{\underset{(CH_2)_nR}{|}}{\overset{\overset{CH_3}{|}}{Si}})_2-O\underset{\underset{CH_3}{|}}{\overset{\overset{CH_3}{|}}{Si}}CH_3$$

其中：$R = -O(CH_2CH_2O)_{\overline{x}}(CH_2\overset{\overset{CH_3}{|}}{CHO})_{\overline{y}}H$

263

该硅油能自身乳化，具有耐洗性的柔软作用，兼具抗静电和防沾污等性能。

（5）羧基改性硅油。其化学结构如下：

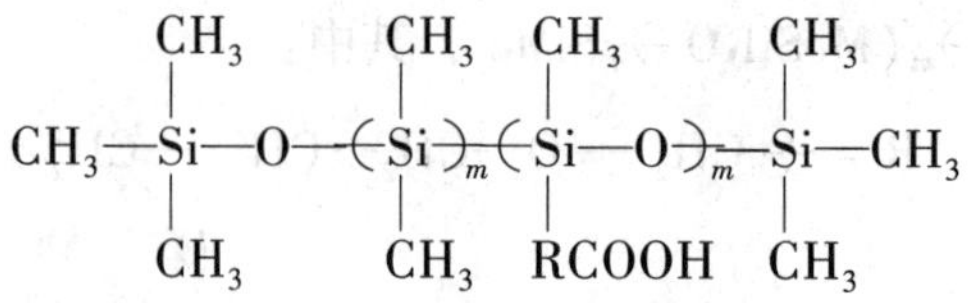

$$CH_3\text{—}Si\text{—}O\text{—}(Si)_m(Si\text{—}O)_m\text{—}Si\text{—}CH_3$$

它可和氨基、环氧基硅乳混合使用，以提高其柔软性，常用于绵纶织物。

含碳官能团侧基的改性硅油是当今织物整理剂发展的方向。第四代有机硅纺织物整理剂是改性硅油和一些非硅纺织整理剂的复配物，其成本低而性能全面。

### 6.9.2 纺织物防水透气整理剂

1）有机硅防水透气整理剂

用作伞布、雨衣、篷布、登山服、风衣、滑雪衫等的织物，用硅氧烷处理后，手感柔软、透气性好。对皮肤无不良作用，无臭味，可缝纫性、耐磨性、耐洗牢度均佳，成本也较有机氟整理剂低。

二甲基羟基硅油乳液与甲基含氢硅油液，在锡、锌、锆、钛盐和胺等触媒催化下，加热可发生以下反应：

$$\equiv SiH+H_2O \longrightarrow \equiv SiOH+H_2, \quad \equiv SiOH+\frac{1}{2}O_2 \longrightarrow \equiv SiOH$$

$$\equiv SiH+HOSi\equiv \longrightarrow \equiv SiOSi\equiv +H_2, \quad \equiv SiOH+HOSi\equiv \longrightarrow \equiv SiOSi\equiv +H_2O$$

硅氧烷之所以具有防水性是因为在链的外侧覆盖着甲基的缘故，单使用聚甲氢硅氧烷时手感硬，与两端有羟基的聚二甲硅氧烷并用时可改进手感。

硅氧烷与聚氨酯、聚丙烯酸等高聚物混合使用，除防水外，还可改善涂层剂的手感、透气性和耐磨损性等。

2）有机氟防水剂

有机氟树脂具有极好的耐久拒水、拒油及防污性、耐化学药品、耐气候、耐热及透气性，又不影响织物的固有性能。因此，近年来作为尼龙绸的高档整理发展很快，它们通常是含氟丙烯酸或甲基丙烯酸酯聚合物。为了减少有机氟整理剂的用量，降低成本，提高其整理效果，据报道用有机氟与丙烯酸酯、有机硅、聚氨酯等乳液配合使用，得到更佳的效果。

### 6.9.3 纺织物耐久压烫整理树脂

我国的抗皱整理已有几十年历史，经历了防缩防皱、洗可穿和耐久压烫阶段。研制了合成方便、价格低廉、效果较好的 2D 树脂,即二羟甲基二羟基乙烯脲(DMDHEM)。它渗入纤维之间,附着其表面,经热处理后使其树脂化,在纤维素中间形成交联高聚物,提高折皱、回复和防皱与挺括性。2D 树脂不足之处是产生游离甲醛含量高,对人体有害。目前国内外主要解决降低游离甲醛含量和开发低能耗型的催化剂。无甲醛树脂主要类型有乙二醛、聚缩醛、乙二醛-酰胺加成物等。

乙二醛,戊二醛都能与氨基甲酸酯类生成包括环状化合物在内的一系列可与纤维素交联的加成物。

低甲醛释放树脂主要将 2D 树脂上 *N*-羟甲基用醇类醚化,提高 C—N 键稳定性,从而降低甲醛释放量。2D 树脂与低碳醇反应使 *N*-羟甲基烷基化形成 *N*-烷氧甲基,可提高—N—C—键的稳定性,从而大大减少释放甲醛量。除用甲醇或乙醇醚化外,也可应用多元醇醚化,但经烷醚化后与纤维素的交联反应性能逊于 2D 树脂,成本也相应提高了。低醛整理剂 FP 即用多元醇与甲醛缩合、烷基化后得到,它具有 2D 树脂整理剂的功能,用它整理的涤/黏中长纤维织物的各项物理指标都与 2D 树脂基本一致。采用游离甲醛捕捉剂也是降低甲醛含量的简便有效方法。采用低甲醛整理剂配以捕醛剂,是当前树脂整理较现实的措施之一。

## 6.9.4 纺织物涂层整理及涂层胶

织物表面涂层整理不但具有一般树脂整理赋予织物防缩、防皱的优点,而且能赋予织物很多特殊的性能,达到多功能整理的效果。

涂层整理是在织物上均匀地涂上一层涂层剂薄膜,纤维之间的空隙以树脂充填,形成了新的织物表面。它不仅改善了织物的性能和外观,并能赋予织物以防水透湿、防油、防火、防熔融、耐寒、防风或防辐射等性能,还可使涂层织物加工成正反面具有不同性能的织物(如正面拒水、反面吸水)和两面具有不同色泽的织物等。总之,根据应用目的和需要可在涂层剂中加入颜料、金属、阻燃剂、防臭剂、防污剂等有关功能助剂,将多种后整理加工统一于涂层整理工艺之中。

国内外用于涂层整理的高分子聚合物主要有以下几类:

橡胶是用于织物涂层最早的一类高分子材料,主要用作防水涂层生产厚篷盖布、雨衣等。

聚氯乙烯树脂也是我国较早用于织物涂层的一类高分子聚合物。PVC 树脂涂层,价格便宜,透明性好,并有一定的阻燃和耐化学药品性能;缺点是耐候性差和耐磨性较差。这类涂层主要用于装饰织物涂层,人造革以及窗帘、台布、帐篷等涂层。

丙烯酸系列树脂涂层剂,耐光性能优异、透明、耐干、湿洗、黏结牢度好,价格便宜;缺点是耐低温性差,弹性不高,有时手感黏,低撕裂强度。丙烯酸涂层可用于拒水、仿羽绒、着色、遮光等目的。使用时可分为溶剂型、水乳液或水分散型。主要用于锦纶与涤纶织物涂层。它常用于加工雨衣、登山服、旅游用帐篷、雨伞、装饰织物等。

丙烯酸系聚合物是各种丙烯酸衍生物与丙烯酸酯单体的聚合物，聚合物的组成不同，聚合物的性质不同。当聚合物组分中含有较多的甲基丙烯酸甲酯时，聚合物的成膜温度高；含有较多的丙烯酸丁酯时成膜温度低，手感较软。

聚氨酯系树脂涂层胶，有聚酯型和聚醚型；在使用时有溶剂型与水溶液型。这种涂层胶有很多优点，如涂层膜弹性好，黏着性好，不发黏，手感柔软，强度和耐磨性高，可形成很薄的微孔性膜，具有透湿、透气性，耐寒性好，耐干洗等；不足之处是以芳香异氰酸酯制成的聚氨酯耐候性较差，聚酯型易水解，价格较贵。由于聚氨酯涂层剂可用于高档衣料，特别适用于防水透湿织物加工，也广泛用于人造革及织物衬里等。

水分散型聚氨酯可制成非离子、阴离子和阳离子分散液。阴离子型分散体是美国当前使用量最大的涂层剂。水分散型聚氨酯由于有亲水基团的存在，比溶剂型聚酯对水更为敏感，合成时应尽可能选择对水解稳定的多元醇。溶剂型聚氨酯对 pH 不敏感，而水分散型聚氨酯对酸碱敏感，在酸的存在下，阴离子聚氨酯将凝聚，而阳离子聚氨酯不耐碱。另外，通过水乳液聚合，可能制备溶液聚合得不到的化合物，比如部分交链的分散体。

采用硅酮涂层剂的织物有很强的撕裂强度，突出的透水汽性，在高温和低温都有很好的柔软性，耐紫外光性能好，所用的涂层剂用量较少。硅酮涂层织物主要用途有雨衣、篷布、伞、航海服、警察及军人服装、婴儿裤、热气球、滑雪衫、防护服、棉被、医院病床床单等。将硅酮与其他少量高聚物混合使用，可改善其他涂层剂的手感，透气性和耐磨等性能。

聚氨酯涂层剂添加硅酮可改进透水汽性，减少摩擦系数，增加水解稳定性。还可以改进织物染色牢度和颜色迁移性。如染色织物用 $MeSi(OMe)_3$ 乳液浸轧，用低温等离子体处理，然后用聚氨酯乳液，硅酮与三聚氰胺树脂混合物涂层，织物具有优异的耐迁移性能。硅酮与苯乙烯树脂合用可改进耐洗、干洗性能。

## 6.10　高分子材料加工助剂及其他

在高分子材料加工中，为了保证产品质量和提高生产率，除需加入热稳定剂防止加工时发生老化外，还要加入外润滑剂、内润滑剂加工改性剂和脱膜剂等有关助剂以利加工过程顺利进行。此外，由于一些特殊要求还要加入一些特殊助剂。

### 6.10.1　高分子加工润滑剂

1) 润滑剂是改善聚合物加工成型时流动性的助剂

　　它包括有助于外润滑作用的外润滑剂和有助于内润滑作用的内润滑剂，有些润滑剂能起两方面的作用：

　　(1) 外润滑剂是指减少聚合物和加工设备之间的摩擦力，以利于聚合物熔体在加工设备中很好流动的助剂。具有较好外部润滑作用的助剂，要求润滑剂与聚合物的相溶性差。在加工过程中，润滑剂容易从聚合物内部向表面渗出，黏附在加工设备的接触面上，形成一层很薄的"润滑剂分子层"。这样，就可以减少聚合物与设备之间的摩擦力，从而防止已经达到黏态的熔融聚合物具有良好的离辊性与脱膜性，并且保证制品表面的光洁度。

　　(2) 内润滑作用旨在减少聚合物分子链间的内摩擦。有利于内部润滑作用的润滑剂应该与聚合物有一定的相溶性。这样，润滑剂就可以居留于聚合物的分子链之间，从而减少聚合物分子的摩擦，降低聚合物的熔融流动黏度，即增加物料的流动性，同时可以防止因剧烈的内摩擦而导致物料过热。内润滑剂在高温下产生增塑作用，致使在加工的初始阶段，当聚合物粒子相互摩擦时，增加熔融速率和熔体变形性。如果内润滑剂仅在高温下（即在橡胶/熔体转变范围）相容的话，那么润滑使用浓度必须很低，以防止在低温时也发生增塑作用。

　　一般来讲，内润滑剂除了它们具有更大的相容性和不容易迁移到表面外，在化学上类似于外润滑剂。它们的用途实际上只限于硬聚氯乙烯塑料配方，加入量一般在 1~2 份。

　　2) 选用润滑剂类型的一般原则

　　(1) 金属皂，主要是硬脂酸盐类，它与所有的聚合物的相容性较差，主要用作外润滑剂。

　　(2) 长链脂肪酸、醇和酰胺类，对极性聚合物，如聚氯乙烯、聚酰胺等起内润滑剂作用，但对非极性聚合物，如聚烯烃具有较低的相容性。

　　(3) 长链二烃基酯类与大多数聚合物具有中等程度的相容性，能兼起内、外润滑作用，因此常常利用它们来得到平衡的润滑作用。

　　(4) 高分子量的合成石蜡与极性聚合物相容性很差，对聚氯乙烯起外部润滑作用。对聚烯烃相容性好，只提供内润滑作用。

　　在润滑剂的选择中，尤其在考虑用润滑剂混合物，为了平衡内部和外部的润滑作用，必须特别慎重。因为润滑剂之间或润滑剂与其他添加剂（如稳定剂）之间的相互作用会影响相容性，并引起不希望发生的作用，如"结垢"和过润滑。

## 6.10.2　高分子加工改性剂

　　加工改性剂主要是针对聚氯乙烯的加工性能差而开发的一种改善性助剂。聚氯乙烯难加工的特性表现在它呈热敏性，它的加工温度和分解温度比较接近，熔融黏度大，流动性差，所以树脂在加工设备中的停留时间长，容易在设备的死角结垢；而且聚氯乙烯的熔热强度低，树脂间的黏合力不高，容易发生熔融破碎，使用加工改性剂后可克服这些缺点。聚氯乙烯中加入改性剂能加快树脂在塑化过程中的凝胶速度，这样既提高树脂的流动性又能改善制品的质量。

热固性塑料加工助剂又称为"流动促进剂"，加工助剂或流动促进剂一般不起反应，因此通过稀释作用降低了反应基团的相互反应速率，所以比较容易加工。同时，所得到的热固性制品总的交联密度被降低，从而产生了内增塑和外增塑作用。在热塑性塑料中采用加工助剂或高温增塑剂，一般是限于硬聚氯乙烯塑料配方，虽然有时也加入一些高黏度的聚合物中，如甲基丙烯酸甲酯、聚苯乙烯、醋酸纤维素等，以形成所谓的"容易流动"的模塑级聚合物，以及低分子聚合物和蜡。

常用的加工用助剂有丙烯酸甲酯-丁二烯-苯乙烯和丙烯腈-丁二烯-苯乙烯为基础的三元聚合物。

对高流动性的聚合物体系加工，如糊料、液状树脂、特低黏度的熔体等，常常希望它们具有假塑性或有触变的特性。

加入具有大表面积($200\ m^2/g$)的不溶性添加剂通常称为触变剂(防淌剂)，在整个流动态母体内形成一个连续的网络，从而阻止分子或任何其他微观粒子的布朗运动。因此，最有效的触变剂是其表面和流动态聚合物母体之间能形成氢键的体系。随剪切持续时间的增加，由于克服了在界面附近母体分子的吸附力，网络结构会破坏，从而降低有效黏度(触变效应)，增加剪切速率也可得到相似的作用(假塑性效应)。塑料工业中常用的触变剂和防淌剂有：胶态石棉、氧化镁、胶态黏土和二氧化硅粉末。

### 6.10.3　高分子加工脱模剂

在塑料和橡胶工业中，制品和模具的相黏不仅容易损坏制品，而且由于清模等工序造成生产率下降。为此，在模具和制品之间涂一层"脱模剂"，使相互间隔离开，以免黏着。

脱模剂应有一定的热稳定性和化学惰性，不腐蚀模具表面，不残留分解物；同时应赋予制品表面良好的外观，不影响制品的色泽，黏合性，上漆能力及老化性；还应无气味、无毒性。常用的脱模剂有无机物、有机物和高聚物三类。无机脱模剂在塑料工业中不常用。有机脱模剂主要有脂肪酸及脂肪酸皂类、石蜡等(有些可兼作润滑剂)。高聚物脱模剂主要有有机硅(包括硅油、硅橡胶、硅树脂)，聚乙烯醇和醋酸纤维素。其中有机硅是在橡胶和塑料工业中最重要的脱模剂。

优良的脱模剂除满足上述要求外，还需考虑三个因素：

(1) 脱膜剂的表面张力要小，使它对两种被隔材料都有良好的流布分散性，而在两个表面之间构成连续的薄膜从而达到完全隔离的目的；

(2) 不应在室温下是脱模剂而在高温下变成黏合剂；

（3）脱模剂的挥发性要小，否则在较高温度下即会挥发殆尽。

常用的脱模剂按其使用效果可分为短寿命的和半永久性的两大类。

（1）短寿命脱膜剂在使用时处于湿态，在模具和制品之间可以流动。脱膜剂所起的隔离效果直接与其表面张力大小有关，有机硅既有小的表面张力又有高的沸点，具有优良的脱膜性能。

（2）半永久性脱模剂在"干态"下起作用，是依靠固化膜来脱模的。对这类脱模剂要求易成膜，固化后的机械性能好，固化膜要具备优良的抗黏性。通常只有临界表面张力小的固体材料才有良好的抗黏性。例如，聚四氟乙烯的临界表面张力为 0.0185 N/m；有机硅膜为 0.024 N/m；聚乙烯为 0.031 N/m。它们的脱模效果也依次递减。

此外，还有其他聚合物用作脱模剂，如聚乙烯醇因与其他有机聚合物不相容而能作为脱模剂，特别常见于以水溶液涂层、浇铸或挤出膜形式作为不饱和聚酯及环氧树脂的脱模剂。聚酰胺膜因它难溶于大多数常见溶剂，也普遍作为不饱和聚酯、环氧树脂的脱模剂。聚乙烯膜宜作未硫化橡胶、纸张层压加工时的脱模剂。聚氟乙类膜可用作酚醛、环氧、不饱和聚酯及其他增强塑料的脱模介质。硬脂酸是透明聚碳酸酯、有机玻璃以及其他塑料的有效脱模剂。虽然它的脱模性能优良，但容易用得过量而沉积在模内。

某些热固性树脂，如环氧树脂、环氧改性的聚酯、双酚 A-环氧改性的聚酯、间苯型聚酯，以及用氯化单体为交联剂的聚酯等黏附性都很强，有的甚至可粘到玻璃上。对这类树脂脱模最好复合使用。较常使用的方法：预先在模子上均匀涂一层汽车蜡之类的油膏型脱模剂，用绒布或绸布反复抛光，再涂一层聚乙烯醇或聚丙烯胺型溶液。待干后，再进行层糊操作。这种方法能满足一般制品的脱模要求。如用这种方法还难以脱模，则可涂刷一层同样溶液型脱模剂。如果模子材质好，表面光洁度高，制件外形轮廓简单，可直接涂溶液型脱模剂。

## 6.10.4　高分子加工发泡剂

在塑料或橡胶中加入一种发泡剂，加工时发泡剂就释放出气体，而气体被塑料或橡胶抓住，在塑料或橡胶形成细孔或蜂窝状结构，即得到泡沫塑料或海绵橡胶。

发泡剂的要求是无毒或低毒，分解温度适宜，放出气体速度快而又便于控制，发孔率高，且在高分子材料中易于分散。除发泡剂外，有时还要加入发泡助剂，帮助发泡剂分散均匀和泡沫稳定。

发泡剂可分为物理发泡剂和化学发泡剂两大类。通过压缩气体的膨胀，或液体的挥发等形成泡沫，则此种发泡剂称为物理发泡剂。例如，压缩氮气、卤代脂肪烃、醚（如乙醚）等都可作为这种发泡。如果泡沫细孔是通过发泡剂在受热时分解所释放出的气体而形成的，则此种发泡剂称为化学发泡剂。化学发泡剂又有无机发泡剂与有机发泡剂之分。无机发泡剂有碳酸铵、碳酸氢钠、亚硝酸钠等。有机发泡剂则主要是偶氮化合物、磺酰肼类化合物、亚硝基化合物等。实际上用得最多的是有机发泡剂。

各种气体对聚合物的透过性：$N_2 < O_2 < H_2 < CO_2$。$N_2$ 的透过性最小，在加工时逃散少，利用率高，而且 $N_2$ 不活泼、不燃、无味、无毒。因此一般化学发泡剂的分子中都含有氮元素。用作发泡剂的偶氮化合物，大多是脂肪族偶氮化合物，它们大都是通过肼类来合成的。

## 6.10.5 高分子制品着色剂

用以改变高分子材料及制品颜色的物质称为"着色剂"。

在材料中加入着色剂的主要目的：

一是使制品颜色美观。对制品的耐候、耐老化性能也有一定辅助作用。二是实用上的需要。例如通信设备、电线、电缆中的各种绝缘导线，需要有显明的色别，以便于安装和检修；化学工业中的管道也需要有一定的色别，便于操作；军事上需要掩蔽颜色等。

着色剂的要求：颜色鲜艳，美观，着色力强，透明性好，或遮盖力强；耐候性好，耐腐蚀性能优良，对光、热稳定；分散性好，迁移性小；电气绝缘性能好；无毒。

着色剂通常分为无机和有机两类。它们都是"颜料"或"染料"。颜料与染料的区别：颜料不溶于水和展色剂内，只是调和于展色剂(油或树脂)中，制成油墨、油漆等；染料则能溶于水或特殊溶剂中，或借助适当化学药品使之成为可溶性，以达到染色的目的，它不但使被染物表面有着色现象，而且侵入被染物内部。此外，颜料不透明，有遮盖力。

一般来说，无机着色剂遮盖力强、耐热、耐溶剂性能好，有机着色剂则具有品种多、色泽鲜艳、着色力强、透明性好、用量少等优点，但耐热、耐有机溶剂性能较差。

# 第七章 涂 料

## 7.1 概 述

涂料是施工最方便，价格较低廉，效果很明显，附加价值率高的一种精细化工产品。它不仅具有使建筑、船舶、车辆、桥梁、机械、化工设备、电子电器、军械、食品罐头、文教用品等的表面防止锈蚀，延长使用寿命之功能，还有美化环境给人以美的享受或醒目标记的功能。在高科技不断发展的今天，如果没有耐高温、防辐射、导电磁，具伪装等特种涂料，要想顺利地发展高新科技是不可想象的。世界各国无不把各种涂料开发和应用放在精细化工生产的重要位置。

涂料是一类专用性强的精细化学品。用户根据所需涂饰的基材，使用的条件和所处环境对涂料性能常提出各种各样的要求。如何使涂膜性能达到使用目的，涂料制作如何满足工艺要求，贮存和运输中不分层和结块，使用时能否满足施工要求，还有涂料如何在市场竞争中立于不败之地等，都是涂料生产时应考虑的。

涂料是一类复配型精细化学品，20世纪70年代以前的涂料大部分是以合成树脂为成膜物质，再配以颜料、填料、助剂和溶剂，通过加工制备成溶剂型涂料。溶剂型涂料在制造和使用过程中有挥发性有机物(volatile organic compound，VOC)排放，既污染环境，还浪费资源。VOC排入大气对人类健康和生态环境构成威胁，溶剂还在大气中光照射下，会与空气中的NOx作用，产生光学烟雾，形成大气二次污染，对人体造成更深程度的损害。因此，控制VOC的排放受到世界各国普遍关注，研究和生产无毒、无害和具各种各样功能绿色涂料，已成为近代涂料工业发展的当务之急。迄今国内外开发较好的绿色涂料主要有有机或无机水性涂料，高固含量涂料，无溶剂涂料，粉末涂料和辐射固化涂料等类型涂料品种。绿色涂料清洁生产主要内容则涉及三方面：①资源和能源利用的最合理化；②经济效益最大化；③对人类环境的危害最小化。2011年美国宣威威廉斯公司(Sherwin-Williams)利用回收塑料(PET)瓶，再生资源豆油和丙烯酸合成了低VOC水基醇酸丙烯酸涂料：该涂料以聚对苯二甲酸乙二醇的链段用来提供涂膜强度、硬度和抗水解性能，以丙烯酸酯的功能来改进干燥时间和耐用性，它还含有来自大豆油的功能以促进膜的形成、展现光泽及柔韧性和完整性。该涂料从制备原料到产品，从生产到使用都符合化工产品绿色化原则，可认为该产品是涂料生产绿色化的代表作之一，因而获得 2011 年美国总统绿色化学挑战奖。

### 7.1.1　涂料分类及命名

涂料品种多，其分类方法也有好几种。使用者习惯按用途分类，比如建筑用漆、电气绝缘漆、汽车专用漆，室内和室外用漆等。施工者则习惯用施工方法来分类：刷用漆、喷漆、烘漆、电泳漆等；或者按涂料的作用分类：打底漆、防锈漆、防腐漆、防火漆、耐高温漆、头度漆、二度漆等。还有按漆膜外观分类的，如大红漆、有光漆、无光漆、半光漆、皱纹漆、锤纹漆等。根据成膜物质分类是标准的分类方法见表 7-1。

表 7-1　　　　　　　　　　　　涂料分类表

| 序号 | 代号（汉语拼音字母） | 成膜物质类别 | 主要成膜物质 |
|---|---|---|---|
| 1 | Y | 油性漆类 | 天然动植物油、清油(熟油)、合成油 |
| 2 | T | 天然树脂漆类 | 松香及其衍生物、虫胶、乳酪素、动物胶、大漆及其衍生物 |
| 3 | F | 酚醛树脂漆类 | 改性酚醛树脂、纯酚醛树脂、二甲苯甲醛树脂 |
| 4 | L | 沥青漆类 | 天然沥青、石油沥青、煤焦沥青、硬质酸沥青 |
| 5 | C | 醇酸树脂漆类 | 甘油醇酸树脂、季戊四醇醇酸树脂、其他改性醇酸树脂 |
| 6 | A | 氨基树脂漆类 | 脲醛树脂、三聚氰胺甲醛树脂 |
| 7 | Q | 硝基漆类 | 硝基纤维素、改性硝基纤维素 |
| 8 | M | 纤维素漆类 | 乙基纤维、苄基纤维、羟甲基纤维、醋酸纤维、醋酸丁纤维、其他纤维酯及醚类 |
| 9 | G | 过氯乙烯漆类 | 过氯乙烯聚脂、改性过氯乙烯树脂 |
| 10 | X | 乙烯漆类 | 过氯乙烯共聚树脂、聚醋酸乙烯及其共聚物、聚乙烯醇缩醛树脂 |
| 11 | B | 丙烯酸漆类 | 丙烯酸酯树脂、丙烯酸共聚物及其改性树脂 |
| 12 | Z | 聚酯漆类 | 饱和聚酯树脂、不饱和聚酯树脂 |
| 13 | H | 环氧树脂漆类 | 环氧树脂、改性环氧树脂 |
| 14 | S | 聚氨酯漆类 | 聚氨基甲酸酯 |
| 15 | W | 元素有机漆类 | 有机硅、有机钛、有机铝等元素有机聚合物 |
| 16 | J | 橡胶漆类 | 天然橡胶及其衍生物，合成橡胶及其衍生物 |
| 17 | E | 其他漆类 | 未包括在以上所列的其他成膜物质，如无机高分子材料、聚酰亚胺树脂等 |
| 18 | | 辅助材料 | 稀释剂、防潮剂、催干剂、脱漆剂、固化剂 |

我国对涂料的命名原则规定如下：

①全名=颜料或颜色+成膜物质名称+基本名称。例如，红醇酸磁漆、锌黄酚醛防锈漆等。

②对于某些有专业用途及特性的产品，必要时在成膜物质后面加以说明。例如，醇酸导电磁漆、白硝基外用磁漆。

③涂料的型号由三个部分组成：第一部分是成膜物质；第二部分是基本名称；第三部分是序号，以表示同类品种间的组成、配比或用途的不同。例如，C04-2，C代表成膜物质醇酸树脂，04代表基本名称磁漆，2是这类漆序号(见表7-2)。

表 7-2　　　　　　　　　　　　　　**基本名称编号表**

| 代号 | 代 表 名 称 | 代号 | 代 表 名 称 | 代号 | 代 表 名 称 |
|---|---|---|---|---|---|
| 00 | 清　　油 | 22 | 木 器 漆 | 53 | 防 锈 漆 |
| 01 | 清　　漆 | 23 | 罐 头 漆 | 54 | 耐 油 漆 |
| 02 | 厚　　漆 | | | 55 | 耐 水 漆 |
| 03 | 调 合 漆 | 30 | (浸渍)绝缘漆 | | |
| 04 | 磁　　漆 | 31 | (覆盖)绝缘漆 | 60 | 防 火 漆 |
| 05 | 粉末涂料 | 32 | 绝缘(磁、烘)漆 | 61 | 耐 热 漆 |
| 06 | 底　　漆 | 33 | 黏合绝缘漆 | 62 | 变 色 漆 |
| 07 | 腻　　子 | 34 | 漆包线漆 | 63 | 涂 布 漆 |
| | | 35 | 硅钢片漆 | 64 | 可 剥 漆 |
| 09 | 大　　漆 | 36 | 电容器漆 | | |
| | | 37 | 电阻漆、电位器漆 | 66 | 感光涂料 |
| 11 | 电 泳 漆 | 38 | 半导体漆 | 67 | 隔热涂料 |
| 12 | 乳 胶 漆 | | | | |
| 13 | 其他水溶性漆 | 40 | 防污漆、防蛆漆 | 80 | 地 板 漆 |
| 14 | 透 明 漆 | 41 | 水 线 漆 | 81 | 渔 网 漆 |
| 15 | 斑 纹 漆 | 42 | 甲板漆、甲板防滑漆 | 82 | 锅 炉 漆 |
| 16 | 锤 纹 漆 | 43 | 船 壳 漆 | 83 | 烟 囱 漆 |
| 17 | 皱 纹 漆 | 44 | 船 底 漆 | 84 | 黑 板 漆 |
| 18 | 裂 纹 漆 | | | 85 | 调 色 漆 |
| 19 | 晶 纹 漆 | 50 | 耐 酸 漆 | 86 | 标志漆、路线漆 |
| 20 | 铅 笔 漆 | 51 | 耐 碱 漆 | 98 | 胶 液 |
| | | 52 | 防 腐 漆 | 99 | 其 他 |

④辅助材料型号由两个部分组成：第一部分是种类；第二部分是序号。例如，F-2，F代表防潮剂，2 则代表序号(见表 7-3)。

表 7-3　　　　　　　　　　　　　辅助材料分类表

| 序　号 | 代　号 | 名　称 |
| --- | --- | --- |
| 1 | X | 稀　释　剂 |
| 2 | F | 防　潮　剂 |
| 3 | G | 催　干　剂 |
| 4 | T | 脱　漆　剂 |
| 5 | H | 固　化　剂 |

⑤水性涂料按其在水中树脂状态可分为水溶性和水分散性两大类，其中水分散性涂料又可分为乳液型、乳胶型、水可稀释型等。水可稀释型涂料根据制备方法不同，又可称为水分散体和自乳化涂料等。水溶性涂料中成膜物质是以分子形式存在于水中，它是高分子水溶液有较高黏度。水分散性涂料的成膜物在乳化剂作用下以分子聚集体的形式存在于水中，或自身带有可自乳化的基团分散于水中。水可稀释性涂料和微乳胶粒中成膜物的粒子在纳米级范围，与粒子较大的乳胶不同，是稳定体系，可见光可以透过，呈透明状，外表和水溶性涂料类似，因而易与水溶性树脂混淆。

## 7.1.2　涂料组成

涂料随其类型(溶剂型、水乳型、粉末型等)不同，其组成也各异。高分子树脂或油料是涂料的主要成膜物质，任何涂料中都不可少。颜料和体质颜料(填料)是次要成膜物质。涂料组成中没有颜料和填料的透明体称为清漆，加有颜料和填料的不透明体则称为色漆(磁漆、调合漆、底漆)；加有大量填料的稠厚浆状体叫腻子；涂料组成中没有挥发性稀释剂者为无溶剂漆；呈粉末状是粉末涂料；以有机溶剂作稀释剂的称溶剂型漆，以水作稀释剂的则称水性漆。此外根据不同涂料生产方式、使用目的还要加入各种辅料，称为涂料助剂或添加剂。

1) 主要成膜物质

涂料配方中的主要成膜物质，也称为基料、漆料或漆基，都是以天然树脂(如虫胶、松香、沥青等)、合成树脂(酚醛、醇酸、氨基、聚丙烯酸酯、环氧、聚氨酯、有机硅树脂等)及其复合物或它们的化学结构改性物(如有机硅改性环氧树脂等)和油料(桐油、豆油、蓖麻油等)三类原料为基础。没有成膜物，涂料不可能形成连续的涂膜，也不可能黏结颜料并较牢固的黏附在底材的表面。一般极性小、内聚力高的聚合物(如聚乙烯)黏结力很差，不适合作为涂料用树脂。高胶黏性的树脂，不具有硬度和张力强度、没有抵抗溶剂的能力和固化时收缩力大的树脂也不适合作为漆基。此外，漆基还要满足用户使用目的和环境要求。因此在成膜物质设计合成或选用时，应该在化学结构与性能方面予以全面考虑。

根据成膜物成膜过程可将其分为转化型成膜物和非转化型成膜物。前者基料是未聚合或部分聚合的有机物，它通过化学反应交联形成漆膜，这类有机物如醇酸树脂、氨基树脂、环氧树脂，有机硅树脂以及干性油、半干性油等。非转化型成膜物的成膜基料是分散或溶解在介质(溶剂)中的聚合物，如纤维素酯、氯化橡胶、过氯乙烯、热塑性聚丙烯酸酯等。它们涂复在底材表面后，溶剂挥发，可在底材表面形成漆膜。

2) 次要成膜物质

有颜料(着色颜料、防锈颜料)和体质颜料(填料)两类，它们是无机或有机固体粉状粒子。涂料配制时，用机械办法将它们均匀分散在成膜物中。颜料的化学结构、晶形、密度、颗粒大小与分布以及酸、碱性、极性等对涂料的贮存稳定性、涂色现象、涂膜的光泽、着色力、保色性等都有影响。颜料应具有良好的遮盖力、着色力、分散度、色彩鲜明，对光、热稳定，它应能阻止紫外光线的穿透、延缓漆膜老化等。它们主要包括白色颜料(钛白、锌钡白、氧化锌)、红色颜料(铁红、镉红，甲苯胺红、大红粉、醇溶大红)、黄色颜料(铬黄、铁黄、镉黄、锌黄、汉沙黄)、绿色颜料(铅铬绿、氧化铬绿、酞菁绿)、蓝色颜料(铁蓝、群青、酞菁绿)、紫色颜料(甲苯胺紫红、坚莲青莲紫)、黑色颜料(炭黑、铁黑、石墨、松墨、苯胺墨)、金属颜料(铝粉、铜粉)和防锈颜料(红丹、锌铅黄、铅酸钙、碳氮化铅、铬酸钾钡、铅粉、改性偏硼酸钡、锶钙黄、磷酸锌)。体质颜料(填料)通常是无着色力的白色或无色的固体粒子，如滑石粉、轻质碳酸钙、白炭黑($SiO_2$)、硫酸钡、高岭土、云母等。应用填料以提高漆膜体积浓度、增加漆膜厚度和强度、降低涂料的成本。

不同类型的涂料对颜料有不同要求：比如，水溶性漆以水作溶剂，且水溶性漆料多数为弱碱性溶液，水溶性漆使用的颜料应与溶剂性漆用的颜料不同，尤其是电沉积的色漆对颜料的要求更高。在制作涂料时，除考虑颜料品种对性能的影响外，还要考虑不同颜料比例和颜料用量，如粉末涂料，颜料加入量应控制在30%左右。

3) 辅助成膜物质(涂料助剂，添加剂)

辅助成膜物质可以分为三类。第一类是为改善涂料性能的添加剂，它们有增稠剂、触变剂(防流挂剂)、防沉淀剂、防浮色发花剂、流平剂、黏性调节剂、浸润分散剂、消泡剂等；第二类是为提高漆膜性能的添加剂，它们有催干剂、交联剂、增滑和防擦伤剂、增光剂、增塑剂、稳定剂、紫外光吸收剂，防污剂、防霉、防菌剂；第三类是为了赋予涂料特殊功能的添加剂，如抗静电剂、导电剂、阻燃剂、电泳改进剂、荧光剂等。辅助成膜物随涂料类型、品种不同而异。本章专门论述第一类辅助成膜物，第二、三类助剂在高分子材料助剂有关章节叙述。

4）挥发物质（溶剂和稀释剂）

它是用于溶解树脂和调节涂料黏度的挥发性液体。涂料溶剂需能溶解树脂，而且还要使涂料具有一定的黏度。调节黏度的大小应与涂料的贮存和施工方式相适应。溶剂必须有适当的挥发度，它挥发之后能使涂料形成规定特性的涂膜。理想的溶剂应当是无毒、闪点较高、价廉，对环境不造成污染。例如以水作为溶剂。对于非转化型涂料，溶剂有更为复杂的作用，它可能全部或部分决定涂料的施工特性以及干燥时间和最终涂膜的性能。因此，在涂料生产中常采用混合溶剂，这种混合溶剂作为基料的溶剂和稀释剂。稀释剂不是基料的真溶剂，但它有助于基料在溶剂中溶解，它应比真溶剂的价格更低，加入稀释剂能降低涂料配方的成本。溶剂的选择常采用相似相溶原理和运用溶解度参数。

# 7.2 涂料配制基础

涂料品种中除透明喷漆、清漆和以低黏度树脂或粉末状树脂混合物为基础的无溶剂涂料外，绝大部分的涂料都是由颜料、填料，一种或几种基料、添加剂和混合溶剂所组成的复配混合物。各组分的绝对用量和相对比例决定涂膜特性和施工性能。了解颜料及其他组分加入量基本原则，对配制一种适合施工性能要求的涂料很重要，本节将对有关方面予以阐述。

## 7.2.1 涂料的流变特性

涂料制造、施工及干燥（或固化）过程中，其流变行为大不相同，这一点可清楚地从图7-1看到，图中表示涂料工业中常常遇到的某些典型的剪切速率范围。

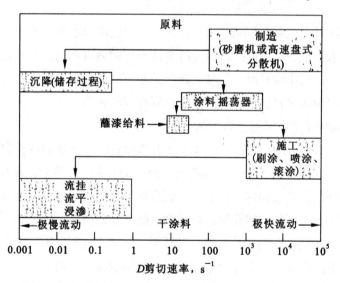

图 7-1　剪切速率范围及适用于不同涂料流动状况的近似剪切速率值示意图

制造涂料如用高速叶轮式分散机使涂料复配物混合均匀，在分散叶片附近，其剪切速率范围为 $1000 \sim 10000 \ s^{-1}$。容器的顶部或涂料接近器壁的地方，运动实际上是停止的（剪切速率的数量级为 $1 \sim 10 \ s^{-1}$），由此可见，在一个设备中就会遇到一系列剪切速率。涂料用泵送入贮槽或包装后，剪切速率下降至 $0.001 \sim 0.5 \ s^{-1}$。施工用刷涂、喷涂时，剪切速率至少为 $1000 \ s^{-1}$，滚涂施工可能达到 $100000 \ s^{-1}$。

图 7-2 表示应用常规方法测定三种涂料的黏度曲线，一种是正确的配方（从流动观点看），另外两种是不正确的配方。注意在接近剪切速率范围中心（$10 \ s^{-1}$）时三种涂料的黏度相似，而在两边则表现出了很大的差异。这种情况说明以某一中间点得到的黏度延伸至低及高剪切速率的企图是谬误的。从单一点得到的黏度值，除了用作工厂生产控制外，没有多大用处。

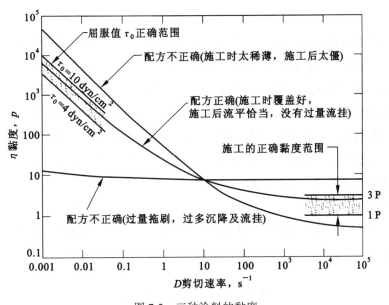

图 7-2　三种涂料的黏度

### 1. 涂料的流型

在研究剪切应力与剪切速度的关系时，发现流体有四种流型，即牛顿型、胀型、假塑型和塑性流动型。理想流体于任一给定温度下，在很宽的剪切速率范围内，其黏度保持恒定。这种流体的流动性称牛顿型流动。接近这种理想状态的液体称为牛顿型液体。用于涂料和油墨工业的许多原料，诸如水、有机溶剂、矿物油属于牛顿型的流体。而涂料和油墨很少属于牛顿型。

**2. 屈服值(屈服点)与塑性流动**

塑性流动是指当给一流体施加剪切力时,当不超过某一极小值以前该流体不发生流动(可能变形);此剪切力的极小值是该流体发生流动所必须超越的障碍,当剪切应力超过这极小值后流体就开始流动;涂料由不流动到产生流动,所需的剪切力的最小值就称为该涂料的屈服值。此时所施加的剪切应力称为屈服应力。

**3. 触变性**

对涂料施加剪切应力时发生塑性流动(或假塑性流动),除去剪切应力之后,体系的黏度又恢复原状的物质称之为触变性物质。触变性物质的黏度与剪切应力持续的时间和剪切速率有关。

塑性流动与流体触变性都与体系的内部结构相关,当搅动或摇动时体系内部结构会暂时发生破坏,静止之后又恢复原状,这种特征可认为是凝胶——→溶胶——→凝胶转变的等温可逆过程。

触变性和塑性流动对涂料有特殊意义。一种好涂料必须具备适当的触变性和塑性流动。这种涂料在无剪切力作用或剪切力很小时,涂料具有高的坚固性(凝胶),当剪切力作用(涂料)时又出现显著的流动性,显然该特性对涂料贮存、运输和施工都带来很大好处。如果涂料无触变性,流动性较大,颜料不能均匀地悬浮于载色体(色料的分散介质)中,将发生沉淀或部分沉降,触变性差的涂料在涂刷施工过程中,涂料会在涂膜干燥前沿壁流下,产生所谓流挂现象。反之,如果涂料的流动太小,即触变性太大时,施工困难,而且在干燥后涂膜会出现刷痕,涂层不均匀,不美观。

**4. 涂料的黏度**

由简单流动(牛顿型流动)平行板模导出剪切速率和剪切应力方程,从而定义出黏度为剪切应力与剪切速率之比。

$$\eta(黏度) = \frac{\tau(剪切应力)}{D(剪切速率)}$$

鉴于黏度的重要性,人们给它一个专用的单位 P(泊)。它是剪切应力以牛/米为单位,切应速度以 $s^{-1}$ 为单位时求得的黏度单位,故 P 的量纲是牛·秒·米$^{-1}$,它是绝对黏度的度量单位。

涂料的黏度通常以运动黏度表示:

$$\upsilon = \frac{\eta}{\rho}$$

式中,$\upsilon$ 为运动黏度,St(泡);$\eta$ 为绝对黏度,P;$\rho$ 为液体密度,g/cm³。

运动黏度在实验室可用奥式黏度计来测定。各种运动黏度计(如小孔式和气泡式黏度计)的操作均靠重力沉降。测定的涂料黏度是一种表观黏度。黏度值仅与一个剪切速度相关，即在不同剪切速度下具有不同表观黏度。涂料最好是用黏度分布图来表示。

有机溶剂型涂料，在剪切速度为 10000 $s^{-1}$ 时，推荐的范围为 1.0~3.0 P。乳胶漆在剪切速度约为 137 $s^{-1}$ 时，喷涂用的涂料黏度应为 0.25~2.5 P。总之，就厚涂层和良好流平的角度而言，较高的施工黏度是理想的，但过高的黏度可能会导致施工困难。

基料、溶剂、颜料三个主要组成部分对高剪切速率范围内涂料的流动性质起决定作用；而少量的流变流动助剂、颜料的絮凝或基料的胶体性质则控制低剪切速率下涂料的流动性质。因此只需很好地调节基料、溶剂和颜料组成即可得到适当的施工性能（高剪切速度范围）。作为合理的目标，可以确立 20 000 $s^{-1}$ 剪切速率下的黏度范围在 1.0~3.0 P。

在低剪切速率范围内，添少量流动助剂，颜料的絮凝、或触变基料（触变醇酸树脂）分子的聚集等控制黏度上升；而基料、溶剂、颜料组成对黏度的作用可忽略不计。添加有流动调节助剂的最佳涂料呈现出一定的屈服值。即在超低剪切速率范围内，其涂料黏度实际上是无限大。流动助剂的用量和性质往往控制着黏度特性。

综上所述，制造涂料时，应该设计适合上述两种剪切速率区域的涂料配方。一区域与另一区域倾向于完全独立，每一区域由涂料组分配合所决定（见图 7-3），这便是设计涂料体系的逻辑方法。这也说明了黏度计必须能测定低及高剪切速率两种情况下的黏度。依靠在中等剪切速率下单一黏度的测定值，数据信息是极不充分的，单一点的黏度会导致失误。

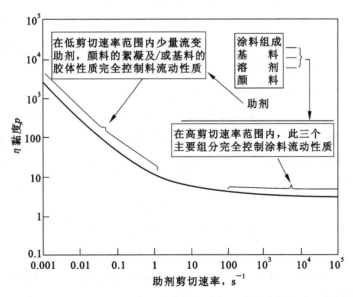

图 7-3  在超低及高剪切速率区域内某些涂料组分对涂料流动的控制性

**5. 涂料的流平性与流变指数**

涂料在涂刷时是否残留刷痕，喷涂时是否发生橘皮表面，高速辊涂时是否出现辊痕以及涂膜是否光滑都与涂料的流平性有关。而流平性与涂料的表面张力有直接关系，即表面张力是使液态涂层发生流平的动力。要使一种涂料具有很好的流平性，就要着力于调节涂料的表面张力或者减小流变指数。

所谓流变指数是通过用旋转黏度计，在低和高剪切速率作用下测定涂料的黏度。低剪切速率时的黏度与高剪切速率时的黏度之比即为流变指数。通常当流变指数小或接近于1时的涂料，其流平性都较优良。

应该指出：溶剂的蒸发速度，多孔原料(填料)的毛细作用，对流平性都会有很大影响，因此在配方和施工时都要注意。

## 7.2.2 颜料加入量

涂料配方中的颜料含(填料)的加入量，对涂料使用范围和涂膜性能起很大作用，所以研究颜料与基料量的关系十分重要。

**1. 颜基比**

涂料工业过去普遍采用颜基比，即颜料(包括填料)重量与树脂(油脂)重量之比。颜基比决定涂料的特性和使用范围。比如面漆的颜基比为 0.25~0.9/1.0，而底漆在 2.0~4.0/1.0 之间。用于建筑的乳胶漆室外通常选用 2.4~4.0/1.0 之间，而内墙漆则在 4.0~7.0/1.0 的范围以内。高颜基比配方一般不用于室外，因为室外耐气候要求高。高颜基比表明黏合树脂用量少，它就不可能大量存在于颜料粒子周围形成连续的漆膜，雨水容易渗透到内部，对建筑物难以起到保护作用。一些特种用途的涂料不宜用颜基比来简单划分。

**2. 颜料的体积浓度( Pigment Volume Concentration，PVC)**

颜基比以重量表示，它的应用有局限性。因为树脂、颜料、填料和其他固体添加剂的比重差异很大，它们的体积占整个涂膜中的体积分数就显著不同。在确定干膜性能时其体积百分数比重量百分数显得更为重要，尤其在研究不同配方的涂料对性能影响时，以体积百分数作为配方标准更具科学性。为此，人们就提出颜料体积浓度的概念。

$$PVC = \frac{颜料和填料的体积}{颜料和填料的体积+固体基料的体积} \times 100\%$$

颜料和填料的体积($V$)根据配方中加入的重量($W$)除以它的比重($d$)可方便求得。

**3. 临界颜料体积浓度( Critical Pigment Volume Concentration，CPVC)**

任何一种涂料的涂膜中颜料体积浓度增加到一定值时，许多涂膜性能，尤其是与孔隙率有关的性能，如渗透性、抗起泡性、防腐蚀性、抗张强度和耐磨等机械特性会发生显著的变化(见图 7-4)；涂膜光学性质，导电性、介电常数等其他性质也有变化。我们定义涂

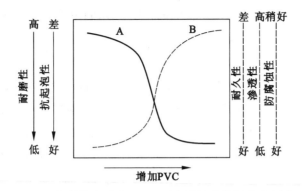

图 7-4　颜料体积浓度(PVC)对色漆性能的影响示意图

膜性能发生显著变化时,颜料体积的浓度为临界体积浓度,它与所有色漆特性紧密相关。

　　处于 CPVC 时的任何一种涂料,可以认为其黏结剂(主要成膜物)恰好能润湿所有颜料粒子。当配方 PVC 低于 CPVC 时,成膜物过量,颜料粒子空隙可以被成膜物填满,颜料粒子被牢固嵌入基料膜中。当配方中 PVC 高于 CPVC 时,则没有过多的成膜物润湿所有颜料,其颜料只能松散地固定在基料膜中。所以制备高性能或外用涂料配方的 PVC 一般不应超过 CPVC,否则该涂膜的物理机械性能将会受到不利影响。而对于一些无关紧要的场合(如内用涂料),使用 PVC 超过 CPVC 的配方,往往在经济上带来好处。

　　临界颜料体积浓度大小随涂料配方的不同而变化,这是因为它既决定于基料对颜料的润湿能力,又与颜料被润湿的难易程度有关,因此,配方的 CPVC 的确切数值,只能通过经验性的试验和监测其性能变化而测定。对于一些 PVC 相对较低的涂料,配方的 CPVC 并不十分重要,但在高 PVC 范围拟定配方时,知道该体系距离临界点有多远却是重要的。在涂料制造过程中,某些相对较小的组成变化,可能会使其 CPVC 发生较大变化。研究其 CPVC 对我们选定确定用途的涂料配方时将起重要作用。

**4. 临界颜料体积浓度与吸油值**

　　人们常用测定颜料吸油值$\overline{OA}$的简便方法来确定 CPVC。$\overline{OA}$值表示将 100 g 颜料形成均匀颜料糊时所吸收的精亚麻仁油(酸值为 7.5~8.5 mg KOH/g)的克数(g/100g)。从理论上讲颜料的吸油量取决于粒度分布、形状、孔径和表面性质,吸油量是颜料润湿特性的一种量度。亚麻仁油对颜料润湿与各种基料对颜料的润湿性是有差别的,不同操作人员的测定值也有区别,虽然如此,在涂料配制时仍然可以应用。

　　上述吸油值$\overline{OA}$是以质量分数表示的,涂料配制时组分计量常以体积表示,需将其转化为体积分数,才能与该颜料在亚麻仁油中的临界颜料体积浓度相对应,其表达式:

$$CPVC = (100/\rho)/[(\overline{OA}/0.935)+100/\rho] = 1/(1+\overline{OA}\rho/93.5)$$

式中，$\rho$ 为颜料的密度；0.935 为亚麻仁油的密度；$\overline{OA}$ 的单位为 g/100 g；CPVC 用百分数表示。

**5. 比颜料体积浓度（$\lambda$）**

由于涂料是一种多组分复配物，颜料和基料来源不同，其结构和性能都可能有差异，从而 CPVC 值发生较大变化。有时配漆条件及操作者不同也影响 CPVC 值。因此提出了比颜料体积浓度（$\lambda$）的概念，将其应用于涂料配制中。比颜料体积浓度（$\lambda$）即颜料体积浓度与临界体积浓度之比（$\lambda = \mathrm{PVC/CPVC}$）。当 $\lambda > 1$ 时，表示漆膜中存在孔隙；$\lambda < 1$ 时表示颜料以分散形式存在于基料中。图 7-5 表示以 PVC 为基础的各种漆的最佳范围。有光磁漆

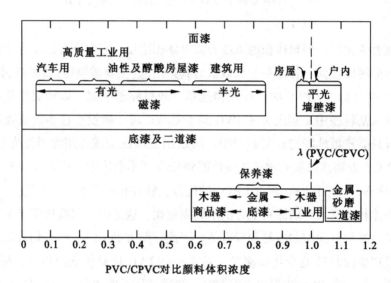

图 7-5　不同类型涂料的最佳对比颜料体积浓度

的 $\lambda$ 值很低，保证基料过量，基料流向外层提供一个高反射面，没有过量突出粒子并使入射光被表面粒子所散射。半光磁漆用作建筑涂料，其 $\lambda$ 值较高。实际上，为了降低建筑漆的光泽到可接受的水平，必须加入消光剂或高吸油量的颜料。平光建筑漆在 $\lambda$ 值为 1.0 或接近 1.0 配制，在此区域该漆表现最佳的性能。保养底漆通常在 $\lambda$ 值为 0.75 至 0.9 配制，可以得到最佳抗锈和抗起泡能力。木材底漆最好在 $\lambda$ 值为 0.95 至 1.05 间配制，以保证最佳性能。

在计算 $\lambda$ 值时，PVC 值应为干漆膜中颜料体积浓度，而通常所得 PVC 值是从未干漆中得到的，而漆膜干燥往往要发生收缩，因此 PVC 应作为如下换算：

$$\mathrm{PVC_{干}} = \frac{\mathrm{PVC_{湿}}}{1 - S + S \cdot \mathrm{PVC_{湿}}}$$

式中，$S$ 为漆膜收缩率，作为近似值，可以粗略认为在干燥过程中，基料每收缩百分之一，$PVC_{干}$ 上升 0.002 5 点。

剧烈加工或延长涂料加工时间通常促使堆积更紧密，预期会得到较高的 CPVC。因此，对确定的 PVC 而言，$\lambda$ 会下降。

**6. 乳胶涂料的临界颜料体积浓度(LCPVC)**

乳胶涂料是聚合物乳胶粒子和颜料在水连续相中的分散体系。乳胶涂料的成膜过程与溶剂涂料的成膜过程有较大区别。在用吸油值计算 LPVC 时应以它的影响因素加以修正。影响 LPVC 的主要因素包括乳胶粒大小和分布、乳液聚合物的玻璃化温度($T_g$)、助成膜剂(二醇类化合物)种类和用量等。

玻璃化温度越低的乳液聚合物在成膜时越容易发生塑性形变，使颜料堆砌得较紧密，从而有较高的 LCPVC。乳胶粒子较小时流动性好，容易进入颜料粒子间隙，有利于颜料粒子较紧接触，所以 LCPVC 也较高。

助成膜剂可以认为是一种挥发增塑剂，可促进乳粒塑性流动和弹性形变，可改善成膜性能，对具较高玻璃化温度的乳胶更有利。通常不同乳胶涂料都有一助成膜剂用量最佳值，在应用最佳值时，LCPVC 的值最大。助成膜剂用量过大时乳胶粒子产生早期凝聚或凝聚过快现象，从而使涂膜中聚合物网络松散，导致 LCPVC 值降低。

当使用同一种树脂配制乳胶涂料和溶剂型涂料时通常前者的 LCPVC 小于后者的 CPVC。即在 CPVC 处要黏结一定量的颜料，所需的乳胶体积要大于溶剂胶基料的体积。为了使乳胶漆和溶剂漆两者的临界颜料体积浓度联系在一起。Berard 提出乳胶漆黏结剂(基料)指数概念，即 $e=V_S/V_L$；$V_S$ 为溶剂型漆体积；$V_L$ 为乳胶漆体积。$e$ 值既反映聚合物乳液对颜料的粘接能力，又将乳液漆和溶剂漆联系在一起。$e$ 值可由颜料密度、吸油值和测得的 LCPVC 值计算。

根据吸油值定义，颜料体积 $V_P=100/\rho_P$，黏结剂体积 $V_S=\overline{OA}/0.935$，在 CPVC 处单位体积的颜料所需的黏结剂体积：

$$V_S/V_P = (\overline{OA}/0.935)/100/\rho_P$$

采用同种颜料作乳胶漆，在 LCPVC 处，颜料体积为 LCPVC，乳胶和颜料的总体积($V_P$)为 1，则 $V_L=1-LCPVC$，此时，单位颜料体积所需黏结剂的体积应为

$$V_L = V_P = (1 - LCPVC)/LCPVC$$

则可得到

$$e = V_S/V_L = LCPVC \cdot \overline{OA} \cdot \rho_P/93.5(1 - LCPVC)$$

$$LCPVC = 1/[1 + (\overline{OA}/\rho_P/93.5e]$$

### 7.2.3 颜料的分散

涂料的许多性能，如涂膜的颜色光泽、耐久性以及涂料的贮存稳定性等，都与颜料和填料在成膜物中分散程度有关。

在涂料制造过程中，颜料在基料中分散的第一步是颜料表面被基料润湿。这是颜料分散最重要的一步，其中包括了基料从颜料和填料粒子表面取代它们所吸附的气体和水分。第二步是将聚集的颜料粒子打碎成单个粒子。最后是要使已分开的单个颜料粒子保持稳定，稳定的方法可以使颜料粒子表面带上电荷而相互排斥，也可使其表面存在一吸附层（如聚合物吸附层），这样可阻止颜料粒子的相互靠近而紧密堆积。后一种稳定方式主要出现在溶剂型涂料体系中，在水性涂料中这两种稳定机理可能同时存在。

在色漆配制中加入表面活性剂（润湿剂），可促进颜料与填料的润湿和稳定性。它们具有被颜料表面吸附的特性，可使分散过程易于完成。表面活性剂的加入量一般约为颜料总量的1%。如果赋予颜料表面的电荷相反，那么，异性电荷的中和作用会引起不稳定。有时没有必要用表面活性剂来促进颜料的分散，这种情况是某些聚合物（如醇酸树脂）含有促进润湿过程基团，如树脂中有羧基和羟基存在，它们都可促进润湿过程。高酸值的醇酸树脂比低酸值的有更大的润湿颜料的能力。其他类型的基料也具有使颜料很好分散的能力，其大小取决于基料化学结构的极性。

许多颜料在制造中进行表面性能的改性，将有助于它们分散到漆料中。如果采用某些表面处理过的颜料，只要使用一些低能耗的工艺方法（如搅拌），即可达到有效的分散。比如二氧化钛颜料制造厂通常应将二氧化钛进行无机的或有机的表面处理，这两种方法均能改善其在聚合物中的分散性。尤其是采用铝、硅、钛或锆的氧化物和氢氧化物对二氧化钛（尤其是金红石型）进行无机表面处理，还能改善涂料的耐久性。采用有机硅、有机钛偶联剂处理也有效。这是因为处理降低了颜料的催化活性，减少涂料粉化（风化）趋势。未经处理的二氧化钛颜料耐久性低，分散性较差。

高黏度涂料可减少颜料分散以后颜料的絮凝，这与降低颜料粒子再聚集的能力有关。尽管这不适于许多配方，但这种工艺方法仍能很好地用于乳胶涂料和某些溶剂型体系。

涂料的分散设备可用高速搅拌机、球磨机以及砂磨机。对溶剂型涂料颜料浆（进行初期分散加工的一部分）的组成的要求比对乳胶涂料的更严格。一般说来，只有预测了所用颜料、基料和溶剂的比例后才能获得最佳分散。在完成初步分散之后，用大量的基料"兑稀"颜料浆，以稳定分散体。方法是在分散之后，尽快将一部分基料加入颜料浆中，以保证不发生絮凝（再凝聚），最后再将剩余的基料、溶剂和其他添加剂加入。

采用高速搅拌设备制备乳胶涂料时，在剪切过程中，颜料被筛入一定量的已加分散剂的水中；增稠剂则在分散完成之后，低剪切速率下掺混进去。因为高剪切速率可能会破坏许多乳液聚合物体系的稳定性。加入乳液聚合物以后，在低搅拌下加入剩余的水和助成膜剂(如乙二醇单乙醚等)。

颜料浆的稠度必须和所有设备的类型相适应，可在分散阶段调整增稠剂的加入量，或通过改变固体组分做到这一点。颜料的加入量通常应尽可能高，但必须和颜料浆在机械中的可流动性相适应。乳胶涂料颜料浆还会产生假稠，导致在浆式搅拌混合区域周围的环流性差，分散不好。大规模的生产设备，可采用带有内装导流叶片的细高型混合容器克服这一问题。

### 7.2.4 着色颜料

将着色颜料涂于物体表面可呈现一定的色彩。着色颜料与染料的区别是后者(分散染料除外)可溶于介质中，使被染物品全部染色；前者不溶于介质，但可均匀分散在介质中。

1)颜色

颜色是颜料对白光组分选择性吸收的结果。一般可见光谱的波长在 $0.4\sim0.7\ \mu m$(紫红)，它们中间是蓝、绿、黄、橙。白光就是这些不同波长的光所组成的复色光。

2)遮盖力

色漆的遮盖力是指其涂饰在物体表面能使表面隐蔽起来的能力；颜料的遮盖力则是指色漆涂膜中的颜料能遮盖被涂物体表面，使其不显露的能力。颜料的遮盖力常用每遮盖一平方米的面积所需颜料的克数表示。

颜料遮盖力的强弱，受颜料和色漆基料两者折光率之差的影响。分散在色漆基料中的颜料的折光率和漆料的折光率相等时，颜料就显得透明，即不起遮盖作用。颜料的折光率大于漆料的折光时，颜料就呈现出遮盖力。两者之差愈大，颜料的遮盖力显得愈强。此外，颜料遮盖力还取决于入射光在涂层表面反射的光量和对光的吸收能力。如炭黑完全不反射光线，但能吸收射在它上面的全部光线，它的遮盖力很强。颜料颗粒大小分散度以及晶体结构差异等对颜料遮盖力强弱也有影响。颜料颗粒小，分散度大，反射光的面积多了，因而遮盖力增大。当颜料颗粒大小变得等于光的波长的一半时，分散度再继续增加，遮盖力也不再增加。颜料晶体结构也有影响。如斜方晶形铬黄的遮盖力比单斜晶体弱。混合颜料的遮盖力，则决定于混合物各组分的遮盖力，但不能根据加成规律来计算。可以在某些颜料中加入适量的体质颜料来降低成本，而不致使它的遮盖力降低。

3)着色力

着色力是某一种颜料与另一种颜料混合后形成颜料强弱的能力。如铬黄与华蓝混合时，产生各种绿色颜料。生产同样色调的铬绿，华蓝的用量就取决于它的着色力。着色力强，用量就少；颜料分散度越大，着色力越大。

4)耐光性

有些颜料在光的照射下，可能由于化学反应或晶形改变，颜色会有不同程度的变化。如锌钡白变暗，是由于硫化锌还原为金属锌，曝光停止后暗灰色消失，金属锌又可能形成氧化锌。颜料对光和大气作用的稳定性是影响户外用色漆的保色性、粉化性的重要因素。

5) 粉化性

某些颜料(如钛白粉)制成漆膜后经过一定时间的曝晒，漆膜中的成膜物被破坏，表面上的颜料从漆膜中脱落，形成粉末层，可以被擦掉或用水冲洗掉，这种现象称为粉化。

漆膜中颜料粉化原因很多，主要与颜料光稳定性和颜料的分散性有关。为减少颜料的粉化趋势，要设法减弱颜料的感光作用和改进颜料的分散性能。

综上所述，在涂料配制时，对颜料的性质除了解其化学组成外，还要了解其结晶形状、折光率、颜色、分散度(粒度分布)及分散性能等。不同颜料来源可能含有不同杂质也应注意：比如颜料中含微量水溶盐，可使干漆膜早期破坏，因为它是颜料感光作用的催化剂；也会导致低层金属腐蚀加速等。颜料常吸附着一层水薄膜，影响颜料分散；但有的颜料，含有微量水分，反而有利于分散。无机颜料中，有色金属化合物较多，有毒性的金属较多，如汞、铜、铬等，使用时要了解其性能以防止渗入人体，以免工人中毒。

## 7.2.5　涂料的颜色配制原则

涂料的颜色很多，希望涂膜具有满意的稳定的特定颜色往往是用户所追求的。在进行颜料配色以前，首先应根据所用颜料的性质和化学结构方面的有关知识进行推断，必要时还应进行试验。

涂料配色是制备色漆的重要工序。过去，涂料工厂一直依靠操作人员的经验观察配色。现在已可以用仪器或计算机来进行配色。

早在1905年Munsell提供一种表示色彩的方法称为Munsell颜色系统，该套系统用色相、亮度、彩度三个参数来表示颜色的特性。

色相表示颜色(如红、黄、蓝)在光谱的位置；亮度表示颜色的明暗(如浅蓝色的亮度高，深蓝色的亮度低)；彩度表示颜色接近中灰色的程度(彩色高者鲜明，彩色低者阴灰色呆板)。颜色用色相(H)、亮度(V)和彩度(C)来表示，即 HV/C。如8.5R5.67/8.2表示一种红色，其色相为8.5R，亮度为5.67，彩度为8.2。只有当两种颜色的这三个参数都相同时，其颜色才相同；否则，就不相同。因此，可以通过改变颜色三个特性参数中的一个，来获得一种新的颜色。

配色是细致的工作。首先应根据需要的颜色，利用标准色卡、色板或漆样，了解颜色的组成，然后配色。其配色方法如下：

1) 颜色色相的调节

将红、黄、蓝三色按一定比例混合，便可获得不同的中间色。中间色与中间色混合；或中间色与红、黄、蓝中的一种颜色混合，又可得到复色。例如，铬黄加铁蓝得绿色；苯胺红加铬黄得橙红色；铁黄、铁蓝和铁红混合得茶青色等。

2）颜色彩度的调节

在调节色相的基础上加入白色，将原来的颜色冲淡，就可得到色彩不同的复色。例如，米黄→乳黄→牙黄→珍珠白，就是在中铬黄的基础上按钛白粉的调入量由少到多而得到的。

3）颜色亮度的调节

在呈色的基础上加入不等量的黑色，就可以得到亮度不同的颜色。例如，铁红色加黑色得紫棕色；白色加黑色得灰色；黄色加黑色得黑绿色。

综合上述原则，同时改变某种颜色的色相、亮度和彩度，就能得到千差万别的颜色。例如，用不同量的铬黄加铁红改变其色相，同时调入白色和黑色颜料，以改变其亮度和彩度，就能得到浅驼、中驼和深驼灰等各种颜色。

## 7.2.6　溶剂

20 世纪 90 年代以来，发展绿色涂料虽已得到共识，但因技术滞后，非水溶剂型涂料产品在国内不少企业仍然生产，可挥发性的有机化合物（VOC）在涂料生产中还广为应用。涂料生产和使用过程中，VOC 的排放造成环境污染和资源浪费；VOC 排入大气还会引起光化学污染，严重危害人体健康。因此，国家环保部门严格要求控制化工生产中 VOC 排放量，最好是零排放。近十多年来我国在发展水性、无溶剂或少溶剂涂料方面（参见 7.6～7.11 节）做出了较多成绩，但含有 VOC 组分的涂料在短时间还不可能得到解决，下面对涂料溶剂要求予以阐述。

1）溶剂的挥发速率

溶剂的挥发速率是选择溶剂的重要指标。对于非转化型涂料而言，溶剂挥发太快会导致涂料流动性差、影响漆膜的表面特征，溶剂挥发太慢将延长干燥时间。

溶剂型涂料在施工过程中有时出现漆膜"发白"现象，这是溶剂急剧而迅速吸热致使大气层中与涂膜表面接触的水蒸气冷却凝聚在涂膜上，甚至截留在涂膜中。在干燥过程中，涂料黏度增加，水汽不易逸出。因为水和涂膜的折光指数不同，结果导致产生白色斑渍。

在喷涂施工中经常遇到的另一问题是"干喷"。由于漆雾流中个别溶剂的迅速挥发，"干喷"所形成的涂膜外观出现颗粒，所以在选择溶剂时应对其蒸发速率予以控制，使这种现象减至最小。在喷涂高固体含量涂料时，如果不很好控制溶剂的挥发速度，则有可能在涂膜中产生气泡，从而降低膜性能。

综上所述，在配制涂料前必须了解溶剂的挥发速度。测定溶剂和混合溶剂的挥发速率的简单的方法是吸取少量体积的待试溶剂与等体积的标准溶剂同时并排滴在过滤纸上，记录每种溶剂完全挥发时间。另一方法是定时称量在表玻璃上已知体积的溶剂重量。此外，还应注意的是实验和施工时空气对流速度、环境温度和湿度等外部因素，它们对溶剂挥发有很大影响。

2）溶剂的溶解力

溶剂（包括混合溶剂）对树脂溶解力可用目测或溶液的黏度来予以评价。对树脂溶解力最大的溶剂所配制的漆黏度最小。有时在配方中，出于对涂料性能和成本的考虑，加入对聚合物组分来说是局部溶解的溶剂或非溶剂，我们称之为稀释剂，稀释剂在涂料中的加入量以不致引起不混或沉淀为限。溶剂稀释剂混合物的相对挥发速率，显然在涂膜干燥过程中也起作用，要避免相对挥发速度的差异而产生对涂膜性能的影响。

3）闪点

可燃性液体的闪点是有火星存在时其蒸气能够着火的最低温度。混合溶剂的闪点与其组分中最低闪点的溶剂接近。涂料的闪点是表示可燃性难易的指标。涂料的闪点必须符合有关指标规定。

# 7.3　涂料主要成膜物质

## 7.3.1　清油和清油改性树脂清漆

应用亚麻油、桐油或脱水蓖麻油等来造漆，典型的方法是将油加热，然后慢慢地加入树脂组分，继续加热至形成溶液，然后加入合适的溶剂，通常为松香水，以使其黏度低到适当的数值。所用树脂既可以是天然树脂，也可以是合成聚合物，如松香酯胶、氧茚树脂、松香改性酚醛树脂和酚醛树脂。其中最重要的类型是以酚醛为基础的干性油改性物。它们的干燥过程是一种复杂的氧化反应过程，涉及干性油脂中不饱和中心的氧化聚合或自动氧化。虽然干性油因氧化而固化成膜可自动进行，但其反应速度较低，常加催干剂环烷（萘）酸钴或环烷酸铅来加速反应。其干燥反应过程如下：

（1）非共轭体系。

$$R \backsim CH=CH-CH_2-CH=CH \backsim R \longrightarrow R \backsim CH=CH-CH-CH=CH \backsim （下以 ROOH 代表）$$
$$\underset{\underset{O-OH}{|}}{}$$

$$R-OOH \longrightarrow RO^{·}+^{·}OH，\qquad 2ROOH \longrightarrow RO^{·}+ROO^{·}+H_2O$$

$$RO^{·}+RH（有机基团）\longrightarrow ROH+R^{·}，R^{·}+R^{·} \longrightarrow R-R，RO^{·}+R^{·} \longrightarrow ROR，RO^{·}+RO^{·} \longrightarrow ROOR$$

（2）共轭体系，经氧化形成 1，4 过氧基，然后交联。

$$\backsim CH=CH-CH=CH \backsim \longrightarrow CH-CH=CH-CH \backsim$$

清漆比干性油所制得的涂膜通常干燥更快，具有优良的硬度、光泽和流平性。清漆的最终性能不仅由其组成决定，而且也依赖于油度，即由油和树脂的比率所决定，见表7-4。

表7-4 **油 性 树 脂 清 漆**

| 油 度 | 油/树脂 | 特 性 | 用 途 |
|---|---|---|---|
| 短 | 0.15~1.5：1.0 | 快干，但涂膜硬而脆 | 填充料用清漆 |
| 中 | 1.5~3.0：1.0 | 干燥较慢，涂膜不太硬 | 色漆或清漆 |
| 长 | 3.0~5.0：1.0 | 涂膜干燥慢，涂膜较柔韧和耐久 | 外用色漆和清漆 |

## 7.3.2 醇酸树脂及其改性物

### 1. 醇酸树脂

醇酸树脂是多元醇(如甘油)和多元酸酐(如苯酐)缩合形成的聚合物为主链，醇中剩余的羟基与脂肪酸作用形成羧酸酯的侧链，其构成比例随油度而变化。比如甘油：苯酐：脂肪酸=1：1：1(分子比)是油度为60.5%的长油度的醇酸树脂(Ⅰ)理想结构。甘油：苯酐：脂肪酸=3：3：1是短油度的醇酸(油度31.2%)树脂理想结构(Ⅱ)。如下所示：

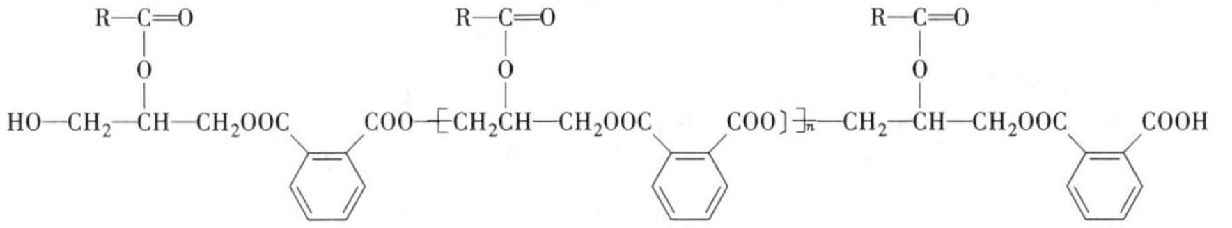

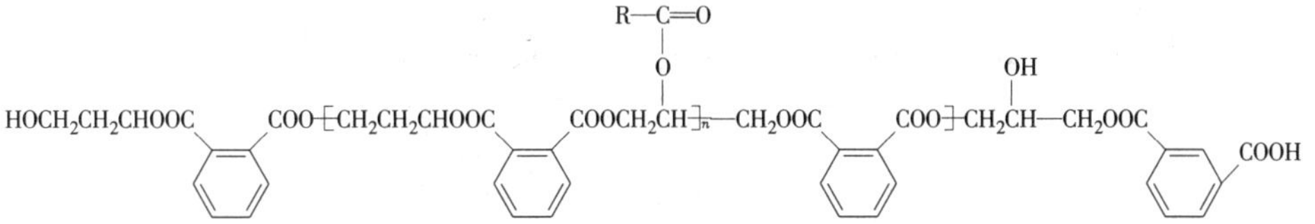

醇酸树脂制备主要有两种方法：① 醇解法：先将多元醇与植物油混在一起加热，然后加入多元酸酐，进一步酯化。其优点是不必先将油加工成脂肪酸，这是工业上生产醇酸树脂的主要方法。② 脂肪酸法：将脂肪酸、多元醇和多元酸三组分混合在一起，于240℃左右加热直至酯化反应完成。此外，还有熔融法和溶剂法。

醇酸树脂与油基材料相比，原料易得，工艺简单，而且在干燥速率、附着力、光泽、硬度、保光性和耐候性等方面远远优于油性漆。从而使醇酸树脂漆成为品种多、用途广的独立分支涂料工业。现代应用醇酸树脂可以制成清漆、磁漆、底漆、腻子等；它还可以与硝化棉、过氯乙烯树脂、聚氨酯树脂、环氧树脂、氨基树脂、丙烯酸树脂、有机硅树脂并用，以降低这些树脂的成本，提高和改善这些树脂涂料产品的某些性能。醇酸树脂通常按改性油或油度分为两大类：

1）醇酸树脂按改性油的性能分类

干性油醇酸树脂，它是一种用不饱和脂肪酸改性制备的树脂。主要用于各种自干性和低温烘干的醇酸清漆和磁漆产品。可用来涂装大型汽车、玩具、机械部件，也可作建筑物装饰用漆。

不干性油醇酸树脂，它是一种用碘值低于 100 的脂肪酸改性制成的树脂。由于不能在空气中聚合成膜，故只能与其他材料混合使用。当它与氨基树脂配合使用时，制成的烘漆膜硬度高、附着力强，保光性、保色性好。广泛用于涂装自行车、缝纫机、电扇、电冰箱、洗衣机、轿车、玩具、仪器仪表等，对金属表面有较好的装饰性和保护作用。

2）醇酸树脂按油度分类

中油和短油（度）醇酸树脂常以半干性和不干性为原料生产；而半干性和干性油（或其脂肪酸）则用于长油度醇酸树脂的生产。典型的干性油包括亚麻油和脱水蓖麻油，豆油是半干性油的代表，蓖麻油和椰子油是不干性油的代表。

不同油度醇酸树脂的结构示意如图 7-6 所示。其中图（a）表示油度为零的醇酸树脂结构，图（b）、图（c）、图（d）分别表示短、中、长油度醇酸树脂结构。

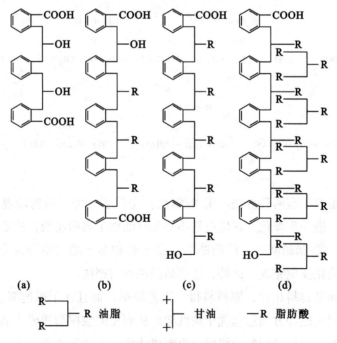

图 7-6　不同油度醇酸树脂的结构示意图

$$L(油度)\% = \frac{W_O}{W_R} \times 100\%$$

式中，$W_O$ 为改性油的用量；$W_R$ 为醇酸树脂的理论产量。

如果用 $W_{A1}$，$W_C$ 和 $W_{A2}$分别代表邻苯二甲酸、甘油和酸的用量，$W_{H_2O}$代表生成水的理论产量，则

$$W_R = W_{A1} + W_C + W_{A2} - W_{H_2O}$$

干油性和半干性油醇树脂是以自动氧化作用而固化成膜的。不干性油醇酸树脂，特别是短油度树脂，需要采用烘烤法固化。短油醇酸树脂也可用作其他合成树脂基料的增塑剂。表 7-5 列出了不同油度改性树脂特性及其用途。

表 7-5

| 醇酸树脂 | 油度% | 特　　　性 | 用　　　途 |
|---|---|---|---|
| 短 | 20~45 | 非氧化型，溶解芳烃中，涂膜硬而脆 | 作内用烘烤涂料体系的改性树脂 |
| 中 | 45~60 | 氧化型(气干)或烘烤固化，溶解在脂芳香烃类混合溶剂中，涂膜较柔韧 | 作内用和外用涂料体系的改性树脂，也可用于快干涂料体系 |
| 长 | 60~80 | 氧化型溶解在脂肪烃混合溶剂中。涂膜较柔韧 | 外用气干涂料体系 |

**2. 改性醇酸树脂**

醇酸树脂分子中有羟基、羧基、双键、酯基等反应性基团，这些反应基团构成了醇酸树脂进行化学改性的基础。醇酸树脂分子具有极性主链和非极性侧链，从而能够和许多树脂及化合物较好混溶，为醇酸进行各种物理改性提供了前提。而许多可以用来改性的单体、化学制剂和树脂给醇酸树脂多方面改性提供了充分条件。

(1)物理改性方法系在合适温度下用机械方法将改性剂混溶于醇酸树脂中，它们之间不发生化学反应(见表 7-6)。

(2)化学改性是利用醇酸树脂具有反应性基团(特别是不饱和双键和羟基)与活性单体(苯乙烯、丙烯酸酯类单体、异氰酸酯等)或具有反应性的其他聚合物(如环氧树脂、有机硅树脂、酚醛树脂等)进行化学反应后，醇酸树脂的性能发生较大变化，使涂料能满足不同要求。醇酸树脂单一性能改性所用改性剂列于表 7-7。

表 7-6 　　　　　　　　　　　　　　醇酸树脂的物理改性

| 改性剂 | 适用的醇酸 | 性 能 改 性 | 备 　 注 |
|---|---|---|---|
| 硝基纤维素 | 不干性或干性油的短、中油度醇酸树脂 | 改进干率、硬度、耐化学药品性耐溶剂性；<br>缺点：固体分低，耐久性差，柔韧性降低 | 类似的改性有其他纤维素 |
| 橡胶及其衍生物 | 自干型中、长油度醇酸树脂 | 改进干率、柔韧性、硬度、耐磨性、防火性和耐水性；<br>缺点：耐溶剂性较差 | 一些合成橡胶的氯化产品能用于改性 |
| 聚碳酸脂 | 亚麻油，脱水蓖麻油醇酸树脂用量 5%~10% | 改进干率、硬度、耐水性、耐化学药品性、抗划伤性和绝缘性；<br>缺点：价格贵 | 可以和环氧树脂改性醇酸相比 |

表 7-7 　　　　　　　　　　　醇酸树脂单一性能改进可选用的改性剂

| 需要改进的性能 | 可 选 用 的 改 性 剂 |
|---|---|
| 提高干率 | 乙烯类和丙烯酸酯单体及齐聚物、酚醛、聚双酚 A 二元酸酯、聚苯乙烯二醇、环氧树脂、松香和松香酯、含共轭双键的植物油 |
| 提高硬度 | 苯甲酸、酚醛、环氧树脂、聚双酚 A 二元酸酯、聚苯乙烯二醇、有机硅、松香和松香酯、纤维素邻苯二甲酸酯 |
| 改进颜色 | 丙烯酸酯及其齐聚物、聚苯乙二醇、纤维素苯二甲酸酯、乙烯类单体、不干性油 |
| 改进光泽和保光 | 乙烯类单体、有机硅、聚氨酯、叔碳酸、松香和松香酯 |
| 改进耐久性 | 四氟乙烯化油、酚醛、有机硅、有机钛、铝 |
| 改进抗热性 | 有机硅、有机钛、铝和环氧树脂、苯乙烯 |
| 改进耐水性 | 环氧树脂、酚醛、聚双酚 A 二元酸酯、苯乙烯、聚苯乙烯二醇、聚丙烯酸酯、聚氨酯 |

　　醇酸树脂化学改性时，其改性剂有时是在合成时加入，有时是作为固化交联剂，在固化交联前混入，固化时发生化学反应。例如，以苯乙烯改性醇酸树脂，它是以过氧化物引发苯乙烯的双键和醇酸树脂中干性油的不饱和键发生反应而形成的共聚物。苯乙烯改性醇酸树脂的特性随所含苯乙烯的比例及改性前醇酸树脂的性质、油度、油种而异，因此，通

过选择反应条件和原料，可制备各种各样的苯乙烯改性醇酸树脂。其他树脂用于醇酸树脂改性，也是利用它们是反应性的基团相互作用，如酚醛树脂在加热后脱水生成亚甲基醌可与不饱和双键起加成反应；聚氨酯树脂中异氰酸酯与羟基反应形成聚氨酯醇酸树脂。环氧树脂用于改性则是利用其羟基的反应性，有机硅树脂用于醇酸树脂改性除利用硅羟基外还可以是其他的硅官能团（如 RO—Si ≡ 等）。一些化学改性后的醇酸树脂优缺点及其用途列于表 7-8。

表 7-8

| 改性剂 | 优 点 | 缺 点 | 用 途 |
|---|---|---|---|
| 松香和松香酯 | 抑制胶化、易刷涂、光泽、硬度和附着力有改进，降低成本 | 用量过多易泛黄，漆膜发脆，耐候性下降 | 一般工业涂装和油墨 |
| 苯甲酸系列 | 改进硬度、光泽与耐化学药品性 | 用量过多，降低溶解性耐候性与柔韧性 | 一般工业涂装、汽车修补漆 |
| 叔碳酸 | 改进溶解性、提高耐候性及耐水性 | 合成工艺比用普通一元酸复杂 | 汽车等外用装饰与保护涂料 |
| 酚醛树脂 | 提高硬度、耐水、耐碱、耐溶剂性及干性 | 用量多，泛黄性大，稳定性差，反应不易控制 | 多用于要求耐水、耐碱性好的场所和底漆 |
| 环氧树脂 | 改进耐水、耐碱、耐酸性和防腐性 | 保色性差，易粉化 | 底漆和水溶性涂料 |
| 四氟乙烯 | 提高耐候性和耐水性 | 工艺复杂，造价高 | 桥梁、船舶水线涂料 |
| 有机钛、铝 | 改进干性和耐热、耐水性 | 工艺与贮存问题多 | 底漆和外用涂料 |
| 氯 化 | 在棉织物上具有良好防火性能 | 在 60 ℃以上易分解 | 防火涂料 |

## 7.3.3 饱和聚酯树脂

饱和聚酯树脂可看作无油醇酸树脂，它是由多元酸、多元醇缩聚而成的线型树脂。比如由 2 分子三羟甲基丙烷、9 分子 1，6-己二醇和 10 分子间苯二甲酸合成聚酯树脂的理想结构如下：

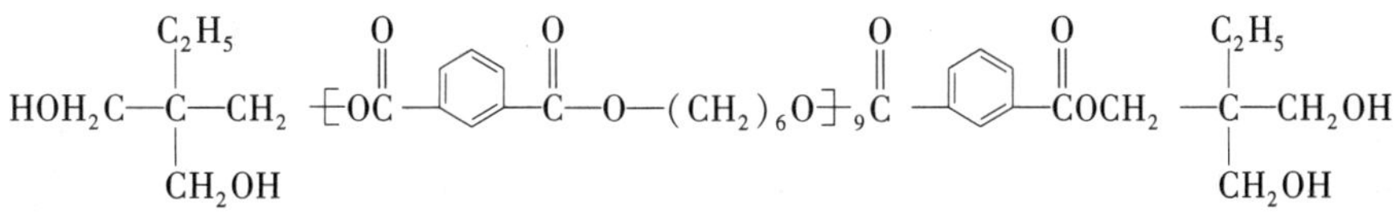

用于涂料的饱和聚酯树脂是一类含羟基较多的反应性树脂，它能与很多树脂并用。广泛用于氨基、环氧、聚氨酯等中高档涂料中，也用于低污染的高固体分或粉末涂料中。用于氨基烘干漆中，可提高烘干漆的保光、保色性和耐候性，优于植物油的短油醇酸树脂。这种羟基化饱和聚酯树脂用于聚氨酯树脂涂料中，即聚酯聚氨酯涂料，可以自干，综合性能优良，还可和环氧树脂合用。

聚酯所用多元醇多是支链型，支链可增加溶解性和柔顺性。多元酸常采用线型己二酸代替部分邻苯二甲酸酐，改进柔韧性。目前国内使用的卷材用聚酯面漆，是三羟甲基丙烷、新戊二醇、己二酸和苯酐合成，用氨基树脂交联，其性能优良。按羟基化聚酯树脂设计时，其羟基超量一般至少在20%以上。多元醇要含伯羟基，因伯羟基反应活性比仲羟基大。采用长链二元醇作组分，其树脂柔韧性会更好。

### 7.3.4　不饱和聚酯树脂

不饱和聚酯也属醇酸树脂类。不饱和聚酯不同于饱和聚酯的地方在于全部或部分采用不饱和二元酸作原料与多元醇缩聚制备；树脂中含有双键，通过自由基引发聚合交联成膜。溶剂型、无溶剂型的醇酸树脂均可在常温下固化。其合成及固化反应如下所示。

a. 酯化缩聚的反应式

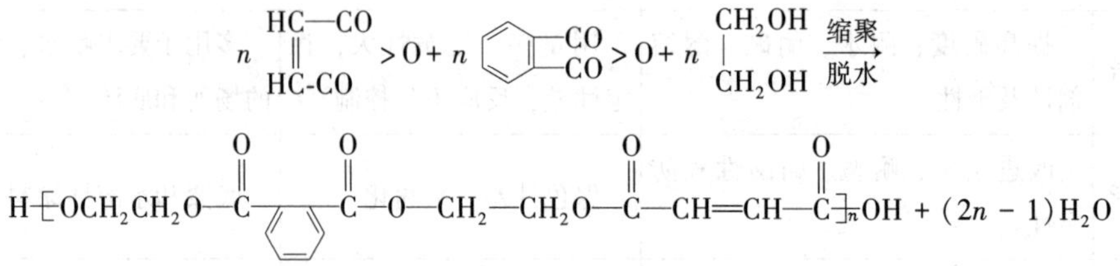

b. 漆膜交联固化反应

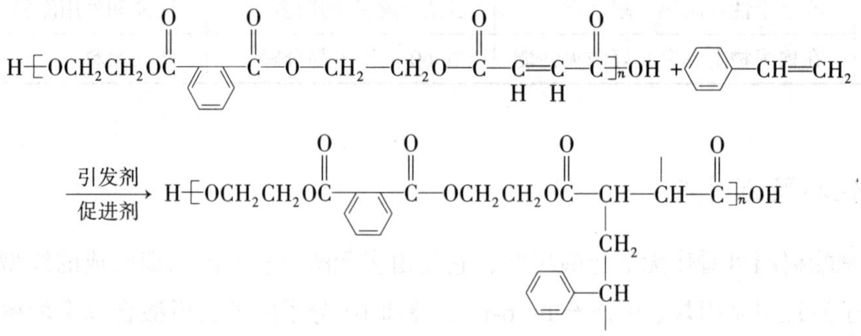

不饱和聚酯涂料中引发聚合交联的引发剂，是各种过氧化物和过氧化氢化合物。常温下使用的引发剂常为过氧化环己酮(实际上是1-羟基-1′-氢过氧化二环己基过氧化物和1,1′-氢过氧化二环己基过氧化物的混合物)。它们是由双氧水、环己酮在浓硝酸存在下，10 ℃以下制得，调成含50%过氧化环己酮的糊状物使用。60~120 ℃下固化时常用过氧化

苯甲酰等，更高的温度固化就采用二叔丁基过氧化物。

以过氧化甲乙酮和过氧化环己酮为引发剂时，环烷酸钴用作促进剂（据报道一类环烷酸钴、钒的复合物更好），它与过氧化物组成氧化还原系统，促进过氧化物在常温分解成游离基，引发不饱和聚酯聚合交联。其游离基产生（ROOH 代表过氧化物）如下式：

$$ROOH + Co^{2+} \longrightarrow RO \cdot + Co^{3+} + OH^-$$
$$Co^{3+} + ROOH \longrightarrow Co^{2+} + ROO \cdot + H^+$$

此反应循环重复直至过氧化氢化合物完全分解。配制不饱和聚酯树脂涂料时，颜料和染料的选用一定不能影响聚合物引发交联反应。

不饱和聚酯清漆的漆膜在引发剂及促进剂的存在下交联固化时，如有氧存在会被阻聚，涂层下面固化得很坚硬，而表面因接触氧而发黏，这种发黏的表面层极易被溶剂洗去。为克服这一缺点可采取物理隔离方法，如涂膜施工后，用涤纶薄膜覆盖隔绝空气，涂膜表面干硬后再揭去薄膜。也可以在聚酯清漆中加入少量高熔点的石蜡，在固化过程中，蜡浮在漆膜表面形成薄薄的蜡膜与空气隔离，获得干燥的表面。加入少量的醋酸丁酸纤维素可以改进表面状况。某些不饱和聚酯涂料，可以 100 ℃以上烘干，不用采取附加措施与添加附加物，只是单体损失较大。化学方法是引入气干性基团与烯丙醚基和干性油脂肪酸或多烯丙基醚作稀释剂，如用甘油二烯丙醚己二酸酯，它们能防止阻聚，且挥发损失小。还可化学结合或添加异氰酸酯预聚物，固化时不受空气的抑制。

## 7.3.5 氨基树脂

甲醛和胺或酰胺缩聚生成氨基树脂，其中最重要的是脲甲醛树脂和三聚氰胺甲醛树脂。这些树脂不溶于普通溶剂，但可通过丁醇醚化而使它可溶。

氨基树脂可加入少量强酸或 100~150 ℃加热使树脂固化成膜，但涂膜较脆，为此氨基树脂常用醇酸树脂增塑改性，不干性油醇酸树脂和氨基树脂混合，得到一种烘烤固化的树脂，其中不干性油醇酸树脂的用量可高达 50%。采用干性油作醇酸树脂的固化添加剂时，用量只能到 10%。改性后涂膜有坚硬、光泽好、柔韧、耐久、耐水以及对金属附着力好等优点。

氨基醇酸树脂漆用于电冰箱、自行车、汽车、机械、电器设备等。它们所需涂膜具有良好的机械强度、抗潮、抗油、抗酸、抗洗涤剂及经长期使用而不破坏，装饰性也很好。

## 7.3.6 酚醛树脂

酚醛树脂是酚与甲醛的缩合物。涂料工业用酚醛树脂主要有油溶性、醇溶性、松香改性酚醛树脂三类。醇溶性酚醛树脂，又分为热塑性和热固性两种类型。热塑性醇溶性酚醛树脂可代替虫胶制成挥发性的自干型清漆。热固性醇溶性酚醛树脂涂料，其涂膜需烘烤才能完全干燥，一般用于防潮、绝缘、黏结。

采用对叔丁基苯酚与甲醛反应来制备酚醛树脂，所生成的树脂是油溶的。用这种100%的酚醛树脂所制备的清漆比松香改性酚醛树脂的耐久性好。松香酚醛树脂是加热阶段可溶酚醛树脂和过量松香反应而制备的，生成了一种复杂的酸的混合物，它能和多元醇如甘油发生酯化反应。将所生成的酯和干性油一起加热就可制得漆基。采用长油度时漆基是自干的；而采用短油度油时，靠烘烤固化成膜。以松香改性酚醛树脂——干性油体系为基础的涂料具有较好的耐化学药品性能，但有发脆和户外耐久性差的缺点。

### 7.3.7 环氧树脂

**1. 环氧树脂化学结构、特性与应用**

环氧树脂通常是环氧氯丙烷和二酚基丙烷（双酚 A）的缩聚物，缩聚反应常在氢氧化钠存在下进行。其反应过程如下：

$$(n+1)\,HOROH + (n+2)\,CH_2\!\!-\!\!CH\,CH_2Cl + (n+2)\,NaOH$$
$$O$$

$$\xrightarrow[-(n+2)\,NaCl]{-(n+2)\,H_2O} CH_2\!\!-\!\!CH\,CH_2\!\!\left[\!OROCH_2\,CHCH_2\!\right]_{\overline{n}}\!OROCH_2CH\!\!-\!\!CH_2$$
$$O \qquad\qquad OH \qquad\qquad O$$

$$R = C_6H_4C(CH_3)_2C_6H_4\!\!-\!\!$$

环氧树脂未固化前是线型高分子，属热塑性树脂。结构式中的 $n$ 表示聚合度，$n$ 值越大时，分子量越大，羟基也越多。$n$ 值与树脂分子量、环氧当量与熔点之间关系见表7-9。

表 7-9 　　　　　　　　 环氧树脂的 $n$ 值与分子量、环氧当量关系

| $n$ 值 | 分子量 | 环氧当量 | 熔点℃ |
|---|---|---|---|
| 0~1 | 350~600 | 170~310 | <40 |
| 1~2 | 600~900 | 310~475 | 40~70 |
| 2~4 | 900~1400 | 475~900 | 70~100 |
| 4~9 | 1400~2900 | 900~1750 | 100~130 |
| 9~12 | 2900~3750 | 1750~3200 | 130~150 |

双酚的化学结构变化可以获得一些特殊性能的环氧树脂（如用四溴化双酚 A）即可获得阻燃型环氧树脂。利用树脂中的羟基和环氧基与其他树脂反应进行改性，可以得到各种不同性能的改性环氧树脂。此外，还有含脂环、杂环、有机硅、有机磷等其他元素改性的环氧树脂等。环氧树脂的性能取决于反应条件和两组分的比例。线性聚合物在非极性溶剂中

溶解性低，但可溶于酮类等溶剂。环氧树脂含有缩水甘油醚或环氧乙烷端基，这些环氧基可被酸、碱固化剂等开环使树脂交联，从而由线型热塑性材料转化为三维结构的热固性树脂。环氧树脂涂料品种多，性能各异，在工业中应用极广。环氧树脂主要特性：优异的黏结力、耐化学药品、防腐蚀和耐水，涂膜附着力优良，热稳定性和电绝缘性较好。其缺点是耐候性差、易粉化、涂膜丰满度不好，不适于作户外或高装饰性涂料。环氧树脂中具有羟基，如处理不当，涂膜耐水性差。

**2. 环氧树脂分类与型号**

通常的环氧树脂可分四类：

（1）缩水甘油醚型环氧树脂，是由多元酚（或多元醇）与环氧氯丙烷反应，脱去氯化氢而得到的产物。

（2）缩水甘油酯型环氧树脂，由二元或多元羧酸与环氧氯丙烷反应，脱去氯化氢而得到的产物。

（3）缩水甘油胺型环氧树脂是多元胺与环氧氯丙烷反应，脱去氯化氢而得到的产物。

（4）脂环族环氧树脂，它们是由双烯醚、酯类与过氧化醋酸等过氧化物氧化反应得到的产物；或由丁二烯，环戊二烯等经 Diels-Alder 反应制成的产物，再用过氧酸进行环氧化；或由环己酮与甲醛反应制成缩合物，然后再与环氧氯丙烷反应，脱去氯化氢而得到。

环氧树脂的代号及树脂名称参见表 7-10

表 7-10 　　　　　　　　　　　　**环氧树脂按其主要组成规定代号**

| 代号 | 环氧树脂的名称 | 代号 | 环氧树脂的名称 |
|---|---|---|---|
| E | 二酚基丙烷环氧树脂（双酚 A 环氧树脂） | S | 四酚基环氧树脂 |
| ET | 有机钛改性双酚 A 环氧树脂 | J | 间苯二酚环氧树脂 |
| EG | 有机硅改性双酚 A 环氧树脂 | A | 三聚氰酸环氧树脂 |
| EX | 溴改性双酚 A 环氧树脂 | R | 二氧化双环戊二烯环氧树脂 |
| EL | 氯改性双酚 A 环氧树脂 | Y | 二氧化乙烯基环氧树脂 |
| F | 酚醛多环氧树脂 | D | 聚丁二烯环氧树脂 |
| B | 丙三醇环氧树脂（甘油环氧树脂） | H | 3，4-环氧基-6-甲基环己甲酸 |
| L | 有机磷环氧树脂 | | 3，4-环氧基-6-甲基环氧甲酯 |
| G | 硅环氧树脂 | YJ | 二甲基代二氧化乙烯基环己烯环氧树脂 |
| N | 酚酞环氧树脂 | W | 二氧化双环戊二烯醚环氧树脂 |

**3. 环氧树脂固化**

环氧树脂分子中有反应性的环氧基中的氧电负性比碳大，静态极化会使氧原子周围电子云密度增加，环氧基上形成两个可反应的活性中心：电子云密度较高的氧原子和电子云密度较低的碳原子。亲电试剂向氧原子进攻，亲核试剂可向碳原子进攻，其结果都会引起碳氧键断裂。因而环氧基可与胺、酰胺、酚类、羧基、羟基和无机酸起化学反应，这就是环氧树脂涂料固化交联反应的根据。环氧树脂中的羟基还可以和羧酸、氨基树脂中羟甲基、有机硅、有机钛、脂肪酸等反应，这是用上述物质固化环氧树脂和对环氧树脂进行改性的基础。

环氧树脂常用来固化交联反应的固化剂有胺、酸酐和多元酸、多硫化合物、咪唑等。

1）胺类固化剂的交联反应

胺固化剂有伯胺、仲胺、叔胺。它们与树脂的环氧反应如下：

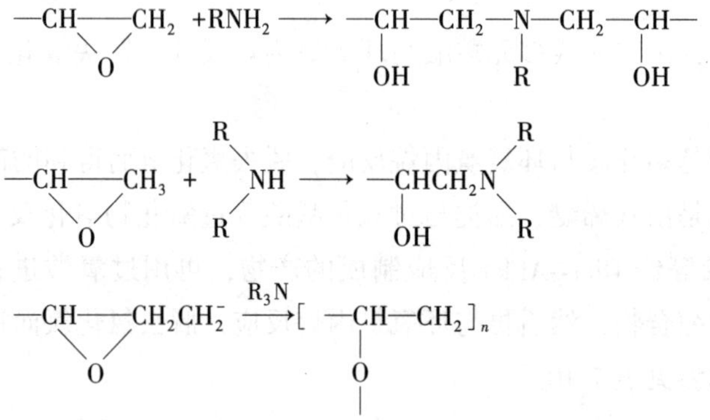

$$\underset{\underset{O}{\diagdown\diagup}}{-CH-CH_2}\ +RNH_2\ \longrightarrow\ \underset{OH}{-CH-CH_2}-\underset{R}{N}-CH_2-\underset{OH}{CH}-$$

$$\underset{\underset{O}{\diagdown\diagup}}{-CH-CH_3}\ +\ \underset{R}{\overset{R}{N}}H\ \longrightarrow\ \underset{OH}{-CHCH_2}\underset{R}{\overset{R}{N}}$$

$$\underset{\underset{O}{\diagdown\diagup}}{-CH-CH_2^-}\ \xrightarrow{R_3N}\ \left[\underset{\underset{O}{|}}{-CH-CH_2}\right]_n$$

叔胺盐通常比胺本身更可取，因为它们允许加入较多的催化剂而不致影响活化期。间苯二胺也可用作固化剂，但在室温下不易引起固化，反应速率较慢，所生成的交联树脂的玻璃化温度($T_g$)较高。在胺、多胺或胺加成物存在下，环氧树脂可在室温下发生交联，被称为冷固化剂，两种组分必须分开包装，在使用前混合。环氧树脂固化剂胺用量计算如下：

（1）伯胺、仲胺固化剂用量是以氨基上的一个活泼氢原子与树脂中一个环氧基相对应为依据。其计算公式（1）：

$$G=\frac{M}{H_n}\times E$$

式中，$G$ 为 100 g 环氧树脂所需胺的克数；$M$ 为胺的分子量；$H_n$ 为胺基上活泼氢原子总数；$E$ 为环氧树脂的环氧值；$\frac{M}{H_n}$ 为活泼氢当量。

公式（2）：

$$G=\frac{Q_1}{Q_2}\times 100$$

式中，$G$ 为 100 g 环氧树脂所需的克数；$Q_1$ 为活泼氢当量 $\left(\dfrac{胺的摩尔}{活泼氢原子数}\right)$；$Q_2$ 为环氧当量

$$\left(\frac{100}{环氧值}\right)。$$

（2）胺加成物用量的计算。

胺加成物常用胺值表示含胺量的多少。胺值相当于 1 克样品中的碱度的氢氧化钾的毫克数，由胺值可以计算出胺当量：

$$胺当量 = \frac{56\ 100}{胺值}$$

由胺当量可以计算出活泼氢当量：

$$活泼氢当量 = 胺当量 \times \frac{N_n}{H_n}$$

式中，$N_n$ 为胺加成物的氮原子数；$H_n$ 为胺加成物的活泼氢原子数。

再计算出环氧树脂固化时所需要胺加成物的理论量：

$$G = Q \times E$$

式中，$G$ 为 100 g 环氧树脂所需胺加成物克数；$Q$ 为活泼氢当量；$E$ 为环氧树脂的环氧值。

（3）叔胺的用量。

叔胺无活泼氢，作固化剂的用量一般为 5%～15%，但很少单独使用，主要用作促进剂，如作为酸酐固化催化剂时一般加树脂重量的 0.1%～3%，常用的有二苄基二甲胺和 2，4，6-三(二甲氨基甲基)苯酚(即 DMP-30)。

2) 酸酐固化剂的交联反应

二元酸及其酸酐可以作为环氧树脂的固化剂，固化后树脂具有较好的机械强度和耐热性，但固化后树脂含有酯键，容易受碱侵蚀。酸酐固化时放热量低，使用期限长，要在较高温下烘烤才能完全固化。酸酐类易升华，易吸水，使用不方便。涂料中主要用液体的酸酐加成物，如顺丁烯二酸酐和酮油的加成物。

3) 咪唑用于环氧树脂固化反应

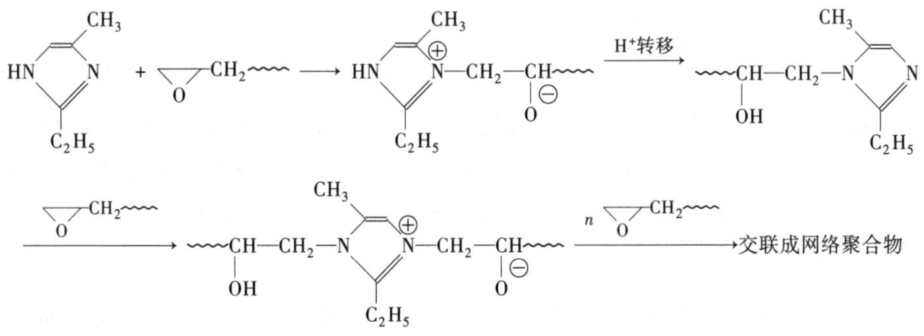

4) 环氧树脂用其他树脂交联固化

环氧树脂中存在易反应的羟基和环氧基，它们可用聚酰胺、酚醛树脂、氨基树脂、醇酸树脂、有机硅树脂以及含多异氰酸酯基的聚氨酯树脂交联固化,从而得到不同性能的改性环氧树脂。

### 7.3.8 聚氨酯树脂

聚氨酯是异氰酸酯和羟基化合物反应而形成的聚合物。它是一类在分子结构中含有氨基甲酸酯(—N—C—O—)链节的高分子化合物。若二异氰酸酯和脂肪族二元醇或 $\alpha,\ \omega$-羟基聚醚、聚酯等反应则形成线型聚合物;和多元醇(包括某些植物油、聚酯和聚醚)反应可形成交联聚合物。

涂料工艺所感兴趣的聚氨酯树脂是由二异氰酸酯(其典型代表为甲苯二异氰酸酯,二苯基甲烷二异氰酸酯和六次甲基二异氰酸酯)衍生而得的聚合物。

以聚氨树脂为主要成膜物质的涂料,其涂层中含有大量的氨基甲酸酯基团,可能还含有酯键、醚键、不饱和油脂双键、缩二脲键和脲基甲酸酯键等一种或多种基团,具有多方面优异性能。物理机械性能好,包括涂膜坚硬、柔韧、光亮、丰满、耐磨、附着力强;优异的耐腐蚀性能表现在涂膜耐油、耐酸、耐化学药品和工业废气;良好的电气性能可用作漆包线漆和其他电绝缘漆;可室温固化或加热固化,使用方便,节省能源;聚氨酯能与多种树脂共混,在很广的范围内调整配方,配制成多品种、多性能的涂料产品。聚氨酯涂料已在木器、地板、飞机、汽车、机械、电器、仪表、塑料、皮革、纸张、织物、石油化工、轻工、铁道车辆等涂装中获得了极为广泛的应用。

目前,聚氨酯涂料习惯上采用美国材料试验协会(ASTM)提出的分类方法,按组成和成膜机理将聚氨酯涂料分为单包装和双包装两大类。单包装系统有三种类型:自干型、湿固化型和热固化(烘烤)型。双包装体系有催化固化型和多羟组分固化型两种。

(1) 湿固化聚氨酯体系是由主链含有异氰酸酯端基的预聚物组成的,这种预聚物是由异氰酸酯和多元醇反应生成的。异氰酸酯端基与大气中的湿气发生反应,交联成膜。涂膜坚硬、柔韧,有很好的耐化学药品性能和耐磨性。

(2) 加热固化体系(烘烤型或封闭型),由异氰酸酯和多元醇反应而生成的预聚物组成,其不同之处在于异氰酸酯端基已用苯酚封闭。这种体系在受热之前,没有反应活性;当加热脱保护时失去苯酚,暴露的异氰酸酯端基和涂料配方中存在的羟基发生反应而引起交联。所形成的涂膜具有优异的物理性能和化学性能,整个体系具有很好的贮存稳定性。可作绝缘漆和烘干漆。漆膜耐磨性良好。

(3) 单包装聚氨酯体系(氨酯油)通称为聚氨酯醇酸树脂。这种漆基类似于常规的醇酸树脂,其制备方法除用异氰酸酯代替羧酸之外,和醇酸树脂的制造相同。用于制备聚氨酯醇酸树脂的油种及其油度决定了涂膜的性能。而该漆膜的特征是具有良好的耐水性和中等耐腐蚀性及耐磨性。

(4) 双包装聚氨酯体系是以异氰酸酯——多羟基化合物的预聚物为基础的涂料，装在一个包装中，在另一包装中是催化剂(如叔胺)。当其混合时，这两个组分在不加热的情况下也能反应，常采用烘烤的方法以提高其固化速率，从而生成深度交联的树脂。其涂膜具有优异的性能，且该混合组分的活化期是相当长的。

(5) 双包装聚氨酯体系中以异氰酸酯加成物为基础体系，也是由两个组分组成。第一组分为不挥发性异氰酸酯组分，即异氰酸酯与多元醇的加成反应产物，聚合了的异氰酸酯(或异氰脲酸酯)或低挥发性异氰酸酯。第二组分是含有游离羟基的聚醚或聚酯。当混合时，两组分反应，产生交联。因为异氰酸酯组分有和大气中水蒸气或被涂物吸收的潮气反应的趋势，导致涂膜发软，所以第一组分应稍过量，但过量太多将导致涂膜发脆。这样所生成的涂膜有很好的耐化学药品性和耐磨性，并具有优异的物理性能和良好的耐久性。

聚氨酯涂料的优异性能符合发展涂料工业的"三前提"(资源、能源、无污染)及"四 E 原则"，经济(Economy)、效率(Efficiency)、生态(Ecology)、能源(Energy)，与日益强化的时代要求相适应，这些都是引人注目的真正原因。

## 7.3.9 溶剂型丙烯酸树脂

### 1. 丙烯酸树脂特色及其常用单体

以丙烯酸树脂为粘料的涂料因其色浅、耐候、耐光、耐热、耐腐蚀性好，保色保光性强，漆膜丰满等特点而得到重视，它已在航空航天、家用电器、仪器设备、道路桥梁、交通工具、纺织和食品器皿等方面得到广泛应用。工业上常用的丙烯酸单体与性能关系列于表 7-11。

表 7-11 　　　　　　　　　　(甲基)丙烯酸类单体与漆膜性能关系

| 漆膜特性 | 单 体 |
| --- | --- |
| 硬度 | MMA，EMA，$n$-PMA，$i$-PMA，$\beta$-HEMA，GMA，AA，MAA，AN，AAM，St，顺丁烯二酸 |
| 附着力 | BMA，EA，BA，$\beta$-HEA，$\beta$-HPA，St，AAM，MAAM、TMPTA、一羟季戊四醇三丙烯酸酯顺丁烯二酸 |
| 柔韧性、抗冻裂性 | EA，BA，LMA，$\alpha$-EHA，$\beta$-HEA |
| 抗沾污性 | 低碳链丙烯酸酯和甲基丙烯酸酯类，St |
| 耐光性 | MMA，BMA，EA，BA，$\alpha$-EHA |

续表

| 漆膜特性 | 单　　　体 |
|---|---|
| 耐水性 | MMA，α-HMA，St，LMA |
| 耐溶剂（汽油） | AN，MAAM，MAA，MMA，BMA |
| 耐磨性 | MAAM，AN |

**2. 热固性丙烯酸树脂**

热固性丙烯酸涂料施工和溶剂挥发后，该树脂中官能团之间能相互反应或加热固化成膜。这类树脂合成时通常要引入具有反应性基团，如羧基、羟基、酸酐、环氧化物、胺、异氰酸酯和烯酰胺等丙烯酸的衍生物。表7-12列出可利用的官能单体及交联剂。

表 7-12　　　　　　　　　　**热固性丙烯酸树脂的官能单体和交联剂**

| 单　　　体 | 交联和交联剂 |
|---|---|
| （甲基）丙烯酸 | 三聚氰胺-甲醛树脂、环氧树脂 |
| （甲基）丙烯酸羟乙酯<br>（甲基）丙烯酸羟丙酯 | 多异氰酸酯、三聚氰胺-甲醛树脂<br>三聚氰胺-甲醛树脂、多异氰酸酯 |
| 顺丁烯二酸酐<br>衣康酸（甲叉丁二酸）酐 | 环氧树脂、多异氰酸酯<br>自交联、环氧树脂 |
| （甲基）丙烯酸缩水甘油酯<br>烷基缩水甘油醚 | 多元羧酸、加热催化自交联<br>多元胺 |
| （甲基）丙烯酸二甲氨基乙酯 | 自交联 |
| （甲基）丙烯酰胺<br>顺丁烯二酰亚胺 | 自交联<br>环氧树脂 |

热固性丙烯酸树脂的主要优点是固化前树脂的分子量低，易溶解，与其他树脂的混溶性好，可制成不同类型（烘烤型、双组分自干型等）的丙烯酸树脂涂料，达到扩大使用范围的目的。由于分子量低，可以制成高固体分涂料，减少环境污染。此外，这类树脂漆膜的分子结构是以 C—C 链为主，具有良好的耐化学性、户外耐久性、漆膜色浅丰满、保光保色性好以及过度烘烤不变色等优点。

热固性丙烯酸树脂可分为自反应和潜反应型两类。自反型树脂可单独或在微量酸或胺催化剂存在下，加热到一定程度，侧链活性基团之间交联固化成膜。该类侧链活性基有：缩水甘油基、N-羟甲基、N-羟甲基醚、氨基甲酸基和 N-乙撑脲基等。潜反应树脂是通过自身所带的活性侧链官能团与添加的交联剂进行反应，交联剂至少应有两个官能团。丙烯酸树脂上侧链活性官能团不同，其反应方式不同，因此要求有不同的交联剂和反应(固化)温度，所形成的漆膜性能也随之不同。聚丙烯酸酯上的"潜固化"反应官能团包括胺基、羧基、羟基、酰胺基、氨基甲酸酯基等。树脂中含羧基能与环氧树脂、金属盐等反应。羟基可用氨基树脂、异氰酸酯交联；胺基可用环氧树脂、异氰酸酯、酸酐、氨基树脂固化；酰胺/氨基甲酸酯基常与酸酐类化合物反应固化。树脂中官能团希望适度，而且分布要均匀。热固性丙烯酸酯制备时，应注意不同单体的竞聚率不同，会影响共聚物中官能团的随机分布和分子量大小，且直接影响树脂涂料的性能。通常平均官能度在 3~4 就能交联成膜，官能度最好达到 5~6 个或更高。

要得到官能团分布均匀的树脂，理论计算和实际情况有一定差距。一般采用分解速度快的引发剂，与单体一起滴加，使加入的混合单体较快聚合，又补充新的混合单体，使共聚物形成较均匀的组成。第二种方法是选择适当大的平均分子量和含交链官能团的摩尔数。对于高固体分涂料($S\% \geqslant 70\%$)则采用遥爪聚合等技术。

## 7.3.10 有机硅树脂及其改性物

有机硅树脂及其改性物较之有机树脂作为涂料成膜物，具有更好的耐高低温、耐臭氧、耐气候等老化性，更好的电性能，优良的疏水、防污等表面性，以及无毒、生理惰性和难燃烧等性能；此外，它还与很多颜料、填料及其他涂料改性助剂有较好的配伍性。迄今这类绿色涂料成膜材料在众多的应用领域得到青睐。

1)纯有机硅树脂

纯有机硅树脂可分为水解缩聚成膜型硅树脂、铂催化硅氢加成交联成膜型硅树脂和过氧化物引发交联固化成膜型硅树脂三类。

(1)水解缩合固化交联成膜型硅树脂其化学结构是以硅—氧链为骨架、硅—碳键合烃基 R(甲基、乙基或苯基等)和易水解、缩聚的硅官能团(如烷氧基等)为侧基的聚硅氧烷；这类聚硅氧烷通过水解、缩聚形成 $M(R_3SiO_{1/2})$、$D(R_2SiO)$、$T(RSiO_{3/2})$ 或 $Q(SiO_2)$ 等四种单元结构的成膜物。组成成膜物的四单元中 T 或 Q 是树脂成膜物中必须具备的结构单元，迄今已研发的树脂有 MQ、MDT、MDQ、MTQ、MDTQ 等。合成这类树脂的原料多采用机氯硅烷或有机烷氧基硅烷[$R_mSiCl_n$  $R_mSi(OR)_n$，其中 $m=3$，2，1，0；$n=1$，2，3，4]，后者用于原料越来越受关注，将有取代前者之趋势。这类有机硅树脂的合成方法通常是先按比例将原料混合，再在一定反应条件下水解、缩合成溶液或无溶剂的液体。

(2)铂催化硅氢加成交联成膜型硅树脂是由含乙烯基的硅油、含氢硅油、铂催化剂和稀释剂等助剂组成的复合物，在一定温度下，发生硅氢加成反应交联成膜，反应式如下：

$$\equiv SiCH = CH_2 + HSi \equiv \xrightarrow[\Delta]{Pt} \equiv SiCH_2CH_2Si \equiv$$

较详细的阐述请参见本章 7.9.4 节和有关文献。

（3）过氧化物引发交联固化成膜型硅树脂系以含有适量的乙烯基的甲基（或含甲基和苯基等）聚硅氧烷。如以甲基乙烯基聚硅氧烷为原料，将其与过氧化物等助剂共混成涂料，涂装加热后，过氧化物分解产生游离基引发反应交联固化，反应式如下：

$$\equiv SiCH = CH_2 + CH_3Si \equiv \longrightarrow \equiv Si(CH_2)_3Si \equiv$$

$$\equiv SiCH_3 + CH_3Si \equiv \xrightarrow{-H_2} \equiv SiCH_2CH_2Si \equiv$$

过氧化物的分解温度决定树脂的固化温度。当树脂在低于过氧化物分解温度的条件下贮存时，稳定性良好，但还必须有空气接触才能阻止贮存期间产品交联固化。该产品主要用于线圈浸渍漆、胶黏剂、层压板等。

2）有机硅改性的有机树脂成膜物

有机硅材料兼具有机和无机材料双重特性，利用有机硅突出的高、低温稳定性，卓越的耐候性、电绝性、表面张力和黏温性，将有机硅树脂作为防潮、防水、防腐、防臭氧、抗紫外、抑锈蚀、抗严寒和热氧化降解等诸多领域专用涂料或涂料助剂，早在 20 世纪40—50 年代国外就开始应用于军工和仪器设备防护材料。有机硅材料较之有机材料不足之处主要是力学性能差，以及它在金属材料等表面粘接性能不好等弊端。有机硅改性有机树脂在 20 世纪因其性能优越，已成为世界工业发达国家，以及我国等发展中国家竞相开发的领域。科学技术研究和高新技术产业发展到今天，人们越来越希望有机硅的特性能在有机材料中得到体现，有机硅材料的性能中不足之处也希望通过某些有机树脂予以改进，两种材料复合使其性能互补，这一愿望在过去几十年来一直是研究者致力于研究方向。但因有机聚硅氧烷与有机树脂性能差异大，相容性差，如何将它们复合成一体而不致有损各自特性，并充分体现于涂膜中，已成为研究者努力方向。

近 30 多年来，国内外研究者在利用两种材料特性互补的研究工作进展较快，其中尤以涂料中成膜物或涂料助剂的有机硅改性研究工作取得了不少成果。迄今有机硅改性和应用较多的树脂如有机硅改性的醇酸树脂、聚酯树脂、环氧树脂、丙烯酸树脂和聚氨酯树脂等。有机硅改性树脂具有原基体树脂所不具备的性能而大大拓宽了应用领域。有机硅丙烯酸树脂具有无毒、耐酸、耐碱、耐沾污、耐洗刷、保光保色、黏结力强等特点，广泛用于混凝土、钢结构、铝板、塑料等材料表面；有机硅树脂引人醇酸树脂中可以大幅度提高醇酸树脂耐热性能和耐候性、脆性等得到明显改善；聚有机硅用于环氧树脂改性后使其防水、防油性能得到改善，其防腐蚀，耐候性也得以提高。

有机硅树脂与有机树脂相互改性涉及的方法大体可归纳为物理共混法和化学接枝、嵌段和无规共聚等。

物理共混法首先要解决有机硅树脂和有机树脂相容性问题，其办法是在有机硅的分子结构中引进极性的增容性基团，使有机树脂和有机硅聚合物分子间能发生强烈物理相互作用，如生成氢键或偶极-偶极等的相互作用。此外，另一方法是合成一种又能与有机硅相容，还能与有机树脂相容的增溶助剂，在两种树脂共混时加入，借助增溶剂降低互不相容树脂之间界面张力，使它们得以相互作用。

化学接枝或嵌段共聚则首先要制备具反应功能聚硅氧烷，或是将硅烷偶联剂作为特种单体引入有机聚合物中，使它们的端基或侧基含有反应活性的硅官能团如烷氧基、羟基等；或制备含碳官能团的端基或侧基的有机聚硅氧烷，有机硅的碳官能团如硅烷偶联剂的氨基、环氧基等。然后将这些具反应功能的有机聚硅氧烷作为改性原料，通过物理方法或化学方法将其与具反应官能团的有机树脂进行大分子共聚反应，形成 AB、ABA 或无规的 A 和 B 的共聚物。这些共聚物兼具有机聚硅氧烷和有机树脂特性，它们具部分相容性，其相区尺寸减小，形成具宏观均匀，微观相分离的形态结构，具强界面作用的部分相容体。但值得注意的是当有机硅分子中活性反应基团太少，因二者的溶解度参数仍有较大差别，采用复合方法不当或操作不适宜时，有机硅和有机树脂仍可能形成两相，得不到部分相溶的共混物，其涂膜性能仍不会得到改善。

利用互穿网络技术将有机硅氧烷和有机聚硅氧烷和有机树脂制备成有机硅/有机树脂杂化的涂膜材料也是研究的一种好方法，但也存在采用什么途径使两种性质差异大的物料形成互穿网络材料的问题。

### 7.3.11 非转化型涂料主要成膜物

1) 纤维素聚合物

工业纤维素本身是不溶解的，但它们的许多衍生物可溶和可利用。纤维素硝酸酯(通称硝基纤维素)是用硝酸和硫酸与纤维素反应，在高温高压下水解而成。加压下，用乙醇将反应物脱水生成含氮 11%~12%，含水 5% 和乙醇 30% 的产物。硝基纤维素可溶于一系列溶剂，靠溶剂蒸发而成膜，但为了改善涂膜柔韧性和附着力需加增塑剂。涂膜耐水和耐稀酸，但遇碱和浓酸分解。硝基纤维素涂料干燥快，涂膜光泽好，坚硬耐磨，便于整饰，适应于金属、木材、皮革、织物等物件涂装，是一种应用广泛的涂料。其他纤维素漆基有醋酸纤维、醋酸丁酸纤维素。乙基纤维素醚等也用于涂料。

2) 氯化橡胶

氯化橡胶是将素炼胶溶解于氯仿或四氯化碳中，在 80~100 ℃氯化制得的，其氯含量为 60%~65%。氯化橡胶溶于芳烃，当溶剂从氯化橡胶溶液中蒸发后即能成膜。为了改善涂膜柔韧性，常加入相当数量的增塑剂。氯化橡胶也可和其他树脂并用，使漆基具有耐水和耐化学药品性。氯化橡胶基主要用于制备要求高度耐化学药品或耐腐蚀的涂料。

3）乙烯类树脂

单取代乙烯所制得的聚合物（如 PVC，PVA 等）在涂料工艺中最为重要，它们和其他乙烯类单体的共聚物作为漆基。

聚氯乙烯是一种无色、刚性的热塑性聚合物，具有优异的耐热、耐碱、耐化学药品、耐水和耐氧化剂性能。然而，聚氯乙烯具有线性等规结构（即全部氯原子都位于碳链的同一侧），因而具有结晶趋势，致使它在普通溶剂中的溶解度极有限，聚氯乙烯可溶解在氯化和含氧溶剂（酮、酯和芳香族硝基化合物）中。虽聚氯乙烯的溶解性限制了它在涂料中的应用，但当它分散在烃类或可塑的溶剂化介质中时（即分别形成有机溶胶和塑性溶胶），就可作涂料应用。将这种分散体喷涂在底材上时，沉积在底材上的是不连续的粒子，烘烤时，这些粒子聚集而形成连续涂膜。在涂料中更常见的是采用氯乙烯和醋酸乙烯的共聚物，氯乙烯和醋酸乙烯的比例为 80：20 到 90：10，常采用溶液聚合来制备。聚氯乙烯-醋酸乙烯酯共聚物也是一种线型热塑性树脂，在溶剂中溶解度较大，其机械性能稍差，但耐化学药品性能还是可以的。以这种共聚物为基础的涂料靠溶剂挥发而自干，也可采用烘烤方法。在共聚物中引入极性基团可以改善聚氯乙烯-醋酸乙烯涂膜对金属底材的附着力。加入少量（约 1%）的羧酸，如顺丁烯二酸或酐，生成三元共聚物，就可达到此目的。氯乙烯和顺丁烯二酸共聚所生成的树脂，其附着力获得了改善，同时不降低树脂本身的性能。

偏二氯乙烯聚合可形成致密的，结晶性树脂。它和氯乙烯共聚时，所得树脂的涂膜具有更大的柔韧性。偏二氯乙烯-氯乙烯的比为 85：15 的共聚物可用作要求耐水性极好的漆基，如涂装游泳池用的漆基。

聚乙烯醇本身不能用作漆基。它和丁醛、硫酸（催化剂）等一起悬浮于乙醇中，加热几小时即得聚乙烯醇缩丁醛共聚物。用这种树脂制备的磷化底漆，可沉积成坚韧的柔性涂膜，对金属有很好的附着力。漆膜耐脂肪烃溶剂和耐油性能良好，但经受不住酸和强碱的作用，在水中变软。聚乙烯醇缩甲醛乳胶是作为最普通的墙体涂料的漆基。

# 7.4　改善涂料性能的添加剂

在设计涂料时，不仅要考虑用户对最终涂膜性能的要求，同时还必须注意涂料生产、贮运时颜料等在介质中的分散性、稳定性以及施工时涂料的流平性和防流挂性等。为此，可在涂料配制时加入一些添加剂。本节仅对提高涂料性能的常用添加剂予以讨论。

## 7.4.1　增稠剂和防流挂剂

涂料施工时如果剪切速度高，涂料应表现黏度低，施涂容易，而且施涂后能形成适当厚度的膜，且无流挂等特性。通常只有在涂料中添加少量增调剂、防流挂剂改变其触变性，能达到此目的。因为这些添加剂能够在载色剂或分散体系中借助于次价键形成松散的网状结构。当搅拌或施涂的高剪切力作用时，网状结构破坏，黏度降低，易于施工。除去外力后，网状结构又恢复，黏度再度上升，防止流挂。

能够使涂料通过次价键而产生网状结构，从而使涂料获得触变性的添加剂，称之为增稠剂、防流挂剂、触变剂。能赋予涂料具有触变性的添加剂应具有两种性质之一：① 以微粒形式分散于载色剂中，各个微粒以弱价键力相互吸引；② 溶解或分散于载色剂中，并吸附于颜料、填充剂等，引起弱絮凝作用。用作增稠剂、防流挂剂的添加剂有无机物和有机物两大类，见表7-13。

表7-13　　增稠剂的分类

| 能形成细分散胶体状结构的无机物 | 合成细粒二氧化硅、膨润土及有机膨润土，表面处理的超细粒碳酸钙 |
| --- | --- |
| 能形成溶胀分散结构的有机物 | 水系蓖麻油蜡，金属皂，二苄叉山梨糖醇，植物油系聚合油 |
| 能与颜料形成絮凝结构的有机物 | 表面活性剂 |

由表面活性剂组成的增稠剂、防流挂剂是通过吸附在颜料或填充剂上，使颜料慢慢地形成絮凝结构并因此而发挥其效果。一般来讲，对载色剂亲和性小，对颜料浸润性差，表面张力大的表面活性剂，能促进凝聚，导致流动性降低，屈服值上升。反之，对颜料的润湿性佳，而在颜料与载色剂之间的表面张力小时，能促使粒子良好分散，屈服值降低。因此，适当利用表面活性剂的这种双重作用，就能在涂料中形成稳定的结构，产生增稠或防止流挂以及促进分散的效果。增稠性大的表面活性剂，能使颜料凝聚，导致大颗粒沉淀发生，但防流挂效果好；无增稠性的表面活性剂，防流挂效果小，但具有促使颜料分散的效果，因而能防止发生沉淀。

## 7.4.2　防沉降剂

在涂料(包括油墨、黏合剂)中颜料固体粒子悬浮于分散介质中，由于无机颜料分散相与有机介质的比重差异大，颜料会按Stokes法则发生沉降。因此，涂料运输贮存过程中颜料可能会出现凝聚、沉降分离和结块等现象，造成分散体系不均匀，出现涂膜色差、发花、光泽差异等不良情况。防沉降剂就是为解决涂料这类问题而添加的助剂。

加入少量防沉降剂于涂料中，能赋予载色剂或分散系统以轻度的触变性，即如上述在涂料内部能形成某种结构，但此结构很弱，只要轻轻加以搅拌即被破坏，静置一段时间，此结构又重新形成，使粒子处于悬浮状态。这种结构化性的特点在于随着颜料的沉降而增强，最终能使沉降停止。结构化好则沉淀柔软、松散，容易再分散。有时可以使用与增稠剂或防流挂剂相同的添加剂，但只要用少量就能起到防沉降的效果。

常用的添加剂有膨润土及有机膨润土、金属皂、氢化蓖麻油蜡、二苄叉山梨糖醇等。此外，防沉降剂中使用最普遍的是聚氧化乙烯醚。其分子量是在 1500~3000 的乳化型蜡，一般将它置于非极性溶剂中溶胀后制成细分散糊状物，然后再掺入涂料之中。

如将上述糊料与颜料研磨，能与颜料一起形成稳定的胶态结构，赋予触变性能，既有防止颜料沉降作用，也有防流挂的效果。由于它是一种非溶解性的胶体状溶胀分散体，故对涂料的黏度影响甚微，不容易受颜料或载色剂差异等因素的影响。因此，它能方便地用于各种涂料，这是其最大的优点。它的改性品种还可防止铝粉或消光剂沉降。此外，它还可以用于高固分含量和水性涂料。

蓖麻油、高级脂肪族醇的硫酸化物、磷酸化物的金属盐、胺盐也用作防沉降剂。松香、松香衍生物、脂肪酸、环烷酸，及它们的金属盐、烷基胺盐等，或者烷基苯磺酸盐、烷基磷酸酯盐、烷基胺的盐酸盐、磷酸盐或脱水山梨糖醇脂肪酸酯等也可作为浸润/分散剂、防沉降剂使用。

### 7.4.3　防浮色剂和防发花剂

发花是指涂料涂布后多种颜色分布不均而显示出条纹的现象。浮色是指施涂后混合颜料的一种或几种发生分离而在表面呈现的层状色差现象(上层与下层的颜色完全不同)。其原因是涂料混合分散体系中的一种颜料发生凝聚，或不同颜料的活动性存在差异。颜料的活动性差异是因为粒子大小、分散系统凝聚状态的黏度、比重、电荷等因素不同。溶剂蒸发过程中发生涡流，颜料被带动上升，因不同颜料的运动规则不同而引起分离，也会发花。

如果使共存于涂料中的颜料显示完全相同的流动行为，就不会发生浮色和发花现象。解决的办法是使用浸润分散剂或防浮色剂，它们能使颜料在涂膜中形成稳定的凝聚胶体结构。具有假塑性流动或触变性流动性的涂料系统，颜料的活性会受到相当限制，故不容易发花。还有一些方法，如对颜料进行表面处理或表面改性等。现在工厂中常用防浮色剂有蓖麻油的脂肪酸或烷基烯丙基磺酸、烷醇胺缩合物、脂肪酸酰胺的衍生物等胶体类触变剂。为对颜料表面进行改性处理，可在添加颜料前，先在载色剂中加入含氨基的长链酯类或长链烷基胺之类的阳离子型分散剂，由长链脂肪酸酯乙氧基缩合物组成的油溶性非离子型与阳离子型表面活性剂的混合物也行。合适的有机硅材料也具有防止贝纳尔旋流"窝"的效果。选择最佳的防浮色剂，其添加量亦应充分斟酌，因为添加剂往往会产生副作用(光泽降低，过分增稠等)。

### 7.4.4 流平剂

流平剂是旨在使涂料流动形成光滑涂面，解决刷涂时是否残留刷痕，喷涂时发生橘皮状表面，高速辊涂时出现辊痕，以及涂膜表面凝结过快而造成的凹窿或起泡等问题的辅助剂。刚施涂后的涂膜在收缩成最小表面积的过程中，表面张力使具有沟、槽的表面变得光滑而平整。要提高涂料的流平性，可着力于调整表面张力和减小流变指数。大多数流平剂的作用在于降低表面张力或界面张力，以提高涂料对被涂物体的浸润性，同时提高涂料系统内的分散性，消灭贝纳尔旋流窝形成并降低涂料系统的流变指数。含氟表面活性剂对很多涂料树脂及溶剂具有优良的相容性和表面活性，能有效地改善浸润性、分散性、流平性，在热固型水溶性环氧、氨基树脂涂料中的应用。含氟表面活性剂还可调整溶剂的蒸发速度而有利流平。改性的有机硅树脂可用作油性涂料用的流平剂，此类树脂在降低涂料系统表面张力，改善对被涂体浸润性的同时，减小流变指数。

油性涂料中常用的流平剂还有芳香烃、酮类、酯类等的高沸混合物。高沸点溶剂对于常温干燥型涂料不会因溶剂蒸发快而导致涂料黏度过大，流动受阻；对于烘漆涂料则可有效防止气泡发生。为了防止生成"橘皮"或贝纳尔旋流窝有时可添加有机硅树脂，但有时会带来再涂性不良或"发花"的不良作用，使用时应注意。一些增塑剂也具有流平剂的功能。丙烯酸类流平剂，其分子量宜为 6 000~20 000，65 ℃时的黏度最好为 4 000~12 000 CPS。玻璃化温度 ($T_g$) 在 -20 ℃ 以下，表面张力为 $2.5 \times 10^{-3} \sim 2.6 \times 10^{-3}$ N/m² 的聚丙烯酸酯可认为是优良的流平剂。除了 $T_g$ 外，表面张力、极性或溶解性等一些其他因素同样是重要的。丙烯酸类流平剂对 180 ℃ 熔融的环氧粉体涂料的流平效果很好，但只在某一添加量时，表面张力出现最低值，超过此添加量后，再增加用量也不会影响表面张力。用于水基涂料（特别是阳离子型电淀积法涂料）流平剂通常也可用丙烯酸共聚物。其共聚单体为：二甲氨基甲基丙烯酸乙酯，丙烯酸甲酯，N-甲氧基甲基丙烯酰胺和甲基丙烯酸 2-羟乙酯等。

### 7.4.5 黏弹性调整剂

黏弹性调整剂（流变性改性剂）是旨在调整涂料流变特性的助剂。涂料既要发挥其固有功能（美观装饰和保护作用），又必须适用于进行施涂作业。涂料的施涂操作性是涂料的基本性能之一。现代辊涂机速度的提高，要求改良涂料的流变特性；乳液涂料希望把它的流变特性改进成近似于油性涂料的需求，或者能把涂料的流变性能改进成适合于各种图案修饰。为了满足从低剪切速度到高剪切速度范围的多种要求，调整涂料的流变性非常重要。表 7-14 列出了一些常用黏弹性调整剂。

表 7-14                                    黏弹性调整剂的种类和特点

| 种　类 | 特　点 |
|---|---|
| 氢化蓖麻油 | 触变性大，易受温度影响；<br>溶解时可能会重结晶而生成颗粒，配用酰胺蜡可改善 |
| 氧化聚己烯 | 分子量 1500~3000，能在非极性溶剂中分散；<br>触变性小，对载色剂种类的选择性小 |
| 有机膨润土 | 存在的水合水或交换性阳离子被胺类置换而成的有机物-黏土复合体；<br>在低级醇、酮、酯等极性溶剂中，溶胀性降低 |
| 胶体状二氧化硅 | 平均粒径为 10~20 nm，高纯 1 度，需要充分进行分散，以母炼法为宜 |
| 酰胺蜡 | 触变性大，采用后添加法有速效性 |
| 超细粒沉淀碳酸钙 | 经用脂肪酸表面处理而成，平均粒径 25~50 nm，结构黏性大，过量添加可能降低光泽 |
| 金属皂类 | 硬脂酸的 Al，Zn，Ca 等金属皂由于在非极性溶剂中形成胶束而显示结构黏性，效果会因溶剂极性或添加温度而显著变化 |
| 二苄叉山梨糖醇 | 是干性油与苯甲醛的反应物，胶凝能力按二聚体>三聚体≫单体的顺序降低 |
| 共聚油 | 使干性油与共聚单体进行共聚，并以胺进行反应而得的产物或二元酸与多元醇的缩合物等对颜料有选择性 |
| 表面活性剂 | 主要为蓖麻油硫酸化物、磷酸化物的胺盐、碱金属盐等 |

改善涂料性能添加剂还有很多，比如浸润分散剂、消泡剂、乳胶漆的成膜剂等。此外，还有提高漆膜性能(增塑剂、交联剂、固化剂)和赋予涂膜某些功能的添加剂(导电、阻燃等)本书有关章节都有介绍。

# 7.5  涂料配方方法

涂料是多种物质的混合体系，设计满足用户要求的涂料，首先要对原材料的性能充分了解，选什么材料，多少用量，用什么工艺进行复配等往往要经过很多实验才能确定。常用的方法有丹尼尔流点法、涂料配方图解法、正交试验法、溶解度参数法和电子计算机配方法，本节介绍后三种方法。

## 7.5.1  正交试验法

正交试验是利用正交表来安排多因素试验和分析试验结果的一种方法。多因素试验方法基本思想可分为两大类：一类是从选优中某一点开始试验，一步一步地达到较优点，这类方法亦称序贯试验法，因素轮换法和爬山法等都属这一类；另一类是在优先区内一次布置一批试验点，通过这批试验结果的分析，缩小优选范围，这就是正交试验法。正交试验法可用于选择合成试验条件、各种精细化学品复配物的配方，可以用于工业、农业等各种类型的科学试验，是一种好的试验方法。

**1. 指标、因素、水平和正交表**

（1）指标：进行任何一项试验，首先要明确目的，要达到的目的用什么来考核，这就是正交法中所谓指标。比如进行化学合成我们常以纯度和收率多少来衡量合成选择的反应条件对否，纯度和收率就是指标。

（2）因素：影响试验指标好坏起决定作用的一些条件。比如合成反应有温度、压力、催化剂、原料比等；涂料设计中颜基比以及其他助剂添加量；胶粘剂、化妆品、清洗剂配方中的组分等。正交试验可以进行两个以上的多因素试验。

（3）水平：同一因素变化的不同状态(条件)称为因素的水平。某因素（如合成反应的温度和胶粘剂固化的催化剂等）在试验中需要考察它的几种情况或状态（如反应温度在 80 ℃，90 ℃，100 ℃，催化剂 A，B，C 几种）就叫几水平的因素。

（4）正交表：以正交表 $L_9(3^4)$ 为例介绍正交表及其应用。

字母 L 表示它是一张正交表；L 右下脚码 9 表示它有 9 行，可以用它来安排做 9 个试验；括号内的指数 4 表示它有 4 列，用它安排试验时，最多可以考察 4 个因素(也可少于 4 个因素)；括号内的底数 3 表示表中每列恰有 1，2，3 三种数字，表示三水平。应注意，安排试验时，被考察的因素一般都要求是三水平的。$L_9(3^4)$ 正交表如表 7-15 所示。

表 7-15 正交表 $L_9(3^4)$

| 试验号 \ 列号 | 1 | 2 | 3 | 4 |
|---|---|---|---|---|
| 1 | 1 | 1 | 1 | 1 |
| 2 | 1 | 2 | 2 | 2 |
| 3 | 1 | 3 | 3 | 3 |
| 4 | 2 | 1 | 2 | 3 |
| 5 | 2 | 2 | 3 | 1 |
| 6 | 2 | 3 | 1 | 2 |
| 7 | 3 | 1 | 3 | 2 |
| 8 | 3 | 2 | 1 | 3 |
| 9 | 3 | 3 | 2 | 1 |

如果所要考察的因素个数是 3 个(不多于 4 个)，每个因素都是三水平，也可用这张表来安排试验方案。

**2. 试验方案设计和实施**

1)选正交表

试验方案设计是否科学，是试验关键的一步。要设计好方案首先要明确试验目的，确定好考核试验指标，其次就是选好影响质量或产量的因素和选好水平。在此基础上再选正交表，并根据正交表列出试验方案。

2)试验结果分析

(1) 分别比较各因素在不同水平下的试验指标(收率或质量打分)的总和 K 值，然后求平均数 k 。比较 K , k 值后，找出每种因素中指标最好(收率高或打分高)的水平来。

(2) 可用因素的水平作横坐标，K 值为纵坐标，作出因素与指标的关系图。

(3) 计算每因素不同水平时 K 值之间极差 R 值。R 大小反映了因素变化时试验指标的变化幅度，极差 R 越大，该因素对指标的影响越大，该因素就越重要。

(4) 为了得到最满意的指标，在试验、计算和分析的基础上进行不同因素最优水平的组合。

**3. 正交试验实例**

某化工厂生产的某助剂收率不稳定，通常在 60%～80% 之间波动，用正交试验法找到适当生产条件，实现了收率稳产。

首先，根据文献报道和生产实践经验，分析了影响该产品收率的各因素，认为反应温度(A)、催化剂(B)和加碱量(C)是造成收率不稳定的主要原因。根据经验和理论分析，认为可选三因素、三水平进行实验。温度 1A 80 ℃，2A 85 ℃，3A 90 ℃；加碱 1B 35，2B 48，3B 55(kg)；催化剂 1C 甲，2C 乙，3C 丙三种。试验指标为收率。综上所述可选用正交表 $L_9(3^4)$。第 1 列为温度，第 2 列为碱量，第 3 列为催化剂，第 4 列没有可以不管或用不变化的因素(表 7-16)。

表 7-16　　　　　　　　　　收率试验结果分析

| 因素(列号)<br>试验号 | A<br>反应温度(℃) | B<br>加碱量(kg) | C<br>催化剂种类 | 试验指标收率<br>(%) |
|---|---|---|---|---|
| 1 | 80(1) | 35(1) | 甲(1) | 51 |
| 2 | 80(1) | 48(2) | 乙(2) | 71 |
| 3 | 80(1) | 55(3) | 丙(3) | 58 |
| 4 | 85(2) | 35(1) | 甲(1) | 82 |

续表

| 试验号 \ 因素(列号) | A 反应温度(℃) | B 加碱量(kg) | C 催化剂种类 | 试验指标收率 (%) |
|---|---|---|---|---|
| 5 | 85(2) | 48(2) | 乙(2) | 69 |
| 6 | 85(2) | 55(3) | 丙(3) | 59 |
| 7 | 90(3) | 35(1) | 甲(1) | 77 |
| 8 | 90(3) | 48(2) | 乙(2) | 85 |
| 9 | 90(3) | 55(3) | 丙(3) | 84 |
| $K_1$ $K_2$ $K_3$ | 180 210 246 | 210 225 201 | 195 237 204 | |
| $k_1$ $k_2$ $k_3$ | 60 70 82 | 70 75 67 | 65 79 68 | 总和 = 636 |
| $R$ | 22 | 8 | 14 | |

　　按正交表安排实验完成后，进行试验结果分析，首先比较不同因素在不同水平下的平均收率(即指标)，找出该因素最高的水平来(比如1A条件下试验收率之和51+71+58＝180(%))将其分别列入 $K_1$，$K_2$，$K_3$。然后分别算出收率平均值分别列入 $k_1$，$k_2$，$k_3$。为了直观起见，可用因素的水平为横坐标，平均收率为纵坐标，作出因素与指标关系图，如图7-7所示。

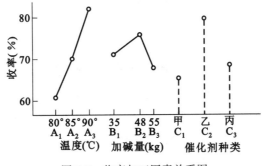

图7-7　收率与三因素关系图

　　从图可见温度90 ℃时收率最高，加碱48 kg为宜，乙种催化剂最好。初步分析结果表明 $A_3B_2C_2$ 是三因素最好水平组合，但是否每个因素都要取平均收率最高的水平呢? 三个因素哪个是主要的哪个是次要的呢? 我们可以进一步看一下哪个因素的变化对指标影响最大。可以通过算出每列的极差看出。所谓极差 $R$ 为每列 $k_1$，$k_2$，$k_3$ 中最大值减去最小值，如第一列 $R = 82 - 60 = 22(\%)$。我们从表 7-16 中的 $R$ 看出温度对反应收率影响最大，催化剂次之，碱影响较小。

从表 7-16 中我们可以看出 9 个实验中最好的生产条件是 $A_3B_2C_1$。通过计算和分析还找出好的生产条件有 $A_3B_2C_2$、$A_3B_1C_2$。到此，收率试验结果的分析已经完成。但试验的目的还没完全达到。我们还未弄清楚 $A_3B_2C_1$，$A_3B_2C_2$ 和 $A_3B_1C_2$ 中哪个条件更适合生产。一般来说，后两个要比前一个好些。但所做 9 个实验中没有这两个条件，它们只是通过计算分析找出的。它们是否真好还必须进行条件实验。因此还要安排 $A_3B_2C_1$，$A_3B_2C_2$，$A_3B_1C_2$ 三个实验进行比较，实验后其平均收率(%)分别为 83.5，92.5，91，最后确定 $A_3B_1C_2$ 为正式生产条件，因为这个条件所消耗的碱少，收率比 $A_3B_2C_2$ 稍低，但成本可降低很多。到此，我们的研究实验才算完成。

## 7.5.2 溶解度参数法

自从 1949 年赫尔法布兰提出溶解度参数以来，溶解度参数已在高分子科学和工艺学中获得很多实际应用。涂料研究开发中运用溶度参数理论不仅可预测涂料的某些性能，而且可设计具有某些特定性能的涂料配方。

溶解度参数($\delta$)(以下简称溶度参数)是分子间力的一种量度，它定义为分子内聚能密度的均方根，即溶解度参数 $\delta = \sqrt{\Delta E / \Delta V}$，其中，$\Delta E$ 为摩尔蒸发能；$\Delta V$ 为摩尔体积。溶解参数、$\Delta E$ 和 $\Delta V$ 都可从手册上查到，或通过一定方法测定。也可以利用化学基团和原子的摩尔引力常数计算溶解度参数，即 $\delta = d \sum G / M$，其中 $\sum G$ 为物质分子中化学基团和原子引力常数的总和；$d$ 为化合物或聚合物密度；$M$ 为化合物或聚合物中链节单元的分子量。

**1. 涂料的溶剂配方设计**

溶剂的性质直接关系到涂料的施工和使用性能，利用溶解度参数相近原则，结合极性相近原则和溶剂化原则来选择溶剂，便可使漆用溶剂的配方设计更加准确可靠。

涂料工业中通常使用混合溶剂，因为混合溶剂更能满足施工和降低成本的要求。当用溶度参数作为设计混合溶剂配方的依据时，混合溶剂的溶解度参数可近似地用各组分的溶解度参数及其体积分数的乘积之和来表示：

$$\delta_{混} = \varphi_1 \delta_1 + \varphi_2 \delta_2 + \varphi_3 \delta_3 + \cdots = \sum_1^n \varphi_i \delta_i$$

式中，$\varphi$ 为各组分的体积分数；$\delta$ 为各组分的溶解度参数。

如果混合溶剂的溶度参数和聚合物的溶度参数相近或相等时，这一聚合物就能溶解。

例：某聚氨酯的溶度参数值为 10.3，试问用二甲苯和 $\gamma$ -丁内酯能否将其溶解？查得

(亦可按上述方法计算)二甲苯和 $\gamma$-丁内酮的溶度参数($\delta$)分别为 8.8 和 12.6，与聚氨酯树脂的溶度参数($\delta$)10.3 相差较远，所以二甲苯和 $\gamma$-丁内酯单独使用均不能溶解聚氨酯。若采用二者配制混合溶剂，按其体积分数计，二甲苯占 33%，$\gamma$-丁内酯占 67%，则该混合溶剂的溶解度参数为

$$\delta_{混} = 0.33 \times 8.8 + 0.67 \times 12.6 = 10.6$$

正好和聚氨酯的溶度参数 $\delta$ 值相接近，故此混合溶剂为聚氨酯树脂的良溶剂。

在实际工作中，要将溶度参数相近原则和极性相似原则及溶剂化原则三者综合考虑并进行试验才能找出最合适的溶剂配方。例如，由双酚 A 制成的聚碳酸酯，其溶度参数 $\delta =$ 9.5，聚氯乙烯的溶度参数 $\delta = 9.7$，两者的溶度参数相近。查得氯仿 $\delta = 9.3$，二氯甲烷 $\delta = 9.7$，环己酮 $\delta = 9.9$，四氢呋喃 $\delta = 9.1$。根据溶度参数相近原则，这四种溶剂均为聚碳酸酯和聚氯乙烯的良溶剂。但实际上，氯仿和二氯甲烷只是聚碳酸酯的良溶剂，而环己酮和四氢呋喃($\delta = 9.1$)却是聚氯乙烯的良溶剂。如果从溶剂化原则来考虑，则上述现象很容易解释：聚氯乙烯为弱亲电剂，而聚碳酸酯为弱亲核剂，它们与其相应的良溶剂在分子之间存在类似如下的氢键：

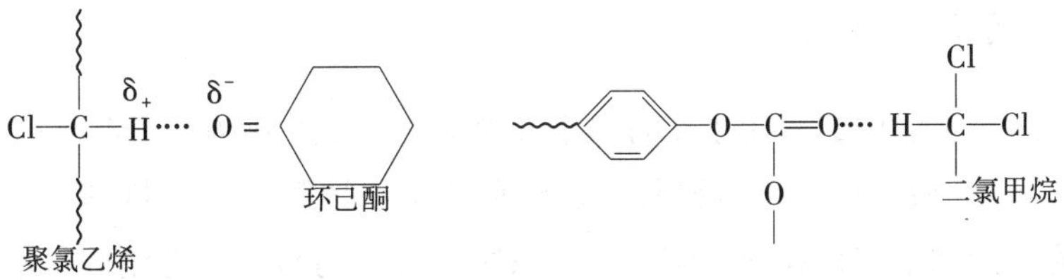

若将聚氯乙烯和聚碳酸酯的溶剂进行互换，即聚氯乙烯对二氯甲烷，两者均为亲电体；聚碳酸酯对环己酮，两者皆为亲核体。这样构成的组合体系，均不能形成类似氢键那样的分子间的作用，故不能互溶。

对于强极性聚合物(如尼龙 66 及聚丙烯腈)，则只有选择强的亲电剂及亲核剂才可能溶解，所以聚酰胺只溶于苯酚和甲酸，聚丙烯腈只溶于二甲基甲酰胺及二甲基亚砜，但它们却不溶于溶度参数相近的甲醇($\delta = 14.5$)及乙醇($\delta = 12.9$)。有关聚合物三维溶解度参数的问题，请参见有关文献。

当然，在设计漆用溶剂配方时，除考虑溶解力这一先决条件之外，还必须考虑溶剂蒸发速度和其他理化性能、毒性、来源和价格等因素。

**2. 溶解度参数用于涂料树脂设计**

当某溶剂(或介质)的溶解度参数和漆用树脂的溶解度参数相近时，该树脂即能溶于这种溶剂(介质)；反之，当二者的溶解度参数相差较大时，该漆用树脂则有不易被溶(或介质)腐蚀的性能，这样对设计耐溶剂腐蚀的涂料就有了依据。介质的溶度参数可以由文献查到或实测，漆用单体及聚合物的溶度参数可根据构成这些物质的化学基团与原子的

Hoy（或 Small）引力常数按 $\delta = \mathrm{d} \sum G/M$ 计算。也可以根据所设计单体及其聚合物所组成的原子或原子团摩尔蒸发能 $\Delta E_i$ 及其摩尔体积 $\Delta V_i$ 值，按 $\delta = \sqrt{\sum \Delta E_i / \sum V_i}$ 计算。因此，可通过单体配料比的改变（即调整聚合物组成比例）而获得具有指定溶解度参数的漆用聚合物，以保证它具有耐腐蚀性能。

在实际设计配方时还需要确定耐与不耐腐蚀的初步判断标准，研究者实验测试很多聚合物材料耐腐蚀数据，并对它进行了统计分析之后，确认以 $\Delta\delta = |\ \delta_1 \delta_2\ | = 2$ 作为划分标准，与实验结果比较吻合。一般将耐腐蚀性能分为三级，以 $\Delta\delta < 1.7$ 为不耐；$\Delta\delta > 2.5$ 为耐；$\delta = 1.7 \sim 2.5$ 为有条件的耐或尚耐。利用溶度参数的差值 $\Delta\delta$ 值设计耐腐蚀的聚合物涂料时也有若干限制，这和溶剂配方的情况完全一样。在设计具有特定性能（如耐溶剂腐蚀等）。指定溶度参数的共聚物时，其共聚物溶度参数的计算，必须考虑整个分子结构。丙烯酸共聚物分子结构中的重复链节为乙撑基，而在乙撑基主链上连有不同摩尔分数的活性侧链基。每种单体的摩尔蒸发能与其摩尔分数之乘积的总和除以每种单体的摩尔体积与其摩尔分数之乘积的总和，其商值的平方根即为共聚物的溶解度参数。

## 7.5.3 电子计算机用于涂料配方

目前电子计算机在涂料工业中的应用主要有以下几个方面：优化配方（包括合成树脂、溶剂、磁漆等）的设计；计算机配色；试验数据的处理和分析；计算机在涂料测试技术中的应用；涂料生产厂的设计和生产自动化控制；涂装系统的设计与自动化控制等。本节只对计算机在磁漆，溶剂的配方设计和计算方面的应用作简介。

**1. 漆用溶剂的配方设计与计算**

假设漆用混合溶剂是由 $P$ 种有机溶剂配合而成的，设各种有机溶剂的体积分数分别为 $x_1$，$x_2$，$\cdots$，$x_p$，相对应的溶解度参数分别为 $\delta_1$，$\delta_2$，$\cdots$，$\delta_p$，则混合溶剂的溶解度参数 $\delta_m$ 可表示为

$$\delta_m = \delta_1 x_1 + \delta_2 x_2 + \cdots + \delta_p x_p, \qquad (x_1 + x_2 + \cdots + x_p = 1)$$

从使用的角度来看，漆用混合溶剂的溶度参数一般还应满足 $\delta_m \geqslant 9$，同时还应根据所用树脂（漆基）的性质来调整混合溶剂的组成，使其溶解度参数和树脂的溶解度参数相适应（即 $\delta < 1.7$）。此外，还要考虑溶剂的极性，氢键结合指数，挥发速度和时间等特性值（这里暂不考虑），以及溶剂的成本和环境保护等。

设 $C_1$，$C_2$，$\cdots$，$C_p$ 为各种溶剂的单价，则混合溶剂的原料费 $Q$ 应为

$$Q = C_1 x_1 + C_2 x_2 + \cdots + C_p x_p$$

此外，根据有关环境保护法规，漆用混合溶剂不应具有光化学反应活性，因而规定芳香族有机溶剂不应超过 8。因此，在配制漆用混合溶剂的 $P$ 种有机溶剂中，有 $m$ 种芳香族

溶剂，其体积分数分别为 $x_1$，$x_2$，$\cdots$，$x_m$，则可用下式表示有关法规的这种限制。即

$$x_1 + x_2 + \cdots + x_m \leqslant 0.08$$

将反映选择漆用混合溶剂限制条件的各式组成联立方程组，利用线性回归分析，通过计算机求解，综合考虑作为漆用溶剂的其他特性，即可获得最经济和性能最佳的漆用混合溶剂。

**2. 涂料配方设计与计算举例**

考虑颜料 $P_A$，$P_B$ 和树脂 R 组成的磁漆，设

$a$ = 颜料体积浓度（$P$，$V$，$C$，）；$b$ = 颜料 $P_A$ 的重量分数；$c$ = 颜料 $P_B$ 的重量分数；$R$ = 树脂 R（密度为 $\rho_R$）的体积分数；$Y$ = 颜料 $P_A$（密度为 $\rho_A$）的体积分数；$Z$ = 颜料 $P_B$（密度为 $\rho_B$）的体积分数。则

$$a = (Y + Z)/(R + Y + Z)$$
$$b = \rho_A Y/(\rho_R \cdot R + \rho_A Y + \rho_B R \cdot Z)$$
$$c = \rho_B Z/(\rho_R \cdot R + \rho_A Y + \rho_B R \cdot Z)$$

解联立方程，消去 $R$，$Y$，$Z$ 得

$$b = \{a - \rho_R \cdot c + (\rho_R + \rho_B)a \cdot c\}/\{\rho_R + (\rho_A - \rho_R)a\}$$

这里从 $a$，$c$ 可求 $b$，同样可由 $a$，$b$ 求得 $c$。将各原料的密度 $\rho$ 和价格等特性常数输入计算机，通过计算机可完成下列工作：

（1）在给定的配方下，计算出涂料的诸常数及生产成本；

（2）在已知部分常数的情况下，求出满足某些条件的配方；

（3）在已知部分常数的情况下，调整颜料种类和用量上的错误；

（4）将涂料制造中的生产批量、损失、流向等数据综合起来，制定出生产现场的基本配方。

总之，通过计算机可以进行原料的选择和配方计算，还可以求出磁漆配方中的诸常数及生产成本。

# 7.6 水可稀释性涂料

## 7.6.1 水溶性与水可稀释性涂料简述

水溶性涂料是以水溶性聚合物为成膜物质的涂料，以水为溶剂，高分子化合物以分子形式溶解于水介质中，其聚合物中必须有大量亲水基团，如羟基、羧基、氨基等，太多的亲水基使涂膜耐水性差。因此水溶性高分子通常不用来做成膜物，而是作为涂料的助剂，如聚乙烯醇作为保护胶体，聚丙烯酸和水溶性聚氨酯作为增稠剂。聚乙烯醇部分缩醛化曾

作为主要成膜物的涂料(106涂料),但由于耐水性差,现已退出市场。

对于水可稀释性涂料,水不是溶剂,只是分散介质,成膜物质在水中以聚集态存在,树脂分子聚集成细小微粒,亲水的基团朝向水介质,分散于水介质中,外观和高分子水溶液相似,都可以是透明或半透明液体,因此这种水分散涂料易与水溶性涂料的成膜物质水溶液混淆。水可稀释性涂料有自干型或低温烘干涂料、电沉积涂料(阳极电沉积涂料、阴极电沉积涂料)和无机高分子涂料(如水玻璃为成膜的涂料)等。水可稀释性涂料品种很多,如水性丙烯酸涂料、水性聚氧酯涂料、水性环氧树脂涂料、水性醇酸树脂涂料等。水可稀释涂料采用电沉和涂装(电泳技术涂装)能自动化、连续化在涂装生产线上进行。电泳涂装涂料已经在汽车、自行车、缝纫机、仪器仪表、金属制品等工业部门得到广泛应用。实践证明电泳施工也有弱点,如设备固定、使用不灵活、污水要处理等。

## 7.6.2 水可稀释性涂料的树脂合成

水可释释性涂料中成膜树脂的合成主要有两种方法:其一是通过高分子反应,首先向聚合物的大分子链上导入一定量的强亲水基团如—COOH,—OH,—NH$_2$,—O—,—SO$_3$H,—CO—NH$_2$,—CH$_2$OH 等(常含羧基、氨基和羟基),然后成盐。其二系将水溶性单体或齐聚物与油溶性单体按适合的比例共聚缩聚等高分子合成方法制备。

1) 可稀释性醇酸树脂

水可稀释性醇酸树脂或水可稀释性油,通常是利用不饱和油脂(桐油、亚麻油、豆油、脱水蓖麻油等)与顺丁烯二酸酐进行 Diols-Alder 反应或油脂的 $\alpha$-活泼氢与顺酐进行加成反应制得。

2) 水可稀释性环氧树脂

阴离子水可稀释性环氧树脂通常选用羟基含量较高的环氧树脂作为骨架结构材料,用不饱和脂肪酸进行酯化制成环氧酯,再以不饱和酸(酐)(如顺丁烯二酸酐,甲基丁烯二酸和丙烯酸等)与环氧树脂中脂肪酸上的双键加成而引进羧基。制备阳离子型水性环氧树脂时,环氧树脂先与异氰酸酯预聚物或丙烯酸聚合物反应,得到含有羟基、羧基和氨(胺)基的树脂。也可先制成环氧-胺加成物,再用乳酸或醋酸中和。

环氧树脂除二酚基丙烷环氧树脂之外,脂肪族环氧树脂(如聚丁二烯环氧树脂、甘油环氧树脂和环戊二烯环氧树脂等)、杂环类的环氧树脂,都可以制成具有各种性能的水溶性漆。用酚醛树脂、氨基树脂、丙烯酸酯或聚酰胺树脂等对环氧树脂改性也可制成水溶性树脂。

上述水可稀释性环氧树脂的制备方法都是和环氧基反应,损坏了环氧树脂所固有的某些特性。如果采用环氧树脂和丙烯酸接枝共聚而使大分子链导入羧基来制备水性环氧树脂,树脂中环氧基依然存在,基本保留了环氧树脂的原有特性。其制备方法是在引发剂存在下，环氧树脂(如 E607，E608)与丙烯酸、苯乙烯、甲基丙烯酸等单体进行接枝聚合，可将羧基导入环氧树脂侧链。环氧树脂的品种、溶剂、引发剂的活性以及接枝反应温度，对树脂的水分散性、稳定性都有一定的影响。

3)水可稀释性丙烯酸树脂

通常是丙烯酸酯和丙烯酸共聚产物。

4)水可稀释性聚氨酯

首先用过量的多元醇与脂肪酸酯化制成半酯，再将其与二异氰酸酯反应，随后加入多元酸酐(苯二甲酸酐等)进一步酯化，控制酸值在 60 以上，即可制得含氨酯键的水可稀释性树脂。如植物油用多元醇醇解，其产物再与异氰酸酯反应，然后加入顺丁烯二酸酐等不饱和酸通过加成反应引进羧基可得改性水可稀释性氨酯油；它还可用酚醛树脂或环氧树脂再改性。

上述亲水树脂中亲水性基团往往还不足以使树脂完全溶解，还须中和成盐以增加水溶性，通常带有羧酸基团的聚合物用胺中和成盐(如阳极电沉积树脂)。带有氨基的聚合物用羧酸中和成盐(如阴极电沉积树脂)。

5)水可稀释性含羟基树脂

聚醋酸乙烯通过皂化制取聚乙烯醇。另一获得含羟基的水可稀释性聚合物的常用方法是使有活泼氢的化合物和甲醛反应，如水性脲醛树脂、水性酚醛树脂等。

为了提高树脂的水可稀释性和调节水可稀释性漆的黏度及其流平性，在配制涂料时，还要加入少量的亲水性助溶剂(如低级醇和醇醚类化合物)，它既能溶解高分子树脂而本身又能溶解于水中。

6)制备水可稀释性树脂的新方法(非离子基团法)

其树脂的水可稀释性是通过引入非离子聚醚链而实现。这类聚合物与非离子表面活性剂结构有相似之处，它们能与上述的水可稀释性树脂相溶，可作为活性稀释剂来取代上述体系中溶剂和成盐的胺等。

## 7.6.3 水可稀释性涂料的固化

水可稀释性涂料在形成漆膜前可溶于水，成膜后不溶于水。因此，在成膜过程中必然有成分或结构的变化，这种变化包括亲水性官能团消失或大大降低其极性。水可稀释性树脂的交联方式可分为自交联和加交联剂交联两类。前者需在微量催化剂存在下加热(有时只加热不一定要催化剂)，加热过程中树脂侧基脱水或脱氨(胺)形成高度交联的网状结构。而后者树脂本身不具备互相发生交联反应的能力，必须添加交联剂与树脂进行交联固化反应；交联剂至少具有两个活性官能团。

具有不同的反应性侧链会有不同交联反应，反应条件也不同，固化后自然生成不同的化学结构的交联固化漆膜。含烯丙基醚、环氧基、羟甲基或烷氧基甲基侧链的水可稀释性丙烯酸树脂都可以自交联，而含羧基、羟基或氨基侧链的，必须加入交联剂才能交联。水可稀释性树脂常用的固化剂有水溶性三聚氰胺甲醛树脂、苯代三聚氰胺甲醛树脂、脲醛树脂等，其中以水溶性六甲氧甲基三聚氰胺用得比较普遍。它与羧酸型水溶性树脂混合后，可加入强酸弱碱的盐(如对甲基苯磺酸铵盐、磷酸氢铵等)促进其固化。大多数水可稀释性聚合物都有潜催化作用，羧酸铵盐受热过程中，挥发出氨，羧基就能发挥催化作用，虽然加入强酸弱碱盐能加速固化速度，但对漆液的稳定性不利。

氨基树脂改性的水可稀释性漆，用在电沉积涂装时，沉积的漆膜内氨基树脂量比配方偏低。为了克服不按配比沉积的现象，可将氨基树脂与水溶性树脂(未中和)预先加热缩合，使之部分交联，然后中和，制成水溶性漆。

## 7.6.4 水可稀释性涂料电泳涂装

水可稀释性涂料可以采用溶剂型涂料的涂装方式，但正如前述电泳涂装是其特色。电泳现象是带电荷的胶态粒子在直流电场作用下，向着与它带电符号相反的电极方向移动的现象。在电场力的作用下，带负电的高分子离子、分散粒子向阳极移动，在阳极表面失去电荷，呈不溶状态沉积在阳极上；阳离子则向阴极移动，在阴极上获得电子，还原成氨(胺)这就是阳极电沉积涂漆的基本原理。电沉积之后，阳极取出经水洗后烘干即形成电沉积漆膜。不管是阳极电沉积，还是阴极电沉积过程，都存在有水溶性漆电泳、电解、电沉积和电渗四种作用，并且同时发生。阴极电沉积和阳离子沉积有相似之处，也存在某些区别，现将基本区别列于表7-17。

表 7-17　　　　　　　　　　　　阳极和阴极电泳涂装的区别

| 项 目 | 阳极电泳涂装 | 阴极电泳涂装 |
|---|---|---|
| 基本树脂 | 在树脂骨架中含有多数的羧基(—COOH ) | 在树脂骨架中含有多数的胺基(—$NH_2$ ) |
| 中和剂(水溶化剂) | 胺及无机碱 ~ COOH+Am $\longrightarrow$ 水不溶性中和剂 ~ COO HA+水溶性(水分散性) | 有机酸及无机酸 ~ $NH_2$+HA $\longrightarrow$ 水不溶性中和剂 ~ $NH_3^+$+$A^-$分散性(水溶性水) |
| 电泳涂装机理 | (1) 在阳极(被涂物)近旁水电解：$2H_2O \longrightarrow 4H^+ + O_2 \uparrow + 4e$<br>(2) 阳极氧化(金属溶出)　$Me \longrightarrow Me^{n+} + ne$<br>(3) 羧基聚合物析出　① $RCOO^- + H^+ \longrightarrow RCOOH$　② $RCOO^- + Me^{n+} \longrightarrow (RCOO)_n Me$ | (1) 在阴极(被涂物)近旁水电解：$4H_2O + 4e \longrightarrow 4OH^- + 2H_2 \uparrow$<br>(2) 胺基聚合物析出　$R_3NH^+ + OH^- \longrightarrow R_3N + H_2O$<br>(3) 底金属不溶出 |

# 7.7 乳胶涂料

## 7.7.1 乳胶漆与漆基分类

水乳涂料(乳胶漆)是以表面活性剂作用下合成的乳液状树脂或干性油分散于水中所形成的乳状液作基料,再将颜料、填料和各种助剂分散在乳液中的双重非均相分散系统。传统的油漆是使颜料、填料、助剂均匀稳定地分散在均相树脂溶液中,制成的非均相分散系统。乳胶漆具有和传统的油漆相同的形态,相似的组成(漆料、颜料、填料、助剂),大致相同的生产流程(树脂合成、过滤、颜料预分散、分散、调漆、配色过滤、包装),近似的施工方法(刷、喷、滚)。

乳胶漆按其受热所呈现的状态可分为热塑性乳胶漆及热固性乳胶漆,常用的是前者。按乳液的树脂分子结构,又可分为非交联型乳胶漆及交联型乳胶漆。根据乳胶漆的应用领域,人们将它分为建筑用乳胶漆、维护用乳胶漆、工业用乳胶漆。乳胶漆的应用开始于建筑业,至今它仍是建筑业应用最多最重要的涂料。

人们习惯于按乳液的单体成分将乳胶漆的漆基分类。直至现在已形成有应用价值的十大类非交联型乳液,它们分别构成各自的乳胶漆。它们是:① 醋酸乙烯均聚物乳液(醋均乳液);② 丙酸乙烯聚合物乳液(丙均乳液);③ 纯丙烯酸共聚物乳液(纯丙乳液);④ 醋酸乙烯-丙烯酸酯共聚物乳液(醋丙乳液、乙丙乳液);⑤ 苯乙烯-丙烯酸酯共聚物乳液(苯丙乳液);⑥ 醋酸乙烯-顺丁烯二酸酯共聚物乳液(醋顺乳液);⑦ 氯乙烯-偏氯乙烯共聚物乳液(氯偏乳液);⑧ 醋酸乙烯-叔碳酸乙烯共聚物乳液(醋叔乳液);⑨ 醋酸乙烯-乙烯共聚物乳液(EVA 乳液);⑩ 醋酸乙烯-氯乙烯-丙烯酸酯共聚物乳液(三元乳液)。

由于石油危机和环境保护意识的不断强化,世界各国竞相研究开发节约能源和节约资源少污染的乳胶漆。作为乳胶漆基料的乳液合成技术也有进一步发展。

## 7.7.2 乳胶漆特性

乳液涂料与溶剂型涂料有很大的差别,其原因在于聚合物乳液和聚合物溶液具有完全不同的性质。

**1. 乳胶的流变特性**

高分子溶液具有牛顿型流型,而乳胶属非牛顿型流型。影响高分子溶液黏度的基本因素是高分子的化学性质、分子量、分子量分布和溶剂的化学性质等。而乳液的黏度与乳状液中高聚物的分子量分布几乎无关,乳粒的形状、粒径、粒度的分布等对乳液黏度则有很大影响。

高聚物树脂溶液即使在低浓度下黏度也非常高。与此相反，具有相同分子量的聚合物乳液即使浓度达到含 60% 乳粒，仍然具有很好流动性；树脂含量有些增加时，乳液黏度变化也不大；而树脂溶液浓度的微小变化就会引起大幅度的黏度变化。在考虑使用相同的涂料漆基时，乳胶漆与溶剂型涂料相比，单位容积的乳液涂料涂敷面积大，膜也厚。在进行浸涂时，浸在乳液涂料中的物料提出后，就能够被涂布。

无论是哪一种聚合物的乳胶，其粒度分布越宽，乳液黏度就越低。而黏度低、固体含量高的乳液，其用途更广。

**2. 表面自由能和润湿**

乳胶要比高分子溶液具有更高的表面自由能，但通过添加表面活性剂，有可能使之减小。乳胶不易润湿颜料(需加分散剂)，而传统的漆基易润湿颜料。

表面能高的乳胶涂料不能很好地润湿具低表面的固体表面，产生迸开现象或阻碍黏附，且难填平物体表面的凹凸部位。如固体表面有污染和异物时，还能引起各种施涂障碍或涂膜缺陷。使用树脂溶液涂料，上述问题就比较少。因溶剂型涂料的表面自由能低，油脂还可以溶解到溶剂中去。乳液涂料和溶剂型涂料相比，其突出的优点是经水溶液润湿的表面更易为乳液涂料所润湿，比如在潮湿的灰浆、混凝土、木材等表面上进行表面涂饰。乳液涂料的表面自由能高，带来涂饰性的不足可将其与水溶性聚合物并用得到较好的效果，这可能是水溶性聚合物赋予了与溶剂型涂料相同的特性所致。

**3. 成膜过程**

乳胶漆的成膜过程比溶剂涂料复杂，成膜与乳胶黏度大小与乳胶粒子分布、涂料的流动特性、乳胶粒子的形变能力以及是否加入成膜剂及其性能有关。

溶剂型涂料干燥时，随着溶剂的挥发，液体漆料围绕颜料粒子流动，而不变形。尽管漆料因溶剂蒸发而变得更黏，但干燥阶段的大部分时间内，流动仍在继续，有利成膜过程。乳胶漆干燥时，在最初水分损失时，在迫使乳胶粒子在靠紧接触之前有些流动。但在这短暂而极重要的初步流动之后，颜料密集达到极高的 CPVC，不利于形成平滑连续的漆膜。

我们想象乳胶/颜料分散体(乳胶涂料)的干燥过程时，可把乳胶粒子看成带黏性的球体，当水分从乳胶组成中失去(水分的失去既可能是由于蒸发至大气，也可能由于多孔性底材的吸收)之后，球体相互黏附、颜料粒子进入所形成的树脂状网状结构中。当湿乳胶收缩成干涂膜时，乳胶粒子聚结并变形、尽可能包围颜料粒子，形成一种多少紧密的堆积排列(乳胶漆)。颜料对乳胶的比例(PVC)在很大程度上控制着含颜料乳胶漆总的物理性能。

据此，通常乳胶漆成膜存在如下三方面的缺点有待克服：

（1）在最低成膜温度（MFT）以下不能形成连续膜。最低成膜温度也受被涂材料表面能否吸收涂料的影响。在吸收性强的材料表面上涂膜的塑性受到阻碍。

（2）在低温多湿的情况下，干燥慢，难以成膜。

（3）难以形成高光泽的涂膜或虽得到光泽性好的涂膜乳液，但比溶液型涂料仍差。

**4. 乳胶漆膜性能**

乳液制得的涂膜硬度、耐化学药品性、耐水性、抗张强度、耐摩擦性、耐紫外线性质等，既取决于漆基的结构，也受合成乳胶以及配制乳胶漆的助剂影响。它比溶剂漆形成膜更难以控制。

为了使乳液颗粒生成连续膜，需要在乳液中加增塑剂和成膜助剂。增塑剂和成膜助剂的种类不同和用量多少都会影响涂膜性质。所以从某些方面来说由乳液制得的涂膜的性质比乳液颗粒本来固有的性质要差些。

为了提高乳液涂膜的性能，通过减少表面活性剂用量，选择好的成膜剂等，赋予表面反应性，使水溶性聚合物的交联合成核/壳乳胶、超微粒乳胶以及采用 LIPN 技术等手段都是有效的方法。

## 7.7.3 合成乳胶用的物料及其作用

合成用于涂料的聚合物乳胶时，除聚合物单体和水作为主要组分外，还包括引发剂、乳化剂、链转移剂、阻聚剂、pH 调节剂、保护胶体、增稠剂、消泡剂等。它们对乳胶及最终涂膜性能都有影响，下面就合成乳胶与其有关的问题予以讨论。

**1. 单体及其影响**

单体用量通常占配方量的 40%~50%，有时可超过 50%。聚合所用单体品种及其用量在一定程度上决定乳液及其乳胶漆膜的物理、化学性能，在不同程度上影响着漆膜的硬度、沾尘性、抗压黏度、抗张强度、伸长率、耐磨性、附着力、耐湿磨性、耐光性、光泽、耐水性、水蒸气透过性、耐碱性、防腐性以及乳液及其漆的最低成膜温度（MFT）、乳液的颜料承载能力等。

合成一种乳液时，首先要根据应用目的、环境对乳胶漆性能要求，选用单体的组合。此外，还要综合考虑成本以及其有关条件。表 7-18 列出对聚丙烯酸酯乳漆漆膜特性有影响的单体供参考。

如何保证漆膜的硬度，又要有足够低的最低成膜温度，这是乳胶漆配方设计和合成的中心问题。如果从硬度出发来选择单体及其比例，必须了解成膜物玻璃化温度与硬度和最低成膜温度的关系，还要了解均聚物的玻璃化温度和共聚物玻璃化温度的关系。经验总结：凡玻璃化温度 $T_g$ 接近室温的高聚物，其漆膜在常温下将表现出一定的硬度。$T_g$ 越高、越硬；反之，$T_g$ 在零度以下和常温下就很软，$T_g$ 越低，越软。赋予硬度特性的单体称为硬单体，而赋予柔韧特性的单体为软单体。

表 7-18 涂膜特性与单体的关系

| 单 体 | 赋予的特性 | 单 体 | 赋予的特性 |
|---|---|---|---|
| 甲基丙烯酸酯<br>丙烯酸酯 | 耐久性 | 丙烯酸酯<br>甲基丙烯酸低级酯 | 抗污染性 |
| 甲基丙烯酸甲酯 （MMA）<br>苯乙烯 （s）<br>丙烯腈 （AN）<br>甲基丙烯酸 （MMA）<br>丙烯酸 （AA） | 硬度，附着力 | 甲基烯酸甲酯<br>甲基丙烯酸<br>丙烯酸高级酯 | 耐水性 |
|  |  | 甲基丙烯酰胺<br>丙烯腈 | 抗划伤性 |
| 丙烯酸乙酯 （EA）<br>丙烯酸丁酯 （BA）<br>丙烯酸 2-乙基己酯 | 柔韧性 | 丙烯腈<br>甲基丙烯酰胺<br>甲基丙烯酸 | |

在实际工作中调节乳液涂膜硬度的方法有三种：① 硬均聚物加增塑剂；② 软、硬均聚物以不同的比例匹配；③ 使硬、软单体以不同的比例进行共聚（内增塑）。其中方法③最佳，该方法不仅可以得到任意的合适硬度，而且可以把各个单体的优良性质综合于一体。

聚合物玻璃化温度与硬度和 MFT 紧密相关，往往在合成时需预先估计所合成的聚合物 $T_g$。任何组成的共聚物 $T_g$，可从各单体的重量分数及其均聚物 $T_g$ 按下式估算：

$$\frac{1}{T_g} = \frac{W_1}{T_{g1}} + \frac{W_2}{T_{g2}} + \cdots + \frac{W_i}{T_{gi}}$$

式中，$W_i$ 为各单体的重量分数；$T_{gi}$ 为各均聚物的 $T_g$ 值。

共聚物的 MFT 通常在其 $T_g$ 以下。

我们如果要使乳胶漆具有与溶剂型漆相近的性能，常可设计制备交联乳胶，但选择交联单体应满足四个条件：

（1）能与主单体进行共聚；

（2）不影响和不受乳液聚合的其他成分的影响；

（3）交联条件与一般溶剂型漆差不多；

（4）不影响产品的老化性能和膜的应用性能。

常用的交联单体有(甲基)丙烯酸，(甲基)丙烯酸羟乙酯，(甲基)丙烯酰胺，N-羟甲基(甲基)丙烯酰胺，(甲基)丙烯酸缩水甘油酯等。这些单体都能与水很好地混合，其聚合物也溶于水，但聚合过程中易引起凝胶化，从而体系失去流动性以至不能制成乳液。因此，根据需要选择合适的用量(交联单体的用量不超过10%(重量)，如羟甲基丙烯酰胺一般为3%~7%)也非常重要。

**2. 水**

水是乳胶合成以及漆配制的分散介质，决定乳液的固体分、黏度以及漆的黏度。水的质量影响乳液稳定性。因此配方时除要准确指出水的用量(50%左右)外，水的质量以及水在工艺操作中使用方式也应注意。

**3. 乳液聚合用助剂**

乳液合成助剂用量少但作用大。任何一种助剂使用不合理，都有可能造成乳液合成的失败或影响所得乳液的质量。

1)引发剂

其用量不过是千分之一二，但它能决定是否顺利进行聚合反应，其用量多少还能决定分子量的大小和乳液颗粒的尺寸。乳液聚合常用引发剂有两类：其一为受热分解产生自由基的引发剂(如过硫酸钾、过硫酸钠、过硫酸铵、过氧化氢等无机氧化物)；有机过氧化物一般也能用作乳化聚合的引发剂。另一类称为氧化还原引发体系，它含过氧化物与还原剂两个组分，通过氧化还原的反应产生自由基而引发单体聚合。因为聚合温度提高倾向于使分子量下降，而氧化还原引发剂可以降低反应温度，反应时间不延长也可得高分子量的聚合物。为此，合成乳液时常用氧化还原反应系统。

2)乳化剂

仅决定着乳液聚合能否进行，而且决定乳液能否稳定存在。乳液聚合时，乳化剂形成胶束，增溶单体和控制聚合反应速度极重要。其胶束的大小及数目对反应动力学也有影响。乳化剂存在于乳胶中，容易在配漆时发泡，从而影响调制、输送和涂布施工。乳化剂残留在漆膜中，对漆膜也带来不良影响。鉴于乳化剂的作用和弊端，乳化剂的选择和用量都必须慎重。

阴离子型乳化剂的特点是乳化效率高，能有效地降低表面张力，因而用量可以较少。但由于它们的离子性乳液粒子带有电荷，使乳液稳定性容易受外界因素(如电解质、pH值等)影响，同时还容易起泡。而非离子型乳化剂的特点与阴离子乳化剂相反，因此在制备乳液中两者常常并用，可收到好的效果。选择乳化剂参考第六章 HLB，PIT 法或通过实验来确定。

3)其他助剂

pH 调节剂、链转移剂、还原剂、促进剂等，各自都有独特的作用，乳液配方设计就在于全面考虑其相互影响并予以合理的组合。根据实践经验，乳液配方的基本组成和大致用量范围及规格列于表 7-19 以供参考。

表 7-19　　　　　　　　　　　　　　　　**乳液配方设计表**

| 组　分 | | 作　用 | 重量份 | 规　格 |
|---|---|---|---|---|
| 单　体 | 硬单体：VAc，St，MMA，AN<br>软单体：BA，HA，EA<br>功能单体：N-MA，MAA，AA | 提高硬度等<br>韧性、内增塑<br>交联、提高附着力 | 100 | 聚合级<br>99%～<br>98.5%Z |
| 水 | | 分散介质 | 100～200 | 无离子水 |
| 引发剂 | 过硫酸盐 $K_2S_2O_8$，$(NH_4)_2S_2O_8$<br>或氧化还原 $K_2S_2O_8$-$FeSO_4$ | 引发聚合 | 0.1～0.8 | 工业或试剂 Cp |
| 缓冲剂 | 磷酸氢二钠 $Na_2HPO_4$<br>碳酸氢钠 $NaHCO_3$ | 调节 pH | 0.3～1.5 | " |
| 乳化剂 | 阴离子型 LSNa，Ms-1<br>非离子型 OP，JFC，SPan | 乳化稳定 | 1～2<br>1～3 | 工业级 |
| 保护胶 | PVA，PMANa | 稳定系统 | 1～5 | 工业级 |
| 链转移剂 | 十二硫醇，$CCl_4$ | 控制分子量 | 1～3 | 工业级 |

## 7.7.4　乳胶漆组成及其对性能的影响

乳胶漆是由成膜物(乳胶)，颜料、填料、助剂和溶剂(水)组成。其漆基包括合成乳液、改性树脂乳液(醇酸树脂、环氧树脂等乳化)和水溶性树脂等。助剂除成膜助剂外，其他助剂与溶剂型涂料的助剂基本类似。

基料、颜料以及各种添加剂与涂料及涂膜性能关系密切。增塑剂和成膜助剂可以改进乳胶成膜过程，对涂料制造及涂料性能有多方面影响。体质颜料与涂装作业性及涂膜的光泽有关系。着色颜料影响涂膜遮盖力、着色均匀性、保色性和耐粉化性。

其他添加剂对涂料及涂膜性能影响面较窄。比如其中增稠剂和涂装作业性和涂料稳定性以及部分涂膜性能有关。分散剂和湿润剂是通过颜料的分散效果与涂装作业性和涂膜性能联系在一起，当加量不足时，其直接影响也较微。防腐剂和防霉剂只对涂料的防腐性和涂膜的抗菌藻污染有影响。而防冻剂只对于涂料的贮存稳定性有影响。消泡剂只和涂料制造有关，与贮存稳定性、涂装作业性和涂膜性能几乎没有关系。除上述助剂积极作用外，时常还伴随着副作用。

乳胶漆的调制要比普通的油漆复杂，在配方设计及其调制工艺上必须高度重视。

## 7.7.5　乳胶漆配制工艺简述

乳胶涂料配制方法之一是首先对已有凝聚的颜料二次粒子(购来品)、分散剂、润湿剂、增稠剂水溶液、水和其他助剂利用搅浆机或捏合机预混合，再用砂磨机施加一定力，将二次粒子于水中分散还原成一次粒子，形成色浆后再加入乳胶混合，这种混合方法称为研磨着色法或色浆法。第二种方法是将二次颜料粒子直接加入乳液和助剂一道于匀浆机或捏合机等进行搅拌混合，这种方法叫作干着色法。色浆的调制受黏度的制约，要使固体分浓度达到65%以上一般是非常困难的。而用干着色法制造的涂料，其固体分浓度可高达84%。就颜料的分散状态来说，干着色不像色浆法那样充分，这种倾向在颜料粒子越小时越明显。干着色法适用于立体花纹饰面涂料和砂壁状饰面涂料等厚涂层涂料的制造；色浆法适用于平整状饰面涂料等薄涂层涂料的制造。

## 7.7.6 新型乳胶漆基料

要用乳液涂料代替广泛使用的溶剂型涂料，必须对乳液的性能进行大幅度的改进和提高。通过研究开发现在已有很多新型的乳胶出现，下面介绍几种新型乳胶基料。

**1. 超微粒子聚合物胶乳**

关于微乳性质与合成在第五章已有介绍，这里进一步介绍作为涂料的微乳。用通常乳液聚合方法所得到的聚合物胶乳，为粒径在 $0.07 \sim 0.5\ \mu m$（$70 \sim 500\ nm$）的白色不透明、低黏度的胶体分散液。超微粒子聚合物胶乳粒径在 $0.05\ \mu m$（$50\ nm$）以下呈透明或半透明的胶体分散液。该乳液不使用增粘剂，也显示出相当高的黏度。在分散介质中的聚合物含量仅30%左右的低浓度，体系已呈凝胶状，这是一大特征。添加极少量的水溶性无机盐以及有机电解质。如各种磷酸盐、磺酸盐、硫酸盐等，可以使体系在低黏度状态下维持正常聚合，最终可得到具有实用价值的40%~50%浓度的超微粒子聚合物胶乳。此外，氨水、氨基醇等物质，即便在聚合反应开始之后加入体系中去，也不产生破坏胶乳的凝聚现象。同时，在成膜时由于挥发而不会残留，效果很好。

超微粒子聚合物胶乳渗透性和润湿性均好，可用于几何形状复杂的加工面以及木材、石粒、混凝土、纸张、布等吸收性好的基体材料的底涂或灌注等方面，以代替有机溶剂型产品。它能形成致密性皮膜，可用于高光泽性塑料表面进行涂饰以及皮革加工等。高浓度胶乳具有触变性，能适用于喷涂技术，很少发生"流挂"现象。对金属材料极微细凸凹图纹及复杂形状的表面，能很好润湿和充分黏附；不仅用于表面涂装，也可用于黏结剂、印刷油墨、黏合剂、打印油墨、金属表面透明保护清漆等方面。聚甲基丙烯酸甲酯、聚苯乙烯等玻璃化温度较高的超微粒子聚合物胶乳，自然干燥时不泛白，能形成玻璃状的透明膜。将其与蜡系打光料配合使用，可提高耐滑爽性；还可作为透明性材料的填充料，改善平滑性和增加光泽性等。

通常乳液聚合制得的大粒径聚合物胶乳，若混入10%~30%的超微粒子聚合物胶乳后再成膜，则成膜的强度、平滑性及光泽性均将得到改善。其原因在于大粒径胶乳中间间隙恰好被超微粒子胶乳填充。在不损害相容性的原则下，可利用玻璃化温度高的超微粒子聚合物胶乳与普通胶乳共混改善硬度和黏结性。根据填充机理，当需要浓缩聚合物胶乳以制备高浓度胶乳时，可用超微粒子胶乳去共混，制得超过最密填充理论值的浓度，亦即大于74%以上的超高浓度聚合物胶乳。

将玻璃化温度高的超微粒子聚合物胶乳，以最密填充状态融结制成的过滤膜（具有5 nm以下超微间隙的多孔膜），有可能作为一种新型的超滤膜而得到应用。

超微粒子乳液在今后的研究开发工作中，将进一步注意高性能和高功能化以及合成反应性聚合物胶乳等方面。例如，对胶乳粒子表面赋予种种反应性能、进行粒子间交联等，向聚合物胶乳粒子内导入适当的交联结构的所谓预交联型聚合物胶乳等，以开拓新的应用领域。

**2. 核/壳双层（或多层）结构聚合物乳液**

核/壳结构聚合物乳液的合成是1980年以来得到迅速发展的技术，它在涂料、黏合剂以及其他功能性乳剂等领域得到广泛应用。

核/壳乳液的合成常采用种子聚合法，即将部分单体预先经聚合制成乳液，然后以此种乳液为种子，再加入同类或不同类的单体于反应系统，新加单体在种子颗粒表面上继续聚合，形成乳液产品。操作的关键是严格控制乳化剂浓度。第一步种子聚合时，要求获得颗粒数目足够多和粒径足够小的种子乳液；第二步聚合时要严格控制系统乳化剂的浓度，使不存在新的胶束，从而单体只能在种子颗粒的表面上进行聚合，而不产生新的胶粒。如此得到的乳液粒度分布均匀，乳液稳定。为了获得所需特性的乳液可以改变乳液的核和壳所用单体化学组成。种子乳液中，壳层单体一次加入或连续滴加，根据竞聚率来决定，一次加入法适宜竞聚率接近的共聚系统。

选用什么单体作种子乳液的单体，哪种单体作壳层的单体，完全根据应用目的或使用条件而定。例如，内核聚合物用质地较硬、分子量高的聚合物，而壳层用相溶性和成膜性好的软质树脂，或用与颜料表面润湿性好的化学结构聚合物。这种核/壳乳液在常温下形成涂膜极佳，涂料稳定性也好。此外，赋予乳液表面良好的反应性的同时，再加入反应性水溶性高分子相配合使用，也能制得非常好的涂膜，这将是可进一步发展的技术之一。壳层可以由多层聚合物组成，每一层可以是均聚物也可以是共聚物。每层聚合物的分子量也可根据需要而决定。

如果聚合物A的亲水性高于聚合物B，最终的乳胶粒很可能是由聚合物A形成外壳，而由B形成核。在亲水-疏水聚合物体系中，粒子的形态依赖于亲水性及疏水性的大小、合成时两阶段的单体比、分子量、黏度及聚合方法。若亲水性大的聚合物乳胶粒作为种子，第二阶段生成的聚合物为疏水性聚合物，这些聚合物将迁移到种子胶粒内部，从而被亲水性大的种子聚合物包裹而形成相翻转的乳胶粒；反之，若聚合物A的亲水性低于聚合物B，最终乳胶粒将呈现规整的球形核/壳结构，壳层由聚合物B构成，这是由于聚合物B是亲水性的，不会受到由相分离而产生的压力影响，从而保持了球形核/壳形结构。

引发剂、溶剂、水乳胶黏度大小以及合成乳粒进行酸、碱性处理等都对核/壳乳胶粒的形态结构有影响。比如用 MMA 与 St 两种单体进行种子乳液聚合时，使用油溶性的 AIBN 作引发剂，所制得的乳胶粒都会观察到"相翻转"现象，即核变成壳。当使用水溶性离子引发剂过硫酸钾时，由于在大分子链上带上了亲水性的离子基团，增大了 PSt 链的亲水性。引发剂浓度越大，大分子链上的亲水基团越多，亲水性就越大，所组成的胶粒有可能不发生"相翻转"现象。当引发剂用量适中时，有可能得到夹心状结构或半月状结构的乳胶粒。

**3. 胶乳互穿网络聚合物（LIPN）**

胶乳互穿网络聚合物也是采用种子乳液聚合类似的方法合成。与种子乳液聚合的区别在于合成种子乳液和壳层的单体组分中均有作为交联的单体（二乙烯苯、二丙烯酸乙二醇酯等）。LIPN 可制成两层、三层或多层。各层可各自交联或部分层间交联、部分层间不交联。层间不交联时同样有大分子的互穿缠绕。利用核/壳乳液技术制备 LIPN 的实例。如 ABS 的制造。生产 ABS 时，第一阶段进行丁二烯乳液聚合，第二阶段进行苯乙烯、丙烯腈的乳液聚合。第一阶段得到橡胶类的弹性体乳液，而第二阶段得到的是玻璃态聚合物乳液。弹性体中的双键进行交联。

LIPN 除可按核/壳乳液方法制备，也可将其单体在可高交联型的水溶性聚合物中进行乳液聚合。用水溶性高分子代替表面活性剂，并在其水溶液中进行乙烯系单体的乳液聚合制备。例如，在 N-羟甲基丙烯酰胺、丙烯酸乙酯、丙烯酰胺的共聚物的水溶液中，丙烯酸乙酯、丙烯酸、N-羟甲基丙烯酰胺混合单体进行乳液聚合，将得到的乳液制成膜，热处理后转变成在水及丙酮中只溶胀而不溶解的膜，即可以认为已形成 LIPN 体。由交联水溶性聚合物同非水溶性聚合所组成的 LIPN，具有优良的耐水性、耐溶剂性、耐热性和黏结性等；可用于涂料、织物涂布、纸张加工、纤维上胶、黏结剂等方面。在透析膜、医用高分子方面也可能得到应用。

在 LIPN 合成中，还可有效地利用聚氨基甲酸酯、环氧树脂、不饱和聚酯等热固性树脂的乳液。例如，向环氧甲基丙烯酯同丙烯酸乙酯的共聚乳液中混入双酚 A 型环氧树脂乳液，再加入胺类化合物，经涂布后便可得到丙烯酸聚合物同环氧系聚合物相贯 IPN 结构的坚韧皮膜。Klempner 等人将聚氨基甲酸酯乳液同自身交联型丙烯酸系乳液混合、固化，得到了氨基甲酸酯-丙烯酸型 LIPN。

**4. 反应性乳液**

反应性乳液可分为水系乳液和有机溶剂（主要是碳氢系列溶剂）作介质的非水分散液。这些反应性乳液如图 7-8 所示，在粒子表面稳定层内，含有各种活性官能团，因而有优异的干燥性能，其膜性能也很好，在涂料等工业部门得到了广泛应用。

典型的常温反应型乳液是环氧树脂等的水分散体，用水溶性或者是水分散性的多胺等

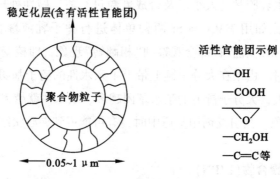

图 7-8　反应性乳液粒子模型

使之固化。涂膜性能决定于环氧树脂的分散方法(分散剂的选择)和配合使用的固化剂种类。

通过加热能自交联固化的乳液,如多元醇/嵌段的异氰酸乳液,丙烯酸和甲基丙烯酸酯中加入羧酸(丙烯酸、马来酸、丁烯酸等)进行乳液聚合的乳液就是代表。这类乳液是基于加热引起加成反应或缩合反应而生成坚韧的三维结构。

反应交联型乳液比不带官能团的乳液在耐水性、耐碱性、耐沸水性、耐湿性等方面都好。显示出通过官能团交联的作用。

**5. 常温交联型乳液**

常温交联型乳液是以具有自交联性的水溶性高分子或分散树脂为分散介质,不具有反应性的热塑性树脂作为分散相所形成的乳液。在这个体系中,因水溶性高分子本身固化涂膜具有相当好的性能,所以按乳液与水溶性高分子配合比的不同,其成膜过程有时和树脂溶液相似,有时和乳液相似。但它显示出基本不同于乳液或溶液高分子固化行为的一种混合相体系。由它制得的膜要比单独由乳液或水溶性高分子所得到的膜性质更好,它弥补了双方的短处。作为水溶性树脂可使用高酸值醇酸类和烯烃系聚合物的马来酸加合物(如丙烯酸类/马来酸加合物的碱中和物)。

典型的常温交联型乳液是以马来酸化聚丁二烯做乳液,丙烯酸类单体在其中进行乳液聚合而得。由于粒径极小,乳化剂呈水溶性,其黏度和贮存稳定性非常好。乳液表面的聚合物由于交联能迅速地高分子化,耐水性非常好。

在配制涂料时,可以把颜料分散在常温交联性的水溶性丙烯酸酯树脂中,再和上述的乳液混合使用。该体系中的水分蒸发,粒子相互接近,导致融结而生成涂膜。与此同时,填满粒子间隙的水溶性树脂发生交联化,粒子表面的马来酸化的聚丁二烯和不溶性树脂结合而呈网状结构。最终整个涂膜形成立体结构,表现出优异的性能。

**6. 光泽性乳液**

我们如果能做到用乳胶基质所形成的涂膜其镜面反射率达到85%以上,那么现有醇酸树脂等溶剂型涂料在相当范围内将会被乳液涂料所代替。这种乳液含丙烯酸酯-苯乙烯系的共聚物和易挥发的溶剂，但溶剂最终不残留在涂膜中。溶剂能使涂料很好地使颜料粒子表面润湿，在成膜阶段可以促使涂膜胶合，减少界面张力，从而降低了涂膜的进出和凹凸不平等缺陷，提高涂料的流平性，易制得光滑的涂膜。这种乳液虽不能说是完全的水系涂料，但所使用的溶剂是低分子醇类、醋酸酯类。

此外还发展了可分解或可聚合的表面活性剂所制成的无皂乳液，以及兼有无机材料和有机材料特性的有机-无机复合高分子乳液等，请参考有关文献。

## 7.8 高固体分涂料

### 7.8.1 概述

高固体分（简称高固分）涂料是由于石油危机，原材料上涨和环境污染控制日益强化而发展起来的。溶剂型涂料施工固化后，溶剂将全部挥发，据统计涂料的固体分（简称固分）从 30% 增加到 40%，就相当于减少溶剂投放量的 1/3，固体分增多到 60%，节省原料中溶剂 70%。通用溶剂型涂料中固体含量约含 50%，高固分涂料则为 60%~80%。很多树脂都可以制成高固分涂料，但目前以聚氨酯涂料，氨基丙烯酸涂料和醇酸氨基涂料为主。高固分涂料涂膜丰满，喷涂道数少，贮存占地面积少，运输费用低，可以用现有的生产设备和涂装设备，不需要增加新的设备投资，因而成为国内外重新发展的涂料品种之一。近年来，由于高固分涂料性能不断改进，使其应用范围不断扩大。醇酸氨基树脂系高固体分涂料，可用于涂装农机具、小型家电制品、机械产品和钢制家具等；丙烯酸系高固体分涂料可用于涂装冷藏车、洗衣机、电冰箱、窗框、自动售货机和汽车零件等。日本关西涂料公司开发的聚酯系和丙烯酸系高固体分涂料作为汽车面漆，据称其性能已赶上普通溶剂型涂料。

高固体分涂料所用聚合物基料与通用的溶剂型涂料属相同类型，只是分子量比较低。由于分子量降低，既有利于固体含量提高又能符合施工黏度的要求，这是与自由体积概念相联系的。应该注意到另一方面，即聚合物分子量降低，端链段的比例就增多，因端链段的活动能力要比中间链段大，其结果聚合物玻璃化温度（$T_g$）低。造成涂膜的某些物理机械性能下降。如涂膜硬度，冲击强度，抗张强度、附着力、耐候性、耐化学品性等都不及一般溶剂型涂料。同时施工时防流挂性和涂膜外观等也有不良影响。如何提高高固分涂料漆膜性能，又满足涂料对固分含量的提高，人们从选择溶解性好的溶剂、活性稀释剂、颜料和填料的选择和表面改性，助剂以及施工方法等进行了多方面研究，认识到溶剂的性质（比如密度、黏度、表面张力等）选得合适有利于固含量提高。

人们发现高固体分涂料的颜料絮凝比通用涂料更严重，絮凝除了对漆膜的颜色与光泽有影响以外，还有黏度严重增高的问题。选用适当的助剂在颜料表面形成吸附保护层，可以解决这些问题。还发现高固分涂料的交联剂也要有较高的官能度，以保证充分的交联固化。单包装高固体分涂料的贮存稳定性较差。使用不溶解的结晶性催化剂，受热熔解，产生催化作用，有利于提高贮存稳定性。

然而研究开发工作的重点仍是如何获得分子量不大、分子量分布窄、交联固化后分子量加大和玻璃温度增高的聚合物漆基。人们开始的工作致力于提高现已用于涂料的聚合物（如醇酸树脂等）交联基团，在一些涂料聚合物中加入活性稀释剂或高官能度的交联剂，使其固化时交联充分，达到分子量加大和玻璃化温度增高的目的。随之而来的研究是合成 $\alpha$，$\omega$-含活性反应基团的遥爪型齐聚物。当今最引人注意的是利用基团转移聚合反应合成可控分子量和分子量分布窄的遥爪齐聚物，作为高固分涂料的漆基或高固分涂料的添加剂。采用互穿网络技术制备高固分涂料也可以获得很好的性能。

## 7.8.2　多官能度树脂用于高固分涂料

为了满足高固分含量涂料对漆基的要求，如果采用通常的方法来制备树脂，在树脂中可能会出现不含官能团或只含一个官能团的低分子组分。不含官能团的分子起增塑作用，使漆膜机械性能发生变化。分子量很低的这部分在固化时受热挥发，并且冷凝在烘道上，还可能滴落在通过的工件上，产生漆膜缺陷。含有一个官能团的分子会在交联时导致链终止，使漆膜固化不够，漆膜的机械性能下降。此外，常规方法合成的树脂的分子量分布很宽，高分子量及低分子量组分都相应增多。高分子量组分会影响黏度，不利于制备高固含量涂料，而低分子量组分影响涂料性能。

增加齐聚物上的活性官能团单体的比率，这些基团可在固化时使链伸长和交联，以达到足够的漆膜性能。官能团含量增加，又势必会使黏度上升，抵消降低分子量的作用。显然，官能团含量与分子量之间存在一最佳平衡。这是按常规方法研究开发高固化涂料基料时值得注意的问题。目前多官能化的低黏度树脂和添加活性剂稀释剂的固分涂料开发最有成效的是醇酸树脂的改性，烘干型和自干型两类高固分醇酸树脂涂料均已商品化。

**1. 烘干型**

（1）丙烯酸改性醇酸氨基树脂涂料可获中固含量涂料。例如，豆油用甘油醇解，丙烯酸酯化，再加入其他辅料，然后与丁醇改性氨基树脂配合，其满足施工黏度的固分含量达55%。如果和六甲氨基三聚氰胺配合使用，其固分含量可达60%。涂膜具有硬度高，光泽、丰满等优点，但只能属中固含量涂料。

（2）无油醇酸（聚酯）/氨基高固分涂料是醇酸树脂高固分涂料开发的主流，发展很快。它们中一类是采用多元醇，如2，2，4-三甲基-1，3-戊二醇（TMPD）或2，2-二甲基-1，3-

戊二醇(NPG)和三羟甲基丙烷(或乙烷)一起与己二酸、苯酐反应合成聚酯,再用丁醇氨基树脂和 HMMM 混合交联。我国用于彩色钢板面漆就是这种,但不是高固含量涂料。美国氰胺公司产品 Cyme 1303 其固含量规定 80%体积也是这类树脂。

支链多元醇无油聚酯和活性稀释剂 K-FLEX(聚酯二元醇,HOCH$_2$—〈H〉—CH$_2$OOCOOCH$_2$—〈H〉—CH$_2$OH,羟值 235,黏度 4~10000 μPa·s)。在聚酯和 HMMM 体系内,再加入稀释剂 K-FLEX 可实现高固体化,低固化温度(93 ℃,20~30 min)和优良的涂膜性能。

**2. 自干型**

自干醇酸树脂加活性稀释剂(多元醇多丙烯酸酯)其固分含量可提高 10%~20%。甲基丙烯酸双环戊烯乙氧基酯(DPOMA)是推荐的一种好稀释剂,它有黏度低,沸点高,轻微臭味和无毒特点。

## 7.8.3 基团转移聚合技术及其在高固分涂料制备中的应用

基团转移聚合(Group Transfer Polymerization,GTP)是 1983 年 6 月美国科学家韦伯斯特(Webster)发明的聚合反应,被称为第五种基本类型的加成聚合。

**1. 基团转移基聚合反应机理简述**

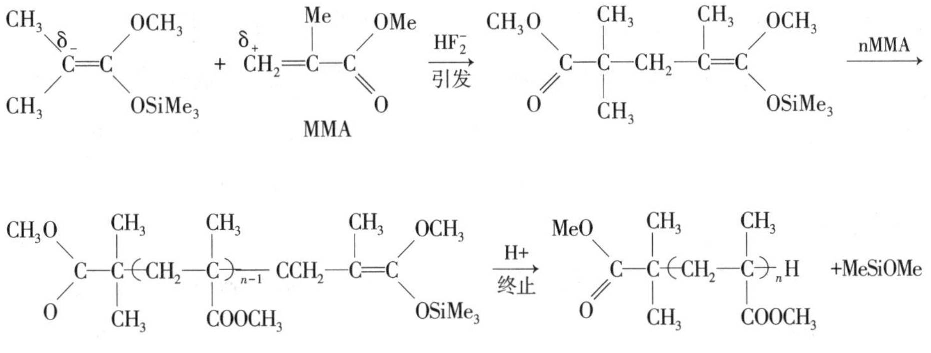

单体进行 GTP 时需要合适的引发剂、催化剂和溶剂。引发剂一般是硅烷基烯酮缩醛类化合物,例如二甲基乙烯酮甲基三甲硅基缩醛(MTS)是应用最多的一种。催化剂有两大类:一类负离子型催化剂,HF$_2^-$,F$^-$,N$_3^-$,(CH$_3$)$_6$SiF$_2^-$ 等,其用量一般为引发剂摩尔数的 0.1%~1%;另一类是 Lewis 酸型催化剂,如 ZnCl$_2$,ZnBr$_2$,ZnI$_2$ 和烷基铝卤化物等,其用量一般为单体摩尔数的 10%~20%。此外,还有与催化剂相应的溶剂:负离子型催化剂常用四氢呋喃(THF)、甲苯、1,2-二甲氧基乙烷、$N$,$N$-二甲基甲酰胺作溶剂;而 Lewis 酸型催化剂则常用卤代烃与甲苯为溶剂。

关于 GTP 反应机理人们初步认为:酸催化的反应机理是催化剂与单体的羰基氧配位,

活化的单体被引发剂引发进行亲核反应；而用负离子型催化剂的反应机理是亲核催化剂通过与引发剂或活性聚合物的活性端基硅原子配位，激发硅原子，使其与单体中羧基氧结合，形成一种六配位硅的中间过渡态。然后，三甲基硅与单体羰基氧形成共价键，使引发剂双键与单体双键完成加成反应。催化剂(Nu)被挤出，单体以 C—C 单键的形式接在链前端，—Si(CH₃)₃ 转移至链末端形成活性聚合物(如上述反应式)。

**2. GTP 的主要特点**

(1) GTP 反应可在室温下迅速进行。因为 GTP 活性端基的热稳定性要比通常阴离子聚合的活性端基好，室温下其活性可长期保存。

(2) 该方法为 $\alpha, \beta$-不饱和的酯、酮、醛、腈和酰胺等极性单体的活性聚合提供了一种有效手段。阴离子聚合通常只适用于非极性的烯烃类单体。因极性单体官能团易使阴离子聚合的活性端基产生链转移反应，所以聚合必须在低温下进行。

(3) GTP 可制备极性单体的嵌段聚合物。通常阴离子聚合时，由于这类极性单体存在副反应，所以无法得到嵌段物。某些带有对自由基特别敏感的基团的单体如甲基丙烯酸酯，如采用自由基聚合，只能得到交联的聚合物。采用 GTP 方法可制备无交联的聚合物。

(4) 聚合物的分子量取决于单体与引发剂的比例，容易控制，分子量的理论值和实测值很接近。而且可得到分子量分布窄的活性聚合物。

(5) 应用各种带有被保护的官能团的引发剂，便可制取相应官能端基的聚合物。如 MMA 用 (CH₃)₂C=C(OSiMe₃)₂ 引发聚合，脱除保护的硅烷基后就可得到"端羧基"的 PMMA 而用 (CH₃)₂C=C(OSiMe₃)OCH₂CH₂OSiMe₃ 引发时，则可得到"端羟基"的 PMMA。如将活性链端用对二溴苄/H⁺(或 Br₂/TiCl—H⁺)作终止剂处理，就可偶合成双功能端基的"遥爪"聚合物。而且这种双功能端基(羧基或羟基)的收率可以做到100%。

**3. GTP 技术在涂料中的应用**

GTP 合成的聚合物在涂料中可作漆基，亦可作助剂。它可提高涂料的固分含量、改善颜料分散度、优化涂料流变性，使涂膜具有满足使用要求的硬度、柔软性和外观等。

(1) GTP 树脂作高固含量涂料。用 GTP 制备的树脂，具有较高的分子量和较小的分散度。例如，用自由基聚合和用 GTP 制备的相同组成的 BMA，其分子量均为 30000 时，前者分散系数为 3.9，而后者为 1.3。这反映在黏度相同的情况下，GTP 制备的树脂的固分含量会高于自由基聚合制备的树脂的固分含量。

(2) GTP 嵌段共聚物作为涂料颜料的分散剂，其分散颜料的效果比普通的无规共聚物好。人们利用 GTP 制备各种结构的嵌段共聚物，用作颜料分散剂。

(3) 用 GTP 技术合成大分子单体用于涂料。大分子单体的用途之一是合成 NAD、聚合物网络或互穿网络聚合物。NAD 是由大分子单体与其他丙烯酸和苯乙烯单体共聚制备的交联微凝胶丙烯酸颗粒，用作涂料的流变控制剂和增强剂。

（4）GTP 技术合成星形高聚物作为其他涂料助剂。含羟基官能团的星形高聚物可以加入其他多羟基化合物和共交联树脂中，起增韧效果。含有星形高聚物的涂料薄膜具有很好的柔软性，同时还具有较好的硬度而适用于涂饰钢材。星形高聚物在涂料中的另一用途是作为流变控制剂。星形高聚物不仅使涂料有很好的流变特性，而且还会使涂料具有理想的硬度和柔软性，同时也具有很好的外观性能。而这些性能恰好是高固分涂料之不足。

GTP 技术除用于生产丙烯酸类涂料及涂料助剂外，国外计划应用 GTP 生产光导纤维涂料、活性高聚物、感光涂料、半稳定性高聚物和热塑性弹性体等。

### 7.8.4 互穿网络聚合物用于制备涂料

**1. 概念**

互穿网络聚合物(Interpenetrating Polymer Network，IPN)是由两种或两种以上交联聚合物相互贯穿形成链锁交织网络聚合物。组成网络的各聚合物组分之间不发生化学反应，而是通过互穿发生互锁作用以环扣联结成交织网络聚合物。IPN 是高分子合金中不同聚合物之间的一种结合方式，可将它视为以化学方法来实现聚合物物理共混的一种技术，为制备特殊性能的聚合物材料和高固分涂料开拓了新途径。

制备 IPN 的方法有分步法(SIPN)、同步法(SIN)和胶乳法(LIPN)三种。SIPN 的制备是将已交联的聚合物(第一网络)置入含有催化剂、引发剂和交联剂的第二单体或预聚物中溶胀，然后再将第二单体或预聚物聚合交联而形成第二网络。SIN 是将两种或多种单体混合在一起，使其以互不干扰按各自的反应历程聚合并交联。如一种单体进行加聚反应而另一种单体进行缩聚反应，即可得到 SIN。LIPN 是应用乳液聚合法来制备 IPN，将交联的聚合物 I 作为"种子"胶乳，加入单体 II 交联剂和引发剂，使单体 II 在"种子"乳胶粒子表面进行聚合和交联，这样制得的 IPN 具有核壳结构。

由于 IPN 内往往存在着永久性不能解脱的缠结，以致使 IPN 的某些力学性能比其所含各组分更好。例如，聚氨酯和聚丙烯酸酯的抗张强度分别为42.07 MPa，17.73 MPa，伸长率分别为 640%，15%；而聚氨酯/聚丙烯酸酯的 IPN(80/20) 的抗张强度高达48.97 MPa，最大伸长率为780%。

在合成 IPN 时，检定各聚合物组分是否已形成互穿聚合物网络结构通常利用高倍透射电镜或扫描电镜对其直接观测。IPN 的形态结构主要包括相分离的程度，相的数目，相畴(微区结构)的形状、尺寸，相的连续程度以及相界面的结构。这些形态结构又主要取决于IPN 的化学组成和合成方法等。通常 IPN 的相区尺寸比共聚物小得多，而且相界面是模糊的。此外，也可以用红外光谱仪、差热分析仪、黏弹谱仪等仪器分析，间接证实 IPN 的形成。

通过原料的选择，配方的调整和合成工艺的改变，可以制得具有特定性能的多品种、多用途的 IPN，也可以配制高固分含量涂料和用于配制各种新型专用涂料。用于涂料的 IPN 大都是 SIN 和 LIPN。当两种聚合物形成 IPN 时，可提高它们的混溶性，加宽相应玻璃化温度的范围。随着两种聚合物组分混溶性的增加，IPN 的两个玻璃化温度相互靠近而形成一个宽阔的玻璃化转变区域，在此区域可有效地减振阻尼，因此一些 IPN 聚合物具有优异的阻尼性能。利用其特性制备阻尼涂料和隔音涂料应用日益广泛。此外，IPN 涂料在汽车漆、皮革涂料、建筑涂料、防腐蚀涂料中的应用也展现出可喜的前景。

**2. 聚氨酯/丙烯酸树脂 IPN**

双组分聚氨酯和光固化交联丙烯酸酯所形成的 IPN 聚合物配制的聚氨酯/丙烯酸树脂 IPN 高固分涂料，其固分含量可高达 80%以上。这种涂料具有优异的耐候性、耐溶剂性和抗冲击性。蓖麻油预聚物和丙烯酸甲酯，丙烯酸丁酯等形成的聚氨酯/丙烯酸树脂 IPN 具有很好的物理机械性能，耐腐蚀性、耐溶剂性、耐热性、耐磨性和绝缘性。若采用 HDI 或 IPDI 等异氰酸酯的预聚物和聚丙烯酸酯形成的 IPN，还具有优异的耐候性和保色保光性及装饰性。

以 $\varepsilon$-己内酯为扩链剂制得的交联丙烯酸聚氨酯（Ⅰ）和己撑二异氰酸酯交联固化的丙烯酸树脂（Ⅱ）为原料，按特定工艺所制得的聚氨酯/丙烯酸树脂 IPN，具有极好的柔韧性和极高的伸长率，同时还具有优异的耐候性，耐溶剂性和附着力，用作汽车面漆和家具涂料，均有极好的装饰效果。

此外，还有各种形式的丙烯酸共聚物和聚氨酯形成的 IPN，在涂料、黏结剂和薄膜材料中都获得了广泛应用。

**3. 聚氨酯/环氧树脂 IPN**

丙烯酸交联的聚氨酯和环氧交联的聚氨酯形成的 IPN 为基料配制的 IPN 清漆，具有很好的耐盐雾性、抗腐蚀性能和机械性能。可用于海洋气候条件下的防腐涂装。聚醚聚氨酯、聚酯聚氨酯或蓖麻油预聚物和双酚 A 型环氧树脂为原料，制得的聚氨酯/环氧树脂 SIN 聚合物配制阻尼涂料，具有很好的阻尼性能。聚氨酯、丙烯酸酯和环氧树脂制备的三组分 IPN，用聚氨酯离子聚合物和环氧树脂，羟丁腈聚氨酯和环氧树脂，聚氨酯和丁腈橡胶增韧环氧树脂，丙烯酸改性聚氨酯预聚物和环氧树脂，乙二醇聚醚聚氨酯和环氧树脂等，制成的各种聚氨酯/环氧树脂 IPN，将在涂料和黏结剂的领域开拓许多崭新的用途。

**4. 聚氨酯/聚酯 IPN**

用蓖麻油预聚物和聚酯-苯乙烯形成的 IPN；聚 $\varepsilon$-己内酯三元醇型聚氨酯和丙烯醇/马来酸酯/苯乙烯共聚物形成的 IPN；聚 $\varepsilon$-己内酯二元醇型聚氨酯和聚酯形成的 IPN 等，都具有很好的机械强度、弹性和减震消音性能，在涂料、黏合剂、弹性薄膜等方面已获得实际应用。

# 7.9 无溶剂涂料

无溶剂涂料有人称之为"活性溶剂"涂料,即涂料中的低分子量组分既有溶剂作用,又能在涂料固化过程中成为涂膜的组成。其实辐射固化涂料(7.11节)也是一种含活性溶剂(活性单体)的涂料,它的特点在于涂料中除含有光引发剂外,涂料施工之后,还需紫外光等射线照射,引发活性单体和低聚物聚合或交联成涂膜的组分。粉体涂料(7.10节)虽是典型的无溶剂涂料,它的制备和施工均需有特殊的设备和技术,本节所述无溶剂涂料与之差别在于生产和应用可以用传统的涂料生产设备和技术;其VOC排放为零或近于零,完全符合当代有关生态、效率和节能要求,它是发展迅速的绿色涂料,获得了涂料生产企业和使用者青睐。迄今无溶剂涂料已广泛应用的有100%固体双组分丙烯酸聚氨酯涂料、聚脲涂料、环氧树脂及其改性涂料和有机硅涂料四类。

## 7.9.1 100%固体丙烯酸聚氨酯涂料

100%固体丙烯酸聚氨酯涂料,即ASTMD16型号V聚氨酯涂料,它是由多羟基的丙烯酸酯(A组分)和多异氰酸酯(B组分)组成,漆膜固化是由A组分提供—OH,B组分提供—NCO,在室温或低温下通过逐步加成反应形成涂膜,没有VOC排放,其交联固化成膜反应式简述如下:

$$\sim\!\!\sim\!\!R'\!-\!NCO + \sim\!\!\sim\!\!R''\!-\!OH \longrightarrow \sim\!\!\sim\!\!R'\!-\!NHCO\!-\!O\!-\!R''\!\sim\!\!\sim$$

涂膜分子结构中,既含有聚氨酯结构链,又具聚丙烯酸酯结构的链段,因此这种涂料兼据两类涂料的优点,体现出优良的综合性能,被认为是迄今最有发展前途的涂料品种之一。为了便于这种涂料施工,含多元醇聚丙烯酸酯的A组分和具异氰酸基的B组分量的比通常以1∶1为佳;且两组分黏度最好相同或相近;涂料中NCO/OH比例按理论设定为1,试验表明NCO/OH低于1,漆膜抗溶剂性、抗水性、抗化学品性及硬度均下降,漆膜发软;若NCO/OH太高,则增大交联密度、提高抗溶剂和化学品性。通常双组分丙烯酸聚氨酯涂料的NCO/OH比例高于1(1.05~1.10),适当提高NCO/OH比值,可改善漆膜干燥性能。制备100%固体又便于施工的丙烯酸聚氨酯的关键在于A组分聚丙酸酯的制备,聚丙烯酸酯的相对分子量分布要窄和黏度较低的聚丙烯酸酯树脂较好,而且还要尽可能确保树脂每个分子上有两个以上的羟基,否则就难以与多异氰酸酯交联成体型成膜大分子。为此制备组分A时应注意以下四个方面:①选用不同化学结构的丙烯酸羟基酯原料,不同的丙烯酸羟基酯单体的黏度不同,如丙烯酸羟乙酯、丙酯、丁酯的黏度依次降低,如有羧基官能团的会使溶液黏度显著升高。②选择合适的引发剂,且适当提高引发剂用量。引发剂夺氢的能力越小，所得树脂的黏度越低，研究结果表明：TBPIN、TAPEH、TAPA、TBPB、TBPA 等引发剂引发的树脂综合性能较好。③提高合适的合成温度，确保树脂合成温度与引发剂的半衰期相匹配。④适量地加入链转移剂，通过对链自由 基的转移来调节相对分子质量，使相对分子质量的分布尽量趋于狭窄。

该涂料 B 组分性能要求较高，最好选用高固分的多异氰酸酯，过去多使用六亚甲基异氰酸酯（HDI）缩二脲，现在则多用 HDI 三聚体和异佛多酮二异氰酸酯（IPDI）三聚体以取代 HDI 缩二脲的趋势，这是由于三聚体较之缩二脲黏度更低，可制得超高固体含量的涂料，漆膜耐候性更好、硬度更高之故。

### 7.9.2　聚脲涂料

聚脲涂料又称为喷涂聚脲弹性体（spray polyurea elastomer，SPUA）。SPUA 系集新材料、新设备、新工艺于一体新型涂料，其应用领域：防水工程（隧道、高速铁路桥梁、水利工程、污水处理池等），防腐工程（管道内外壁、储罐内外壁等），耐磨工程（如军用卡车、集装箱车等），海洋工程（坝体、溢洪道、柱墩等），工业地坪（如车间地面、粮食仓库），运动场地（如网球场、篮球场、羽毛场、跑道面层防护）；影视道具和军事等领域。

SPUA 技术与反应注射成型技术（RIM）结合，系将 RIM 技术快速固化成型的优点和喷涂技术现场施工的特点有机结合起来，使弹性体涂层的成形技术扩展至一个全新的领域，极大地丰富了聚氨酸材料在高性能施工领域的应用 范围。

SPUA 涂料由异氰酸酯、端胺基聚醚、胺类扩链剂和多种助剂为原料，通过复合、施工、反应而形成涂膜，它无 VOC 排放，它是一类性能良好的绿色防腐涂料。这种涂料通常不用甲苯二异氰酸酯（TDT）作原料，因为它的蒸汽压高，喷涂时气味大，污染环境，因此常选用二苯甲烷二异氰酸酯（MDI）或液化的 MDI。当涂膜的耐候、泛黄等性能要求高时，则选用苯二亚甲基二异氰酸酯（XDI）和四甲基苯二亚甲基二异氰酸酯（TMXDI）。为了减少水分对喷涂弹性体的影响，尽量选用预聚体，其优点在于对空气中水分敏感性低，生成的涂膜力学性能好，黏度也低，适合于喷涂。

端胺基聚醚和胺类扩链剂与异氰酸酯的反应很快，通常选择反应活性较低的端胺基聚醚和胺类扩链剂。胺类扩链剂的引入还可改善喷涂体系的触变性和整体力学性能，有利于在垂直面施工。为提高涂层的耐候性及其他性能，以及降低成本，喷涂聚脲弹性体在配方设计时还要加入抗氧剂、防沉淀剂、分散剂、偶联剂和流动性改进剂等助剂。流动性改进剂是喷涂聚脲弹性体技术根据其性能、施工工艺特点和条件等因素特别予以考虑的。

### 7.9.3　无溶剂环氧树脂及其改性涂料

无溶剂环氧树脂及改性涂料的防腐蚀性好，固休含量高，无溶剂挥发，涂层无针孔，抗渗性好，耐酸碱盐溶液、耐水、耐原油、柴油、汽油、溶剂、尿素等腐蚀。固化时无溶剂挥发，减少对环境的污染，适合于船舶油舱、水舱、油罐、水槽内部的防腐涂装。由于具有优良的绝缘性能、弹性、韧性和膨胀系数小、附着力强、坚硬耐磨等特点，还广泛应用于电器设备等绝缘涂料。

无溶剂环氧及其改性涂料固含量可高达100%，无VOC排放，符合环保要求。每次涂层厚度可达100μm以上，甚至可达700μm；涂层结合强度高、收缩率小，减少施工道数，是一类优良的防腐涂料。该涂料相对于普通的环氧涂料，其施工工艺和施工条件有较严格的要求，传统的涂装工艺要做一些改善才能应用。迄今应用较多的有双组分无溶剂环氧地坪涂料、丙烯酸改性环氧树脂涂料和不饱和聚酯改性环氧树脂涂料等。

双组分无溶剂环氧地坪涂料是以环氧树脂、颜料、填料、分散剂、消泡剂、流平剂为A组分，固化剂为B组分。其环氧树脂通常采用分子质量相对较低的双酚A环氧树脂，这种树脂在潮湿状态下对混凝土底材也有较好的附着力，而且具有良好的物理机械性能和耐化学品性能。地坪涂料的颜料一般选用钛白、氧化铬绿等无机颜料，这类颜料不易产生浮色发花现象，性能稳定，价格便宜。填料的选用和用量特别关键，适量填料加入，不仅能提高涂层的机械强度、耐磨性和遮盖力，而且能减少环氧固化时的体积收缩并降低成本。环氧树脂和固化剂的性能对涂层综合性能及施工性能取决定作用。固化剂通常选用挥发性小的脂肪胺类如异佛尔酮二胺溶液等，异佛尔酮二胺是环脂胺，用它涂层保色性较好。

丙烯酸酯改性环氧树脂涂料系环氧树脂和含双键的不饱和一元羧酸加成聚合的产物，具有类似于环氧树脂的力学特性，同时还具有不饱和树脂的工艺特性。该树脂分子链的末端具有高交联度、高反应活性的双键，化学性能稳定，其中稳定的苯醚键还可提高丙烯酸酯改性环氧树脂的耐腐蚀性。

丙烯酸酯改性环氧树脂通常用分子质量低的环氧树脂为原料制备而成，质量低的环氧树脂有优异的耐热性能和耐化学品性。但成膜的边缘耐磨性不很好，在实际应用中常加入高聚合度的聚合物黏合剂，通常是不含丙烯酸官能团。这种树脂涂料广泛应用在复合材料，印刷电路板及绝缘材料等方面。

## 7.9.4 无溶剂有机硅树脂

20世纪70年代美国通用电气（GE）公司已研制出200~220℃连续工作的无溶剂有机硅树脂作为电绝缘漆，90年代很多国家已在车辆电机中大批量使用无溶剂有机硅树脂漆，最有代表性的树脂是法国A-A公司研制的16633树脂。美国GE公司发表无溶剂有机硅漆论文后，我国上海树脂厂与法国几乎同时开展这方面工作。

绝缘浸渍硅树脂研发初期通常是溶剂型，溶剂型浸渍树脂漆在应用过程中有溶剂挥发，造成环境污染；同时还在固化过程中因溶剂涂膜易形成气孔，使绝缘漆性能下降。为了不发生上述弊端，无溶剂浸渍树脂应运而生。无溶剂浸渍树脂因无小分子化合物析出，电器中涂敷这种材料可以实现真空压力浸渍（VPI）工艺。这类树脂迄今应用较多的无溶剂漆是环氧树脂和有机硅树脂及其改性物。无溶剂有机硅浸渍树脂系由含乙烯基硅氧链节的甲基、苯基聚硅氧烷（基础树脂），含氢硅油（交联剂），铂催化剂（通常是二乙烯基四甲基二硅氧烷与氯铂酸醇溶剂反应制备、其催化剂为铂的烯配位络合物）和反应稀释剂等助剂四部分组成。其交联固化之实现如下反应式：

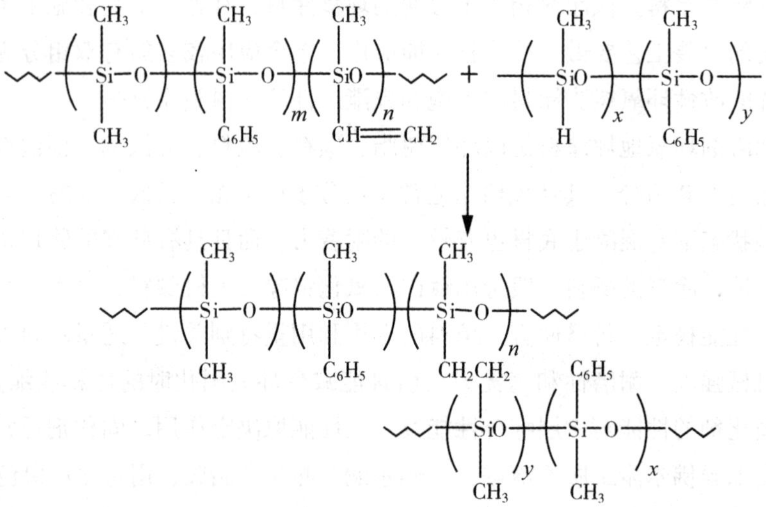

硅树脂是具有高度交联结构的热固性聚硅氧烷体系，有卓越的耐高温性能（200 ~ 250℃可长期使用），突出的介电性（介电强度 50MV/m，体积电阻率 $10^{13} \sim 10^{16}\Omega \cdot cm$，介电常数为 3 左右），优良的耐电晕、耐电弧性，介质损耗角正切值低（$10^{-3}$）且具抗辐射和阻燃性。尤其是具特有的防水防潮性，在浸水或潮湿环境下绝缘性能基本保持不变，这些是其他合成树脂所不及的。因此，硅树脂用于无溶剂真空压力浸渍工艺可起到良好的绝缘效果。国外无溶剂有机硅树脂基本性能参见表 7-20。

表 7-20 国外无溶剂有机硅树脂基本性能

| 性能 ＼ 牌号 | 16633 | 瑞士 SIB3551 | 德国 H62C | 日本 KR2019 |
|---|---|---|---|---|
| 黏度室温（mPa·s） | 310 | 1150 | 1400 | 1000 |
| 密度室温（g/cm³） | 1.09 | 1.17 | 1.13 | 1.01 |
| 凝胶时间（min） | 130℃ 32.5 | | 200℃ 20 | |

无溶剂有机硅漆主要用于绝缘材料，如 H 级以上电气电机的电器、变压器的线圈，缠

绕组或包线和零件的浸渍。用无溶剂绝缘浸渍硅树脂对玻璃布和套管进行浸渍处理，能够赋予其良好的粘接性、热弹性和耐磨刮性，可广泛用于汽车发动机周围的配线与加热器具的配线绝缘、防潮以及马达、干式变压器和家用电器中线圈的高温部位。

玻璃布层压板可用作接线板、仪表板、雷达天线罩、变压器套管、高频及波导工程等材料。制备玻璃布层压板一般使用 R/Si 值接近 1 的硅树脂作为黏合剂，高温固化后具有优异的体积电阻率和耐电弧等性能。通过调整树脂的 R/Si 值及采用甲基含量高的有机硅树脂，或采用特殊催化剂和催干剂，可实现硅树脂在较低温度下快速固化，满足低温使用的需求。无溶剂绝缘浸渍硅树脂的用途不同，需要采用不同工艺实施浸渍，因此通过调整硅树脂组分配比、结构组成，开发系列无溶剂绝缘浸渍硅树脂是未来浸渍硅树脂的发展趋势。

无溶剂绝缘树脂还可用于高速列车、船舶、重型汽车和采矿车中的牵引电机以及电力驱动装置、排烟电机、发电机以及涡轮高温绝缘处理。随着我国高速列车、特高压装备等高端制造行业的发展，无溶剂绝缘浸渍硅树脂需求量一定会逐年递增。

# 7.10 粉 末 涂 料

粉末涂料是一种含100%固体分、以粉末态进行涂装并形成涂膜的涂料。它与溶剂型涂料和水性涂料的差异在于借助空气作为分散介质。由于不用溶剂，减少了污染，符合环保要求。粉末涂料的涂层具有优良的耐腐蚀和高机械强度，涂层外观好。近年粉末涂料主要采用静电涂装，国外发展了粉末电泳涂装涂料和粉末水浆状涂料引人注目。

粉末涂料按涂膜固化形式可分为热塑型和热固型。

热塑型粉末涂料是早期开发的产品，所用树脂包括聚氯乙烯、聚乙烯、聚丙烯、尼龙、纤维衍生物、聚酰胺、氯化聚醚等。主要用于防腐涂层、泡沫涂层等。在化工设备、轻工用具、机械零件、食品工业、印刷工业等生产领域得到应用。聚乙烯粉末涂料近年来发展较快，主要是用于家电和炊具涂装等。热塑粉末涂料在各国粉末涂料中所占比例是较小的。近年来发展了聚偏二氟乙烯(PVDF)、乙烯四氟乙烯共聚物(ETFE)和乙烯—三氟氯乙烯共聚物(ECTFE)等树脂为基料的热塑性粉末涂料作为高端产品。

热固性粉末涂料是各国比较重视发展的涂料产品，目前已发展了以双酚 A 环氧树脂，改性双氰二胺、咪唑啉或 1，2，4，5-苯四酸酐及其盐交联剂而组成的环氧粉末涂料(即环氧型)，含羟基的饱和聚酯和环氧树脂交联组成的聚酯环氧粉末涂料，含羟基的饱和聚酯和异氰酸环氧丙醇酯(TGIC)交联的粉末涂料，含羟基的饱和聚酯与脂肪族异佛尔酮二异氰酸酯加成物交联的粉末涂料，聚丙烯酸酯和相应的交联剂构成的粉末涂料等。近年也发展了以三氟氯乙烯/四氟乙烯/乙烯基醚或乙烯基酯等单体共聚物的热固性氟碳粉末涂料受到重视。

## 7.10.1　环氧树脂粉末涂料

环氧粉末涂料是粉末涂料中产量较大的品种,其优点是附着力、耐磨性、硬度和耐化学药品性均好。环氧粉末涂料是由环氧树脂基料、固化剂、颜填料和添加剂组成。涂料的干法生产工艺是将环氧树脂、固化剂、颜填料和添加剂预混合,然后熔融混合(挤压等)、粗粉碎、细粉碎、过筛及包装。可用热喷涂、静电喷涂和静电振荡等方法涂装。

环氧粉末涂料性能好坏关键决定于基料、固化剂、颜填料和添加剂的合理选择。基料环氧树脂的熔融温度应低于分解温度,熔融后黏度低,易于流平,制造粉末时应易于得到粉末粒子。树脂品种对涂层性能有明显影响。例如,E-20、E-12 和 E-06 软化点分别为 64~76 ℃、80~95 ℃和 110~135 ℃。涂膜耐化学性顺序是 E-20>E-12>E-06,但涂层柔韧性和粉末贮存稳定性顺序却是 E-20<E-12<E-0.6。综合评价以 E-12 为基料较好,或 E-20 和 E-06 复配使用为好。还应注意不同环氧值的 E-12 环氧树脂,对涂层物理机械性能也有较大影响,如涂层冲击强度随 E-12 环氧值减小而下降。选用较高分子量的环氧树脂,能制得花纹美术粉末涂料;溴代环氧树脂(或在 E-12 中加入添加型阻燃剂)能制得阻燃性粉末涂料;沥青改性环氧树脂,可降低成本及提高防腐蚀性能;聚酯和丙烯酸改性环氧树脂,会明显改进粉末涂料的耐候性和耐泛黄性。

因为环氧粉末是单包装涂料,所以固化剂在制造粉末及在室温贮存时,能以粉末形态均匀地分散在基料中,而且不与环氧树脂发生交联固化反应。常用的固化剂有双氰胺及其衍生物、均苯四酸酐、偏苯三酸酐、丙烯酸树脂和聚壬二酸等。

颜填料品种和用量对环氧粉末涂料的稳定性、涂层的耐化学药品性、物理机械性能等有很大影响,选择好颜填料是环氧粉末涂料配方的重要环节。

下面介绍一些粉末涂料常用的颜填料(这些填料也适用于其他类型涂料)。

(1)氧化镁:涂层耐水性较好,但物理机械性能稍差。

(2)氧化铁黑:物理机械性能和耐水性良好。

(3)云母氧化铁:用于底漆中有良好的防水和防气体渗透作用,在中间层和面漆中有良好的耐候性和防腐蚀性,其耐温性优异。

(4)钛白:经表面处理后,其光学性能优良,有高的抗粉化性和遮盖力,涂层有良好的耐候性和保光性。

(5)氧化锌:良好的耐热、耐光和耐候性,能提高涂层的封闭性,在环氧粉末交联固化时有促进作用。

(6)氧化铁红:对日光、大气、碱类和稀酸都非常稳定,遮盖力相当高。

(7)锌铬黄:在碱和酸中溶解,在水中部分溶解,对轻金属有钝化作用,抗腐蚀性好。

（8）硫酸钡：对酸碱作用稳定，防介质渗透性好，形成的涂层冲击强度较高。

（9）高岭土：耐光性好，耐酸、碱性突出，能防止沉降。

（10）云母粉：可防止涂层破裂，阻滞粉化，赋予较好的柔韧性、耐水性、耐候性、耐化学药品性和耐热性。

（11）滑石粉：能增强涂层的强度，提高附着力，能与涂料中极性基团形成氢键，使涂料有一定的触变性，防止沉降；耐沸水性非常突出。

（12）碱式硅铬酸铅：色泽稳定，防腐性强，含铅量比红丹低，污染少。用量为红丹的50%，就能获得优异的防腐蚀性能。

（13）碳酸钙：具有化学活性，减少涂层起泡和开裂，提高涂层的抗氧化和水渗透能力。

在制作环氧粉末涂料时颜填料的加入量通常在30%左右，如果先将颜填料在树脂中处理，不但可以改变粉末涂料熔融流动性，而且可将颜填料提高到40%左右，涂层仍然平整光滑。

选择添加剂及其配比也是保证环氧粉末涂料施工性及涂层性能之关键。当基本组分相同时，若改变和调整添加剂用量，即可制造出不同性能的涂料。如在常规配方中加入胶体二氧化硅，会有效地改进粉末的松散性和流动性；加入熔融黏度高的聚乙烯醇缩丁醛和有触变功效的胶体二氧化硅，会克服熔融粉末的流挂等问题；加入流平剂醋酸丁酸纤维素和丙烯酸酯类等，可改善涂层的麻点和橘皮等弊病。流平剂用量太少，效果差；用量太多，会降低粉末的松散性。醋酸丁酸纤维素用量通常约为2%。

## 7.10.2　聚酯粉末涂料

聚酯粉末涂料是将带羟基或羧基的饱和聚酯(分子量在3000~5000)粉碎后将其与颜料、填料、流平剂、固化剂等添加剂混合，熔融挤出、冷却再粉碎，最后球磨到指定细度。使用时采用静电喷涂，烘烤熔融成光滑的涂膜。热塑性聚酯粉末受热变软后易划伤，耐候性比热固性聚酯差，不耐溶剂和碱等。聚酯树脂分子量影响贮存稳定性，粉碎性和流平性。贮存稳定性要求树脂分子量越高越好，而流平性和粉碎性则要求分子量低些好，二者均与树脂的 $T_g$ 有关。合成时一般要用对苯二甲酸作为主要二元酸，有两种制备方法：

（1）对苯二甲酸二甲酯与乙二醇进行酯交换或对苯二甲酸直接酯化制备成羟基或羟基与羧甲基封端的低聚合度的聚酯，然后再添加苯酐和其他多元醇缩聚成大分子聚酯树脂。

（2）先将涤纶树脂降解，然后再加多元醇或苯酐缩聚成要求分子量等性能的聚酯树脂。

作为粉末涂料的聚酯树脂可以带羟基或带羧基，因此，需选不同的固化剂进行固化。

表 7-20 列出聚酯粉末涂料固化剂及其所进行的固化反应和漆膜性能。

表 7-20 聚酯粉末涂料固化反应及漆膜能

| 树脂<br>反应基团 | ∼∼∼ OH | | | ∼∼∼ COOH | | OH COOH | —— |
|---|---|---|---|---|---|---|---|
| 固化剂 | 酸 酐 | 氨基树脂 | 封闭<br>异氰酸酯 | 环氧树脂 | 三缩水甘油<br>基异氰脲酸<br>酯（TGIC） | 自交联 | 空气<br>固化 |
| 固化形成 | 加成缩合<br>反应 | 缩合反应 | 解封加成<br>反应 | 开环加成<br>反应 | 缩合反应 | 加成反应 | |
| 烘烤条件 | 220 ℃/<br>20 min | 220 ℃/<br>20 min | 190 ℃/<br>20 min | 180 ℃/<br>20 min | 200 ℃/<br>20 min | 220 ℃/<br>20 min | 200 ℃/<br>20 min |
| 光泽 | A | A | A | B | C | C | A |
| 平整性 | A | A | A | B | C | B | A |
| 硬度挠曲度 | C<br>B | C<br>B | C<br>B | C<br>B | A<br>B | A<br>B | B<br>B |
| 冲击 | B | B | B | B | B | B | B |
| 耐度 | A | B | B | B | A | A | B |
| 耐沸水 | B | C | C | B | B | B | C |
| 耐污水 | C | B | B | C | A | A | A |
| 户外<br>曝晒 | A | B | B | D | A | C | C |
| 耐结块<br>（40 ℃/1 个月） | B | D | D | B | B | C | A |
| 耐湿热 | A | A | A | A | A | A | A |
| 作业性 | A | D | D | A | D | A | A |
| 价格 | 高 | 便宜 | 高 | 便宜 | 高 | — | — |

A—好；B—较好；C—中；D—较差。

聚酯粉末涂料的发展是注意改进耐候性，尤其是环氧树脂固化的聚酯粉末，要少加环氧树脂，或用脂肪族环氧固化剂代替芳香族环氧固化剂。低温固化和施工实现薄层化也是所追求的目标。

## 7.10.3 聚氨酯粉末涂料

聚氨酯粉末涂料是由含羟基饱和聚酯树脂为基料，端基封闭的异氰酸酯类为固化剂的新型节能低污染型涂料。它具有极好的工艺涂膜性和装饰性，优良的物理机械性能和附着力强，突出的耐磨性和耐化学药品等。如采用脂肪族、脂环族异氰酸酯固化剂与含羟基饱和聚脂制备的聚酯粉末涂料，还有不易变黄、耐候性能好的特性。聚氨酯粉末涂料可广泛应用于汽车工业、农业机械、建筑机械、家用电器以及太阳能热水器、集热器、钢门、钢窗和建筑防水卷材等。

聚氨酯粉末涂料的主要原料：

（1）羟基饱和聚酯树脂。其羟值应在 30~50 mg KOH/g，熔融黏度（200 ℃）在 30~60 Pa·s，玻璃化温度（$T_g$）为 57~63 ℃，软化点在 90~110 ℃，酸值/羟值为2：10~3：10。

（2）异氰酸酯固化剂。一般分为芳香族封闭二异氰酸酯型和脂肪族封闭二异氰酸酯型两类。

（3）颜填料。要求有很强的着色力、遮盖力、相对低的吸油量，还要求具有较高的耐热性和良好的耐候性等。

（4）助剂。包括流平性、紫外线稳定剂、防老剂、消光剂、固化促进剂、分散剂、增硬剂、脱气剂等。

聚氨酯粉末涂料制备工艺和设备与生产其他类型粉末涂料相同，首先将配方量的物料在高速混合机中预混合，然后在挤出设备中熔融挤出，挤出物冷却后经破碎、粉碎至粒径小于 100 μm 的粉末涂料。

## 7.10.4 聚丙烯酸酯粉末涂料

聚丙烯酸酯粉末涂料主要优点是色浅，可配制鲜艳的浅色和白色，配制深色漆和色漆亦较好。漆膜光亮、丰满、不易划损，耐污染性和保色性、保光性良好，适用于高档装饰用途。由于它的耐候性好，所以它是在室外应用经济技术效果最佳的粉末涂料之一。聚丙烯酸酯粉末涂料的主要缺点是价格偏高，涂层抗冲击性能较差。但它的优点远远大于缺点，是值得发展的粉末涂料品种。

由于聚丙烯酸酯粉末涂料具有良好的装饰性和耐候性，因此广泛应用于电冰箱、洗衣机、空气调节器、灯具等家用电器。汽车车体、摩托车、自行车、窗架、庭园家具、室外金属杆件、街道路灯、交通标志等耐候性要特别好的领域，聚丙烯酸酯粉末涂料更有用武之地。

正如前面章节中所述，丙烯酸树脂的性能，主要依赖于单体的选择。所以设计树脂配方时，应将硬单体（如苯乙烯、甲基丙烯酸甲酯等）和软单体（如丙烯酸乙酯、丙烯酸丁酯、丙烯酸 2-乙基己酯等）根据表 7-21 中所列各单体对聚合物的性能影响，适当配合。粉末用的丙烯酸树脂应具有一定的硬度与玻璃化温度（>65 ℃）。配方中软单体，尤其是丙烯酸 2-乙基己酯的比例应很小。丙烯酸乙酯耐热性和耐光性优良，但过量除显著降低涂层的硬度外,刺激性气味也难以除尽。

表 7-21                                              单体共聚物性能的影响

| 性　　能 | 甲基丙烯酸甲酯（MMA） | 丙烯酸乙酯（EA） | 丙烯酸丁酯（BA） | 丙烯酸 2-乙基己酯（2EHA） |
|---|---|---|---|---|
| 黏　　性 | 不黏 | 黏 | 很黏 | 极黏 |
| 硬　　度 | 硬 | 软 | 很软 | 软、可塑 |
| 抗张强度 | 高 | 低 | 很低 | 极低 |
| 伸张性 | 低 | 很高 | 极高 | — |
| 层间附着力 | 低 | 优良 | 差 | 严重减少 |
| 耐溶剂(汽油) | 好 | 差 | 低 | — |
| 抗温性 | 低 | 差 | 中等 | 好 |
| 保光性 | 优良 | 好 | 差 | 差 |
| 抗冷裂性 | 很差 | 差 | 好 | 优良 |
| 耐紫外光性 | 优良 | 差 | 好 | 好 |

合成含羟基型树脂时,可加入丙烯酸羟乙酯、丙烯酸羟丙脂、甲基丙烯酸羟乙酯和甲基丙烯酸羟丙酯等,加入比例应低于 50%。制备含羧侧基的树脂时,常加入丙烯酸或甲基丙烯酸,其加入量应在 20% 以下。合成缩水甘油醚型树脂可加入丙烯酸或甲基丙烯酸缩水甘油脂,加入比例应不超过 30%。

除选好单体外,选择合适的引发剂也重要。快速反应引发剂(如过氧化苯甲酰、过氧化环己酮和偶氮二异丁腈等)和慢速反应引发剂(过氧化叔丁基、过氧化氢异丙苯、过氧化甲乙酮等)可根据单体种类及聚合方法选用。

丙烯酸树脂所含官能团不同,其固化方式及固化剂的选择均有区别。漆膜性能也表现出较大的差异。现分别将固化形式及其固化后漆膜性能列于表 7-22 供参考。

表 7-22                                        聚丙烯酸树酯粉末涂料的固化形式与漆膜性能

| 丙烯酸树脂反应基团 | —OH | $-\overset{\underset{\text{O}}{\parallel}}{C}-\overset{\underset{\text{H}}{\mid}}{N}-CH_2OR$ | —COOH | $-\overset{\overset{R}{\mid}}{\underset{\diagdown_{O}\diagup}{C}}-CH_2$ |
|---|---|---|---|---|
| 固化剂 | 三聚氰胺 | 封闭异氰酸酯 | 自交联 | 环氧 | 多元酸 |
| 反应过程 | 缩聚 | 加成 | 缩聚 | 开环加成 | 开环加成 |
| 流平性 | B | A | C | B | A |

续表

| 丙烯酸树脂反应基团 | —OH | | $\overset{\overset{}{\underset{O\ H}{C-N}}}{}$—CH$_2$OR | —COOH | $\overset{\overset{R}{\underset{O}{C}}}{}$—CH$_2$ |
|:---:|:---:|:---:|:---:|:---:|:---:|
| 涂层物理性能 | C | B | B | B | B |
| 涂层缺陷(气泡缩水) | C | C | C | B | B |
| 耐候性 | A | B | B | C | A |
| 烘烤条件 | B | C | C | B | A |
| 耐过烘烤性 | B | C | B | B | A |
| 制造作业性 | C | C | C | C | B |

\* 性能优劣次序为 A>B>C。

# 7.11 辐射固化涂料

## 7.11.1 辐射固化涂料及其特性

利用紫外光(UV)和电子束(EB)使涂料交联固化技术广泛用于木材、塑料、金属、皮革、织物、玻璃、印刷电路板及油墨等领域。UV 固化是光引发剂吸收光能后生成自由基(或离子),引发预聚物交联。而 EB 固化则是利用电子束与树脂中某些基团作用产生自由基(或离子)后使聚合交联。

辐射固化的主要特点在于:

(1) 无溶剂而消除了因溶剂挥发造成的环境污染。

(2) 室温固化,反应速度快,适于需低温或快速固化的自动流水线涂装。

(3) 能耗和物耗低,固化所需能量仅为烤漆的 1/5(UV 固化)和 1/100(EB 固化);这种涂料近乎 100%的材料都能转化成膜。

(4) 辐射固化装置投资较大,但装置所占空间比烤漆烘炉小许多,可自动化操作。

(5) 涂料的黏度要求较低,往往在基料中加入活性稀释剂。固化后有极好的漆膜性能。有些涂料在金属上的附着力低有收缩现象,可选择合适的树脂、稀释剂和合成工艺来提高在金属上的附着力。

(6) 复杂曲面见不到光的部位不能固化,树脂透明度不好或加入阻光颜料时,也不能顺利固化。

(7) 一些由自由基引发聚合固化的涂料通常受氧的阻抑,表面固化不良,特别是低黏度和薄涂层,这种问题更加突出。

## 7.11.2　不饱和聚酯光固化涂料

1968 年前西德推出商品"芬斯吉达尔 UV-10"就是由不饱和聚酯树脂和安息香醚类引
发剂等组成的木器用光固化涂料，它的面世给世界涂料和木器涂饰技术及其工业以很大的
震动。1975 年不饱和聚酯树脂光固化涂料，年产近 4000 t 左右，主要用于木器涂饰。这类
涂料称为第一代光固化涂料，它的组成与热固化不饱和聚酯树脂的组成区别只是用光引发
剂代替热引发剂，其他几乎一样。不饱和聚酯光固化清漆的组成：① 不饱和聚酯；② 交
联单体和稀释单体(苯乙烯等)；③ 光引发剂(安息香醚类等)；④ 热稳定剂(氢醌、烷氧
基苯酚、烷基苯二酚类等)；⑤ 隔离氧气剂(石蜡等)。

该体系的优点：原料易得，成本低廉，合成简易，施工方便，固化涂膜集中了热固化
不饱和聚酯涂料的优点，而且比热固化体系使用寿命长，固化速度快得多。

## 7.11.3　丙烯酸系光固化涂料

丙烯酸系涂料组成包括丙烯酸系齐聚物，交联剂和活性稀释单体(如果齐聚物黏度不
高则交联剂和活性稀释单体可以不用)，光引发剂及热稳定剂和颜料及添加剂等。

丙烯酸系齐聚物主要包括环氧丙烯酸酯(环氧树脂与丙烯酸加成酯化物)、聚氨酯丙烯
酸酯((甲基)丙烯酸羟烷基酯与多元醇及 TDI 酯化物)；聚酯丙烯酸酯(聚酯树脂残留羟基
与(甲基)丙烯酸酯化物)；聚醚丙烯酸酯(聚醚端羟基与(甲基)丙烯酸酯化物)；醇酸丙烯
酸酯(醇酸树脂残留羟基与(甲基)丙烯酸酯化物)，聚丙烯酸树脂的丙烯酸酯(聚丙烯酸树
脂的侧羧基及羟基与丙烯酰基衍生物反应成酯等)。其中环氧丙烯酸酯和聚氨酯丙烯酸酯，
在国内外都是用量较大的品种。

**1. 典型丙烯酸光固化涂料树脂合成及组成**

将丙烯酸基引入环氧树脂中通常用 1 mol 环氧树脂与 2 mol 丙烯酸反应。主要物料有：
环氧树脂(1 环氧当量)；丙烯酸(1 酸当量)；阻聚剂(百万分之一到 1% 重量分)；催化剂
(0.2%~2% 重量分)；稀释剂(必要时加入所需量)。

工艺过程：将环氧树脂、阻聚剂、催化剂(必要时加稀料)于反应釜中，压缩空气或氮
气搅动，加热到 80 ℃，然后加入酸。在 90~130 ℃ 之间保温至酸价降到 5 mg KOH/g 冷
却，需要时加入稀释剂。

(1) 阻聚剂：阻聚剂是为了防止过热造成胶凝或产生不必要的副产物以致影响漆膜性
能。常用的阻聚剂有对苯二酚、甲氧甲基对苯二酚、对苯醌、吩噻嗪、单特丁基对苯二
酚、儿苯酚、对特丁基儿茶酚、苯醌 2,5-二特丁基对苯二酚，2,5-对二甲基对苯二酚，
蒽醌和 2,6-二特丁基羟甲苯。阻聚剂的效率与温度有关，必须根据反应过程的温度来选
择合适的抑制剂。

（2）促进剂：促进剂有三乙胺等叔胺、氯化三乙基苯基胺、KOH、$N$，$N$-苯基甲胺、$N$，$N$-二甲基苯胺等。三乙胺用量约为反应量的1%，其他促进剂的用量由实验确定，但通常用量在1%~2%。复合的促进剂比单一的有效。

（3）稀释剂：稀释剂分为非反应性和反应性稀释剂两类。非反应性稀释剂包括溶剂和增塑剂，活性稀释剂又分为单官能单体和多官能单体。表7-23给出单官能、双官能和多官能活性单体及其特性。选用时可一种或多种复合。

表7-23 **活性稀释剂**

| 单　　体 | 代号 | 分子量 | 黏度<br>($10^{-3}$ Pa·s/25℃) | 特　　点 |
|---|---|---|---|---|
| 苯乙烯 | （St） | 101 | — | 收缩率14.6%，价廉，固化慢 |
| 醋酸乙烯 | （VAc） | 86 | — | 收缩率21.7%，挥发快，固化快 |
| 丙烯酸丁酯 | （BA） | 128 | 0.9 | 挥发快，刺激性异味大 |
| 丙烯酸$\alpha$-乙基己酯 | （EHA） | 184 | 1.54 | 中等活性，刺激性气味，膜柔软 |
| 丙烯酸$\beta$-羟乙酯 | （HEA） | 116 | 5.34 | |
| 丙烯酸$\beta$-羟丙酯 | （HPA） | 130 | 8.06 | |
| 丙烯酸环己酯 | （CHA） | 154 | — | 收缩12.5%，膜性能好，显臭味 |
| 1，3-丁二醇二丙烯酸酯 | （BGDA） | 198 | 9 | |
| 1，4-丁二醇二丙烯酸酯 | （BUDA） | 198 | 29 | 黏度低，溶解性好，改进漆膜柔韧性 |
| 1，6-己二醇二丙烯酸酯 | （HDDA） | 226 | 4~6 | 黏度低，溶解性好 |
| 一缩乙二醇二丙烯酸酯 | （DEGDA） | 214 | 6~8 | 黏度低，溶解性好，活性高，UV固化快 |
| 新戊二醇二丙烯酸酯 | （NPGDA） | 212 | 5~6 | 抗划伤，耐磨，与DEGDA相似 |
| 聚乙二醇丙烯酸酯（M=400） | PE400DA | 522 | 40~60 | 与DEGDA性能相似，刺激性小 |
| $\beta$-羟基异戊二醇二丙二烯酸酯 | HPNDA | 312 | 15~25 | 黏度低，刺激性小，附着力和韧性优 |
| 三丙二醇二丙烯酸酯 | TPGDA | 284 | — | 黏度低，溶解性好，反应活性高 |
| 三羟甲基丙烷丙烯酸酯 | （TMPDA） | 295 | 50~150 | 黏度较低，活性高，交联密度高 |
| 季戊四醇三丙烯酸酯 | PETA | 298 | 600~900 | 黏度大，活性高，固化快常与中黏度单体并用 |
| 三聚季戊四醇六丙烯酸酯 | （DPHA） | 578 | 3600~6000 | 黏度特大，活性高，交联密度高 |

## 2. 丙烯酸系涂料 UV 固化光引发剂

丙烯酸酯单体和预聚物受光辐照时能聚合，但反应速率太低，需借助光引发剂加速反应的进行。光引发剂受 300~400 nm 波长的光激发产生自由基，对热较稳定。其主要品种有如下两类：

1）均裂碎片型光引发剂

这类引发剂在 UV 照射下电子跃迁，处于激发态，紧接着分解成自由基，引发单体和预聚物进行聚合。以安息香为例：

$$\underset{\substack{\text{安息香}}}{Ph-\overset{\overset{O}{\|}}{C}-\overset{\overset{OH}{|}}{C}H-Ph} \xrightarrow{h\nu} \left[\begin{array}{c}\text{安息香}\\\text{单线态}\end{array}\right] \longrightarrow \left[\begin{array}{c}\text{安息香}\\\text{三线态}\end{array}\right] \longrightarrow Ph-\overset{\overset{O}{\|}}{C}\cdot \; + \; \cdot\overset{\overset{OH}{|}}{C}H-Ph$$

$$Ph-\overset{\cdot}{C}H-OH + R-C \equiv C-R \longrightarrow R-\overset{\cdot}{C}-\overset{|}{\underset{\underset{Ph-CH-OH}{|}}{C}}-R$$

$$Ph-\overset{\cdot}{C}=O + ROH \longrightarrow RO\cdot + PhCHO$$

安息香分解的自由基引发聚合速度很快，但因为存在苄氢基，影响涂料的贮存稳定性，实际应用中是以安息香烷基醚的形式贮存。

2）氢转移型光引发剂

这类引发剂在 UV 照射下激发夺取聚合物中活泼氢产生自由基，以二苯甲酮为例：

$$Ph-\overset{\overset{O}{\|}}{C}-Ph \xrightarrow{h\nu} \underset{\text{单线激发态}}{\left[Ph-\overset{\overset{O}{\|}}{C}-Ph\right]} \longrightarrow \underset{\text{三线激发态}}{\left[Ph-\overset{\overset{O}{\|}}{C}-Ph\right]^*} \xrightarrow{+RH} R\cdot + Ph-\overset{\overset{OH}{|}}{C}-Ph$$

实际应用中加入叔胺，有利于芳香酮胺光引发：

$$Ph_2CO \xrightarrow{h\nu} \underset{\text{单线激发态}}{[Ph_2CO]^*} \underset{\text{三线激发态}}{[Ph_2CO]^*} \xrightarrow{(RCH_2)_3N} \left[Ph_2\overset{\overset{OH}{|}}{C}\right]\cdot + RCH-N(CH_2R)_2$$

表 7-24 给出几种常用的光引发剂。使用引发剂时，用量过大，固化速度太快会使漆膜交联速度增加，产生应力而导致漆膜起皱；太多的不固化碎片也会影响漆膜的性能。

表 7-24 **常用光引发剂**

| 名　　称 | 结　构　式 | 性　　能 |
|---|---|---|
| 二苯甲酮 | $$Ph-\overset{\overset{O}{\|\|}}{C}-Ph$$ | 吸收 240~340 nm 的光，溶解性好，水白色，有特殊气味 |
| 2, 2-二乙氧基苯甲酮 | $$Ph-\overset{\overset{O}{\|\|}}{C}-CH(OC_2H_5)_2$$ | 液态，吸收 225~300 nm 的光 |
| 2, 2-二甲基 α-羟基苯乙酮 | $$Ph-\overset{\overset{O}{\|\|}}{C}-\overset{\overset{CH_3}{\|}}{\underset{\underset{CH_3}{\|}}{C}}-OH$$ | 液体，水白色，吸收 225~375 nm 的光 |
| 对异丙基苯基羟异丁基苯酚 | $$\overset{\overset{CH_3}{\|}}{\underset{\underset{CH_3}{\|}}{CH}}-Ph-\overset{\overset{O}{\|\|}}{C}-\overset{\overset{CH_3}{\|}}{\underset{\underset{CH_3}{\|}}{C}}-OH$$ | 液体，水白色，吸收 225~375 nm 的光 |
| 二苯乙酮醇 | $$Ph-\overset{\overset{O}{\|\|}}{C}-\overset{\overset{H}{\|}}{\underset{\underset{OH}{\|}}{C}}-Ph$$ | 受热能反应，贮存稳定性差 |
| 安息香醚类 | $$Ph-\overset{\overset{O}{\|\|}}{C}-\overset{}{\underset{\underset{OR}{\|}}{CH}}-Ph$$ | R=甲基、乙基或异丙基 |

### 7.11.4 光开环聚合交联涂料

为了消除氧气对涂料光固化过程的干扰，开发了光开环聚合固化法。其开环对象一般是三元环醚聚合物（如环氧树脂）。环缩醛和环内酯以及环硫醚聚合物等。近年，发现一些硅氧环化合物可发生这类反应。光开环聚合固化法的技术核心是光开环引发剂。

1) ACC 法（American Can Co. 法）

该方法是用路易斯酸芳香族重氮盐作为光开环引发剂。光引发剂吸收光能后，引起光碎裂作用，释放出酸或阳离子活性中间体引发离子型聚合作用。这在涂料、油墨和黏合剂技术中已找到相当多的用途。重氮化合物光解产物生产路易斯酸（如 $BF_3$），可催化环氧化物的开环反应，已用于光致抗蚀剂和印刷电路技术中，其反应过程如下：

$$\langle\bigcirc\rangle-N{=}N\cdot BF_4^- \xrightarrow{h\nu} \langle\bigcirc\rangle F+N_2+BF_3$$

351

$$\underset{\text{C——C}}{\overset{\displaystyle O}{\underset{|}{\underset{|}{\phantom{C}}}}} \longrightarrow \underset{\overset{|}{\text{C——C}}}{\overset{\displaystyle OBF_3}{\underset{|}{\phantom{C}}}}{}^+ \xrightarrow{\quad\overset{\displaystyle O}{\text{—C——C—}}\quad} \underset{\overset{|}{\text{C——C——C——C}}}{\overset{\displaystyle OBF_3}{\phantom{C}}}{}^+$$

这类反应引发剂有许多不同类型,其化学表达式如下:

$$ArN_2PF_6 \longrightarrow ArF + N_2 + PF_5$$

$$ArN_2SbF_6 \longrightarrow ArF + N_2 + SbF_5$$

$$ArN_2AsF_6 \longrightarrow ArF + N_2 + AsF_5$$

$$(ArN_2)_2SnCl_6 \longrightarrow 2ArCl + 2N_2 + SnCl_4$$

$$ArN_2FeCl_4 \longrightarrow ArCl + N_2 + FeCl_3$$

$$(ArN_2)_2BiCl_6 \longrightarrow 2ArCl + 2N_2 + BiCl_3$$

$$ArN_2SbCl_4 \longrightarrow ArCl + N_2 + SbCl_3$$

采用重氮盐的缺点在于有时它们不易控制,既催化光反应又催化暗反应。这一弊病可通过使用特殊溶剂或有关络合剂如腈、酰胺、砜和亚砜加以克服。有氮气产生,使膜中形成气孔。

为了避免重氮盐在稳定性、颜色及反应性上的一些不利影响,又研制了其他类型的盐如硫、碘盐等。

2)GE,3M 法(General Electric Co.,3M Co. 法)

这种方法仍然是靠光分解产生路易斯酸而实现离子聚合。所不同的是前者是用路易斯酸重氮盐,光解过程中要放出氮气;后者是路易斯酸的碘盐和锍盐,使用时配合含活泼氢的溶剂,发生下列反应:

$$\underset{\text{碘盐}}{Ar_2I^+X^-} \xrightarrow[\text{Solvent-H}]{h\nu} ArI + Ar\cdot + Solvent\cdot + HX$$

$$Ar_3I^+X^-_{\text{锍盐}} \longrightarrow Ar_2S + Ar\cdot + Solvent\cdot + \underset{\text{路易斯酸}}{HX}$$

X 代表 $BF_4$,$PF_6$,$SbF_6$,$AsF_6$ 等。

优点:不产生氮气;加入环氧化合物中,稳定性好,可做成液型,克服了芳香族重氮盐的缺点。但是价格高,有特殊的臭味。最大优点是不受空气中氧的阻聚,因为引发聚合机理不涉及自由基和激发三线态。基于同样考虑,光照后能产生强氢卤酸的物质作引发剂。在应用中采用光产生酸固化和自由基引发聚合固化结合的方法,收到令人满意的效果。

## 7.11.5 光加成型光固化涂料

为了防止氧干扰,光引发加成聚合法,特别是多元硫醇和多烯体系的光加成聚合引人注目。这个体系的固化机理虽仍然是与生成激发二线态与自由基有关,但几乎不受氧的阻聚，其反应机理如下：

$$Ph_2CO \xrightarrow{340nm} Ph_2CO^{S*} \longrightarrow Ph_2CO^{T*} \xrightarrow{RSH} RS\cdot + Ph_2\dot{C}OH$$

$$RS\cdot + H_2C=\overset{H}{\underset{}{C}} \wedge\wedge\wedge \xrightarrow{RSH} R-SCH_2-CH_2\wedge\wedge\wedge +RS\cdot$$

这类引发剂效率取决于芳香族羰基化合物的本性，即在溶液中的消光系数和三线态寿命，以及烯烃双键上的取代基是属于给电子基还是吸电子基。宇宙飞船内壁的自封闭保护就是采用这类涂料。在双层墙的空隙部分贮有液体的光固化硫醇-烯树脂。当飞船被飞行物体击穿时，涂料在压力下从洞中流出(飞船内壁的压力比船外大)，而被来自太阳系的紫外光固化。

## 7.12　无机及其改性涂料

相对于有机树脂为成膜物的无机涂料，它更具资源和绿色环保优势，生产成本较低和性能好的特色。因此，无机涂料越来越受到人们青睐，甚至近年来还有人提出"涂料无机化"的观点，可见无机涂料发展潜力。

无机及其改性涂料主要有无机建筑涂料和无机富锌防腐涂料两大类，它们除具涂料基本功能外，最突出优点体现于优良的附着力，优异的耐候性，耐溶剂性好，耐热性优良，耐磨性能好，抗辐射和抗静电令人满意，生产、使用和贮存都较安全；作为防腐涂料还有自修复性和被它保护的钢铁结构材料焊接性能好。通常无机建筑涂料或无机富锌涂料虽有上述优点，但都有脆性和柔韧性差的问题，为此，近20年来国内外对这类涂料进行了很多改性工作，使涂料的性能得到提升，应用领域也相应得到不断开拓。

### 7.12.1　无机建筑涂料

无机建筑涂料按成膜基料不同分成硅酸盐涂料和硅溶胶涂料两大类：前者系以硅酸钾、硅酸钠、硅酸锂或硅酸铵等硅酸盐或它们的混合物形成的聚硅酸盐为成膜物，再加入相应的固化剂和合成树脂乳液改性而成的涂料；后者则以硅溶胶为基料，再加入合成树脂乳液或辅助成膜物质而制备的涂料。

1)硅酸盐涂料

硅酸盐涂料成膜物是多种聚硅酸盐的复杂水溶液，其通式为 $Me_2O \cdot nSiO_2 \cdot mH_2O$，其中 Me 代表钠、钾、铵或锂4种阳离子，$n$ 为模数，即水玻璃中 $SiO_2/Me_2O$ 的比值。随着模数的提高黏附性能力降低，但成膜后的涂膜的耐热性和耐水性相对提高；模数低的硅酸盐黏结性能好，但成膜后的耐水性变差，研究表明，模数要在1~3.7范围内。上述几种常见的硅酸盐中，因硅酸钾和硅酸钠粘接和成膜性能优异，价格较低，其应用也较为广泛。水玻璃中含有"自由水"和"结合水"，结合水是以氢键和聚合单元粒子表面 SiOH 结合的水，或以配位键与阳离子结合的水，此外还有聚合单元上的硅酸基等三种。常温时交联固化成膜过程缓慢，为了加速和提高涂膜耐水性，除改善固化外部条件外，常向水玻璃中加入固化剂；建筑涂料多使用聚磷酸 Al 盐、Mg 盐、Ca 盐等作为固化剂。为了取得较好的固化效果还需加辅助固化剂。以水玻璃用作成膜物的涂料，其耐水性不好，其原因是成膜物中含有 $Na^+$ 和 $OH^-$，尤以 $Na^+$ 对膜的耐水性影响大，其水合作用导致硅氧键断裂，涂膜溶解。因此改善水玻璃耐水性主要途径是减少成膜物中的 $Na^+$ 和 $OH^-$。将有机聚合物或具有表面活性剂作用的有机物加入水玻璃中，使水玻璃黏结剂硬化时，$Na^+$ 和 $OH^-$ 被有机憎水基取代；或在钠水玻璃中加入锂水玻璃或引入 $K^+$，将合成树脂乳液作为辅助成膜物质与无机基料复合使用，以填充在—Si—O—Si—网状结构中的间隙，达到屏蔽 $Na^+$ 的作用，从而增加涂层的耐水性。水玻璃采用酸改性后再用聚合物乳液复合，可以使涂膜达到更优异的性能。

2）硅溶胶涂料

硅溶胶是硅酸缩聚物的胶体溶液，涂料化学式可书写 $H_2SiO_3(mSiO_2 \cdot H_2O)$，它是一种微蓝色乳胶体。其胶团粒径范围通常在 $5\sim40\mu m$，比表面积大，吸附能力强。硅溶胶由于具有良好的耐水性，耐酸、碱等化学物质的腐蚀性，且对基材表面有很强的黏结力和封闭作用等特色，它是继水泥涂料、硅酸盐涂料后最具前途的第三代无机建筑涂料，迄今它已在欧、美、日本等发达国家作为环保型建筑涂料广泛应用。随着我国对高层建筑限制使用马赛克等贴墙，近年这种无机涂料也得到较快的发展。

硅溶胶涂料因其存在固体含量低，流平性差，在失水成膜过程中收缩性大，从而导致涂膜龟裂等缺陷。因此在硅溶胶中常加入与有机聚合物乳液混拼，这样可弥补其不足。

国内目前采用偶联剂存在下将硅溶胶与苯丙乳液通过冷拼复配，制得硅溶胶-苯丙无机/有机复合乳液；研究表明复合乳液中硅溶胶与苯丙乳液之比为 1:3 时，pH 值与苯丙乳液相近(即 pH 值在 $8.5\sim10$ 时)，涂料的耐擦洗性、耐水性能较好。将硅溶胶与硅酸钠混合制备的硅酸盐涂料也可以互相弥补了各自的不足，使涂料具有耐火、耐水和耐污等特性。采用无机/有机纳米杂化复合技术，对水性涂料性能有极大改善，可提高涂膜的硬度和附着力，同时涂膜抗紫外、抗老化性等亦有提高。当以硅溶胶为单独成膜物的水性无机建筑涂料，首先需对硅溶胶中部分羟基进行钝化处理，实现硅溶胶改性，防止因硅溶胶羟基太多，固化时收缩过大，而发生漆膜龟裂；在配制这种涂料时，还要注意加入助剂顺序和颜料预先润湿，如此才可制得的性能符合国家标准或优于国家标准的涂料。

## 7.12.2　无机富锌防腐涂料

钢铁是发展现代工业和基础设施建设不可缺的材料，因其物理、机械和加工性能优异，钢铁材料及其构件已广泛应用于高层、大跨度建筑，铁路、桥梁、电力和水利工程等基础设施，以及舰、艇、船舶制造和海洋工程等领域。钢铁材料不足之处在于容易遭受电化学腐蚀和化学腐蚀，据统计，每年因其腐蚀造成的损失约占全球钢铁生产总量的5%左右。因此，人们采用了很多方法来减缓钢铁的腐蚀，延长其使用寿命，如在钢铁表面涂刷有机树脂或加有缓蚀剂等助剂树脂涂料，以防止钢铁与具腐蚀性的介质直接接触而产生化学腐蚀。实践证明，钢铁表面涂以富锌底漆的保护层防阻电化学腐蚀最好，可使钢铁构件数十年不被腐蚀。迄今富锌底漆已成为一种最好的重防腐涂料，其原因在于钢铁主要是电化学腐蚀，采用电化学防护是最重要的防腐手段。锌粉是最重要的电化学防腐颜料，当富锌涂料中含锌通常80%左右，当锌与钢铁表面紧密接触，在大气及其他具腐蚀性环境下，其钢铁表面易吸附水等介质而构成原电池，锌的标准电极电位较铁负，作为阳极的锌易失去电子而腐蚀，而作为阴极的铁获得电子得到保护。上述电化学防腐过程是富锌涂料牺牲锌来保护钢铁免受腐蚀，即富锌涂料最具特色的防腐作用。此外，富锌涂料还有自修复作用，钝化作用，以及一般涂料所具备的屏蔽作用。基于上述富锌涂料对钢铁防腐蚀的特色，在20世纪20年代就发明了这种涂料，并通过近百年的不断应用，使富锌涂料得到改进和发展。当代国内外常见富锌涂料有醇溶性无机富锌底漆，水溶性后固化(或自固化)无机富锌底漆，无机磷酸盐富锌涂料和以环氧富锌底漆为代表的有机富锌涂料。

环氧富锌底漆是有机富锌涂料中最好的品种，它的黏结性、附着力、机械强度、屏蔽性能以及与其他涂料品种的配套性要比无机富锌底漆好，但防腐性、耐候性等较无机富锌底漆差，使用寿命较短，适应于环境不太恶劣的钢铁构件和设施防腐。本节仅对无机富锌防腐底漆予以介绍。

1)醇溶性无机富锌底漆

醇溶性无机富锌底漆是双组分涂料，系目前国内外长效重防腐配套体系中应用最多的底漆。这种底漆系以正硅酸乙酯水解缩聚的低聚物(如硅-40，ES-40)和锌粉为成膜物；ES-40(硅-40)与锌粉混合后，涂覆于钢铁表面成膜。该底漆的特色是干燥速度快、施工适应性好，防腐等综合性能也是最好的。醇溶性富锌底漆很适合于舰、艇、船舶和海洋环境下的钢铁结构设施的防腐蚀。所有无机富锌底漆对钢材表面的前处理要求都较高，否则会影响到涂层的附着力，在一般情况下都需加涂一道封闭漆。为了进一步增进漆膜的附着力、减少脆性，在醇溶性富锌涂料中需加入少量有机树脂予以改性，如极性相近的聚乙烯醇缩丁醛树脂，该措施是迄今常用的方法。相关文献中也有用其他有机改性物、有机硅树脂或硅烷偶联剂对它进行改性研究的报道。

2)水性无机富锌底漆

水性无机富锌底漆是以水为介质的富锌涂料，这类底漆的性价比和绿色环保优势，吸引了很多研究和生产者关注。该底漆是由锌粉和聚硅酸碱金属盐组成的水性无机富锌涂料，底漆成膜后形成网状高分子聚硅酸锌盐络合物。由于水的表面张力大，湿膜不容易在钢铁表面铺展，特别是边角部位容易产生缩边，湿态附着力较差，甚至会发生起皮、剥落现象，只有增加底材表面的粗糙度，方可改善涂膜的附着力。因此，在水性无机富锌底漆的涂装过程中对涂漆前的钢铁结构表面预处理非常重要，除油、喷砂必须达到 Sa2.5 级，粗糙度达到 $40\sim70\mu m$，为改进水性无机富锌底漆的施工成膜性和耐腐蚀性，还可以加入相应的助剂，如流平剂、缓蚀剂等，实践表明，利用络酸盐及有关防锈颜填料等在金属表面形成的过渡层是防止水性无机富锌底漆出现闪蚀和提高附着力的有效方法。迄今该底漆按固化条件分为两种类型：

(1)水性后固化型无机富锌底漆。水性后固化型无机富锌底漆主要是以硅酸钠(又名水玻璃，俗称泡花碱)为黏结剂，加入辅助成膜剂，如羧甲基纤维素与锌粉充分混合后涂在钢铁表面，当涂膜干燥后，再喷上酸性固化剂，如稀磷酸或稀释的氯化镁溶液使涂层固化。磷酸固化剂的作用在于同硅酸钠生成硅酸，副产物磷酸钠、氯化钠可以溶于水中，在涂层完全固化后可用水洗去，而生成的不溶性产物硅酸锌聚合物则增加了涂层的致密性，对涂层有良好的屏蔽作用。

后固化型无机富锌底漆虽然有良好的防腐蚀效果，但涂层固化后需用水清洗涂膜表面以除去多余的未反应的固化剂和副产物，因工艺复杂，这种无机富锌底漆目前已经很少使用了。

(2)水溶性自固化无机富锌底漆。水溶性自固化型无机富锌底漆的主要成膜物为硅酸钠或硅酸锂等聚硅酸碱金属盐类，加入适量的海藻酸钠溶液或苯丙乳液等辅助原料，以及流平剂、缓蚀剂等，将其再与锌粉混合后而成。该底漆的反应原理是利用空气中的二氧化碳和湿气与硅酸盐进行反应，在生成碳酸盐的同时，锌粉也同硅酸盐充分反应成为硅酸高聚物，它保留了对水的敏感性，直到水溶剂完全从漆膜中挥发。自固化型无机富锌底漆耐蚀保护性能优越，主要应用于成品油或化学品储缺罐内壁。为了提高这种涂料的活性，要求硅酸盐的模数较高。它和后固化型无机富锌底漆的缺点一样，涂膜干燥速率较慢，固化受温度和湿度的影响较大，在其固化过程中对水较为敏感。

(3)磷酸盐富锌底漆。无机磷酸盐富锌底漆是由一类新型富锌涂料，实验证明，它的防腐性能不亚于醇溶性无机富锌底漆；该涂料是由磷酸盐、聚硅酸和锌粉等为主要原料加工形成的产品。磷酸盐富锌底漆的防腐机理除有锌粉的阴极保护作用外，磷酸锌能够和 $Fe^{3+}$ 反应形成附着牢固的络合物 $Fe^{3+}[Zn(PO_4)_3]$ 沉淀层而抑制阳极反应，同时还能与辅助成膜剂有机树脂中的羟基和羧基结合，使颜料和树脂与底材之间结合形成化学键，提高涂料的附着力和抗渗性。该涂料是国内创新发展的一类涂料，也是迄今发展应用较快的一种无机富锌底漆。无机磷酸盐富锌底漆虽然防腐性能很好，但其涂膜硬度较低，机械强度差，涂膜在再涂面漆前易损坏，因此对其改性使它完善化一直在进行研究开发。

## 7.13 特种和专用涂料

特种涂料除了涉及上述涂料技术，还与光学、热学、力学、电磁学、声学、生物学、晶体结构学等许多学科有关。

不同类型的特种涂料赋予物体的特定功能，保证各类新技术发展得以实现。例如宇宙飞船重返大气层时，表面温度达 2800 ℃，中程导弹驻点温度达 3000 ℃以上，洲际导弹驻点温度达 7000 ℃以上；在上述苛刻条件下，金属材料会很快烧毁，应用合成树脂和无机材料配制的隔热烧蚀涂料涂装于金属表面，可以使飞船、导弹正常运行。耐冷涂料用于液化天然气(-162 ℃)的贮运罐的涂装。海轮、军舰在大海中航行，必须防止海生物附着，目前最有效的办法仍是涂刷"防污涂料"。为降低汽车、航天器、飞机等的振动，减少噪声，研制了阻尼涂料。随着科学技术发展、电器设备向大容量、高电压、小体积发展，提出了研制高温绝缘涂料的课题。与绝缘涂料性质相反的导电涂料是能使绝缘体表面导电，排除积聚电荷，广泛用于电视显像管、电波屏蔽器、录音机调谐装置、阴极射线管等电子器件。部队、装备需要良好的伪装措施，从而发展多种伪装涂料。太阳能吸收涂料(采光涂料)是解决太阳能采集和贮存问题的一种方便材料。工业用的加热装置正广泛地采用红外辐射涂料，大幅度地提高加热效率，节约能源。

特种和专用涂料品种目前已有很多品种，包括我国在内很多技术发达的国家还在不断研究和开发新的品种。它是一类社会效益和经济效益高的涂料类型，值得进一步发展。特种和专用涂料在配制时有时需用特定化学结构的基料，有时通用基料进行改性亦可作漆基；根据特殊或专用场合对性能的要求，加入一些特殊添加剂往往是必要的。

### 7.13.1 耐高温(耐热)涂料

涂料的热稳定性，首先决定于涂料基料的热稳定性，颜填料和助剂的合理配合也对涂料的热稳定起很大作用。

在文献中有关聚合物的热稳定性，不同学者赋予它不同的含义。有人认为，在 200 ℃长期不降解，在 500 ℃间歇操作不降解，而在 500~1000 ℃的高温下可以保持数秒钟不降解的聚合物可称为热稳定聚合物；而另一种说法则认为能在惰性气体中于 175 ℃保持 30000 h，在 250 ℃保持 1000 h，在 500 ℃保持 1 h 或在 700 ℃保持 5 min，其机械性能没有明显变化的聚合物便是热稳定聚合物。目前，聚合物的耐温最高水平达到 370 ℃(700 ℉)，1000 h 以后性能虽有下降，但仍能使用。综合各方面的要求，耐热聚合物的奋斗目标大致是 530 ℃在空气中使用 1000 h，性能没有显著下降。

　　耐热涂料同样无严格的定义。一般把在 200 ℃以上长期涂膜不变色、不破坏，能保持适当的物理机械性能和起到保护作用的涂料称为耐热涂料。耐热涂料广泛用于设备的高温部位如烟囱、排烟管道、高温炉、石油裂解反应设备以及飞机、导弹、宇航设备等涂装保护。应当注意：在宇航技术中材料不但要经受高温，还要经受低温。而高、低温交变对材料性能的影响与只经受高温的影响有很大的不同。

　　根据上述热稳定性概念，以及耐热涂料所使用环境，耐热聚合物必须具有高的玻璃化温度($T_g$)和高的熔融温度($T_m$)，高的分解温度($T_d$)以及耐氧化和臭氧化。这三方面性能都与聚合物化学结构，聚集态结构和织态结构有关。

　　当今航空航天技术和钢铁等工业发展，对涂料的耐热性提出了愈来愈高的要求，三十多年来耐高温涂料开发和应用获得了很大发展，但品种主要是有机硅涂料和芳杂环树脂涂料。

　　1)有机硅铝粉漆

　　有机硅铝粉漆在 635 ℃失去黏结力，如加入 Ni、Co、Mo、不锈钢粉，再加入玻璃粉等，能改善其黏结力。这种涂料与锌粉底漆配套可用于喷气式飞机发动机的高压出口涡轮轴和高压压缩机轴。

　　2)有机硅、硅酸盐玻璃搪瓷涂料

　　有机硅耐高温涂料在 500~600 ℃以上长期使用时，硅树脂分解，对颜料的黏附性下降，若在涂料中加入低熔点玻璃粉(600~700 ℃)，可弥补上述缺陷。原因是玻璃粉在高温下熔融，可起到二次成膜的作用。如果再加入云母、滑石粉、瓷土等高温填料，这种称为有机硅硅酸盐涂料，其使用温度可达 760 ℃或更高温度。

　　3)有机硅树脂玻璃化涂料

　　将含 100%的有机硅树脂涂层变成无机硅，在金属表面形成一层比金属更耐高温的涂层。例如，美国一种牌号为 Pyromark 2500 的涂料，可耐温 1325 ℃ 2500 ℉。如果在有机硅树脂中加入颜、填料，又可得到一系列颜色和具有不同耐热性的涂料。

　　4)其他用于耐高温涂料的树脂

　　(1) 硅芳撑聚合物。它是一类有机硅聚合物中引入热稳定性的芳撑(苯撑、联苯撑、苯醚撑等)的聚合物，芳撑的引入可以提高聚合物的耐高温性能。硅芳撑聚合物可耐温 400~500 ℃，形成坚韧涂层。

　　(2) 硅氮聚合物。硅氮烷比硅氧烷热稳定性高，已研制开发了一系列在 430~480 ℃不分解的线型硅氮聚合物。该聚合物具有有机硅聚合物的优良通性，又具有较高的耐热性，可制成坚韧、附着性良好的耐高温涂料，是发展空间技术不可缺少的新型涂料。一些硅氮聚合物化学结构如下：

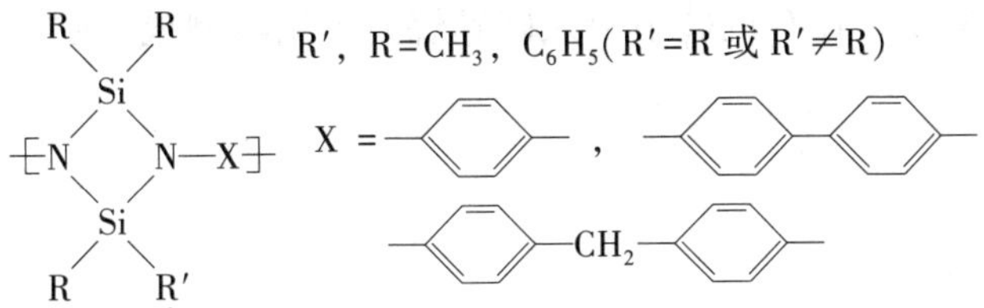

$R', R=CH_3, C_6H_5 (R'=R \text{ 或 } R' \neq R)$

A 型

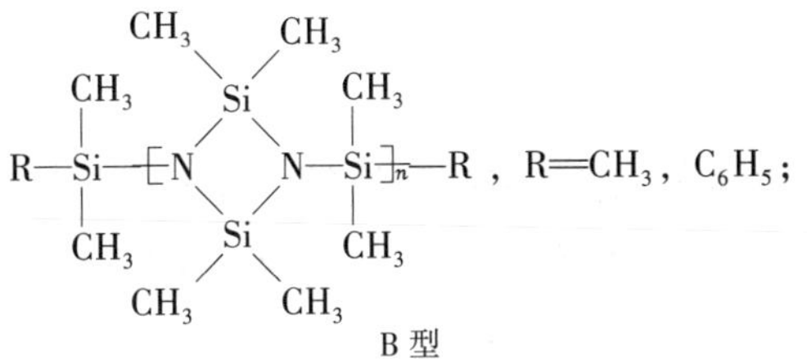

$R=CH_3, C_6H_5;$

B 型

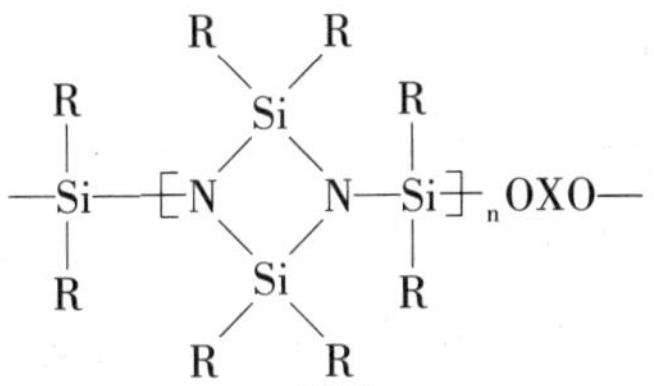

C 型

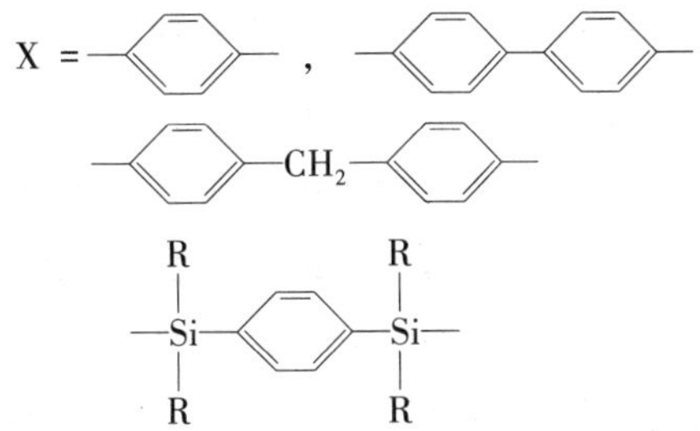

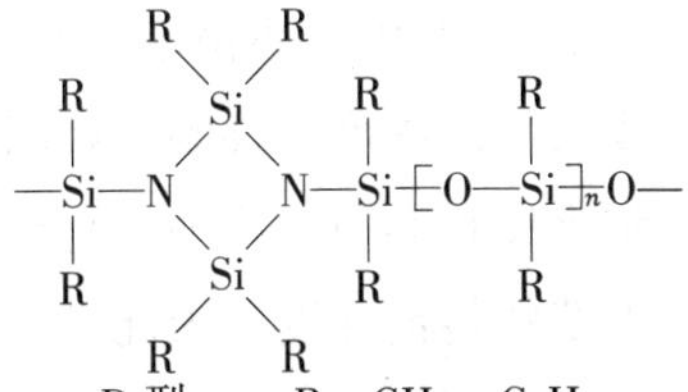

D 型 $\quad R=CH_3, C_6H_5$

（3）芳杂环高聚物：芳杂环高聚物包括聚酰亚胺、聚苯并咪唑和聚苯并噁唑等。聚酰亚胺聚合物在 $-269 \sim 400\ ℃$ 较宽温度范围内使用，原料易得，是目前颇受重视的杂环高聚物。它已由不熔不溶型发展到可熔可溶型，还研制了加成型聚酰亚胺。聚苯并咪唑在空气中能耐温 $300\ ℃$ 以上，最适宜做宇宙飞行材料。聚咪唑吡咯酮比聚酰亚胺耐热性好，目前多用于耐高温层压板、黏结剂或宇宙飞行用的特殊材料。

（4）有机硅改性杂环化合物。该类聚合物是将硅氧链引入芳杂环高聚物中，可增加芳杂环聚合物的柔顺性，也不失其耐高温性能。它们主要包括有机硅-酰胺、有机硅的酰亚胺、有机硅-苯并咪唑等。

（5）有机氟聚合物。国外含氟聚合物在涂料中的应用每年增长 $10\% \sim 15\%$。应用最多的是飞机和宇宙飞船。

（6）聚苯硫醚(PPS)。它是 20 世纪 70 年代发展的新型树脂，耐温 $400 \sim 500\ ℃$。目前树脂品种已达 30 多种。

(7) 碳硼烷-硅氧烷。在有机硅中引入碳硼烷笼形结构制成的碳硼烷硅氧烷，耐温等级大幅度地提高。

## 7.13.2　隔热涂料

隔热涂料的品种主要有辐射隔热涂料，防火隔热涂料，低密度隔热涂料和消融隔热涂料等。

1）辐射隔热涂料

该涂料是利用涂料形成的光学表面来防热辐射。这类涂料可降低飞行器（飞船、卫星及飞机）等的蒙皮温度。载人飞船重返大气层时，其座舱的侧面采用防辐射涂层隔热。

2）防火隔热涂料

防火隔热涂料成膜后，常温下是普通的漆膜，在火焰或高温作用下，涂层发生膨胀，形成比原来膜厚度大几十倍甚至上百倍的不易燃的海绵状的炭质层。它可以隔断外界火源对基材的加热，从而起到阻燃作用。涂层在火焰或高温下发生软化、熔融、蒸发、膨胀等物理变化，同时高聚物、填料等组分还发生分解、解聚、化合等化学变化。这两种变化能吸收大量的热能，抵消了一部分外界作用于物体的热能，对被保护物体的受热升温过程起延滞作用。此外，涂层在高温下发生脱水成炭反应和熔融覆盖作用，隔绝了空气，使有机物转化为炭化层，避免了氧化放热反应发生。还由于涂层在高温下分解出不燃气体，如氨、水等，稀释了空气中可燃气体及氧的浓度，抑制有焰燃烧的进行。

以上种种作用，就是膨胀型防火涂料的防火原理。它遇小火不燃，离火自熄。在较大火势下能阻止火焰的蔓延，减缓火苗的传播速度，因此是一种比较有效的防延燃涂料。

膨胀型防火涂料通常由基料、发泡剂、成炭剂、脱水成炭催化剂、防火添加剂、无机盐、填料、辅助剂等组成。其基料常用聚醋酸乙烯和丙烯酸乳胶，聚乙烯醇，水玻璃等。

脱水成炭催化剂的主要功能是促进和改变涂层的热分解进程，如促进涂层内含羟基的有机物脱水形成不易燃的三维空间结构的炭质层，减少热分解产生的可燃性焦油、醛、酮的量，阻止放热量大的炭氧化反应等。磷酸、聚磷酸、硫酸、硼酸等的盐、酯、酰胺类物质都可作为脱水成炭反应的催化剂。其中，磷酸的铵盐、酯等是比较理想的脱水成炭催化剂，常用的有磷酸二氢铵、磷酸氢二铵、磷酸尿素、焦磷酸铵、磷酸三聚氰胺、多聚磷酸铵、有机磷酸酯等。

成炭剂能形成不易燃烧的泡沫炭化层。它们是含高碳的多羟基化合物，如淀粉、糊精、甘露醇、糖、季戊四醇、二季四醇、三季四醇、含羟基的树脂（常用的四醇、二季四醇、淀粉）等。这些多羟基化合物和脱水催化剂反应生成具有多孔结构的炭化层。涂层遇热放出不燃的氨气体，如氨、二氨氧化碳、水蒸气、卤化氢等，使涂层膨胀并形成海绵状结构。这些是靠发泡剂来实现的。常用的发泡剂有三聚氰胺、双氰胺、六亚甲基四胺、氯化石蜡、碳酸盐、偶氮化合物、$N$-亚硝基化合物、二亚硝基戊四胺及磷酸铵盐、聚氨基甲醛树脂、双氰胺甲醛树脂等。

实际应用通常喜欢使用组合型防火涂料，即膨胀型防火涂料为底漆，以非膨胀型防涂料作为面漆，二者取长补短。

3）低密度隔热涂料

有机高聚物和无机材料作为基料，添加多孔性固体或可泡沫化的液体、气体形成泡沫涂料。施工方便，性能稳定，易于控制，价格便宜，在航天中应用很广。

4）消融隔热涂料

它和膨胀型防火涂料的共同点是通过化学变化而达到隔热目的，其差别是消融涂料应用所处的环境条件更恶劣。利用其本身在高温作用下发生物理（熔融、蒸发、升华、辐射等）和化学（分解、解聚、离子化、裂解反应）等复杂过程，自身烧蚀带走热量而达到保护目的。吸热和消融涂料基料是成炭型高聚物（如酚醛树脂、环氧树脂、聚苯撑树脂等）和成硅型聚合物（如有机硅树脂和硅橡胶）。消融隔热涂料最常用的填料是磷酸盐等膨胀型无机盐。难熔型的无机氧化物或无机碳化物，如 $SiO_2$，$SiC$ 等也可作为消融隔热涂料的填料。此外还有升华型填料、有机高聚物粉末和空心微球填料等。

## 7.13.3 高温和阻燃绝缘涂料

这类涂料高温下既有良好的强度又有很好的介电性能，它们主要用于高温运转的电机和电器设备。电气绝缘涂料按其用途可分为浸渍涂料、漆包线涂料、覆盖涂料、硅钢片涂料、电阻涂料、电容涂料和电位器涂料等。阻燃型绝缘涂料由基料、阻燃剂、固化剂、颜填料、助剂和溶剂等组成。

绝缘涂料应具备的基本特性：

（1）电气性能、漆膜的体积电阻、电击穿强度、介电常数和耐电晕性等，都不应因受热、吸潮和老化而有显著下降。

（2）耐热性。绝缘涂料应具有耐热软化性、耐热冲击性和耐热老化性等。

（3）干燥性。应尽量采用短时间内快干性涂料，以保证电器元件的优良使用性能。

（4）耐化学药品性。应具耐水、耐油、耐酸碱、耐溶剂和耐腐蚀性。

（5）机械性。耐磨性、耐冲击性、硬度和附着力等物理机械性是绝缘涂料应具备的性能。

有时还要求绝缘涂料有耐放射性、防霉性、耐候性和稳定性。随着电子工业和家用电器的迅速发展，绝缘涂料除具有上述特性外，还要求阻燃（或难燃）特性。

20 世纪 70 年代以来，F 级浸渍涂料除早期的醇酸有机硅外，还增加了耐热聚酯、聚酯酰亚胺、耐热环氧树脂、聚氨酯等；H 级浸渍绝缘涂料有聚酰亚胺、聚酰胺酰亚胺、聚二苯醚等。由于电气设备向大容量、高电压、小体积、重量轻等方向发展，电绝缘涂料的耐热等级要求更高。漆包线目前采用耐热性好的聚酰胺酰亚胺、聚酯酰亚胺、聚酰亚胺、聚酯酰胺酰亚胺、聚内酰脲和聚咪唑吡咙等。当前的研究趋势是提高其综合性能，降低成本，使耐热漆包线漆用作通用电磁线漆。

## 7.13.4　示温涂料

示温涂料。利用颜色变化指示物体表面温度和温度分布的特种涂料。这类涂料主要特点应该是测温快速、简单、方便、可靠。它们在航空、宇航、石油化工、机械、交通、食品消毒、能源等方面已获得成功的应用。

国外 20 世纪 50 年代就有生产，如西德有 211 单变色示温涂料，使用温度从 40～1350 ℃，温度间隔 10～100 ℃；有 9 种双变色示温涂料，温度 55～1600 ℃；此外还有三变色、四变色示温涂料。英国注重多变色示温涂料的研究和生产，如八变色的 450～1100 ℃，七变色的 600～1070 ℃，六变色的 580～1010 ℃，五变色的 350～650 ℃等。国外示温涂料除以涂料形式生产外，还有示温片等。

20 世纪 70 年代以来，国外研究熔融型示温涂料较多。用熔融型示温涂料测温，不仅克服了普通示温涂料受外界因素影响的缺点，而且可显著提高测温精度，其精度最高达 1～2 ℃。

20 世纪 80 年代以来利用液晶作示温涂料的研究国内外比较重视，所采用的液晶有向列液晶和胆甾液晶等。该涂料示温灵敏度高，主要用于热和无损探伤等。

## 7.13.5　航空涂料和防辐射涂料

要求当今航空涂料耐高温、耐老化、耐腐蚀、耐润滑油、耐燃料油、耐雨蚀、抗污染和附着等性能。主要应用于飞机蒙皮、镁合金零件、发动机和雷达等。

飞机蒙皮底漆主要使用环氧树脂底漆，常用品种是用聚酰胺固化的双组分环氧底漆。近年又研制与聚氨酯面漆配套的聚氨酯底漆。飞机蒙皮面漆主要有醇酸、环氧、丙烯酸和聚氨酯四种。聚氨酯飞机蒙皮漆是近年来国外大力采用的品种，其耐候性和耐水性好，漆膜硬而光亮，可在较高固体分下施工。聚氨酯漆是海军飞机铝合金的最佳防腐蚀涂层。实验证明，聚氨酯涂料是目前最好的飞机蒙皮漆。近年国外又开发了高固体分聚氨酯外用航空涂料体系，其性能接近脂肪族聚氨酯涂料，还减少了溶剂挥发和环境污染。

飞机雷达罩被砂石、雨水浸蚀非常严重，近年研制成功氟碳弹性体（AF-C-934），长期耐热性为 260 ℃。此外，还研究了抗静电型黑色氟橡胶涂料（AF-C-935）和耐辐射抗雨蚀白色氟橡胶涂料（AF-C-VBW8-15-15）。

国内外广泛研究了防辐射线涂料。研究表明，有机硅、环氧、酚醛等涂料均可耐

$10^9$ 拉德的辐射剂量，它们已获得应用。目前国内外报道防辐射涂料有：

（1）有机硅硅酸盐涂料耐辐射剂量约 $10^{11}$ 拉德，还具有耐水、耐高温等性能，是目前国外报道的耐辐射剂量最高的品种；

（2）聚酰亚胺、聚苯并咪唑吡咯酮等杂环涂料分别达到 $10^8$ 拉德的辐射剂量；

（3）硅芳撑聚合物涂料可耐 $10^8$ 拉德的辐射剂量，特别是其他性能很少受辐射的影响。

## 7.13.6　船底防污涂料

海生生物对船舶危害很大，它增加船舶航行的摩擦力和重量，降低航行速度，消耗船舶动力。防污涂料用于船舶底部和海中设施，主要功能是防止船体附着海生物。防污漆的要求如下：

（1）船舶使用期间能杜绝船体附着海生物。

（2）漆膜中的毒料能以一定的渗出速度逐步向外渗出，使之在船底与海水间形成有效的毒液"薄层"。

（3）漆膜有透水性，以保证毒料连续渗出。

（4）有良好的贮存稳定性，在贮存期间防污性能不下降，一般贮存期为一年。

用于涂料中的防污剂即毒料，分无机和有机防污剂两种。无机防污剂有铜粉、氧化亚铜、无水硫酸铜及其他铜化合物等。有机防污剂有有机硫（福美锌等）、有机锡、有机铅（三丁基醋酸铅）、有机砷（或铋）等。

为了获得长效或更好的防生物污染的措施，人们研究了污损生物成长过程后，设计出防污方法是切断从幼虫到成虫之间某一段生长过程，阻止其生长发育，乃至死亡。据报道在涂料中使用千万分之一的激素可以有效地促进带壳类生物的变态。有人将保幼激素配进防污涂料中来防止藤壶幼虫的生长；还有人采用植物激素来与藻类作斗争。研究以海水作媒介物的污损生物与物体表面的关系，即从生物学与物理学的关系上加以研究，进而开拓新的防污技术。比如 Hoyt 研究了潜水艇声呐罩的防污问题，他推荐采用低表面张力的界面活性剂或疏水性涂料来处理表面防止污染。

总之，通过对生物学、表面化学和物理学等领域的深入研究，开发无毒和无公害型长效防污涂料还有很多工作待做。

## 7.13.7　伪装涂料

伪装涂料通常用于隐蔽军事设施、国防工事、军事器件以及防止敌人对目标的侦察。较重要的伪装涂料有迷彩涂料和防雷达涂料。

1）迷彩涂料

（1）保护色迷彩涂料。该涂料特点应适应背景颜色，例如，背景为草地时，涂料为绿色；背景是沙漠时，涂料为沙土色，背景是雪地时，涂料为白色等。目前单色迷彩涂料以绿色为主。适于这种叶绿素伪装的一般为抗红外线伪装涂料。

绿色伪装涂料多用氧化铬绿和炭黑作颜料，基料为醇酸树脂和环氧树脂。近年为了提高伪装涂料的耐化学药品性和机械性能，基料已扩大到聚氨酯树脂等。

（2）变形迷彩涂料。该涂料特点是能歪曲目标形状，使其形象失真。它主要用于坦克、汽车、大炮等移动目标的伪装。这种涂料通常采用不规则斑点图案和多种颜料而实现伪装。目前国外已研究出具有不同红外反射率的单色(如军绿色)用于组成图案。

2）防雷达涂料

这类涂料在海陆空三军反雷达侦察中都有应用，它不受光线、湿度和环境温度变化的影响，可用于船舶、飞机、火箭和各种建筑物。国外吸收雷达波涂料所用的基料主要有氯丁橡胶、聚异丁烯、丁基橡胶、聚氨酯、聚氯乙烯、环氧树脂、聚丙烯酸酯、聚酯等；颜填料主要有烟黑、石墨、鳞片状铝粉和陶瓷等。

## 7.13.8　导电涂料与磁性涂料

导电涂料目前已广泛用于现代电子工业中。目前已研究开发的品种可分为掺合型和本征型两大类。

（1）本征型导电涂料。该涂料所用聚合物具有导电性，其分子结构提供导电载流子，称之为结构型导电聚合物，包括聚乙炔、聚吡咯、聚苯胺、聚噻吩聚合物电解质、共轭聚合物及 TCNQ 聚合盐等(功能高分子材料中还有介绍)。由于本征型导电涂料的合成、施工有很多困难，成本也较昂贵，故目前尚未能广泛使用。

（2）掺合型导电涂料是将导电粒子掺入树脂形成一种导电聚合物，这种导电涂料所用树脂通常有天然树脂、乙烯类树脂、有机硅树脂、环氧树脂、醇酸树脂、聚酰胺等为基料，金属粉末(如金、银、铂等)和非金属(石墨(结晶形及无定型)、炭黑)作为导电粉末将其掺入。

有关制备影响因素请参阅特种胶粘剂中有关内容。

磁性涂料大量应用于磁带，按用途可分为录音磁带、录像磁带、计算机用磁带和仪器磁带等(请参阅第九章功能高分子有关部分)。

磁性涂料对于磁性记录效果起着重要作用。磁带是由磁粉($\gamma$-$Fe_2O_3$)成膜基料、助剂和溶剂组成。成膜基料通常采用氯乙烯-醋酸乙烯共聚物、乙烯醇-醋酸乙烯共聚物、顺丁烯二酸-醋酸乙烯-氯乙烯共聚物、聚乙烯醇缩丁醛等乙烯基树脂，以及纤维素树脂。目前磁性涂料的发展方向是使记录材料能获得高记录密度和高记录效果，以及如何使磁性粒子分散更均匀、表面更平滑、耐久、耐磨磁性涂层。

### 7.13.9 气溶胶涂料

气溶胶涂料通常用带喷涂装置的密闭小容器包装，不但涂装简便、节约涂料和洗刷用溶剂，而且具有良好的贮存稳定性。气溶胶涂料可形成均匀的涂层，与各种底材的附着力强，可制成透明清漆、色漆、金属粉末漆、各种美术漆，因此很受用户欢迎。

气溶胶涂料是由可雾化的涂料组分和可液化的喷雾剂组分复配制成。可雾化的涂料通常以硝基纤维素、醇酸树脂、丙烯酸树脂或甲基丙烯酸树脂、醋酸乙烯酯共聚物、聚乙烯醇、有机硅树脂等为基料，再添加粒径为 1 μm 以下的颜填料制成。可液化的喷雾剂有可燃性气体正丁烷、异丁烷、丙烷和二甲醚等和不可燃性气体 $CF_2Cl_2$、$CFCl_3$ 及其混合物。

近年来气溶胶涂料有新的发展是水溶性气溶胶涂料。该涂料由分子量<1000、酸值 30~80 的改性水溶性醇酸树脂、挥发性有机溶剂和较高分子量助溶剂组成。

### 7.13.10 润滑耐磨涂料

导弹和火箭的发射器、各种火炮和小型自动武器，在极低温度和极高温度范围内使用的自动仪器设备，以及需要在真空度极高的外层空间运行的人造卫星和飞船等都需要有润滑措施。采用普通的润滑油和油脂都是无能为力的，必须求助于既有防护作用又有润滑作用的涂料。

润滑涂料的基料通常有无机化合物(如二硫化钼、石墨、PbO、$Na_2MoO_4$ 等)，有机化合物(如聚四氟乙烯、聚六甲撑己二酰二胺等)及金属。

### 7.13.11 采光涂料

太阳能是地球上最主要的能量源泉，涂料型采光材料开发有很大的生命力。原因是工艺简单，成本低(尤其用于低温热水器)。有人研究过不同颜料对涂层光吸收特性的影响。他们分别采用硫化铅、硅和锗等作颜料，用聚硅氧烷作黏结剂，将其涂布在 1018 钢板上，在 150 ℃烘烤 2 h，测得涂层的太阳光吸收率分别为 0.96，0.83 和 0.91，在室温至 300 ℃ 的热发射率相应为 0.70，0.34~0.25 和 0.80~0.667。

采光涂层是通过颜料对太阳光的吸收作用和黏结剂在太阳光谱范围内的透明度来使涂层获得很高的吸收-发射比。由于黏结剂在红外波段的吸收很强烈，因此决定了这类涂层的吸收-发射比不可能做得很高。为了发展新的采光涂层，提高太阳吸收-发射比，建立比较稳定的涂层系统，应该注意研究如下问题：

(1) 寻找新的颜料，研究颜料的表面分子状态与光性以及抗老化性能的关系。

(2) 探索新的黏结剂，研究黏结剂的透红外特性和抗老化性。

(3) 研究采光涂层的老化机理，建立改进涂层稳定性的理论依据。

### 7.13.12　其他特种和专用涂料

(1) 阻尼涂料：能减弱振动，降低噪音。主要用在处于振动的大面积薄板壳体上，如汽车、航天器、船舶发动机等动力系统等，防止和减弱振动。这类涂料应有很好黏弹性，能吸收部分振动能，再以热的形式释放，即发生所谓力学损耗。

(2) 吸收电磁波涂料：具有特殊的涂膜结构，能防止船舶无线电波等的乱反射。

(3) 防粘贴涂料：开发目的在于防止城市中随便张贴和涂写。即在效果上使粘贴物的除去变得容易些。

(4) 防霉菌涂料：通常在涂料中加入杀菌的组分，用于潮湿阴暗的墙体，贮水器等。

(5) 人造渔礁涂料：涂装于人造鱼礁，涂膜中分泌出营养成分，使海草类植物能迅速附着在上面。这是一种崭新的构思，与防污涂料的目的正好相反。

(6) 超重防腐蚀涂料：以海上建筑物、桥梁等长期防腐蚀为目的。最近开发的涂料品种，涂膜厚度为1000~2000 μm，能用喷涂法涂装。

(7) 弹性涂料(超厚膜)：超厚膜形成的橡胶弹性，目的在于提高安全性。最近开发的涂料品种，涂膜厚度为500 μm，能用喷涂法涂装。

(8) 隔太阳热涂料：以隔热节能为目的。石瓦板、铁皮板等屋顶，夏季温度很高。如能达到隔热效果，则用途范围广。

(9) 耐冷耐热涂料：用于超低温领域作为开发目的，如液化天然气的超低温(−162 ℃)贮运。

(10) 耐划伤涂料：参见第七章中高分子材料表面处理。

(11) 可剥性涂料(化铣保护涂料)：主要用于金属物切削加工，对加工面进行暂时性保护，它们多半由橡胶为基料配制。

(12) 带锈涂料：一种可直接刷于残余锈蚀钢铁表面的涂料，有渗透型、转化型和稳定型等。主要用于机械造船等工业部门。带锈涂料的基本原理是以锈层的组成、结构、性质为依据设计。

特种和专用涂料名目繁多，不能一一列举。新的特种涂料或专用涂料的研究开发以及已有的或专用涂料进一步提高性能，还有很多工作可做，为涂料研究开拓了极广阔的前景。

# 第八章　胶粘剂及胶粘作用

## 8.1　概　　述

胶接(黏合、黏结、粘接、胶粘)是指同质或异质物体表面用胶粘剂连接在一起的技术,具有应力分布连续,重量轻,可密封,多数工艺温度低等特点。胶接特别适用于不同材质、不同厚度、超薄规格和复杂构件的连接。胶接近代发展最快,应用行业极广,并对高新科学技术进步和人民日常生活改善有重大影响。因此,研究、开发和生产各类胶粘剂十分重要。

### 8.1.1　胶粘剂的分类

胶粘剂的分类方法很多,按应用方法可分为热固型、热熔型、室温固化型、压敏型等;按应用对象分为结构型、非结构型或特种胶;按形态可分为水溶型、水乳型、溶剂型以及各种固态型等。合成化学工作者常喜欢将胶粘剂按粘料的化学成分来分类(见表8-1)。

表 8-1　　　　　　　　　　　　　　胶粘剂按粘料化学成分分类

| | | |
|---|---|---|
| 无机胶粘剂 | 硅酸盐 | 硅酸钠(水玻璃)硅酸盐水泥 |
| | 磷酸盐 | 磷酸钠氧化铜 |
| | 硼酸盐 | 熔接玻璃 |
| | 陶瓷 | 氧化铅　氧化铝 |
| | 低熔点金属 | 锡-铅合金 |
| 天然胶粘剂 | 动物胶 | 皮胶、骨胶、虫胶、酪素胶、血蛋白胶、鱼胶等类 |
| | 植物胶 | 淀粉、糊精、松香、阿拉伯树胶、天然树胶、天然橡胶等类 |
| | 矿物胶 | 矿物蜡、沥青等类 |

续表

| 合成胶粘剂 | 合成树脂 | 热塑性 | 纤维素酯、烯类聚合物(聚乙酸乙烯酯、聚乙烯醇、聚氯乙烯、聚异丁烯等)、聚酯、聚醚、聚酰胺、聚丙烯酸酯、α-氰基丙烯酸酯、聚乙烯醇缩醛、乙烯-乙酸乙烯酯共聚物等类 |
| --- | --- | --- | --- |
| | | 热固性 | 环氧树脂、酚醛树脂、脲醛树脂、三聚氰胺-甲醛树脂、有机硅树脂、呋喃树脂、不饱和聚酯、丙烯酸树脂、聚酰亚胺、聚苯并咪唑、酚醛-聚乙烯醇缩醛、酚醛-聚酰胺、酚醛-环氧树脂、环氧-聚酰胺等类 |
| | 合成橡胶型 | | 氯丁橡胶、丁苯橡胶、丁基橡胶、丁钠橡胶、异戊橡胶、聚硫橡胶、聚氨酯橡胶、氯磺化聚乙烯弹性体、硅橡胶等类 |
| | 橡胶树脂剂 | | 酚醛-丁腈胶、酚醛-氯丁胶、酚醛-聚氨酯胶、环氧-丁腈胶、环氧-聚硫胶等类 |

## 8.1.2 胶粘剂的组成

胶粘通常是多组分的复配物,因为它除起基本粘接作用外,有时还要满足特定的物理化学特性,所以胶粘剂配方还需加入其他辅助组分以达到胶粘的性能要求。为了使主体粘料形成网型或体型结构、增加胶层内聚强度而加入固化剂;为了加速固化、降低反应温度要加入固化催化剂或促进剂;为了提高耐大气老化、热老化、电弧老化、臭氧老化需加入防老剂;为了赋予胶粘剂某些特定性质,降低成本而加入填料;为降低胶层刚性、增加韧性而加入增韧剂;为了改善工艺性,降低黏度,延长作用期而加入稀释剂等。

合成聚合物粘料(或称基料、主剂或主体聚合物)的种类繁多,如热塑性树脂、热固性树脂、合成橡胶等。热塑性树脂为线型分子的构型,遇热软化或熔融,冷却后又固化,这一过程可以反复转变,对其性能影响不大,溶解性能也较好,具有弹性,但耐热性较差。热固性树脂是具有三向交联结构的聚合物,耐热性好、耐水、耐介质优良、蠕变低等优点。合成橡胶内聚强度较低,耐热性不高,但具有优良的弹性,适于柔软或膨胀系数相差悬殊的材料胶粘。所有这些聚合物均可以根据需要作为胶粘剂的主体材料使用。表8-2列出了一些常用于胶粘剂的主体聚合物特性及其用途。

表 8-2　　　　　　　　　　　　　　　　胶粘剂的主体聚合物

| 胶 粘 剂 | 特 性 | 用 途 |
| --- | --- | --- |
| 聚乙酸乙烯酯 | 无色、快速粘接,初期黏度高,但不耐碱和热,有蠕变性 | 木料、纸制品、书籍、无纺布、发泡聚乙烯 |
| 乙烯-乙酸乙烯酯树脂 | 快速粘接、蠕变性低、用途广,但低温下不能快速粘接 | 簿册贴边、包装封口、聚氯乙烯板 |

续表

| 胶 粘 剂 | 特 性 | 用 途 |
|---|---|---|
| 聚乙烯醇 | 低廉、干燥快、挠性好 | 纸制品、布料、纤维板 |
| 聚乙烯醇缩醛 | 无色、透明、有弹性、耐久,但剥离强度低 | 金属、安全玻璃 |
| 丙烯酸酯树脂 | 无色、挠性好、耐久,但略有臭味、耐热性低 | 金属、无纺布、聚氯乙烯板 |
| 聚氯乙烯 | 快速粘接,但溶剂有着火危险 | 硬质聚氯乙烯板和管 |
| 聚酰胺 | 剥离强度高,但不耐热和水 | 金属、蜂窝结构 |
| $\alpha$-氰基丙烯酸酯 | 室温快速粘接、用途广,但不耐久、粘接面积不宜大 | 机电部件 |
| 厌氧性丙烯酸双酯 | 隔绝空气下快速粘接、耐水、耐油、但剥离强度低 | 螺栓紧固、密封 |
| 酚醛树脂 | 热固型,耐热、室外耐久,但有色、有脆性,固化时需高温加压 | 胶合板、层压板、砂纸、砂布 |
| 间苯二酚-甲醛树脂 | 热固型、室温固化、室外耐久,但有色、价格高 | 层压材料 |
| 脲醛树脂 | 热固型,价格低廉,但易污染、易老化 | 胶合板、木材 |
| 三聚氰胺-甲醛树脂 | 热固型,无色、耐水、加热粘接快速,但贮存期短 | 胶合板、织物、纸制品 |
| 环氧树脂 | 热固型,室温固化、收缩率低,但剥离强度较低 | 金属、塑料、橡胶、水泥、木材 |
| 不饱和聚脂 | 热固型,室温固化、收缩率低,但接触空气难固化 | 水泥结构件、玻璃钢 |
| 聚氨酯 | 热固型,室温固化、耐低温,但受湿气影响大 | 金属、塑料、橡胶 |
| 芳杂环聚合物 | 热固型耐 $250 \sim 500$ ℃,但固化工艺苛刻 | 高温金属结构 |

# 8.2 胶 粘 理 论

聚合物之间,聚合物与非金属或金属之间,金属与金属和金属与非金属之间的胶接等都存在聚合物基料与不同材料之间界面胶接问题。粘接是不同材料界面间接触后相互作用的结果。因此,界面层的作用是胶粘科学中研究的基本问题。诸如被粘物与粘料的界面张力、表面自由能、官能基团性质、界面间反应等都影响胶接。胶接是综合性强，影响因素复杂的一类技术，而现有的胶接理论都是从某一方面出发来阐述其原理，所以至今尚无全面唯一的理论。

## 8.2.1 吸附理论

人们把固体对胶粘剂的吸附看成是胶接主要原因的理论，称为胶接的吸附理论。理论认为：粘接力的主要来源是粘接体系的分子作用力，即范德华引力和氢键力。胶粘剂与被粘物表面的粘接力与吸附力具有某种相同的性质。胶粘剂分子与被粘物表面分子的作用过程有两个阶段：第一阶段是液体胶粘剂分子借助于布朗运动向被粘物表面扩散，使两界面的极性基团或链节相互靠近，在此过程中，升温、施加接触压力和降低胶粘剂黏度等都有利于布朗运动的加强。第二阶段是吸附力的产生。当胶粘剂与被粘物分子间的距离达到 10~5 Å 时，界面分子之间便产生相互吸引力，使分子间的距离进一步缩短到处于最大稳定状态。

根据计算，由于范德华力的作用，当两个理想的平面相距为 10 Å 时，它们之间的引力强度可达 10~1000 MPa；当距离为 3~4 Å 时，可达 100~1000 MPa。这个数值远远超过现代最好的结构胶粘剂所能达到的强度。因此，有人认为只要当两个物体接触很好时，即胶粘剂对粘接界面充分润湿，达到理想状态的情况下，仅色散力的作用，就足以产生很高的胶接强度。可是实际胶接强度与理论计算相差很大，这是因为固体的力学强度是一种力学性质，而不是分子性质，其大小取决于材料的每一个局部性质，而不等于分子作用力的总和。计算值是假定两个理想平面紧密接触，并保证界面层上各对分子间的作用同时遭到破坏的结果。实际上，缺陷的存在，不可能有理想的平面，粘接存在应力集中，也不可能使这两个平面均匀受力。遭到破坏时，也就不可能保证各对分子之间的作用力同时发生。

胶粘剂的极性太高，有时候会严重妨碍湿润过程的进行而降低粘接力。分子间作用力是提供粘接力的因素，但不是唯一因素。在某些特殊情况下，其他因素也能起主导作用。

## 8.2.2 化学键形成理论

化学键理论认为胶粘剂与被粘物分子之间除相互作用力外，有时还有化学键产生。例如，硫化橡胶与镀铜金属的胶接界面、偶联剂对胶接的作用、异氰酸酯对金属与橡胶的胶接界面等的研究，均证明有化学键的生成。化学键的强度比范德华作用力高得多；化学键形成不仅可以提高黏附强度，还可以克服脱附使胶接接头破坏的弊病。但化学键的形成并不普遍，要形成化学键必须满足一定的量子化条件，所以不可能做到使胶粘剂与被粘物之间的接触点都形成化学键。况且，单位黏附界面上化学键数要比分子间作用的数目少得多，因此黏附强度来自分子间的作用力是不可忽视的。

### 8.2.3 弱界层理论

当液体胶粘剂不能很好浸润被粘体表面时，空气泡留在空隙中而形成弱区。又如，当所含杂质能溶于熔融态胶粘剂，而不溶于固化后的胶粘剂时，会在固体化后的胶粘剂中形成另一相，因而在被粘体与胶粘剂整体间产生弱界层（WBL）。产生 WBL 除工艺因素外，在聚合物成网或熔体相互作用的成型过程中，胶粘剂与表面吸附等热力学现象中产生界层结构的不均匀性。不均匀性界面层就会有 WBL 出现。这种 WBL 的应力松弛和裂纹的发展都会不同，因而极大地影响着材料和制品的整体性能。

### 8.2.4 扩散理论

两种聚合物在具有相容性的前提下，当它们相互紧密接触时，由于分子的布朗运动或链段的摆动产生相互扩散现象。这种扩散作用是穿越胶粘剂、被粘物的界面交织进行的。扩散的结果导致界面的消失和过渡区的产生。粘接体系借助扩散理论不能解释聚合物材料与金属、玻璃或其他硬体胶粘，因为聚合物很难向这类材料扩散。

### 8.2.5 静电理论

当胶粘剂和被粘物体系是一种电子的接受体-供给体的组合形式时，电子会从供给体（如金属）转移到接受体（如聚合物），在界面区两侧形成了双电层，从而产生了静电引力。

在干燥环境中从金属表面快速剥离粘接胶层时，可用仪器或肉眼观察到放电的光、声现象，证实了静电作用的存在。但静电作用仅存在于能够形成双电层的粘接体系，因此不具有普遍性。此外，有些学者指出：双电层中的电荷密度必须达到 $10^{21}$ e/cm$^2$ 时，静电吸引力才能对胶接强度产生较明显的影响。而双电层栖移电荷产生密度的最大值只有 $10^{19}$ e/cm$^2$（有的认为只有 $10^{10} \sim 10^{11}$ e/cm$^2$）。因此，静电力虽确实存在于某些特殊的粘接体系，但绝不是起主导作用的因素。

### 8.2.6 机械作用力理论

从物理化学观点看，机械作用并不是产生粘接力的因素，而是增加粘接效果的一种方法。胶粘剂渗透到被粘物表面的缝隙或凹凸之处，固化后在界面区产生了啮合力，这些情况类似钉子与木材的接合或树根植入泥土的作用。机械连接力的本质是摩擦力。在黏合多孔材料、纸张、织物等时，机构连接力是很重要的，但对某些坚实而光滑的表面，这种作用并不显著。

## 8.3 影响胶粘及其强度的因素

上述胶接理论考虑的基本点都与粘料的分子结构和被粘物的表面结构以及它们之间相互作用有关。从胶接体系破坏实验表明，胶接破坏时出现四种不同情况：① 界面破坏：胶粘剂层全部与粘体表面分开(胶粘界面完整脱离)；② 内聚力破坏：破坏发生在胶粘剂或被粘体本身，而不在胶粘界面间；③ 混合破坏：被粘物和胶粘剂层本身都有部分破坏或这两者中只有其一。这些破坏说明粘接强度不仅与被粘剂与被粘物之间作用力有关，也与聚合物粘料的分子之间的作用力有关。

### 8.3.1 聚合物分子结构与胶粘强度

高聚物分子的化学结构，以及聚集态都强烈地影响胶接强度，研究胶粘剂基料的分子结构，对设计、合成和选用胶粘剂都十分重要。

**1. 高聚物含有反应性基团对胶粘及其强度的影响**

聚合物粘料与被粘物通过离子键、共价键或螯合键结合具有很大作用力，从而在合成聚合物时希望引入具有反应能力的基团，或者在胶粘剂配方中加入一些能与界面反应的助剂(如偶联剂)。很多有机官能团在胶粘过程中能发挥这方面的作用，比如脲醛、酚醛、三聚氰胺甲醛(三醛树脂)中的羟甲基能与纤维素伯羟基反应形成共价键，是木材加工(胶合板、纤维板、刨花板、细木工板以及家具等)工业最重要的胶粘剂，它们之间的化学反应是：

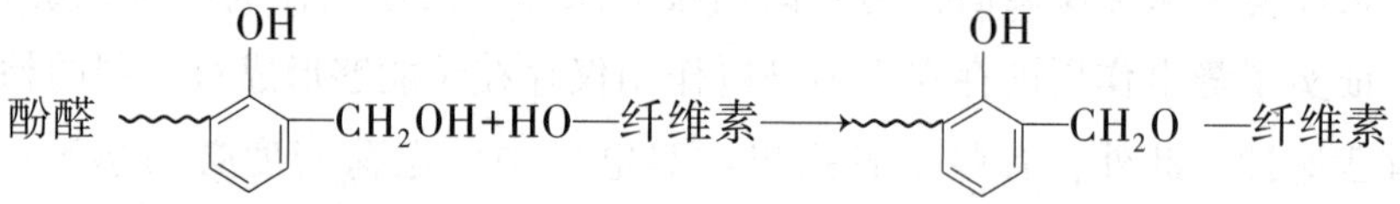

酚醛～～CH₂OH+HO—纤维素 ⟶ ～～CH₂O—纤维素

脲醛～～NCH₂OH+HO—纤维素 ⟶ ～～NCH₂O—纤维素

三聚氰胺甲醛～～NCH₂OH+HO—纤维素 ⟶ ～～NCH₂O—纤维素

此外，纤维素羟基还可以与环氧或异氰酸酯树脂等进行反应，与聚醋酸乙烯酯进行酯交换反应，因而这些树脂都能在木材加工、织物、纸张等工业中应用。

一些聚合物中含有羟基、羧基、环氧基、异氰酸酯等极性基团，能与玻璃表面上的硅羟基生成氢键、离子偶极键或共价键。

玻璃表面上的 $SiO_2$ 基团还与酚醛树脂的羟甲基作用，能生成离子键。用环氧树脂与酚醛树脂或聚异腈酸酯、聚硫、聚丙烯酸酯等并用时，得到胶接玻璃的强度高。

含有羧基或羟基的胶粘剂与金属黏合时，金属氧化膜可以与这些基团反应生成离子-离子偶极键( $Me^+O^- \cdots H^+—OCOR$ )或共价键。如环氧树脂与金属表面上的氢氧化膜进行反应生成共价键。

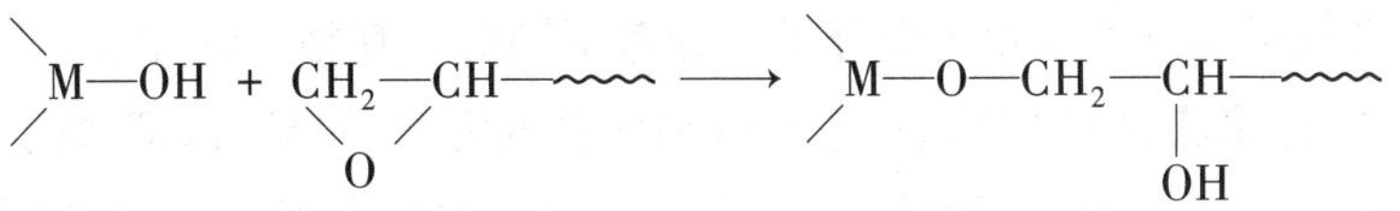

$$\diagdown M{-}OH + CH_2{-}CH{-}\!\!\sim\!\!\sim \longrightarrow \diagdown M{-}O{-}CH_2{-}CH{-}\!\!\sim\!\!\sim$$

(图中 $CH_2$—CH 下方标 O 形成环氧基，右侧产物 CH 下方标 OH)

异氰酸酯与金属表面的氧化膜或氢氧化膜也可以反应：

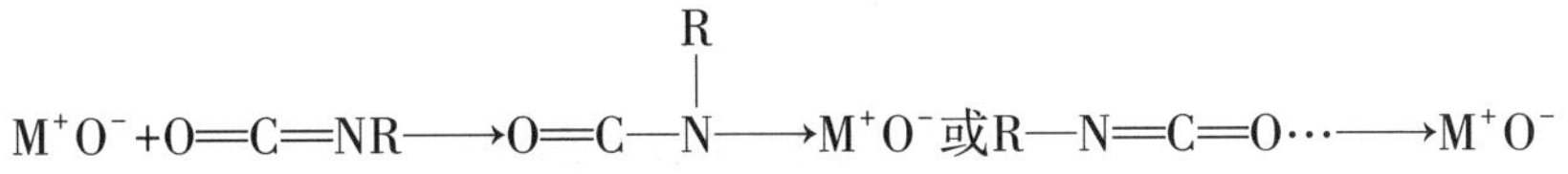

$$M^+O^- + O{=}C{=}NR \longrightarrow O{=}C{-}\!\!\overset{\displaystyle R}{\underset{\displaystyle |}{N}} \longrightarrow M^+O^- \ 或\ R{-}N{=}C{=}O \cdots \longrightarrow M^+O^-$$

$$MOH + O{=}C{=}NR \longrightarrow M{-}O{-}CO{-}NHR$$

聚酰胺-金属系统中还可能生成配价键： $-CH_2{-}COM^+\,O^-{-}NH{-}CH_2{-}\!\!\sim\!\!\sim$ 在含有氮的胶粘剂中，金属-胶粘剂界面间最可能生成这种类型的键。

丁苯橡胶与金属粘接时，胶接的剥离强度很低。将该胶接体加热 100 ℃、20 min，胶接剥离强度仍不变。但在丁苯胶中加入 1.25% 甲基丙烯酸链节(即羟基丁苯胶)，则随加热温度升高(20~150 ℃)，胶接剥离强度提高 30~100 倍。该实验结果也说明羧基与被粘金属表面起了化学反应。

**2. 高聚物极性对粘接强度影响**

正如吸附理论所阐述，胶粘能力产生于高聚物表面结构和被粘体表面结构的相互作用。高聚物结构中不仅活性反应基团能与被粘表面生成共价键、离子键、配位键等都有利于胶粘和胶接强度的提高。就一些不容易发生反应的极性基团，通过范德华引力和产生的氢键，既可以增加聚合物基料本身的内聚力，也可以与被胶粘的极性表面在充分润湿条件下产生很强的作用力。比如聚酯，聚酰胺，聚氨基甲酸酯链中含有较大内聚能的基团 —CONH—，—COO—，—O—CONH— 等，它们能生成氢键，使大分子间相互作用加大，内聚力增加。它们与极性表面的作用增大，从而也提高界面间胶接强度。

吸附理论认为胶粘剂的极性越强，其胶接强度越大，这种观点仅适合于高表面能被粘物的粘接。对于低表面能被粘物来说，胶粘剂极性的增大往往导致粘接体系的湿润性变差而使粘接力下降。

**3. 聚合物分子量和分子量分布的影响**

聚合物的分子量对聚合物一系列性能起决定性的作用，这对黏合剂的胶接性能的影响也不例外。并非胶粘剂聚合物的分子量愈大愈好，以不支化的直链状结构聚合物为例：分子量较低时，一般发生内聚破坏，胶接强度随分子量增加而上升，并趋向一个定值。当分子量增大到使胶层的内聚力等于界面的粘接力时，开始发生混合破坏。分子量继续增大，胶粘剂对粘接界面的湿润性能下降，粘接体系发生界面破坏，而使胶接强度降低。

聚合物分子量越大，大分子间相互作用的总和也越大。柔性的长链达到一定长度时，因链卷曲相互间会发生缠结，链本身的活动性反受限制，胶粘效果可能不增加，甚至减少，这种链长度的临界值随链的柔性而异。

胶粘剂聚合物平均分子量相同而分子量分布不同时，其粘接性能亦有所不同。例如，用聚合度为 1535 的聚乙烯醇缩丁醛(组分 1)和聚合度为 95 的聚乙烯醇缩丁醛(组分 2)混合制成的胶粘剂粘接硬铝时，两种组分的比例不同对剥离强度的影响可从表8-3中看到，且符合上述规律性。

表 8-3                             聚合度分布对粘接力的影响

| 组分 1 | 组分 2 | 平均聚合度 | 剥离强度(N/cm) | 组分 1 | 组分 2 | 平均聚合度 | 剥离强度(N/cm) |
|---|---|---|---|---|---|---|---|
| 100 | 0 | 1535 | $1.92 \times 9.8$ | 20 | 80 | 468 | $3.24 \times 9.8$ |
| 50 | 50 | 628 | $1.92 \times 9.8$ | 10 | 90 | — | $4.98 \times 9.8$ |
| 33 | 67 | 523 | $2.49 \times 9.8$ | 0 | 100 | 395 | $2.52 \times 9.8$ |
| 25 | 75 | 485 | $2.73 \times 9.8$ | | | | |

从表 8-3 结果可知，当高聚物及低聚物两组分按 10∶90 混合时得到最大的胶接强度。其原因可能与胶粘剂对扩散速度和界面润湿程度有关。分子量小流动性好，易于润湿被粘表面；分子内与分子间扩散速度与分子体积也有关，分子量越大，扩散介质的黏度越大，扩散的阻力增加。大分子结构还影响聚集紧密程度、微区结构的尺寸、密度等，这些都会对扩散难易程度带来影响。在粘接体系中，适当降低胶粘剂的分子量有助于提高扩散系数，改善粘接性能。如天然橡胶通过适当的塑炼降解，可显著提高其自粘性能。

**4. 高聚物主链的刚性或柔性影响胶粘性**

进行胶接的两界面实际上是凹凸不平的。不论采取什么方法来加工表面，放大观察，都会发现很多凹凸和缺陷。在被粘物的硬表面上有宏观破坏、表面波纹、微观不均匀和超微观不均匀等。这样不均匀程度大的实际表面，要使胶粘两界面间达到 100% 的接触是理想状态。胶粘只有经过浸润、分散(展布)、流变和扩散等过程，才能接近理想状态。胶粘剂分子链的柔性较大，流动性足以与这凹凸不平的表面贴紧接触，发挥增大胶接表面积的作用，即相应提高胶粘能力；相反，胶粘剂分子链的刚性较大，流动性差，会使接触面空隙、气泡增多，增大了接触不完全和界面上不均匀性，减低胶接强度这是普遍规律。如果增加胶粘剂中的极性基团来提高粘接强度，当极性基团增加至一定值后，其粘接强度反而下降，其原因也可能是分子链相互作用过大，聚合物链的刚性增大，流动性减小，界面间接触百分率减少之故。

实验表明：为了增加粘接强度，用刚柔段结合在一起的 ABA 嵌段共聚物或接枝聚合物作为胶粘剂有时效果很好。如用丁二烯与苯乙烯三嵌段共聚物(SBS)制成的胶粘剂，胶粘帆布与帆布、帆布与木材、帆布与钢时，都得到比一般用氯丁胶粘剂的强度高。这里，柔性的聚丁二烯链段向被粘物中扩散起了很大的作用。人们用嵌段聚合物已开发了一些好胶粘剂。实验还表明：胶粘剂在界面层由扩散形成的界层厚度越大，由大分子束间形成的相互作用的总和可能达到很大数值，甚至超过化学键产生力的总和。应用此原则可以制备不需化学反应的较好胶粘体系。

**5. 聚合物侧链化学结构的影响**

聚丙烯、聚氯乙烯及聚丙烯腈三种聚合物中，聚丙烯的侧基团是甲基，属弱极性基团；聚氯乙烯的侧基是氯原子，属极性基；聚丙烯腈的侧腈基为强极性基。因此，聚丙烯通常不用于作黏结剂的基料。如果用接枝办法来对这种惰性高聚物进行改性，可以极大地提高这类高聚物与金属的胶粘强度。如用双(2-氯乙基)-乙烯基磷酸酯对聚丙烯(PP)接枝，可成百倍提高 PP 与金属的胶接强度，这说明了具极性侧基高聚物对胶粘性质的影响。

在聚乙烯/铝箔系统中，随接枝在聚乙烯(PE)上改性剂的种类和数量增加，胶接剥离强度明显出现最大值。改性剂引入的基团有 $-NH_2$，$-C_2H_4OH$，$-OP(O)(OH)_2$，$-CH_2CH_2R$ 及 $-NO_2$。将环氧基引入 PE 后，剥离最大值要比未改性的大一倍多，其他基团也有类似的结果。这些结果表明了胶接界面间进行的相互作用增加强度的意义。侧链基团的间隔距离越远，它们的作用力及空间位阻作用越小，如聚氯丁二烯每四个碳原子有一个氯原子侧基，而聚氯乙烯每两个碳原子有一个氯原子侧基，前者的柔性大于后者，更适合于用作黏结剂基料。

侧链基团体积的大小也决定其位阻作用的大小。聚苯乙烯分子中，苯基的体积大，位阻大，使聚苯乙烯具有较大的刚性，因此不适宜于作黏合剂基料。

侧链长短对聚合物的性能有明显影响。直链状的侧链，在一定范围内随其链长增大，聚合物的柔性增大，有利于扩散和表面湿润，从而有利于胶粘。但如侧链太长，有时会导致分子间的纠缠，反而不利于内旋作用，而使聚合物的柔性及粘接性能降低。如纤维素的脂肪酸酯类聚合物，侧链脂肪酸碳原子从 3 到 18 的范围内，以 6 到 14 个碳原子数的侧链具有较好的柔性和粘接性能。聚乙烯醇缩醛类、聚丙烯酸及甲基丙烯酸酯类聚合物也有类似的规律性。比如，聚乙烯醇缩丁醛可作为胶粘剂，而聚乙烯醇缩甲醛一般用于涂料。

聚合物分子中同一个碳原子连接两个不同的取代基团会降低分子链的柔性，如聚甲基丙烯酸甲酯的柔性低于聚丙烯酸甲酯。

**6. 聚合物的交联及交联度影响**

在胶接系统中，交联剂的用量有最佳值，往往胶粘剂本身交联达到最佳物理机械性能时，并不一定是胶接强度的最佳值。随交联剂用量增多，胶接系统的胶接强度同高聚物本身物理机械性能变化一样，也出现最大值。只是交联剂最佳用量值与高聚物本身所需的不同。所以在使用交联剂和选用交联反应条件(如温度)应由最佳胶接强度又不影响内聚能破坏时的交联剂用量及反应条件来确定。

在交联度不高的情况下，交联点之间分子链的长度远远大于单个链段的长度，作为运动单元的链段仍可能运动，故聚合物仍可保持较高的柔性。如硫化程度较低的橡胶，由于交联硫桥之间距离较大，其柔性仍相当高，适合于胶粘。交联点的数目太多，由于交联间距变短。交联点单键的内旋作用逐渐丧失，交联聚合物变硬变脆。如交联度为30%以上的橡胶已丧失弹性成为硬橡胶，此时就不适合胶粘了。

聚合物经化学交联后，不再存在大分子链的整体运动和链间滑移。因此，交联聚合物不再具有流动态，并丧失对被粘物的湿润和相互扩散能力。但在粘接体系已充分呈湿润态或具有相互扩散作用的情况下，通过交联提高胶层的内聚力是提高胶接强度的有效方法。由于交联反应是不可逆过程，它会极大地降低扩散系数。如果交联反应进行太快，甚至会使扩散很难进行，也不利于粘接。

通过聚合物末端的官能基团进行硫化，这是各种遥爪型聚合物的独特性能，是近年来胶粘剂工业中得到迅速发展的一种有利于提高粘接强度的工艺。遥爪官能基包括—COOH，—SH，—NH$_2$及环氧基团等。遥爪聚合物的交联作用发生在端基，其聚合物交联度取决于分子量的大小和分布。

某些嵌段共聚物，可通过加热呈塑性流动而后冷却，并通过次价键力形成类似于交联点的聚集点，从而增加聚合物的内聚力，这种交联方法称之为物理交联。

**7. 聚合物基料的结晶影响粘接**

结晶作用对于聚合物粘接性能有密切关系，尤其是在玻璃化温度到熔点之间的温度区间内有很大影响。结晶性对粘接性能的影响决定于其结晶度、晶体大小及结构。

通常聚合物结晶度增大，其屈服应力、强度和模量均有提高；而抗张伸长率及耐冲击性能降低。由于结晶度不同，同一种聚合物的性能指标可相差几倍。高结晶的聚合物，其分子链排列紧密，分子间的相互作用力增大，分子链难于运动并导致聚合物硬化和脆化，粘接性能下降。但结晶化提高了聚合物的软化温度，聚合物的力学性能对温度变化的敏感性减小。

高结晶性的聚对苯二甲酸乙二酯用于粘接不锈钢时，胶接强度接近于零。若以部分间苯二甲酸代替部分对苯二甲酸，得到的共缩聚产物，结晶度下降，其粘接力随之增大。

聚合物球晶的大小，对力学性能的影响比结晶度更明显。大球晶的存在使聚合物内部可能产生较多的空隙和缺陷，降低其机械性能。伸直链组成的纤维状聚合物结晶，能使聚合物具有较高的机械性能。

有时结晶作用也可以用于提高胶接强度，如氯丁橡胶是一种无定形的柔性聚合物，在湿润及扩散后，适当结晶化可提高胶接强度。在粘接施工过程中，热塑性胶粘剂聚合物通过急冷可形成微晶化，而使粘接性能提高。例如，用水迅速冷却聚对苯二甲酸乙二酯-钢胶接件时，其粘接抗张强度比缓慢冷却的提高了10倍。用尼龙-12作为胶粘剂粘接钢时也有类似的情况。但急冷过程仅适于热塑性的结晶型聚合物，其他类型的胶粘剂不能采用，因急冷会使胶接层和被粘物急剧收缩，因膨胀系数不同，而导致应力剧增。

**8. 聚合物胶粘基料与被粘物的相容性**

前面已经多次提到胶粘剂与被粘物充分润湿和相互扩散对提高胶粘性能的意义。然而对聚合物间的相互扩散起基本作用的是相容性。当相容性参数 $\beta$ 接近 0 时，此系统中的扩散速度最大。聚合物在高弹态下，扩散因素对胶粘起重要作用，在无化学反应条件时，还可能起决定性作用。除相容性外，前述聚合物的分子量小，扩散较易，即可加快扩散速度。如果是在相容性聚合物间扩散，从测定不同分子量聚合物间的扩散系数中，一般得到分子量增大一个数量级时扩散系数下降两个数量级的关系。不相容聚合物间的扩散，在相应条件下，要比相容性聚合物间小两个数量级。扩散系数通常是随两接触聚合物间的相容性增大而增大。

用各种具有不同溶解度参数 $\delta$ 值的胶粘剂粘接聚对苯二甲酸乙二酯（PET）的实验发现，$\delta$ 值对粘接力的影响很大。胶粘剂与被粘物两者 $\delta$ 值相差越小，它们的混溶性也越好，越有利于扩散，其结果粘胶体系的粘接力越高。

## 8.3.2 胶粘表面对胶接的影响

用胶粘剂胶粘前是否需要对表面进行处理，主要要由胶接强度的要求和使用环境决定。当要求胶接强度中等以下，使用时间不长，且以使用方便快速为主时，一般不进行表面处理（如接触胶粘剂、压敏胶粘剂等）；如要求胶接强度达到该系统的最大值，使用寿命长达十几年以上（如结构型胶粘），则需表面处理。

表面处理的方法归纳起来有两类：第一类，将被粘物表面清洁去污、打毛，使胶接面粗糙，清除灰尘，用溶剂脱除污染油脂，干燥去除水分，酸蚀除去氧化膜等。第二类，对被粘体表面进行化学处理，表面活化是以增加被粘表面上能与胶粘剂起化学反应的相应基团，来强化界面间的化学反应以增加化学键合；有时表面氧化或预涂以减慢（阻止）胶粘剂与被粘物之间有害反应。两类处理方法选用哪种或同时都用，则根据胶接强度要求和使用条件，被粘体表面最初污染物种类和程度，以及被粘物体的种类来决定。

**1. 表面清洗处理**

以酸进行表面腐蚀（酸蚀）的效果最好。当然，不同的胶粘系统，所用的酸及浓度不一样，如对钛/环氧系统，用氢氟酸最好；钢铁常用盐酸，而不锈钢/橡胶-酚醛系统，则脱脂和酸蚀的差别不大。

聚合物被粘表面清洗处理有时比处理金属表面对胶接强度的影响更大，因为这些材料的大多数表面上有起隔离作用的脱模剂，或起防护作用的惰性物质如石蜡等。聚四氟乙烯（PTFE）、聚乙烯、聚丙烯、乙丙胶、丁基胶等经表面化学处理后减少了弱界面层，极大地提高了胶接强度及其耐久性。

**2. 胶粘物的表面活化或阻化**

表面活化是被粘物表面用物理(电离辐射等)和化学(预涂偶联剂、预氧化、臭氧化等)方法处理,使表面生成活性基团,能与胶粘剂起化学反应。阻化即减慢被粘表面上的化学反应(如氧化等),减低胶接强度下降速度的处理。这两类反应都对提高胶接耐久性有很大作用。

1)表面惰性的聚合物(如聚乙烯、聚四氟乙烯等)与金属胶粘

通常胶接强度较低,甚至不能粘接。工艺中常采用非接触高频放电或微波激发惰性气体活化聚合物表面,即可成倍地提高胶接强度。例如 PTFE 等经活化处理表面后,与铝的胶接强度能提高 10 倍左右。

惰性高聚物胶粘的首要问题是增加分子接触,在此基础上增大化学反应。因此在胶粘剂分子上、或被粘体表面上想办法增加羟基、羰基、环氧基、异氰酸酯基、乙烯基-吡啶基及腈基等都能提高胶接强度,也是提高胶接耐温、耐热及耐一系列环境因素等的根本措施。

PTFE 用化学活化的效果比用惰性气体活化处理好很多。萘钠在 60 ℃处理 PTFE 表面后,用环氧胶粘剂将其与铝胶接的剪切强度比用氩活化处理 PTFE 表面高 3 倍,比用离子辐照处理高 4 倍。但胶接温度上升,物理处理的效果增大,萘钠处理的效果却下降。

2)硅酸盐玻璃、纤维及其制品表面处理

化学改性玻璃及其纤维等制品表面,使其与有机胶粘剂起相应化学反应,常常是提高胶粘树脂和玻璃及其制品强度的方法(见第六章增强助剂)。常用改性剂是沃兰和有机硅偶联剂。

3)有机硅弹性体与金属胶粘的表面活化

作为有机硅密封胶的硅氧烷弹性体与金属胶粘系统中,提高室温硫化硅橡胶(RTV)与金属胶接强度的简便和有效的方法是在硅橡胶硫化结构中加入有官能基团的交联剂(硅偶联剂)。曾以具不同官能基的交联剂,有于 $\alpha$,$\omega$-二羟基聚二甲基硅氧烷对金属胶接强度作了实验,当交联剂$(RO)_3SiR'$中 R′ 基团含有 $-(CH_2)_2-COOSi(CH_2)_3$ 或 $-(CH_2)_3NH_2$ 时,胶接金属的强度能成倍提高。这不仅因这些官能基团能与金属表面起一定的相互作用,还因这些硅偶联剂能与 $\alpha$,$\omega$-二羟基聚二甲基硅氧烷起交联反应,加强了硅橡胶本身的内聚强度。

## 8.3.3 内应力、温度与压力对胶粘强度的影响

**1. 胶接体系的内应力**

胶接体系产生内应力的原因来自胶接物的接头设计不合理,胶接工艺条件以及使用时

温度变化等方面。

1)胶粘剂配方及其胶接工艺产生内应力

胶粘体系由于工艺或配方不合适会产生内应力。在胶粘时，胶粘液在被粘固体表面流动成膜，膜厚度的不均匀性是常有的；膜中溶剂大部分挥发后，膜失去流动性，其应力开始增长，使薄膜按纵向收缩。此外还有其他减小体积的过程，从而使胶膜收缩，如粘接时生成化学键的化学收缩，副产物的放出(气体和低分子杂质挥发等)而收缩。成膜越快，则内应力会越大。易挥发的溶剂对应力产生有很大影响；高沸点溶剂则能使内应力松弛，使内应力的绝对值较小；提高成膜温度也会使溶剂挥发快，使成膜速度加快，从而提高胶粘剂膜的内应力。

除聚合物膜形成条件对内应力有影响外，配方也起很大作用。增塑剂、填料以及其他改性剂可以有效地降低内应力。如用百分之几至百分之几十的结构增塑剂，如聚硫橡胶加入聚酯、环氧等固化涂层中，对降低内应力起很大的作用。

周围环境的湿度，对内应力也有影响，如大气湿度为98%~100%时，聚氯乙烯中的内应力会降至零。在聚乙烯醇、环氧、环氧-尼龙等亲水涂层中，也存在水的增塑作用。如在98%~100%湿度下，环氧膜中的内应力可以下降至相反的符号，即伸长应力变为压缩应力，用硫酸吸水干燥后，可恢复至起始伸长的应力。在聚氯乙烯中加入填料(ZnO、铝粉等)，可减少水对内应力的影响。

原有内应力与胶接强度之间的关系中，有的随内应力增加而增大胶接强度；但多数的关系是随内应力增加，胶接强度下降。

2)热应力的影响

热应力是温度变化时，被粘体和胶粘层受热后，其线性膨胀系数之差别所引起的应力。

热熔胶胶粘时，聚合物在高温下成型，而后温度下降至玻璃化温度或熔点以下成膜，由于聚合物膜与被粘体热膨胀系数之差，会产生热应力，因为结晶或玻璃态生成，使松弛停止。热应力的发生取决于松弛过程，其值取决于加热和冷却速度。例如，聚氯乙烯很快冷却时的内应力，比慢慢冷却的大一倍。因此，胶粘膜层中的热应力，可以用热处理来减少，但原有热应力实际上却不能松弛消除。如果成膜后重复加热，在未进行固(硫)化或塑性变形之前，内应力随温度而变化的曲线关系，仍然可重现不变，保持原来形状。

由于热应力决定于松弛过程，所以一切增快松弛的因素，增塑作用等都会减少热应力，从而提高聚合物胶粘剂的胶接强度。如当水起增塑剂作用时，可塑化的某些聚合物会使松弛过程容易进行，降低内应力。有的橡胶表面因水润湿而提高强度，就是因吸收水后使受撕裂应力作用下的紧贴缺陷层，能取向所致。

在多层增强复合系统(包括增强塑料)热应力起很大作用。环氧胶粘剂的轴向伸长应力与固化温度之关系表明固化温度越高，这种内应力也越大。实验曾确定：顺丁烯二酸酐聚酯玻璃纤维塑料的热应力比收缩应力大 1.5~3.5 倍，而环氧树脂固化后则大 10~16 倍。由此可见，除原有应力的影响外，热应力的作用不可忽视。

**2. 温度对胶粘及其强度的影响**

温度在胶接过程中影响化学键的生成以及交联反应的进行；温度也影响胶粘剂及其增塑剂、增粘剂等分子助剂的扩散和润湿；温度还关系到内应力的增加或减少以及聚合物松弛、蠕变过程。以上各方面无不对胶接体系的强度和耐久性有影响。

结晶聚合物作为胶粘剂时，它与钢的胶接强度，随黏合温度升高会出现最大值。如用聚四氟乙烯薄膜(0.1~0.2 mm)的两面胶接不锈钢时，在 380~460 ℃ 范围内加热，随温度上升，聚合物熔体的黏度下降，活动性增大，使熔体充满金属表面上的大量缺陷的程度增多，因而使胶接强度成倍增加；在 420~430 ℃ 温度范围剥离强度达最大值。最大值后再升高温度，聚四氟乙烯开始裂解和解聚，因而胶接剥离强度随之下降。这种胶接强度最大值的变化规律，是聚合物流变性和热稳定性矛盾统一的表现，不同聚合物胶接对出现最大值的温度范围，由聚合物的结构和被粘界面结构和压力、时间而定。

热活化高聚物胶粘剂与金属胶粘系统，经过加温交联(固化、硫化)、接枝、氧化等反应，可使胶粘层与金属表面间发生化学反应或其他氢键等物理作用；同时，胶粘层本身的结构也发生相应的物理化学变化，这些变化可以使胶粘层与金属表面间的胶粘加强或减弱。树脂预聚体与橡胶或其预聚体并用时，除交联(固化、硫化)、缩聚等反应外，被粘表面上金属化合物的生成、金属催化高聚物的氧化等，都在胶粘形成过程中进行。要使胶粘体系中多种反应，都能在一定时间、温度条件下达到最佳结果，则是胶粘者通过反复试验才能掌握的问题。

在轮胎制造时，要使酚醛树脂在橡胶与帘线接触区均匀分散，树脂在界面接触时的浸润、漫流和扩散是充分发挥生成化学键作用的重要条件，扩散越充分，接触区越大，所生成的化学键对胶接强度的贡献也越大。胶料保持黏流态的时间越长，扩散接触的程度越大，则胶接强度增高。交联反应是热活化高聚物胶粘中最主要的反应，其反应速度和程度起主要作用。

聚合物在不同物理状态下，分子链的活动能力相差很大，玻璃态、晶相中链的活动性小，扩散难；熔融后或高弹态时，随温度上升，链的活动性随之增加，扩散阻力相应下降，扩散较容易。扩散速度与接触面积、时间、温度有关。

聚合物间的扩散作用受到两聚合物的接触时间、粘接温度等作用因素的影响。两聚合物相互粘接时，粘接温度越高，时间越长，其扩散作用也越强，由扩散作用导致的粘接力就越高。

扩散理论在解释聚合物的自黏作用方面已得到公认。但对不同聚合物之间的粘接，是否存在穿越界面的扩散过程，目前尚有争议。

**3. 压力影响胶接强度**

压力与胶接强度的关系较复杂，增大对聚合物的压力，如能增大塑性流动的话，则可增加接触。但有的聚合物在高压下发生机械玻璃化，反而阻碍流变过程的发展，因而可能因压力增大，接触减少，胶接强度下降。

胶料(塑弹性体)与硫化胶(交联聚合物)间的接触，为塑性流动的表面接触，可分为两个阶段：贴合接触面积小的开始阶段和继续增加接触面积的后阶段。在后阶段中，接触面积的增大，由接触材料的流变性质和负荷(压力)作用的时间来决定。

弹性体/多孔材料(布、泡沫材料如木材等)胶粘接触形成过程的规律也表明，胶粘剂对多孔被粘体渗透的深度，取决于成型的压力和时间，胶接强度与胶粘剂渗透深度成正比，而渗透基本上与微观流变过程有关。

# 8.4 影响胶接制件使用寿命的因素

保持胶接制件胶接强度使用寿命，是胶粘剂能否得到工业上应用的关键。随着结构型胶粘剂的工业应用。特别是用于航空、交通运输、建筑等工业后，胶接耐久性的研究日益受到重视。比如，民用飞机有效寿命 15 a，新型宽机身喷气客机要求使用 30 a(90000 飞行 h)。复合材料中的骨架材料，如玻璃纤维、芳族尼纶、碳纤维、硼纤维、纤维素以及金属等无机物，有较高的强度和较长的使用寿命。复合材料的使用寿命，主要取决于聚合物胶粘基材和界面层在长时间内的变化。

胶接系统使用实践表明，一切影响胶粘基材和界面层结构的外部因素，都对胶接耐久性起作用。这些因素中，有前述的热应力和机械应力集中(由于各组分模量、韧性等不同产生)等，界面层的降解(如水解、紫外光、臭氧、热氧降解等)都会降低胶接耐久性；除化学反应外，界面层微区结构的形状、尺寸及其分布均匀性的变化等物理过程，也会极大地降低胶接使用寿命，这种变化对界面间未形成化学键的胶接影响最突出。

## 8.4.1 热氧化作用

很多高聚物胶粘剂在空气中，特别在高温下，容易热氧化，从而使聚合物降解或交联，胶粘性能下降，降低了胶粘剂的使用温度范围和耐久性。要在高温下使用的胶粘剂，必须具有较高的熔点或软化点和耐氧化性。热氧化使聚合物链断裂、分解时，胶粘剂失重增加，强度和扯断伸长率下降。如环氧-酚醛胶接金属系统在氮气氛中粘不锈钢，加热 500 h 后，胶接强度下降很少，但在空气中加热 100 h，胶接强度降至零；然而，该胶粘剂粘铝时，却比粘不锈钢的热氧稳定性高很多，至 500 h 胶接强度才降至零，这说明钢(或钛)

比铝加速环氧-酚醛胶粘剂的热氧化的作用大。

温度升高，胶粘剂热氧化加速，胶接强度降低的速度随之增快。如环氧胶粘系统在170 ℃热氧化16周后，胶接强度下降了4/5；150 ℃热氧化16周后，胶接强度只下降1/2。

环氧、环氧-酚醛、聚酰亚胺及聚苯并咪唑胶粘剂的长期使用温度可高于177 ℃，短期使用时温度高于371 ℃。环氧-酚醛在较高温度下，虽然能保持一定的胶接剪切强度，但在较低温度如121 ℃，177 ℃，胶接剪切强度下降的速度，比丁腈-酚醛胶接强度下降要快很多，因此选用胶粘剂时，必须将一定温度下短时和长期加热保持胶接强度的百分率结合起来考虑，才能发挥各种胶的特点。胶接界面层间可能受热、冷反复作用，热膨胀、收缩系数差产生热应力的反复变化，加速胶接强度下降；相反，如果胶粘界面层热松弛快，间断时间内被破坏的键能重排、恢复，也可能减慢胶接强度下降的速度。在考虑耐久性时，应当注意温度、介质、时间、受应力大小和动、静条件及其他物理因素等的相互影响，不能单独就一个因素来说明胶接的耐久性。

## 8.4.2 温度与水的影响

来自高湿度空气的水或通过浸没进来的水能对胶粘剂、胶接界面(或界面相)和被粘物起不利于胶接强度和耐久性的影响。大多数胶粘剂是极性的，极性有利于水吸附并扩散到胶粘剂本体中，引起胶粘剂膨胀和变形。在胶接界面上，水能促进一些胶粘剂和被粘物之间已经形成的化学键断裂。在被粘物表面，水能腐蚀金属，形成弱界面。

水容易使胶粘层和界面间的酯、胺酯、胺及脲键水解，其中以酯键水解反应最快，某些聚氨酯和酐固化环氧中存在酯键，故通常用胺固化的环氧耐水性比酐固化的高。水引起环氧树脂、聚氨酯、聚丙烯酸酯和氰基丙烯酸酯发生水解，导致聚合物内聚力下降，胶接强度降低。水还能引起聚合物物理膨胀(或收缩)，从而作用在被粘物和密封剂界面上产生应力，引起脱胶。密封胶不均匀膨胀还可能引起玻璃板破裂。

有人认为要提高胶接的使用寿命(热湿环境)，必须提高界面本身的耐久性，即将此弱界层变为耐久层。以铝合金和低碳钢用普通环氧胶粘系统，可以采用硅氧烷为基材的预涂底漆，涂在金属表面上，使聚硅氧烷底层与金属氧化物之间生成化学键(可能是—Fe—O—Si≡等)。只有在底层(漆)与金属氧化物之间生成化学键，才能较大地提高胶接的耐久性。

例如，用γ-缩水甘油氧丙基三甲氧基硅烷(WD-60)的1%水溶液作底漆，预涂在低碳钢表面上，可极大地提高环氧树脂与低碳钢胶接的耐久性，在60 ℃水中浸泡1500 h后，对接扯断强度仍有2940 N/cm²(未浸水时4410 N/cm²)。仅喷砂无底漆的至1500 h水浸泡(60 ℃)后，扯断强度只有约735 N/cm²了。以酚醛树脂为基材的胶粘剂，也可得到价键界面，具有较好的耐久性。

用其他底漆或电镀技术处理金属表面，也有很显著效果，如用铬酸钴的水溶液处理铝合金，或用磷酸阳极电镀，都能极大地提高胶接耐久性。

由此看来改进界面对水的稳定性，对提高热湿环境胶接耐久性是关键之一。此外，在湿气作用下，会加快胶接系统使用应力下降的速度。

### 8.4.3 户外大气暴露影响胶接耐久性

胶接系统在户外大气暴露时，热、氧、紫外线辐照、冷、湿度以及污染气体等因素作用下，都会使胶接强度发生变化，情况十分复杂。随胶接系统、大气条件以及应力状态不同，差异很大。例如，环氧胶粘铝合金时，工业区比海滨大气中胶接耐久性高几倍，这说明盐雾对胶粘剂有侵蚀作用。同一地区，同一胶粘系统，负荷大，产生应力大，耐久性也差。

## 8.5　非结构型胶粘剂

非结构型胶粘剂是在胶接过程中通常不发生交联、聚合等能增强胶粘能力的化学反应。它们胶接强度不很高，只在 90 ℃以下使用，不用于结构材料胶接，常用于接触、压敏、液体密封、印刷、医疗、电气、电子中绝缘以及建筑中不受力的部位。

这类胶粘剂的基胶主要是各种橡胶，此外还有聚醋酸乙烯酯，第一代聚丙烯酸酯热塑性树脂等。表8-4列出了一些用作非结构胶粘剂的橡胶性能和用途。

表 8-4　　　　　　　　　　非结构型橡胶胶粘剂

| 胶粘剂 | 应　用　方　面 | 优　点 | 局　限　性 |
|---|---|---|---|
| 再生胶 | 胶粘纸、橡胶、塑料和瓷砖、塑料薄膜、纤维隔音板层及风雨胶条；外科手术及电工胶带 | 成本低，滚压盖层、喷涂、刷涂、浸渍等法操作很容易，胶粘后强度显示很快，即初粘力与最终粘力差小，耐水湿气优异 | 老化后很脆，不是丁腈或氯丁等极性硫化胶再生者，不耐有机溶剂和油 |
| 天然胶 | 用于再生胶外，还用来粘皮鞋和胶鞋边条 | 弹性优异，耐热湿和水 | 老化后易脆，耐有机溶剂差，较难与金属粘接 |
| 氯丁胶 | 胶粘风雨胶条，纤维隔音板材(布)于金属上，胶粘合成纤维，广泛用于工业中 | 在 50.5 ℃下强度好，抗蠕变性能好 | 贮藏寿命短，成本高，不耐日光，老化易为卤化氢腐蚀 |

续表

| 胶粘剂 | 应 用 方 面 | 优 点 | 局 限 性 |
|---|---|---|---|
| 丁腈胶 | 粘塑料薄膜于金属上，粘纤维材料如木材和纤维于铝、镀铜及钢上，胶结尼龙与尼龙和其他材料 | 较稳定合成胶胶粘剂，优异的耐油性，易作热固性树脂胶粘剂的改性剂 | 不能与天然或丁基胶胶粘 |
| 聚异丁烯 | 粘其本身和塑料、本身与聚酯薄膜胶粘、与铝箔及其他塑料薄膜 | 老化特性好 | 易与碳氢化合物作用，耐热性差 |
| 丁基胶 | 胶粘丁基本身，与大多数塑料薄膜如聚酯及聚偏氯乙烯胶粘好 | 优异耐热性，化学交联材料有好的耐化学溶剂作用 | 在粘金属前要预涂层处理，易与碳氢化合物作用 |

从表中可见橡胶作为非结构胶粘剂应用广泛。尤其是再生胶作黏结剂时，原料易得，还解决了废胶堆集时环境污染。胶中原加有软化剂(如重油、橡胶油)，不必再加溶剂，成为少溶剂、不挥发性胶粘剂。非溶剂型橡胶胶粘剂可与各种树脂并用，配制出各种不同使用条件的产品。

非结构型胶粘剂按使用状态，一般分为液体(溶液、胶乳、无溶剂等)、固体(热熔性带、片、棒、条、粉末等)、黏稠状液态密封胶(使用时仍为黏稠状)和压敏胶。不论哪种状态，它们在胶粘过程中，都是以胶粘界面间分子相互作用为主而形成的胶接力。因此，如何充分发挥其粘接力，并在使用时保持这种作用的最大值，就成了这类胶粘剂制备和使用时的主要问题。

非结构胶粘剂在被粘两界面间无化学键生成，胶粘剂与被粘物在胶接中相容性起主导作用，因此选择胶粘剂时需考虑胶接界面极性的影响。同一种胶粘剂对不同的胶粘界面存在相容性问题，要根据使用对象和环境来选择胶粘剂。

## 8.5.1 非结构胶粘剂及其对不同材料的胶粘

不同生胶(胶粘剂基材)对非极性材料聚乙烯、聚异丁烯等的胶接抗剪切强度随生胶本身极性增大，胶接剪切强度下降。如丁腈胶中随丙烯腈含量增多，它们对非极性高聚物的胶接强度减小。尼龙、玻璃纸、玻璃及纤维、金属(无机材料)等极性材料胶粘时，极性大的生胶(如丁腈胶，氯丁胶)胶接强度高，而非极性和弱极性生胶(如天然胶、丁苯胶)胶接强度则不高。如果在非极性生胶中含有很少量(0.2%)活性羧基团，则能提高对聚酰胺(尼龙)的胶接强度近10倍。再增多极性基又急剧降低胶接强度，甚至比未加时还低。其原因是增加了胶粘剂基料的刚性，这在本章第二节中已有讨论。

基胶对金属的胶接不仅决定胶的极性，还与金属表面性质有关。天然生胶、丁苯胶一般与金属的胶接强度较低，氯丁、丁腈、氯磺化聚乙烯则较高；但金属不同，对同一种生胶相差较大，尤其是天然胶对铜表面的胶接强度大于其他金属，其原因可能与铜催化天然胶氧化生成少量极性基团，增大了极性有关。

皮革与橡胶的胶接强度数据也说明了上述情况：丁苯硫化胶或丁腈-40硫化胶与皮革胶粘，其胶接强度丁腈-40比丁苯-30大几十倍。

## 8.5.2 增粘剂及其作用

### 1. 增粘剂(增粘树脂)的作用

以高聚物溶液作非结构胶粘剂时，往往加入少量与基材性能相差较大甚至相反的物质(如多官能团树脂增粘剂)以增大这类溶液胶粘剂的胶接强度，特别是初粘力。此外，还可能提高胶粘剂溶液的贮存稳定性。对聚异丁烯、丁基胶、异戊胶、丁苯胶、丁腈胶和氯丁胶溶液胶粘剂的研究发现将极性聚合物加至非极性或弱极性基胶溶液中，当用量小时，可提高该基胶溶液对钢等极性被粘体的胶接剥离强度。因带极性增粘剂的加入(如生胶中加入聚甲基丙烯酸，丁腈胶、松香酯、酚醛树脂等)，增大了胶粘剂的极性而提高与极性被粘界面(如尼龙、金属等)的分子间作用力，使胶接强度增加。此外，还应注意增粘剂对胶膜的模量、强度及接触时分子的扩散能力等也有影响。加入量增大到一定值，胶接强度会出现最大值；如果再增加增粘剂时，就会使胶膜的分子链刚性逐渐增大，直至发脆，刚性使胶膜的变形能力减小和分子的扩散能力降低，胶膜本身的强度下降，胶接强度急剧下降。如在生胶溶液中加入极性相近的添加剂(如异戊胶加润滑油、氯丁胶加氯化石蜡)，当含量不大时，起增塑作用，能增大胶接强度(对钢)；加入含量超过最大值时，则强度会急剧下降，甚至比未加时还低。

橡胶弹性体和增粘树脂在室温通常是固体，基本上没有黏性。为什么两者混合后能使基料黏合于被粘表面出现一定的初粘力和抗剥离力，其初粘力还会随着增粘树脂的增加出现极大值？一种观点认为，粘性是由胶粘剂的两相体系的形态学所决定的。另一观点则是从聚合物黏弹性的角度考虑。根据计算，当体系的本体黏度 $\eta_a$ 降低到 $10^6 \sim 10^5$ Pa·s 时，聚合物即使在轻微的压力下也足以产生较大的形变和流动，即使在几秒钟的时间内，它也能够很好地湿润被粘物的表面，从而产生较大的初粘力。体系的黏度越小，这种湿润就越充分，初粘力当然就越大。按照这种观点，不管体系是否出现两相结构，只要溶解有树脂的橡胶相的黏度降低到一定值，体系的初粘力便会增加。对于具有海岛结构的两相体系，若树脂相的玻璃化温度低于室温，则低分子量(低黏度)树脂相的存在会使整个体系的表观黏度更低，从而使体系的初粘力增加；但当树脂相的玻璃化温度高于室温时，高黏度的固体树脂相的存在像填料一样，反而会使整个体系的表观黏度上升，从而使初粘力降低。

**2. 增粘树脂的选择**

增粘树脂的种类和最佳用量的选择应该从与橡胶弹性体的相溶性、本身的色泽、增粘效果、耐老化性能以及价格等多方面综合考虑。

增粘树脂能与橡胶弹性体相混溶是选择的前提。增粘树脂与橡胶弹性体完全不混溶的混合物必然会产生相分离，这种体系不能制成压敏胶粘剂。相互混溶的浓度和温度范围越宽，两者的相溶就越好，选择的余地也就越大。从本章第三节中我们已经知道，材料之间的相溶性与它们的溶解度参数有关。溶解度参数越接近的两种材料相溶性越好。分子结构和分子极性越相近的材料溶解度参数越接近，相溶性也就越好。图 8-1 列出了各种增粘树脂与各种高聚物材料的溶解度参数及大致的相溶性范围。

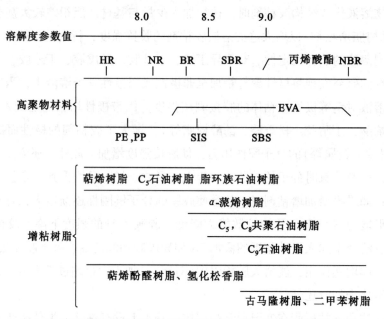

图 8-1　高聚物材料和增粘树脂的溶解度参数和大致的相溶性范围

增粘效果通常是根据增粘树脂加入对胶粘剂的压敏黏合性能的影响来判断，即初粘性、180°剥离强度和持粘力以及它们之间平衡关系。在维持三者正常的平衡关系的基础上，这三种物理性能越好，增粘树脂的增粘效果就越佳。

增粘树脂对压敏初粘力的影响是人们最感兴趣的问题。随着增粘树脂用量增加，开始时初粘力增加很慢，当达到一定浓度后初粘力就迅速增大并达到一最大值，然后迅速下降直至完全消失。大量的实验研究表明，几乎所有的增粘树脂对天然橡胶压敏胶初粘力的影响都有这样的规律，只是增粘树脂的软化点不同，达到最大初粘力所需的树脂浓度以及最大初粘力的数值不同。树脂的软化点越低，达到最大初粘力所需要树脂的浓度越高，最大初粘力的数值也越大。通常随着增粘树脂用量的增加压敏胶粘剂的 180°剥离强度也增加，持粘力则相反。在一般的橡胶型压敏胶配方中，对每 100 份重量橡胶弹性体，增粘树脂的用量为 70~140 份为宜；树脂软化点高则可少用些，树脂软化点低则应多用些。

此外，在制造要求耐老化性能好的压敏胶粘制品时，应尽可能选择脂环族石油树脂、氢化松香酯、萜烯树脂等分子内没有或很少有双键的耐老化性能好的增粘树脂。在制造电工用绝缘胶带时，应尽量采用电绝缘性能好的增粘树脂。通常，不含极性基团的树脂如萜烯树脂、各种石油树脂等皆具有较好的电绝缘性能。在制造医用压敏胶粘制品时，具有酸性的增粘树脂如松香及其衍生物和某些酚醛改性物等常常要引起皮肤炎，在选用时必须加以注意。在制造低档制品时，则必须较多地考虑增粘树脂的价格问题。

### 8.5.3 初粘力和蠕变

初粘力和蠕变是非结构胶粘剂的重要指标。初粘力即粘压后不久（如 5 min）测得的胶接强度。在无化学反应胶粘剂中，相容性和分子链的柔性、胶液的黏度是影响胶粘的主要因素。对被粘体，不同生胶液体的初粘力，在很大程度上由它与被粘物的相容性决定；其次则是生胶分子链的柔性。

同一胶接系统，胶粘剂液体的黏度不同时，初粘力也会改变，用同一种溶剂制备的同一浓度溶液，如果溶液黏度不同，则反映被溶解高聚物的分子量及其分布和分子结构的不同，因而会改变其胶粘能力。

对于多组分或多种单体的共聚物，初粘力和蠕变性能与各组分配比有关。组分越多，规律越复杂，大多需通过实验来确定。

蠕变（冷流性）既决定胶接界面的相容性，又决定胶膜的模量（内聚力、结晶等）。如钢胶粘时，在压力下聚异丁烯为基材的胶粘剂流动性和变形最大，异戊胶比丁苯胶的流动性大，丁腈胶的流动性比这些胶小，氯丁胶粘剂的流动性很小，因氯丁胶既是极性胶，又有一定比例的反式异构体，其结晶度和结晶速度都比较大，在室温下胶黏膜的模量较高。

在溶液胶粘剂中，加入一定量填料，可使非结晶高聚物冷流性减少，胶接增强；但会使结晶高聚物的胶接强度下降。因此，可以根据使用要求，对胶粘剂初粘性和蠕变等指标，通过改变增粘剂、增塑剂、填料或有利于这些性能改变的单体共聚等进行调整。

### 8.5.4 压敏胶粘剂及其制品

#### 1. 压敏胶一般介绍

压敏胶主要有橡胶压敏胶、聚丙烯酸酯压敏胶、有机硅压敏胶和聚乙烯醚压敏胶等。其制品主要是各种各样的胶粘带和胶粘片。它通常是由压敏胶粘剂、基材、底层处理剂、背面处理剂和隔离纸等组成。压敏胶粘剂的主要作用是使胶粘制品具有对压力敏感的黏附性能。基材是支承压敏胶粘剂的基础材料，要求有较好的机械强度，较小的伸缩性，厚度均匀及能被胶粘剂湿润等。底层处理剂亦称底涂剂，其作用是增加胶粘剂和基材之间的黏合力，在揭除胶粘带时不会导致胶粘剂和基材脱开而沾污被粘表面，如果胶粘剂和基材之间有足够的黏合力，可不使用底涂剂。背面处理剂(隔离剂)，通常是热固化或光固化的有机硅树脂，它们不仅可使胶粘带卷起时起隔离作用，还能提高基材的物理机械性能。隔离纸(防粘纸)是双面压敏胶粘带压敏胶粘片材制造中不可缺少的材料，防止胶粘制品胶层之间或胶层与其他物品之间互相粘连。

压敏胶粘制品的制造，一般包括压敏胶粘剂的制造，压敏胶粘剂的涂布和干燥，压敏胶粘制品的卷起、裁切和包装等工艺过程。

**2. 主要压敏胶粘制品的分类**

按制品形态可分单面压敏胶粘带，双面压敏胶粘带以及压敏胶粘片材(包括压敏胶粘标签)。按基材的不同分为布胶粘带、纸胶粘带、赛路酚胶粘带、聚氯乙烯(PVC)胶粘带、定向拉伸聚丙烯(OPP)胶粘带、聚酯(PET)胶粘带、聚乙烯(PE)胶粘带、玻璃布胶粘带等。按性能的特点又可分为高黏着性型、通用型、低黏着性型、再剥离型、耐热型、耐寒型等。

**3. 压敏胶粘剂的黏合性能**

1) 压敏胶的黏弹性

聚合物的黏弹行为非常复杂，用简单的 Maxwell 模型不可能完全描述清楚。但用这种模型来定性地解释聚合物黏弹性的一些性质还是完全可以的。

当压敏胶粘带或片材贴于被粘物表面并加以适当的压力时，由于所加的压力一般都是均匀而又缓慢的，压敏胶粘剂在这种慢速的压力作用下主要表现为近似于液体那样的黏性流动性质。这就使压敏胶粘剂可以与被粘物表面紧密接触并尽可能地流入被粘表面的坑洼沟槽中，使有效接触面积增大。压敏胶的流动速度与外加压力成正比，而与胶粘剂的黏度成反比，所以压敏胶粘剂的本体黏度越小，形变流动速度越大。普通的塑料和橡胶虽是黏弹性体，但它们的本体黏度太大，在通常的温度和压力下流动速度太小，因而无法实现与被粘表面紧密接触，固不能作为压敏胶。

当粘贴好的压敏胶粘带受到外力作用与被粘物剥离时，因为剥离的速度一般都比较高，压敏胶粘剂此时主要表现为近似于弹性体的性质，即具有较高的抗剥离能力。剥离速度越大，压敏胶的剥离强度越高就是这个原因。

2) 压敏胶粘剂对被粘表面的湿润

由于压敏胶粘剂的黏弹性，使它能在缓慢的压力下产生黏性流动从而实现与被粘表面的紧密接触，但只靠这种接触还不能产生黏合力。压敏胶粘剂还必须对被粘表面有很好的湿润性，使它与被粘表面达到分子接近(5 Å 以内)的程度，才能产生分子之间的相互作用力，即黏合力，因此，压敏胶的黏合性能还必须考虑胶液对固体表面湿润性。

3)压敏胶粘剂的四大黏合性能

压敏胶粘剂的这四大黏合性能：初粘(tack)力 $T$，黏合(adhesion)力 $A$，内聚(cohesion)力 $C$ 和黏基(keying)力 $K$，它们之间必须满足 $T<A<C<K$ 这样的性能要求。否则，就会产生种种质量问题，例如若 $T\nless A$，就没有对压力敏感的性能；若 $A\nless C$，则揭除胶粘制品时就会出现胶层破坏，导致胶粘剂沾污被粘表面、拉丝或粘背等弊病；若 $C\nless K$，就会产生脱胶(胶层脱离基材)的现象。这几种黏合性能之间如满足上述关系，胶粘制品就不但具备了对压力敏感的黏合特性，而且还能满足应用的基本要求。

初粘力(快粘力)，是指当压敏胶粘制品和被粘物以很轻的压力接触后立即快速分离所表现出来的抗分离能力。即所谓用手指轻轻接触胶粘剂面时显示出来的手感粘力。

黏合力是指用适当的压力和时间进行粘贴后压敏胶粘制品和被粘表面之间所表现出来的抵抗界面分离的能力。一般用胶粘制品的180°剥离强度来衡量。

内聚力是指胶粘剂层本身的内聚。一般用胶粘制品粘贴后抵抗剪切蠕变的能力即持粘力来量度。

黏基力是指胶粘剂与基材，或胶粘剂与底涂剂及底涂剂与基材之间的黏合力。当180°剥离测试发生胶层和基材脱开时所测得的剥离强度，即为黏基力。正常情况下，黏基力大于黏合力，故无法测得此值。

压敏胶粘剂除具上述四大黏合性能外，在使用时对性能还有一些其他要求，如压敏胶制品的机械强度、电绝缘性能、柔韧性以及耐热、耐腐蚀和大气老化等，在选择基材和胶粘剂配方时都必须考虑。

## 8.5.5 热熔型胶粘剂及其发展

### 1. 热熔胶一般介绍

热熔胶不需要任何溶剂，将其加热熔化，即可进行涂布，湿润被粘物，经压合、冷却，在几秒钟内完成粘接的胶粘剂。

热熔型胶粘剂是以热塑性树脂为基础多组分混合物。它是由除基胶外、少量的增粘剂(石蜡、松香)、增塑剂、填充剂和防老剂等加工而成。

热熔胶按其基胶化学组成分为几类：聚酯类、聚氨酯类、聚乙烯基醚类、聚酰胺类、纤维素类、乙烯-丙烯酸共聚物、乙烯-醋酸乙烯共聚物类 EVA、醋酸乙烯-乙烯吡咯啉共聚体类等。

热熔胶产品本身是固体，便于包装、运输、贮存；无毒性，不燃烧；黏合强度大，黏合速度快，使用方便；可连续化、自动化，实现流水线作业生产。其缺点是性能有局限，胶接有时会受气候季节的影响，须配备热熔涂胶器等。热熔胶粘剂广泛应用于书籍装订、包装、纤维、建筑、土木、汽车、电气等部门。

热熔胶生产有间歇法和连续法两种：

1）间歇法

用反应釜生产。加料顺序是先投入蜡、增粘剂、抗氧剂，于150~180 ℃搅拌熔融，然后慢慢地加入聚合物，保持温度，搅拌2~3 h后放入贮槽。再由泵通过模口放到冷却传动钢带上冷却成型，经切断后装袋。对于难以混溶的组分，可预先与基体聚合物混炼或捏和，然后再投入釜内。也有由釜出料到普通挤出机上挤出成型。有时生产需要向釜内通氮保护。

2）连续法

挤出机连续生产，可防止热粘胶滑动、相分离、浪涌；能混合均匀且生产量大，直接成型，适宜于高黏度热熔胶粘剂制造。单轴异径螺杆如双螺杆混合型挤出机均可应用。其优点是配胶混合时间短，胶料受热氧化影响少，产品质量均一，生产率高。

**2. 热熔胶的主要品种**

1）乙烯共聚物热熔胶

该胶系乙烯和醋酸乙烯酯的无规共聚物（EVA）。醋酸乙烯酯引入聚乙烯分子结构后，聚乙烯的结晶度降低，黏合力和柔韧性提高，耐热和耐寒性兼顾，流动性和熔点可调。此外，EVA价格低廉，易与其他辅料配合。乙烯-醋酸乙烯共聚物的性能，主要取决于酯酸乙烯（VAc）的含量、共聚物的平均分子量和分子链的支化程度。熔融指数（MI）是用来衡量熔融聚合物流动性能的一种尺度（熔融体在10 min内流过直径为2.09 mm高为7.06 mm管道的克数）。MI数值高，表示树脂的分子量低，熔融黏度低，流动性与加工性好，但机械强度和耐热性差，常用的EVA热熔胶，VAc含量为18%~35%，MI在0.4~500，综合性能较好。例如，对钢、铝等极性基材，VAc含量增加至35%时强度最好；对高密度聚乙烯、聚丙烯等，VAc含量减少至18%时强度最好；而对纸张、木材等，VAc含量基本上不影响强度。

为了进一步提高EVA热熔胶的耐热性，改进低温脆性，目前成功的工作是将丙烯酸接枝于聚丙烯，或改性的聚丙烯与乙烯-丙烯共聚物的混合物加入一般的EVA型热熔胶中，耐热性明显提高。

在EVA中加入适量的丁基橡胶、马来酸酐和有机过氧化物，使之交联，可提高剥离强度和耐热性。若在EVA中加入乙烯-丙烯酸共聚物（EAA）、石蜡、增粘树脂等，用金属离子进行交联，可使之具有较好的坚韧性。马来酸酐、氯乙烯或丙烯酸与EVA接枝共聚，可以提高EVA的耐热性和粘接强度。在EVA中加入聚丙二醇端异氰酸酯聚合物、甲苯二异氰酸酯、萜-酚树脂等,可提高初粘性和粘接强度。热塑性弹性体 SBS、松香甘油酯、稳定剂等和 EVA 热反应配制的热熔胶具有较好的屈服强度和抗低温脆性。EVA 共聚物、皂化的 EVA 和羟基改性的 EVA 等配制的热熔胶,可以提高耐水性和剥离强度。聚酰胺和聚乙烯蜡改性的 EVA 可以降低熔点、提高粘接性。

在聚乙烯结构中引入丙烯酸乙酯所得共聚物(EEA)降低了软化温度,提高了分子链低温柔韧性。EEA 的极性比 EVA 小,有利于对难粘塑料基材的黏合,且易与蜡混溶,使混合时间缩短。EEA 可溶于碱液,因而有利于废纸的再生。但 EEA 价格较高,耐热性较低,有待进一步改进提高。目前它被广泛用于人造地板封边纸、纸板、复合膜、纤维和金属的黏合。

2)聚酯热熔胶

聚酯热熔胶有较好的粘接强度和耐热、耐寒、耐干湿洗性,耐水性比聚酰胺、EVA 好,价格比较便宜,具有一定的开发价值。

聚酯热熔胶是以二元酸与二元醇为原料经无规共缩聚或嵌段共缩聚制得。从化学结构来看,聚酯类热熔胶可分为共聚酯类、聚醚型聚酯类,聚酰胺聚酯类等三大类。随着原料种类和相对含量的不同,所得产物的性能也有较大差异。目前多采用多种原料混合制取共聚酯,以提高热熔胶的粘接性、耐热性、耐水性等。苯二甲酸二甲酯、聚四甲撑二醇醚和1,4-丁二醇,通过酯交换反应制得聚醚型聚酯具有熔融流动性好、熔融状态稳定、收缩率低、结构强度好、弹性好、耐冲击、耐挠曲等优点,应用范围十分广泛。

聚酯热熔胶,随着分子量的增加熔融黏度和熔点均有提高。聚酯热熔胶的分子量较大,分子链上有较多极性基团能形成氢键,其黏合力和内聚力都比较好。脂肪族长链的二元酸或二元醇形成酯,使得大分子链比较柔软,既有利于浸润被粘材料,又可减缓由于膨胀或收缩所产生的内应力。改性聚酯热熔胶具有较好的韧性和电绝缘性。而且能耐油、化学性质稳定,使用温度范围为-55~150 ℃。可用于织物加工、无纺布制造、地毯背衬、服装加工、制鞋等。此外,包装、热封、复合膜、汽车部件装配、增强塑料等方面也有广泛应用。

有些聚酯热熔胶的生产可充分利用涤纶(PET 聚酯)生产和加工过程中的边角料,这对涤纶厂综合利用具有十分重要的意义。

3)聚酰胺热熔胶

聚酰胺热熔胶有高分子量聚酰胺(尼纶热熔胶)和低分子量热熔胶(植物脂肪酸(酯)的二聚体或三聚体与有机胺缩合而成)两类。尼龙熔点较高、溶解性差,使用不方便,一般用甲醛处理制成羟甲基化尼龙,即可用醇溶解。用三元或三元以上的共聚尼龙,熔点可降到 150 ℃左右。该胶具有流动性好、粘接强度高、速度快、柔韧性好、耐干洗等优点,已广泛用于服装行业。低分子量聚酰胺品种多个，软化点可从 100~180 ℃。主要品种是由二聚桐油酯或亚油酸酯与多乙烯多胺缩聚而成。这类热熔胶具有良好的强度和韧性，大部分性能比 EVA 好。它主要用于皮革、织物、塑料、金属等材料的粘接。根据织物粘接的需要，针对聚酰胺热熔胶的耐水性、耐热稳定性和低温韧性的不足还进行了改性研究，例如在尼龙 6-66-12 三元共聚物中加入少量的硅酮油制成的热熔胶，具有较好的耐干湿洗性能，适用于粘接硅酮处理的防水织物(如防水雨衣接缝)。

4)聚氨酯热熔胶

聚氨酯热熔胶是由末端带有羟基的聚酯或聚醚与二异氰酸酯通过扩链剂进行缩聚反应而制得的线型热塑性弹性体。聚氨酯热熔胶的特点是强度较高，富有弹性及良好的耐磨、耐油、耐低温和耐溶剂等性能，但耐老化性较差。常用的端羟基聚酯有聚乙二醇己二酸酯、聚丁二醇己二酸酯、聚己二醇己二酸酯等。常用的二异氰酸酯有甲苯二异氰酸酯(TDI)、4，4′-二苯基甲烷二异氰酸酯(MDI)、六次甲基二异氰酸酯(HDI)等。聚氨酯热熔胶主要用于塑料、橡胶、织物、金属等材料的粘接，特别适用于硬聚氯乙烯塑料制品的粘接。此外，它还适用于纸、塑料膜、铝箔等软包装的黏合。

5)热塑性弹性体

热塑性弹性体指在常温下具有橡胶弹性，高温下又能塑化成型的材料。这类聚合物兼有塑料和橡胶的特性。热塑性弹性体可分为嵌段共聚物、接枝共聚物、络合离子键共聚物等几大类。热熔胶中常用的基材是苯乙烯类线型嵌段弹性体。

热塑性弹性体在胶粘剂中除了配制溶剂胶粘剂之外，主要用途之一即作非结构型的热熔胶。该胶具有高强度、高弹性和耐低温的特点，适用于各种非金属材料和难粘塑料的粘接。尤其是将热塑性弹性体用在热熔压敏胶和热熔密封胶中，效果极佳。

6)离子键型热塑性聚合物

离子键型热塑性聚合物是由 $\alpha$-烯烃(如乙烯、丙烯等)和 $\alpha$，$\beta$-不饱和羧酸(如甲基丙烯酸、马来酸、衣康酸等)共聚物，在一定反应条件下用金属离子(钡、锌等离子)或铵离子络合而成。这类弹性体材料内不产生真正的交联，而聚合物分子链之间具有强有力的分子间作用力。加热时，分子间的离子键断开呈流动状态，可用塑料的成型设备加工。在室温下由于材料的离子特性，离子键又恢复，在离子聚合体中即存在烯烃主链间的共价键，也存在分子间部分或完全络合的离子键。例如，将乙烯-甲基丙烯酸的共聚物用金属离子交联成热塑性聚合物，再与丁基橡胶及乙丙橡胶掺混，并加入有机过氧化物进行反应，生成与 EVA 相类似的热塑性弹性体，可用来配制热熔胶粘剂，该胶具有较好的耐热性和抗热蠕变性，对金属和非金属材料都有较好的粘接力，可在汽车制造、纤维加工以及轻工业等部门广泛应用。

# 8.6 低(室)温反应型工程胶粘剂

低(室)温反应型结构胶粘剂有时又称为工程胶粘剂,主要包括环氧树脂、改性丙烯酸酯(第二代丙烯酸酯)、聚氨酯、压氧胶、氰基丙烯酸酯以及有机硅室温硫化胶(RTV)六大类。其特点是低(室)温发生交联反应而固化。低温反应型胶粘剂有所谓双组分(双包装)和单组分(单包装)两类。双组分是将具反应能力的单体或预聚物与加速反应的组分(如催化(促进)剂、交联剂、引发剂等)分开包装,使用前再按一定比例混合均匀,涂布加压后,经一定时间硫化(固化)反应而胶结成整体;胶粘剂组分要求是不太黏稠的液体,便于操作;配比不当、混合不匀均会影响质量,故施工工艺较麻烦。所谓单组分是将预聚物、单体与其他组分装在同一容器内,单组分系统可以是液体,也可以是黏稠状物,使用方便。它们有的利用空气中的氧作聚合反应的阻化剂,如厌氧胶粘剂;有的利用空气中的水作催化剂或交联剂;还有的利用溶剂作稀释剂,其挥发后接触增大加快反应;此外,还发展了用微胶囊将催化剂交联剂包裹封闭起来,用时再加压胶囊,使交联(或催化)剂与基胶接触进行反应等。

在室温或90 ℃以下固化,一般对被粘体本身性能的破坏较小,特别是对耐热性不高的有机材料(如织物、橡胶、塑料等),电子产品以及不便加热固化的产品更为适宜。在橡胶制品工艺中,采用低温反应(硫化)胶粘剂,可以显著提高质量和使用寿命。例如,用预硫化胎面翻修轮胎的技术中,用低温(80 ℃左右)硫化,对旧胎体热破坏小,可以大幅度提高翻修次数。

### 8.6.1 $\alpha$-氰基丙烯酸酯类

$\alpha$-氰基丙烯酸的酯类胶粘剂又称为瞬间胶粘剂($\alpha$胶)。该胶的特点是以氰基丙烯酸酯($CH_2$=C(CN)—COOR)单体包装。当单体施工于被粘物表面后,很快发生加成聚合成膜而胶接。单体在加聚前为液体,不需加热、加压,只要有微量水(最好略带碱性)存在时,即很快加聚成高分子膜,通常在数秒或1 min即可固化。它具有很高的胶接强度,不仅可粘金属和非金属还可粘皮肤等。该胶粘剂是一种热塑性树脂,所以不能企求更高的耐热性。其次,是局限于高精度小零件的黏结,若并用催化剂,在某种程度上可起填充空隙的作用。这类胶粘剂有耐冲击型、耐热型、木材专用型、医用型等。近年还出现了油面 $\alpha$ 胶,导电 $\alpha$ 胶,阻燃 $\alpha$ 胶等。$\alpha$ 胶已广泛用于不宜受热、潮湿和户外气候影响的电子、电器工业和精密机械组装工业中。在需要粘接塑料-塑料、橡胶-橡胶、塑料-橡胶、金属-橡胶等场合时特别适用。

①$\alpha$-氰基丙烯酸酯合成方法:

$$n \begin{matrix} CN \\ | \\ CH_2 \\ | \\ COOR \end{matrix} + n(HCHO) \xrightarrow[\text{脱水}]{\text{碱催化剂}} HO \left[ \begin{matrix} CN \\ | \\ CH_2 - C \\ | \\ COOR \end{matrix} \right]_n H \xrightarrow{\triangle} nCH_2 = \begin{matrix} CN \\ | \\ C - COOR \end{matrix}$$

②$\alpha$-氰基丙烯酸酯胶粘剂的黏结机理：

$$CH_2 = \underset{CN}{\overset{COOR}{C}} \longleftrightarrow \overset{\oplus}{CH_2} - \underset{CN}{\overset{COOR}{C}} : \overset{\ominus}{A} \rightarrow A - CH_2 - \underset{CN}{\overset{COOR}{C}} : \overset{\oplus \text{单体}}{\longrightarrow} A - CH_2 - \underset{CN}{\overset{COOR}{C}} - CH_2 - \underset{CN}{\overset{COOR}{C}} : ^{\ominus}$$

$$\longrightarrow A - CH_2 - \underset{CN}{\overset{COOR}{C}} \cdots \underset{CN}{\overset{COOR}{C}} : ^{\ominus} \xrightarrow[R'_{\oplus}]{\ominus \text{反应停止}} A - CH_2 - \underset{CN}{\overset{COOR}{C}} \left( \begin{matrix} -CH_2 - \underset{CN}{\overset{COOR}{C}} - \end{matrix} \right)_n - CH_2 - \underset{CN}{\overset{COOR}{C}} - R'$$

A = OH⁻，水；R′ = 离子对；R = 甲基，乙基，异丁基，叔丁基，正丁基等。

$\alpha$ 胶在施工时如有微量酸，可起阻聚作用，酸性能提高单体的稳定性；$\alpha$ 胶耐湿性差，在 70 ℃以上时不稳定；合成时应注意防毒。这类单体聚合物是脆性薄膜，胶粘膜越薄，即单位胶粘面积上的单体含量越小，对刚体间（如钢/钢）的胶接强度越高。如在 3.2 cm²，钢表面滴 1 滴这种单体(0.006 g)胶，在 24 ℃、24 h 后，测得钢/钢胶接强度为 $22.4 \times 10^2$ N/cm²，滴 2 滴(0.012 g)时为 $19.2 \times 10^2$ N/cm²，滴 4 滴(0.024 g)时为 $18.9 \times 10^2$ N/cm²。操作上要求严格定量，才能提高强度。

## 8.6.2　厌氧胶

厌氧胶是指隔绝空气（氧气）时，通过被粘金属表面的促进作用，常温迅速固化的一种胶粘剂。其组成主要包括主胶（齐聚物和活性稀释剂）、引发剂、加速剂、稳定剂和改性剂等。

1）主胶

实际是多元醇的丙烯酸或甲基丙烯酸酯齐聚物，其基本化学结构为

$$CH_2 = C(R')COOROOC(R')C = CH_2 \qquad R' = H, Me$$

R 可以是聚醚、聚酯、聚氨酯等齐聚物。分子量的大小及 R 结构变化，决定厌氧胶的基本性能。目前应用得多的 R 是四缩五乙二醇。它有合成容易，固化速度快，对氧敏感性小等优点。当今还开发了一些新型单体，请参见相关文献。

2）引发剂

厌氧胶最主要的引发剂是一些有机过氧化氢类化合物，其中以异丙基过氧化氢和特丁基过氧化氢是最常用的引发剂，此外还有异丙苯过氧化氢，2，5 二甲基-乙基-二过氧化

氢等。

3)引发加速剂及其作用

Lal 在早期曾报道过糖精胺盐影响丙烯酸酯自由基聚合能力。Krieble 也曾报道过氧化氢-糖精-胺体系,强调在不同物体表面上厌氧胶的固化速率不一样。他们用溶解的金属离子对过氧化氢和糖精-胺络合物的影响来解释。下面有铁离子来说明:

$$ROOH + Fe^{2+} \xrightarrow{\text{快}} RO^{\cdot} + OH^{-} + Fe^{3+} \qquad\qquad I$$

$$ROOH + Fe^{3+} \xrightarrow{\text{慢}} ROO + H^{+} + Fe^{2+} \qquad\qquad II$$

方程 I 是快反应,生成能引发聚合的活性自由基;方程 II 是慢反应,且不产生活性自由基。因此,氢过氧化物和较低氧化态的金属离子反应对于引发聚合是重要的。另一方面,糖精-胺络合物和较高氧化态的金属离子很快地反应使高价金属离子变为低氧化态并生成活性自由基。该假定是基于不论什么氧化态的低浓度金属离子,均可产生活性自由基这样一个事实。由糖精-胺络合物和较高氧化态金属离子反应生成自由基的机理还不清楚。有关厌氧胶固化机理还有待进一步研究。

4)改性剂

改性剂是加入厌氧胶中不影响厌氧固化特性,但能改善物理机械性能的组分。它们包括二异氰酸酯和含羟基的丙烯酸酯反应予聚物以及含有羟基、羟基磺酰氯基、胺基的液体橡胶。端乙烯基液体丁腈胶是常用的改性剂。反应性聚酰亚胺齐聚物类化合物(如 M-PDM,NPM,P-MDA-2MDABM 等),可以提高耐热性,以成为常用的改性剂。

5)厌氧胶的应用

厌氧胶可用于带油的表面,它已成为电气工业、汽车工业、飞机工业等装配线上紧固件(如防止螺丝松动)不可缺少的胶粘剂。现代又发展了既具有拉伸强度、又有剪切强度以及高冲击强度与剥离强度的第二代厌氧胶粘剂,它们是聚氨酯的改性产物。

厌氧胶粘剂除了空气,还能通过表面活性剂、加热、紫外线等促成固化。今后随着科学技术的进步,这类工程结构用胶粘剂还会发展。

### 8.6.3 第二代丙烯酸酯胶粘剂

20 世纪 50 年代问世的第一代丙烯酸酯胶粘剂(FGA)由丙烯酸单体、催化剂、弹性体所组成,它是在固化过程中其单体与弹性体不起化学反应的胶粘剂。20 世纪 70 年代中期出现了第二代丙烯酸酯(SGA),该胶粘剂在固化时单体与弹性体起化学反应,性能全面提高。它虽是双组分的胶粘剂但不必混合,只要在被粘物表面分别涂上胶粘剂和促进剂,两个表面接触后便能迅速固化。所以,称这类胶粘剂为接触固化型(非混合型、分别涂布型、密月型)胶粘剂等。

改性丙烯酸酯结构胶分为底涂型及双主剂型两大类。底涂型有主剂及底剂两个组分,主剂中包含聚合物(弹性体)、丙烯酸酯单体(或低聚物)、氧化剂、稳定剂等;底剂中包含促进剂(还原剂)、助促进剂、溶剂等。双主剂型不用底剂,两个组分均为主剂,其中一个主剂中含有氧化剂,另一个主剂含有促进剂及助促进剂。使用的氧化还原体系必须匹配、高效,能室温快速固化,并能固化完全。

组成:

配方中主要包括有聚合物、单体、稳定剂、引发剂、还原剂和促进剂等。聚合物有未硫化橡胶(氯磺化聚乙烯、氯丁橡胶、丁腈橡胶、丙烯酸酯橡胶,ABS,AMBS,MBS,聚甲基丙烯酸。单体(低聚物)有甲基丙烯酸甲酯(乙、丙酯),甲基丙烯酸缩水甘油酯等。

稳定剂有对苯二酚、对苯二酚单甲醚、吩噻嗪、2,6-二叔丁基-对甲酚等。

引发剂有 BPO、LPO、异丙苯过氧化氢、叔丁基过氧化氢等,过氧化甲乙酮等的过氧化酮类、过氧化酯类等。

还原剂(促进剂)有 $N$,$N$-二甲基苯胺、乙二胺、三乙胺、四甲基硫脲、乙烯基硫脲、二苯基硫脲、硫醇苯并咪唑等。

助促进剂有有机酸的金属盐(环烷酸钴、油酸铁、环烷酸锰等)。

第二代丙烯酸酯与第一代丙烯酸酯组分基本相同,不同的是第二代丙烯酸酯在固化时弹性体和单体(低聚物)之间接枝共聚而形成化学键,其反应过程举例如下:

① ~~~C—SO₂Cl+⟨ ⟩N —R+过氧化物⟶ ~~~C—SO₂ˑ

② ~~~SO₂ˑ ~~~ +MMA ⟶ ~~~ MMA/SO₂ ~~~ SO₂/MMA $\xrightarrow{n\text{MMA}}$ 聚合物交联

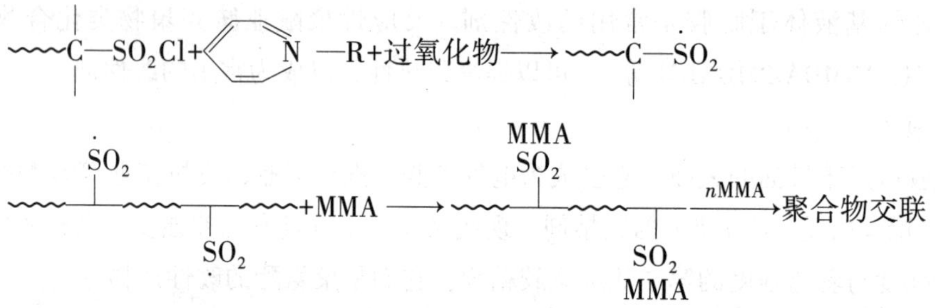

SGA 特点是可进行油面黏合,粘接材料范围广,使用方便强度高。可用于粘接不锈钢、铝合金、钢、铜、铁、镀铬钢、硬质合金等金属材料,也可粘接硬塑料、硬橡胶、陶瓷、玻璃、石英等非金属材料。

### 8.6.4　聚氨酯胶粘剂

聚氨酯胶粘剂(俗名乌利当)是多异氰酸酯与多元醇反应物,在涂料章中我们已经知道它是一类性能优异、品种众多的涂料,它作为粘胶剂的特点是:

(1)聚氨酯与多异氰酸酯活性基团异氰酸脂容易吸附在金属和非金属表面并与材料表面发生化学反应,使胶粘剂与被粘物之间形成化学键;与界面上的水分发生化学反应,清洁表面,从而提高胶粘强度。

(2)聚氨酯胶粘剂与很多有机化合物相溶性良好;胶粘剂能在不同胶粘物(如橡胶与金属)之间形成紧密的软-硬过渡层,这种黏合内应力小,耐疲劳,使用时间长。

(3)这类胶粘剂耐老化,低温强度优异,在耐低温粘胶剂中它的性能突出。

聚氨酯胶粘剂开始主要用于橡胶与金属之间和织物的黏合,在制鞋工业中应用很多。现已广泛应用于粘接金属、玻璃钢、玻璃、木材、塑料、皮革、陶瓷、织物等。

聚氨酯胶粘剂可分为多异氰酸酯型、预聚体型和端封型等三大类型。

第一类为多异氰酸酯胶粘剂,它是用多异氰酸酯直接作为胶粘剂。常用的材料有甲苯二异氰酸酯、六次甲基二异酸酯和三苯基甲烷三异氰酸酯,将其溶于二氯乙烷或甲苯中,配成20%的溶液等。多异氰酸酯具有很高的反应活性,用多异氰酸酯溶液涂在被粘物表面上作底胶能提高黏附强度。

第二类是聚氨酯预聚体胶粘剂。单组分型系由异氰酸酯和两端含羟基的聚酯或聚醚按摩尔比2:1反应,得到端-NCO基的弹性体胶粘剂,在常温下,遇到潮气即固化。固化时湿度以10%~90%之间为宜。使用时常加入氯化铵、尿素或$N$-甲基吗啉等作催化剂。

第三类是端封型聚氨酯胶粘剂(热固化型)。将端异氰酸酯基用苯酚类化合物,或其他的羟基(醇类、$\beta$-二酮类)反应生成具有氨酯结构的产物,暂时封闭活泼的异氰酸基,在水中稳定,有利贮存,还可将其配制成水溶液或乳液胶粘剂。粘接时升高温度至150 ℃以上,则苯酚游离释放出—NCO 基起到粘接作用。

发展起来的湿固化型聚氨酯胶粘剂在固化时形成西夫碱半胺类固化剂保护起来,在水的作用下西夫碱分解放出胺并引起聚氨酯固化。水与西夫碱的反应比与异氰酸酯的反应快得多,而且在固化时不产生二氧化碳气泡。

湿固化型聚氨酯胶粘剂在汽车工业中已有重要用途。例如,采用湿固化型聚氨酯胶粘剂安装挡风玻璃,使玻璃和金属框架胶接成为一个整体,大大提高了结构的刚性。热固化的单组分聚氨酯胶粘剂可以用于胶接金属与金属,金属与高分子材料。用于胶接高分子材料时在胶粘剂配方中可以加入适量的高沸点溶剂,以提高黏附强度。

## 8.6.5 室温硫化(RTV)硅橡胶

室温硫化硅橡胶(RTV)主要应用于密封胶、胶粘剂、电器外封胶、防护涂层以及模制品的浇注成型等。它具有优异的耐候性(耐紫外光、臭氧、耐寒、湿度),优越的电性能和耐热老化性能,对多数化学试剂惰性,还有很好的胶粘性。它虽然机械强度不高,但通常配方改进已使 RTV 单组分硅橡胶的强度成倍提高。如胶粘铝时抗剥离强度可提高 7 倍,剪切强度也有提高。RTV 固化作用机理已在第六章的交联剂中讨论。配制室温硫化硅橡胶的端羟基聚有机硅氧烷的聚合度($n=100~1000$)和交联剂 $RSiX_3$ 对 RTV 硅橡胶性能影响很大。硫化剂(交联剂)用于单组分的通常为$R'SiX_3$,双组分为$(RO)_4Si$(第六章已介绍)。生胶分子量既决定未硫化密封胶的流变性，又决定硫化密封胶、胶粘剂的物理性能。分子量增加，密封胶的黏度增加，同样硫化胶的扯断强度和伸长增大。大多数交联剂中 R 为甲基，成本较低，部分甲基由苯基取代后，耐高温性和耐低温柔性的温度范围都扩大，这在宇航应用中特别重要。由乙烯基来部分取代甲基，可制得利用乙烯基交联反应的另一类 RTV 硅橡胶胶粘剂，其抗压缩永久变形能力最好。乙腈基、氟乙基、氯甲基等极性基团取代甲基，可提高密封胶、胶粘剂抗非极性有机溶剂或汽车、飞机燃油的能力。加入填料（沉淀或气相白炭黑、碳酸钙等），可增高强度、减低硫化后体积收缩、降低热氧裂解速度等，视使用要求来选择品种和用量。催化剂除水外，还有二月桂酸二丁基锡和辛酸亚锡盐等，前者有毒，一般接触食品或人体的制品都不用。交联剂和催化剂的品种和用量，取决于制品所需要的交联度和有关硫化工艺性能（如涂胶等工序以及硫化所需时间）的平衡。为了加速硫化可加入具有活泼氢的胺类化合物作为促进剂。加入有机硅偶联剂可以增加粘接性并有助交联反应进行。

### 8.6.6　单包装环氧树脂

如果将常温反应交联剂催化剂用有机聚合物薄膜（如聚乙烯醇，聚丙烯酰胺等）包裹成直径为 50~300 μm 微囊，其催化剂、交联剂等就易分散在胶粘剂基材（树脂、橡胶）中，贮存时不会发生交联固化。在加热或压碎时，胶粘剂立即发生交联反应。因此，用它制成单组分常温固化胶剂是有效的方法之一。以环氧树脂为例：将交联剂三乙基四胺（TETA），加入环氧树脂中（适量），在 25 ℃、2~6 h 即可固化。采用微胶囊包裹 TETA 加入环氧树脂中，在 25 ℃、20 d 后黏度才开始上升，黏度上升到 4000 Pa·s，时间长达 60 d，但提高温度至 50 ℃时，20 h 树脂黏度急剧上升到 1600 Pa·s。70 h 后则达 4000 Pa·s，即开始固化。这表明三乙基四胺的活性被微胶囊包住后，与温度关系极大，在 50 ℃已开始失去减慢反应活性的能力。

六次甲基四胺加入环氧树脂中 25 ℃，大约 30 h 内即固化；如果将六亚甲基四胺催化剂于微胶囊中用于胶粘剂，开始发挥其作用，除与温度有关外，还与其粒径大小有关，通常 100 μm 左右较好。用微胶囊包住后，25 ℃、300 h 只增大黏度 1000 Pa·s，即反应速度减慢了近 9/10。

## 8.7　工程结构胶粘剂

### 8.7.1　结构胶一般介绍

人们通常把承受强力构件胶接所使用的胶粘剂叫结构胶粘剂，不需承受强力构件的胶接所用的胶粘剂叫非结构胶粘剂。一些国家根据胶粘剂的性能建立了较科学的标准，如美国的航空结构胶粘剂标准即美国联邦规格 MMM-A-132。该标准详细地规定了结构胶粘剂的各种机械强度和环境强度标准。其中结构胶粘剂按耐热性分成四类。类型Ⅰ对应的飞行速度约为 1 马赫数以下。在 MMM-A-132 规格中又将类型Ⅰ的胶粘剂分成三级。在这三种级别胶粘剂中，一级具有高的剪切强度和剥离强度的结构胶粘剂；对二级只要求具有适中的剪切强度和一般的剥离强度为准结构胶粘剂；而三级是对剥离强度没有提出要求的非结构胶粘剂。欲知详情请参考相关文献。

结构胶粘剂一般是以热固性树脂为基料，热塑性树脂或弹性体为增韧剂，配以固化剂等组分，有的还加有填料、溶剂、稀释剂、偶联剂、固化促进剂，抑制腐蚀和抗热氧化剂等。结构胶粘剂的性能主要取决于各组分的结构、配比及其相容性。通常以基料树脂分为环氧树脂胶、酚醛树脂胶、聚氨酯胶和聚酰亚胺胶等类。聚氨酯胶在8.6.4中已叙述，聚酰亚胺胶在特种胶粘剂章节中介绍。

## 8.7.2 结构胶选用原则

1) 胶粘剂与被粘物表面的相适应性

被粘物表面特性直接影响胶粘剂的初始湿润和黏附。同时它还会影响与表面相邻的胶粘剂的物理化学性质，以致影响胶接接头的力学性能以及耐应力和环境性能。任何一种胶粘剂胶接不同物体(包括不同处理)的胶接强度和耐久性是不同的，所以，实际工作中，选用何种胶粘剂应首先了解被粘物表面物理和化学特性。如它们之间是否有利吸附或生成化学键，胶粘剂是否腐蚀胶接金属，塑料中增塑剂会不会向胶接界面迁移，产生弱界面的可能性等，这些都涉及胶粘剂及被粘物的表面相适应性。

2) 满足胶接件使用寿命

正如本章第四节所述，胶接件使用寿命，往往与它所承受的应力和使用环境有关。选用胶粘剂要注意胶接后是否能达到应力、环境两方面使用条件。应力由应力类型、应力大小和应力状态组成。应力类型是由接头设计所决定的，接头可能受拉伸、压缩、剪切、剥离或劈裂力，或这些应力的综合作用。应力大小取决于接头承受的载荷、接头形式和胶接面积。增加胶接面积可以降低胶接强度要求。应力状态有连续的或间断的或是振动的受力。实际上，并不是所有的胶粘剂在所有的应力状态下的性能都是一样好。有些脆性胶粘剂可能缺乏韧性，而在低温受剥离、撕裂、冲击和振动时发生破坏；有些热塑性或橡胶型的胶粘剂，遇热变软，在较长时间低负荷作用下容易发生蠕变破坏。

环境是决定胶接件使用寿命的重要因素。胶接件除受应力外，还受环境温度、湿度、雾、油脂、燃料、酸、碱、霉菌、阳光、辐射、真空等因素影响。这些因素可以是单独作用或几种情况同时影响，连续或是间断作用于胶接件。在确定胶粘剂的性能指标时应考虑极端工作温度下的性能和环境介质作用后的性能。

结构胶粘剂主要用于永久性连接零件。因此，通常要求胶接的使用寿命应与胶接构件的使用寿命相等或更高，例如刹车片的胶接必须直到刹车片磨损为止。

3）满足施工

胶的状态要适应胶接件制造的要求，如点焊要求液状胶和糊状胶，蜂窝夹层结构面板与芯的胶接宜用胶膜等。胶液的黏度、胶膜的厚度、贮存条件和贮存期，胶接表面处理、涂胶、晾干的温度和各工序允许的时间间隙固化温度、压力及其所用设备、气味、毒性、阻燃性以及制造成本等，都是选胶时应该考虑的。

### 8.7.3　环氧树脂及其改性胶粘剂

环氧树脂胶粘剂在合成胶粘剂中虽占的比例不大，但在结构胶粘剂中却占据了主导地位。环氧树脂虽具有优异粘接性能，但其本身的延伸率低、脆性大、胶接件不耐疲劳，所以不能单独在结构部位使用。为此，人们经常使用各种弹性或热塑性树脂进行增韧改性，改性剂包括聚硫橡胶、氯丁橡胶、丁腈橡胶、聚乙烯醇缩醛、尼龙、聚砜等。用这些橡胶和热塑性树脂与环氧树脂匹配，制成复合型环氧胶粘剂具有很大的实用价值。

有关环氧树脂分类与合成，在涂料章有关部分已有讨论；高分子材料增韧在高分子助剂中也有阐述；本节只结合胶粘剂进一步讨论有关内容。

**1. 环氧胶粘剂的固化剂**

1）脂肪胺

环氧树脂的固化反应常用的脂肪多胺类固化剂及其用量计算，在环氧涂料中已有介绍。作为结构胶很少用一般的脂肪多胺作固化剂，因反应速度快，放热量大，配制的胶粘剂使用期短，胺毒性也比较大。此外，双酚A环氧树脂以脂肪多胺作固化剂，固化物的热变形温度都在100 ℃以下。虽然固化可以在室温下进行，但不加热情况下化学反应通常是不完全的。如果在固化物的玻璃化温度以上进行加热，固化能进行得更完全，固化物的性能也随着大幅度提高。为了克服有关缺点，改性的办法是将胺先与环氧化合物反应生成胺基的加成物。为了提高固化物的韧性，可以采用具有螺环结构的多胺化合物，或具有聚醚链的多胺化合物作为固化剂。

2）叔胺类固化剂

对环氧胶粘剂有意义的叔胺固化剂是苄基二甲胺（BDMA）和2，4，6-三（$N$，$N$-二甲胺）甲基苯酚（DMP-30或K-54）等。叔胺是羧基或硫醇基与环氧基之间的加成反应的有效催化剂。多硫醇化合物在叔胺的作用下与环氧树脂的反应十分迅速，可以制成室温快速固化胶粘剂。

3）芳香族多胺固化剂

芳香多胺分子中氨基与芳环的共轭作用，氮原子上电子云密度降低，其碱性比脂肪胺弱。所以芳香胺基与环氧基之间的反应要在较高的温度下才能迅速进行。常用的芳香多胺固化剂有间苯二胺，二胺基二苯甲烷，二胺基二苯硫醚和二胺基二苯砜。许多芳香多胺在常温下是结晶固体，使用时需要加热才能溶于环氧树脂中，这给使用带来不便，通常将几种芳胺混合成熔点低于室温的低共熔混合物（例如，间苯二胺和4,4′-二胺基二苯甲烷按重量比3∶2混合，可以得到存放稳定的低共熔混合物）。此外，也可以先将其与环氧化合物进行反应改性（如由间苯二胺与苯基缩水甘油醚加成得到的固化剂（590固化剂））。

用芳香多胺固化的双酚A环氧树脂胶粘剂胶接强度高，耐热性和耐湿热老化性能优于脂肪族多胺固化的胶粘剂。因此芳香多胺常用作环氧树脂结构胶粘剂的固化剂。

4）低分子聚酰胺固化剂

低分子聚酰胺固化剂是通过亚油酸或桐油酸二聚体与脂肪族多胺缩合生成低分子聚酰胺。随着原料种类、反应物组分配比及反应条件的改变可以得到各种不同规格的低分子聚酰胺。固化是通过低分子聚酰胺中胺基与树脂中环氧反应进行的。低分子聚酰胺用于固化具有下述五方面优点：固化物柔性比较好；固化剂与树脂的配比不必十分严格；挥发性小，毒性较低；由于分子中具有较长的烃链，低分子聚酰胺具有表面活性，所以对被粘物表面要求不很严格，可以在水下进行黏合；虽然酰胺键不耐水解，但由于分子中烃链的非极性，使低分子聚酰胺固化环氧树脂有相当的耐水性。因此，它在环氧胶粘剂中的应用比脂肪多胺更普遍。

低分子聚酰胺主要用于室温固化的双组分胶粘剂。为了在室温下固化得更完全，可以加入一些促进剂。固化物的热变形温度较低，完全固化后玻璃化温度不超过80℃。用低分子聚酰胺固化的环氧胶粘剂一般不作为金属结构胶粘剂使用。

5）咪唑及其衍生物

咪唑固化的环氧树脂的耐热性和力学性能可以与芳香胺固化的树脂相比，而咪唑衍生物毒性低，可在80~120℃固化。咪唑固化环氧树脂反应参见第七章。

固化剂的用量及升温程序对固化物的性能影响很大。当咪唑用量较大时，经高温固化以后树脂的热变形温度反而下降。2-甲基咪唑是制药工业的中间体，熔点为145℃，使用不方便。为此，可先将它与环氧化合物反应制成液状的加成产物，再用来固化双酚A型环氧树脂，效果很好。我国常用的704和705固化剂分别是2-甲基咪唑与丁基缩水甘油醚或戊基缩水甘油醚的加成物。

6）双氰胺

双氰胺是一种潜伏性固化剂，常温下难溶于环氧树脂中。它与环氧树脂混合后在室温可长期贮存，加热到150℃以上则迅速固化。双氰胺固化的环氧胶粘剂具有优良的强度与韧性，在制备膜状结构胶粘剂时，它是最常用的固化剂。

双氰胺与环氧树脂之间的化学反应十分复杂。在固化初期,双氰胺的氨基和亚氨基中氮原子上的活泼氢首先与环氧基加成,生成 N-烷基氰基胍结构;固化后期氰基才进一步与羟基反应,形成具有 N-烷基取代胍-脲的交联结构。此外,双氰胺本身还能分解和聚合成三聚氰胺。这些产物也能与环氧基发生反应。在使用时,把经过研磨的双氰胺粉末均匀地分散在环氧树脂中。双氰胺的颗粒尺寸和分散程度对胶粘剂的强度和老化性能有很大的影响。

使用双氰胺固化剂的缺点是固化温度太高。在降低固化温度并保持其潜伏性方面已经做了不少工作,现已有固化温度为 120 ℃,能在室温下贮存半年的体系。降低双氰胺固化温度的有效方法是加促进剂(脲的衍生物,咪唑衍生物及咪唑与金属的络合物,四甲基胍,季铵盐等)。

7)芳香族多元酸酐

酸酐作为环氧树脂的固化剂在涂料章已讨论。用其所得固化物中存在大量的酯键,耐湿热老化性能会受到怀疑,但是实验表明有些酸酐,如二苯醚四酸二酐及六氢邻苯二甲酸酐固化的环氧胶粘剂仍具有相当好的耐湿热老化性能。

**2. 环氧树脂胶粘剂改性**

环氧树脂固化后常具有高交联结构,延伸率较低,胶接接头受力作用应力分布不均匀,接头容易破坏。配制胶粘剂时应克服上述缺点。环氧树脂中加入增塑剂常有好处,其缺点是树脂的热变形温度会大幅度下降;增塑剂会慢慢挥发,体系也随着变脆。比较好的方法是采用内增塑方法。带有长醚链的双酚 A 环氧树脂的固化物具有较好的柔性。低分子聚酰胺是在固化剂分子中带有内增塑基团的一个实例。

添加柔性的高分子作增柔剂也很好,但它必须与环氧树脂互溶,并且在分子中具有活性基。典型的例子是液体聚硫橡胶,其分子量在 800~3000 范围内,分子末端带有巯基。这种增柔剂同样使体系的耐热性显著降低。

橡胶增韧是增强环氧树脂韧性的好办法。橡胶增韧环氧树脂是一种多相体系,环氧树脂是连续相,分散相是具有韧性的聚合物。适量的增韧剂能使环氧树脂的韧性大大提高,而耐热性、模量及其他物理性能不受显著影响。具备优良性能的增韧体系应满足的条件在第六章有关增韧剂部分已讨论。环氧树脂增韧剂研究最多的是液体端羧基丁腈橡胶(CTBN)和液体端胺基丁腈橡胶(ATBN)。其他还有端酚基聚芳砜,端胺基聚硅氧烷,端羧基聚丙烯酸丁酯和端羧基聚醚等。增韧剂在固化以前溶解于环氧树脂中,随着固化的进行,体系的热力学参数发生变化,增韧剂和树脂变得不相容,增韧剂成球状颗粒析出。

## 8.7.4 膜状环氧胶粘剂

膜状胶粘剂中含有大量高分子量聚合物,而在糊状胶粘剂中为了保证有足够的流动性只含低分子量的组分。膜状环氧胶粘剂通常是由高分子量的线型聚合物，高分子量的环氧树脂、低分子量的高官能度环氧树脂、固化剂和促进剂等组成。

膜状胶粘剂具有很好的韧性、高的剥离强度、耐疲劳寿命长和使用可靠性等优点。这类胶粘剂由专业工厂生产，组分配比及胶膜的厚度都有严格的控制，可以保证胶膜质量使用时不需进行称料、混合和脱气等操作。膜状胶粘剂已在汽车、航空和航天工业中广泛采用。

1) 环氧-聚酰胺胶粘剂

环氧-聚酰胺胶粘剂中采用高分子量的线型聚酰胺。由于纤维或工程塑料用的聚酰胺具有高度的结晶性，以致与环氧树脂不混溶，不能用于胶粘剂。环氧-酰胺胶粘剂配方中常用尼纶、尼纶66与尼纶610的三元共聚物，或采用部分羟甲基化的聚酰胺等。双氰胺是常用的固化剂，固化温度为170~180 ℃。早期的环氧-聚酰胺胶粘剂的主要缺点是耐湿性很差。在聚酰胺分子链中引入脂环或芳香环，或者采用不溶性聚酰胺，并且和高官能度的酚醛环氧树脂相配合，再加上耐水防腐蚀底胶，从而使环氧-聚酰胺胶粘剂的耐湿热老化性能有了相当大的提高。但是迄今环氧-聚酰胺胶粘剂的耐久性仍达不到环氧-丁腈胶粘剂的水平。

2) 环氧-丁腈胶粘剂

环氧-丁腈胶粘剂具有优良的综合性能，是航空及航天飞行器的主要结构胶粘剂。典型的膜状环氧-丁腈胶粘剂能够达到的力学性能：剪切强度25~30 MPa，T型剥离强度5~8 kN/m。

膜状环氧胶粘剂的配方中通常要有低分子量、高分子量和多官能度三类环氧树脂调配；其胶粘剂的强度、韧性和耐热性才能达到最佳平衡，并使胶粘剂具有良好的成膜性能。

增韧剂是端羧基液体丁腈橡胶，将该橡胶与树脂预反应形成嵌段共聚物。也可采用高分子量的羧基丁腈橡胶与液体端羧基丁腈橡胶并用，以达到更好的增韧效果。

环氧-丁腈膜状胶粘剂大多采用潜伏性的双氰胺固化剂，在促进剂存在下120 ℃固化。但注意胶膜需在低温下保存。

3) 环氧-聚醚胶粘剂

上述120 ℃固化的环氧-丁腈胶粘剂在固化前如果吸潮，胶粘剂的低温剥离强度会明显降低。为了发展耐湿性更好的结构胶粘剂，美国3M公司研究了第二代聚醚增韧环氧树脂膜状胶粘剂(AF-163和AF-163-2)。有人报道用端胺基聚四氢呋喃可提高环氧胶粘剂的韧性。

### 8.7.5 酚醛改性胶粘剂

酚醛树脂胶粘剂大量用于木材加工、金属铸造、摩擦材料的制备及溶液型胶粘剂的增粘。酚醛树脂中含有大量的酚基和羟甲基，对金属及金属氧化物表面有很好的浸润能力。但是由于它在固化过程中收缩率很高，固化物很脆，所以酚醛树脂不能单独作结构胶粘剂。

酚醛树脂与环氧树脂、聚乙烯醇缩醛、丁腈橡胶、氯丁橡胶等的共混物均可作为结构胶。它们固化是通过与羟甲基有关的缩合反应形成交联网。聚乙烯醇缩醛改性酚醛胶粘剂（Redux）是第一个在航空工业中应用的金属结构胶粘剂。后来又发展了橡胶改性酚醛树脂胶粘剂。改性酚醛结构胶粘剂因其性能优化，至今仍保持着重要的地位。

**1. 酚醛-缩醛胶粘剂**

第二次世界大战期间开发的"Redux"胶属酚醛-缩醛胶粘剂，是现代结构胶粘剂的起点。酚醛-缩醛胶粘剂有胶膜和胶液两种类型。广泛用于飞机制造、汽车刹车片的黏合及印刷电路板中铜箔的黏合。聚乙烯醇缩醛本身具有很好的力学强度和韧性，黏合力很高，长期以来用于制造夹层安全玻璃。配制酚醛-缩醛胶粘剂常用聚乙烯醇缩甲醛（PVF）或聚乙烯醇缩丁醛（PVB）。

制备酚醛-缩醛胶粘剂的聚乙烯醇缩醛的聚合度在 650~1000 范围内。含羟基的链节占 6%~19%，含乙酸酯基的链节占 0.5%~12%，缩醛链节占 80%~88%。用可溶性热固性酚醛树脂。固化时酚醛树脂中的羟甲基与聚乙烯醇缩醛分子中的羟基发生缩合反应，或者与乙酸酯基发生酯交换反应，形成交联高分子。酸性物质加速交联的进行。

胶粘剂性能与酚醛树脂和聚乙烯醇缩醛的比例，以及聚乙烯缩醛的分子结构有关。缩醛含量提高，胶粘剂的柔性也随着提高，但耐热性下降；相反，酚醛树脂的含量提高时胶粘剂的交联密度随着提高，因而耐热性提高而柔性下降。聚乙烯醇缩丁醛与酚醛树脂相配合制成的胶粘剂韧性较好，室温下剥离强度可达到 6~7 kN/m，但强度随着温度的升高很快降低，最高使用温度为 80 ℃。由聚乙烯醇缩甲醛配制成的胶粘剂耐热性较好，最高使用温度达到 120 ℃，但在室温下剥离强度较低，在3~4 kN/m范围内。在聚乙烯醇缩甲醛中增加乙酸酯基的含量能提高酚醛-缩醛胶粘剂的剥离强度，而且高温下强度的保持率也较好。

酚醛-缩醛胶粘剂固化通常需要在 0.7~1.4 MPa 压力下进行。固化温度必须超过 140 ℃。固化时间比酚醛树脂本身固化时间长。苛刻的固化条件酚醛-缩醛胶粘剂在航空胶粘剂领域中逐渐被工艺更简便的胶粘剂所取代。但酚醛-缩醛胶粘剂具有良好的耐久性，实际使用证明这类胶是比较可靠的。

**2. 酚醛-丁腈胶粘剂**

酚醛-丁腈胶粘剂比酚醛-缩醛胶粘剂耐热性和耐油性好，最高使用温度可达180 ℃，它是航空工业和汽车工业中最重要的结构胶粘剂之一。

酚醛-丁腈胶粘剂由酚醛树脂、丁腈橡胶、硫化剂、促进剂和补强剂等组成。要使胶接性能优良，酚醛树脂和丁腈橡胶之间必须发生化学反应，形成共聚交联网络结构。在固化过程中酚醛树脂与橡胶之间脱水后，形成次甲基醌结构，随之与橡胶发生反应：

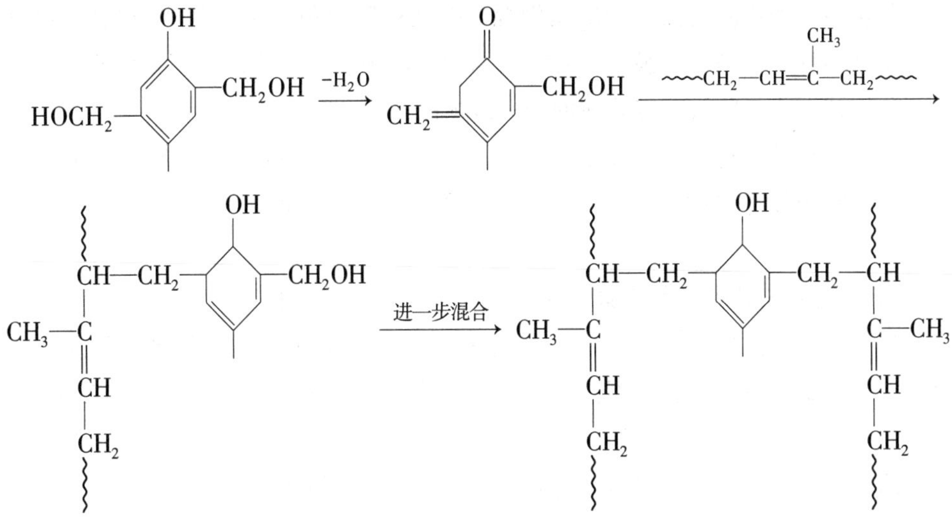

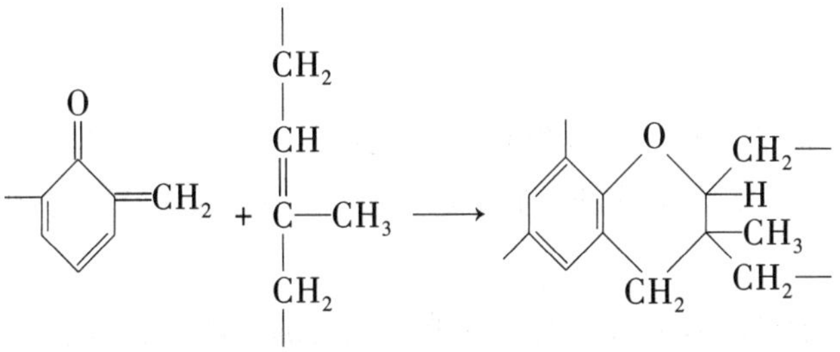

此外，酚醛树脂中的羟甲基脱水后与腈基之间也可能发生化学反应。

酚醛-丁腈胶粘剂可用热固性酚醛树脂或线形酚醛树脂配制。选择酚醛树脂时必须考虑到其固化程度和酚醛树脂与丁腈橡胶之间的反应速度相协调。如果上述二类反应速度相差太大，所得到的胶粘剂就不可能有优良的性能。为了提高树脂与腈橡胶的相容性，常采用具有长碳链烷基取代的苯酚制备酚醛树脂。

丁腈橡胶中腈基含量对橡胶和树脂的相容性以及胶粘剂的性能也有很大的影响。配制酚醛-丁腈胶粘剂通常用腈基含量高的丁腈橡胶或羧基丁腈橡胶，一般采用丁腈-40。确定丁腈橡胶与酚醛树脂的配比时，应照顾到胶粘剂的韧性与耐热性之间的平衡。通常酚醛树脂与丁腈橡胶的重量比为 1:1 时，胶粘剂的延伸率约为 50%，胶粘剂的强度、韧性和耐热性都比较好，添加 $SnCl_2 \cdot 2H_2O$、对氯苯甲酸等酸性催化剂，通常可促进交联进行。此外，在酚醛-丁腈胶粘剂的配方中还应加入橡胶助剂，如硫化剂（硫黄或过氧化物），硫化促进剂（如二硫化二苯并噻唑、巯基苯并噻唑等），无机硫化促进剂（如氧化锌或氧化镁），补强剂（如炭黑），防老剂（如没食子酸丙酯、喹啉）和软化剂等。

酚醛-丁腈胶粘剂可分液胶和胶膜两类。配制胶液时先将丁腈橡胶塑炼，然后加入其他配合剂进行混炼。再将混炼胶溶解于有机溶剂中而成液胶。为了延长贮存期，有些胶液分几个组分包装，使用时再按规定的比例混合。使用胶液虽然可得到比较高的胶接强度，但胶层的厚度不容易控制；胶膜则具有厚度均匀，使用方便等优点。制备胶膜有流延法和压延法两种工艺。市售胶膜有带载体的和无载体的两种。

使用胶液时在被粘物表面涂胶 2 或 3 次，每次间隔 20~30 min，使溶剂尽可能挥发掉。使用胶膜时通常用稀释的胶液作底胶，待溶剂挥发后铺上胶膜，然后搭接并在压力下加热固化。

酚醛-丁腈胶粘剂具有优良的剪切强度、剥离强度和耐热性，可以在 $-60~200$ ℃ 范围内使用。具有优良的抗疲劳性能和耐大气老化性能。酚醛-丁腈型胶粘剂广泛应用于要求结构稳定，使用温度范围广，耐湿热老化，耐化学介质，耐油，抗震动，耐疲劳的场合。例如，在航空、宇航工业中常用作钣金、蜂窝构件的胶接；在汽车工业中用于制动材料与制动蹄铁的胶接；在纺织工业中用于耐磨硬质合金与钢的粘接；在仪表、轻工、造船工业中也有很多胶接实例。

### 3. 环氧-酚醛胶粘剂

环氧-酚醛胶粘剂是耐高温胶粘剂。它具有环氧树脂的优良的黏附性和酚醛树脂的高度交联结构特性。它在高温下具有优良的抗蠕变性能，是一种在 150~260 ℃ 范围内使用的重要的胶粘剂。

环氧-酚醛胶粘剂是选用高分子量的双酚 A 型环氧树脂，它与酚醛树脂的用量比在 1：2~1：7 之间。在酚醛树脂含量很高的情况下可以不再另外加环氧树脂固化剂，但含量低时需加双氰等作固化剂。在胶粘剂配方中通常加填料（如铝粉）和抗氧剂（如 8-羟基喹啉铜或没食子酸丙酯）。

### 4. 酚醛-氯丁橡胶型胶粘剂

这类胶粘剂的耐热性较差，但作为非结构胶粘剂却是一类颇有前途的通用产品。如果将其作为结构胶用需经高温硫化，高温可使氯丁橡胶与酚醛树脂和其他硫化剂进行充分的交联反应，以提高其结构强度和耐热性。室温硫化的胶粘剂主要靠氯丁橡胶的快速结晶而达到要求的黏合力，但当结晶受热时会使绝大部分黏合力丧失，因此只能用作非结构胶粘剂。

氯丁橡胶中的双键可与酚醛树脂发生硫化反应。能和氯丁橡胶并用的酚醛树脂要选用油溶性的，如叔丁基酚和萜烯改性的酚醛树脂。油溶性酚醛树脂能溶于氯丁橡胶的常用溶剂中，且能与氯丁橡胶中的配合剂——氧化镁反应（也可加入少量水制成预反应树脂，减少胶粘剂的分层）。

# 8.8 特种胶粘剂

特种胶粘剂又称之为功能性胶粘剂，因为它们除了有黏结功能和力学功能外，还有其他功能，诸如特殊的粘接功能(能在水中、油中等)、电气功能、热学功能、光学功能、化学功能、生物医用功能、物质移动功能、抗震功能等。

## 8.8.1 耐热胶粘剂

航空、航天技术，电子、电力工业等的发展，对胶粘剂的高温性能提出了越来越高的要求。比如空间运载工具重返大气层时，就需要耐热胶粘剂用于陶瓷防热瓦的黏合；高速歼击机在高空作超音速飞行时，机翼前缘温度(260~316 ℃)范围内能安全使用的结构胶粘剂；各种机动车辆的离合器摩擦片、制动带的粘接则需要在250~350 ℃区间内使用的结构胶等。近代工业对高温度胶粘剂的需求正在不断地增长，从而促进了耐热胶粘剂研究与开发。

**1. 耐热胶粘剂的性质**

一种耐热胶粘剂性能的好坏，首先是它的耐热性，其次是黏合和力学性能还必须满足使用要求。所谓耐热性通常是指该胶粘剂固化后的物理耐热性和化学耐热性两方面。

1)物理耐热性

材料在高温下的热机械性能，其中包括脆化温度(脆点)$T_b$，玻璃化温度$T_g$及粘流温度$T_f$。在胶接强度不小于胶粘剂的内聚强度时，胶粘剂的高温性能取决于$T_g$与$T_f$。耐热胶粘剂是热固性高分子材料，其交联密度高，刚性大，所以$T_g$较高。在$T_g$与$T_b$之间几乎没有形变，而在$T_g$与$T_f$之间形变也较低，因此在$T_g$以上尚有一定的胶接强度。从高分子物理角度来看，高温胶粘剂的长期使用温度应在$T_b$与$T_g$之间，短期使用温度应在$T_g$与$T_f$之间。

2)化学耐热性

充分固化的胶粘剂在空气中的热氧化稳定性用材料的分解温度$T_d$来表示。$T_d$的高低决定于胶粘剂的分子结构。胶粘剂的正常使用温度应在$T_d$以下，使用温度范围内其分子结构不应有明显的化学变化，差热分析中也不应显示出明显的热效应。

胶粘剂在耐热温度范围内还应该满足使用性能要求，诸如粘接性能、耐大气性、耐湿热老化及耐介质性能、耐高温持久、耐高温蠕变性能以及胶粘工艺性能等。

**2. 耐热胶粘剂耐热性评价标准**

什么样的胶粘剂才称耐热胶粘剂，目前国内外尚无胶粘剂耐热性统一说法。通常认为，耐热胶粘剂系指在特定的条件、温度、时间、介质下，有保持设计所要求的胶接强度的胶粘材料，而在实际应用中多用胶接强度-温度-时间的关系来表示。

Licari 等从飞机制造的要求出发，将各种胶粘剂划分 A，B，C，D 四个使用温度区间：A 约为 82 ℃；B 为 82~150 ℃；C 为 150~260 ℃；D 为 260 ℃以上。能在 150 ℃以上长期使用的胶粘剂可称之为耐热胶粘剂。

Blomqusst 等则用另一种方式来表示胶粘剂的耐热性。即用胶粘剂在 100 h 热老化后，胶接强度保持率仍在 30%以上的热老化温度来表示各种胶粘剂的耐热性。由表 8-5 列出各种胶粘剂的使用温度。

人们还认为属于下列情况者可称作耐热胶粘剂：

① 在 121~176 ℃下长期使用(1~5 a)，或在 204~232 ℃下使用 20000~40000 h；②

表 8-5　　　胶粘剂的耐热温度(℃)

| 胶粘剂类型 \ 被粘材料 | 钢 | 铝 |
|---|---|---|
| 酚醛树脂 | 232 | 316 |
| 酚醛树脂-丁二烯橡胶 | 288 | 288 |
| 酚醛-尼龙 | 260 | 316 |
| 双酚 A 型环氧树脂 | 260 | 288 |
| 环氧-酚醛 | 260 | 316 |
| 环氧-尼龙 | 288 | 288 |
| 酚醛-丁腈橡胶 | 316 | 316 |
| 聚有机硅氧烷 | 350 | 380 |
| 环氧-聚砜 | 345 | 360 |
| 聚酰亚胺 | 450 | 500 |
| 聚苯并咪唑 | 430 | 500 |
| 聚喹啉 | 460 | 520 |

在 260~317 ℃下使用200~1000 h；③ 在 371~427 ℃下使用 24~200 h；④ 在 538~816 ℃下使用 2~10 min。

尽管高温胶粘剂的定义及标准尚未统一，但是评价的要点都是一致的。即胶粘剂在各种温度下的初始强度，及在此温度下热老化后的强度保持率。

**3. 耐热胶粘剂品种简介**

1)环氧胶粘剂

环氧胶粘剂应用广泛，品种多。性能可通过树脂固化剂、填料及其工艺调节。作为耐热胶粘剂，具有黏合强度高，综合性能良好，使用工艺简便等优点，最突出的是固化过程中挥发成分很低(0.5%~1.5%左右)，收缩率低(0.05%~0.1%左右)，胶粘剂可在−60~232 ℃长期使用，最高使用温度可达 260~316 ℃。高温持久及耐高温蠕变性能优异。其缺点是较脆。环氧树脂胶粘剂中所用的填料以超细纯铝粉最佳；对于控制流动性、防止流淌则以石棉粉效果最好。此外，选好固化剂也很重要。主体树脂为多元酚、多元芳胺的缩水甘油醚可用 4，4′-二氨基砜固化。耐热脂环族环氧树脂的固化剂选用二苯酮四酸二酐、二苯醚四酸二酐或其同系物。高分子量双酚 A 型环氧树脂，用低分子量酚醛树脂交联。酚醛树脂既可用碱触媒酚醛树脂，分子量为 350~450。亦可用酸触媒酚醛树脂，分子量为 500~650。

2)有机硅类耐热胶粘剂

这类胶粘剂是以聚有机硅氧烷及其改性体为基胶，再加入填料、固化催化剂、防老剂、偶联剂及溶剂等组成。填料对于提高有机硅胶粘剂的耐热性、调节热膨胀系数、降低固化温度都有好处。较好的填料有瓷粉、玻璃粉、高岭土、石英粉及各种金属氧化物（ZnO，MgO，$TiO_2$，$Al_2O_3$ 等）。采用硅烷偶联剂处理上述填料效果更好。常用的固化催化剂有醋酸钾、二乙醇胺及各种金属的胺类络合物等。固化温度视品种不同而异，可室温固化，也有高温固化品种。

聚有机硅氧烷改性体其主链中引入各种杂原子（Al，Ti，B，Sn 等），杂原子引入的种类及数量对产物有明显的影响。一般引入杂原子后树脂的耐热性及耐热老化性能均有所提高。引入杂原子的方法一般采用相应单体水解，共缩聚、杂缩聚的方法也可使用。

聚有机硅氧烷胶粘剂具有优异的耐热性能，同时其耐介质、耐水、耐候等性能也良好。此类胶粘剂可在-60~400 ℃下长期使用。短期可用至 450~550 ℃，瞬间使用温度可达1000~1200 ℃，广泛用于各种玻璃、陶瓷、石棉制品及石墨制品或各种耐烧蚀材料与金属的黏合。主要缺点是较脆、胶接强度低而固化温度太高。为克服上述特点。必须对其进行化学改性。

人们常用有机聚合物来改性纯有机硅胶粘剂，这些材料包括酚醛树脂、环氧树脂、聚氨酯、聚酯等。各种改性有机硅耐热胶粘剂与纯有机硅耐热胶粘剂对比，综合性能有明显改善，但耐热性及耐热老化性能却有所下降，可在-60~300 ℃长期使用，短期使用可达350~500 ℃，瞬间使用温度可达 800~1000 ℃。有机材料改性有机硅胶粘剂主要用于高温使用的非结构件中金属与非金属材料（无机玻璃、石棉制品、陶瓷及石墨制品）的黏合。

3）耐高温杂环聚合物胶粘剂

为了适用导弹和空间飞行器需要，近 30 年来发展了很多耐高温的胶粘剂，按使用温度和时间可划分三个范围温度℃（℉）：Ⅰ，538~760（1000~1400）经受几秒至几分钟；Ⅱ，288~370（550~700）使用几百小时；Ⅲ，177~232（350~450）能用几千小时。

范围Ⅰ内使用的胶粘剂用于导弹和先进武器系统，在538~760 ℃温度范围使用的胶粘剂是最难合成的品种，聚苯并咪唑类（PBI）和聚喹啉类（PQ），已被证明在范围Ⅰ之内具有可用的胶接强度。PBI虽是热稳定的，但加工过程中要放出大量的挥发物，其后在胶层留下有害的气泡。PQ类基优点是在温度为 317~399 ℃和压力下加工时，只放出少量的挥发物。

范围Ⅱ的胶粘剂使用于先进飞机和空间飞行器结构。PQ 类、PBI 类、聚酰亚胺类（PI）和聚苯基喹啉（PPQ）类已被评定可供范围Ⅱ内使用。PQ 类在 371 ℃空气中 50 h 后显示出好的胶接强度，而 PPQ 类在 316 ℃经 500 h 表现出更好的性能。PI 类在>316 ℃和>100 Pa下加工时放出大量挥发物。而且大多数 PI 类在高温下受载发生蠕变，应力下对溶剂敏感。

范围Ⅲ内的胶粘剂供军用飞机、高速民用飞机、传统民用飞机(发动机区的结构)使用。加成型的 PI 类、端炔基聚苯基喹啉(ATPQ)和端 Nadic 亚胺齐聚物表现很好的强度。

通常,线性 PI 在高于玻璃化温度下进行加工。加工过的 PI 在 232 ℃空气中老化 3 万 h 后其搭剪强度没有显示出损失。但是,大多数 ATPQ 类或 ATP 类都显脆性,因此需要采用橡胶增韧,以提高它们的耐应力能力及其相应的胶接接头的耐久性。

## 8.8.2　低温胶粘剂

航天不仅需要耐高温的胶粘剂和密封剂,而且还需要耐极低温度的材料,如燃料箱使用的胶粘剂和密封材料需-184 ℃甚至-253 ℃。至于-100 ℃以内的低温胶粘材料需求越来越多,所以发展低温胶粘剂也是必需的。

大多数低温使用的密封胶,例如聚硫化物、柔性环氧、有机硅、聚氨酯和增韧的丙烯酸类在中等低温-26.6 ℃是柔性的。在这些密封剂中,聚硫通常用在飞机的复合材料和金属材料上作为结构密封剂。有机硅具有更好的耐水性。

硫醚结构比聚硫化物具有更高的热稳定性。因此,前者的上限使用温度高于后者 26.6~31 ℃,而低温限仍符合至-51 ℃的条件要求。硫醚比二硫化物表现出更好的水解稳定性和耐化学药品性。

对于更低的温度(如-70 ℃),已有几种聚合物被开发出来作为先进的宇航密封剂。它们是主链或侧链改性的有机硅树脂。氰基有机硅树脂是为宇航事业最早开发用于胶粘的低温材料。这种聚合物 $T_g$ 约为 51 ℃,能耐碳氢化合物燃料。但溶解在极性溶剂中,使用范围为-51~232 ℃。由于某些未知的原因,已退出市场。

氟代烷基亚芳基硅氧烷(FASIL)密封剂。这种弹性体具有较宽的使用温度范围:-54~250 ℃,它对钛和铝具有极好的粘接性,它耐 JP-4 燃料油,耐水解。其化学结构:

$$\left[ \begin{array}{c} CH_3 \\ | \\ -Si-Ar-Si-O \\ | \\ R_1 \end{array} \begin{array}{c} CH_3 \\ | \\ Si-O \\ | \\ R_2 \end{array} \left( \begin{array}{c} CH_3 \\ | \\ Si-O \\ | \\ R_3 \end{array} \right)_x \right]$$

$R_1$、$R_2$ 和 $R_3$ 为甲基或 3,3,3-三氟代丙基,X = 0,1 或 2。Ar 为间-苯撑或间-苯二亚甲撑。

磷腈氟弹性体(PNF)现改为 EYPEL-F,是一类研究较多的含氟材料,其化学结构:

$$\begin{array}{c} OCH_2CF_3 \\ | \\ (N=P)_n \\ | \\ OCH_2(CF_2)_xCF_2H \end{array} \qquad x \text{ 为 } 1,3,5。$$

这种聚合物含有大约 55%的氟和少量供交联的不饱和位置。含氟量给予优异的耐燃料包括耐 JP-4 燃料油、石油、水压液体和化学药品的性能。玻璃化温度为-68 ℃，因此，允许使用温度低到-65 ℃，上限使用温度为 175 ℃。它能耐氧化和臭氧化。其独特的力学性能包括低压缩残余形变、高模量、极好的弯曲疲劳性和好的耐磨性。

### 8.8.3 防水和耐水胶粘剂

除了高温和低温两个极端条件外，水分和湿气对大多数胶粘接头是一主要的恶劣环境因素。解决胶粘剂对湿敏感的第一种方法是设计疏水或低表面能结构的胶粘剂。例如，对于环氧树脂，如用含氟的树脂或含氟的固化剂固化可以降低吸水率；用卤素环氧固化剂也可以降低吸水率50%。对于高温胶粘剂，含氟的聚酰亚胺，应该比不含氟的聚酰亚胺的湿敏感性小。增加耐湿性另一方法是在聚合物链中引入硅氧链。一种含有硅氧或一段含有硅氧为主链的共聚物都有助于耐水性提高。含硅氧链的酰亚胺、氟有机硅树脂、含氟丙烯酸酯、含苯有机硅和硅苯乙烯被认为比普通碳氢聚合物更疏水。在这些聚合物中，有机硅苯乙烯是唯一不吸湿的聚合物，但仍不能认为它是完全疏水的。最好的表面处理方法是用六甲基二硅氮烷(HMDS)的等离子体进行表面改性，在电子器件上生成 10 000Å 厚有机硅覆盖层。

为了改进界面的耐水性，采用硅烷偶联剂是有效的。制造飞机的金属多用合金铝，在其表面涂敷底胶来改进耐湿或防止被水腐蚀。另一种办法是用铝的水合抑制剂 NTMP ($N[CH_2P(O)(OH)_2]_3$)。NTMP 作用分三步进行：水的可逆物理吸附，抑制剂缓慢溶解，接着新鲜的 $Al_2O_3$ 快速水合成勃姆石(AlOOH)，AlOOH 进一步水合成拜耳体 $Al(OH)_3$。结果其形貌和胶接强度都发生变化。抑制剂 NTMP 或有关化合物通过磷酸官能团的 POH 键吸附到铝表面上，取代了吸附在铝表面的水，抑制了氧化铝水合成 $Al(OH)_3$。铝氧化物的水合作用通常一般减弱了金属胶粘剂的黏附力。用于耐海水的胶粘剂的开发，则还应该考虑盐水的腐蚀性。

### 8.8.4 油面用胶粘剂

吸油性胶粘剂，是涂布到带油污的物体表面上，可以将油吸收并扩散到胶层中而又能保持较高的粘接强度的胶种。通常，油面粘接一定要经过脱脂工序，粘接面积大的制件脱脂作业成本高且操作困难，采用油面用胶粘剂对工业的发展有很大意义。

油面胶粘剂主要用于汽车等装配作业线上，它可用于胶粘着带防锈油和压力机油等的压延钢板。这种胶粘剂是以汽车工业为中心发展起来的。近年来它的应用已开始向附有矿物油、植物油、润滑脂、蜡等油脂的混凝土、木材、无机成型制品等土木建筑部门扩展。

胶粘剂锚定油面过程可描述如下：首先，在施涂胶粘剂的瞬间，有一部分油被"吞入"胶粘剂中，还有一部分被推向四周；接着被吞入的油逐渐在胶粘剂中溶解、扩散的同时，胶粘剂逐渐吸收被粘体表面和周围的油；最后，胶粘剂把一定范围内的油全部吸收，成为均匀的整体，并锚定在被粘物上固化。这种描述只是一个模型化的过程。还有一种情况是此法的变种，即把油作为加热固化过程中胶的一个组成。即在粘接时，先涂敷一种与油有相溶性的活性底胶，这样，油性底胶与被粘物面上的油相互作用，破坏了油层的均一性；进而胶粘剂再和高强度底胶胶层粘接。但是往往油性底胶的贮存寿命有限，即底胶被涂后直到涂胶粘剂之前的期限是一定的。

吸油胶粘剂必须满足三个条件：① 胶粘剂中要含有一种能溶解油膜的溶剂，活性剂或单体；② 胶粘剂在穿透油膜之后，能很好地湿润，浸透，与被粘物面最终牢固地粘接；③ 油污一旦被溶解并扩散到胶粘剂组成物中，就不得再向被粘物表面转移。

事实证明，以胶中溶剂或单体来吸附、溶解油的做法并不十分可靠。所以，好的吸油性胶粘剂必须有特别的配合技术，成分不是单一的，而是复合化、高性能化的。目前开发的油面胶粘剂有氯丁胶基膏状胶粘剂、PAC 塑熔胶、环氧树脂系以及改性丙烯酸树脂（SGA），氰基丙烯酸酯系、氮基丙烯酸酯系以及聚氨酯系等。

## 8.8.5 潮湿面用胶粘剂

潮湿表面可能完全不能进行胶接，就是胶接成功也会由于水的存在而使胶接强度下降或影响使用寿命。野外胶接施工，甚至水下胶接施工不可能预先进行施工表面干燥，这就要求胶粘剂与水接触时，仍能与被粘体表面胶粘而得到足够的胶接强度。

目前解决的办法：其一是在胶粘剂中加入与水反应的活性物质，如 CaO 与水反应放出较大的热，这热量又使胶粘剂如（丁腈胶/环氧树脂系统）加热固化。这样，就可以在水中直接将含有 CaO 的胶粘剂涂在钢板上，不排水就胶粘好。当然 CaO 的用量应与固化剂用量以及填料等用量相适应，才能得到最佳效果。其二是通过使用亲水性稀释剂（醇含量高的产品等）来吸收涂胶面上的水分或者置换其中的水分，使涂胶面呈干燥状态，实现粘接。

有些亲水性稀释剂会把水分吸收到胶粘剂的内部，导致胶粘剂本身的强度降低，造成胶接性能下降，故在挑选亲水性稀释剂的品种及用量时要加以注意。以环氧树脂作为胶粘剂时，应用聚酰胺-胺或改性脂肪烃多胺作固化剂已被采用。

在使用聚酰胺-胺的场合，其用量以环氧树脂计，比理论值过量 15%～50%。这是因为过量的聚酰胺-胺分子能选择性地移栖到湿润面上，置换掉水分子。其结果，涂胶面最后成为基本上干燥的表面，从而完成粘接。多胺分子对涂胶面的表面张力比水分子大，又能超越水膜层而抵达涂胶面，于是涂胶面上的水分就干涸了。这样被吸收到胶粘剂内部的水分，通过乳化而分散到黏结处内部，最终也许蒸发掉。

在 8.8.3 中提到的铝合金表面先涂含与水作用的底胶 NTMP，以及用能与水作用的硅偶联剂等也是成功的办法。

### 8.8.6 导电胶粘剂

导电胶是复合导电高分子材料中最重要的品种之一，广泛应用于微电子工业以及很多高、新技术领域。努力研究开发导电胶和提高其性能仍然是胶粘剂工作者的任务之一。

**1. 导电胶的导电机理**

含有溶剂的导电胶，在固化或干燥前，导电粒子在胶粘剂中是分离存在的，相互间没有连续接触，因而处于绝缘状态。导电胶固化或干燥后，由于溶剂的挥发和胶粘剂的固化而引起胶粘剂体积收缩，使导电粒子相互间呈稳定的连续接触，因而呈现导电性。

隧道效应也可使导电胶中导电粒子间产生一定的电流通路。当导电粒子间不相互接触时，粒子间存在有隔离层，使导电粒子中自由电子的定向运动受到阻碍，这种阻碍可视为一种具有一定势能的势垒。根据量子力学的概念可知，对于一种微观粒子来说，即使其能量小于势垒的能量，它除了有被反射的可能性外，也有穿过(贯穿)势垒的可能性。微观粒子穿过势垒的现象称为贯穿效应，也称隧道效应。电子是一种微观粒子，因此它具有穿过导电粒子间隔离层阻碍的可能性。电子穿过隔离层的概率与隔离层的厚度 $a$ 及隔离层势垒的能量 $U_0$ 与电子能量 $E$ 的差值($U_0-E$)有关，$a$ 值和 $U-E$ 值愈小，电子穿过隔离层的概率就愈大。当隔离层的厚度小到一定值时，电子就很容易穿过这个很薄的隔离层，使导电粒子间的隔离层成为导电层。

**2. 影响导电性的主要因素**

1)导电粒子的影响

导电粒子的种类、粒度及其分布等都对导电及其稳定性产生很大影响。可用作导电胶的元素有 Ag，Au，Cu，Ni，C 等。在导电粒子表面积和形状相近的条件下，导电粒子本身电导率越小，导电胶的导电性能越好。

以银粉为导电粒子的环氧导电胶，导电性好，长期使用性能比较稳定，具有较好的耐潮湿性，是环氧导电胶中最主要的品种。金粉作为导电粒子有高的可靠性，但成本高。镍粉作为屏蔽用导电胶，碳粉是低导电粒子的代表。

在一定的范围内，随导电粒子加入量的增多，导电胶的电阻率下降。如果导电粒子加入量过少，固化干燥后，胶层中的导电粒子得不到链状连接，此时可能完全不导电。相反，导电粒子加入量过多，导电粒子得不到牢固的联结，导电性也是不稳定的，胶接强度也明显下降。因此，导电粒子和粘料要有一个适当的混合比，这个混合比受电粒子的种类和容重的影响。

导电粒子形状影响粒子的联结状态。例如，银粉有球状、片状和针状等，片状的面接触比球状的点接触更容易获得好的导电性。如果将球状银粉和片状银粉按适当比例混合使用，可得到更好的导电性。

导电粒子的大小对导电性也有一定影响。对银粉来讲，粒子大小在 10 μm 以下，分布适当，在最紧密填充状态下导电性最好；粒子大小在 100 Å 左右时，反而会使接触电阻增大，导电性变坏。

2）配胶工艺和固化工艺的影响

导电胶的导电性主要来自导电粒子表面的接触，固化或干燥是使导电粒子达到很好接触的必要条件。导电胶在固化或干燥前，粘料对导电粒子表面的湿润情况是决定导电性好坏的一个重要因素。导电胶中常用的粘料及配合剂对导电粒子表面都有一定的湿润黏附能力。一旦导电粒子表面被胶粘剂所湿润，胶粘剂分子就黏附在导电粒子表面上，导电粒子就会局部或完全被胶粘剂分子所包覆，这种现象称为湿润包覆。导电粒子被湿润包覆的程度将决定导电胶的导电性能，被湿润包覆程度越大，固化或干燥后的导电胶中导电粒子间相互接触的概率就越小，导电性就越不好；如果大部分导电粒子被胶粘剂完全湿润包覆，那么导电胶就不可能有好的导电性，甚至不导电。

导电胶在配制过程中，将各组分放在一起后，要进行研磨或搅拌。适当的研磨有利于导电粒子的分散，可获得好的导电性；如果研磨时间过长，由于机械力和热的作用，胶粘剂对导电粒子湿润包覆程度增大，结果导致导电性能变坏。

导电胶在固化过程中，起始固化温度(放进烘箱中进行固化的起始温度)不同，导电胶的导电性也不同。在一定的温度范围内，起始固化温度低，导电胶的凝胶时间长，有利于胶粘剂对导电粒子表面进行充分的湿润包覆，使导电性能变坏，随着起始固化程度的提高，凝胶时间缩短，当温度提高到一定程度时，导电胶在此温度下很快凝胶，使胶粘剂难以对导电粒子充分湿润包覆，促使导电性变好。导电胶的固化程度取决于固化温度和固化时间，在一定的温度范围内，固化温度越高或固化时间越长，固化程度就越高。一般导电胶在固化过程中，都要产生收缩。固化程度高，收缩大，导电性能好。

3）其他影响

粘料的分子量、玻璃化温度和对导电粒子的湿润能力都影响导电胶的导电性能。粘料对导电粒子湿润能力差，分子量高，玻璃化温度高，导电性好。

增韧剂对导电性有类似的影响，用固体增韧剂改性导电胶比用液体增韧剂更容易获得好的导电性。

**3. 导电胶重要类型**

1）环氧导电胶

环氧导电胶由环氧树脂、固化剂、增韧剂、导电粒子及其他配合剂配制而成。环氧树脂对多种材料都有好的黏附性能，因此容易获得较高的胶接强度；环氧导电胶可以配制成一液型(单组分)和多液型(多组分)，可配制成室温固化型、中温固化型和高温固化型，还可以配制成含有溶剂和无溶剂的，是目前导电胶中应用最广的一类。

2）酚醛导电胶

酚醛导电胶是由酚醛树脂、导电粒子、增韧剂和溶剂等组成。这类导电胶剂一般都有好的导电性和较高的耐热性，对多种材料都有较好的胶接强度。酚醛导电胶含有溶剂，涂胶后需晾置，固化过程中需施加较大的压力，因而应用范围受到一定限制，多用于要求耐老化性能好、耐热性高的产品上。酚醛导电胶也有热固化型和室温固化型两种类。此外，还有有机硅导电胶。

## 8.8.7 导热胶粘剂

随着电子元件和电子设备向小型化微型化发展，电子设备的散热变得越来越重要，直接关系到电子元器件的使用稳定性和使用寿命。传统的金属和陶瓷材料虽然散热速度快，但其高比重、不耐腐蚀性、导电、形状适应性差等缺点限制了其使用。导热胶粘剂因良好的导热及力学性能广泛应用于微电子封装以及热界面材料，对于电子元器件散热具有重要意义。

导热胶粘剂可以分为绝缘导热胶粘剂和非绝缘导热胶粘剂。绝缘导热胶粘剂具有良好的导热和绝缘性，主要用于电子电气等领域的绝缘导热封装及粘接，常用的导热绝缘填料主要有氮化铝、三氧化二铝、氧化镁、氮化镁和二氧化硅等。非绝缘导热胶粘剂常用填料有银、铜、锡、铝粉、石墨、碳纤维等，主要用于导热非绝缘场合。

**1. 导热胶导热机理**

材料内部的导热载体包括电子、声子和光子三种。金属中大量电子的存在是其高导热性的根本。聚合物由无规缠结的分子链组成，分子量分散，分子链振动对声子造成散射，导致其无法形成热传递所需要的有序晶体结构或载荷子，导热性能相对金属材料来讲相对较差。为了提高其导热性能，可以通过添加高导热金属或无机填料来实现。通过向基体胶中添加导热填料的方法可以制得导热性能比基体材料高得多的复合型导热胶。

胶粘剂导热性能与多种因素有关，如树脂基体、导热填料与加工工艺等。当用量较少的导热填料分散于树脂基体时，虽然分散均匀，但此时彼此间相互接触和相互作用较差，填料对导热贡献较小，所得导热胶的导热性能不佳；当填料的添加量达到某一临界值时，填料间的有效接触和相互作用形成了大量类似网状或链状结构形态的导热网链。高填充及超高填充量的理论模型认为在填充聚合物体系中，若所有填充粒子聚集形成的传导块与聚合物传导块在热流方向上是平行的，则复合材料导热率最高，若与热流方向相垂直，则复合材料的导热率为最低。因此，导热网链的取向决定了导热胶粘剂的性能。当其取向与热流方向一致时，导热性能提高得快；不一致时则造成热流方向上热阻大，导热性能差。因此，获得高导热胶粘剂的关键是如何在体系内最大程度建立热流方向上的导热网链。

**2. 影响导热胶粘剂的主要因素**

1）导热填料

导热胶的填料包括高导热金属和无机填料。目前所使用的导热材料多数为氧化铝、氧化硅、氧化锌、氮化铝、氮化硼、碳化硅等。尤其是以微米氧化铝、硅微粉为主体，纳米氧化铝、氮化物作为高导热领域的填充粉体；而氧化锌大多作为导热膏（导热硅脂）填料用。

导热材料的导热系数列表

| 金 属 | | 化合物 | |
|---|---|---|---|
| 材料名称 | 导热系数（W/m·K） | 材料名称 | 导热系数（W/m·K） |
| 银 | 418.7 | 氧化铍（有毒） | 270 |
| 铜 | 355.9 | 氮化铝 | 80~320 |
| 金 | 297.3 | 氮化硼 | 125 |
| 铝 | 234.5 | 碳化硅 | 83.6 |
| 铁 | 67 | 氧化镁 | 36 |
| | | 氧化铝 | 30 |
| | | 氧化锌 | 26 |
| | | 石英粉（结晶型） | >20 |

氮化铝和氮化硼的导热系数都非常高，但其价格昂贵。单纯使用它们，虽然可以达到较高的热导率，但体系黏度急剧上升，严重限制了产品的应用领域。而且氮化铝吸潮后会发生水解反应，而产生的氢氧化铝会使导热通路中断而影响声子的传递，因此做成制品后热导率偏低，虽然使用硅烷偶联剂进行表面处理可以改善这种情况，但也不能保证100%填料表面被包覆。碳化硅的导热系数也比较高。但合成过程中产生的碳及石墨难以去除，导致产品纯度较低，电导率高，不适合作为电子用胶。且密度大，易沉淀分层，影响产品应用。但比较适合环氧胶中使用。氧化镁价格便宜，在空气中易吸潮，增粘性较强，不能大量填充；耐酸性差，一般情况下很容易被酸腐蚀，限制了其在酸性环境下的应用。α-氧化铝（针状）具有价格便宜的优点。一般添加量低，所得产品导热率有限；而α-氧化铝（球

形）则可以较大量填充量，可以获得高导热率制品，价格较贵，但低于氮化硼和氮化铝。氧化锌的导热性偏低，不适合生产高导热产品，但质轻、粒径及均匀性很好。结晶型石英粉导热性偏低，不适合生产高导热产品，但密度大价格低，适合大量填充，降低成本。

填料的大小、几何形状和晶型都对其热导性能具有较大的影响。填料颗粒粒径过大或过小都会影响材料的热导率。在纳米尺度内，随着粉体粒径的不断增加，粉体晶型越来越趋于完整，更容易发挥粉体本身的高热导率，同时也会使空间内粉体相互间接触的概率增大，更有利于导热网络的建立，提高导热系数。填料的几何形状主要对粒子之间的接触有影响，如针状α-氧化铝和球形α-氧化铝的导热系数差别较大。研究表明层片状粒子柔软易于变形以及它们之间高的接触概率有利于有效形成导热通道，使得材料热导率比相对应的球形颗粒材料填充的高。虽然有很多填料可供选择，但随着微电子技术的发展，开发新的高导热材料具有重要意义。日本名古屋工业技术研究所采用在碳化硅中加入种晶诱导取向研制出高导热性陶瓷，其在结构取向方向上热导率达到 $120W/(m \cdot K)$，为普通碳化硅的三倍，接近钢的热导率。AMOCO 公司新研制的高性能沥青石墨纤维，其热导率可高达 $1200W/(m \cdot K)$。

2）填料表面处理

根据填料种类的不同选择合适的偶联剂或表面处理剂，可以改善填料和树脂的相容性，提高导热性能，并改善其力学性能。一般认为表面处理剂对导热填料处理的影响包括桥联和包覆共同作用（具体机理过程参阅本书第 6 章 6.4.3 节）。将三氧化二铝用硅烷偶联剂处理后制备热硫化硅橡胶可以提高硅橡胶的热导率和拉伸强度。将铝粉用三嗪类物质处理，再加入环氧树脂中，可有效提高铝粉与环氧树脂间的界面亲和性。

3）制备工艺

导热填料与基体的复合方式、加料顺序等都可能影响导热性能。粒径不同的导热填料混合填充时，有利于形成填料间最大限度地堆砌，因而提高材料的导热性能；将多种导热填料搭配使用也可影响导热性能并能改变胶粘剂的黏度（可以通过适当控制粒径分布使基体材料获得最高热导率和最低黏度）。成型过程中的条件控制，如温度、压力等也会影响导热胶粘剂性能。

**3. 导热胶粘剂的重要类型**

1）导热环氧胶粘剂

环氧树脂的具有良好的力学性能及可加工性，可适用于多种成型工艺，适合高填充率填充，黏度可调节范围大，可适应于不同的生产工艺。另外，环氧树脂的贮存寿命长，固化时不释放挥发物，固化收缩率低，固化后的制品具有极佳的尺寸稳定性、良好的耐热、耐湿性能和高的绝缘性。因此环氧树脂常被作为制备导热胶所用的基体材料。导热环氧胶粘剂由环氧树脂、导热填料、增塑剂、增韧剂、固化剂等组成，可以制备成单组分或双组分。

2）导热硅橡胶胶粘剂

有机硅材料具有优异的耐高低温性能、耐水性能、绝缘性能、无毒等优点。实践发现导热硅胶能补偿发热和散热设备的热膨胀系数的差异，固化温度低，玻璃化温度远低于电子设备操作温度、模量极低、韧性好、内应力低等特点，是目前导热胶粘剂的主流。导热硅胶胶粘剂由基础聚合物、导热填料、交联剂等配合合成。目前市场以缩合型单组分包装为主。

3）其他导热胶粘剂

其他一些高分子材料也可以作为导热胶粘剂的基体树脂，如丙烯酸酯树脂和聚氨酯树脂，它们各具特色，具有一定的使用空间。

### 8.8.8 医用胶粘剂

医用胶大致可分两大类：一类为适合于胶接皮肤、脏器、神经、肌肉、血管、黏膜的胶粘剂，称为软组织医用胶，一般多采用 $\alpha$-氰基丙烯酸酯系胶和纤维蛋白生物型胶；另一类称为硬组织胶粘剂，用于胶接和固定牙齿、骨骼、人工关节用的胶粘剂，如甲基丙烯酸甲酯、骨水泥、丙烯酸酯类粘固粉等。

**1. 软组织医用胶**

外科手术基本操作是组织的切开和组织的缝合两个步骤，如果能以胶粘剂代替传统的缝合，将是外科手术的一次革命。

理想的软组织医用胶的要求：在有水和组织液的条件下应能进行胶接，常温、常压下能与组织快速胶接；在固化的同时，能与组织产生较好的胶接强度；基本是无毒性，不致突变畸胎，不致癌变；不妨碍生物体组织的自身愈合，最好对创面有治疗机理，促进单核细胞、纤维细胞浸入、毛细血管新生，不阻碍创伤组织血流连续性，本身无菌且能抑菌，固化后胶层具有弹性及韧性；要求胶粘剂为单组分液态或糊状，不含有非水溶剂；不作为异物存在组织内，可被组织吸收；单组分室温下贮存，用前不用再经调制；价格不能太昂贵。

能满足以上条件的理想医用胶，至今仍没有研究成功。$\alpha$-氰基丙烯酸酯系胶和人血纤维蛋白胶，是目前较实用的两类医用胶。

**2. 齿科医用胶**

1）理想的齿科用胶粘剂应满足以下要求

（1）对牙釉质和牙本质具有持久的黏结作用；

（2）不发生聚合收缩（或者即使收缩，其收缩率很低），能在接近于体温条件下迅速聚合；

（3）为降低吸水膨胀率，应是有效交联的材料；

（4）具有能耐咀嚼挤压的足够强度；

（5）热膨胀系数与牙质相同；

（6）对牙髓及其他口腔组织无刺激性；

（7）在口腔内的环境中不会分解或老化。

如果全部符合上述条件才称为齿科用胶粘剂，那么目前的研究开发状况还有一定距离。

2）软组织用胶粘剂

软组织的粘接旨在促进组织本身的自然愈合，所以只要保持一星期到十天的黏结就可以了。它必须做到能迅速粘接，并可与水分、脂肪或血液等共存，无毒，不妨碍创伤的愈合过程。现在还没有能全面符合这些条件的理想的胶粘剂。

使活体组织黏结的胶粘剂膜应该具有挠屈性而不是刚性，还要具有较强的与活体组织的粘接性，按照这些性能要求，预先设计的组织胶粘剂，就称作 EDH 胶粘剂。它是由 $\alpha$-氰基丙烯酸甲酯、丁腈橡胶以及聚异氰酸酯按 $100 : 100 : 10 \sim 20$（重量比）的比例混合，再制成 $6\% \sim 7\%$ 的硝基甲烷溶液，封装在玻璃瓶中。

3）牙齿硬组织用胶粘剂

齿科用胶粘剂几乎均属此类。虽然统称为牙齿硬组织，但是对于组成齿冠外层的牙釉质和组成其内层的牙本质来讲，其组成和结构均有很大的不同，要同时考虑对这两者的粘接，还是比较困难的。目前已有牙齿组织和胶粉剂，粘固粉，矫形用胶粘剂，裂沟封闭材料和修复用树脂。

粘固粉有使金属、树脂或瓷制镶补物与牙齿粘接用的粘固粉和牙齿缺损修复用粘固粉两大类。这两类的差别在于粘固粉固化后的色调和透明性。如果粘固粉固化后和牙齿的色调和透明性十分相称，那么它既可用作粘固，也可用作修复。固化后呈不透明乳白色色调者不能作为修复用粘固粉使用。常用的固定粉有磷酸锌水门汀（氧化锌+磷酸水溶液），羧酸水门汀（氧化锌+聚丙烯酸水溶液），玻璃离子键聚合物水门汀（硅酸铝+聚丙烯酸水溶液）等。

**3. 骨用胶粘剂（骨水泥）**

在人工关节、人工骨、填补物及骨头连接领域里，对胶粘剂的研究越来越被重视。

骨水泥是由单体、聚合物的小珠状粒（$150 \sim 200 \, \mu m$）、阻聚剂、促进剂等组成。为了便于 X 射线造影，骨水泥中可加入造影剂 $BaSO_4$。骨水泥的固化过程是一个放热反应，当各组分混合搅拌 7～10 min 后，最高温度可达 100 ℃。骨水泥的组成如表 8-6 所示。

表 8-6 骨水泥的组成

| | MTBC 骨水泥 | CMW 骨水泥 |
|---|---|---|
| 单体组分 | 甲基丙烯酸甲酯（MMA）、对苯二酚 | 甲基丙烯酸甲酯（MMA）、对苯二酚、二甲基甲苯胺（DMPT） |
| 聚合剂组分 | 甲基丙烯酸甲酯和甲基丙烯酸乙酯共聚物、BaSO$_4$ | 聚甲基丙烯酸甲酯（PMMA）、过氧化苯甲酰（BPO） |
| 引发剂组分 | 三正丁基酸(TBB)、过氧化氢 | 过氧化苯甲酰(BPO)、二甲基甲苯胺 |

总之，特种胶粘剂种类很多，并且根据市场需求还在不断研究开发，已开发应用的有光敏固化胶粘剂，光学仪器专用胶粘剂、应变胶粘剂、真空胶粘剂、抗震胶粘剂、耐碱胶粘剂等。

# 第九章 功能高分子材料

## 9.1 概　　述

### 9.1.1 功能高分子材料含义

功能高分子材料是一类在外部环境作用下，敏锐地表现出高选择性和特异性能的高分子化合物及高分子材料。"功能高分子"和"功能高分子材料"其内涵是有区别的：功能高分子是高分子化学中精细高分子的重要组成部分。由于高分子化合物结构的特异，敏锐地表现出物质、能量、信息的传递、转换或贮存作用等特异功能，它包括导电高分子、光电高分子、光敏高分子、高分子催化剂、高分子试剂、强吸附水材料、螯合树脂膜和液晶高分子等。功能高分子材料所涉及的不仅是上述称之为结构型的高分子材料，还包括一些普通高分子与一些具有特殊功能有机物或无机物复合的材料。功能高分子及其材料分类尚无统一的认识，有的按功能特性，有的按应用范围，有的则按习惯称呼分类。

材料的功能通常是指向材料给予某种作用或输入某种能量之后，经过材料的传输或转换，再将其输出而提供外部相同或不同的一种作用。材料的功能有一次功能和二次功能两类。

一次功能材料：向某一种材料给予的作用或输入的能量与通过材料输出而给予外部作用能量是属于同一类的。例如导电高分子材料、光导纤维、高分子催化剂、高分子试剂和高吸水性树脂等。

二次功能材料：向某一种材料给予的作用或输入的能量，当其通过该功能材料之后，所给予的作用或输入的能量发生了转换。例如光电材料(光→电)、压电材料(力→电)、磁致伸缩材料(磁→力)和光致抗蚀材料(光→化学)等。

### 9.1.2 功能高分子材料功能设计与制备简述

使高分子材料具备一次功能或二次功能特性，大致可归纳为四个途径。

(1) 通过分子设计(包括高分子结构设计和官能团设计)，用化学方法合成具有某种功能的高分子，如高分子催化剂、高分子试剂、光敏高分子、导电高分子、光电高分子等。这些工作往往以小分子具有的某些特性为依据使其高分子化。其合成方法可以利用通常的聚合、缩合反应，嵌段或接枝反应，以及利用高分子反应引进功能基团。

（2）将已有的高分子材料予以特殊工艺加工，赋予材料以某种功能。这类方法属于物理和物理化学方法。例如，利用醋酸纤维、聚砜、有机硅等材料开发的各种类型的分离膜材料；利用聚甲基丙烯酸酯开发的塑料光导纤维；利用超微化、超取向化、超薄膜化，多层化等零维、一维、二维、三维技术来获得功能材料(很多无机功能开发利用这些技术)。

（3）通过两种或两种以上具有不同功能或性能的材料进行复合，从而获得新的功能材料。大家非常熟悉无机材料和高分子复合可得到高强度的材料；现在人们已认识到利用功能复合也可以制取新的功能材料。近年来，人们还提出复合相乘效应公式：即 A 组分具有 X/Y 功能，B 组分具有 Y/Z 功能，A，B 组分复合之后则可产生 X/Y·Y/Z＝X/Z 的新功能。根据这个原理，制出强度自控塑料发热体等一批新型复合功能高分子材料。

（4）高分子(或无机)材料采用物理或化学方法进行表面改性有时也可以获得新功能。

总之，功能高分子材料设计和制备是高分子科学和技术的重大进展，它涉及高分子化学，有机合成化学，生物化学，量子化学以及物理学和材料科学等很多学科。因此，它要求科学工作者协同努力来研究开发时代要求所需的新型材料。

# 9.2 具有化学反应和分离功能的高分子材料

## 9.2.1 离子交换树脂

离子交换树脂是一类具有离子交换功能的高分子材料，这类材料绝大多数是苯乙烯-二乙烯苯共聚体或丙烯酸及其衍生物与二乙烯苯的共聚体为基体。其侧基上含有可进行离子交换的官能团(如磺酸基、季铵基等)。二乙烯苯在高分子基体中起交联作用，从而使离子交换树脂在酸、碱及有机溶剂中不溶和在加热时不熔，并具一定机械强度。共聚基体中交联剂的百分含量称离子交换树脂的交联度。交联度的大小对树脂性能有很大影响。离子交换树脂根据交换基团性质的不同通常有两大类：阳离子交换树脂是一类可与溶液中的阳离子进行交换反应的树脂，阳离子交换树脂可解离的反离子是氢离子及金属阳离子。阴离子交换树脂是一类可与溶液中的阴离子进行交换反应的树脂，它可解离的反离子是氢氧根离子及其他酸根离子等。

### 1. 离子交换树脂按化学特性分类

离子交换树脂是一类高分子酸、碱或盐。根据它们解离程度的不同，离子交换树脂可分为强酸性、弱酸性、强碱性、弱碱性树脂。此外，还有两性树脂、螯合树脂等。

1)强酸性阳离子交换树脂

高分子基体上带有磺酸基(—SO₃H)的树脂称之为强酸性阳离子交换树脂,以 R—SO₃H表示,它在水溶液中解离如下:

$$R-SO_3H \rightleftharpoons R-SO_3^- + H^+ \qquad R\text{ 代表聚合物基体}$$

其酸性相当于硫酸、盐酸等无机酸,在碱性、中性甚至酸性介质中都显示离子交换功能。

用途最广、用量最大的一种离子交换树脂是以苯乙烯-二乙烯苯共聚球体为基体,用浓硫酸或发烟硫酸、氯磺酸等磺化而得,在每个苯环上只引入一个磺酸基。磺化后的树脂是 H⁺型,为贮存和运输方便、生产厂家都把它转变成 Na⁺型。早期还有一种以苯酚-甲醛缩聚物和煤磺化而得的强酸性树脂,现代很少用它。

2)弱酸性阳离子交换树脂

含有羧酸基、磷酸基、酚基的树脂称之为弱酸性阳离子交换树脂,其中以含羧基的弱酸性树脂用途最广。含羧基的阳离子树脂在水中解离程度较弱,通常在$10^{-5} \sim 10^{-7}$之间,显弱酸性。它仅在接近中性和碱性介质中才能解离而显示离子交换功能。弱酸性离子树脂常用甲基丙烯酸或丙烯酸与二乙烯苯进行悬浮共聚合制备;有时也用甲基丙烯酸甲酯或丙烯酸甲酯与二乙烯苯悬浮共聚合后再水解制备。过去,聚丙烯酸系弱酸性树脂主要用于链霉素的分离和纯化。近年根据它的高交换容量、容易再生以及对二价金属离子具有较好选择性的特点,广泛用于废水处理等方面。

3)强碱性阴离子交换树脂

交换基团为季铵基的离子交换树脂是强碱性阴离子交换树脂。这种树脂在水中按下式解离:

$$R-\overset{\overset{\displaystyle R_1}{|}}{\underset{\underset{\displaystyle R_3}{|}}{\overset{\oplus}{N}}}-R_2OH^\ominus \rightleftharpoons R-\overset{\overset{\displaystyle R_1}{|}}{\underset{\underset{\displaystyle R_3}{|}}{\overset{\oplus}{N}}}-R_2 + OH^\ominus$$

它在酸性、中性、碱性介质中都可显示离子交换功能。常用的强碱性离子交换树脂也是用苯乙烯-二乙烯苯共聚得白球后经氯甲基化和叔胺化而制得。当用三甲胺胺化时,得到Ⅰ型强碱性树脂;用二甲基乙醇胺胺化,得到Ⅱ型强碱性树脂。它们的碱性都很强,不仅可交换一般无机酸根阴离子,也可与吸附硅酸、醋酸等弱酸进行交换。Ⅰ型树脂的碱性比Ⅱ型更强,用途更广泛。OH⁻式强碱性阴离子树脂热稳定性较差,限于60 ℃以下使用。

4)弱碱性阴离子交换树脂

交换基团为伯胺(—NH₂)或仲胺(—NHR)、叔胺(—NR₂)的离子交换树脂称为弱碱性阴离子交换,这种树脂在水中解离程度小而呈弱碱性。它只在中性和酸性介质中显示离子交换功能。其离解按下式进行：

$$R—NH_2+H_2O \rightleftharpoons R—NH_3^+ +OH^-$$

常用的弱碱性阴离子树脂是将苯乙烯-二乙烯苯共聚形成球粒，再进行氯甲基化、伯胺或仲胺胺化制得。因树脂碱性很弱，只能交换盐酸、硫酸、硝酸这样的无机酸阴离子，对硅酸等弱酸几乎没有交换吸附能力。较高的交换容量和容易再生是这种离子交换树脂的特点。

5）两性树脂及热再生树脂

这类树脂特征是在其结构中同时含有酸性和碱性两种交换基团。这两种相反电荷的交换基团可能在同一个大分子链上，也可能在两个不同但十分接近的大分子链上。同时含有弱酸性和弱碱性交换基团，交换后可用热水而不须用酸、碱即可再生的树脂称为热再生树脂。

6）螯形树脂

在交联大分子链上带有螯合基团的树脂称螯形离子交换树脂（螯合树脂），也有的称选择性离子交换树脂。目前的螯形树脂商品主要有两种，一种是含亚胺羧酸基的树脂（如$R—N(CH_2—COOH)_2$）。另一种是聚乙撑胺类树脂（如$R—CH_2NH(C_2H_4NH \rightarrow_n H)$）。前者对碱土金属和重金属的选择吸附性比碱金属大得多，而后者完全不吸附碱金属和碱土金属，只吸附重金属。

**2. 离子交换树脂按物理结构分类**

人们根据离子交换树脂的物理结构将其分为凝胶型、大孔型和载体型三类。

1）凝胶型离子交换树脂

这类离子树脂具有均相的高分子凝胶结构，在其树脂的球粒内没有毛细孔，离子交换反应是离子通过被交联的大分子链间扩散到交换基团附近进行，大分子链间距离决定了交联程度。因此，离子交换树脂合成时交联剂的用量对树脂性能影响很大。

2）大孔型离子交换树脂

树脂在其球粒内部具有毛细孔结构，非均相凝胶结构。树脂的毛细孔体积一般为$0.5$ mL（孔）/g（树脂）左右，也有更大的，比表面积从几到几百米$^2$/克，毛细孔径从几十埃到上万埃。具有这样孔结构的树脂，适宜于交换吸附分子尺寸较大的物质及在非水溶液中使用，常作为催化剂或吸附树脂用。

3）载体型离子交换树脂

用于液体色谱固定相的离子交换树脂。因色谱仪以高流速操作，柱内压力很大，开发了以球形硅胶或玻璃球等非活性材料为载体，在其表面覆盖一离子交换树脂薄层，从而制得耐压的载体型离子交换树脂。

### 3. 离子交换树脂的功能

1)离子交换

离子交换树脂的最基本的功能是离子交换。树脂与电解质溶液接触时，树脂粒子内部的反离子离解，并与进入树脂内的溶液中的离子发生离子交换反应。其反应有以下几种：

中性盐分解反应

$$R—SO_3^-H^+ + Na^+Cl^- \rightleftharpoons R—SO_3^-Na^+ + H^+Cl^-$$

$$R\equiv N^+OH^- + Na^+Cl^- \rightleftharpoons R\equiv N^+Cl^- + NaOH^-$$

中和反应

$$R—SO_3^-H^+ + Na^+OH^- \rightleftharpoons R\equiv SO_3^-Na^+ + H_2O$$

$$R\equiv N^+OH^- + H^+Cl^- \rightleftharpoons R—N^+Cl^- + H_2O$$

$$R—COO^-H^+ + Na^+OH^- \rightleftharpoons R—COO—Na^+ + H_2O$$

$$RNH^+OH^- + H^+Cl^- \rightleftharpoons R\equiv NH^+Cl^- + H_2O$$

复分解反应

$$R—SO_3^-Na^+ + K^+Cl^- \rightleftharpoons R—SO_3^-K^+ + Na^+Cl^-$$

$$R—N^+Cl^- + Na^+Br^- \rightleftharpoons R—N^+Br^- + Na^+Cl^-$$

$$R—COO^-Na^+ + Ca^{+2}Cl_2^- \longrightarrow (R—COO)_2^-Ca^{+2} + Na^+Cl^-$$

离子交换反应通常是可逆平衡，其反应方向受树脂交换基团的性质、溶液中离子的性质、浓度，溶液pH值、温度等因素影响。利用这种可逆平衡性质，离子交换树脂可以再生而反复使用。但对于螯合树脂和对某种离子具有较大选择性的树脂，交换反应一般不可逆，必须采取其他的方式使被交换吸附的离子解吸。

2)脱水作用

离子交换树脂中的交换基团是强极性基团且具亲水性，所以干燥的树脂有很强的吸水作用。干燥的强酸性阳离子交换树脂可用于各种有机溶剂的脱水。

3)催化作用

离子交换树脂就是高分子酸、碱，所以它和一般低分子酸、碱一样对某些有机化学反应起催化作用。特别是大孔离子交换树脂已广泛用于催化酯化反应、烷基化反应、烯烃水合、缩醛化反应、水解反应、脱水反应(开环反应)以及综合反应等。离子交换树脂作催化剂的优点是反应生成物与催化剂易于分离，后处理简化，树脂对设备没有腐蚀性等。

4)脱色作用

色素多具阴离子性或弱极性，可以用离子交换树脂除去。特别是大孔型树脂脱色作用强，可作为优良的脱色剂，如葡萄糖、蔗糖、甜菜糖等的脱色精制用离子交换树脂效果很好。它作为脱色剂与活性炭比较，其优点是可反复使用，周期长，使用方便。

5）吸附作用

离子交换树脂具有从溶液中吸附非电解质物质的功能，这种功能与非离子型吸附剂的吸附行为有类似之处。它的吸附作用是可逆的，选用适当的溶剂使其解吸。大孔型离子交换树脂不仅可以从极性溶剂中吸附弱极性或非极性物质，而且可以从非极性溶剂中吸附弱极性物质，还可作为气体吸附剂。

**4. 离子交换树脂的应用简介**

离子交换树脂可用于物质的净化、浓缩、分离，物质离子组成的转变，有机物质的脱色以及作催化剂等，在许多工业生产和科技领域中应用。下面作一简单介绍。

（1）水处理：水的软化，脱碱，水的脱盐，高纯水制备。

（2）糖及多元醇的处理：葡萄糖的脱色精制，蔗糖、甜菜糖浆的软化、脱色精制；甘油的纯化；山梨糖醇的纯化。

（3）工业废水处理：含铬、汞、铜废水处理；含金、银废水处理及回收。

（4）原子能工业：铀、钍的提炼；反应堆用水的净化；放射性废水的处理。

（5）催化剂：用于蔗糖的转化，酯化反应，水解反应，水合反应，脱水反应，烷基化反应，缩合反应。

（6）制药工业：抗菌素的分离提炼精制；生化药物的分离精制；氨基酸、蛋白质的分离；生物碱的分离；药物添加剂。

（7）石油化工产品的纯化。

（8）分析化学：稀有元素色层分离等。

离子交换树脂应用时通常包括交换吸附和再生的反复循环过程，应注意对于不同类型的树脂需选择不同的再生剂。离子交换和再生，可根据情况选用间歇式、固定床式或连续式。

## 9.2.2　螯合树脂

**1. 螯合树脂及其合成方法**

具有螯合功能的官能团(配位体)的交联聚合物称之为螯合树脂，这种树脂能从含有金属离子的溶液中选择螯合特定的金属离子(螯合离子)，形成多元环状络合物，又能在一定条件下将被络合的离子释放出来。这种树脂不溶于酸、碱，溶剂分离十分方便。

对于具有代表性的螯合配位体亚胺多羧酸，如具亚胺二乙酸 $HN(CH_2COOH)_2$ 等的高聚物。这种多配位型高分子与金属离子能形成可逆的络合物，此反应在金属离子的选择吸附、分离、除去等方面的利用价值高。高分子螯合树脂可分为侧基含配体基的高分子化合物和主链含有配体基的高分子螯合剂两类。制备主要方法一是含有螯合基的单体经过加聚或缩聚反应来合成，例如：

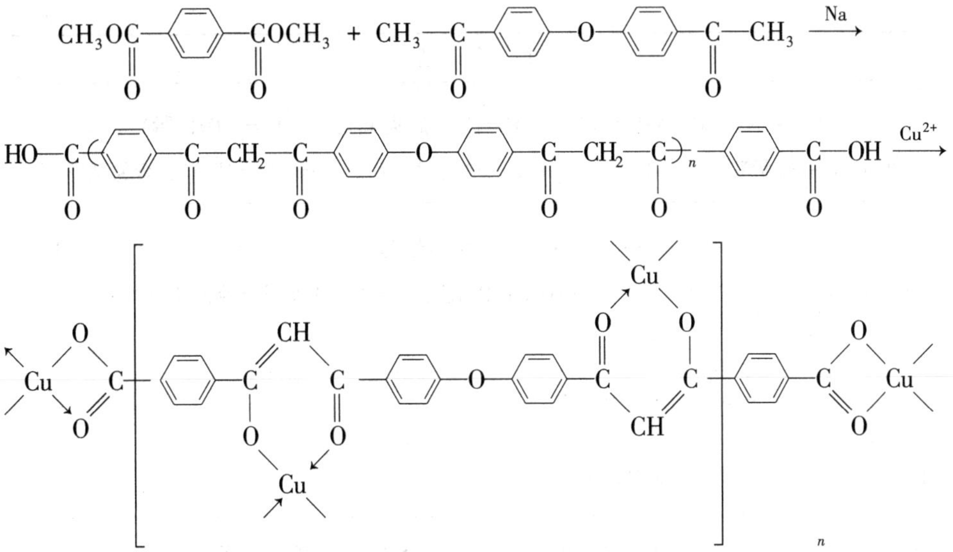

另一方法则是预先合成高分子载体，然后通过高分子反应将螯合基引入高分子链成为高分子载体的侧基，例如：

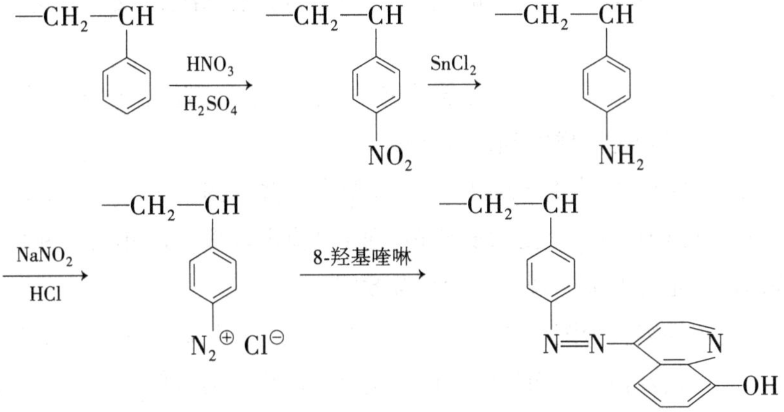

### 2. 螯合树脂配体

螯合树脂中，螯合基与小分子螯合剂一样，是一些含有 O，N，S，P，As，Se 等元素的配位基，其主要配位原子和配位基列于表 9-1；它们所不同者仅是将配位基固定在高分子的主链或侧链中。

表 9-1                 **螯合树脂中主要配位原子和配位基**

| 配位原子 | 配 位 基 |
|---|---|
| O | —OH(醇、酚)，—O—(醚、冠醚)，$\diagdown$C=O(醛、酮、醌)，—COOH，—COOR，—NO，—NO$_2$，—$\diagup$N$\diagdown$→O，—SO$_3$H，—PHO(OH)，—PO(OH)$_2$，—AsO(OH)$_2$ |

续表

| 配位原子 | 配 位 基 |
|---|---|
| N | —NH$_2$, NH, —N, C=NH(亚胺), C=N—(席夫碱), C=OH(肟), —CONH—OH(羟肟酸), —CONH$_2$, —CONHNH$_2$(酰肼), —N=N—(偶氮), 含氮杂环 |
| S | —SH(硫醇、硫酚), —S—(硫醚), C=S(硫醛、硫酮), —COSH(硫代羧酸), —CSSH (二硫代羧酸), —C—S—S—C—, CSNH$_2$(硫代酰胺), SON(硫氰或异硫氰化合物) (带有两个S双键的结构) |
| P | P—(一、二、三烷基或芳香基膦) |
| As | P—(一、二、三烷基或芳香基胂) |
| Se | —SeH(硒醇、硒酚), C=Se(硒羰基化合物), —CSeSeH(二硒代羧酸) |

螯合树脂与金属的络合反应与小分子金属螯合剂一样,其螯合(络合)反应,均需满足螯合反应的一般规则:

(1) 螯合树脂中多配位基与金属离子的络合反应仍以低分子金属螯合物化学为基础。它们可用通常单配位体形成络合物同样的理论来处理。

(2) 螯合化合物比相应的单配位体络合物的稳定性要大很多。例如,三(乙二胺)合钴(Ⅲ)[Co(en)$_3^{3+}$(en=H$_2$NCH$_2$CH$_2$NH$_2$)]比六氨合钴(Ⅲ)要稳定很多。这样因多配位体和金属离子形成螯合环而使稳定性增加的现象称为螯合效应。

(3) 金属螯合物的稳定性因螯合配位体的种类、螯合结构、金属离子种类等而异。五元环螯合物的张力比六元环螯合物小因而稳定,但在螯合物环中含有双键时,含六元环的有时更稳定。只考虑静电作用时,同一螯合配位体的络合稳定性随着金属离子正电荷的增加、离子半径的减少而增大,但实际上更为复杂,二价过渡金属离子的稳定性的顺序大致如下:

$$Mn^{2+} < Fe^{2+} < Co^{2+} < Ni^{2+} < Cu^{2+} < Zn^{2+}$$

(4) 螯合物的稳定性也依赖于配位体的 p$K_a$ 值,p$K_a$ 值愈大愈能形成稳定的螯合物。若在螯合物中含有双键则因共振效应而被稳定化,有时比 p$K_a$ 的效应要大。

(5) 同类不同结构的多配位体其稳定性有区别。以氨基羧酸型配位体为例,其络合稳定性是按亚胺二乙酸(IDA),氨基三乙酸(NTA),N-羟乙基乙二胺三乙酸(HEDTA),乙二胺四乙酸(EDTA),二次乙基三胺五乙酸(DTPA)的顺序增大。如将六配位金属离子与IDA、EDTA 形成螯合物结构Ⅰ、Ⅱ所示(式中弧线表示—CH$_2$CO—结构),即可理解稳定性顺序增加的原因。

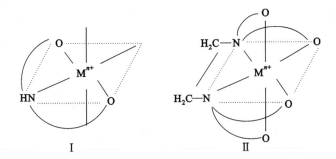

I　　　　　　　　　　II

**3. 螯合树脂的应用**

螯合树脂已在湿法冶金、分析化学、海洋化学、抗菌素等药物、环境保护学、地球化学、放射化学、催化化学等领域得到广泛应用。此外，螯合了金属离子后的树脂，其力学、热、光、电磁等性能都有所改变。因此，有的高分子螯合物可用作耐高温材料；有的则可用作氧化、还原、水解、加成、聚合、氧化偶联聚合等反应的催化剂，氨基酸、肽的外消旋体的拆分，输送氧的载体，光敏高分子，紫外线稳定性剂，抗静电剂和导电高分子材料等。近年来重金属离子对水质的污染，工业废水的净化处理，大大地促进了高分子螯合剂应用研究。

### 9.2.3　吸附树脂

**1. 吸附树脂分类与合成**

吸附树脂是一种具有吸附功能的树脂。它不带有可供离子交换的基团，但可带具有不同程度极性的基团。选择不同极性的单体和人为地调节树脂的孔径、孔径分布、孔容、孔道、比表面等，用以提高对不同极性、不同分子大小的被吸附物的特殊选择性。吸附树脂大体可以分为如下四类：

（1）非极性：不带任何功能基，典型的例子是苯乙烯与二乙烯苯的共聚体，单体的偶极矩为 $\mu=0.3$，最适用于由极性溶剂(如水)中吸附非极性物质。

（2）中极性：主要指带酯基的聚合物，例如聚丙烯酸酯或甲基丙烯酸酯类，与甲基丙烯酸乙二酯等交联的带中极性的共聚物，单体的偶极矩 $\mu=1.8$。

（3）极性：聚丙烯酰胺的共聚物，单体的偶极矩 $\mu=3.3$。

（4）强极性：交联的聚乙烯吡啶或苯乙烯类弱碱阴离子交换树脂用过氧化氢或次氯酸盐等氧化后，得到的含氧化氮($\equiv N \rightarrow O$)基团的树脂，也包括表面磺化的聚苯乙烯阳离子交换树脂，单体的偶极矩 $\mu=3.9 \sim 4.5$。实际这一类吸附树脂也就是特殊性能的离子交换树脂，最适用于由非极性体系中去除极性杂质，如酸、碱等。

吸附树脂通常是按使用要求设计和合成的，它们按照大孔型离子交换树脂的骨架制备方法制得。大多数生产离子交换树脂的厂家及化学试剂厂都生产吸附树脂，人们通过使用致孔剂调节、控制树脂的孔径、孔容、比表面等结构特点，制备出各种各样的多孔树脂。另一种方法是在已制备的聚合物骨架上引入特殊功能基，以达到控制树脂性能的目的。

吸附树脂所用主要单体有苯乙烯、甲基丙烯酸甲酯等；交联剂则是二乙烯苯等。为了获得多孔结构的树脂，在聚合时配合使用不参加共聚又能与单体混溶，使共聚体溶胀或沉淀的有机溶剂，如汽油、苯类、脂肪烃、石蜡、醇类等作为致孔剂(或称为稀释剂)，在带有分散剂的水中，搅拌加热单体，在引发剂的作用下生成大分子，逐渐由黏稠过渡到固化成球；聚合后对存在球体内部的致孔剂用蒸馏或溶剂提取等方法去除，形成千万个多孔结构的乳白色小圆球。通过单体及致孔剂分子结构性质的选择调节，配合聚合反应条件，可以得到适合各种要求的树脂。

**2. 吸附树脂的应用**

吸附树脂应用很广，可简单概括如下：

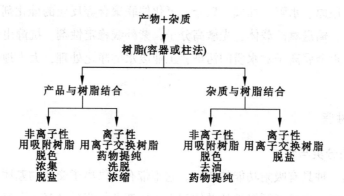

吸附树脂主要用于含有各种功能团的有机化合物，如乳化剂、表面活性剂、润湿剂和氨基酸的分离。在药物化学中用于抗生素、维生素 B 的分离提纯。在生物工程中，用于辅酶 A、植物酶、阮酶、肽、蛋白质、病毒、小檗碱的分离提纯。从水果中提取香精、石油精制、糖类脱色，也用到吸附树脂。作为催化剂、农药、药物、酶的载体，可以提高效率。吸附树脂还是凝胶色谱柱的填料、气相色谱柱载体、用于纸上薄层色谱和反向分配色谱分离和分析各类物质。最近发展了"树脂柱-血液灌流法"的新治疗技术，可以除去血液中的毒物。例如，巴比妥类安眠药的急性中毒即可用此法解救。在环境保护方面，用于含酚废水、含氯农药污水、造纸废水、印染废水、含洗涤剂等表面活性剂废水的处理，以及空气中苯的除去。吸附树脂是制备螯合树脂的良好原料。吸附树脂所具有的选择性容易再生、耐热、耐辐射性好、耐氧化、耐还原性，强度高，使用寿命长，色浅易观察和不溶不熔等优点，为其进一步扩大应用范围提供良好的前景。目前吸附树脂作为分离、提纯、净

化、浓缩外，还用于催化剂及其载体方面，其应用领域包括有机合成，医药、医疗、环境保护、食品工业、分析测试、冶金等很多工业部门。

## 9.2.4 高分子催化剂

高分子催化剂的类型很多，除上述离子交换树脂外，还有高分子负载均相络合催化剂、三相转移催化剂、固定化酶以及模拟生物酶的高分子催化剂(如模拟水解酶、模拟辅酶、模拟氧化还原酶、模拟核酸等)。

**1. 高分子负载均相络合催化剂**

1)高分子载体

高分子载体广泛用于制备各类负载型功能高分子化合物，如催化剂、各种试剂以及助剂等。作为催化剂的载体要求高分子对化学试剂惰性，与反应物及产物的相对极性符合特定的条件，作为配位基的功能团易于通过反应加以变化，并与金属络合物形成较为牢固的键合。从工艺的观点，则希望具有一定的热稳定性及机械强度、多孔、有高的比表面，底物及溶剂分子易在其中扩散渗透。

载体的选择取决于特定的体系，考虑所需的性质加以权衡。人们通常喜欢以二乙烯基苯交联的大孔或凝胶型聚苯乙烯珠状树脂作为载体(Ⅰ)。该聚合物基本骨架化学惰性的，通过苯环的氯甲基化可引入各种配位基并改变它的极性。控制交联度、珠体的孔径及比表面等，可获得提高选择性等效果。无机载体通常选用二氧化硅(Ⅱ)。负载催化剂的载体合成常用方法见示例Ⅰ，Ⅱ。

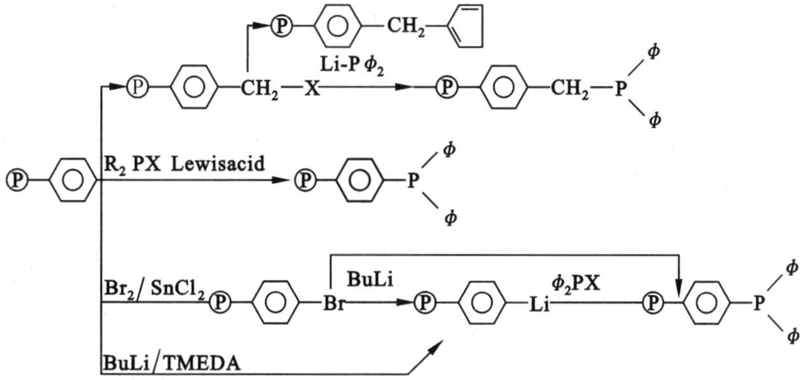

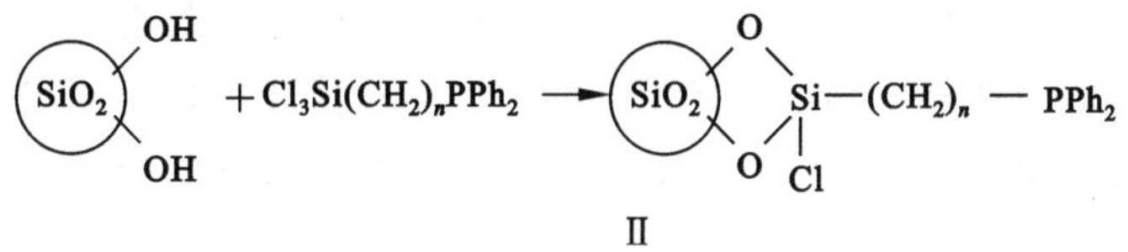

除上述两类材料作为载体外，纤维素、甲壳素以及聚乙烯醇等其他合适的合成高聚物通过适当的化学转化均可作为载体，不同的载体对负载型功能高分子性能都会有影响。

2）高分子负载均相络合催化剂的制备

高分子负载过渡金属络合物催化剂是以含有配体的有机（或无机）高分子为骨架，再将它与过渡金属化合物反应：配位基取代法或直接配位法络合而成催化剂，其过程以 A，B 实例示意如下：

$$
A \quad \underset{PPh_2}{\text{～～CH}_2\text{—CH}} \longrightarrow
$$

$$
\xrightarrow{(PPh_3)_2RhH(CO)} \underset{Ph_2PRh(PPh_3)_{3-x}H(CO)}{\left(CH_2\text{—}CH\right)_x}
$$

$$
\xrightarrow{RhCl_3Ph_3P} \underset{PhPRhCl_{3-n}(PPh_3)_n}{\left(CH_2\text{—}CH\right)_x}
$$

$$
B \quad SiO_2 \diagdown R\text{—}PPh_2 \xrightarrow{(PPh_3)_3RhH(CO)} \left[SiO_2 \diagdown R\text{—}PPh_2\right]_x Rh(PPh_3)_{3-x}H(CO)
$$

$$
R = 烷基，芳基 \xrightarrow{RhCl_3，PPh_3} SiO_2 \diagdown R\text{—}PPh_2RhCl_{3-n}(PPh_3)_n
$$

式中，配位基 R 的变化与均相络合催化剂类似，以这类催化剂进行反应的催化机理也与均相络合催化相同，参见第三章有关部分。高分子负载络合金属催化剂和均相络合催化剂一样，在加氢、硅氢化、氧化、环氧化、异构化、羰基化、齐聚、聚合分解、不对称合成等反应中已进行了广泛研究和开发。

3）高分子负载均相络合催化剂特点

负载催化剂完成催化反应后，催化剂除可以过滤回收，反复使用外，还有四个方面的特色：催化剂中的金属络合物被高分子链相互隔离，不能互相缔合，防止催化剂中心活性金属原子因聚集而失活；有利于获得较高的配位不饱和度，活性中心多，可大大提高催化效能；高分子催化剂的活性中心常常被包在高聚物里面，参加反应的物质需要通过溶剂进入高聚物孔隙，其反应性与分子的大小、形状、极性等有关，因而高分子催化剂较低分子催化剂对反应物的反应性与分子的大小、形状、极性等有关，因而高分子催化剂较低分子催化剂对反应物具有更好的选择性，不仅包括反应位置选择性和立体选择性，还包括反应试剂的体积选择性和反应所用溶剂的极性选择性；多种负载催化剂于一釜中，实现在同一反应器中多步催化反应，亦可用复合的负载络合催化剂实现多步催化反应。

### 2. 高分子负载酶催化剂

酶是生物体内天然催化剂，它能使生物体摄入的食物、养分经过化学反应转变成体内所需的各种成分。它是由氨基酸构成的天然高分子化合物，有的含金属元素，有的不含金属元素。酶大多是水溶性的，其特点是催化高效率，选择性好，常温、常压下能够催化化学反应。酶的缺点，容易变质，怕高温，寿命不长，除了水之外，在很多工业上常用的有机溶剂中不太稳定，其应用范围也是有限的。将高分子膜与天然酶相结合构成的酶膜生物反应器(见图9-1)是近年来发展起来的

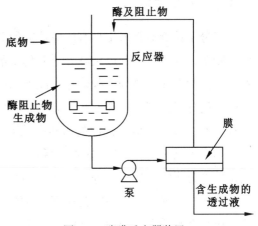

图 9-1　酶膜反应器装置

一种新型技术，它对生物工程的发展具有重要意义，合成高分子酶膜反应器在国外已成功地用于乙醇发酵，实现连续化生产。西德迪高沙公司用酶膜反应器，实现了由 α-酮酸与氨制取相应的 L-氨基酸的研究。据称这种反应器还适合生产丙氨酸、亮氨酸及其异构物体和苯丙氨酸。

### 3. 模拟酶(拟酶型)催化剂

模拟酶催化剂是受酶催化特点的启示，即人工是否能合成具有酶催化特点的催化剂，人们期盼能合成这种催化剂，有高选择性、高活性，能常温、常压进行有机或无机合成。我国化学家卢嘉锡和蔡启瑞两位教授曾率先开展了模拟固氮酶的工作，开创了我国模拟酶研究的先河。该领域的研究从 20 世纪至 21 世纪都将是国内外研究的热点。

研究证明，天然酶的催化主要是蛋白质中氨基酸侧基、辅酶和疏水基等活性基团的协同作用结果。因此人们合成模拟酶的主要工作也是把酶中特定的活性基团引入各种聚合物链中，即所谓催化基团法，将具有酶催化活性的基团单独或多个基团引入聚合物链的适当位置，使其协同发挥催化作用，或者还在聚合物链中引入疏水或亲水基团提供酶催化的微环境。以上这些工作虽取得了很多成果，但离天然酶催化反应仍有相当距离，还待进一步研究。

### 4. 三相转移催化剂

所谓三相转移催化剂就是将相转移催化剂高分子负载化。影响催化剂活性的主要因素是催化基团与聚合物骨架之间链段的长度和柔顺性，以及与载体的负载率大小，三相催化剂的催化反应理论与相转移催化类似，参阅第三章。

### 9.2.5　高分子试剂

高分子试剂通常采用具有反应功能的单体进行聚合或利用高分子载体进行高分子化反应来制备。高分子试剂包括高分子氧化试剂、还原试剂、高分子传递试剂、高分子缩合试剂以及固相合成的高分子载体等。此外，高分子模板也是合成高分子化合物的一类高分子试剂。高分子试剂的出现丰富了有机和高分子合成的内容，并为精细有机合成开辟了新的途径，使过去一些难以合成的有机化合物或聚合物。例如，某些立体结构复杂的天然产物，如今借助于高分子试剂都能顺利地制得。有机合成常用的重要试剂，现在大多可将其固定的高分子链上形成高分子试剂。高分子试剂像高分子催化剂一样，具有高分子骨架，有一定的机械强度，有一定交联度，不溶于任何溶剂，但能在某些溶剂中溶胀。传统的有机合成大多数是在液相中进行的，反应后产物的分离、提纯等后处理复杂。利用高分子试剂的有机合成是在固相与液相之间进行的异相反应，反应后过量的高分子试剂以及反应产生的高分子副产物只要用简单的过滤法就可以除去，产物的分离、纯化非常方便。

高分子试剂中存在着疏水性高分子骨架，亲水性或疏水性的活性反应功能基在同一高分子链上，在有限的空间内固定的多种功能基彼此之间能起协同效应。同一种功能基可以稀疏地分布在高分子链上，使功能基之间互不影响，而出现"高度稀释效应"；反之功能基密集地分布在高分子链上，使功能基之间的相互影响大为加强，而出现"高度浓缩效应"。此外，高分子试剂还存在着静电场、立体阻碍等效应。综上所述，具有功能基的高分子化合物，在结构和性能上具有许多低分子化合物缺乏的特点，因而在进行高分子化学反应时会呈现许多奇特的效应，使许多高分子试剂的性能优于同类的低分子试剂。例如，使用高分子试剂的有机合成反应，选择性比较好，反应条件较温和，有些反应甚至可以在反应柱中进行，有利于连续生产。使用高分子试剂比较安全，许多低分子过氧化物虽是良好的氧化剂，但容易爆炸；而许多高分子过氧化物甚至在干燥时碰击也不爆炸，十分安全。氯气是常用的卤化试剂，但是有挥发性、刺激性、毒性，而高分子卤化剂是无恶臭、无毒或低毒性，是非挥发性的。高分子试剂还可以用简单的化学反应使之再生，重复使用，活性降低甚少，从而补偿价格昂贵的弱点。现在利用离子交换树脂通过与低分子试剂进行离子交换以制取高分子试剂，甚至用吸附或络合的方式制取高分子试剂，制备方法简便，原料来源容易，价格便宜，因而在一般有机合成中用得较多。

固相有机合成多肽、低聚核苷酸、寡糖以及类昆虫激素等，亦可看成是利用高分子化学试剂进行精细合成的另一种形式，这种形式已能用电子计算机设计合成过程。

### 9.2.6　具分子识别功能的材料

所谓分子识别分离功能简单地说就是利用一个分子能抓住另一个分子的特点加以识

别，达到高选择性进行化学反应或分离。生物体内所有反应均具有特异性，即基质特异性、立体特异性和位置特异性，这些特异性均与分子识别紧密相关。如图 9-2 所示，是分子识别形象的写照。人们将酶与基质的反应，比喻为钥匙孔与钥匙的关系，在酶反应的初期阶段，酶作为主体，识别适合其结构的基质。分子识别进行催化反应和分离物质必须具备识别捕捉另一物质的能力，被识别而捕捉的分子又能在适当的条件释放出来；作为分子识别的物质(材料)能回收、反复使用。目前已研究开发具

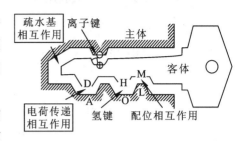

图 9-2　酶与基质的反应，比喻为
钥匙与钥匙孔的关系

分子识别功能的物质材料有大环化合物(冠醚、穴醚)、环糊精、二聚膜(核糖蛋白体)、层间化合物、金属配位化合物的复合物，固定化酶，载体化其他生物活性物质、胶束等。例如，大环化合物及其高分子化合物可以捕捉 $Na^+$、$K^+$ 一类金属离子，这是大家比较熟悉，也是将其作为模拟生物膜研究较多的材料。又如环糊精其环形的内侧形成一个具有确定尺寸的疏水性空洞，可以将某些结构的有机化合物特异的、有选择的收入其中，生成分子化合物。环糊精作为手性固定相用于高压液相色谱分离手性化合物已得到很多应用。环糊精可以保护包入的某种确定分子结构化合物，使其稳定。可利用环糊精包埋那些结构不稳定的医药，便于长期保存。二聚膜(核糖蛋白体)也是研究很多的材料。自从发现磷脂分散于水中能形成具有二聚膜结构，大小在 250Å 左右的内质网(胞囊)以来，即将其定名为核糖蛋白体。为将这种核糖蛋白体用作生物膜模型或药物的载体，已开展了大量研究工作。如果能使分子识别的物质与膜形成一体，使其成为一分子识别的分离膜，将会给物质分离、纯化带来很大方便。

### 9.2.7　模板聚合

模板聚合(matrix polymerization)就是把一种高分子作为铸模，高分子单体在其存在下进行聚合或缩合反应，最终所制成的高分子具有模板上某种信息，如具有立构规整性，限定分子量分布或旋光性等。生物体内的生物合成中，核酸的功能就在于起模板作用，使反应生成物能转录核酸所记载的遗传信息等。直至目前在实际进行模板合成时，生成物真正能完全反映出模板信息的情况例子还很少，其原因是作为模板的高分子本身要想得到结构高度规整的样品是不容易的。在进行模板聚合时还应注意是真正的模板效应，还是反应场效应(如尿素、硫脲、环糊精等中的聚合或缩聚反应，单体在晶态下的聚合反应等。)目前成功的模板聚合有利用共价键结合的模板聚合，酸碱相互作用下的模板聚合，利用生成氢键作用的模板聚合，利用电荷传递相互作用模板聚合，偶极作用的模板聚合，立体选择性

模板聚合等。下式是丙烯酸利用氢键的模板聚合的示意；其所获得平均聚合度与模板关系列于表9-2。

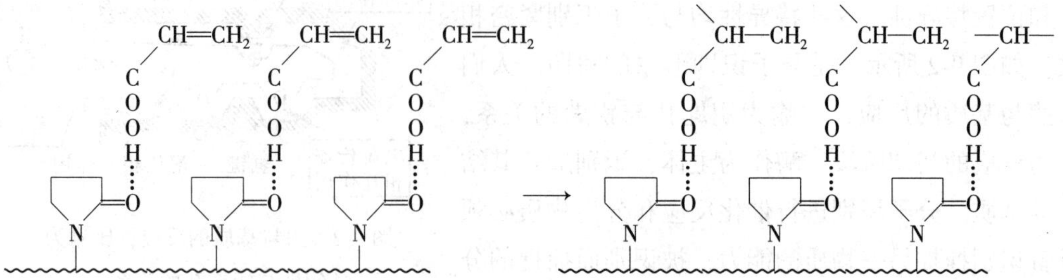

表 9-2　　　　用聚乙烯基吡咯烷酮作模板进行丙烯酸的聚合

| 聚乙烯吡咯烷酮的平均聚合度 | 聚丙烯酸的平均聚合度 |
| --- | --- |
| 72 | 76 |
| 360 | 450 |
| 720 | 950 |
| 1440 | 1850 |
| 3240 | 3475 |

## 9.2.8 高吸水性树脂

高吸水性树脂能吸收多于自身重量 $500 \sim 2000$ 倍的水。这种树脂的吸水作用不同于海绵等物理吸收过程，它与水形成胶体，即使加压，水也不会流出，并具有反复吸水的特性，被誉为"超强吸水材料"。

美国 Flory 对高吸水性树脂的吸水机制进行了研究，认为可用高分子电解质的离子网络理论来解释。即在高分子电解质的立体网络构造的分子间，高分子电解质吸引着与它成对的可动离子和水分子。内外侧吸引可使离子的浓度不同，内侧产生的渗透压比外侧高。由于这种渗透压和高分子电解质间的亲和力，而产生了异常的吸水现象。而抑制吸水因素的是高分子电解质网络的交联度。这两种因素的相互作用决定了高吸水性树脂的吸水能力。

1) 高吸水性树脂的基本特性

（1）高吸水性。根据弗洛利公式，吸水能力除与产品组成有关外，还与产品的交联度、形状及外部溶液的性质有关。

（2）加压下的保水性。它与普通的纸、棉吸水不同，它吸水后就溶涨为凝胶状，在外压下也几乎不易挤出水来。这一优越性特别适于卫生用品、工业用的密封剂。

（3）吸氨性。含羧基的聚合阴离子高吸水性树脂，因70%的羧基被中和，30%是酸性，故可吸收氨类物质，具有除臭作用。

2）高吸水性树脂分类

高吸水性树脂的分类可以按亲水方法、交联方法以及产品形状来分类。但合成者最常见的是依据原料分类法。

（1）淀粉与丙烯腈水解产物。主要用硝酸铈铵作引发剂，利用玉米淀粉与丙烯腈接枝共聚合，然后用碱水解而成。这种树脂的吸水率高，可达自身重量的千倍以上，可用作农林业的保水剂和卫生材料，不足之处是保水性比较差。

（2）羧甲基纤维素。先将纤维素与单氯醋酸反应得到羧甲基纤维素，然后再用交联剂交联得到，其吸水能力比上者差。

（3）醋酸乙烯与丙烯酸甲酯共聚体的皂化物。这种树脂有三大特点：在高吸水状态下，仍具有很高的强度；对光和热有很好的稳定性；具有优良的保水性。

（4）聚丙烯酸钠的交联产物。日本制铁化学公司用这种办法生产的高吸水性树脂的吸水能力为自身重量的1000倍，吸尿能力为自身重量的10倍，在世界上享有很高声誉。

（5）异戊二烯与马来酸酐的共聚物。它的特点有二，一是初期吸水速度快；二是具有长期的耐热性和保水性，是适于工业用的高吸水性树脂。

3）高吸水性树脂的应用开发

（1）由于高吸水性树脂具有惊人的吸水性和保水性，让它充当土壤的保水剂，只要在土壤中混入0.1%的高吸水性树脂，土壤的干、湿度就会得到很好的调节。

高吸水性树脂也可用于保护植物种子所需要的水分。其处理方法是将树脂加工成凝胶，再涂布于种子上（种子包衣剂）。在干土壤中进行试验，处理过的种子每公亩出苗4000株。例如，将高吸水性树脂与草籽拌种，会大大提高飞机在干旱沙漠地带播种植草的成活率，还可以考虑用作吸收农药、化肥等的载体，使其与水慢慢地释放出来以提高药效和肥效。

（2）在工业方面，可制造高含水性树脂的无纺布，用于内墙装饰防止结露。含有该树脂的涂料用于电子仪表上可作为防潮剂。在许多建筑工程和地下工程中，将它混在水泥中可用作墙壁连续抹灰的吸水材料。在油田勘探中，可用作钻头的润滑剂、泥浆的凝胶剂，克服钻头因沾附泥土而不能继续钻探的困难。还推广到道路保水和地下电缆的防潮等。

（3）在医用材料方面，高吸水性树脂用作吸收体液的卫生纸、尿布等。用于病床垫褥还可避免褥疮等。人们还正在研究把高吸水性树脂用在能调节血液中水分的人工肾上。

高吸水树脂是近几年高速发展的功能材料。当前开发的重点在于提高吸收含盐水的能力；降低成本；将产品投放市场。

# 9.3　膜分离材料

广义的高分子膜材料是一类应用广泛的功能膜，除用于分离外还用于太阳能、心脏起搏器等特殊电池的导电或半导电性膜，用于电子照明和光电导膜，用于制版，用于微电子工业的感光膜，耐放射线膜以及生物工程膜等。

## 9.3.1　高分子分离膜及其分类

天然的或人工合成的高分子膜，在外界能量或化学位差(压力差、浓度差、电位差、温度差等)推动下，对双组分或多组分的物质进行分离、分级、提纯或富集的方法都称之为膜分离方法。膜分离方法可用于液相，也可用于气相。液相的分离既可用于水溶液体系，也可用于非水溶液系，还可用于含有固体微粒的溶液体系。表9-3列出主要分离膜的分离原理及过程。

表9-3　　　　　　　　　　　　　　主要膜分离过程

| 分离膜 | 外供能量 | 分离对象 | 分离原理 | 推动力 | 迁移方式 |
|---|---|---|---|---|---|
| 反渗透 | 力能 | 水和其他物质 | 水迁移 | 压力差 | 主动迁移 |
| 超滤、微滤 | 力能 | 小分子和大分子 | 水和小分子迁移，大分子截留 | 压力差 | 主动迁移 |
| 压渗析 | 力能 | 小分子和大分子 | 水和小分子迁移，大分子截留 | 压力差 | 主动迁移 |
| 气体分离 | 力能 | 快速和慢速透过气体 | 快速透过气体迁移 | 压力差 | 主动迁移 |
| 电渗析 | 电能 | 不同电荷离子 | 膜对不同电荷离子吸引或排斥 | 电位差 | 主动迁移 |
| 电解 | 电能 | 特定物质 | 膜对特定物质的吸引或排斥 | 电位差 | 主动迁移 |
| 透过气化 | 力能、热能 | 特定物质 | 膜对特定物质的吸引或排斥 | 相变、压力差、温度差 | 不明 |
| 渗析 | — | 特定物质 | 膜对特定物质的吸引或排斥 | 化学位差 | 扩散 |
| 液膜 | — | 特定物质 | 膜对特定物质的吸引或排斥 | 化学位差等 | 扩散 |

膜分类的方法按其形态可分为固态、气态、液气态。按分离对象分为溶液分离膜、气体分离膜、控制释放膜等；按制造分离膜的材料分为醋酸纤维膜、聚酰胺膜、聚砜膜、有机硅膜、全氟磺酸膜、聚丙烯膜、聚四氟乙烯膜等。膜的制造者常按其膜断面的物理状态以及制造方法或形状来分，按膜断面状态分为均质膜、对称膜、不对称膜以及复合膜；不

同的断面状态的膜制作方法大不相同，又有浇铸(流延)膜，多孔支撑膜之分。按膜组件形状则可分为平板膜、管式膜、中空纤维膜等。

## 9.3.2 高分子膜的制造工艺简述

用同一种材料制成的分离膜，制膜工艺和工艺参数不同，性能可能有很大的差别。采用先进的制膜工艺和最优的工艺参数是制作优良性能分离膜的重要保证。膜的形成过程通常按溶胶-凝胶相转化机理进行。

以醋酸纤维素反渗膜制造为例，简介相转化制备对称膜和复合膜的制造工艺过程(见图9-3)。将醋酸纤维溶于丙酮，加入甲酰胺致孔剂配成膜液。铸膜液流延于玻板，挥发片刻后，玻板浸入水中。溶于铸膜液的醋酸纤维素析出，形成具有不对称构造的反渗透膜。这种制膜方法称为相转变法。该法中，溶剂蒸发和水浸胶是两个形成不对称结构的关键程序。变化铸膜液的组成和制膜条件，可制出不同规格的反渗透膜。超滤膜的制法，与反渗透膜相似。反渗透膜的不对称构造应呈细孔结构，细孔结构紧密，耐压实性较好。而作为超滤膜的不对称结构应制成指形结构，指形构造的不对称膜，耐压实性较差，对水阻力小，所以适应超滤操作条件，上述两种构造型式如图9-4所示。

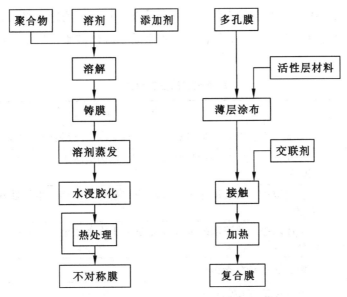

图9-3 不对称膜和复合膜制造工艺示意图

微滤膜孔径大，操作压力低，除有不对称膜品种外，还有对称多孔膜品种。这些品种用抽出法、核孔法、化学处理法等来制备。

复合膜的制造方法较多，有叠合法、涂层法、表面反应法、单体原地聚合法和表面改性或修饰法。

由于分离特性、制造工艺以及技术经济等方面的原因，膜分离器不宜制得很大。因此，很多大规模工厂用若干个膜分离器进行并联、串联和复联组成膜分离器系列，若干个系列并行使用。这种单个膜分离器称为组件，大型工厂使用数百个乃至数千个组件。

指形结构　　　　细孔结构

图9-4　不对称膜孔结构示意图

### 9.3.3　反渗透膜及其应用

反渗透在室温下进行，不发生相变，不外加电场，因此具有省能、高效、不改变被处理物料性状等特点。反渗透膜是从水溶液中除去尺寸为 3~12 Å 的溶质的膜分离技术，即溶液中除氢离子、氢氧离子以外的其他无机离子及低分子有机物不可能通过膜，所以，反渗透用于水的脱盐。经多年开发，反渗透海水淡化已达到高技术水平。目前反渗透装置建厂，投资和造水费用均低于蒸馏法，能耗亦仅为蒸馏法的1/2。表9-4是反渗透膜的主要应用。在众多的应用中，海水淡化是反渗透膜最主要应用领域，其流程如图9-5所示。

反渗透膜在电子工业超纯水的制造中也很重要(见图9-6)。电子工业用超纯水对水质要求很高，要求除去水中几乎全部的杂质。因为反渗透对于水的绝大部分杂质都有不同程度的排除率，设置反渗透程序后，能保证高纯水水质不因供应水水质变化而变化。

表9-4　　　　　　　　　　　　反渗透膜的主要应用

| 应用产业部门 | 应用具体项目 |
| --- | --- |
| 水处理 | 海水、咸水淡化，纯水制造。放射性废水以及其他污水处理 |
| 化学工业 | 石油化工，照相工业排水回收药剂。己内酰胺水溶液浓缩，造纸工业半纤维回收等 |
| 医药工业 | 生药浓缩，糖液浓缩大豆及淀粉工业排水浓缩，牛奶处理，氨基酸分离、浓缩 |
| 食品加工业 | 果汁浓缩，糖液浓缩大豆及淀粉工业排水浓缩，牛奶处理，氨基酸分离、浓缩 |
| 纤维加工工业 | 染色水处理闭路循环 |
| 表面处理 | 电涂及涂装水处理 |
| 钢铁、机械工业 | 含油排水处理 |

低分子有机物水溶液的浓缩，也是反渗透另一重要领域。己内酰胺水溶液的反渗透浓缩，已实现工业化。牛奶反渗透浓缩是大规模工业化的反渗透应用实例。得到的浓缩牛奶

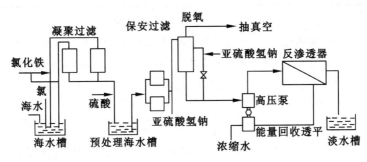

图 9-5 800 m³/d 海水淡化流程

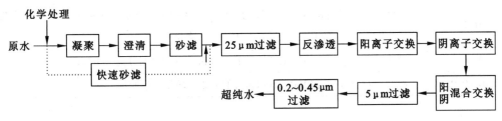

图 9-6 超纯水制造示意图

便于贮存、运输。此外，反渗透在环境保护中的应用也越来越引起人们重视。

### 9.3.4 微滤及其应用

微滤是从液体混合物(主要是水性悬浊液)中除去尺寸 500 Å～5 μm 的细菌和悬浊物质的膜分离技术。在很多情况下，微滤膜是一次性使用的，加上应用广泛，制造工艺要求较低，因而它是品种最多、销量额最大的高分子分离膜。微滤的应用对象因孔径(μm)的大小而有所区别。其应用领域列于表 9-5。

表 9-5 微孔滤膜孔径大小适用范围举例

| 孔径(μm) | 用 途 |
|---|---|
| 12 | 微生物学研究中分离细菌液中的悬浮物 |
| 3～8 | 食糖精制，澄清过滤，工业尘埃重量测定，内燃机和油泵中颗粒杂质的测定，有机液体中分离水滴(憎水膜)，细胞研究，脑脊髓诊断，药液灌封前过滤。啤酒生产中麦芽沉淀量测定，寄生虫及虫卵浓集 |
| 1.2 | 组织移植，细胞学研究，脑脊髓液诊所，酵母及霉菌显微镜检测，粉尘重量分析 |

441

续表

| 孔径(μm) | 用 途 |
|---|---|
| 0.6~0.8 | 气体除菌过滤，大剂量注射液澄清过滤，放射性气溶胶定量分析，细胞学研究，饮料冷法稳定消毒，油类澄清过滤，贵金属槽液质量控制，光致抗蚀剂的澄清过滤（用耐溶剂滤膜），油及燃料油中杂质的重量分析，牛奶中的大肠杆菌检测，液体中的残渣测定控制 |
| 0.45 | 水、食品中大肠杆菌检测，饮用水中磷酸根的测定，培养基除菌过滤，航空用油及其他油料的质量控制，血球计数有电解质溶液的净化，白糖的色泽检定，去离子水的超净化，胰岛素放射免疫测定，液体闪烁测定，液体中微生物的部分滤除，锅炉用水中氢氧化铁含量测定，反渗透进水水质控制，鉴别微生物 |
| 0.2 | 药液、生物制剂和热敏性液体的过滤，液体中细菌计数，泌尿镜检用水的除菌，空气中病毒的定量测定，电子工业中用于超净化 |
| 0.1 | 超净试剂及其他液体的生产，胶悬体分析，沉淀物的分离，生理膜模型 |
| 0.01~0.05 | 噬菌体及较大病毒(100~250 bnm)的分离，较粗金溶胶的分离 |

## 9.3.5 超滤及其应用

超滤是从液体混合物（主要是水溶液）中除去尺寸为 1~500 Å 的溶质的膜分离技术，与以上尺寸相对应的分子量为 1000 到 1000 万，主要用于大分子化合物、胶体、病毒等的分离。以下列领域为例，说明超滤的应用：

中草药中存在大量的鞣质、蛋白、淀粉、树脂等大分子物质，在煎煮时形成胶体溶液且无药效，因此在制作针剂时必须去除。采用超滤发展中草药剂有特殊意义。归纳起来，中草药精制、浓缩中采用超过滤有如下优点：

(1) 超滤除去了鞣质等杂质，明显地提高了针剂澄清度和储存稳定性。

(2) 超滤分离无相态变化，有利于保存中药的生物活性和理化稳定性，保持其有效成分。

(3) 超滤生产周期短，操作简便易行。

(4) 超滤制剂有效成分的可测含量较通常方法高 10%~100%。节约原料，节省溶剂。

在生物制品中，超滤技术已被用于狂犬疫苗、乙型肝炎疫苗、转移因子、尿激酶、胸腺素等分离提纯。酶是一种特殊蛋白质，从发酵液中提取，因为发酵液中存在无机盐等杂质，需要分离纯化和浓缩。超滤是较理想的方法，超滤浓缩纯化酶的流程见图 9-7，浓缩结果见表 9-6。

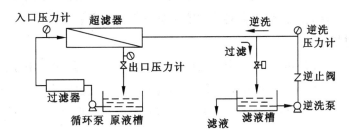

图 9-7　分批法超滤浓缩酶流程

表 9-6　　　　　　　　　　　　　　超滤浓缩酶结果

| 组/件 | 醋酸纤维素膜、膜面积 0.44 $m^2$，截留分子量 15000 |
| --- | --- |
| 超滤条件 | 入口压力 0.25 MPa·30(℃)，流速 2.85 m/s，处理时间 23.5 h |
| 原液 | 250 L，pH3.6，含固量 29.6%，酶活性收率 100% |
| 透过液 | 239 L 含固量 9.1% |
| 不纯物除去率 | 87% |
| 超滤能耗 | 17.7 kW·h |

原液中含固量 10%，其中无机盐等小分子杂质为 9.1%，酶 0.9%。超滤过程不能排除无机盐等小分子杂质，即透过液(滤液)中小分子物质浓度同原液为 9%；酶得到浓缩，浓缩倍数为 21 倍，浓缩液中酶浓度为 20.5%，加上小分子物，合计为 29.5%。由此看来，超滤时小分子杂质随液排出，酶得到纯化和浓缩。

在食品工业中，超滤的应用也十分广泛。牛奶加工中各种膜分离技术联合应用，其中反渗透起脱水浓缩作用；超滤起蛋白质和乳糖等小分子物质分离作用；电渗析起除无机盐作用，调整牛奶及加工产品中电解质含量。

在化学工业中有机溶液的超滤分离、涂料浓缩、聚合物与单体的分离等也可应用超滤技术。

### 9.3.6　气体分离膜

自 1979 年美国孟山都公司研究开发的 Prism(普里森)氢气膜分离技术投入工业运行后，气体分离膜研究开发与工业化应用开始迅速发展。初期的 Prism 是以聚砜微孔中空纤维作为支撑体，活性分离层为甲基硅橡胶和 $\alpha$-甲基苯乙烯聚合物，新一代的 Prism 是聚苯醚等中空纤维为支撑体。透过系数和分离系数都提高很多，Prism 耐压好，适应于高压气体分离。用于从天然气中提取氦，气体去湿，$CO_2/CH_4$ 分离，合成氨中 $H_2/CO_2$ 分离。气体分离膜不仅适用于工业，而且也用于宇宙飞船 $CO_2/O_2$ 分离，还用于人工肺。当今各国研究开发的热点是富氧膜，因为它对节约能源具有很大意义。

**1. 气体透过机理**

气体分离膜按结构不同，分为均质膜(对称膜)、非均质膜(不对称膜)及多孔膜三类，它们的透过原理各不相同。制膜材料不同，其气体透过情况也各有差异。橡胶状聚合物的吸附及透过都与气体压力呈直线关系，即符合亨利定律及菲克定律，而玻璃态聚合物则呈非直线关系。

1) 均质膜

气体透过均质膜可用溶解-扩散机理进行解释。其过程包括气体分子从膜界面溶解到膜里，气体分子在膜中扩散，当扩散至另一界面后，气体分子脱附。当膜两边的界面处达到稳定平衡状态时，膜界面的气体浓度与气体压力符合亨利定律，膜中气体分子的扩散符合菲克定律。气体与膜的亲和性及相互作用对气体透过系数有很大影响，同时膜聚合物的化学结构、聚集态、温度以及制造条件所造成的高次结构等对透过系数都有很大影响。

2) 多孔膜

多孔膜分离气体是利用气体分子在细孔内扩散速度的差别而实现的。气体分子在细孔内移动时，分子之间每两次碰撞的距离 $\lambda$ 与细孔半径 $r$ 的比，确定了气体的流动状态。当 $r/\lambda<1$ 时，气体分子与细孔壁的碰撞多于气体分子之间的碰撞，气体分子反复与孔壁碰撞而移动的现象称为诺森流。当诺森流起主导作用时可以进行气体分离。由于诺森流气体的透过速度与分子量的平方根成反比。因此混合气体的分子量相差越大，越容易分离。当 $r/\lambda$ 大于 5 时，通过细孔的气流称为泊萧叶流，透过速度与气体的黏度成反比。

气体透过多孔膜时扩散现象与膜的凝胶结构、孔径和孔径分布有关，而分配系数主要取决于膜的材质和结构等。

3) 非均质膜

非均质膜是在多孔层上有一层均质膜的多层结构薄膜。均质膜具有分离能力，而多孔层则有较强的机械强度。上层均质膜的厚度达 $0.25\sim0.7~\mu m$，均质膜的厚度可由透过速度求出。成品分离膜的选择性要比原材料的选择性低，这往往是由于均质膜上有微孔等缺陷。

**2. 气体分离膜应具备的特性**

气体分离膜材料的特性通常以透气率 $P$ 和分离系数 $\alpha$ 表示。$P_O$，$P_N$，$P_H$ 分别表示氧、氮、氢的透气率，其分离系数 $\alpha_{O/N}=\dfrac{p_O}{p_N}$。气体分离膜的特性则以透气系数 $Q$ 和分离系数 $\alpha$ 表示。$Q_O$，$Q_N$，$Q_H$ 分别表示氧、氮、氢的透气系数，其分离系数 $\alpha_{O/N}=\dfrac{Q_O}{Q_N}$。

透气系数与透气率间关系：$Q=P/\delta$，$\delta$ 为膜厚度。因此，提高膜的透气值的办法是提高材料的 $P$ 值和减少膜的厚度 $\delta$ 值。

适用的气体分离膜必须具备如下性能：

(1) 具有足够高的气体透过性；

(2) 对分离气体的选择性高($P_{O_2}/P_{N_2}$ 在 2.5 以上)；

(3) 寿命长且耐热性好；

(4) 加工性能好，可以制成薄膜(0.1 μm 以下)没有针孔；

(5) 机械强度高，可以制成单元组件；

(6) 耐化学药品和耐辐射性能良好；

(7) 成本低。

**3. 气体分离膜的改进**

1) 制膜的高分子化合物结构的改进

膜的特性与结构有关，也与其聚集态紧密联系在一起，不同聚合物其分离特性有很大差异。人们通常在透过速度大的聚硅氧烷骨架上接枝有利选择性提高的基团或利用选择性高的聚合物(如聚碳酸酯)嵌段。对透过系数大的材料，为提高其选择性，常在聚合物中引入一些可使内部塑化的官能团，以控制微细结构，如用 γ 射线使聚乙烯轻度交联；在晶体熔融温度附近，使聚合物沿单轴或双轴方向延伸，然后冷却、结晶。据称采用这些方法可在不影响选择性的情况下，使透过性提高 2~4 倍。利用压缩变形也可使扩散系数提高两倍左右。此外，采用不同高分子共混也可以获得不同分离特性的高分子膜。

2) 成膜方法的研究

通常透过量与膜厚成反比；不同的工艺制成膜的结构不同，分离效果也不同。已开发的制膜方法有：水面延展法，干湿制膜法，溶液涂布法，单体聚合法，等离子聚合法，辐射聚合法和真空蒸镀法等。

3) 促进输送膜的研究

在这类膜中存在媒介物，该物质通过膜进行的转移是媒体结合与解离过程。有人试图把这种方法用于气体膜分离，以提高输送气体效率。如用乙二胺、$NaHCO_3$、$KHCO_3$、$Na_2CO_3$ 等浸渍醋酸纤维素膜，可选择性地透过 $CO_2$ 和 $O_2$ 混合气体中的 $CO_2$。同样，以 $HSO_3^{2-}/SO_3^{2-}$ 为媒介物时可以分离 $SO_2$。

聚乙烯本身很难透过 $CO_2$，但如用 Cu(Ⅰ)等过渡金属盐，如 CuSCN 处理的膜，对 $O_2$，$CO_2$ 的吸附量及选择性都有明显提高，有可能用作促进输送膜。此外，用 CuCl(Ⅰ)，AgCl，$AlCl_3$ 等浸渍的吸附能力下降，但对乙烯的吸附量及吸附速度几乎不变，因此有可能从 CO/烯混合气体中分离出乙烯。

4) 液膜或拟液膜

液体膜分离与促进输送类似，是利用缓冲液来促进扩散，如用气体扩散性好的液体浸渍多孔膜，以改进透过性和选择性，从而用于气体分离。

Ward 报道，微细多孔膜浸渍聚乙烯醇液膜，对脱除冶炼厂、造纸厂废气中的 $SO_2$ 非常有效，聚偏氟乙烯中添加与 $SO_2$ 亲和势较高的砜茂烷、砜等制成的膜可从 $N_2/SO_2$ 混合气中选择性地分离出 $SO_2$。

鹜巢等人对 PC，PVC 混合多种液晶制成的复合膜进行了气体透过性研究，发现液晶的极性越高，与氧的亲和势越强，氧的透过性越好。在液晶的转变温度附近，膜的选择性大两倍左右，可以进行最理想的分离。这种现象可以解释为在液晶的相转变温度附近，气体的透过由扩散控制变成溶解性控制。

在超滤膜上涂布热致性高分子液晶时，气体的透过性随着温度的上升而提高，使用温度最好在液晶的相转变温度以上。

5）提高多孔膜的选择性

多孔膜的制法有：干湿制膜法、萃取法、蚀刻法、烧结法、乳液制膜法、盐溶出法，以及利用离子扩散的凝胶法和利用延伸的层状剥离等。这些方法已用来制备反渗透膜和超滤膜。这些多孔膜比非多孔膜的透过速度高 $10^3$ 倍，但选择性很差，不适用于气体透过膜。

## 9.3.7　渗透蒸发分离膜

渗透蒸发法又称渗透气化法（pervaporation，PV 法）将被分离液态混合物置于高分子膜一侧，利用混合物中的各组分在膜中溶解度不同，按先后次序，溶解在膜的表层；然后以分子扩散的形式通过膜层；最后在膜的另一面蒸发，被收集到的被渗透组分和原混合物产生差异，导致分离。图 9-8 是渗透蒸发原理图，图 9-9 为制备脱水乙醇蒸馏-渗透蒸发工艺流程。

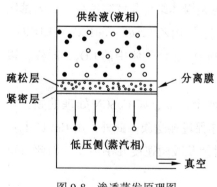

图 9-8　渗透蒸发原理图

**1. 溶液渗透蒸发特点**

渗透蒸发法是有相变的分离过程，它具有的特点：

（1）PV 法适用于共沸物或近沸物溶液体系的分离，含有少量易挥发组分溶液的分离，透过膜的组分纯度高，被分离的溶液不被稀释。

（2）PV 膜的分离特性在于对极性不同的混合溶液体系能很好分离，膜极性近似的成分具有好的选择透过性；对同系物溶液体系，分子量大的具有好的分离率和低的透过速度；对同分异构物溶液体系，溶质分子断面大的有较好的分离率；对于水溶液，

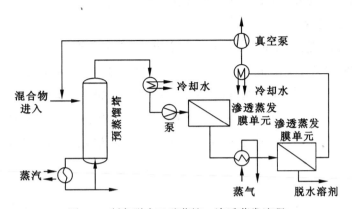

图 9-9　制备脱水乙醇蒸馏—渗透蒸发流程

加入盐使分离率增加但透过速度降低。PV 膜的分离透过性，一般用液体成分在膜中的溶解度和膜的膨润性来解释。

（3）PV 法操作条件对膜分离性能有影响。对进料加压，透过流速增加不大，但选择透过性明显下降，降低低压侧压力速度增大。低压侧压力可由真空系统降到极低的程度，可以获得很高的透过速度。减压操作，膜不发生压密化。温度对膜分离透过特性的影响和反渗透相同。

（4）PV 膜厚与透过速度成反比而与分离率无关。对有结晶性的膜，热处理及溶剂处理，可以使透过性增大，而膜的选择透过性不变。

**2. 渗透蒸发分离膜特性评价**

选择性（分离系数）和渗透速度是评价渗透蒸发的两个标准，而能耗则是最终能否工业化的依据。

1）$\beta$ 分离系数

优先于渗透的组分在气相室（渗透产物）中的浓度 $c_1$ 与其在原料混合物中浓度 $c$ 之比，即 $\beta = c_1 / c$。其优点在于简易性，便于数学处理。其缺点是不同于化工传统分离系数之表达法。

2）$\alpha$ 分离系数 $\alpha = \dfrac{c_1}{1-c_1} \Big/ \dfrac{c}{1-c_1}$

如果渗透蒸发为理想膜，即 $c_1 = 1$，$\beta$ 值取决于优先渗透组分在原料液中的浓度 $c$，而 $\alpha$ 值为无穷大。因此，从分离科学上讲，$\alpha$ 分离系数具有明显的物理意义。

$$\alpha = \frac{1-c}{1-\beta_c} \beta \qquad \alpha \text{ 值一般大于 } \beta \text{ 值。}$$

在渗透蒸发中分离系数往往随原料混合浓度而变化。温度对渗透蒸发的影响也相当

447

大，故在谈及渗透蒸发分离时也需要说明操作温度。

3）渗透速度 $J$（通量）

$J$＝透过量（kg）/膜面积（$m^2$）/时间（h）。渗透分离与反渗透相比，渗透蒸发的通量要小得多，一般在 2000 g/（$m^2$h）以下。具有高选择性的渗透蒸发膜其通量往往在 100 g/（$m^2$h），有时更小，渗透蒸发通量也与操作温度及原料液组成有密切关系。

一般来说，渗透速度与分离系数互相矛盾。对确定的膜，要提高渗透速度一般以减少分离系数为代价，反之亦然。给定分离混合物，改善其分离特性的有效途径是改进膜的结构和选择更合适的膜材料。

4）能耗

在渗透蒸发中，能量主要消耗在被分离混合物的加热、渗透物的冷凝和开动真空泵所需电耗。这三个方面的能耗都与渗透物总量有关。实际操作中，渗透速度和分离系数的选择均应以系统的能耗为标准。

**3. 渗透蒸发膜分离机制及影响因素**

通常应用溶解-扩散理论来解释渗透蒸发现象，其过程分三步进行：首先是原料液溶解于固体高分子膜表面层，它们之间存在溶解平衡，因渗透蒸发的通量比较低，在稳态操作下，其平衡可认为稳定。溶解在膜表面层的液体以分子扩散形式通过固体膜而达到膜的另一侧。通常蒸发速度远大于扩散速度，所以蒸发不构成整个渗透蒸发过程的本质阻力。影响渗透蒸发分离特性的主要因素有五个：构成膜材料聚合物化学结构及其聚集态；欲分离组分的物理化学性质；操作温度；透过侧压力以及供给原料液的组成。

1）膜材料化学结构对 PV 分离的影响

其影响尚未找到普遍适用的规律性。但人们通常从相似结构易于互溶的原理出发，来选择或研究膜材料。比如 Nakagawa 等认为，作为醇/水分离膜，其分子结构中应使亲水性结构与疏水性结构适当平衡。作为膜材料的共聚物中疏水性单体对膜的选择透过性有很大的影响，而亲水性单体对膜选择性的影响则很小。在高分子膜的分子链中，若引入能与水形成氢键的结构，则有利于膜对水的选择性透过分离。

2）膜的形态结构对 PV 分离的影响

渗透气化膜必须具有无孔致密层结构。通常致密层愈厚，膜的选择性越好，但液体的透过量愈小，反之亦然。具有这种致密层结构的膜有均质膜、非对称膜和复合膜。均质膜一般较厚，很难制备薄于几个微米、又具有自支撑强度的膜。利用厚度为 $10^2 \sim 10^3$ Å 的超薄致密层与多孔高分子膜得到的复合膜可获得较好的选择分离性和液体透量。非对称膜的皮层虽然只有 $10^2 \sim 10^3$ Å，但由于起分离作用的皮层结构不够紧密，因而将其用于 PV 过程还比较困难。

3）被分离组分的物化性质的影响

分离组分的化学性质影响到它在膜中的溶解度,在很大程度上决定膜的渗透气化特性。溶度参数与膜材料的溶度参数较接近的组分易于优先透过。分离组分分子的形态和体积也直接影响其在膜内的扩散速度,从而影响膜的渗透气化特性。液体分子的体积愈大,其在膜内的扩散速度愈慢,从而导致其透过速度减小。

4) 透过温度的影响

温度的高低影响被分离组分在膜面的溶解度与其在膜中的扩散系数。无论是纯组分还是双组分混合液体系,温度对透过速率的影响均可用如下方程来表示:

$$J = J_0 \exp(E_P/RT)$$

温度对选择性的影响比较复杂,没有明显的规律性;一般来说,随温度的升高选择性降低。

5) 透过侧压力的影响

透过侧压力的不同导致膜两侧压力差的变化,从而影响渗透气化的选择性和透过速率。通常透过侧压力的提高造成透过速率的降低。这可由传质推动力的减小而得到解释。

透过侧压力对选择分离系数的影响比较复杂。当优先透过组分为易挥发组分时,渗透气体选择性随透过侧压力的升高而升高,当优先透过组分为难挥发物时,其选择分离性随透过侧压力的升高而降低。

6) 供给液组成的影响

供给液中各组分的相对浓度与渗透速度率和分离因子的关系目前尚无法进行理论概括。用环己基异丁烯酯共聚物膜分离乙醇/水混合液的研究表明,在整个浓度区,混合液的透过速率总是随着供给液中乙醇浓度的增加而增大。

**4. PV 法在乙醇/水混合液分离的应用**

生物发酵所得到的乙醇稀溶液用渗透气化法分离,具有适用浓度范围广、单级选择性好、操作简单及不存在恒沸点等优点。用于分离乙醇/水混合液的渗透气化膜一般分为水优先透过膜和醇优先透过膜两类。

Mulder 发表了渗透气化法与超滤法结合用于发酵工业生产酒精的工艺(见图9-10)。其基本过程是,含糖料液进入酒精发酵罐,发酵至乙醇含量达 5% 左右时,乙醇开始对酵母产生抑制作用,用超滤法把乙醇随同糖、盐的水溶液从发酵液中分出来,酵母再送回到发酵罐。然后将超滤液送入透醇渗透气化池。透过液约含 40% 的乙醇,再将其通入透水渗透气化池,在膜的供给侧即可获得浓度为 95%~99.5% 的产物乙醇,从而透过侧得到的透过液约含 1% 的乙醇,将其和超滤液一同再送进透醇渗透气化池进行分离。采用这一工艺,能耗减少,设备和原料利用率大为提高,使含糖料液始终处于最佳发酵条件,从而提高了生产能力。

渗透气化法与反渗透法结合的乙醇/水混合液分离的工艺也有报道(见图9-11)。此结合法先将稀乙醇水溶液(2.5%)经反渗透浓缩到7.6%左右，然后进入透水渗透气化池，被浓缩到乙醇含量为97.5%左右，而透过物含0.9%左右乙醇，与反渗透操作的透过液合并，进入透醇渗透气化池，其透过物含2.6%乙醇，回到反渗透器入口，排出物仅含0.065%的乙醇。

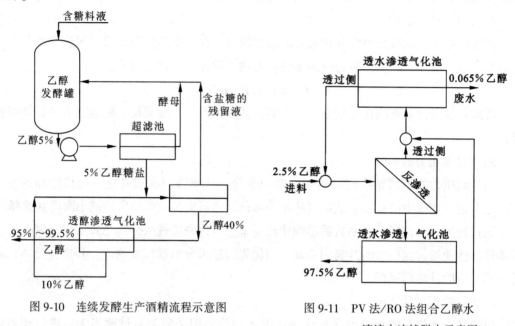

图9-10 连续发酵生产酒精流程示意图

图9-11 PV法/RO法组合乙醇水
溶液中连续脱水示意图

## 9.3.8 离子交换膜及其应用

### 1. 一般介绍

离子交换树脂与离子交换膜就其化学组成而言几乎是相同的，但其形状不同，作用机理不一样，前者是树脂上的离子与溶液中的离子进行交换，后者是在电场作用下对溶液中的离子进行选择透过。两者的功能也有很大的差别，例如离子交换树脂只能间歇式操作、需要再生；而离子交换膜可连续使用、不需要再生等。离子交换膜的用途很广，经济效益显著。

离子交换膜是具有反复离子交换基团的膜状树脂，在聚合物链上连接有离子交换基团，带有电荷，能形成固定电场。固定电场的存在使膜能选择透过不同电荷的离子。为了形成电中性，在膜内还存在同量异电性离子，这些离子可以在膜内移动，产生交换作用。交换基团带阴离子的，如磺酸($—SO_3^-$)、羧酸($—COO^-$)、磷酸($\equiv PO_4^{2-}$)等，其异电性离子为氢离子($H^+$)、钠离子($Na^+$)等，可与其他阳离子交换，故被称为阳离子交换膜。相反，带有阳离子的，如季胺($—N^{\oplus}R_3$)称为阴离子交换膜。由于这些离子性物质分为强酸性、弱酸性阳离子交换膜，强碱性、弱碱性离子交换膜，以及由它们衍生出的特殊品种，如双极性膜(复合膜)、两性膜、电荷镶嵌膜等。强酸性阳离子交换膜可在任意 pH 值溶液中使用。弱酸性阳离子交换膜在酸性溶液中离解度很低，不具有离子交换功能。因而只能在中性和碱性溶液中使用。同样，强碱性阴离子交换膜可在任意 pH 值溶液中使用，弱碱性阴离子交换膜只能在中性和酸性溶液中使用。当然，若利用离子交换膜的亲水性和其他离子功能，可不受溶液酸性限制。

离子交换膜为致密膜，但由于离子交换基团和活动离子的水化作用而膨胀，使膜内充满沟隙而成为实质上的亲水性微孔膜，因此可用于反渗透、超滤、渗析等过程。离子交换膜广泛应用于脱盐、纯化浓缩、化学反应等领域，最引人注目的是全氟磺酸膜，应用于氯碱工业。

**2. 离子交换膜的特性**

离子交换膜物理化学及化学性能，如表 9-7 所示，不同生产厂家销售的膜材料，这些性能都有相应指标以供选择。

表 9-7 离子交换膜的各项性能要求

| 膜的性能 | | 内 容 | 单 位 |
|---|---|---|---|
| 物理性能 | 外 观 | 要求平正、光滑(洁)、无针孔 | |
| | 爆破强度 | 湿膜在水下每平方厘米所承受的压力 | $kg/cm^2$ |
| | 耐折强度 | 要求膜对外界压力时不断裂 | 曲折度和折叠次数 |
| | 拉伸强度 | 干膜或湿膜所承受的平行拉力 | $kg/cm^2$ |
| | 厚 度 | 干膜态的厚度或在水中充分溶胀后的厚度 | cm |
| | 溶胀度 | 一定尺寸(长×宽)的干膜，在水中充分溶胀后(室温浸泡 24 h 以上)膜尺寸增大的百分数。也可以表示厚度增加 | % |
| | 最大孔径 | 膜在湿态时的微孔大小 | μm |
| | 水 分 | 干态膜在水中充分溶胀后增加的重量 | % |
| 化学性能 | 交换容量 | 衡量湿态膜在电解质溶液中的导电大小 | 毫克当量/克干膜 |
| 电化学性能 | 膜电导 | 衡量湿态膜在电解质溶液中的导电大小 | 电导率 $\Omega^{-1}cm^{-1}$ 或面电阻 $\Omega cm^2$ |
| | 选择透过液 | 衡量湿态膜对阴(或阳)离子选择透过的百分数，通过测定膜电位(毫伏)计算出来 | $P \times 100$ |
| 其 他 | | 根据需要，进行耐酸、耐碱、抗氧化或渗水等试验 | |

被选择的膜必须满足如下几个方面：

（1）膜应平整、均一、无针孔，并具有一定的机械强度和柔韧性。

（2）透过性应具选择性，并有较高的交换容量，交换容量很高时，膜的溶胀度增加，机械强度下降。交联度高和厚度大的膜选择性比较好。

（3）具有较高的导电性能。导电性好的膜，耗电量也少，若要提高膜导电性，交换容量和孔隙也必须会提高，其选择性和膜强度又会下降。

（4）膜应具有较好的形态稳定性，故膜的溶胀度不能太大，否则造成浓差扩散和压差渗漏不良后果。一般交联度低和较薄的膜稳定性差，为此常在膜内嵌入增强网布。

（5）根据不同应用，膜应相对具有耐高温、抗氧化、抗酸(碱)腐蚀、耐有机溶剂等特性。

### 3. 离子交换膜的制备过程

离子交换膜的制备过程可以归结为五种，它们所用原料有苯乙烯或聚苯乙烯(或其他高分子单体或聚合物)。其制备过程如图 9-12 所示。离子交换膜成型的方法很多，包括压延，模压、浸胶、流延、浸吸、涂浆、夹套以及吹型等。

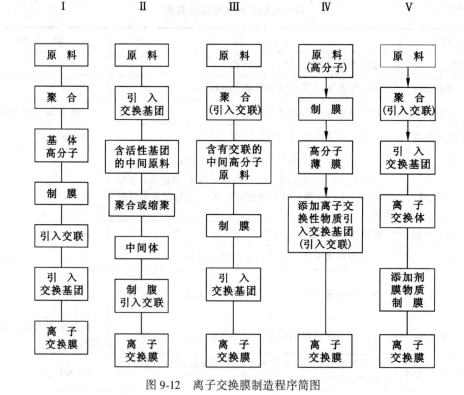

图 9-12　离子交换膜制造程序简图

### 9.3.9 液膜分离

液膜通常是由膜溶剂和表面活性物所组成。它们可分为两类：一类在液膜中加有流动载体，而另一类则不加流动载体。液膜能把两组分不同、互不相溶的溶液隔离开来，且能透过渗透作用分离一种或一类物质。被隔开的两种溶液是水相时，液膜应是油型；当被隔离的两种溶液是有机相时，液膜应是水型。

膜溶剂是成膜的基本物质，而表面活性剂在膜中定向排列用于稳定膜型，固定油水界面。流动载体则负责指定溶质或离子的选择性迁移，它对分离指定溶质或离子的选择性起决定作用，它是研制应用膜之关键。液膜分离具有高效、快速、专一等优点。形成这些优点的原因，一方面是乳状液膜其表面积大(据计算每 15 mL 可达 1 m² 膜面积)，厚度薄(约 10 μm)，所以传质速度快，处理量大；另一方面是由于迁移机理类似于生物膜，因而可以模拟生物膜的输送功能，产生促进迁移和活性迁移，使其选择性和通量发生突跃性提高。

**1. 液膜分离机理**

液膜分离机理由图 9-13 概括如下：

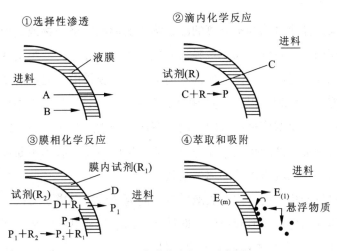

图 9-13 液膜分离机理示意图

① 物体 A 通过液膜进行选择性渗透，而 B 物质不能渗透。

② 滴内反应，在膜覆盖的小水滴内发生化学反应。

③ 膜相反应，在膜上发生化学反应。

④ 膜相进行萃取，例如液膜表面能萃取废水中分散的或被溶解的油类。膜相界面上选择性吸附。例如液膜表面能吸附各种悬浮固体物质(如泥沙、铁锈等)。

以上这些机理可以单独或者联合起作用，以实现所要求的物质分离。

**2. 流动载体及载体液膜分离机理**

含流动载体的液膜，选择性分离主要取决于所添加的流动载体。如果有一种载体单一地同混合物中的一种溶质或离子发生作用，那么它就可以直接提取某一元素或化合物。这类载体可以是萃取剂、络合剂、液体离子交换剂等。目前常用的载体有胺类、冠醚、念珠菌素、胆烷酸类、肟等。为了获得选择性高的流动载体，一方面可在已有的可做液膜流动载体的物质中进行试验筛选；另一方面可按分离要求专门进行新的流动载体的合成。

流动载体除提高选择性外，还能增大溶质通量。由于流动载体在膜内两个界面之间来回传递被迁移的物质，极大地提高了渗透溶质在液膜中的有效溶解度，增大了膜内浓度梯度，提高了输送效果。这种机理称为载体中介输送，又称促进迁移。

液膜之所以能够进行化学仿生，就在于含流动载体的液膜在选择性、渗透性和定向性等三个方面都类似于生物细胞膜的功能。因而液体分离能使浓缩和分离两步合而为一，同时进行。这是分离科学中的一个极为重要的突破。

选择性：即流动载体与被迁移物质的专一性。液体从复杂的混合物中能分离所需组分，具有独特的针对性。

渗透性：流动载体化合物和被分离的渗透溶质所形成的络合物或其他化合物，能极大地提高该溶质在膜内的溶解度，加上液膜很薄能产生快速迁移，液膜呈球形乳状液具有的巨大传质面积，三者一道起作用，造成被分离溶质穿过膜扩散的通量很高。

定向性：在能量泵(如化学能、电能等)的作用下，渗透溶质从低浓区向高浓区持续迁移，也就是说，可以沿反浓度梯度方向运动到溶质完全输送为止。高度定向性迁移物质是细胞膜的最重要的特征。液膜仿生主要是通过化学反应给流动载体不断地提供能量，推动它从低浓区向高浓区定向输送离子的离子泵效应。

给流动载体提供的化学能形式有酸碱反应，同离子效应、离子交换、沉淀反应、络合反应等。流动载体提供化学能所起作用，即被迁移的溶质和供能的溶质两者流向相反，如图9-14所示。此时，流动载体是带电的离子性化合物。另一种是同向迁移，即被迁移的溶质两者流向相同如图9-15所示，此时，流动载体是不带电的中性化合物。

**3. 液膜分离的应用**

液膜在冶金、环保等领域广泛应用。它们被用于分离铀、分离回收有色金属、稀土元素，还用于分离烃，废水脱酚等。在生物和医学方面用于酶的包埋和回收，用于人工肺、人工细胞、人工肾、人工肝脏等方面。

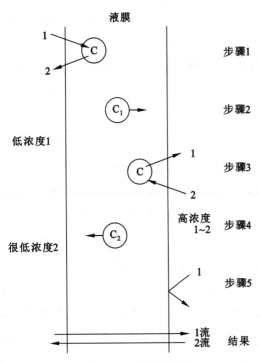

图 9-14 反向迁移机理

步骤 1：载体与逆浓度迁移的溶质 1 作用，放出供能的溶质 2；

步骤 2：载体络合物穿过膜扩散；

步骤 3：供能的溶质 2 和释放溶质 1 的载体络合物作用；

步骤 4：载体络合物穿过膜的扩散；

步骤 5：未络合的溶质由于溶解低不能穿过膜逆扩散；

结果：溶质 2 流进逆浓度梯度的溶质 1 流

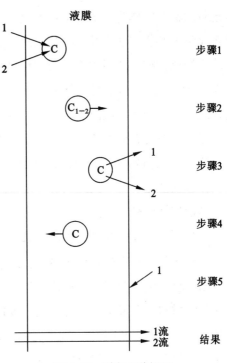

图 9-15 同向迁移机理

步骤 1：载体与逆浓度迁移的溶质 1 以及提供能量的溶质 2 反应；

步骤 2：载体络合物穿过膜扩散；

步骤 3：溶质 2 起提供能量的作用并同时释放溶质 1；

步骤 4：空载体穿过膜扩散；

步骤 5：溶质 1 缓慢地穿过膜扩散；

结果 2：溶质 2 流降低浓度梯度引起逆浓度梯度的溶质 1 流

# 9.4 电和磁功能有机材料

## 9.4.1 导电高分子材料

**1. 概念**

导电高分子材料是目前国内外研究开发比较活跃的领域。导电高分子材料除用于电磁干扰屏蔽材料和微电子、电子学材料外，还期望能开发出具有能与金属相似的电导体以代替现行的铜线等作为输送电缆或印刷电路板的布线。这是当今合成化学家、结构化学家、物理化学家和物理学家及工程师们共同努力耕耘的领域。

人们惯常按电流通过物质的难易程度对导体与绝缘体加以分类。即高分子绝缘体的电导率约低于 $10^{-8}$ S/m；导电体的电导率高于 $10^{-4}$ S/m；半导体的电导率则处于绝缘体与导电体之间；超导体的电阻等于零，即电阻率无限大。上述范围的划分并不是十分严格的。

导电有机材料研究开发和应用有两大类：一类是复合型导电材料（胶粘剂和涂料章中已有所述），它是导电粒子与聚合物进行科学掺杂的产物，它们可制成导电涂料、黏合剂以及橡胶或塑料。另一类是具有导电性的高分子导体，即所谓结构型导电高聚物。

结构型导电高聚物是指高分子本身结构或经过掺杂后具有导电功能的聚合物。纯结构型导电高聚物至今只发现有聚氮化硫—$(SN)_n$—。现今所发现的结构型导电高聚物初始合成均为绝缘体，只有经过分子掺杂，改进其电子结构后才能获得高的导电性。

结构型导电高分子材料目前尚处于不断研究开发阶段，它们的应用包括大功率电池、微波吸收材料、低成本全聚合物电子包封、太阳能电池、轻质电线电缆、光电传感器、化学传感器、电磁干扰（FMI）屏蔽、显视设备、光导电极、电阻器和电开关等。研究表明，掺杂聚乙炔制成的蓄电池单位重量贮存的能量与通常铅蓄电池相近，功率密度比铅蓄电池要大 10 倍以上，比聚乙炔/锂电池要大 30 倍，并且导电性聚合物制成的蓄电池经 500 次反复充放后容量损失微乎其微，而电池一般只能放电 1 000 次。研制成功的聚吡咯和聚苯胺等，具有较好的加工性和导电性，并已实现商品供应。

复合型导电高分子材料是以橡胶热塑性或热固性高分子聚合物为原料、添加导电微粒（如金属粉、炭墨）、导电纤维（如碳纤维、金属纤维）、金属氧化物、金属片（特别是铝片）等导电物构成的复合型导电材料。复合方法有：表面导电膜形成法，导电填料分散复合法，导电涂料层积复合法等加工法。

**2. 结构型导体材料的结构特征**

根据目前研究的结构型导电材料的特征可分为两大类：一类是导电体通过分子间电子交叠形成导带如 TTF-TCNQ；另一类是具有共轭大 $\pi$ 键结构的高分子电荷转移复合物（CT），它们是通过高分子内 $\pi$ 电子云交叠形成导带，其共轭分子大 $\pi$ 键的方向即为导电方向，如掺杂聚乙炔。这两类导体共同特点是：

（1）它们都是由平面共轭结构分子的电子给予体-受体形成复合物，分子掺杂是必需的。

（2）它们都形成离子自由基，离子自由基是导体中的载流子。

（3）无论是小分子有机化合物，还是有机高分子导体，其电导体均显出强烈的各向异性。

**3. 关于导电高分子掺杂**

"掺杂"名词来自半导体材料技术，当发现聚乙炔$(CH)_x$与少数电子接受体(A)或电子给予体(D)起反应后，电导率增加12个数量级，前者称为"P型掺杂"，后者称为"N型掺杂"。

所谓P型掺杂实际上是导电聚合物部分氧化，该过程可由化学反应或电化学反应来完成。为了维持系统的电中性，必须提供一个对负离子$A^\ominus$。至今所用对负离子都是单价的。

所谓N型掺杂是导电聚合物部分还原，为了维持电中性，也必须提供一个对正离子$M^\oplus$。至今所用的对正离子也都是一价的。

对正、负离子在化学上可能与参与氧化还原反应的物质完全不同，也可能是从它们衍生出来的物质。如萘钠对聚乙炔进行N型掺杂，萘钠是负离子自由基起还原作用，而反应后产生的$Na^+$离子作为掺杂对正离子。

为了获得P型或N型掺杂的稳定导电聚合物，对掺杂剂的基本要求如下：

(1)掺杂剂对正离子或对负离子不能不可逆地与碳负离子或碳正离子发生化学反应。

(2)若要一个掺杂的导电聚合物在空气($O_2$或$H_2O$)中是稳定的，首先聚合物本身对掺杂剂(对正离子或对负离子)要具有化学稳定性。

(3)对正或对负离子应与氧或水不会发生任何化学反应。

以上三个指标，在特定条件下已经可以达到。

**4. 结构型导电高分子材料类型**

导电高分子材料严格地说不包括绝缘性高分子和导电性金属粉末的复合材料，仅仅指高聚合物本身具有本征金属导电性的高分子聚合物。目前研究开发的有以下六大类。

1)聚乙炔是这类高聚物的代表

聚乙炔$\leftarrow CH{=}CH\rightarrow_n$常以$AsF_5$，$ClO_4^-$等作掺杂剂。通常用Ziegler-Natta催化剂催化乙炔聚合物而制备。为了增加顺反结构的含量，提高聚合度，改善导电性能和加工性能，人们开展了催化剂选择、组分配比、聚合工艺等方面的研究。近年来突出的成果是以环辛四烯和1，2-三氟甲基乙炔为原料合成二聚体后在钨的化合物催化下进行开环聚合成聚乙炔，制成一种可溶性预聚物，这种预聚物经过加热转变成导电膜。

2)主链含杂原子的共轭高分子

这类物质有聚吡咯、聚噻吩、聚苯胺、聚苯硫醚以及它们改性后的衍生物。它们常以$AsF_5$，$I_2$，$ClO_4^-$，$BF_4^-$等掺杂。由这些杂原子共轭体可制得高电导率柔性的膜，是热稳定性和氧化稳定性以及贮存稳定性好的一类导电高分子材料。它们在二次电池、传感器等领域已被应用。聚苯胺是导电聚合物研究开发的热点之一。

3)多环配位体金属有机聚合物

这类聚合物中最引人注目的是掺杂后桥键连接的平面堆砌金属酞菁聚合物(PC)。这类聚合物未掺杂时是绝缘体,掺杂后发生部分电荷转移(部分氧化)成为导体$(MPCO)_n$,(M=Si,Ni,Ge,Sn等)。酞菁也只有当分子重叠得足够紧密时才能产生强烈的交替效应。这类导体最显著特点是除电导性好外,热稳定性突出,如(SiPCO)可达400 ℃不分解,在浓硫酸液中溶解与水混合可沉淀,亦可纺丝。

4)TCNQ复合导电高分子

这是一类研究最早的高分子导体,人们已合成了不少侧链型或主链型的阳离子聚合物,并使其与TCNQ复合。但所得到的电导率通常在$10^{-2}(S \cdot cm)$以下,通过调节主链阳离子之间间距来达到与TCNQ更好的堆砌,使电导率可达$1(S \cdot cm)$。由于它能浇铸成弹性薄膜,很有实用价值。

5)非电荷转移型导电高分子

上述体系中都是以共轭高分子链与电子给予体或受体之间发生电荷转移而获得高电导为必要条件,但自然界中早就存在非电荷转移型导电聚合物(如石墨),以及人工合成的$-\!\!\!-\!(S)\!\!-\!\!\!-_n$。考虑到石墨电导率$(10^5(S \cdot cm))$大大高于人工合成的各类高分子材料的导电体,人们一直试图合成具有二维性芳香稠环聚合物,但至今还未得到好的结果。

6)主链以$\sigma$键合的导电高分子

研究表明,导电好的高分子必然具有大$\pi$链,然而人们已发现一些$\sigma$键组合的高聚物在掺杂后也具有高导电性,如$-\!\!\!-\!(R_2Si)\!\!-\!\!\!-_n$聚合物经$A_sF_5$掺杂可得到电导率为$0.5(S \cdot cm)$材料。

## 9.4.2 光电转换高分子材料

### 1. 光电导高分子

光电导材料是一种物质在光激发下产生电子、空穴载流子后,在外加电场作用下,电子移向正极,空穴移向负极,因而在电路中有电流流过,这种现象称为光电导。许多高分子材料在暗处,是绝缘体或半导体,但在光照下变成良导体,这就是我们所说的光电导高分子材料。严格地说真正能称光导材料的物质,应该是指光电流对暗电流的比值($I_光/I_暗$)很大的物质,即发生载流子的量子效率高,寿命长,载流子迁移率大的物质。物质光照射激发后,由于激发能的转移产生离子对(离子自由基)被认为是产生载流子的先决条件。在固体的同种分子之间或同种生色基团间容易发生能量转移;在聚合物中激发能容易沿着高分子链在其侧链的生色基团之间迁移;在高分子膜中,可能同时存在激发能在分子间及侧链生色基团之间的迁移。

在外加电场作用下,这种由光照激发而发生的电子转移形成离子对迁移而发生光电流,例如:当对苯二甲酸二酯(DMTP)掺杂聚乙烯咔唑(PVK)后,形成以PVK为给予体、DMTP为受体的电荷转移激活复合物(CT)。

光电导与光电效应不同之处在于前者是物体的一种内部效应，即原来被物体晶格束缚的电子，由于不能自由地在晶格中运动，所以导电性不好，但在接受光的能量后，电子就处于"自由状态"，在电场作用下产生定向运动而导电；光电效应则是光使电子逸出物体表面的一种作用。光电导是半导体的主要特征之一。硫化镉、硫化铅、锑化铟等半导体，光电导显著，因而常用于制造光敏电阻。

无机和有机光电导材料已广泛用于光通讯、太阳能电池、静电复印、电子照明，传真、显像、自动控制等领域作为传感器，它的需要量已远远超过力、热、磁等其他各传感器之总和。

到目前为止，研究的光导电性高分子有下面几类：

（1）链中含有共轭键的聚合物，如聚乙炔、聚席夫碱、聚多烯、聚硅烷等；

（2）侧链或主链中含有稠合芳烃基的聚合物；

（3）侧链或主链具有杂环的聚合物，如聚乙烯咔唑及其衍生物；

（4）一些生物高分子及其类似物。

其中，聚乙烯咔唑及衍生物是当今研究较多，应用开发较好的一类光电材料。

**2. 聚乙烯咔唑**

聚乙烯咔唑（PVK），其聚集态结构是一堆砌成类似于六角形的刚性棒状结晶的 PVK 链，它仅横向有序。PVK 链上相邻的咔唑上的 $\pi$ 电子沿同一主链相互重叠，从而有利于载流子的迁移。PVK 链结构和聚集态结构的微小变化、PVK 分子量大小及其分布都会影响光电特性。

聚乙烯咔唑的光响应在紫外区（360 nm），而且光导性较弱，必须增感，使其在可见光下有相当高的灵敏度。其增感方法包括：① 结构增感，即在咔唑的 3，6-位引入硝基，氨基或卤素；② 络活增感，即在聚乙烯咔唑中加入 2，4，7-三硝基芴酮，还有染料（如三芳基甲烷染料）等增感剂。此外，还有避免载流子复合的接触增感和光化学增感。

**3. 静电复印技术**

办公用复印机照相技术（Carlson 法）是利用物质的静电和光电现象的图像记录技术。这种方法有两种：一种是 PPC 法（普通纸拷贝法，plain paper copier），即把在感光材料上形成的调色像（toner imagine）转印到普通纸上的静电复制法（xerography）；另一种是 CPC 法（涂层纸拷贝法，coated paper copier），是纸本身有感光材料功能的一种电子照相方法，这种方法已用在制作印刷用的胶印版方面。

静电复制法的过程包括：在感光材料表面充上静电，图像曝光形成静电潜像、用有机调色剂显影得到看得见的图像、把调色像转印到纸上、定影、清版等步骤。

1）静电复印光电导材料应注有性能指标

（1）光敏性

由充电的光导层在曝光时表面电位衰减速度来衡量，通常以开始曝光时的起始电位衰减一半或衰减 90% 或使残留电位达 50 V 时所需的时间，再乘上光导膜表面的光照度来表征，即：光敏度 = 照度(lx) × 时间(s)。lx·s(勒克斯·秒)是能量密度单位，能量密度越大，光敏性越低。

(2) 光谱响应

同一种光导电材料由于增感剂不同，杂质不同，制备工艺不同，其光谱响应范围会有显著变化。如 PVK 光谱响应在 UV 区，但加入 2，4，7-TNF 后其光谱响应区移至可见光谱区。曝光光源波长应与光导体的光谱响应相匹配。

(3) 饱和电位

当光导体在暗处充电至一定程度，即电荷沉淀与漏失达到平衡时，即达饱和电位。饱和电位高低与光电导材料固有性质和膜层厚度有关，它是决定复印图像反差量的一个重要因素。

(4) 保持力：生产中潜像能保持的时间，决定于版面上电位的暗衰减速度。

(5) 残余电位：要求有尽可能低的残余电位，否则图像不清晰。

2) 有机光导材料在静电复印中的应用

目前生产的静电复印机大多是以金属硒作为光导材料。有机光导材料用作电子照相感光材料的研究和开发已经开始，特别是 PVK 体系已应用于复印机、幻灯片制作。如前述在 PVK 中引入取代基或加入染料和添加电子受体等增感法使其灵敏度得到了很大改善。

为了使电子照相感光材料具有人们需要的光导电功能，人们将具有光电特性的硒和 3-苯乙烯-1，5 二苯基吡啉衍生物等分别注入光电材料中，构成光生载流子发生层(Carrier Generation Layer，CGL)和光生载流子输送层(Carrier Transport Layer，CTL)，来分担功能，则材料的选择范围会宽得多。

## 9.4.3 高分子压电材料

具有机械能与电能相互转换性能的高分子材料称为压电高分子。压电性不仅取决于材料晶体的对称性，而且还与高分子的聚集状态有关。有压电变换功能的高分子，代表性的分子结构有以下几种类型：

(1) 光活性高分子，如蛋白质、多糖、核酸、聚氧化丙烯以及聚 $\beta$ 羟基丁酸酯(PHB)等；

(2) 热电极性高分子，如聚氯乙烯、聚偏氟乙烯等；

(3) 铁电高分子，如偏氟乙烯/三氟乙烯共聚物、亚乙烯基二氰/醋酸乙烯酯共聚物等铁电液晶高分子。近来尼龙 7、尼龙 9 及尼龙 11 也被证实为铁电高分子。光活性高分子大多是生物高分子，限于篇幅，下面只介绍目前已作为工业传感器应用的铁电高分子。

聚偏氟乙烯（PVDF、$PVF_2$）具有较强的压电性和热释电性，而且还具有优良的机械性能。PVDF 的密度仅为压电陶瓷的 1/4，弹性柔顺常数则比陶瓷大 30 倍，柔软而有韧性，耐冲击，不易振裂，它既可以加工到几微米厚的薄膜，也可以弯曲成任何形状。PVDF 薄膜易于加工成面积大或复杂的形状，也利于器件小型化，价格亦比陶瓷便宜。由于它的声阻低，可与液体很好匹配，所以在很宽的频带范围内具有平坦的频率特性。

PVDF 的压电常数不如压电陶瓷高，但其弹性刚度常数和介电常数低，故单位应力所产生电压的压电常数要比压电陶瓷大 17 倍。可提高接收换能器的灵敏度。PVDF 压电膜使用湿度不能超过 80%。

对 PVDF 的共聚物（偏氟乙烯-四氟乙烯共聚物和偏氟乙烯-三氟乙烯共聚物）也进行了研究，它们如 PVDF 一样有较好的性能。前者不经机械拉伸便可得到所要求的晶型，后者的压电常数是现有合成高分子中最高的。

压电胶片等作为能量转换材料，还具有热电性，受热能产生电流；利用此材料可制成火警深测警报器、人体热敏测重仪、防盗报警器。此种压电片还可创制海浪和风力发电机，甚至可作成潜艇外壳漆层来防止声呐探测，作为机器人的触感器，为人造皮肤中提供仿生触感的关键表面。在超声波诊断装置和各种传感器等方面新的压电树脂使用到 10~30 MHz，为新超声波诊断装置实用化开辟了途径。新开发的氰化乙烯叉和醋酸乙烯酯共聚而成的高纯度树脂，是非晶态高分子，在未加工状态下即具有压电性。

## 9.4.4 聚合物太阳能电池

太阳能电池又称光伏电池，是一种将太阳能转化成电能的器件。其光电转化的基本原理是当光子入射到光敏材料时，在材料内部生成激子（电子和空穴），激子扩散到界面，通过空间电荷形成的电场作用而实现相互分离，从而在外部回路中产生电流。为了提升能量转化效率，目前有机聚合物太阳能电池的活性层主要为本体异质结结构，即将具有不同电子亲核势的电子给体材料和电子受体材料共混后形成互穿网络结构的薄膜。电子受体高分子材料应具有较强的电子亲和能和较大的刚性共轭结构，同时也应当具备非平面三维构型以抑制分子聚集并诱导合适的相分离尺度。目前使用最多的是富勒烯受体，如 $PC_{60}BM$ 等。电子给体高分子材料一般应当具有合适的能级、好的光谱吸收以及优良的电荷传输能力。同时电子给体高分子材料要求能形成较好的薄膜形貌。电子给体材料和电子受体材料的性能需匹配才能达到最优的光电转化效率。为了抑制正负电荷的复合和电荷的倒流，给体材料的 HOMO 能级至少高于受体的 HOMO 能级 0.3eV 左右。给体材料和受体材料共混膜的形貌应当具有良好的连续性，且具有适度的微相分离（10~20nm 尺度）。

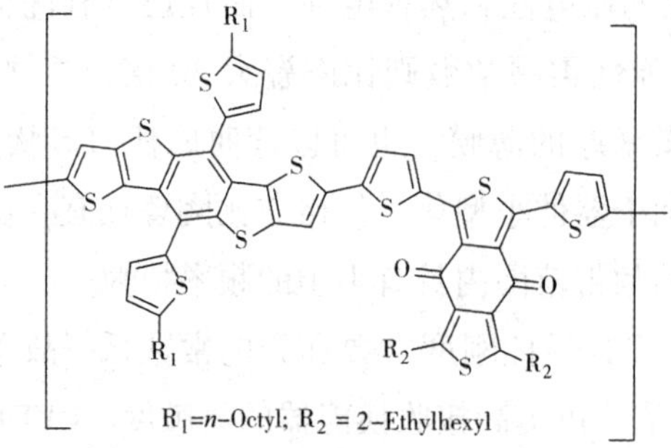

代表性的高分子给体 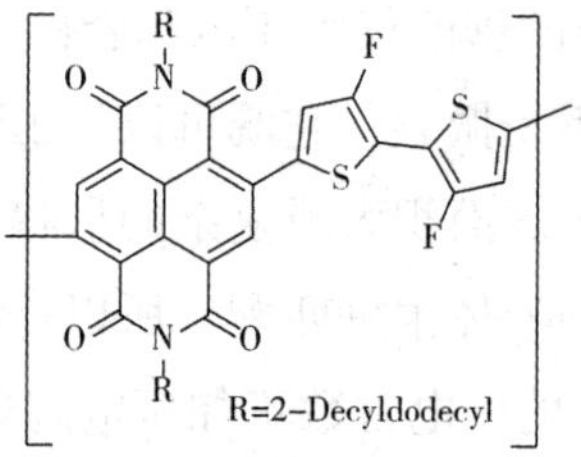　　　　　　　代表性的高分子受体

## 9.4.5　聚合物电致发光材料

　　聚合物发光是指聚合物材料在一定电流或电场作用下的非热发光现象。聚合物分子吸收能量使基态电子跃迁到激发态形成不稳定的激发态分子，激发态分子通过非辐射跃迁和辐射跃迁衰变返回基态。辐射跃迁过程伴随光子的发射，可根据激发态电子自旋状态的不同分为荧光和磷光。聚合物的电致发光现象直到 1990 年才被观察到。与无机和有机小分子材料相比，聚合物电致发光材料具有来源广、分子结构可调、热稳定性好、制备方式可选择、启动电压低、成本低、响应时间短、全色柔性等优点。由聚合物发光材料制备的二极管器件为全固态器件，具有防震、重量轻、分辨力高、视角宽、工作温度范围宽等特点，在各个领域都将得到广泛应用，可直接与液晶显示技术竞争。

　　聚合物电致发光材料均为含有共轭结构的高分子材料，通常其主链具有一维 π 共轭结构，一般其最低单线态 $S_1$ 为 $\pi, \pi^*$ 型。目前研究并应用较多的聚合物电致发光材料主要包括聚炔类、聚芴类、聚对苯类、聚噻吩类、聚对苯撑乙烯类、聚咔唑类等。

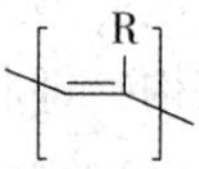

聚炔 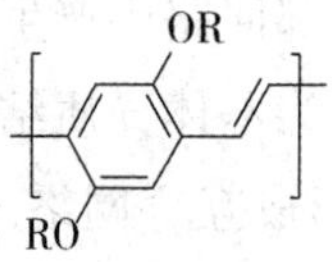　　　聚对苯撑乙烯 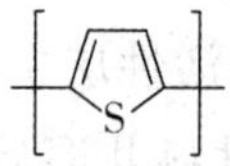　　　聚噻吩 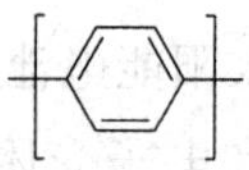　　　聚对苯 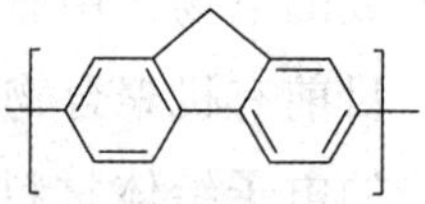　　　　聚芴 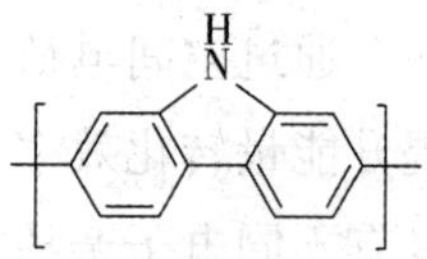　　　　　聚咔唑

　　随着研究的不断深入，电致发光聚合物在发光效率、器件稳定性、器件的寿命等方面取得较大的发展，必将获得广泛应用。

## 9.4.6　高分子磁性材料

　　高分子磁性材料有结构型和复合型两种。结构型高分子磁性材料是指本身具有强磁性的聚合物。如"PPH·硫酸铁"，为可与磁铁矿砂相匹敌的有机高分子强磁体。PPH(聚双-2，6-吡啶基辛二腈)是 2，6-吡啶二醛溶液与己二胺的醇溶液混合，加热至 70 ℃左右，脱水缩聚形成 PPH 聚合物沉淀。干燥成粉末状后，再分散于水中，加热至 100 ℃，加进硫酸亚铁水溶液即得 PPH·硫酸铁。它的比重为 1.2~1.3，耐热性高，空气中 300 ℃ 不分解，为一黑色固态物质。因不溶于有机溶剂，加工较困难，剩磁极少，仅为普通磁铁矿砂的五百分之一，矫顽力为 10 Oe(27.3 ℃)至 470 Oe(266.4 ℃)。聚碳烯、聚席夫碱的铁螯合物也显示出强磁性。重量轻、成型加工性好的有机分子磁性体将与导电高分子材料一道，对电子、电气工业产生深远的影响。

复合型高分子磁性材料，主要是以橡胶或合成树脂与金属磁粉混合加工而成的磁性材料。

工业上常用的磁性材料主要有三类永久性磁铁，即铁氧体磁铁、稀土类磁铁和铝镍钴合金磁铁。铝镍钴合金磁铁和稀土类磁铁磁性极好，但资源少、价格高，大量使用受到一定限制。铁氧体磁铁因磁性较好且价廉，是目前用量最多的磁体。铁氧体磁铁硬而脆，加工性差，可制得的形状也有限。因此，将磁粉混炼于塑料或橡胶制得高分子磁铁的生产便应运而生。高分子磁体比重轻、强度好、保磁性强、易加工成尺寸精度高、形状复杂的制件、可与元件一体成型；还可进行焊接、层压和压花纹等第二次加工；制件脆性小，磁性稳定，易于装配。这类复合型磁性材料已广泛用于电子电气工业乃至日用品方面。

复合型高分子磁性材料有橡胶型和塑料型两种。橡胶型常以氯磺化聚乙烯和丁腈橡胶为主，塑料型所用合成树脂则品种较多，但产量和需要量以橡胶型居多，塑料型仅占 16%。复合型磁铁的制备工序主要有二：一为磁粉与树脂的混炼；二是含磁性无机物的高聚物混合加热、成型，然后磁场处理。

塑料磁体所用磁粉为铁氧体类和稀土类，且以铁氧体类为主。铁氧体有钡铁氧体和锶铁氧体之分，但以使用单畴粒子半径大，磁各向异性常数大的锶铁磁粉为佳。磁粉颗粒的大小最好接近临界粒子，其半径为 0.5~0.8 μm，最多为 1.0~1.2 μm。磁粉粒度分布范围宽，则成型加工时的流动性好，若分布范围窄，则有利于提高磁性。实际使用树脂常为尼龙 6、尼龙 66、尼龙 610、PVC 等。生产中要求所使用的树脂在加热时的流动性和稳定性好，所得磁铁机械性能优良。

将磁粉与聚合物、润滑剂、稳定剂、增塑剂等助剂混合，在混炼机中加热、加压、混炼。待混炼物冷却后，制成一定直径的颗粒。混炼时各成分的比例、温度、压力和时间对磁铁的特性均有很大影响，必须严格控制。

塑料磁铁的成型不同于通常塑料，因为它含有铁氧体磁粉，有如研磨料一样坚硬，使模塑料筒和螺杆磨损显著，故其机械部件需要使用模具钢，还需进行表面处理。若使用普通加工方法成型时，须使磁粉的易磁化轴整齐排列，即熔融树脂挤出到模具中塑化时加一个磁场进行磁成型，其磁场强度需 7000~14000 Oe 的磁化装置。

　　稀土类塑料磁铁加工性能优良，可制成各种复杂形状制品。其磁性虽不及稀土类烧结磁铁，但优于铁氧体烧结磁铁，更优于铁氧体塑料磁铁。它可广泛应用于小型精密电机、步进电机、同步电机、小型发电机，通信设备的传感器、继电器、仪器仪表和音响设备等领域。具有优良磁性的稀土塑料磁体将成为今后的发展方向。

　　稀土类塑料磁铁有热固性和热塑性两种。前者系由液态双组分环氧树脂与稀土类磁粉混合均匀后，在磁场中压缩成型，加热固化制得，磁粉最高填充量可达98%（重量）；后者系由稀土类磁粉与尼龙等树脂混炼后，再在磁场中注射（或挤出）成型而得。磁粉最高填充密度为95%（重量），无脆性感，能连续加工。

# 9.5　光敏高分子材料

　　光敏聚合物是一类在光作用下发生化学反应的高分子。

　　聚合物或小分子化合物经可见光、紫外光、电子束或激光短时间照射，聚合物分子或小分子化合物分子很快吸收光能，随之分子内或分子间即刻发生化学反应（光分解、光交联、光聚合、光重排、光氧化还原、光异构化等）从而引起聚合物（化合物）化学结构的改变，导致聚合物物理性质（如溶解性、颜色、黏附性、折射率、发光等）发生变化，这类材料称为感光材料。应该注意！吸收光能进一步发生化学反应的过程，可能是高分子化合物本身完成，也可能借助于添加聚合物中的感光化合物（光敏剂或光催化剂）吸收光能量，然后传递给高分子化合物来完成。

　　这类材料应用范围很广，除第七、八两章中所述光固化涂料、油墨、黏合剂外（本节不再重述），还有光敏抗蚀剂、光致变色剂和光致发光剂等材料。此外，小分子紫外光吸收剂、光引发剂、光增感剂等高分子化后均属于此类材料。当今因环保而开发的光降解高分子材料也可归属其中。本节只介绍光致抗蚀剂和光致变色材料。

## 9.5.1　光致抗蚀剂（光刻胶）

　　微电子工业中半导体电子器件或集成电路的制造，印刷电路板的生产以及印刷工业的制版等领域，通常需要在硅晶体或金属等表面进行选择性的腐蚀，这样就要将不应腐蚀的部分保护起来。为此，将感光树脂以一定厚度均匀涂布在加工物体表面，然后通过覆盖在上面的所需加工的图形进行曝光。由于受光照部分树脂发生化学反应（交联或降解），从而使被照射部分与未被照射部分溶解度产生差别。再用溶剂进行显影（将非图像部分除去）即可得到感光树脂组成的图形，并且紧贴在被加工物体之表面，将需腐蚀加工的表面暴露出来。腐蚀后，再将抗蚀的感光树脂膜除去，就得到被加工物件表面所需要的图形。这种感光树脂称为光致抗蚀剂又称光刻胶。这种刻蚀工艺就是光刻。光刻胶有液体型和干膜型两类。光刻胶又常以它进行光化学反应的不同区分为负性胶(负性抗蚀剂)和正性胶(正性抗蚀剂)。前者是在曝光后树脂发生交联反应,显影后最终得到负像(凹像),而后者树脂发生分解反应而变成可溶性,显影后最终得到正像(凸像)。

光刻胶是微电子工业中关键的精细化工材料,光刻胶性能好坏影响微电子器件性能和集成化程度,所以各国都非常重视研究与开发。

光刻胶的性能主要决定其感度、分辨率、显影性,此外还要考虑针孔、耐用性(耐候、耐腐蚀等)、黏附性和可剥离性。目前在微电子工业中常用的光刻胶有下面几类。

**1. 光二聚交联抗蚀剂**

聚肉桂酸酯类光刻胶。它们在紫外光照射下发生光交联反应,常加入 5-硝基苊、芳香酮做增感剂,它是良好的负性光刻胶。其中典型的化学结构与交联性反应如下:

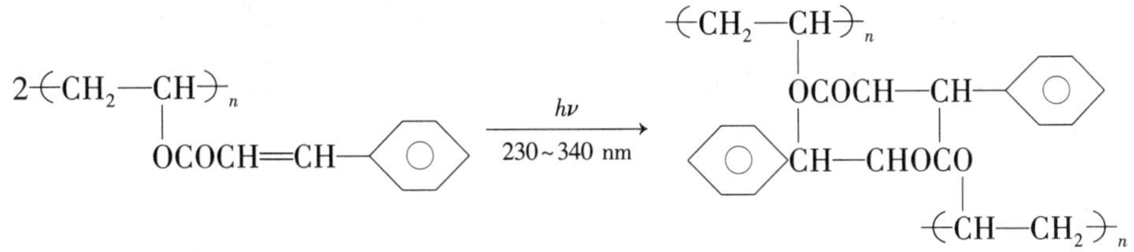

**2. 环化橡胶抗蚀剂**

环化橡胶双叠氮体系光刻胶,也是一类负性光刻胶。它是利用芳族双叠氮化物作为环化橡胶的交联剂,属于聚合物加感光化合物型光刻胶。下面以环化橡胶与通用的光敏交联剂 2,6-双(4′-叠氮基苯甲叉)-4-甲基环己酮反应为例:

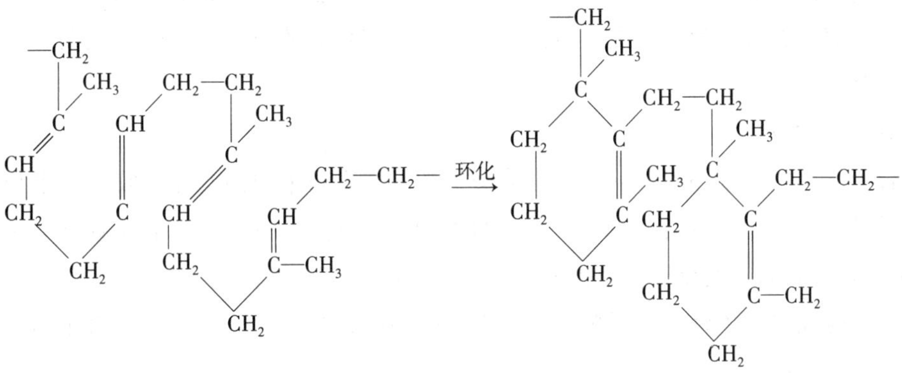

天然或合成橡胶　　　　　　　　　　　　环化橡胶

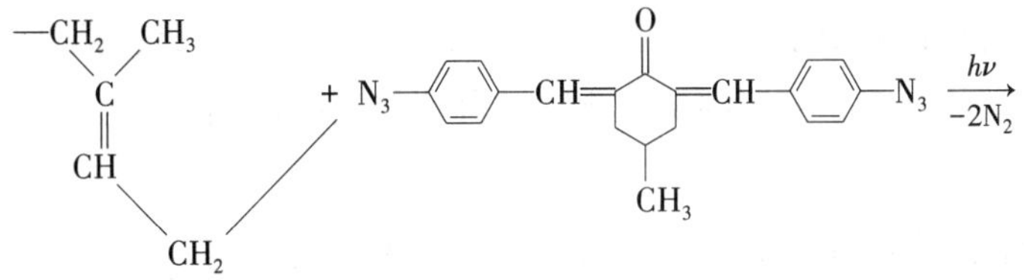

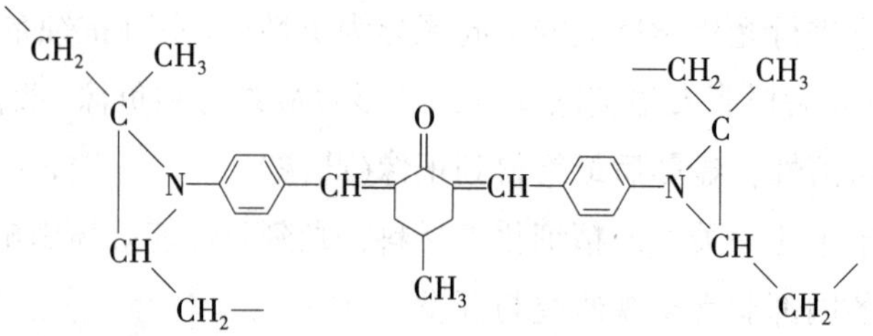

叠氮类化合物在紫外光照射下发生分解，析出 $N_2$，并产生氮烯(nitrene，RN∶)，它有很强的反应能力，可向不饱和键加成，还可插入—C—H和进行偶合。上述交联反应就是 nitrene 向双键加成所致，反应体系中加入芳酮、硝基芘类等化合物作增感剂。

### 3. 含重氮萘醌的正性光刻胶

邻重氮醌在紫外光作用下失去 $N_2$ 后进行重排，转变成烯酮，然后经水解产生可溶于稀碱的茚酸，它是一类广泛使用的正性光刻胶。其反应过程以 1，2-重氮萘醌-5-磺酸酯为例，反应过程如下：

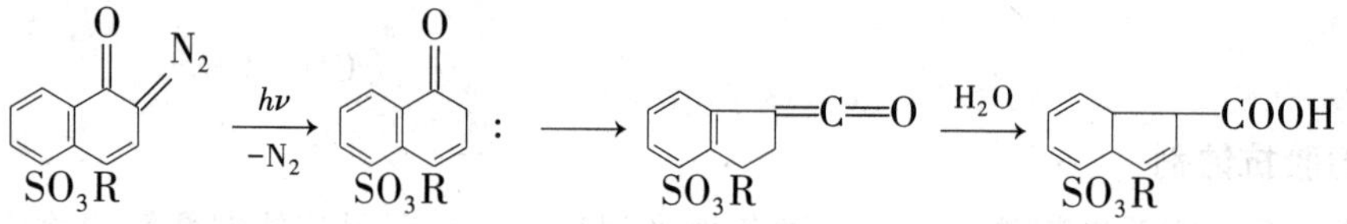

式中，R 代表正性胶的基本成分——成膜剂，它对光刻胶的黏附性、抗蚀性、成膜性以及显影性均有影响。成膜剂 R 一定要与邻重氮醌有良好的相容性，在碱水中有良好的溶解性以及耐热和黏附性能等。常用的成膜剂多为线型酚醛树脂、改性酚醛树脂、聚羟基苯乙烯以及有机硅聚合物等。邻重氮醌常以磺酰氯形式与多羟基的成膜物反应，根据要求控制使未酯化羟基保持适当比例。

### 4. 辐射抗蚀剂

随着半导体集成电路发展，对半导体微细加工要求越来越高。光刻胶分辨率与曝光波长的关系是波长越短，分辨率越高。把紫外线曝光的波长(350~450 nm)缩短至深紫外区域(100~260 nm)时，远紫外光刻的实用分辨率可提高至 0.5 $\mu m$。如果采用高能辐射线如电子束、X 射线和离子束等进行曝光，由于它们的波长更短，几乎没有衍射作用，因此可获得更高的分辨率。

电子束、X 射线和离子束等辐射线进入抗蚀剂，发生高能辐射化学反应不同于一般光化学反应，而远紫外辐射处于紫外光化学和辐射化学之间，因此，把远紫外、电子束、X 射线和离子束等微细加工工艺用的抗蚀剂，统称为辐射抗蚀剂，通常俗称为辐射光刻胶。

1)远紫外抗蚀剂

远紫外光刻胶通常除应具有高灵敏度、高分辨率、高反差外，其透过性，黏附性，耐化学腐蚀性,耐干法蚀刻性也要好。目前已经开发的远紫外胶种,按其化合物类别可分为聚甲基丙烯酸酯类、烯酮类、重氮类、聚苯乙烯类等。

聚甲基丙烯酸甲酯(PMMA)用电子束曝光时波长为 220 nm,在此远紫外线区域具有高的吸收率,而对其他波长光一般不感光。PMMA 受远紫外线照射发生辐射化学和光化学反应,导致主链断裂,使分子量减小,从而使其溶解度增大,故 PMMA 是一种正性远紫外光刻胶,分辨率高、透过性好和反差大。但曝光灵敏度较低,吸收也较弱(最大吸收系数 $\alpha_{max}=0.27\sim0.47~\mu m^{-1}$)。故其要求的曝光时间长达 15 min 以上。此外,PMMA 耐等离子体和反应活性离子干法蚀刻性能较差。加入增感剂可改善其灵敏度。

甲基丙烯酸甲酯-甲基丙烯酸缩水甘油酯共聚物也是一种远紫外正性胶。该共聚物中二者比例为 90:10,用氚灯照明时,此共聚物降解。它的灵敏度是0.25 mJ/cm$^2$,分辨率为 0.75 $\mu m$。

聚甲基异丙烯基甲酮(PMIPK)为主体聚合物是另一种正性远紫外光刻胶,曝光时也是主链断裂,反应过程与 PMMA 类似。芳香双叠氮化物在远紫外区有较大吸收并可使酚醛树脂交联而作为负性的远紫外光刻胶。目前已商品化的远紫外光刻胶见表 9-8。

表 9-8 **商品化的远紫外光刻胶**

| 类型 | 主体聚合物 | 灵敏度(s) | 分辨率(μm) | 特 点 |
|---|---|---|---|---|
| 正型 | 聚甲基丙烯酸甲酯(PMMA) | 200~300 | ≥1.0 | 灵敏度低 |
| | 聚甲基异丙烯基甲酮+增感剂(PMIPK) | 10~20 | ≥1.0 | |
| | 重氮萘醌化合物+酚醛树脂 | 1~3 | >1.5 | 显影不稳定性 |
| 负型 | 环化橡胶+4,4'-双叠氮二苯基砜 | 2~3 | >1.5 | 适合投影曝光用 |
| | 聚4-乙烯苯酚+3,3'-双叠氮二苯基砜 | 2~3 | >1.0 | 同上 |
| | 氯甲基化聚苯乙烯(CMS) | <10 | >1.0 | 耐干刻蚀 |
| | 氯化聚甲基苯乙烯系(CPMS) | 0.8 | 0.8 | 耐干刻蚀 |

2)电子束抗蚀剂

高能电子束辐射抗蚀剂,在其内部丧失一部分能量后成为较低能量的电子束,随之放出 X 射线,热能和二次电子。二次电子的作用引起抗蚀剂交联、断裂或降解,从而使抗蚀剂经电子束辐射后引起溶解度及其他性质差别。如果经电子束照射后聚合物主链发生断裂或降解,我们称这种抗蚀剂为正性胶;若发生交联反应而使曝光部分溶解度降低,则称为负性胶。辐射化学反应的断裂、降解程度以 $G_s$ 值表示，交联程度以 $G_c$ 值表示，往往 $G_s$ 和 $G_c$ 同时进行。当 $G_s > G_c$ 时即以降解为主，若 $G_c > G_s$ 即以交联为主。以聚合物为主体的辐射线抗蚀剂的正性和负性不是绝对不变的，当辐射剂量变化至一定程度时可以转换。如聚甲基丙烯酸甲酯-甲基丙烯酸缩水甘油酯是一种常用的电子束负性胶，但用于远紫外线曝光则成为正性胶。

至于哪一种高分子在电子束或 X 射线作用下会发生以交联反应或降解为主的反应，可以用辐射化学知识加以定性的解释。Miller 等认为具有 $-CH_2-C(R^1R^2-$ 结构类型聚乙烯基高分子，如果与主链相结合的 $R^1$，$R^2$ 为氢原子以外的侧基时就易降解，$R^1$，$R^2$ 都是卤原子也是降解型，当 $R^1$，$R^2$ 的一个或两个都是氢原子时则一般为交联型，这是一般规律。另一种定性的解释是聚合热小的聚合物（如聚甲基丙烯酸甲酯、聚异丁烯）一般为交联型。

在电子束照射下，交联反应和降解反应过程如下：

Ⅰ 交联型（阴图型）

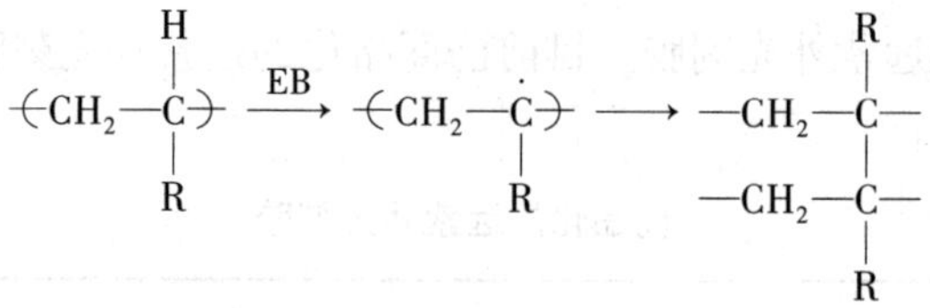

降解型则如反应 Ⅱ。EB 照射后，侧链甲基产生自由基。由于次甲基自由基不稳定，立刻转位，发生主链的断裂而降解。

Ⅱ 降解型（阳图型）

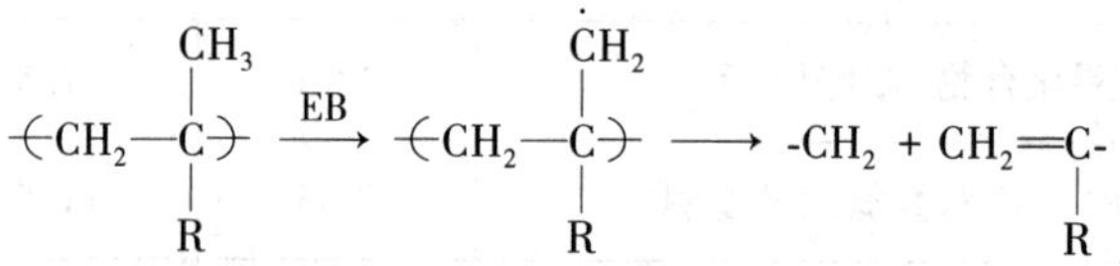

由于电子束能量很大，高达几千~几万电子伏特，不少高聚物经电子束照射后都可引起辐射化学反应，故电子束抗蚀剂品种较多，较好的列于表 9-9。

3）X 射线抗蚀剂

X 射线照射抗蚀剂，当其吸收 X 射线后，逐出二次电子（主要是 K 层电子），它与电子束类似，由于二次电子的作用而发生断裂（解聚）反应（正性胶）或交联反应（负性胶）。由此可知，其作用原理与电子束基本相同，作为电子束抗蚀剂，亦可用作 X 射线抗蚀剂。远紫外抗蚀剂所用远紫外线能量接近电子束、X 射线所产生的二次电子能量，因此一些抗蚀剂也可通用。但对 X 射线抗蚀剂的要求还取决于辐射源，若用同步加速器的辐射源，能量较大，则对 X 射线抗蚀剂灵敏度的要求较低。如果用电子轰击靶源产生的 X 射线，则能量较低，需选用灵敏度高的 X 射线抗蚀剂。目前开发的 X 射线抗蚀剂如表 9-10。

表 9-9　　　　　　　　　　国内外商品化的一些电子束正性、负性抗蚀剂

| 类型 | 抗蚀剂 | 简称或牌号 | 灵敏度 ($\mu C/cm^2$) | 分辨率 ($\mu m$) | 反差 ($\gamma$) |
|---|---|---|---|---|---|
| 正性 | 聚甲基丙烯酸甲酯 | PMMA | 50~100 | 0.1 | 2.5 |
| | 甲基丙烯酸甲酯与甲基丙烯酸共聚物 | P(MMA-MAA) | 0.8 | 0.1 | |
| | 聚甲基丙烯酸四氟丙酯 | FPM | 1.5 | 0.3 | 3 |
| | 聚甲基丙烯酸六氟丁酯 | FBM | 0.4 | 0.3 | 4.5 |
| | 聚甲基丙烯酸 | EBR-1 | 1.3 | 0.5 | |
| | 聚(丁烯-1-砜) | PBS | 0.7 | 1 | |
| | 酚醛-聚烯烃砜类 | NPR | 1 | 0.5 | |
| | 聚(对-特丁氧羰氧基-2-甲基苯乙烯) | TBMS | 10 | 0.25 | |
| | 酚醛树脂-重氮萘醌类 | AZ-2400 | 20 | 1 | 2 |
| | 聚甲基丙烯酸丁酯 | Pt-BMA | | 0.7 | |
| | 聚苯乙烯砜 | PSS | | | |
| 负性 | 甲基丙烯酸缩水甘油酯与丙烯酸乙酯共聚物 | COP | 0.4 | 0.5 | 1.2 |
| | 氯甲基聚苯乙烯 | CMS | 0.3 | 0.2 | 1.5~1.9 |
| | 氯甲基聚-$\alpha$-甲基苯乙烯 | $\alpha$M-CMS | 0.3 | <0.1 | 3.0~2.5 |
| | 环氧化聚丁二烯 | EPB | 0.05 | 很低 | 0.7 |
| | 聚甲基丙烯酸缩水甘油酯与马来酸甲酯共聚 | SEL-N | 0.4 | 0.3 | 1.8 |
| | 聚(氯甲基苯乙烯-萘乙烯) | P(CMS-2VN) | 1.0 | 0.5 | — |
| | 聚(四硫代富瓦烯基苯乙烯) | PSTTF | 10 | 较高 | — |
| | 甲基丙烯酸三氟乙烯酯-甲基丙烯酸共聚物 | P(TFEMA-MMA) | <3 | | |
| | 聚($\alpha$-氯丙烯腈) | P($\alpha$-CAN) | 6 | <2 | |

表 9-10　　　　　　　　　　X 射线抗蚀剂

| 类型 | 抗蚀剂 | 简称或牌号 | 灵敏度 ($mJ/cm^2$) | 分辨率 ($\mu m$) | 反差 ($\gamma$) | 开发单位及产销公司 |
|---|---|---|---|---|---|---|
| 正 | 聚甲基丙烯酸甲酯 | PMMA | 600~1000 铝 Ka 线 | 0.1 | 2.5 | IBM 东京应化 |
| 正 | 聚 $\alpha$-氯丙烯酸-2,2,2,-三氟乙酯 | EBR-9 | 150 钯 La 线 | 0.2 | — | VLSI 共同研究所大金工业 |
| 正 | 甲基丙烯酸甲酯与甲基丙烯酸共聚物 | P(MMA-MAA) | 150 铝 Ka 线 | 0.1 | — | 武藏野通讯研究所 |

续表

| 类型 | 抗蚀剂 | 简称或牌号 | 灵敏度（mJ/cm²） | 分辨率（μm） | 反差（γ） | 开发单位及产销公司 |
|---|---|---|---|---|---|---|
| 负 | 聚丙烯酸2，3-二氯丙脂+N-乙烯基咔唑 | DCPA+aNVC | 4.5 钯 La 线 | 1.0 | — | 贝尔实验室 |
| 负 | 聚氯甲基苯乙烯 | PCMS b | 15～50 钯 La 线 | <0.75 | 1.3 | 贝尔实验室 |
| 负 | 甲基丙烯酸缩水甘油酯与丙烯酸乙酯共聚物 | COP | 160 钯 La 线 | 0.5 | 1.2 | 贝尔实验室郭亨特化学品 |
| 负 | 甲基丙烯酸丙烯酯与甲基丙烯酸烃乙酯共聚物 | EK-88c | 9/乌 170/钯 | <1.0 | — | 柯达公司 |
| 负 | 2-氯乙基乙烯基醚与丙烯酸乙烯氧乙酯共聚物 | CEVEVOEA | 18 钼 La 线 | <1.0 | — | 英 NTJ 实验室 |

## 9.5.2 光变色材料

许多有机化合物和无机化合物固体在溶液中，受一定波长光照射发生颜色变化，而在另一波长光或热作用下又恢复到原来的颜色，这种现象称作光致变色现象。光致变色产生的原因是化合物接收光能后使其化学结构发生变化所致。不同化学结构的化合物，受光影响而产生的化学变化是不同的，其光化学过程包括键的异裂与复合、顺反式异构、分子内氢原子的转移、价键的互变异构、氧化还原等。属于光致变色的无机物质绝大部分都是过渡金属和稀土金属的合金，金属氧化物、碱土金属氧化物等。有机光致变色物质种类很多，例如缩苯胺、二硫化物、腙、卡巴唑、二芳基烯、俘精酸酐螺环化合物等。螺吡喃类及其同系物是一类研究较多的化合物，如化合物（Ⅰ）在紫外光作用下C—O键断裂开环，异构后与吲哚环生成一个共平面的部花菁式结构而显色（Ⅱ）。化合物上取代基 R 的不同则呈现出的颜色也不同。

现在有机变色材料已扩展到高分子化合物，高分子主链或侧链上带有光致变色基团，变色机理与有机小分子相同，但空间效应和极性效应与低分子是有区别的。例如主链上带有光色基团的聚甲川的变色机理仍是酮-烯醇互变异构（Ⅲ）。

光致变色化合物作为光敏性材料用于信息介质中具有如下特点：不用湿法显影和定影，操作简单，无需暗室；分辨率非常高；成像后可以消像，能多次重复使用；响应速度快，能"实时记录"和显示。其缺点是灵敏度低，像的保留时间不长。光致变色材料的应用在不断扩大，其范围大致包括作为光的控制与调变，全息记录介质，缩微胶卷，计算机记

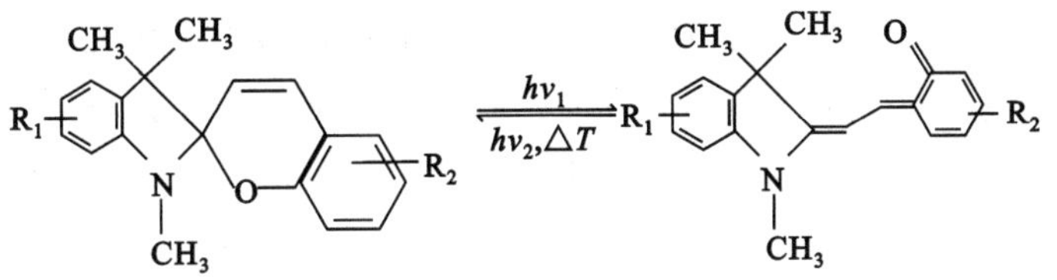

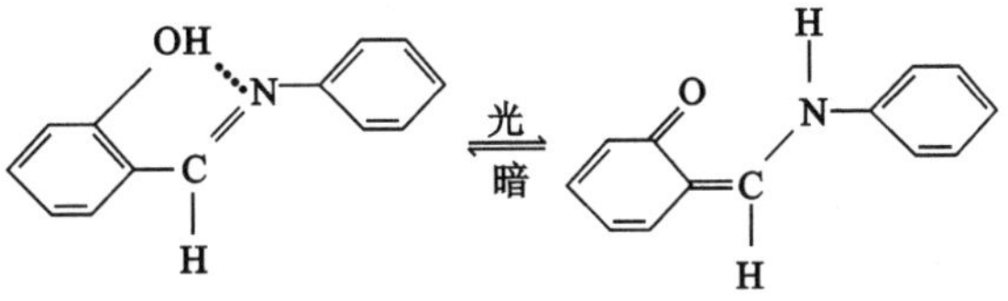

忆元件，信号显示系统和作为紫外感光材料辐射计量计等。

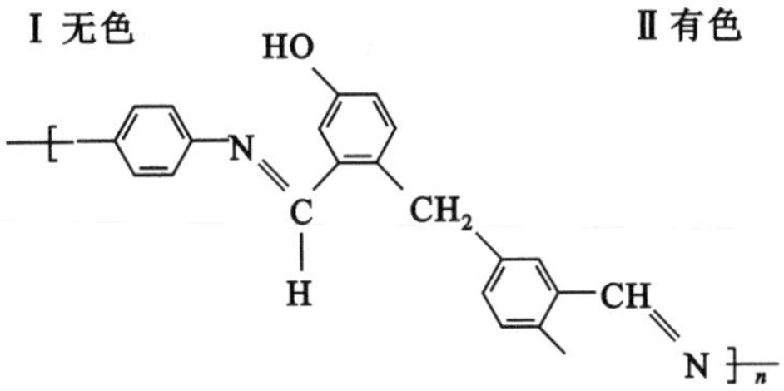

$\alpha$-水杨叉替苯胺的晶体膜作为全息记录介质得出全息图像，分辨率超过 3 300 线/毫米，衍射效率 1%；灵敏度 $\approx 100\ mJ/cm^2$，重复使用次数达 5 万次。

螺吡喃类的紫外感光带作为高密度信息贮存介质，为缩微过程自动化开辟了道路。

光色材料的显色和消色的循环变换可用来建立计算机的随机记忆元件，它可以与目前的磁芯存储器的"通"与"不通"的变换操作相媲美。

光色材料用作宇航指挥控制的动态显示屏，计算机末端输出的大显示屏幕，有着广阔的前景，在 1 密耳(25 微米)厚的聚酯基片上，涂一层含螺吡喃的丙烯酸 B-72 树脂，加入稳定剂，做成光色片，用阴极射线管记录，可做成动态实时显示系统。

光色材料可用作强光的辐射计量计，还可以测量电离辐射、紫外线、X 射线和 $\gamma$ 射线等。

有机光色材料的进一步研究和发展：其一是改善已有的光色体系，提高它们对光、空气的稳定性等。有目的地制备新的光色体系以满足技术上的要求，如聚甲川染料就是一组有意义的光色化合物，可以预料苯乙烯基、花菁、半花菁和有关阳离子染料能够做成许多光色染料的变种，用它们可以得到几乎所有需要的颜色的吸收光谱。菁染料和聚甲川染料基本上是唯一稳定的有机材料。

其二是进一步研究光致变色机理，一些光色过程尚不十分清楚，有待进一步研究与探讨。

其三是有关生物体系中存在的许多光色过程研究。例如，眼睛的视觉过程就是一种光异构化过程。我们知道，眼睛是一个灵敏的仪器，它能记录下一个光量子，同时它能辨别100多种不同的颜色。眼睛中一个称为视玫红质的有色蛋白质在光反应中起重要作用。此蛋白质在光的作用下被异构化为反式，引起视玫红质键的断裂。产生一神经脉冲，把颜色编码的视觉信息传输到大脑，引起颜色的感觉。可以预言，通过对视觉过程的研究，最终将仿制出像视玫红质这样的光色物质。模拟生物体系中的光色过程仍是一个很有发展前途的领域。

# 9.6  医用高分子材料

医用高分子材料是近20多年来发展十分迅速的一类功能高分子材料，包括体外应用的高分子材料、人工脏器材料、口腔齿科材料、高分子药物、高分子诊断试剂、高分子免疫制剂等。

医用领域选用的高分子材料，应具医学和生物学等方面的特殊要求，它比工业用材料有更高的要求。它们都有十分严格的质量标准，以确保产品的安全性。生产和研究者要完全遵照卫生和药物管理部门的有关规定进行，比如生产环境要求清洁甚至无菌；重金属含量不能超过万分之一；每批都要进行测试；对所用的原材料要进行跟踪，每批材料都要取样保存待查。

为了使医用高分子材料产品满足使用要求，除了要求材料及其制品在理化性能、形态结构等方面应符合医用要求外，必须进行多方面的试验，比如具有良好的生物相容性试验。材料与肌体接触的部位和时间长短不同，对其生物学性能的要求也不同。

## 9.6.1  体外应用的高分子材料

体外的医疗用材料有各种器械，输血用具、各种管子、手术衣、绷带、黏按胶带、绷托等。例如，整形外科中以前使用石膏绷托，近年来开发了光交联高分子绷托。这种材料是在尼龙纤维上涂上聚酯或苯乙烯及光敏引发剂，在光照下聚合成高分子绷托。其优点是重量轻，在水中不溶且可进行X-射线检查。现在还发展一种口罩和绷带，能选择性地透过氧，这种口罩利于心脏病患者戴用，用这种绷带包扎伤口容易愈合。

作为体外使用材料，要求对皮肤无毒害，无致癌性，不使皮肤过敏，能耐唾沫及汗水浸蚀，能耐日光的照射，并能耐皮肤有可能接触到的物质的化学反应，还要经得住各种消毒而不变质。不同的使用部位要附加许多特殊的要求。表9-11列出医用高分子材料体外应用范围及目前选用的一些材料。

表 9-11　　　　　　　　　　　医用高分子材料体外应用范围及选用的材料

| 应用范围 | 材料名称 |
|---|---|
| 膜式人工肺 | 聚乙烯膜、聚四氟乙烯膜、硅橡胶膜及管 |
| 人工肾 | 纤维素膜及空心纤维、聚丙烯膜、聚氯乙烯与偏氯乙烯共聚膜、离子交换树脂膜、水凝胶膜 |
| 人工皮 | 纤维素膜等 |
| 血液导管 | 聚氯乙烯、聚乙烯、尼龙、硅橡胶、聚氨酯橡胶、聚四氟乙烯 |
| 体内各种插管 | 聚乙烯、聚四氟乙烯、硅橡胶 |
| 采血瓶 | 聚乙烯、聚氯乙烯 |
| 消泡剂及润滑剂 | 硅油 |
| 绷带 | 聚氨酯泡沫、异戊橡胶、聚氯乙烯、室温硫化硅橡胶 |
| 注射器 | 聚丙烯、聚乙烯、聚苯乙烯、聚碳酸酯 |
| 各种手术器具 | 聚乙烯 |
| 手术衣 | 无纺织布 |
| 医用黏合剂 | $\alpha$-氰基丙烯酸酯 |

## 9.6.2　体内应用的高分子材料

植入人体内的人造器官最基本的要求是无毒，优良的生物相容性，抗血凝性而不产生血栓，不引起过敏或肿瘤；另外，必须具有良好的物理化学和力学性能，比如消毒时不变形，在体内长期放置不发生变化(即耐生物老化)等。用于不同部位的人工脏器或部件还有特殊的要求，比如人工肾的膜要能透过尿素，而不透过血清蛋白等；若与血液接触要求不产生凝血；用作眼科的材料对角膜要无刺激；用作人工心脏和指(趾)关节，要求能耐数亿次的曲挠；用作人工肾脏透析膜时，要求材料有较高的透析效率；注射整形材料和注射黏堵材料，注射前要求流动性能好，注射后要很快固化等；口腔材料不仅要求耐磨损，还要求承受冷、热、酸、碱条件等。

人体内的环境是十分复杂，要求高分子材料能够耐生物老化，就是要能经受住体内复杂环境的影响，而不发生变化或变化尽量小。

尼龙在体内埋植后抗张强度降低44%，伸长率降低74%以上，说明尼龙的耐生物老化性很差。硅橡胶虽然埋植前的强度比较低，而埋植17个月后变化很小，伸长变化也很小。

不管是医用或非医用高分子材料，植入体内都会引起肌体反应，其区别在于反应程度的大小和持续的长短。能否被患者所接受这是体内应用高分子材料所必须考虑的。试验结果证明，硅橡胶和聚四氟乙烯对周围组织的影响最小。同一种材料加不加助剂以及不同的助剂种类，其肌体反应也不一样。一般在化学上呈惰性、吸水性小的材料，如硅橡胶、聚四氟乙烯等被认为是肌体反应小的。材料对肌体反应问题，目前正做深入的研究。

血液的凝固性与血液的成分、流速、状态和接触的材料都有关系。凝血过程首先是异物表面对血浆蛋白的吸附，含有血纤维蛋白分子的血小板凝集形成血纤维蛋白纤维。材料的表面性质对血液的凝固时间是有影响的。人们发现材料表面的可湿润性与血凝时间成反比。材料的表面张力小，接触角大，可湿润性小。

聚氨酯胶具有较好的抗凝血性。有人认为聚氨酯胶是一种软硬链段相嵌的嵌段聚合物，在其内部必然出现微相分离的区域结构，这种结构使材料表面不均匀化，而形成类似于血管内壁的结构，这种结构使其具有良好的抗凝血性。据报道，使聚氨酯材料的表面带有负电荷，能提高它的抗凝血性能。由四氢呋喃二醇，4，4′-二苯基甲烷二异氰酯合成的预聚体，用带有离子的扩链剂扩链，如此合成的聚氨酯材料的抗凝性能显著提高。

由于组成血液的分子和细胞中有一些阳离子或阴离子取代基，因此血液有一定的离子强度。当血液和材料接触时，材料与血液之间的静电作用是促进或阻止血栓形成的重要因素。细胞的总体是带负电荷的，这样由于静电相斥，血小板不能黏附在血管的表面上，因此在表面带有负电荷的材料上血栓便难以形成。肝素能用来改进高分子材料的表面性能。肝素是一种天然的酸性多糖，通过离子键、共价键或共混等方式，把肝素接到高分子材料的表面赋予负电荷，能改进材料的抗凝血性能。

目前世界已经应用于临床的人工器脏包括心血管分流器、动脉血管、血管、各种导管、食道、胆道、尿道、除脊髓骨之外的从颅骨到脚小指骨、关节、软骨、人工肌肉、腱、角膜眼镜、人工皮肤缝合线、人工喉、乳房修复物、脑积水瓣膜、牙齿植物等以及人工肺、人工肾、人工肝、人工心脏、心肝起搏器等。表 9-12 列出一些用于人工脏器的高分子材料。

表 9-12　　　　　　医用高分子材料体内应用范围及选用的材料

| 应　用　范　围 | 材　料　名　称 |
| --- | --- |
| 人工血管 | 人造丝、尼龙、腈纶、涤纶、硅橡胶、聚氨酯橡胶、聚四氟乙烯、聚乙烯醇缩海绵体、多孔聚四氟乙烯-胶原-肝素复合体 |
| 人工心脏 | 聚氨酯橡胶、硅橡胶、天然橡胶、聚甲基丙烯酸甲酯、尼龙、聚四氟乙烯、涤纶 |
| 人工心肝瓣膜 | 聚氨酯橡胶、硅橡胶、聚四氟乙烯、聚甲基丙烯酸甲酯、聚乙烯、聚乙烯醇、天然橡胶 |

| 应 用 范 围 | 材 料 名 称 |
|---|---|
| 人工大动脉心瓣 | 硅橡胶、聚氨酯橡胶 |
| 心脏起搏器 | 硅橡胶、聚氨酯橡胶 |
| 脑积水引流管 | 硅橡胶 |
| 人工食道 | 聚乙烯醇、聚乙烯、聚四氟乙烯、硅橡胶、天然橡胶 |
| 人工气管 | 聚乙烯、聚乙烯醇、聚四氟乙烯、硅橡胶 |
| 人工胆管 | 聚四氟乙烯、硅橡胶、涤纶 |
| 人工输尿管 | 聚四氟乙烯、硅橡胶、水凝胶 |
| 人工尿道 | 硅橡胶、聚甲基丙烯羟乙酯 |
| 人工头盖骨 | 聚甲基丙烯酸甲酯、聚碳酸酯、碳纤维 |
| 人工腹膜 | 聚丙烯、单面多孔性聚四氟乙烯、硅橡胶、聚乙烯 |
| 人工硬脑膜 | 多孔性聚四氟乙烯、硅橡胶、涤纶、尼龙 |
| 人工喉 | 硅橡胶、聚乙烯 |
| 人工膀胱 | 硅橡胶 |
| 疝气补强材料 | 聚乙烯醇、聚四氟乙烯、涤纶 |
| 人工骨及人工关节 | 聚甲基丙烯酸甲酯、尼龙、聚氯乙烯、聚氨酯泡沫、聚四氟乙烯、聚乙烯、聚氯乙烯、硅橡胶涂聚丙烯 |
| 人工指关节 | 硅橡胶、尼龙、聚氯乙烯、硅橡胶涂聚丙烯 |
| 人工腱 | 尼龙、硅橡胶、聚氯乙烯、涤纶 |
| 人工脂肪 | 泡沫硅橡胶、硅凝胶、聚乙烯醇泡沫、水凝胶、有机硅与甲基丙烯酸甲酯共聚合物 |
| 人工血浆 | 右旋糖酐、聚乙烯醇、聚乙烯吡咯烷酮 |
| 人工血液 | 氟化碳乳酸 |
| 人工眼球 | 泡沫硅橡胶 |
| 人工晶状体 | 硅凝胶、硅油 |
| 人工角膜 | 胶原与聚乙烯醇复合体、聚甲基丙烯酸羟乙酯、硅橡胶 |
| 视网膜修垫压带 | 硅橡胶 |
| 接触眼镜 | 聚甲基丙烯酸甲酯、聚甲基丙烯酸羟乙酯、硅橡胶 |
| 人工齿及其牙托 | 尼龙、聚甲基丙烯酸甲酯、硅橡胶 |
| 人工耳小骨 | 聚四氟乙烯、胶原与羟基磷灰面复合体 |

续表

| 应　用　范　围 | 材　料　名　称 |
|---|---|
| 人工耳及耳软骨 | 硅橡胶、聚氨酯橡胶、天然橡胶、聚乙烯、硅橡胶与胶原复合体、硅橡胶与聚四氟乙烯复合体 |
| 人工鼻 | 硅橡胶、聚氨酯橡胶、天然橡胶、聚乙烯 |
| 人工乳房和人工睾丸 | 硅橡胶囊内充硅凝胶或生理盐水 |
| 人工输卵管 | 硅橡胶 |
| 宫内节育环和节育器 | 硅橡胶、尼龙、聚乙烯 |
| 输精、输卵管黏堵材料 | 室温硫化硅橡胶、丙烯酸胶粘剂、聚氨酯胶粘剂 |
| 埋置式药物缓释材料 | 硅橡胶 |

## 9.6.3　高分子药物

高分子药物有药理活性的高分子和高分子载体药物两大类型。前者只是高分子链的整体才显示医药活性，与它相应的低分子模型化合物，一般无医药活性或活性低。而后者则是以低分子药物作为侧基连接在高分子骨架上的药物或通过缩聚反应制得的在主链中含有低分子药物链节的高分子药物。还有一类用于临床的"高分子药物"，它们是用高分子化合物作为成膜材料，将低分子药物作为囊心，包裹成 $1 \sim 1000~\mu m$ 的微胶囊，药物可缓慢地透出囊膜，达到长效的目的，这类药物近 20 多年来得到了很大发展。

**1. 具药理活性的高分子药物**

这类药物通常以天然高分子物质居多，人工合成多肽以及天然高分子的改性产物也属于此类。一些合成的聚氨基酸有抗菌活性；阳离子聚合物具有杀菌性、抗病毒和对癌细胞有抑制作用；阴离子聚合物，如二乙烯基醚与顺丁二酸酐共聚制得的吡喃共聚物是干扰素诱导剂，能直接抑制许多病毒的繁殖，能治白血病、肉瘤、泡状口腔炎症、脑炎、脚和口腔等疾病。天然肝素是含有 $-SO_3^-$，$-NHSO_3^-$ 和 $-COO^-$ 的一种多糖，具有优良的抗血凝性。聚乙烯吡咯烷酮是血浆增量剂，它与血液有很好的相容性，但无输送氧气和二氧化碳的能力。

**2. 高分子载体药物**

这类药物是将低分子药物连接在无药理活性的水溶性载体上或可生物降解的载体上使药物具有如下功能；控制药物缓慢释放、使代谢减速、排泄减少，使药性持久、治疗效果良好、有长效、药物稳定性好，副作用小、毒性低，载体能把药物送到体内确定的部位，并能识别异状细胞；药物释放后的载体高分了是无毒的，不会在体内长时间累积，可排出体外或水解后被吸收。在高分子载体药物中载体侧基上一般含着四类基团：药(D)、固定药物的悬臂(S)、输送用基团(T)使整个高分子链能溶解的基团(E)。如此，低分子药物与高分子之间能成稳定或暂时的结合，但在体内因水解、离子交换或酶促反应使药物重新释放出来；利用对病灶有特异性或与 pH 值有密切依赖关系的基团作为输送基因，把药物分子输入到特定的组织细胞。羧酸盐、季铵盐、磺酸盐是一些可溶性基团，可以提高整个分子的亲水性，使之溶解于水。在某些场合下可适当引入烃基等亲油性基团，以调节溶解性。作为载体的高分子要最小限度地阻碍药物基团发挥其药物活性，并在药物释放完毕后即排出体外，能生物降解或水解而被吸收或被排泄，不致久留体内而引起不良后果。

上述这四类基团可以通过各具特性单体共聚合、嵌段或接枝等方法结合在一起。很多研究表明，高分子药物的药活性还与分子量、共聚物特性、分子链结构、交联度、立体规整性等因素密切相关。

**3. 高分子材料包埋缓释药物**

将目前已用于临床的一些低分子药物，用适当的高分子材料将其制成胶囊、微胶囊等，服用或包埋在体内适当的部位，药物可以通过高分子材料恒定、持久给药，达到有效的治疗，而且可减小副作用。研究与开发这类药物受到普遍重视。

利用高分子材料包裹药物获得高分子控释系统来提高药物作用持久性和专一性有很多优点：简便易行，很多实例已证明可提高药物的疗效安全性，其研究开发费用大大低于一种新的药物开发，也没有上述高分子载体药物带来的不良作用。

可控释放的高分子材料应具如下条件：① 优良的生物相容性，组织相容性和血液相容性，且无免疫原性；② 有一定机械强度，合适的理化性能，易加工成型；③ 对药品的主要释放速度稳定适当；④ 可用简便的方法消毒。

可控释放的高分子材料分为三大类，它们分别适用于不同的控制释放体系。

第一类：不能生物降解高分子材料。这类材料在生物体内理化性能稳定，它们不容易遭受水解、酶解或溶蚀等作用而降解。如硅橡胶、乙烯醋酸酯乙烯共聚物、聚醚氨酯等。硅橡胶是这类材料中最成功的一种。例如目前硅胶膜制成的管状控释体系埋植于皮下，能在 5 年期间恒速释放避孕药左旋 18-甲基炔诺酮。

第二类：生物可溶蚀高分子材料。这类材料在生物体内会逐渐转变成水溶性的大分子或大分子片断，如聚乙烯醇，聚原酸酯和聚碳酸酯等。聚乙烯醇是制备眼角膜的良好材料，通过交联通可制备药物的溶蚀性骨架制剂。药物的溶蚀性骨架制剂也常用聚原酸酯、聚碳酸酯来制备。这类制剂的释药性能稳定，不受药物水溶性、分子量的限制，释药速率可通过药物含量、加入酸化剂等办法来调节。

第三类：生物可降解高分子材料。这类材料在生物体内可经水解、酶解等过程逐步降解为低分子化合物，降解产物无毒无副作用，能排出体外或参与体内的正常代谢过程。这类材料常称为可吸收性可控释放高分子材料。由于这类材料在释放后自身在体内逐渐消失，不滞留体内，它已成为可控释放高分子的材料研究重点和发展方向。这类材料目前研究开发的主要类型如下：

（1）聚酯可控释放材料，主要包括聚羟乙酸、聚乳酸、聚己内酯以及其共聚物。这类脂肪族聚酯可控释放材料已应用于临床。聚乳酸聚己内酯嵌段共聚物，已成功地用于避孕药物的长期、稳定释放。

（2）聚氨基酸可控释放材料。人们对聚（$\alpha$-氨基酸）进行广泛研究，但未实用化，其原因是不易加工，肽键水解速度低，多聚氨基酸可能引起机体的免疫反应等，因此研究者对它们进行改性，比如引入酯链得聚酯肽，$\alpha$-氨基酸与非 $\alpha$-氨基酸进行共聚等。这类聚合物可加速水解、溶解和改善力学性，有利于加工等。

（3）聚磷酸酯可控释放材料。这是当今研究开发的热点之一，聚磷酸酯生物相容性好，热稳定性优良，其化学结构易于改变为脂溶性、水溶性不同类型。药物释放也可通过扩散、溶蚀和降解等方式进行，应用方便、适用性好。

（4）聚酸酐可控释放材料。这类材料水解性好，水解速率可通过共聚物亲油或亲水性调节，水解物可代谢或排泄。

（5）环境敏感的高分子亲水凝胶。高分子亲水凝胶是一种能被水溶胀的网状亲水聚合物。通常的高分子亲水凝胶是以甲基丙烯酸羟乙酯，甲基丙烯酸缩水甘油醚酯，环氧乙烷，$N$-乙烯基吡咯酮（NVP）等单体合成。广泛应用于修复、接触镜片等生物医用材料。但它们作为可控释放材料，对环境敏感性小。目前研究开发的环境敏感的高分子亲水凝胶，外界环境温度、pH 值、电场、溶液或盐、辐射、机械力等的微小变化都能改变其体积（增大或减小）。当置于生物体内，随着环境的微小变化释放药物，开关自如。已研究的有关材料有 $N$，$N$-烷基取代的丙烯酰胺类，它对温度敏感，温度变化控制很窄，其模型药物消炎痛的释放接近零极释放。pH 值和电场敏感的高分子亲水凝胶通常应含离子性单体等。

# 第十章　农　　药

## 10.1　概　　述

### 10.1.1　农药的含义

过去我们将农药定义为防治危害农作物、农林产物、牧草、树木的病原菌、昆虫、线虫、螨类、病毒、杂草、鼠类等所采用的药剂和能增进或抑制植物的生理机能的药剂。现代由于人们对保护环境和生态平衡的重要性的认识日益深刻，已不再强调"杀死"是农药的唯一特征。人们认为凡具有特殊生物活性的某些化合物及其复配物，可以利用它来影响、控制和调整各种有害生物(包括植物、动物、微生物)的生长、发育和繁殖过程，在保障人类健康和合理的生态平衡前提下，能使有益生物得到有效的保护，有害生物得到抑制的化学药剂称为农药。

### 10.1.2　农药的类型

农药的分类方法多种多样，大致可概括为两大类，即合成农药和生物农药(文献中有时还将转基因作物和天敌昆虫也作为此类)。合成农药包括有机磷、氨基甲酸酯、拟除虫菊酯、有机氯、有机砷等。在我国生物农药通常按其成分和来源分为微生物活体农药，微生物代谢产物农药，植物源农药和动物源农药四大类，近代有时还将转基因作物和基因工程农药另列一类。

使用者习惯将农药按防治对象来区分，它们包括杀虫剂、杀螨剂(红蜘蛛等)、杀鼠剂、杀菌剂、除草剂(按使用方法有土壤处理剂、叶片喷洒剂)、杀线虫剂、杀软体动物剂、植物生长调节剂。以农药的作用方式来区分，包括胃毒剂(昆虫摄食带药作物之后，通过消化器官将药剂吸收而显示毒杀作用)、触杀剂(接触到虫体，通过昆虫体表侵入体内而发生毒效)、熏蒸剂(以气体状态分散于空气中，通过昆虫的呼吸道侵入虫体使其致死)、内吸剂(被植物的根、茎、叶或种子吸收或被体内传导分布于各部位，当昆虫吸食这种植物的液汁时，将药剂吸入虫体内使其中毒死亡)等。此外，还有引诱剂药剂(能使昆虫诱集于一块，以便捕杀或用杀虫剂毒杀)、驱避剂(将昆虫驱避开来，使作物或被保护对象免受其害)、拒食剂(昆虫受药剂作用后拒绝摄食,饥饿而死)、不育剂(在药剂作用下,昆虫失去生育能力,从而降低虫口密度)。除草剂按作用方式也可以分为触杀剂和内吸剂。杀菌剂亦有内吸与非内吸之分。此外还有几丁质抑制剂等。有机合成化学家则常喜欢按化学结构式来命名。

生物农药四大类中,微生物活体农药有细菌、真菌、昆虫病毒和线虫等,微生物发酵代谢产物主要代表是农用抗生素,植物源农药主要包括植物体次生代谢物(如苦参碱等)和植物(激素和植物生长调节剂)转基因植物农药,动物源农药中除动物毒素(如沙蚕毒素等)外特别引人关注的是昆虫内激素、昆虫外激素及天敌昆虫。

## 10.1.3 化学合成农药基本要求

对化学药剂的要求,包括对生物活性高、生产与使用都要很安全、对环境无不良影响等。设计、开发新的植物保护药剂应具备以下条件:

(1) 良好的选择性。即只对有害生物有效,对目标有定向性。

(2) 单位面积药剂用量越少越好,能减轻对环境的影响及改善其经济性。

(3) 在土壤、水、空气及收获物中的残留物能迅速分解,不产生不良影响。

(4) 对人畜无害,生产者、使用者和消费者都感到安全。

(5) 在制备剂型时,能使用对环境无污染、毒理学上安全的载体和稀释剂;能制备在各种环境中易于使用的剂型。

## 10.1.4 研发农药的意义

20 世纪 40 年代开始使用化学合成农药,在较长时间里因人们对农药影响环境、生态认识不足;对农药含义模糊不清,以致专注农作物消除病、虫害,因此有机氯、有机磷等很多有害的传统农药及其剂型被研发、生产和应用。还因对农药管理不善、使用不科学、不合理,造成很多事故,从而使人们对农药的印象是容易引起人、畜等生物中毒、致病、癌变和破坏生态平衡,引起人类生存环境恶化。虽然不少人对发展农药和农作物使用农药持否定态度。迄今农药仍是精细化学品中重要组成部分,发展高效、低毒、低残留、无公害农药及其制剂和剂型产品仍然是农药研发者,使用者和管理者面临的重要任务,其原因有以下四方面。

(1)农药是确保农业稳产、丰收及保证全球粮食供应不可少的重要生产资料。有人做过试验,如果不使用农药,由于病、虫、草、鼠的侵害会使农作物受损 75%,其中病、虫害引起减产 53.42%,杂草引起减产 21.33%,共计 74.75%。早在 1845 年当时因缺乏农药,爱尔兰人的主食马铃薯发生疫病无法控制,导致百余万人饥饿死亡,150 万人远渡重洋迁至北美大陆。还据美国统计,现在农药用于农作物的产量较 50 多年前明显增加,玉米增产了 100%,小麦增产倍数更多。

随着世界人口不断增长，食物供应会越来越成为全球性问题。有人估计到 21 世纪中叶由于人口增加，全球农作物产量必须增加 85% 以上，才能满足食物供应需要。为了保证食物供应，就必须提高农作物的单位面积产量，就需防御各种病、虫、草害的侵袭，这就离不开农药。现今人们特别推崇不施用农药的有机农产品，这种农产品虽无合成农药的残留，但却不一定有益，因为这些有机食品中可能含有霉菌毒素。例如，棒曲霉素即为腐败真菌的次生代谢物，可引起人类肾功能衰竭。实验证明往往未施用杀菌剂的水果中棒曲霉素浓度更高。Baent 等分析了 200 种比利时国生产的有机(不施用化学农药)和普通(施用化学农药)苹果加工的苹果汁样本，结果发现有机苹果汁中棒曲霉素的浓度为普通苹果的 4 倍。在意大利销售的果汁中也亦如此，在普通种植物的水果果汁中，检测到棒曲霉素占 26%，而在有机种植的水果果汁中则达 45%。由此可见，有机种植物并不表示不含有毒污染物。

(2)农药在帮助人类防疫、防病和除灾中起到作用。其典型实例是已禁用的 DDT，在 20 世纪 50 年代大量使用 DDT 灭杀蚊子，使全球数百万人获救，因而得到诺贝尔化学奖。20 世纪还因通过多种杀虫剂灭杀了传播斑疹伤寒的虱子、传播鼠疫的跳蚤以及传播登革热和脑炎的蚊子，挽救了上亿的病人。人所共知，有害生物不仅与人类争夺食物，而且还传播疾病，使人类遭受不少麻烦，甚至灾难。迄今人类与 100 万昆虫和其他节肢动物共存，其中不少为害虫。研究显示：昆虫向人类传播 15 种主要致病微生物，如蟑螂就导致了 8% 的人类引起过敏；每年超过 2.5 万人因火蚁叮咬而需治疗。对这些害虫，通过杀虫剂进行防治是远离病疫的主要手段。

(3)农药对环境的影响往往有双重作用，它既是环境的保护者，也可能是环境的污染者。农药对环境的影响如何，迄今已成为衡量农药优劣一杆标尺。有机氯杀虫剂滴滴涕、六六六就是典型例子。这类杀虫剂在灭除蚊子、臭虫以及农业害虫中起了极大的作用，它能有效控制害虫传播的疾病；此类杀虫剂长期残留在环境中或人畜体内也不分解，其危害性极大。为此，曾获诺贝尔奖的滴滴涕等这类杀虫剂已在全球禁用。

农药主要是灭杀或控制人类环境中的有害生物。过去使用农药防治有害生物时不顾及对其他动物、植物或环境的影响；此外，一些农药还因长期使用，使一些有害生物产生了抗药性，导致用药量不断增加和使用不科学才导致破坏生态平衡。

现代有关生态农业越来越受人青睐，从而有一种将生态农业与农药对立的思维。将农业生产环境的恶化、农产品质量的下降、一些生物品种的减少和淘汰等变化等都归咎于农药。认为发展生态农业，势必要否定农药的作用，以回归纯自然、纯生态化。其实生态农业发展同样需要农药，农药与生态农业不是对立的，其关键在于农药研发要完善为生态农业服务的思路和行动：①农药的创新要朝生物农药的方向发展；②要根据农业发展的要求，研究开发农药及其剂型新产品；③要结合生态农业发展各个环节的不同特点、不同要求采用不同的农药及其剂型，以满足农产发展需求；④通过绿色防控技术措施，加快生物等绿色农药的应用与推广，降低或消除农产品中的农药成分；⑤通过天敌、性引诱剂等防控技术措施，保证防控效果；⑥农药的使用、操作过程要采取统防统治的办法，减少农药使用量，降低农药使用安全风险。

（4）农药是重要战备物资。人类生活经常会遭遇水灾、地震和战争等灾害；灾害会引起瘟疫、虫害、鼠害等；在战争环境中，也会遇到各种有害昆虫、病菌侵袭等。为了防治和保护人类的生存还少不了使用农药，因此说农药是一类重要的救灾战备物资。

## 10.2　农药毒性作用方式及其代谢

### 10.2.1　农药的毒性

农药对有机体的有害作用主要表现为使机体组织结构及功能改变。其作用常分为急性毒性和慢性毒性两种。

急性毒性是指药剂一次进入体内后短时间内引起的中毒现象；毒害作用的大小取决于农药固有的毒性以及作用于有机体的方式和部位。譬如：对大多数动物来说，较小剂量的三氧化二砷（砒霜）所产生的中毒症状比大剂量的氯化钠（食盐）要严重得多。一滴硫酸置于皮肤上所产生的危害比滴入眼睛内要小得多。急性毒性测量尺度常用半致死剂量（即 $LD_{50}$）即随机选取一批指定的实验动物，用特定的试验方法，在确定的实验条件下，求取杀死一半供试动物时所需的药剂的量，通常以 mg/kg 表示。毫克是给药的剂量，千克是实验动物的体重。给药方式有经口（灌胃），经皮（涂到皮肤上），经呼吸道（从空气中吸入）三种。常用的实验动物为大白鼠和小白鼠，不同种属、年龄和性别的动物对有毒物质的敏感性是不一样的，在毒性测量中，这些因素也要加以考虑。

测量急性毒性的另一个常用指标是 $LC_{50}$。它是指杀死一半供试动物时所需的药剂浓度。动物从空气中吸入药剂蒸气或者鱼与溶有药剂的水接触，这些情况下，应用 $LC_{50}$ 比较方便，$LC_{50}$ 常用 mg/m$^3$ 表示。

农药的慢性毒性是指药剂长期反复作用于有机体后，引起药剂在体内的蓄积，或者造成体内机能损害的累积而引起的中毒现象。有些药剂小剂量短期给药未必会引起中毒，但长期连续摄入后，中毒现象就会逐步显现。有的药剂甚至经过二代、三代才出现致畸现象。关于慢性毒性的评估国家有一套完整的方法。有关化学物质毒性的分级标准通常根据对大白鼠口服施药测得的 $LD_{50}$ 值，将其分为 6 个不同的毒性级别，如表 10-1 所示。

表 10-1　　化学物质的毒性分级标准

| 毒 性 级 别 | $LD_{50}$（mg/kg） |
| --- | --- |
| 剧　毒 | <1 |
| 高　毒 | 1~50 |
| 中等毒 | 50~500 |
| 低　毒 | 500~5000 |
| 微　毒 | 5000~15000 |
| 无　毒 | >15000 |

### 10.2.2 农药对生物的毒性作用

农药对生物体的毒害作用分为非特异性作用和特异性作用(或分为物理性作用和化学性作用)。某些化学药剂在适当浓度下的腐蚀毒害作用,可作为非特异性作用或物理性作用的典型。农药与生物体中某种酶,某一要害分子或某些生物膜等发生化学反应属于特异性作用。农药毒害大多属于后者。

目前杀虫剂的作用机制大体包括抑制乙酰胆碱酯酶;抑制 γ-氨基丁酸的神经传递系统;作为离子载体,干扰细胞膜内外的离子平衡以及阻碍几丁质的合成等。近年来又发现了昆虫飞行的必需能量来源于海藻糖,由此认为海藻糖酶成为昆虫飞行的关键酶,故而寻求对海藻糖酶的强抑制作用的抗生素,则有望开发出对昆虫有特效,而对人畜与环境十分安全的杀虫素。有机磷农药通常作用于动物体神经系统,从而产生一种刺激神经兴奋的乙酰胆碱(ACh)。通常乙酰胆碱在生物体内很快地被胆碱酯酶(ChE)所水解,这是神经系统正常的活动状况。农药与 ChE 结合生成磷酰化胆碱酯酶,使 ChE 受到抑制,失去依此水解 ACh 的能力;ACh 就在体内不断累积,致神经传导中断,发生中毒。受抑制的 ChE(即磷酰化胆碱酯酶)活力的恢复是借水解或药物治疗。

已知的杀草剂的作用机制分为氨基酸合成抑制剂、纤维素合成抑制剂、光合作用抑制剂、色素合成抑制剂、脂肪酸合成抑制剂等。此外,尚有激素型除草剂以及非专一性抑制机理的除草剂,即为蛋白质合成抑制剂、细胞分裂抑制剂等。

杀菌剂的种类繁多,经典的杀菌剂大部分为—SH 反应试剂,它们由于抑制原菌的呼吸作用从而阻碍腺苷三磷酸的产生,抑制生物合成高分子物质的职能,从而给病原菌以致命的效果。当今开发的杀菌抗生素都是直接抑制脱氧核糖核酸复制、脱氧核糖核酸转录成核糖核酸、核糖核酸转录成蛋白质、脂质合成、几丁质合成等任一阶段的药剂。

生物体内的要害分子有时能和酶一样调节变化速率而本身并无消耗。化学毒物对要害分子毒作用的一个明显的例子是一氧化碳使血红蛋白失活,从而导致氧气输送的停止。化学药剂对生物膜毒害作用的最好实例是对轴突的影响,如 DDT 的毒害作用,可能与其对神经轴突钾钠通过的影响有关。

药剂对生物体的作用方式尚不清楚,但表现出高度特异性毒害作用的情况不乏实例。药剂对机体的一切中毒操作都会波及细胞。许多中毒损伤常对特种细胞有相对的特异性,因而对存在该种细胞的特殊器官和组织也有相对的特异性。

致突变是指体细胞或生殖细胞内的遗传结构发生变化。在农药中,许多品种都已进行过致突变性研究,农药与肿瘤关系的研究也已有许多报道。

致畸是药剂对生殖系统毒害作用的结果,是指怪胎和畸儿的形式,亦即人或动物生出畸形的胎儿。"致畸"一词是指因胚胎发育的异常而致畸形，它不包括显微镜下的异常和胎儿完全形成以后所遭受的中毒性损伤。在农药慢性毒性试验中，致畸往往需要对供试动物观察2~3代，才能得出结论。

## 10.2.3　农药代谢原理

农药代谢是指作为外源化合物的农药进入生物体后，通过多种酶对这些外源化合物所产生的化学作用，这类作用亦称生物转化。

所有生物体都具有防御机制，以便保护自己免受各种外源化合物的毒害。如果一个有毒物质进入有机体的速度大于其排出速度，那么毒性物将在体内积累，直至作用部位达到中毒浓度。组织学、生理学及生物化学的各种因素的影响，决定了药剂单位时间的吸入量、药剂在体内的分布状况以及代谢途径和排出机制。

酶在代谢外源化合物方面起着两种相关的作用：首先，代谢引起化合物分子结构的变化，通常，这种代谢产物应比原化合物具有较小的毒性；其次，代谢产物更具极性，更易溶于水，从而容易从体内排出。

农药代谢性能具有重要意义。首先，农药在害虫、益虫和温血动物体内代谢活性不同，这对人、畜、低毒安全，对病害高效的农药选择起决定作用。如高效低毒农药马拉硫磷(4049，Ⅰ)和敌百虫(Ⅱ)在昆虫和温血动物体内的转变是不相同的。

$$\mathrm{I}\quad (CH_3O)_2\underset{\underset{CH_2COOC_2H_5}{|}}{\overset{\overset{S}{\|}}{P}}SCHCOOC_2H_5 \xrightarrow[\text{(昆虫体内)}]{O_2} (CH_3O)_2\underset{\underset{CH_2COOC_2H_5}{|}}{\overset{\overset{O}{\|}}{P}}-SCHCOOC_2H_5$$

（更毒）

$$\downarrow \substack{H_2O \\ \text{(温血动物体内)}}$$

$$(CH_3O)_2\underset{\underset{CH_2COOH}{|}}{\overset{\overset{S}{\|}}{P}}-SCHCOOC_2H_5 \xrightarrow[\text{羧酸酯酶}]{H_2O} (CH_3O)_2\underset{\underset{CH_2COOH}{|}}{\overset{\overset{S}{\|}}{P}}-SCHCOOH$$

无毒　　　　　　　　　　　　　　　　　　无毒

$$\mathrm{II}\quad (CH_3O)_2\underset{\underset{OH}{\overset{\|}{O}}}{P}OH + CH_2CCl_3 \xleftarrow[\text{(温血动物体内)}]{H_2O} (CH_3O)_2\underset{\underset{OH}{|}}{\overset{\overset{O}{\|}}{P}}-CH-CCl_3 \xrightarrow[\text{(昆虫体内)}]{-HCl} (CH_3O)_2\overset{\overset{O}{\|}}{P}-OCH=CCl_2$$

无毒　　　　　　　　　　　　　　　　　　　　　　　敌敌畏（更毒）

其次，农药的代谢程度是它们在土壤、植物和动物体内产生特效的决定因素之一。农药在环境中代谢越快，程度越高，持效越短，对环境的污染也越小。此外，代谢作用往往与害虫抗性的增加有关，这是一种有害作用。曾发现在抗性较大的昆虫种群中，具有使农药失活作用的酶的效力和水平都较高。生物体对外源化合物的初级代谢反应起作用的大都是水解酶和氧化酶,在各种内源化合物正常代谢过程中,这些酶起着催化作用;农药作为外源化合物,进入生物体内后的代谢,当然也与水解酶和氧化酶有密切关系。

许多农药含有酯、酰胺和磷酸酯等基团,它们或多或少易于被水解酶所进攻,与氧化酶或转移酶不一样,水解酶不需要任何辅酶,但有时需要阳离子使之活化。

酯酶在农药代谢降解中的作用广为人知。如上述马拉硫磷在动物中的解毒代谢,就是由羧酸酯酶催化酸乙酯键的断裂造成的。这一作用可以解释为什么 4049 对动物具有很低的毒性。

羧酸酯酶催化的另一个重要的反应是在植物体内 2,4-D 酯的水解反应,这些酯易于渗入杂草中,然后经酯酶催化水解释放出具有生物活性的二氯苯氧乙酸(2,4-D),发挥除草作用。

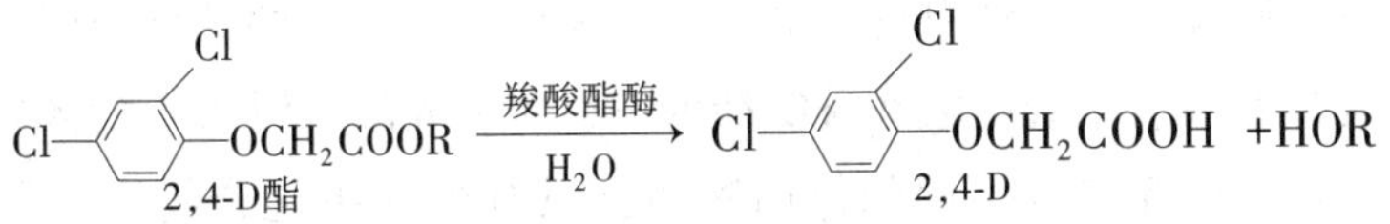

酰胺键通常被酰胺酶进攻,杀虫剂乐果在酰胺酶作用下的水解按如下反应进行:

$$(MeO)_2 \underset{乐果}{P}(S)SCH_2CONHCH_3 \xrightarrow[H_2O]{酰胺酶} (MeO)_2 \underset{乐果酸}{P}(S)SCH_2COOH + CH_3NH_2$$

环氧水解酶是另一类在代谢外源化合物中起重要作用的水解酶,这种酶存在于肝微粒体或其细胞中,它可以将环氧化物水解成二醇,例如杀虫剂西维因的代谢途径之一是首先被微粒体氢化酶氧化成环氧化物,然后在环氧水解酶催化下生成反式二醇:

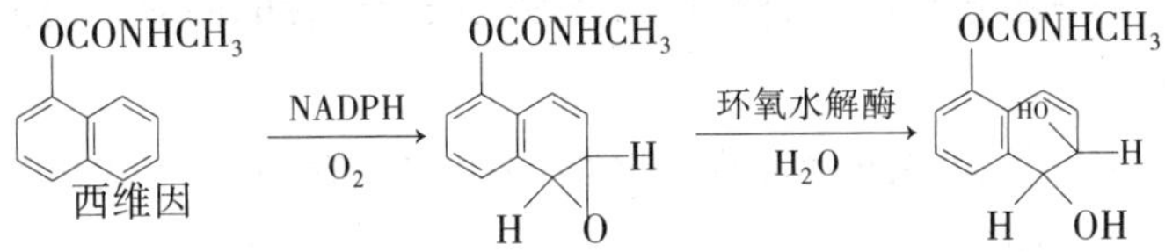

微粒氧化酶是一种多功能的氧化酶,在农药代谢中也起重要作用,其反应可分为五类:

(1)C—H 键中插入氧。

烷烃的羟基化    $R—CH_2—H \xrightarrow{[O]} R—CH_2—OH$

芳烃的羟基化    $R—\langle \bigcirc \rangle \xrightarrow{[O]} R—\langle \bigcirc \rangle—OH$

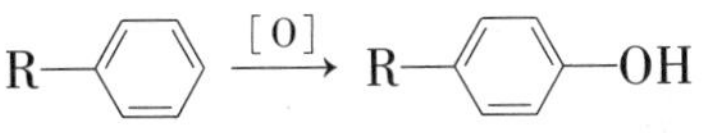

(2)O—或 N—去烷基反应。

O—去烷基反应    $R—O—CH_3 \xrightarrow{[O]} R—OCH_2O—H \longrightarrow R—OH$

N—去烷基反应    $R—NH—CH_3 \xrightarrow{[O]} R—NH—CH_2O—H \longrightarrow R—NH_2$

(3)环氧化反应。

$$\text{CH}_2{=}\text{CH}_2 \xrightarrow{[O]} \overset{\text{H O H}}{\underset{\text{H H}}{\diagdown\diagup}}$$

（4）硫被氧取代。　　$\text{P}{=}\text{S} \xrightarrow{[O]} \text{P}{=}\text{O}$

（5）氧与硫或氮原子配位。

亚砜和砜的形成　　$R{-}\text{CH}_2{-}\text{S}{-}\text{CH}_3 \xrightarrow{[O]} R{-}\text{CH}_2\overset{\displaystyle O}{\underset{\displaystyle\|}{-}}\text{S}\,\text{CH}_3$

$$\xrightarrow{[O]} R\text{CH}_2\overset{\displaystyle O}{\underset{\displaystyle\|}{\underset{\displaystyle O}{\overset{\displaystyle\|}{-}\text{S}-}}}\text{CH}_3$$

氮氧化物的形成　　$R{-}\text{N}(\text{CH}_3)_2 \xrightarrow{[O]} R\text{N}(\text{O})(\text{CH}_3)_2$

农药解毒和降解另一重要作用是谷胱甘肽（GSH）等活性物的结合作用。

GSH 是含有甘氨酸、半胱氨酸和谷氨酸的三肽,它常常与侵入生物体内的外源化合物形成结合物;而其他具有结合作用的体内物质,只有当外源化合物进行了初级代谢反应（水解或氧化）以后,才能在次级代谢过程中形成结合物。GSH 的结合作用往往在谷胱甘肽 S-转移酶存在下进行,但也有些反应不涉及这些酶。

谷胱甘肽 S-转移酶主要存在于动物肝脏的可溶细胞组分中,其分子量大体为 45000 左右,已发现了多种类型的谷胱甘肽 S-转移酶。在农药解毒降解中有着重要作用的是以下三类:

（1）谷胱甘肽 S-环氧转移酶:环氧化物开环,谷胱甘肽的巯基对其发生加成。

（2）谷胱甘肽 S-芳基转移酶:谷胱甘肽与芳基底物结合的同时,消去一分子的卤化氢或其他酸性化合物。

（3）谷胱甘肽 S-烷基转移酶:典型反应是与卤代烷的反应,但更重要的是在有机磷农药降解中发生去烷基作用。

除此之外,许多农药被动物的肝微粒体酶发生初级代谢后可以转化成葡萄糖醛酸结合物。与大多数脊椎动物一样,农药在昆虫或生物中生成葡萄糖结合物。

## 10.3　农药的创制与开发

### 10.3.1　农药发展及其开发方向

据史书记载,早在公元 900 年前,我国就使用雄黄防治园艺害虫,随后如无机化合物中的砷、汞、铜、铅和钡的化合物和某些植物及其产品如烟草、松脂、除虫菊和鱼藤粉都作为重要的病虫害防治药剂,这是第一代农药。1940 年以后,人们开始有意识地合成农药,它们包括有机磷酯类、氨基甲酸酯类、氯代烃类及合成除虫菊酯类等,这些称为第二代农药，它对增加农作物产量作出巨大贡献。出现合成农药以前，当无机化合物和原始植物材料作为病虫害基本防治剂时，病虫害对农药的抗性不严重，开始使用合成农药至 1980 年间，报道对农药产生抗性的节肢动物已有 428 种。非常有效的第二代农药明显地促进节肢动物对农药抗性的发展。第三代农药是各种昆虫内激素（蜕皮激素、保幼激素、抗保幼激素以及几丁质合成酶抑制剂）。第四代农药是昆虫外激素（如性信息素和抗进食剂）。第五代农药是生物农药。一些新型天然产物和脑激素拮抗物也被纳入第五代农药范畴。未来的农药不应是狭义的"杀生物剂"，而应是广义的"有害生物防除剂"。因此，凡是对有害生物能产生重要作用的物质，都应是农药范畴的研究对象。理想的农药应该是高效、低毒、低残留，不对动物细胞只对防治对象如昆虫，微生物和病毒、杂草特有的酶起抑制作用，同时易被日光和微生物分解，即使大量使用也不污染环境。上述目标的要求是很严格的，从现有农药品种看，符合这一目标的为数很少，理想的农药开发尚待化学、生物、农学等有关科技工作者合作努力奋斗。

## 10.3.2 农药创制与开发途径

为了获得较理想的农药，除了对旧农药进行改造外，应该在以下五个方面努力探索。

1）应用生态学指导寻找新农药

这种寻找农药的方法是化学与生态学的结合。1982 年 Dewide 指出：病虫害是生态学现象，……对它们的预防，应该用生态学理论来指导。

植物杀虫剂是典型的植物次级代谢产物。许多植物的化学防御，主要依赖各种"温和的"行为威慑物和对动物（昆虫）尚不致命的活性物。昆虫的行为诸如寻找寄主、产卵和进食都极大地受到这些物质的影响。某些防御作用对少数或个别的昆虫是一种特别的信号，而且表现出吸引或刺激的活性。近期应用的所谓"神经操纵剂"的一些次级植物化学品，以不致命的程度操纵害虫神经的设想，对于开发新型药剂很有价值。例如，性引诱素、种间激素和异基因能改变害虫行为。有些性引诱素农药已被使用，效果可与第二代杀虫剂相媲美。某些拟保幼激素已被用于防治卫生方面的害虫和有害生物。因为它们具有抑制害虫繁殖的能力，也可用于农业害虫和有害作物的防治。还有加氧酶的抑制剂作为害虫生长调节剂；芸苔素能使某些作物增产；杀倍子剂在繁殖杂交作物时，用于抑制花粉的产生和萌发抑制自身受粉等。

2）以天然物质作为化学合成的样板

天然源产品中有生物活性的分子结构是丰富农药产品的源泉。有时可直接作为农药使用。通常人们把天然源物质作为化学合成的样板，或者作为设计一个程序可达到的作用机理研究的目的。

研究开发新农药时，最重要而且最困难的是如何探寻新母体化合物。现在倾向于在（植物）天然产物中寻求母体化合物，并作种种结构改变，已开发拟除虫菊酯类、氨基甲酸酯类等多种杀虫剂，它们在农药中占有独特位置。

原产非洲的豆科植物毒扁豆的种子，含有毒成分毒扁豆碱(physostigmine)。模仿它以苯基氨基甲酸酯为基础结构，产生了很多氨基甲酸酯类杀虫剂。又如沙蚕毒素，将其作为母体化合物，开发了杀螟丹和拟除虫菊类多种酯类农药。

在杀菌剂领域，日本用发酵技术，从放线菌开发了多氧霉素、春雷霉素及灭瘟素等农用杀菌剂。这样，天然产物就不仅作为合成结构改变的母体化合物，利用发酵技术、植物工程学等最新技术，天然产物本身亦可作为农药来使用。

3) 合成和分离高光学活性的农药

具手征活性的农药的制备也是当今研究开发新型农药的热点。所谓手征性活性物质，即具有同一化学分子式，其实像与镜像完全重合的化合物。这里仅一种分子状态具活性，另一分子状态就无使用价值。研究工作者必须考虑对具活性分子的对映选择合成——非对称合成。

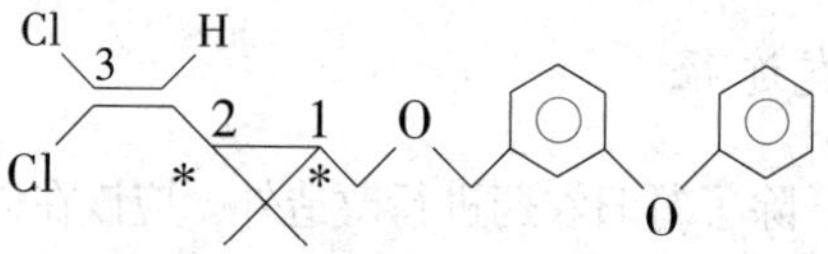

人们曾统计当今世界上使用的农药、医药中有 22% 是纯光学体，其他 78% 中有 5% 具有一定的光学活性。例如，菊酯类杀虫剂的光学活性对生物活性的重要意义，右旋-反式菊酸酯有最好的杀虫活性，右旋-顺式和右旋-反式混合物有一定杀虫活性，而左旋体则完全没有活性。拟除虫菊酯中一种家用杀虫剂的化学结构如右图。其分子结构中含有一个三元环和两个手性中心，它有多种不同的立体异构体，它们的杀虫效果也各异，如构型分别为 1R, 3CIS；1S, 3CIS；1R, 3TRANS 时对家蝇的杀灭率分别为 100，1，46，对蟑螂的杀率则为 100，0.1 和 15。

日本金龟子性信息素，分子中含有一个手性中心和一个双键，只有当碳碳双键取 Z 构型，同时手性中心取 R 构型的异构体才有生理活性。当样品混有 3% Z-S 构型的异构体时就完全失去生理活性。Sulcatol 是一种树皮甲虫的聚集信息素，其中 100% S 构型完全没有生理活性，但当渗入 1% R 构型的异构体时便开始具有生理活性。当两种异构体混合物中含有 65% S 构型异构体和 35% R 构型异构体时，其生理活性最强。Paclobutrazol 分子中含有手性中心 $C_2$ 和 $C_3$，其中 (2R, 3R)-异构体作杀菌剂，具有高的杀菌作用和低的植物生长控制作用；而 (2S, 3S)-异构体则具有高的植物生物控制作用和低的杀菌作用，可用作植物生长调节剂。Polygodial，其旋光(-)异构体是一种昆虫拒食剂，能使五种昆虫拒食，而它的对映体则完全没有生理活性。

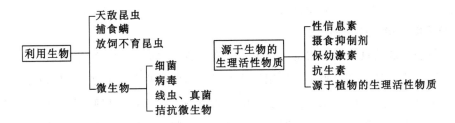

4) 其他生物农药的研究开发

生物农药一般分为直接利用生物和利用源于生物的生理活性物质两大类，如下图所示：

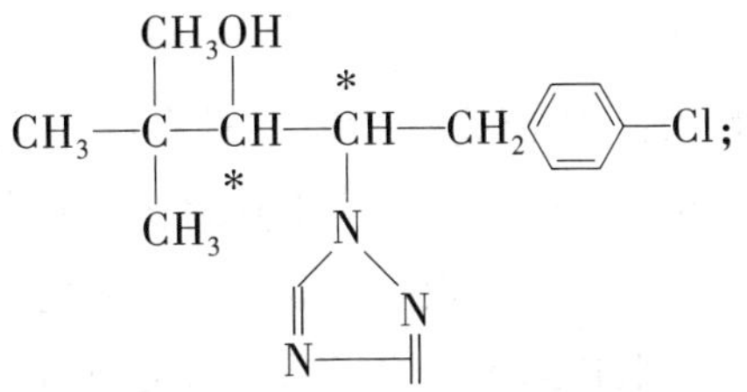

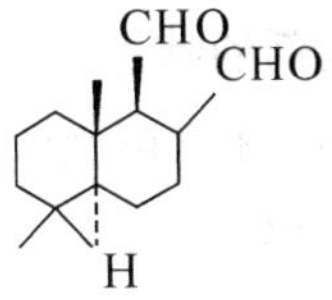

利用生物 ── 天敌昆虫 捕食螨 放饲不育昆虫
├── 微生物 ── 细菌 病毒 线虫、真菌 拮抗微生物

源于生物的生理活性物质 ── 性信息素 摄食抑制剂 保幼激素 抗生素 源于植物的生理活性物质

当今利用微生物、细菌、病毒、线虫、真菌、拮抗微生物等作为农药不断涌现，其动向十分引人注目。微生物农药具有对人畜无害，使用安全；选择性高，对生态系统影响小；不易产生抗性；对天敌昆虫无害；能与化学农药混用等特征。但是，生物农药较之化学农药速效性较差，对病虫害各生长阶段效果有差异。

5) 利用计算机辅助设计开发新的农药

在开发农药制定最新活性物质设计方案时，利用电子计算机辅助分子模型（CAMM）进行制备，同时运用定量结构活性分析（QSAR）可取得较好效果。CAMM 是研究最新活性物质的新颖工具，根据计算机程序的设计及受体结构（如蛋白质）的知识，计算出实际上有可能与受体结合的模拟结构，使活性物质可与受体一定部位精确地嵌合，从而获得农药分子的最佳结构。

# 10.4　合成杀虫剂

合成杀虫剂是当今研究、生产和应用最多的一类农药。它们中间一些类型和品种，由于毒性大或不能在环境中降解或在生物体中代谢而被淘汰（如有机氯农药和一些有机磷农药）。本节只对目前应用的主要类型予以简介。

### 10.4.1 有机磷农药

**1. 有机磷杀虫剂的特点**

有机磷杀虫剂的优点可大致概括为：① 药效高；② 品种多；③ 防治对象多，应用范围广；④ 作用方式多；⑤ 残毒少，药害轻；⑥ 在环境中降解快，残毒低。多年实际应用证明，这类药剂应用成效大，农业、畜牧业和卫生防疫业都乐为采用。其缺点是对温血动物的毒性高，为了克服这一缺点，合成低毒药剂就成了研究这类药剂的方向。

有机磷杀虫剂是属于磷酸酯类化合物。一般易于水解，稳定性较差，特别是在碱性中更不稳定，所以不宜与碱性药剂混用。在水中的溶解度除个别品种外都甚小。可溶于有机溶剂及油脂中，因而增加其与昆虫体内脂肪组织的亲和力，助长了杀虫力。微溶于石油系烃类。蒸气压一般较低，不易于挥发。

**2. 有机磷杀虫剂的作用方式**

有机磷杀虫剂兼具触杀、胃毒、熏蒸三种作用方式，并且对植物组织多少有些局部浸透作用，还有若干品种具内吸杀虫作用。这些是有机磷杀虫剂的特点，因而有时比其他类型药剂使用方便。药剂侵入昆虫体内引起中毒的过程大致为：经口腔侵入时，最初集中在昆虫的前肠，而后分散入血液中，遍布到全身。经皮肤及气孔侵入时，最后亦分散到血液中。有机磷杀虫剂的生物活性作用机理主要是对动物体内的胆碱酯酶(ChE)的强烈抑制。中毒是以神经细胞为起点，症状为神经异常兴奋，发生异常活动，继之过度紧张，筋络失调，渐次强烈痉挛，以致死亡。

**3. 有机磷农药化学结构与性能关系**

不同有机磷化合物对胆碱酯酶的抑制作用有很大差异。目前，对这种差异在理论上还没有解释。1937 年 Schrader 提出生物活性的有机磷化合物应具有如 I 所示的通式。式中应含有五价磷为中心核，中心核磷上直接连接一个二价元素氧或硫，这个中心核上还直接连有两个烷氧基或两个其他一价基团，另外与中心核结合的还有一个有机酸性基团。

$$\begin{matrix} R_1 & X \\ & \diagdown \diagup \\ & P{-}Acyl \\ \diagup & \\ R_2 & \end{matrix}$$

I

在生物体外，基于磷原子的负电性质，化学结构与生物活性的关系可概括如下的顺序：

$$(RO)_2 \underset{\overset{\|}{O}}{P} OR' > (RO)_2 \underset{\overset{\|}{O}}{P} SR' > (RO)_2 \underset{\overset{\|}{S}}{P} OR' > (RO)_2 \underset{\overset{\|}{S}}{P} SR'$$

式中，OR′(或 SR′)对生物活性的影响是与化合物水解成 HOR′(或 HSR′)的水解速度有关。水解速度快，则有利于 ChE 的磷酰化反应的进行，而表现强的生物活性。式中 R 电性能不同，磷酰化的 ChE 水解速度(即 ChE 活力的恢复速度)也不同。

在当 $R_1 \neq R_2$ 时，则成为具不对称有机磷异构体化合物，这种异构体之间的生物活性往往差异较大，如苯腈硫代磷酸酯(简称苯腈磷)的对映异构体为：

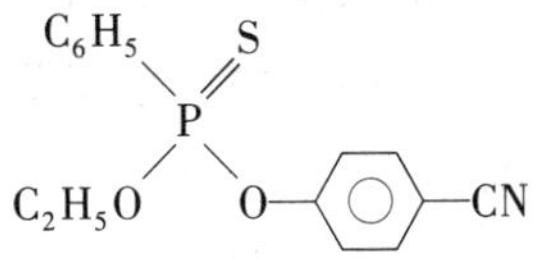

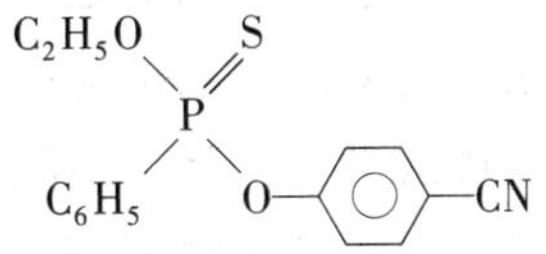

该化合物消旋体和(+)及(-)苯腈磷的生物活性列在表 10-2：

表 10-2

| 化 合 物 | LD$_{50}$ | | |
|---|---|---|---|
| | 家蝇 | 二化螟<br>（μg/g）　（mg/kg） | 小白鼠 |
| (+)-苯腈磷 | 1. 32 | 2. 92 | 32 |
| (-)-苯腈磷 | 3. 61 | >73 | 35 |
| (±)-苯腈磷 | 1. 67 | 7. 30 | 34 |

从表中可看出，(+)-体对家蝇的毒性是(-)-体的 2.7 倍，接近于(±)-体的毒性。对二化螟则为 25 倍，是(±)-体的 2.5 倍。但对小白鼠的毒性，则三种异构体几乎相等。

**4. 重要的有机磷农药品种**

有机磷杀虫剂品种最多，常见的产品概括起来主要有六大类型：① 磷酸酯类，如敌敌畏[ $O$ , $O$ -二甲基- $O$ -(2，2-二氯乙烯基)磷酸酯]，久效磷灭蚜净等；② 膦酸酯类，如敌百虫( $O$ , $O$ -二甲基-(2，2，2-三氯-1-羟基-乙基)膦酸酯；③ 酮磷酯类，如对硫磷( $O$ ，$O$ -二乙基- $O$ -(对硝基苯基)硫代磷酸酯)，杀螟松，倍硫磷等；④ 二硫代磷酸酯类。如马拉硫磷( $O$ , $O$ -二甲基-5-(1，2-二乙氧羰基乙基)二硫代磷酸酯；乐果( $O$ , $O$ -二甲基-5-( $N$ -甲氨基乙酰基)二硫代磷酸酯，稻丰散等；⑤ 酰胺型类如甲胺磷 $O$ , $S$ -二甲基-硫代磷酰胺；⑥ 硫醇型如伏地松等。其合成方法和应用请参考有关文献。

## 10.4.2　氨基甲酸酯农药

**1. 氨基甲酸酯农药的发展及其特色**

正如前述这类农药是模仿毒扁豆碱的化学结构而合成的，在这类农药的分子中都存在有 $N$ -有机基团取代氨基甲酸酯结构：

$$X—R'—O—\underset{\underset{O}{\|}}{C}—NH—R$$

其中，$R=CH_3$ , —$C_2H_5$ ，$R'$ 芳基，杂环，肟酯等。

氨基甲酸酯类杀虫剂的发展，大致经历了三个阶段：1958 年出现了性能优异的甲萘威后，20 世纪 60 年代初期开发成功许多新药剂，这是品种涌现最多、发展最快的时期。60 年代末期出现了氨基甲酸杂环酯和氨基甲酸肟酯，如涕灭威、克百威、灭多威等，这是第二阶段。此类药剂杀虫效果好，杀虫谱亦广，但毒性太高，使应用受到了一定限制。如何使这些高效高毒的品种低毒化，且又不降低其杀虫活性，这是近十几年来农药工作者所致力研究的工作。通过努力，已取得了相当的成效，出现了硫双灭多威、棉铃威、丙硫克百威和丁硫克百威低毒的代表性品种，这即被认为第三个发展阶段。

氨基甲酸酯类杀虫剂具有以下特点：

（1）选择性强。这类杀虫剂对咀嚼式害虫，如棉红铃虫等具有特效，这恰为众多有机磷杀虫剂所不及。

（2）杀虫谱广。如甲萘威和克百威均能防治上百种害虫，又如速来威、灭多威和丁硫克百威等还有一定的内吸性，且不伤害天敌。

（3）增效剂可提高其药效。用于拟除虫菊酯的增效剂亦可用于氨基甲酸酯类杀虫剂的增效。氯化胡椒丁醚等使甲萘威对家蝇的毒力可以提高 15 倍。最近国外发现增效剂 UC-76220，能使甲萘威对灰翅夜蛾类的药效提高 27 倍。

（4）对人畜和鱼类低毒。氨基甲酸酯类杀虫剂的母体化合物毒性较高，它们在温血动物与昆虫体的代谢途径不同，在前者体内易水解，而在后者仍保持母体化合物的毒性。

（5）化合物结构简单，易于合成。一种中间体或一套设备能生产多种产品。如甲基异氰酸酯可至少作为 30 种氨基甲酯类农药的中间体。生产设备亦具有通用性。

（6）新的品种不断上市，应用范围进一步拓宽，已发现具有卓著除草和杀菌活性的化合物。此外，还出现了具有非灭杀性的昆虫激素型氨基甲酸酯类结构（如双氧威）。

**2. 氨基甲酸酯化学结构与活性**

氨基甲酸酯的结构如 I 所示：

将 A 的位置加以改造，可得硫赶形（—S—C＝O）、硫逐形（—O—C＝S）、二硫代形（—S—C＝S），已知这些化合物均有杀虫活性，但抗乙酰胆碱酯酶的活性较低。有人解释这可能是硫逐形、二硫代形的 C＝S 中碳的亲电子性较低，

以及 $\diagup$C＝S→$\diagup$C＝O 的反应难以进行。

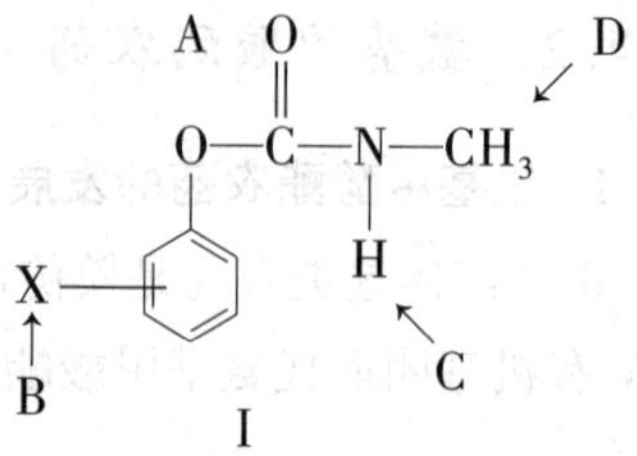

I 式中 B 部位的取代基 X 的种类、位置不同，可制得许多有效的氨基甲酸酯。但是，尚未找到特别好的能抑制抗黑尾叶蝉的乙酰胆碱酯酶的化合物。在某些氨基甲酸酯的苯环上或在 X 上由于代谢而含有羟基，也可保持抑制乙酰胆碱酯酶的活性。将 C 部位 N—H 改为 N—OH 或 N—OCH$_3$ 等，即失去活性。昆虫代

谢会去掉酰基，然后变回到原来的氨基甲酸酯，以抑制乙酰胆碱酯酶。已知有 $N$-乙酰化物及 $N—O$，$O$-二烷基膦基硫代化合物等。还有不是乙酰化物，而引进苯基硫代($C_6H_5S$)化物，以及将两个氨基甲酸酯分子用硫相连的双硫化物型 $—N—(CH_3)—S—N(CH_3)—$ 等，比原来的药剂毒性低、杀虫谱较窄，对生态系统影响较少，据说有时对抗害虫更有效。

早期的氨基甲酸酯以 $N$，$N$-二甲基形式出现，后来才明白还是 $N$-甲基形式抑制胆碱酯酶能力及杀虫活性较强。$N$-烷基氨基甲酸间特丁苯酯衍生物对苍蝇的乙酰胆碱酯酶的致死中浓度 $I_{50}$(mol/L)为：甲基 $4×10^{-7}$、乙基 $2×10^{-5}$、苄基 $1×10^{-3}$。测得的丙基、丁基、己基衍生物的杀虫活性均较低。$N$-烷基氨基甲酸间异丙苯酯衍生物中，无取代基的为 $4×17^{-7}$、甲基 $3.4×10^{-7}$、二甲基 $5×10^{-4}$、二乙基活性也相当低。对 $S_{NAIDM}$ 家蝇的 $LD_{50}$(μg/g)呋喃丹的 $N$-甲基化物为 $6.7$，$N$-乙基化物为 $185$，而 $N$-甲基氨基丙甲酸酯才是杀虫性能好的农药。$N$-丙基氨基甲酸酯是抗黑尾叶蝉的乙酰胆碱酯酶抑制剂。

此外，苯环为杂环取代后，衍生出很多好的农药。肟基氨基中酸酯是另一类氨基甲酸酯($R—CY=N—OCONHR'$，$Y=H$，$R$，$R'=$烷基)农药，在氨基甲酸肟酯中存在顺、反异构体。立体异构不同，表现出不同的生物活性，通常顺式比反式活性高。

**3. 氨基甲酸酯农药的主要品种合成方法**

氨基甲酸酯农药的应用品种有几十种，其生产合成工艺以甲基异氰酸酯为主，这种方法又有光气法和非光气法(即甲基甲酰胺法和碳酸二苯酯法，又称拜法)。

## 10. 4. 3　除虫菊酯类农药

### 1. 拟除虫菊酯类农药研究开发过程

1924 年瑞士、日本开始研究天然除虫菊酯的结构，1947 年确定共含有 6 种成分，其中最有效的为除虫菊酯 Ⅰ(Pyrethring Ⅰ)(1)。但由于分子中含有双键和羰基，易在光照下氧化、水解，稳定性较差。1949 年 Schechter，Laforge 在①醇环侧链除去一个双键，合成了丙烯菊酯②，稳定性稍有改善。1958 年 Barthel 又合成了苄菊酯③，以苯环代替五元环，可用于防治卫生害虫。同时，捷克的 Farkas 用二氯菊酸代替天然菊酸，合成了化合物④。其目的是使氯原子的孤对电子与双键共轭，增加了菊酸的稳定性。

1961 年 Barhtel 考虑菊酯使用时常需加增效剂以抑制虫体中的氧化酶，从而提高药效。鉴于增效剂的分子结构中多含有胡椒基，故将胡椒基引入，合成了⑤及⑥，后者即为熏虫菊酯(Barthrin)，效果较好。1963 年加藤合成了胺菊酯⑦，该药剂击倒力强，广泛用于卫生害虫。同时，Ellitott 及 Janes 合成了化合物⑧及⑨，证明了烯烃链存在的重要性。同年，植田用苯环代替醇环上的共轭烯烃链，合成了⑩，并证明苄基在间位比对位有效。1965 年 Ellitott 及 Ueda 合成了⑪。该化合物即为苄呋菊酯(Resmethrin)，其药效超过丙烯菊酯。在制备中若用呋喃环代替菊醇环，合成比较方便。

⑤ R = 
⑥ R = 
⑦ R = 

⑧ R = 
⑨ R = 
⑩ R = 

⑪ R = 

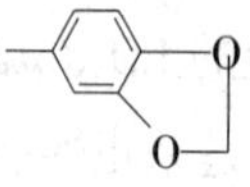

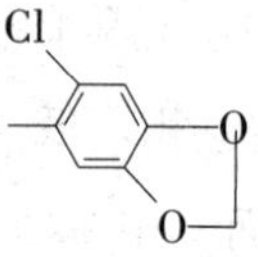

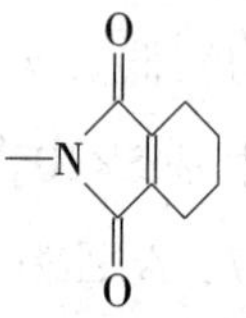

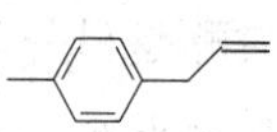

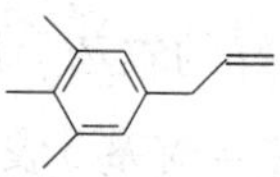

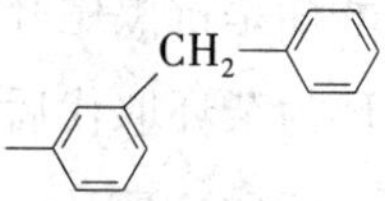

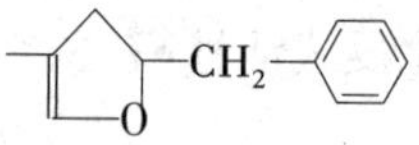

1966 年松井用二甲基代替菊酸的异丁烯基，合成了化合物⑫。由于增加了与受体作用的偕二甲基，故其 *R* 型与 *S* 型的药效相同。该药剂对卫生害虫有效。同年，胜田合成了⑬与⑭，前者炔呋菊酯(Furamethbrin)，效果与苄菊酯相当，已用于电蚊香片中。1967 年胜田又合成了⑮，但将其侧链饱和则无效。同时，仲西合成了化合物甲基炔呋菊酯(Proparthrin)⑯。同年 Velluz 合成了环虫菊酯(K-Othrin)⑱。1968 年板谷合成了苯醚菊酯(Penthrin)⑰，以苯氧基代替苄基合成较易，稳定性亦可，药效稍次于苄呋菊酯。1969 年 Lhoste 合成了 Kadethrin⑲，其击倒速度较快。

⑫ 
⑬ R = 

⑭ R = 
⑮ 

⑯ R= 
⑰ R = 

⑱ R= 
⑲ R = 

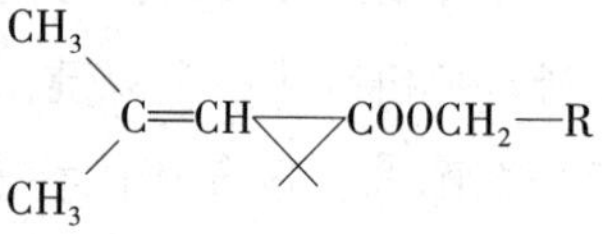

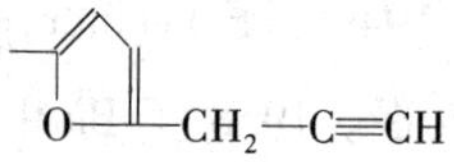

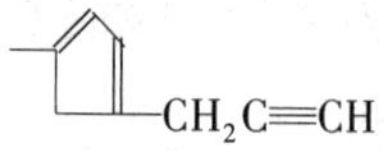

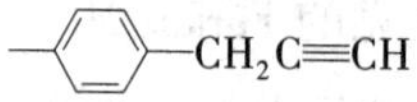

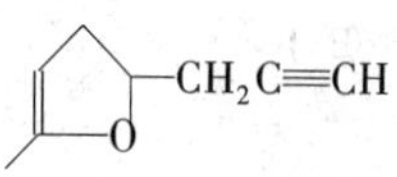

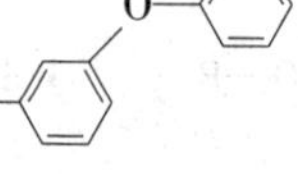

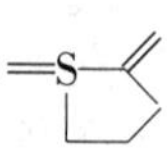

1971 年，松昆合成了氰苯醚菊酯⑳，比⑰多一个氰基，药效比⑱更持久。这是由于

氰基水解成酸后再脱 $CO_2$ 仍转变成⑲。由于氰基空间位阻使酯较难水解，故药效提高。松尾合成甲氰菊酯(Fenpropathrin)㉑。

⑳ R =

㉑ R =

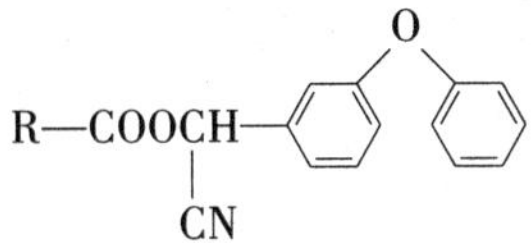

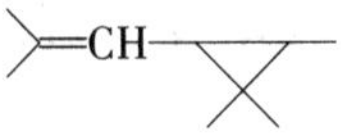

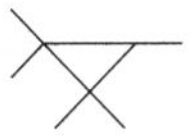

1971 年，曾田合成了化合物㉒。翌年 Elliott 合成化合物㉓和㉔。随后又合成了震动世界的二氯苯醚菊酯㉕、氯氰菊酯㉖和氰菊酯㉗。

㉒ $R_1$ =

㉓ $R_1$ =

㉔ $R_1$ =

㉕ $R_1$ = Cl ，

㉖ $R_1$ = Cl，

㉗ $R_1$ = Br，$R_2$ 同㉖

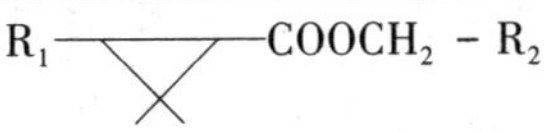

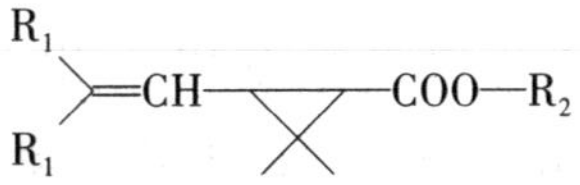

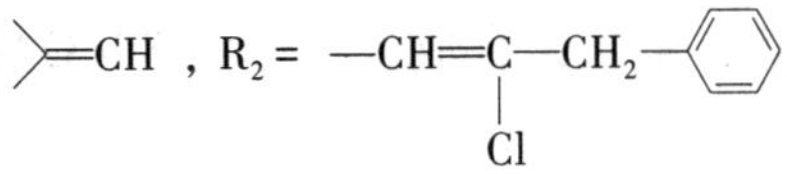

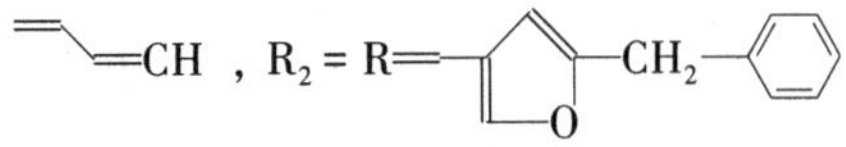

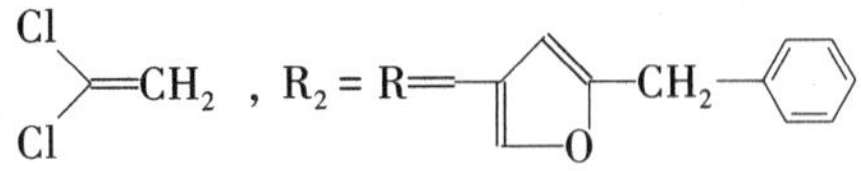

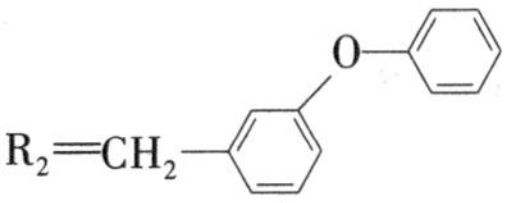

1972 年，住友公司考虑到滴滴涕的作用机理与拟除虫菊酯相仿，于是将滴滴涕的有效结构嵌入菊酯中，合成了戊菊酯㉘，它的(+)-S-酸的结构与(+)-R-反式菊酸相同。1973 年大野以氰基引入戊菊酯中，合成了著名的氰戊菊酯㉙。

㉘ R = H

㉙ R = CN

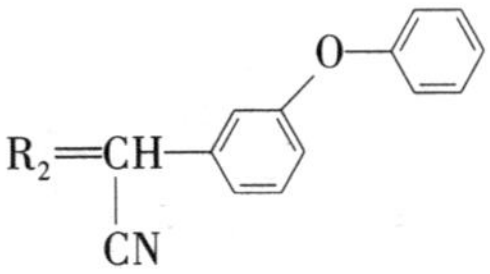

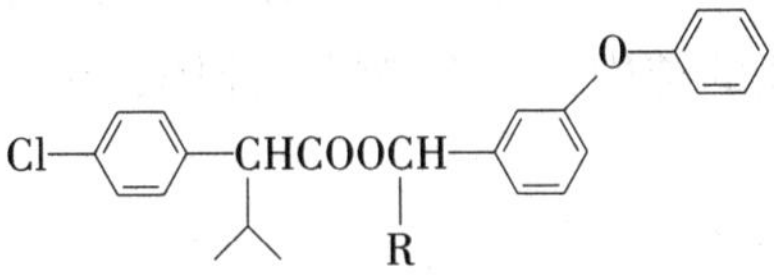

同年，平野等合成了㉚，㉛和㉜，其中㉚极易挥发，可作驱避剂。

$$\chemfig{>=CH-CH\text{(三元环)}-COOCH-R_3}$$

R_1 (on the CH)

㉚ $R_1 = -C\equiv CH$, $R_2 = -\overset{CH_3}{\underset{}{C}}=CH-C_2H_5$

㉛ $R_1 = H$, $R_2 = -\overset{Cl}{\underset{}{C}}=CH-CH_2-$ （苯基）

㉜ $R_1 = H$, $R_2 = -$（苯环）$-CH_2-O-CH_3$

1975 年，Holan 合成了螟杀菊酯㉝，该化合物分子中不含烯烃双键，对鱼低毒，故可用于防治水稻害虫。1977 年 Engel 将氟原子引入分子中，合成了具有杀螨活性的化合物㉞。同时，ICI 公司将氰基引入化合物㉞中，制得了具杀螨杀蜱活性的氯氰菊酯（Cyhalothrin）㉟。Bayer 公司则将氟原子引入到化合物㉖中，合成了氟氯氰菊酯（Cyfluthrin）(36)，其兼具杀螨活性。至 1978 年，平野又合成了代号为 SP-3243 的化合物㊲。该药剂具有很高的挥发性。

$$R_1-COOCH-R_3$$
$$R_2$$

㉝ $R_1 = C_2H_5O-$（苯环）$-$（二氯环丙烷，Cl、Cl）, $R_2 = CN$, $R_3 = -$（苯环）$-O-$（苯基）

㉞ $R_1 = \overset{Cl}{\underset{CF_3}{C}}=CH-$（环丙烷）, $R_2 = H$, $R_3 = -$（苯环）$-O-$（苯基）

㉟ $R_1$ 同㉞, $R_2$ 同㉝, $R_3$ 同㉝

㊱ $R_1 = \overset{Cl}{\underset{Cl}{C}}=CH-$（环丙烷）, $R_2 = CN$, $R_3 = -$（苯环，带F）$-O-$（苯基）

㊲ $R_1$ 同㊱, $R_2 = CH\equiv CH$, $R_3 = -\overset{CH_3}{\underset{}{C}}=CH-CH_2C\equiv CH$

1980 年 Nanjyo 合成了肟醚菊酯㊳，该化合物分子中已无酯键存在，故对鱼低毒，亦可杀螨。1983 年 Bayer 公司合成了 NAK-1654㊴，该化合物中引入了 5 个氟原子，致使残效增长，现作为防治土壤害虫药剂。1984 年三井东压合成了醚菊酯㊵、烃菊酯㊶和氟烃菊酯㊷。这些化合物的分子中均无酯的结构，亦无烯烃官能团，对鱼低毒，可用于水稻。

㊳ $Cl-$（苯环）$-\overset{}{\underset{\text{异丙基}}{C}}=N-O-CH_2-$（苯环）$-O-$（苯基）

㊴ $\overset{Cl}{\underset{Cl}{C}}=CH-$（环丙烷）$-COOCH_2-$（苯环，四个F）

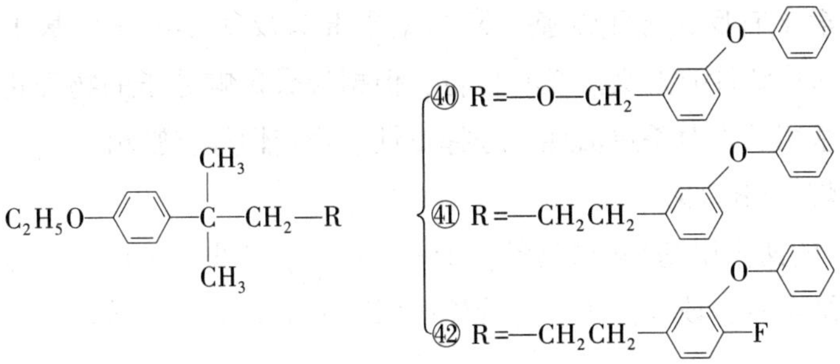

$$C_2H_5O-\underset{\underset{CH_3}{|}}{\overset{\overset{CH_3}{|}}{\underset{|}{C}}}-CH_2-R$$

⑩ R＝—O—CH₂—⟨苯氧基苯⟩

④ R＝—CH₂CH₂—⟨苯氧基苯⟩

④ R＝—CH₂CH₂—⟨氟苯氧基苯⟩

从拟除虫菊酯分子设计的过程，我们可以学到一些农药研究开发的思路。现在，拟除虫菊酯已转向非酯化合物，分子结构由复杂变简单其性能越来越全面。其结构可归纳如下：

（1）菊酯的分子链长，如以酯中氧原子为中心，在其左右应有 6 个碳原子的长度。在酸部分则应含有环状结构，而偕二甲基则是不可缺少的。在醇部分应含有双键，使其某一部分呈现 sp² 杂化平面，不能自由旋转，这样才易于与受体结合，亦可将酯键变成醚键或碳键，但从左边手性碳原子到右边醇原子之间，其长度约为 3 个碳链为佳。

（2）在光学异构体中，往往是右旋体的药效高于左旋体，后者甚至无效。在天然菊酸酯中，反式药效大于顺式；在二氯菊酸酯中，顺式药效大于反式，这是由于醇部分的结构影响所致。应注意的是在酯中的氧原子附近，不能有太大的空间位阻，如变为羰基则无效；醇中 α 碳位上以氰基取代可提高药效，但也会降低药效（如在甲醚菊酯中）。

（3）氟原子的引入可对防治螨类有效；若将酯键变为非酯键，则可降低对鱼毒性，能用于防治水田害虫。

**2. 拟除虫菊酯农药化学结构与活性的关系**

以天然除虫菊素Ⅰ为原型，将其结构分为 A～E 五部分，在此讨论杀虫活性与结构的关系。

1）酯键（C）部分

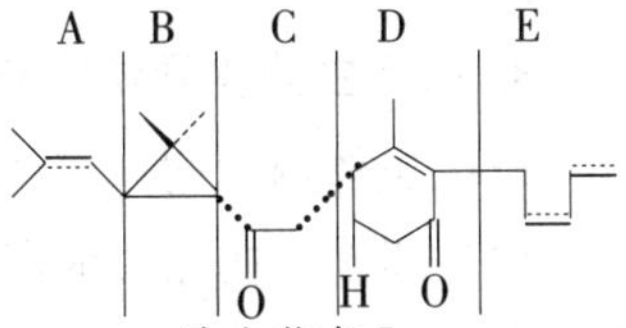

酯键断裂后的酸部分与醇部分没有杀虫活性。用—OOC—，—CH₂OOC—，—NHCO—，—NHCOO—，—O—CH(OH)—CH₂—，—(CH₂)ₙCOO—(n＝1，2)等代替—COO—，杀虫活性便剧减。值得注意的是用—COCH₂—代替—COO—后，杀虫活性虽减至二十分之

除虫菊素Ⅰ

一，但神经电生理作用却与丙烯菊酯相同。由此可见，拟除虫菊素并不是酰化剂，而是酯键不动，以整个分子形式与神经膜相互作用的。酯键比—COCH₂—等键在 AB 与 DE 部分牢固保持某种立体构型方面更起作用。

2）酸的第 3 位取代基（A）部分

在这个位置上,除虫菊素 Ⅰ 有反式异丁烯基,除虫菊素 Ⅱ 有反式 2-甲氧羰基-1-丙烯基,一般认为该部分对增强杀虫活性有意义。没有也行,但据说会影响分子的物理化学性质和代谢的难易程度,引入基团后将对杀虫活性、选择毒性、稳定性等有影响。

3)酸的偕二甲基与环丙烷环(B)部分

偕二甲基(同一碳原子上的两个甲基)必须具备,少一个甲基,杀虫活性剧减。这可能是因为拟除虫菊素与受体相结合时,该部位正好与受体的"锁眼"相嵌合的缘故。

4)酸的绝对构型

合成菊酸有四种立体异构体,其中只有(+)-反式菊酸与(+)-顺式菊酸的酯杀虫活性最强。换言之,1R 构型是必要的。如果固定了环丙烷环 $C_1$ 的 1R 构型,则偕二甲基与醇部分 DE 也在某种程度上固定了空间构型,才能有效地与受体嵌合。例外的是 2,2-二甲基环丙烷羧酸酯,二个活性酸酯的杀虫活性相等,其原因是偕二甲基嵌合的"锁眼"有两个,大的取代基进入环丙烷环时,对另一个光学活性酸的酯来说,其取代基就难以与偕二甲基的"锁眼"相嵌合。

5)醇的 E 部分

为了得到高杀虫活性的化合物,在环戊烯酮骨架的侧链(E 部分)上,必须具备不饱和键。该不饱和键可以是双键(不论顺、反式)、三键、苯环、呋喃环、噻吩环等,应隔开一个—$CH_2$—与环戊烯酮环(D 部分)中的双键相联,使形成共轭双键,若隔开过远,杀虫活性均剧减。

6)醇的 D 部分

即使环戊烯酮环上没有甲基也行,环上 $\alpha$-$\beta$ 不饱和羰基起着保持该平面的作用,羟基及 E 部分的不饱和键在该平面之外。对除虫菊素 Ⅰ 及丙烯菊酯等化合物来说,有羟基的碳是不对称碳原子。杀虫活性较强的菊酸酯,醇部分为 S 构型,即醇部分的氧与 E 部分的不饱和键介于环戊烯酮环之间,有一定的空间距离,否则难以嵌入受体,所成的酯杀虫活性就会降低。

**3. 拟除虫菊化学结构与代谢**

1)昆虫体内代谢

(1)酯键。在除虫菊素分子中部的酯键,进入昆虫、温血动物的体内不断裂,只有大白鼠会切断丙烯菊酯的酯键。然而反式菊酸的伯醇酯在大白鼠体内均易于水解。借肝微粒体的酯酶能充分切断反式菊酸的酯键,却难以切断顺式菊酸的酯键。除虫菊素 Ⅱ 分子末端的甲氧碳基,也易被大白鼠体内的肝脏微粒体切断,这正是对温血动物毒性低的原因。

(2)异丁烯基。除虫菊素 Ⅰ 及丙烯菊酯的代谢均几乎由氧化作用所致,菊酸部分异丁烯上的甲基,也是借昆虫、温血动物体内的微粒体氧化酶氧化为醇,进一步的体内变化是一部分由醛变羧基,还有一部分在昆虫体内生成醇的缀合体。

（3）偕二甲基一般难以代谢，只有丙烯菊酯可以羟基化。

（4）醇的 $E$ 部分 除虫菊素 I 及丙烯菊酯等的醇部分的侧链，易在昆虫、温血动物体内被氧化。双键经环氧化而继续变为乙二醇或发生烯丙位上的羟基化。双键经环氧化而继续变为乙二醇或发生烯丙位上的羟基化，一部分形成缀合体。

（5）增效剂的作用。增效剂抑制了微粒体氧化酶体系的作用，杀虫效果就增加。

2）光分解

除虫菊酯易为光所分解，残效较差，这是难以在农业上应用的原因，在普通光照条件下，会产生下列反应：

（1）酯键几乎不断裂。

（2）在温和条件下，菊酸部分不变，而醇的侧链 E 部分发生变化，丙烯菊酯会产生烯丙基侧键的变化，而除虫菊素可自顺式变为反式。

如将天然除虫菊酯、丙烯菊酯、苄呋菊酯等接于环糊精中，即可抑制菊酸及醇部分的变化，显著改善对光的稳定性。

# 10.5 合成杀菌剂

杀菌剂是指能杀死对农作物有害的真菌、细菌和病毒或阻止病菌繁殖的一类物质。

自古以来人们常采用硫磺作杀菌剂，还有波尔多液（硫酸铜∶生石灰∶水 = 1∶1∶100）和一些汞盐，它们多属于保护性杀菌剂。1934 年，发明的二甲基氨基二硫代甲酸酯（福美类），是较好的有机杀菌剂。以后又陆续研制了代森锌、代森锰等，它们是乙撑双二硫代氨基甲酸盐。它们都属保护性杀菌剂。20 多年来，又发展了内吸杀菌剂（如高效低毒的多菌灵），以及具有发展前景的生物杀菌剂和各种各样的抗生素。所谓保护性杀菌剂，即以覆盖方式施用于作物的种子、茎、叶或果实上，防止病菌的侵入。此外，还有内吸性和非内吸性及生物杀菌剂等多种治疗剂。

## 10.5.1 杀菌剂的化学结构与活性

通常认为具有杀菌剂活性的化合物结构中必有活性基和成型基。活性基是与生物体作用的化学基团；成型基为化合物中对"生物活性"有影响的各种"取代基团"。也称之为"助长发毒基团"。此外，杀菌剂的电离度，表面活性等也与其应用性能有关。

1）活性基团

现有的杀菌剂分子结构中，通常有如下几种类官能团是活性基团。

（1）具有可与生物体中—SH，—NH$_2$ 等基团发生加成的不饱和双键或叁键。（如 —S—C≡N ， —N=C=S 等）。

（2）具有 $=N-\underset{\underset{S}{\parallel}}{C}-S-$ 等结构的化合物，它们能螯合生物体赖以生存的金属元素。

（3）具有 $-S-CCl_3$，$-S-CCl_3$，$-CHCl_3$，$-O-CCl_3$，$R-\underset{\underset{S}{\parallel}}{C}-S-$ 等结构官能团，使生物体中的 $-SH$ 基反应生成硫代光气（ $Cl-\underset{\underset{S}{\parallel}}{C}-Cl$ ），或使生物体内的 $-SH$ 纯化，因而具有生物活性。

（4）具有与核酸中的碱基（腺嘌呤，胞嘧啶等）相似结构的基团，能抑制或破坏核酸的合成。

总之，活性基团要对病菌产生活性，它一定要能进入菌体内并与菌体的某些成分结合。

2）成型基团

成型基团通常是亲油性基团或油溶性基团。杀菌剂要进入菌体，首先要通过菌体的外层结构细胞壁和细胞膜，才能充分发挥杀菌剂的活性。成型基团的结构对穿透力有很大影响，例如脂肪基是促进透过细胞防御屏障的成型基团。作为成型基的脂肪基的形状应和所透过菌类的细胞膜上的酯基形状具有一定的相似性，不同菌的细胞上的脂肪基随菌而异。直链的烃基比带有侧链的烃基穿透力强，低级烃基穿透力强，对卤素来讲穿透力：F>Cl>Br>I。

对同一类杀菌剂，它的分子结构中含有什么样成型基团穿透最好，杀菌活性最高，要通过分子设计和实验观察，不能完全根据化合物的结构来判断它的杀菌毒性。

## 10.5.2 主要杀菌剂

国内外一些重要杀菌剂举例如下，其合成方法及化学结构参考本书所引文献。

1）有机磷杀菌剂

稻瘟净（ $O$，$O$-二乙基-$S$-苄基硫代磷酸酯），内吸性，防治稻瘟病、油菜菌核病、纹病等。异稻瘟净（ $O$，$O$-二异丙基-$S$-苄基硫代磷酸酯），内吸性，防治稻瘟病、纹枯病、小粒菌核病等等。克瘟散（ $O$-二乙基-$S$，$S$-二苯基二硫代磷酸酯），广谱性杀菌剂，防治稻瘟病、纹枯病、小粒菌核病、褐色叶枯病、麦类赤霉病、芝麻叶枯病、叶蝉、飞虱、稻螟蛉。

2）含硫杀菌剂

代森锌，乙撑双二硫代氨基甲酸锌，防治蔬菜、果树、烟草上多种病害，麦类锈病、稻瘟病、纹枯病、立枯病。代森铵，乙撑双二硫代氨基甲酸铵，防治梨黑星病、黄瓜霜霉病、白粉病、甘薯黑斑病等。二硝散，2，4-二硝基硫氰代苯，防治粮食、果树、蔬菜等作物病害，白粉病、霜霉病、小麦赤霉病等。

3）有机氯

土壤散，五氯硝基苯，防治麦类黑星病、棉花立枯病、果树白纹羽病等。氯硝散，三氯二硝基苯，防治花苗期病害（立枯病，类疽病）、禾谷类黑穗病、谷子白发病等。五氯酚，五氯苯酚，除草、灭钉螺、木材防腐等。克菌丹，$N$-三氯甲硫基-4-环己烯-1，2-二甲酰亚胺，广谱性杀菌剂，可防治大田、果树、蔬菜等多种病害；克菌丹，$N$-三氯甲硫基邻酰亚胺，防治粮食，蔬菜，果树等作物的多种病害。

4）氨基磺酸类

敌锈钠，对氨基苯磺酸钠，防治小麦锈病、花生锈病。地克松，对-二甲氨基苯偶磺酸钠、种子处理。

5）杂环类

多菌灵，$N$-(苯骈咪唑基)-氨基甲酸甲酯，防治稻瘟病、纹枯病、小粒菌核病、三麦赤霉病、棉花苗期菌病、禾谷类黑穗病、甘薯黑斑病、瓜类白粉病等。叶枯净，5-氧吩嗪，防治水稻白叶枯病。甲基托布津，1，2-双（3-甲氧基-2-硫脲基）苯，广谱性杀菌剂，对粮、棉、油及果木等作物的多种病害有防治作用。敌枯双，$N$，$N$，-甲撑-双(2-氨基-1，3，4-噻二唑)，防治水稻白枯病、柑橘溃疡病。

6）其他杀菌剂

稻瘟酞，4，5，6，7-四氯苯酞，防治水稻稻瘟病。抗菌剂401(乙基大蒜素)S-乙基-硫代亚磺酸乙酯，防治棉花、甘薯、水稻病害。

7）农田抗菌素

春雷霉素，防治水稻稻瘟病；灭瘟素，防治水稻稻瘟病；井冈霉素，防治水稻纹枯病。

# 10.6  合成除草剂

全世界每年草害造成减产为10%~25%，其中谷类作物减产超过1.5亿t。开发和生产除草剂也是农药发展的重要内容之一。

最近十年来，借助电子计算机计算农药分子的量子化学参数与活性的关系，寻找能与受体结合的最佳结构，使除草剂品种开发朝分子设计的方向发展。当今研究开发除草剂的基本要求可归纳如下五点：

（1）在作物和杂草之间有高的选择性。

（2）除草剂对杂草生命属性起抑制作用，但对动物无害。

（3）除草剂能在土壤中快速分解。

（4）发展接触-选择性除草剂（其作用与土壤除草剂如敌稗的作用不同）。

（5）廉价的除草剂，可以大面积使用。

## 10.6.1 除草剂分类

**1）按作用范围分类**

（1）非选择性除草剂（灭生剂除草剂）。这类除草剂不分作物和杂草都全部杀害。这种除草剂主要用于除去非耕地的杂草（如公路、铁路、操场、飞机场、仓库周围环境等）。

（2）选择性除草剂。在一定剂量范围内，能杀死杂草而不伤害作物（如一定量的敌稗能杀死稻田中稗草而对水稻无害）。

**2）按作用方式分类**

（1）触杀型除草剂。它不能在植物体内运输传导，只能起触杀作用（如敌稗、五氯酚钠等）。

（2）内吸性除草剂（传导性除草剂）。它被植物吸收后，遍布植物体内（如2，4滴，西玛津等）。

**3）按化学结构分类**

苯氧脂肪酸类，酰胺类，均-三氮苯类，取代脲类，酚及醚类和氨基甲酸酯及硫化氨基甲酸酯类及其他。

## 10.6.2 除草剂的选择性

不同植物用同一药剂时是否被杀死，其原因比较复杂，下面简述一些情况。

（1）植物不同，接触药剂的机会大有差异。如煤油是一种能杀死各种植物的灭生性药剂，但在洋葱田可杀死杂草，而洋葱很安全。原因是洋葱的叶子是圆锥直立的，外面有一层蜡质，因此喷洒煤油在洋葱叶子上根本沾不住。狭小叶子比宽阔叶子受药机会少，横展的叶子比竖立的叶子受药机会多。把药品撒在土壤表层时，深根性植物比浅表性的植物接触机会少。

（2）植物吸收药品的能力不同。植物表皮都有不同的保护组织，如果表皮有厚蜡质，则药物就不易渗透入植物体内，此植物也就不易被药物杀死。

（3）植物内部生理作用不同。植物在施药后，有的受害较重，有的却很轻或者无害。其原因是药物进入植物体内后，不同植物表现出不同的生理特性。如"西玛津"用在玉米体内有一种能分解"西玛津"的解毒物质，因此只要玉米吸入不太多，就不会受害。

## 10.6.3 除草剂的作用原理及产品开发

除草原理的阐明将对除草剂分子设计提供依据，从而有利于新品种的合成与开发。

（1）光合作用抑制剂：目前已阐明光合作用抑制的作用点包括：① 化合物基的形成；② 电子传递抑制剂；③ 能量传递抑制剂；④ 白化除草剂。其中能量传递抑制剂对动物也有影响，不是开发品种的方向。

（2）氨基酸的生物合成抑制剂：磺酰脲类是作用于细胞周期的特殊除草剂，主要抑制乙酰乳酸合成酶（ALS）的活性，导致某些氨基酸（缬氨酸、亮氨酸、异亮氨酸）生物合成抑制，使细胞周期停止在 $G_1$ 与 $G_2$ 阶段。另一类结构完全不同的咪唑啉酮类除草剂可抑制酶的活性。目前 ALS 已成为除草剂分子设计的重要靶标，受到广泛重视。新的含磷除草剂双丙氨膦能抑制谷氨酰胺合成酶（GS）的活性，该酶靠近光合系统，故其杀草作用比草甘膦迅速，而草甘膦则抑制 EPSPS 酶的活性。

（3）脂类代谢抑制剂：苯氧丙酸酯类除草剂（如禾草灵）抑制脂肪酸的生物合成；同类除草剂盖草能（haloxyfop）降低对乙酸的吸收。结构完全不同的环己酮类除草剂拿捕净（sethoxydin）则抑制脂类的合成。盖草能和环己酮类的 tralkoxydim 抑制乙酰辅酶 A 羧化酶的活性。这种酶在脂肪酸生物合成的第一个关键反应中起作用。以上两类除草剂的作用部位，可用其作为靶酶来设计和开发新的防除禾本科杂草的高效除草剂。

许多除草剂都含有一个毒性基团作为杀草活性的物质基础。当在分子结构中引入两个以上毒性基团后，有可能通过两个靶标而防除杂草，从而提高其活性。已开发的甜菜宁（phonmedipham）和甜菜灵（desmedipham）虽然都含有两个氨基甲酸基，但活性并未提高。

最近十年来，已开发出分子结构中含两个有效毒性基团的除草剂（见表 10-3）。它们的活性大大提高，单位面积用药量显著降低，其中以磺酰脲类最引人注目。

表 10-3　　　　　　　　分子结构中含两个毒性基团的除草剂举例

| 除 草 剂 | 结　构 | 毒性基团 |
|---|---|---|
| 氯磺隆 chloraulfuron | Cl₃ 结构（见图） SO₂NH—C(=O)—NH— 三氮苯 OCH₃ CH₃ | 三氮苯，脲 |
| 稳杀得 fluazifop-butyl | CF₃ 吡啶—O—苯—O—CH(CH₃)—COOC₄H₉ | 苯氧酸，二苯醚 |
| S-3552 | CH₃—苯—CH₂CH₂O—苯—NH—C(=O)—N(CH₃)(OCH₃) | 脲，二苯醚 |

杀草剂分子光学活性不同，其杀草性能大有差别。因此，分子立体异构体的分离，是

开发高效杀草剂的方法之一。如 2-芳氧基丙酸酯类除草剂(稳杀得、盖草能、禾草克等)的化学结构中都有一个不对称碳原子，存在 $R$ 和 $S$ 两个光学绝对构型异构体，其中 $R$ 体是有效的，而 $S$ 体则几乎无效。最近，已经完成了 $R$ 体的定向合成研究，开发出只含 $R$ 体的产品，如稳杀得、盖草能(XRD-535)，使活性大大提高，用药量显著下降。

老产品的改进开发也是很好途径。一些农药公司充分重视老品种的改进，提高安全性，扩大使用范围。例如，百草枯，推出了新剂型 Gramoxone Super，稀薄易倒出而不溅，包装不易渗漏，色泽由棕色改为暗绿色，气味明显，提防使用者接触或偶然口服。

### 10.6.4 重要除草剂

国内外已应用的除草剂有苯氧乙酸类等九类，简介如下。

(1) 苯氧乙酸类：2,4-二苯氧酸(2,4-*D*)；2-甲基-4-氯苯氧乙酸(2甲4氯)；2,4,5-三氯苯氧乙酸(3,4,5-涕)。

(2) 酰胺类：3,4 二氯苯丙酰胺(敌稗)；*N*-异丙基氯乙酰苯胺(毒草安)；2,4-二乙胺基-6-氯均三氯苯(西玛津)。

(3) 均三氮苯类：2-异丙胺基-4-乙胺基-6-氯均三氮苯(阿特揎津)；2,4-二异丙胺基-6氯苯(扑灭津)；2,4-二异丙胺基-6-甲硫基均三氮苯(扑草净)。

(4) 取代脲类：*N*,*N*-二甲基-*N*′-(3,4-二氯苯基)脲(敌草隆)；*N*,*N*-二甲基-*N*′-(3-三氟甲基苯基)脲(伏草隆)；*N*-甲基-*N*-甲氧基-*N*′-(3,4-二氯苯基)脲(利谷隆)；*N*,*N*-二甲基-*N*′-对氯苯基硫脲(除草醚)。

(5) 除草醚类：2,4-二氯-4′硝基二苯醚(除草醚)。

(6) 酚类：2,3,4,5,6-五氯苯酚(五氯酚)。

(7) 氨基甲酸酯类：*N*-3,4-二氯苯基氨基甲酸甲酯(灭草灵)；4-氯-2-丁炔基-*N*-二乙基硫代甲酸酯(燕麦丹)；*S*-2,3-二氯苯-*N*,*N*-二异丙基硫代氨基甲酸酯(燕麦敌一号)。

(8) 季铵盐类：氯乙基三甲基氯化铵(矮壮素(C.C.C))，用于小麦，水稻，玉米等，使茎秆粗壮，节间缩短，叶片长厚加宽，叶色深绿，小麦分蘖早，粒重增加。

(9) 其他：氯乙基膦酸，乙烯利，对蔬菜、水果有催熟作用；顺丁烯二酸酰肼，青鲜素，抑制马铃薯、洋葱贮存时发芽。

## 10.7 动物源农药

动物源农药是指利用动物体的代谢物或其体内所含具有特殊功能的生物活性物质作为农药，例如用动物毒素毒杀农作物害虫，以及昆虫所产生的各种内、外激素用于调节昆虫的有关生理过程，以此来消灭害虫；此外，还有天敌动物(如赤眼蜂杀棉红铃虫)。

昆虫和高等动物一样,在体内存在激素(hormone),是昆虫生长发育不可缺少的物质。昆虫激素一般分为两大类。一类称之内激素,由昆虫的内分泌器官分泌出来的物质,对昆虫的生长、蜕皮、变态、生殖、滞育等起着重要的作用(如缺少蜕皮激素,昆虫就不能蜕皮);另一类称之为外激素或信息激素,它由昆虫的体表腺体分泌出来,直接散布于空气、水中或其他媒介物上,能引起同一种类昆虫的其他个体产生反应(例如雌蚕蛾尾部的"香腺",能释放出一种性引诱物,引诱雄蛾;蜜蜂、蚂蚁、工蜂、工蚁之间的通信物质)。

科学家把昆虫激素分离出来,经过分析和鉴定,确定了它们的化学结构,进行了人工合成。人工合成的激素(类昆虫激素)也能调节昆虫的蜕变、变态、生殖等生命活动。人们设想将昆虫激素应用于害虫防治和益虫利用,开发了第三代农药。20世纪70年代初,我国的科学工作者已分离、合成了昆虫激素和它的类似物,应用于家蚕饲养和红铃虫的防治,取得了显著成效。

## 10.7.1 动物毒素

动物毒素是节肢动物(包括昆虫)产生的用于保卫自身、抵御敌人、攻击猎物的天然产物,例如沙蚕毒素、斑毒素、蜂毒、蜘蛛毒素和蝎毒等。最著名的实例是从异足索蚕中分离的沙蚕毒素,并以此作为合成农药的先导化合物,开发出如杀螟丹、杀虫双、杀虫单、巴丹等一系列仿生沙蚕毒素类商品杀虫剂。动物毒素目前研究主要集中在天然的蛇毒、蜂毒、蝎毒、蜘蛛毒、芋螺毒和水母毒等。

## 10.7.2 昆虫体内激素

昆虫一生要经历卵、幼虫、成虫三个时期(如飞蝗虫类等)或经过卵、幼虫、蛹、成虫四个时期(如黏虫、蚕、苍蝇等)。昆虫的生命过程靠基因和它们分泌出来的微量激素控制。现在已经发现的昆虫激素超过十多种,其中有四种主要的激素:脑激素(由脑分泌出来的);保幼激素(它能维持昆虫的幼年状态);蜕皮激素(它能管理昆虫的蜕皮);滞育激素(它能控制卵的滞育)。

昆虫体内的激素种类多,但它们发挥作用需要的量却非常微小。微量激素是怎样起作用呢?现在一般解释为:昆虫脑神经分泌细胞在环境因素的作用下,分泌出脑激素,脑激素经过体液运送到咽侧体和前胸腺附近,刺激咽侧体和前胸腺分别产生保幼激素和蜕皮激素,在三种激素共同作用下,昆虫才能够蜕皮。昆虫在每一次蜕皮前,脑、咽侧体、前胸腺活动一次,昆虫才蜕皮一次。到了最后一龄幼虫时期,咽侧体所分泌的保幼激素的量相对地减少了,不足以维持幼虫的性状,在脑激素和蜕皮激素量比较多的情况下,昆虫蜕皮后就变成了蛹。蛹的保幼激素的量更少了,接着蛹蜕皮后就变为成虫(见图10-1)。

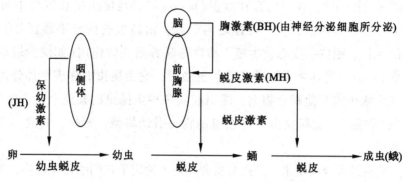

图 10-1 昆虫激素对昆虫发育各阶段的作用

成虫期前胸腺退化崩解，因而成虫体内再没有蜕皮激素，成虫也就不再蜕皮了。这时咽侧体恢复活动，分泌出大量的保幼激素，在脑激素等配合下，调节昆虫的生殖能力。昆虫的蜕皮、化蛹、羽化、生殖等重要生命活动，是由体内几种激素共同调节的，只要其中的一种激素在一个不适当的时间内过量（或过少）存在，昆虫的发育就会停止或异常。因此，人们就利用昆虫体内激素变动的规律，来控制昆虫的生理过程，例如在害虫幼虫期，大量地给它某种激素，促使害虫提早或延迟蜕皮、羽化，扰乱昆虫的正常生活规律，使害虫产生畸形或者不育；对益虫给它适量的激素，促使益虫的发育，使有益的经济性状尽量发挥出来。但昆虫激素都不是万能的，有它的局限性，一定要在各方面条件配合下，按照昆虫本身特有的规律，才能充分发挥激素的作用。

## 10.7.3 昆虫的外激素（信息素）

科学家们发现昆虫不仅靠感觉器官来传递信息，在一定的时间和场合，还能向体外释放一种挥发性的化学物质用化学信号来引诱、警告、通知同种昆虫，以传递信息。昆虫分泌到体外的这类特殊的化学物质就是外激素。但由于它们的化学结构，性质的不同及其所起作用，人们又把目前已发现的昆虫外激素分成性激素、聚集外激素、告警外激素和追踪外激素等。

白菜粉纹夜蛾的雌蛾，为了引诱雄蛾与它交配，常在深夜向体外释放外激素，并由空气扩散到四面八方。雄蛾通过触角感受到这种特殊物质以后，就能向雌蛾飞来交配。这种外激素称之为"性外激素"。小蠹虫寄生在榆、松植物上，这类植物就称之为小蠹虫的寄主植物。当某一小蠹虫发现了寄主植物以后，它就会向体外分泌激素，把分散的小蠹虫都聚集到一起，这种外激素，就称之为"聚集外激素"。蚜虫是为害棉花等多种作物的昆虫，常成群集结在幼嫩的枝叶上摄取营养，也是"聚集外激素"的作用。七星瓢虫、草蛉蛉等都是蚜虫的天敌，每当个别蚜虫发现有天敌侵害时，它马上就会向体外释放出一种"告警激素"，给同伴告警，从而保存种群。

比较高级的合群性昆虫如蜜蜂等，它们组织严密，分工细致。有人认为这种昆虫可能发出多种化学信号：如当枣树开花的时候，只要被少数蜜蜂发现，很快就能把几里路以外的蜂群都引来采集花蜜；蜜囊装满了，仍旧能清醒地返回到原来的蜂箱，就是因为蜜蜂能分泌一种"追踪外激素"，使其他蜜蜂追随的缘故。当蜂群失散时，蜂王也能分泌一种聚集外激素，把所有的蜜蜂都聚集到它的周围。

昆虫性外激素来源于成虫体内的性外激素分泌腺，腺体在虫体内的位置，因种类不同，位置也不同。有些人认为，夜蛾科雌蛾的性外激素分泌腺在腹部的末端，大多数是在第8和第9腹节之间的节间膜，少数也有在第7和第8腹节之间的。

提取昆虫性外激素，一般是用有机溶剂浸泡分泌腺。根据虫体的大小，可采用整体或者把分泌腺存在的腹部末端最后3节剪下来，浸入溶剂中提取。譬如介壳虫雌虫虫体小，可将整体放入乙醚中匀浆，然后倒入提取器中，放在48℃恒温水溶液中抽取8 h，待乙醚蒸发后就可得到粗提油。

虫体较大的棉红铃虫，在成虫羽化期间，把未交尾的雌虫挑出，放入温室内，每日光照22 h，黑暗2 h。在人工光照处理下，每批雌蛾经历3 d，在结束第3次黑暗期的2 h后，剪取雌蛾腹部末端3节，标明雌虫头数，浸入二氯甲烷溶剂中(每1000 mL溶剂中可浸入7万~8万个红铃虫雌蛾腹端)，浸泡数小时后，放入组织捣碎机或研钵中进行捣碎。然后将磨碎的匀浆液过滤，残渣用少量溶剂洗涤，再过滤，除去残渣，合并滤液，在低温(10℃以下)中保存待用。

### 10.7.4 昆虫激素类似物

利用昆虫体内天然存在的激素为生产服务受到很大限制，因为这些激素在昆虫体内的含量很少。人们用化学合成的方法合成了保幼激素和蜕皮激素。但是人工合成保幼激素和蜕皮激素，不仅合成方法很困难，而且性能很不稳定，很容易受日光和温度的破坏而失去活性。因此，用人工激素在大田直接防治害虫或在益虫上的利用几乎是不可能的。于是，人们仿照天然昆虫激素，人工合成了上千种类似昆虫激素的化合物，称为激素类似物。人们还发现，不仅在昆虫体内，而且在许多植物体内也含有丰富的激素活性物质，分别对某些昆虫具有不同程度的活性，从而也可以从中提取予以利用。

**1. 保幼激素与仿保幼激素**

1）保幼激素(juvenile hormone，代号 JH)

又称幼龄激素(neotenin)。Roeller 首先从雄蚕蛾的腹部获得保幼激素，并测定其结构为10-环氧-3，11-二甲基-7-乙基-2$E$，6$E$-十三碳二烯酸甲酯(即 $C_{18}$-Cecrpia-JH)。后来又从蚕蛾中分出具有保幼激素活性的7-甲基同系物。随后一些科学家又从大黄粉虫粪便里分离

507

出全合酸醇及醛。从香油树中分离出香油酮，1977年又发现了芳香西佛碱等。它们都具有保幼激素作用。

保幼激素可用化学方法或生物方法合成，经生理活性测定发现：C-3，7，11位上的烷基种类与活性的关系如下：

蚕蛾保幼激素（$C_{18}$-Cecrpia-JH）

C-3（$R^3$）　　　H≈Me>Et

C-7（$R^2$）　　　H<Me≤Et>Pr

C-11（$R^1$）　　H<Me<Et<$Pr^n$<Bun>Amn，（R=Me 时）

C-11位必须有两个烷基才能呈现出强活性。当式中R=Me，$R_1$=Bu-n，$R_2$=Me，$R_3$=Me时，其活性为蚕蛾保幼素（$C_18$-JH）的1000倍；当各R基都是Me时，也有相似的活性。末端有环氧基或双键时，则使活性降低；若将6-位的烯键转变成2E，4E-二烯酸酯（共轭二烯酸酯），则能显著地增强其活性。如 ZR-512；515，520；末端除去环氧基或引入甲氧基时，仍有很高的活性（如 ZR-515；619）。此外，3，7，11-三甲基-2E，4E-十二碳二烯酸的烷基、烯基及炔基的酯类及含硫酯（ZR-619）、酰胺类已经获得专利权。

早熟素甲
Precocene A

早熟素乙
Precocene B

抗保幼激素Ⅲ号

2）仿保幼激素

人工合成的保幼激素称为仿保幼激素，即烯虫酯类杀虫剂。第一类仿保幼激素是金合欢酸或金合欢醇的衍生物。现已合成数以千计的类似物，其中已有些商品化，并且有些化合物比天然物活性更高。我国合成的仿保幼激素有734-Ⅱ，734-Ⅲ（广东）；738（上海）；保幼激素2号，3号（北京）；此外还有增效素，增效灵等。它们的合成路线和方法参考所引文献。

**2. 昆虫早熟素——抗保幼激素（Anti-juvenile hormone）**

抗保幼激素又称昆虫早熟素（即抗青春激素），它能提早昆虫完成变态（早熟），诱使其休眠，并可杀卵。由于昆虫幼虫提早完成变态，从而缩短未成熟幼虫的生活史，导致摄食量的减少，从而可使农作物减少受害。此外，抗保幼激素还能干扰昆虫蜕皮素的合成。1997年，Bowoers 从藿香属植物中分离出具有高度活性的化合物，即早熟素甲（6，7-dimethoxy-2，2-dimethyl chromene）和早熟素乙（7-methoxy-2，2-dimethylchromene），两者都能诱使昆虫提早完成变态，前者更有效。我国科技工作者李瑞声合成了抗保幼激素Ⅲ

号，也有很好效果。

### 3. 蜕皮激素(Moulting hormone)

昆虫蜕皮均由蜕皮激素(MH)所控制。1954 年从干蚕蛹中分离出 25 mg 结晶的 $\alpha$-蜕皮素后，又从 1 t 淡水大螯中分离出 2 mg 纯的活性物质的蜕甾酮，即 $\beta$-蜕皮激素，它们的化学结构式如 I 所示。

已知蚕蛾中也含有 $\beta$-蜕皮激素，它与 $\alpha$-蜕皮激素共存于蛹中。现在人们已从昆虫中分离到多种蜕皮素。从苋科植物牛膝中分离出来牛膝甾酮也具有蜕皮激素的活性；罗汉松叶子中分离的罗汉松甾酮，活性也不低于蜕皮激素。

我国云南植物研究所从露水草中分离出高含量的 $\beta$-蜕皮激素。

昆虫蜕皮激素可以人工化学合成，亦可生物合成。生物合成认为其前体为胆甾醇，经过一系列代谢过程而转变成 $\alpha$-和 $\beta$-蜕皮激素。

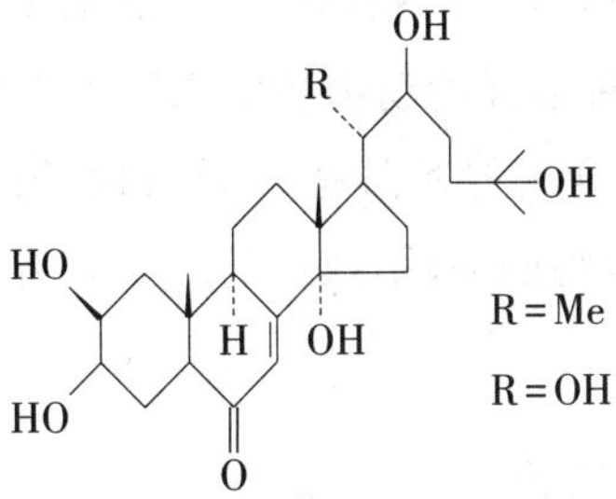

R = Me　$\alpha$-蜕皮激素

R = OH　$\beta$-蜕皮激素

I

### 4. 抗蜕皮素——几丁质合成抑制剂

除虫脲(即灭幼脲 I 号)与 PH6038(灭幼脲 II 号)是几丁质合成的抑制剂。它能破坏甲壳质的合成，从而终止昆虫的发育而致死。苏州大学合成了苏脲 I 号，其药效比 DDI 大 60~137 倍，它们的化学结构如下：

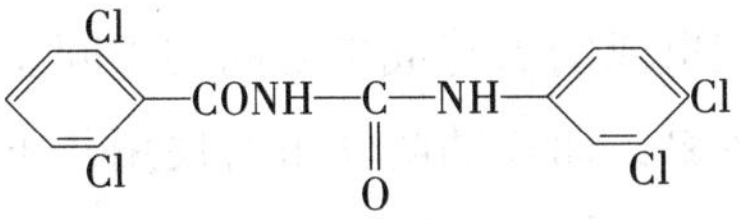

Dul9111

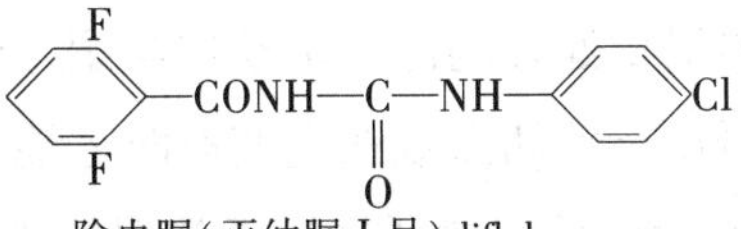

除虫脲(灭幼脲 I 号)diflubenzuron

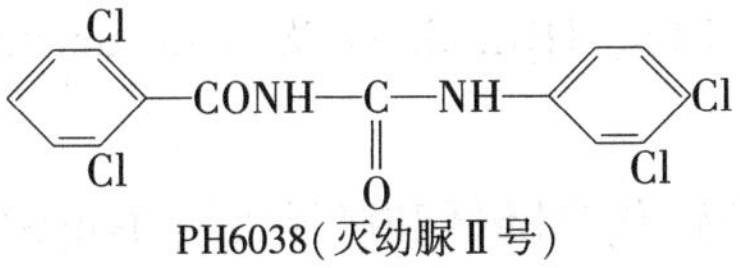

PH6038(灭幼脲 II 号)

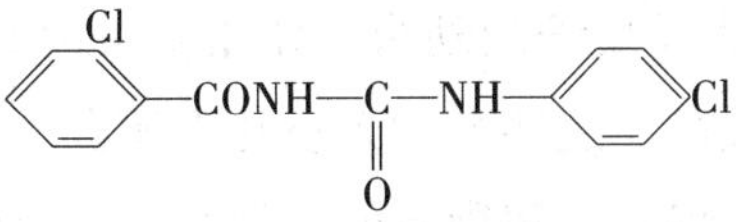

### 5. 昆虫性信息素(性诱剂)

目前，在已知的昆虫外激素中，性外激素的研究较多，下面介绍几种性外激素。

(1) 蚕蛾醇(Bombykol)。(10Z，12Z-碳二烯-1-醇)可以以溴丙烷和乙炔为起始原料合成。

(2) 红铃虫性诱剂(Gosyplure 高斯诱剂)。7Z，11E 和 7Z，11Z-十六碳二烯-1-乙酸酯的混合物(其含量几乎各占一半)。以乙炔为起始原料合成。后来又合成了化学稳定性比天然物高、药效长、合成容易、价格低等优点的性诱剂,产物中 80%Z 异构体,20%E 异构体,其化学结构如下:

$$\text{OAc}$$

(3)舞毒蛾性诱剂(Disparlure)。舞毒蛾为危害森林果树的大害虫,其性外激素主要成分为顺-7,8-环氧-2-甲基十八烷。

(4)二化螟性诱剂。有效成分为 11Z-十六烯醛及 13-Z-十六碳烯醛(5∶1)混合物,我国化学家用癸二醇为原料合成。

此外化学家们还合成有甲虫、象鼻虫、家蝇、蟑螂等性诱剂。

**6. 其他昆虫信息素**

谷仓害虫集合信息素(4S,8R)和(4S,8S)-4,8 二甲基癸二醛。白蚁跟踪信息素,3Z,6Z,8E-十二碳三烯-1-醇等。多种多样的动物和植物还可以释放一些强烈气味吸引昆虫,如人汗渗液中含有 L-(+)乳酸及含硫氨基酸强烈吸引蚊子;在高氮肥或使用 2,4-D 的稻田中水稻能释放出一种酮类化合物强烈吸引螟虫等。如果将这类物质分离测定,并予以合成和应用会有很大意义。

## 10.7.5 昆虫激素及类昆虫激素的应用

自从发现了昆虫保幼激素类似物的活性比天然昆虫保幼激素高达千倍以上,国内外都很重视类昆虫激素的应用。从目前情况来看,主要有几个方面。

**1. 作为杀灭害虫的新药剂**

(1)利用昆虫保幼激素扰乱昆虫的正常发育,使它不能正常蜕皮而死亡。并发现这些经昆虫保幼激素类似物处理的昆虫呈幼虫与蛹、蛹与成虫或幼虫与成虫之间的中间型。使用这类药剂,必须在末龄幼虫或在它变态时才能产生效果,而在幼龄幼虫时使用,不会引起它死亡。ZR-515(增丝灵)的活性比天然保幼激素大 1300 多倍,只要 0.00011 μg 的浓度就能百分之百地消灭蚊子的幼虫。Hydroprene(即ZR-512)、Hydrodrene 及 Hydreamethylnon 是消灭蟑螂的特效药。这些药对人畜几乎无毒。

(2)阻碍虫卵发育,很微量的保幼激素就会使卵的孵化率降低和胚胎发育不正常,起到杀卵剂的作用。

(3)用蜕皮素可促使幼虫提前蜕皮而死亡。有人曾用水稻二化螟试验,使幼虫渗透 25 μg 的蜕皮素,就促使它提前变蛹,并发育为不正常的成虫,而后很快死亡。

如给家蝇食用含 0.01%~0.1%蜕皮激素的饲料,能使 80%的雌虫不育。只要用 0.075 μg 的蜕皮激素,就能使丽蝇幼虫化蛹。

又如水稻二化螟幼虫渗透 25 μg 的蜕皮激素，能使它提早化蛹，并发育成不正常的幼虫，且很快死亡。但必须掌握施药时期，只有在变态期使用，效果才显著。

**2. 在益虫上的利用**

昆虫保幼激素类似物首先应用于家蚕，这是发展起来的一项新技术。1973 年我国广东、江苏、浙江和北京等地用保幼激素类似物进行了较大规模的家蚕增丝试验，已获得了明显的增丝效果。如应用保幼激素 2 号、3 号处理五龄的家蚕，结果可延长五龄期，一般可增产茧丝 10%~15%。

**3. 昆虫性外激素作为性引诱剂防治害虫**

（1）可以进行害虫发生的预测预报。通常是在诱捕器中放入活的未交尾的雌虫，或昆虫腺体的提取物，或人工合成的性引诱剂，或与引诱剂在结构上很相似而在田间有很高引诱作用的化学药物等。通常使用的工具为纸制的涂有粘胶的诱捕器。诱捕器中放有一个装有性引诱物的塑料的或橡胶的小容器。当雄虫嗅到性引诱物而飞来时，就被粘在粘胶上。定时检查捉到的昆虫数，加以记载，就可以掌握害虫发生的情况。

（2）可以作为防治害虫的新武器。采用"迷向法"防治害虫，即在田间释放过量的人工合成性引诱剂，弥漫在大气中，使雄蛾无法辨认哪里有雌蛾，从而干扰它们的正常交尾行为。

（3）利用昆虫性引诱剂还可以直接防治害虫。例如把性引诱剂与粘胶、农药、化学绝育剂、病毒或灯光等结合使用，以消灭大量害虫；或利用性引诱剂将害虫引向不适宜它们生活的场所，使之死亡。

这类新型药剂的优点是活性高，用药量少，它们对鱼类和高等动物的毒性低。由于这类药剂对日光不稳定，在土壤或水中容易被微生物分解为无毒物质，因此，不会污染环境。虽然这类药剂有高效低毒等许多特点，但在实际应用上，还有许多新的问题需要解决。例如要严格掌握施药时间，因为昆虫激素只有在变态期使用才有显著效果。这些是昆虫保幼激素类似物能否作为杀虫剂的关键问题。

## 10.7.6 昆虫神经肽的研究

昆虫脑激素是一类多肽类化合物，由于分离、纯化、合成都比较困难，进展较慢，但应用前景却很大。氯代烃类、氨基甲酸酯类、有机磷酸酯类和拟除虫菊酯类化合物，都是神经毒剂类杀虫剂，能干扰昆虫神经系统的电和化学的信息。这些杀虫剂的选择性是渗透、传导和代谢机制上的差异。这些杀虫剂对哺乳动物可能是高毒的，包括人类、鸟类和鱼类。由于对公共卫生和生态因素意识的增强，社会对开发昆虫特异防治措施的要求提高，要求无污染、安全以及与害物综合防治系统相容的科学技术。昆虫神经肽的田间研究结果符合上述要求。神经肽具有昆虫个体生存或种繁衍所必需的调节功能。其中有些能影响其他内分泌激素的效价，从而影响众多受激素所控制的生命过程。这些被称之为腺向性的神经激素，其中以促咽侧体激素和咽侧体安定激素为代表，它们通过内分泌腺、咽侧体和四种促蜕皮激素调节保幼激素的合成，又通过前胸腺或其他内分泌系统影响蜕皮激素的合成。另一类神经肽由脂肪动员激素组成，它们具有调节脂肪和糖代谢的作用。目前如脂肪动员激素族、直肠素和它们的许多类似物及同系物都已被化学合成出来，并证实在结构上修饰后能提高天然神经激素的生物活性。

寡肽是一类功能最多、变化最大的小型调节分子。它们在昆虫体内实际上控制着所有的功能。对它们的功能、作用机制和化学结构的知识将能够使人们合成出神经肽的拮抗剂，而这些拮抗剂可以发挥它们的作用，在适当的场合、时间作害虫防治剂用，或用作有很大发展前景的化合起始原料。

在研究人类神经肽药学的早期工作中，就导致了有前途药物的发现与开发，这些药物都是神经肽功能表达的拮抗剂或抑制剂。这些药物中最著名的就是蛋白酶类抑制剂甲巯丙脯酸——脯氨酸的衍生物(在其氨基的氮原子上具有巯基酮烷基基团)，甲巯丙脯酸抑制血管紧张素 I 转变成血管紧张素 II。血管紧张素 I 是没有活性的神经肽前体——原神经激素；而血管紧张素 II 是一种复杂的八肽，它是人体内高血压的重要因子。另一个有前途的药物 thiorphan，是一种很有希望的脑啡肽酶抑制剂，因此是神经肽——脑非肽的拮抗剂。甲巯丙脯酸和 thiorphan 显著抑制活性在药学研究中开辟了一条新的途径。科学家现在有可能寻找出非肽的、较简单的、代谢稳定的化合物来抑制人体内调节神经肽表达的酶。也可以探索研究这类化合物用来抑制昆虫体内神经肽的表达。甲巯丙脯酸和 thiorphan 的比较简单的化学结构显示这些抑制可能被改变成为肽类、假肽类或非肽类物质。为了昆虫防治，希望提供的这类抑制剂是肽拟态的、稳定的和亲脂的、足以渗进昆虫表皮并在体内发挥作用的物质。

# 10.8　植物源农药

植物源农药包括具有杀虫、杀菌、杀线虫和具除草功能的活性植物资源农药，以及植物激素和植物生长调节剂等三大类。

## 10.8.1　农药用植物

农药用植物系利用植物根、茎、叶、花或果实等某些部分或全部，从中提取有效成分加工而成的药剂。这类农药包括农药用植物杀虫剂、农药用植物杀菌剂、农药用植物除草剂和光活化毒性植物等。它与传统的农药相比更适合农业可持续发展和人类健康的需要。迄今农药用植物农药以低毒、不破坏环境、残留少、选择性强、不杀伤天敌、可利用时间少、使用成本低等优点受到人们的重视与青睐。

农药用植物农药的作用方式包括触杀和胃毒(如除虫菊素、烟碱、毒扁豆碱等)、拒食(如印楝素)、引诱或趋避(主要有植物精油)、抵制生产发育(植物源昆虫激素)、光活化毒性(茵陈二炔、呋喃香豆素)、杀菌和抑菌作用(乙蒜素、蛇床子素)和异株克生作用等。它们毒杀的化学有效成分主要有生物碱(烟碱、苦参素)、糖苷类(茶皂素、苦木素)、羧酸酯类(除虫菊酯)、黄酮类(鱼藤酮)、萜烯类(印楝素、苦皮藤素)、香豆素类(蛇床子素)、精油类(薄荷油、肉桂精油)和有毒蛋白质(蓖麻毒素)等。迄今已用于防止农作物病虫害的主要农药用植物农药制剂型:氧化苦参碱单剂、鱼藤酮单剂、百部碱制剂、香芹酚制剂、藜芦碱制剂、血根碱制剂、闹羊花素-Ⅲ制剂、苦皮藤素制剂、蛇床子素制剂、苦参碱单剂、丁子香酚单剂、印楝素制剂、烟碱单剂、黄芩甙/黄酮制剂、楝素制剂、桉叶素制剂、大蒜素制剂、除虫菊素制剂、茴蒿素制剂等。

从植物中寻找农药活性物质、判明化学结构,使之成为创新合成农药的先导物,是创制新型农药品种的重要途径。

## 10.8.2 植物激素及其作用

植物激素是植物体内产生的生理活性物质,在极低浓度下就可对植物的生长发育产生显著的影响。植物激素不同于动物激素,动物激素产生于一定的器官,比如甲状腺素是在甲状腺内产生的。植物激素往往不是一个器官里产生,它可以在不同器官之间运输,在一定的部位发生作用。就这点来说,它与动物激素又是相似的。植物激素使植物各器官间互通信息,互相协调,从而使整株植物的生长发育进程协调一致。目前在植物体内发现的植物激素有五类:生长素、赤霉素、细胞分裂素,脱落酸和乙烯。

### 1. 生长素

生长素化学名称叫吲哚-3-乙酸(简称IAA)。植物的营养器官不论是茎、下胚轴、胚芽鞘都能够不断地伸长,这都与生长素有关。稻、麦、玉米、高粱在一定时期拔节,也与生长素的活动有关。植物的不同器官对生长素的敏感性不同,通常根最敏感,极低的生长素浓度促进根生长,而浓度增高时,促进作用转变成抑制作用;茎的敏感度比根差,最适浓度为10ppm,超过10ppm茎的生长受抑制。芽的敏感度介于根和茎之间。

生长素对器官伸长的效应主要是因它可促进细胞的伸长,它对细胞的分裂和分化也有影响。比如侧根或不定根的发生就需要生长素。

生长素能促进叶片扩大,这种生长不是细胞的伸长,也不是细胞分裂。叶片在扩大时,细胞在长度和宽度两个方向都同等增大。

生长素从形态上的顶端向下运输,当它运到腋芽位置上就抑制了腋芽的生长(腋芽对生长素比顶牙敏感),因而许多植物在形态上长得瘦高不分枝。这种现象称之顶端优势。

513

一旦顶芽受到伤害，那些侧芽就发出枝条来。果树和花卉顶得到分支的树形，早已广泛应用。

生长素还可以增加某些植物雌花的数量，生长素促进坐果和果实长大，当果实中生长素减少时，果实就会脱落。

生长素促进成熟果实中乙烯的合成。对茎和根中乙烯的合成也起作用。

人们发现叶片的脱落也受生长素和乙烯的控制。在叶柄的基部有离层，当生长素诱导乙烯产生时，乙烯使离层的细胞产生一些能水解细胞壁的酶，离层细胞壁被分解，细胞彼此分离，叶片因而脱落。生长素还可促进形成层分化出木质部和韧皮部。

### 2. 赤霉素

赤霉素属于双萜类化合物，到目前为止，从低等和高等植物分离提取出来的毒霉素已有 70 多种。它们被命名为 $GA_1$，$GA_2$，$GA_3$，…（$GA_2$ 是赤霉酸）。

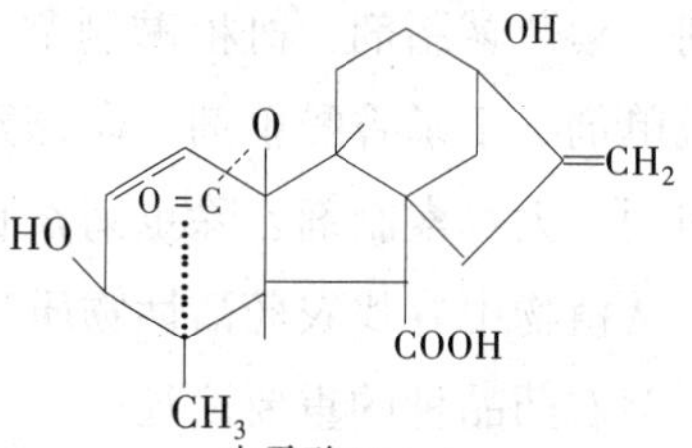

赤霉素促进茎叶的伸长生长，对许多双子叶和单子叶植物都有明显效果，如水稻、芹菜、韭菜、牧草、麻类等。赤霉素并不改变节间的数目，它主要是使已有的节间伸长。人们可以对一些植物的矮生品种在使用赤霉素处理后，可以加速生长，在形态上达到正常高度。玉米突变矮化的原因是由于缺少合成赤霉素的基因，其植株内缺少赤霉素。

赤霉酸（$GA_3$）

有些需低温春化的二年生植物，如果不经低温就不抽薹开花，赤霉素可使这些植物在当年开花。有些需长日照才开花的植物，赤霉素也可以代替长日照的作用而促进开花。所以有人认为赤霉素就是开花激素的组成成分。

赤霉素的功能在于促进细胞的分裂和叶片的扩大，促进侧芽生长和叶片的脱落。赤霉素可改变某些植物雌花和雄花的比例，增加雄花数目。促进种子和其他休眠器官的萌发。有些需红光才能萌发的种子，赤霉素可以代替红光而促进萌发。还有一些需低温层积的种子，不用层积而用赤霉素处理可以打破休眠。赤霉素也可促进果实生长和单性结实。

赤霉素与生长素的比例共同控制着形成层的分化。赤霉素的比例高有利于韧皮分化，生长素比例高有利于木质部分化。

### 3. 细胞激动素

细胞激动素的基本结构特征是具有 6-氨基嘌呤环，其中的 6-氨基都被异戊间二烯等基团所取代。后来又是在植物中找到了十几种有激动素性质的物质，统称为细胞激动素。例如在玉米的未成熟种子中有玉米素，黄羽扇豆中有双氢玉米素等。细胞激动素有游离存在的，也有与核糖结合成糖苷形式存在的。

细胞激动素可促进细胞的分裂。在烟草愈伤组织的培养基中加进激动素，组织的生长明显加快。细胞的分裂包括核分裂和细胞质分裂,生长素促进核的分裂,而细胞激动素促进细胞质分裂,缺少细胞激动素时,细胞就不分裂而形成多核细胞。

细胞激动素还可促进细胞扩大,比如萝卜、四季豆的叶片生长都可被细胞激动素所促进。

生长素和细胞激动素共同控制植物器官的分化。细胞激动素与生长素的比例高,有利于愈伤组织分化出芽,比例低有利于分化出根。

细胞激动素促进整株植物上侧芽的发育;对侧根和不定根的形成有抑制作用;抑制叶片衰老,可促进一些种子发芽,还可诱导单性结实、促进坐果和果实生长。

#### 4. 脱落酸

脱落酸(ABA)是促进休眠和抑制萌发的物质。在休眠的芽和休眠种子里含有较多的脱落酸,从秋季到春季休眠的树芽中的脱落酸逐渐减少,待树木发芽时脱落酸消失了。许多种子低温下砂藏(层积处理)可打破休眠,种子内部发生生理生化变化,脱落酸的水平降低了,因而种子可以萌发。

脱落酸还对叶片气孔开闭有调节作用。植物在受干旱叶片萎蔫时,叶子内的脱落酸含量突然增加,使气孔关闭,以减少水分的损失。因此增加脱落酸是植物抗旱的一种方式。灌水会使脱落酸的含量下降,恢复到原来水平。从体外在叶片的表皮上加脱落酸,也证明脱落酸调节气孔

脱落酸(ABA)

开闭的反应是迅速的。现在认为脱落酸可保卫细胞中的钾离子外渗,细胞失去膨压,以致气孔关闭。

脱落酸对营养器官的生长也有抑制作用。实验证明:小麦胚芽鞘或豌豆幼苗在脱落酸作用下,伸长受到抑制,根的生长也受脱落酸抑制。近年来还证明脱落酸和生长素一起调节着根的向重力性。此外,脱落酸还能促进水稻叶片的衰老和棉花幼果的脱落。

#### 5. 乙烯

乙烯能促进果实成熟。在未成熟果实里虽然存在少量乙烯,不能使果实成熟,乙烯的量积累到一定值,果实才开始成熟,由此断定乙烯是促进成熟的激素。

乙烯对一般植物的根、茎、下胚轴及侧芽的伸长有抑制作用,但对水生植物来说,乙烯不但不抑制生长,反而促进生长。如水稻的生长是需要乙烯的,因为在水中乙烯扩散慢,它在水稻周围积累,在长期进化过程中,水生植物也就适应了这种环境。

许多果实在成熟过程中,有一个呼吸急速上升的时期,称为呼吸跃变期。属于这类果实有苹果、香蕉、芒果、梨等。达到跃变期以后果实开始成熟,色香味发生变化,达到可食状态。呼吸跃变期的到来和果实乙烯释放的高峰是一致的。

乙烯的产生是一"自促"过程,即少量乙烯的产生能促进乙烯不断的积累,要想停止是

不可能的，直到果实完全成熟和腐烂。将未成熟的果实放在封闭条件下，通入乙烯就可以使果实很快成熟。有些果实没有明显的呼吸跃变期，但外源乙烯也可促进这些果实成熟。

果实内乙烯的产生与外界温度、氧和二氧化碳含量有关。温度愈高，乙烯的产生速度愈快；如果空气中低氧，高二氧化碳含量，能阻止果实内乙烯释放，成熟过程推迟。所以在贮藏水果时要控制温度、氧、二氧化碳，或者在容器里充入氮气，或抽去乙烯，这些都有利于延长水果贮存时间。

乙烯可促进菠萝开花，还可促进瓜类的雌花数目增多，促进枝条发生侧根，根毛的发生也和乙烯有关。乙烯还是促进器官脱落的内源激素。

### 10.8.3 植物生长调节剂

植物生长调节剂是指那些从外部施加给植物的，能改变植物生长发育的化学药剂。这类物质与化学肥料不同，只需施加适量就可能使作物增产和优质。

1) 类生长素

改变吲哚-3-乙酸的化学结构，可以得到一系列也有生长素活性的类似物。其中活性最强的有吲哚丁酸。用萘环代替吲哚环得到萘乙酸的活性比吲哚-3-乙酸强。苯环上有氯取代的苯氧乙酸类，如2，4-二氯苯氧乙酸(2，4-D)和2，4，5-三氯苯氧乙酸(2，4，5-T)，不但有生长素活性，而且高浓度时有杀死植物的作用，它们是最早应用的有机除草剂。这些生长素类似物其所以比吲哚-3-乙酸有更强的活性，是因为它们可在体内不会被吲哚-3-乙酸氧化酶分解而失活。

2) 类细胞激动素

玉米素和其他的天然细胞激动素分离价格昂贵，生产上很难采用。现在所用的具有细胞激动素活性的调节剂是激动素和6-苄基氨基嘌呤等人工合成产物，此外，苯并咪唑的结构与细胞激动素相似，它在保绿方面的作用也与之相似。联二苯脲是椰子乳中的主要成分，它在结构上与细胞激动素并不相似，但有细胞激动素的某些效能。

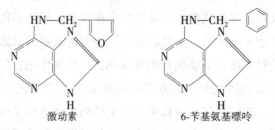

激动素　　　　　　　6-苄基氨基嘌呤

3) 生长素传导的抑制剂

能阻碍内源激素的运输，使激素在局部积累，而影响生长发育的化合物。称之为生长素传导抑制剂。如三碘苯甲酸(TIBA)和整形素(氯甲丹)类等。TIBA 对大豆侧枝生长和番茄花芽增多有作用；整形素可引起树篱及观赏植物呈丛生状。

4）乙烯释放剂

乙烯在田间应用不方便。因此人们合成了能在一定条件下释放乙烯的化合物。2-氯乙基膦酸(乙烯利)和酯酸乙烯酯的有机硅化合物等。乙烯利应用最广，它在 pH4 以下是一个稳定的溶液，当植物体内酸性较小时(一般植物组织内 pH 为 5~6)，它慢慢降解释放出乙烯气体。橄榄离层剂(Alsol)是一种有机硅化合物，它释放乙烯比乙烯利要快，可引起植物组织脱落。

5）乙烯合成抑制剂

硝酸银、氨基乙氧基乙烯基甘氨酸(AVG)、氨基氧乙酸(AOA)都是乙烯合成的抑制剂，用于防止脱落，延迟成熟和衰老。

6）生长延缓剂

生长延缓剂是抑制顶端下部区域的细胞分裂和细胞扩张的化合物。生长延缓剂使植物节间缩短，但叶子大小、叶片数目、节的数目和顶端优势相对地不受影响。它们的作用可以被赤霉素逆转。这类化合物有矮壮素(2-氯乙基三甲基氯化铵)，Amo-1618、福斯方-$D$、丁酰肼、调节安、嘧啶醇等。

矮壮素被广泛应用于大田作物、蔬菜和果树，Amo-1618 和福斯方-$D$ 化合物多用于观赏植物。丁酰肼(B9)，即为 $N$-二甲胺基–琥珀酸酰胺，用于花生矮化，防止苹果落果以及防苹果梢徒长等。调节安(1，1-二甲基哌啶翎氯化物)是一种新型棉花生长调节剂。嘧啶醇用在花卉矮化，效果明显。

调节膦(蔓草膦，氨甲酰基膦酸乙酯铵盐)延缓生长，用于灌木、柑橘整枝、橡胶矮化、防止花生徒长切花保鲜等方面。

7）生长抑制剂

生长抑制剂主要作用在顶端分生组织，不能被赤霉素所逆转。生长抑制剂作用后，顶端优势常常丧失，植物增加了分支。属于这类化合物有抑芽丹(青鲜素 MH)、氯甲丹、二凯古拉酸钠、直链脂肪酸酯。

抑芽丹干扰顶端细胞分裂，使茎的伸长停止。它还阻碍核酸的合成，降低光合作用和蒸腾作用。广泛应用于抑制烟草侧芽生长和防止洋葱抽芽，还可作杀雄剂。

整形素虽为一类生长素传导的抑制剂，但是因为它也有抑制生长的作用，所以也是一种生长抑制剂。

二凯古拉酸钠缩短节间长度，抑制顶端分生组织中的细胞分裂，引起顶端优势丧失，侧枝增加和叶片面积减小。

直链脂肪酸的酯有很强烈杀死顶芽的作用，而对腋芽并无伤害，可以用作化学修剪或打尖剂，主要应用于果树和观赏植物。链的长短很关键，$C_8$~$C_{12}$脂肪族烷酯最有效，链长为 $C_9$、$C_{10}$ 和 $C_{11}$ 的脂肪族醇对顶牙和侧芽都有强烈抑制作用。

8）甘蔗催熟剂

增甘膦和草甘膦对甘蔗的成熟和含糖量的提高有显著作用。高浓度下这两种药剂是除草剂，在甘蔗内可阻止酸性转化酶对蔗糖的转化作用，从而使蔗糖积累，增加产量。

9）脱叶剂、干燥剂、杀雄剂

脱叶剂和干燥剂常常就是除草剂。脱叶剂使乙烯释放而引起落叶，干燥剂起着杀伤植物的作用。某些生长调节剂及除草剂也可作杀雄剂。

10）其他种类的生长调节物质

三十烷醇、油菜素内酯以及一些在极低浓度下的除草剂，也起着调控植物生长发育的作用。这类药剂既有无机化合物，也有天然激素，称之为光呼吸抑制剂和抗蒸剂。

## 10.9 微生物农药

微生物农药主要分为活体微生物农药和农用抗生素两大类，通常根据其用途和防治对象又将其分为微生物杀虫剂、微生物杀菌剂、微生物除草剂、微生物杀鼠剂和微生物植物生长调节剂等。大多数微生物农药具有选择性好，不容易产生抗性，通常对天敌安全，对人、畜等生物也比较安全，生产工艺比化学农药简单，开发与登记等费用也低于化学农药。它的不足之处在于微生物农药储存期较短，稳定性相对较差，有些微生物农药也有毒性。

### 10.9.1 活体微生物农药

活体微生物农药是一类能使农作物有害生物致病的微生物活体，通过大量繁殖加工而制备的农药。活体微生物农药选择性强，不会产生抗药性，也存在储存困难、不易管理等不足之处。活体微生物农药包括细菌、真菌、病毒、线虫和拮抗微生物等为原药生产的杀虫、杀菌、除草、植物生产调节和杀鼠等农药剂型。日本金龟子芽孢杆菌细菌制剂以苏云金杆菌(简称 Bt)为代表，还有菌杀虫剂为白僵菌和绿僵菌等，因真菌杀虫剂是触杀性杀虫剂，具有其他微生物农药所没有的广谱杀虫作用等优点。病毒制剂中目前研究较多、应用较广的是核型多角体病毒、颗粒体病毒和质型多角体病毒。

1）杀虫、杀螨及杀鼠活体微生物生物农药

苏云金杆菌(B.t)：被寄生害虫的虫体，害虫感染了它，在虫体内产生毒素，使害虫致病死亡。这种活体微生物农药系通过苏云金芽孢杆菌(Bacillus thuringiensis)的发酵产物经加工制备。因为苏云金杆菌只能寄生在专门的寄主(昆虫)上才能生长、繁殖，不少害虫正是苏云金杆菌最适宜的寄主，所以杀虫有效；它在人、畜、鱼类及蜜蜂等生物体内难以生存下去，所以对人、畜等十分安全。这种特性也是大多数活体微生物农药所具备的；苏云金杆菌是一类广谱性微生物活体农药，它广泛应用于水稻、玉米、棉花、果树、茶叶、蔬菜和林区众多作物。应注意的是它对家蚕有毒害作用。此外应用较多的还有青虫菌（B.t Var Galleria），乳状芽孢菌（Bacillus popilliae），球状芽孢杆菌（Bacillus Sphaericus），白僵菌（Beaurevia），绿僵菌，拟青霉类等。病毒类有核多角病毒（nuclear polyhedrosis viruses，简称 NPV），颗粒体病毒（GV），质多角体病毒（CPV）等。C 型肉毒梭菌外毒素（botulinum）是一种杀鼠剂。线虫类有格氏线虫等。

2）杀菌活体微生物

地衣芽孢杆菌（Bacillus Licheniformis，又称 201）对人、畜十分安全，对黄瓜及烟草等多种病源真菌有效；蜡状芽孢杆菌（Bacillus Cereus），枯草芽孢杆菌（Bacillus Subilis），木霉菌（Trichaderma SPP）和假单孢菌（P. Cepacia）等。菇类是形体最大的真菌，作为农药是菇类蛋白多糖，对人、畜十分安全，产品通常为 5% 水剂。

3）除草和植物生产调节的活体微生物

黑腐病菌（Campelyco）可除顽性杂草，但对草坪草无害，对水生物经济作物、益虫、天敌及土壤微生物无不良影响。此外还有麦芽孢杆菌（Bacillus，SPP，又称增广菌），对植物生长有调节作用。

## 10.9.2　农用抗生素

农用抗生素是细菌、真菌和放线菌等微生物在发酵过程中所产生的次级代谢产物，它对危害农作物的某些生物有抑制作用。通过对这类微生物的次级代谢物进行加工，使其成为防治农作物病害并可直接使用的形态，就成为商品农用抗生素。农用抗生素根据防治对象分为杀虫、杀菌、除草或植物生长调节等农用抗生素。研究较为深入的农用抗生素主要有氨基糖苷类，大环内酯类、小环内酯类、醌类、多肽类、蛋白及酶和杂环类化合物。

1）杀虫、杀螨农用抗生素

杀虫、杀螨农用抗生素有阿维菌素（avermectin），它是一种高效、广谱，具有杀虫、杀螨及杀线虫活性的大环内酯类杀虫抗生素。浏阳霉素（Polynactin）是一种具杀螨活性的大环四内酯类抗生素，高效低毒，对环境安全，对天敌无影响，广泛用于蔬菜、瓜果和粮食生产，可以与有机磷、氨基甲酸酯等化学农药混配使用，有良好的增效作用。此外，还有华光霉素（nikkomycin），又称日光霉素；枯霉素（milbemycin），又称粉蝶霉素；多杀霉素（多杀菌素、spinosad）；菌虫霉素（flavensomycin）；虫螨霉素（piericidin）；敌具特（thuringiensin）；南昌霉素（Nanchangmycin）等。南昌霉素对人、畜毒性较高。多杀菌素主要用作杀虫剂，兼具有生物农药的安全性和化学合成农药的快速效果。因其具有低毒、低残留、对昆虫天敌安全、自然分解快，而获得美国"总统绿色化学品挑战奖"。

2）杀菌农用抗生素

常用的杀菌抗生素有灭瘟素（blasticidin-S），又称稻瘟散等，它主要用于防治水稻瘟病。放线菌酮（cycloheximide），又称那拉霉素（Naramycin），主要用于木本植物防治病菌害，对人、畜毒性较高。春雷霉素（Kasugamycin），它对人、畜及鱼类十分安全，除用于水稻外，还广泛应用于瓜、果、蔬菜等。井冈霉素（Jinggongmycin），它对水稻纹枯病有特效，还广泛用于其他作物。此外，还有公主岭霉素（gongzhulingmycin），多抗霉素（polyoxins），宁南霉素（ningnanmycin），农抗 120，武夷霉素（wuyiencin），梧宁霉素（tetramycin），中生霉素（zhongshengmycin），胶霉素（gliotoxin），叶枯素（cellocidin），抗霉素 A（antimycin），米多霉素（mildionmycin），多马霉素（natamycin），抗腐霉素（candicicine），鱼时霉素（eaomycin）等 30 多种。

3）除草和植物生长调节农用抗生素

双丙氨膦（bilanafos），又称双丙氨酰膦等，它被用于防治一年生和多年生禾本科杂草、阔叶杂草，对人、畜中等毒害。此外还有赤霉素（gibberellieacid，又称 920），比洛尼素（pirontin），氨基异恶唑（cycloserin）等。

# 10.10 农药制剂与剂型

绝大多数农药不能直接用来防治农作物的病、虫、草害。这是因为农药原药大都是脂溶性的，不便于使用，也不易粘在作物的植株上以及虫、菌体上，同时原药还容易烧伤农作物，发生药害。农药每亩地施用量多至千克少至几克，如此少的药量，要均匀地分布或喷洒在作物上也是有困难的，只有稀释才便使用。此外，有的农药加入助剂复配后还可提高药效，如敌百虫直接防治小麦黏虫效果不佳，但如果加工成粉剂后再使用，杀虫效果达 90% 以上。由此看来，农药经加工成制剂和不同剂型后，对提高农药药效，改善农药性能，降低毒性，稳定质量，节省用量，降低成本，以及便于使用等方面都起着很大作用。

## 10.10.1 基本概念

农药制剂是以一种或一种以上原药为主剂，再加入载体、稀释剂、溶剂、表面活性剂、稳定剂、物性改善剂、增效剂、毒性减轻剂等辅助材料构成的复配物。农药剂型系指具有各种特定物理化学性能的农药分散体，将其加工成便于使用的粉剂、可湿性粉剂、乳油、粒剂等。任何农药都可根据本身的物理化学性质、生物学特性和使用要求，加工成不同的农药剂型。如多菌灵有 50%、75% 的可湿性粉剂，40% 悬浮剂，40% 多菌灵硫（硫黄）悬浮剂，80% 可溶性粉剂。迄今国际上使用的农药剂型有 90 种左右，现将其分类如表10-4所示，它们中有关代码列于表10-5。

表 10-4 农药剂型分类

| 按形态分类 | 范围 | 具体种类 |
|---|---|---|
| 干制剂 | 粉剂 | 粉剂<br>可湿性粉剂<br>可溶性粉剂 |
| | 片剂 | 普通片剂<br>泡腾片剂 |
| 液体制剂 | 水基型制剂 | |
| | 油基型制剂 | 乳油<br>可溶性液剂<br>油悬浮剂<br>超低容量喷雾剂 |
| 其他制剂 | 其他制剂 | 熏蒸剂<br>气雾剂<br>种子处理剂 |

表 10-5 农药剂型及代码

| 中文名称 | 英文名称 | 代码 | 中文名称 | 英文名称 | 代码 |
|---|---|---|---|---|---|
| 粉剂 | dustable powder | DP | 分散粒剂 | water dispersible granule | WG |
| 颗粒剂 | granule | GR | 微囊悬浮剂 | aqueous capsule suspension | CS |
| 可溶液剂 | soluble concentrate | SL | 种子处理剂 | seed treatment | DS, WS, LS, FS |
| 干悬浮剂 | dry flowable | DF | 片剂 | tablet | ST, WT, FB |
| 乳油 | emulsifiable concentrate | EC | 油悬浮剂 | oil miscible flowable concentrate, oil dispersion | OF, OD |
| 可湿性粉剂 | wettable powder | WP | 泡腾粒剂 | effervescent granule | EA, EB |
| 可溶粉剂 | water soluble powder | SP | 静电喷雾剂 | electrodischargble liquid | ED |

| 中文名称 | 英文名称 | 代码 | 中文名称 | 英文名称 | 代码 |
|---|---|---|---|---|---|
| 悬浮剂 | aqueous suspension concentrate | SC | 热雾剂 | hot fogging concentrate | HN |
| 水乳剂 | emulsion, oil in water | EW | 超低容量剂 | ultra low volume concentrate | ULV |
| 悬乳剂 | aqueous suspo-emulsion | SE | 毒饵 | bait( Ready for Use) | RB |
| 微乳剂 | micro-emulsion | ME | 烟剂 | smoke Generator | FU |
| 可溶粒剂 | water soluble granule | SG | 气雾剂 | aerosols | AE |

## 10.10.2 农药剂型介绍

随着社会进步科学技术发展，人们环保意识的增强，传统农药剂型市场优势逐年减弱，水基、低毒、多功能新型环保农药剂型的研发，越来越受到研究者和使用者关注。

农药剂型加工通常是农药活性成分用稀释剂适当稀释，再加工成便于使用物质形态的产品。为获得提供用户安全、方便和性能稳定的农药剂型产品，应从六方面予以思考：①农药活性成分的物理、化学性质；②农药活性成分的生物活性和作用方式；③使用的方法(如喷雾、涂抹或撒播等)；④使用的安全性和环保性；⑤剂型的加工成本；⑥农药剂型的市场选择。一种原药往往可以加工成多种制剂和剂型，总的要求在于做到经济、安全和合理。

上述六方面想法确定后，即可选择最终剂型的加工类型；选用适合加工助剂，如表面活性剂等其他添加剂，还要注意生产的剂型产品至少有两年放置稳定期。本节对传统农药剂型、新型或正在研发的剂型分别予以简述。

1)传统农药剂型

(1)乳剂(EC)：是原药、溶剂、乳化剂等配成的透明油状物，不含水，又称"乳油"。使用时按一定比例加水稀释配成乳状液称为乳剂，可供喷雾用。乳剂比可湿性粉剂容易渗透到昆虫表皮，因此防治效果高。缺点是用了大量溶剂(苯，甲苯等)，成本高。

(2)粉剂(DP)：它是最常用的一种剂型。其产品系原药和大量填料按一定比例混合研细而成。95%能通过200目筛。使用填料有滑石粉、陶土、高岭土等。这些填料的加入主要起稀释作用。粉剂特点是加工方便，喷洒面积大。在栽培密集的作物里也可使用。粉剂不易产生药害。其缺点是用量大，成本高，由于加入大量填料，运输量增大。

(3)可湿性粉剂(WP)：它是由农药原药、填料和润湿剂经过粉碎加工制成的粉状混合物。一般细度为99.5%能通过200目筛。加水后能分散在水中。可喷雾使用。药效比粉剂高,但比乳剂差,且技术要求较高。

(4)颗粒剂(GR):它是原药加入助剂后,制成大小在30~60目之间的一种颗粒状制剂。亦可将药剂的溶液或悬浮液撒到30~60目的填料颗粒上,溶剂挥发后,原药便吸附在填料颗粒上。优点是药效高,残效长,使用方便,并能节省药量。

2)农药新剂型

(1)悬浮剂(SC)

高品质的悬浮剂粒径细,一般为1~3μm,90%粒径小于5μm,悬浮率高(一般在90%以上),悬浮剂加水稀释后在靶标上达到较大的均匀覆盖,在作物叶面上有较高的展布性和黏着性,常用于作物叶面喷雾。SC用于防除作物杂草,其药效和持效性都优于可湿性粉剂,而用于杀虫剂其效果基本和乳油相近。悬浮剂在国外早已成为农药剂型中最基本的剂型,已成为替代粉状制剂和部分乳油的优良剂型之一。悬浮剂比可湿性粉剂有更多优点,如无粉尘、容易混合、改善在稀释时的悬浮率、改善润湿、有较低的包装体积、对操作者和使用者及环境安全、有相对低的成本和增强生物活性,还可以加工成高质量浓度的剂型。

(2)水乳剂(EW)

EW是一种O/W的乳液。仅使用少量或甚至不使用有机溶剂,用水来替代乳油中有机溶剂作为介质,比乳油更安全,对人的皮肤毒性小,无刺激性,是一种代替乳油的优良环保型农药新剂型。将其用于替代乳油,其优点:①可用于生产无公害蔬菜(可供出口);②善果品的品质(使用乳油的水果带有斑点,而用水乳剂无此现象);③生产和使用安全(水为介质,低毒性和低刺激性);④有利于环境保护(仅用少量溶剂);⑤较大地节省成本,带来好的经济效益(节省大量溶剂,乳化剂用量少和降低包装材料的要求)。水乳剂开发技术在于选择合适的表面活性剂和工艺过程以获得稳定的产品。

(3)悬乳剂(SE)

SE是一种较新的剂型,它是将不相容的几种农药活性成分,尤其是一种与水不溶的固体农药活性成分与另一种与水不溶的液体农药活性成分加工成一种单包装剂型产品。这种混合剂型因使用方便,受到用户欢迎,避免通常桶混时产生的不均匀性,保持了原有生物活性,扩大了应用范围,延缓了抗药性的产生;同时还避免了几种农药活性成分在使用前临时复配,保证了其复配的合理性。获得稳定的悬乳剂的关键在于仔细地选择表面活性剂类型和用量及其加工工艺过程,以克服产品杂絮凝和乳液聚结的问题。

(4)种子处理悬浮剂(FS)

杀菌剂或杀虫剂的产品在种子放进土壤之前直接使用到种子上,称为种子处理剂。种子处理剂产品有种子处理干粉剂(DS)、种子处理可分散粉剂(WS)、种子处理液剂(LS)和种子处理悬浮剂(FS)等四种。FS与其他几个种子处理剂产品相比,性能和效果更好:无粉尘产生,对操作者和使用者安全,对环境污染小;可加工成高质量浓度制剂,节省贮运和包装成本;药液不分离,种子处理后药液分布均匀,脱落率低;种子处理后成膜性好,提高出苗率;药液粒径比 DS 和 WS 更细,药效较高。FS 是国内外优先发展和生产的种子处理剂产品。

(5)水分散粒剂(WG)

水分散粒剂是较新的剂型,由于安全、外观好、无粉尘、易计量、倒出不沾壁、易包装、活性万分含量高(高达 80%~90%)、稳定性好、对人经皮毒性低和使用方便,因此在商业上比可湿性粉剂和悬浮剂更有吸引力。水分散粒剂加工技术复杂,投资费用大,在发达国家已成为代替 DP、WP、EC、和 SC 的主要剂型。我国水分散粒剂研究和生产落后于发达国家。阻碍快速发展的原因:①研制和生产的基本建设投资费用大;②加工技术较复杂;③配方专一性强,对原材料变化较敏感;④开发周期较长。

(6)干悬浮剂(DF)

干悬浮剂(dry flowable)是按水悬浮剂的生产方法,将固体原药通过湿粉碎磨成极细粒子,平均粒径为 1~3μm;制备方法首先是制成水悬浮剂,然后通过喷雾干燥(造粒)得产品。虽然干悬浮剂为固体产品,但随后立刻成为水悬浮剂状态,使用非常方便。此外,与水悬浮剂相比,在包装、贮存、运输等方面均有一定优势。据介绍,干悬浮剂在国外的产量较大,占所有粒状产品的 14.5%,仅次于挤出成型法(27.5%)。干悬浮剂为新兴剂型,市场前景广阔。

(7)微囊悬浮剂(CS)

农药微囊悬浮剂(capsule suspension,CS 或 microcapsule,MC)是指将农药活性成分包裹在聚合物中制成胶囊的微小球状制剂,其粒径一般在 1~40μm 之间(更多在 1~20μm 之内)。微囊悬浮剂在水相或者油相中均可分散,通常农药微囊悬浮剂大多是以水为介质,在安全方面优于乳油。

微胶囊化方法分为物理法、物理机械法和物理化学法。它们的选择主要依据微胶囊的芯材和壁材的理化性质、粒子的平均粒径、应用场所、控制释放的机理、生产规模和成本等。几种适用于农药工业规模生产的方法有界面聚合法、原地聚合法、凝聚相分离法、喷雾微胶囊法和溶剂蒸发法等。

微囊悬浮剂优点:①降低可燃性;②容易使用各种助剂;③在长时间内发挥它的药效;④低剂量达到高效率;⑤使用期限能延长半个月或 1 个月。

(8)片剂(ST)

片剂是在医药行业使用最多的剂型之一。在农药剂型中应用片剂不普遍,主要是低药剂量的某些除草剂、植物生长调节剂和适合开发高价值/低药剂量农药产品。

(9)泡腾片剂[EA(EB)]

泡腾片剂是针对水田使用的一种片剂。泡腾片剂是一种在水中自动崩解，形成悬浮液，供喷雾使用的片状剂型。它是一种无粉尘、无雾滴飘移的片状制剂，投入水中，药片遇水后迅速泡腾崩解，均匀扩散，接触靶标，达到防除效果。该剂型优点：①药剂崩解扩散性好，药液分布均匀；②无粉尘，不燃烧，贮存和运输安全；③使用则需将药片直接抛入水田中，无粉尘飞扬，对使用者安全和对环保有利；④剂量准确，一般制成"片/亩"或"片/公顷"，使用时省工省力。

泡腾片剂的崩解剂多选用能在水中产生大量气泡的物质，如碳酸盐类和某些酸类在水中反应产生二氧化碳起崩解作用。农药活性成分选用杀虫、杀菌和除草均可，但以除草剂产品为多；最好是有内吸性和安全性好的农药，尽可能避免因药物分布不均匀而对作物造成药害。加工包装产品时，对湿度有严格要求，应保持湿度在50%以下。迄今国外泡腾片剂产品进入农药市场有50%氯磺隆、50%甲磺隆、10%醚磺隆泡腾片剂。我国已登记的商品有18%苄磺隆二氯喹啉酸、3%吡虫啉和25%吡嘧磺隆泡腾片剂等。泡腾片剂施药省工，降低生产农药成本。

(10)可分散片剂

可分散片剂是指遇水可迅速崩解形成均匀混悬液的片剂。可分散片剂将水分散粒剂、片剂、泡腾片剂3种制剂的优点集于一身，吸收了片剂中的外形特点，使可分散片剂较水分散粒剂对环境更加友好；同时保持了泡腾片剂的崩解速率快、水分散粒剂悬浮率高的优点，使其在保证药效不降低的前提下对环境和施药者更安全，没有粉尘，减少了对环境的污染。迄今我国登记的有25%溴氰菊酯可分散片剂和10%草威可分散片剂等，分别用于浸洗军用蚊帐和水稻田防除杂草。我国还开发的有2%乙草胺西草净(稻得利)可分散片剂等。

(11)微乳剂(ME)

ME是透明或半透明的均一液体，微乳剂和水乳剂是一种少用或不用有机溶剂加工的液体制剂，都用水替代有机溶剂作介质，属于水包油乳液型；它们的区别在于微乳剂液粒径更小。ME或EW都可以降低制剂的生产成本，但水乳剂比微乳剂生产成本降低更多。ME特点是稳定性好，因其好的铺展性和渗透性有利提高农药药效。ME剂型一直被认为是一种安全、环保、水基性的新剂型。微乳制备方法有直接法、可乳化油法、转相法和二次乳化法四种。我国微乳剂正处于大力发展阶段，研究论文很多，正成为我国农药剂型开发的热点。

(12)油悬浮(OF)

油悬浮剂是一种将在油类溶剂中不溶的固体农药活性成分分散在油介质中，在表面活性剂作用下形成高分散稳定的悬浮液体制剂，水稀释调配后使用的油悬浮剂为水分散性油悬剂(OD)，以有机溶剂或油稀释调配后使用油悬浮剂为油悬剂(OF)。加工成油悬浮制剂的原因：①某些农药活性成分制成悬浮剂(SC)时，其不稳定性难解决；②某些油类对亲油性强的农药(如烟嘧磺隆除草剂)可起到增效作用；③不溶于油类的固体农药活性成分，很难通过作物表皮渗透进入作物内部组织，制成的油悬浮剂，可提高农药活性成分的渗透性和内吸性，有利于药效发挥；④缺水的干旱地区或飞机喷洒施药情况下，希望少用、甚至不用水，或者用超低容量(ULV)喷雾。油悬浮剂适用于各种喷雾技术使用。

(13)展膜油剂(SO)

展膜油剂与油剂(OL)不同，它是一种施于水面形成薄膜的非水溶的展膜油剂(Spreading oil)。SO是由农药活性成分，至少一种植物油和极性惰性溶剂加工成的单相液体剂型，通常用于稻田的农药。SO剂型对水稻作物在水生环境中是一种有用的防治稻瘟病菌的制剂。SO剂型使用时是将药剂由瓶中向水田滴下(亦可从田埂下滴下)，农药活性成分进入水中迅速扩散成油膜，并展开至整个田块，油膜再黏附在稻叶鞘或叶上，从而防治水稻害虫。使用时省工省力，而且可在雨天处理。该剂型在水的表面扩展成单层和黏附到水稻作物亲水的叶表面。含杀菌剂的SO剂型主要防治细菌叶性枯病、枯萎病、褐斑病、恶苗病和根腐病等。

(14)可分散液剂(DC)

DC是在一种以上表面活性剂/聚合物存在下将DC的农药活性成分加工成的一种液体剂型。该剂型用水稀释即可获得稀释液，既不是溶液也不是悬浮液，而是(具有很细结晶的)分散液。某些农药活性成分加工成悬浮剂，因存在结晶长大问题，难以得到稳定的剂型；或加工成非水的可溶液剂用水稀释后产生较大的结晶而无法使用时，可加工成可分散液剂。

(15)超低容量剂型(ULV)

超低容量剂型(ultralow volume concentrate)是一种直接应用靶标无需稀释的特制的油剂，为了方便应用，通常的剂型，一般都需要用水稀释。超低容量一般应用在地面作物上或用飞机喷洒成$60\sim100\mu m$的细小雾滴，均匀分布在作物茎叶的表面上，从而有效地发挥防治病虫草害作用。迄今ULV有超低容量液体剂型(UV)和超低容量悬浮剂型(SC)两种剂型。

(16)热雾剂(HN)

HN是一种适合森林、竹林防治病虫害的新剂型。施药时不必加水稀释，直接将药液装入热雾机的药桶中，借助热雾机的高温、高速气流作用，迅速雾化，弥漫分散在林中，接触靶标、发挥效力。该剂型施药不加水，省去了取水、送水等麻烦，具有雾滴细、持效期长、通透性能良好、防效高、工效高、成本低等优点。我国相继开发了灭蝗赤热雾剂、林清热雾剂、百病休和克百病热雾剂等投入市场。随着热雾剂配方和热雾剂性能不断改善，以及应用实践经验的积累，更多的农药品种将被加工成热雾剂用于林业上病虫害的防治。

（17）混剂

农药混剂是指含有两种或两种以上相容的农药活性成分的单包装制剂，它们可以涵盖于各种剂型形式(如乳油、可湿性粉剂、粒剂、悬浮剂、可分散粒剂等)。主要目的是为了扩大防治对象和使用范围，增效，降低使用毒性、药害、和残留，降低成本。我国对混剂开发十分重视，近年来尤以除草剂的混剂急剧增加。

3）我国新型农药剂型发展趋势

研究开发一种性能优越、安全环保的农药新品种需要 8～10 年时间，耗资数亿美元，国内外只有少数综合实力比较雄厚的公司才能从事新农药研制的创制筛选工作。我国大多数农药生产厂家都是将农药研制的重点放在制剂和剂型的改进上。迄今国际上已使用的农药剂型约有 90 种，国内近年虽有发展，但仍落后先进国家。我国常见的传统农药剂型主要有粉剂(DP)、乳油(EC)、可湿性粉剂(WP)等，新型环保剂型如悬浮剂(SC)、微乳剂(ME)、水分散粒剂(WG)等。传统的农药剂型要逐步用环境友好型农药新剂型取代，发展更安全更环保的农药新剂型；研发新型环保型的功能助剂对传统剂型进行改造和进一步优化新农药剂型。

（1）大力发展水基性农药剂型

水基性农药剂型是不用或很少用有机溶剂制剂。有利于环境保护，不会影响生态平衡，现已得到国际普遍认同。很多国家已禁止使用芳香烃溶剂，特别是强烈抵制在蔬菜、果树上应用芳香烃溶剂配制的乳油。由于环境安全、食品安全的推动，始于 20 世纪 80 年代以微乳剂(ME)、水乳剂(EW)、悬浮剂(SC)、悬乳剂(SE)等逐步取代以有机溶剂为基质的乳油，既节约能源，又减轻对环境的污染，还减少对生产者和使用者的健康危害。

（2）针对农药固体粉剂缺点进行技术改造

20 世纪 80 年代以前农药固体粉剂是应用广泛的剂型之一，但随着 DDT 等有机氯农药产品限用，以及农药分剂的粉尘、飘移污染环境和农药有效利用率低等缺点，固体粉剂的用量要减少；取而代之的是水分散农药粒剂(WG)、可溶粉剂(SP)、泡腾剂(EA)和可分散片剂(WT)等的使用。WG、SP、EA 和 WT 等新剂型既保持了粉剂使用方便、工效高的优点，还克服了粉剂易漂浮污染环境、有效利用率低的缺点。

（3）农药缓释剂型研究与开发

农药缓释剂是根据有害生物的发生规律、危害特点及环境条件，通过农药加工手段，将农药的有效活性成分贮存于缓释的产品中，施用后农药既按需要的剂量、特定的时间、持续稳定的释放，以达到经济、安全、有效地控制有害生物的剂型。农药缓释剂型具有延长农药的持效期、减少施药次数、降低用药量和药剂的使用毒性等优点，因此获得使用者和研发人员的青睐。迄今通过研发投入市场的产品品种主要是微胶囊类，此外还有片剂类、分散剂类和吸附类等。农药缓释剂处于研究和开发阶段，其研发内容涉及各种缓释剂的选材、制作方法、技术指标、质量检验方法、释放速率与环境条件的关系等方面。

（4）开展农药功能助剂研究，特别是适于农药新剂型有机硅或双子表面活性剂等新型功能表面活性剂用于农药剂型的研发，进一步促进水性农药剂型和其他新型农药剂型的发展。重视农药增效剂的研发，利用增效剂，抑制或弱化靶标对农药活性的解毒，延缓药剂在防治对象内的代谢速度，增加生物防效降低药剂的表面张力，提高药剂的渗透性、展布性和黏着性；从而提高农药使用效果，减少农药原药的用量，降低农药使用成本，以利环境和生态保护。配合生物农药开发和使用研发有关助剂，以利于生物农药制剂和剂型的发展。目前国内农药助剂主要品种参见表 10-6。

表 10-6　　　　　　　　　　　目前国内农药助剂主要品种

| 施用剂型 | 所需制剂类型 |
| --- | --- |
| 粉剂 | 填料、稳定剂、抗结块剂、防漂移剂、防静电剂、警戒色素 |
| 可湿性粉剂 | 填料、润湿剂、分散剂、渗透剂、稳定剂、消泡剂、展着剂、警戒色素 |
| 乳油 | 溶剂、助溶剂、乳化剂、分散剂、稳定剂、消泡剂、展着剂、警戒色素 |
| 颗粒剂 | 填料（载体）、胶粘剂、分散剂、稳定剂、润湿剂、包衣剂、警戒色素 |
| 悬浮剂 | 填料、液体介质、分散剂、润湿剂、乳化剂、渗透剂、黏度调和剂（增稠剂）、抗凝聚剂、酸碱度调和剂、稳定剂、抗冻剂、防腐剂、色素 |

虽然新农药的创制难度和经费开支很大，但是其开发将越来越受到人们的关注。如何使农药加工成剂型既符合农业发展的需要，又不以牺牲环境为代价是农药剂型加工面临的问题。我国农药剂型和制剂品种少，特别是剂型结构不合理，不能适应优质、高效、持续农业发展的需要。为此，有关部门应从如下几方面做好工作，以促进农药新剂型发展：①政策、法规、经济等多方面入手，限制对人畜毒性高或有潜在毒性、污染环境的农药剂型或制剂的生产和使用；②提倡鼓励开发、推广高效、安全、对环境污染小的制剂及其剂型；③鼓励研发和使用性能优异的农药助剂，特别是生物基的助剂；④提高创新农药新剂型、新工艺、新设备、新型材料能力；⑤积极开展电子计算机在农药剂型加工研究和生产中的应用，以提高研究开发效率，提高产品质量，提高加工机械化、密闭化、自动化水平，改善劳动条件。

## 10.10.3 农药制剂和剂型稳定性

农药的使用有季节性，所以农药制剂产品免不了要贮存。能否保持规定范围的有效成分含量和物理化学性能，是农药制成研究的重要内容。在农药加工时原材料的选择和加工工艺都要考虑最终产品的贮存和使用过程中的物理和化学的稳定性。

首先，农药制剂的稳定性决定于原药的化学结构及其纯度。在复配农药制剂时，一定要对农药的化学性质及其纯度充分了解，比如其水解稳定性，酸、碱稳定性，光、盐稳定性等。又如原药纯度越高，化学稳定性就越好。克百威、乐果和甲胺磷中的胺能促使原药分解；对硫磷中的游离酚不仅易造成药害，且有损于制剂稳定性；杀螟硫磷和乐果制剂在贮存中产生的甲基硫化物，成为自催化剂的活性基团，从而加速了原药的分解等等。但也有例外，一些杂质可能有利于化学稳定性提高。比如某些农药中同分异构体或旋光异构体的存在有助于提高化学稳定性和延缓抗药性。

其次，为了提高杀除农作物病虫害，减少抗药性，人们喜欢将两种或多种农药原药复配一起使用。农药混合后必须考虑可能发生的化学变化。目前已知的化学变化有如下几种类型：① 碱分解。如石硫合剂或波尔多液可使敌敌畏、马拉硫磷、巴沙、速灭威、抗生素等迅速分解；而杀螟硫磷、水杨硫磷、苯硫磷、敌百虫、倍硫磷等分解速度中等，其中敌百虫碱解，可生成敌敌畏增加毒效。② 脱 HCl 反应。如敌百虫、敌敌畏、三氯杀螨醇、开乐散等。③ 复杂碱分解。如福美类、代森类农药、克菌丹等。④ 复分解反应。如有机磷与有机汞，石硫合剂与铜制剂等。⑤ 取代反应。含 Ca，Cu 等离子取代福美或代森类中的 Zn，Mn 元素等。

第三，助剂对农药稳定性也有影响。农药制剂中的添加剂统称为辅助剂。辅助剂中有载体或填充剂、溶剂、表面活性剂和稳定剂、增效剂、药害减轻剂、展着剂、助烯进行剂、抛射剂等特有功能性添加剂。它们在农药制剂中对有效成分的稳定性有不同的影响。在复配农药时辅剂与原药能否进行化学反应或催化分解作用应予以足够重视。

第四，农药制剂和剂型包装和贮存除要考虑包装材料材质是否有影响外，还应考虑环境因素。因为温度、湿度、光线、空气等都可能引起农药分解。

## 10.10.4　农药制剂和剂型稳定化措施

为了得到稳定化的农药制剂和剂型，除应避免和排除上述引起分解的诸因素外，还可采用如下一些稳定化措施。

（1）用于农药的固体载体表面进行物理化学处理。如硅藻土在 600~900 ℃下灼烧，可明显降低活性；用 $CaCl_2$ 或 $C_{16}H_{33}$—$N(CH_3)_2$ 处理阳离子交换量大的载体或填充剂，可提高制剂和剂型的稳定性。这种方法对高价值的农药制成高浓度可湿性粉剂或干悬浮剂时，是经济可行的。

（2）针对农药化学特性，添加稳定剂可以提高农药的稳定性。

① 利用一些比农药活性高的化合物掩盖和纯化载体的活性，如用硫酸二乙（甲）酯、

辛基硫酸能优先与载体作用，从而阻止了它对农药的分解作用。

② 在制剂中加入热稳定剂，抗紫外剂能促使一些对温度、氧和紫外线敏感的农药稳定化。

③ 加入对抗载体表面酸性或表面碱性的物质以防止酸、碱催化分解农药，提高其稳定性。

④ 加入某些化合物在农药制剂中束缚某些金属离子和自身产生具催化分解作用的物质，如用多元酸、EDTA、8-羟基喹啉等抑制重金属，用 4-甲基-2-叔丁基酚束缚乐果分解中产生催化作用的 $CH_3NHO \cdot$ 自由基等。

（3）制成微胶囊剂和包结化合物等缓释剂型农药。如辛硫磷、甲基对硫磷、杀螟硫磷等微胶囊剂的化学稳定性比普通乳油的稳定性、残效性成倍提高。用 $\beta$-环糊精制成的丙烯菊酯等包结化合物，其 60 h 分解率从乳油的 17.5% 降至 2%，苄呋菊酯从 14.7% 降至 1.8%，甲基炔呋菊酯从 24.9% 降至 2.9%，稳定性均提高近 10 倍。且对光、热稳定，原药还无臭味。上述方法亦是解决相互有化学反应的两种以上农药混剂稳定性问题的重要途径。

（4）原药化学修饰。通过络合、成盐形成分子化合物、缩聚等化学方法，使原药性质变得稳定，杀有害生物效果无任何降低，如敌敌畏与 $CaCl_2$ 形成的敌敌钙，乐果与 4-甲基-2-叔丁基酚形成的分子化合物，其水溶性增大，臭味降低，化学稳定性显著提高。某些具有碱性基团或酸性基团的农药，形成相应的盐之后，一般均有同样效果。若结合农药毒性和抗药性改善来进行化学结构修饰，其结果更为理想。

（5）改善包装。通过包装主要解决来自外界的分解因素，制剂与包装材质的反应以及农药混用有关的稳定性问题。

# 第十一章　染料与颜料

## 11.1　染料概述

染料是指在一定介质中，能使纤维或其他物质牢固着色的化合物。本章介绍的染料和颜料只限于有机化合物。古代染料取自动植物。1856 年 Perkin 发明第一个合成染料——马尾紫，使有机化学分出了一门新学科——染料化学。20 世纪 50 年代，Rattee 和 Stephen 发现含二氯均三嗪基团的染料在碱性条件下与纤维上的羟基发生键合，标志着染料使纤维着色从物理过程发展到化学过程，开创了活性染料的合成应用时期。目前，染料已不只限于纺织物的染色和印花，它在油漆、塑料、纸张、皮革、光电通讯、食品等许多部门得以应用。

### 11.1.1　染料的分类

染料的分类方法有三种：按来源划分(天然和合成染料)、按应用性能划分、按化学结构划分。常用后两种分类方法。

染料按应用性能分为以下几类：

(1) 直接染料(direct dyes)　该类染料与纤维分子之间以范德华力和氢键相结合，分子中含有磺酸基、羧基而溶于水，在水中以阴离子形式存在，可使纤维直接染色。

(2) 酸性染料(acid dyes)　在酸性介质中，染料分子内所含的磺酸基、羧基与蛋白纤维分子中的氨基以离子键结合，主要用于蛋白纤维(羊毛、蚕丝、皮革)的染色。

(3) 分散染料(disperse dyes)　该类染料水溶性小，染色时借助分散剂呈分散状态而使疏水性纤维(涤纶、锦纶等)染色。

(4) 活性染料(reaction dyes)　染料分子中存在能与纤维分子的羟基、氨基发生化学反应的基团。通过与纤维成共价键而使纤维着色。又称反应染料。主要用于棉、麻、合成纤维的染色，也可用于蛋白纤维的着色。

(5) 还原染料(vat dyes)　有不溶和可溶于水两种。不溶性染料在碱性溶液中还原成可溶性，染色后再经过氧化使其在纤维上恢复其不溶性而使纤维着色。可溶性则省去还原一步。该类染料主要用于纤维素纤维的染色和印花。

(6) 阳离子染料(cationic dyes)　因在水中呈阳离子状态而得名。用于腈纶纤维的染色，常并入碱性染料类。

（7）冰染染料（azoic dyes）　为不溶性偶氮染料，染色时需在冷冻条件（0~5 ℃）下进行，由重氮和偶合组分直接在纤维上反应形成沉淀而染色。

（8）缩聚染料（polycondesation dyes）　该类染料染色时脱去水溶性基团缩合成大分子不溶性染料附着在纤维上，称为缩聚染色。

此外还有氧化染料、硫化染料等。

按化学结构分类（主要是根据染料所含共轭体系的结构来分）。可分为：偶氮、酞菁、蒽醌、菁类、靛族、芳甲烷、硝基和亚硝基等染料。在有的大类别中又可分为若干小类。

实际上，现在有些染料很难仅以其结构和使用性能来分类，上述两种分类方法均有待于进一步完善。

## 11.1.2　染料命名

染料分子结构复杂。厂商为了各自的利益，常使一个染料有多个商品名称。系统命名和商品名对于染料都比较繁杂。各国均对染料有自己的统一命名办法。

我国对染料的命名法，可在本章所列参考书中查到。简单地讲，染料命名可由三段组成。第一段为冠称，有 31 种，表示染色方法和性能。第二段为色称，有 30 个色泽名称，表示染料的基本颜色。第三段为词尾，以拉丁字母或符号表示染料的色光、形态及特殊性能和用途。例如，活性艳红 X-3B 染料："活性"即为冠称，"艳红"即为色称，X-3B 是词尾；X 表示高浓度，3B 为较 2B 稍深的蓝色。表明该染料为带蓝光的高浓度艳红染料。详见表 11-1。

表 11-1　　　　　　　　　　　　　　　　国内染料命名用词

| 1 | 冠　　称 | 直接，直接耐晒，直接铜蓝，直接重氮，酸性，弱酸性，酸性络合，酸性媒介，中性，阳离子，活性，还原，可溶性还原，分散，硫化，色基，色酚，色蓝，可溶性硫化，快色素，氧化，缩聚，混纺等 | |
|---|---|---|---|
| 2 | 色称 | 嫩黄，黄，金黄，深黄，橙，大红，红，桃红，玫红，品红，红紫，枣红，紫，翠蓝，湖蓝，艳蓝，深蓝，绿，艳绿，深绿，黄棕，红棕，棕，深棕，橄榄绿，草绿，灰，黑等 | |
| 3 | 色　　光 | B—带蓝光或青光；G—带黄光或绿光；R—带红光 | |
| | 色光品质 | F表示色光纯；D—表示深色或稍暗；T—表示深 | |
| | 性质与用途 | C—耐氯，棉用；<br>I—士林还原染料的坚牢度；<br>K—冷染（国产活性染料中 K 表示热染）；<br>L—耐光牢度或均染性好；<br>M—混合物；<br>N—新型或标准；<br>P—适用于印花；<br>X—高浓度（国产活性染料 X 表示冷染） | |

国外染料冠称基本上相同，色称和词尾有些不同，也常因厂商不同而异。我国根据需要，拟采取统一的命名法则。

### 11.1.3　商品化染料

合成的染料原药一般不直接用于染色，经过混合、研磨，加入一定量的填充剂和助剂加工成商品染料，这一标准化过程称染料商品化。

染料的品种不同，其外观、细度、水分、pH 值、强度、色光、坚牢度、溶解度、扩散性能等指标的要求不同，其商品化过程也不一样。

染料的颗粒大小和均匀程度，对染色性能有一定影响。为保证印染质量，对有些染料要进行砂磨，在研磨时加入分散剂和润湿剂，以达到一定的分散度。

色光是染料的重要品质，加工时采取拼混法，以消除各批原料色光上的差异，得到稳定色泽的染料。

染料的用量常取决于其强度。染料强度高，染色力高，得色浓；相反，染色力低，得色浅。要得到同一色泽，强度高的染料用量相对要少。

染料的商品化是经过加工处理，使染料的染色达到一定的效果。常在染料中加入一定的助剂，如稀释剂、润湿剂、扩散剂、稳定剂、助溶剂、软水剂等。

### 11.1.4　染料索引简介

染料索引（colour Index，CI），是英国染色家协会（SDC）和美国纺织化学家协会（AATCC）汇编的国际染料、颜料品种合编出版的索引。1921 年出第一版，1971 年出第三版。第三版 CI 共分五卷，增订本两卷。其中 1~3 卷按应用分为 20 大类，各类再按颜色分为 10 类，在同一颜色下，对不同染料品种编排了序号，称为 CI 应用类属名称编号。如：直接绿 TGB——CI Direct Green 85，分散大红 E-2GFL——CI Disperse Red 50 等。第 4 卷按结构分类给出化学结构编号，没有公布结构的则无此编号。如还原蓝 RSN 的结构编号为CI 69 800，而它的应用编号为 CI Vat Blue 4。第 4 卷与第 1~3 卷的内容互相补充。第 5 卷主要是各种牌号染料名称对照，制造厂商的缩写，牢度试验以及专利，普通名词和商业名词索引等。1975 年出版的续卷 5 和 6，与上述第 1~5 卷编排形式一致。

CI 按应用和结构类别对每个染料给予两个编号。借助于 CI，可方便地查阅染料的结构、色泽、性能、来源和染色牢度等参考内容。

## 11.2　染料染色牢度及耐久性

染色牢度是指染色后的物品在使用和后加工处理过程中，经受外界各种因素的作用，保持染料原来色泽的能力，是染料质量的一个重要评判指标。实际中，不存在各项牢度均佳的染料，也没有必要强求每种染料具备各种牢度俱优的性能。只能按照需要选择合理的加工工艺，使染色达到某些项所需的染色牢度。

　　染料染色牢度的测试和评级，国际上于 1978 年以来，采用五级（耐光牢度除外）九档制，即在五级基础上，对半级的色差作了规定，并加以标准化。我国于 1983 年采用这一评级法。详见表 11-2。

　　染色牢度分为两大类：即使用过程中和后加工处理过程中的染色牢度。分述如下。

表 11-2　　　　　　　　　　　褪色和沾色样卡色差技术规定

| 级别 | 褪　色　样　卡 | | | 沾　色　样　卡 | | |
|---|---|---|---|---|---|---|
| | 色　差 CIEL\*a\*b\* | 允　许 误　差 | 原样褪色程度 | 色　差 CIEL\*a\*b\* | 允　许 误　差 | 原样沾色程度 |
| 5 | 0 | ±0.2 | 色泽未改变 | 0 | ±0.2 | 相邻白布未沾色 |
| 4~5 | 0.8 | ±0.2 | — | 2.3 | ±0.3 | — |
| 4 | 0.7 | ±0.3 | 色泽很少变化或色泽深浅减弱 | 4.5 | ±0.3 | 白布很少沾色 |
| 3~4 | 2.5 | ±0.35 | | 6.8 | ±0.4 | |
| 3 | 3.4 | ±0.4 | 色泽能觉察出变化 | 9.0 | ±0.5 | 白布有觉察得出的沾色 |
| 2~3 | 4.8 | ±0.5 | — | 12.8 | ±0.7 | |
| 2 | 6.8 | ±0.6 | 色泽明显的变化 | 18.1 | ±1.0 | 白布有极大的沾色 |
| 1~2 | 9.6 | ±0.7 | | 25.6 | ±1.5 | |
| 1 | 13.6 | ±1.0 | 色泽很大变化或色泽深浅很大减弱 | 35.2 | ±2.0 | 白布染成深色 |

　　注：［1］　色差——表示各颜色之间在色调、纯度和亮度等参数的总差别。

　　　　［2］　CIEL\*a\*b\* 表示计算物体色差所采用的颜色系统对微小颜色间的差别，用 NBS 单位表示（NBS 单位色差相当于人眼刚好能觉察到的色差的 5 倍）。

## 11.2.1　染色织物使用过程中的染色牢度

　　（1）耐洗牢度分五级，以第五级最高。该指标表示染色物的色泽经皂洗或洗涤剂洗后的变色程度，受染料本身的亲水性、染料与纤维之间结合形式和稳定性、洗涤的介质和条件三种因素的影响。

　　（2）汗渍牢度。表示织物上染料经汗渍作用后，颜色改变的程度。

（3）摩擦牢度。表示染色物经受摩擦而引起褪色或沾色的程度，与染料分子结构和染色工艺有关。分子结构大的染料，染色时易形成浮色而影响摩擦牢度。

（4）耐光牢度，又称日晒牢度。指染色物在规定条件下经日光暴晒后，颜色改变的程度。共分八个级别，一级最低。每提高一级，耐光牢度提高一倍。如一级品暴晒 3 h 开始褪色，二级为 6 h，三级则为 12 h 暴晒后才开始褪色等。影响该指标的因素有：染料分子中的发色基团对光的稳定性、纤维性质、暴晒时周围环境等。

（5）烟褪色牢度。指染色物经过煤气、油燃烧后的气体及氧化氮、二氧化硫等酸性气体的侵蚀而发生褪色的程度。

## 11.2.2 加工过程中的染色牢度

染色物在染色后常常还要用化学试剂处理或进一步加工，以改善其物理性能、穿着性能。对染色物需要进行耐酸、耐碱牢度、耐缩绒牢度、耐氯牢度和耐热牢度的测定。

# 11.3 颜色与染料染色

## 11.3.1 光与颜色

物质的颜色是由于物质对可见光选择吸收特性在人视觉上产生的反映，无光就没有颜色。一定波长的可见光，反映到人的视网膜上，使人感觉到颜色(见表 11-3)。

表 11-3

| 波　　　长（nm） | 观察到的颜色 |
| --- | --- |
| 627~780 | 红 |
| 589~627 | 橙 |
| 550~589 | 黄 |
| 480~550 | 绿 |
| 450~480 | 蓝 |
| 380~450 | 紫 |

白光是一种混合光，由红、橙、黄、绿、青、蓝、紫等各种色光按一定比例混合而成。这种混合光全部被物体反射则为白色；如全部透过物体则无色；若全部被吸收，则该物体显黑色；如果仅部分按比例被吸收，显出灰色。在色度学中，白色、灰色、黑色称为消色，也称为中性色。中性色的物体对各种波长可见光的反射无选择性。表 11-4 是各光谱色的波长范围。

表 11-4　　　　　　　　　　　　　　　光谱色的波长范围

| 光谱区域 | 波长（nm） | 频率（$s^{-1}$） |
|---|---|---|
| 红 | 770~640 | $3.9×10^{14}$~$4.7×10^{14}$ |
| 橙、黄 | 640~580 | $4.7×10^{14}$~$5.2×10^{14}$ |
| 绿 | 580~495 | $5.2×10^{14}$~$6.1×10^{14}$ |
| 青、蓝 | 495~440 | $6.1×10^{14}$~$6.7×10^{14}$ |
| 紫 | 440~400 | $6.7×10^{14}$~$7.5×10^{14}$ |

物体可以有选择地吸收白光中某种波长或波段的有色光，对其余波长的可见光发生选择性反射和透射，这时人们可看到物体呈现红、黄、蓝等彩色。物体呈现的颜色为该物体吸收光谱的补色。所谓补色，即指若两种颜色的光相混为白光，则这两种颜色互为补色。图 11-1 是一个理想的颜色环示意图，顶角相对的两个扇形，代表两种互补的颜色光，它们以等量混合，形成白光。绿色没有与之互补的单色光，根据它在环中的位置，绿色的补色介于紫、红之间，是紫与红相加的复合光，在环中以一个开口的"扇形"表示。

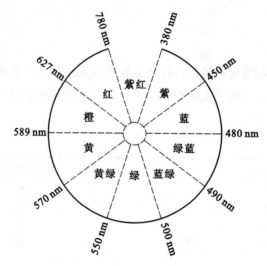

图 11-1　颜色环示意图

如果在颜色环上选取三种颜色，每种颜色的补色均位于另两种颜色中间，将它们以不同比例混合，就能产生位于颜色环内部的各种颜色，则这三种颜色称为三原色。实践证明，红、绿、蓝三原色是最佳的。

颜色的三种视觉特征为：色调（色相），明度（亮度），纯度（饱和度）。

色调是指能够较确切地表示各种颜色区别的名称，是色与色之间的区别。如红、黄、绿、蓝表示不同的色调，单色光的色调取决于其波长，混合光的色调取决于各种波长的光的相对量，物体表面的色调取决于其反射光中各波长光的组成和它们的能量。色调以光谱色或光的波长表示。

明度是人眼睛对物体颜色明亮程度的感觉，也就是对物体反射光强度的感觉。明度与光源的亮度有关，光源愈亮，颜色的明度也愈高。由于视觉灵敏度有限，当光源亮度变化不大时，人往往感觉不出明度的变化，所以明度有别于亮度。可以用物体表面对光的反射率来表示。

纯度，亦称饱和度、艳度。指颜色的纯洁性。它依赖于物体表面对光的反射选择性程度。若物体对某一很窄波段的光有很高的反射率，而对其余光的反射率很低，表明该物体对光的反射选择性很高，颜色的纯度高。单色的可见光纯度最高，而中性色(白、灰、黑)的纯度最低。纯度可用颜色中彩色成分和消色成分的比例来表示。

## 11.3.2　染料染色

染料染色为染料稀溶液的最高吸收波长的补色，是染料的基本染色。吸收程度由吸光度($\varepsilon$，或摩尔消光系数)来表示。它决定颜色的浓淡。而颜色的深浅，取决于染料的最大吸收波长($\lambda_{max}$)，如图 11-2 所示。

染料结构不同，其 $\lambda_{max}$ 不同。如果移向长波一端称为红移，颜色变深，又称深色效应或蓝移；若 $\lambda_{max}$ 移向短波，称为紫移，颜色变浅，称浅色效应。若染料对某一波长的吸收强度增加为浓色效应，反之为淡色效应。

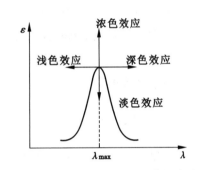

图 11-2　颜色效应与吸收光谱的关系

# 11.4　常用染料简介

## 11.4.1　偶氮染料

偶氮染料(azo dyes)分子结构中含有偶氮基(—N=N—)，是合成染料中品种和数量最多的一种。偶氮基团常与芳香环体系构成一个大共轭体作为染料的发色体。偶氮染料视分子中含有偶氮基的多少，又分单偶氮、双偶氮和多偶氮染料。单偶氮染料可用下式表示：

Ar—N=N—Ar　　(Ar 表示芳香族化合物)

偶氮染料由芳香伯胺与亚硝酸盐经重氮化反应，再与酚或芳胺作用制得。即

$$ArNH_2+2HX+NaNO_2 \longrightarrow ArN_2X+NaX+2H_2O$$

$$ArN_2X+ArOH \longrightarrow Ar—N \!\!=\!\! N—Ar'—OH$$

$$ArN_2X+ArNH_2 \longrightarrow Ar—N \!\!=\!\! N—Ar'—NH_2$$

反应受酸量、温度、反应物结构性质等因素的影响。

羟基偶氮染料存在着互变异构现象。例如偶氮—腙的互变异构体：

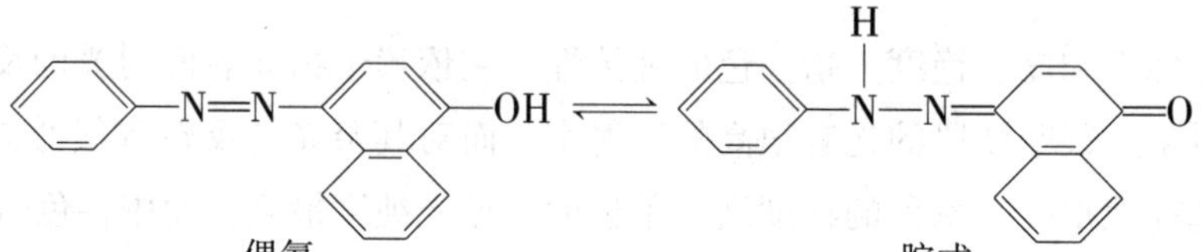

偶氮                                                            腙式

前者由苯胺重氮盐和1-萘酚制备，后者由苯肼和1，4-萘醌反应制备，结果得到的是同一产物。腙式异构体较偶氮异构体具有较长的吸收波长及较高的吸收强度，工业上常用各种方法使羟基偶氮染料转变为腙式结构。

偶氮染料由于结构不同而在染色时呈现出不同的性能，使用时有差别，又分为直接、酸性、不溶性等类别。

## 11.4.2 蒽醌染料

蒽醌染料(anthraquinone)具有广泛的用途，品种仅次于偶氮染料。它的分子结构中含有一个或多个羰基( $C \!\!=\!\! O$ )共轭体系，又称为羰基染料。例如9，10-蒽醌：

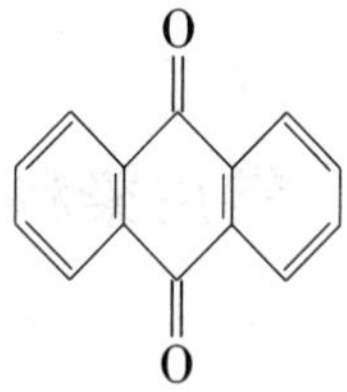

蒽醌染料按结构可分为芳氨基蒽醌、氨基羟基蒽醌和杂环蒽醌三种。按应用性能，又分为酸性、分散、活性、还原染料。大部分蒽醌染料具有鲜艳的色泽和优良的耐光牢度，色谱齐全。其深色品种在染料中占重要地位。

蒽醌染料的制备是由萘氧化得到的邻苯二甲酸酐在三氯化铝存在下与取代苯作用后，经硫酸闭环而得到一系列蒽醌衍生物，再经过必要的合成单元反应而制得。其中间物可由下式代表合成路线：

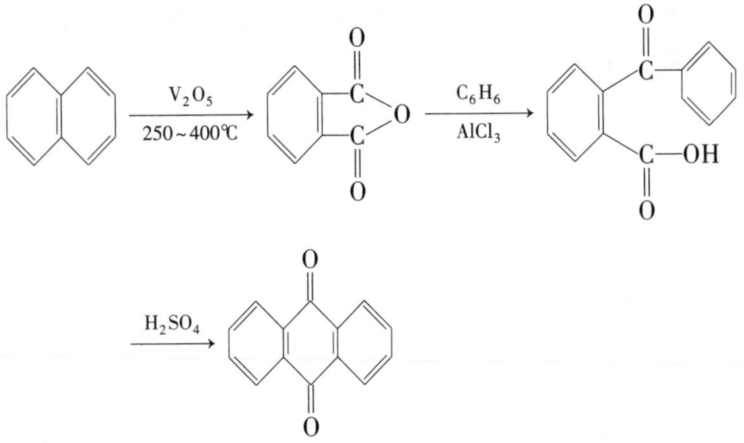

蒽醌的分子结构中，取代基的大小、数量、位置直接影响该类染料的颜色和染色牢度。

下面为几种含杂环蒽醌染料的结构：

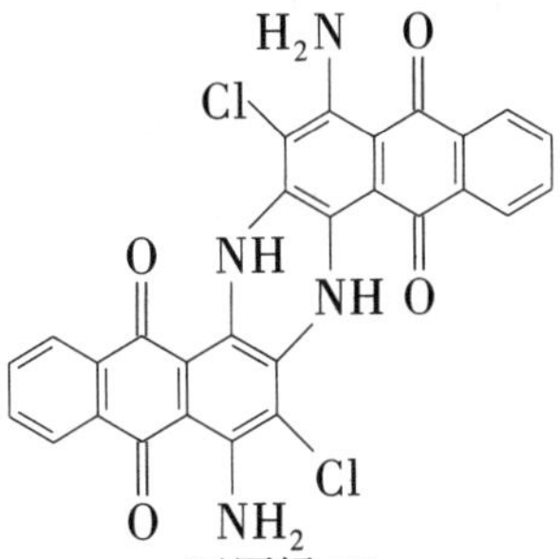

还原绿 2B
(CI 还原绿 11，69850)

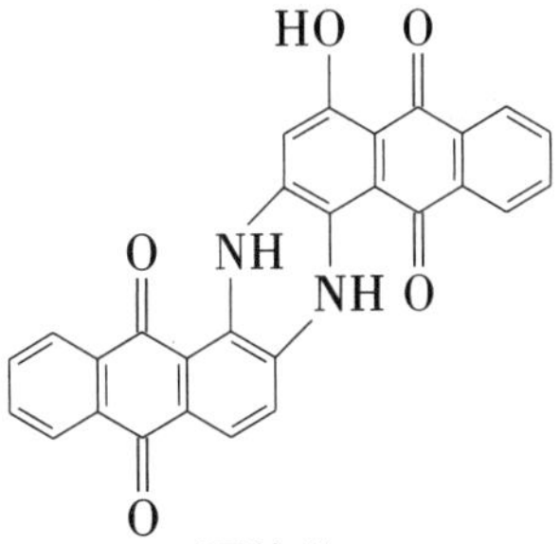

还原艳蓝 3G
(CI 还原蓝 12，69840)

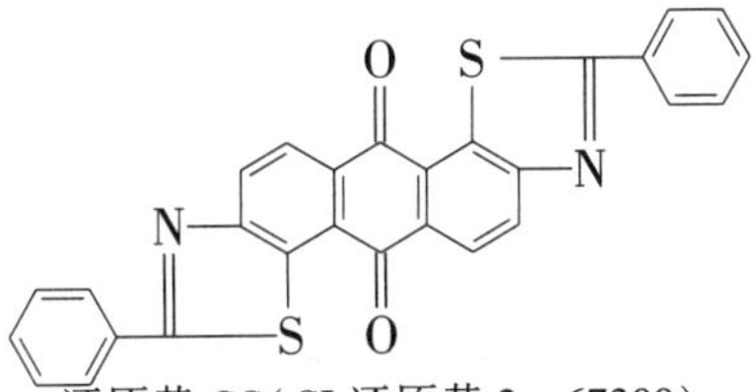

还原黄 CC(CI 还原黄 2，67300)

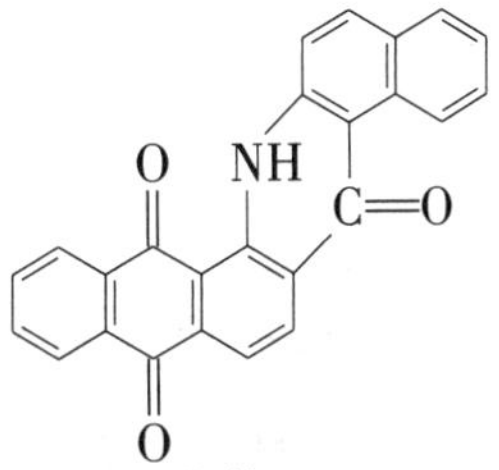

还原红 RK
(CI 还原红 35，68000)

## 11.4.3　三芳甲烷染料

三个芳基连在同一个碳原子上而形成三芳甲烷结构，含有这类结构的染料称为三芳甲烷染料(triarylmethane dyes)。它色泽浓艳，但耐光度较差，遇酸、碱易变色，在纺织品染色中的应用受到限制。一般用于医药、油漆、印刷等方面。该染料较古老，按结构分为氨基、羟基和磺酸基三芳甲烷染料几种。

　　三芳甲烷染料由芳胺与甲醛、苯甲醛缩合得到隐色体，然后再经过一些单元反应而制得。例如孔雀绿染料的制备：

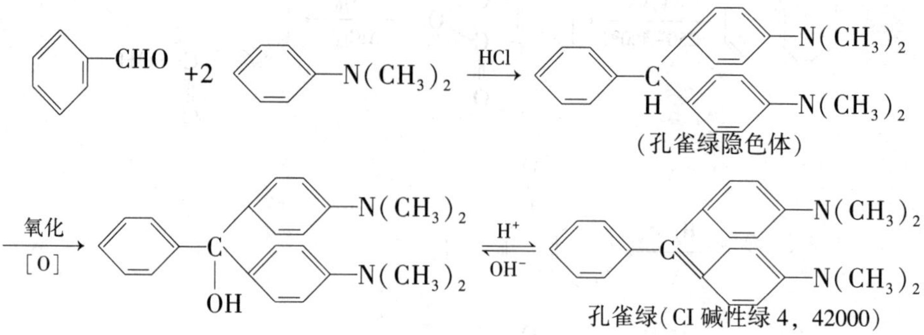

（孔雀绿隐色体）

孔雀绿(CI 碱性绿 4，42000)

　　三芳甲烷是一个无色化合物，在三芳甲烷芳环中心碳原子的对位上引入氨基，颜色变深，且氨基愈多，颜色愈深。不同取代氨基使其颜色加深的次序如下：

$$—NH_2<—NHCH_3<—N(CH_3)_2<—NHC_6H_5$$

　　在中心碳原子连接的苯环上，引入取代基的位置和类型对颜色的影响是：当在其邻、对位上引入吸电子基，则产生红移，红移程度随着吸电子基团的吸电子能力增强而增加；反之引入供电子基，产生紫移，并随着给电子强度的增加，紫移增强。

## 11.4.4　酞菁染料

　　酞菁(phthalocyanide)是由四个异吲哚结合而成的一个十六环芳轭体。其发色系统为具有 18 个 $\pi$ 电子结构的环状轮烯(见左图)；金属酞菁染料中，金属原子在环的中间，与相邻的四个氮原子相连，除了与两个氮原子以共价键结合外，还和其他两个氮原子以配价键结合(见右图)。

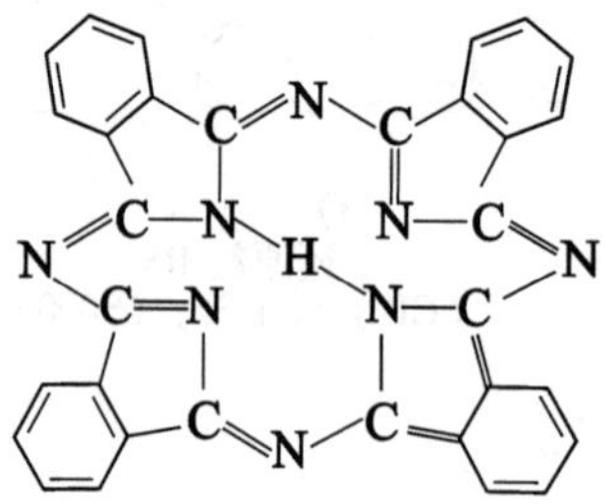

酞菁（CI，74100） 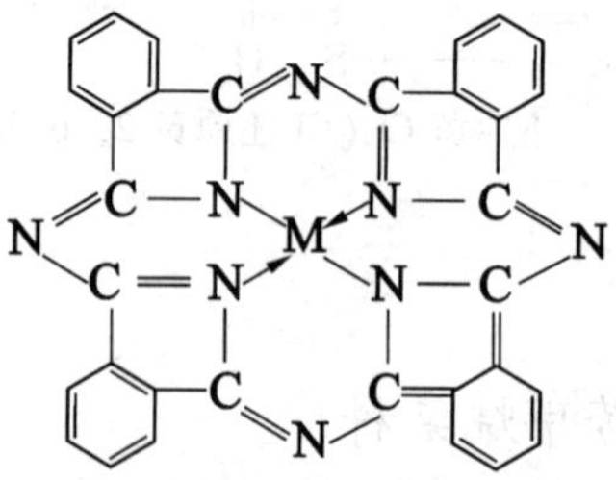　　　　　金属酞菁（M=Cu.Ni.Co.Fe）

　　酞菁常以 Pc 表示，本身即是一个鲜艳的蓝色物质，为高级颜料。金属酞菁经磺化、氯化等反应，在分子中引入其他取代基团，有些可作染料使用。

　　铜酞菁合成反应式如下：

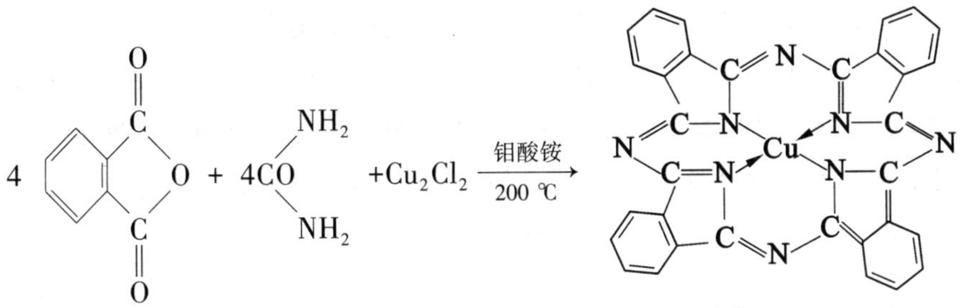

铜酞菁（CI，74160）

$$+4CO+8H_2O+CuCl_2$$

苯二腈与铜粉焙烧制备方法，由于毒性和成本较大已很少应用。反应如下：

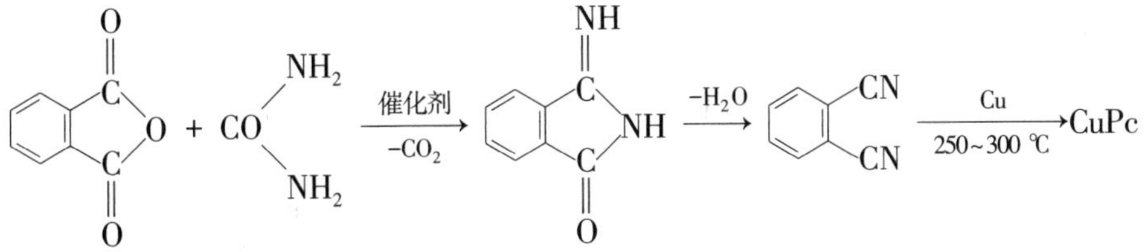

酮酞菁是一种蓝色的多晶型化合物。$\alpha$ 晶型颜色带红，着色力强，晶粒小，不稳定。$\beta$ 晶型与之相反，稍带有绿色，是合成中的主要晶型。铜酞菁常作颜料。水溶性的磺酸钠盐铜酞菁染料，由铜酞菁磺化制得。

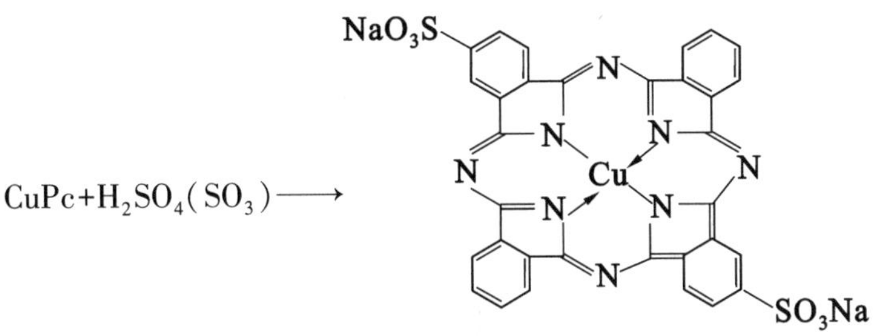

直接耐晒翠蓝GL（CI.直接蓝86,74180）

酞菁染料多为蓝色和绿色，其色泽鲜艳，稳定性好，具有良好的耐日晒、耐酸、碱牢度。分子中含有磺酸基，羧酸基等酸性基团的铜酞菁染料，可作直接染料使用。

## 11.4.5　菁系染料

菁系染料(cyanine dyes)是由甲川基（—CH＝）连接氮杂环的一类染料，又称甲川染料。结构为

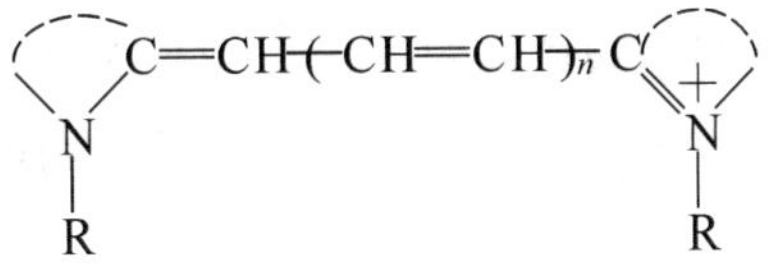

菁系染料最早用于感光材料的光敏剂。耐光牢度高(3~6级)。对腈纶染色有色泽鲜

艳，着色力高和耐光牢度好等优良性能，有些已成为腈纶的专用染料。

菁系染料的结构由杂环、多甲川基、成盐烷基和阴离子等四个部分组成，其中杂环为吡啶、喹啉、吲哚、噻唑、吡咯等氮杂环。常见的有喹啉、苯并噻唑和吲哚啉杂环。亦可按甲川链两端相连的杂环性质以及甲川链中一个或几个甲川基被 N 取代情况，分为五大类，即：碳菁、半菁、苯乙烯菁、氮杂菁、氮杂半菁。

碳菁染料为分子中多甲川链与两端两个杂环氮原子相连。杂环相同者称为对称菁，不同者为不对称菁。这类染料多作为光学增感剂。其颜色取决于杂环的碱性、甲川链长度和取代基的位置。如对称碳菁染料、甲川链增长，颜色加深。每增加两个甲川基可产生 100 nm 的位移，为了使这类染料保持有较好的耐光牢度和稳定性能，甲川链不容许太多，一般不超过三个。

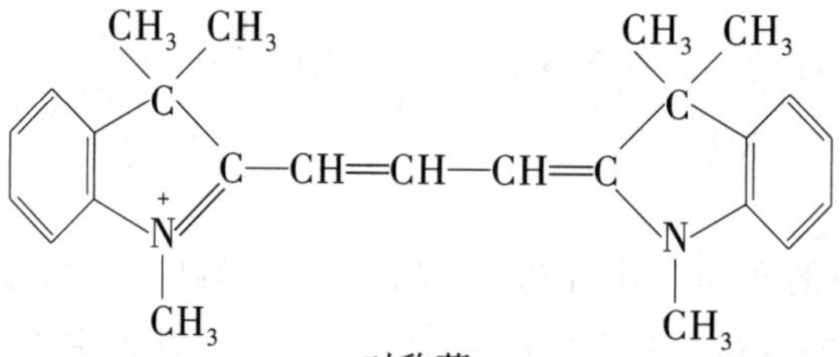

对称菁

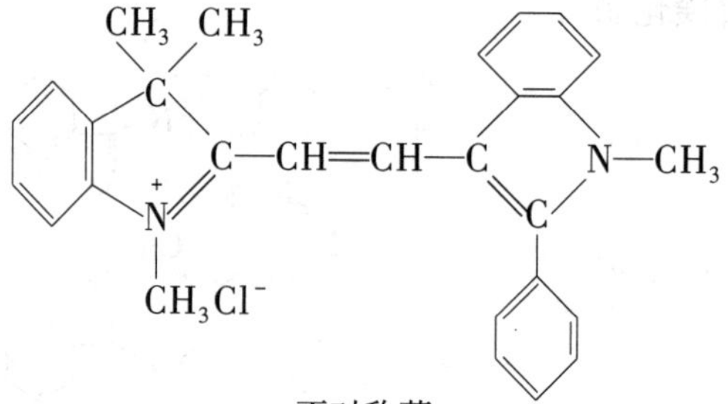

不对称菁

如在染料分子中，多甲川链所连的氮原子仅有一个构成杂环，则为半菁染料。该类染料颜色较浅，多数为黄色。若多甲川链一边连接杂环氮原子，另一边连接苯环，即分子中含有苯乙烯结构，称为苯乙烯菁染料。氮杂菁染料是三个甲川基中一个或几个被 N 原子取代的菁染料。而氮杂半菁染料，是半菁染料分子中的甲川基被 N 取代而形成的一类染料。

菁系染料由于分子中含有杂环，其中带正电荷的杂原子在水中能离解成有色正离子，亦称阳离子染料。由于正电荷原子处于共轭体系中，又叫共轭型阳离子染料。氮杂环具有碱性，在染料索引中，又将其归于碱性染料。该类染料因含有不同的杂环，其合成方法并不相同。随着功能染料的研究，菁类染料在光材料中的应用迅速发展起来。

## 11.5 染料的结构与发色

### 11.5.1 染料发色理论概述

早期的染料发色理论有：不饱和键理论、发色团和助色团理论及醌型结构理论。这些理论有一定局限性，仅反映染料发色局部现象的一些规律，并没指出染料发色的本质。

根据量子力学，可以准确计算出物质分子中电子云分布情况，定量地研究分子结构与发色的关系，认为染料分子的染色是基于染料吸收光能后，分子内能发生变化而引起价电子跃迁的结果。1927 年提出了染料发色的价键理论和分子轨道理论。

价键理论认为有机共轭分子的结构，可以看作 π 电子成对方式不同，能量基本相同的共轭结构，其基态和激发态是这些共振结构的杂化体。例如孔雀绿由 $I_a$ 和 $I_b$ 两个共振结构表示：

$$(CH_3)_2N\!-\!\!\underset{}{\bigcirc}\!\!-\!C\!\!=\!\!\underset{}{\bigcirc}\!\!=\!\overset{+}{N}(CH_3)_2 \quad \overset{Cl^-}{\Longleftrightarrow} \quad (CH_3)_2\overset{+}{N}\!\!=\!\!\underset{}{\bigcirc}\!\!=\!C\!\!-\!\!\underset{}{\bigcirc}\!\!-\!N(CH_3)_2$$

$$I_a \qquad\qquad\qquad\qquad\qquad I_b$$

一般分子处于较低的能态，但当吸收一定波长的光后，即激发至较高的能态，激发态与基态的能级差为 $\Delta E$，与吸收光的波长之间有如下关系：

$$\Delta E = h\nu = h\frac{c}{\lambda}$$

式中，$h$ 为普朗克常数，$6.62 \times 10^{-34}$ J·S；$c$ 为光速，$3 \times 10^{17}$ nm·s$^{-1}$。

当吸收光的能量与 $\Delta E$ 相等时，有机分子才会显示出颜色。基态和激发态即被视为不同电子结构共振体的杂化体，共振体愈多，其杂化后的基态和激发态能级差愈小，吸收光的波长愈长。所以在染料分子中，往往增加双键、芳环来增加共振结构，使染料的颜色蓝移(深色效应)。

分子轨道理论认为，染料分子由 $m$ 个原子轨道线性组合，得到 $m$ 个分子轨道，其中有成键、非键和反键轨道。价电子按泡利原理和能量最低原理在分子轨道上由低向高排列，价电子已占有的能量最高成键轨道称为 HOMO 轨道，价电子未占有的最低能量空轨道为 LUMO。染料吸收光量子后，电子由 HOMO 跃迁到 LUMO 上，由于选择吸收不同波长的光，而呈现不同的颜色。在共轭多烯烃中，随着共轭双键数目的增加，由于双键的作用，使 HOMO 和 LUMO 之间的能级差减少，$\Delta E$ 变小，则 $\lambda$ 红移，产生深色效应。

一般有机染料分子中有三种价电子($\sigma$、$\pi$ 和未共用电子对的 $n$ 电子)，五个能级。当

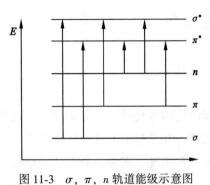

图 11-3 $\sigma$, $\pi$, $n$ 轨道能级示意图

染料吸收了光能后，价电子可发生六种跃迁（即：$\sigma$-$\pi^*$，$\pi$-$\sigma^*$，$\sigma$-$\sigma^*$，$n$-$\sigma^*$，$n$-$\pi^*$ 和 $\pi$-$\pi^*$）如图 11-3 所示。其中，$\sigma$-$\pi^*$ 和 $\pi$-$\sigma^*$ 跃迁的可能性很小。不同跃迁需要不同的能量。其中 $n$-$\pi^*$ 和 $\pi$-$\pi^*$ 跃迁需要的能量小，吸收光的波长可能在可见区，对研究染料的结构与颜色的关系最有意义。由于 $n$ 轨道和 $\pi$ 轨道不在同一平面上，或垂直排列，但 $\pi$、$\pi^*$ 轨道却在同一平面内，$n$-$\pi^*$ 跃迁比 $\pi$-$\pi^*$ 跃迁困难，相对吸收强度低（见表11-5）。

表 11-5　　　　　价电子的各种跃迁需要的能量及相应的吸收波长范围

| 类　型 | $\Delta E(\text{kJ/mol})$ | $\lambda_{max}(\text{nm})$ | 范　围 | 强度 $\varepsilon$ |
|---|---|---|---|---|
| $\sigma$-$\sigma^*$ | 800 | 150 | 远紫外 | 小 |
| $\pi$-$\pi^*$ | 725 | 165 | 近紫外，可见光 | $10^3 \sim 10^6$ |
| $n$-$\sigma^*$ | — | <185 | 末端吸收 | 大 |
| $n$-$\pi^*$ | 423 | 280 | 近紫外，可见光 | $10^3$ |

## 11.5.2　染料的化学结构与发色

1）共轭体系与发色

如前所述，如降低 $\pi$-$\pi^*$ 间的电子跃迁所需的能量，则吸收光的波长有可能由近紫外区移到可见光区，分子中共轭体系愈大，则 $\pi$-$\pi^*$ 跃迁的激发能愈低，所以染料分子结构中要有 $\pi$ 键，且多具有共轭结构。分子结构相似的一系列有机化合物，随着共轭体系增大，$\lambda_{max}$ 出现红移而颜色发生蓝移（深色效应）。染料分子的结构中，常有多个烯烃或苯环稠合体系，其目的是加大共轭系统，使染料的颜色加深。一般红、黄浅色为共轭体系小的染料，而大共轭体系的染料则为蓝、绿发色体。

同样，染料分子中常有杂原子参加共轭的发色体系，除了 $\pi$-$\pi^*$ 跃迁外，还有 $n$-$\pi^*$ 跃迁。例如构成多烯烃的染料共轭系统的原子数为偶数（$2n$），由氮杂原子参加的多甲川组成的菁染料共轭体系的原子数为奇数（$2n+1$），后者的 $n$-$\pi^*$ 电子跃迁比前者的 $\pi$-$\pi^*$ 跃迁所需能量要小得多，$\lambda_{max}$ 红移，其颜色比前者深。

2）取代基对发色的影响

绝大多数染料分子中都含有—$NR_2$，—$NH_2$，—$OR$ 等给电子取代基和—$NO_2$，—CN等吸电子取代基，其作用是加深染料发色和加强染料对纤维的亲和力。

取代基上的未共用电子对与相邻的 $\pi$ 键发生共轭，可增大共轭体系，使 $\Delta E$ 变小，发生深色效应。例如苯的 $\lambda_{max}$ 为 255 nm，苯胺的则为 280 nm，明显红移。吸电子基团对共轭体系的诱导效应，可使染料分子的极性增加，从而使激发态分子变得比较稳定，也可降低激发能而发生蓝移。也就是取代基的共轭和诱导效应，使染料原有体系中电子云密度重新分布，而使染色有所变化。

取代基的引入还有一个位阻效应。分子轨道理论认为，取代基与共轭体系中的原子或基团处在同一平面时，才能使 $\pi$ 电子云得到最大限度的重叠，形成庞大的共轭体系，$\Delta E$ 才比较小，而发生深色效应(蓝移)。如果引入基团的位阻使这一平面被破坏，则 $\Delta E$ 增加，$\lambda_{max}$ 发生紫移，同时吸收强度降低。即发生染料的位阻效应。这种现象在顺反异构体中比较明显。

3)金属原子与染料发色

当将金属原子引入染料分子时，金属原子一方面以共价键与染料分子结合，又与具有未共用电子对的原子形成配位键，从而使整个共轭体系的电子云分布发生很大的变化，改变了激发态和基态的能量，颜色发生变化。常常使颜色加深。不同的金属原子对共轭体系 $\pi$ 电子的影响不同，同一染料分子与不同金属原子形成配合物后，具有不同的颜色。读者可参阅有关文献。

4)偶氮染料的结构与显色

偶氮染料的结构是由偶氮基(—N＝N—)与芳烃或苯衍生物相连而组成。其母体为偶氮苯。偶氮基(—N＝N—)有 $\pi$ 键中的 $\pi$ 电子和 N 上未共用电子对——$n$ 电子。当吸收光量子后，这两种电子受激发发生跃迁，即 $\pi$-$\pi^*$ 和 $n$-$\pi^*$ 跃迁。对于 $\pi$ 电子，由于 $\pi$ 轨道与反键 $\pi^*$(LUMO)在同一平面上，虽 $\pi$-$\pi^*$ 跃迁能量大，但无"禁阻"，比较容易。而 $n$ 电子处在 N 的 $p_y$ 轨道上，与 $\pi^*$ 轨道垂直，$n$-$\pi^*$ 跃迁是"禁阻"的，较困难。偶氮苯 $\pi$-$\pi^*$ 跃迁吸收光的 $\lambda_{max}$ 为 319 nm，$\varepsilon_{max}$ 为 21000；而 $n$-$\pi^*$ 跃迁的 $\lambda_{max}$ 为 443 nm，$\varepsilon_{max}$ 仅为 450。所以偶氮苯基本无色。

如果在偶氮苯中引入给电子基团($NH_2$，$NR_2$，$DH$)或拉电子基团($NO_2$，$CN$)，引起红移，并且吸收强度增加。价键理论认为，偶氮苯可看作下列电子结构的组合：

由于正负电荷的分离，$I_b$ 比 $I_a$ 能量高，可把 $I_a$ 看作基态，$I_b$ 看作激发态。由于二者能量差大，所以吸收光的波长短。当引入硝基和氨基后，由于取代基的给和拉电子作用，电荷的分布发生了很大变化，正负电荷被分散到 N 和 O 原子上。$II_b$ 相对于 $I_b$ 稳定，即位能降低，这时的 $\Delta E$ 变小，则发生红移。

$$O_2N-\!\!\langle\ \rangle\!-N\!=\!N-\!\!\langle\ \rangle\!-N(CH_3)_2 \longleftrightarrow$$

II~a~

II~b~

分子轨道理论认为，带有未共用电子对基团的引入，由于未共用电子对处在染料分子的非键轨道上（NBMO），该轨道往往处于成键（HOMO）和反键（LUMO）轨道之间，缩小了基态和激发态间的能级差，因而发生红移。

极性取代基引入的位置常见的在偶氮基的对位。这样整个分子是一个大共轭体（II~b~）。如果在二甲氨基或硝基的邻位存在烷基，则影响硝基和二甲氨基间的共轭效应，使激发态的位能增高，发生浅色效应。若在偶氮基的邻位引入取代基，由于影响偶氮基上未共用电子对与苯环的共轭体系，而使颜色发生变化（见表11-6）。取代基为 $CH_3$，X 时，发生浅色效应。为 $NO_2$，CN 时，发生深色效应。

表 11-6　取代基 $R_1$，$R_2$ 对 ... 发色的影响

| $R_1$ | $R_2$ | $\lambda_{max}$(nm) | $\varepsilon_{max}$ | $R_1$ | $R_2$ | $\lambda_{max}$(nm) | $\varepsilon_{max}$ |
|---|---|---|---|---|---|---|---|
| H | H | 453 | 44000 | NO | Br | 498 | 34000 |
| $CH_3$ | H | 454 | 42000 | $NO_2$ | $NO_2$ | 520 | 48000 |
| $CH_3$ | $CH_3$ | 383 | 24000 | CN | H | 504 | 45000 |
| Cl | H | 475 | 40000 | CN | CN | 549 | 38000 |
| Cl | Cl | 417 | 31000 | CN | Br | 506 | 37000 |
| $NO_2$ | H | 491 | 38000 | | | | |

5）蒽醌染料的发色

蒽醌的发色体是羰基和芳环组成的共轭体。其吸收光谱亦可看作醌和苯乙酮两个发色团的组合。于245，252，325 nm处的吸收归于苯乙酮（$\pi$-$\pi^*$）；263，272，400 nm处的吸收归于醌发色团。通常，9，10-蒽醌是一个特别稳定的化合物，呈淡黄色。

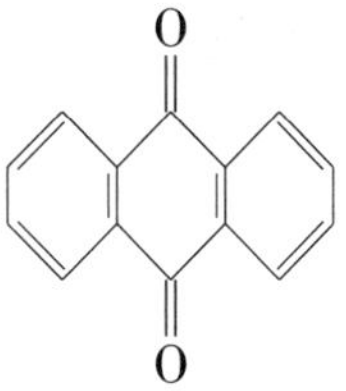

9，10-蒽醌 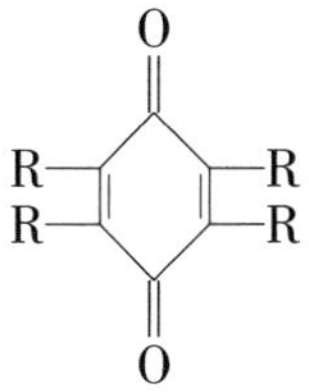　　　　　　醌 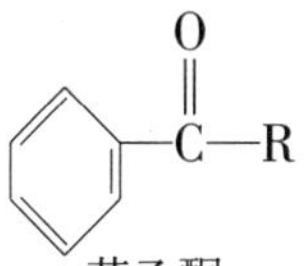　　　　　　　苯乙酮

蒽醌分子中引入吸电子基团（$NO_2$，CN），由于羰基也是吸电子基团，二者相互对抗，分子不易极化，因而对分子的发色影响较小；而当引入供电子基团时，极性加强，增加了 $\pi$ 电子的流动性，常出现较强的 $\pi$-$\pi^*$ 吸收带，对颜色的影响较大。取代基的给电子性越强，$\lambda_{max}$ 越向长波方向移动。

给电子基团取代在 1-位上，产生红移比在 2-位上大。这是由于 1-位取代物，激发态带电荷原子相距较近，产生较大静电吸引力，稳定性更好。而且取代基上的氢与羰基易形成氢键，加强了取代基上未共用电子对与蒽醌环的共轭作用，也使分子更趋向平面结构，有利于轨道的最大重叠，因而使激发态更稳定。

在深色染料中，常用 1，4-二氨基蒽醌及其衍生物。因为取代基在同一苯环上，激发态具有比较稳定的萘环结构（见下式），所需激发能较小。发生较大红移的缘故。可以理解，蒽醌染料颜色最深的品种是 1，4，5，8-位给电子基团的取代物。

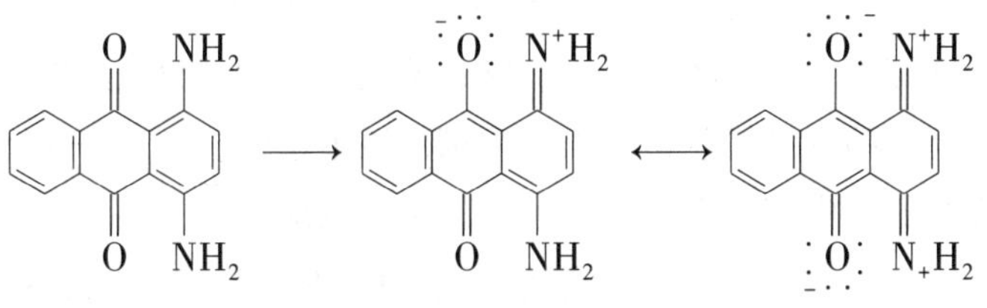

1，4-二氨基蒽醌，当 2-位引入给电子基团，染料的 $\lambda_{max}$ 发生紫移，如引入吸电子基团，则 $\lambda_{max}$ 红移。这可以用价键理论解释。基态(a)，2-位上的 OR 与羰基有共轭作用，稳定性增加，基态位能降低；激发态(b)，OR 与羰基无共轭作用，位能保持不变，整体由基态到激发态的能级差 $\Delta E$ 增大（见图 11-4），故发生紫移。

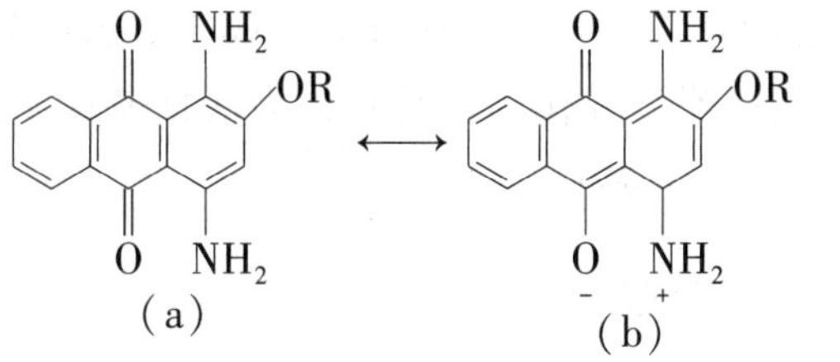

(a)　　　　　　　(b)

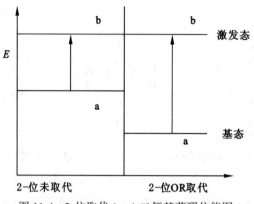

图 11-4　2-位取代 1, 4-二氨基蒽醌位能图

# 11.6　活性染料

## 11.6.1　概　　述

活性染料（reactive dyes）是一类与纤维发生化学反应形成共价键的反应性染料。自 1956 年英国 Rattee 和 Stephen 发现第一个 Procion 活性染料至今，仅有几十年的时间。由于该类染料与纤维反应生成共价键，形成"染料-纤维"有色化合物整体，使染色纤维具有很好的耐洗牢度和耐摩擦牢度，广泛用于棉、麻、羊毛、丝和部分合成纤维等物质的印染。

能与纤维发生反应的有机发色化合物必须满足以下条件：

（1）染料与纤维的反应速率必须大于本身的水解反应。

（2）与纤维的亲和力适中。不可太高使固色染料（难以洗去），也不能太低，否则固色效果差。

（3）染料与纤维形成的化学键稳定性好，否则易水解，导致固色率下降。

活性染料的分子结构可用以下通式表示：

$$S—D—\boxed{B—R}$$

其中，S 是增加溶解的水溶性基团（water solubilizing group）；D 为发色母体（parent dyes），一般将偶氮、蒽醌、菁类等作为母体；B 为活性基团与母体连接的桥基（bridge link）；R 为活性基团（reactive group）。

## 11.6.2　活性染料的染色原理

用活性染料染色的纤维，必须具有较好的亲水性和可与染料反应的基团。并不是所有纺织纤维都适合用活性染料染色，它多用于纤维素纤维和蛋白质纤维。

纤维素纤维的化学结构及构型如图 11-5 所示。它是一类以 *β-D*-葡萄糖剩基为基础的多糖化合物(见图 11-5(a))，不溶于水；分子上的三个羟基，6 位为伯醇羟基，2，3 位是仲醇羟基；羟甲基基团处于平伏位置(见图 11-5(b))，定向排列。由于 2，3 位羟基受空间障碍影响使 6 位羟基较易参与反应。纤维素为多元醇，具有弱酸性，在碱性介质中生成纤维素—$O^-$，其亲核反应性更强，故用活性染料染色时，常用碱作催化剂。

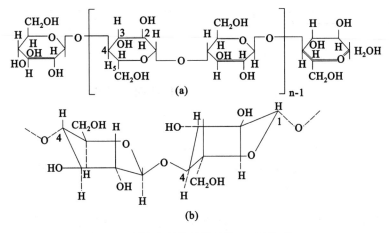

图 11-5 纤维素纤维化学结构(a)及构型(b)

活性染料对纤维素的染色过程为吸附、扩散、固着和后处理几个步骤。以卤三嗪反应基团为例，由如下模型表示，首先在纤维表面上吸附：

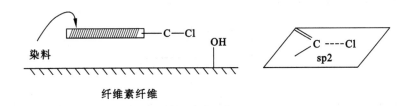

然后加碱使纤维素上的羟基离子化：

三嗪中正电性碳原子，有两种亲核取代反应，一种是纤维素离子进攻，如下图所示：

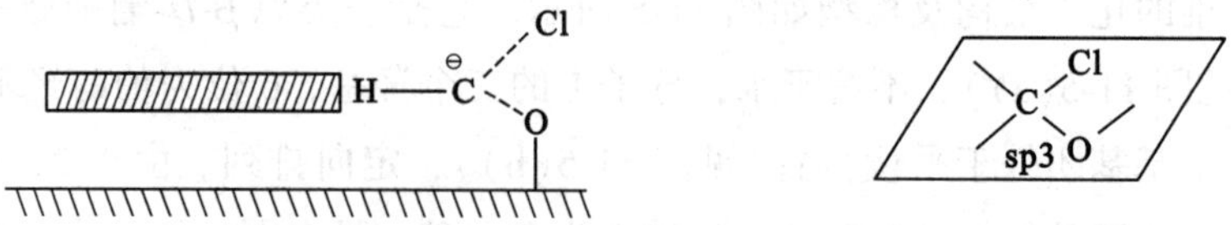

反应后，染料中的活性氯脱去进入水相，染料就固定在纤维上，即纤维被染色。

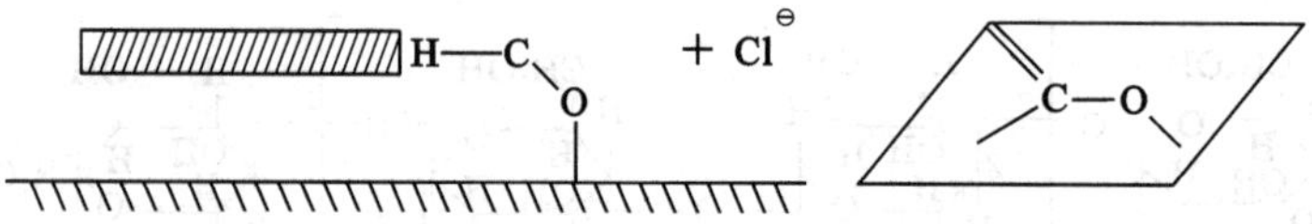

另一种是染料的水解反应，相当于水中 $OH^-$ 基向三嗪中的正碳原子进攻，反应式如下：

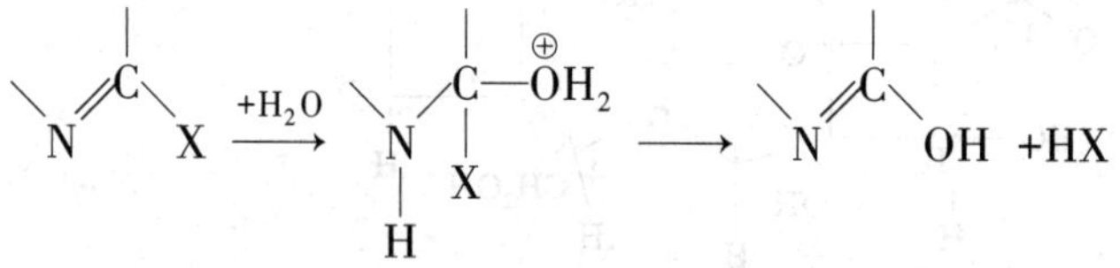

这时染料在水相，纤维难以着色，所以活性染料与纤维的反应速度大于其水解速度比较适用。

活性染料是依靠活性基与纤维的化学反应而固色，而其水解又是一种不可避免的副反应。人们采取在染料母体中引入多个活性基团的办法提高活性染料的固色率。这就是近年来出现的多活性基活性染料。

蛋白质纤维包括动物身上的毛、蚕丝。它是不同含量的各种氨基酸组成的大分子肽。羊毛又称角朊，蚕丝又称丝朊。它们的结构通式为：

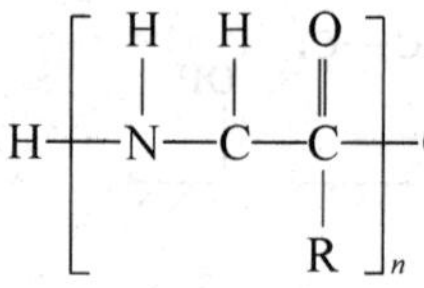

在分子的尾端有氨基和羧基，在支链的尾端有羧基、氨基、硫氢基、胍等。角朊或丝朊分子中支链尾端上的基团在一定 pH 值介质中与活性染料的活性基团形成共价键，从而将染料固定在蛋白质纤维上。

### 11.6.3　活性基团与纤维的反应机理

活性染料中的活性基团与纤维反应的机理分为三种。

1) 亲核取代反应

纤维中的—OH，—NH$_2$，—SH 基团具有亲核性质。染料活性基中某些原子带正电性，易与纤维的亲核基团发生亲核取代反应。例如活性基为氯代均三嗪的染料，亲核取代反应如下：

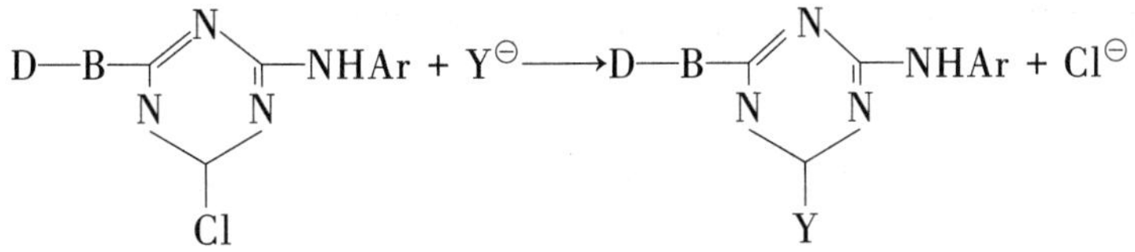

$$D—B \overset{N}{\underset{N}{\bigcirc}} NHAr + Y^{\ominus} \longrightarrow D—B \overset{N}{\underset{N}{\bigcirc}} NHAr + Cl^{\ominus}$$

式中：D 为可溶性基团的染料母体；B 为桥基；Y$^{\ominus}$为纤维素负离子或羟基负离子；—NHAr为芳胺基。

环中C=N双键中，碳原子呈正电性($\delta^+$)。由于氯原子的电负性，使连有 Cl 的碳原子正电性更强，纤维中的亲核基团 Y$^-$易与之反应，取代 Cl，因此环上 Cl 是活泼原子。环上的其他取代基给电子性越强，Cl 的活性越低。增加环上的吸电子基团，提高了碳原子的正电性，可加速反应。属于该类反应的活性还有以下类型

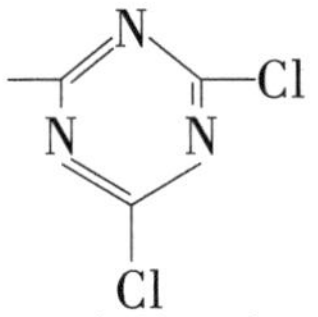

二氯均三嗪 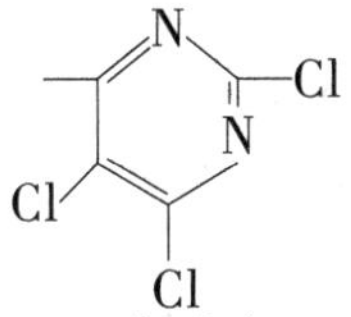　　　三氯嘧啶 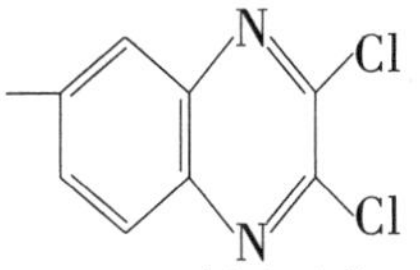　　　2，3-二氯喹噁啉

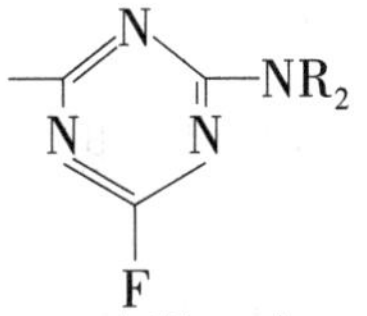

一氟均三嗪 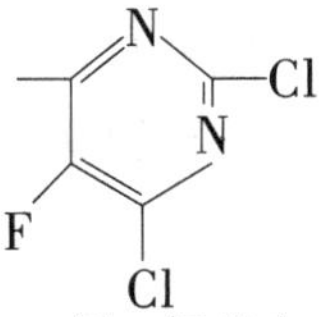　　　二氯一氟嘧啶

2）亲核加成反应

该类反应是碱催化首先消去离去基团，正电性基团与纤维的亲核基团发生反应，为两步可逆反应。因反应在水中进行，存在着水分子的亲核加成作用。例如，乙烯砜型活性染料的反应：

$$D—SO_2—CH_2CH_2—X \overset{OH^-}{\rightleftharpoons} D—SO_2—CH\underset{CH_2}{=}\delta_+ \overset{HY}{\rightleftharpoons} D—SO_2—CH_2CH_2Y$$

式中，D 为染料母体；X 为吸电子取代基(OSO$_2$H，Cl，Br 等)；HY 为纤维素分子或水分子。

属于该类活性基团的还有如下类型：

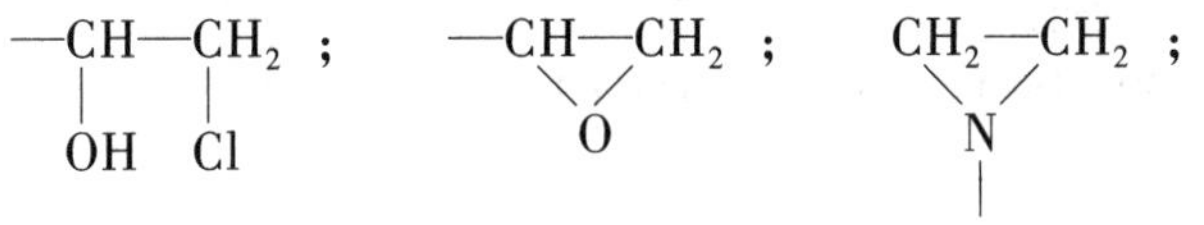

—NHCH$_2$CH$_2$Cl；　　—NH—CO—CH$_2$CH$_2$OSO$_3$H 。

3）其他

有些活性染料在弱酸性条件下（pH＝5～6）作用，如含有羟甲胺，磷酸基的染料。含磷酸基的活性染料，在弱酸性条件下加入氰胺作催化剂，高温脱水，磷酸基变为膦酸酐，与纤维素羟基发生作用，生成纤维素磷酸酯而固色。反应式为：（式中 C 表示纤维素）

$$2\ D-\overset{O}{\underset{OH}{\overset{\|}{P}}}-OH \xrightarrow[210～220\ ℃]{R-N=C=N-R'} D-\overset{O}{\overset{\|}{P}}-O-\overset{O}{\overset{\|}{P}}-D \xrightarrow{COH} D-\overset{O}{\overset{\|}{P}}-OC + D-\overset{O}{\overset{\|}{P}}-OH$$

### 11.6.4　几类活性染料简介

1）卤代均三嗪活性染料

含伯胺基或仲胺基的染料母体和三聚氯氰反应而得到的一类染料统称为卤代均三嗪染料。是发现得最早的一类活性染料，通式为：

$$D-NH-\underset{\underset{Cl}{\bigcirc}}{\text{（三嗪环）}}-R$$

式中，D 为染料母体。

R 是 Cl 时，为二氯均三嗪染料，用于低温染色（40～45 ℃）；R 是胺基或烷氧基时，为一氯均三嗪染料，用于高温染色（90～95 ℃）。近年开发的一氟均三嗪染料性能较上述两种优越，耐酸牢度较好。

卤代均三嗪的染料分子的结构特征是含有均三嗪环。母体染料最常见的是偶氮、蒽醌、酞菁染料，桥基为 —$\overset{R}{\underset{}{N}}$— （R 为氢或烷基），活性原子为 F，Br，Cl 等卤素原子。

卤代均三嗪染料最常用的是三聚氯氰。工业上主要采用氯氰聚合法生产。反应式如下：

$$HCN+Cl_2 \longrightarrow CNCl+HCl$$

$$3CNCl \xrightarrow[360～430\ ℃]{活性炭} \underset{\underset{N}{Cl-C}\quad\underset{}{C-Cl}}{\overset{\overset{Cl}{\overset{|}{C}}}{N\diagup\quad\diagdown N}}$$

第一步氯化反应在常温常压下进行，为避免 HCN 进入下一步反应使催化剂中毒，氯气过量5%左右；第二步反应催化剂为活性炭，其活性和寿命对反应起着主要作用。

一氯均三嗪染料在染色时，加些叔胺可提高反应活性，这是由于染料与之形成了季铵盐。

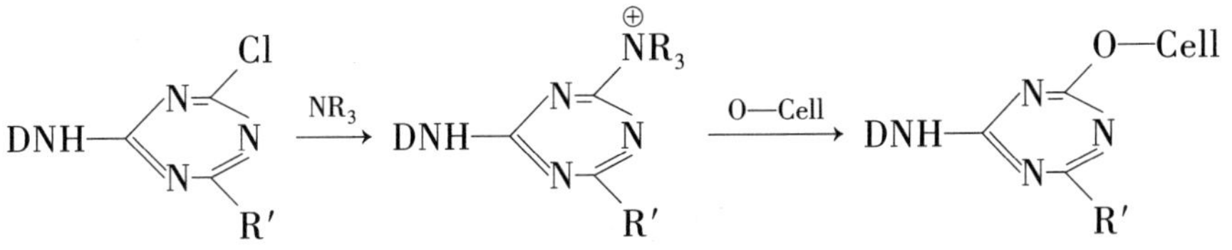

O—Cell 代表纤维素纤维

季铵离子强的正电性，更易与纤维离子发生反应。较有效的胺为三甲胺、吡啶等。肼类使三嗪染料季胺化比用叔胺活性更高。

三嗪型活性染料的进一步研究是提高其反应活性，且使染料—纤维键有一定的稳定性。氟原子取代氯原子是达到上述目的较好的方法。由于氟原子的电负性大于氯，氟取代氯后，三嗪环上碳原子的电子密度下降，增加了电正性，活性提高。固色后，氟原子离开三嗪环进入水相，碳原子的电子密度又增加，与纤维形成的共价键稳定性增大。结果是该类染料即有较高的反应活性，又与一氯三嗪型染料有同样稳定的染料—纤维键。这类高反应活性染料染色速度快，且溶解性、渗透性和匀染性都比较好。

2) 卤代二嗪活性染料

卤代二嗪染料含有卤代二嗪活性基团。二嗪环是两个 N 原子和四个碳原子组成的六元杂环。由于 N 原子的位置不同，有三种异构体，即 1，2-二嗪，1，3-二嗪和 1，4-二嗪，又分别称为：哒嗪、嘧啶及哌嗪。结构如下：

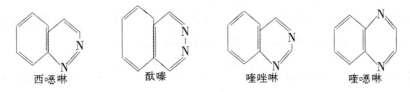

哒嗪     嘧啶     哌嗪

它们的复环，即苯并二嗪亦是活性基团：

西噁啉     酞嗪     喹唑啉     喹噁啉

上述七种二元氮杂环二嗪的卤代衍生物，都可作为该类活性染料的活性基团。

与卤代三嗪型染料相比，由于二嗪环中少了一个吸电子的氮原子，活性降低。以氟取代氯作活性原子，在环上引入吸电子强的基团（CN，—$SO_2R$）等，是常用的提高其活性的方法。氮原子的吸电子性使二嗪环的电子云密度产生不均匀分布，使某些位置上的碳原子电正性较强，易与纤维素发生亲核取代反应。例如多卤代嘧啶在发生亲核取代反应时，不同位置取代速度不同，有如下次序：

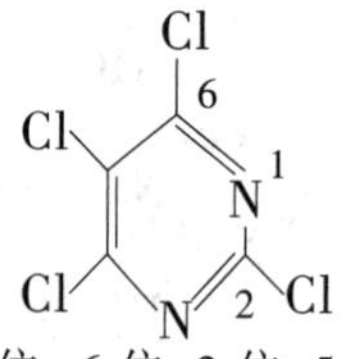

4-位＝6-位＞2-位＞5-位

在商品化的卤代二嗪活性基染料中，二氟一氯嘧啶活性基型最有实用价值，其活性仅次于二氯均三嗪型。染色的固色率高（90%~95%），染料—纤维键稳定。

3）乙烯砜型活性染料

该类染料含有能与纤维发生加成反应的乙烯砜活性基，是仅次于氯代三嗪型的第二大类活性染料。

$$D—SO_2CH=CH_2 + \overset{\ominus}{H O}—Cell \longrightarrow D—SO_2CH_2CH_2—O—Cell$$

式中，D 为染料；Cell 为纤维素纤维。

商品染料中的活性基有时是可转化为乙烯砜的基团，常见的为 $\beta$-羟乙基砜硫酸酯，亦称硫酸半酯：$D—SO_2CH_2CH_2OSO_3H$。

乙烯砜基的反应活性，是由于砜基中氧原子的吸电子性以及硫氧双键与乙烯基双键的 $\pi$ 电子共轭，造成大 $\pi$ 键电荷分配不均匀，而使 $\beta$ 碳原子带有部分正电荷。

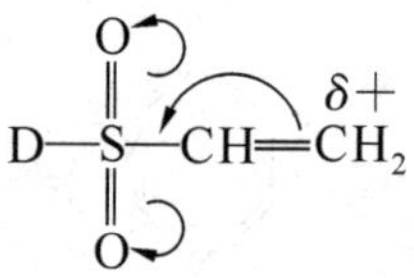

使得乙烯砜基可与亲核试剂发生亲核加成反应；与纤维素羟基的反应生成牢固的染料-纤维化学键；与水的反应则是染料水解的副反应。

乙烯砜基活性染料的合成首先制备含 $\beta$-羟乙基砜基的中间体。在芳环上引入 $\beta$-羟乙基砜的方法有两种：亚磺酸法和硫醚法。其反应式分别表示如下：

$$ArH+2HSO_3Cl \longrightarrow ArSO_2Cl \xrightarrow{Na_2SO_3} ArSO_2H \xrightarrow{ClCH_2CH_2OH} Ar SO_2CH_2CH_2OH$$

$$ArSH+ClCH_2CH_2OH \longrightarrow ArSCH_2CH_2OH \xrightarrow{[O]} ArSO_2CH_2CH_2OH$$

将合成的 $\beta$-羟乙基砜中间体经硫酸酯化，制备 $\beta$-羟乙基砜硫酸酯基中间体：

$$ArSO_2CH_2CH_2OH+H_2SO_4 \longrightarrow ArSO_2CH_2CH_2OSO_3H+H_2O$$

由于该中间体较稳定，可用于在染料中引入其他基团的单元反应。

活性基 $\beta$-羟乙基硫酸酯，在碱存在下脱去硫酸酯基，成为有反应活性的乙烯砜基(原硫酸酯基)，使该类染料具有较好的水溶性。且乙烯砜基的低亲水性，使得该类染料具有高的亲和力。一般条件下，乙烯砜基的染料-纤维化学键很稳定。该类染料适用范围广。成为数量占第二位的活性染料。

4)多活性基活性染料

染料分子中含有两个或两个以上活性基的染料为多活性基活性染料。在染料工业中，染料的利用率标志着经济指标和对排放水污染的程度，理想状态是染料 100% 被利用。染料分子只有一个活性中心，在染色时既可能与纤维反应也可能水解，固色率不会理想。如果存在两个以上的活性基团，即使有一个水解，总还有与纤维反应的活性基，从而固色率被提高。

多活性基可以相同，亦可不同。相同的多活性基主要是三聚氯氰多活性基；不同的主要是三聚氯氰与羟乙基硫酸酯，三聚氯氰与氯乙基磺酰胺活性基等。按其结构可分为以下几类：

(1)单分子同活性基型染料： D—X—B—X。式中，D 为母体染料，B 为桥基，X 为氯均三嗪基。

(2)单分子异活性基型： D—X—B—Y。式中，Y 为羟乙基硫酸酯。

(3)双分子多活性基型： X—D—B—D—Y。式中，X、Y 可相同。

研究活性染料的结构和性能，主要是注意染料染色时，活性基与纤维的反应和活性基本身水解反应的竞争。这对染色起决定性作用，若要染料的固色率高，就要尽量降低水解量；再就是"染料-纤维"化合物生成反应的活性和"染料-纤维"键的水解稳定性间的矛盾统一，既要染料有较好的反应活性，又要使形成的"染料-纤维"键不易水解断裂，有较好的稳定性，这样的活性染料才有实际应用价值。

# 11.7　功　能　染　料

## 11.7.1　概　　述

功能染料(functional dyes)指具有特殊功能性或专用性的染料，后来称为非纺织用染料(non-textil dyes)，也称为专用染料(special dyes)。该类染料的特殊功能与相关的光、热、电、化学、生物等学科交叉，应用于高技术领域。

功能染料的分类方法尚不统一。多数以用途划分，也可以其特殊功能为基础划分。目前常见的功能染料有十五类。

① 光变色染料　　　⑥ 激光染料　　　⑪ 光盘信息记录用染料

② 热变色染料　　　⑦ 太阳能转化染料　⑫ 电子照相用染料

③ 电变色染料　　　⑧ 亲和层析配基用染料　⑬ 压、热、光敏染料

④ 发光染料　　　　⑨ 液晶染料　　　⑭ 微生物着色用染料

⑤ 有机非线性光学材料　⑩ 滤色片染料　　⑮ 医用染料

功能染料具有在紫外、可见光、红外光谱区能吸收或发射光的特性，这些特性来源于染料的分子结构所具有的物理、化学、生化性质。图 11-6 示意染料的功能与应用。

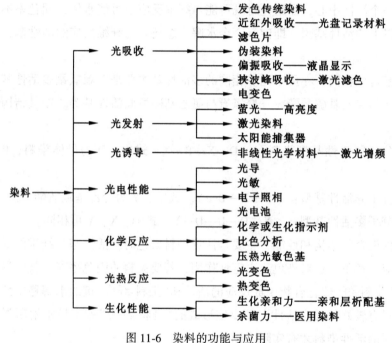

图 11-6　染料的功能与应用

## 11.7.2　常用功能染料简介

**1. 光变色染料**

光变色染料，当其受一定波长的光照之后能显色或变色，受另一波长光照后能消色或恢复原色。这种发色-消色反应可作为能反复读写和擦除的光盘记录材料。这类化合物有四烃基顺己二烯二酸酐(俘精酸酐)系列，螺吡喃系列、二芳基乙烯系列。

利用俘精酸酐已获得三原色。如下式中 X = O 为黄色，X = S 为红色，X = NPh 为蓝色。

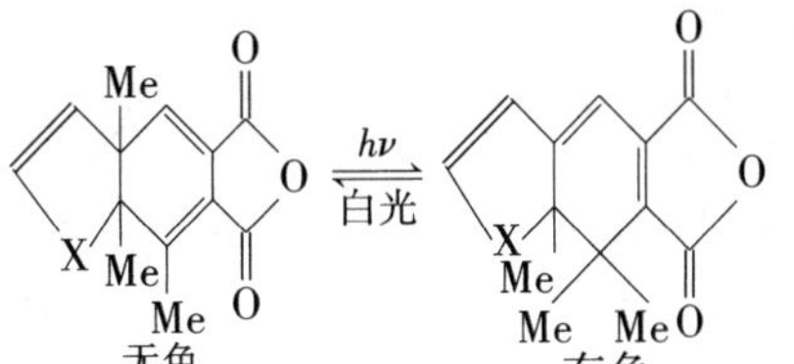


无色　　　有色

螺吡喃衍生物开环后可发色：

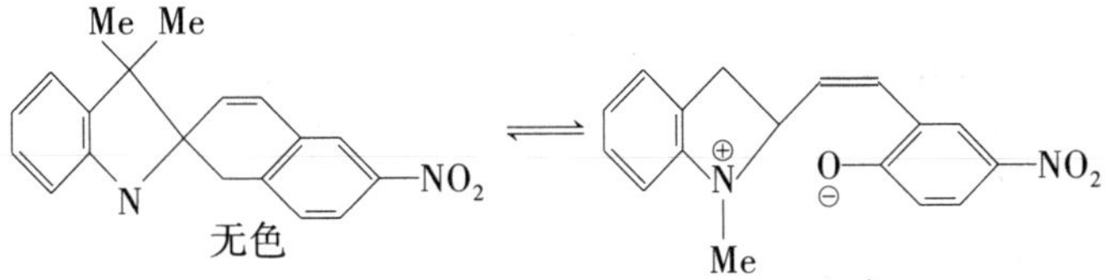


无色　　　红色

**2. 压、热、光敏染料**

这种染料是一种无色的色基，本身对压、热、光的变化并不敏感，敏感的是色基外面一层感敏材料，这层感敏材料在压、热、光作用下，释放出胶囊中的染料，与显色剂作用显色。例如，感压复写纸压敏染料，受到笔尖压力后，色基从微胶囊中挤出和显色剂接触而发色。计算机、分析仪器、电传等方面用的热敏打印纸，将色基微胶囊与显色剂混合涂在纸上形成热敏涂层，一般采用酚类为显色剂，在热敏打印机作用下，热敏膜熔化释放出色基而发色。例如：

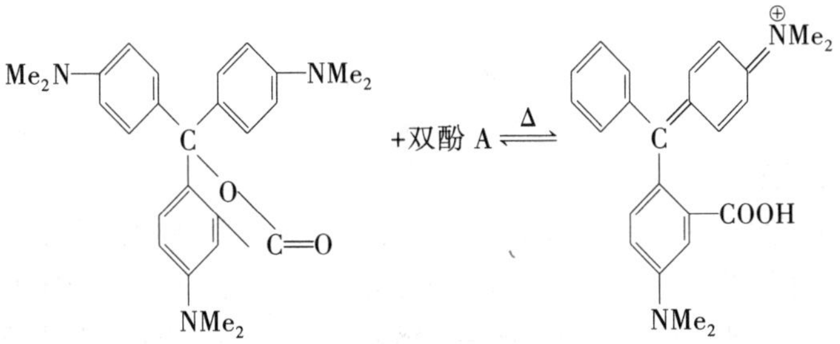


（无色）　　（显色剂）　　（蓝色）

常用色基的结构如下：

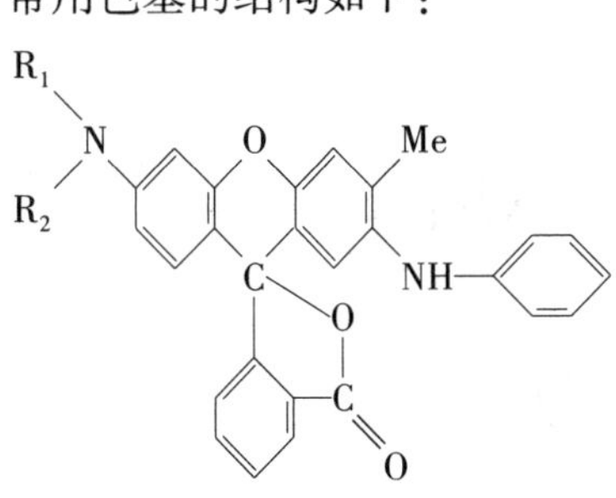


（黑色）

| $R_1$ | $R_2$ |
|---|---|
| $CH_3$ | $C_2H_5$ |
| $C_2H_5$ | $C_5H_{11}$ |

C₄H₉ ... (structures)

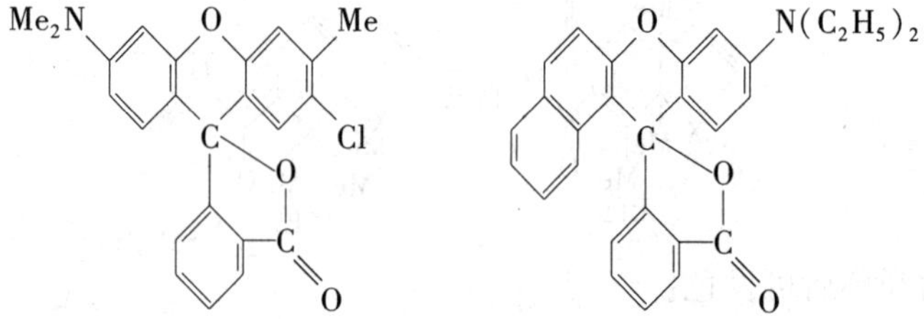

（红色）

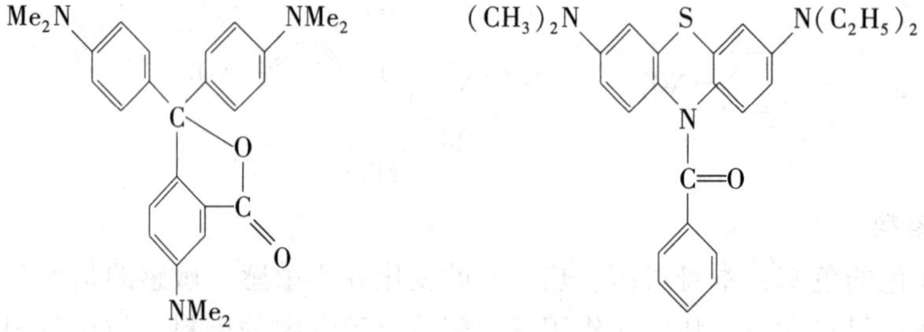

（蓝色）

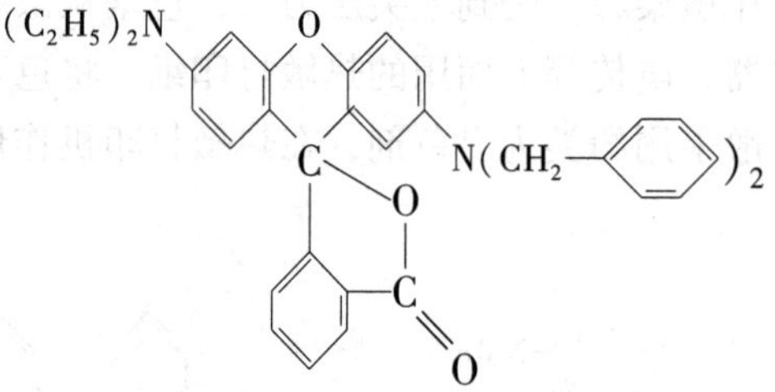

（绿色）

### 3. 静电复印用染料

电子照相是 20 世纪 70 年代迅速发展起来的一种成像新技术，利用光与电场的相互作用产生图像。人们熟悉的静电复印技术中用到的两种染料，即有机光导电材料和色粉。

光导材料用于电子照相的心脏部分——感光体，以前主要用的是硒、硒合金、硫化镉、氧化锌等无机材料。近十多年来，用有机材料做感光体。感光体中电荷发生层用的染料（CGM）主要有酞菁、大分子偶氮染料和方酸类染料。例如：

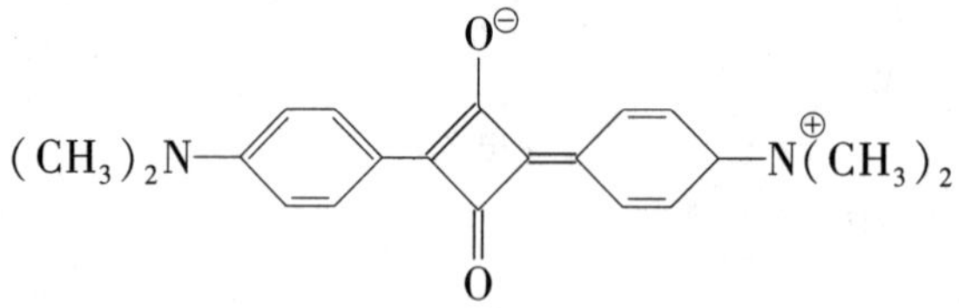

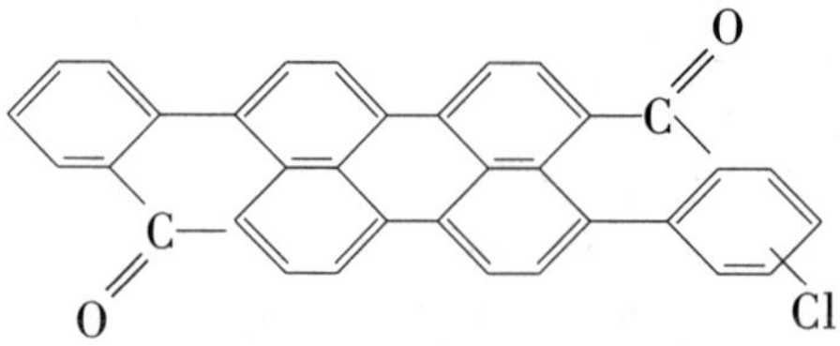

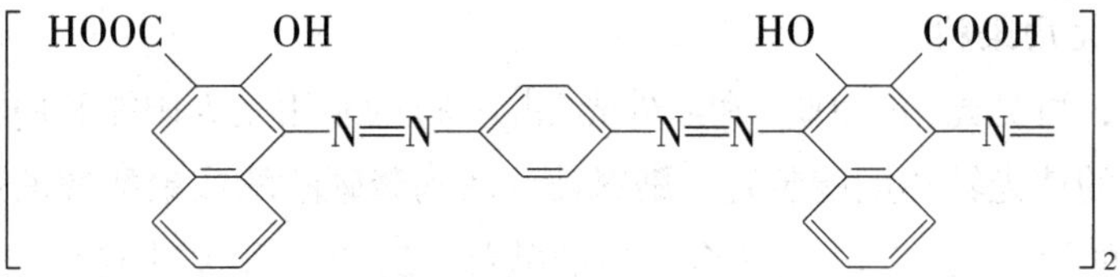

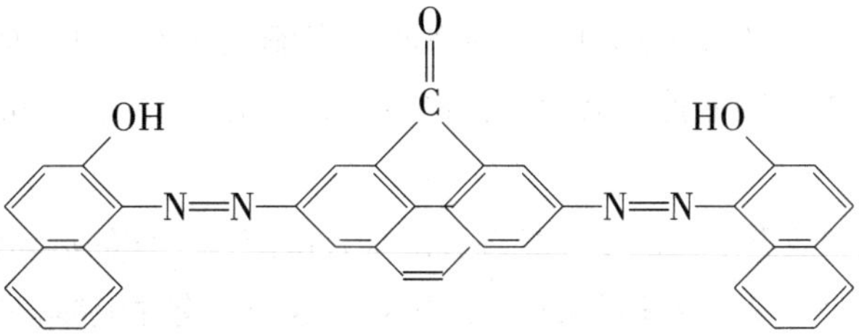

激光打印用 CGM 中，酞菁颜料的研究最多。目前已开发了无金属酞菁以及 Al—Cl、Ga—Cl、In—Cl 等酞菁。酞菁化合物稳定性高、颜色鲜艳，用作 CGM 的研究特别活跃。

电子照相用的显像剂称为 toner，简译为"色粉"，是一种复配混合物，带在载体(如玻璃珠、钢珠或氧化铁粉)表面上，与感光鼓接触而显影。典型配方为90%的热固树脂，8%的颜料以及2%的电荷调节剂(CCA)。黑白复印用炭黑作颜料；彩色复印用有机颜料或染料。电荷调节剂是显像剂，必须带相反的电荷(负电或正电)，才能使复印机中感光鼓上静电潜影显像。当显像剂和载体相互摩擦时，电荷控制剂因摩擦而带电。商品化的负电荷调节剂是黑色1:2铬络合偶氮染料；彩色复印中，CCA 需无色。正电荷调节剂(用于多数有机光导电感光体)，以季铵盐为主。如：

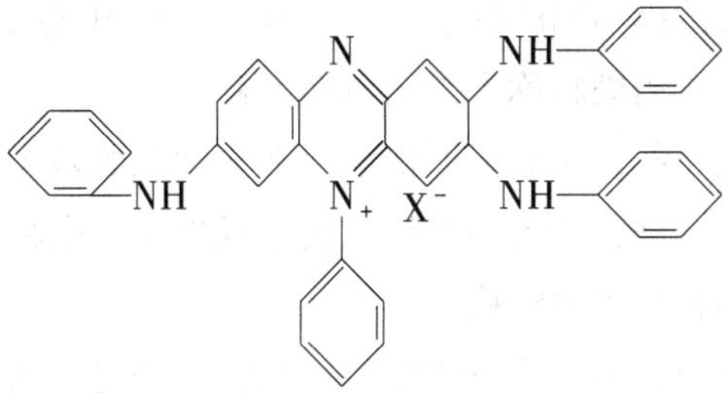

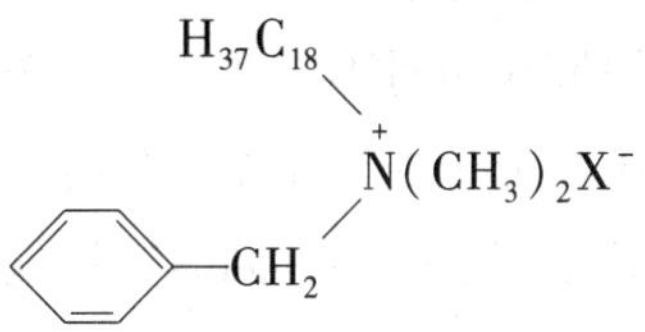

#### 4. 非线性光学材料

非线性光学材料在激光器中起倍频作用。能使激光发射波长变为入射光波长一半(倍频)的称为二次材料；其变为入射光波长三分之一(三倍频)的称三次材料。二次材料研究重点是超高密度记录和激光混频；三次材料的实用化重点是光开关。已经发现某些染料中间体具有很强的二次谐振效应。如甲川型染料就具有这种性能。

在非线性光学材料中应用有机染料时，主要使染料成晶体型或成膜。前者要求晶体型有一定的晶体尺寸；后者则应具有类似表面活性剂的亲油、亲水两性结构，可在界面分子定向成膜。评价非线性光学材料，采用粉末法，试样在 YAG(1 060 nm)激光束照射下，观察有无530 nm 的绿色光射出来。

**5. 太阳能转化用染料**

太阳光谱中，可见光（占 40%）和红外光（占 2%）的利用是太阳能利用的主要部分。太阳能电池是常用的使光转化电能装置。染料被分散到聚碳酸酯或聚醋酸乙烯酯聚合物中形成 0.5~3.0 μm 的活性层，其中有不含金属的酞菁、2，9-二甲基喹啶和方酸染料。目前广泛采用的硅太阳能电池转化效率达到 15%~20%；染料电池仅有 0.1%~1.0%。但是染料的价格低廉，如果改进太阳能捕集装置，提高效率，还有很大的潜在应用前景。

**6. 液晶染料**

液晶是介于固态和液态之间的中介相态，即具有像液体一样的流动性和连续性，又具有像晶体一样的各向异性，保留晶体的某种有序排列。这样的有序流体就是液晶（见图 11-7）。

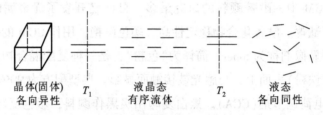

晶体(固体)　　　$T_1$　　　液晶态　　　$T_2$　　　液态
各向异性　　　　　　　有序流体　　　　　　各向同性

图 11-7　液晶物质的相态变化

液晶显示器（LCD）电能消耗低，驱动电压低，图像稳定、灵敏，相应装置可微型化。液晶显示的彩色化是发展的方向。实现液晶彩色主要有两种途径，一种是利用液晶本身的各向异性，使分子排列发生变化，对光波长选择不同的反射；另一种就是利用功能染料与液晶的协同作用对不同波长的光选择吸收。所用染料称为二向色性染料。

当染料分子处于无序排列时，受自然光照射，一般看不出染料在光学上的差异；当染料分子处于有序排列，同时使用偏振光照射，染料的各向异性就会呈现出来。染料的这种性质称为二向色性。二向色性大小决定于染料分子的结构。

液晶宾主显示是近年来发展较快的实现液晶显示的方式之一。"宾"指的是二向色性染料，"主"即液晶。少量二向色性染料溶于液晶，它们在外电场作用下产生同步效应——"宾主"效应，此即彩色液晶显示的基本原理。如图 11-8 所示。

在彩色液晶显示器中，染料起发色作用。要求染料分子具有一定的线性，并在液晶中有良好的溶解度，且对光、电、化学稳定。当染料（宾）溶于作为主体的向列液晶（主）中，由于染料分子本身的结构特点，沿分子轴与垂直于分子轴方向上对光的吸收不同。在电场作用下，液晶分子发生取向转动，迫使溶于液晶的染料分子与液晶分子定向平行排列。这样染料分子长轴同光矢量平行或垂直使其发生吸收变化，即当分子跃迁偶极矩与光矢量方向一致时，染料就发色，垂直时不发生。通电后，显示器中部分染料发色，呈现出彩色变化。

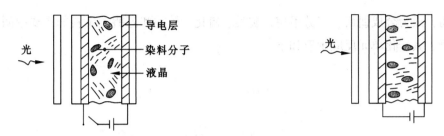

图 11-8　宾 -主效应显示原理

液晶染料研究较多的是偶氮型二向性染料。这类染料为线型结构，有序参数较高。缺点是光化学稳定性差。近年来对耐光性能较高的蒽醌染料研究开发比较活跃，它们在显示过程中寿命很长而受到重视。不足之处是它们的有序参数不高。有人将偶氮染料引入蒽醌分子中改善其有序参数。下面是可作彩色显示用的三原色蒽醌染料。

黄　　　　　　　红

青

# 11.8　染料中间体简述

苯、甲苯、萘、蒽等是合成染料的基本原料。由它们转化的各种衍生物是合成染料的中间体，大致分为苯系、萘系和蒽醌系。转化的单元反应离不开有机合成的基本反应。随着人们环保意识的增强，催化、膜技术、有机电合成等绿色的合成方法被逐步应用到染料中间体的合成过程中，以代替原来产生"三废"的旧合成路线。

## 11.8.1　苯系衍生物

苯、甲苯、氯苯、硝基苯转化成苯酚、苯胺、2-氯硝基苯、4-氯硝基苯、邻硝基甲苯等化合物，成为合成偶氮、三芳甲烷、靛类、硫化、菁类和蒽醌型染料的重要中间体。以甲苯为例，其转化单元反应示意如下：

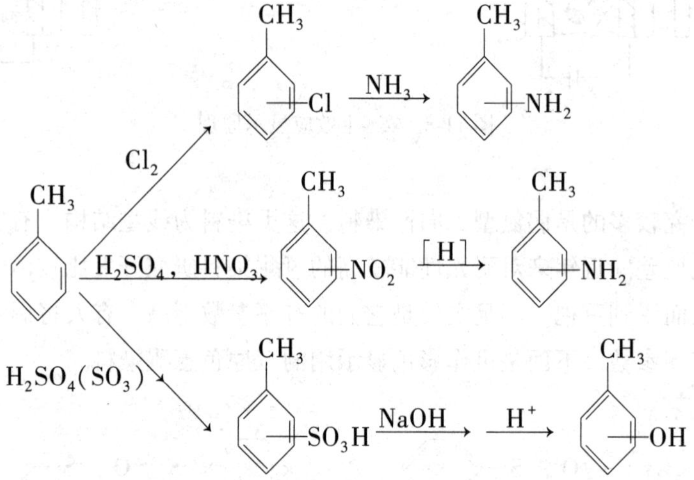

所生成的衍生物中的—OH，—NH₂ 等基团，可根据需要再转化成其他基团，构成一系列苯系染料中间体。

## 11.8.2　萘系衍生物

萘环含有大的共轭体系，其衍生物是染料合成中常用的中间体。萘衍生物品种繁多，它们是合成深色偶氮染料的重要中间物是氨基、羟基、磺酸衍生物，也用于合成酞菁、蒽醌、三芳甲烷等染料。萘的转化反应示意如下：

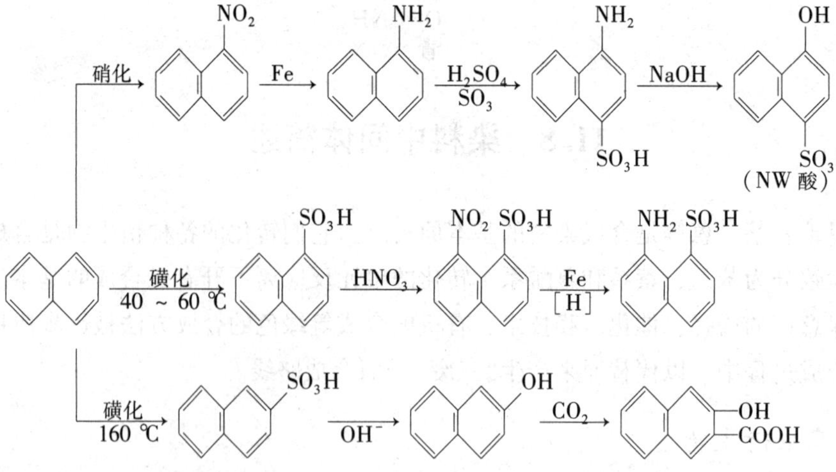

562

### 11.8.3 蒽醌衍生物

以蒽醌为原料衍生出的蒽醌类中间体,用以制备蒽醌染料。主要中间物有磺化产物蒽醌磺酸、氨解产物 $\alpha$ 或 $\beta$ 氨基蒽醌以及碱熔得到的羟基蒽醌。其结构式如下:

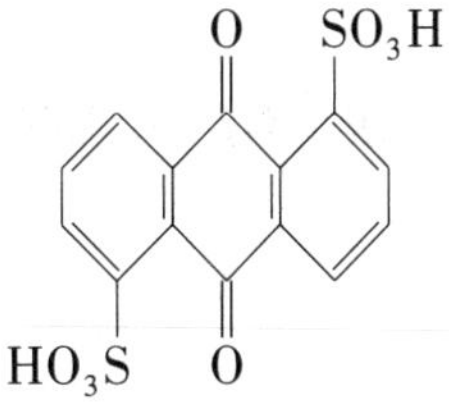

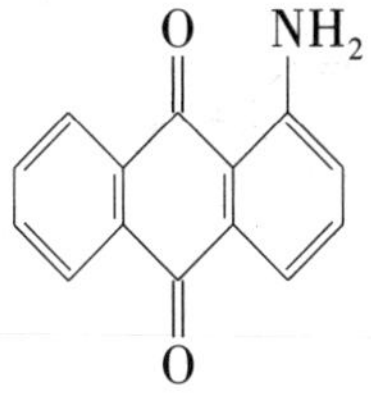

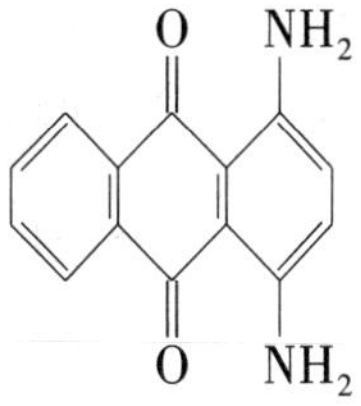

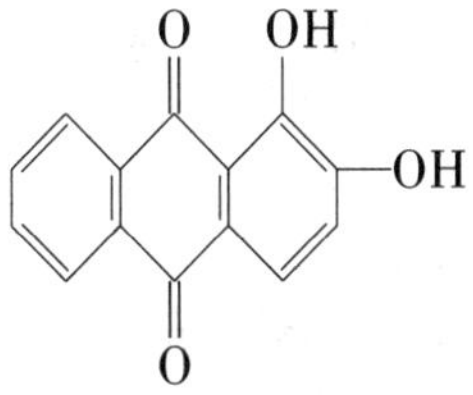

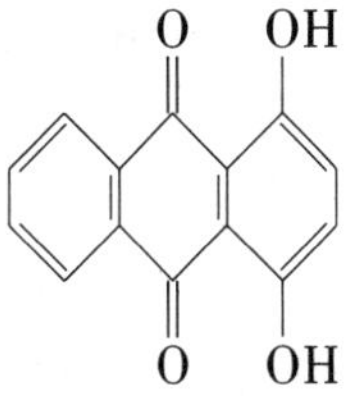

此外,杂环衍生物也常用作合成染料的中间体。

# 11.9 染料研究

染料的研究主要是开发新品种和开发功能染料,使染料由仅用以纺织品的染色,扩大到光、电、热材料方面,进入高科技领域。下面仅就两个方面加以介绍。

### 11.9.1 禁用偶氮染料代用品研究

禁用染料主要是某些偶氮染料。偶氮染料本身不会对人体产生有害的影响,但含有致癌芳香胺的偶氮染料与人体皮肤长期接触后,会与正常代谢过程释放的物质混合起来发生还原反应,形成致癌的芳香胺化合物,成为人体病变的诱发因素。芳香胺致癌作用的规律为:

(1)氨基位于萘的 2 位和联苯对位的化合物有较强的致癌性;

(2)氨基位于萘的 1 位和联苯间位的化合物有弱活性;

(3)氨基位于联苯邻位的化合物无活性;

(4)氨基烃环中氨基的对位或邻位上的氢原子被甲基、甲氧基、氟或氯取代的化合物的致癌性增强。

德国政府在 1994 年 7 月 15 日颁布了禁用的偶氮染料,所涉及的 22 种芳香胺化合物均符合上述规律。国内外均在致力于禁用偶氮染料的代用品研究。

在致癌芳香胺中对染料工业影响最大的有联苯胺、联大茴香胺、联甲苯胺和对氨基偶氨苯等，因此代用研究也就集中在这些芳香胺以及由它们制造的偶氮染料上。目前已开发成功代替联苯胺和苯胺类的中间体有：

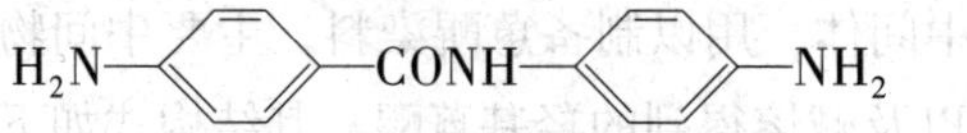

$H_2N$——⟨benzene⟩——$CONH$——⟨benzene⟩——$NH_2$　　4，4'-二氨基苯甲酰胺

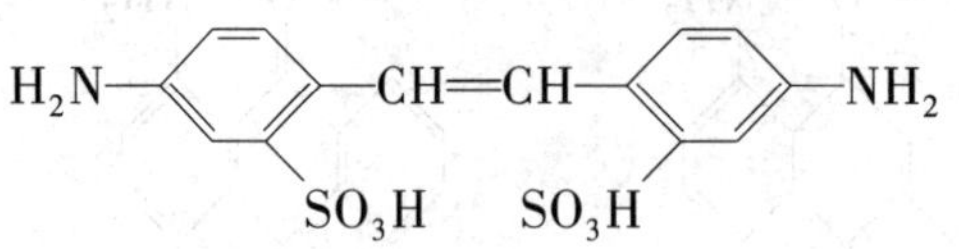

$H_2N$——⟨benzene⟩——$CH$=$CH$——⟨benzene⟩——$NH_2$　　4，4'-二氨基二苯乙烯二磺酸-2，2' 
（带 $SO_3H$　$SO_3H$）

$H_2N$——⟨benzene⟩——$NHCONH$——⟨benzene⟩——$NH_2$　　4，4'-二氨基二苯脲

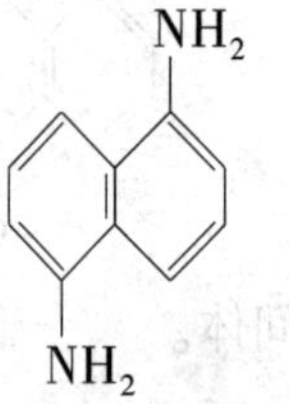

⟨naphthalene, $NH_2$ / $NH_2$⟩　　1，5-二氨基萘

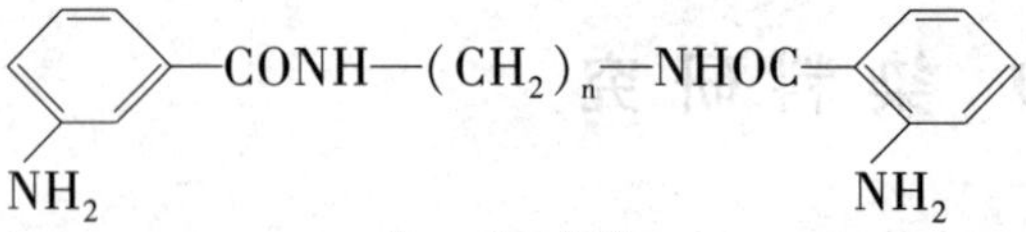

⟨benzene, $NH_2$⟩——$CONH$—$(CH_2)_n$—$NHOC$——⟨benzene, $NH_2$⟩　　二氨基二苯甲酰基脂肪烃二胺
（n＝2～18）

此外，还有氮芳基杂环化合物取代联苯胺合成无致癌性染料，用于棉、羊毛和聚酰胺纤维。如：

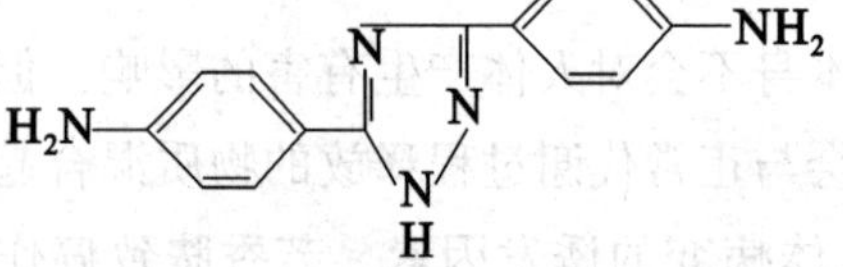

$H_2N$——⟨benzene⟩——⟨三氮唑环 N,N,NH⟩——⟨benzene⟩——$NH_2$
3，5-二(对氨基苯基)-1，2，4-三氮唑

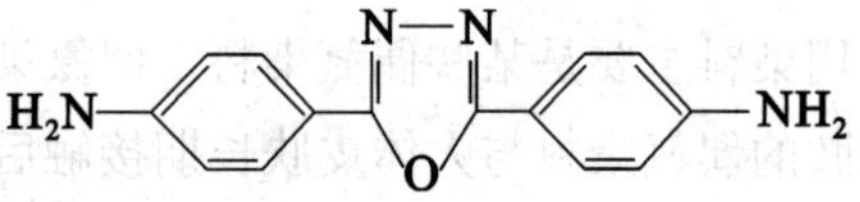

$H_2N$——⟨benzene⟩——⟨噁二唑环 N–N,O⟩——⟨benzene⟩——$NH_2$
2，5-二(对氨基苯基)-1，3，4-噁二唑

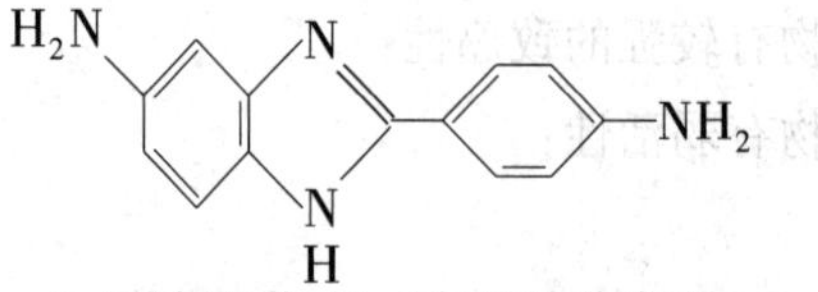

$H_2N$——⟨苯并咪唑环 N,NH⟩——⟨benzene⟩——$NH_2$
2-(对氨基苯基)-5-氨基苯并咪唑

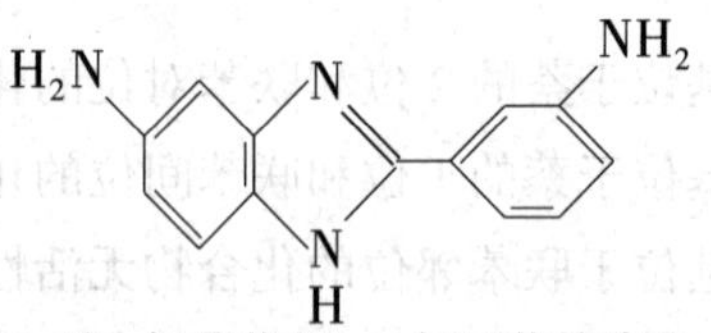

$H_2N$——⟨苯并咪唑环 N,NH⟩——⟨benzene⟩——$NH_2$
2-(间-氨基苯基)-5-氨基苯并咪唑

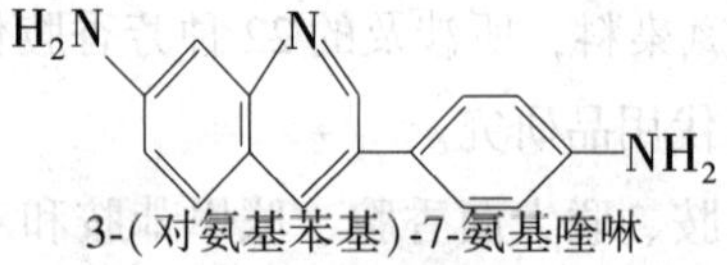

$H_2N$——⟨喹啉环 N⟩——⟨benzene⟩——$NH_2$
3-(对氨基苯基)-7-氨基喹啉

## 11.9.2 染料生产技术的开发研究

自1986年以来，世界染料生产布局向东方转移。西方国家染料生产自动化、大型化水平较高，由于它们对环保要求高和劳动力紧张等原因，对一些低档的、三废严重的、或批量少需劳动力多的染料和中间体，则放弃生产。改由从发展中国家进口，这给发展中国家的染料工业提供了发展的机遇，也给这些国家带来了污染问题。

染料工业生产是技术密集型工业，生产技术不仅影响环境保护，生产人员的健康，也直接影响着产品的质量和生产成本。生产技术的开发研究，是每个染料生产国必须重视的工作。我国当前正致力于解决这类问题。充分利用先进的生产技术，研究新的合成路线和方法，尽快改进落后的生产工艺。

染料市场的竞争，实质上是品种、质量和售后服务的竞争。品种的开发是占领市场和取得效益的关键，技术开发是开拓市场和占领市场的后盾。品种的开发，一是开发商品染料，二是染料应用技术研究。国外一些公司染料应用研究人员与合成研究人员之比为1：1~2：1；而我国为1：4。我国有些商品染料质量差、品种少、出口困难。国外廉价买去我们的原染料，只进行了商品化加工复配就可高价创汇。所以我国染料应用技术的开发研究是扩大染料使用范围的重要一环，也是打入国际市场必须解决的问题。

# 11.10 有机颜料

## 11.10.1 颜料概述

颜料与染料不同。染料一般是可溶性的(溶于水或有机溶剂)，有些可溶于被着色物质，甚至与被着色物质发生反应。也有不溶性的染料，例如某些蒽醌类的还原染料，称为颜料性染料。颜料是不溶性的(不溶于水、有机溶剂、展色剂和被着色物质)能使物质着色的粉末状有色物质。具有使用价值的颜料要有一定的色调、明度、饱和度、比较高的着色力，耐光坚牢度和分散性能。

可溶性的染料可以转变成不溶性的颜料。办法是采用沉淀剂(盐类、皂类、酸类等)，使染料沉淀在某种无色的无机载体上(氢氧化铝、硫酸钡、锌钡白、黏土等)，这类颜料称为色淀。有时不需要无机物作载体，可溶性染料与某种盐反应后形成不溶性的盐，变成了颜料，这类颜料称为色原体。

颜料可分为有机和无机两大类。有机颜料色谱比较宽广、齐全，有比较鲜艳明亮的色调，着色力比较强，化学稳定性较好，有一定透明度，适于织物印染、调制油墨和高档涂料。无机颜料色光大多偏暗，不够艳丽，品种太少，色谱不齐全，不少无机颜料有毒。但无机颜料生产比较简单，价格便宜，大部分无机颜料有比较好的机械强度和遮盖力，这些优点是有机颜料无法相比的，所以目前无机颜料的产量还是大大超过有机颜料。

有机颜料的分类有多种。如按颜色分类，来源分类，制备方法分类，颜料的特性和用途分类，也可以沿用有机染料的分类法，即按发色团的不同进行分类，如偶氮颜料、酞菁颜料等。J. Lenoir 将有机颜料分为 15 类，既照顾到发色团的化学结构特征，又照顾到颜料的颜色特征。

J. Lenoir 的分类：

（1）乙酰芳基偶氮颜料 （黄色颜料）；

（2）吡唑酮偶氮颜料 （红色）；

（3）β-萘酚偶氮颜料 （红色）；

（4）2-羟基-3-萘甲酸偶氮颜料 （红玉色和栗色）；

（5）2-羟基-3-萘芳酰胺偶氮颜料；

（6）萘酚磺酸偶氮颜料 （红色）；

（7）三芳甲烷颜料 （蓝色或紫色）；

（8）酞菁颜料 （高级蓝色和绿色）；

（9）蒽醌、硫靛或靛族颜料；

（10）喹吖啶酮颜料 （高级红色与红紫色）；

（11）二噁嗪颜料 （紫红）；

（12）氮杂甲川颜料；

（13）荧光玉红类颜料。具有如下结构的一类颜料：

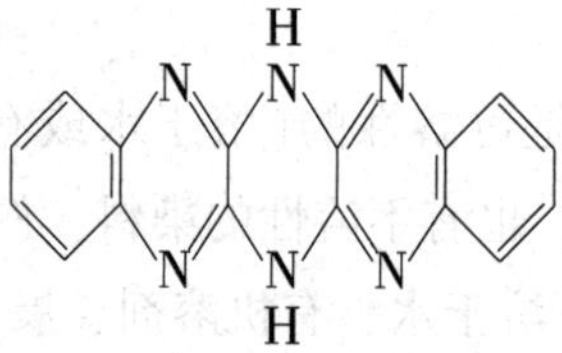

（14）萘吲哚嗪二酮颜料。母体结构为：

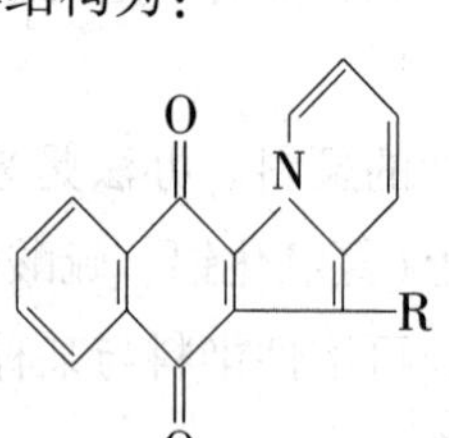

（15）其他杂类颜料。

有机颜料的应用主要有两种途径。一是涂色，将颜料分散于成膜剂中，涂于物体表面，使其表面着色，用于油漆涂色、油墨印刷、用涂料印花浆印染织物等。二是着色，在物体形成最后的固态以前，将颜料混合分散于该物体的组成成分中，成形后得到有颜色物体，用于塑料、橡胶制品以及化纤纺丝前的着色。

### 11.10.2　有机颜料的性能

有机颜料的性能，主要指其物理和技术性能。对颜料质量的评价，是针对其物理性能、技术性能以及应用的适用性等多方面的检测。可分为两类，一是直接对有机颜料的鉴定，二是对使用某些颜料着色后的材料进行检验。

**1. 有机颜料品质的检测**

1)颜料的细度

指颜料颗粒的大小，它影响遮盖力和着色力的好坏。提高颜料的细度可加强颜料的色光和明亮。

细度的测定有多种方法，如筛分法、细度计法、沉降分析法和X-射线粉末衍射法。筛分法是最简便的方法。例如取10克颜料，用150目和170目标准筛过筛，若通过150目而不能通过170目筛的样品重6克，则表示粒子在0.088~0.104 mm间的颜料为60%，即可得到细度分布情况。或者用一种孔径大小的标准筛，颜料过筛后，计算残留在筛子上的颜料含量，即可指示出颜料是否符合要求。

2)晶型

观察颜料晶型和粒子形态，借助于光学显微镜、电子显微镜及X-射线谱图进行分辨。

3)相对密度

该指标对两种颜料的混合应用影响较大。一般用比重瓶法测定(样品+煤油)：

$$d_p = \frac{d_0 \cdot m}{m + m_1 - m_2}$$

式中，$d_p$ 为颜料相对密度；$d_0$ 为煤油25 ℃时的相对密度；$m$ 为颜料样品重量，g；$m_1$ 为装满煤油比重瓶重量，g；$m_2$ 为装满煤油和颜料时比重瓶重量，g。

4)吸油量

指将一定数量的颜料完全润湿透所需要的最低油量。一般以吸油量低为好。因吸油量愈小，则制备涂料所消耗的亲油性介质的量愈少，即影响到涂料的成本。

测定方法为：往一定量的颜料中滴亚麻油，并不断调和，直至颜料完全润湿粘接成团：

$$\text{吸油量(g)} = \frac{m_0}{m_p} \times 100 \text{(g)}$$

式中，$m_0$ 为用亚麻油重量，g；$m_p$ 为颜料的重量，g。

5)水分、水溶物含量

采用干燥法可测定颜料水分的含量。水溶物含量是用蒸馏水萃取一定量的颜料，萃取后过滤、蒸发，即可计算水溶物的含量。

6）pH 值

颜料的 pH 值代表着颜料中氢离子的含量，取决于操作过程和生产过程。测定方法是：100 mL 蒸馏水中加入 5 g 颜料，搅拌 5 min 后，过滤，测定滤液的 pH 值。

7）耐酸碱性

指颜料抗稀硝酸、稀盐酸、稀硫酸和稀烧碱、稀纯碱溶液的能力。根据颜料的变色能力分为 5 级，5 级为最优，1 级为最差。

**2. 颜料的检验**

颜料的材料检验有以下几项标准，如：色相，着色力，遮盖力，透明度，抗迁移性，耐晒牢度，耐热性能，易研磨性和分散能力。下面就几个主要指标作简单介绍。

1）着色力

指着色剂以其本身的颜色影响整个混合物颜色的能力。着色力性质，对于调制混合颜料有应用价值。例如用黄色、蓝色调制绿色颜料，如果蓝色颜料较贵，可选用着色力强的蓝色颜料，这样用量少，成本相对较低。

颜料的着色力，可以用标准品着色力的百分数来表示。方法是，取 1 g 标准样品，加入 $A$ g 白色颜料（钛白），调配成一定色光混合物；再取 1 g 待测颜料，加白色颜料调配，直到在标准光源下的色光与标准品混合物相同，此时如用去的白色颜料为 $B$ g，则该颜料的着色力 $I$ 为

$$I = \frac{B}{A} \times 100\%$$

2）遮盖力

指颜料涂于物体表面时，遮盖该物体表面底色的能力。遮盖力等于底色完全被遮盖时单位表面积（1 $m^2$）所需颜料的克数。

测定方法：$P_g$ 颜料与 $T_g$ 调墨油在平磨机下仔细研磨，使其均匀，将该色浆均匀地涂在一块面积为 $S$ 的黑白格板上，在一定照度和视角下观察，当黑白格刚好被遮盖隐去时，用去色浆为 $W_g$，则该颜料的遮盖力 $H$（$g \cdot m^{-2}$）为

$$H = \frac{W \times P \times 10^4}{S(T+P)}$$

遮盖力受颜料的吸光特性、粒子大小、晶型因素的影响。

3）耐迁移性

耐迁移性指着色的橡胶、塑料等制品经过一段时间后，表面发生浮色现象。对于这类制品使用颜料，其抗迁移性是十分重要的性质。测定方法是将已着色的材料同未经着色的

材料在一定压力下紧贴在一起，在规定的温度处理一定的时间后，观测颜料向未着色材料中转移的情况。耐迁移性分为 5 级，等级愈低，表示色迁现象严重，颜料的耐迁移性愈低。

### 11.10.3 颜料物理状态与性质的关系

颜料的性能主要取决于颜料分子的化学结构。其发色原理与染料类似。但颜料是不溶性的，以固体颗粒分散于被染物表面，其物理化学状态对性能亦有很大的影响。

1) 颜料的粒度对性能的影响

颜料粒子变小时，光在粒子与空气界面上的反射作用加强，其遮盖力及明度值显著提高。但颜料颗粒小于可见光的波长时，光将透过颗粒而不折射，颜料就变成透明的了。彩色油墨有的要求较高的透明度，一般透明度将影响颜料的遮盖力，所以颗粒大小要相宜，一般在 0.01~1 nm 范围内。

图 11-9 是颜料的着色力及色光与粒度的关系。其中，曲线(a)为某些无机颜料，曲线(b)是典型的偶氮颜料，曲线(c)是酞菁蓝颜料。图中显示，偶氮颜料的粒子直径小到 0.1 μm 左右，才得到较高的着色力，而酞菁颜料在 $d = 0.05$ μm 时着色力最大。一般是颜料粒子越小，其着色力越高，这是颗粒表面积增大的结果。

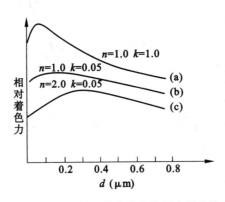

图 11-9　几种颜料的着色力与粒子直径的关系

$n$：颜料的折射系数；$k$：吸收系数；直径：a>b>c

粒度还影响到颜料的耐光性能，有机颜料光照褪色过程，是受激发的氧攻击基态颜料分子，发生光氧化降解反应。反应速度与颜料的比表面积有关，比表面积增大，颜料与氧及光接触增多，加快褪色过程。因此粒子小的颜料，相对耐光度差。

2) 颜料晶型对性质的影响

颜料不同于染料，染料着色用其溶液，其晶体内部分子的规律性排列已被破坏，不存在各向异性问题。颜料是以固体状态使用的，由于颜料晶体的各向异性，在不同方向上，往往具有不同的光学性质。

大部分有机颜料的晶体具有双折射性，即具有两个折射系数值，光传播速度较快的方向(快方向)折射系数较低；光传播速度较慢的方向(慢方向)折射系数较高。有机颜料晶体的各向异性，也表现在光吸收现象上，慢方向的吸收率明显大于快方向。再者，晶体厚度不同，吸光度也有差异。即颜料晶体所显示的颜色受到厚度和方向的影响。图 11-10 是 C. l. 颜料红在不同厚度时慢方向与快方向的色度图。该图采用 Adams 色度坐标，坐标平面中每点相应于吸收光线后颜料所显示的一种颜色，互补两种色调共轴异向(坐标分度采用 NBS 色度单位)。

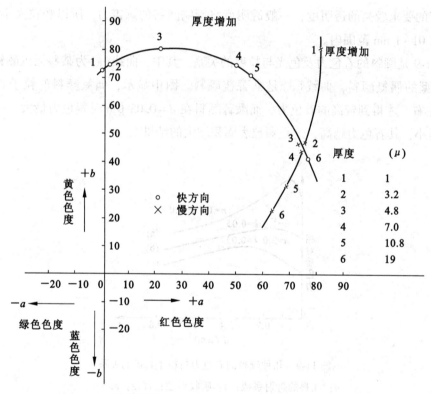

图 11-10　不同厚度的 C. I. 颜料红 1 在慢方向和快方向的色度图

颜料晶体大小和形态差异大时，会出现明显的色光变动。许多颜料都存在着同质异晶现象，选择和制备适当的晶型，是有机颜料生产和颜料化加工的重要课题。

3)颜料颗粒的聚集和表面状态

颜料粒子的聚集和表面状态是对颜料性质有较大影响的又一因素。

热力学认为，恒温、恒压下体系有自发降低自由熵的趋势。也就是表面分子有钻入内部以舍弃其过剩自由熵的倾向，体系自发地趋于缩小表面积。因此，颜料微粒，会自发地发生聚集。颜料在制备过程中，由晶核初发育的微粒为一次粒子（线性大小 0.1~0.5 μm），一次粒子聚集后，称为二次粒子（线性大小为 0.5~10 μm）。二次粒子有两种，聚附体比较疏松，聚结体比较坚实。聚附体易于磨细，有利于在分散介质中高度分散，是理想产物。

二次粒子由一次粒子在液相介质中聚集而成，也可由颜料滤饼经研磨分散而成。显然，一次粒子的表面状态对二次粒子的形成有极大影响。若粒子表面吸附适当的表面活性剂，表面受到"污染"，会削弱粒子间的相互作用而有利于聚附体的形成。

粒子界面的动电位，亦称 ζ 电位，是影响颜料粒子分散稳定性的又一个重要因素。颜料粒子表面常带有某种电荷，而其分散介质常常带有相反的电荷，形成双电层结构。其中吸附于分散相表面溶剂层，随颜料粒子在介质中一起运动，称为固定层；固定层外边为流动层，ζ 电位指固定层与流动部分的边界到介质中部的电位差。

ζ 电位的存在，使颜料间有排斥作用，阻碍了粒子的聚集，ζ 电位愈高，颜料的分散稳定性愈好。因此 ζ 电位是颜料工业中一项很重要的技术指标。

4）有机颜料的颜料化

颜料的物理状态对其使用性能有相当大的影响。粗制颜料往往还达不到使用要求，需经过化学、物理及机械处理，调整颜料粒子的大小、晶型和表面状态，才能达到使用所需的规格，这个过程，称为颜料化加工。

目前采用的颜料化加工方法有以下几种：

（1）酸处理法。酸处理法比较老，目的是在酸性介质中调整颜料的粒度、晶型及表面状态。其中有酸溶法、酸浆法、酸胀法和酸磨法。过去是用硫酸，成本较低。近年来亦有用磷酸、氯磺酸、芳基磺酸、冰醋酸、氯乙酸的，处理效果较好。酸处理的缺点是排放引起的环保问题。

（2）溶剂处理。使颜料在溶剂中溶解、再结晶。一般采用有机溶剂。该方法简便，效果较好。缺点是大多数溶剂有毒、易燃。溶剂应根据各种颜料的结构、性质不同，进行优选。

（3）研磨法。在压力或机械研磨情况下，颜料晶体往往由稳定晶型向晶格能较低的不稳定晶型转变。转变程度与加压大小、加压及研磨时间、添加剂的种类有关。研磨时间长转变相对较完全。

研磨有干磨和加入少量溶剂进行"湿磨"。干磨时有时需加入助磨剂。

（4）颜料粒子的表面处理。表面处理是使颜料粒子的非极性表面（亲油性）吸附某些表面处理剂，达到以下目的：

① 使颜料粒子表面缺陷部分，由于吸附有添加剂而抑制晶体的进一步生长，同时减少形成二次粒子的机会，促使其微粒化。

② 改变界面状况，调节粒子的亲水亲油性能，提高颜料在油性介质(展色剂)或水介质中的相容性，改善其润湿和分散性能。

③ 形成表面保护膜，对光氧化作用起屏蔽作用，改善其耐晒、耐气候性能，提高分散稳定性。

表面处理可根据颜料粒子表面极性，选择适当的表面处理剂，设法使其沉积于粒子表面，以单分子层或多分子层包覆颜料粒子表面活性区域或全部颗粒。由表面处理剂的性质而改变原颜料粒子的表面性质。

最常用的表面处理剂有松香酸衍生物、脂肪胺、酰胺和原来颜料的衍生物等。

## 11.10.4　混色与颜料配色

混色就是颜色的混合，遵循加法混色和减法混色的基本原则。加法混色就是在人的视网膜上同时射入两束或两束以上颜色的光，产生与这些光的颜色不同的感觉，是色光叠加起来的效果。将三原色光按一定比例混合，可得到白光，改变混合比例，可得到许多不同的颜色。加法混色的三原色不固定，但各色必须是相互独立的，即其中任何一种都不能用另外的两种配得。用红、绿、蓝混合相加，配色范围广。图11-11(a)为加法混色图。

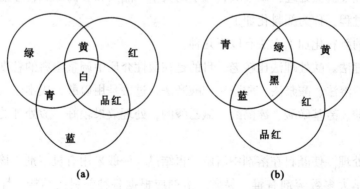

(a)　　　　　　　　(b)

图 11-11　加(a)、减(b)法混色图

减法混色是把两个或两个以上的有色物体叠加在一起而产生与原有色物体不同的颜色。即白光照射有色物体后，从中减去被吸收的部分，其剩余光线混合的结果。例如红色物是较多地吸收可见光中的青光部分，反射或透射红光。减法混色时，每种有色物体吸收光谱中的一部分，重叠后，吸收光谱的范围增大，反射和透射光谱的范围缩小，所以减法混色的结果最终得到黑色。减法混色的三原色为品红、黄、蓝，它们以适当的比例混合可

以得到各种颜色。图 11-11(b)为减法混色图。减法混色三原色是固定的，三种基本色不能任选。

在生产实际中，常常将几种颜料按适当比例混合，使混合色与某种颜色匹配，这项工作称为配色。配色是一个相减混色过程。用减法混色的三原色可以配出所需任何色调的颜色。混合色可以用下面的配色三角形示意(见图11-12)。实际上色调的变化是逐渐的，无明显分界线。

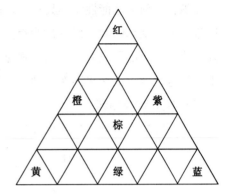

图 11-12　混合色配方三角形示意图

颜色的理想混配，应是配得的混合色与某种指定颜色有完全相同的反射光谱曲线，即在任一光源下，观察它们均匹配。这样混合颜料与指定颜色的配方完全一致。实际上，颜料的配色往往要用不同的组成去匹配指定的颜色。可有多组配方，组成各异，在一定条件下，可以得到相同的色调，即同色异谱。如在不同光源下观察，结果是不相同的。

目前仪器配色还不普遍，颜料工作者大多采取观察配色，因此配色受多种因素的影响。

## 11.10.5　功能性有机颜料

电子工业、信息工程等高技术领域的迅速发展，对具有特殊功能性有机颜料的需求日益增加。有机颜料作为催化剂，功能性材料已受到广泛的注意。功能性有机颜料用量不大，但却控制着高技术中的核心部位，发展前景难以估量。

### 1. 功能性酞菁颜料

酞菁颜料的功能性质与本身的结构、核心金属、结晶形态、纯净度等有关。即使同一晶种，由于晶型、粒子大小和形态的不同对光的吸收能力也不相同，因此在酞菁制备中，晶型和粒子的控制是很重要的。

无金属酞菁现有 $\alpha$，$\beta$，$\gamma$，$\chi$ 和 $\tau$ 等晶型。$\tau$ 型酞菁是用研磨助剂处理过的 $\alpha$ 型与惰性有机溶剂一起加热进行捏合而制得的，具有最好的光导体性能。例如，感光体用 $\tau$ 型酞菁为电荷发生层，以噁唑衍生物为电荷传导层，具有 800 nm 的感光灵敏度。经实际印刷测试，其寿命可长达每面能印十万张以上。而 $\chi$ 型无金属酞菁常用于太阳能电池。

铜酞菁由于制备条件不同，形成不同的晶型，各晶型均有电子照相特性。而 $\varepsilon$ 晶型的性能最优，目前，使用 $\varepsilon$ 型铜酞菁的光导体已达到实用阶段。最近开发的氧化钛酞菁具有长波长激光灵敏度，特别适于激光打印机使用。而金属萘酞菁亦有此特性，其蒸气沉积膜具有更为强大的吸收力，可达 800 nm，且它的光学特性，记录耐久性均十分优越。其耐久性测试显示，即使经 300 万次连续再生后，各种性能仍保持不变。

酞菁颜料的功能性使其具有广泛的应用前景。但由于其在溶剂中难以溶解而使成膜较困难，使用受到限制。研究的目标，除在酞菁上引入可增加溶解性的基团（如长链烷基）外，成膜技术的研究亦很活跃。例如，用真空蒸发法制膜；在有非离子界面活性剂存在下，用电化学方法在水溶液中制 Pc 膜等。

**2. 喹吖啶酮颜料**

喹吖啶酮是喹啉吖啶或喹吖啶的二酮衍生物。已知有四种结构类型：

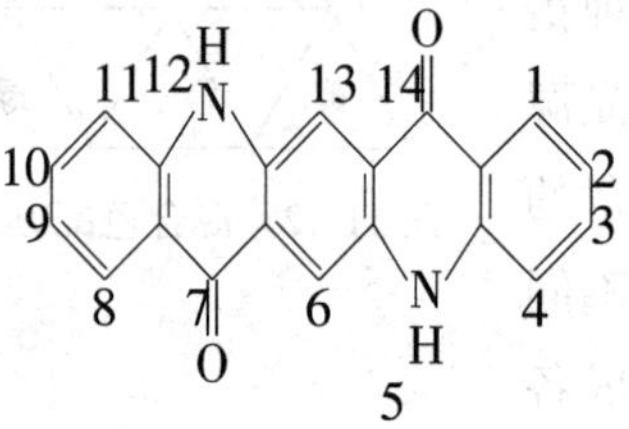

（a） 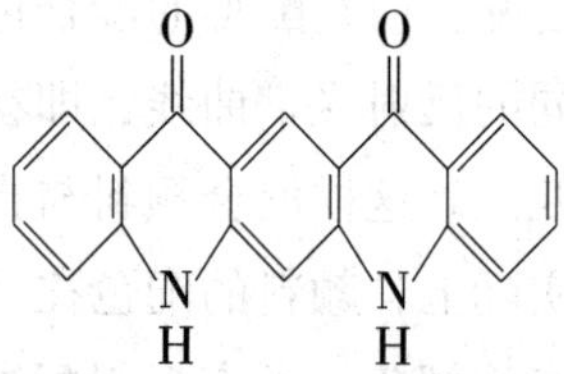                    （b）

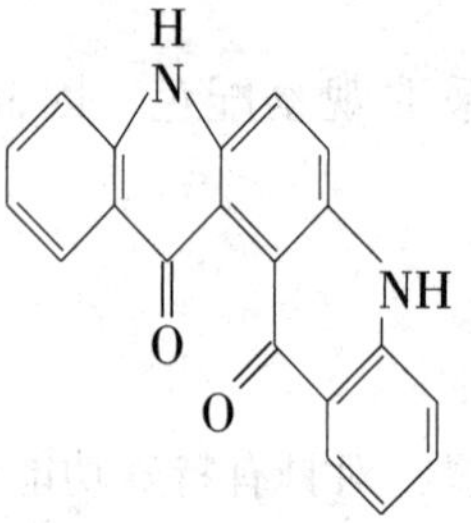

（c） 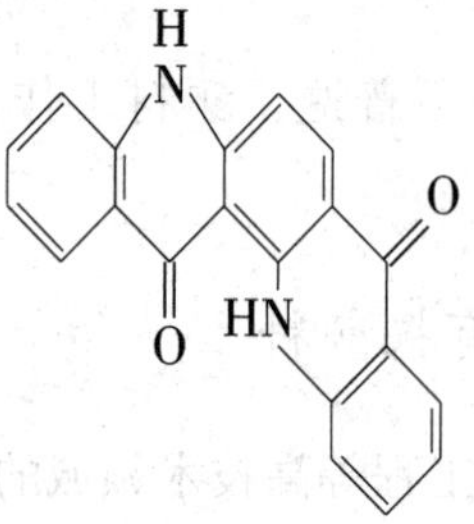                    （d）

其中，（a），（b）为线形结构，（c），（d）为角形结构。作为红色颜料的主要是(a)的衍生物，其余结构的衍生物为黄色。

喹吖啶酮具有光导电性，作为感光体，复印次数达 5000 次以上。喹吖啶酮制成蒸气沉积膜或分散于聚合物内，具有将光能转变成电能的特性，可用于有机太阳能电池。

**3. 咔唑二噁嗪颜料**

二噁嗪颜料的母体结构是三苯二噁嗪：

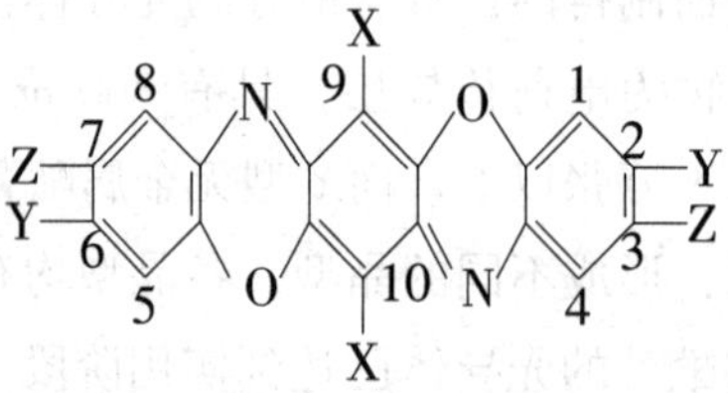

式中，X，Y，Z 为取代基团或原子。分子几乎是对称的。1，4，5，8 位没有取代基。

咔唑二噁嗪颜料是咔唑衍生物与二氯苯醌缩合的产物，是极为鲜艳的紫色颜料。二噁嗪是一类不可多得的优良颜料，具有美丽明亮的色调，有很高的着色力和耐光坚牢度，耐热性能好(200 ℃以上)，对多种化学试剂和有机溶剂稳定，其性能可与酞菁相比。

已发现咔唑二噁嗪颜料可作为彩色诱色剂、半导体激光记录材料等。该类颜料的功能性主要来自它的二噁嗪的醌亚胺结构。如将这类颜料薄膜化，将会产生新的功能和用途。下图为咔唑二噁嗪颜料母体结构。

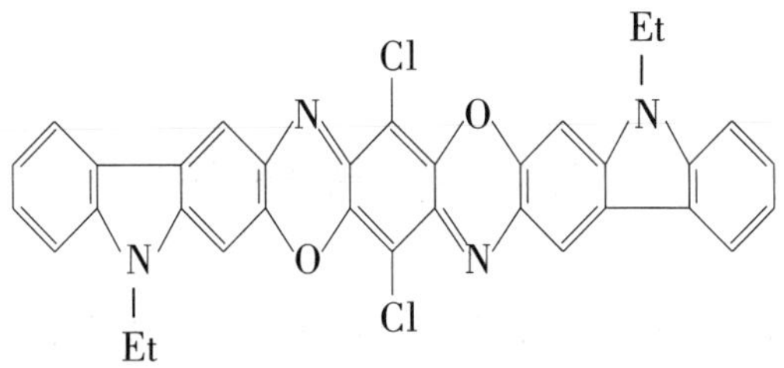

颜料的应用早已不局限在油漆、涂料方面。随着高科技发展的需要，功能性颜料的应用将开拓出一片新的应用领域。

# 第十二章　香　　料

## 12.1　香料概述

香料因能散发出令人愉快的气味,与人们的日常生活息息相关,广泛地应用在食品工业、烟酒工业、日化工业中。

香料是具有挥发性的芳香物质。香料工业由天然香料、合成香料和调合香料三部分组成。用天然香料和合成香料经过巧妙配方调合成预定香气的产品,称为香精,也就是调合香料。香料大多数具有挥发性,很少单独使用,往往调合成香精后,再应用到加香产品中。香精用量很少,仅占加香产品的 0.2%~3%,但对加香产品的影响却很大。随着人们生活水平的提高,对香精的需求将愈来愈大。

天然香料是由自然界存在的香原料通过压榨、蒸馏或溶剂提取等方法得到的多种成分的混合物。分为动物性天然香料和植物性天然香料。使用物理或化学方法从天然香料中分离出的单体香料化合物称为单离体香料,例如从薄荷油中分离出的薄荷醇即是单离体香料(粗略地讲,香料包括单体香料和调合香料两类)。

合成香料,是将天然或化工原料,经过化学合成而得到的香料化合物。现在,天然香料已经不能满足需要,利用有机化工生产,可以得到大量廉价的合成香料。合成香料的品种已达 5000 种以上,常用的有 400 余种,合成香料工业已成为精细化工的重要组成部分。

合成香料工业投资少,收效快,积累多,是换汇高的行业。我国的香料工业新中国成立后才兴起,目前已能生产天然香料 100 多种,合成香料 400 余种。但是在品种、数量和质量上都远远不能满足国内外市场的需要。

## 12.2　香与化学结构

广义上讲,“香”是嗅觉神经(或味觉神经)受刺激产生的感觉。包括由嗅觉感觉到的香气和味觉感觉到的香味。具有有益气味的物质称为香料。有关香产生的理论有几种,如微粒子学说认为香是由物质的分子或粒子的物理、化学作用产生的;波动学说则认为香是由香分子的电子振动产生的。按嗅香机理又分为振动、辐射、物理化学和化学等学说。化学学说认为香与物质的分子结构、发香团的种类和人的嗅觉生理构造有关。本节仅对香与分子的化学结构作一简述。

## 12.2.1 有香分子

香与化学结构间的关系是香化学研究的主要内容。经典香化学理论认为：有香分子中必须含有发香团或发香基，如—OH，—COOR，—NH—等，这些基团刺激人的嗅觉，产生不同的香感觉。在嗅觉与香分子相互作用中，香分子的结构外形和分子中的官能团的位置起着重要作用，从而决定了香分子的香型和香强度。

1959 年，日本的小幡弥太郎提出有香物质具备下列特征：

（1）具有挥发性。不挥发的物质不能到达嗅觉器官，所以无臭无味。

（2）在类脂类、水等溶剂中有一定的溶解度。

（3）分子中具有发香原子或发香团。发香原子处于ⅣA～ⅦA族中，其中，P，As，Pb，S，Te 属恶臭原子。

（4）分子量为 26～300，沸点在 -60～300 ℃ 之间，折射率约为 1.5，吸收波长（Raman 测定）多处在 1400～3500 $cm^{-1}$ 范围内。

有香的烃类化合物中，脂肪族类一般具有石油气息，其中 $C_8$ 和 $C_9$ 的香强度最大；不饱和性增加，香气变强。醇类化合物中，如有氢键形成，香气减弱；羟基数增多，香气亦变弱；分子中引入双键、三键时，香气增强。脂肪族醛、酮化合物香气都比较强。脂肪族羧酸化合物中，$C_5$ 的香气最强。酯类化合物的香气优于原来的醇和酸，其中碳原子数少香气相对强。

## 12.2.2 香与化合物分子中的官能团

有香分子中含有发香团，即官能团。不同的发香团，使有香物质具有不同的香型。表 12-1 是一些香分子中所含的主要发香团。凡具有相同官能团的化合物，一般具有类似的香气。

表 12-1 主要发香团

| 有香物质 | 发香团 | 有香物质 | 发香团 | 有香物质 | 发香团 |
|---|---|---|---|---|---|
| 醇 | —OH | 硫醇 | —SH | 异腈 | —NC |
| 酚 | —OH | 醚 | —O— | 硫氰化合物 | —SCN |
| 酮 | ＞CO | 醛 | —CHO | 异硫氰化合物 | —NCS |
| 羧酸 | —COOH | 硫醚 | —S— | 胺 | —NH₂ |
| 酯 | —COOR | 硝基化合物 | —NO₂ | | |
| 内酯 | —OO—O— | 腈 | ——CN | | |

有香分子为大分子结构时，官能团对香的影响较弱，大分子基对香型和香强度起主导作用。分子相对小时，官能团起重要作用。下面是香矛基上带有不同官能团时，形成的化合物具有的香型：

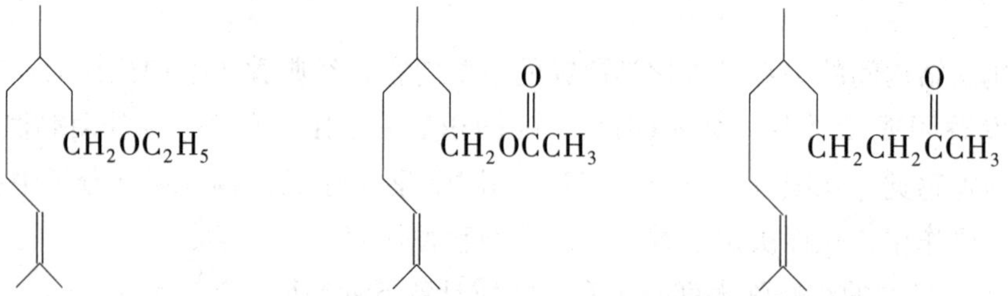

青香、花香、弱油脂臭味　　　　　　果香、花香　　　　　　果香、花香、弱油脂臭味

香还与官能团在分子中的位置有关，有时与官能团种类关系不大。如在苯的衍生物中，在苯环上引入间位定位基，—CHO，—$NO_2$，—CN等，会产生相似的香气，都具有苦杏仁香。

香与官能团的大小也有关。例如麝香分子中，苯环上如含有硝基，其邻位上取代基的大小影响到硝基的自由旋转程度，即对发香基的影响较大。下面是葵子麝香(a)的结构，由于甲氧基对硝基的位阻，比结构相似的化合物(b)小，所以具有很强的香气，而(b)却没有香气。

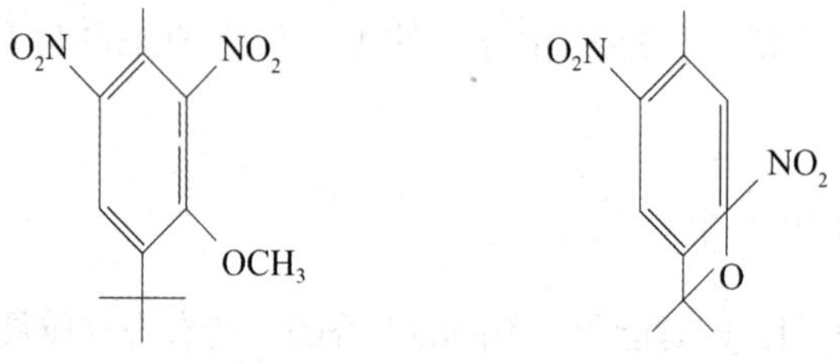

(a)　　　　　　　　　　　　(b)

## 12.2.3　香与化合物分子的立体异构

有机分子的立体异构体分为对映和非对映两种。非对映异构体的香在绝大多数场合下基本相同，仅仅存在香的质量上的差别。如玫瑰醚，其顺、反两种异构体均具有清香、花香气，但顺式比反式的香气要细腻。

多数非对映异构体的有香分子，顺式比反式的香型要清淡、优雅。

对映异构体对香的影响，取决于化合物的构象。而且大多数异构体的香本质是相同的，主要在香强度上有差别(见表12-2)。

表 12-2　　　　　　　　　　　**对映异构体的香**

| 化 合 物 | 对映体的香 | 化 合 物 | 对映体的香 |
|---|---|---|---|
|  | (+)一体具有香橙油香<br>(-)一体具有石油臭 | 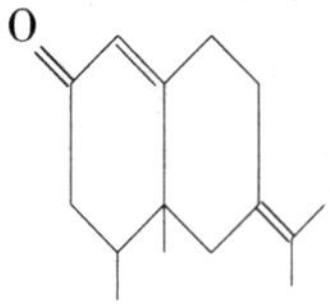 | 具有木香<br>(+)一体香强度比(-)一体高 |
| 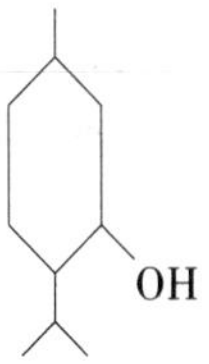 (薄荷脑) | (-)一体具有清凉感<br>(+)一体具有较弱的清凉感<br>(-)一体与(+)一体相比,其香要强3.5倍 | 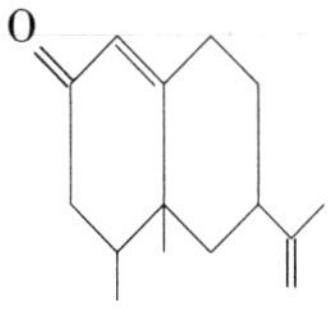 | 具有柚子香<br>(+)一体比(-)一体香强度高 |
| 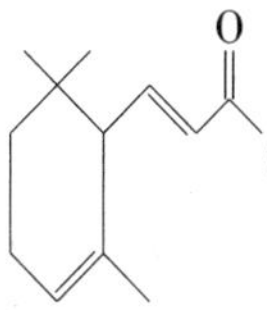 (α-紫罗兰酮) | 两种对映异构体的香完全相同 | 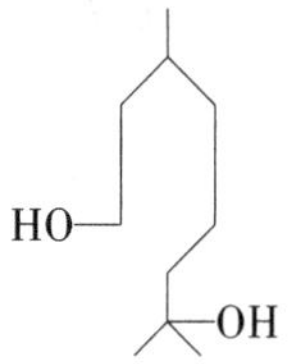 | (-)一体与(+)一体的香相同<br>(-)一体香强度比(+)一体高 |

# 12.3　天　然　香　料

## 12.3.1　动物性天然香料

动物性天然香料最常用的有麝香、灵猫香、海狸香和龙涎香四种。作为定香剂,被广泛地用在香水和高级化妆品中。

1)麝香(Musk)

麝香为暗褐色粒状物,大部分是动物树脂及动物性色素等构成。固态时具有强烈的恶臭,用水和酒精稀释后有独特的动物香气。主要成分为饱和大环酮——麝香酮,仅占2%左右,其化学结构为3-甲基环十五酮,分子式为 $C_{16}H_{30}O$,结构式为

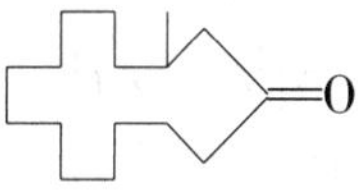

麝香在东方被看作最珍贵的香料之一。主要来源于我国西南、西北部高原和北印度、尼泊尔、西伯利亚寒冷地带的雄麝鹿的生殖腺分泌物。传统的方法是杀麝取香,现在我国

四川、陕西用活麝刮香的方法已取得成功，对保护野生动物资源具有重大的意义。

2）灵猫香（Civet）

新鲜的灵猫香为淡黄色流动物体，时间长了则凝成褐色膏状物。其中大部分为动物性黏液质，动物性树脂及色素。浓时具有恶臭味，稀释后才散发出令人愉快的香气。其主要芳香成分为不饱和大环酮——灵猫酮，为9-环十七烯酮，仅占3%左右。分子式为 $C_{17}H_{30}O$。结构式为

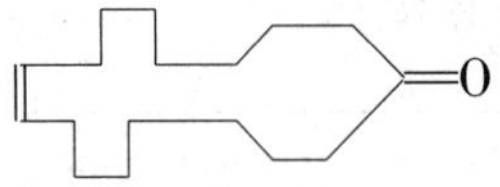

灵猫香来源于中国长江中下游和印度、菲律宾、缅甸、马来西亚、非洲的埃塞俄比亚等地的大小两种灵猫。现代的取香方法亦是活猫定期刮香。灵猫香气比麝香更为优雅，常用作高级香水的定香剂。

3）海狸香（Castreum）

新采到的海狸香为乳白色黏稠物，经干燥后为褐色树脂状。其中大部分为动物性树脂。主要芳香成分为海狸香素，含量为 4%~5%，结构尚不明确。海狸香来自海狸的香囊，产于苏联、加拿大等国。

4）龙涎香（Ambergris）

龙涎香为灰色或褐色的蜡样块状物质。60℃可软化，70~75℃可熔融。据说龙涎香醇是龙涎香气的主要成分。分子式是 $C_{30}H_{52}O$。结构式为

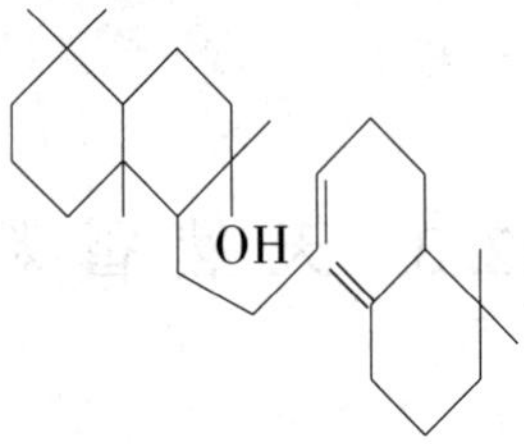

龙涎香产自抹香鲸的肠内，由鲸鱼体内排出。漂浮于海面上，小者数公斤，大的可达数百公斤，新排出的龙涎香香气很弱，长期漂浮或经长期贮存自然氧化后香气逐渐加强。主要产地为中国南部、印度、南洋、南美和非洲等热带海岸。

## 12.3.2　植物性天然香料

植物性天然香料来自芳香植物，由它们的花、叶、枝、干、根、茎、皮、果实或树脂提取出来的有机混合物。大多数为油状或膏状物，少数为树脂状。根据它们的形态和制法常称为精油、浸膏、净油、香脂和酊剂。其主要成分都是具有挥发性和芳香气味的油状物，因此植物性天然香料又统称为精油。

**1. 植物性天然香料的化学成分**

植物性天然香料是数十种甚至数百种有机化合物的混合物。例如保加利亚玫瑰油中芳

香有机化合物多达 275 种。目前，从天然香料中分离出的有机化合物有 3 000 多种，分子结构亦极复杂，大致可分为萜类、芳香族、脂肪族和含氮含硫四大类化合物。

1）萜类化合物

萜类化合物结构的共同特点是它们都含有两个或两个以上的异戊二烯分子头尾连接起来构成的环状结构。根据其骨架中碳原子的个数分为单萜（$C_{10}$）、倍半萜（$C_{15}$）、二萜（$C_{20}$）、三萜（$C_{30}$）等等。天然香料中萜类化合物可分为萜烃、萜醇、萜醛和萜酮，如图 12-1 所示。

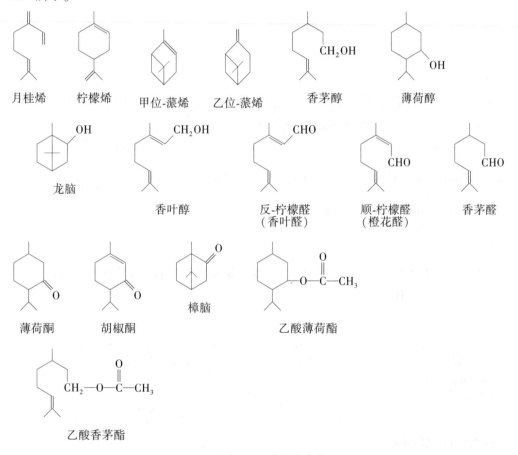

图 12-1 萜类化合物

2）芳香族化合物

在植物天然香料中，芳香族化合物仅次于萜类。其存在相当广泛，例如茴香油中茴香脑，占 80% 左右，丁香油中丁香酚亦占 80% 左右。下面是几种存在于天然香料中的芳香族化合物：

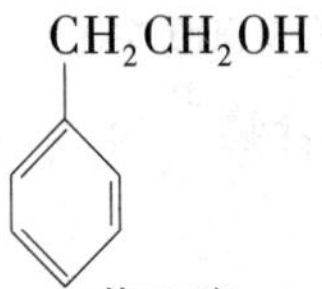

苯乙醇 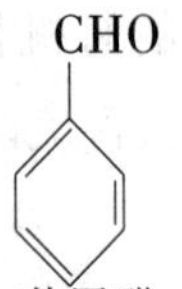　　　　　苯甲醛 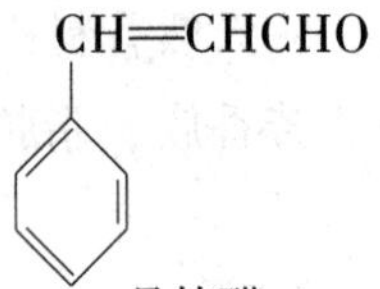　　　　　月桂醛

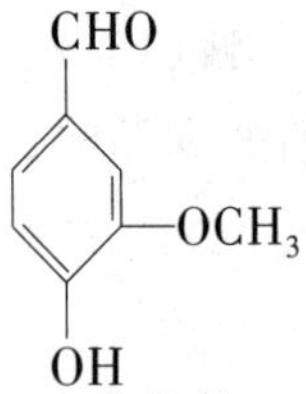

香兰素

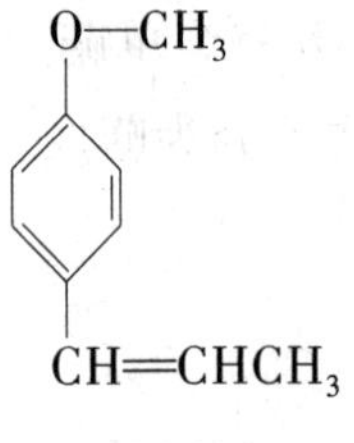

茴香脑

3）脂肪族化合物

主要以烯醇、醛、酮的形式存在，在天然植物香料中，含量和作用都比较小，往往用于调配香精。下面是几种香料中的脂肪族化合物：

$$CH_3CH_2C \overset{H}{=} \overset{H}{C}CH_2CH_2OH$$
叶　醇

$$CH_3(CH_2)_{12}COOH$$
肉豆蔻酸

$$CH_3-\overset{O}{\overset{\|}{C}}-(CH_2)_8CH_3$$
芸香酮

$$CH_3CH_2CH=CH(CH_2)_2CH=CHCHO$$
紫罗兰叶醛

4）含氮含硫化合物

该类化合物存在于肉类，葱蒜、谷物、豆类、咖啡等食品中，含量极少，气味极强，在食品香精中起着主要作用。如：

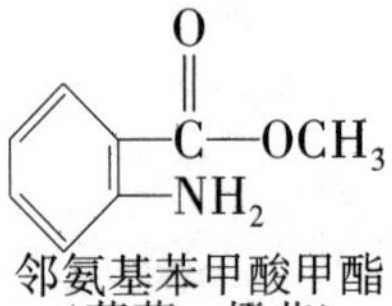

邻氨基苯甲酸甲酯
（茉莉、橙花）

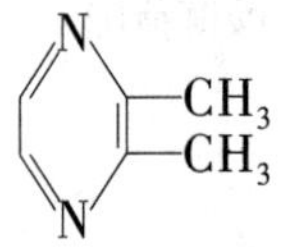

2，3-二甲基吡嗪
（咖啡、可可）

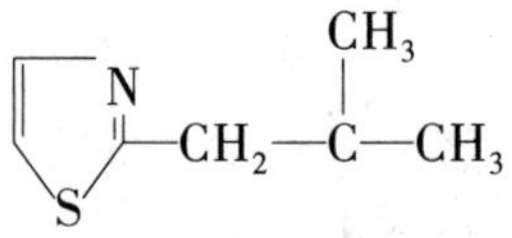

2-异丁基噻唑
（番　茄）

**2. 植物性香料的制备**

1）水蒸气蒸馏法

该法是最常用的制备方法，得到的是芳香性挥发油状物，商品上称为精油。将植物采集后装入蒸馏釜中，通入水蒸气加热，使水和精油成分在沸点（150～300 ℃）以下蒸出，冷凝后把精油分离出来。由于加热时成分容易变化，该方法不适于那些主香成分在沸水中溶解、水解或分解的植物。如茉莉、紫罗兰、金合欢、风信子等。此法适于从绝大多数芳香植物提取精油的生产。该方法用于从薄荷生产薄荷脑，工艺过程如图12-2所示。

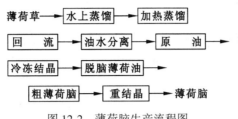

图 12-2 薄荷脑生产流程图

2）浸提法

用挥发性有机溶剂将原料中芳香成分浸提出来。由于色素、脂肪、淀粉等杂质的存在，产品呈膏状，称作浸膏。

浸提法又叫萃取法。萃取方式有几种，适用于不同性质的原料（见表12-3）。萃取所用有机溶剂，要求沸点低、容易回收，无色无味，化学稳定性好，毒性小较安全。常用的有石油醚、乙醇、丙酮、二氯乙烷等。浸提温度为室温到 70 ℃左右。萃取的工艺过程如图12-3 所示。

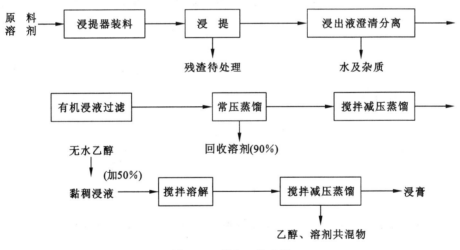

图 12-3 萃取工艺过程

3）压榨法

制备浓缩果汁常用该方法。从柑橘类果品中提取天然香料，多用此法获得其精油。

4）吸收法

茉莉花、兰花、橙花、水仙花等名贵花中的芳香成分容易释放，香势强。加热加工易损失芳香成分，而吸收法加工过程温度低，可保持最佳的香气质量，故多采用非挥发性溶剂或固体吸收其中芳香物质。如采用脂肪油脂吸收芳香成分达到饱和，制得的油脂称为香脂。

表 12-3 几种浸提方式的比较

| | 固定浸提 | 搅拌浸提 | 转动浸提 | 逆流浸提 |
|---|---|---|---|---|
| 原料要求 | 适于大花茉莉晚香玉、紫罗兰花，娇嫩花朵 | 适于桂花米兰等小花或粒状原料 | 适于白兰、茉莉、墨红等花瓣较厚原料 | 适于产量大的多种原料 |
| 生产效率 | 较 低 | 较 高 | 高 | 最 高 |
| 浸提率 | 60%～70% | 80%左右 | 80%～90% | 90%左右 |
| 产品质量 | 原料静止，不易损伤，浸膏杂质少 | 搅拌很慢，原料不易损伤，浸膏杂质较少 | 原料易损伤，浸膏杂质多 | 浸提较充分，浸提效果好，杂质也较多 |

吸收方法采用的吸附剂为精制的猪油、牛油、橄榄油、麻油等非挥发性溶剂，以及活性炭、硅胶等固体吸附物质。后者吸附鲜花中的芳香成分后，用石油醚等溶剂洗脱，蒸去石油醚，即得到精油。

下面是以茉莉花为原料，以猪油∶牛油＝2∶1制得的脂肪基为吸收剂。制备茉莉香脂的工艺过程如图 12-4 所示。

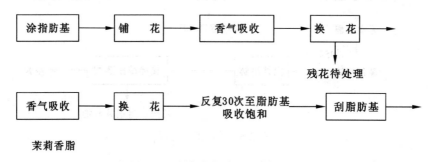

图 12-4 制备茉莉香脂工艺流程图

# 12.4 合 成 香 料

合成香料在香料中占的比重愈来愈大。合成用的原料，可以是来自天然香料的单离香料，亦可以是化工原料。单离香料有时是各种异构体的混合物，难以用化学方法合成，在香气上与纯化学合成的单体香料有差别。合成方法因使用原料不同，分为全合成和半合成法。全合成从基本的煤炭或石化产品出发，经一系列合成反应制备香料化合物；半合成法使用从农林加工品中提取的单离香料，加工成价值更高的衍生物。

### 12.4.1 合成香料的原料

1）蒎烯

在半合成方法中，蒎烯是使用得最多的香原料之一。该类化合物存在于松树松脂或橘皮中。用水蒸气蒸馏得到的松节油，主要成分为蒎烯，$\alpha$-蒎烯占 60%，$\beta$-蒎烯占 30%。$\beta$-蒎烯在 600 ℃热解开环，可得 90% 以上的月桂烯。月桂烯是合成香料的重要中间体，由此可合成一系列香料和香原料(见图 12-5)。

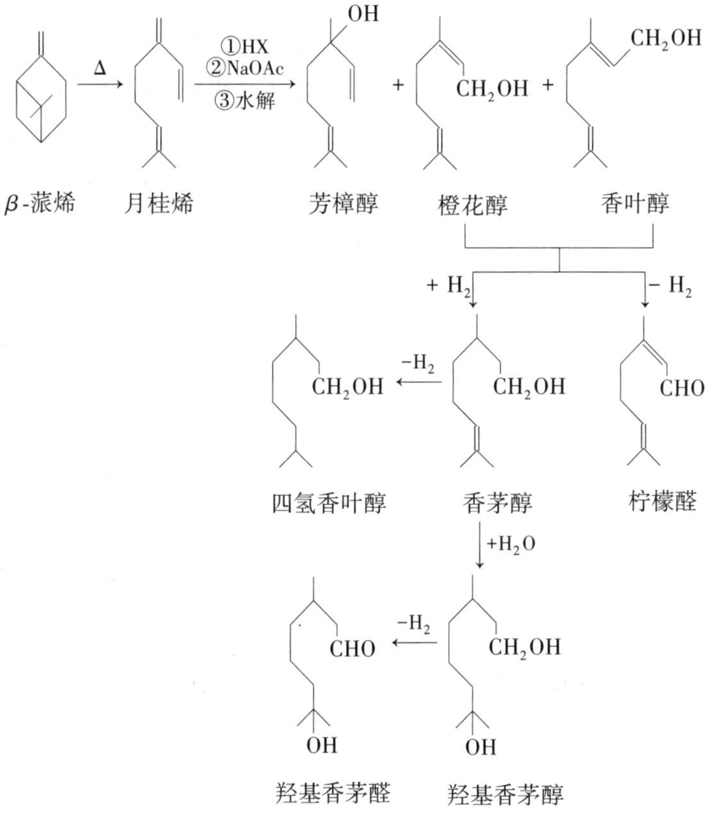

图 12-5　从 $\beta$-蒎烯出发合成各种萜类醇、醛化合物

天然精油的蒎烯异构体，$\alpha$-蒎烯含量多。近年来，不仅可以使其转变成 $\beta$-蒎烯，并可利用它直接合成一些香料。如合成薄荷醇：

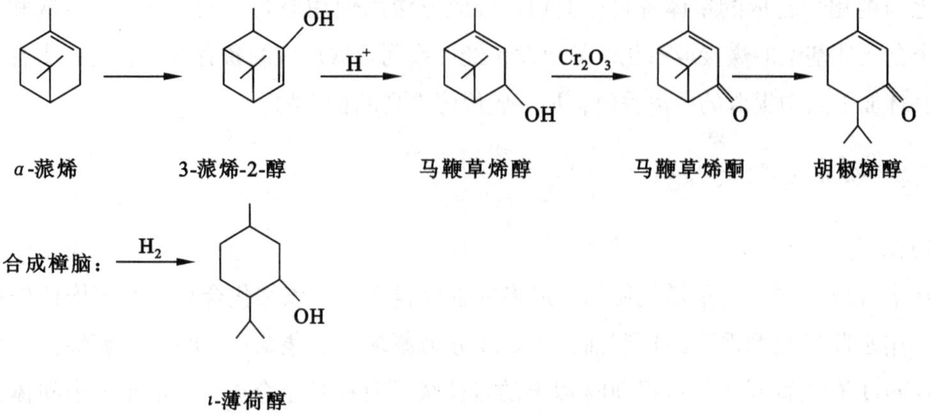

α-蒎烯　　　3-蒎烯-2-醇　　　　马鞭草烯醇　　　马鞭草烯酮　　　胡椒烯醇

合成樟脑：

ι-薄荷醇

2）柠檬醛

柠檬醛是一种很重要的香料原料。由山苍子树的果实制得的山苍子油中，柠檬醛的含量可达 80%。具有类似柠檬香气的香料柠檬二乙缩醛，就是以柠檬醛为原料制得的。

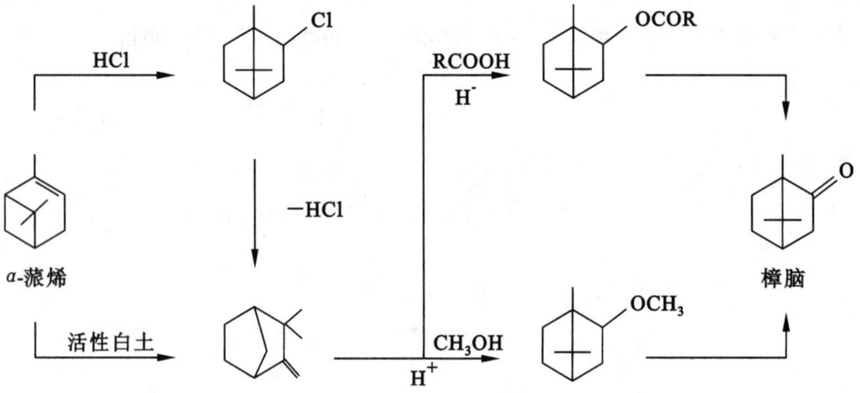

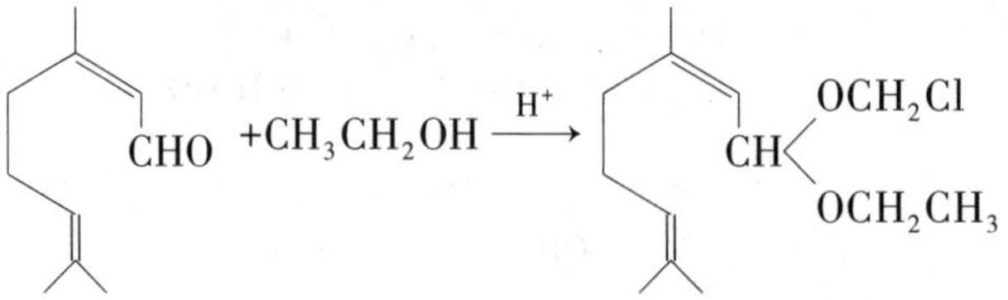

3）香茅醛

在合成香料的半合成反应中，香茅醛也是经常用到的香原料。香茅醛存在于香茅油和柠檬桉油中，具有百合香气的羟基香茅醛就是用亚硫酸氢钠保护香茅醛基，再进行水合反应制备的。反应式如下：

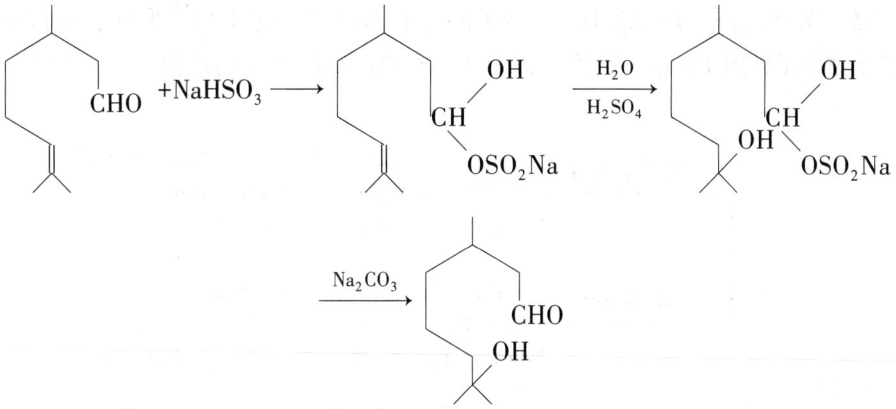

半合成方法亦用天然产品做原料去合成香料。例如蓖麻油经碱裂解、酯化、卤化、缩合、皂化、聚合、解聚、内酯化等反应，可得到 11-氧杂十六内酯麝香香料化合物；菜籽油经过一些有机反应，也可制得具有麝香香气的环十五酮。

### 12.4.2 用煤炭、石化产品合成香料

煤在炼焦过程中，除得到焦炭外，还产生煤焦油和煤气，将这些炼焦中的副产品进一步处理，纯化，可得到酚、萘、蒽、苯、甲苯等基本有机化工原料。利用它们可合成许多有价值的芳香族香料。例如，用苯酚或苯为原料，可以合成麝香香料。反应式如下：

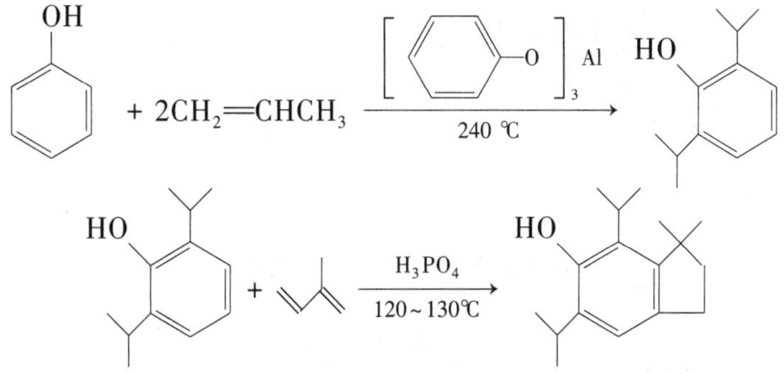

双环麝香-DDHI

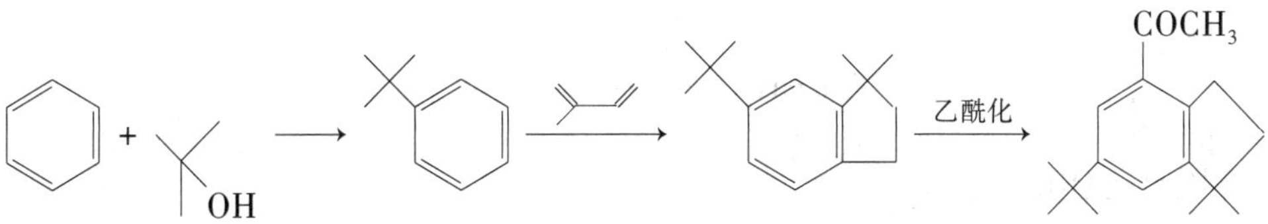

萨利麝香

在石油炼制和天然气化工中，直接或间接得到如苯、甲苯、乙炔、乙烯、丙烯、异丁

烯、丁二烯、异戊二烯、环氧乙烷、环氧丙烷、丙酮等许多化工生产原料，用这些原料可合成许多种香料（见图 12-6）。现简单介绍几种石化产品制香料的过程。

石化原料 ─┬─ 芳香族香料 ┤ 苯甲醇、苯乙醇、苯甲醛、苯乙醛、大茴香醛
　　　　　　　　　　　　　 枯茗醛、洋茉莉醛、兔耳草醛、桂醛、香兰素、
　　　　　　　　　　　　　 苯乙酮、百里香酚、芳香醛缩醛

　　　　　├─ 萜类香料 ┤ 薄荷醇、橙花醇、香叶醇、芳樟醇、薰衣草醇、
　　　　　　　　　　　　　 橙花叔醇、香茅醛、羟基香茅醛、柠檬醛、
　　　　　　　　　　　　　 甲氧基香茅醛、薄荷酮、柠檬腈、萜醛缩醛

　　　　　├─ 合成麝香 ┤ 二甲苯麝香、葵子麝香、酮麝香、西藏麝香、麝香酮、
　　　　　　　　　　　　　 环十五酮、佳乐麝香、萨莉麝香、万山麝香、
　　　　　　　　　　　　　 特拉斯麝香、大环内酯麝香、麝香-DDHI、麝香-TM$_R$

　　　　　└─ 其他香料 ┤ 甲基庚烯酮、橙花酮、$\alpha$-紫罗兰酮、$\beta$-紫罗兰酮、
　　　　　　　　　　　　　 新龄兰醛、$\beta$-萘醚、氧化玫瑰、二氢茉莉酮酸甲酯

图 12-6　由石化原料合成的香料

1) 乙烯

石油裂解的主要产物之一是乙烯。在 250 ℃，银催化时，氧化成环氧乙烷，再与苯进行费氏反应，可制得玫瑰香精的主剂 $\beta$-苯乙醇，由它可进一步合成苯乙酯类和苯乙醛类香料。

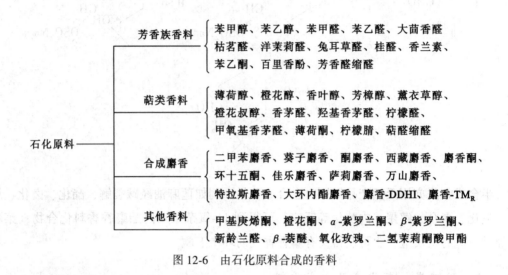

2)异戊二烯

合成香料中，异戊二烯是较重要的化工原料，来源丰富。它与氯化氢反应生成异戊烯氯，用于制备多种合成香料。如：

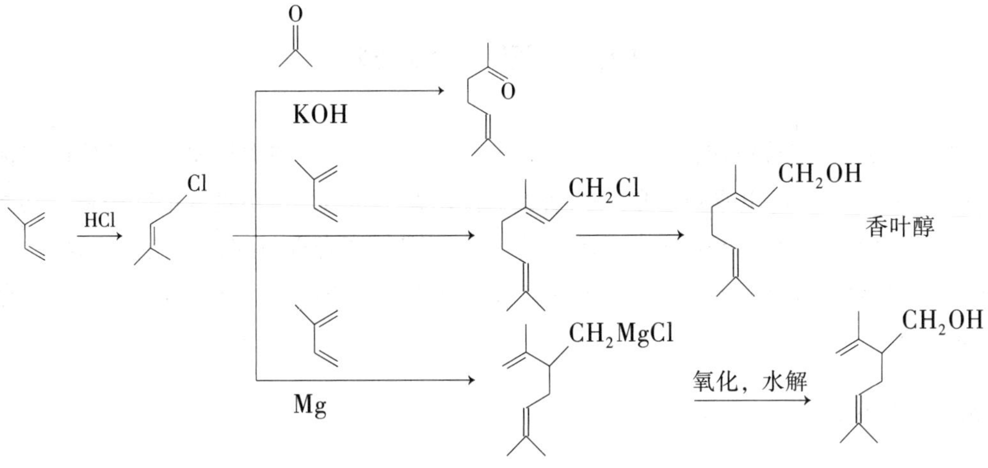

香叶醇

薰衣草醇

3)异丁烯

异丁烯是生产硝基麝香的基本原料。与间二甲苯作用，可合成酮麝香、二甲苯麝香和西藏麝香；与3-甲氧基甲苯反应、经硝化等反应步骤，可合成出香气优雅的葵子麝香。

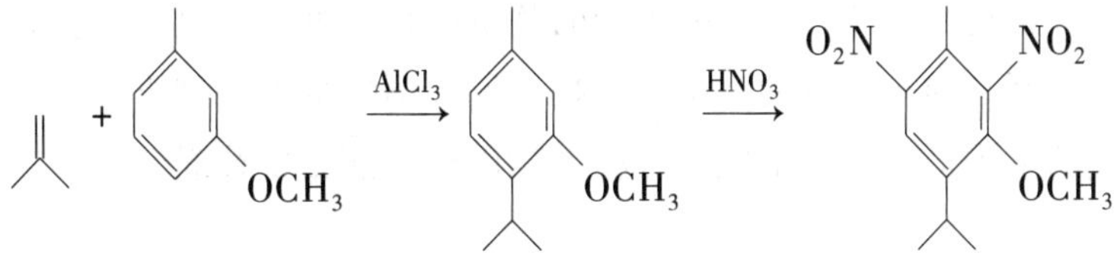

香料随着市场需求的增大迅速发展。充分利用我国煤、石化产品资源，利用新的合成技术，进行香料的合成研制，是精细化学品发展的方向之一。

## 12.4.3 合成香料的工艺特点

合成香料的工艺一般分两个阶段，即产品的合成和产品(或半成品)的纯化。反应通常在液相常压下进行，常用缩合、酯化、硝化、卤化、氧化、还原、异构化反应。合成香料的纯度一般要求很高，粗产品需经过严格纯化处理才可进入市场。纯化方法有常压蒸馏、真空蒸馏、水蒸气蒸馏、精密分馏和重结晶。所以合成香料的工艺有如下特点：

(1) 生产规模小，生产为间歇式。

(2) 合成香料一般具有挥发性，有些对热、光、空气不稳定。必须注意工艺过程、生产设备、包装方法和运输对香料稳定性的影响。

(3) 合成香料品种多，使用量小，而所用的化工原料种类繁多，性质各异，其安全性和环保问题，在选择合成工艺时应予以重视。

（4）合成香料直接或间接影响到人类的健康，对合成产品的质量，要遵照安全、卫生检测标准，严格管理。

# 12.5 调和香料

调和香料由天然香料和合成香料调和而成，俗称香精。调和香料配方的设计过程称为"调香"。调香是将 A、B 两种（或多种）香料调配出既不是 A，也不是 B 的新香料。其原理是如何使香气平衡，目的是寻求各香料间的"和谐美"。调合香料在艺术性方面要求细腻、优雅，有独创性；在技术性上要求具有一定强度、香气和谐持久。其中香气是否和谐是调香成功与否的主要因素。

## 12.5.1 香精组成与分类

**1. 香精的组成**

香精是由加香产品调制而成。各种香料在香精中的作用不尽相同。完整的香精配方由主香剂、辅助剂、定香剂和头香剂等组成。

1）主香剂

主香剂是构成香精的主体香韵——香型的基本原料，可以只是一种香料，也可以用多种香料组成。其香型必须与配制的香精香型相一致。调配某种香型香精时，首先要选出能体现该香型香气的主香剂。如调配橙花香精，选用橙叶油做主香剂。

2）和香剂

也称协调剂，其香气与主香剂一致，调和各种香料的香气，使主香剂的香气更加明显突出。例如玫瑰香精以芳樟醇、羟基香茅醛作协调剂，使主香剂香叶醇、香草醇、苯乙醇、香叶油的玫瑰香味更加明显。

3）修饰剂

修饰剂亦称矫香剂或变调剂，是一种暗香成分，其香型与主香剂不一致。少量使用可以修饰主香剂的香气，使香精变化格调，增加新的风韵。例如玫瑰香精常用作变调剂去矫正其他花香香料的香气。

4）定香剂

定香剂亦称保香剂。常是一些分子量较大，沸点较高的物质。其作用是使香精中各种成分的挥发度得到调节，防止由于快速挥发引起香精的香型变异，使香精的香气更加稳定、持久。

动物性定香剂比较重要，不仅使香气持久，还可使香气变得更加柔和。前面介绍的四种动物香中，天然麝香的香气最优美名贵，在香精中留香时间长，扩散力极大，是最好的定香剂之一。植物性定香剂品种很多，沸点高，挥发性低的天然精油都可作定香剂。合成定香剂用的是沸点高于200 ℃的合成香料，有些有香气，也有的是无香的，如苄醇、邻苯二甲酸二乙酯等，即作定香剂，又作溶剂或稀释剂。

人们通过嗅觉感受到香气，香气的设计是以香料的挥发性为基础的。按嗅觉器官的感觉，香精中香料又分为头香、体香、基香三类。

头香指对香精香气的最初感受，由挥发性高，易扩散的香料组成，亦称头香，给人美好的第一印象。调香时，一般用柑橘类香精和高级脂肪族醛类香料作头香剂。体香是头香过后嗅感到的主体香气，为香精的主要成分。香气保留时间长，选用中等挥发度的香料作体香。基香又称尾香，是香精在头香、体香过后，残留的最后香气。作为基香的香料挥发性小，香气保留时间久，即是前面所述的定香剂。

**2. 香精的分类**

香精一般从香型、用途、剂型三个方面分类。

1）按香型分类

香精的香型可概括为花香型香精和幻想型香精。前者是模仿天然花香调配的，名称与花一致；后者是从自然中捕捉形象而创作出来的，带有抒情趣味，如青春型、海风型等。

2）按用途分类

按用途香精可分为化妆用香精、食品用香精、酒类香精、口腔用品类香精、饮料用香精等。

3）按剂型分类

按剂型性质可分为水溶性香精、油溶性香精、乳化香精和粉末香精。水溶性香精选用的香料溶于醇类溶剂，常是40%~60%的乙醇水溶液；油溶性香精由选用的香料溶在油性溶剂中配成。溶剂可以是天然油脂，也可以是有机溶剂。乳化香精是用表面活性剂将香精制成乳化的水溶液，用水不用乙醇，可降低成本。粉末香精由固体研磨混配的、粉末状担体吸收香精制备的、包覆微胶囊三种类型。粉末香精广泛用于香粉、香袋、固体饮料、工艺品中。

## 12.5.2 香精的调制

**1. 调制香精的配方**

香精配方的拟定，可按以下几步进行(见图12-7)：

(1) 确定欲配制香精的香型和香韵。选择相应的主香剂(基香香料和体香香料)，配制出香精的主体部分——香基。

(2) 选择与主香剂相适应的和香剂、修饰剂、定香剂，对香型加以协调和补充。为使主香气更加突出，可加入顶香剂。

（3）反复调香拟配后，试配 5~10 g 香精进行香气评估。

（4）小试评估通过，再配制 500~1000 g 香精大样在加香产品中应用考查通过后，配方即可确定。

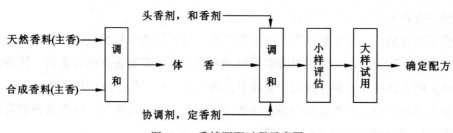

图 12-7　香精调配过程示意图

例如玫瑰型香精的调配。在调香中可借助调香三角形图（见图 12-8）。图中动物、植物和合成香料分别在三角形的顶点，同一边上的香料香气相似，香气之间的变化是平滑连续的。不同边上的香气不同。首先选出属于玫瑰香型的合成香料（如苯乙醇、乙酸苯乙酯等）和天然香料（如香茅醛、香叶醇、乙酸香叶脂等）；再选择头香剂改变主香剂的透发性。具有玫瑰香型的头香剂有甲酸香叶酯、苯乙醛、玫瑰醚等。用上述香料调配出的香基香气比较单调，需加入不直接属于玫瑰香气的香料，这些香料在三角形花香的同一边上选择，如

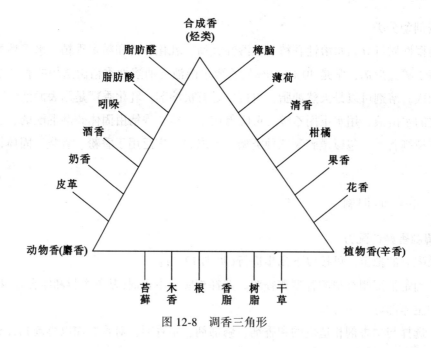

图 12-8　调香三角形

从果香型中挑选草莓醛和桃醛，从相近的柑橘型和清香型中选出叶醇、香柠檬油、甚至在薄荷型和樟脑型香料中，选出乙酸甲酯、樟脑等，使香气扩展，显得比较丰润；再从调香三角形所选香型的对边上选择脂肪醛中的壬醛，动物香中的麝香 T，木香中的龙脑等，以不同于玫瑰的香型对主香成分的香型加以修饰，使其玫瑰香型显得更有生机，不枯燥。对选择的香料，经过反复调配，制出小样，评价认为合格后放大样，在加香产品中进行应用考察，补充修改后，才确定玫瑰香精的配方。

**2. 香精的生产工艺流程**

以水溶性香精的制备为例，其工艺流程如图 12-9 所示。

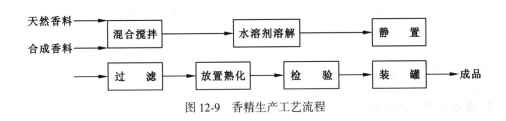

图 12-9　香精生产工艺流程

其中一个重要环节是调合香料在过滤后放置一段时间，使其自然熟化。熟化过程十分复杂，目前尚不能完全解释。熟化后的香精香气更加和谐、柔和，是液体香精制备中不可少的一道工艺。

# 12.6　香料的应用

## 12.6.1　食品香料

香料的用途之一，是作为食品添加剂，以增加食物的美味。食品具有两方面的特性，一是其基本属性，即营养和安全性；再是修饰性，包括食品的外观、组织和滋味，即通常所说的色、香、味。食用香料变换食品的味和香。将食用香料和安全的稀释剂在一起调和制成食用香精。食用香精在食品中的用量为 1/500～1/1000。

在食品香精中，提倡使用安全性高的天然香料。对于合成香料，应进行严格的毒性试验，以确保食品安全。

食用香精主要包括两大类，水溶性香精和油溶性香精。

水溶性食用香精，系用蒸馏水、乙醇、丙二醇或甘油为稀释剂与香料调合而成。一般应是透明的液体，其色泽、香气、香味与澄清度应符合该型号的标样，不出现液面分层或浑浊现象。在蒸馏水中的溶解度一般为 0.10%～0.15%（15 ℃）；对 20%（$V/V$）乙醇的溶解度为 0.20%~0.30%(15 ℃)。该类香精易于挥发，不适于在高温操作下的食品赋香之用。适用于冷饮品及配制酒等食品的赋香。其用量在汽水、冰棒中为 0.02%~0.1%；酒中为 0.1%~0.2%；果露中为 0.3%~0.6%。

水溶性香精的制备是将各种香料和稀释剂以一定的配比，按适当的顺序互相混溶，充分搅拌，再经过滤，贮存熟化而成。

水溶性香精容易挥发，其中的有些香料遇外来因素往往容易变质，贮存时应注意温度、空气、水分、阳光、碱类、重金属等因素的影响。

食用油溶性香精，是用精炼植物油、甘油或丙二醇等作稀释剂与香料调和而成的香精。一般为透明的油状液体，不出现液面分层或浑浊现象，其耐热性优于水溶性香精。适用于饼干、糖果及其他焙烤食品的加香。在饼干糕点中用量为 0.05%~15%；面包中为 0.04%~0.1%；糖果中为 0.05%~0.1%。

## 12.6.2　化妆品香料

### 1. 香水及其香型分类

标准香水是将香料溶解于 95% 的乙醇溶液中制成的，香料含量为 20%，在化妆品中，香水含香料的量最高。香水的香气类型对全部化妆品的香气倾向有很大影响。从香气看，水分多的香水香气散发好，乙醇刺激味小；从香料溶解度考虑，则以 95% 乙醇为佳。

按香型分类，香水可分为以下十三类：

| | | |
|---|---|---|
| a 花香型 | f 东方型 | k 薰衣草型 |
| b 百花型 | g 柑橘型 | l 辛香型 |
| c 现代型 | h 馥奇型 | m 烟草型 |
| d 清香型 | i 木香型 | |
| e 素心兰型 | j 皮草型 | |

过去香水注重其艺术性，每种产品都必须有非常正规、严谨的香型，造价高，使用的人有限。近年来，香水的发展更趋个性化。消费者喜爱浓重浑厚的香调，且价廉物美。出现了面向大众的产品，其香型或多或少具有清香香韵。

人们在夏季使用的花露水与香水的区别是香气比较轻淡，适用面广。通常香精含量 3%~5%，乙醇浓度为 80% 左右。常以柑橘类为主要香料。花露水的发展趋势是要求香韵强，格调高的产品。我国近年开发的有健身作用的花露水品牌，受到消费者的欢迎。

### 2. 化妆品用香精

化妆品包括美容化妆品、头发化妆品和基础化妆品。有水溶性的、膏霜类、脂粉类、乳剂类等。调香方法与香水类似。由于化妆品有各种形状，其基质是由多种化合物组成的混合物，有时可与香料发生作用而变质，所以调香时应用的香料受到一定限制。在调和化妆品香精时，最好将香料加入基质进行稳定化试验，选用稳定性合格的香料进行调香，配好的香精，再加到基质中检验其稳定性，从中挑选出适于商品香型的香料。

以酒精为主要成分的化妆水，护发水之类的制品中，一般都要加入色素。要注意选用的香料不会使色素变色、褪色。尤其是酚类、醛类香料应该注意。对于雪花膏、奶液、发乳等乳化物，近年来由于使用性能好的表面活性剂，油水分离、变色现象已基本消除。在粉质化妆品中，无机物粉末是主要成分，其中所含的微量金属会引起香料的分解，亦必须进行稳定性试验。

化妆品中所用香料的香型，多为花香型。

**3. 洗涤用香精**

洗涤用品指除化妆品外，在日常生活中，用于美化和卫生的物品。包括人体用皂、洁齿和净口用牙膏、洗发剂、浴用剂；洗涤衣服用的洗衣粉、肥皂、洗后加工用柔软剂、漂白剂；清洁房屋、汽车、器具用的去污剂。

人们洁口用物中的香精，要有能使口腔清凉和爽快感。如成人用牙膏香精是以薄荷系列香料为主体调配的。儿童用牙膏香精以果香类香料为主体，清凉感强，刺激性小。

洗涤用香精指皂用和浴用香精。该类香精使用时不能损害用品的功能，且具有香气稳定、性质安全、香味清爽、使人产生清洁感的性能。用于家庭日用品中，尽量选择男女老少都喜爱的香型，如花香型、百花型、素心兰型和清香型等。因使用条件的限制，所用香料要事先进行搁置试验和对日光、紫外线、温度变化条件下的香气稳定性和颜色变化情况的检验。例如香皂用香料，应具有对肥皂基质稳定，在碱性条件下香气不发生变化，并能遮盖皂基的臭味等性能。醛类、酮类香料在该环境中易发生缩合反应，选择时要慎重。

住宅、家具、汽车用的洗涤剂中的香料，因使用环境多为碱性，用于厕所的洗涤剂含有盐酸呈强酸性，使用香料受到限制。一般使用的香精香型，顶香部分多为柑橘型香料，或香气清新的熏衣草型香料、松针型香料，以及清香型、薄荷型香料。

我国是使用香料最早的文明古国之一，有着丰富的天然香料资源。目前生产的一些优质品种，驰名中外，随着人民生活水平的提高，国内对香料的需求量猛增。目前我国生产的香料品种、数量和质量与国外先进水平相比还存在着显著的差距。国内市场被国外品牌占据。为适应国内外对香料的需求，应努力发展我国的香料工业，创造出更多的新香料品种，美化人民的生活。

# 参 考 文 献

1. 王大全. 我国精细化工的现状和发展趋势[J]. 科学导报，2004，No. 41-46.

2. 魏文德. 有机化工原料大全，第1-4卷[M]. 北京：化学工业出版社，1989.

3. 梁育德，等译. 从合成气到生产化学品[M]. 北京：化学工业出版社，1991.

4. R. J. 惠斯特勒，J. N. 贝勒，E. F. 斯卡帕尔. 淀粉化学与工业化学[M]. 北京：中国食品出版社，1987.

5. 高洁，汤烈贵. 纤维素化学[M]. 北京：科学出版社，1999.

6. 陈洁. 油脂化学[M]. 北京：化学工业出版社，2004.

7. 刘湘，伍秋安. 天然产物化学[M]. 北京：化学工业出版社，2005.

8. 谢文磊. 天然化工原料及产品手册[M]. 北京：化学工业出版社，2004.

9. 刘光华. 稀土材料与应用技术[M]. 北京：化学工业出版社，2005.

10. 汪志勇，等译，绿色化学导论[M]. 北京：中国石化出版社，2006.

11. 王延吉，赵新评. 绿色催化过程与工艺[M]. 北京：化学工业出版社，2002.

12. 童海宝. 生物化工[M]. 北京：化学工业出版社，2001.

13. 郭勇. 生物制药技术[M]. 北京：中国轻工业出版社，2000.

14. 彭英利，马承愚. 超临界流体技术应用手册[M]. 北京：化学工业出版社，2004.

15. 吉民. 组合化学[M]. 北京：化学工业出版社，2004.

16. 吴越. 催化化学：上册、下册[M]. 北京：科学出版社，1998.

17. 陈诵英，王琴. 固体催化剂制备原理与技术[M]. 北京：化学工业出版社，2016.

18. 王仲涛. 工业催化剂手册[M]. 北京：化学工业出版社，2004.

19. K. 布赫崔尔茨等编著，魏东芝等译. 生物催化剂与酶工程[M]. 北京：科学出版社，2008.

20. 郭勇. 酶工程[M]. 2版. 北京：科学出版社，2004.

21. 赵地顺. 相转移催化原理及应用[M]. 北京：化学工业出版社，2007.

22. 谢在库. 新结构高性能多孔催化材料[M]. 北京：中国石化出版社，2010.

23. 王延吉，赵新强编著. 绿色催化过程与工艺[M]. 北京：化学工业出版社，2002.

24. 赵国玺，朱涉瑶. 表面活性剂应用原理[M]. 北京：中国轻工业出版社，2003.

25. 刘程，李江华．表面活性剂应用手册[M]．3 版．北京：化学工业出版社，2004.

26. 徐宝财，周雅文，张桂菊等．日用化学工业特种表面活性剂和功能性表面活性剂（Ⅰ-ⅩⅫ）[M]．2008—2012.

27. 王丽艳，赵明，徐群等．双子表面活性剂[M]．北京：化学工艺出版社，2013.

28. 金关泰．高分子化学理论和应用进展[M]．北京：中国石油化学出版社，1995.

29. 李东光等．功能性表面活性剂配方与工艺[M]．北京：化学工业出版社，2013.

30. 张先亮，唐红定，廖俊．硅烷偶联剂——原理、合成与应用[M]．北京：化学工业出版社，2012；张先亮，廖俊，唐红定．有机硅偶联剂——原理、合成与应用[M]．北京：化学工业出版社，2020.

31. 夏晓哨，宋之聪．功能助剂——塑料、涂料、胶粘剂[M]．北京：化学工业出版社，2005.

32. 中国化工学会橡胶专业委员会．橡胶助剂手册[M]．北京：化学工业出版社，2000.

33. 山下晋三，金子东帅．交联剂手册[M]．北京：化学工业出版社，1993.

34. 化学工业部涂料工艺研究．涂料产品分类命名和型号名称表[M]．北京：中国标准出版社，1982.

35. 杨元一等．合成树脂及应用丛书 1-17 册[M]．北京：化学工业出版社，2011-2020.

36. 洪啸吟，冯汉保．涂料化学[M]．2 版．北京：科学出版社，2006.

37. 赵陈超，章基凯．有机硅树脂及其应用[M]．北京：化学工业出版社，2015.

38. 林宣益．涂料助剂手册[M]．北京：化学工业出版社，2006.

39. T. C. 巴顿．涂料流动和颜料分散[M]．北京：化学工业出版社，1988.

40. 王泳原．涂料配方原理及应用[M]．成都：四川科学出版社，1986.

41. 武利民，李丹，游波．现代涂料配方设计[M]．北京：化学工业出版社，2000.

42. 李桂林．高固体涂料[M]．北京：化学工业出版社，2005.

43. 林宣益．乳胶漆[M]．北京：化学工业出版社，2004.

44. 冯素兰，张昱斐．粉末涂料[M]．北京：化学工业出版社，2004.

45. 王德海，江棍．紫外固化材料——理论与应用[M]．北京：科学出版社，2001.

46. 高南，华家栋，等．特制涂料[M]．上海：上海科学技术出版社，1984.

47. 战风昌，李悦良．专用涂料[M]．北京：化学工业出版社，1988.

48. 王孟坤，黄应昌．胶粘剂应用手册[M]．北京：化学工业出版社，2002.

49. 陈道义，张军营．胶接基本原理[M]．北京：科学出版社，1994.

50. 龚克成．高聚物胶接基础[M]．上海：上海技术出版社，1981.

51. 黄应昌，吕正芸. 弹性密封胶与胶粘剂[M]. 北京：化学工业出版社，2003.

52. 翟海潮. 工程胶粘剂[M]. 北京：化学工业出版社，2005.

53. 赵福君，王超. 高性能胶粘剂[M]. 北京：化学工业出版社，2006.

54. 范大炳. 特种胶粘剂[M]. 北京：科学出版社，1994.

55. 潘才元. 功能高分子[M]. 北京：科学出版社，2006.

56. 何天白，胡汉杰. 功能高分子与新技术[M]. 北京：化学工业出版社，2001.

57. 郭卫红，汪济奎. 现代功能材料及其应用[M]. 北京：化学工业出版社，2002.

58. 师昌绪. 材料大辞典[M]. 北京：化学工业出版社，1994.

59. 王湛. 膜分离技术基础[M]. 2版. 北京：化学工业出版社，2006.

60. 陈勇，王从原，吴鸣. 气体膜分离技术及应用[M]. 北京：化学工业出版社，2004.

61. 钱庭宝. 离子交换剂应用技术. 天津：天津科学出版社，1983.

62. 钱庭宝，刘维琳，李金和. 吸附树脂及其应用[M]. 北京：化学工业出版社，1990.

63. 邹新禧. 超强吸水剂[M]. 北京化学工业出版社，1991.

64. G G Wallace. 导电聚合物[M]. 吴吉康译. 北京：科学出版社，2007.

65. 吴文君. 从天然产物到新农药创新——原理、方法[M]. 北京：化学工业出版社，2000.

66. 本山出，涂见顺. 农药分子设计[M]. 北京：化学工业出版社，1988.

67. 张一宾，张怿，伍贤英. 世界农药新进展（三）[M]. 北京：化学工业出版社，2014.

68. 杨华铮，等. 农药分子设计[M]. 北京：科学出版社，2003.

69. 张敏恒. 新编农药商品手册[M]. 北京：化学工业出版社，2006.

70. 杨华铮，陈永正，等. 除草剂的作用方式[M]. 北京：化学工业出版社，1981.

71. 沈寅初，张一宾. 生物农药[M]. 北京：化学工业出版社，2000.

72. 克莱夫·A·亨里克. 昆虫性信息素的合成[M]. 北京：科学出版社，1987.

73. 胡霞，苑艳辉，等. 微生物农药发展概况[J]. 农药，2005，44(2)：29-52.

74. 杜小凤，徐建明，等. 植物原农药研究进展[J]. 农药，2000，39(11)：8-11.

75. 王开运. 农药制剂学[M]. 北京：中国农业出版社，2009.

76. 刘广文. 现代农药剂型加工技术[M]. 北京：化学工业出版社，2013.

77. 肖刚，王景国. 染料工业技术[M]. 北京：化学工业出版社，2004.

78. 陈孔常，等. 有机染料合成工艺[M]. 北京：化学工业出版社，2002.

79. 章杰. 禁用染料和环保染料[M]. 北京：化学工业出版社，2000.

80. 孙宝国，何坚．香料化学与工艺学［M］．2 版．北京：化学工业出版社，2004.

81. 孙宝国，何坚．香精概论——生产、配方与应用［M］．2 版．北京：化学工业出版社，2006.

82. 天然香料加工手册编写组．天然香料加工手册［M］．北京：中国轻工业出版社，1997.

83. 方开泰，马长兴．正交与均匀试验设计［M］．北京：科学出版社，2001.